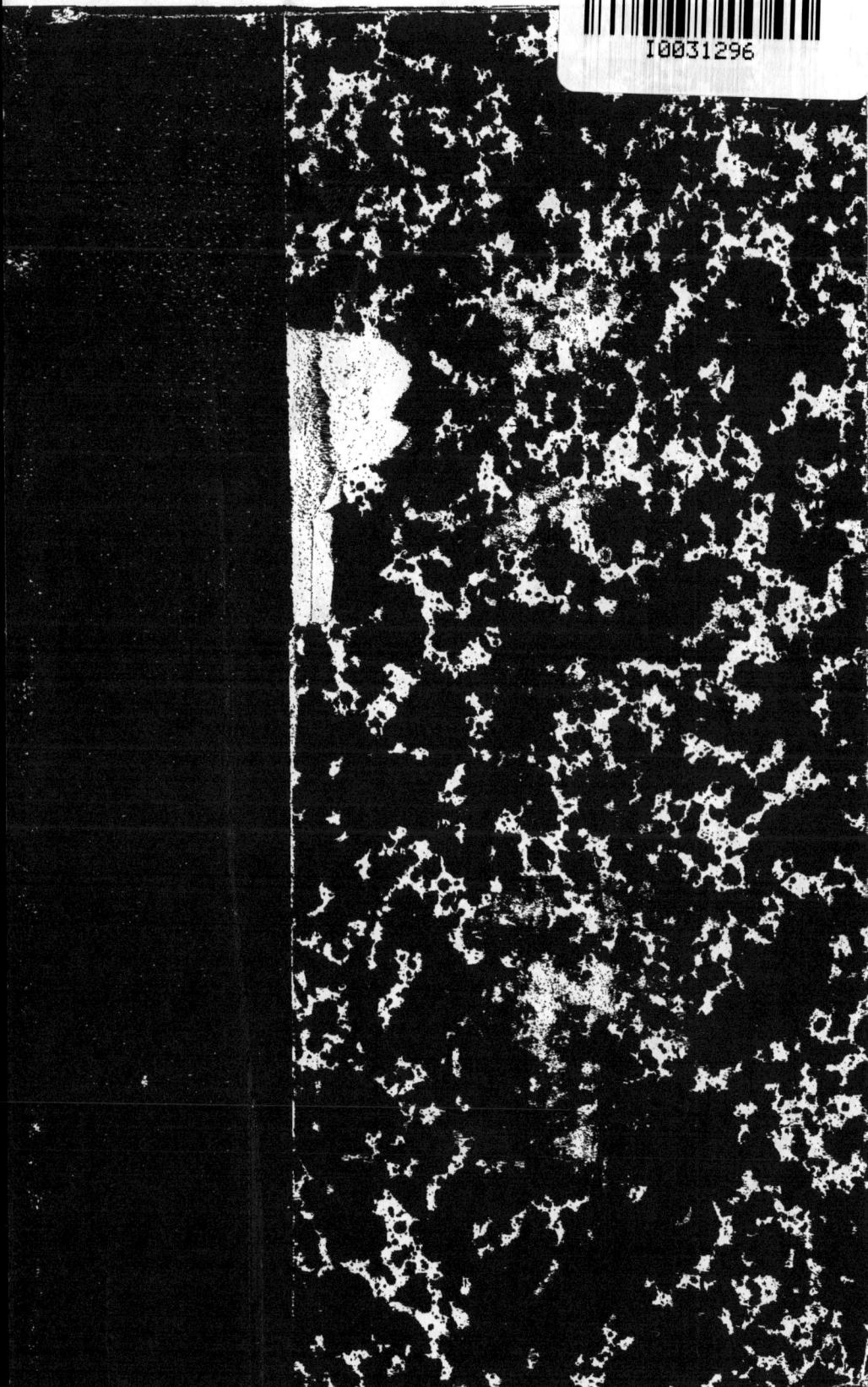

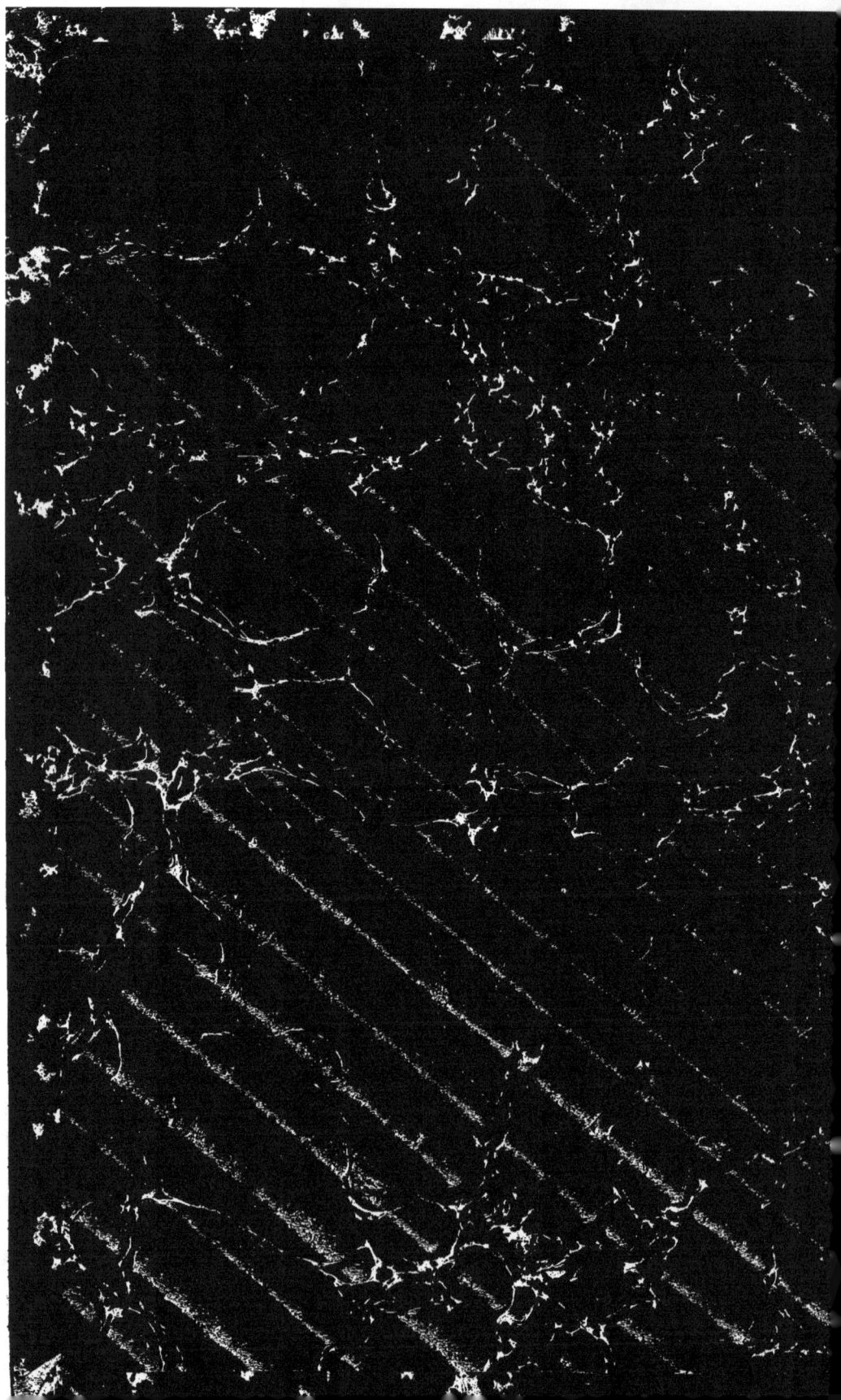

NOUVEAUX ÉLÉMENTS

DE

PHYSIOLOGIE HUMAINE

I

TRAVAUX DU MÊME AUTEUR

NOUVEAUX ÉLÉMENTS D'ANATOMIE DESCRIPTIVE ET D'EMBRYOLOGIE, par H. BEAUNIS et A. BOUCHARD. 4e édition. Paris, 1885. 1 vol. grand in-8, 1072 pages avec 450 fig. — *Traduction espagnole.*

PRÉCIS D'ANATOMIE ET DE DISSECTION, par H. BEAUNIS et A. BOUCHARD. Paris, 1877. 1 vol. in-24, 568 pages. — *Traduction espagnole, traduction italienne.*

RECHERCHES EXPÉRIMENTALES SUR LES CONDITIONS DE L'ACTIVITÉ CÉRÉBRALE ET SUR LA PHYSIOLOGIE DES NERFS. — *Premier fascicule :* 1o Recherches sur l'influence de l'activité cérébrale sur la sécrétion urinaire; 2o Recherches sur le temps de réaction des sensations olfactives ; 3o Recherches sur les formes de la contraction musculaire et sur les phénomènes d'arrêt. Paris, 1884, grand in-8, 166 pages, avec XIX pl. et 59 fig. — *Deuxième fascicule :* Études physiologiques et psychologiques sur le somnambulisme provoqué, 1885, 106 pages, avec 4 fig.

LE SOMNAMBULISME PROVOQUÉ. ÉTUDES PHYSIOLOGIQUES ET PSYCHOLOGIQUES. 2e édition Paris, 1887. 1 vol. in-16, 292 pages, avec 6 fig. (*Bibliothèque scientifique contemporaine.*) — *Traduction espagnole.*

IMPRESSIONS DE CAMPAGNE, SIÈGE DE STRASBOURG, CAMPAGNE DE LA LOIRE, CAMPAGNE DE L'EST. Paris, 1887. 1 vol. in-16, de 304 pages.

PROGRAMME D'UN COURS DE PHYSIOLOGIE, fait à la Faculté de médecine de Strasbourg. Paris, 1872, in-24, 112 pages.

ANATOMIE GÉNÉRALE ET PHYSIOLOGIE DU SYSTÈME LYMPHATIQUE. Thèse de concours pour l'agrégation. Strasbourg, 1863, in-4.

DE L'HABITUDE EN GÉNÉRAL. Thèse pour le doctorat en médecine. Montpellier, 1856, in-4.

COMMUNICATIONS sur des sujets d'anatomie, de physiologie, de pathologie et de psychologie physiologique aux Sociétés savantes (Académie des sciences, Académie de médecine, Société de biologie, Société de psychologie physiologique, Sociétés de médecine de Strasbourg et de Nancy, Société des sciences de Nancy).

MÉMOIRES ET ARTICLES DIVERS dans la *Revue philosophique*, la *Revue scientifique*, la *Gazette médicale de Paris*, la *Revue médicale de l'Est*, *Science et Nature*, etc.

En préparation :

DES SENSATIONS INTERNES.

PHYSIOLOGIE CÉRÉBRALE ET PSYCHOLOGIE PHYSIOLOGIQUE.

8120-87. — Corbeil. Imprimerie Crété.

NOUVEAUX ÉLÉMENTS

DE

PHYSIOLOGIE HUMAINE

COMPRENANT LES PRINCIPES

DE LA PHYSIOLOGIE COMPARÉE ET DE LA PHYSIOLOGIE GÉNÉRALE

PAR

H. BEAUNIS

PROFESSEUR DE PHYSIOLOGIE A LA FACULTÉ DE MÉDECINE DE NANCY

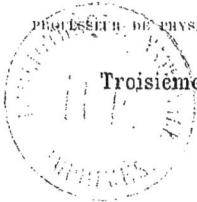

Troisième édition, revue et augmentée

TOME PREMIER

PROLÉGOMÈNES — CHIMIE PHYSIOLOGIQUE
PHYSIOLOGIE GÉNÉRALE

Avec 241 figures intercalées dans le texte.

PARIS

LIBRAIRIE J.-B. BAILLIÈRE ET FILS

19, rue Hautefeuille, près du boulevard Saint-Germain

1888

PRÉFACE

DE LA TROISIÈME ÉDITION

Cette troisième édition des *Nouveaux éléments de Physiologie humaine* a reçu de nombreuses additions; mais ces additions n'ont altéré en rien le plan primitif du livre.

Le tome I comprend les *Prolégomènes*, la *Chimie physiologique* et la *Physiologie générale*.

La première partie, *Prolégomènes*, a été peu modifiée. Les questions de principe qui y sont traitées, les lois qui y sont exposées, ne changent pas ainsi d'un jour à l'autre.

La *Chimie physiologique* a été profondément remaniée. C'est, en effet, une des parties de la science qui progresse le plus rapidement, et cependant c'est encore aujourd'hui une de celles qui sont les moins étudiées chez nous et les moins familières aux médecins, aux étudiants et même à beaucoup de savants. Et cependant sans elle il est impossible d'approfondir les phénomènes de la nutrition et de la vie. Aussi ai-je cru devoir conserver encore l'innovation que j'avais introduite en faisant une place à part à la chimie physiologique et en la mettant en tête d'un traité de physiologie. Les additions portent surtout sur les questions suivantes : hydrocarbonés et sucres et nouvelles théories de la glycogénie; constitution et formation des albuminoïdes; matières colorantes du sang; peptones; urée; acides conjugués; ptomaïnes; fermentations; micro-organismes, etc. Ces additions font de cette partie un *résumé* aussi complet que possible de chimie physiologique.

La *Physiologie générale* comprend la *Physiologie cellulaire*, le *Sang*, la *Lymphe* et le *Chyle*, la *Physiologie des tissus* et la *Physiologie générale de l'organisme*. On y trouvera les recherches récentes sur la caryokinèse, l'électricité nerveuse, la fécondation et l'évolution de l'œuf. La physiologie des tissus a été surtout très augmentée.

Le tome II est consacré à la *Physiologie spéciale*, à la *Physiologie de l'espèce* et à la *Technique physiologique*.

La *Physiologie spéciale*, qui forme la presque totalité du volume, est la partie du livre qui a reçu le plus d'additions, additions dans le détail desquelles il m'est impossible d'entrer ici. Je me contenterai de mentionner : le rôle des micro-organismes dans la digestion, la sécrétion urinaire, la statique de la nutrition, les procédés photochronographiques de Marey pour la marche et la course, la cardiographie et la sphygmographie, les sensations de température, le grand sympathique, les fonctions du cerveau, etc.

La *Physiologie de l'espèce* et la *Technique physiologique* ont été mises au courant des progrès accomplis dans ces dernières années.

On trouvera, dans le courant de l'ouvrage, un certain nombre de recherches personnelles sur lesquelles j'ai cru pouvoir donner quelques développements. Elles concernent surtout les questions suivantes : *Contraction musculaire réflexe*; *Contractions des antagonistes*; *Actions nerveuses d'arrêt*; *Sécrétion urinaire*; *Statique de la nutrition*; *Justesse et fausseté de la voix*; *Sensations olfactives*; *Sensations musculaires*; *Pneumogastrique*; *Physiologie de l'encéphale*; *Vitesse des processus psychiques*; *Mémoire des sensations*; *Somnambulisme provoqué*, etc.

En résumé, j'ai cherché à présenter un tableau exact et complet de l'état actuel de la physiologie; tous ceux qui suivent attentivement l'évolution si rapide et si complexe de cette science se rendront compte de la difficulté qu'il y avait à saisir cette évolution à un moment donné pour en fixer tous les détails. Je n'espère pas y avoir absolument réussi, mais j'espère avoir assez approché du but pour que cette nouvelle édition rencontre, près du public scientifique, l'accueil favorable qui a été fait aux deux précédentes (1).

13 mars 1888.

H. Beaunis.

(1) La bibliographie de la physiologie s'est tellement étendue dans ces dernières années, que j'ai été obligé de la restreindre aux travaux parus depuis la 2e édition : j'ai cherché à la rendre aussi complète que possible. Elle s'étend depuis 1880 jusqu'en 1888, étant observé que la première feuille de la 3e édition a été imprimée le 3 mars 1887. Quant à la Bibliographie antérieure à 1880, on la trouvera tout entière dans la 2e édition de ce livre. Néanmoins j'ai cru devoir mettre en note, sous la formule *A consulter*, les travaux d'une importance capitale et qui servent de base à toutes les recherches.

J'ai à remercier MM. Marey, François Franck, Ch. Richet, d'Arsonval, Ozanam, Kœnig, qui ont bien voulu mettre leurs clichés à ma disposition.

PRÉFACE

———

Cet ouvrage se divise en quatre parties.

Dans la première, intitulée *Prolégomènes*, sont traitées les questions générales qui servent d'introduction à la physiologie humaine, telles que celles de la *corrélation des forces, des caractères des êtres vivants*, etc.

La seconde est attribuée tout entière à la *chimie physiologique*.

La troisième et la plus considérable est consacrée à la *physiologie de l'individu* : une première section comprend la *physiologie générale, physiologie cellulaire, physiologie des tissus, physiologie générale de l'organisme*; une seconde section comprend la *physiologie spéciale*, c'est-à-dire les *fonctions de l'organisme humain*.

Enfin, la dernière partie traite de la *physiologie de l'espèce*.

Ce plan, tel que je viens de le résumer d'une façon succincte, je l'ai déjà suivi dans mes cours et mes conférences, soit à la Faculté de Strasbourg comme agrégé, soit à la Faculté de Nancy comme professeur de physiologie, et j'en ai déjà indiqué les traits principaux dans mon *Programme de physiologie*.

Ce n'est pas cependant sans de longues hésitations que je l'ai transporté du cours au livre et que je me suis décidé à rompre avec la tradition classique, malgré l'autorité de noms tels que ceux de Bichat, Bérard, Longet, etc. Mais on ne manque pas de respect aux maîtres de la science en changeant les divisions qu'ils ont établies, quand ces divisions sont devenues insuffisantes et incomplètes; on manquerait à la science en les conservant.

Depuis l'époque à laquelle écrivait Bichat, la physiologie s'est transformée; deux grandes lois, celle de la *corrélation des forces* et celle de l'*évolution des êtres vivants (transformisme)*, sont venues révolutionner les sciences physiques et naturelles et opèrent aujourd'hui la même révolution dans la physiologie humaine; des chapitres nouveaux se sont ajoutés aux anciens; la *chimie physiologique* a accumulé découvertes sur découvertes; le microscope nous a révélé toute une physiologie inconnue autrefois, celle de la cellule et des éléments anatomiques, etc. Ces découvertes, ces idées nouvelles, la physiologie doit les accepter et il serait puéril de vouloir immobiliser la science dans un moule de convention parce que ce moule a été créé par Bichat.

Les matériaux amassés dans ces dernières années sont tellement nombreux qu'il est souvent peu aisé de choisir entre des faits parfois contradictoires, d'interprétation difficile, et dont la valeur scientifique dépend de la valeur même de l'observateur. La science est encombrée d'expériences douteuses, de faits mal étudiés, de conclusions fausses, de théories prématurées ; tout le monde est un peu physiologiste aujourd'hui, et ce n'est pas chose facile que de déblayer tous ces matériaux et que de distinguer le vrai physiologiste du physiologiste de rencontre. Aussi n'ai-je pas la prétention, incompatible avec la nature même de ce livre, d'avoir été complet; je crois cependant n'avoir rien omis d'essentiel et avoir utilisé tous les travaux sérieux et intéressants. Quant aux autres, le lecteur ne pourra se plaindre s'ils ne sont même pas mentionnés. Dans les questions encore à l'étude, comme celle des nerfs vasculaires, par exemple, pour n'en citer qu'une, je me suis limité à l'exposition impartiale des faits, car dans l'état actuel de nos connaissances, il est impossible de les rattacher à une théorie satisfaisante ; ces questions douteuses sont nombreuses en physiologie ; mais le lecteur ne doit pas s'en étonner ; ces imperfections sont inévitables dans une science en voie de formation.

La chimie physiologique a reçu des développements en rapport avec l'extension prise par cette partie de la science. J'ai même cru devoir réunir toutes ces notions dans un chapitre spécial pour mieux faire saisir le lien étroit qui les rattache toutes ensemble. Malheureusement, malgré la multiplicité des recherches, les résultats positifs sont encore peu nombreux, et si l'on entrevoit confusément quelques lueurs de la vérité, il nous est impossible de nous faire une idée nette des transformations chimiques qui se passent dans l'organisme vivant ; il n'y a pas un seul principe organique qu'on puisse suivre depuis son entrée jusqu'à sa sortie, pas un seul organe dont la chimie nous soit réellement connue. Dans ce chapitre, le point de vue chimique cède toujours le pas au point de vue physiologique, et les données chimiques ne sont utilisées qu'autant qu'elles peuvent être appliquées à la physiologie.

La physiologie cellulaire, cette base fondamentale de la physiologie spéciale, a été l'objet d'une attention particulière et un paragraphe distinct a été consacré à l'étude de la cellule et de ses parties constituantes.

L'outillage physiologique s'est perfectionné dans ces derniers temps, et le nombre des appareils et des instruments s'est considérablement augmenté. Il était impossible de les décrire tous ; il a fallu forcément faire un choix ; mais les plus importants ont été décrits et figurés dans le cours de l'ouvrage, et tous ceux qui ont une certaine valeur ont été mentionnés avec l'indication bibliographique qui permettra au lecteur de recourir au travail original.

Les questions générales, trop négligées aujourd'hui dans les ouvrages classiques, ont été traitées le plus brièvement possible, mais avec assez de développement pour en faire ressortir toute l'importance et en indiquer les traits principaux. C'est ainsi que le lecteur trouvera, dans les Prolégomènes, des études sur la *force* et le *mouvement*, les *caractères de la vie*, les *différences des animaux et des végétaux*, la *place de l'homme dans la nature*, et que les questions de l'*espèce* et de son origine, de l'*origine de l'homme*, de l'*homme primitif*, etc., sont exposées dans l'esprit des théories modernes.

L'auteur n'a pas cru non plus que la physiologie dût laisser de côté, pour l'abandonner aux philosophes, la partie psychologique de la *physiologie cérébrale;* pour lui, en effet, à l'exemple de l'école anglaise, la psychologie trouve dans la physiologie sa base la plus sûre et la plus solide ; aussi n'a-t-il pas craint de traiter, en s'appuyant sur les données physiologiques, les questions des *sensations,* des *idées,* du *langage,* de la *conscience*, de la *volonté*, etc., et si les limites de ce livre lui ont interdit de s'étendre sur ces sujets, il espère en avoir assez dit pour en préciser nettement les points essentiels.

J'appellerai maintenant l'attention du lecteur sur quelques innovations introduites dans ce livre.

Deux sortes de caractères ont été employées. Le gros texte comprend les notions courantes indispensables; le petit texte a été réservé pour les descriptions de procédés et d'appareils, les théories, les développements, les matières difficiles ou encore peu connues, les questions générales, bref, pour tout ce qui s'écarte un peu de la physiologie ordinaire. En un mot, pour une première lecture, le débutant pourra laisser de côté tout le petit texte et se borner à étudier dans le gros texte la physiologie élémentaire ; puis, à une seconde lecture, le petit texte l'initiera aux difficultés et aux parties ardues de la science.

En tête de chaque chapitre, à l'imitation de ce qui se pratique dans les traités d'anatomie, un paragraphe donne, en petit texte, la description des procédés et des appareils employés pour étudier les questions traitées dans le chapitre. Il m'a semblé préférable de suivre cette marche au lieu de placer, dans le courant même du texte, des descriptions d'appareils souvent longues, fastidieuses et difficiles à suivre même avec une figure.

Un chapitre préliminaire intitulé : *le Laboratoire de physiologie*, fait connaître la disposition générale et l'installation d'un laboratoire ; il m'a semblé qu'il y avait là une idée utile à emprunter à certains traités de chimie. J'aurais voulu même donner à cette introduction une extension plus grande, et dans le plan primitif le lecteur y aurait trouvé la description succincte des laboratoires principaux de la France et de l'étranger, mais les exigences matérielles de l'ouvrage n'ont pas permis de donner suite à cette idée. A la fin de ce chapitre et sous le titre de : *Laboratoire de l'étudiant*, j'indique comment un étudiant peut se monter, à peu de frais, un petit laboratoire de physiologie, et pour faciliter son travail j'ajoute quelques planches représentant l'anatomie de la grenouille, l'animal le plus facile à se procurer et avec lequel on peut répéter la plupart des expériences fondamentales de la physiologie.

Connaissant la facilité avec laquelle s'oublient les formules et les réactions des principes organiques et l'embarras qui en résulte pour l'étudiant quand il rencontre des termes dont il a oublié la signification, j'ai donné dans mon appendice et par ordre alphabétique les formules, les caractères et les réactions principales de toutes les substances de l'organisme ; le lecteur aura donc immédiatement sous la main, en cas d'oubli, les renseignements qui lui font défaut et n'aura besoin de recourir à un traité de chimie que quand il voudra se livrer à une étude plus approfondie.

Un court chapitre de toxicologie physiologique résume l'action des anesthésiques, du curare et des principaux toxiques usités en physiologie.

Un grand nombre de figures originales, dessins d'appareils et d'instruments, régions anatomiques, figures schématiques, ont été gravées pour ce livre ; un certain nombre de figures ont été empruntées aux ouvrages de Claude Bernard, Paul Bert, G. Colin, Küss et Mathias Duval, Mandl, Marey, Ch. Robin, Wundt, etc.

Pour toutes les notions anatomiques que nécessite la lecture d'un traité de physiologie, je renverrai le lecteur aux *Nouveaux Éléments d'anatomie humaine et d'embryologie*, par H. Beaunis et A. Bouchard.

Septembre 1875.

H. BEAUNIS.

BIBLIOGRAPHIE GÉNÉRALE DE LA PHYSIOLOGIE

Haller : *Elementa physiologiæ corporis humani*, 1757-1766. — P.-J. Barthez : *Nouveaux éléments de la science de l'homme*, 1778. — G.-R. Treviranus : *Biologie*, 1802-1806. — X. Bichat : *Recherches physiologiques sur la vie et la mort*, 1800. — Richerand : *Nouveaux éléments de physiologie*, 1801. — J. Lordat : *Ébauche du plan d'un traité complet de physiologie*, 1841. — Magendie : *Précis élémentaire de physiologie*, 1816. — N.-P. Adelon : *Physiologie de l'homme*, 1823. — C.-F. Burdach : *Physiologie considérée comme science d'observation ;* trad. par Jourdan, 1837-1840. — J.-C. Legallois : *Œuvres physiologiques*, 1828. — P.-N. Gerdy : *Physiologie médicale*, 1829. — F. Tiedemann : *Physiologie générale ;* trad. par Jourdan, 1831. — De Blainville : *Cours de physiologie générale et comparée*, 1833. — J. Müller : *Manuel de physiologie de l'homme ;* trad. par Jourdan, 1845 ; 2e édit., 1851. — R.-B. Todd : *The Cyclopædia of anatomy and physiology*, 1836-1852. — J.-L. Brachet : *Physiologie de l'homme*, 1837. — A. Dugès : *Traité de physiologie comparée*, 1838. — R. Wagner : *Handwörterbuch der Physiologie*, 1842-1853. — R.-B. Todd et Bowman : *The physiological anatomy and physiology of man*, 1843-1856 ; 2e édit., 1866. — G. Valentin : *Lehrbuch der Physiologie des Menschen*, 1844. — Carl Vogt : *Physiologische Briefe*, 1845-1847. — Matteucci : *Leçons sur les phénomènes physiques des corps vivants*, 1847. — P. Bérard : *Cours de physiologie*, 1848-1855. — T. Budge : *Lehrbuch der speciellen Physiologie des Menschen*, 1848. — F.-A. Longet : *Traité de physiologie*, 1850 ; 3e édit., 1868. — Ludwig : *Lehrbuch der Physiologie des Menschen*, 1852-1856. — C. Colin : *Traité de physiologie comparée des animaux domestiques*, 1851-1856 ; 3e édit., 1888. — Claude Bernard : *Leçons de physiologie expérimentale*, 1854-1855 ; *Leçons sur les effets des substances toxiques. Nouv. tirage.* Paris, 1883 ; *Leçons sur la physiologie et la pathologie du système nerveux.* Paris, 1858 ; *Leçons sur les propriétés physiologiques et les altérations pathologiques des liquides de l'organisme.* Paris, 1859 ; *Leçons sur les anesthésiques et sur l'asphyxie.* Paris, 1875 ; *Leçons sur la chaleur animale.* Paris, 1876 ; *Leçons sur le diabète.* Paris, 1877 ; *Introduction à l'étude de la médecine expérimentale*, 1865 ; *Leçons de pathologie expérimentale*, 1871 ; *Leçons sur les propriétés des tissus vivants*, 1866 ; *Leçons de physiologie opératoire.* Paris, 1879 ; *Leçons sur les phénomènes de la vie.* Paris, 1878-1879. 2 vol. in-8 ; *La science expérimentale*, 2e édition, Paris, 1878 ; *Claude Bernard, Sa vie et ses travaux, Table analytique de ses œuvres.* Paris, 1881, 1 vol. in-8. — Donders : *Physiologie des Menschen*, 1856. — Flourens : *Cours de physiologie comparée*, 1856. — Draper : *Human physiology*, 1856. — Milne-Edwards : *Leçons sur la physiologie comparée de l'homme et des animaux*, 1857-1881. — Béraud : *Éléments de physiologie*, 1857. — Schiff : *Lehrbuch der Physiologie*, 1858. — J.-B. Bennett : *Outlines of physiology*, 1858. — Fick : *Compendium der Physiologie*, 1850 ; 3e éd. 1882. — J.-C. Dalton : *A treatise on human physiology*, 1859 ; Nouv. édit. 1875. — *Physiologie et hygiène des ecoles*, trad. par Acosta, 1870. — G.-H. Lewes : *Physiology of common life*, 1859. — C. Vierordt : *Grundriss der Physiologie des Menschen*, 1860-1861. — L. Hermann : *Grundriss der Physiologie des Menschen*, 1863 ; 8e éd. 1886 ; trad. franç. par Roye, 1869. — W. Wundt : *Lehrbuch der Physiologie des Menschen*, 1864 ; trad. franç. par A. Bouchard, 1872. — A. Raffaele : *Instituzione elementare di fisiologia umana*, 1863-1864. — A. Flint : *Physiology of man*, 1865 ; *Text-book of Human Physiology*, 1876. — Ranke : *Grundzüge der Physiologie*, 1868 ; 3e édit., 1880. — F. Lussana : *Manuale pratico di fisiologia*, 1866. — Liégeois : *Traité de physiologie* (incomplet), 1869. — E. OEhl : *Manuale di fisiologia*, 1861. — Beaunis : *Programme du cours complémentaire de physiologie fait à la Faculté de médecine de Strasbourg*, 1872. — E. Brücke : *Vorlesungen über Physiologie*, 1873, 4e éd. 1885. — Budge : *Compendium der Physiologie des Menschen*, 1874. — Major : *Animal Physiology*, 1874. — Masoin : *Traité de physiologie*, 1875. — O. Funke : *Lehrbuch der Physiologie*, 1876. — Carpenter : *Principles of Human Physiology*, 1876. — Foster : *Text-book of Physiology*, 1877. —

A. Moreau : *Mém. de Physiologie*, 1877. — Nichols : *Human Physiology*, 1877-1885. — Vierordt : *Grundriss der Physiologie des Menschen*, 5e édit., 1877 ; *Physiologie des Kindesalters*, 1877. — L. Hermann : *Handbuch der Physiologie*, 1879-1883. — Küss et Mathias Duval : *Cours de Physiologie*, 6e édit. 1887. — Landois : *Lehrbuch der Physiologie*, 1880 ; 6e éd. 1888. — Fort : *Manuel de physiologie humaine*, 1880. — J. Steiner : *Grundriss der Physiologie*, 1882, 3e éd., 1886. — G. Paladino : *Istituzione di fisiologia*, 1882. — Cadiat : *Cours de physiologie*, 1883. — Scholz : *Die Physiologie des Menschen*, 1883. — L. v. Thanhoffer : *Précis de physiologie comparée et d'histologie* (en hongrois), 1883 ; *Grundzüge der vergleichenden Physiologie und Histologie*, 1885. — Frédéricq et Nuel : *Eléments de physiologie humaine*, 1884. — G. F. Yeo : *A manual of physiology*, 1884. — W. Preyer : *Elém. de physiologie générale*, trad. franç., 1884. — H. Power : *Elements of human physiology*, 1885. — F. J. Bell : *Comparative anatomy and physiology*, 1885. — S. V. Clevenger : *Comparative physiology and psychology*, 1885. — A. Grünhagen : *Lehrbuch der Physiologie*, 7e éd., 1885-1887. — A. Brückmüller : *Lehrbuch der Physiologie für Thierärzte*, 1885. — Foster et Langley : *Cours de physiol. générale*, trad. par Prieur, 1886. — *Beiträge zur Physiologie*, Carl Ludwig gewidmet, 1887. — E. v. Cyon : *Gesammelte physiologische Arbeiten*, 1888. — J. Munk : *Physiologie des Menschen*, 1888.

Publications périodiques. — Magendie : *Journal de physiologie expérimentale*, 1821-1828. — Brown-Séquard : *Journal de physiologie*, 1858-1863. — Robin : *Journal de l'anatomie* depuis 1864. — *Archives de physiologie* depuis 1864. — Hayem : *Revue des sciences médicales*. — Joh. Müller : *Archiv.* — Reichert et Du Bois-Reymond : *Archiv für Anatomie und Physiologie.* — Du Bois-Reymond : *Archiv für Physiologie. — Zeitschrift für biologie. — Biologisches centralblatt. — Centralblatt für die medicinischen wissenschaften. — Centralblatt für Physiologie.* — F.-W. Pflüger : *Archiv für die gesammte Physiologie.* — Ludwig : *Arbeiten aus der physiologischen Anstalt zu Leipzig.* — Virchow et Hirsch : *Jahresbericht über die Leistungen und Fortschritte in der gesammten Medicin.* — J. Henle et F. Meissner : *Bericht über die Fortschritte der Anatomie und Physiologie.* — F. Hoffmann et G. Schwalbe ; *Jahresberichte über die Fortschritte der Anatomie und Physiologie. — Journal of anatomy and physiology. — Archives of Physiology. — Journal of physiology. — Archives italiennes de biologie. — Archives de biologie (belges). — Archives slaves de biologie*, etc. — Consulter aussi les Comptes rendus des Sociétés savantes et en particulier les Comptes rendus de l'Académie des sciences, de la Société de biologie, etc., et les différents recueils de travaux des laboratoires,

TABLE DES FIGURES

DU PREMIER VOLUME

FIN DE LA TABLE DES FIGURES.

NOUVEAUX ÉLÉMENTS

DE PHYSIOLOGIE

LIVRE PREMIER

PROLÉGOMÈNES

I. — DE LA FORCE ET DU MOUVEMENT.

La physiologie est la science de la vie.

Qu'est-ce que la vie? Avant d'en essayer une définition, avant de tracer les caractères essentiels des corps vivants et de montrer en quoi ils diffèrent des corps bruts, il me paraît indispensable de résumer en quelques lignes les idées les plus généralement admises sur la constitution de la matière et des corps, et sur leurs manifestations. C'est de la physique pure ; mais la physiologie est si étroitement liée aux sciences physico-chimiques, que cette question est le préliminaire obligé d'un traité de physiologie. J'essayerai ensuite de préciser ce qu'il faut entendre par ce mot *force* si usité aujourd'hui et de montrer que la force n'est qu'un mode de mouvement, la physiologie une branche de la dynamique générale, et la vie elle-même une forme du mouvement universel.

Plusieurs hypothèses ont été faites sur la constitution de la matière. La plus plausible, celle qui répond le mieux à l'état de la science, est l'hypothèse atomique. On peut la résumer ainsi : la matière se compose en dernière analyse d'atomes, c'est-à-dire de particules indivisibles, impénétrables, distantes les unes des autres et agissant à distance les unes sur les autres de façon à modifier leurs mouvements réciproques.

Ces atomes sont de deux espèces, et l'on admet deux espèces de matière : 1° la *matière pondérable*, dont les atomes s'attirent en raison inverse du carré de la distance (loi de l'attraction universelle de Newton) ; 2° une *matière impondérable* ou *éther*, dont les atomes se repoussent suivant une loi encore inconnue. Si l'éther avec sa répulsion atomique n'existait pas, les atomes pondérables se trouveraient entraînés l'un vers l'autre par l'attraction, et le cosmos ne formerait plus qu'une masse cohérente où tout mouvement, autrement dit tout phénomène, serait impossible.

Quelques esprits ont cependant poussé plus loin cette synthèse physique. Ainsi Secchi cherche à expliquer tous les phénomènes matériels par l'éther et par les mouvements de ses atomes. Il n'y aurait plus, dans ce cas, qu'une seule espèce de matière, la matière impondérable ou éther, dont les mouvements expliqueraient la chaleur, la lumière, la gravitation, l'électricité, etc.

D'après la théorie atomique, les corps simples sont constitués de la façon suivante : chaque atome matériel est entouré par une atmosphère d'atomes d'éther de densité décroissante à mesure qu'on s'éloigne du centre : c'est à ce petit ensemble d'atomes que Redtenbacher a donné le nom de *dynamides*. Les corps composés sont formés par des agrégations de dynamides ou *molécules*, plus ou moins complexes suivant le nombre de dynamides qui entrent dans une molécule.

Unité de la matière. — Cette idée de l'unité de la matière trouve un appui dans une série de recherches récentes, et en particulier dans les expériences de Bell sur la communication des mouvements de l'éther à la matière pesante, dans les expériences sur les raies spectrales, dans les études comparées des spectres des étoiles et dans les recherches de Lockyer sur les variations du spectre du calcium et de l'hydrogène. On arriverait à cette conclusion que l'éther partage toutes les propriétés de la matière pesante.

Un certain nombre de physiciens, et cette hypothèse a été admise par des auteurs modernes, ont considéré l'éther comme un milieu élastique, continu, parfaitement fluide et toujours en vibration. J'avoue que pour ma part l'idée d'un milieu continu me paraît incompatible avec l'idée du mouvement et absolument incompréhensible.

Des atomes. — Les auteurs sont loin de donner la même signification à ce mot d'atomes, si souvent employé aujourd'hui, et à ce point de vue il règne une certaine confusion dans le langage scientifique.

Pour la plupart des physiciens et des chimistes, ce sont des particules matérielles indivisibles par les moyens physiques et chimiques dont nous disposons. C'est la plus petite quantité d'un corps simple qui puisse faire partie d'un composé. Évidemment, ici, l'indivisibilité des atomes n'est que relative.

Pour d'autres, cette indivisibilité est absolue, ces particules matérielles sont en réalité les dernières particules des corps, et en poussant un peu loin l'analyse, il ne serait pas difficile de reconnaître que pour certains partisans de cette opinion, ces particules auraient des formes déterminées et spécifiques.

Quelques auteurs, laissant de côté cette question de la divisibilité ou de la non-divisibilité des atomes, les considèrent comme des particules dont la grandeur ne change pas et dont la distance seule varie.

D'autres, regardant la matière comme indéfiniment divisible, réduisent les atomes à des points mathématiques, tout en leur conservant, par une contradiction assez difficile à comprendre, leur caractère matériel. Enfin, pour quelques physiciens, les atomes ne sont plus que des centres de force sans étendue, de simples monades dynamiques ; l'idée de matière s'évanouit pour faire place à un pur dynamisme immatériel.

Des molécules. — On a cherché à calculer le volume, les diamètres et les distances des molécules en se basant sur leur vitesse et leur densité. D'après le calculs de Clausius, Van der Waals, etc., ces valeurs se chiffreraient par des fractions de millionième de millimètre. Un centimètre cube d'air contiendrait un nombre de molécules représenté par le chiffre 24 suivi de dix-huit zéros. Dans les expériences de Plateau, les bulles de savon avaient une épaisseur moindre de un millionième de millimètre.

Clausius distingue la molécule proprement dite et la *sphère moléculaire*. Cette sphère est la portion de l'espace qui appartient à la molécule et dans laquelle nulle autre molécule ne peut pénétrer. Ces sphères d'action moléculaire occuperaient, d'après Clausius, un volume huit fois plus considérable que les molécules elles-mêmes.

Des atomes-tourbillons. — William Thompson admet ce qu'il appelle des *atomes-tourbillons*. Pour en avoir une idée, le meilleur moyen est de se rappeler les couronnes de fumée que les fumeurs lancent dans l'air ; le même effet peut être produit par les fumées du chlorhydrate d'ammoniaque produites dans un petit appareil spécial (boîte percée d'un orifice circulaire). Il se forme ainsi des anneaux qui représentent de véritables systèmes élastiques, indépendants et indivisibles. L'univers, d'après Thompson, serait constitué par cette matière tourbillonnante dont les caractères ont été étudiés par Helmholtz.

Des corps. — Les corps, au point de vue de leur constitution intime, peuvent être considérés, d'après l'hypothèse atomique, comme formés par la réunion d'atomes de matière pondérable entre lesquels se trouvent des atomes de matière impondérable ou éther. Ces derniers sont continuellement en mouvement, et ce sont ces mouvements dont la forme, la vitesse, l'amplitude, peuvent varier, qui empêchent les atomes pondérables de se rapprocher en vertu de leur attraction réciproque. Les conditions qui déterminent les différents états des corps, solide, liquide et gazeux, sont au nombre de trois : 1° l'attraction des atomes pondérables les uns pour les autres, soit d'une molécule à l'autre (*cohésion*), soit entre les atomes d'une même molécule (*affinité*) ; 2° l'attraction de chacun de ces atomes ou des groupes d'atomes vers le centre de la terre ou *pesanteur ;* 3° les mouvements des atomes éthérés qui leur sont interposés (*répulsion*).

Dans les corps *solides*, les mouvements des atomes éthérés sont trop faibles pour que la distance des atomes pondérables les uns par rapport aux autres puisse dépasser une certaine limite ; à cette limite, l'attraction réciproque des atomes pondérables peut encore s'exercer avec assez de force pour contre-balancer l'influence de la pesanteur sur chaque atome pondérable ou sur chaque groupe d'atomes pondérables. Le système entier forme donc une masse cohérente dont la forme et la grandeur peuvent bien varier dans de certaines limites, mais dont les atomes pondérables conservent les mêmes rapports de situation les uns avec les autres, de façon que la pesanteur et les actions qui s'exercent sur tous les points du corps peuvent être représentés comme agissant sur un point idéal, *centre de gravité* du corps. On peut exprimer cet état en disant que, dans les solides, la cohésion fait équilibre à la répulsion et à l'action moléculaire de la pesanteur.

Dans les *gaz*, les mouvements des atomes éthérés sont assez intenses pour produire un écartement des atomes pondérables tel qu'à cette distance l'attraction de ces atomes pondérables les uns sur les autres ne puisse s'exercer ; ces atomes pondérables sont bien soumis encore, chacun pour soi, à l'influence de la pesanteur, mais cette influence seule ne peut suffire pour maintenir leurs rapports réciproques ; ils ne peuvent donc opposer aucun obstacle aux mouvements des atomes éthérés qui les lancent dans toutes les directions (expansion des gaz). On peut dire que dans les gaz la répulsion l'emporte sur la cohésion. Les vitesses des molécules gazeuses ont été calculées par Clausius ; cette vitesse est de 485 mètres par seconde pour l'air, de 1,844 mètres pour l'hydrogène.

Dans les *liquides*, les mouvements des atomes éthérés ont assez d'intensité pour écarter les atomes pondérables les uns des autres plus que dans les solides ; mais cet écartement n'est pas assez considérable pour que l'attraction réciproque de ces atomes pondérables ne puisse encore s'exercer. Mais si cette cohésion peut faire équilibre à la répulsion, elle ne peut cependant pas contre-balancer l'influence de la pesanteur sur les atomes ou les groupes d'atomes. Dans ce cas, ces atomes et ces groupes d'atomes ne conservent plus les mêmes rapports de situation les uns avec les autres ; mais ces rapports se modifient à chaque instant sous l'influence de la pesanteur et des actions extérieures, et, suivant l'intensité plus ou moins grande des mouvements des atomes éthérés, cette instabilité est plus ou moins prononcée. On pourra donc rencontrer toutes les transitions entre l'état solide et l'état liquide d'une part, entre l'état liquide et l'état gazeux de l'autre. Les liquides peuvent être comparés à une agglomération de petites particules solides très mobiles les unes sur les autres et dont la grandeur varie suivant la cohésion des atomes pondérables des corps que l'on considère.

Si l'état physique des corps est, en grande partie, déterminé par l'intensité des mouvements des atomes éthérés contenus dans ces corps, il en résultera qu'en augmentant peu à peu les mouvements de ces atomes on pourra faire passer successivement un corps de l'état solide à l'état liquide et de l'état liquide à l'état gazeux et *vice versa*. C'est en effet ce qui arrive quand on chauffe un corps ou qu'on le refroidit. La chaleur n'est pas autre chose, en réalité, qu'une variation dans les mouvements des atomes éthérés des corps.

Les *mouvements intérieurs* varient dans ces trois états. Dans l'*état solide*, il n'y a que des vibrations en vertu desquelles chaque molécule oscille autour d'une position d'équilibre et des mouvements d'écartement ou de rapprochement des molécules qui conservent toujours leurs rapports réciproques. Dans l'*état gazeux*, on a des mouvements de vibration (chocs, chaleur), des mouvements de rotation, développés sous l'influence des chocs, et des mouvements de translation qui entraînent les molécules jusqu'à ce qu'elles rencontrent une paroi ou une autre molécule. Dans l'*état liquide*, intermédiaire aux deux précédents, on aura aussi ces trois espèces de mouvements, mais les vibrations ne se font plus comme dans les solides autour de points d'équilibre fixes, et les mouvements de translation ne sont plus rectilignes et uniformes comme dans les gaz.

Quelques auteurs, en se basant sur les propriétés des gaz extrêmement raréfiés, ont admis *un quatrième état de la matière, état radiant, matière radiante*, état qui différerait autant de l'état gazeux proprement dit que celui-ci diffère de l'état liquide et qui serait caractérisé par une extrême raréfaction de la matière. On aurait donc tous les degrés depuis la matière radiante jusqu'à l'état solide qui représente la matière sous sa forme la plus condensée (W. Crookes).

On trouve en effet tous les intermédiaires entre ces divers états. L'*état pâteux*, avec ses différents degrés, constitue l'intermédiaire entre l'état solide et l'état liquide. Les expériences de Cagnard-Latour (1822) ont depuis longtemps déjà établi la continuité entre l'état liquide et l'état gazeux ; les recherches récentes de Drion, d'Andrews, de Jamin, ont montré qu'à une température déterminée (*point critique*) un liquide et sa vapeur saturée ont la même densité. Au-dessus de cette température le gaz cesse d'être liquéfiable quelle que soit la pression. Au point critique,

rien ne différencie un liquide de sa vapeur, ni la tension, ni la densité, ni la chaleur de constitution. La continuité entre les divers états de la matière se trouve donc
établie ; la continuité est la grande loi de la matière brute comme elle est la grande
loi des êtres vivants.

Permanence de la matière. — Une des lois les mieux établies de la
physique moderne, et c'est à Lavoisier (1772-1775) que revient la gloire de
l'avoir le premier scientifiquement démontrée, c'est celle de la permanence
de la matière. *Rien ne se crée, rien ne se perd;* la matière ne peut pas plus
sortir de rien que rentrer dans le néant ; quand elle semble disparaître, elle
ne fait que se transformer, que changer d'état, que passer d'une combinaison à une autre. La chimie scientifique quantitative a été créée le jour
où cette loi a été formulée, et la nier, c'est rejeter dans le vague la chimie et
toutes les sciences qui en dépendent.

Permanence de la force. — L'idée de force est inséparable de l'idée
de matière, et, comme on le verra plus loin, nous ne les connaissons toutes
deux que par le mouvement. De même que nous avons vu la quantité de
matière rester invariable, nous sommes obligés d'admettre la permanence de
la force, et c'est Helmholtz qui posa le premier ce principe corrélatif du
principe posé par Lavoisier. Pas plus que la matière, le mouvement ne peut
ni se créer ni s'anéantir ; il ne peut que se transformer ; les recherches de
Meyer, de Joule, de Hirn, l'ont démontré jusqu'à l'évidence. Quand le mouvement semble disparaître, c'est que la force vive, agissante, se transforme
en force de tension, le mouvement extérieur apparent en mouvement moléculaire.

Le principe de la *conservation de la force* a été formulé dans ces termes par
Helmholtz en 1847 : la quantité de force capable d'agir, qui existe dans la nature
inorganique, est éternelle et invariable, tout aussi bien que la matière.

Forces vives et forces de tension. — Quand un poids est maintenu par une
corde à une certaine distance du sol, il est immobile et n'accomplit aucun travail
mécanique apparent autre que la tension de la corde qui le retient ; si je coupe la
corde, il tombe et peut dans sa chute produire un travail extérieur, par exemple,
faire marcher une machine. Il a donc, pendant qu'il est en l'air, la possibilité de
produire du travail, mais il ne le produit pas ; il a ce qu'on appelle l'*énergie poten-
tielle, en réserve;* il a en lui la force, mais à l'état de *tension.* Quand il tombe, il a
l'*énergie actuelle, dynamique;* sa force n'est plus à l'état de tension, c'est une *force
motrice,* une *force vive.*

Principe de la corrélation des forces. — Les forces vives se transforment en forces de tension, et *vice versa;* les forces vives se transforment
les unes dans les autres ; ainsi le mouvement mécanique se transforme en
chaleur, la chaleur en mouvement, et ainsi de suite. Dans un système quelconque, s'il n'intervient aucune action extérieure, la somme des forces de
tension et des forces vives reste toujours la même ; il ne peut y avoir que des
transformations de forces de tension en forces vives ou de forces vives en

forces de tension. Depuis longtemps on connaissait des exemples populaires de ces transformations ; on savait que le frottement produit de la chaleur ; on trouve dans Bacon, Locke, Davy, etc., des phrases dans lesquelles la chaleur est considérée comme un mouvement ; mais c'est seulement en 1843 que Meyer (d'Heilbronn), arriva par le calcul à déterminer l'équivalence de la chaleur et du mouvement. Joule, en 1844, répétant dans des conditions plus précises une expérience déjà faite par Rumford, rechercha l'échauffement de l'eau par une roue mue par la chute d'un poids et trouva ainsi l'*équivalent mécanique de la chaleur*. Cet équivalent peut être évalué à 425 kilogrammètres, ou, en d'autres termes, la même force qui élève 425 kilogrammes d'eau à 1 mètre de hauteur, en une seconde, élèvera la température de 1 kilogramme d'eau de 1 degré centigrade.

Les équivalents mécaniques de la lumière, de l'électricité, n'ont pu encore être évalués à cause des difficultés de l'expérimentation ; mais il n'y a pas de doute aujourd'hui que la lumière et l'électricité ne soient des modes de mouvement, et des exemples nombreux montrent aussi qu'ils peuvent se transformer l'un dans l'autre. C'est là ce qu'on a appelé la *corrélation des forces physiques*.

De la force et du mouvement. — Il ne faut cependant pas se méprendre sur le sens du mot *force*, et il y a sur ce sujet une telle confusion dans le langage scientifique, que la question mérite d'être examinée de près et discutée à fond.

Qu'est-ce qu'une force ? Si l'on se contente de considérer la force au point de vue des résultats qu'elle produit, la réponse est facile et presque invariablement la même, quelles que soient la classe d'esprits et la catégorie scientifique à laquelle on s'adresse : *une force est une cause de mouvement*. Mais si l'on considère non plus l'effet, mais la nature de la force, les divergences commencent. Autant de systèmes, autant d'idées différentes, contraires même, comprises toutes sous cette étiquette banale de *force*. Dans le langage ordinaire, ces confusions ont peu d'importance ; mais dans le langage scientifique il n'en est plus de même ; si un même mot correspond à des idées différentes, la confusion s'introduit peu à peu dans la science, et du langage elle passe rapidement dans les idées : la forme vicie le fond. L'histoire du mot *force* et des idées groupées sous ce mot est, sous ce rapport, une des plus instructives. Entre la force à laquelle les spiritualistes donnent le nom de Dieu et « la masse matérielle animée de mouvement » que le mathématicien appelle aussi une force, quelle distance n'y a-t-il pas !

C'est Leibnitz qui, en créant la *dynamique*, introduisit dans la science l'idée de force ; mais, au lieu d'en faire simplement une *cause de mouvement*, il voulut aller au delà des faits et en fit quelque chose de plus. « La force, dit A. Jacques (1), est donc essentiellement simple et une, identique et inaltérable, spirituelle, immatérielle. Partant elle est impérissable, parce que cela seul qui est composé peut périr naturellement par la dissolution, qui est la seule mort naturelle. La force ne commence donc que par création et ne peut finir que par annihilation, c'est-à-dire par miracle. »

Cherchons donc ce qu'il y a au fond de cette idée de force, et pour cela commençons par les forces dites *physico-chimiques*.

(1) *Introduction aux Œuvres de Leibnitz.*

Soit, par exemple, l'attraction de deux corps l'un pour l'autre. Dans ce phénomène, dit d'attraction, que trouvons-nous en l'analysant à fond ? Un mouvement,
et pas autre chose. Mais l'esprit humain ne s'est pas contenté de cette constatation
pure et simple ; il a voulu l'étudier de plus près et, en analysant ce mouvement, il
y a trouvé trois choses : 1° un mouvement ; 2° un mobile ou corps mû ; 3° un moteur ou une cause de mouvement. Examinons de plus près ces trois choses :

1° *Un mouvement.* — C'est là en réalité la seule chose appréciable et indiscutable ;
c'est un fait de conscience ; nous ne connaissons le monde extérieur et nous-
mêmes qu'à l'aide du mouvement, et cette idée de mouvement se réduit en dernière analyse à une succession de sensations, ex. : sensations musculaires, comme
quand nous suivons de l'œil un oiseau qui vole ; sensations cutanées tactiles,
comme quand un corps touche successivement des points différents de la peau, etc.

2° *Un mobile.* — S'il y a mouvement, *quelque chose* se meut ; ce *quelque chose*, on
l'appelle *corps*, *objet matériel* ; mais nous ne sommes déjà plus en présence d'un
fait indiscutable comme tout à l'heure ; l'intelligence dépasse ici la limite des
faits ; la preuve en est que ce quelque chose qui se meut et que vous appelez
matière, d'autres en feront quelque chose d'immatériel, des points sans étendue
ou des centres de forces sans dimensions.

Boskowitch, en effet, fait consister la matière en points indivisibles et inéten-
dus (1), et il a été suivi en cela par Ampère, Faraday, Tyndall et beaucoup
d'autres physiciens. On voit donc que l'idée de mobile n'implique pas nécessairement l'idée d'une substance matérielle.

Mais admettons même pour un instant la réalité de la matière en nous basant
sur l'existence du mouvement. Que trouvons-nous au fond de cette idée de
matière ? Comment l'apprécions-nous ? La propriété essentielle de la matière, celle
sans laquelle la matière est inconcevable, c'est l'impénétrabilité. Qu'est-ce que
c'est que cette impénétrabilité ? Pas autre chose que la résistance. « La preuve
dernière, dit Herbert Spencer, que nous avons de l'existence de la matière, c'est
qu'elle est capable de résister. » Or, cette résistance de la matière, nous ne
pouvons l'apprécier que par l'effort que nous faisons contre cette matière, autrement dit par un mouvement musculaire et par la sensation qui l'accompagne
et dont nous avons la conscience. Donc là encore nous trouvons un mouvement
et une sensation comme tout à l'heure, et le *corps mû* se réduit en dernier lieu à
un mouvement.

Dans l'hypothèse de Boskowitch et de Faraday, la matière s'évanouit ; il ne
reste plus dans le monde physique que des forces impersonnelles ; mais au fond
le résultat n'est-il pas le même ? Force ou matière, n'est-ce pas toujours du
mouvement ?

3° *Un moteur.* — Ici nous touchons au vif de la question. A tout phénomène
l'esprit humain attribue une cause, et cette croyance basée sur une multitude
d'observations est fortement implantée dans l'intelligence. Tout mouvement
constaté nous fait admettre quelque chose d'antérieur au mouvement et qui l'a
produit. Ce quelque chose, ce moteur, quel est-il ? En réalité, et en allant au fond
des choses, on trouve toujours un mouvement comme cause d'un mouvement.
« Il est absurde, dit le P. Secchi, d'admettre que le mouvement dans la matière
brute puisse avoir d'autre origine que le mouvement lui-même. »

Qu'on prenne n'importe quel phénomène de mouvement, et de proche en proche
on remontera par une série de mouvements jouant tour à tour, l'un par rapport
à l'autre, le rôle de cause à effet, on remontera, dis-je, à un mouvement initial

(1) « Materiam constantem punctis prorsus singularibus, indivisibilibus et *inextensis.*. »

au delà duquel l'esprit humain sera obligé de s'arrêter, ne trouvant plus le mouvement antérieur : ce sera, par exemple, l'*attraction;* mais cette attraction, qu'est-ce autre chose qu'un mouvement dont nous connaissons les lois, l'intensité, la direction ? Seulement, nous ignorons le pourquoi de ce mouvement, nous ignorons *ce* qui l'a précédé et produit, *ce* qui en détermine les conditions ; mais pourquoi faire intervenir derrière cette attraction une force attractive dont nous ne pouvons connaître en rien la nature et l'existence ? Si le mot « force attractive » ne signifie que la constatation d'un mouvement, il est inutile et superflu ; s'il signifie quelque chose de plus, quelque chose de surajouté au mouvement, il est indémontré et indémontrable.

Cette idée de force n'est, en réalité, qu'une forme d'anthropomorphisme. Nous ne faisons plus du vent un Borée, de la mer Neptune, du soleil Apollon, mais, sans nous en douter peut-être, nous faisons, en adoptant des forces physiques, un raisonnement du même ordre, quoique moins grossier et moins enfantin. Nous soulevons une pierre ; nous faisons pour cela un certain mouvement; ce mouvement s'accompagne d'une sensation d'effort plus ou moins considérable suivant le poids de la pierre ; en outre, ce mouvement est précédé d'un acte intellectuel ; il est volontaire : il y a là un fait de conscience au delà duquel d'autres états de conscience, impressions, sensations, jouent bien le rôle de prédécesseurs, voire même de causes déterminantes ; mais l'acte volontaire du mouvement reste pour nous la chose essentielle, car il s'accompagne d'un certain effort. Nous nous sentons la cause du mouvement, la *force* qui le produit. De là à l'idée de forces situées au dehors de nous et produisant tous les phénomènes qui nous entourent, il n'y avait qu'un pas, et ce pas fut vite franchi.

L'origine de la notion de force, dit A. Jacques, « c'est la conscience claire, immédiate, directe, que j'ai de moi-même comme force ; l'homme, le *moi*, est avant tout une force, une force libre, intelligente, éclairée, *vis sui conscia, sui potens, sui motrix;* il le sait quand il agit, il le savait avant l'action et ne cessera pas de le savoir quand à l'action aura succédé le repos. Dans cette conscience immédiate et permanente de la force personnelle, l'esprit humain puise l'idée de cause, et il ne la puise que là; ailleurs, il ne voit que des phénomènes, des produits, des effets ; *les causes et les forces dans le monde il les suppose et les y fait à l'image et sur le modèle de la force qu'il est*, sauf à leur retirer, éclairé par la nature des effets, la liberté qu'il trouve en lui et l'intelligence qu'il s'attribue, pour ne leur laisser que le caractère de forces aveugles et fatales. »

En résumé, on voit que l'idée de force a sa source en nous-mêmes et que c'est par un vice de raisonnement et de langage que de la force que nous sentons en nous et sur laquelle nous reviendrons plus tard, nous concluons à des forces naturelles existant dans les corps bruts.

Les forces physico-chimiques ne sont pas autre chose que des modes de mouvement ; la corrélation des forces physiques ne consiste pas en autre chose qu'en des transformations de mouvement.

Donc les trois choses que l'esprit humain trouve dans les phénomènes de la nature brute, mouvement, mobile et moteur, se réduisent à une chose unique : le mouvement.

Si de la nature brute nous passons à la nature vivante, nous retrouvons encore de prétendues forces, *forces vitales*. Que faut-il en penser ? Parlons d'abord des végétaux.

Tous les phénomènes de la vie végétale sont des phénomènes de mouvement, composition et décomposition chimiques, accroissement, etc., qui remontent de proche en proche jusqu'à la radiation solaire, c'est-à-dire à un mouvement de la matière brute. Je ne trouve là que des phénomènes de mouvement comme tout à l'heure.

Mais, dira-t-on, ces mouvements se font dans un certain ordre, d'après certaines lois déterminées, variables suivant chaque espèce ; n'êtes-vous pas obligé d'admettre une force directrice de ces mouvements, une force vitale, en un mot, annexée à la matière végétale ? Mais n'y a-t-il pas aussi des lois déterminées pour la formation des cristaux, et cette formation ne varie-t-elle pas suivant la nature du composé cristallin ? Si la détermination des phénomènes, si leur évolution régulière sont des motifs pour admettre des forces distinctes, ces forces devraient aussi être admises pour les corps bruts comme pour les corps vivants ; car il n'y a qu'une différence de degré qu'explique assez bien la complexité de la molécule organique.

Puis que d'hypothèses successives à admettre si vous admettez cette force vitale végétative! D'où vient cette force vitale ? Elle existait dans la graine de la plante et provenait de la plante mère ; cette force s'est donc détachée d'une autre force comme un fruit se détache d'un arbre. Puis la plante croît, c'est-à-dire que cette force agit sur les parties les plus ténues pour leur donner leur forme et leur composition, sur l'ensemble pour lui donner son unité ; cette plante fournit une multitude de graines toutes douées de vie, c'est-à-dire qu'elle se divise en une infinité de forces distinctes qui, fécondées par le pollen, donnent naissance à des plantes nouvelles. Il faut donc admettre une segmentation de forces, une *division en parties de quelque chose qui n'a pas d'étendue*. Et dans la greffe végétale, ce n'est plus une segmentation, c'est une *fusion* de forces qu'il faut admettre. L'esprit se refuse à concevoir cette segmentation et cette fusion de forces ; il ne peut même s'en faire une idée. Je puis me faire une idée de ce que c'est qu'un mouvement, et même approximativement de ce que c'est que la matière ; des théories existent qui font comprendre la constitution des corps ; sans être sûr de la réalité de ces atomes et de ces molécules, on peut du moins interpréter assez facilement avec leur aide les phénomènes naturels ; mais quelle idée se faire de ces forces vitales et de toutes leurs prétendues actions ?

Et puis, dernière difficulté encore, la plante morte, que devient sa force vitale ? Dans cette hypothèse, on se heurte de tous côtés à l'impossibilité, au vague et à la contradiction.

Si de la force végétative nous passons à la force vitale des animaux, nous rencontrons la même incertitude, et si nous laissons de côté les phénomènes de conscience, que nous étudierons plus loin, nous retrouvons les mêmes objections et les mêmes difficultés que tout à l'heure. L'admission d'une force ou de forces vitales n'ajoute rien à nos connaissances ; elle ne nous fait pas faire un pas de plus ; nous ne faisons ainsi qu'ajouter l'inconnaissable à l'inconnu, l'inexplicable à l'inexpliqué.

Les phénomènes nerveux eux-mêmes ne sont, en réalité, que des phénomènes de mouvement. Lorsque vous pincez la patte d'une grenouille décapitée et que cette patte se contracte, quelle explication vient donner cette force vitale de cette succession de phénomènes ?

Nous arrivons aux phénomènes de conscience, à ces forces auxquelles on a donné chez l'homme le nom d'*âme*, forces personnelles, individuelles, considérées en général comme absolument distinctes de la matière.

Ici nous marchons sur un terrain dangereux : l'équivoque règne en maîtresse et il importe pour la clarté de la discussion de bien préciser les termes du problème, ce qui n'est pas chose facile.

Tant qu'il s'agit de l'âme humaine, il n'y a pas la moindre difficulté, et l'école spiritualiste présente la plus complète unanimité. L'âme est une substance réelle, immatérielle, immortelle, une intelligence *servie* par des organes, suivant l'expression de de Bonald. Je laisse de côté les questions sur lesquelles les philosophes gardent un silence prudent, telles que l'origine de l'âme, l'époque de son apparition, son siège, son rôle dans les phénomènes d'hérédité, son existence dans certains monstres doubles, etc. Je ne m'occuperai ici que de ses facultés, telles qu'elles sont admises par la généralité des psychologues. Mais une grande partie de ces facultés existent aussi chez l'animal, et il n'y a plus aujourd'hui un seul philosophe qui osât soutenir sérieusement l'automatisme des bêtes ; il n'y aurait pas même lieu de chercher à le convaincre, car il ne voudrait pas être convaincu ; pour qui a observé les animaux sans parti pris, l'animal perçoit, se souvient, compare, hésite, juge, se décide, en un mot, il a de commun avec l'homme presque toutes, sinon toutes les opérations de l'esprit. On pourra, si l'on veut, lui refuser la généralisation, l'abstraction ; mais qu'importe, s'il a une partie seulement, quelque minime qu'elle soit, des facultés qui, d'après l'école philosophique, sont l'apanage de l'esprit, d'un principe immatériel, d'une âme en un mot ? Il ne peut y avoir de degré entre la matière et l'esprit. Ou la mémoire, le jugement, l'attention, sont des actes intellectuels qui impliquent la présence d'un principe immatériel, et comme ces actes ne peuvent changer de nature et être produits chez l'homme par l'âme, chez l'animal par la matière, on est obligé d'admettre une âme chez l'animal comme chez l'homme ; ou ces actes peuvent être produits par l'organisation matérielle seule et indépendamment d'un principe immatériel, et cela aussi bien chez l'homme que chez l'animal. Il n'y a pas à sortir de là : ou la pensée implique l'existence d'un principe immatériel, et les animaux ont une âme ; ou la matière peut penser, et alors que devient l'âme humaine en tant qu'organe de la pensée ?

Si la matière est susceptible de penser, comment concevoir cette pensée autrement que comme un mouvement, mouvement qui différerait des mouvements physiques et vitaux par le mode même du mouvement et par la composition plus complexe de l'organe pensant. Je ne m'étendrai pas plus longtemps sur cette hypothèse ; si la pensée est un mouvement matériel, il n'y a pas lieu d'admettre une force pensante.

Mais examinons de plus près l'hypothèse opposée dans laquelle la pensée est le fait d'un principe immatériel, d'une âme, c'est-à-dire d'une force.

Je laisse de côté, pour le moment, les phénomènes moraux et *tout ce qui dans les actes psychiques semble exclusif à l'homme*, et j'emploie le mot *âme* comme comprenant tous les phénomènes psychiques communs à l'homme et à l'animal. Cherchons s'il y a lieu d'admettre cette âme, d'admettre une force spéciale, force psychique et quelles raisons on peut invoquer pour et contre.

Quand on analyse ces phénomènes psychiques, on reconnaît de suite qu'ils sont liés à l'intégrité de la substance cérébrale, de centres nerveux dont l'activité n'est qu'un mode de mouvement. Sans entrer dans une discussion approfondie qui nous entraînerait trop loin (1), il suffira de se rappeler que tous les actes qui se passent dans les centres sensitifs et dans les centres moteurs sont des phénomènes de mouvement et par conséquent il est à supposer aussi que tous les actes intermédiaires

(1) Voir sur ce sujet les deux premières éditions de cet ouvrage et mon article : *De la force et du mouvement* (Revue scientifique, 1874).

qui les relient l'un à l'autre (phénomènes de conscience, de volonté, etc.) sont aussi des phénomènes de mouvement.

En outre, si ces phénomènes psychiques ne sont pas un mouvement matériel, que devient le mouvement moléculaire dégagé dans le centre nerveux sensitif, et d'où vient le mouvement produit dans le centre nerveux moteur? D'après la loi de corrélation dite des forces physiques, le premier ne peut disparaître qu'en se transformant, et le second, ne pouvant être créé *ex nihilo*, ne peut être qu'une transformation d'un mouvement antérieur. N'y a-t-il donc pas lieu de supposer que ces phénomènes psychiques ne sont qu'un mode de mouvement (mode tout particulier si l'on veut) provenant de la transformation du mouvement moléculaire du centre sensitif et se transformant en mouvement moléculaire du centre moteur?

Enfin tous ces actes psychiques supposent des organes nerveux, organes dont l'activité n'est qu'un mode de mouvement. Quel besoin alors de surajouter à ces organes une force distincte et spéciale qui ne peut entrer en action sans eux? La liaison qui existe entre certains organes nerveux et des actes que nous ne reconnaissons comme phénomènes de mouvement que par une analyse très délicate, ne nous autorise-t-elle pas à croire que la même liaison existe entre la volonté et certains centres nerveux, et qu'il n'y a là qu'un mouvement moléculaire dont nous n'avons pas conscience? Il est évident que la preuve absolue ne sera faite que le jour où la volonté, la mémoire, le jugement, etc., où tous les actes psychiques simples auront été scientifiquement rapportés à un centre nerveux et à un mouvement moléculaire, comme la transmission nerveuse est rapportée à un mouvement moléculaire d'un cordon nerveux; mais jusque-là n'y a-t-il pas au moins une très forte présomption en faveur de cette hypothèse, et la science ne marche-t-elle pas de plus en plus dans cette voie?

Le reproche essentiel qu'on peut faire à l'hypothèse de la production matérielle de la pensée, c'est que certains faits ne sont pas encore prouvés, que beaucoup sont encore inexpliqués et inexplicables. C'est vrai; mais n'en est-il pas de même de l'hypothèse contraire? Et de plus, dans l'admission d'une force pensante, les difficultés, au lieu d'être résolues, augmentent.

Nous avons vu tout à l'heure que si l'on admet cette force, cette âme pensante chez l'homme, il faut l'admettre aussi chez l'animal. Mais où cela conduit-il? Ces forces, ces âmes animales, concevables à la rigueur pour les animaux les plus rapprochés de l'espèce humaine, que deviennent-elles chez les animaux inférieurs? Où fera-t-on finir l'automatisme et commencer la volonté? A quel degré s'arrêtera-t-on dans la série? Est-ce qu'un mollusque n'a pas des sensations, des mouvements volontaires, des souvenirs, des comparaisons? Que sera l'âme des polypes agrégés, l'âme des hydres que l'on coupe en deux et dont chaque moitié forme un individu différent? Puis cette âme animale, qu'en fera-t-on? Je ne demande plus : d'où vient-elle? Mais que devient-elle? Est-elle immortelle comme l'âme humaine? Que de questions auxquelles il est impossible de répondre!

Mais cette âme humaine elle-même, quelle est-elle? On la fait *créée* et *immortelle*, c'est-à-dire qu'on lui attribue le fini dans le passé, l'infini dans l'avenir. Quelle inconséquence! Mais cette création de forces est encore plus inconcevable. Comment expliquer, dans l'hypothèse d'une création, une foule de faits physiologiques et en particulier l'hérédité? Comment expliquer la transmission de certains caractères intellectuels qui quelquefois sautent plusieurs générations? Et les faits d'aliénation mentale? et l'habitude, etc.? Et, si l'âme est immortelle, que peut être une âme privée de cerveau et qui n'aura, par conséquent, ni sensations, ni souvenirs, ni aucun des éléments de la pensée?

Laquelle choisir de ces deux hypothèses contradictoires ? L'une nous paraît réunir plus de preuves en sa faveur que l'autre; elle nous paraît plus scientifique, plus progressive; mais il n'y a pas de certitude absolue : c'est une affaire de *croyance* personnelle.

En résumé, ou la pensée est un mode de mouvement, et dans ce cas la matière, sous certaines conditions, devient susceptible de sentir, de vouloir et de penser; il y aurait alors dans la nature deux espèces de mouvements : le *mouvement inconscient physico-chimique* et le *mouvement qui se connaît*, ou *mouvement psychique;* ou bien la matière est incapable de penser, et il y a, chez les animaux comme chez l'homme, une force personnelle et consciente distincte de la matière.

Mais, dans l'ensemble des actes psychiques qui appartiennent à ce qu'on appelle l'âme humaine, il n'y a pas seulement de la sensation, de la volonté, de l'intelligence; *il y a autre chose*, et c'est par là surtout que l'homme s'écarte des animaux plus encore que par les facultés intellectuelles; ce quelque chose, c'est ce que j'appellerai du nom de *moralité*, c'est-à-dire l'ensemble du caractère moral qui a pour expression l'idée du devoir et la responsabilité individuelle. La question de savoir si cette moralité dépend d'organes nerveux et n'est qu'une forme perfectionnée des passions et des instincts de l'animal, ou si elle est l'attribut d'une substance supérieure, d'une force, ne peut être traitée dans les limites de ce livre. Cependant il faut reconnaître que cette dernière manière de voir prête aux mêmes objections que celles qui ont été énoncées précédemment.

En résumé, nous nous trouvons en face de deux grandes doctrines opposées :

1° La doctrine *dualiste*, qui admet l'existence simultanée de la matière et de la force, forces personnelles ou impersonnelles.

2° La doctrine *uniciste*, ou mieux *moniste*, qui n'admet qu'une seule chose : les uns des forces, les autres la matière; les deux, en réalité, se réduisant, pour nous, au mouvement.

Entre le dualisme et le monisme, le choix ne nous paraît pas douteux en ce qui concerne les phénomènes physiques et vitaux : dans les deux cas, il n'y a que du mouvement. Le doute peut exister pour les phénomènes psychiques, mais ils nous paraissent être aussi réductibles au mouvement chez l'homme comme chez les animaux. Enfin, pour les phénomènes moraux, pour la cause première du mouvement, la science, jusqu'à nouvel ordre, ne peut que rester dans la réserve; c'est une affaire de croyance : l'existence de l'âme morale, l'existence de Dieu, ne sont susceptibles ni de démonstration ni de réfutation rigoureuse.

Nous arrivons donc à cette conclusion que, dans les sciences physiques et physiologiques, l'admission de forces distinctes est inutile et ne fait qu'embarrasser le langage scientifique. *Tous les phénomènes que l'esprit humain peut comprendre sont des phénomènes de mouvement*, et la force ne peut être admise que pour les phénomènes qui dépassent les bornes de notre intelligence; phénomènes de *moralité* dans le sens indiqué plus haut et cause première, quelle qu'elle soit, du mouvement; mais tout ce qui dépasse notre intelligence, âme et Dieu, étant en dehors de la science, ne doit pas nous occuper ici. En restant dans les limites de la science, il n'y a que du mouvement.

Le mouvement, dans ses différentes manifestations, physiques, vitales et (pour nous du moins) psychiques, constitue le champ commun de toutes les sciences; mais il doit aussi être étudié en lui-même et dans ses caractères essentiels, indépendamment de ses différents modes.

La première question qui se présente est celle du repos et du mouvement. Ce passage du repos au mouvement et du mouvement au repos est une des questions qui ont occupé longtemps les philosophes, et forme encore aujourd'hui une des pierres d'achoppement de la métaphysique moderne.

Voici comment l'expose Herbert Spencer :

« Nous voilà encore en face de la vieille énigme du mouvement et du repos. Nous constatons tous les jours que les objets qu'on lance avec la main ou autrement subissent un ralentissement graduel et finalement s'arrêtent, et nous constatons aussi souvent le passage du repos au mouvement par l'application d'une force. Mais nous trouvons qu'il est impossible de se représenter par la pensée ces transitions. En effet, une violation de la loi de continuité y semble nécessairement impliquée, et nous ne pouvons pas concevoir une violation de cette loi. Un corps voyageant avec une vitesse donnée ne peut être ramené à un état de repos ni changer de vitesse sans passer par toutes les vitesses intermédiaires. A première vue, il semble que rien n'est plus aisé que de l'imaginer passant de l'un à l'autre de ces états successifs. On peut penser que son mouvement diminue insensiblement jusqu'à devenir infinitésimal, et beaucoup croiront qu'il est possible de passer par la pensée d'un mouvement infinitésimal à un mouvement égal à zéro. Mais c'est une erreur. Suivez autant que vous voudrez par la pensée une vitesse qui décroît, il reste encore *quelque* vitesse. Prenez la moitié et ensuite la moitié de la somme du mouvement, et cela à l'infini, le mouvement existe encore, et le mouvement le plus petit est séparé de zéro mouvement par un abîme infranchissable. De même qu'une chose, quelque ténue qu'elle soit, est infiniment grande en comparaison de rien ; de même encore le mouvement le moins concevable est infini en comparaison du repos. »

La réponse semble facile à la vieille énigme ; avant de chercher à expliquer le passage incompréhensible du repos au mouvement et du mouvement au repos, il faudrait d'abord se poser cette question ; le repos existe-t-il ? Les données de la science moderne permettent de répondre hardiment à cette question. Si par repos vous entendez l'immobilité de masse d'un corps, oui, le repos existe ; mais ce n'est qu'un repos apparent. Les molécules du corps qui paraît le plus stable et le plus fixe sont en état de continuelle instabilité ; le mouvement est partout, seulement il n'est pas toujours sensible à nos sens et à nos instruments ; mais il n'en existe pas moins. Supposez qu'un microscope puisse grossir démesurément les objets et agrandir le champ de l'intelligence, chacun de ces corps qui nous paraît invariable nous paraîtrait variable à chaque instant comme les nuages du ciel ; tout est mouvement, et le passage du mouvement au repos n'est que le passage du mouvement de masse au mouvement moléculaire.

Et même ce repos des corps, cette immobilité de masse n'existent jamais en réalité. La terre n'emporte-t-elle pas dans son mouvement de rotation tout ce qui est à sa surface, et n'est-elle pas elle-même entraînée dans le mouvement de notre système solaire à travers l'espace ? et de même que, sur un bateau, la pierre que nous lançons en avant de nous ne passe pas du repos au mouvement, mais du mouvement à un mouvement plus rapide ; de même le passage apparent d'un corps du repos au mouvement et du mouvement au repos n'est autre chose qu'une accélération et un ralentissement du mouvement.

Il resterait maintenant à chercher les lois générales du mouvement. Je ne m'étendrai pas sur ce sujet dont l'étude exigerait des développements mathématiques qui me sont interdits. Je me contenterai de quelques lignes. Ces lois sont au nombre de trois : la transmission, la nécessité et l'égalité du mouvement.

1° *Transmissibilité du mouvement.* — Tout mouvement a pour antécédent un mouvement et pour conséquence un mouvement.

2° *Nécessité du mouvement*. — Étant données telles conditions, tel mouvement se produit nécessairement dans une direction et avec une intensité déterminées. On pourra donc, si on connaît ces conditions, prévoir ce mouvement et le faire naître si l'on peut reproduire ces conditions.

3° *Égalité du mouvement*. — Les quantités du mouvement transmis et du mouvement communiqué sont égales l'une à l'autre sous quelque forme que ce mouvement se présente. C'est la loi connue sous le nom d'équivalence ou corrélation des forces.

Toutes ces lois se réduisent en somme à une seule loi générale dont elles dérivent, celle de la *persistance du mouvement* (*loi de la conservation de la force d'Helmholtz*).

C'est avec ces réserves que les mots *force* et *matière* seront employés ici.

De l'étude des corps. — Si la matière est permanente et si, dans le domaine scientifique, il est impossible de lui assigner ni commencement ni fin, il n'en est pas de même des corps qui n sont que des fragments du grand tout. Les corps ont une évolution, c'est-à-dire une origine ou un commencement, une existence et une fin.

Donc, pour connaître un corps, il faudra étudier :

1° Ses caractères, au triple point de vue :

De la matière ; groupement des atomes, des dynamides et des molécules : c'est ce qui constitue la *chimie* de ce corps ;

De la force ou du mouvement : *dynamique;*

De la forme : *morphologie;*

2° Son origine, son apparition et les conditions de cette apparition ; sa *genèse*, en un mot ;

3° Son évolution, c'est-à-dire les mutations qu'il subit dans le cours de son existence : mutations de la matière, mutations de la force, mutations de a forme ;

4° Sa disparition ou sa fin et les conditions de cette disparition.

Mais ce n'est pas tout : un corps ne peut être isolé des corps qui l'entourent, de toutes les conditions qui agissent sur lui pour modifier ses caractères ou son évolution ; il faudra donc, pour connaître un corps complètement, étudier encore :

5° L'action des milieux sur ce corps.

Bibliographie. — J.-C. Maxwell : *Substanz und Bewegung*, 1881. — W. Crookes : *Sur la constitution de la matière* (Ann. ch. phys., 1881). — Balfour Stewart : *La conservation de l'énergie*, 4ᵉ édit., 1883. — Wurtz : *La théorie atomique*, 1883. — J.-B. Stallo : *La matière et la physique moderne*, 1884. — L. Didelot : *Les changements d'état des corps*; Th. d'agrég., Paris, 1886. — E. Lambling : *Des origines de la chaleur et de la force chez les êtres vivants*; Th. d'agrég., Paris, 1886 (1).

(1) A consulter. — H. Helmholtz, *Mémoire sur la conservation de la force*, 1847 ; traduit par L. Pérard, 1869. — Hirn, *Recherches sur l'équivalent mécanique de la chaleur*, 1868. — P. Secchi, *L'unité des forces physiques;* trad. par Deleschamps, 1869. — Herbert Spencer, *Les premiers principes;* trad. par Cazelles, 1871. — Beaunis, *De la force et du mouvement* (Revue scientifique, 1874).

II. — CARACTÈRES GÉNÉRAUX DES CORPS VIVANTS.

La première division qui se présente à l'esprit, quand on examine les différents corps de la nature, c'est celle de corps bruts et de corps vivants. Nous allons passer en revue les caractères principaux des corps vivants, et cette étude nous conduira directement à la définition même de la vie.

Caractères matériels des corps vivants. — Parmi les corps simples qui entrent dans la composition des corps vivants, on trouve en première ligne l'oxygène, l'hydrogène, l'azote et le carbone; à ces quatre corps viennent s'ajouter le soufre, le phosphore, le chlore, le potassium, le sodium, le fer et le magnésium. Beaucoup d'animaux contiennent en outre du fluor, du manganèse, quelques-uns du cuivre. Beaucoup de plantes renferment du silicium, quelques-unes de l'iode, du brome et de l'aluminium.

Parmi les corps composés, l'eau est une des substances les plus importantes des corps vivants et constitue plus des trois quarts de leur masse.

Les composés ternaires et quaternaires sont essentiellement caractérisés par leur instabilité chimique; elle est surtout prononcée pour les matières azotées (albuminoïdes) et paraît due à l'azote qu'elles contiennent. L'azote en effet transmet aux composés dans lesquels il entre une instabilité particulière, comme on le voit pour les corps explosibles (poudre, nitroglycérine, etc.), qui sont tous azotés. On sait, du reste, avec quelle difficulté se conservent les substances albuminoïdes.

La molécule organique, surtout dans les composés quaternaires, possède une très grande complexité. Il n'y a, pour s'en rendre compte, qu'à jeter les yeux sur les formules des albuminoïdes.

Les corps vivants contiennent une très forte proportion de *colloïdes*, colloïdes que Graham appelait *état dynamique de la matière*, et qui se laissent traverser par l'eau, l'oxygène et les cristalloïdes. Cet état colloïde n'est pas spécial, il est vrai, à la matière organique, puisqu'il se présente dans la silice et le peroxyde de fer, par exemple, mais il faut remarquer que ces deux corps entrent précisément dans la constitution de beaucoup d'organismes vivants.

La substance des corps vivants est *hétérogène;* qu'on prenne l'organisme le plus inférieur ou l'élément le plus petit d'un organisme, on le trouvera toujours constitué par l'assemblage d'eau, de colloïdes et de cristalloïdes. assemblage fait dans certaines proportions et avec un arrangement défini.

La vie est une chaîne de transformations chimiques excitées et entretenues par les influences extérieures. Les organismes vivants sont continuellement le siège d'une succession de décompositions et de recompositions (*tourbillon vital* de Cuvier). Ces décompositions et recompositions successives ont pour condition une rénovation incessante des molécules de l'organisme; une partie des molécules décomposées est remplacée par des molécules venant de l'extérieur : la matière brute devient matière vivante et la matière vivante devient matière brute; il y a un perpétuel échange entre l'organique et

l'inorganique; c'est là ce qu'on a appelé la *circulation de la matière*. Le mode
même par lequel ces molécules nouvelles pénètrent dans l'organisme fournit
encore un caractère distinctif; tandis que, dans un cristal, par exemple, les
molécules nouvelles ne font que s'appliquer sur la surface du cristal déjà
formé; dans les corps vivants elles pénètrent dans l'intimité même de l'organisme, *entre* (et non pas *sur*) les molécules déjà existantes : c'est ce qu'on
a exprimé en disant que les corps vivants s'accroissent par *intussusception*,
les corps bruts par *apposition*.

Ici se présente une question. Les quantités relatives de matière brute et
de matière vivante sont-elles invariables? ou bien la quantité de matière
vivante augmente-t-elle indéfiniment aux dépens de la matière brute? Il est
évident qu'à partir de la première apparition de la vie sur le globe, la quantité de la matière vivante s'est accrue graduellement; mais cet accroissement s'est-il arrêté à une certaine époque ou continue-t-il encore actuellement? Dans l'état de la science, le problème me paraît insoluble.

Caractères dynamiques des corps vivants. — Les êtres vivants
dégagent des forces vives (chaleur, mouvement mécanique, etc.). Ce dégagement de forces vives, continuel chez les animaux, est souvent à peine
marqué chez les végétaux; mais il n'en existe pas moins et devient très sensible à certaines phases de leur existence (floraison, germination, etc.).
Les corps bruts composés ne produisent guère de chaleur qu'au moment de
leur formation ou de leur destruction. Il y a un rapport déterminé entre la
quantité de forces vives produite par un organisme et les mutations matérielles de cet organisme; à une quantité donnée de mouvement correspond,
par exemple, une quantité donnée de carbone oxydé.

Les organismes sont des transformateurs de forces; les animaux transforment surtout des forces de tension en forces vives, les végétaux des forces vives en forces de tension. De même qu'il y a un échange incessant des
molécules de la matière brute et des molécules de la matière vivante, de
même il y a un échange perpétuel entre les forces extérieures et les forces
intérieures de l'organisme; comme le carbone de l'acide carbonique de l'air
entre dans la constitution de la graisse de la plante ou de l'animal, ainsi la
lumière solaire, la chaleur, l'électricité reparaissent dans le corps vivant
sous forme de mouvement musculaire, de chaleur et d'innervation; les mouvements vitaux sont les corrélatifs des mouvements physico-chimiques, les
forces dites vitales les équivalentes des forces physiques.

Caractères morphologiques des corps vivants. — Les corps vivants
sont *organisés*, c'est-à-dire qu'ils sont composés de parties dissemblables
ou distinctes arrangées dans un certain ordre; ce caractère existe même
chez les êtres unicellulaires, chez lesquels on retrouve toujours un noyau
ou au moins des granulations; c'est l'*hétérogénéité organique*, qu'il ne faut
pas confondre avec l'hétérogénéité chimique mentionnée plus haut.

La forme extérieure des êtres vivants offre toujours une certaine constance; chaque organisme est construit sur un type morphologique dont il

ne peut s'écarter que dans des limites restreintes dans le cours de son existence. Au début, sauf dans ces organismes rudimentaires réduits à une masse de protoplasma (voir : *physiologie du protoplasma*), cette forme-type est toujours ou presque toujours la forme sphérique ; puis, peu à peu, le type propre à l'organisme se caractérise et se dessine dans le cours de son développement. Cette forme sphérique se retrouve non seulement au début de la vie d'un organisme, mais aussi dans la plupart des éléments primitifs dont se compose cet organisme.

Évolution des corps vivants. — L'évolution des corps vivants est *déterminée :* ils ont un commencement, une existence, une fin ; ils parcourent des phases définies qui se succèdent régulièrement et dans un certain ordre ; un cristal, un composé chimique instable, pourraient peut-être, sous ce rapport, être comparés à un organisme vivant ; mais ils s'en distinguent par l'absence d'usure et de réparation, par la fixité de leurs molécules pendant la durée de leur évolution. Il y a quelques réserves à faire sur ce point ; ainsi quand un cristal a été brisé, et qu'on le replace dans l'eau mère, la partie brisée se répare.

Les êtres vivants ont une individualité propre ; ils constituent des individus indépendants ou des agrégations d'individus dont chaque membre jouit d'une certaine indépendance vis-à-vis du tout ; mais ce caractère n'est pas absolu et disparaît presque dans certaines classes d'animaux et de plantes pour faire place à une solidarité intime.

Tous les organismes vivants naissent d'un germe ou d'un parent antérieur doué de vie, et comme corrélatif un de leurs caractères essentiels est l'aptitude à reproduire des êtres plus ou moins semblables au générateur, ou, pour exprimer la même pensée sous une forme plus générale, la possibilité pour des parties détachées du tout de vivre d'une existence indépendante. Ce n'est pas ici le lieu de discuter la question si controversée de la génération spontanée ; elle trouvera sa place dans un autre chapitre.

Les êtres vivants forment donc une série continue, et on peut remonter ainsi d'être en être jusqu'à l'apparition de la vie sur la surface du globe. Une autre conséquence de cette propriété générale de reproduction, c'est que les produits possèdent des caractères (en plus ou moins grand nombre) semblables à ceux de leurs ascendants, soit *directs*, *soit dans la série ;* c'est là ce qui constitue l'*hérédité* et l'*atavisme*. Ces caractères héréditaires apparaissent, les uns dès la naissance de l'organisme (caractères dits à tort *innés*, *innéité*) les autres pendant le cours de l'évolution de l'organisme (hérédité proprement dite).

La constitution chimique de l'être vivant varie aux diverses phases de son évolution ; il n'y a, sous ce rapport, qu'à examiner les analyses comparatives de la graine et de la plante à laquelle elle donne naissance, de l'œuf et de l'animal adulte. Cette variation des principes constitutifs de l'organisme, suivant l'âge, porte à la fois sur la quantité et sur la qualité, et la plus remarquable est la diminution progressive de la quantité d'eau du corps par l'effet de l'âge ; il semble qu'à mesure que leur évolution appro-

che de sa fin, les organismes vivants se rapprochent du monde inorganique (ligneux des plantes, incrustations calcaires des cartilages des vieillards).

La production de forces vives change aussi pendant la durée de l'évolution ; habituellement cette production décroît après avoir atteint son
apogée (maximum d'activité vitale); d'autres fois elle présente des alternatives de diminution et de recrudescence très remarquables dans quelques espèces; ainsi certains êtres passent par des phases successives de
repos et de mouvement (enkystement des infusoires, métamorphoses des
insectes, animaux hibernants, etc.); enfin, dans certains cas, elle paraît
tout à fait suspendue, et les organismes vivants, comme les graines, les
rotifères desséchés, semblent en état de mort apparente; la vie est à l'état
latent.

La forme des organismes n'est pas moins variable; sphériques ou sphé-
roïdaux à l'origine, ils se modifient peu à peu jusqu'à ce qu'ils aient atteint
le type morphologique qui caractérise le groupe auquel ils appartiennent;
c'est ainsi que cette forme sphérique devient radiée, bilatérale, spiroïde, etc.

Ce changement de forme s'accompagne de deux phénomènes corrélatifs,
une augmentation de la masse de l'organisme, et un développement de son
organisation.

L'augmentation de masse ou l'accroissement a lieu pendant la première
période de l'évolution, pendant la période progressive; puis, à un moment
donné, spécial et déterminé pour chaque groupe d'êtres, elle subit un
arrêt. Les causes de cet arrêt d'accroissement sont assez obscures; elles
doivent être cherchées surtout dans la rupture des rapports entre l'usure de
l'organisme et sa réparation. Un dégagement trop grand de forces vives,
une réparation insuffisante sont des conditions d'arrêt de l'accroissement;
or il arrive forcément un moment où la réparation est insuffisante. Un
exemple le fera comprendre. Soit un cube de 1 mètre de côté; il aura une
surface de 6 mètres carrés et une masse de 1 mètre cube; supposons un
cube double de hauteur; il aura 24 mètres carrés de surface et 8 mètres
cubes de masse; en doublant de hauteur, la masse sera 8 fois plus considérable, la surface quadruple seulement. Au lieu d'un cube prenons un organisme, les conclusions seront les mêmes; quand l'organisme aura une
hauteur double, sa masse, sur laquelle porte l'usure et doivent porter les
réparations alimentaires, sera 8 fois plus considérable; sa surface, par laquelle s'introduisent les matériaux de réparation, ne sera que quadruplée;
il viendra donc un moment où ces matériaux ne seront plus introduits en
quantité suffisante pour subvenir à la réparation. En d'autres termes, l'usure
de l'organisme croît comme le cube et la réparation ne croît que comme le
carré. Il y a bien, en outre, une affaire d'*innéité* (entendue dans le sens qui
sera expliqué plus tard à propos de l'hérédité) dont il faut tenir compte;
chaque être, en effet, suivant l'expression d'Herbert Spencer, commence son
évolution biologique avec un *capital* vital différent.

Ce développement de l'organisation marche en général de pair avec l'accroissement de la masse. Il y a d'abord une différentiation morphologique qui porte primitivement sur les éléments cellulaires intérieurs et extérieurs ; puis peu à peu les tissus, les organes, les appareils, paraissent et se distinguent les uns des autres ; en un mot, l'organisation se perfectionne et s'achève.

La *mort* vient enfin terminer nécessairement cette évolution vitale, et livrer l'organisme à l'action pure et simple des milieux extérieurs ; mais il faut distinguer la mort de l'organisme en tant qu'individu et la mort des parties et des éléments isolés qui le constituaient. En général, dans les organismes complexes, la mort du tout et la mort des parties ne coïncident pas ; sauf dans des cas très rares (fulguration, par exemple), la mort totale, *somatique*, précède la mort *moléculaire* ou des parties.

Action des milieux. — Le milieu fournit les matériaux de la vie ; la matière brute devient matière vivante ; il fournit les mouvements indispensables aux manifestations vitales, lumière, chaleur, etc. ; il modifie la forme des organismes (influence de la pesanteur sur la végétation).

Le milieu agit sur l'organisme à chaque instant de son évolution ; cette action du milieu est tantôt adjuvante, tantôt destructive. Aussi tous les êtres vivants possèdent-ils la *variabilité* dans certaines limites, et cette variabilité est la condition de leur existence. Chaque action extérieure est suivie d'une réaction interne de l'organisme qui lui correspond exactement et la vie n'est, en réalité, qu'une série continuelle d'adaptations des réactions intérieures aux actions extérieures, ou, comme le dit Herbert Spencer, des relations internes aux relations externes.

En résumé, les caractères essentiels de la vie sont les suivants :

1° Complexité moléculaire, hétérogénéité et instabilité chimique des composés organiques ;

2° Usure et réparation incessante des matériaux organiques ;

3° Production de forces vives et, en particulier, de mouvement mécanique, de chaleur et d'électricité ;

4° Organisation ;

5° Évolution déterminée de l'origine à la mort ;

6° Origine d'un être vivant antérieur et possibilité de reproduction ;

7° Variabilité et adaptation aux milieux et aux forces extérieures.

En réalité, une partie de ces caractères sont sous la dépendance les uns des autres ; la complexité et l'instabilité chimique de la molécule organique rendent possible l'usure et la réparation de l'organisme, et, d'un autre côté, le dégagement de forces vives est lié intimement à cette usure et nécessite cette réparation ; l'adaptation au milieu à son tour n'est autre chose qu'une production de forces vives, de réactions correspondant aux actions extérieures. Les trois premiers caractères contenus déjà l'un dans l'autre se trouvent aussi implicitement contenus dans le septième, et l'on pourra donc définir la vie, en prenant seulement les caractères essentiels et jusqu'à un certain point indépendants, de la façon suivante :

La vie est l'évolution déterminée d'un corps organisé susceptible de se reproduire et de s'adapter à son milieu.

Pas plus que toutes les définitions données auparavant, cette définition n'est à l'abri de toute objection; et cela s'explique facilement, si l'on réfléchit qu'une distinction *absolue* entre les corps bruts et les corps vivants est impossible.

Définitions et théories de la vie. — C'est ici le lieu de rappeler les principales définitions de la vie données par les auteurs. Le lecteur n'aura qu'à se reporter aux caractères essentiels des êtres vivants, caractères qui ont été donnés plus haut, pour voir par quoi pêchent ces définitions.

ARISTOTE : La vie est l'ensemble des opérations de nutrition, de croissance et de destruction (ζωὴ δὲ λέγω τὴν..... τροφὴν καὶ αὔξησιν καὶ φθίσιν).

LAMARCK : La vie dans les parties d'un corps qui la possède est cet état de choses qui y permet les mouvements organiques, et ces mouvements qui constituent la vie active résultent d'une cause stimulante qui les excite.

BICHAT : La vie est l'ensemble des fonctions qui résistent à la mort.

RICHERAND : La vie est une collection de phénomènes qui se succèdent pendant un temps limité dans un corps organisé.

LORDAT : La vie est l'alliance temporaire du sens intime et de l'agrégat matériel, alliance cimentée par un ἔνορμον ou cause de mouvement dont l'essence est inconnue. Cette définition ne s'applique qu'à l'homme.

BÉCLARD : La vie est l'organisation en action.

DUGÈS : La vie est l'activité spéciale des corps organisés.

TREVIRANUS : La vie est l'uniformité constante des phénomènes avec la diversité des influences extérieures.

P. BÉRARD : La vie est la manière d'exister des êtres organisés.

DE BLAINVILLE : La vie est le double mouvement interne de composition et de décomposition, à la fois général et continu.

FLOURENS : La vie, c'est une forme servie par la matière.

LITTRÉ : La vie est l'état d'activité de la substance organisée. (*Dictionnaire.*)

H. LEWES : La vie est une série de changements définis et successifs, à la fois de structure et de composition, qui se présentent chez un individu sans détruire son identité.

HERBERT SPENCER : La vie est la combinaison définie de changements hétérogènes, à la fois simultanés et successifs, en corrélation avec les coexistences et les successions antérieures (*in correspondence with external co-existences and sequences*), ou plus brièvement : la vie est l'adaptation continuelle des relations internes aux relations externes.

BEAUNIS : La vie est l'évolution déterminée d'un corps organisé susceptible de se reproduire et de s'adapter à son milieu.

Chacune de ces définitions se rattache de près ou de loin, sciemment ou insciemment, à une des théories de la vie. Ces théories peuvent se ranger en trois groupes : il suffira de les indiquer d'une façon générale sans entrer dans une discussion qui a déjà été faite en partie au début des prolégomènes.

1° *Théorie animiste.* — Dans l'animisme pur de Stahl et de quelques modernes, l'âme (νοῦς) agit sur le corps sans intermédiaire pour diriger toutes les actions vitales. Mais la plupart des auteurs modernes, reculant devant les conséquences d'un pareil système, ont admis un animisme mitigé dans lequel l'âme n'agit que sur une certaine catégorie de phénomènes nerveux, le reste des actes vitaux étant réductible à des actes physico-chimiques ou soumis à une force vitale. La part de l'âme dans les actes vitaux est du reste plus ou moins réduite suivant les opinions individuelles. Les végétaux et les animaux inférieurs ne peuvent évidemment trouver place dans cette théorie et rentrent alors soit dans la théorie vitaliste, soit dans la théorie mécanique. Pour les animaux supérieurs, la plupart des animistes regardent la question comme trop embarrassante, car ils évitent de se prononcer catégoriquement.

2° *Théorie vitaliste.* — Entre l'âme et le corps se trouve une force vitale qui sert d'intermédiaire et dirige les actes vitaux (définition de Lordat). Cette force vitale existe seule chez les animaux et les végétaux. Les vitalistes ne se prononcent pas sur l'essence et la nature de cette force vitale. Le vitalisme de Barthez est un vitalisme mitigé ; Barthez admet des forces vitales, mais provisoirement. Le prétendu vitalisme de Bichat n'est qu'une forme de mécanisme.

3° *Théorie mécanique.* — D'après cette théorie, les actes vitaux se font d'après les mêmes lois que les actes physico-chimiques ; ce ne sont aussi que des modes de mouvement, plus complexes seulement et plus difficiles à interpréter. Dans la théorie mécanique, on peut distinguer deux opinions bien différentes : 1° le *mécanisme préétabli* (harmonie préétablie de Leibnitz), dans lequel l'organisme est considéré comme un mécanisme créé et agencé par une intelligence suprême et marchant en vertu d'une impulsion première ; 2° le *mécanisme accidentel* ou *évolutionnel,* dans lequel les actes vitaux sont sous la dépendance immédiate ou éloignée des milieux et des actions extérieures ; c'est la vraie théorie moderne ; la vie n'est qu'un mode de mouvement, toujours provoqué, jamais spontané, et la science de la vie n'est qu'un chapitre de la dynamique générale.

III. — CARACTÈRES DISTINCTIFS DES VÉGÉTAUX ET DES ANIMAUX.

La vie se manifeste sous deux formes principales : la plante, l'animal. Cependant la limite entre les deux formes n'est pas aussi tranchée qu'on le croyait généralement, et lorsqu'on descend aux degrés inférieurs de la série on rencontre des êtres dont les manifestations vitales laissent l'esprit dans l'indécision et rappellent aussi bien la plante que l'animal. Aussi beaucoup de naturalistes ont-ils admis un règne, non pas intermédiaire, mais inférieur, sorte de souche commune d'où, par une bifurcation, seraient nés les deux embranchements (*protozoaires, protistes* d'Haeckel). Mais, ces réserves faites, des différences notables n'en existent pas moins entre le règne végétal et le règne animal ; c'est ce que fait ressortir facilement une comparaison rapide des deux règnes.

La plante possède les mêmes éléments chimiques fondamentaux que l'animal : oxygène, hydrogène, carbone, azote ; seulement le carbone y domine. Elle est plus riche en substances non azotées (hydrocarbonées, amidon, cellulose). La proportion des sels minéraux varie aussi dans les deux règnes ; les alcalis sont en plus grande proportion dans les plantes, les phosphates chez l'animal. Mais ce qui caractérise chimiquement la plante, c'est la présence d'une matière colorante, la *chlorophylle,* principe qui joue un rôle essentiel dans la vie de la plante ; il n'y a pourtant pas là un caractère absolu ; car toute une classe de plantes, les champignons, est dépourvue de chlorophylle, et on en trouve chez certains animaux, tels sont l'hydre verte, l'*euglena viridis,* le *stentor polymorphus,* etc. (1).

(1) D'après Brandt, les corpuscules chlorophylliens contenus dans les organismes ani-

La plante a plus de stabilité chimique que l'animal et les mutations matérielles y sont moins actives.

Ces mutations sont de deux ordres; assimilation d'une part, désassimilation de l'autre.

Par l'*assimilation*, l'organisme emploie et utilise pour sa propre substance les matériaux qui lui viennent du dehors. Pour la plante, ces matériaux qu'elle emprunte à l'air et au sol sont l'eau, l'acide carbonique et l'azote (ammoniaque, nitrates, etc.); c'est avec ces matériaux qu'elle forme l'amidon, la graisse et l'albumine de ses tissus; cette assimilation ne se fait que dans les parties vertes, à chlorophylle, et sous l'influence de la lumière et l'effet ultime est une réduction et une élimination d'oxygène. C'est ce processus qui a été appelé improprement *respiration végétale*. Chez l'animal l'assimilation est beaucoup moins complexe, puisqu'il utilise des matériaux (albuminoïdes, graisse, amidon), déjà transformés par la plante et qui n'ont guère plus à subir qu'un simple *virement* physiologique plutôt qu'une préparation réelle (1).

La *désassimilation* au contraire, liée au dégagement de forces vives, est une usure des matériaux de l'organisme, dont les deux termes extrêmes sont d'une part, une introduction d'oxygène, et d'autre part une élimination d'acide carbonique, de vapeur d'eau et de substances de déchet; c'est ce qui constitue la respiration (introduction d'oxygène et élimination d'acide carbonique) et l'excrétion. Ce processus, inverse du processus d'assimilation, se présente avec bien plus d'intensité chez l'animal, mais il n'en existe pas moins chez la plante; ainsi toutes les parties, vertes ou non, du végétal absorbent de l'oxygène et éliminent de l'acide carbonique aussi bien à la lumière qu'à l'obscurité et la *respiration végétale est identique à la respiration animale;* mais dans les végétaux, la respiration (introduction d'oxygène et élimination d'acide carbonique) est inférieure à l'assimilation (introduction d'acide carbonique et dégagement d'oxygène), de sorte que l'effet total est une absorption d'acide carbonique et un dégagement d'oxygène, et à ce point de vue, on peut dire qu'il y a antagonisme entre la plante et l'animal. En effet :

---

maux seraient des *algues unicellulaires* indépendants de ces organismes physiologiquement et morphologiquement. Seulement quand ces algues s'accumulent en très grande quantité dans ces organismes animaux, ceux-ci vivent à la manière des plantes vertes et assimilent de la même façon. Cependant les recherches d'Engelmann sur la vorticelle ne permettent guère de douter que le protoplasma animal vivant ne puisse présenter une matière colorante verte identique à la chlorophylle, faisant partie de la constitution de ce protoplasma et assimilant comme une plante verte.

(1) Les plantes sans chlorophylle, comme les champignons, sont en général parasites et assimilent comme des animaux. De Lanessan a émis une autre hypothèse sur le rôle de la chlorophylle. D'après lui, il se produirait dans les corpuscules chlorophylliens une synthèse qui donnerait directement naissance aux matières albuminoïdes du protoplasma. L'amidon et les corps ternaires qu'on trouve dans les corpuscules chlorophylliens ou dans les cellules incolores, proviendraient de la désassimilation des matières albuminoïdes du protoplasma, sous l'influence de l'oxygène atmosphérique. D'après les recherches récentes, la chlorophylle serait contenue dans des formations analogues au noyau d'une cellule (*chromatophores* de Schmitz, *plastides* de Schimper, *trophoplastes* de Meyer). Engelmann a montré, en outre, que la matière rouge ou brune des algues joue le même rôle physiologique que la chlorophylle.

La *plante* absorbe de l'eau, de l'acide carbonique et de l'ammoniaque ;

— élimine de l'oxygène ;

— épure l'air, appauvrit le sol ;

— est un appareil de réduction.

L'*animal* absorbe de l'oxygène ;

— élimine de l'eau, de l'acide carbonique et de l'ammoniaque (urée) ;

— vicie l'air, enrichit le sol ;

— est un appareil d'oxydation.

Les principes nécessaires à la vie de la plante (eau, acide carbonique, ammoniaque) sont précisément ceux que l'animal élimine comme dernier terme de la désassimilation, et il y a donc entre le sol et l'air, la plante et l'animal, une corrélation et une solidarité intimes qui se traduisent par des échanges continuels, par une véritable *circulation matérielle*. C'est cette action combinée de la plante et de l'animal qui maintient la constance de la quantité d'acide carbonique de l'air. La vie végétale et la vie animale sont fonction l'une de l'autre.

La proportion relative de matière végétale et de matière animale reste-t-elle constante ? A l'origine, il n'en a pas été ainsi ; à l'époque où l'atmosphère terrestre était surchargé d'acide carbonique, la vie végétale était seule possible ; puis, quand la vie animale a fait son apparition, les deux quantités ont, la première décru, la deuxième augmenté, jusqu'à un moment où les deux quantités sont probablement devenues stationnaires, de façon à amener l'équilibre qui existe aujourd'hui, équilibre qui, du reste, peut être troublé à chaque instant (ainsi dans une grande ville) et dont il est difficile d'affirmer le maintien.

Le dégagement de forces vives est beaucoup moins intense dans la plante que dans l'animal et ne se laisse constater chez la première qu'à certaines phases de son existence (chaleur dans la germination et dans la floraison), et dans certains cas spéciaux (mouvements de la sensitive, mouvements de locomotion de la graine du *loranthus globosus*). Les plantes transforment plutôt des forces vives (chaleur et lumière solaire) en forces de tension, les animaux des forces de tension en forces vives.

L'organisation végétale est moins compliquée, la division du travail physiologique y est poussée moins loin que chez l'animal ; cependant, là encore, il n'y a qu'une différence de degré, et l'organisation des animaux inférieurs ne dépasse guère celle de certaines plantes. La symétrie sphérique ou bilatérale existe aussi bien chez la plante que chez l'animal ; mais la forme générale de l'organisme emprunte, chez la première, aux conditions habituelles de son existence un caractère particulier. La plante est ordinairement fixée au sol et cette fixation lui imprime une forme qui se retrouve jusqu'à un certain point chez les animaux placés dans les mêmes conditions (polypiers).

Chez l'animal, un facteur, sinon nouveau, du moins essentiel, le mouvement locomoteur, apparaît, et ce mouvement détermine la distinction de l'organisme en partie antérieure et partie postérieure (avant et arrière), partie dorsale et partie ventrale, et donne à chacune de ces parties un ca-

ractère morphologique spécial en rapport avec leur mode de fonctionnement.

D'une manière générale, l'évolution de la plante est moins bien définie
que celle de l'animal; l'individualisation y est plus rare et la formation de
colonies ou d'agrégats d'individus (*polyzoïsme*) beaucoup plus fréquente que
chez l'animal, où elle est l'exception. L'accroissement de la plante en particulier est, sinon indéfini, du moins ne présente pas cet arrêt qui survient
chez l'animal à une période donnée de son existence; la plante s'accroît
presque continuellement jusqu'à sa mort; il n'y a pas chez elle, en effet,
cette usure et ce dégagement de forces vives qui sont si prononcés chez
l'animal et sont, comme on l'a vu plus haut, les causes principales de cet
arrêt dans l'accroissement qui se produit chez ce dernier.

La plante trouve à peu près partout les matériaux de son existence, eau,
acide carbonique et ammoniaque; l'animal, au contraire, ne trouve pas
partout ses aliments : il doit les chercher, et tandis que la première est
forcée de subir le milieu où les circonstances l'ont jetée et de s'y adapter
ou de périr, le second peut changer de milieu ; aussi la variabilité des végétaux est-elle plus considérable que celle des animaux et ceux-ci pré-
sentent-ils beaucoup plus d'indépendance vis-à-vis des milieux extérieurs.

Les principaux caractères distinctifs de la plante et de l'animal peuvent être
résumés de la façon suivante :

PLANTE.	ANIMAL.
Présence de la chlorophylle.	Absence de la chlorophylle.
Prédominance de l'assimilation sur la désassimilation.	Prédominance de la désassimilation sur l'assimilation.
Absorption d'eau, d'acide carbonique et d'ammoniaque.	Absorption d'oxygène.
Élimination d'oxygène.	Élimination d'eau, d'acide carbonique et d'ammoniaque (urée).
Dégagement très faible de forces vives (mouvement et chaleur).	Dégagement intense de forces vives (mouvement, chaleur, innervation.)
Transformation de forces vives en forces de tension.	Transformation de forces de tension en forces vives.
Pas de locomotion.	Locomotion volontaire.
Pas de sensibilité.	Sensibilité.
Organisation moins compliquée.	Organisation plus complexe.
Tendance au polyzoïsme.	Tendance à l'individualisation.
Accroissement presque indéfini.	Accroissement s'arrêtant à un moment donné.
Variabilité plus grande.	Variabilité plus faible.

Mais comme on l'a vu déjà, aucun de ces caractères n'est absolu; ni l'absence
de chlorophylle, ni le mouvement, ni la sensibilité, ni la digestion, ni la respiration, ne fournissent de caractère tranché, et il n'y a pas, à vrai dire, de criterium
réel de l'animalité.

Plus on pénètre au contraire dans l'étude approfondie des phénomènes, plus on

trouve d'analogies entre la vie animale et la vie végétale et plus les théories dua-
listes de la vie perdent du terrain. A chaque instant des faits curieux et inattendus
viennent multiplier les points de contact entre les deux règnes. C'est ainsi que
certains arbres, le *pelo de vaca* de Vénézuéla (arbre de la vache), le *masaranduba*
du Brésil fournissent un suc qui par ses propriétés physiques et sa composition
chimique se rapproche beaucoup du lait. Les *plantes carnivores* présentent un
exemple encore plus curieux ; les recherches de Darwin et de quelques autres
naturalistes ont montré que certaines plantes, et en particulier les *droséracées*,
fournissent un suc qui a la propriété de digérer les insectes et les matières animales qui sont en contact avec leurs feuilles.

Il paraît y avoir dans ces cas, non seulement une simple dissolution mais une
digestion véritable et qui semble profiter à la nutrition de la plante. Francis
Darwin a fait des expériences comparatives sur le *Drosera rotondifolia ;* il a vu que
les plantes nourries ainsi avec de la viande cuite déposée sur les feuilles étaient
plus vigoureuses que les plantes *à la diète* et contenaient un poids de graines
presque quadruple. Gorup-Besanez a constaté dans les graines de vesce, de
cannabis sativa, de *linum usitatissimum*, dans le malt, dans le suc des urnes de
népenthès, la présence d'un ferment qui digère les albuminoïdes et serait identique
à la pepsine. Du reste des recherches récentes montrent que tous les phénomènes
de la digestion qui existent chez les animaux (digestion des albuminoïdes, des
graisses, des hydrocarbonés) peuvent aussi se présenter chez les plantes.

Bibliographie. — SEMPER : *Die natürlischen Existenzbedingungen der Thiere*, 1870. —
K. BRANDT : *Ueber die morphologische und physiologische Bedeutung des Chlorophylls
bei Thieren* (Arch. für Physiol., 1882). — Th. W. ENGELMANN : *Lichtabsorptie en Assimila-
tie in plantencellen*. Utrecht, 1882. — WORTMANN : *Die pflanzliche Verdaungs-processe*
(Biol. Cbl., 1883). — Th. W. ENGELMANN : *Ueber thierische Chlorophyll* (Arch. de Pflüger,
t. XXXII, 1883) (1).

IV. — LES FORMES DE LA VIE.

Les manifestations de l'activité vitale sont loin de présenter la même
énergie dans tous les organismes. A mesure qu'on s'élève dans la série des
êtres, on voit peu à peu la vie, de latente qu'elle était dans la graine par
exemple, se dégager graduellement comme dans la plante, s'affranchir de
plus en plus des conditions extérieures qui la dominent et acquérir enfin
dans les animaux supérieurs un maximum d'intensité et une indépendance
relative. On peut donc, à ce point de vue, tout en n'oubliant pas que la vie
passe d'une forme à l'autre par des transitions insensibles, admettre, avec
Claude Bernard, trois formes principales de la vie, la *vie latente*, la *vie oscillante* et la *vie constante*.

1° **Vie latente**. — La graine nous donne un exemple de cette première
forme. La vie, en effet, existe *virtuellement* dans la graine ; elle s'y trouve
en puissance, mais elle ne s'y manifeste pas. Tant que la graine n'est pas
exposée à certaines conditions de chaleur, d'humidité, etc., elle reste dans
le même état qu'un corps brut, une pierre par exemple qui ne serait pas

(1) A CONSULTER : Claude Bernard, *Phénomènes de la vie communs aux animaux et aux
végétaux*, Paris, 1878. — Darwin, *Les Plantes carnivores*, 1877.

attaquée par les agents extérieurs. Il y a là une sorte d'*état indifférent* qui n'est *ni la mort ni la vie*, ni la mort, puisque cette graine est susceptible de germer dans des circonstances données, ni la vie, puisque les expériences les plus délicates ne peuvent faire constater ni variation de poids, ni absorption d'oxygène, ni quoi que ce soit qui rappelle les phénomènes de la vie. Cet état a reçu le nom de *vie latente* (*vitalité dormante* des auteurs anglais). Cet état peut se prolonger pendant des mois, des années, des siècles même, sans que la graine perde son aptitude à vivre et à germer. Même en écartant les faits, peut-être un peu douteux, de germination de graines recueillies dans les hypogées d'Égypte ou dans les habitations lacustres, il reste encore des preuves certaines de conservation de graines enfouies depuis des centaines d'années.

Les ferments figurés, la levûre de bière en particulier, présentent ces phénomènes de la vie latente avec une très grande intensité, et dans cet état ils possèdent un pouvoir de résistance énergique aux agents extérieurs. Ainsi Claude Bernard a vu de la levûre de bière conservée deux ans et demi dans l'alcool absolu produire encore la fermentation alcoolique.

Chez les animaux, les exemples de vie latente ne sont pas rares et sont peut-être encore plus curieux que chez les plantes. Ils se présentent surtout chez les infusoires, mais on les observe aussi chez des êtres bien plus élevés dans l'échelle animale. Parmi les infusoires, les *colpodes* ont surtout été bien étudiés par Coste, Gerbe et Balbiani. Ce sont des infusoires ciliés pourvus d'une bouche, d'une poche stomacale et d'un estomac (fig. 1, *e*). Quand on observe ces colpodes dans une infusion, on les voit, au bout d'un certain temps, s'enkyster (*f*) et devenir tout à fait immobiles dans leurs kystes. Sans les suivre dans leurs transformations ultérieures qu'il est facile du reste d'étudier sur la figure 1, il suffira de dire qu'à l'état de kystes, ils peuvent être desséchés et conservés indéfiniment dans cet état; puis, dès qu'on les humecte avec un peu d'eau, ils reviennent à la vie. Les *anguillules* du blé niellé offrent les mêmes particularités. Baker en a conservé à l'état sec pendant vingt-sept ans sans qu'elles aient perdu la possibilité de revivre, Spallanzani a pu les dessécher et les ressusciter jusqu'à seize fois. Les *rotifères* (fig. 2) ont été le sujet d'expériences nombreuses sur la question qui nous occupe ; ce sont des animaux de 1/2 à 1 millimètre de long, appartenant à la classe des vers et qu'on trouve dans les mousses qui couvrent les toits ; quand l'humidité vient à leur manquer, ils se dessèchent, prennent la forme qu'on leur voit dans la figure 3 et restent ainsi immobiles jusqu'à ce que la pluie vienne les ramener à la vie active. Les *tardigrades*, arachnides de la famille des acariens, qui vivent dans les mêmes conditions que les rotifères et sont soumis aux mêmes alternatives d'humidité et de sécheresse, présentent une organisation très compliquée, puisqu'ils possèdent un système musculaire et nerveux et des organes digestifs complètement développés.

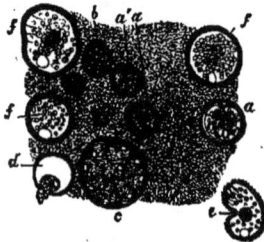

Fig. 1. — *Colpodes* (*).

(*) *a*, *a'*, *b*, *c*, colpodes se divisant dans l'intérieur de leur kyste. — *d*, colpode sortant de son kyste. — *e*, colpode libre. — *f*, colpode enkysté. — D'après Cl. Bernard.

Dans tous les cas, la condition essentielle pour l'établissement et le maintien de la vie latente, c'est la dessiccation de l'organisme, dessiccation qui ne va pas toujours jusqu'à la privation absolue d'humidité, car la graine contient toujours une certaine proportion d'eau, mais qui doit toujours être poussée assez loin. Quel-

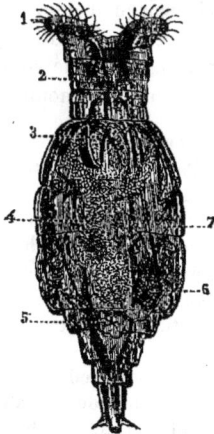

Fig. 2. — *Rotifère* (*).   Fig. 3. — *Rotifère desséché* (**).

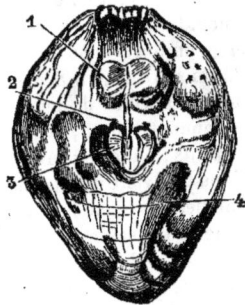

ques faits semblent, il est vrai, en contradiction avec cette assertion; ainsi on a pu faire germer des graines enfouies depuis longtemps dans la terre ou immergées dans l'eau, mais dans ces cas il est probable qu'une cause non déterminée, un enduit ou un tégument protecteur empêchaient la pénétration de l'eau dans l'intérieur de la graine.

On a donné à cette revivification le nom d'*anabiose*. P. Regnard a observé une forme de *vie latente* différente de celle qui vient d'être décrite. En soumettant à des pressions de 600 à 1,000 atmosphères des ferments figurés, des graines, des infusoires, des invertébrés, il a constaté sur ces organismes une sorte de vie latente qui persistait un temps variable après la sortie de l'appareil à compression. Si la pression était portée trop haut la mort était définitive. Chez les vertébrés la mort arrive pour des pressions inférieures (poissons, grenouilles). D'après Regnard cette vie latente semble résulter de la pénétration d'une certaine quantité d'eau dans les tissus.

2° Vie oscillante. — Dans l'état auquel Cl. Bernard a donné le nom de *vie oscillante*, l'activité vitale n'est jamais suspendue complètement comme dans la vie latente; elle n'est que ralentie, et ces ralentissements sont en général en rapport avec les conditions extérieures auxquelles est soumis l'organisme. C'est ainsi que pendant l'hiver les plantes présentent une sorte d'engourdissement pendant lequel les phénomènes de nutrition et d'accroissement sont réduits au minimum. Ces faits d'hibernation végétale ont leurs analogues chez les animaux. Beaucoup d'entre eux offrent ces

(*) 1, Organes ciliés. — 2, tube respiratoire. — 3, appareil masticateur. — 4, intestin. — 5, vésicule contractile. — 6, ovaire. — 7, canal d'excrétion. — D'après Cl. Bernard.
(**) 1, Organe rotateur. — 2, yeux. — 3, appareil masticateur. — 4, intestin.

alternatives de repos et d'activité fonctionnelle ; tel est l'exemple si connu des animaux hibernants, comme la marmotte, le hérisson, etc. C'est ce qu'on voit aussi chez un grand nombre d'invertébrés, mollusques, insectes, arachnides, etc., qui, soit à l'état parfait, soit à l'état de larve ou de nymphe, s'enfoncent dans la terre ou dans la vase dans la saison froide. Beaucoup d'animaux du reste, sans entrer précisément en état d'hibernation proprement dite, sont sujets pendant la saison d'hiver à une sorte de somnolence ou de torpeur qui s'en rapproche singulièrement (ours, grenouilles, etc.).

La phase de diminution d'activité fonctionnelle ne correspond pas toujours à la saison froide. Dans certaines régions, au lieu d'une hibernation, c'est une véritable *estivation* qu'on observe sous l'influence de la chaleur et de la sécheresse. C'est ainsi qu'Adanson a vu, au Sénégal, les gastéropodes s'enfoncer sous terre pendant l'été et fermer l'orifice de leur coquille par un opercule comme ils le font dans nos pays pendant l'hiver ; ce sommeil d'été a été aussi observé chez les amphibies et les serpents ; on le retrouve chez le *lepidosiren* (poisson dormeur des naturels) qui vit dans la rivière de Gambie qui est à sec une moitié de l'année et même chez des mammifères comme le *tanrec*.

De même que le sommeil annuel hibernal ou estival, le sommeil journalier peut se rattacher aux phénomènes de la vie oscillante. Tout le monde connaît les faits décrits sous le nom de *sommeil des plantes* (Linné, 1775) ; on sait que beaucoup de feuilles et de fleurs (*oxalidées, mimosées, datura ceratocaula*, etc.) se ferment au crépuscule pour se rouvrir à la lumière. Quoique ces phénomènes soient très probablement dus à des différences de tension des tissus végétaux, on peut cependant les rapprocher de ceux qui se présentent avec bien plus d'extension dans le règne animal. D'une façon générale la nuit diminue chez presque tous les êtres l'activité des fonctions et les plonge dans un état de torpeur relative qui constitue le sommeil, état dont les conditions particulières seront étudiées plus tard. Il y a pourtant d'assez nombreuses exceptions ; pour toute une catégorie d'animaux, *animaux nocturnes*, la période de repos correspond au jour, la période d'activité à la nuit. Il en est de même pour quelques plantes ; il en est, comme le *mesembryanthemum noctiflorum*, dont les fleurs se ferment pendant le jour pour s'épanouir au crépuscule.

3° **Vie constante ou libre**. — Cette troisième forme caractérise les animaux supérieurs et spécialement les animaux dits à sang chaud. Chez eux la vie est de moins en moins soumise à l'influence des agents cosmiques ; l'organisme s'isole de plus en plus du milieu qui l'entoure ; sa température propre, la quantité d'eau qu'il contient, sa composition ne varient que dans des limites très restreintes qui assurent la constance de son fonctionnement ; en un mot l'organisme est constitué de telle sorte que les variations du milieu extérieur ne puissent l'influencer d'une façon profonde. C'est qu'en effet, et Cl. Bernard a insisté avec raison sur cette idée fondamentale, entre les éléments de l'organisme et le milieu extérieur dans lequel celui-ci est plongé, se trouve un *milieu intérieur*, le sang qui sert d'intermédiaire entre les deux. Grâce à ce milieu intérieur dont la fixité de composition, de température, etc., est assurée par des dispositions qui seront étudiées plus tard, l'organisme est, suivant une heureuse expression de Cl. Bernard, « *placé comme en serre chaude ;* les changements perpétuels du milieu cos-

« mique ne l'atteignent point ; il ne leur est pas enchaîné ; il est libre et
« indépendant. »

Mais il ne faut pas oublier que cette indépendance n'est que relative, et
là encore on voit la confirmation de cette grande loi de l'évolution qui rattache les organismes supérieurs et l'homme lui-même aux êtres les plus infimes. Il est facile, en effet, de reconnaître dans l'évolution biologique de
l'homme les trois formes de la vie que nous venons d'énumérer. Au début,
lorsque l'ovule vient d'être mis en liberté et expulsé de la vésicule de
de Graaf, il est en réalité à l'état de vie latente telle qu'on l'observe dans
la graine ; il ne s'y passe aucun phénomène vital, il ne change pas de volume, il est isolé et indépendant jusqu'à ce qu'il reçoive l'imprégnation des
spermatozoïdes et vienne alors se greffer sur l'organisme maternel ; et cet
état de vie latente de l'ovule peut se prolonger jusqu'à dix jours et plus,
comme on a eu plusieurs fois occasion de le constater. La vie oscillante se
retrouve dans les alternatives de diminution et d'augmentation de l'activité
vitale qui correspondent aux variations de température et de lumière des
saisons et des jours. Elle se retrouve encore d'une façon bien plus saisissante
si au lieu de considérer l'organisme humain dans sa totalité on considère
les éléments qui le composent. La vie de la plupart des éléments anatomiques, nerfs, muscles, glandes, etc., consiste en effet en une succession
sans fin de phases contraires, en un passage perpétuel de l'activité au repos
et du repos à l'activité.

Bibliographie. — P. Regnard : *Note sur les conditions de la vie dans les profondeurs
de la mer* (Soc. de biologie, 1884). — Certes : *Note relative à l'action des hautes pressions
sur la vitalité des micro-organismes* (Id.). — P. Regnard : *Phén. objectifs que l'on peut
observer sur les animaux soumis aux hautes pressions* (Soc. de biologie, 1885). —
J. Chatin : *Sur la réviviscence de l'anchylostome duodénal* (Id.) (1).

V. — LES CONDITIONS PHYSIQUES DE LA VIE.

L'étude des trois formes de la vie nous a montré sous quelle dépendance,
même chez les animaux supérieurs, la vie se trouve des conditions extérieures et du milieu cosmique. Sans entrer dans des détails qui seront traités
plus tard à propos de l'action des milieux, il importe de passer ici rapidement en revue les conditions extérieures, chaleur, lumière, etc., indispensables à la manifestation de la vie.

1. Chaleur.

Tous les phénomènes de la vie, tous les mouvements de la matière
organique ont leur origine dans la radiation solaire. La radiation solaire,
sous forme de chaleur ou de lumière, est la condition essentielle de toute

(1) A consulter : Spallanzani, *Opuscules de physique*, t. II, 1877. — Doyère, Thèse de la
Faculté des sciences de Paris, 1842. — Davaine, *Mém. de la Soc. de biologie*, 1856. — Broca,
Rapport sur les animaux ressuscitants (Mém. de la Société de biologie, 1860). — Claude
Bernard, *Leçons sur les phénomènes de la vie*, 1878.

vie végétale et animale. Au fond, la chaleur n'agit pas autrement sur les organismes que sur les corps bruts, sur le mercure d'un thermomètre par exemple ; mais tandis que dans le mercure, dont les molécules sont toutes identiques, elle ne produit pas autre chose qu'un écartement de ces molécules et une dilatation totale consécutive, dans les organismes, dont les molécules ont des propriétés chimiques différentes, elle produit, non seulement l'écartement de ces molécules, mais encore elle en change les rapports réciproques de façon qu'elles peuvent donner naissance à de nouvelles combinaisons chimiques.

Chaque phénomène vital, qu'on prenne un organisme entier, ou chacun de ses éléments et de ses tissus, est compris entre une limite minimum et une limite maximum de température, au-dessous et au-dessus desquelles l'activité vitale ne peut plus se manifester. La plupart des plantes ne commencent à végéter que lorsque la température monte à quelques degrés au-dessus de 0° cent., et ne peuvent vivre quand cette température dépasse pendant quelque temps 50° cent. Il y a bien quelques exceptions souvent citées ; beaucoup de mousses et de lichens supportent des gelées excessives ; la *Soldanella alpina* fleurit sous la neige et le *Protococcus nivalis* et quelques autres algues donnent à la neige cette coloration rouge qu'on observe quelquefois dans les régions alpines. D'autre part on a constaté l'existence d'algues et de conferves dans des sources chaudes marquant 53° et dans l'air ou des vapeurs à 74° cent., et même, d'après Ehrenberg et Lander-Lindsay, à des températures encore plus élevées. Pour les animaux le champ de l'activité est encore plus étendu. L'homme en particulier peut supporter quelque temps des températures allant de — 56°,7 (Fort Reliance) jusqu'à +53° à l'ombre (Sénégal). Expérimentalement, ces limites ont été encore dépassées. Bladgen a pu séjourner huit minutes dans une étuve sèche chauffée à +129°. Il est vrai que dans ces cas la température intérieure du corps varie peu. Mais il n'en est pas de même pour les organismes inférieurs qui, vu leur petit volume, se mettent rapidement en équilibre de température avec le milieu ambiant. Or il semble résulter des expériences de Doyère que les tardigrades et les rotifères desséchés peuvent supporter des températures de + 98 et + 125°. Il en est de même des germes de bactéries et d'un certain nombre d'organismes végétaux inférieurs chez lesquels la vie n'est pas abolie par des températures supérieures à l'ébullition (Hoffmann, Chamberland).

On a cherché aussi à déterminer expérimentalement les limites inférieures de refroidissement compatibles avec la vie. On a pu refroidir artificiellement jusqu'à +20° des lapins et jusqu'à + 4° des animaux hibernants (température intérieure du corps), sans déterminer la mort.

La résistance des animaux au froid paraît même pouvoir être portée encore plus loin. On a cité souvent des faits de retour à la vie après la congélation, observés sur des sangsues, et même des crapauds, des grenouilles et des serpents (J. Davy, Joly, Garnier, etc.). D'après F. A. Pouchet, au contraire, toutes les fois que la congélation de l'animal est totale ou, quoique partielle, est assez étendue, la mort est inévitable et tout retour à la vie impossible. Dans ce cas, la mort serait due à l'altération des globules sanguins. Je dois cependant dire, en opposition avec l'opinion de Pouchet, que j'ai constaté une fois le retour à la vie de têtards complètement emprisonnés dans la glace ; le bocal qui les renfermait était resté dehors par une nuit d'hiver très froide, et la faible quantité d'eau qu'il contenait était entièrement prise en glace. Vu la petitesse de ces animaux il est difficile d'admettre que dans ce cas la congélation de ces têtards n'ait pas été totale. Frisch serait arrivé à des résultats encore plus étonnants. Il a pu soumettre à des froids de — 87° (évaporation de l'acide carbonique solide) des bactéries et des bactéridies sans entraver leur développement ultérieur.

Ce qui vient d'être dit pour les organismes pris en totalité peut s'appliquer aussi aux tissus et aux éléments qui les composent et à leurs diverses fonctions. Là aussi on trouve un minimum et un maximum de température que la vie ne peut franchir. C'est ainsi que, pour une espèce végétale donnée, à tel degré seulement commence la formation du principe colorant de la chlorophylle, à tel autre la germination, à tel autre la floraison, etc. Chacune des phases de la vie végétale occupe un des degrés successifs de l'échelle thermométrique. Pour les animaux, il en est de même. Les mouvements du protoplasma sont arrêtés par un froid trop rigoureux ou par une température de $+40°$ cent. L'irritabilité musculaire, l'excitabilité nerveuse se trouvent dans le même cas, et il serait facile d'en multiplier les exemples.

C'est donc entre un minimum et un maximum de température que se déploie l'activité vitale. Quoiqu'il soit impossible d'établir une proportion exacte entre l'énergie de cette activité et le degré de température, on peut cependant dire que, d'une façon générale, l'intensité des actions vitales croît jusqu'à un maximum correspondant à une augmentation de température déterminée ; puis, à partir de ce point, l'énergie décroît peu à peu jusqu'au moment où tout phénomène vital disparaît quand la température dépasse une certaine limite. Quoiqu'il ait été fait peu de recherches précises suivies sur ce point, les expériences de Nœgeli sur le protoplasma, de Duchartre et Sachs sur la croissance des cellules, celles de Marey et de plusieurs autres physiologistes sur la contraction musculaire, etc., etc., mettent ces faits hors de doute. Mais il n'est pas même besoin de recourir pour cela aux expériences précises. Les faits abondent et, pour ne parler que des plus frappants, l'arrêt de la végétation dans la saison froide, les cas d'hibernation et d'estivation signalés dans le paragraphe précédent, la répartition géographique des espèces végétales et animales, montrent dans toute leur extension la puissance de ces influences thermiques. Quoique les animaux et principalement les animaux supérieurs possèdent, comme on l'a vu plus haut, une certaine indépendance vis-à-vis des conditions extérieures, l'action de la chaleur ne s'en fait pas moins sentir sur la plupart de leurs fonctions, telles que la circulation, la respiration cutanée, les sécrétions et tant d'autres, et chez l'homme même les actes qui sont en apparence les plus libres, les mariages, les suicides, les attentats ne se dérobent pas à cette influence et sont en relation intime avec la température extérieure. (Voir aussi : *Respiration*.)

2. Lumière.

La vie végétale, envisagée au point de vue le plus général, est sous la dépendance de la lumière. C'est sous son influence que les parties vertes des plantes éliminent de l'oxygène, transforment l'acide carbonique, l'eau, etc., en combinaisons moins oxygénées et fabriquent ainsi les substances organiques aux dépens desquelles vivent les plantes parasites sans chlorophylle (champignons), et les animaux herbivores ; on voit donc que directement ou indirectement toute vie végétale ou animale a son origine dans la lumière comme dans la chaleur solaire.

L'influence de la lumière sur les plantes ne se borne pas à l'action sur l'assimilation qui vient d'être mentionnée. C'est elle encore qui, sauf dans les cotylédons des conifères et les rejetons des fougères, détermine la formation de la chlorophylle et l'apparition de l'amidon dans son intérieur. La forme extérieure des plantes, la croissance de leurs cellules, leur structure et spécialement celle du *parenchyme d'assimilation* des feuilles, la grandeur et l'épaisseur de celles-ci, les différences de tension qui produisent l'héliotropisme positif ou négatif, la sensibilité et les mouvements de l'*Oxalis*, de la *Mimosa pudica*, etc., sont en relation intime avec la lumière.

Dans tous ces cas, comme on l'a vu pour la chaleur, chaque phénomène est favorisé dans sa manifestation par un degré déterminé d'intensité lumineuse; c'est ainsi que l'intensité lumineuse qui suffit pour la formation de la chlorophylle ne suffit pas pour l'apparition de l'amidon; mais le manque de procédés exacts de photométrie a empêché jusqu'ici toutes recherches précises sur ce point.

Chez les animaux, l'influence directe de la lumière sur la vie, quoique bien moins prononcée que chez les végétaux, n'en existe pas moins, et se fait sentir tant sur l'organisme pris dans sa totalité que sur le tégument externe, abstraction faite des sensations visuelles qui seront étudiées dans la physiologie spéciale. Tous les animaux, presque sans exception, même ceux qui sont dépourvus d'organes visuels, sont sensibles à la lumière, et depuis longtemps Tremblay avait remarqué que les hydres d'eau douce, qui sont tout à fait dépourvues de points oculaires, quand on les place dans un vase éclairé seulement en un point, se dirigent rapidement vers l'endroit éclairé.

La coloration des téguments est en rapport avec l'intensité lumineuse à laquelle est soumis l'animal, sans qu'on puisse expliquer d'une façon nette, dans la plupart des cas, l'action de la lumière. On sait par exemple que, chez l'homme, la pigmentation de la peau et même celle des parties profondes augmentent par une insolation prolongée, et les exceptions citées souvent ne peuvent infirmer le fait général. Les oiseaux des tropiques présentent les couleurs les plus variées et les plus brillantes, et on a remarqué que chez beaucoup de mollusques maritimes la coloration de la coquille dépend jusqu'à un certain point de la profondeur à laquelle ils vivent, et par conséquent du plus ou moins d'absorption de la lumière par l'eau. Ainsi pour les élatobranches, jusqu'à trois brasses de profondeur on rencontre les couleurs les plus éclatantes; de 3 à 20 brasses, c'est le bleu et le vert qui dominent; de 20 à 35 le pourpre; plus profondément le rouge et le jaune; de 76 à 105 brasses le rouge brun; enfin de 106 à 210 brasses, on ne rencontrerait plus guère que le blanc mat. Cependant ces faits ne peuvent être accueillis qu'avec réserve; car Alph. Milne-Edwards a trouvé dans la Méditerranée, à mille brasses de profondeur, un *Pecten opercularis* aux couleurs vives, et dans les draguages pratiqués à bord du *Challenger*, on a retiré des mêmes profondeurs des *alcyonaires* remarquables par la beauté de leurs couleurs. Les variations de coloration, si curieuses et si souvent citées, du caméléon, s'expliquent plus facilement par la contractilité et la sensibilité à la lumière des cellules ou *chromatophores* qui contiennent les granulations pigmentaires. Cependant à cette action directe de la lumière sur les éléments pigmentés vient se joindre une action indirecte par l'entremise de l'organe visuel, comme l'ont montré les expériences de Georges Pouchet sur les poissons et les crustacés, et de Bert, sur le caméléon. Georges Pouchet a vu que les changements de coloration présentés par les turbots, les homards, etc., suivant le fond sur lequel ils reposent, ne se produisaient plus après l'ablation des yeux, et Bert a constaté chez le caméléon qu'après l'extirpation d'un œil, le côté correspondant du corps ne changeait presque plus de couleur sous l'influence de la lumière.

La lumière paraît avoir aussi une certaine influence sur le développement et l'accroissement des animaux; ainsi W. Edwards, dans une série d'expériences comparatives, a vu des œufs et des têtards de grenouille se développer plus rapidement à la lumière que dans l'obscurité, et J. Béclard a obtenu les mêmes résultats sur des œufs de mouche. Du reste, Moleschott et, après lui, Selmi et Piacentoni, Fubini, ont constaté que la quantité d'acide carbonique exhalée par les grenouilles était plus considérable à la lumière que dans l'obscurité, et, malgré les recherches contradictoires de Bidder et Schmidt, il est difficile d'admettre que cette suractivité de la nutrition soit due uniquement à l'action de la lumière sur l'organe visuel.

Je dois dire cependant que dans les expériences de Speck, faites sur lui-même, cette influence de la lumière sur la nutrition ne s'est pas manifestée, pas plus que l'influence attribuée aux divers rayons du spectre. Les variations dans l'absorption d'oxygène et l'élimination d'acide carbonique étaient simplement dues aux variations de la ventilation pulmonaire.

Quoique l'influence physiologique de l'exposition à la lumière ait été peu étudiée scientifiquement, cette influence ne peut cependant être niée et l'insolation a été préconisée par quelques médecins dans certains cas de débilité et dans quelques maladies. Mais c'est surtout sur l'organe visuel que se montre dans toute son énergie l'action de la lumière; ainsi chez les animaux qui vivent dans une obscurité complète dans les cavernes souterraines de la Carniole et du Tyrol, les organes visuels manquent complètement (*Helix Hauffenii*, etc.) ou sont tout à fait rudimentaires (*Proteus anguinus*). Le même fait a été observé dans les draguages du *Challenger* sur un grand nombre d'espèces vivant dans les profondeurs de la mer. Un exemple frappant de l'influence de la lumière sur le développement de l'œil est fourni par un crustacé marin, l'*Ethusa granulata*; à la surface de la mer il a des organes visuels bien conformés; entre 110 et 370 brasses, les yeux sont encore portés par un pédoncule mobile, mais ils sont remplacés par une masse calcaire arrondie; enfin entre 500 et 700 brasses, le pédoncule se change en un appendice pointu et immobile qui sert de rostre. Du reste chez les animaux nocturnes, la rétine a une structure particulière (voir *Vision*).

Dans cette action de la lumière sur les êtres vivants, tous les rayons du spectre n'ont pas la même part d'influence. Ainsi ce sont surtout les rayons rouges et jaunes qui produisent la formation de la chorophylle et l'élimination de l'oxygène par les parties vertes. L'héliotropisme au contraire et les mouvements des feuilles paraissent plutôt déterminés par la lumière bleue et violette. D'après les recherches de Bert, les rayons jaunes et rouges sont sans action sur les chromatophores du caméléon, tandis que les rayons bleus et violets produisent rapidement un changement de coloration. C. Bouchard a constaté aussi que, dans les phénomènes déterminés sur la peau humaine par l'insolation, la plus grande part revient aux rayons bleus et violets (1).

(1) W. Engelmann a observé qu'une espèce de bactérie (*B. photometricum*) restait immobile dans l'obscurité, et présentait des mouvements très vifs à la lumière. Ces mouvements présentent leur maximum d'activité dans les rayons jaunes (raie D du spectre)

Quant aux rapports de la lumière avec la distribution géographique ou topographique des espèces animales, on ne sait rien de précis.

3. Électricité atmosphérique.

L'état électrique de l'atmosphère et du sol varie continuellement, et les êtres vivants sont continuellement exposés à ces variations et doivent en ressentir les effets. Mais les recherches manquent presque complètement sur ce sujet. On a bien étudié l'action des courants et des décharges électriques sur les contractions du protoplasma animal et végétal, sur les mouvements de la sensitive et de quelques autres plantes ; l'excitation électrique des muscles et des nerfs est journellement employée dans les laboratoires et dans la pratique médicale ; mais jusqu'à présent il est difficile de coordonner toutes ces recherches de façon à en tirer des conclusions un peu générales. Cependant dans ces derniers temps il a été fait dans cette direction des travaux intéressants. Grandeau dans une série de recherches sur le tabac, le maïs géant et le blé Chiddam, a constaté l'influence de l'état électrique de l'atmosphère sur l'assimilation ; les plantes soustraites à l'influence de l'électricité atmosphérique élaboraient 50 à 60 pour 100 en moins de matières vivantes que celles qui croissaient dans les conditions ordinaires. Les faits de *métallothérapie* observés depuis longtemps par Burcq et confirmés récemment par plusieurs physiologistes sont venus prouver aussi que de faibles tensions électriques peuvent n'être pas sans action sur les organismes animaux.

4. Pesanteur.

La pesanteur a une influence considérable sur la forme des organismes. A ce point de vue, on peut dire que la vie lutte continuellement contre la tendance qu'ont les molécules d'un organisme à suivre les lois de la pesanteur, et que la forme de l'organisme est la résultante de ce conflit. Les recherches des botanistes et en particulier celles d'Hofmeister ont prouvé que la pesanteur est une des conditions essentielles qui déterminent la direction de la tige et des racines, celle des feuilles et des branches (*géotropisme*), et qu'elle entre en jeu dans un grand nombre de fonctions végétales. Plus la plante augmente de taille, plus on voit les parties dures, ligneuses (tronc, branches, etc.) s'accroître en proportion des parties herbacées auxquelles elles servent de soutien, et il y a une relation intime entre la taille d'un végétal et la quantité de bois qu'il contient, comme on le voit en passant des *herbes* aux *sous-arbrisseaux*, aux *arbustes* et aux *arbres*. Les fougères, herbacées dans nos climats, acquièrent sous les tropiques une hauteur considérable et un tronc ligneux (stipe) qui peut supporter le poids de la plante et du faisceau de feuilles qui la termine. Les tiges volubiles, les vrilles, les griffes

et dans les rayons ultra-rouges. Ce sont les mêmes rayons qui déterminent l'élimination de l'oxygène par les parties vertes des plantes et le *bacterium photometricum* peut servir à apprécier l'intensité de cette élimination d'oxygène.

des plantes sarmenteuses et grimpantes, sont autant de dispositions particulières qui amènent le même résultat.

Chez les animaux, la *substance de soutien* siliceuse, calcaire, cartilagineuse ou osseuse joue le même rôle que le ligneux des plantes. La carapace et les charpentes siliceuses ou calcaires des rhizopodes, des radiolaires, des éponges, les polypiers des coralliaires, les cartilages céphaliques des annélides tubicoles, le tégument calcaire des échinodermes, l'enveloppe chitineuse des articulés, les coquilles des mollusques, le squelette cartilagineux ou osseux des vertébrés, etc., nous représentent autant de formes variées ayant toutes pour résultat de lutter contre la pesanteur pour maintenir la forme animale.

E. Pflüger, dans ses recherches sur le développement des œufs de grenouille, a montré qu'on pouvait faire varier la direction de la division de l'œuf en modifiant la direction de la pesanteur par rapport à l'axe de l'œuf. Il faut dire cependant que ces résultats ont été contredits par Roux et Born.

Pour tout ce qui concerne l'influence spéciale de la *pression atmosphérique*, voir : *Action des milieux.*

Bibliographie. — Chaleur : L. Chabry : *De la dilatation des tissus vivants par la chaleur* (Soc. de biolog., 1884).
Lumière : Speck : *Unt. über den Einfluss des Lichtes auf den Stoffwechsel* (Arch. für exp. Path. 1879). — Th. W. Engelmann : *Ueber Licht und Farbenperception niederster Organismen* (Arch. de Pflüger, t. XXIX, 1882). — Id. : *Bacterium photometricum* (id., t. XXX, 1883). — De Folin : *Sous les mers*, Campagnes d'exploration sous-marines du Talisman *et du* Travailleur, Paris, 1887.
Pesanteur : E. Pflüger : *Ueber den Einfluss der Schwerkraft auf die Teilung der Zellen* (Arch. de Pflüger, t. XXXI et XXXII, 1883) (1).

VI. — PLACE DE L'HOMME DANS LA NATURE.

Résultats de la comparaison de la plante et de l'animal. — La plante trouve les matériaux de son accroissement dans l'air et dans le sol, c'est-à-dire à peu près partout; il n'y a donc pas pour elle nécessité de déplacement. L'animal ne les trouve pas partout; il doit donc se déplacer, c'est-à-dire se mouvoir, et ce mouvement, qui n'est qu'un dégagement de orces vives, est lié à une oxydation; cette oxydation ne peut se faire que par l'usure de la substance même de l'organisme animal, et cette usure amène à chaque instant la nécessité d'une réparation organique et le besoin de rechercher des aliments appropriés; l'animal sent ses besoins et cherche à les satisfaire, et il exécute en vue de leur satisfaction des mouvements combinés et volontaires : il sent, il sait et il veut. Le nombre des actes vitaux de l'animal sera donc beaucoup plus considérable que ceux de la plante.

A chacune des actions vitales de l'animal correspond une fonction : locomotion, digestion, respiration, etc. Chez les animaux supérieurs, chaque fonction a pour instruments des organes ou des appareils déterminés; mais, chez les êtres inférieurs, il n'en est plus de même; c'est la même substance

(1) A consulter : W. Edwards, *Influence des agents physiques sur la vie*, 1824. — Magendie, *Leçons sur les phén. de la vie*, 1842.

qui se contracte, sent, digère, excrète, se reproduit ; puis, à mesure qu'on s'élève dans la série animale, la spécialisation se fait et la masse vivante se segmente et se différencie en parties afférentes à chaque fonction ; c'est la division du travail en physiologie, suivant l'expression de Milne-Edwards.

Cette division du travail physiologique a les mêmes avantages que dans l'industrie ; en se localisant et se spécialisant, la fonction se précise et se perfectionne : mais en même temps chaque organe, chaque partie de l'organisme devient indispensable à la vie du tout qui périt quand cette partie se trouve profondément atteinte.

Mais, même chez les animaux, tous les actes vitaux ne se localisent pas dans des organes et dans des appareils déterminés ; à côté des fonctions spéciales, comme la digestion, la circulation, l'innervation, il en est d'autres, plus générales, qui ont pour siège toutes les parties, tous les éléments de l'organisme ; tels sont l'accroissement, la nutrition, la production de chaleur. Ces actes, essentiels à la vie, ne méritent pas le nom de fonctions, qui doit être réservé aux actes combinés et coordonnés pour un but déterminé, comme la digestion.

Spécialité et perfectionnement successif des organismes. — Si l'on examine la série animale depuis les êtres les plus simples jusqu'aux êtres les plus complexes, on voit l'organisation se perfectionner peu à peu par transitions presque insensibles.

Tout à fait en bas, en prenant d'abord les organismes unicellulaires, on trouve des êtres tout à fait homogènes (*monères* d'Hæckel) et constitués par une simple masse de protoplasma ; à un degré plus élevé, la couche la plus extérieure, la surface limitante de cet organisme rudimentaire acquiert une consistance plus grande que celle de la masse intérieure ; bientôt certaines parties se différencient pour servir à une fonction déterminée ; telle est l'apparition d'organes locomoteurs, soit temporaires (*pseudopodies des radiolaires*), soit permanents (cils vibratiles des infusoires ciliés) ; telle est celle des organes reproducteurs, noyau et nucléole, chez les infusoires.

Dans les animaux multicellulaires, cette spécialisation se continue. La spécialisation ne porte d'abord que sur les éléments cellulaires ; puis elle s'étend plus loin ; de véritables organes apparaissent, cavité digestive, muscles et ces organes eux-mêmes finissent par se grouper en appareils. C'est au mode spécial d'activité de ces organes et de ces appareils qu'on donne le nom de *fonctions*.

Si nous prenons le degré supérieur de spécialisation fonctionnelle tel qu'il se présente chez l'homme, par exemple, nous pouvons concevoir l'organisme de la façon suivante, en le réduisant schématiquement à sa plus simple expression (fig. 4).

Il est constitué par :

1° Des organes profonds, organes de mouvement ou muscles (fig. 4) (1), et organes nerveux (2) ;

2° Des organes superficiels qui isolent l'organisme du milieu extérieur ; surfaces épithéliales, qui se divisent en A, surfaces d'introduction (5) pour l'oxygène et les matériaux nutritifs, et B surfaces d'élimination (6) des déchets ;

3° Des agents, sang et globules sanguins (4), qui portent l'oxygène et les matériaux nutritifs des surfaces d'introduction aux organes profonds et portent les matériaux de déchet de ces organes profonds aux surfaces d'élimination ;

4° Un organe reproducteur, mâle ou femelle (3) ;

5° Une masse de remplissage et de soutien, substance connective (7).

Cette spécialisation d'organes et de fonctions peut se suivre non seulement dans la série, mais aussi dans l'évolution même d'un organisme. Qu'on prenne, par exemple, l'homme tout à fait à sa naissance ; on le verra d'abord constitué par une seule cellule ou ovule ; il représente à cette première

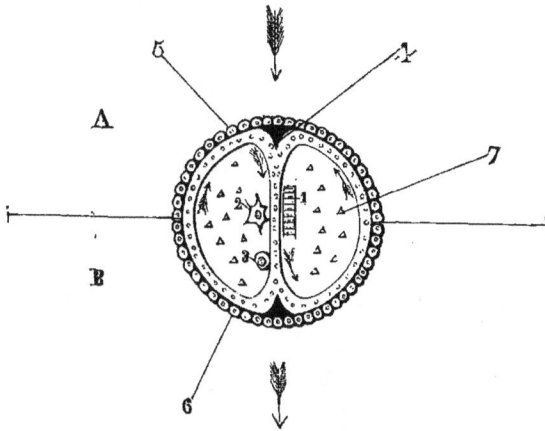

Fig. 4. — *Schéma de l'organisme* (*).

phase de son existence un animal unicellulaire ; puis cette cellule se segmente et se multiplie en plusieurs cellules ; il devient agrégat pluricellulaire ; toutes les cellules qui composent l'embryon à cette période sont identiques, et l'œuf segmenté ressemble à un rhizopode dépourvu de pseudopodes. Bientôt une partie de ces cellules se différencie des autres : trois feuillets se forment qui donneront naissance à tous les organes, et chacune des étapes parcourue par l'homme dans son développement rappelle un être inférieur.

L'analogie est encore plus frappante si, au lieu de comparer les divers stades de développement de l'homme aux animaux complètement développés, on les compare aux divers stades de développement des animaux ; ce n'est même plus de l'analogie, c'est presque de l'identité (voir aussi sur ce

(*) A, surface d'introduction. — B, surface d'élimination. — 1, éléments musculaires. — 2, éléments nerveux. — 3, élément reproducteur. — 4, globules sanguins et sang. — 5, éléments épithéliaux d'absorption. — 6, éléments épithéliaux d'élimination. — 7, éléments connectifs. — La direction des flèches indique la direction du courant nutritif et du courant sanguin.

sujet les chapitres : *Génération* et *Reproduction* de la physiologie générale de l'individu et le chapitre : *De l'origine des espèces*).

Place de l'homme dans la nature. — Si l'on suit pour l'homme les principes qui guident les naturalistes dans leurs classifications, il ne peut y avoir de doute sur la place qu'il faut lui assigner dans la série animale. Anatomiquement et physiologiquement, l'homme appartient à l'ordre des *primates* dont il constitue la première famille, et même les caractères sur lesquels on se base pour le séparer des singes anthropomorphes sont loin, au point de vue zoologique, de justifier cette séparation, car il y a certainement entre les anthropomorphes et les singes inférieurs des caractères différentiels plus importants que ceux qui existent entre les anthropomorphes et l'homme. Il suffira pour le prouver de passer rapidement en revue les caractères communs à ces deux groupes et les caractères qui les distinguent (1).

    Caractères communs. — Non seulement l'organisation des singes anthropomorphes est construite sur le plan général de l'organisation humaine, mais les ressemblances se continuent jusque dans les plus petits détails; aussi, pour ne pas tomber dans une énumération inutile, je me contenterai de rappeler, *parmi les caractères communs, ceux seulement dont sont dépourvus les singes inférieurs.*

La colonne vertébrale du gorille et du chimpanzé (fig. 5) possède le même nombre de vertèbres que celle de l'homme; on a admis, il est vrai, chez le gorille, treize vertèbres dorsales; mais, en réalité, la vertèbre comptée comme treizième dorsale est simplement la première lombaire dont l'apophyse costiforme s'est détachée et allongée de façon à former une treizième côte, anomalie qui n'est pas très rare chez l'homme. Le bassin, quoique plus étroit et plus allongé, a la forme générale du bassin humain, tandis que chez les autres singes il se rapproche du bassin des quadrupèdes. La torsion de l'humérus est, comme chez l'homme, de 180 degrés, et l'olécrâne est aplati d'avant en arrière, au lieu de l'être transversalement, comme chez tous les autres mammifères (Ch. Martins). La ressemblance se retrouve dans le squelette de la main et du pied (fig. 6), malgré le nom si mal justifié de *quadrumanes* donné aux singes par Buffon et Cuvier, et Huxley a prouvé, d'une façon irréfutable, qu'en réalité les singes sont, comme nous, bipèdes et bimanes.

Le cerveau de l'homme et des anthropomorphes (fig. 7) présente les quatre caractères suivants qui n'existent que chez eux et font défaut chez tous les autres mammifères : 1° lobe olfactif rudimentaire; 2° lobe postérieur recouvrant complètement le cervelet; 3° existence d'une scissure de Sylvius bien dessinée; 4° présence d'une corne postérieure dans le ventricule latéral.

Le système musculaire, sauf une ou deux exceptions qui seront mentionnées plus loin, offre la même disposition dans les deux groupes, et ce qu'il y a de significatif, c'est qu'un muscle, le muscle acromio-basilaire, qui existe chez la plupart des singes non anthropomorphes, manque chez le gorille comme chez l'homme.

Les callosités des fesses manquent chez les anthropomorphes; les ongles ont la forme de l'ongle humain; les organes des sens ont la même structure.

Il en est de même des organes contenus dans les deux cavités splanchniques; l'appendice vermiculaire, qui manque chez les autres singes, existe chez les anthropomorphes; le foie, nouveau trait de séparation, est construit sur le type humain,

---

(1) Les singes anthropomorphes comprennent quatre genres : le Gorille, le Chimpanzé, l'Orang-outang et le Gibbon.

les poumons aussi, et le lobe azygos impair, qui existe chez les singes inférieurs, manque chez eux comme chez l'homme.

La station est bipède (fig. 5) et l'attitude du corps, légèrement oblique, se rap-

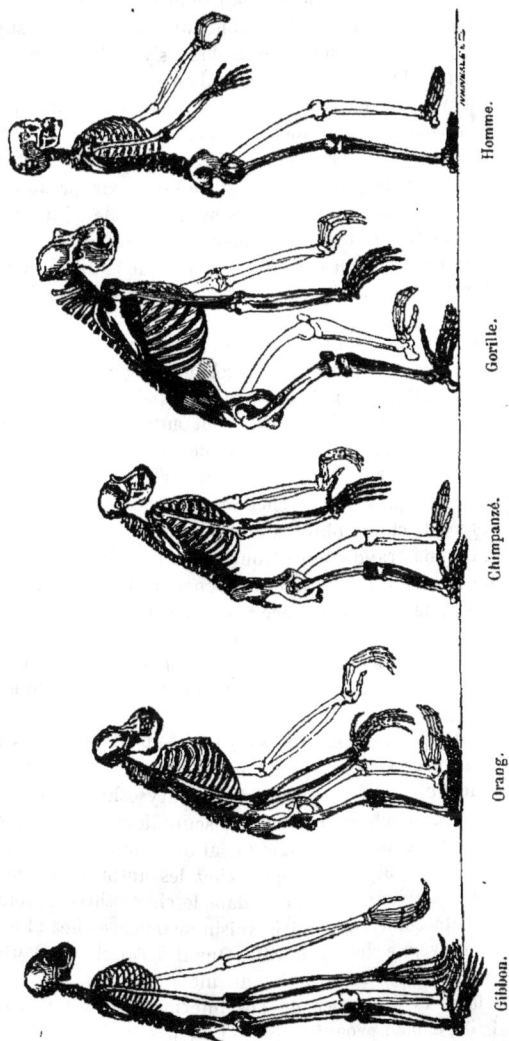

Fig. 5. — *Squelette de l'homme et des singes anthropomorphes, d'après Huxley.*

proche plus de la verticale que de l'horizontale, tandis que chez les autres singes l'attitude est franchement horizontale; les anthropomorphes sont des bipèdes imparfaits, mais ce sont des bipèdes. Dans la marche ils ne se servent de leurs membres antérieurs qu'accessoirement et pour se soutenir; ils n'appuient jamais sur la paume de la main, mais toujours sur la face dorsale des doigts légèrement fléchis, seul exemple dans les vertébrés ; la face palmaire de la main, comme le dit Broca, ne devient jamais plantaire. Les mouvements des membres supérieurs sont analogues aux mouvements des bras de l'homme, et l'excursion de la supination, qui, chez les autres singes, n'est que d'un angle droit, est chez eux de 180 degrés.

La ressemblance des singes anthropomorphes avec l'homme est surtout marquée dans le jeune âge ; un fœtus de singe ressemble à s'y méprendre, sauf la taille, à un fœtus humain. Après la naissance, non seulement les jeunes chimpanzés et les jeunes orangs sont plus doux, plus caressants, plus intelligents, mais encore leur squelette, et en particulier leur crâne, présente les caractères du crâne humain ; puis peu à peu, avec la puberté, les caractères bestiaux, tant physiques que psychiques, se dessinent de plus en plus et finissent par prédominer. La même remarque a été faite pour les diverses races humaines : le négrillon, par exemple, est vif, intelligent et apprend aussi facilement qu'un enfant européen ; mais, à la puberté, il se fait un changement notable, de sorte que la différence entre un nègre et un blanc adultes est bien plus grande qu'entre deux enfants de ces deux races.

Caractères distinctifs. — Les courbures à convexité antérieure de la colonne vertébrale sont peu prononcées et le rachis a la forme générale d'un arc à concavité antérieure. Le promontoire est faiblement marqué. Les os iliaques sont plus étroits ; les dernières vertèbres lombaires sont enfoncées entre ces os et les vertèbres sacrées et coccygiennes rappellent d'une manière frappante des rudiments de vertèbres caudales. La cage thoracique est largement évasée par sa base. La capacité du crâne est plus faible chez les singes anthropomorphes que chez l'homme : le plus faible chiffre observé chez l'homme par Morton a été de 970 centimètres cubes ; le plus grand chiffre trouvé chez le gorille est de 539 centimètres cubes ; il y a donc entre les deux une différence de 431 centimètres cubes ; mais cette différence perd de son importance si on considère qu'on a trouvé des crânes humains d'une capacité de 1,781 centimètres cubes ; il peut donc y avoir entre des crânes humains des différences de 811 centimètres cubes, bien supérieures, par conséquent, à la différence de 431 centimètres cubes, qui existe entre l'homme et le gorille.

Le trou occipital (fig. 8, d) est situé chez le gorille dans le tiers postérieur de la base du crâne ; les os de la face, spécialement les os maxillaires, prédominent sur le crâne proprement dit (sauf cependant chez le chrysothrix, qui n'appartient pas au groupe des anthropomorphes) ; les arcades sourcilières sont épaisses, saillantes et recouvrent le rebord orbitaire. L'angle facial de Camper, de 70 à 80 degrés chez l'homme, descend à 40, 35 et 30 degrés chez les anthropomorphes, sauf dans le jeune âge où il peut atteindre 60 degrés ; dans le chrysothrix il monte à 65 ou 66 degrés. L'angle alvéolo-condylien (1), très voisin de 0 degré chez l'homme, est de plus de 19 degrés en moyenne chez le gorille. Quant à l'angle de Daubenton (2), il est trop variable pour fournir un caractère distinctif (Broca).

On a voulu faire de l'absence de l'os intermaxillaire une caractéristique de l'homme ; mais il est bien prouvé aujourd'hui, par les recherches de Gœthe et de Vicq-d'Azyr, confirmées par les recherches modernes, que cet os intermaxillaire existe aussi chez lui ; seulement sa soudure est plus précoce.

L'ordre de soudure des sutures crâniennes présente aussi quelques différences :

(1) L'angle alvéolo-condylien est compris entre le plan alvéolo-condylien et le plan déterminé par les deux axes orbitaires.

(2) L'angle de Daubenton ou angle occipital est constitué par deux plans : 1° le plan du trou occipital ; 2° un plan qui passe par le bord postérieur du trou occipital et le bord inférieur de l'orbite.

chez l'homme, les sutures de la base du crâne se ferment avant les sutures de la

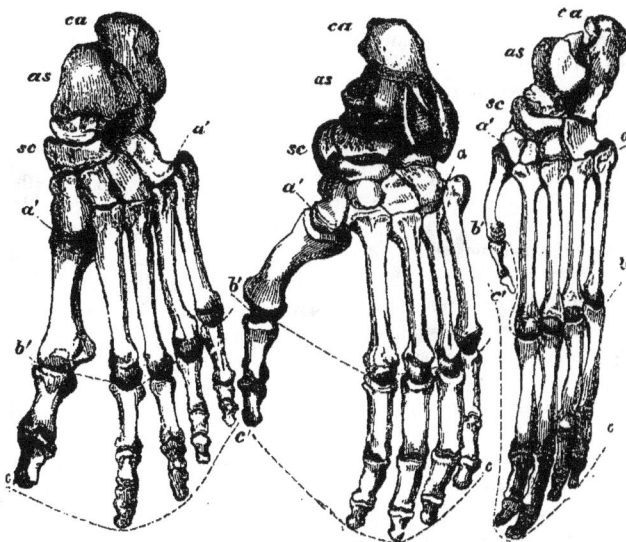

Fig. 6. — *Pieds d'homme, de gorille et d'orang* (*).

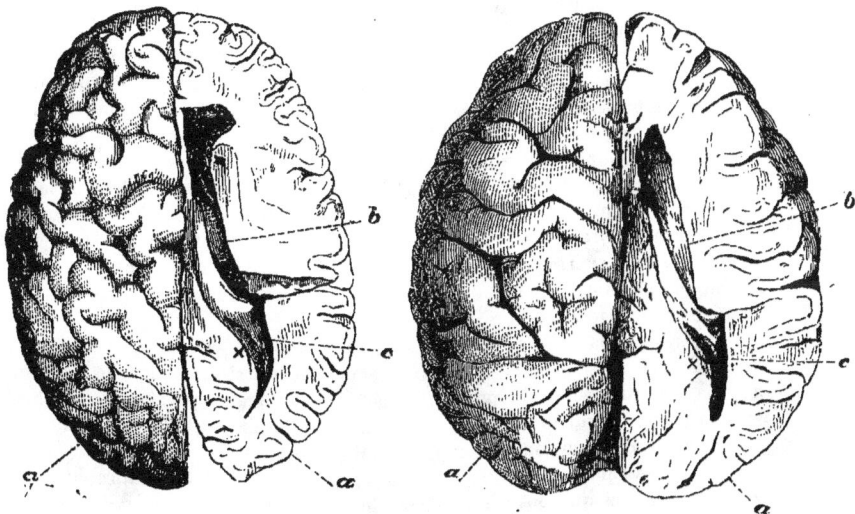

Fig. 7. — *Cerveaux d'homme et de chimpanzé* (**).

voûte, spécialement la suture frontale; ce serait le contraire chez les singes anthro-

(*) *ca*, calcanéum. — *as*, astragale. — *sc*, scaphoïde. — *aa'*, interligne tarso-métatarsien. — *bb'*, interligne métatarso-phalangien. — *cc'*, ligne joignant les extrémités des troisièmes phalanges. — D'après Huxley.
(**) L'hémisphère droit a été en partie enlevé pour laisser voir le ventricule latéral du même côté. — *a*, lobe postérieur. — *b*, ventricule latéral. — *c*, corne postérieure. — *x*, petit hippocampe.

pomorphes ; la suture frontale se fermerait très vite, arrêtant ainsi le développement du cerveau, et les sutures de la base, restant plus longtemps ouvertes, permettraient le développement prédominant de la face.

La dentition présente quelques caractères distinctifs, mais peu importants. La formule dentaire est la même que chez l'homme, aussi bien pour les dents permanentes que pour les dents de lait, et, contrairement à l'assertion de quelques auteurs, l'éruption des dents de lait paraît se faire dans le même ordre que dans l'espèce humaine (Magitot, Giglioli). Le caractère distinctif le plus important est le développement des canines, très proéminentes, surtout chez le gorille ; elles forment des sortes de défenses qui se placent dans un intervalle (*barre* ou *diastème*) de l'arcade dentaire opposée. Quant aux gouttières longitudinales de la face externe des molaires, on les retrouve souvent sur les molaires humaines.

Les circonvolutions cérébrales sont moins développées chez les anthropomorphes. D'après Bischoff, la disposition des plis encéphaliques ne serait pas la même chez l'orang et chez l'homme, et, pour retrouver l'analogie, il faudrait comparer le cerveau de l'orang au cerveau d'un fœtus humain de la seconde moitié du huitième mois. En outre, le *bec de l'encéphale*, saillie du lobe antérieur qui correspond à la fossette olfactive, existerait chez les anthropomorphes et ferait défaut chez l'homme. Gratiolet admettait que le cerveau de l'homme dans son développement suivait un ordre inverse de celui qui était suivi par le cerveau des singes ; chez l'homme les circonvolutions antérieures apparaîtraient les premières, tandis que chez les singes elles apparaissent les dernières. Mais les faits sont loin d'être d'accord avec la loi posée par Gratiolet, et d'ailleurs les occasions d'examiner des cerveaux de fœtus d'anthropomorphes ont été trop rares jusqu'ici pour que l'on puisse formuler des conclusions absolues.

En résumé, ces caractères distinctifs se réduisent en somme à très peu de chose et ne justifient pas la dénomination d'archencéphales admise par Owen pour le premier groupe des primates et la séparation de ce groupe d'avec les autres mammifères dans sa classification (1).

La main ressemble à la main humaine ; le pouce est seulement plus petit, surtout chez l'orang, où il présente quelquefois cette singularité d'être dépourvu d'ongle aux membres postérieurs ; le carpe de l'orang et du gibbon possède aussi un os surnuméraire, mais la main du gorille est tout à fait l'analogue de la main de l'homme et s'en rapproche beaucoup plus que de celle de l'orang. Les plis de flexion de la paume ont une disposition trop variable pour qu'on puisse en tirer quelques conclusions.

Même ressemblance pour le pied, avec cette seule différence que l'articulation du gros orteil est plus lâche et que le premier métatarsien, au lieu de s'articuler avec la face antérieure du premier cunéiforme comme chez l'homme, s'articule avec la partie interne de cet os, ce qui permet un certain degré d'écartement, mais non un véritable mouvement d'opposition du gros orteil.

Pour le système musculaire, il y a à signaler chez tous les anthropomorphes quelques muscles qui font défaut chez l'homme, sauf dans les cas d'anomalie : 1° un muscle qui va de la partie externe de la clavicule à l'apophyse transverse de la première cervicale (*m. omo-cervical* de Bischoff) ; 2° un faisceau qui part du tendon du grand dorsal et se rend à l'épitrochlée. Le long fléchisseur du pouce

---

(1) Owen partage les mammifères en quatre classes : 1° les *archencéphales*, qui comprennent le seul genre homme ; 2° les *gyrencéphales*, dont le cerveau est recouvert de circonvolutions ; 3° les *lissencéphales*, dont le cerveau est lisse ; 4° les *lyencéphales*, dont les deux hémisphères ne sont pas réunis par un corps calleux.

manque chez le gorille, l'orang et le chimpanzé ; le palmaire grêle et l'extenseur propre de l'index chez le gorille. Le court fléchisseur du pouce ne manque pas

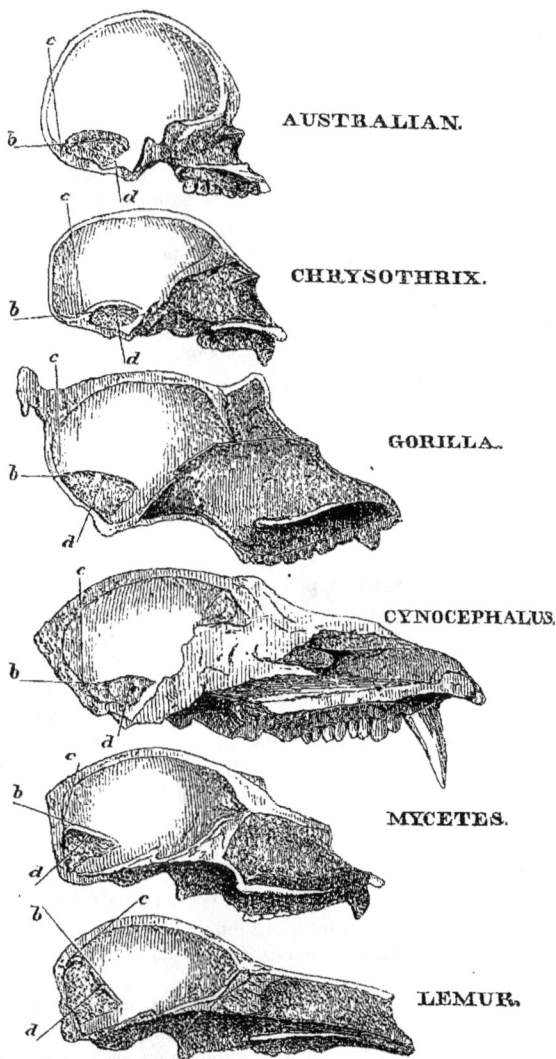

Fig. 8. — *Crânes comparés d'Australien et de divers singes, d'après Huxley* (*).

chez les anthropoïdes, comme le prétend Bischoff. Le plantaire grêle existe chez le chimpanzé, mais manque dans les trois autres genres. En somme, il y a de

(*) Pour montrer le rapport de la face au crâne, dans les six figures la cavité crânienne a la même longueur. La ligne *b* donne le plan de la tente du cervelet qui sépare le cerveau du cervelet. La ligne *d* représente l'axe du trou occipital. La ligne *c*, perpendiculaire à *b*, indique de quelle quantité le cerveau déborde le cervelet. L'espace occupé par le cervelet dans la cavité crânienne est indiqué en noir. — Le *mycetes* est l'alouate, le *chrysothrix*, le saimiri (Huxley, *Place de l'homme dans la nature*, 1868).

grandes variétés dans le système musculaire ; mais il est à noter que ces mêmes variétés se retrouvent chez l'homme et que les dispositions que je viens de signaler se rencontrent fréquemment chez lui à l'état d'anomalie.

Le gorille, le chimpanzé et l'orang possèdent des sacs laryngiens qui renforcent la voix ; mais ce qui atténue la valeur de ce caractère, c'est qu'ils s'implantent sur les ventricules de Morgagni dont ils sont des diverticules et qui existent aussi chez l'homme ; c'est qu'ils ne se produisent qu'après la naissance, sous l'influence des efforts vocaux, et qu'enfin ils manquent chez le gibbon.

Les organes génitaux offrent quelques différences plus marquées. L'os de la verge existe chez tous les anthropomorphes. Le pénis de l'orang s'éloigne le moins du type humain ; le gland est bien cylindrique, il est vrai, au lieu d'être conique, mais il est entouré à sa base d'un petit prépuce pourvu d'un frein (Duvernoy). Le clitoris est plus volumineux que dans l'espèce humaine.

Enfin, pour terminer, les proportions des membres supérieurs et inférieurs sont différentes. Voici, d'après Huxley, les longueurs relatives du bras, de la jambe, de la main et du pied, eu égard à la longueur de la colonne vertébrale supposée égale à 100 (comparez à ce sujet la figure 5) :

	Européen.	Boschiman.	Gorille.	Chimpanzé.	Orang.
Colonne vertébrale........	100	100	100	100	100
Bras....................	80	78	115	96	122
Jambe.............	117	110	96	90	89
Main........	26	26	36	43	48
Pied....	35	32	41	39	52

Quels sont donc, en résumé, ces caractères distinctifs ? Capacité crânienne plus faible ; recul du trou occipital ; angle facial plus petit ; précocité de la soudure frontale et retard des soudures de la base, développement des canines ; brièveté du pouce ; articulation plus lâche du gros orteil ; bec de l'encéphale ; quelques différences musculaires ; sacs laryngiens ; os de la verge ; volume du clitoris ; différence de proportion des membres. Mais dans tous ces caractères, y en a-t-il un seul qui ait effectivement une importance capitale ? Pour résoudre la question, il suffira de mettre en regard les caractères, bien autrement importants, qui distinguent les singes anthropomorphes des singes inférieurs. Crâne plus éloigné du crâne des singes anthropomorphes que celui-ci ne l'est du crâne humain (sauf pour le chrysothrix) ; formule dentaire différente ; 20 dents de lait au lieu de 24 ; 36 dents permanentes au lieu de 32 ; squelette constitué pour la station horizontale et la marche quadrupède ; main appuyant par sa face palmaire dans la marche ; absence des quatre caractères cérébraux indiqués plus haut ; absence d'appendice vermiculaire ; foie et poumon construits sur un tout autre type ; présence du lobe pulmonaire azygos.

Tous ces faits ne prouvent-ils pas qu'il y a plus de distance, au point de vue de l'organisation, entre les singes inférieurs et les anthropomorphes qu'entre ceux-ci et l'homme ? et, quelqu'organe, quelque partie qu'on prenne, on arrivera toujours au même résultat.

Anatomiquement, il serait plus facile de faire un homme d'un gorille qu'un gorille d'un cynocéphale.

Il n'y a donc pas, au point de vue anatomique et physiologique, de ligne de démarcation tranchée entre l'homme et les singes anthropomorphes ; quant à savoir si cette ligne de démarcation doit être cherchée dans les fonctions psychiques, c'est une question qui a déjà été traitée dans le premier chapitre et qui reviendra à propos des fonctions cérébrales.

L'homme continue donc, en la terminant, la série ininterrompue des êtres qui s'élève peu à peu des organismes inférieurs jusqu'à lui; il ne peut, par conséquent, être isolé du reste des êtres vivants, et les phénomènes de la vie, pour être étudiés avec fruit, doivent être étudiés, non pas chez un seul, mais comparativement chez tous. Les fonctions ne s'exécutent pas autrement chez l'animal et chez l'homme et les différences qu'elles présentent s'expliquent par des différences d'organisation; mais au fond les actes vitaux essentiels sont les mêmes. Ainsi la marche de l'homme diffère de la marche de tel ou tel animal, mais la contraction musculaire se fait chez tous de la même façon et d'après les mêmes lois. Il y a même souvent avantage, pour connaître les fonctions de l'homme, à s'adresser, non pas aux êtres les plus voisins de lui dans la série, mais au contraire aux êtres les plus éloignés, aux organismes inférieurs, chez lesquels les actes vitaux sont moins complexes, plus facilement observables et peuvent aussi, grâce au microscope, être constatés directement. Mais l'observation seule ne suffit pas en physiologie. De même que les chimistes placent les corps qu'ils veulent étudier dans certaines conditions, de façon à reproduire des réactions déjà observées ou à en produire de nouvelles, le physiologiste cherche à déterminer dans quelles conditions, sous quelles influences se produit tel ou tel acte vital, et pour cela il reproduit les conditions, il fait agir les influences qu'il suppose pouvoir déterminer cet acte ou en faire varier le caractère; en un mot, il *expérimente*. C'est à l'expérimentation que la physiologie est redevable des progrès immenses qu'elle a faits dans ces dernières années, et quels que soient les reproches faits à certaines méthodes d'expérimentation et en particulier aux vivisections, il y a là une nécessité qui s'impose aujourd'hui comme le massacre des animaux de boucherie est un résultat nécessaire de l'alimentation humaine. Les vivisections sont aussi indispensables aux progrès de la physiologie que les autopsies aux progrès de la médecine. On peut proscrire et attaquer l'abus, mais on doit en permettre l'usage, sinon toute recherche scientifique deviendrait impossible.

Bibliographie. — R. HARTMANN : *Der Gorilla*, 1880. — ID. : *Les singes anthropoïdes*, 1886. — DE QUATREFAGES : *L'espèce humaine*, 1883; *Les crânes des races humaines*. Paris, 1882 (1).

VII. — LES PRINCIPES DE LA PHYSIOLOGIE.

En résumé, deux grandes lois dominent aujourd'hui les sciences physiques et naturelles; l'une est la *corrélation dite des forces physiques*, l'autre est l'*évolution des êtres vivants*. Ces deux lois sont applicables aussi à la physiologie, et c'est par elle qu'on arrive à trouver les principes essentiels de cette science.

Appliquée à la physiologie, la première loi peut se formuler ainsi : *Tous les phénomènes physiologiques ne sont que des phénomènes de mouvement et ne*

(1) A CONSULTER. — Huxley, *Place de l'homme dans la nature*, trad. par Dally, 1868. — Broca *L'ordre des primates* (Soc. d'anthropologie, 1869).

sont que des transformations des mouvements physico-chimiques ; en un mot, il y a non seulement corrélation des forces physiques, mais *corrélation des forces physiques et des forces vitales,* pour employer les termes usuels.

Cette loi étant posée, il en ressort cette conséquence, que les mouvements vitaux doivent présenter les caractères essentiels des mouvements physiques. Or, dans les faits de ce dernier ordre le fait est toujours corrélatif à sa cause; étant données telles et telles conditions, le phénomène se reproduit toujours nécessairement; quand il ne se produit pas, quand, par exemple, une réaction chimique ne réussit pas, on n'invoque pas une qualité occulte, une spontanéité de la substance chimique ; on en conclut simplement que les conditions de l'opération ne se sont pas réalisées toutes, et on recherche ce qui a fait manquer l'expérience. Quand ces conditions sont multiples, il arrive souvent que quelques-unes d'entre elles nous échappent ; on n'en conclut pas pour cela que l'activité chimique du corps qu'on examine est spontanée. Pourquoi faire pour les mouvements vitaux ce qu'on ne fait pas pour les mouvements physiques ?

En réalité, il n'y a pas plus de spontanéité vitale que de spontanéité chimique. Cette prétendue spontanéité n'est qu'un produit de notre imagination, qui nous sert à masquer notre ignorance et qui s'évanouit devant un examen attentif. *L'activité vitale est toujours provoquée, jamais spontanée,* et ce principe fondamental se confirme partout, dans l'élément anatomique, dans le tissu, dans l'organe. Si on irrite une cellule contractile ou une fibre musculaire, elle exécute un mouvement, une contraction, et, tant qu'elle est vivante, ce mouvement se reproduit, quelle que soit l'excitation, mécanique, chimique ou physique, pourvu que la cellule soit sensible au mode d'excitation employé. Toute excitation produit donc, *nécessairement,* tant que l'élément se trouve dans des conditions normales, une manifestation de l'activité vitale, et inversement, toute manifestation de l'activité vitale ne se produit qu'à la condition d'une irritation antécédente, et elle se produit nécessairement comme se produit une réaction chimique quand on met deux substances convenables en présence.

La seconde loi est celle de l'*évolution des êtres vivants.* Si l'on examine la série des êtres vivants depuis les plus infimes jusqu'aux plus élevés, on trouve, en étudiant leur structure, des ressemblances et des analogies telles, qu'il n'est pas un être, à quelque degré de la série animale ou végétale qu'on le prenne, qui puisse être isolé du reste de la création et qui n'ait des affinités avec d'autres êtres. Cette parenté s'étend plus ou moins loin et c'est elle qui a permis de classer et de grouper les êtres vivants, autrement dit, de les diviser d'après les caractères qui les distinguent.

Cette parenté entre les différents êtres n'est niée aujourd'hui par personne. Seulement les uns, comme Cuvier et la plupart des naturalistes français, plus frappés de ce qui distingue que de ce qui rapproche, partagent les êtres vivants en catégories bien tranchées, qui, suivant leur étendue, portent les noms de règne, de classe, de famille, d'espèce, et se refusent à admettre tout passage possible, dans le temps ou dans l'espace, d'une espèce à l'autre.

Les autres, plus frappés des ressemblances et des analogies que des différences, voyant plutôt ce qui rapproche que ce qui distingue, regardent tous les êtres comme rattachés entre eux par des liens intimes et les considèrent comme construits sur un plan dont les variations innombrables ne paraissent être que les développements d'un type primordial. Et, en effet, plus la science progresse, plus les intervalles qui séparaient les divers groupes se comblent et se rétrécissent, et les formes de transition, négligées autrefois, mieux étudiées aujourd'hui, se multiplient de jour en jour, réunissant ainsi, par des traits d'union inattendus, les familles et les espèces qui paraissent les plus éloignées les unes des autres.

Comment expliquer maintenant cette ressemblance et ces affinités entre tous les êtres vivants? Deux théories contraires sont en présence, l'une que j'appellerai la théorie de l'*identité de type*, l'autre, la théorie de l'*identité d'origine*.

Dans la théorie de l'*identité de type*, tous les êtres ont été créés par la cause première, mais d'après un plan unique plus ou moins diversifié. Si tous les êtres vivants se rattachent les uns aux autres, c'est d'après une loi d'harmonie universelle, la cause première ayant dans la série des créations successives répété le même type sous des formes variables. La ressemblance des êtres vivants tiendrait à l'unité de l'idée créatrice.

Dans la théorie de l'*identité d'origine*, cette ressemblance ne tient pas à une simple harmonie supérieure; elle tient à une communauté réelle d'origine : si tous les êtres se ressemblent dans de certaines limites, c'est qu'ils sont tous issus de la même souche primitive. C'est cette théorie si connue aujourd'hui sous le nom d'*évolution* ou de *transformisme*, qui, formulée par un naturaliste français, Lamark, a été reprise et développée par Darwin; c'est elle qui, dans l'état actuel de la science, me paraît seule acceptable. L'exposition de cette théorie trouvera sa place dans un autre chapitre du livre; ici le seul point à faire ressortir est la *parenté physiologique* qui existe entre l'homme et les autres êtres vivants. Les phénomènes vitaux de l'organisme sont, dans leurs traits essentiels, identiques aux phénomènes vitaux qui se passent chez l'animal; il en résulte une conclusion importante, et c'est un des principes sur lesquels s'appuie la physiologie, c'est que *les conséquences tirées des observations et des expériences faites sur les animaux peuvent être légitimement appliquées à la physiologie humaine.* C'est depuis que cette vérité est entrée dans les esprits, que la physiologie a fait les progrès immenses qu'elle a accomplis dans ces dernières années.

En résumé, les deux lois qui viennent d'être développées, appliquées à la physiologie, révèlent les principes essentiels de cette science.

La première loi est la *corrélation des mouvements physiques et des mouvements vitaux.* On en tire ce principe que *l'activité vitale est toujours provoquée, jamais spontanée.* Ce principe donne la *méthode à suivre* dans l'étude de la physiologie. Tout problème physiologique, en effet, se pose de la façon suivante : étant donné un phénomène vital, déterminer les conditions qui lui ont donné naissance; étant données telles et telles conditions, déterminer le phénomène vital qui se produira.

La seconde loi est celle de l'*évolution des êtres vivants*. Elle conduit à ce second principe que l'*homme ne peut être isolé du reste des êtres vivants et que les actions vitales de l'organisme humain sont identiques à celles de l'organisme animal*. Ce principe nous donne les *procédés à employer* dans l'étude de la physiologie. Le problème se pose pratiquement de la façon suivante : étant donné tel phénomène vital à étudier, choisir, pour l'observer, l'organisme qui, à ce point de vue, se rapproche le plus de l'organisme humain. (BEAUNIS : *Les principes de la physiologie*.)

Bibliographie. — F. KLUG : *Les principes de la physiologie moderne* (en hongrois), 1883.

LIVRE DEUXIÈME

CHIMIE DE LA NUTRITION ET CHIMIE PHYSIOLOGIQUE

CHAPITRE PREMIER

PRINCIPES GÉNÉRAUX DE CHIMIE PHYSIOLOGIQUE

Au point de vue chimique, la vie est une transformation de combinaisons complexes en combinaisons plus simples et inversement de combinaisons simples en combinaisons complexes. Le premier ordre de phénomènes prédomine chez l'animal, le second chez la plante, mais tous deux n'en existent pas moins dans les deux règnes.

On trouve dans les corps vivants des composés binaires, ternaires, quaternaires, etc., suivant le nombre des éléments simples qui entrent dans leur constitution. Ces composés seront étudiés successivement au point de vue de leurs propriétés chimiques, dans ce qu'elles ont d'important pour la physiologie, de leur existence et de leur état dans le corps, de leur origine et de leurs transformations dans l'organisme, de leur élimination et enfin de leur rôle physiologique.

J'étudierai tour à tour, dans une série de chapitres, les éléments simples du corps humain, les substances minérales et l'eau, les gaz libres, les principes organiques constituants (graisses, hydrocarbonés, albuminoïdes, etc.), les matières colorantes, les divers produits de désassimilation, les réactions chimiques dans l'organisme vivant et les fermentations.

L'étude des différents principes de l'organisme, de leur origine, de leurs transformations, nécessite la connaissance des principes généraux de la chimie organique et en particulier de la théorie atomique d'autant plus que c'est la notation atomique qui est employée dans cet ouvrage. Quoique ces notions se trouvent dans tous les traités de chimie organique et de chimie physiologique, il m'a paru utile de les condenser ici et d'en présenter un résumé fait essentiellement au point de vue physiologique.

Idée générale de la théorie atomique. — L'*atome chimique* est une masse de matière continue, indivisible, nécessairement simple; c'est la plus petite quantité d'un corps simple qui puisse faire partie d'un composé. La *molécule* est la plus petite partie d'un corps simple ou composé qui puisse exister à l'état de liberté.

Dans les corps simples, l'atome n'est jamais libre; ainsi dans l'hydrogène, par exemple, l'atome d'hydrogène est toujours juxtaposé à un autre atome d'hydrogène pour constituer une molécule d'hydrogène, qu'on pourra représenser ainsi : $H + H$ ou $\frac{H}{H}$. Il en est de même pour le chlore, le brome, etc. (1). Dans les corps composés, un atome d'un corps simple est juxtaposé à un ou plusieurs atomes d'un autre corps simple; ainsi dans l'acide chlorhydrique, par exemple, un atome de chlore est juxtaposé à un atome d'hydrogène et peut s'écrire ainsi HCl. Cette manière de concevoir la constitution des corps simples, fondamentale pour la théorie atomique, s'appuie sur les lois de Gay-Lussac, sur les propositions d'Ampère et sur des considérations empruntées à certains faits chimiques, pour lesquels je renvoie aux ouvrages spéciaux.

Si, comme le dit la proposition d'Ampère, les gaz pris sous le même volume contiennent, à la même température et à la même pression, le même nombre de molécules, il en résulte forcément que les molécules des gaz simples et composés auront le même volume, et comme on a choisi pour unité de volume l'atome d'hydrogène, une molécule d'hydrogène occupera deux volumes (puisqu'elle est composée de deux atomes), et les molécules des gaz simples et composés occuperont aussi deux volumes.

L'hydrogène, pris comme unité de volume, a été pris aussi comme unité de poids. L'atome d'hydrogène pèse 1; la molécule d'hydrogène pèse 2. Le *poids atomique* d'un corps simple est le poids d'un volume de ce corps rapporté au poids d'un égal volume d'hydrogène. La molécule d'un corps simple étant composée de deux atomes, le *poids moléculaire* sera le double du poids atomique.

Il y a une relation intime entre les poids atomiques et les poids moléculaires des gaz et leur densité. Seulement, pour les poids atomiques et moléculaires, c'est l'hydrogène qui est pris pour unité; pour les densités, c'est l'air atmosphérique. La densité de l'air étant 1, celle de l'hydrogène sera 0,0693, c'est-à-dire que l'hydrogène est 14,44 fois plus léger que l'air. On aura donc la densité d'un corps par rapport à l'hydrogène en multipliant par 14,44 sa densité par rapport à l'air.

On a vu plus haut que les atomes ne peuvent exister à l'état libre. Ils ont une tendance (affinité, polarité, capacité de combinaison) à se combiner soit à un autre atome du même corps, soit à un ou plusieurs atomes d'un autre corps simple. Si l'on prend maintenant la série des combinaisons que peut présenter l'hydrogène par exemple, on verra qu'il peut former, en se combinant au chlore, de l'acide chlorhydrique; à l'oxygène, de l'eau; à l'azote, de l'ammoniaque; au carbone, du gaz des marais, etc. Dans ces quatre combinaisons, les atomes d'hydrogène d'une part, et les atomes de chlore, d'oxygène, d'azote, de carbone, d'autre part, se trouvent dans les proportions suivantes :

Acide chlorhydrique......	HCl	1 atome de Cl	pour	1 atome de H			
Eau..................	H^2O	1	—	O	—	2	— H
Ammoniaque............	H^3Az	1	—	Az	—	3	— H
Gaz des marais..........	H^4C	1	—	C	—	4	— H

On exprime ces faits en disant que le chlore et l'hydrogène sont *monoatomiques*, l'oxygène *diatomique*, l'azote *triatomique*, le carbone *tétratomique*, ce qui revient à dire que le chlore et l'hydrogène peuvent fixer un élément monoatomique, que l'oxygène en peut fixer 2, l'azote 3, le carbone 4. Au lieu de mono, — bi, — tri, — tétratomique, on emploie aussi les termes *monovalent, bivalent, trivalent*, etc., et l'on dit que l'hydrogène possède une *valence* ou une *atomicité*, l'oxygène deux valences ou deux *atomicités*, etc.

(1) Il y a bien quelques exceptions. Ainsi, la molécule de phosphore et d'arsenic serait composée de quatre atomes. La molécule de mercure est composée d'un seul atome.

Lorsque, dans une combinaison, toutes les atomicités ou valences sont satisfaites, comme dans l'hydrogène HH, l'acide chlorhydrique HCl, l'eau H^2O, l'ammoniaque AzH^3, le gaz des marais CH^4, et lorsqu'elle ne peut plus fixer d'atomes nouveaux, la combinaison est dite *saturée*; ainsi dans ClH, Cl monoatomique a fixé un atome de H; il ne peut en fixer davantage. Quand au contraire une ou plusieurs atomicités n'ont pas été utilisées, elles restent disponibles, et le corps peut se combiner à des atomes nouveaux dont le nombre correspond au nombre des atomicités disponibles jusqu'à ce que la saturation se fasse.

Notation atomique. — Pour fixer les idées, on peut représenter graphiquement ces valences ou atomicités par des apostrophes ou par des traits accolés à la lettre qui figure le symbole du corps. On aura ainsi pour les quatre corps que l'on vient de voir la notation suivante, chaque trait ou chaque apostrophe signifiant une valence :

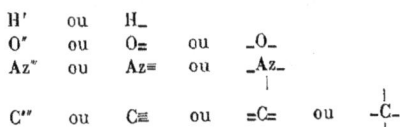

$$H' \quad\quad ou \quad\quad H\_$$
$$O'' \quad\quad ou \quad\quad O= \quad\quad ou \quad\quad \_O\_$$
$$Az'' \quad\quad ou \quad\quad Az\equiv \quad\quad ou \quad\quad \_Az\_$$
$$C''' \quad\quad ou \quad\quad C\equiv \quad\quad ou \quad\quad =C= \quad\quad ou \quad\quad -\overset{|}{\underset{|}{C}}-$$

Leurs combinaisons pourront alors s'écrire indifféremment des façons suivantes :

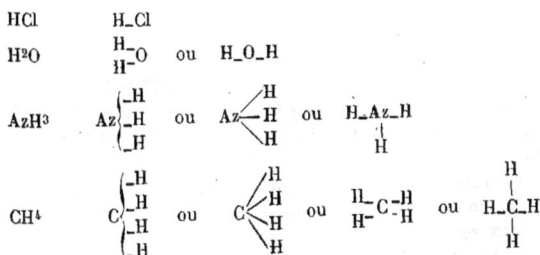

HCl	H_Cl		
H^2O	$\overset{H}{\underset{H}{}}$_O	ou	H_O_H
AzH^3	$Az\overset{\_H}{\underset{\_H}{\_H}}$	ou	$Az\overset{H}{\underset{H}{\diagdown}}{-}H$ ou H_Az_H
CH^4	$C\overset{\_H}{\underset{\_H}{\_H}}{\_H}$	ou	$C\overset{H}{\underset{H}{\lessgtr}}H$ ou H_C_H

Ces divers modes de notation constituent ce qu'on appelle les *formules* des combinaisons. Mais ces formules peuvent varier suivant le point de vue auquel on considère la combinaison. Soit l'acide acétique, par exemple; si on l'analyse, on trouve que pour 100 parties en poids, il contient en moyenne 40 p. 100 de carbone, 6,67 d'hydrogène et 53 d'oxygène. Si on divise chacun de ces nombres par le poids atomique de C, H et O, ces quotients indiquent les rapports dans lesquels les atomes de C, H et O se trouvent dans le composé; ces quotients, réduits aux nombres les plus simples possible, donnent ce qu'on appelle la *formule atomique* du composé, et pour le cas actuel de l'acide acétique, CH^2O. Mais les rapports des atomes ne changent pas, si, au lieu de prendre pour formule CH^2O, on prend $C^2H^4O^2$, $C^3H^6O^3$, etc. Quelle est, de ces diverses formules, celle qu'il faut choisir? Sans entrer dans des détails purement chimiques, il suffira de dire qu'on y arrive en analysant les produits que fournit le corps et en utilisant certaines propriétés physiques (exemple : densité des vapeurs). On trouve ainsi que la formule de l'acide acétique doit être doublée, et est en réalité $C^2H^4O^2$; c'est ce qu'on appelle la *formule moléculaire*.

La formule moléculaire donne simplement le nombre et la proportion des atomes et des molécules, sans rien dire sur leur mode de groupement. Or, l'étude des compositions et des décompositions chimiques montre que, dans un composé, les atomes sont unis entre eux avec des différences de cohésion, et forment des groupements dont chacun peut ainsi sortir d'une combinaison ou y entrer tout en gardant une certaine individualité. On peut donc attribuer à chaque groupe une formule spéciale, et l'ensemble de ces formules constituera la *formule rationnelle* du composé. Ainsi, la formule moléculaire de l'alcool ordinaire (éthylique) est C^2H^6O. En le traitant par le sodium Na, on obtient un corps, C^2H^5ONa, dans lequel Na s'est substitué à un atome d'hydrogène; dans cette réaction, le groupe C^2H^5O reste invariable. On peut de même, par une série de réactions successives, décomposer l'alcool éthylique en plusieurs groupes distincts qu'on peut séparer dans la formule rationnelle soit par des points, soit par des traits; exemple :

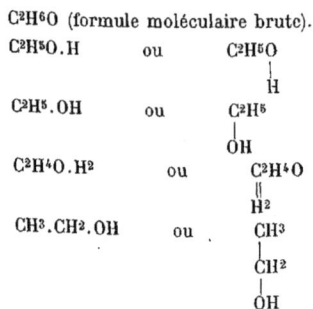

$$C^2H^6O \text{ (formule moléculaire brute).}$$

$$C^2H^5O.H \quad \text{ou} \quad C^2H^5O$$
$$|$$
$$H$$

$$C^2H^5.OH \quad \text{ou} \quad C^2H^5$$
$$|$$
$$OH$$

$$C^2H^4O.H^2 \quad \text{ou} \quad C^2H^4O$$
$$\|$$
$$H^2$$

$$CH^3.CH^2.OH \quad \text{ou} \quad CH^3$$
$$|$$
$$CH^2$$
$$|$$
$$OH$$

On voit, par cet exemple, qu'on peut concevoir de diverses façons le mode d'assemblage de ces groupements, et avoir par conséquent plusieurs formules rationnelles pour un même composé. On choisit alors celle qui est la plus probable : *formule de constitution* ou *de structure*. Habituellement, dans ces formules, chacun des groupes composants s'écrit en abrégé pour ne pas donner trop d'étendue à la notation; il suffit que les différents groupes soient distingués facilement, ainsi que leurs connexions réciproques.

Dans l'exemple précédent, on a pu décomposer par l'analyse chimique un composé en un certain nombre de groupes, C^2H^5O, C^2H^5, CH^3, CH^2, OH, etc. Ces groupes constituent ce qu'on appelle des *radicaux;* les radicaux représentent donc autant de membres disjoints d'un corps composé. Dans ces radicaux, il reste toujours une ou plusieurs valences non satisfaites, de sorte que, suivant le nombre d'atomicités libres, on les dit *monovalents, bivalents,* etc., comme les atomes eux-mêmes. Ainsi, dans le radical OH (oxyhydrile ou hydroxyle), l'atome d'oxygène diatomique a une atomicité satisfaite par un atome d'hydrogène monoatomique, et il reste une atomicité libre; il s'écrira donc OH-. Quand le radical contient du carbone, il prend le nom de *radical organique.*

Pour voir comment sont constitués les composés organiques, nous pouvons prendre comme exemples les combinaisons du carbone et de l'hydrogène, en partant des plus simples.

Pour un atome de carbone, il y a une seule combinaison possible, saturée, c'est-à-dire où les quatre atomicités du carbone soient satisfaites :

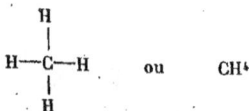

$$H$$
$$|$$
$$H-C-H \quad \text{ou} \quad CH^4$$
$$|$$
$$H$$

Pour deux atomes de carbone, on peut concevoir théoriquement les trois combinaisons suivantes dans lesquelles toutes les atomicités des deux atomes de carbone sont saturées :

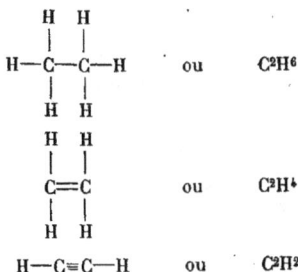

$$
\begin{array}{c}
H \quad H \\
| \quad\; | \\
H-C-C-H \\
| \quad\; | \\
H \quad H
\end{array}
\qquad ou \qquad C^2H^6
$$

$$
\begin{array}{c}
H \quad H \\
| \quad\; | \\
C=C \\
| \quad\; | \\
H \quad H
\end{array}
\qquad ou \qquad C^2H^4
$$

$$
H-C\equiv C-H \qquad ou \qquad C^2H^2
$$

et, à mesure que le nombre des atomes de carbone augmente, le nombre des combinaisons possibles augmente dans des proportions considérables. Mais, à partir de trois atomes de carbone, un nouveau mode de groupement devient possible. Jusqu'ici, les atomes de carbone étaient supposés placés sur une seule ligne et constituaient ce qu'on appelle une *chaîne ouverte :*

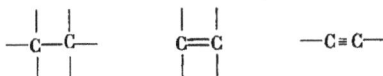

$$
\begin{array}{ccc}
| \quad | & & | \quad | \\
-C-C- & \quad C=C \quad & -C\equiv C- \\
| \quad | & & | \quad |
\end{array}
$$

mais, dès qu'il y a trois atomes et plus, ils peuvent être considérés comme ayant la disposition suivante et constituant une *chaîne fermée :*

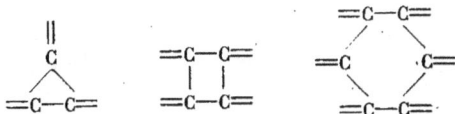

$$
\begin{array}{cccc}
\| & & & =C-C= \\
C & =C-C= & =C & \diagdown C= \\
=C-C= & =C-C= & =C-C= &
\end{array}
$$

Ainsi pour cinq atomes de carbone, on peut avoir trois chaînes ouvertes et sept chaînes fermées; en tout dix combinaisons. Si l'on réfléchit maintenant que dans ces combinaisons chaque valence disponible peut être satisfaite non seulement par un atome d'hydrogène ou d'un autre corps simple, mais par un radical monoatomique, on ne sera pas étonné de la quantité presque indéfinie de composés organiques.

On comprend donc que des corps pourront avoir la même formule générale, tout en ayant une disposition différente de leurs atomes et de leurs molécules, et par suite des propriétés différentes; on distingue à ce point de vue la *polymérie*, la *métamérie* et l'*isomérie.*

Dans les corps *polymères*, les rapports des atomes ne changent pas; exemples :

$$CH^2O$$ formule la plus simple (théorique).
$$C^2H^4O^2$$ acide acétique.
$$C^3H^6O^3$$ acide lactique.
$$C^6H^{12}O^6$$ glucose.

Dans les corps *métamères*, les formules moléculaires sont identiques, mais les radicaux organiques diffèrent. Soit, par exemple, la formule moléculaire $C^4H^{11}Az$; elle pourra s'appliquer aux corps suivants :

$$Az\begin{cases}C^4H^9\\H\\H\end{cases}$$

Butylamine.

$$Az\begin{cases}C^3H^7\\CH^3\\H\end{cases}$$

Propylméthylamine.

$$Az\begin{cases}C^2H^5\\C^2H^5\\H\end{cases}$$

Diéthylamine.

$$Az\begin{cases}C^2H^5\\CH^3\\CH^3\end{cases}$$

Éthyl-diméthylamine.

Les corps *isomères* peuvent présenter deux espèces d'isoméries, *isomérie de structure* et *isomérie de position*. En voici des exemples :

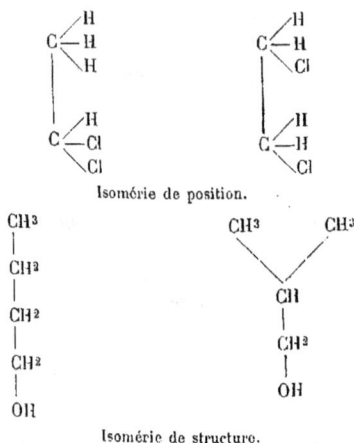

$$C\begin{cases}H\\H\\H\end{cases}$$

$$C\begin{cases}H\\Cl\\Cl\end{cases}$$

$$C\begin{cases}H\\H\\Cl\end{cases}$$

$$C\begin{cases}H\\H\\Cl\end{cases}$$

Isomérie de position.

$$\begin{array}{c}CH^3\\ |\\ CH^2\\ |\\ CH^2\\ |\\ CH^2\\ |\\ OH\end{array}$$

$$\begin{array}{c}CH^3 \quad CH^3\\ \diagdown \diagup\\ CH\\ |\\ CH^2\\ |\\ OH\end{array}$$

Isomérie de structure.

Classification des corps organiques. — Les corps organiques peuvent être classés en un certain nombre de groupes ou de catégories (fonctions chimiques), types fondamentaux qui comprennent tous les corps connus jusqu'ici.

Première classe : Carbures d'hydrogène. — Ils sont formés par deux éléments seulement, carbone, hydrogène, et c'est d'eux que dérivent tous les composés organiques. Ces carbures forment une série homologue dans laquelle chaque composé contient 1, 2, 3, 4, etc., atomes de carbone, et 4, 6, 8, 10, etc., atomes d'hydrogène. Le composé le plus simple est le *méthane*, CH^4, et les composés suivants se forment par l'addition de CH^2 au carbure précédent. La série a pour formule générale $C^nH^{2n}+2$. Les carbures d'hydrogène n'existent pas dans l'organisme; mais ils sont la base même de la chimie organique et physiologique, et leur connaissance est indispensable pour comprendre les réactions qui se passent dans les actes intimes de la nutrition. C'est à ce titre que je donne ici le tableau de la série des carbures d'hydrogène de la série $C^nH^{2n}+2$ avec les radicaux mono —, di —, et triatomiques correspondants.

SÉRIE $C^nH^{2n}+2$		SÉRIE $C^nH^{2n}+1$ Radicaux monoatomiques.		SÉRIE C^nH^{2n} Rad. diatomiques.		SÉRIE $C^nH^{2n}-1$ Rad. triatomiques.
Méthane....	CH^4	Méthyle....	CH^3	Méthylène..	CH^2	....
Éthane.....	C^2H^6	Éthyle.....	C^2H^5	Éthylène...	C^2H^4	C^2H^3
Propane....	C^3H^8	Propyle....	C^3H^7	Propylène..	C^3H^6	C^3H^5
Butane.....	C^4H^{10}	Butyle.....	C^4H^9	Butylène...	C^4H^8	C^4H^7
Pentane....	C^5H^{12}	Pentyle....	C^5H^{11}	Amylène...	C^5H^{10}	C^5H^9
Hexane....	C^6H^{14}	Hexyle.....	C^6H^{13}	Hexylène...	C^6H^{12}	C^6H^{11}
Heptane....	C^7H^{16}	....	C^7H^{15}	....	C^7H^{14}	C^7H^{13}
Octane.....	C^8H^{18}	....	C^8H^{17}	....	C^8H^{16}	C^8H^{15}
Nonane....	C^9H^{20}	....	C^9H^{19}	....	C^9H^{18}	C^9H^{17}
....	.....	....	.....	....	.....	.....

Deuxième classe : Alcools. — Les alcools sont formés par l'union d'un radical d'alcool avec l'oxyhydrile OH. Ainsi le radical alcoolique, méthyle, CH^3, et l'oxyhydrile, OH, donnent l'alcool méthylique, $CH^3.OH$; ou bien encore ils dérivent des carbures d'hydrogène en substituant le radical OH à un atome d'hydrogène. On a donc une série d'alcools correspondants à la série des carbures d'hydrogène, alcools mono,—di,—triatomiques, etc., suivant qu'ils contiennent 1, 2, 3 oxyhydriles unis à un radical mono, — di, — ou triatomique. Les alcools peuvent être considérés comme dérivant des alcools qui les précèdent dans la série par la substitution d'un radical alcoolique à un ou plusieurs atomes d'hydrogène. Ainsi, l'éthylalcool dérive du méthylalcool par la substitution du radical alcoolique méthyle, CH^3, à 1 atome d'hydrogène.

$$CH^3.OH$$
Méthylalcool.

$$CH^3$$
$$|$$
$$CH^2.OH$$
Éthylalcool.

Les alcools sont dits *primaires, secondaires* et *tertiaires* suivant que 1, 2, 3 atomes d'hydrogène sont remplacés par 1, 2, 3 radicaux alcooliques; et, comme on peut le voir ci-dessous, les groupements CH^2OH, $CH.OH$ et COH, sont caractéristiques de chacun de ces alcools.

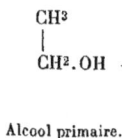

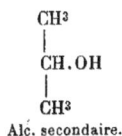

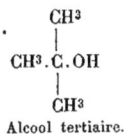

$$CH^3$$
$$|$$
$$CH^2.OH$$
Alcool primaire.

$$CH^3$$
$$|$$
$$CH.OH$$
$$|$$
$$CH^3$$
Alc. secondaire.

$$CH^3$$
$$|$$
$$CH^3.C.OH$$
$$|$$
$$CH^3$$
Alcool tertiaire.

On rencontre dans l'organisme, comme on le verra plus loin, un certain nombre d'alcools.

Troisième classe : Acides. — Les acides organiques dérivent des alcools par oxydation. Un atome d'oxygène remplace 2 atomes d'hydrogène du radical alcoolique et donne naissance à un radical d'acide, dont l'acide est un hydrate. Ainsi le radical alcoolique, éthyle, C^2H^5, en perdant 2 atomes d'H et gagnant 1 atome d'O, devient l'*acétyle*, C^2H^3O, radical d'acide qui avec l'oxyhydrile OH donne un hydrate, l'acide acétique, $C^2H^3O.OH$. Comme les alcools dont ils dérivent, les acides peuvent être mono-ou polyatomiques. Le groupement $CO.OH$ est caractéristique des acides; ainsi l'acide acétique s'écrira $CH^3.COOH$.

Quatrième classe : Éthers. — Les éthers sont des combinaisons de 2 radicaux d'alcools avec 1 atome d'oxygène ou encore des alcools dont l'hydrogène de l'hydroxyle a été remplacé par un radical d'alcool; l'éther est *simple* quand les deux radicaux d'alcools sont identiques, *mixte*, quand ils sont différents. Ainsi l'éthyl-éther (éther ordinaire) peut être considéré comme formé par la combinaison de 2 molécules d'éthyle C^2H^5 avec l'oxygène, ou par le remplacement d'un atome de H de l'hydroxyle de l'alcool éthylique $C^2H^5.OH$ par une molécule d'éthyle C^2H^5.

On donne le nom d'*éthers salins* à des éthers formés par des acides et dans lesquels l'hydrogène basique de l'acide est remplacé par un radical alcoolique. Ceux qui dérivent des acides oxygénés peuvent être regardés comme des alcools dont l'hydrogène de l'oxyhydrile a été remplacé par 1 radical d'acide. Ainsi soit l'éther acétique $C^2H^3O.OC^2H^5$; il pourra provenir soit de l'acide acétique

$$CH^3$$
$$|$$
$$CO.OH$$

par substitution du radical alcoolique éthyle C^2H^5 à l'H du groupe OH ;

$$
\begin{array}{c}
CH^3 \\
| \\
CO.OC^2H^5
\end{array}
$$

soit de l'alcool éthylique :

$$
\begin{array}{c}
C^2H^5 \\
| \\
OH
\end{array}
$$

dont l'H de l'oxyhydrile est remplacé par le radical d'acide, acétyle, C^2H^3O.

$$
\begin{array}{c}
C^2H^5 \\
| \\
O.C^2H^3O
\end{array}
$$

Cinquième classe : Aldéhydes. — Les aldéhydes dérivent des radicaux alcooliques diatomiques ; les deux atomicités libres de ces radicaux sont saturées par un atome d'oxygène bivalent. Ainsi l'éthylène C^2H^4 se transforme en aldéhyde C^2H^4O.

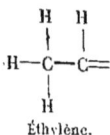

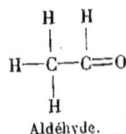

Éthylène.   Aldéhyde.

On peut aussi les considérer comme des *hydrures* de radicaux d'acides :

$$
\begin{array}{cc}
CH^3 & CH^3 \\
| & | \\
CO & CO.H \\
\text{Acétyle.} & \text{Aldéhyde.}
\end{array}
$$

On voit que le groupement — CO.H est caractéristique des aldéhydes.

Sixième classe : Acétones. — Les acétones sont formées par la combinaison d'un radical d'acide avec un radical d'alcool.

$$
\begin{array}{ll}
CH^3 & \\
| & CH^3 \quad \text{méthyle (radical d'alcool).} \\
C^2H^3O & C^2H^3O \quad \text{acétyle (radical d'acide).} \\
\text{Acétone.} &
\end{array}
$$

Elles peuvent donc être considérées comme constituées par l'union du groupement diatomique CO avec 2 radicaux alcooliques.

$$
\begin{array}{c}
CH^3 \\
| \\
CO \\
| \\
CH^3
\end{array}
$$

Septième classe : Amines. — Les amines sont des composés qui dérivent de l'ammoniaque et dans lesquels 1, 2, 3 atomes d'H de l'ammoniaque sont remplacés par 1, 2, 3 radicaux d'alcools.

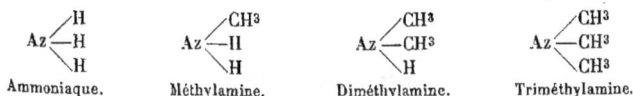

$$Az\begin{cases}H\\H\\H\end{cases} \qquad Az\begin{cases}CH^3\\H\\H\end{cases} \qquad Az\begin{cases}CH^3\\CH^3\\H\end{cases} \qquad Az\begin{cases}CH^3\\CH^3\\CH^3\end{cases}$$

Ammoniaque.   Méthylamine.   Diméthylamine.   Triméthylamine.

Quand le radical alcoolique est diatomique, alors chacun des 2 atomes de carbone se substitue à 1 atome d'hydrogène d'une molécule d'ammoniaque, et le radical alcoolique fixe alors 2 molécules d'ammoniaque, ce sont le *diamines*. Soit, par exemple, le radical diatomique C^2H^4, on aura :

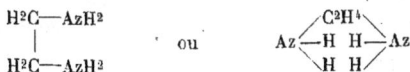

$$\begin{array}{l}H^2C-AzH^2\\ \mid \\ H^2C-AzH^2\end{array} \qquad \text{ou} \qquad Az\begin{cases}C^2H^4\\H\ H\\H\ H\end{cases}Az$$

On aura de même des *triamines*, *tétramines*, etc.

Les amines peuvent s'unir aux acides sans élimination d'eau.

On en rencontre un assez grand nombre dans l'organisme, et elles ont la plupart une grande importance physiologique.

Huitième classe : Amides. — Les amides sont des composés qui dérivent de l'ammoniaque, dans lesquels 1, 2, 3 atomes d'hydrogène de l'ammoniaque sont remplacés par 1, 2, 3 radicaux d'acides :

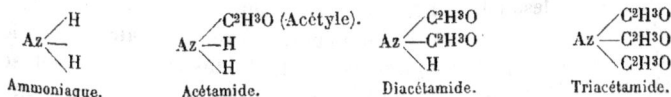

$$Az\begin{cases}H\\H\end{cases} \qquad Az\begin{cases}C^2H^3O\ (\text{Acétyle}).\\H\\H\end{cases} \qquad Az\begin{cases}C^2H^3O\\C^2H^3O\\H\end{cases} \qquad Az\begin{cases}C^2H^3O\\C^2H^3O\\C^2H^3O\end{cases}$$

Ammoniaque.   Acétamide.   Diacétamide.   Triacétamide.

On leur donne le nom d'*imides* quand 2 atomes d'hydrogène d'une molécule d'ammoniaque sont remplacés par un radical d'alcool diatomique. On appelle *alcalamides* ou *amines-amides* les composés qui dérivent de l'ammoniaque par substitution à 2 atomes d'hydrogène à la fois d'un radical d'alcool et d'un radical d'acide :

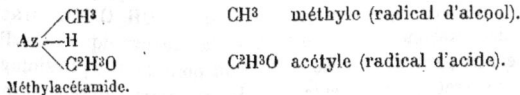

$$Az\begin{cases}CH^3\\H\\C^2H^3O\end{cases}$$

CH^3 méthyle (radical d'alcool).

C^2H^3O acétyle (radical d'acide).

Méthylacétamide.

Neuvième classe : Composés aromatiques. — Tous ces composés, qui ont pour type la benzine ou benzol, C^6H^6, sont formés par un noyau carboné de 6 atomes de carbone, possédant six atomicités libres et qu'on peut considérer comme constituant une chaîne fermée hexagonale (Kekulé) (1).

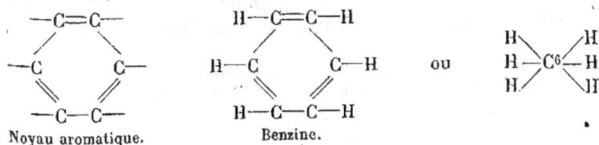

Noyau aromatique.   Benzine.

(1) Voir les traités de chimie pour les considérations sur lesquelles s'appuie cette théorie.

Dans la benzine, ces six atomicités libres sont saturées par 6 atomes d'hydrogène; tous les autres composés aromatiques dérivent de la benzine par substitution à un ou plusieurs atomes d'hydrogène d'un radical ou d'un groupement monoatomique. On verra plus loin que l'organisme renferme un certain nombre de composés aromatiques (1).

CHAPITRE II

ÉLÉMENTS DU CORPS HUMAIN

Ces éléments sont au nombre de quinze. Ce sont : l'oxygène, l'hydrogène, le carbone, l'azote, le soufre, le phosphore, le chlore, le fluor, le silicium, le sodium, le potassium, le calcium, le magnésium, le fer et le manganèse. A ces éléments fondamentaux et constants on peut ajouter d'autres éléments accessoires qui se rencontrent presque toujours dans l'organisme, sans cependant y entrer d'une façon nécessaire. Tels sont le lithium, le cuivre et le plomb

Oxygène O^2.

L'oxygène existe dans l'organisme sous plusieurs états.

1° *Il est un des éléments constituants de presque toutes les substances qu'on rencontre dans l'organisme.* Il n'y a pour s'en convaincre qu'à parcourir la liste placée à la fin du livre deuxième. A ce point de vue, il est facile de citer celles dans lesquelles il fait défaut. Ce sont quelques sels : chlorures de sodium, de potassium et d'ammonium, fluorure de calcium ; sulfocyanure de potassium ; quelques principes existant dans l'intestin, indol, scatol, pyrrol, etc. Partout ailleurs il se rencontre comme élément constituant (sels organiques et inorganiques, eau, principes ternaires, albuminoïdes, etc.).

L'état dans lequel il se trouve dans les composés organiques et les groupements auxquels il appartient dans ces composés présentent de l'intérêt non seulement au point de vue chimique, mais encore au point de vue physiologique. Les plus connus de ces groupements sont l'hydroxyle OH, le carboxyle, CO, le groupe CO.OH caractéristique des acides, les groupes CH^2.OH, CH.OH, C.OH, caractéristiques des alcools primaires, secondaires et tertiaires, l'acide cyanique COAzH, etc. Quoique leur étude ne soit pas très avancée surtout au point de vue physiologique, ces groupements ne représentent pas seulement des *fonctions* chimiques, mais très probablement de véritables fonctions physiologiques. C'est ainsi que l'hydroxyle OH imprime un caractère toxique à certains composés, comme le phénol, la morphine Stolnikow).

2° L'oxygène existe *à l'état de combinaison lâche* avec la matière colorante du sang et constitue l'*oxy-hémoglobine* des globules rouges. L'étude de cette combinaison sera faite avec celle de l'hémoglobine.

(1) Pour tout ce qui concerne la théorie atomique, voir les traités généraux de chimie et en particulier : Wurtz, la *Théorie atomique*, 1878 ; voir aussi pour les critiques de la théorie atomique : Berthelot, la *Synthèse chimique*, 1876.

3° L'oxygène existe à *l'état de dissolution simple* dans le plasma du sang et de la lymphe et peut-être dans tous les liquides de l'organisme. Cependant Hoppe-Seyler, en se servant de l'hémoglobine comme réactif de l'oxygène, n'a pu constater sa présence dans la bile et dans l'urine (urine de chien prise dans l'urèthre). A l'état de dissolution, l'oxygène suit les lois physiques de l'absorption des gaz (voir : *Sang*). On s'est demandé si l'oxygène existait à l'état libre dans les tissus ; il est probable que cet oxygène se trouve en dissolution dans le plasma lymphatique dans lequel sont plongés les éléments de ces tissus.

4° A *l'état de gaz libre*, l'oxygène se rencontre dans les voies aériennes (et leurs dépendances) et dans le tube intestinal. L'oxygène des voies aériennes provient de l'air inspiré ; celui du tube digestif provient de l'air ingéré avec les aliments et les boissons ; il s'y trouve toujours en petite quantité.

État de l'oxygène dans le sang et les tissus. — D'après certains auteurs, l'oxygène se trouverait dans le sang et dans les tissus, non pas à l'état d'oxygène ordinaire, indifférent, O^2, mais à l'état d'oxygène actif, d'*ozone*, O^3. Cette question, que je ne fais qu'indiquer ici, sera discutée à propos du sang et de l'hémoglobine.

D'après Hoppe-Seyler, l'oxygène dans l'organisme se trouverait à l'état d'oxygène indifférent O^2, mais il acquerrait en présence de l'hydrogène à l'état naissant d'énergiques propriétés oxydantes ; c'est ce qu'il appelle l'*activation de l'oxygène*. Traube interprète autrement les faits d'Hoppe-Seyler ; pour lui, l'hydrogène à l'état naissant s'unirait d'abord à l'oxygène indifférent, O^2, pour former de l'eau oxygénée, et c'est cette eau oxygénée qui déterminerait les oxydations. Cette question sera examinée dans le chapitre *des oxydations dans l'organisme*.

Rôle physiologique de l'oxygène. — L'oxygène est nécessaire à la vie de l'animal et à celle de la plante. Certains organismes inférieurs paraissent faire exception à cette règle et ont reçu le nom d'*anaérobies* (Pasteur) par opposition avec les *aérobies*. Les anaérobies ont cependant, comme les autres, besoin d'oxygène, mais au lieu de prendre cet oxygène à l'air ou à l'eau dans laquelle il est dissous, ils l'empruntent à des combinaisons oxygénées qu'ils détruisent (voir : *Fermentations*). On peut donc dire d'une façon générale que l'oxygène est essentiel à la vie et cette loi ne peut être infirmée par des exceptions apparentes. Ce qui est vrai, c'est que certains actes vitaux peuvent se produire en l'absence de l'oxygène ; ainsi Pflüger en plaçant des grenouilles dans une atmosphère complètement dépourvue d'oxygène (azote et vapeurs de phosphore) a vu continuer l'élimination d'acide carbonique et les contractions musculaires.

Le rôle essentiel de l'oxygène résulte de son affinité pour les substances organiques. Grâce à cette affinité, il oxyde ces substances et c'est à ces phénomènes d'oxydation que se rattache la production de chaleur, de travail musculaire et d'innervation, en un mot toute la production des forces vives de l'organisme. La question de savoir où se font ces oxydations, dans le sang ou dans les tissus, et dans quelle proportion elles contribuent aux actes intimes de la nutrition, sera traitée plus loin ; il suffira ici de les mentionner et d'en constater l'importance.

Les oxydations intra-organiques portent sur les albuminoïdes, les graisses, les hydrocarbonés, etc., et donnent lieu à une série de produits d'oxydation qui se retrouvent dans les excrétions. Ces produits ultimes sont pour les albuminoïdes : l'eau, l'urée et l'acide carbonique ; pour les hydrocarbonés et les graisses : l'eau et l'acide carbonique, et ces différents produits sont éliminés par les diverses voies d'excrétion, poumons, reins, etc.

La théorie de la combustion directe par l'oxygène des substances organiques du corps vivant a cependant perdu du terrain dans ces derniers temps et on tend à lui substituer de plus en plus une théorie basée sur les dédoublements chimiques. Dans cette hypothèse la chaleur et les forces vives de l'organisme seraient produites par un processus analogue à celui des fermentations, et l'oxygène interviendrait plutôt comme agent d'excitation que comme agent d'oxydation dans les phénomènes de la vie (voir le chapitre : *Réactions chimiques dans l'organisme vivant ;* et le chapitre *Fermentations*).

Pour ce qui concerne l'action toxique de l'oxygène par l'augmentation de pression, voir : *Action des milieux ; pression atmosphérique.*

Nous introduisons par jour dans l'organisme environ 950 grammes d'oxygène, provenant d'une part de l'air inspiré (750 grammes), d'autre part des aliments et des boissons (200 grammes), et nous en éliminons une quantité correspondante par les diverses voies d'excrétion (peau, poumons, etc.).

Bibliographie. — Voir : *Oxydations dans l'organisme.*

Hydrogène H^2.

L'hydrogène se rencontre dans l'organisme sous plusieurs états.

1° *Il entre dans la constitution de toutes les substances organiques du corps* (graisses, hydrocarbonés, albuminoïdes, acides organiques, produits de déchet, azotés et non azotés, etc.) et dans un certain nombre de composés inorganiques, eau et sels.

Les groupements dans lesquels se trouve engagée la molécule d'hydrogène ne sont pas encore bien connus, il en est cependant quelques-uns dont l'existence est incontestable, tels sont l'hydroxyle, OH, les radicaux acides ou alcooliques, les groupements carburés CH, CH^2, CH^3, C^6H^6, les groupements azotés, AzH, AzH^2, AzH^3, Az^2H^2 (cyanamide), CAzH, CAz^2H (cyamide), CO.AzH (ac. cyanique), etc. On retrouvera ces groupements dans la physiologie spéciale des divers principes constituants de l'organisme.

2° *A l'état de dissolution,* l'hydrogène n'a été rencontré que dans un liquide pathologique, le pus. On a signalé sa présence dans le sang veineux ; il proviendrait, dans ce cas, de l'hydrogène de l'intestin, absorbé par le sang pour être éliminé par les poumons et par la peau.

3° *A l'état de liberté,* l'hydrogène a été trouvé en très petite quantité dans l'air expiré; mais il se rencontre surtout dans le tube intestinal. Chevreul donne les chiffres suivants : estomac, 3,55 p. 100 ; intestin grêle, 5,4 à 11,6 ; gros intestin, 7,5. Sa présence dans l'estomac n'a pu être constatée par d'autres chimistes. Sa proportion dans le gros intestin augmente par le régime lacté; elle est au minimum après l'ingestion de viande. Pettenkofer l'a trouvé dans les produits gazeux de la perspiration cutanée.

Origine et mode de formation de l'hydrogène dans l'organisme. — A *l'état de liberté* l'hydrogène paraît être un produit de décomposition chimique et est dû probablement à une fermentation butyrique du contenu de l'intestin ; il passe dans le sang, et de là dans les produits de la respiration et de la perspiration cutanée (voir : *Fermentations*). En outre, il est très probable qu'une certaine quantité d'hydrogène est formé et mis en liberté dans les phénomènes chimiques qui se passent dans l'intimité des tissus. On sait, en effet, que certaines cellules *anaérobies* peuvent dégager de l'hydrogène à l'état gazeux. Cet hydrogène à l'état naissant aurait un pouvoir réducteur bien plus énergique que l'hydrogène ordinaire et d'après Hoppe-Seyler, comme on l'a vu dans le paragraphe précédent, servirait à *activer* l'oxygène de façon que l'hydrogène jouerait ainsi un rôle très important dans les actions chimiques de la nutrition. On sait que l'hydrogène condensé par les métaux et en particulier par le palladium (*hydrogenium* de Graham) a les propriétés de l'hydrogène à l'état naissant (1) et on a pu ainsi étudier facilement son action sur un grand nombre de composés organiques (voir *Réactions chimiques dans l'organisme vivant*).

Le *rôle physiologique* de l'hydrogène dérive des considérations précédentes. Il est à la fois un élément constituant, indispensable de l'organisme, et un agent de décompositions chimiques et par conséquent un facteur, direct ou indirect, de la désassimilation nutritive.

Nous introduisons par jour dans notre organisme avec nos aliments et nos boissons environ 40 grammes d'hydrogène et une quantité correspondante est éliminée par les diverses voies d'élimination de l'organisme.

Bibliographie. — Voir : *Réactions chimiques dans l'organisme vivant; Réductions; Fermentations.*

Carbone C.

Le carbone entre dans la constitution de toutes les substances organiques du corps sans exception, substances azotées ou non azotées, et de tous les éléments simples du corps; c'est lui qui y entre dans la plus forte proportion, 50 p. 100 environ de l'organisme desséché. Par la distillation sèche tous les tissus animaux se transforment, avec ou sans fusion préalable, en char-

---

(1) En réalité, cette hypothèse de l'état naissant est devenue inutile depuis les recherches de thermo-chimie de Berthelot; il y a simplement dégagement de chaleur, d'après le *principe du travail maximum* posé par Berthelot : tout travail chimique accompli sans l'intervention d'une énergie étrangère tend vers la production du corps ou du système de corps qui dégage le plus de chaleur.

bon, en abandonnant des produits volatils (gaz, liquides, solides) qui se condensent par le refroidissement.

Les groupements dans lesquels est engagé le carbone dans les composés organiques sont très nombreux et de la plus haute importance au point de vue de la chimie physiologique. Avec l'oxygène, il donne le carboxyle CO, avec l'hydrogène, les divers radicaux carburés C^nH^n et le noyau aromatique $C^6(H^6)$, avec l'azote le radical cyanique CAz; en s'unissant à plusieurs de ces corps simples, il donne des groupements plus compliqués, CO.OH, COH, CH.OH, CH^2,OH déjà indiqués à propos de l'oxygène et de l'hydrogène, CAzH, CAz^2H (cyamide), CAz^2H^2 (cyanamide), COAzH (acide cyanique), etc.

Il fait partie des gaz acide carbonique et hydrogène carboné, qu'on rencontre à l'état libre ou à l'état de dissolution dans l'organisme et qui seront étudiés plus loin. Il entre enfin dans la constitution des carbonates qui se rencontrent soit à l'état de dissolution, soit à l'état solide dans les liquides et les tissus.

Le *rôle physiologique* du carbone n'a pas besoin d'être développé et ressort suffisamment des considérations précédentes. On le retrouvera du reste à chaque paragraphe de la chimie de la nutrition.

Nous introduisons par jour avec nos aliments environ 280 grammes de carbone, et la plus grande partie du carbone correspondant qui sort de l'organisme est éliminée à l'état d'acide carbonique par la respiration.

Bibliographie. — Voir : *Acide carbonique, Hydrogène carboné, Respiration, Nutrition.*

Azote Az.

L'azote se trouve dans l'organisme sous les états suivants :

1° *Il entre dans la constitution de tous les tissus animaux* et de la plupart des liquides de l'organisme. Il faut distinguer à ce point de vue les substances constituantes proprement dites qui font partie intégrante des tissus, comme l'albumine et les albuminoïdes, la lécithine, l'hémoglobine, etc., et les produits azotés dérivant de ces substances. Dans tous ces composés organiques, la molécule d'azote semble être unie à l'hydrogène et au carbone et non à l'oxygène ; les groupements hydrogénés et carbonés de l'azote ont du reste été mentionnés dans les paragraphes consacrés au carbone et à l'hydrogène.

2° *A l'état de combinaison* avec l'oxygène, il forme des nitrates et des nitrites dont quelques auteurs ont constaté l'existence dans l'urine.

3° *A l'état de liberté*, l'azote existe dans les voies aériennes et dans le tube digestif et provient de l'air atmosphérique inspiré ou dégluti. Le gros intestin en contient habituellement plus que l'intestin grêle, ce qui peut tenir soit à une absorption plus intense dans l'intestin grêle, soit à une production d'azote dans l'organisme, azote qui s'éliminerait surtout par le gros intestin (voir plus loin : *Formation de l'azote dans l'organisme*).

4° *A l'état de dissolution*, l'azote se rencontre en très petite proportion dans tous les liquides de l'organisme et provient de l'air atmosphérique introduit par la respiration ou avec les aliments.

Nous introduisons par jour, dans notre organisme, environ 18 grammes d'azote avec l'air inspiré, les aliments et les boissons et nous en éliminons une quantité correspondante, par les urines et les fèces, sous des combinaisons qui seront étudiées plus loin. Dans les conditions ordinaires cependant, l'équilibre parfait entre l'azote introduit et l'azote éliminé n'existe pas et il y a presque toujours un *déficit d'azote*, c'est-à-dire qu'on ne retrouve pas dans les excrétions (urines et fèces) l'équivalent de l'azote introduit.

L'interprétation de ce *déficit d'azote* a été faite d'une façon différente par les physiologistes. Voit nie ce déficit d'azote ou du moins le réduit à des proportions insignifiantes qui sont facilement couvertes par la petite quantité d'azote éliminée avec la sueur et les produits épidermiques. Regnault et Reiset ayant constaté que l'air expiré contient un peu plus d'azote que l'air inspiré ont admis, et à leur suite Dulong, Despretz, Boussingault, etc., qu'il y avait une exhalation d'azote par les poumons, exhalation qui compenserait le déficit d'azote. Seegen et Nowak sont arrivés plus récemment aux mêmes conclusions. Mais ces expériences ont été attaquées par Voit, et H. Léo, reprenant, sous la direction de Pflüger, les recherches de Seegen et Nowak dans des conditions plus précises, a constaté que la quantité d'azote exhalée par les poumons est excessiblement faible et rentre dans les limites des erreurs expérimentales. Les mêmes conclusions peuvent s'appliquer à l'azote éliminé par la respiration à l'état d'ammoniaque (voir : *Respiration*). On voit que la question de la production d'azote libre dans l'organisme n'est pas encore complètement tranchée (voir aussi : *Nutrition, Urée, Acide urique, Albuminoïdes*).

Cependant dans des recherches toutes récentes faites dans le laboratoire de Zuntz, Tacke a toujours trouvé une certaine quantité, très faible il est vrai, d'azote gazeux dans l'air expiré. Cette proportion d'azote augmentait notablement quand on injectait dans l'estomac une solution de nitrate ou de nitrite d'ammoniaque. Ce résultat rappelle le dégagement d'azote qui se produit quand on chauffe du nitrite d'ammoniaque, d'après l'équation : $AzH^4 Az0^2 = Az^2 \times 2H^20$. Les processus de fermentation dans l'intestin ont probablement un résultat analogue. Quant au nitrate, il est possible qu'il soit transformé en nitrite dans l'intestin par l'hydrogène à l'état naissant (1).

Proportion des gaz dans les liquides de l'organisme. — Les deux tableaux suivants donnent les quantités de gaz (CO^2, Az, O, H) contenus en dissolution dans les principaux liquides de l'organisme, le premier par rapport à 100 centimètres cubes de liquide, le second par rapport à 100 centimètres cubes de gaz :

(1) Pour les procédés de dosage de l'azote, voir les traités de chimie et les mémoires spéciaux indiqués dans la bibliographie.

TABLEAU I. — Quantité de gaz, en centimètres cubes, contenue dans 100 centimètres cubes de liquide.

	SANG ARTÉRIEL.	SANG VEINEUX.	SÉRUM ARTÉRIEL.	LYMPHE.	SÉROSITÉ D'ASCITE.	LAIT.	BILE DE CHIEN (1).	BILE DE CHIEN (2).	SALIVE DE CHIEN.	URINE.	SUC MUSCULAIRE.	ALBUMINE DE L'ŒUF.	PUS.
CO_2 ..	50	60	50	46,90	142,00	10,00	7,36	73,81	74,93	18,09	15,40	66,76	75,28
Az....	2	2	2	1,67	21,10	1,95	0,78	0,52	0,92	1,21	4,90	3,77	2,50
O	20	10	1,47	0,13	0,14	0,11	0,00	0,26	0,65	0,10	0,09	2,31	»
H	»	»	»	»	»	»	»	»	»	»	»	»	5,16
Total.	72	72	53,47	48,70	163,24	11,16	8,14	74,59	76,50	19,40	20,39	72,84	82,94

TABLEAU II. — Quantité de gaz, en centimètres cubes, contenue dans 100 centimètres cubes de gaz.

CO_2 ..	69,46	83,35	94,54	96,30	87,00	89,51	90,33	98,95	97,93	93,20	71,30	91,66	90,77
Az....	2,77	2,77	3,15	3,43	12,92	9,42	9,67	0,70	1,20	6,23	25,20	5,17	3,01
O	27,77	13,88	2,31	0,27	0,08	1,07	»	0,35	0,87	0,57	0,50	3,17	»
H	»	»	»	»	»	»	»	»	»	»	»	»	6,22

(1) Chien soumis à une alimentation animale.
(2) Chien soumis à une alimentation végétale.

Ces analyses sont empruntées à Mathieu et Urbain (albumine, pus), E. Pflüger (lait, bile, salive, urine), Hammarsten (lymphe), Planer (sérosité). Tous les chiffres, pour les rendre comparables, ont été réduits à 0° et à 0,76 de pression. Pour les chiffres des gaz du sang, voir : *Sang*. Ces tableaux ne sont donnés que sous toutes réserves ; les analyses de ces différents liquides sont encore trop peu nombreuses pour qu'on puisse en tirer des conclusions positives.

Bibliographie. — M. GRUBER : *Unt. über die Ausscheidungswege des Stickstoffs*, etc. (Zeitsch. f. Biol., t. XVI, 1880). — M. PETTENKOFER et VOIT : *Zur Frage des Ausscheidung gasformigen Stickstoffs aus dem Thierkörper* (Zeitsch. f. Biol., t. XVI, 1880). — J. SEEGEN et J. NOWAK : *Zur Frage der Ausscheidung gasförmigen Stickstoffs aus dem Thierkörper* (Arch. de Pflüger, t. XXV, 1881). — H. LEO : *Unt. zur Frage der Bildung von freiem Stickstoff im thierischen Organismus* (id.). — B. E. DIETZELL : *Ueber die Entbindung von freiem Stickstoff bei der Faulniss* (Ber. d. d. ch. Ges., t. XV, 1882). — J. BYRNE POWER : *On the excretion of nitrogen by the skin* (Proceed. Roy. Soc. London, t. XXXIII, 1882). — J. KJELDAHL : Zeitsch. f. anal. ch., t. XXII, 1883. — M. GRUBER : *Beitrag zur Frage der Entwickelung elementaren Stickstoffs im Thierkörper* (Zeitsch. f. Biol., t. XX, 1883). — W. CAMERER : *Zur Bestimmung des Stickstoffs im Urin und Koth des Menschen* (Zeit. für Biol., t. XX, 1884). — H. RIEDER : *Bestimmung der Menge des im Kothe befindlichen, nicht von der Nahrung herrührenden Stickstoffes* (Zeitsch. für Biol., t. XX,

1884). — Th. Wyzl : *Ueber die Nitrate des Thier und Pflanzenkörpers* (A. de Virchow, t. XCVI, 1884). — H. Wilfarth : *Eine modification der Kjeldahl'schen Stickstoff bestimmungsmethode* (Ch. Centralbl., t. XVI, 1885). — C. Arnold : *Die Kjeldahl'sche Methode der Stickstoffbestimmung* (Arch. für Pharmacie, t. XXIII, 1885). — E. Bosshard : *Zur Stickstoffbestimmung nach Kjeldahl* (Zeitsch. f. anal. ch., t. XXIV, 1885). — Th. Pfeiffer et F. Lehmann : *Notiz zur Kjeldahl'schen Stickstoffbestimmungsmethode* (id.). — U. Kreusler : *Digestionsofen zur stickstoffbestimmung nach Kjeldahl* (id.). — G. Czeczetka : *Zur Ausführung der Stickstoffbestimmung nach Kjeldahl* (Mouatsh. f. ch., t. VI, 1885). — F. Hufschmidt : *Zur volumetrischen Stickstoffbestimmung* (Ber. d. d. ch. Ges., t. XVIII, 1885). — C. Arnold : *Grundlagen zur einer neuen Stickstoffbestimmungsmethode*, etc. (Ber. d. d. ch. Ges., t. XVIII, 1885). — N. Kreusler : *Beiträge zur quantitativen Bestimmung des Stickstoffes* (Landw. Versuchsst., t. XXXI, 1885). — A. Houzeau : *Sur le dosage rapide de l'azote total*, etc. (C. rendus, t. C, 1885). — K. Bohland : *Beitr. zur quantitativen Bestimmung des Stickstoffs im Harn* (Arch. de Pflüger, t. XXXV). — E. Pfluger et K. Bohland : *Eine einfache Methode zur Bestimmung des Stickstoffs im Harn* (id.) — Zuntz ; *Die resultate sider von D. Tacke ausgeführten Untersuchung* (Archiv für Physiol., 1886). — Th. Pfeiffer : *Die Bestimmung des Stickstoffs der stoffwechselprodukte* (Zeitsch. für phys. ch., t. X, 1886). — A. Hirschler : *Beiträge zur Analyse der Stickstoffhaltigen substanzen des Thierkörpers* (Zeitsch. für phys. ch., t. II, 1887). (Voir aussi : *Statistique de la nutrition.*

Soufre S.

Le soufre se présente sous divers états dans l'organisme.

1° *Il entre dans la constitution des substances albuminoïdes* et de leurs dérivés histogénétiques. Aussi ces substances donnent-elles toujours, par l'incinération, de l'acide sulfurique qui s'unit aux bases des carbonates et des autres sels alcalins ; la présence des sulfates dans les cendres d'un tissu ou d'un liquide ne suffit donc pas pour affirmer la préexistence de l'acide sulfurique dans ce tissu ou dans ce liquide.

L'état dans lequel la molécule de soufre est associée aux quatre corps simples précédents dans les albuminoïdes est inconnu. Schutzenberger a constaté la présence d'un principe sulfuré dans l'huile volatile essentielle (*albuminol*), qu'il a obtenue par l'action de l'hydrate de baryte en vases clos sur les albuminoïdes (voir *Albuminoïdes*). Le rapport du soufre à l'azote dans l'albumine est :: 1 : 16.

2° *Il entre dans la constitution de quelques produits azotés dérivés des albuminoïdes*, taurine et acide tauro-cholique (bile), cystine (urine), produits qui seront étudiés plus loin.

3° *A l'état de combinaison*, il entre dans la constitution d'un certain nombre de sels qui vont être passés successivement en revue.

a. *Sulfates.* — L'acide sulfurique, à l'état de sulfates alcalins, paraît se rencontrer normalement dans le sang et dans la plupart des tissus et des liquides de l'organisme, à l'exception du lait, de la bile et du suc gastrique. Cet acide sulfurique provient en partie de l'alimentation, qui contient toujours une certaine quantité de sulfates. Il s'en forme en outre dans l'organisme même par l'oxydation du soufre des substances albuminoïdes. D'après Parkes même, les deux tiers des sulfates éliminés par l'urine proviendraient de cette dernière source. La possibilité de l'oxydation du soufre dans l'organisme est aujourd'hui démontrée ; A. Krause et Etzinger ont trouvé une augmentation des sulfates de l'urine après l'ingestion de soufre, et M. Regensburger a confirmé ces observations. Du reste Vogel, Clave,

B. Jones ont constaté qu'une alimentation de viande riche en albuminoïdes fait hausser la proportion de sulfates dans l'urine, tandis que cette proportion baisse par une alimentation végétale, et, quoique ces faits aient été niés par Pettenkofer et Voit, il paraît difficile de les mettre en doute; d'après les recherches de Künkel, 60 à 70 p. 100 du soufre ingéré comme partie constituante des albuminoïdes de l'alimentation se retrouveraient à l'état de sulfates dans l'urine. Il est difficile de dire si l'albumine des tissus, comme l'albumine de l'alimentation, fournit aussi des sulfates par sa désassimilation et quelle part revient dans cette formation à chacun des deux processus; mais un fait intéressant, observé par Beneke et Beale, c'est que l'élimination de l'urée et celle des sulfates se suivent parallèlement, et, d'après Engelmann, les sulfates mieux encore que l'urée et que les phosphates donneraient la mesure et traduiraient exactement l'intensité de la désassimilation des albuminoïdes.

La taurine, d'après les expériences de E. Salkowski, ne paraît fournir qu'une très faible partie de l'acide sulfurique existant dans l'urine à l'état de sulfate. Chez le lapin, une petite partie est décomposée et donne des sulfates, mais chez l'homme, chez le chien, elle ne fournit qu'un acide particulier qui se retrouve dans l'urine, l'*acide tauro-carbamique* (voir : *Taurine*).

Les sulfates sont éliminés principalement par l'urine. Un homme adulte en excrète ainsi par jour 1^{gr},50 à 2^{gr},50; cependant tout le soufre éliminé par les urines n'existe pas à l'état de sulfates comme on le verra plus loin.

b. *Acides sulfoconjugués*. — Ces acides sulfoconjugués, dont le plus important est l'acide *phénolsulfurique*, seront étudiés plus loin.

c. *Hyposulfites*. — Les hyposulfites alcalins ont été rencontrés dans l'urine du chat et du chien et dans celle du lapin après l'ingestion de taurine. On les a trouvés une seule fois chez l'homme dans un cas de fièvre typhoïde.

d. *Soufre difficilement oxydable de l'urine* (*soufre inoxydé* de Bischoff, *soufre neutre* de Salkowski). Quand on a débarrassé l'urine des acides sulfurés précédents, il reste encore du soufre sous un état non encore déterminé (Lépine et Guérin). Ce soufre, plus abondant pour une alimentation de viande, forme environ 25 à 30 p. 100, du soufre total.

e. *Sulfocyanure de potassium et de sodium*. — Ce sulfocyanure se rencontre dans la salive et en très petite quantité dans l'urine, dans le sang et dans le lait (?).

f. *Sulfure de fer*. — On trouve dans les excréments une petite quantité de soufre à l'état très probablement de sulfure de fer.

4° *Combiné à l'hydrogène*, il donne l'hydrogène sulfuré, H^2S, qu'on rencontre à l'état gazeux dans l'intestin.

Rôle physiologique du soufre. — La présence du soufre dans la molécule de l'albumine indique *a priori* son importance. Quant aux autres combinaisons dans lesquelles il entre (cystine, sulfates, etc.), elles ne paraissent pas avoir d'autre rôle que ceux de produits de désassimilation (voir aussi : *Cystine*, *Taurine*, *Acide taurochlique*, *Salive*, *Albuminoïdes*).

Bibliographie. — R. Lépine, Flavard et Guérin : *Sur un nouveau symptôme de trouble de la fonction biliaire* (Revue de méd., t. I, 1881). — Lépine et Guérin : *Note sur le soufre difficilement oxydable de l'urine* (id.). — Lépine et Guérin : *Sur la provenance du soufre difficilement oxydable de l'urine* (C. rendus, t. XCVII, 1883). — O. Hammarsten : *Ueber den Gehalt des Caséins an Schwefel*, etc. (Zeitsch. f. phys. ch., t. IX, 1885). — G. Tamman : *Ueber die Schicksale des Schwefels beim Keimen der Erbsen* (id.). — Stadthagen : *Ist anzunehmen, das der normale menschliche Harn Cystin oder nahestehende Verbindungen enthalte?* (id.) — L. Goldmann : *Ueber das Schicksal des Cysteïns und über die Entstehung der Schwefelsaüre im Thierkörper* (id.). — A. Hefter : *Die Ausscheidung des Schwefels im Harn* (A. de Pflüger, t. XXXVIII, 1886). — E. Salkowski : *Ueber das Verhalten der Isäthionsaüre im Organismus*, etc. (id., t. XXXIX, 1886).

Phosphore Ph.

Le phosphore se trouve dans l'organisme sous les états suivants :

1° Il entre dans la constitution de trois substances organiques qui présentent une très grande importance physiologique, la *lécithine*, la *nucléine* et *l'acide phosphoglycérique*, substances qui seront étudiées plus loin. Il paraît se trouver dans ces trois substances à l'état d'acide phosphorique, PhO^4. D'après Hoppe-Seyler, les principes albuminoïdes ne contiennent pas de phosphore, et le phosphore qui leur est attribué provient simplement de la lécithine ou de la nucléine dont il est difficile de les débarrasser.

2° L'acide phosphorique se trouve en outre dans l'organisme à l'état de combinaison avec la soude, la potasse, la chaux et la magnésie. Les phosphates prédominent dans le sang des carnivores, tandis que ce sont les carbonates dans le sang des herbivores ; de même que la potasse, l'acide phosphorique se rencontre de préférence dans les globules, les muscles, le cerveau, etc. Enfin c'est qui lui, uni à la chaux, constitue la majeure partie de la matière inorganique des os et des dents. On rencontre en outre des phosphates dans tous ou presque tous les liquides de l'organisme, mais spécialement dans l'urine qui est la voie principale d'élimination de l'acide phosphorique chez les carnivores. Chez les herbivores, on les trouve surtout dans les excréments qui contiennent toujours du reste, même chez les carnivores, de notables quantités d'acide phosphorique.

Les phosphates qu'on trouve dans l'organisme sont principalement les suivants :

Phosphate de soude..............	$PhO^4 Na^3$; $PhO^4 Na^2H$; $PhO^4 NaH^2$.
— de potassium..........	$PhO^4 K^3$; $PhO^4 K^2H$; $PhO^4 KH^2$.
— de calcium	$2(PhO^4) Ca^3$; $2(PhO^4) CaH^4$.
— de magnésium..........	$2(PhO^4) Mg^3$.
— ammoniaco-magnésien..	$PhO^4 Mg^2 (AzH^4) + 6H^2O$.

3° On trouve en outre dans l'urine du *phosphore incomplètement oxydé* et engagé dans une combinaison encore mal déterminée ; ce phosphore forme environ 1 p. 100 du phosphore total de l'urine (Lépine).

On peut évaluer à 12 grammes environ la quantité totale d'acide phosphorique contenue dans le système nerveux, à 130 grammes celle des muscles, à 1400 grammes celle du squelette. Ces données sont importantes à connaître au point de vue de la désassimilation des tissus phosphorés du corps.

L'acide phosphorique de l'organisme provient de l'alimentation; en outre une certaine quantité d'acide phosphorique peut se former dans l'organisme par la décomposition de la lécithine et des autres substances phosphorées, acide phosphoglycérique et nucléine.

L'*élimination* des phosphates se fait principalement par deux voies, l'urine et les excréments. L'homme élimine en une journée par l'urine environ $2^{gr},5$ à $3^{gr},5$ d'acide phosphorique. Chez les carnivores, le chien, par exemple, un treizième seulement de l'acide phosphorique excrété s'en va par les excréments à l'état de phosphate de calcium, de magnésium et de fer (Bischoff); le reste s'élimine par les urines à l'état de phosphate acide, PhO^4NaH^2, à la faveur duquel les phosphates terreux éliminés par cette voie sont tenus en dissolution. Chez les herbivores, au contraire, les phosphates sont remplacés dans l'urine par les carbonates, et c'est l'intestin qui est leur voie principale d'élimination. Le rapport du phosphore à l'azote total dans l'urine est d'environ 1 à 6 ou 7. Ce rapport change du reste suivant la nature de l'alimentation.

Le *rôle physiologique* des phosphates est très important, comme l'indique leur présence dans tous les tissus et leur prédominance dans les globules sanguins, les muscles, les nerfs et les éléments en voie de formation. Il semble en effet que les éléments organiques aient une sorte d'affinité pour l'acide phosphorique; ainsi les muscles des herbivores en contiennent autant que ceux des carnivores, quoique, chez les premiers, le sang et les aliments ingérés renferment beaucoup moins de phosphates que chez les carnivores.

En outre, les tissus, ou du moins un grand nombre d'entre eux produisent par leur fonctionnement même des acides organiques qui décomposent les phosphates neutres ou basiques fournis par le sang et les transforment en phosphates acides.

Dans le sang les phosphates alcalins, et en particulier le phosphate de soude, contribuent à en maintenir l'alcalinité et favorisent, comme l'ont montré Liebig et Frreisch, la dissolution des albuminoïdes et les phénomènes de diffusion; ils tiennent en dissolution les urates et les oxalates qui peuvent exister dans ce liquide et, comme on le verra plus loin, exercent une influence sur l'absorption de l'acide carbonique par le sang. Associé à la chaux et à la magnésie, l'acide phosphorique maintient aussi la solidité et la résistance des os et des dents, et une partie des résultats qui seront mentionnés à propos des sels de chaux peut s'appliquer aux phosphates, quoiqu'il y ait encore des divergences entre les expérimentateurs au sujet de l'alimentation phosphatée et de l'influence qu'elle exerce sur la nutrition (voir aussi : *Lécithine, Acide phosphoglycérique, Tissu osseux, Urine, Tissu nerveux, Centres nerveux*).

Bibliographie. — L. JOLLY : *Sur la distribution des phosphates dans les différents éléments du sang* (C. rendus, t. LXXXVIII, 1879). — ID. : *Du mode de distribution des phosphates dans les muscles et les tendons* (id., t. LXXXIX, 1879). — ID. : *Rech. sur les différents modes de combinaison de l'acide phosphorique dans la substance nerveuse* (id.). — H. BEAUNIS : *Recherches sur l'influence de l'activité cérébrale sur la sécrétion urinaire* *et spécialement sur l'élimination de l'acide phosphorique* (dans : Recherches expéri- mentales sur les conditions de l'activité cérébrale, 1884 ; et dans : Revue médicale de l'Est, 1882). — R. LÉPINE, EYMONNET et AUBERT : *Sur la proportion de phosphore incom- plètement oxydé, contenue dans l'urine*, etc. (C. rendus, t. XCVIII, 1884, et : Soc. de biologie). — A. MAIRET : *Rech. sur l'élimination de l'acide phosphorique*, 1884. — (Voir aussi la bibliographie de l'urine, du tissu nerveux et des divers composés phosphorés.

Chlore Cl.

Le chlore existe dans l'organisme sous deux états, à l'état d'*acide chlor- hydrique* et à l'état de *chlorure.*

1° L'*acide chlorhydrique* existe à l'état libre dans le suc gastrique (voir *Suc gastrique*), et provient du chlorure de sodium des glandes stomacales décomposé dans l'acte de la sécrétion. Après avoir servi, comme on le verra plus tard, à la digestion des albuminoïdes, il se combine dans l'intestin grêle avec la soude de la bile ou du carbonate de soude introduit par l'alimenta- tion et se retrouve ainsi à l'état de chlorure de sodium qui est en grande par- tie résorbé dans l'intestin et repasse dans le sang (1).

2° Les chlorures de sodium et de potassium se rencontrent dans tous les liquides et dans tous les organes. La quantité de chlorure de sodium qui existe ainsi dans le corps humain peut être évaluée à 200 grammes envi- ron ; celle du chlorure de potassium est moins considérable. Enfin on trouve aussi dans le suc gastrique, l'urine, et quelquefois la salive, une petite quan- tité de *chlorure d'ammonium.* Dans tous ces liquides, les chlorures existent à l'état de simple dissolution ; et c'est probablement aussi dans le même état qu'ils se trouvent dans les organes, c'est-à-dire dissous dans leur eau d'imbibition. L'étude de ces chlorures sera faite à propos du sodium et du potassium.

Fluor Fl.

Le fluor existe à l'état de *fluorure de calcium* dans les os, les dents, le sang, l'urine (traces). Son rôle physiologique est inconnu.

Silicium Si.

Le silicium se rencontre à l'état d'acide silicique, SiO^2, dans les produits épidermiques, les cheveux, les os, la salive, la bile, l'urine (traces). Son rôle physiologique est inconnu.

Sodium Na.

Le sodium existe dans tous les tissus et dans tous les liquides, combiné à tous les acides inorganiques ou organiques. Sa principale combinaison et la plus importante est le chlorure de sodium.

Chlorure de sodium. — Le chlorure de sodium, NaCl, se rencontre dans tous les tissus et dans tous les liquides de l'organisme, mais spécialement

(1) La question de l'existence ou de la non existence de l'acide chlorhydrique libre dans le suc gastrique sera examinée à propos de ce liquide.

dans le plasma sanguin, la lymphe, la bile, la sueur, le suc pancréatique, l'urine. La quantité de chlorure de sodium qui existe ainsi dans le corps humain peut être évaluée à 200 grammes environ.

Le tableau suivant donne les quantités de chlorure de sodium et de chlorure de potassium contenus dans les principaux liquides de l'organisme (pour 1000 parties).

	Na Cl	K Cl		Na Cl	K Cl
Sang...............	2,70	2,05	Suc pancréatique (fistules permanentes)...	2.50	0,93
Globules............	»	3,67			
Plasma.............	5,54	0,35	Suc pancréatique (fistules temporaires)...	7,35	0,02
Lymphe............	5,67	»	Bile...............	5,53	0.28
Chyle.............	5,84	»	Lait...............	0,87	2,13
Suc gastrique........	1,45	0,55	Urine...............	11,00	4,50

Le *chlorure de sodium* provient en totalité de l'alimentation, et c'est l'alimentation qui introduit dans l'organisme une quantité de sel marin équivalente à celle qui est perdue journellement par les excrétions. Chez l'homme, cette perte peut être évaluée à 15 à 20 grammes, et se fait pour la plus grande partie par l'urine, pour le reste par les excréments, la sueur, la salive, le mucus nasal. Il doit même y avoir dans l'alimentation un excès de sel marin ; en effet, une partie du chlorure de sodium ingéré subit des transformations dans l'organisme ; ainsi il fournit son chlore au chlorure de potassium des globules rouges et de la fibre musculaire, à l'acide chlorhydrique du suc gastrique, sa soude à la bile, sans qu'on puisse préciser exactement le surplus de chlorure de sodium décomposé. Chez les carnivores la quantité de sel contenue dans les aliments suffit pour faire face aux besoins de l'organisme. Mais chez l'homme et surtout chez les herbivores, cette quantité ne suffit plus et il est presque indispensable d'ajouter une certaine quantité de sel à l'alimentation.

Ce fait a été expliqué par Bunge de la façon suivante : des sels de potasse (carbonates, phosphates et sulfates) se trouvent en très grande proportion dans la nourriture des herbivores ; ces sels, arrivés dans le sang, se décomposent et donnent, avec le chlorure de sodium du plasma, du chlorure de potassium et des phosphate, carbonates, etc., de soude, sels qui se trouvent alors en excès dans le sang et sont éliminés par les urines ; du chlorure du sodium se trouve ainsi enlevé au plasma sanguin et il doit en être introduit une quantité égale par l'alimentation. Chez les carnivores, au contraire, la quantité de sels de potasse dans l'alimentation est beaucoup plus faible et la quantité du chlorure de sodium contenue naturellement dans leurs aliments suffit pour maintenir, sous ce rapport, la composition normale du sang. Quant on supprime le sel dans l'alimentation' ou qu'on le remplace par du chlorure de potassium, il survient des troubles analogues à ceux qui ont été décrits plus haut à propos de la *déminéralisation* de l'organisme. Ce qui semble indiquer l'importance du sel marin, c'est la ténacité avec laquelle le retiennent le sang et les tissus, quand on donne à un animal des aliments dépourvus de sel ; le chlorure de sodium, d'après les recherches de Voit, disparaît peu à peu des urines.

Le chlorure de sodium paraît surtout jouer un rôle dans les phénomènes de diffusion qui se passent dans l'organisme. Si on injecte dans le rectum d'un animal de l'albumine, cette albumine n'est pas absorbée ; elle l'est au contraire si l'on y ajoute un peu de sel marin. Si on plonge dans l'eau un tube fermé par une membrane et contenant une solution concentrée de sel, cette solution aspire l'eau avec une grande rapidité ; tel paraît être le mode d'action des purgatifs salins ; ils contiennent plus de sels que le plasma sanguin, et attirent par conséquent l'eau du sang qui passe dans les intestius. Quand l'eau ingérée au contraire contient moins de sels que le plasma sanguin, cette eau est absorbée par le sang. L'influence du chlorure de sodium sur la nutrition paraît aussi incontestable, son ingestion augmente la désassimilation de l'albumine et la quantité d'urée éliminée par les urines. Il est vrai qu'elle augmente en même temps la quantité totale d'urine et qu'on pourrait rattacher l'excès d'urée, au moins pour une certaine part, à cette dernière cause ; on sait, en effet, que toutes choses égales d'ailleurs, la proportion d'urée augmente avec les proportions d'eau éliminée par les urines. Du reste cette augmentation dans la quantité d'urine après l'ingestion du sel marin n'est pas due seulement aux boissons prises en plus grande quantité sous l'influence de la soif, car, d'après les recherches de Falk, elle se montre aussi après l'injection de chlorure de sodium dans le sang.

D'après les recherches de Bunge, les proportions de soude et de potasse des organismes varient aux différents âges. Pendant l'état embryonnaire et chez le nouveau-né, les organes sont plus riches en soude qu'à une époque plus avancée de la vie. Ainsi, pour 1 kilogramme d'animal, il a trouvé les chiffres suivants pour la soude et la potasse :

	Na O	KO
Embryon de lapin.........................	2,183	2,605
Lapin de 14 jours.......................	1,630	2,967
Chat de 1 jour.......................	2,666	2,691
Chat de 19 jours.......................	2,285	2,790
Chat de 29 jours.......................	2,292	2,684
Chien de 4 jours.......................	2,589	2,667
Souris adulte.......................	1,700	3,280

Pour les autres sels de soude, voir : *Soufre, Phosphore, Acide carbonique;* les divers *Acides organiques (oxalique, urique, hippurique,* etc.),
Savons, etc. (1).

Potassium K.

Le potassium se trouve dans l'organisme dans les mêmes combinaisons
que le sodium. Comme pour ce dernier, c'est le chlorure de potassium qui
constitue le composé le plus important.

Chlorure de potassium. — Le chlorure de potassium accompagne
presque partout le chlorure de sodium, ou plutôt on a l'habitude de rattacher au chlorure de potassium la quantité de potasse qui correspond
au chlore non employé pour former du chlorure de sodium. Mais tandis
que la soude domine principalement dans les liquides, la potasse se rencontre surtout, comme on peut le voir par les tableaux précédents, dans les
éléments organiques et spécialement dans les plus importants de ces éléments, globules sanguins, fibre musculaire, tissu nerveux, etc. Le chlorure
de potassium et les sels de potasse proviennent en partie de l'alimentation,
soit directement, soit indirectement, par décomposition du chlorure de sodium, par exemple. La nécessité des sels de potasse dans l'alimentation
résulte d'expériences faites dans ces derniers temps. E. Kemmerich nourrit
deux chiens de six semaines avec la même quantité de résidu d'extrait
de viande (viande dépourvue de sels), en ajoutant pour le premier du chlorure de sodium seul, pour le second du chlorure de sodium, plus des sels
de potasse ; au bout de quelque temps, le premier chien était maigre, faible
et dans un état déplorable; le second, au contraire, fort, vigoureux et d'une
musculature très développée. Cependant Panum, dans des expériences faites
avec une préparation particulière (l'extrait de sang purifié) qui ne contient
que 1 p. 100 de cendres, est arrivé à des résultats différents. Il a constaté
que l'addition des sels de viande et principalement de phosphate de potasse
n'augmentait pas la valeur nutritive de l'extrait de sang. Il en conclut donc,
avec Förster, que la quantité de phosphore et de potassium nécessaire pour
l'organisme est certainement beaucoup plus faible que ne le croient Liebig,
Kemmerich et J. Lehmann. Dans ce cas l'action de la potasse sur l'organisme serait plutôt une action stimulante qu'une véritable action nutritive,
abstraction faite de la quantité nécessaire pour la constitution des éléments
anatomiques. A faible dose, les sels de potasse excitent l'activité circulatoire; ils élèvent la pression sanguine, accélèrent et renforcent les contractions du cœur. D'après les recherches de Kemmerich, Aubert, Dehn, etc.,
l'action stimulante du café, du thé, du bouillon, de l'extrait de viande, etc.,

---

(1) *A consulter :* C. Voit, *Unters. über den Einfluss des Kochsalzes auf den Stoffwechsel,*
1860; id. (Ber. d. Münch. Akad., 1869); C. Voit et Bauer. Id., 1868, et *Zeitschrift für
Biologie,* t. V; Kemmerich, *Physiol. Wirkung der Fleischbrühe.* Dissert. Bonn ; id. (Arch.
f. Physiologie, t. II); Ph. Falk, *Ein Beitrag zur Phys. des Chlornatriums* (Virchow's
Archiv, t. LVI; S. Bunge, *Ueber die Bedeutung des Kochsalzes und das Verhalten des
Kalisalzes in menschlichen Organismus* (Zeitschrift für Biologie, t. IX); H. Weiske,
Versuche über den Einfluss des Kochsalzes, etc. (Journ. für Landdwirth, 22e année).

devrait être rapportée aux sels de potasse. Mais cette action cesse rapidement de se maintenir dans les limites physiologiques et la dose toxique des sels de potasse est vite atteinte (Cl. Bernard, Grandeau).

Peut-être est-ce ici le lieu de rappeler que, d'après Knapp, la fermentation du sucre a lieu plus vite sous l'influence des sels de potasse et spécialvment du chlorure de potassium à 5 p. 100 qu'avec des doses égales de chlorure de sodium.

Les *alcalis* (soude, potasse) et en particulier les alcalis du sang doivent remplir un rôle important dans les oxydations qui se passent dans l'organisme. On sait, en effet, que beaucoup de combinaisons organiques, indifférentes vis-à-vis de l'oxygène dans les conditions ordinaires, s'oxydent très vite en présence d'un alcali, comme l'oxydation du glucose dans la réaction de Barreswill nous en donne un exemple. Piotrowsky, et Magawly ont montré que les acides organiques libres sont beaucoup plus difficilement oxydables et passent en partie inaltérés dans l'urine, tandis que, quand ils forment avec la soude et la potasse des sels alcalins, ils sont oxydés très rapidement et transformés en carbonates (Wöhler). D'après quelques physiologistes, les alcalis favoriseraient encore la saponification et l'oxydation ultérieure des graisses.

Bibliographie. — Martin Damourette et Hyades : *Sur quelques effets nutritifs des alcalis à dose modérée* (C. rendus, t. XC, 1880) (1).

Calcium Ca.

Le calcium se trouve dans l'organisme, à l'état de fluorure, de phosphate, de carbonate, de sulfate, de chlorure, d'urate et d'oxalate de calcium. Il peut en outre s'asocier à d'autres acides organiques.

À l'état de *fluorure* on en trouve dans les os et surtout dans l'émail des dents. Dans ces derniers temps, on en aurait aussi constaté des traces dans le sang, le lait, le cerveau (Wilson, Horford) ; mais la chose est encore douteuse.

Le *phosphate de calcium* a une bien autre extension dans l'organisme. Il existe en effet dans tous les tissus et dans tous les liquides. Tous les tissus du corps laissent par l'incinération, à l'exception des tissus élastiques, un résidu qui consiste principalement en phosphate de calcium ; ce qui porte à penser que le phosphate de calcium des tissus n'est pas seulement à l'état de dissolution dans le liquide qui les imbibe, mais se trouve uni chimiquement à la substance albuminoïde. Cette combinaison est une combinaison lâche, car l'oxalate d'ammoniaque précipite la chaux du sérum sanguin. Mais c'est surtout dans les os et dans les dents qu'il se trouve en plus grande proportion, puisque ces organes en contiennent jusqu'à 60, 70

(1) *A consulter :* Grandeau, *Expér. sur l'action des sels de potassium*, etc. (Journal de l'Anatomie, t. I) ; Reinson, *Untersuch. über die Ausscheidung der Kali und Natronsalze auf die Alkoolgahrung* (Annal. d. Chemie u. Pharmacie, 1872) ; A. Dehn, *Ueber die Ausscheidung der Kalisalze.* Diss. Rostock, 1876 ; H. Köhler, *Zur Wirkung der Kaliumsale auf Warmblüter* (Med. Centralblatt, 1877).

et 80 p. 100. Le phosphate de calcium paraît exister dans les os à l'état de phosphate tricalcique $(PhO^4)^2Ca^3$ (Heintz), plutôt qu'à l'état de phosphate neutre, comme l'admettent V. Recklinghausen et Wildt (voir : *Tisssu osseux*.

Dans l'urine acide des carnivores et des omnivores, dans celle de l'homme en particulier, le phosphate de calcium se trouve à l'état de dissolution; tandis que dans celle des herbivores il ne se trouve qu'à l'état de suspension et en très petite quantité.

Le *carbonate de calcium* se rencontre à l'état solide dans les otolithes

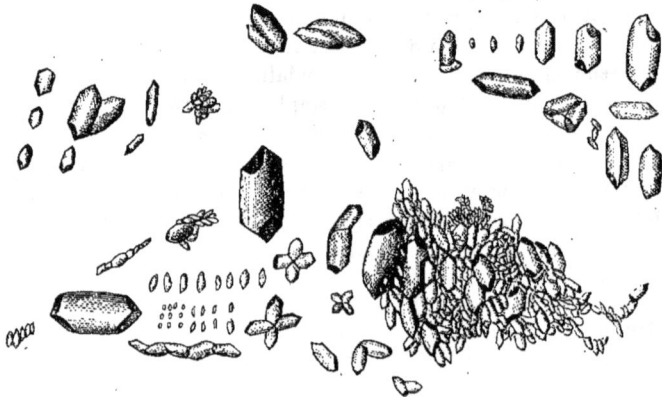

Fig. 9. — *Otolithes*.

(fig. 9) de l'oreille interne, dans l'urine et dans la salive des herbivores, et accompagne le phosphate de chaux dans les os, les dents, les cheveux, etc.

Le *chlorure de calcium* se rencontre dans le suc gastrique.

L'existence du *sulfate de calcium* dans l'organisme est douteuse, quoiqu'on l'ait constatée dans le sang, le suc pancréatique, les os. Mais il est probable que dans ce cas le soufre provient d'une décomposition des substances albuminoïdes. Quant aux *urates* et aux *oxalates de calcium*, ils ne se présentent qu'à l'état solide dans les sédiments et les dépôts urinaires.

Origine. — La plus grande quantité des sels de calcium de l'organisme provient de l'alimentation. Les aliments végétaux contiennent pour la plupart des sels de chaux, surtout à l'état de carbonate, et les substances alimentaires d'origine animale : les viandes, les albuminoïdes, pour ne pas parler des os, renferment toujours des proportions appréciables de chaux sous forme de phosphate et de carbonate. L'eau de boisson en contient aussi à l'état de bicarbonate. Boussingault a montré, en nourrissant des porcs avec des pommes de terre, très pauvres en chaux, que la proportion de chaux contenue dans l'eau de boisson suffit pour fournir à l'organisme toute la chaux qui lui est nécessaire. D'après les expériences de Risell, il est probable qu'une partie du carbonate de chaux ingéré par l'alimentation se décompose dans le tube digestif en donnant naissance en présence des phosphates acides à du phosphate de chaux qui passe dans le sang et de là dans les tissus. Il est possible encore que cette transformation de carbonate en phosphate de calcium se fasse aussi dans le sang et dans les tissus, Valentin a trouvé en effet que les os nouvellement formés étaient plus riches en carbonate de calcium, et que celui-ci faisait peu à peu place au phosphate de calcium dans le cours du développement : le même fait se constate si on compare l'œuf non fécondé à l'embryon de poulet. Une partie des acides organiques introduits dans l'alimentation peut aussi donner naissance à de l'acide carbonique et contribuer à la formation de carbonate de chaux.

Chez l'adulte, la proportion de chaux de l'alimentation doit couvrir les pertes de l'organisme; mais chez l'enfant, pendant la croissance, il faut un excès de chaux utilisé pour la formation du tissu osseux. L'enfant nouveau-né, pendant la première année, a besoin de 32 grammes de chaux par jour et doit trouver cette quantité de chaux dans son alimentation; mais il ne suffit pas que cette quantité existe dans sa nourriture, le lait, il faut qu'elle soit résorbée dans l'intestin.

L'*élimination* des sels de chaux se fait en partie par les urines, en partie par les excréments. Il y a sous ce rapport une différence très grande entre les herbivores et les carnivores : chez les premiers, les sels de chaux en excès s'éliminent surtout par l'intestin, chez les seconds par les urines; chez les uns ils se rencontrent surtout à l'état de phosphates, chez les autres à l'état de carbonates. Une petite proportion de chaux est aussi éliminée avec les produits épidermiques. La chaux existant dans les fèces ne provient pas en totalité, comme on pourrait le supposer, de la chaux de l'alimentation qui n'aurait pas été résorbée dans l'intestin. En effet, même dans l'inanition une certaine quantité de chaux est toujours éliminée et se retrouve soit dans les urines, soit dans les fèces. Cette chaux provient évidemment de la désassimilation des tissus et spécialement du tissu osseux.

Rôle physiologique. — Le rôle des sels de chaux paraît être essentiellement de donner aux tissus, et en particulier aux os, la résistance et la solidité nécessaires; à ce point de vue l'exception qu'on rencontre pour le tissu élastique est digne de remarque. Ce rôle se voit surtout bien dans les ramollissements osseux qui surviennent quand le squelette ne reçoit plus la quantité nécessaire de sels de chaux, soit que ces sels se trouvent détournés vers d'autres parties de l'organisme comme dans la grossesse ou au moment de la dentition, soit que les aliments n'en introduisent pas une proportion suffisante, comme dans certains cas de rachitisme (*inanition minérale* de Dusart). Cependant d'après les recherches, citées plus haut, de Boussingault, cette dernière cause doit être excessivement rare, et Zaleski, Weiske et Wildt ont cherché à prouver que la proportion de chaux de l'alimentation est sans influence sur la formation du tissu osseux, conclusion contre laquelle s'élève J. Forster; ce dernier observateur a vu en effet la chaux diminuer dans les os et dans les muscles par une nourriture dépourvue de chaux (résidus d'extrait de viande, graisse et amidon. Les mêmes faits ont été constatés par E. Voit.

Le calcium a un rôle pathologique important. A cause de l'insolubilité relative de ses sels, il a une tendance à se déposer dans les tissus et dans les organes et à former des dépôts (sédiments et calculs urinaires) ou des incrustations (dégénérescences calcaires), qui altèrent profondément les fonctions de ces organes et de ces tissus.

Pour la *résorption* des sels de chaux de l'alimentation, voir : *Digestion*. Voir aussi : *Acide oxalique, Acide carbonique, Tissu osseux, Urine*.

Bibliographie. — SCHETELIG : *Ueber die Herstammung und Ausscheidung des Kalkes im gesunden und kranken Organismus* (Arch. de Virchow, t. LXXXII, 1880). — E. VOIT : *Ueber die Bedeutung des Kalkes für den thierischen Organismus* (Zeit für Biol., t. XVI, 1880). — A. BAGINSKY : *Ueber den Einfluss der Entziehung des Kalkes in der Ernährung* (Arch. für Physiol., 1881). — A. BAGINSKY : *Zur Pathol. der Rachitis* (A. de Virchow, t. LXXXVII, 1882). — TEREG et ARNOLD : *Das Verhallen der Calciumphosphate im Organismus der Fleischfresser* (A. de Pflüger, t. XXXII, 1883). — A. RUSSO-GILIBERTI : *Sulla sede di formaziona dell' ossalato di calcio nell'organismo animale* (Archiv. per le sc. med., t. IX, 1885).

Magnésium Mg.

Le magnésium se rencontre dans l'organisme, à l'état de phosphate et de carbonate de magnésium.

Le *phosphate de magnésium* $(PhO^4)^2Mg^3$ accompagne à peu près partout le phosphate de calcium ; on en trouve donc dans tous les tissus et tous les liquides de l'organisme, mais en quantité très faible, sauf dans les muscles et le thymus où sa proportion dépasse celle du phosphate calcique (Gorup-Besanez). Il provient des aliments qui en renferment toujours une certaine quantité.

La magnésie est éliminée en partie par les urines, en partie par l'intestin. Chez les carnivores, elle s'y trouve à l'état de phosphate dissous à la faveur de l'acidité de l'urine, chez les herbivores soit à l'état de carbonate provenant de la double décomposition des phosphates de magnésie de l'alimentation et des carbonates alcalins, soit à l'état de phosphate de magnésium et de phosphate ammoniaco-magnésien en suspension dans l'urine. Les excréments et surtout ceux des herbivores contiennent la magnésie sous forme de phosphates simples, de phosphates doubles d'ammoniaque, et de palmitates et de stéarates de magnésie.

Le *rôle physiologique* de la magnésie est inconnu.

Fer Fe.

Le *fer* se rencontre surtout dans le sang, dans les globules rouges où il contribue à former la matière colorante des globules (voir : *Hémoglobine*). Malgré l'assertion contraire de Paquelin et Joly, qui croient la matière colorante du sang dépourvue de fer, et considèrent le fer comme existant dans les globules à l'état de phosphate tribasique de protoxyde, il paraît certain que le fer est combiné avec une substance albuminoïde pour constituer l'hémoglobine. Le sang de l'homme contient environ 3 grammes de fer. Bunge a extrait du jaune de l'œuf, une substance ferrugineuse, qu'il appelle *hématogène*, et dont la composition se rapproche de celle de l'hémoglobine. Dans cette substance, le fer ne se trouve pas à l'état de sel ou d'oxyde, mais en combinaison avec la matière organique.

On trouve, en outre, de très petites quantités de fer (et probablement à l'état d'oxyde ou de phosphate) dans le chyle, la lymphe, la bile, le lait, l'urine, le suc gastrique (où il est à l'état de chlorure), dans le pigment de l'œil, les cheveux et tous les organes contenant des vaisseaux sanguins. La rate, d'après Picard, en contiendrait plus que le sang ($0^{gr},24$ pour 100 volumes chez le chien) et serait une véritable réserve de fer pour l'organisme; Zaleski a constaté aussi la présence du fer dans le foie privé de sang par le lavage ainsi que dans les muscles.

Le fer se trouve dans l'organisme sous différents états : 1° à l'état d'*oxyde ferrique* Fe^2O^3 décelable par le ferrocyanure de potassium (coloration bleue) et le sulfocyanure de potassium (coloration rouge); 2° à l'état d'*oxyde ferreux* FeO, décelable par le ferricyanure de potassium (coloration bleue); 3° à l'état de *combinaison organique* démontrable par le sulfure ammonique (coloration noire) et les ferro- et ferricyanures, mais seulement en présence de l'acide chlorhydrique libre. Les combinaisons organiques du fer sont de plusieurs espèces : 1° il s'unit aux substances albuminoïdes, pour constituer un *albuminate de fer* (?); 2° il forme avec la nucléine des combinaisons; Zalesky en distingue trois différentes; on peut ranger dans cette catégorie, l'*hématogène* trouvée par Bunge dans le jaune de l'œuf, et l'*hépatine* trouvée par Zalesky dans le foie ; 3° il fait partie constituante de la matière colorante des globules rouges du sang, c'est là la combinaison ferrugineuse la plus importante de l'organisme ; 4° il fait encore partie d'un certain nombre de pigments.

Le fer provient de l'alimentation, qui en renferme toujours une certaine quantité, surtout à l'état de phosphate de fer.

Son élimination se fait principalement par les fèces sous forme de sulfure de fer. Mais une certaine proportion peut s'éliminer aussi par les reins et par le foie après l'ingestion d'un sel de fer (Glaevecke).

Quand on donne à des animaux une alimentation dépourvue de fer (lait, blancs d'œufs), on constate de la pâleur des téguments et des muqueuses, et une diminution de l'hémoglobine (V. Hœssling).

Le *rôle physiologique* du fer sera étudié à propos de l'hémoglobine.

Le *manganèse* accompagne en général le fer dans l'organisme comme il l'accompagne à peu près partout dans la nature. On en a trouvé dans le sang, la bile, les cheveux. Maumené en a constaté des traces dans le lait, les os, l'urine.

Le *cuivre*, le *plomb*, le *zinc* ont été aussi rencontrés dans le sang, la bile et surtout le foie; mais ils ne sont probablement que le résultat d'une introduction accidentelle dans l'organisme.

Bibliographie. — STAHEL : *Der Eisengehalt in Leber und Milz nach verschiedenen Krankheiten* (Arch. de Virchow, t. LXXXV, 1884). — H.-V. HOESSLING : *Ueber Ernährungsstörungen in Folge des Eisenmangelns in der Nahrung* (Zeit. für Biol., t. XVIII, 1882). — L. GLAEVEKE : *Ueber die Ausscheidung und Vertheilung des Eisens im thierischen Organismus* (Med. Cbl., 1883). — E. BUNGE : *Ueber die Assimilation des Eisens* (Zeit. für phys. ch., t. IX, 1884). — E.-J. MAUMENÉ : *Sur l'existence du manganèse dans les plantes et son rôle dans la vie animale* (C. rendus, t. XCVIII, 1884). — C. BUNGE : *Ueber die Assimilation des Eisens* (Zeitsch. f. phys. ch., t. IX, 1885). — ZALESKI : *Studien über die Leber* (Zeitsch. für phys. ch., t. X). — ID. : *Das Eisen und das Hämoglobin im blutfreien Muskel* (Cbl., 1887).

CHAPITRE III

SUBSTANCES MINÉRALES

Tous les organes, tous les liquides du corps, sans exception, contiennent une certaine quantité de principes minéraux, et, comme nous en perdons continuellement par les diverses voies d'excrétion, il faut de toute nécessité que ces pertes soient compensées par des substances apportées du dehors par l'alimentation. Quand on prive un animal de sels minéraux, on n'en retrouve pas moins des matières minérales dans les excrétions, et dans ce cas elles sont fournies par l'organisme lui-même. Mais cette *déminéralisation* de l'organisme ne se produit pas sans troubles profonds qui portent surtout sur le système nerveux (Forster).

Il y a sous ce rapport une différence remarquable entre l'*inanition minérale* et l'inanition complète (privation absolue d'aliments), comme on le verra plus tard. Lunin, dans des recherches sur la privation de sels minéraux chez des rats, est arrivé à des résultats qui concordent avec ceux de Forster.

Ces substances minérales sont en partie en combinaison avec les substances organiques, en partie à l'état de dissolution.

La proportion de principes minéraux dans les organes et dans les liquides est, du reste, loin d'être la même, comme le montrent les tableaux suivants.

I. — **Tableau des proportions des principes minéraux dans les organes et les tissus** (pour 1,000 parties) (1).

ORGANES.	QUANTITÉ DE PRINCIPES minéraux.	NOMS DES AUTEURS DES ANALYSES.
Émail..........................	964,1	V. Bibra.
Ivoire des dents..................	719,9	—
Os.............................	654,4	Zalesky.
Cartilage	34,0	Fromherz et Gugert.
Muscles........................	15,4	(Moyenne de plusieurs analyses).
Tissu élastique..................	11,8	Schultze.
Foie...........................	11,03	Oidtmann.
Jaune de l'œuf..................	9,65	Gobley.
Pancréas (vieille femme)..........	9,50	Oidtmann.
Cornée.........................	9,50	His.
Corps vitré.....................	8,80	Lohmeyer.
Cristallin	8,20	Laptschinsky.
Globules du sang................	7,28	C. Schmidt.
Rein (enfant de 14 jours).........	7,00	Oidtmann.
Albumine de l'œuf...............	6,60	Lehmann.
Cerveau........................	5,12	Geoghegan (moyenne de trois analyses.
Rate...........................	4,94	Oidtmann.
Cheveux blonds..................	4,74	Baudrimont.
Pancréas (enfant de 14 jours)......	3,70	Oidtmann.
Cheveux noirs..................	2,58	Baudrimont.
Reins (vieille femme).............	0,99	Oidtmann.

(1) A moins que le contraire ne soit indiqué, toutes les analyses ont été faites sur les organes et les tissus de l'homme. Il en est de même pour les tableaux suivants.

II. — Tableau des proportions des principes minéraux dans les liquides et les excrétions de l'organisme (pour 1000 parties).

LIQUIDES.	QUANTITÉ DE PRINCIPES minéraux.	NOMS DES AUTEURS DES ANALYSES.
Urine	17,80	J. Vogel.
Larmes	13,20	Lerch.
Excréments	12,00	Berzelius.
Liquide céphalo-rachidien (chien)	9,48	C. Schmidt.
Suc pancréatique (fistules temporaires; chien)	8,80	—
Suc intestinal (chien)	8,79	Thiry.
Bile	8,55	Gorup-Besanez.
Plasma sanguin	8,51	C. Schmidt.
Chyle (chien)	8,39	—
Sang total	7,89	—
Lymphe	7,75	Gubler et Quévenne.
Eau de l'amnios	7,10	Schérer.
Sueur	7,10	Schottin.
Suc pancréatique (fistules permanentes; chien)	6,84	C. Schmidt.
Colostrum	4,74	Clemm.
Lait	2,85	Tidy.
Suc gastrique	2,41	C. Schmidt.
Salive mixte	2,19	Frerichs.

Les différentes subtances minérales se répartissent d'une façon très variable dans les organes et les liquides de l'organisme. C'est ce qui ressort des tableaux suivants.

III. — Tableau des proportions relatives des principes minéraux contenus dans des organismes entiers (pour 100 parties de cendres) (1).

	LAPIN.	CHIEN.	CHAT.
Potasse	10,84	8,49	10,11
Soude	5,96	8,21	8,28
Chaux	35,02	35,84	34,11
Magnésie	2,19	1,61	1,52
Oxyde de fer	0,23	0,34	0,24
Acide phosphorique	41,94	39,82	40,23
Chlore	4,94	7,34	7,12

On voit immédiatement par ce tableau que l'acide phosphorique et la chaux constituent environ les trois quarts de la totalité des substances minérales de l'organisme, ce qui se comprend facilement, puisque ce sont ces principes qui entrent pour une grande partie dans la composition du squelette; et encore ici les analyses portent sur des animaux à la mamelle dont le squelette n'est pas encore développé. Si, au lieu de prendre l'organisme en totalité, on prend les organes

(1) Ces analyses sont dues à Bunge (*Zeitschrift für Biologie*, X) et portent sur des mammifères nouveau-nés.

et les liquides en particulier, on trouve la répartition suivante des principes minéraux.

IV. — Tableau des proportions relatives des principes minéraux dans un certain nombre d'organes et de tissus (pour 100 parties de cendres).

	NOMS DES AUTEURS DES ANALYSES.					
	Heintz.	Staffel.	Breed.	Oidtmann.	C. Schmidt.	Oidtmann.
	OS.	MUSCLES DE VEAU.	CERVEAU.	FOIE.	POUMONS.	RATE.
Chlorure de sodium.....	»	10,59	4,74	»	13,0	»
Chlorure de potassium..	»	»	»	»	»	»
Soude.................	»	2,35	10,69	14,51	19,5	44,33
Potasse...............	»	34,40	34,42	25,23	1,3	9,60
Chaux................	37,58	1,99	0,72	3,61	1,9	7,48
Magnésie.............	1,22	1,45	1,23	0,20	1,9	0,49
Oxyde de fer.........	»	»	»	2,74	3,2	7,28
Chlore...............	»	»	»	2,58	»	0,54
Fluor................	1,66	»	»	»	»	»
Acide phosphorique libre.	»	»	9,15	»	»	»
Acide phosphorique combiné..................	53,31	48,13	39,02	50,18	48,5	27,10
Acide sulfurique........	»	»	0,75	0,92	1,4	2,54
Acide carbonique.......	5,47	»	»	»	»	»
Acide silicique.........	»	0,81	0,42	0,27	»	0,17
Phosphate de fer.......	»	»	1,23	»	»	»

V. — Tableau des proportions relatives des principes minéraux dans un certain nombre de liquides et d'excrétions (pour 100 parties de cendres) (1).

	NOMS DES AUTEURS DES ANALYSES.							
	Verdeil.	Weber.	Weber.	Dahnhardt.	Porter.	Wildenstein	Rose.	Porter.
	SANG.	SÉRUM SANGUIN.	CAILLOT SANGUIN.	LYMPHE.	URINE.	LAIT.	BILE.	EXCRÉMENTS.
Chlorure de sodium......	58,81	72,88	17,36	74,48	67,26	10,73	27,70	4,33
Chlorure de potassium.....	»	»	29,87	»	»	26,33	»	»
Soude........	4,15	12,93	5,55	10,35	1,33	»	36,73	5,07
Potasse.......	11,97	2,95	22,36	3,25	13,64	21,44	4,80	6,10
Chaux........	1,76	2,28	2,58	0,97	1,15	18,78	1,43	26,40
Magnésie.... .	1,12	0,27	0,53	0,26	1,34	0,87	0,53	10,54
Oxyde de fer..	8,37	0,26	10,43	0,05	»	0,10	0,23	2,50
Acide phosphorique........	10,23	1,73	10,64	1,09	11,21	19,90	10,45	36,03
Acide sulfurique........	1,67	2,10	0,09	»	»	2,64	6,39	»
Acide carbonique........	1,19	4,40	2,17	8,20	»	»	11,26	»
Acide silicique.	»	0,20	0,42	1,27	4,06	»	0,36	3,13

(1) L'analyse du sérum et du caillot porte sur du sang de cheval, celle de la bile sur la bile de bœuf.

D'une façon générale, les substances minérales agissent en activant les phénomènes de nutrition ; il y a là un simple phénomène physique : les cristalloïdes,
facilement diffusibles, favorisant le passage de l'eau à travers les membranes animales. En outre, chacun des principes minéraux a un rôle particulier et entre plus
spécialement dans la constitution de tel ou tel organe, de tel ou tel tissu.

Le tableau suivant, emprunté à A.-W. Volkmann, donne les proportions
pour 100 d'eau, de carbone, d'hydrogène, d'azote, d'oxygène et de cendres pour les
différents organes du corps humain.

ORGANES.	EAU p. 100.	C p. 100.	H p. 100.	Az p. 100.	O p. 100.	CENDRES p. 100.
Squelette...............	50,00	18,06	2,74	2,30	4,78	22,11
Muscles........	77,00	11,73	1,71	3,04	5,47	1,05
Cœur..................	79,30	10,96	1,60	2,50	4,58	1,06
Cerveau.............	77,90	12,62	1,93	1.37	4,41	1,41
Tissu graisseux...........	15,00	64,78	10,10	0,45	9,67	»
Poumons..................	79,14	10,70	1,46	2,52	5,01	1,16
Foie.................	69,60	15,88	2,25	3,09	7,79	1,38
Rate.................	76,59	12,13	1,78	3,01	4,99	1,50
Canal digestif...........	77,98	11,70	1,54	2,87	4,88	1,07
Reins..................	83,45	8,73	1,29	1,93	3,80	0,80
Peau.................	70,00	14,60	2,12	3,64	8,93	0,70
Pancréas...............	78,00	11,13	1,92	2,11	5,79	1,05
Sang des gros vaisseaux..	79,00	11,53	1,34	2,99	4,28	0,85
Reste du corps...........	76,35	12,13	1,74	3,01	5,73	1,03
Moyenne.........	65,7	18,15	2,7	2,60	6,5	4,7

Bibliographie. — N. Lunin : *Ueber die Bedeutung der anorganischen Salze für die
Ernährung des Thieres*, 1880. — J. Forster : *Notiz über den Einfluss des Aschehungers
auf den Thierkörper* (Arch. f. Hygiene, 1885) (1).

CHAPITRE IV

EAU

L'eau forme environ les deux tiers du poids du corps; un homme du poids
de 75 kilogrammes contient 52 kilogrammes d'eau. Cette quantité varie du
reste suivant les races, suivant les individus et surtout suivant l'âge. La
proportion d'eau, très forte chez l'embryon, diminue peu à peu à mesure
qu'on avance en âge. Le corps d'un adulte contient, d'après Bischoff,
585 pour 1000 d'eau et 415 de matières solides; celui du nouveau-né contient 664 parties d'eau et 336 de matières solides. Les proportions d'eau
diffèrent aussi suivant les organes.

Le tableau suivant, emprunté en partie à Gorup-Besanez, donne les quantités

(1) *A consulter :* J. Forster, *Versuche über die Bedeutung der Aschenbestandtheile in
der Nahrung* (Zeitsch. für Biol., t. IX); Dusart, *De l'inanition minérale* (Gaz. méd. de
Paris, 1874).

d'eau (pour 1000) contenues dans les principaux organes et liquides du corps humain (1) :

Organes.	Eau.	Parties solides.	Liquides.	Eau.	Parties solides.
Émail	2	998	Sang	791	209
Ivoire	100	900	Bile	864	136
Squelette	486	514	Lait	891	109
Graisse	299	701	Plasma	901	99
Tissu élastique	496	504	Chyle	928	72
Cartilages	550	450	Lymphe	958	42
Foie	693	317	Sérosité	959	41
Moelle	697	303	Suc gastrique	973	27
Substance blanche du cerveau	700	300	Suc intestinal	975	25
Peau	720	280	Larmes	982	18
Cerveau	750	250	Humeur aqueuse	986	14
Muscles	757	243	Liquide cérébro-spinal	988	12
Rate	758	242	Salive	995	5
Thymus	770	230	Sueur	995	5
Tissu connectif	796	204			
Reins	827	173			
Substance grise de l'écorce cérébrale	858	142			
Corps vitré	987	13			

On voit de suite, par ce tableau, que la proportion d'eau n'est pas toujours en rapport avec l'état solide ou liquide des diverses parties de l'organisme, puisque le sang, liquide, contient moins d'eau que le rein ou la substance grise de l'écorce du cerveau. Ce qui s'explique par la présence dans le sang de corpuscules solides, globules sanguins. Cette proportion est plus forte chez les individus mal nourris, plus faible chez les personnes grasses. Les muscles contiennent plus de la moitié de l'eau totale du corps (55 p. 100).

État dans l'organisme. — L'eau se trouve dans l'organisme sous trois états :

1º Comme véhicule de substances dissoutes ou en suspension, elle constitue la masse principale des liquides de l'organisme, sang, lymphe, chyle, urine, etc.;

2º Comme eau d'imbibition, elle pénètre les substances solides de l'organisme et fait ainsi partie intégrante des éléments et des tissus du corps.

3º Comme eau de combinaison, elle entre dans la constitution même de certaines substances organiques, fait partie de leur molécule chimique et

(1) Volkmann a donné des chiffres qui s'écartent, sur quelques points, des chiffres de Bischoff. Il a trouvé en moyenne, chez l'adulte, 657 pour 1000 d'eau pour la totalité du corps, et donne pour les divers organes les chiffres suivants (pour 1000 parties) :

	Eau.		Eau.		Eau.
Squelette	500	Poumons	791	Peau	700
Muscles	770	Foie	696	Pancréas	780
Cœur	793	Rate	765	Sang	790
Cerveau	779	Canal intestinal	779	Autres organes	768
Tissu graisseux	150	Reins	834		

Les proportions d'eau du squelette données par Volkmann paraissent trop fortes. Voit l'évalue à 25 p. 100 environ.

correspond à ce qu'on appelle en chimie eau de cristallisation. La quantité d'eau ainsi combinée dans l'organisme est très faible eu égard à la quantité qui se trouve dans les deux états précédents. Enfin une certaine proportion d'eau (mais qui ne peut être considérée comme faisant partie de l'organisme) se rencontre encore à l'état de vapeur dans les voies aériennes, poumons, bronches, etc.

Origine. — L'eau qui existe dans le corps provient pour la plus grande partie de l'alimentation, et, quoique cette quantité varie suivant les individus et quelquefois dans des limites considérables, elle présente cependant une certaine constance chez un individu donné, et peut être évaluée en moyenne à un litre et demi à deux litres pour les boissons et à un demi-litre pour l'eau contenue dans les aliments solides.

En outre, une petite quantité d'eau paraît être formée dans l'organisme : on est en droit de le supposer d'après les considérations suivantes. La quantité d'acide carbonique éliminée dans l'expiration ne correspond pas à la quantité d'oxygène introduite par l'inspiration ; il est donc probable que cet excédent d'oxygène, non employé à la formation de l'acide carbonique, sert à l'oxydation des graisses et se combine avec leur hydrogène pour former de l'eau. En outre, l'eau est avec l'acide carbonique le dernier degré d'oxydation des substances organiques. Mais cette oxydation n'est peut-être pas la seule source de production d'eau dans l'organisme, et il est très probable, comme on le verra par la suite, qu'il peut s'en former aussi par dédoublement, comme on en a un exemple dans l'union de l'acide benzoïque et du glycocolle pour former de l'acide hippurique et de l'eau. La quantité d'eau formée dans l'organisme est de 16 p. 100 environ de la quantité totale éliminée.

Élimination. — L'élimination de l'eau en excès dans l'organisme se fait par quatre voies : les reins, la peau, les poumons (et les voies aériennes) et l'intestin, et se répartit ainsi : reins, 1500 centimètres cubes ; intestin, 100 centimètres cubes ; peau et poumons, 800 à 900 centimètres cubes. La quantité d'eau ainsi éliminée correspond à peu de chose près à la quantité d'eau introduite dans l'organisme, de façon que les organes et les tissus du corps contiennent toujours, au moins dans de certaines limites, les mêmes proportions d'eau. Quand ces proportions d'eau subissent une baisse ou une hausse trop considérable, l'activité vitale diminue et peut même être abolie. C'est ainsi qu'on a vu plus haut la dessiccation empêcher la germination des graines et ramener à l'état de vie latente les rotifères et les tardigrades (voir page 26). Mais la privation d'eau n'a pas besoin d'être portée si loin pour amener des troubles graves. Les lésions produites dans ce cas ont été bien étudiées par Th. Chossat. Cet observateur a constaté, sur des grenouilles privées d'eau (anhydrisées), en les plaçant sous des cloches avec du chlorure de calcium, des troubles de la circulation et de la respiration (dyspnée, ralentissement des battements du cœur), de la diminution de la sensibilité, des contractions tétaniques, etc., et la mort arrivait quand l'animal avait perdu environ 35 pour 100 de son poids. A l'autopsie il trouva des altérations en rapport avec la diminution d'eau et spécialement des altérations des globules rouges.

L'introduction de l'eau en excès, comme l'ont prouvé les expériences de Falk et de Picot, détermine aussi des accidents qui peuvent devenir mortels.

La quantité d'eau de l'organisme et du sang en particulier doit donc présenter une certaine constance. Quand cette quantité diminue et tombe au-dessous d'un minimum non encore déterminé, nous ressentons une sensation particulière, la *soif*, qui se localise principalement dans le pharynx et l'arrière-gorge, et s'accompagne d'un sentiment de sécheresse des muqueuses buccale et pharyngienne. Mais cette sensation locale ne fait que traduire un état général de l'organisme, la diminution d'eau ; l'humectation directe de la muqueuse n'apporte dans ce cas qu'un soulagement momentané, tant que de l'eau n'est pas absorbée en quantité suffisante, et d'un autre côté les injections d'eau dans les veines calment immédiatement la soif (Magendie, Dupuytren).

Rôle physiologique. — On voit par ce qui précède que le rôle physiologique de l'eau doit être des plus importants. Ce rôle peut être considéré à plusieurs points de vue. Elle est indispensable aux phénomènes chimiques qui se passent dans l'organisme, soit qu'elle y intervienne simplement en dissolvant les matériaux qui doivent entrer dans les combinaisons et ceux qui doivent en sortir, soit qu'elle y contribue directement comme dans certains dédoublements ou dans les fermentations. Aussi la quantité d'eau d'un tissu ou d'un organe est-elle en général en rapport avec son degré d'activité vitale, et on peut constater facilement le fait en se reportant au tableau de la page 82. Comme eau d'imbibition, elle détermine en grande partie les propriétés physiques de consistance, d'élasticité, de transparence, etc., des tissus (1).

Mais, ce rôle physiologique, l'eau ne peut le remplir qu'à condition qu'elle contienne des principes minéraux en dissolution et dans une certaine proportion qui varie suivant les espèces animales (marines ou d'eau douce) et suivant les tissus. Pure, à l'état d'eau distillée, l'eau est un poison pour tous les organismes et tous les tissus sans exception.

C'est elle encore qui, par son évaporation à la surface de la peau et des poumons et le refroidissement qui en est la suite, régularise la température du corps. Enfin, quoique dans ce cas son utilité ne puisse qu'être supposée, elle conduit ces courants électriques qui se forment continuellement dans l'organisme, courants dont l'existence est aujourd'hui incontestable, quoique leur rôle physiologique soit encore indéterminé.

Bibliographie. — J. Mayer : *Ueber den Einfluss vermehrter Wasserzufuhr auf den Stoffumsatz* (Zeitsch. f. kl. Med., t. II, 1880) (2).

(1) Voir : Chevreul, *Mémoires du Muséum*, t. XIII, 1819.
(2) *A consulter :* J. Chossat, *Recherches sur la concentration du sang chez les batraciens* (Arch. de physiologie, 1869) ; Picot, *Rech. expérimentales sur l'action de l'eau injectée dans les veines* (Comptes rendus, t. LXXXIX).

CHAPITRE V

GAZ LIBRES

Les gaz qui se trouvent à l'état de liberté dans l'organisme sont : l'oxygène, l'acide carbonique, l'azote, l'hydrogène, l'hydrogène carboné et l'hydrogène sulfuré. L'oxygène, l'azote et l'hydrogène ayant été étudiés précédemment à ce point de vue, il ne sera question ici que de l'acide carbonique, de l'hydrogène carboné et de l'hydrogène sulfuré.

Acide carbonique CO_2.

L'acide carbonique existe à l'état de liberté dans les poumons et dans le tube digestif. Voici les chiffres donnés par Chevreul : estomac, 14 p. 100; intestin grêle, 24,39 — 40,00 — 25,00; gros intestin, 43,50 — 70,00; cæcum, 12,50; rectum, 42,86. Sa proportion augmente dans le gros intestin. Pour les poumons, il provient presque en totalité des décompositions chimiques qui se passent dans le sang et dans les tissus. Pour les cavités intestinales, il en vient aussi de cette source; mais la plus grande quantité est due sans doute aux décompositions du contenu du tube intestinal. La proportion d'acide carbonique dans l'air atmosphérique est trop insignifiante pour qu'il y ait lieu d'en tenir compte.

Hydrogène carboné CH_4.

L'*hydrogène carboné* (gaz des marais, méthane) se trouve à l'*état libre* dans le gros intestin, qui en contient 5,5 à 11,2 p. 100. Il augmente par l'ingestion de légumineuses et tombe au minimum par l'alimentation lactée. Il provient probablement de la décomposition des matières contenues dans l'intestin. Regnault en a constaté des traces dans l'air expiré. C.-B. Hofmann n'a pas trouvé de gaz des marais chez les lapins nourris de haricots et de pois. Comme sa présence a été constatée d'une façon positive chez l'homme par Planer et Ruge, il croit qu'il existe dans l'intestin de l'homme un ferment qui lui donne naissance. Il se produit aussi dans la putréfaction de la cellulose.

Hydrogène sulfuré H_2S.

A l'*état de liberté*, l'*hydrogène sulfuré* se rencontre en faible quantité dans l'intestin, surtout par le régime animal (Planer). Il est dû probablement à la décomposition de matières contenant du soufre, substances albuminoïdes ou leurs dérivés sulfurés, produits sulfurés de la bile. Ainsi, il s'en forme dans la putréfaction de certaines matières albuminoïdes, comme la fibrine. Regnault en a trouvé aussi des traces dans l'air expiré; mais il venait sans doute de la décomposition de parcelles alimentaires restées dans la cavité buccale (1).

(1) *A consulter :* Chevreul, *Nouveaux bulletins de la Société philomathique*, 1816 ; Regnault et Reiset, *Comptes rendus de l'Académie des sciences*, t. XXVI; Planer, *Wiener Akad. Sitzungsbericht. Mathem. naturwissenscht. Classe*, XLII ; C.-B. Hofmann, *Ueber die Zusammensetzung der Darmgase* (*Wiener medic. Wissensch.*, 1872).

CHAPITRE VI

PRINCIPES CONSTITUANTS DE L'ORGANISME

ARTICLE 1er. — Corps gras.

La glycérine s'unit aux acides de la série acétique et oléique avec élimination d'eau pour former des éthers ou *glycérides* qui ne sont autre chose que ce qu'on appelle ordinairement *corps gras* (1). On sait que les éthers sont des alcools dans lesquels l'hydrogène de l'oxhydrile OH est remplacé par un radical d'acide. Comme la glycérine, alcool triatomique, contient trois oxhydriles, on aura trois sortes d'éthers correspondants, suivant que 1, 2 ou 3 radicaux d'acides seront venus se substituer à l'hydrogène de 1, 2 ou 3 oxhydriles. Ainsi, si nous prenons les combinaisons éthérées de la glycérine avec l'acide acétique, on aura :

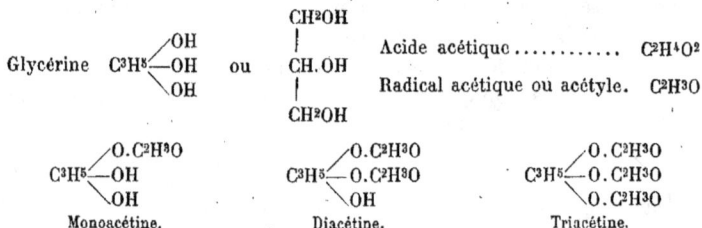

$$\text{Glycérine } C^3H^5{\Large<}\begin{matrix}\text{OH}\\\text{OH}\\\text{OH}\end{matrix} \quad \text{ou} \quad \begin{matrix}CH^2OH\\|\\CH.OH\\|\\CH^2OH\end{matrix} \quad \begin{matrix}\text{Acide acétique}\dots\dots\dots\ C^2H^4O^2\\ \\\text{Radical acétique ou acétyle. } C^2H^3O\end{matrix}$$

$$C^3H^5{\Large<}\begin{matrix}O.C^2H^3O\\OH\\OH\end{matrix} \qquad C^3H^5{\Large<}\begin{matrix}O.C^2H^3O\\O.C^2H^3O\\OH\end{matrix} \qquad C^3H^5{\Large<}\begin{matrix}O.C^2H^3O\\O.C^2H^3O\\O.C^2H^3O\end{matrix}$$

Monoacétine.   Diacétine.   Triacétine.

Les corps gras qui se rencontrent dans l'organisme sont la stéarine, la palmitine et l'oléine à l'état de *tristéarine*, *tripalmitine* et *trioléine*.

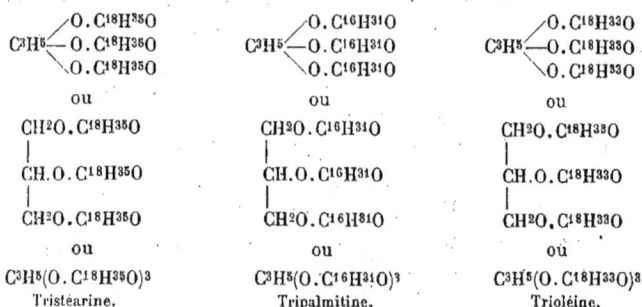

$$C^3H^5{\Large<}\begin{matrix}O.C^{18}H^{35}O\\O.C^{18}H^{35}O\\O.C^{18}H^{35}O\end{matrix} \qquad C^3H^5{\Large<}\begin{matrix}O.C^{16}H^{31}O\\O.C^{16}H^{31}O\\O.C^{16}H^{31}O\end{matrix} \qquad C^3H^5{\Large<}\begin{matrix}O.C^{18}H^{33}O\\O.C^{18}H^{33}O\\O.C^{18}H^{33}O\end{matrix}$$

ou   ou   ou

$$\begin{matrix}CH^2O.C^{18}H^{35}O\\|\\CH.O.C^{18}H^{35}O\\|\\CH^2O.C^{18}H^{35}O\end{matrix} \qquad \begin{matrix}CH^2O.C^{16}H^{31}O\\|\\CH.O.C^{16}H^{31}O\\|\\CH^2O.C^{16}H^{31}O\end{matrix} \qquad \begin{matrix}CH^2O.C^{18}H^{33}O\\|\\CH.O.C^{18}H^{33}O\\|\\CH^2O.C^{18}H^{33}O\end{matrix}$$

ou   ou   ou

$$C^3H^5(O.C^{18}H^{35}O)^3 \qquad C^3H^5(O.C^{16}H^{31}O)^3 \qquad C^3H^5(O.C^{18}H^{33}O)^3$$

Tristéarine.   Tripalmitine.   Trioléine.

Avant d'étudier les caractères généraux des corps gras de l'organisme, leur mode de formation, leur origine, leurs transformations, j'étudierai dans une série de paragraphes, leurs éléments constituants : *glycérine*, *acides gras*, *graisses neutres*, et dans un dernier paragraphe les *savons*.

(1) D'après Wanklyn, on trouverait, dans beaucoup de graisses naturelles, à côté des éthers de la glycérine ordinaire, des éthers de l'*isoglycérine*, $CH^3.CH^2.C(OH)^3$.

§ 1er. — **Acides gras.**

Les acides gras qui entrent dans la constitution des graisses neutres des animaux supérieurs sont des acides monobasiques et monovalents, qui appartiennent à deux séries homologues, la *série acétique* et la *série oléique* (voir : *Acides organiques*).

NUMÉROS des termes de la série.	SÉRIE ACÉTIQUE $C^nH^{2n}O^2$	SÉRIE OLÉIQUE $C^nH^{2n-2}O^2$
16	CH^3 | (CH^2)^{13} | CH^2 | CO.OH Ac. palmitique.	
18	CH^3 | (CH^2)^{15} | CH^2 | CO.OH Ac. stéarique.	CH^3 | (CH^2)^{13} | CO | CO.OH Ac. oléique.

Les autres acides de ces deux séries ne paraissent pas se rencontrer chez l'homme dans la constitution des graisses neutres; on n'y rencontre que ces trois acides, que j'étudierai successivement.

Acide palmitique. C^{16}H^{32}O^2. — **Préparation.** — On le prépare en saponifiant les graisses avec la potasse; ce savon de potasse est décomposé par l'acide chlorhydrique qui met les acides gras en liberté, on l'isole ensuite de l'acide stéarique par la méthode des précipitations fractionnées; ou traite le mélange des deux acides par la baryte; le palmitate de baryum, étant plus soluble que le stéarate, se précipite en dernier lieu. C'est lui qui se précipite de l'huile d'olive par le refroidissement.

Caractères. — L'acide palmitique est blanc, inodore, insipide, gras au toucher. Il cristallise de ses solutions alcooliques en aiguilles réunies en touffes. — Point de fusion, 62°. — Il est insoluble dans l'eau, soluble dans l'alcool bouillant, l'éther, le chloroforme, l'acide acétique. — Ses sels alcalins (savons) sont solubles dans l'eau et dans l'alcool, insolubles dans l'éther.

Constitution. — La constitution de l'acide palmitique ainsi que des autres acides gras ressort du tableau ci-dessus. La formule de structure de cet acide peut s'écrire :

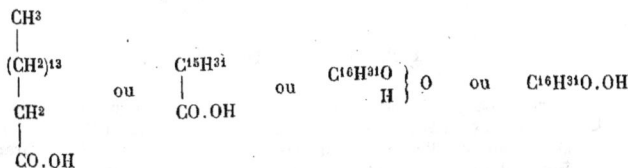

CH^3
\|
(CH^2)^{13} ou   C^{15}H^{31} ou   C^{16}H^{31}O$\atop$H $\Big\}$ O   ou   C^{16}H^{31}O.OH
\| \|
CH^2 CO.OH
\|
CO.OH

Acide stéarique. $C^{18}H^{36}O^2$. — **Caractères.** — L'acide stéarique a à peu près les mêmes caractères et les mêmes réactions que l'acide palmitique. Il cristallise en paillettes nacrées losangiques microscopiques. — Point de fusion, 69°,2 : l'addition d'acide palmitique abaisse ce point de fusion. — Il est soluble dans l'éther, le chloroforme, l'acide sulfurique concentré, l'alcool bouillant, l'essence de térébenthine, la benzine, le sulfure de carbone, l'acide acétique chaud, la créosote. — Ses sels sont un peu moins solubles que les palmitates.

Ses formules de structure sont construites sur le même plan que celles de l'acide palmitique.

Acide oléique. $C^{18}H^{34}O^2$. — **Préparation.** — Sa préparation est basée sur sa solubilité qui permet de le séparer des deux autres acides.

Caractères. — C'est un liquide huileux, incolore, inodore, insipide. A — 4°, il se solidifie en lames feuilletées. — Il est insoluble dans l'eau, faiblement soluble dans l'alcool, l'éther, le chloroforme, l'acide sulfurique concentré. Les oléates sont solubles dans l'alcool absolu froid et dans l'éther. — Il est *neutre* au papier de tournesol ; cependant il déplace l'acide carbonique des carbonates et l'acide acétique de l'acétate de calcium.

Propriétés chimiques. — A l'air, il rancit en s'oxydant et devient acide. Chauffé, il donne de l'*acide sébacique* ou *adipique*

$$\left. \begin{array}{c} C^{10}H^{16}O^2 \\ H^2 \end{array} \right\rangle O^2$$

et des acides gras, acétique, caprylique, caprique, etc. — Par la distillation sèche, il donne, comme du reste les autres acides gras, des produits carburés de la formule C^nH^{2n}. — Chauffé avec la potasse, il donne de l'*acide palmitique* et de l'acide acétique :

$$C^{18}H^{34}O^2 + 2KOH = C^{16}H^{31}KO + C^2H^3KO^3 + H^2$$

Ac. oléique.   Palmitate   Acétate
de potassium. de potassium.

Chauffé à 200°-210° avec l'acide iodhydrique et le phosphore, il se transforme en *acide stéarique*. — Avec l'acide nitrique fumant il donne toute la série des acides gras volatils, de l'acide formique à l'acide caprique et une série d'acides bibasiques de la formule $C^nH^{2n-2}O^4$. — Par l'acide hypoazotique, il se transforme en un acide isomère solide, l'*acide élaïdinique*.

Existence des acides gras dans l'organisme.
— Ces acides gras peuvent exister dans l'organisme à l'état libre et à l'état de sels. *A l'état libre,* on les rencontre dans l'intestin, où ils proviennent de la décomposition des graisses par le suc pancréatique ; mais il n'y en a jamais qu'une faible quantité parce qu'ils se combinent bientôt à la soude des sucs digestifs. On les trouve en plus forte proportion dans les fèces. On en rencontre des traces dans le sang, la bile et un grand nombre de liquides et de produits pathologiques, surtout dans ceux qui sont en voie de décomposition (pus en décomposition, crachats de la gangrène pulmonaire, etc.). *A l'état de sels,* on en trouve dans l'intestin (fèces), dans le gras de cadavre (sels de calcium), dans le sang (sels de sodium) (voir : *Savons*).

§ 2. — Glycérine $C^3H^8O^3$.

Caractères. — La glycérine est un liquide sirupeux, incolore, inodore, de saveur sucrée. Sa densité est de 1,264 à 15°. Elle bout à 290° ; chauffée à 150°, elle brûle avec une flamme bleuâtre comme celle de l'alcool. Par un froid prolongé, elle se prend en masse cristalline. Pure, elle est neutre et ne précipite pas l'oxalate d'ammonium (chaux) et ne se colore pas par le sulfure ammonique (plomb). Elle se mélange en toutes proportions à l'eau et à l'alcool ; elle est insoluble dans l'éther, le chloroforme, les huiles grasses, les essences. Elle dissout un très grand nombre de corps parmi lesquels je mentionnerai la potasse, la soude et l'ammoniaque, les carbonates de soude et d'ammoniaque, le chlorhydrate d'ammoniaque, le chlorure de sodium, les sucres, les savons, l'urée, l'acide urique, la cholestérine, l'albumine, les ferments solubles (V. Wittich), etc. La glycérine est très avide d'eau.

Constitution. — La glycérine est un *alcool triatomique* constitué par l'union du radical alcoolique triatomique C^3H^5 avec 3 oxhydriles OH ; elle contient deux fois le groupement CH^2. OH caractéristique des alcools primaires, et une fois le groupement CH.OH caractéristique des alcools secondaires. On a proposé les formules de structure suivantes :

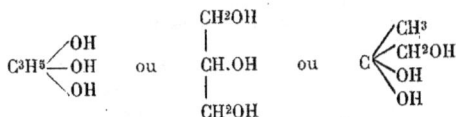

$$
C^3H^5 \begin{cases} OH \\ OH \\ OH \end{cases}
\quad ou \quad
\begin{array}{c} CH^2OH \\ | \\ CH.OH \\ | \\ CH^2OH \end{array}
\quad ou \quad
C \begin{cases} CH^3 \\ CH^2OH \\ OH \\ OH \end{cases}
$$

La glycérine a des relations avec les combinaisons propyliques et allyliques ; il suffit de jeter un coup d'œil sur les formules suivantes :

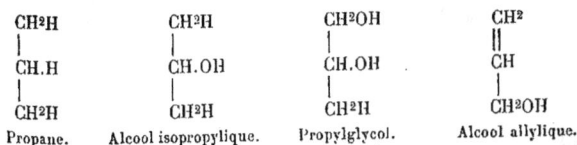

$$
\begin{array}{c} CH^2H \\ | \\ CH.H \\ | \\ CH^2H \end{array}
\qquad
\begin{array}{c} CH^3H \\ | \\ CH.OH \\ | \\ CH^3H \end{array}
\qquad
\begin{array}{c} CH^2OH \\ | \\ CH.OH \\ | \\ CH^2H \end{array}
\qquad
\begin{array}{c} CH^2 \\ \| \\ CH \\ | \\ CH^2OH \end{array}
$$

Propane.　　Alcool isopropylique.　　Propylglycol.　　Alcool allylique.

Propriétés chimiques. — 1° *Oxydations.* — Par l'oxydation avec le brome ou l'acide nitrique, elle donne un acide monobasique, *l'acide glycérique*, et un acide bibasique, l'acide tartronique ; les formules suivantes représentent leurs relations avec la glycérine :

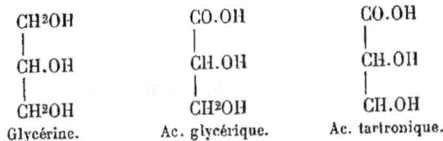

$$
\begin{array}{c} CH^2OH \\ | \\ CH.OH \\ | \\ CH^2OH \end{array}
\qquad
\begin{array}{c} CO.OH \\ | \\ CH.OH \\ | \\ CH^2OH \end{array}
\qquad
\begin{array}{c} CO.OH \\ | \\ CH.OH \\ | \\ CH.OH \end{array}
$$

Glycérine.　　Ac. glycérique.　　Ac. tartronique.

Il se forme en outre comme produits secondaires les acides glycolique, oxalique, formique et carbonique

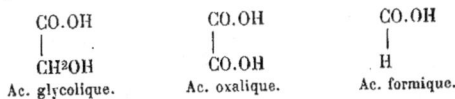

$$
\begin{array}{c} CO.OH \\ | \\ CH^2OH \end{array}
\qquad
\begin{array}{c} CO.OH \\ | \\ CO.OH \end{array}
\qquad
\begin{array}{c} CO.OH \\ | \\ H \end{array}
$$

Ac. glycolique.　　Ac. oxalique.　　Ac. formique.

Par l'oxydation dans un milieu alcalin il se produit les acides acrylique, $C^3H^4O^2$ et pyruvique, $C^3H^4O^3$. — 2° *Déshydratation.* — Traitée par l'acide phosphorique anhydre, elle se transforme en *acroléine*, aldéhyde de l'acide acrylique

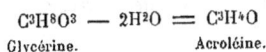

$$C^3H^8O^3 - 2H^2O = C^3H^4O$$

Glycérine.　　　　Acroléine.

Formules de structure :

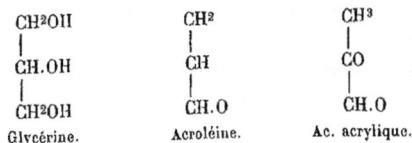

$$
\begin{array}{c} CH^2OH \\ | \\ CH.OH \\ | \\ CH^2OH \end{array}
\qquad
\begin{array}{c} CH^2 \\ | \\ CH \\ | \\ CH.O \end{array}
\qquad
\begin{array}{c} CH^3 \\ | \\ CO \\ | \\ CH.O \end{array}
$$

Glycérine.　　Acroléine.　　Ac. acrylique.

L'acroléine est un liquide volatil, d'une odeur suffocante, qui se dégage quand on chauffe fortement la glycérine ou les graisses et permet de les reconnaître facilement. Cette réaction peut servir à caractériser la glycérine quand on est sûr de l'absence des corps gras. — Par la potasse, à 200°, elle donne de l'acide formique, CH^2O^2, et de l'acide acétique, $C^2H^4O^2$, avec dégagement d'hydrogène. — 3° *Produits de substitution*. — L'hydrogène, H, peut être remplacé par un métal pour former des glycérinates. — L'oxhydrile, OH, peut être remplacé par un des corps halogènes Cl, Br, I, ou par SH en formant des *mono*, *di* —, *trichlorhydrines*, etc. — 4° *Ethers*. — La glycérine s'unit aux acides minéraux et organiques avec élimination d'eau. On sait que les éthers sont des alcools dans lesquels l'hydrogène de l'oxhydrile OH est remplacé par un radical d'acide. La glycérine, alcool triatomique, contenant trois OH, formera trois éthers correspondants, suivant que 1, 2, 3 radicaux d'acides seront venus se substituer à l'hydrogène de 1, 2, 3 oxhydriles. Les corps gras sont constitués de la même façon et ne sont que des éthers de la glycérine. (Pour l'acide *phosphoglycérique*, voir *Lécithines*). — 5° *Combinaisons ammoniacales*. Avec l'ammoniaque la glycérine donne des dérivés ammoniacaux et en particulier la *glycéramine*, par remplacement d'un oxhydrile OH par AzH^3. — 6° *Produits de décomposition*. — Aux produits de décomposition mentionnés précédemment il faut ajouter le phénol, C^6H^6O, qui se forme quand on distille le chlorure de calcium avec la glycérine.

Fermentations. — On savait depuis longtemps que la glycérine avec la levure de bière se transforme en acide propionique, $C^3H^6O^2$. Dans ces dernières années cette action des ferments sur la glycérine a été plus complètement étudiée. Trois ferments *anaérobies* agissent surtout sur la glycérine, le *bacillus æthylicus*, le *bacillus butylicus* et le *bacillus amylobacter*, étudiés spécialement par Fitz. Les produits diffèrent suivant le microbe de la fermentation ; le *b. æthylicus* fournit surtout de l'alcool ordinaire, le *b. butylicus* de l'alcool butylique et de l'acide butyrique, le *b. amylobacter*, que certains auteurs identifient, peut-être à tort (Duclaux) avec le vibrion butyrique de Pasteur, de l'acide butyrique. Enfin, d'après Fitz, certains champignons (*schizomycètes*) *aérobies* peuvent décomposer la glycérine.

Synthèse. — La synthèse de la glycérine a été produite en partant de l'acroléine et de l'iodure d'allyle (Wurtz), et récemment par Friedel et Silva en partant du propylène.

Introduction dans l'organisme. — Nous introduisons avec quelques-uns de nos aliments et en particulier avec les boissons fermentées, vin et bière, une petite quantité de glycérine. On sait qu'il se forme un peu de glycérine dans la fermentation alcoolique. Mais cette proportion est toujours très faible; le vin ne contient en effet que 0,67 à 1,43 p. 100, et la bière 0,05 à 0,3 p. 100 de glycérine. Il faut dire que cette proportion augmente dans les boissons falsifiées.

L'ingestion de glycérine ne paraît pas agir sur la désassimilation des albuminoïdes. Contrairement aux recherches de Catillon, qui avait trouvé une diminution d'urée dans l'urine, les expériences de I. Munk, L. Lewin et N. Tschirwinsky ont montré que l'ingestion de la glycérine est sans action sur la quantité d'urée éliminée. Par contre, elle paraît augmenter, probablement par son oxydation dans l'organisme, la quantité d'acide carbonique exhalé (Scheremetjewski, Catillon). On retrouve dans l'urine une partie seulement de la glycérine ingérée. Après son ingestion à hautes doses, l'urine contient une substance qui réduit l'oxyde de cuivre.

On verra plus loin l'influence qu'elle exerce, d'après certains auteurs, sur la proportion de glycogène du foie.

Formation dans l'organisme. — A. *Formation dans l'intestin.* — La glycérine se forme dans l'intestin grêle sous l'influence du suc pancréatique, qui décompose les graisses neutres en acides gras et glycérine ; mais cette glycérine ne se retrouve pas dans le contenu de l'intestin, où on n'en trouve que des traces. Que devient la glycérine ainsi formée et comment disparaît-elle de l'intestin ? Jusqu'ici on ne sait rien de précis et on en est réduit à des hypothèses (1). Est-elle résorbée ou se transforme-t-elle dans l'intestin même en donnant de nouveaux produits? Examinons successivement ces deux hypothèses.

1° *Résorption*. — La glycérine ne se retrouve pas à l'état de liberté dans le sang ; par conséquent, si elle est résorbée, elle doit disparaître très vite. Mais de quelle façon? D'après les recherches de Scheremetjewski et de Catillon, la glycérine disparaît très rapidement dans le sang; Catillon, après l'ingestion de doses modérées de glycérine, n'a retrouvé dans le sang ni la glycérine ni aucun des produits d'oxydation intermédiaires, acides formique, acétique, etc. ; mais, par contre, il a trouvé une augmentation de l'acide carbonique expiré, et la quantité de carbone de cet acide carbonique correspondait au carbone de la glycérine : la glycérine serait donc rapidement et directement oxydée dans le sang en donnant naissance à de l'acide carbonique et à de l'eau. D'un autre côté, les recherches de Van Deen, Pink, S. Weiss, etc., prouvent que la glycérine introduite dans l'estomac augmente la proportion de glycogène du foie, de sorte que certains auteurs, et Van Deen en particulier, ont supposé que la substance glycogène du foie pouvait provenir de la glycérine absorbée dans l'intestin ; mais Pink a montré que si on l'injectait dans une veine mésaraïque, elle n'augmentait pas la proportion de glycogène du foie, pas plus qu'en injection sous-cutanée. Il semblerait donc que la glycérine n'agit qu'indirectement sur la fonction glycogénique ; la glycérine ne ferait que détourner à son profit une certaine quantité d'oxygène, de façon à empêcher cet oxygène de se porter sur d'autres substances pouvant donner naissance à la substance glycogène. Cependant P. Plosz a trouvé dans l'urine d'animaux qui avaient pris de la glycérine un corps réducteur, analogue à la glucose, mais ne fermentant pas et sans action sur la lumière polarisée. Ce corps, qu'il n'a pu isoler à l'état de pureté, répondrait, d'après lui, à la substance que Berthelot a obtenue avec la glycérine, substance qui, d'après lui et d'après Ustimowitch et Huppert, ne serait pas du glucose. Plosz croit que ce corps est un aldéhyde de la glycérine. Théoriquement, la formation de la matière glycogène aux dépens de la glycérine se comprendrait de la façon suivante : la glycérine $C^3H^8O^3$ se convertirait d'abord en son aldéhyde $C^3H^6O^3$, puis deux molécules de l'aldéhyde donneraient du glycogène en éliminant de l'eau,

$$2C^3H^6O^3 = C^6H^{10}O^5 + H^2O$$

La production de glucose aux dépens de la glycérine est tout aussi hypothétique, quoiqu'elle ait en sa faveur l'expérience citée plus haut de Berthelot, qui a obtenu avec la glycérine et le tissu testiculaire un corps analogue à la glycose. Quant à la transformation de la glycérine en glycose annoncée par Kosmann, elle repose sur une erreur d'observation, et cette transformation n'a pu être réalisée par les autres expérimentateurs.

(1). Il est remarquable qu'un fait du même genre se présente dans la germination des graines oléagineuses ; les matières grasses se dédoublent en acides gras et glycérine ; mais cette glycérine ne se retrouve pas dans les graines germées; on n'y retrouve que les acides gras.

2° *Transformation dans l'intestin.* — En présence des difficultés que présentent les hypothèses précédentes, on pourrait admettre que la glycérine disparaît ou se transforme dans l'intestin même ; mais, là encore, les faits manquent. Beneke a émis une hypothèse qui a une certaine valeur, mais que des expériences ultérieures pourront seules confirmer : partant de ces deux faits que, 1° sous l'influence de l'acide du suc gastrique, il se forme de l'acide phosphorique libre ou des phosphates acides aux dépens des phosphates alcalins de l'alimentation, et 2° que l'acide phosphoglycérique se produit dans l'intestin, il suppose que l'acide phosphorique s'unit à la glycérine mise en liberté par la décomposition des graisses pour former de l'acide phosphoglycérique (voir : *Lécithine*).

Peut-être, et les expériences mentionnées plus haut sur les fermentations de la glycérine permettent de le supposer, peut-être disparaît-elle par fermentation avec production d'acides butyrique et propionique, et des recherches dans ce sens conduiraient peut-être à une solution.

B. *Formation dans l'organisme.* — Comme la glycérine est un élément constituant des matières grasses, il y a lieu de se demander comment, dans la production de graisse aux dépens des hydrocarbonés et des albuminoïdes, se forme la glycérine nécessaire à cette production. Aucune expérience n'a été faite jusqu'ici sur ce point.

Rôle physiologique. — Le rôle physiologique de la glycérine dérive de ce qui a été dit ci-dessus. Elle a surtout de l'importance par sa présence dans les graisses et dans l'acide phosphoglycérique qui entre dans la constitution des lécithines.

Bibliographie. — J. Munk : *Ueber den Nährwerth des Glycerins* (Arch. für Physiol., 1878). — L. Lewin : *Ueber den Einfluss des Glycerins auf den Eiweissumsatz* (Zeit. für Biol., t. XV, 1870). — N. Tschirwinsky : *Ueber den Einfluss des Glycerins auf die Zersetzung des Eiweisses im Thierkörper* (id.). — J. Munk : *Die physiologische Bedeutung und das Verhalten der Glycerins im Organismus* (A. de Virchow, t. LXXVI, 1879). — A. Fitz : *Ueber Spaltpilzgährungen* (Ber. d. d. ch. Ges., t. IX, X, XI, XIII et XV). — E. Franck : *Synthese der Glycerinsäure* (Ann. ch. Pharm., t. CCVI, 1881).

§ 3. — Graisses neutres.

Tripalmitine. — La tripalmitine cristallise en écailles blanches. — Point de fusion, 61°,5. — Point de solidification, + 46. — Elle est très peu soluble dans l'alcool froid, un peu plus soluble dans l'alcool bouillant, très soluble dans l'éther.

Tristéarine. — La tristéarine cristallise en paillettes nacrées rectangulaires, incolores, insipides, inodores. — Point de fusion variable ; 71°. On a admis trois isomères fondant à 52°, 63° et 66°. — Point de solidification, + 55°. — Elle est un peu soluble dans l'alcool et dans l'éther froids. — Elle a été obtenue synthétiquement par Berthelot.

Trioléine. — C'est un liquide huileux, incolore, insipide, inodore, qui se solidifie à — 5° en aiguilles cristallines. — Elle est un peu soluble dans l'alcool froid, soluble dans l'éther et le sulfure de carbone. — A l'air elle rancit en prenant l'oxygène. — Avec l'acide hypoazotique elle se solidifie en son isomère, l'*élaïdine.* — Elle a été obtenue synthétiquement par Berthelot.

Ces trois éthers constituent, par leur mélange en proportion variable, les graisses de l'organisme. Leur étude se confond donc avec celle de ces corps gras qui sera faite plus loin.

§ 4. — Savons.

Caractères. — Les savons produits par la saponification des corps gras par la soude et la potasse (*savons alcalins*) sont les seuls dont nous ayons à nous occuper ici. — Les savons alcalins sont solubles dans l'eau, l'alcool et l'éther; ces solutions sont mousseuses. Le chlorure de sodium les précipite de leurs solutions dans l'eau. Les acides en précipitent les acides gras.

Existence dans l'organisme. — Partout où dans l'organisme se rencontre de la graisse, se rencontrent aussi de petites quantités de savons alcalins, oléates, palmitates et stéarates de sodium et de potassium. Leur présence a surtout été constatée dans le sang, la lymphe, le chyle et la bile, où ils se trouvent à l'état de dissolution.

Origine. — Ces savons proviennent en partie, comme nous l'avons vu plus haut, de la décomposition des graisses par le suc pancréatique; il arrive ainsi dans le sang et dans le chyle une certaine quantité de savons alcalins. Mais il s'en forme aussi dans ces liquides. En effet, la graisse libre, absorbée par les chylifères et versée dans le sang, disparaît peu à peu, tandis que la proportion de savons augmente. Gorup-Besanez a montré que l'oxygène actif ou l'ozone saponifient très rapidement les graisses en présence des alcalis. Il semble donc que la graisse disparaisse dans le sang par saponification; les acides gras, mis en liberté, se combinent à la soude et à la potasse des carbonates en dégageant de l'acide carbonique. Peut-être en est-il de même dans l'amaigrissement, mais les recherches précises manquent sur ce point.

Décompositions. — Une fois formés, les savons sont probablement décomposés en acides gras qui disparaissent par oxydation (voir : *Acides gras*), et alcalis qui se combinent aux acides disponibles pour former des sels.

Rôle physiologique. — Le rôle physiologique des savons ressort de leur solubilité dans l'eau (surtout pour les oléates) et de leur pouvoir de dissoudre les graisses. Ils doivent favoriser ainsi le passage des graisses à travers les membranes animales, soit au moment de l'absorption de la graisse dans les chylifères, soit peut-être dans les phénomènes intimes de l'engraissement et de l'amaigrissement des tissus. Une petite quantité de la graisse libre contenue dans le sang et les autres liquides est à l'état de dissolution, grâce aux savons qui se trouvent dans ces liquides.

§ 5. — Graisses de l'organisme.

Préparation. — On sépare la graisse des autres principes des tissus en soumettant ceux-ci à une température qui fait fondre la graisse. On peut employer pour sa purification l'acide sulfurique concentré (à froid) et l'éther.

Caractères. — La graisse pure est incolore, inodore, insipide, ordinairement liquide à la température du corps. Sa consistance de même que ses points de fusion et de solidification varient suivant la proportion des diverses graisses neutres qui entrent dans sa constitution. Le point de fusion des graisses animales varie entre 20° et 52° — La graisse est insoluble dans l'eau, qu'elle surnage, très peu soluble dans l'alcool froid. Elle est soluble dans l'alcool chaud, l'éther, le chloroforme, le sulfure de carbone, la benzine, l'aniline et les huiles essentielles. — A l'état liquide les graisses dissolvent beaucoup de corps insolubles dans l'eau, comme le phosphore. — Elles laissent sur le papier une tache persistante. Elles ne passent pas à la distillation avec la vapeur d'eau, ce qui les distingue des huiles essentielles.

Une trace de graisse arrête les mouvements de rotation du camphre à la surface de l'eau. Si on place un petit fragment de camphre sur de l'eau, le camphre exécute des mouvements rapides de rotation (*rotation épipolique*); cette rotation s'arrête immédiatement dès qu'une trace de graisse ou d'huile vient au contact de l'eau. Cette réaction est excessivement sensible.

Les graisses liquides ont la propriété de former avec les liquides alcalins des *émulsions*, c'est-à-dire de se diviser en gouttelettes extrêmement fines et persistantes. Au point de contact de l'eau et de la gouttelette huileuse il se forme un savon qui égalise les tensions superficielles des deux liquides et favorise la stabilité de l'émulsion; aussi les huiles un peu rances s'émulsionnent-elles plus facilement que les huiles neutres, les acides gras libres formant des savons avec la soude du liquide alcalin, et dans ces cas il n'est même pas besoin d'agitation pour que l'émulsion se produise.

Propriétés chimiques. — *Composition centésimale* en moyenne : C, 76,5; H, 12; O, 11,5. — A l'air, les graisses *rancissent* en absorbant l'oxygène et en perdant du carbone et de l'hydrogène sous forme d'acide carbonique et d'eau. — *Saponification*. Elles se dédoublent en acides gras et glycérine sous diverses influences qui ne sont que des applications des propriétés générales des éthers : vapeur d'eau surchauffée, alcalis, oxydes alcalino-terreux, oxyde de plomb, sulfures alcalins, acide sulfurique, acide chlorhydrique à chaud, etc. Les acides gras mis en liberté s'unissent aux bases disponibles pour former des savons. La chaleur les décompose en donnant les produits de décomposition de leurs générateurs, notamment de l'*acroléine*. Les graisses de l'organisme sont souvent mélangées de cholestérine et de lécithine. Elles ne contiennent que de très faibles quantités d'acides gras libres pendant la vie; mais aussitôt extraites du corps, la proportion d'acides libres y augmente rapidement. — La proportion relative de tripalmitine, tristéarine et trioléine dans la graisse du corps varie suivant les espèces animales et suivant les régions. Les graisses solides, comme celle du mouton par exemple, contiennent surtout de la tripalmitine et de la tristéarine; dans celle d'homme, plus liquide, c'est la trioléine qui prédomine. La graisse du tissu cellulaire sous-cutané est plus riche en trioléine que celle des organes profonds. La graisse du nouveau-né est moins riche en trioléine que celle de l'adulte. Le tableau suivant donne, d'après Langer, les proportions pour 100 des trois acides gras dans les deux espèces de graisses :

	Enfant.	Adulte.
Acide oléique.....	67,75 p. 100	89,80 p. 100
— palmitique............	28,97 —	8,16 —
— stéarique..............	3,28 —	2,04 —

Voici, d'après Lebedeff, la proportion pour 100 d'acide oléique et d'acides gras solides (palmitique et stéarique) dans la graisse de diverses régions :

	Ac. oléique.	Ac. gras solides.
Tissu cellulaire sous-cutané.......	79,3	15,7
Intestin.........................	75,5	21,5
Foie gras...........	68,6	26,7
Lipome..................	67,0	28,2

La graisse des animaux à l'engrais est plus pauvre en acides gras solides que la graisse d'animaux maigres (A. Müntz).

Réactions caractéristiques. — Chauffées fortement, dégagent de l'*acroléine*, facilement reconnaissable à son odeur irritante. — Arrêtent les mouvements de rotation du camphre. — Pour reconnaître si une graisse contient des acides gras libres, on la chauffe avec un peu de fuchsine; elle se colore en rouge-framboise.

Fermentations. — Les corps gras fermentent difficilement, et dans les fermentations en présence desquelles ils se trouvent ils restent la plupart du temps sans subir d'altération dans leur poids et dans leur constitution. Van Tieghem a cependant montré, dans son étude sur la *vie dans l'huile*, que les corps gras peuvent aussi fermenter sous l'influence de diverses *mucédinées*, et en particulier du *penicillium glaucum*, mais à condition que la mucédinée y apporte de l'humidité, et que le corps gras n'ait pas été débarrassé des germes qu'il peut contenir naturellement. Cette fermentation, pour le détail de laquelle je renvoie au mémoire original, aboutit finalement au dédoublement de la graisse en glycérine et acides gras et à une véritable saponification.

Existence dans l'organisme. — Les corps gras se rencontrent dans tous les tissus et dans tous les organes du corps ainsi que dans tous les liquides, à l'exception peut-être de l'urine. Dans les tissus, ils se trouvent tantôt comme partie constituante des éléments anatomiques, tantôt contenus dans des cellules particulières, cellules *adipeuses* ou graisseuses (fig. 10), qui renferment quelquefois des cristaux de stéarine et

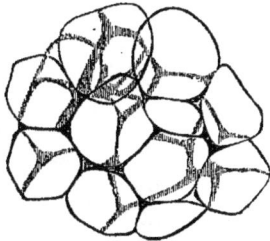

Fig. 10. — *Cellules adipeuses du tissu connectif.*

Fig. 11. — *Cellules adipeuses avec cristaux.*

Fig. 12. — *Cristaux de stéarine et de palmitine.*

de palmitine (fig. 11 et 12). Dans les liquides comme le chyle, la lymphe, le sang, le lait, etc., la graisse est en grande partie à l'état de gouttelettes plus ou moins fines en suspension dans le liquide. La graisse n'étant pas miscible à l'eau, on comprend facilement que presque toute la graisse de l'organisme soit ainsi à l'état de gouttelettes dans les liquides, les cellules adipeuses ou les éléments des tissus, et qu'il n'y en ait qu'une très faible fraction maintenue en dissolution à la faveur des savons qui existent dans les tissus ou dans les liquides. A l'état pathologique, elle se rencontre dans tous les éléments (*dégénérescence granulo-graisseuse*), et parfois s'accumule pour former des tumeurs (*lipomes*).

Quantité de graisse de l'organisme. — La quantité totale de la graisse du corps est très variable suivant l'embonpoint de l'individu. Burdach l'évalue à 5 p. 100, Moleschott à 2, 5 p. 100 du poids du corps. Mais il a été démontré que cette proportion est beaucoup trop faible et qu'elle doit être évaluée à 18 p. 100 en moyenne (E. Bischoff). Voici, d'après cet auteur, la quantité de graisse contenue dans les principaux organes d'un homme de trente-trois ans, pesant 68, 65 kilogrammes.

Squelette............	2 617,2
Muscles.............	636,8
Centres nerveux.... .	226,9
Autres organes.......	73,2
Tissu adipeux (12 570).	8 809,5 (29,92 p. 100 d'eau).

12 363,5 = 18 p. 100 du poids du corps entier ou 44 p. 100 du poids de la substance sèche du corps.

Le tableau suivant, emprunté à Gorup-Besanez, donne la proportion pour 100 de graisse dans les principaux organes et liquides du corps humain :

	GRAISSE.		GRAISSE.
Sueur....	0,001	Corps vitré.............	0,002
Salive...................	0,02	Cartilage....:.........	1,3
Lymphe.................	0,05	Os................... .	1,4
Synovie.................	0,06	Cristallin...	2,0
Eau de l'amnios..........	0,06	Foie.............. ...	2,4
Chyle.........'.........	0,2	Muscles....	3,3
Mucus..................	0,3	Cheveux.....	4,2
Sang..................	0,4	Cerveau............. .	8,0
Bile.....	1,4	Tissu graisseux..........	82,7
Lait............	4,3	Moelle osseuse...........	96,0

Ces chiffres ne peuvent représenter évidemment que des moyennes susceptibles de varier dans des limites considérables, suivant l'état de l'individu. La proportion de graisse peut doubler chez les individus obèses et même monter bien au delà. Lewes et Gilbert ont trouvé les chiffres suivants pour la proportion de graisse (pour 100), chez des animaux maigres et des animaux gras :

Mouton maigre.....	18,7 p. 100	Porc maigre........	23,3 p. 100
— très gras.,.	45,8 —	— gras..........	42,2 —

De la graisse dans les divers tissus de l'organisme. — *Dans les cellules adipeuses,* la graisse se trouve à l'état de gouttelettes plus ou moins grosses; dans leur état parfait, ces gouttelettes se réunissent et ne forment plus qu'une gouttelette volumineuse, qui remplit tout le corps de la cellule et refoule le noyau contre la paroi interne de la membrane. Dans l'amaigrissement, au contraire, la graisse disparaît peu à peu des cellules et est remplacée par un liquide séreux dans lequel la graisse peut avoir complètement disparu. Dans certains organes comme le *foie,* par exemple, l'accumulation de graisse se fait de la même façon que dans les cellules adipeuses au moment de l'engraissement, comme on peut le voir par la figure 13, qui montre des cellules hépatiques aux divers degrés d'infiltration graisseuse (foie gras). C'est encore le même aspect qu'on retrouve dans les cellules de la *moelle des os.* Dans le foie gras la proportion de graisse peut s'élever à 17 p. 100.

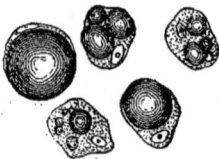

Fig. 13. — *Cellules hépatiques infiltrées de graisse.*

Dans les muscles normaux, la proportion de graisse est assez faible, et cette proportion est susceptible de varier dans des limites assez étendues. Il est probable que cette graisse est contenue plutôt dans les interstices des fibres musculaires que dans les fibres elles-mêmes. On a constaté que la proportion de graisse des muscles diminuait par la tétanisation. Elle s'accumule, au contraire, quand les muscle sont immobilisés ou paralysés. J'ai trouvé les chiffres suivants pour la proportion de graisse pour 1 000 parties de muscle, en analysant comparativement chez le lapin, les muscles du côté sain et les muscles du côté paralysé, 27, 39 et 122 jours après la section du nerf :

Muscles du côté sain.	Muscles du côté paralysé.	Analyses faites le
0,878	1,015	27e jour après la section.
9,3	10,1	39e —
1,891	151,242	122e —

La graisse des muscles paralysés n'a pas non plus le même aspect que celle des muscles sains; cette dernière est en gouttelettes jaunâtres, claires, par conséquent très riche en trioléine, tandis que celle des muscles paralysés est plus foncée, comme figée, presque solide et ressemble à de l'axonge. Dans les muscles paralysés depuis longtemps, les fibres musculaires sont remplacées par de véritables traînées de globules gras (fig. 14).

Dans *le tissu nerveux*, la proportion de graisse d'après les recherches les plus récentes est beaucoup plus faible que ne l'admettent les anciennes analyses. Dans les analyses des nerfs sciatiques, Joséphine Chevalier a trouvé 56 p. 100 de graisse p. 100 parties de nerf desséché, mais presque toute cette graisse doit être rapportée au tissu graisseux interstitiel (Voir : *Tissu nerveux*).

Dans *les os*, la graisse est contenue dans les cavités médullaires du tissu spongieux et le canal médullaire des os longs constitue la plus grande partie de la moelle osseuse. Dans le canal médullaire, la graisse a le caractère de la graisse du tissu cellulaire sous-cutané (*moelle jaune*). Dans les cavités médullaires et dans les os en voie de développement, la graisse se trouve en quantité beaucoup plus faible, elle est plus liquide, et la prédominance des vaisseaux donne à la moelle un aspect rougeâtre (*moelle rouge, moelle fœtale*). La quantité de graisse des os secs peut varier dans des limites considérables, de 0,1 p. 100 (radius) à 67 p. 100 (certains os spongieux); la moyenne pour les os humains est de 15 p. 100.

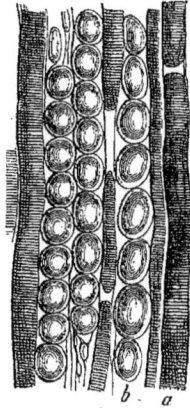

Fig. 14. — *Atrophie musculaire simple avec formation interstitielle de graisse. Gross.* 300 (Rind fleisch).

Parmi les organes, le *thymus* est, après le foie, un des organes les plus riches en graisse.

Dans un certain nombre de *glandes*, comme les glandes sébacées, la mamelle, la graisse se rencontre dans les cellules glandulaires et constitue alors un des éléments de la sécrétion en s'échappant par la destruction de la cellule qui la contenait; on retrouve alors les globules de graisse dans le produit de sécrétion, lait, matière sébacée, cérumen.

Dans *le sang*, dans *la lymphe* et dans *le chyle*, la graisse se trouve à l'état de fines gouttelettes en suspension dans le liquide, par conséquent de véritable émulsion. Ce sont ces gouttelettes qui donnent au chyle l'aspect laiteux qu'il a au moment de la digestion, aspect laiteux qu'a quelquefois aussi le sérum sanguin. Le sang de la veine-porte contient plus de graisse que le sang de la veine hépatique (Drosdoff). Voici les chiffres d'une analyse (chien) :

Veine-porte, 5,75 p. 1000.

Veine hépatique, 0,97 p. 1000.

Au moment de la digestion des matières grasses, la quantité de graisse du chyle, du sang et de la lymphe augmente notablement, surtout dans le chyle.

Ainsi cette proportion peut monter de 1 à 2 p. 1000 (chiffre normal) à 60 p. 1000.

Dans la bile et quelques autres sécrétions qui contiennent de la graisse à l'état de dissolution, cette graisse est dissoute par les savons qui se trouvent dans ces liquides.

La graisse ne se trouve *dans l'urine* que dans les cas pathologiques; elle y est alors à l'état d'émulsion (*urines chyleuses*).

Après la mort ou *pendant la vie, sous certaines conditions pathologiques* (nutrition insuffisante, etc.), la graisse apparaît dans les éléments anatomiques sous forme de granulations (*dégénérescence granulo-graisseuse, infiltration graisseuse*). C'est ce qu'on observe, par exemple, dans les muscles (fig. 15) après la section des nerfs

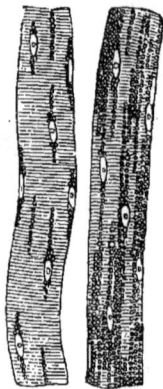

Fig. 15. — *Dégénérescence graisseuse des fibres musculaires striées.* — Gross. 300 (Rindfleisch).

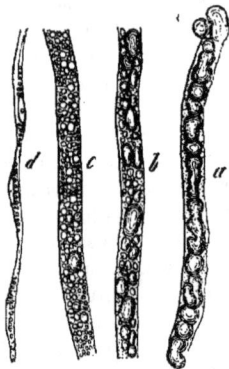

Fig. 16. — *Dégénérescence graisseuse des fibres nerveuses* (*).

moteurs ou dans le bout périphérique d'un nerf moteur sectionné (fig. 16). Cette dégénérescence graisseuse est un des modes principaux de mort des cellules et des éléments anatomiques. La constitution chimique de la graisse ainsi formée ne paraît pas être identique à celle de la graisse normale et n'a pas été suffisamment étudiée.

Origine de la graisse. — La graisse de l'organisme peut provenir soit de l'alimentation, soit des substances mêmes qui entrent dans la constitution de l'organisme; mais, dans les deux hypothèses, on peut se demander quelle est la part, dans la formation de la graisse, des trois catégories de substances : graisses, hydrocarbonés, albuminoïdes, qui entrent soit dans l'alimentation, soit dans la constitution de l'organisme.

A. Graisses. — 1° *Provenance de la graisse de l'alimentation.* — Il est bien évident, *a priori*, que *toute la graisse* qui se fait dans l'organisme ne peut provenir de la graisse de l'alimentation. Ainsi, chez les herbivores à l'engrais, la proportion de graisse contenue dans leurs aliments ne suffirait pas, loin de là, pour couvrir la graisse qui s'accumule dans leurs organes; il est donc certain que chez eux il y a d'autres sources pour la formation de

(*) Bout périphérique d'un nerf cérébro-spinal sectionné : — *a*, après une demi-semaine ; — *b*, après deux semaines ; — *c*, après quatre semaines ; — *d*, après deux mois. ⸗ Gross. 300 (Rindfleisch).

la graisse et que la graisse de l'alimentation ne peut en tout cas fournir qu'une partie de la graisse de l'organisme, étant admis qu'elle contribue à sa formation. Chez les carnivores, au contraire, la graisse de l'alimentation suffirait en général pour couvrir la graisse de l'organisme.

On a fait à l'hypothèse de la production de la graisse aux dépens de la graisse de l'alimentation les objections suivantes :

a. *L'alimentation des herbivores contient trop peu de graisse pour fournir la graisse fixée par eux.* — L'objection, valable s'il s'agit de *toute* la graisse de l'organisme, n'a plus la même valeur s'il ne s'agit que d'une partie de cette graisse. Du reste, les fourrages employés dans l'alimentation des herbivores contiennent en réalité une notable quantité de graisse.

b. *La graisse de l'alimentation n'est pas résorbée dans l'intestin des herbivores et passe inaltérée dans les fèces.* — Mais les expériences de Boussingault et de beaucoup d'autres physiologistes ont prouvé que la graisse peut parfaitement être résorbée dans l'intestin des herbivores.

c. *Les animaux ne fixent pas de graisse quand on leur donne une alimentation exclusivement formée de matières grasses.* — Letellier, en nourrissant des tourterelles avec du beurre, a vu qu'elles ne produisaient pas de graisse et que beaucoup du beurre ingéré se retrouvait dans les excréments. Mais à ces expériences on peut opposer celles de Boussingault, dont il sera parlé plus loin.

d. *Dans chaque espèce animale, la graisse a une constitution fixe indépendante de la nature de la graisse ingérée.* — Radziejewski a nourri un chien, amaigri par un régime préalable, avec de la viande bien dégraissée additionnée d'huile de navette dont un élément constituant, *l'acide érucacique*, ne se rencontre pas dans la graisse animale ; quoique l'animal eût beaucoup engraissé, il ne put retrouver dans cette graisse, sauf dans celle des muscles, l'acide érucacique. Subbotin, en ajoutant du spermacéti à l'alimentation, arriva aussi à un résultat négatif, sauf pour l'épiploon et le mésentère, où il retrouva de petites quantités de spermacéti. Mais Lebedeff a obtenu des résultats beaucoup plus positifs. En nourrissant un chien, soumis auparavant à un mois de jeûne, avec très peu de viande dépourvue de graisse et de l'huile de lin, il retira du corps de l'animal, au bout d'un certain temps, 1 kilogramme de graisse liquide ressemblant beaucoup à l'huile de lin. Un second chien nourri avec de la graisse de mouton présentait une graisse ayant les mêmes caractères. Il admet donc le passage direct de la graisse de l'alimentation dans les cellules du tissu adipeux. Il peut se faire, du reste, que ces graisses étrangères, introduites dans l'organisme, n'y soient pas fixées ou fixées incomplètement, uniquement parce qu'elles sont oxydées auparavant, de préférence aux graisses de l'organisme.

e. *La graisse de l'alimentation ne fait que protéger contre l'oxydation la graisse formée dans le corps aux dépens d'autres substances.* — Il est possible que la graisse de l'alimentation puisse jouer ce rôle dans certaines conditions, mais on verra plus loin que ce rôle appartient plutôt aux hydrocarbonés.

En regard des objections précédentes, on peut placer un certain nombre de faits positifs qui prouvent que la graisse de l'alimentation peut contribuer à la formation de la graisse dans l'organisme. Les expériences déjà anciennes de Boussingault l'ont démontré déjà depuis longtemps, et les expériences plus récentes de Fr. Hofmann et de Pettenkofer et Voit sont venues les confirmer (1).

(1) L'expérience de Fr. Hofmann est très démonstrative. Il fait jeûner pendant trente jours un chien de 26 kilogr., de façon à lui faire perdre 10 kilogr. de son poids. Il le nourrit alors pendant cinq jours avec du lard en grande quantité et très peu de viande. L'animal, pendant ces cinq jours, fixa 1353 grammes de graisse qui ne pouvait provenir

Lebedeff a prouvé aussi que les graisses de l'alimentation peuvent passer directement dans le lait (huile d'olive, huile de lin, etc.).

Quant à la part que la graisse de l'alimentation prend à la formation de la graisse, elle varie suivant certaines conditions qui seront étudiées plus loin.

2° *Déplacement de la graisse de l'organisme d'une région à une autre du corps.* — A l'état normal, la graisse s'accumule dans l'organisme, de préférence dans certaines régions, tissu cellulaire sous-cutané, épiploon, tissu périrénal, cavité orbitaire, etc. Ces endroits forment de véritables *réserves* de graisse. Ces réserves de graisse ne peuvent-elles pas, dans certaines conditions, servir à la formation de la graisse dans d'autres endroits plus ou moins éloignés du corps? Il semblerait en être ainsi dans certains cas, d'après les recherches de Lebedeff. On sait que dans les cas d'empoisonnement aigu par le phosphore, le foie subit la dégénérescence graisseuse. Un grand nombre d'interprétations ont été données de ce fait; il n'y a pas lieu de les discuter ici; mais Lebedeff a constaté, d'une part, que la graisse de ces foies a la même constitution chimique que la graisse du tissu cellulaire sous-cutané, et d'autre part que dans les cas où l'empoisonnement par le phosphore avait lieu chez des individus très amaigris et chez lesquels le tissu cellulaire sous-cutané était presque dépourvu de graisse, le foie, au lieu de subir la transformation graisseuse, présentait une atrophie simple. Il en conclut que dans le foie gras dû au phosphore la graisse provient de la graisse des cellules adipeuses du tissu cellulaire sous-cutané.

Il resterait à expliquer comment cette graisse sort de ces cellules, comment elle est transportée jusqu'au foie et comment elle pénètre dans les cellules hépatiques, question qui sera étudiée plus loin.

B. **Formation de la graisse aux dépens des substances albuminoïdes.** — Un certain nombre d'arguments ont été invoqués pour admettre que la graisse peut provenir des substances albuminoïdes, que ces albuminoïdes fassent partie de l'organisme ou soient contenus dans les aliments.

Je passerai ces arguments en revue en donnant les objections qui leur ont été faites.

a. *Raisons d'ordre chimique.* — Les albuminoïdes, par leur destruction sous l'influence des agents chimiques ou par leur décomposition (putréfaction), donnent un certain nombre de produits parmi lesquels se trouvent des acides gras. Mais on a objecté que ces acides gras sont des acides gras inférieurs, qu'on ne dépasse jamais l'acide caproïque, tandis que dans les graisses de l'organisme on ne rencontre guère que les acides gras supérieurs, fixes.

b. *Formation de la graisse aux dépens des substances azotées chez les organismes inférieurs.* — D'après Nägelé, les champignons inférieurs pourraient se développer et former des matières grasses dans un milieu constitué par des substances azotées et les sels minéraux nécessaires, et dépourvu d'hydrocarbonés, tout aussi bien que quand ce milieu en contient. Ces faits mériteraient d'être confirmés.

que du lard de l'alimentation. Le foie contenait 39,92 p. 100 ou 66 grammes de graisse. L'animal avait fixé pendant ces 5 jours 42 p. 100 de la graisse ingérée. Dans les expériences de Pettenkofer et Voit, dans les expériences d'alimentation grasse exclusive, l'organisme pouvait fixer 53 p. 100 de la graisse de l''alimentation.

c. *Formation de l'adipocire aux dépens des tissus azotés du corps.* — La production d'adipocire ou *gras de cadavre* s'observe quand les corps se décomposent sous certaines conditions (terre humide, eau courante). Les organes, et en particulier les muscles, sont transformés en une substance homogène, de la couleur et de la consistance de la cire ou du suif. Cette substance n'est pas une substance grasse, à proprement parler, mais un savon d'acides gras supérieurs (acides palmitique et stéarique) combinés à la chaux et à l'ammoniaque, qui provient de la décomposition des tissus azotés. La plupart des auteurs ont admis qu'il y avait transformation sur place de la substance azotée en adipocire, et la conclusion paraissait d'autant plus justifiée que la masse d'adipocire conserve le volume et la forme de l'organe et que dans la plupart des organes, et dans les muscles en particulier, la proportion normale de graisse ne suffit pas pour expliquer la quantité d'acides gras existant dans l'adipocire. Cependant, cette interprétation a été attaquée par quelques auteurs, Erman, Lebedeff, qui ont prétendu que les acides gras de l'adipocire provenaient de la graisse existant antérieurement dans le cadavre et en particulier des acides de la graisse du tissu cellulaire sous-cutané transportés jusqu'aux muscles. Cette explication paraît difficilement conciliable avec certains faits. Ainsi Voit a constaté la transformation complète, en adipocire, de poumons de chevreuil oubliés pendant longtemps dans un lac de montagnes et dans ce cas la totalité de l'adipocire provenait certainement du poumon lui-même et ne pouvait être couverte par la graisse préexistant dans le poumon.

d. *Formation de graisse aux dépens de la caséine des fromages.* — Blondeau avait constaté dans le fromage de Roquefort, pendant sa maturation, une augmentation de la proportion de graisse, et Kemmerich aurait confirmé ces observations. Mais cette augmentation n'a pu être constatée ni par Brassier, qui a trouvé au contraire une diminution, ni par Duclaux, qui n'a trouvé que des variations insignifiantes dans les proportions de graisse. Les recherches plus récentes de Nadina Sieber et de O. Kellner ont prouvé que l'augmentation de graisse trouvée par Blondeau n'est qu'apparente; si cette matière grasse semble augmenter dans la maturation du fromage, c'est que celui-ci a perdu de son poids initial par son exposition à l'air et que cette perte porte surtout sur l'eau et les produits de transformation de la caséine, tandis que la matière grasse ne subit pas de perte et présente ainsi une augmentation relative.

e. *Production de matière grasse dans le lait aux dépens de la caséine.* — J. Hoppe avait observé que dans le lait exposé à l'air la matière grasse augmente, et en avait conclu que cette matière grasse se forme aux dépens de la caséine qui diminue de quantité de son côté, et Kemmerich rapproche ce fait de celui qu'il avait cru observer dans la maturation du fromage. Mais en présence des résultats contraires obtenus sur ce dernier point, comme on l'a vu plus haut, on ne peut qu'accueillir avec beaucoup de réserve les observations déjà anciennes de Hoppe.

f. *Dégénérescence graisseuse d'organes introduits dans la cavité péritonéale.* — On a encore cité, à l'appui de la transformation des substances albuminoïdes en graisse, ce fait que des cristallins ou d'autres tissus (muscles, testicule, etc.), introduits dans la cavité péritonéale d'animaux vivants y subissaient la dégénérescence graisseuse; mais des expériences ultérieures ont prouvé qu'il y avait là un mécanisme d'un autre genre et que c'était une simple infiltration graisseuse qu'on observait aussi quand on introduisait dans l'abdomen des fragments de bois poreux ou de moelle de sureau (pénétration des globules blancs).

g. *Dégénérescence graisseuse des organes.* — La dégénérescence graisseuse est, comme on l'a vu, un des modes principaux de mort des éléments anatomiques, et dans certains cas, comme dans l'empoisonnement aigu par le phosphore, cette dégénérescence graisseuse se présente dans certains organes (foie) avec une intensité considérable. Malgré les assertions mentionnées plus haut, de Lebedeff, il semble difficile d'admettre que dans tous les cas la graisse ainsi infiltrée dans les éléments propres des tissus préexiste dans l'organisme et on est porté à admettre qu'elle provient plutôt d'une décomposition du protoplasma cellulaire et du dédoublement des matières albuminoïdes de ce protoplasma. Il faut reconnaître cependant que ce sujet est encore bien peu connu et exige de nouvelles recherches.

h. *Recherches d'alimentation.* — Ces recherches ont été faites principalement par Pettenkofer et Voit à l'aide de leur appareil (Voir : *Respiration*). Ils nourrissent un chien avec de la viande dégraissée et dosent la quantité d'azote et de carbone ingérée avec les aliments et éliminée par les excrétions. Ils retrouvèrent dans les excrétions tout l'azote des aliments (à l'état d'urée) et *une partie seulement du carbone ingéré.* Il était donc resté dans le corps une partie du carbone ingéré, et ce carbone ne pouvait s'y trouver sous une autre forme que celle de graisse.

Comment comprendre ce processus? Théoriquement, on a fait deux hypothèses possibles. Voit, admettant une oxydation de l'albumine de l'alimentation, concevait d'abord le processus de la façon suivante : 100 grammes d'albumine donnent $33^{gr},45$ d'urée qui emploient tout l'azote de ces 100 grammes ; il reste un excédent de carbone qui sert à former $40^{gr},08$ de graisse et les $16^{gr},14$ du carbone restant sont oxydés et donnent de l'acide carbonique. Henneberg conçut le processus autrement et admit un dédoublement de l'albumine avec absorption d'eau, opinion à laquelle se rangea depuis Voit. Les 100 parties d'albumine donnent 35,5 d'urée; les 66,5 parties qui restent, en ajoutant 12,3 parties d'eau, fournissent 27,4 d'acide carbonique et 51,39 de graisse. Dans cette hypothèse, la formation de graisse est plus considérable, puisque l'albumine en fournirait plus de la moitié de son poids. Mais il faut bien dire que tous ces calculs sont purement théoriques et qu'ils s'accordent peu avec les faits chimiques. Les recherches des chimistes et en particulier de Schutzenberger ont prouvé, en effet, que ce n'est pas de cette façon que se fait le dédoublement des substances albuminoïdes.

Il faut donc s'en tenir aux faits expérimentaux. Or, les expériences de Pettenkofer et Voit semblent prouver, en effet, qu'une partie de la graisse peut provenir des albuminoïdes de l'alimentation ; mais il est plus que douteux que la proportion de graisse ainsi formée puisse atteindre le maximum (51 p. 100) admis par Voit. Dans la plupart de ses expériences, la proportion varie de 8 à 12 p. 100 et tombe souvent au-dessous. Je mentionnerai les chiffres suivants d'une expérience sur un chien qui montre l'influence de l'alimentation de viande sur la quantité de graisse fixée par l'organisme (les quantités sont exprimées en grammes) :

Quantité d'amidon ingérée.	Quantité de viande détruite dans l'organisme.	Quantité de graisse fixée.
379	211	24
379	608	55
379	1469	112

Subbotin, Kemmerich, Voit, ont vu aussi sur des chiennes en lactation que la quantité de beurre contenue dans le lait était la plus abondante pour une alimentation de viande. Mais il serait possible que, dans ce cas, la matière grasse du lait provînt de la graisse d'autres parties du corps. Lebedeff donne du reste à ce fait une autre interprétation ; pour lui, l'alimentation de viande ne fait qu'augmenter la proportion d'albumine du lait et accroître son pouvoir émulsif, ce qui lui permet de contenir une plus forte proportion de beurre.

Un autre système d'expériences est dû à Subbotin. Il prend un chien amaigri par un long jeûne et lui donne de la viande pure et de l'huile de palme sans stéarine ou de la viande avec du savon sans acide oléique; après quelques jours de ce régime, il retrouve, dans la graisse du corps de l'animal, de la stéarine dans le premier cas, de l'oléine dans le second. Il en conclut à la formation de ces graisses aux dépens des albuminoïdes. Mais ces expériences seraient aussi susceptibles d'une autre interprétation.

Enfin, Fr. Hofmann, en plaçant des larves de mouches sur des matières protéiques (albumine, sang), a constaté au bout de quelques jours qu'elles contenaient dix fois plus de graisse qu'au moment où il les avait placées sur la substance protéique.

En résumé, aucun des faits invoqués en faveur de la production de graisse aux dépens des albuminoïdes n'est probant, à l'exception des expériences d'alimentation indiquées en dernier lieu.

C. **Production de la graisse aux dépens des hydrocarbonés et des sucres.** — La formation de la graisse aux dépens des hydrocarbonés et des sucres a donné lieu à des discussions analogues à celles de sa formation aux dépens des albuminoïdes, et là encore nous trouvons des recherches contradictoires.

Je passerai d'abord en revue les arguments invoqués *en faveur* de la production des graisses aux dépens des hydrocarbonés.

a. *Raisons d'ordre chimique.* — Dans l'amidon et les sucres, il y a comparativement plus d'oxygène que dans les graisses; pour que la graisse puisse se former aux dépens des hydrocarbonés, il faut qu'il y ait élimination d'oxygène. Il se forme des acides gras volatils, acétique, butyrique, etc., dans la décomposition des hydrocarbonés, seulement il n'y a pas production d'acides gras supérieurs fixes. Hoppe-Seyler a vu, il est vrai, se former par l'action de la chaux sodée sur le lactate de soude à 250° à 300° une petite quantité d'acides gras d'un poids moléculaire plus élevé que les acides butyrique et caproïque, et rappelle à ce propos la facilité avec laquelle les hydrocarbonés se décomposent en acide lactique pour faire intervenir cette réaction dans la production de la graisse. L'équation suivante pourrait représenter dans ce cas la production d'acide palmitique aux dépens de l'acide lactique :

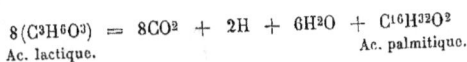

$$8(C^3H^6O^3) = 8CO^2 + 2H + 6H^2O + C^{16}H^{32}O^2$$

Ac. lactique.   Ac. palmitique.

D'autre part, on a vu que dans la fermentation alcoolique du sucre, l'un des facteurs des graisses, la glycérine, se produit en petite quantité.

Mais il faut bien dire qu'il y a là une simple vue théorique et qu'au contraire dans l'organisme on rencontre des conditions peu favorables à une pareille réaction, présence de l'eau et milieu alcalin.

b. *Production de graisse aux dépens d'hydrocarbonés chez les végétaux.* — Pasteur, en mettant une trace de levure dans un milieu ne renfermant que de l'eau, du sucre candi et de l'extrait d'eau de levure complètement débarrassé de graisse, a obtenu une certaine quantité de levure contenant de 1 à 2 p. 100 de corps gras; d'après Pasteur et Duclaux, ces matières grasses ne pourraient provenir que des éléments du sucre candi. Il est vrai que Nägeli dit avoir obtenu le même résultat en employant un milieu analogue, mais complètement dépourvu de sucre. Dans les végétaux supérieurs, il ne manque pas de faits qui plaident en faveur de la production de graisse aux dépens des hydrocarbonés et des sucres (remplacement de la mannite par l'huile dans les olives mûres, de l'amidon par l'huile dans un certain nombre de graines, etc.). Mais on peut toujours se demander si la matière grasse ne provient pas d'une autre partie de la plante et si elle ne fait que remplacer l'hydrocarboné ou le sucre résorbés. Puis l'existence de cette transformation dans le règne végétal n'impliquerait pas forcément son existence dans le règne animal.

c. *Production de cire par les abeilles avec une alimentation sucrée.* — Huber et Gundelach avaient constaté que quand on donne à des abeilles une nourriture composée exclusivement de miel ou de sucre, ces abeilles n'en continuent pas moins à fabriquer de la cire en quantité considérable, et Dumas et Milne Edwards montrèrent que la cire ainsi produite ne pouvait provenir des matières grasses contenues dans le corps de ces animaux. Voit a objecté à ces expériences que la cire pouvait, dans ce cas, provenir des substances albuminoïdes de l'organisme des abeilles, objection qui a été réfutée récemment par des expériences, malheureusement trop peu prolongées, d'Erlenmayer et de Planta. Il faut remarquer aussi que la cire des abeilles ne peut être assimilée complètement à la graisse de l'organisme animal.

d. *Recherches d'alimentation.* — Un fait qui a frappé de tous temps les physiologistes, c'est que les herbivores, qui engraissent si facilement, ont une alimentation très riche en hydrocarbonés, tandis que c'est le contraire chez les carnivores, dont l'alimentation est surtout composée d'albuminoïdes ; cependant, ces derniers engraissent aussi dès qu'on augmente la proportion des hydrocarbonés dans leurs aliments. On verra plus loin quelle interprétation donne Voit de ces faits.

Il a été fait dans ces derniers temps un certain nombre de recherches directes sur l'influence des hydrocarbonés sur la production de la graisse. S. Chaniewski, dans deux expériences sur des oies, arrive à cette conclusion que, chez ces animaux, 71 à 86 p. 100 de la graisse formée dans le corps provient des hydrocarbonés de l'alimentation. Meissl et Strohmer ont obtenu un résultat analogue chez des porcs ; même dans des conditions défavorables, les hydrocarbonés fournissaient 7 à 8 fois plus de graisse que les albuminoïdes. Enfin, J. Munk, dans une expérience sur le chien, est arrivé aux mêmes conclusions que les physiologistes précédents.

Voit a fait à la théorie de la transformation des hydrocarbonés en graisse les objections suivantes :

1° La plus grande partie des hydrocarbonés introduits par l'alimentation est brûlée dans l'organisme et ne peut par conséquent servir à la production de la graisse ;

2° A cause de la forte proportion d'oxygène contenue dans les hydrocarbonés, la transformation de ces hydrocarbonés en graisse ne peut être que très limitée ;

3° La quantité de graisse fixée par l'organisme n'est pas proportionnelle à la quantité d'hydrocarbonés introduite par l'alimentation. Les chiffres suivants (en grammes) sont instructifs à ce point de vue (expérience sur le chien soumis à une alimentation de viande et d'amidon) :

Quantité d'amidon ingérée.	Quantité de viande décomposée dans l'organisme.	Quantité de graisse fixée par l'organisme.	Quantité de CO_2 éliminé.
379	211	24	546
608	193	22	799

4° Dans la plupart des recherches faites sur l'engraissement des animaux on a constaté que l'ingestion des hydrocarbonés n'augmentait la production de graisse que si on y joignait une quantité suffisante d'albuminoïdes. C'est ce qu'ont démontré les expériences de Boussingault sur les porcs à l'engrais et de Boussingault et Persoz sur les oies et les canards. On a vu plus haut les résultats contraires obtenus par différents physiologistes;

5° Chez les femelles en lactation la quantité de graisse et d'albuminoïdes des aliments suffit pour couvrir la quantité de beurre qui se trouve dans le lait. Il n'y a pas là cependant une preuve directe de la non-production de graisse aux dépens des hydrocarbonés. Il faudrait pour cela pouvoir supprimer complètement les hydrocarbonés de l'alimentation.

Théorie de Voit. — Voit, sans nier absolument la possibilité de la transformation des hydrocarbonés en graisse, croit que cette transformation n'a lieu qu'exceptionnellement quand les graisses et les albuminoïdes de l'alimentation sont insuffisants. Mais, dans les conditions ordinaires, leur rôle est tout différent; ils n'auraient qu'une action *indirecte* sur la production de la graisse; ils agiraient comme substances très oxydables et protégeraient ainsi contre l'oxydation la graisse formée par le dédoublement des albuminoïdes. Le tableau suivant, résultat des recherches faites sur le chien, donnera une idée des faits sur lesquels s'appuie la théorie de Voit (les quantités sont exprimées en grammes) :

	ALIMENTATION.		QUANTITÉ DE GRAISSE FIXÉE DANS L'ORGANISME p. 100 d'albumine.
	VIANDE.	AMIDON.	
Forte proportion d'hydrocarbonés.	400	344	10
	800	379	9
	1800	379	8
Faible proportion d'hydrocarbonés.	400	210	0
	500	167	2
	1500	172	3

D. **Production de la graisse aux dépens des acides gras.** — On sait que dans l'intestin une partie de la graisse de l'alimentation est dédoublée en glycérine et acides gras, qui forment des savons solubles avec la soude et la potasse de la bile et du suc pancréatique. On s'est demandé si les acides gras de ces savons ne pourraient pas se combiner quelque part dans l'organisme avec la glycérine pour reconstituer la graisse. Des recherches dans ce sens ont donné, en effet, des résultats positifs.

Percwonikoff, en injectant dans l'intestin un mélange de savons et de glycérine, vit les villosités intestinales remplies de gouttelettes de graisse et le chyle prendre un aspect laiteux. Will et Woroschilow arrivèrent aux mêmes conclusions. Mais les expériences les plus précises sur ce sujet sont dues à I. Munk. Il a constaté chez le chien que, trois à six heures après l'ingestion d'acides gras, le chyle contient neuf à dix fois plus de graisses neutres que chez un chien à jeun, et sept fois plus qu'après une alimentation de viande.

En nourrissant un chien, amaigri par une inanition préalable, avec de la viande maigre et des acides gras provenant de la graisse de mouton, il a constaté chez l'animal engraissé par ce régime que la graisse avait tous les caractères de la graisse de mouton. Les acides gras ainsi introduits ont donc servi à la constitution de la graisse neutre. Il y a donc dans l'organisme formation par synthèse de graisse aux dépens des acides gras. D'après ces expériences, un huitième environ de la graisse de l'alimentation est ainsi résorbée à l'état d'acides gras et régénérée dans l'organisme en graisses neutres. Comme cette graisse neutre se retrouve dans le chyle, il est probable que c'est au moment même de la résorption et dans les villosités que se produit cette synthèse. Quant à la glycérine nécessaire pour cette formation, elle doit provenir soit de l'organisme lui-même, soit du dédoublement des graisses dans l'intestin; du reste cette quantité de glycérine est toujours assez faible, car cent parties de graisse n'exigent pour leur constitution que neuf parties de glycérine.

E. **Production de la graisse aux dépens de la lécithine.** — La constitution chimique de la lécithine, qui se dédouble en acide phosphoglycérique, acides gras et neurine, permet aussi de supposer que cette lécithine pourrait bien, sous certaines conditions, contribuer à la formation de la graisse. Cette supposition s'appuierait encore sur ce fait que les deux groupes de substances se trouvent très fréquemment ensemble. Aucune recherche n'a encore été faite dans ce sens (Voir : *Lécithine*).

Les conclusions qu'on peut tirer des faits précédents me paraissent être les suivantes. Les trois catégories de substances, graisses, hydrocarbonés, albuminoïdes, *peuvent* contribuer à la production de la graisse; mais la part de chacune de ces substances ne peut être déterminée d'une façon précise, et, comme on l'a vu par les faits mentionnés ci-dessus, la prépondérance est accordée à telle ou telle substance par les divers physiologistes. Il est probable que la part contributive de chacune de ces substances dans la formation de la graisse dépend des conditions diverses dans lesquelles l'organisme se trouve placé (espèce animale, race, nature de l'alimentation, etc.).

A côté du rôle *formateur* de ces substances, il faut certainement leur attribuer un rôle d'*épargne* dans le sens indiqué par Voit, et à ce point de vue il y a une corrélation intime entre les trois groupes. Ce rôle d'épargne est le plus marqué pour les hydrocarbonés qui empêchent, comme l'a prouvé Voit, l'oxydation de la graisse formée aux dépens des autres substances; mais il me paraît que la graisse et les albuminoïdes peuvent aussi jouer un rôle analogue vis-à-vis de la graisse déjà accumulée dans l'organisme.

Lieu et mode de formation de la graisse. — Nous avons jusqu'ici étudié la formation de la graisse dans ses rapports avec les substances qui lui donnent naissance. Mais la question ne s'arrête pas là. Où se forme la graisse? Dans quels éléments? De quelle façon?

Dans les conditions ordinaires, la graisse, comme on l'a vu, s'accumule de préférence dans certaines cellules; cellules adipeuses, cellules du foie, etc., et ce n'est que dans des conditions spéciales, indiquées plus haut, qu'on la trouve pour ainsi dire dans tous les éléments anatomiques (dégénérescence graisseuse), cependant on peut affirmer que partout où se rencontre le protoplasma existe de la matière grasse; une certaine proportion de matière grasse paraît nécessaire à la constitution du protoplasma. Il semble donc qu'il faille envisager la formation de la graisse à un point de vue plus strictement physiologique qu'on ne le fait d'habitude et la considérer comme un produit de l'activité cellulaire. C'est le protoplasma vivant qui fabrique de la graisse en prenant les matériaux de la formation soit directement dans l'alimentation, soit dans sa propre substance.

On peut se demander en effet si les hydrocarbonés et les albuminoïdes de l'alimentation sont directement et immédiatement transformés en graisse ou s'ils ne subissent cette transformation qu'après avoir été assimilés et incorporés à la substance même du protoplasma cellulaire. La question est jusqu'ici à peu près insoluble. La rapidité de la formation de la graisse dans la lactation, dans l'empoisonnement aigu par le phosphore parlent en faveur de la première hypothèse; mais il ne faut pas oublier que nous ne connaissons encore que très imparfaitement l'intensité de l'activité cellulaire, et que nous n'avons aucune mesure de cette activité. Tout ce que nous savons c'est que cette activité paraît être au maximum dans certaines glandes, et c'est précisément dans les glandes (foie, glande mammaire, glandes sébacées) que s'observe le plus habituellement la production de la graisse. Il faut remarquer aussi que les recherches modernes tendent à faire du tissu adipeux un tissu spécial distinct du tissu connectif et assimilable à un tissu glandulaire.

Décomposition de la graisse dans l'organisme. — Une partie de la graisse de l'organisme est éliminée telle quelle avec les cheveux, la matière sébacée, la sueur, le lait, etc., dans lesquels elle est contenue, mais la plus grande partie doit subir des transformations préalables, et les variations que subit dans l'état de santé et surtout dans les cas de maladie la proportion de graisse du corps, et la rapidité avec laquelle se produisent ces variations, indiquent d'une façon évidente que la désassimilation de la graisse doit présenter une notable activité. Dans l'amaigrissement, même le plus rapide, tel qu'on l'observe, par exemple, dans certaines maladies, la graisse ne se retrouve pas à l'état libre dans les sécrétions; elle ne peut donc s'éliminer que par les poumons et la peau, et très probablement à l'état d'acide carbonique et d'eau.

La destruction de la graisse doit donc se faire surtout par oxydation. Il semble, en effet, y avoir une relation intime entre la proportion de graisse de l'organisme et l'intensité des oxydations; toutes les fois que les oxydations sont entravées et qu'on voit, pour une cause ou pour une autre, diminuer l'activité respiratoire et baisser le chiffre de l'oxygène introduit ou de l'acide carbonique éliminé, on voit augmenter la quantité de graisse, et *vice versa*. Cependant l'oxygène seul, même à l'état d'ozone, n'attaque pas les graisses, et H. Schulz, en faisant passer de l'air ou de l'oxygène filtré à travers de la graisse fondue, n'a obtenu de l'acide carbonique qu'à 116° cent, et n'a pu en obtenir à la température du sang. Il semblerait donc que dans la destruction de la graisse il faille voir plutôt une fermentation qu'une oxydation, fermentation analogue à celle qui se produit sous l'influence du suc pancréatique. Il y aurait alors dédoublement des graisses en acides gras, qui se combineraient aux alcalis du sang en mettant en liberté de l'acide carbonique, et en glycérine; Gorup-Besanez a constaté, en effet, que l'oxygène actif ou l'ozone, en présence des carbonates alcalins, saponifiaient très rapidement les graisses et, du reste, le ferment pancréatique n'est pas le seul qui produise ce dédoublement; il a lieu encore en présence des matières albuminoïdes en décomposition, probablement sous l'influence de ferments;

c'est de cette façon que se forme l'adipocire (mélange de palmitate et de
stéarate de chaux) dans les cadavres en putréfaction.

On voit donc que le mode de destruction de la graisse est encore l'objet
d'un doute. Quant aux savons produits, on a vu déjà comment ils se
transforment et quels sont leurs produits de décomposition (Voir : *Savons*).

Dans le cas où la graisse serait détruite par oxydation, on s'est demandé
si elle donnait lieu d'emblée à de l'acide carbonique et de l'eau, ou s'il y avait
des produits intermédiaires et en particulier des acides gras, acides formique, acétique, butyrique, etc.

Ces acides, comme on l'a vu plus haut, se rencontrent bien dans l'organisme, mais comme ils peuvent aussi se former par la décomposition des
albuminoïdes, il est difficile de savoir exactement la part que la graisse peut
avoir dans leur production (Voir aussi : *Glycérine, Acides gras*).

Rôle physiologique de la graisse dans l'organisme. — La graisse
de l'organisme a un rôle multiple. — 1° Elle a d'abord des rapports intimes
avec la calorification. Au point de vue physique, comme corps mauvais
conducteur, elle s'oppose aux déperditions de chaleur par rayonnement. Au
point de vue chimique, elle dégage, par son oxydation ou par sa décomposition, une certaine quantité de forces vives et est un des facteurs importants
de la chaleur et du mouvement dans l'organisme ; la graisse, amassée dans le
corps, représente ainsi une véritable réserve de combustible. — 2° Elle a,
en outre, un rôle histogénétique que démontre la présence de la graisse dans
tous les tissus sans exception, comme on le voit par le tableau de la page 96.
— 3° Enfin, comme substance de remplissage et de protection, elle répartit
les pressions, garantit les organes contre les chocs extérieurs, en même
temps que par sa faible densité elle allège le poids total de l'organisme et
par suite la masse à mouvoir, d'où dépense moindre de force musculaire.
En effet, tout autre tissu organique, employé comme masse de remplissage,
aurait une densité supérieure à celle de la graisse.

Bibliographie. — J. KRATTER : *Ueber das Vorkommen von Adipocire auf Friedhofen*
(Med. Centralbl., 1879). — A. LIEBEN : *Ueber Verbindungen von Chlorcalcium mit fetten
Säuren* (Monatsh. für Ch., t. I, 1880). — A. JOURDAN : *Ueber die Synthese der normalen
Nonylsäure und einer mit der Palmitinsäure isomere Säure* (Ann. Chem. Pharm., t. CC,
1880). — J. KRATTER : *Stud. über Adipocire* (Zeit. für Biol., t. XVI, 1880). — V. D. BECKE :
Beitr. zur Kenntniss der Verseifung der Fette (Zeit. für anal. Ch., t. XIX, 1880). —
A. MUNTZ : *De l'influence de l'engraissement des animaux sur la constitution des graisses
formées dans leurs tissus* (C. rendus, t. XC, 1880). — J. MUNK : *Zur Kenntniss der
Bedeutung des Fettes bei der Ernährung* (Deut. med. Wochensch., t. VI, 1880). —
VAN TIEGHEM : *Sur la vie dans l'huile* (Bull. de la Soc. bot. de France, 1880). — NADINA
SIEBER : *Ueber die angebliche Umwandlung des Eiweisses im Fett beim Reifen des Roque-
fort-Käses* (Journ. für pr. Ch., t. XXI, 1870). — O. KELLNER : *Ueber die Bildung von
Fett aus Eiweiss beim Reifen des Käses* (Landwirthsch. Versuchsstat., t. XXV, 1880). —
V. RECHENBERG : *Ueber den Gehalt der thier. und pfl. Fette an freien Säuren* (Journ. f.
pr. Chem., t. XXIV, 1881). — L. LANGER : *Ueber die ch. Zusammensetzung des Menschen-
fetten in verschiedenen Lebensaltern* (Monatsh. f. ch., t. II, 1881). — A. ETARD : *Des
produits de l'action du chlorhydrate d'ammoniaque sur la glycérine* (C. rendus,
t. XCII, 1881). — ERMAN : *Beitrag zur Kenntniss der Fettwachsbildung* (Vierteljahrs. f.
ger. Med., 1882). — B. SCHULZE : *Ueber Fettbildung im Thierkörper* (Landwirthsch.
Jahrb., 1882). — A. LEBEDEFF : *Ueber Fettansatz im Thierkörper* (Med. Cbl., 1882). —

E. Meissl et F. Strohmer : *Ueber die Bildung von Fett aus Kohlehydraten im Thierkörper* (Monatsh. f. Ch., t. IV, 1883). — J. Munk : *Ueber die Bildung von Fett aus Fettsäuren im Thierkörper* (Arch. für Physiol., 1883). — J.-A. Wanklyer : *Constitution des natürlichen Fettes* (Ber d. d. ch. Ges., t. XVI, 1883). — A. Lebedeff : *Woraus bildet sich das Fett im Fallen der acuten Fettbildung?* (A. de Pflüger, t. XXXI, 1883). — Id : *Studien über Fettresorption* (Arch. für Physiol., 1883). — H. Weiske : *Zur Fettbildungsfrage* (A. de Pflüger, 1883). — J. Munk : *Zur Lehre von der Resorption, Bildung und Ablagerung der Fette im Thierkörper* (Arch. de Virchow, t. XCV, 1884). — St. Chaxiewski : *Ueber Fettbildung aus Kohlehydraten im Thierorganismus* (Zeit. für Biol., t. XX, 1884). — J. Munk : *Die Fettbildung aus Kohlehydraten beim Hunde* (Arch. de Virchow, t. Cl, 1885). — A. Kossel : *Ueber Fettbildung und Fettzersetzung* (Deut. med. Wochensch., 1885) (1).

Article II. — Hydrocarbonés et sucres.

Je classe ces différentes substances dans un même paragraphe, non seulement parce que ces corps sont étroitement liés au point de vue chimique, mais parce qu'ils ont entre eux des relations physiologiques très importantes.

Chimiquement, tous ces corps appartiennent ou se rattachent au groupe des alcools. On peut les diviser en un certain nombre de classes dont toutes n'ont pas des représentants dans l'organisme des animaux supérieurs.

Première classe. — Sucres renfermant un excès d'hydrogène par rapport à l'oxygène de l'eau. Formule générale : $C^6H^{14}O^6$. Ils fonctionnent comme alcools hexatomiques. Cette classe, qui comprend la *mannite* et ses isomères (*dulcite*, etc.), n'est pas représentée dans l'organisme animal.

Deuxième classe. — Glucoses. Sucres contenant l'hydrogène et l'oxygène dans les proportions de l'eau. Formule générale : $C^6H^{12}O^6$. Les glucoses agissent comme alcools pentatomiques. Ils contiennent le groupe CH^2OH, caractéristique des alcools primaires, le groupe CHOH, caractéristique des alcools secondaires et le groupe COH, caractéristique des aldéhydes. Ils peuvent être considérés comme les premières aldéhydes de la mannite et diffèrent de cette dernière par deux atomes d'hydrogène en moins. Ils fonctionnent, en effet, comme aldéhydes et réduisent les métaux supérieurs en présence des alcalis. Les formules de constitution suivantes montrent les relations de la mannite et du glucose :

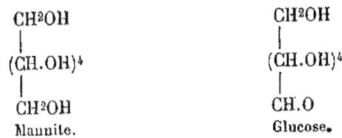

$$
\begin{array}{cc}
CH^2OH & CH^2OH \\
| & | \\
(CH.OH)^4 & (CH.OH)^4 \\
| & | \\
CH^2OH & CH.O \\
\text{Mannite.} & \text{Glucose.}
\end{array}
$$

(1) *A consulter* : Boussingault, *Rech. expér. sur le développement de la graisse* (Ann. de chim. et de phys., t. XIV, 1845); J. Liebig, *Ueber die Fettbildung im Thierorganismus* (Ann. d. Pharm., t. LIV, 1845); Persoz, *Note sur la formation de la graisse dans les oies* (Comptes rendus, 1845); C. Voit, *Ueber die Fettbildung im Thierkörper* (Sitzungsber. d. bayer. Akad., 1867); C. Voit, *Ueber die Fettbildung* (Zeit. für Biol., t. V, 1869); M. Fleischer, *Ueber Fettbildung* (Arch. für pat. Anat., t. LI, 1870).

On a proposé d'autres formules pour la constitution du glucose :

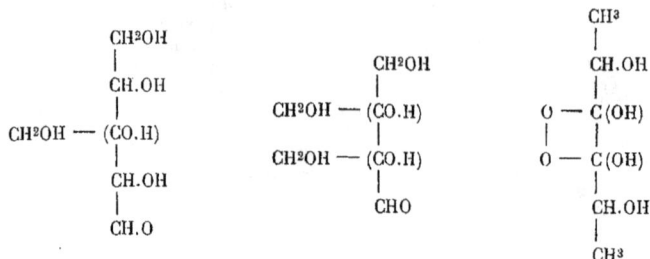

$$
\begin{array}{ccc}
\begin{array}{l}
CH^2OH \\
| \\
CH.OH \\
| \\
CH^2OH \!-\! (CO.H) \\
| \\
CH.OH \\
| \\
CH.O
\end{array}
&
\begin{array}{l}
CH^2OH \\
| \\
CH^2OH \!-\! (CO.H) \\
| \\
CH^2OH \!-\! (CO.H) \\
| \\
CHO
\end{array}
&
\begin{array}{l}
CH^3 \\
| \\
CH.OH \\
| \\
O \!-\! C(OH) \\
| \quad\; | \\
O \!-\! C(OH) \\
| \\
CH.OH \\
| \\
CH^3
\end{array}
\end{array}
$$

Enfin, Fittig, faisant dériver toutes les substances hydrocarbonées d'un alcool heptatomique hypothétique $C^6H^{14}O^7$, dont le point de départ, dans les carbures, serait l'hydrure d'hexylène, C^6H^{14}, et qui se dédoublerait en eau, et un premier anhydride qui serait le glucose, propose la formule suivante :

$$ C^4H^7 \left\{ \begin{array}{l} O \\ (OH)^5 \end{array} \right. $$

Ces différentes formules de constitution permettent d'interpréter un certain nombre de faits chimiques.

Les glucoses se divisent en deux groupes : 1° les uns fermentent avec la levure de bière et réduisent la liqueur cupro-potassique, *glucose ordinaire, lévulose, galactose*, etc. ; 2° les autres ne fermentent pas et ne réduisent pas la liqueur cupro-potassique ; telle est l'*inosite*.

Troisième classe. — Saccharoses. Les saccharoses résultent du doublement de la molécule de glucose avec élimination d'eau. Ce sont des *glucoses condensés*. Les deux molécules de glucose peuvent appartenir d'ailleurs soit au même glucose, soit à deux glucoses différents. Les saccharoses comprennent le *sucre de canne*, le *sucre de lait*, la *maltose*.

Les formules suivantes représentent la constitution et le mode de formation des saccharoses :

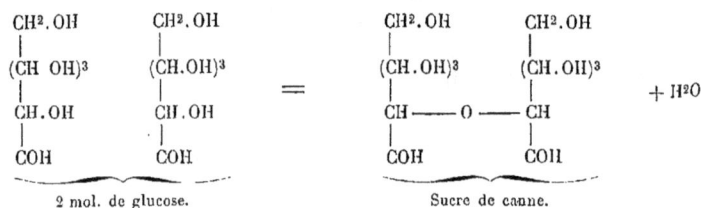

$$
\begin{array}{ll}
\begin{array}{l}
CH^2.OH \qquad CH^2.OH \\
| \qquad\qquad\quad | \\
(CH\,OH)^3 \quad (CH.OH)^3 \\
| \qquad\qquad\quad | \\
CH.OH \qquad\; CH.OH \\
| \qquad\qquad\quad | \\
COH \qquad\quad\; COH
\end{array}
& =
\begin{array}{l}
CH^2.OH \qquad\quad CH^2.OH \\
| \qquad\qquad\qquad\; | \\
(CH.OH)^3 \qquad (CH.OH)^3 \\
| \qquad\qquad\qquad\; | \\
CH \!-\!\!-\! O \!-\!\!-\! CH \\
| \qquad\qquad\qquad\; | \\
COH \qquad\qquad\; COH
\end{array}
\;+\; H^2O
\end{array}
$$

2 mol. de glucose.   Sucre de canne.

ou, d'après la formule de Fittig :

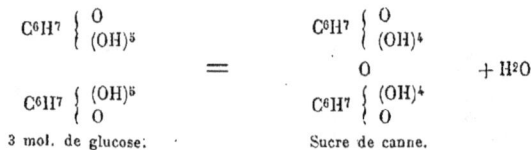

$$
\begin{array}{l}
C^6H^7 \left\{ \begin{array}{l} O \\ (OH)^5 \end{array} \right. \\[2em]
C^6H^7 \left\{ \begin{array}{l} (OH)^5 \\ O \end{array} \right.
\end{array}
\;=\;
\begin{array}{l}
C^6H^7 \left\{ \begin{array}{l} O \\ (OH)^4 \end{array} \right. \\
\qquad\quad O \\
C^6H^7 \left\{ \begin{array}{l} (OH)^4 \\ O \end{array} \right.
\end{array}
\;+\; H^2O
$$

3 mol. de glucose.   Sucre de canne.

Pour le sucre de lait (composé d'une molécule de glucose et une de galactose) :

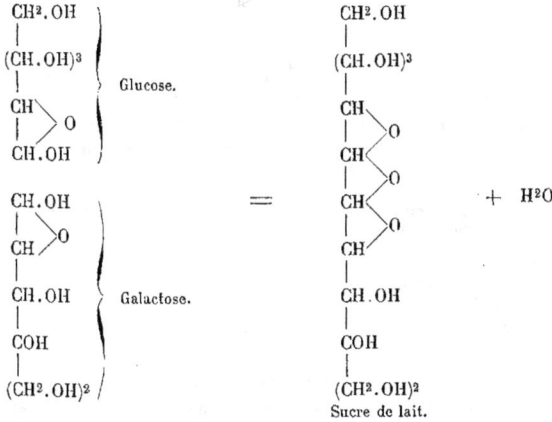

$$
\left.
\begin{array}{l}
CH^2.OH \\
| \\
(CH.OH)^3 \\
| \\
CH \\
| \quad\rangle O \\
CH.OH
\end{array}
\right\} \text{Glucose.}
\qquad
\begin{array}{l}
CH^2.OH \\
| \\
(CH.OH)^3 \\
| \\
CH \\
| \quad\rangle O \\
CH \\
| \quad\rangle O \\
CH \\
| \\
CH \\
\end{array}
$$

$$
\left.
\begin{array}{l}
CH.OH \\
| \quad\rangle O \\
CH \\
| \\
CH.OH \\
| \\
COH \\
| \\
(CH^2.OH)^2
\end{array}
\right\} \text{Galactose.}
\qquad = \qquad
\begin{array}{l}
CH.OH \\
| \\
COH \\
| \\
(CH^2.OH)^2
\end{array}
\qquad + \; H^2O
$$

Sucre de lait.

Les saccharoses en général ne fermentent pas directement, il faut qu'ils soient préalablement transformés en glucose par hydratation (acides dilués). Sauf le lactose et le maltose, ils ne réduisent pas la liqueur cupro-potassique.

Quatrième classe. — Polysaccharides, hydrocarbonés proprement dits, hydrates de carbone.

Ces hydrocarbonés, amidon, dextrine, etc., sont des anhydrides des glucoses, $C^6H^{10}O^5$. Ils sont transformés, par la fermentation ou la coction avec l'acide sulfurique étendu, en sucres de la formule $C^6H^{12}O^6$ avec fixation d'eau :

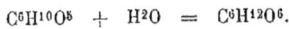

$$C^6H^{10}O^5 + H^2O = C^6H^{12}O^6.$$

Mais en réalité ces anhydrides n'ont pas pour formule $C^6H^{10}O^5$, mais un multiple de cette formule $(C^6H^{10}O^5)^n$. En effet la formule $C^6H^{10}O^5$ représente un corps, le *glucosane*, qui s'obtient en chauffant à 170° le glucose qui perd alors un équivalent d'eau et se distingue de l'amidon, de la dextrine, etc., qui n'en sont que des polymères. Il est probable que ces différents corps doivent être classés de la façon suivante :

Glucose............................... $C^6H^{12}O^6$
Glucosane............................. $C^6H^{10}O^5$
Substance glycogène et dextrine.......... $(C^6H^{10}O^5)^2$
Amidon............................... $(C^6H^{10}O^5)^3$
Cellulose .... $(C^6H^{10}O^5)^n$

Il est probable du reste que la valeur de n doit être plus élevée que 2 et 3 pour la substance glycogène, la dextrine et les autres groupes.

Tous ces corps sont fixes et insolubles dans l'alcool. Par la fermentation ou les agents chimiques, ils subissent une série de transformations qui aboutissent à la formation du glucose. Ils forment des éthers avec les acides, ce qui met hors de doute leur caractère d'alcools polyatomiques.

Ces corps peuvent se diviser en trois groupes : 1° les uns sont solubles dans l'eau, comme la *dextrine* et la *substance glycogène;* 2° les autres se gonflent simplement dans l'eau, comme l'*amidon;* 3° enfin le troisième groupe est constitué par des corps insolubles dans l'eau, *cellulose, ligneux, tunicine,* etc.

Tous les corps que nous venons de passer rapidement en revue présentent certains caractères généraux importants à connaître.

Par l'action de l'acide azotique ils donnent naissance à deux acides isomères, *acides saccharique* ($C^6H^{10}O^8$) et *mucique,* et à ce point de vue ils se divisent en deux séries (Berthelot) :

Principes fournissant seulement de l'acide saccharique.	Principes fournissant de l'acide mucique.
Mannite,	Dulcite,
Glucose, lévulose,	Galactose,
Sucre de canne, maltose,	Sucre de lait,
Dextrine,	Gommes solubles,
Amidon, ligneux.	Gommes insolubles, mucilages.

Cet acide mucique, chauffé à 180° avec l'acide iodhydrique, donne de l'*acide adipique,* $C^6H^{10}O^4$, qui dérive aussi de l'acide sébacique, nouvelle relation de ces corps avec les graisses. D'autre part, un certain nombre de faits montrent une relation évidente entre les glucoses (et les sucres) et les corps gras et leurs parties constituantes (glycérine et acides gras). Ainsi l'acide gluconique, obtenu, comme on le verra, du glucose, peut se transformer en *caprolactone* et celui-ci en *acide caproïque* (Kiliani et Kleemann) :

$$\text{Acide gluconique} \dots \dots \quad C^6H^{12}O^7$$
$$\text{Caprolactone} \dots \dots \quad C^6H^{10}O^2$$
$$\text{Acide caproïque} \dots \dots \quad C^6H^{12}O^2$$

Ces relations des sucres avec les corps gras ont une grande importance au point de vue physiologique. On verra plus loin d'autres relations des sucres et des corps gras. L'*acide succinique,* $C^4H^6O^4$ est aussi un des produits de l'acide mucique et le rattache aux acides malique et tartrique.

A côté de ces acides saccharique et mucique la décomposition de ces corps fournit des acides à molécules moins élevées, dont les plus importants sont les acides tartrique, oxalique et carbonique (Voir : *Acides organiques*).

Un caractère de tous les corps sucrés et des hydrocarbonés solubles, ou du moins de presque tous est d'agir sur la lumière polarisée; quelques-uns sont inactifs, comme la mannite; mais la plupart sont actifs et dévient le plan de polarisation soit à droite (*dextrogyres*), soit à gauche (*lévogyres*).

La *synthèse artificielle* de ces corps n'a pu encore être faite. On peut cependant concevoir leur formation de la façon suivante, en se basant sur les données thermochimiques indiquées par Berthelot. D'après ce qui se passe dans les plantes le point de départ de la production des hydrocarbonés doit être cherché dans l'oxyde de carbone, CO, et l'hydrogène, H. Dans les parties vertes des plantes, l'acide carbonique, CO^2, et l'eau, H^2O, sont réduits avec dégagement d'oxygène en oxyde de carbone et hydrogène qui s'unissent pour former un hydrocarboné; d'après les équations suivantes :

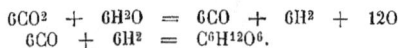

$$6CO^2 + 6H^2O = 6CO + 6H^2 + 12O$$
$$6CO + 6H^2 = C^6H^{12}O^6.$$

Peut-être faudrait-il admettre, comme intermédiaire, l'aldéhyde méthylique, CH^2O (Baeyer); dans ce cas on aurait

$$CO + H^2 = CH^2O$$

et l'hydrocarboné ne serait que le polymère de cette aldéhyde $(CH^2O)^6$. On sait du reste que cette aldéhyde méthylique se polymérise spontanément, par condensation simple, en plusieurs polymères dont le plus étudié est le trioxyméthylène, $C^3H^6O^3$:

$$3CH^2O = C^3H^6O^3.$$

Par l'électrolyse de la glycérine, en présence de l'acide sulfurique, Renard a obtenu, entre autres produits, une substance isomère du glucose, réduisant la liqueur cupro-potassique, mais ne fermentant pas par la levure de bière. Berthelot avait déjà signalé la présence d'un sucre fermentescible dans la fermentation de la glycérine. Comme la glycérine peut être obtenue artificiellement par synthèse, on peut prévoir que la synthèse totale du glucose pourra être prochainement effectuée.

Les hydrocarbonés et les sucres jouent un grand rôle dans la vie végétale ; la cellulose, le ligneux, l'amidon entrent dans la constitution même des tissus végétaux, tandis que les principes sucrés y jouent surtout le rôle de principes d'entretien et de passage. Chez les animaux c'est ce dernier qui est prédominant comme on le verra plus loin, sauf chez quelques organismes inférieurs chez lesquels on trouve des substances analogues à la cellulose, comme la tunicine.

J'étudierai successivement les principes de ce groupe qui se rencontrent dans les animaux supérieurs dans l'ordre suivant :

Hydrocarbonés proprement dits : *Substance glycogène ; dextrine.*
Saccharoses : *Sucre de canne ; sucre de lait ; maltose.*
Glucoses : *Glucose ordinaire ; lévulose ; galactose ; chondroglycose ; inosite.*

1. — Substance glycogène $(C^6H^{10}O^5)^2$?

Syn. — Amidon animal, dextrine animale, zoamyline de Rouget, hépatine de Pavy.
Préparation de la substance glycogène. — 1° *Procédé de Cl. Bernard.* Le foie est divisé en lanières minces qu'on jette dans l'eau bouillante ; les fragments de foie sont alors broyés dans un mortier et cuits pendant un quart d'heure dans un peu d'eau. On exprime dans un linge ou sous une presse cette bouillie de foie cuit, on ajoute un peu de noir animal et on filtre. Il passe un liquide opalin dont on précipite la matière glycogène par quatre à cinq fois son volume d'alcool à 38 ou 40 degrés ; le précipité est lavé plusieurs fois à l'alcool. Pour le purifier, on le fait bouillir avec une solution de potasse caustique concentrée, on précipite par l'alcool et l'excès de potasse qui adhère au précipité est enlevé par l'acide acétique. — 2 *Procédé de Brücke.* Le foie est plongé dans l'eau bouillante ; quand il est durci, on le broie dans un mortier et la bouillie qui en résulte est cuite une demi-heure dans l'eau ; on décante le liquide laiteux et on le remplace par de l'eau et on fait bouillir et ainsi de suite tant que l'eau prend une teinte opaline. On rassemble ces divers liquides et, après les avoir refroidis et filtrés, on ajoute alternativement de l'acide chlorhydrique et de l'iodure mercuro-potassique, tant qu'il se forme un précipité, et on filtre. Le liquide filtré est traité par l'alcool qui précipite la matière glycogène ; celle-ci est recueillie, lavée plusieurs fois à l'alcool et purifiée par les procédés ordinaires. — Abeles a modifié le procédé de Brücke et précipite les matières albuminoïdes par une solution concentrée de chlorure de zinc. — Landwehr a utilisé pour la séparation du glycogène la propriété qu'il a de former avec l'hydrate d'oxyde de fer une combinaison insoluble. La dextrine au contraire ne précipite pas, ce qui permet, d'après lui, de séparer la dextrine du glycogène. D'après Nasse, ce procédé ne réussirait pas. — Les mêmes procédés peuvent servir pour l'extraction de la substance glycogène des muscles ; mais cette extraction est plus difficile. R. Boëhm a perfectionné à ce point de vue le procédé de Brücke (A. de Pflüger, t. XXIII, p. 47). R. Külz au lieu de plonger le foie dans l'eau bouillante pure, ajoute à cette eau de la potasse qui permet une extraction beaucoup plus complète.

Caractères. — C'est une poudre blanche, amorphe, inodore, insipide, soluble dans l'eau, insoluble dans l'éther et dans l'alcool qui le précipite de sa solution aqueuse; cependant, d'après Külz, cette précipitation n'aurait pas lieu quand le glycogène est tout à fait pur et privé presque complètement de sels minéraux; mais il suffit d'une très petite quantité de sels (0,002 gr. de ClNa) pour que la précipitation se fasse; il y aurait là quelque chose qui rappelle ce qui se passe pour l'albumine. Sa solution aqueuse est opaline; cette opalescence disparaît par l'addition de potasse. Son pouvoir rotatoire = +211°; il est donc environ trois fois plus grand que celui du glucose et de même sens; le glycogène est très peu diffusible; le papier parchemin en laisse à peine passer des traces en vingt-quatre heures. Le charbon animal enlève toute la substance glycogène de ses solutions.

Propriétés chimiques. — Avec l'*iodure de potassium ioduré*, il donne une coloration rouge qui disparaît en chauffant et reparaît par le refroidissement. Le chlorure de sodium et le chlorhydrate d'ammoniaque renforcent la coloration par l'iode et on peut employer avec avantage une solution d'iode iodurée, saturée de chlorure de sodium. L'acétate de sodium donne une coloration bleue violette à une solution iodée de glycogène faiblement colorée (Nasse). — Sa solution aqueuse dissout l'hydrate d'oxyde de cuivre sans le réduire à l'ébullition. Elle dissout aussi le sulfate de cuivre alcalin et l'oxyde de cuivre ammoniacal avec une belle couleur bleue. — Il *précipite* de ses solutions aqueuses par l'acide acétique fort, les acides propionique et butyrique, le tannin, les oxydes métalliques avec lesquels il forme des combinaisons, l'acétate de plomb basique, l'hydrate de calcium, l'hydrate de baryte (l'addition de chlorure de baryum ou d'une goutte d'acide acétique favorise le précipité), par les alcools monoatomiques miscibles à l'eau, alcools méthylique, éthylique, propylique, allylique, l'acétone. Sa solution aqueuse ne précipite pas par la soude, la potasse et l'ammoniaque. — Les *acides* minéraux étendus (à l'exception de l'acide nitrique) le transforment en glucose. L'acide nitrique étendu l'oxyde sans donner d'acide mucique; il se produit de l'acide oxalique. Avec l'acide nitrique concentré, il donne un composé nitré détonant. — Soumis à l'action successive du brome et de l'oxyde d'argent, il donne un acide monobasique, l'*acide glycogénique*, $C^6H^{12}O^7$, qui réduit à chaud le sulfate de cuivre.

Réactions. — 1° Coloration caractéristique par l'iode (voir ci-dessus). — 2° Solution opaline. — 3° Ne réduit pas la liqueur cupro-potassique. — *Distinction d'avec la dextrine.* — 1° La coloration rouge de la dextrine par l'iode disparaît bien aussi en chauffant, mais elle ne reparaît plus par le refroidissement. — 2° Sa solution ne précipite pas par l'acétate de plomb basique. — Un grand nombre de réactions du glycogène lui sont du reste communes avec la dextrine et avec l'amidon soluble.

Fermentations. — 1° *Saccharification.* — Sous l'influence des ferments diastasiques de la salive et du suc pancréatique, le glycogène se saccharifie; d'après les recherches de Musculus et V. Mering, ce ne serait pas du glucose qui se formerait, mais un mélange de maltose et d'achroodextrine. Nasse avait admis qu'il se formait un sucre particulier, *ptyalose de glycogène*, mais cette ptyalose paraît n'être qu'un mélange de sucre et de dextrine. — Cette transformation du glycogène en sucre peut s'accomplir non seulement sous l'influence de la salive et du suc pancréatique, mais sous l'influence de presque tous les tissus de l'organisme. Il suffit de mettre un fragment d'un tissu quelconque, muscle, rein, cerveau, muqueuse intestinale, etc., dans une solution de glycogène, pour voir au bout de peu de temps la solution s'éclaircir et réduire la liqueur cupro-potassique. Lépine et V. Wittich ont constaté la généralisation d'un ferment saccharifiant dans l'organisme et Séegen et Kratschmer ont montré que tous les corps albuminoïdes, pourvu qu'ils soient solubles dans l'eau, saccharifient le glycogène; seulement l'action est plus lente qu'avec la salive. Cette action se produit même avec les tissus frais. — 2° *Fermentation lactique.* — Quand on abandonne pendant six jours une solution de glycogène avec de la viande hachée et du carbonate de chaux, il se forme de l'acide lactique (paralactique). Cette transformation de glycogène en acide lactique se ferait, d'après quelques auteurs, dans le muscle en état de rigidité; mais d'après Boëhm, ce serait un autre acide qui se produirait dans ce dernier cas.

Dosage de la substance glycogène. — 1° Le procédé de Brücke plus ou moins modifié peut être employé pour doser la substance glycogène. — 2° Goldstein a employé une méthode colorimétrique basée sur la coloration produite par une solution de substance glycogène sur une solution d'iodure de potassium ioduré. — 3° On a aussi transformé la matière glycogène en glucose par les procédés ordinaires. On n'est pas sûr ainsi que toute la substance glycogène ait été transformée en glucose. Le procédé de Brücke est le plus exact.

Constitution. — La constitution du glycogène n'est pas encore bien connue ; aussi y a-t-il du doute sur la formule qui doit lui être attribuée. C'est ainsi qu'on a donné les formules :

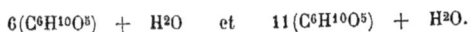

$$6(C^6H^{10}O^5) + H^2O \quad \text{et} \quad 11(C^6H^{10}O^5) + H^2O.$$

On admet en général l'identité des diverses espèces de glycogènes, quelle que soit leur provenance. Cependant quelques auteurs en reconnaissent plusieurs espèces. Par exemple Tichanowitsch et Schtscherbakoff en admettent quatre sortes, glycogènes — A, — B, — C, — D qu'ils distinguent par leur pouvoir rotatoire et leur coloration par l'iode ; mais il ne s'agit là probablement que de mélanges de glycogène et des différentes espèces de dextrine. Le glycogène des muscles et celui du foie présentent cependant des caractères particuliers ; le glycogène des muscles donne une solution moins opaline et sa coloration par l'iode tire sur le violet. — Jaffé a trouvé dans le cerveau une substance qui se rapproche beaucoup du glycogène, mais qui bleuit par l'iode et passe seulement au rouge brun par un excès de réactif.

Existence dans l'organisme. — La substance glycogène se rencontre principalement dans le foie et dans les muscles ; mais on le trouve encore dans un grand nombre d'organes et d'éléments anatomiques, rate, poumons, reins, globules blancs, etc. On l'a rencontré dans le sang leucémique, dans le testicule d'un diabétique, dans l'ovaire de la grenouille. Il est très répandu chez l'embryon, comme on le verra plus loin. On l'a constaté chez les invertébrés comme chez les vertébrés, et même dans le règne végétal. Quand on donne à un animal une alimentation abondante et prolongée, et riche surtout en hydrocarbonés, le glycogène s'accumule dans des tissus qui en sont habituellement dépourvus. Ainsi dans ces conditions, chez la grenouille, on en trouve dans l'épithélium de la muqueuse gastrique, dans les glandes à pepsine, etc. (Barfurth).

A. **Glycogène du foie.** — Le foie est l'organe le plus riche en glycogène. La substance glycogène se trouve à l'état amorphe dans les cellules hépatiques et non, comme l'avait cru Schiff, à l'état de granulations (amidon animal) ; ce fait, signalé par Rouget en 1859, l'a été de nouveau par C. Bock et A. F. Hoffmann, qui ont insisté sur les réactions microchimiques de cette substance glycogène ; elle existe dans les cellules hépatiques, surtout dans celles qui correspondent aux veines sus-hépatiques, et dans ces cellules s'accumule surtout autour du noyau, comme le montre la coloration de ces cellules par l'iode. Cette substance glycogène y existe surtout au moment de la digestion ; les cellules hépatiques sont alors volumineuses, entourées d'une membrane à double contour et pourvues d'un gros noyau, tandis qu'à jeun elles sont petites, granuleuses, à membrane très mince (Kayser). (Voir aussi : *Foie.*)

La quantité de glycogène du foie varie suivant les espèces animales ; elle est en moyenne de 1,5 à 4 p. 100. Le tableau suivant, emprunté à Mac-Donnell, donne la quantité de glycogène du foie chez divers animaux ; on a en regard le poids du corps de l'animal par rapport au foie en considérant le poids du foie comme égal à 1. (Les chiffres donnés par quelques auteurs sont un peu plus forts.)

	RAPPORT du poids du corps à celui du foie.	QUANTITÉ de glycogène pour 100.
Chien	30	4,5
Chat...	19	1,5
Lapin...	35	3,7
Cabiai..........	21	1,4
Rat.....................	26	2,5
Hérisson....	27	1,5
Pigeon	44	2,5

Il faut remarquer, comme on le verra plus loin, que ces quantités sont très variables à cause des nombreuses influences qui modifient la proportion de glycogène du foie. Lambling a trouvé dans le foie d'un supplicié 1,85 p. 100 dans le lobe droit et 2 p. 100 dans le lobe gauche (recherche faite une heure après la mort).

1° *Conditions diminuant la quantité de glycogène du foie.* — L'inanition diminue la quantité de glycogène du foie ; mais cette diminution se fait encore assez lentement ; Luchsinger a retiré 0,08 grammes du foie d'un lapin après neuf jours d'inanition et Heynsius a vu que chez les chiens il fallait quatorze à vingt et un jours de jeûne pour en débarrasser complètement le foie. Chez les animaux hibernants, le glycogène se retrouve en général dans le foie jusqu'à la fin de l'hibernation. Sa quantité diminue par le refroidissement. Les animaux recouverts d'un enduit imperméable perdent très vite leur glycogène qui reparaît par la calorification artificielle. L'exercice musculaire produit le même effet. La proportion de glycogène du foie est en général en raison inverse de l'activité motrice de l'animal. C'est ce que montre le tableau suivant emprunté à V. Wittich (1) :

Tanche.....................	11,7 à 15,6	Pigeons (en cage)............	2,0 à 3,7
Carpe.....................	7,6 à 8,9	Pigeons épuisés par un vol	
Sandre...	4,7	prolongé.................	1,1 à 1,4
Brochet....................	2,5 à 6,7	Corneille en cage.......... .	3,4
Anguille...................	Traces.	Moineau libre..............	1,1
Emys europæa..............	5,06	Rats en cage..............	0,4 à 0,6
Grenouille d'hiver..........	3,7 à 8		

Le glycogène diminue encore dans le foie par la ligature du canal cholédoque ; la fièvre, la douleur, un grand nombre de maladies agissent dans le même sens. Il en est de même d'un certain nombre de substances : l'acide arsénieux, le nitrite d'amyle, la nitrobenzine, le curare, la strychnine (même à faibles doses (Demant), le carbonate de soude injecté dans les branches de la veine porte, d'après Pavy (fait nié par Külz), etc. On a admis que le glycogène disparaît du foie chez les diabétiques, et on en a conclu que le diabète suspendait la fonction glycogénique du foie ; cependant Frerichs et E. Külz ont constaté la présence du glycogène dans le foie dans des cas de diabète à forme grave.

2° *Causes augmentant la proportion de glycogène du foie.* — Le glycogène du foie est sous la dépendance immédiate de l'alimentation. Sa proportion augmente dans le foie quelques heures après le repas et atteint son maximum quand la digestion est terminée dans l'intestin grêle. Le moment de ce maximum varie du reste suivant l'espèce animale et suivant la nature de l'alimentation. Külz, chez des lapins soumis préalablement à six jours de jeûne et auxquels il injectait divers aliments dans l'estomac, a trouvé pour ce maximum les chiffres suivants qui indiquent le nombre d'heures écoulé depuis l'introduction de l'aliment :

(1) Les poissons avaient été pris pendant l'hiver. Les chiffres indiquent les proportions pour 100 parties de foie.

Sucre de canne.............. 16 heures (25 gr. de sirop simple).
—   .... 8 — (5 gr. —).
Glucose.... .... 16 —
Amidon........ .... 12 à 16 —
Lait.................. ...... 16 —

L'influence des diverses espèces d'aliments sur la proportion de glycogène du foie a été étudiée par un grand nombre d'auteurs. Le tableau suivant, emprunté à Seegen, donne la quantité de glycogène (et de glucose) pour 100 parties de foie chez le chien sous l'influence de diverses alimentations. Les chiens étaient préalablement soumis à un jeûne de deux jours. Les chiffres représentent les moyennes d'un certain nombre d'expériences.

	Glycogène p. 100.	Glucose p. 100.
Inanition.........................	2,90	0,62
Alimentation amylacée...........	6,63	0,65
— sucrée..............	9,80	0,52
— dextrine et sucre.....	10,40	0,90
— graisse.............	1,90	0,90
— peptones	2,88	0,96

On voit que la quantité de glycogène est la plus forte pour une alimentation amylacée et sucrée, la plus faible avec la graisse et que dans ce cas elle tombe même au-dessous de ce qu'elle était après deux jours d'inanition. Une alimentation azotée augmente aussi la proportion de glycogène, comme l'ont démontré depuis longtemps les expériences de Cl. Bernard. Cette augmentation ressort nettement des expériences de Wolffberg sur les poulets; en leur donnant une même quantité de sucre (60 grammes par jour) et des quantités croissantes d'albumine, il a vu augmenter proportionnellement le glycogène du foie; il a trouvé en effet dans le foie :

Avec 8 grammes d'albumine,   0gr,474 de glycogène.
 —   30   —   —   0gr,821   —
 —   50   —   —   1gr,840   —

Cette influence des substances azotées n'est pas exclusive aux substances albuminoïdes proprement dites; elle se montre aussi avec d'autres composés azotés, asparagine, glycocolle, ammoniaque. Le tableau suivant indique, d'après Röhmann, la quantité de glycogène (pour 100 de foie) contenue dans le foie de lapins après l'ingestion de diverses substances azotées; la seconde colonne donne la proportion de glycogène dans le foie de lapins placés dans les mêmes conditions et non soumis à l'alimentation azotée :

	Lapin en expérience.	Lapin normal.
Asparagine.......................	5,88	1,37
Ammoniaque.	5,22	2,51
Glycocolle.......................	2,46	1,99
Lactate d'ammoniaque......... ...	1,92	1,86

En résumé parmi les substances alimentaires, ce sont les féculents et les matières sucrées qui augmentent dans la plus forte proportion la quantité de glycogène du foie (amidon, dextrine, arbutine, inuline, sucres de canne, de raisin, de lait, de fruit). La glycérine agit de même. L'action de ces diverses substances se produit, soit qu'on les introduise dans l'intestin, soit qu'on les injecte directement dans une branche de la veine porte, mais il est de toute nécessité qu'elles traversent le foie. Ainsi injectées dans d'autres régions de l'appareil circulatoire, ou bien dans le tissu cellulaire, elles sont sans action sur le glycogène du foie et sont éliminées par les

urines. Même avec des injections *continues* dans le sang, l'augmentation de glycogène est à peine sensible (Külz ; injections de sirop simple).

Les aliments azotés augmentent la proportion de glycogène du foie, mais pas
autant que les précédents. Quelques auteurs (Tscherinoff, Weiss) ont cependant nié
cette action des albuminoïdes et si l'on se reporte au tableau de Seegen donné plus
haut on voit que la proportion de glycogène du foie est à peu près la même avec
les peptones que dans l'inanition. Pour la gélatine, les expériences sont moins
probantes et son action paraît très variable, ce qui explique les divergences entre
les physiologistes. Quant à la graisse, malgré l'opinion contraire de Colin et Salomon, on peut considérer comme prouvé qu'elle n'a aucune influence sur la quantité de glycogène du foie et qu'elle agirait plutôt pour la diminuer.

3° *Substances n'influençant pas la proportion de glycogène du foie.* — Un certain
nombre de substances sucrées sont dans ce cas ; telles sont la mannite, l'inosite,
la quercite, l'érythrite ; il en est de même de la gomme arabique. Il faut ranger
aussi dans cette catégorie le carbonate de soude, les phosphoglycérate, tartrate et
lactate de sodium, le lactate d'ammoniaque.

La quantité totale de glycogène du foie peut varier, comme on le voit, dans des
limites assez considérables suivant les conditions dans lesquelles l'organisme se
trouve placé. Chez l'homme elle peut être évaluée approximativement de 50
à 150 grammes.

B. **Glycogène des muscles.** — La quantité de substance glycogène
contenue dans les muscles est assez variable suivant les espèces animales,
et diverses conditions physiologiques. En outre, cette quantité varie selon
les muscles même que l'on considère. Le tableau suivant donne, d'après
Nasse, la proportion de glycogène pour 100 contenue dans divers muscles :

	Muscles du dos.	Muscles adducteurs du fémur.	Quadriceps fémoral.	Psoas-iliaque.
Lapin.	0,87	0,66	0,70	0,64
Chien.	0,83	0,83	0,85	0,57
Chat (à jeun).	0,54	0,86	0,54	»

On voit que la quantité de glycogène des muscles peut être évaluée à
environ de 0,50 à 0,90 pour 100. Si on évalue à 30 kilogrammes le poids du
tissu musculaire chez un homme de taille ordinaire, cela donnerait le
chiffre de 150 à 270 grammes de substance glycogène pour l'ensemble du
tissu musculaire.

La présence du glycogène a été constatée dans presque tous les muscles, dans
les muscles lisses (estomac) comme dans les muscles striés. Mais il peut arriver
qu'on n'en rencontre que des traces, par exemple dans les muscles dont l'activité
est intense (voir plus loin), ou même qu'il manque parfois tout à fait comme dans le
cœur, où sa présence est cependant admise par quelques auteurs.

1° *Conditions diminuant la quantité de glycogène des muscles.* — L'inanition
diminue la proportion de glycogène des muscles ; mais elle ne le fait disparaître tout
à fait qu'au bout d'un temps assez long et chez quelques animaux (pigeons) et dans
certains muscles (muscles de l'aile du poulet) il en persiste des traces jusqu'à la
mort. — L'hibernation le diminue un peu, mais Voit en a encore trouvé 0,371 p.
100 dans les muscles d'une marmotte au 80° jour de l'hibernation. — L'exercice
musculaire est la cause la plus active de diminution du glycogène des muscles.

D'abord les analyses permettent de constater ce fait que les muscles les plus actifs d'ordinaire sont aussi les plus pauvres en glycogène ; cette proportion variera donc suivant le genre de vie de l'animal, ainsi tandis que chez le poulet le glycogène s'accumule dans les muscles de l'aile, muscles inactifs et disparaît presque des muscles des pattes, chez la chauve-souris dont les muscles pectoraux sont si actifs, c'est l'inverse qu'on constate (Grothe). En tétanisant un muscle on diminue et on peut faire même disparaître le glycogène de ce muscle. Weiss en dosant comparativement le glycogène de muscles inactifs et de muscles tétanisés, a trouvé les chiffres suivants (en grammes) dans trois expériences sur les muscles de six, douze et quinze membres postérieurs de grenouilles :

	1°	2°	3°
Muscles de grenouille inactifs..........	0,1413	0,262	0,117
— — tétanisés........	0,107	0,188	0,059

Après la section des nerfs d'un membre, la proportion de glycogène augmente dans les muscles du côté de la section, comparativement à ceux du côté opposé intact. Chandelon a trouvé les moyennes suivantes en analysant les muscles trois à cinq jours après la section des nerfs (lapin) :

Muscles intacts................	0,0012 p. 100 de glycogène.
Muscles à nerf coupé..........	0,267 — —

Dans deux expériences de section du nerf sciatique d'un côté chez le lapin, j'ai trouvé les quantités suivantes de glycogène dans les muscles :

1° 26 jours après la section. — Muscles du côté sain............ 0,0
   —   —   Muscles du côté de la section.... Traces.
2° 39 jours après la section. — Muscles du côté sain............ 0,34 p. 100
   —   —   Muscles du côté paralysé........ 0,42 —

La ligature de l'artère d'un membre diminue la quantité de glycogène des muscles correspondants. Les chiffres suivants, empruntés aussi à Chandelon, donnent les moyennes de sept expériences (lapin) :

Muscles intacts................	0,069 p. 100 de glycogène.
Muscles à artère liée..........	0,0267 — —

Avec le curare et la strychnine, même à petites doses, Demant a vu diminuer la quantité de glycogène des muscles. Abeles au contraire avait précédemment constaté une augmentation par l'empoisonnement par le curare.

2° *Conditions augmentant la quantité de glycogène des muscles.* — L'alimentation a la plus grande influence sur la proportion de glycogène des muscles. Il y existe toujours en plus grande quantité chez les animaux bien nourris, Boëhm, chez le chat, a vu la proportion de glycogène, de 0,27 p. 100 qu'elle était chez l'animal à jeun, monter à 0,87 p. 100 pendant la digestion. Il est probable, mais il n'y a pas sur ce point de recherches précises, que la nature de l'alimentation a sur les proportions de glycogène des muscles la même influence que sur le glycogène du foie et que les aliments féculents et sucrés viennent en première ligne et après eux les albuminoïdes. — On a vu plus haut l'influence de l'inaction et de la section des nerfs sur l'accumulation du glycogène dans les muscles.

3° *Après la mort* la substance glycogène disparaît peu à peu des muscles en se transformant en glucose ; mais cette disparition ne se fait pas aussi rapidement qu'on l'admet d'ordinaire. Contrairement à Takacz et à quelques autres auteurs, E. Külz a trouvé des quantités assez notables de glycogène dans les muscles jusqu'à vingt-six heures après la mort, comme on peut le voir par les chiffres suivants :

Grenouille. — De suite après la mort..........	0,61 p. 100	
—	24 heures après.............. ...	0,58 —
Chien..... — De suite après la mort.....	0,545 —	
—	Après 30 minutes..............	0,492 —
—	26 heures après.................	0,315 —

Quelques auteurs avaient aussi admis que la rigidité musculaire s'accompagnait d'une destruction rapide du glycogène ; mais Bœhm a montré que cette destruction est due non à la rigidité elle-même, mais à la putréfaction qui l'accompagne ; en conservant les muscles dans un endroit frais on voit en effet que la proportion de glycogène des muscles ne disparaît que très lentement ; c'est ce que prouve le tableau suivant (muscles de chat) :

A. — *Muscles conservés dans un endroit frais.*
(Rigidité simple.)

1° De suite après la mort.............	0,40 p. 100	
6 heures après.................	0,39 —	
2° De suite après la mort.....	0,49 —	
18 heures après..........................•...........	0,49 —	

B. — *Muscles conservés dans une chambre chaude.*
(Rigidité et putréfaction.)

1° De suite après la mort........	0,629 p. 100	
6 à 8 heures après.................. .	0,393 —	
2° De suite après la mort.	0,588 —	
24 heures après..........................	0,425 —	

La question reste indécise de savoir si le glycogène du muscle mort donne de l'acide lactique (voir : *Acide lactique*).

Glycogène chez l'embryon. — La découverte de la substance glycogène dans le foie par Cl. Bernard fut bientôt suivie d'une autre découverte qui donna à cette question de la glycogénie une extension inattendue. Cl. Bernard, puis Rouget, W. Kühne, M. Donnell, rencontrèrent en effet cette substance glycogène dans le placenta et successivement dans plusieurs des tissus de l'embryon, muscles, poumons, épithélium de la peau et des muqueuses, etc., et cette substance glycogène disparaissait à mesure que le foie augmentait de volume et d'activité, de façon qu'à la naissance on n'en trouvait plus guère que dans les muscles.

Les quantités de glycogène ainsi trouvées dans les organes du fœtus sont assez considérables. Ainsi les poumons en contiennent 50 p. 100 de leur résidu sec ; les muscles en renferment 0,8 à 3 1/2 parties pour 100 parties de muscle ; la substance cornée du pied d'un fœtus de veau de 4 mois en contenait 18 p. 100. Salomon, dans deux foies de fœtus humain de 4 kilos, a trouvé 1, 2 et 11 grammes de glycogène. Cependant, vers la fin de la vie fœtale, ces quantités diminuent notablement ; c'est ainsi que sur cinq fœtus de chien de 57 jours et sur cinq autres fœtus de chien plus âgés, le cœur était absolument dépourvu de glycogène ; les autres muscles n'en contenaient que des quantités très légères, *à l'exception du diaphragme,* qui en contenait un peu plus (observation personnelle).

Tandis que, chez les oiseaux, c'est la vésicule ombilicale qui est chez l'embryon le siège principal de la fonction glycogénique, chez les mammifères l'accumulation de glycogène se localise dans l'allantoïde et dans le placenta. Ainsi, chez les rongeurs à placenta discoïde, la substance glycogène est incluse dans des *cellules glycogéniques* (fig. 17) situées entre le placenta fœtal et le placenta maternel sur les villosités des vaisseaux allantoïdiens. Chez les carnivores à placenta annulaire ou zonaire, on les trouve sur les bords de la zone placentaire. Chez les ruminants elles s'accumulent en formant à la surface interne de l'amnios des plaques (fig. 18 et 19)

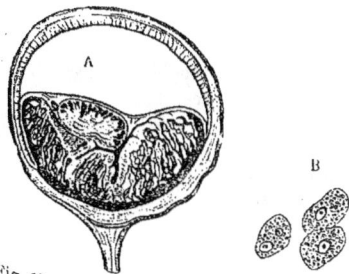

Fig. 17. — *Disposition des cellules glycogé-niques dans le placenta du lapin* (*).

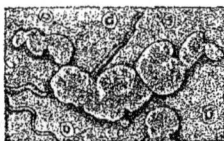

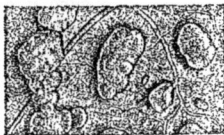

Fig. 18 et 19. — *Plaques glycogéniques de l'amnios du fœtus de veau dans leur plein développement.*

qui disparaissent vers la fin de la vie intra-utérine par dégénérescence graisseuse des cellules qui les composent (fig. 21).

Après la naissance, la substance glycogène a été constatée dans les muscles, les globules de la lymphe, les globules blancs, la rate, les poumons, les reins, etc. Mais elle disparaît très vite de la plupart de ces organes, sauf les muscles.

Fig. 20. — *Cellules glycogéniques de l'amnios du fœtus du veau.*

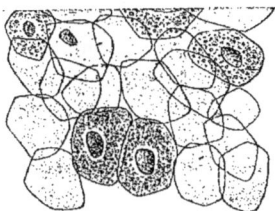

Fig. 21. — *Cellules glycogéniques en voie de dégénérescence graisseuse.*

Le glycogène paraît chez l'embryon dès les premiers temps de la vie embryonnaire. Cependant, d'après E. Külz et contrairement à l'assertion de Cl. Bernard, la cicatricule n'en contient pas; du moins il n'a pu en retirer en opérant sur 5000 œufs.

D'après Cl. Bernard, Paschutin, V. Wittich, le foie serait très pauvre en glycogène chez le fœtus, surtout dans les premiers temps de la vie embryonnaire. Cependant Hoppe-Seyler est arrivé à des résultats différents et a trouvé le foie riche en glycogène dès les premiers temps du développement.

Après la naissance les muscles du nouveau-né contiennent environ 0, 6 p. 100 de glycogène, le foie en renfermerait 0, 24 p. 100 (V. Wittich). Sur des chiens nouveau-nés, Demant a constaté les quantités suivantes de glycogène dans le foie (p. 100 parties de foie) :

(*) A, coupe de la corne utérine et du placenta en place. — B, cellules glycogéniques du placenta isolées.

1 heure après la naissance.....................	11,389 p. 100
3 heures et demie après la naissance...........	9,527	—
4 jours après la naissance...............	2,627	—
11 jours —	2,792	—
12 jours —	3,664	—

On voit d'après ces chiffres que le foie du fœtus à terme renferme une quantité considérable de glycogène, quantité qui diminue très rapidement dans les premières heures qui suivent la naissance.

Glycogène chez les invertébrés. — La substance glycogène est très répandue chez les invertébrés et Cl. Bernard a constaté sa présence chez tous ceux qu'il a examinés. Le glycogène y existe non seulement dans le foie, mais encore dans d'autres organes; mais c'est ordinairement dans le foie qu'il se trouve en plus grande abondance; cependant, il peut arriver que d'autres organes, les ovaires et les œufs en particulier comme chez certains crustacés, en contiennent une quantité plus considérable (J. Bizio). Chez les insectes, surtout à l'état de larve, les larves de mouche par exemple, Cl. Bernard a constaté la présence d'une proportion considérable de glycogène; il faut pourtant noter que E. Külz n'a pu extraire de 239 grammes de larves de mouche que 0,42ᵍʳ de glycogène. Chez les infusoires la présence du glycogène a été aussi démontrée; Certes, à l'aide de la coloration par l'iode, a constaté son existence dans certains organes des infusoires et dans leurs expansions sarcodiques. Bütschli croit que dans les grégarines ce n'est pas du véritable glycogène qu'on trouve, mais une substance voisine qu'il appelle *paraglycogène*. Certes se demande si on ne pourrait pas faire de la présence du glycogène un critérium de l'animalité; mais on a constaté l'existence du glycogène ou du moins sa réaction par l'iode chez un certain nombre de végétaux, algues, protoplasma de myxomycètes, levure de bière, champignons, bactéries, vibrions, etc.

Origine de la substance glycogène. — Il faut distinguer deux cas, celui dans lequel le glycogène se forme aux dépens de l'alimentation et celui dans lequel il se forme dans l'organisme et en dehors de toute alimentation. J'étudierai d'abord sa formation dans le foie, puis sa formation dans les muscles et dans les autres tissus.

A. *Origine alimentaire du glycogène. — Hydrocarbonés et sucres.* — Les faits mentionnés ci-dessus ont établi d'une façon incontestable que les hydrocarbonés et les sucres augmentent la quantité de glycogène du foie. On est donc porté à penser que ces substances se convertissent directement en sucre dans le foie. C'est là du reste la théorie généralement admise. Comme ces divers aliments sont absorbés dans l'intestin à l'état de glycose, c'est en réalité cette glycose qui, apportée au foie par la veine porte, se transforme en glycogène par l'action des cellules hépatiques; il y a là une simple déshydratation, le glycogène étant un anhydride de la glycose, comme le démontre l'équation suivante :

$$\underset{\text{Glycose.}}{C^6H^{12}O^6} - H^2O = \underset{\text{Glycogène.}}{C^6H^{10}O^5}$$

C'est ce qu'on a appelé la *théorie des anhydrides*.

Une expérience de Cl. Bernard, confirmée par Schöpffer, démontre bien cette action du foie sur la glycose qui lui arrive par la veine porte. Si on injecte de la glycose dans la veine jugulaire, le sucre en excès dans le sang passe dans l'urine ; si on l'injecte dans une branche de la veine porte (veine rectale), le sucre ne passe plus dans les urines, il est arrêté au passage par le foie où il est utilisé pour la fabrication du glycogène. Mais il ne faut pas en injecter une trop grande quantité ; sans cela le foie ne peut arrêter tout le sucre qui *déborde* et dont l'excès se retrouve dans les urines.

Cette théorie n'est cependant pas admise par tous les auteurs.

Weiss et quelques autres physiologistes ont admis pour la formation de la substance glycogène une théorie qu'on peut appeler *théorie de l'épargne*. D'après cette théorie, qui laisse indécis le mode de formation du glycogène, les aliments et en particulier les hydrocarbonés et les sucres n'auraient pas d'influence directe sur la formation du glycogène ; ils ne feraient qu'empêcher son oxydation et n'agiraient par conséquent que comme substances très oxydables, en détournant l'oxygène et en l'empêchant de s'attaquer au glycogène, qui alors, grâce à leur intervention, s'accumulerait dans le foie. Mais si cette théorie était vraie, la même action devrait être produite par toute substance facilement oxydable, quelle qu'elle soit, graisse, acides organiques, etc., ce qui n'est pas. Ainsi les injections de lactate de sodium dont l'oxydation est si facile, n'amènent aucune augmentation du glycogène du foie. Maydl a invoqué aussi, à l'appui de la théorie de l'épargne, ce fait que, quelle que soit leur provenance (sucre de fruit, sucre de canne, sucre de lait, inuline, etc.), les substances glycogènes trouvées dans le foie ont les mêmes caractères. Mais cette identité n'a rien d'étonnant puisque ces diverses substances passent toutes à l'état de glycose avant d'arriver au foie.

D'après Teffenbach les hydrocarbonés ne se transformeraient pas directement en substance glycogène, ils ne feraient qu'augmenter l'activité du foie à la manière d'un excitant spécial. Heidenhain paraît disposé à se ranger à cette opinion et invoque en sa faveur le fait que chez les diabétiques soumis à une alimentation féculente la quantité de sucre augmente dans des proportions beaucoup plus fortes que celles qui correspondent à la quantité de féculents ingérés.

2° *Albuminoïdes.* — Pour les aliments azotés la plupart des physiologistes admettent avec Cl. Bernard la production du glycogène aux dépens des substances albuminoïdes de l'alimentation. Cl. Bernard, Naunyn, V. Mering, etc., ont constaté en effet l'apparition de la substance glycogène dans le foie d'animaux soumis à une nourriture exclusivement azotée et S. Wolffberg a vu (poulets) que la proportion de glycogène du foie augmentait quand on augmentait la proportion d'albuminoïdes dans l'alimentation, comme il a été dit plus haut.

La formation du glycogène dans les larves de mouche nourries exclusivement de viande parle aussi en faveur de cette opinion ; cependant il y a quelques réserves à faire au sujet de cette expérience depuis les expériences contradictoires de Külz mentionnées ci-dessus. Enfin un dernier argument se tire, comme on le verra plus loin, de ce qui se passe pendant l'hibernation et l'inanition. Quant aux expériences de Seegen sur la production d'hydrocarbonés par le foie, en présence des peptones, elles seront étudiées à propos de la formation du glucose.

Comment comprendre dans ce cas la formation du glycogène dans le foie?

Il est probable que les peptones apportées par la veine porte se dédoublent en glycogène ou en une substance azotée, peut-être de l'urée (Voir *Urée*). On s'est demandé aussi comme pour les hydrocarbonés, si les peptones n'agissaient pas simplement en excitant l'activité du foie.

3° *Graisses.* — L'action des graisses est beaucoup plus douteuse et niée par la plupart des observateurs ; cependant Salomon a vu l'augmentation du glycogène par l'ingestion d'huile d'olive. La glycérine, injectée dans l'intestin, produit une augmentation de glycogène du foie, et on s'est demandé si le glycogène ne proviendrait pas de la glycérine formée par le dédoublement des graisses (Van Deen) ; mais la plupart des expériences ne s'accordent pas avec cette théorie et semblent prouver que la graisse, prise seule, fait baisser la proportion d'amidon hépatique. En injections sous-cutanées, la glycérine reste sans influence sur le glycogène du foie (Luchsinger).

B. *Origine en dehors de l'alimentation.* — Outre l'origine alimentaire de la substance glycogène, il semble certain aujourd'hui que cette substance peut se former en dehors de l'alimentation (Cl. Bernard) ; ainsi, pendant l'hibernation, le glycogène s'accumule dans le foie des animaux hibernants, quoiqu'ils ne prennent aucune nourriture, et si chez les animaux éveillés l'inanition fait disparaître peu à peu la substance glycogène, cela tient probablement à ce que cette substance est utilisée au fur et à mesure de sa formation et n'a pas le temps de s'accumuler dans le foie. En outre Cl. Bernard a constaté que chez les oiseaux, sur lesquels l'opération réussit plus facilement, la ligature de la veine porte n'empêche pas la formation de la substance glycogène du foie ; cependant l'artère hépatique peut, dans ce cas, suffire pour apporter au foie les produits de la digestion absorbés dans l'intestin et passés du système veineux dans le système artériel.

Aux dépens de quelles substances se forme, en dehors de l'alimentation, la substance glycogène du foie ? La question est difficile à résoudre. La comparaison du sang apporté par la veine porte et du sang de la veine hépatique ne donne que des résultats peu précis, d'autant plus qu'il serait impossible de décider si les principes disparus dans le premier ont servi à la production du glycogène ou à la production de la bile. Est-ce aux dépens du sang ou de la substance même des cellules hépatiques que se forme la substance glycogène ? La première hypothèse paraît plus probable, car dans un foie privé de sang par le lavage, on ne voit pas se former de substance glycogène ; il est vrai que dans ce cas la transformation de la substance glycogène en sucre est tellement rapide qu'il est peut-être difficile de dire si tout le sucre ainsi formé correspond bien à la quantité de glycogène existant dans le foie, ou si une partie de ce sucre n'est pas due à une formation nouvelle de glycogène suivie de transformation glycosique immédiate.

Formation de glycogène aux dépens des substances azotées. — On a vu plus haut que l'ammoniaque et un certain nombre de substances azotées (asparagine, glycocolle, etc.) qui donnent de l'ammoniaque par leur décomposition, augmentaient la quantité de glycogène du foie. Comment interpréter cet effet et comprendre ce mode de formation ?

L'*asparagine* $C^4H^8Az^2O^3$ peut, comme l'a montré Weiske, remplacer jusqu'à un certain point l'albumine dans l'alimentation, du moins chez les herbivores et chez les oiseaux. Si, comme chez les végétaux, l'asparagine ingérée s'unissait à des substances non azotées pour régénérer l'albumine, on devrait trouver dans le foie une diminution de glycogène au lieu d'une augmentation. Un fait semble indiquer du reste que l'asparagine contribue directement à la formation du glycogène du foie c'est que tout l'azote de l'asparagine ingérée se retrouve dans l'urine à l'état d'urée (Seegen; chien et lapin). Les éléments restants non arrêtés fourniraient alors les matériaux d'une substance non azotée, glycogène, acide cholalique, etc. Il est vrai que l'asparagine pourrait contribuer aussi d'une façon purement indirecte à la production du glycogène, en épargnant simplement la consommation d'albuminoïdes comme le fait la gélatine et en fournissant ainsi une plus abondante provision de matériaux azotés pour la constitution du glycogène hépatique.

Pour le *glycocolle*, sa transformation en glycose, puis en glycogène d'une part et en urée de l'autre, se comprend facilement d'après l'équation suivante :

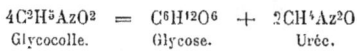

$$4C^2H^5Az O^2 = C^6H^{12}O^6 + 2CH^4Az^2O$$
$$\text{Glycocolle.} \quad \text{Glycose.} \quad \text{Urée.}$$

L'influence de l'*ammoniaque* sur la formation du glycogène du foie est plus difficile à comprendre. Agit-elle simplement en favorisant la transformation de l'amidon en sucre dans l'intestin ou en favorisant la résorption du glucose formé ? Mais dans ces deux hypothèses, ces deux fonctions seraient entravées chez les animaux de contrôle non soumis à l'action de l'ammoniaque et étudiés comparativement. Or chez eux la sacharification des amylacés et la résorption du glucose se font absolument comme chez l'animal qui a reçu de l'ammoniaque avec ses aliments. Il faut donc chercher plus loin l'action de cette substance. Le glucose et l'ammoniaque arrivent ensemble à la cellule hépatique et entrent en contact avec le protoplasma de ces cellules. Mais il est difficile de dire ce qui se passe dans ces cellules, quoiqu'on puisse supposer avec assez de vraisemblance que le processus terminal aboutit à la production de substances azotées d'une part, urée, glycocolle, etc., et de substances non azotées de l'autre, comme le glycogène et l'acide cholalique.

Formation du glycogène dans les muscles et dans les autres organes. — On a vu plus haut que, de même que le glycogène du foie, le glycogène des muscles est aussi sous la dépendance de l'alimentation. On peut se demander si ce glycogène musculaire est formé sur place ou s'il provient du foie. Mais il est un certain nombre de faits qui portent à ne pas localiser exclusivement dans le foie la production du glycogène. Ainsi on a déjà vu que, chez l'embryon, le glycogène existe *avant* l'apparition du foie, Külz a trouvé du glycogène dans les muscles de la grenouille après l'extirpation du foie. Du reste si le glycogène des muscles provenait du foie on devrait trouver dans le sang des quantités de glycogène plus considérables que celles qu'on y constate. La formation du glycogène doit donc plutôt être considérée comme une fonction générale du protoplasma cellulaire, fonction qui s'exerce de préférence dans le foie, peut-être simplement parce que celui-ci est le premier à recevoir les matériaux provenant de l'alimentation, mais qui, sous certaines conditions encore mal déterminées, peut se rencontrer dans presque tous les éléments de l'organisme. Je rappellerai à ce propos l'expérience de Barfurth citée plus haut dans laquelle une alimentation très riche en hydrocarbonés fait apparaître le glycogène chez la grenouille dans des tissus qui en sont habituellement dépourvus.

Je dois mentionner ici l'opinion de Meissner qui fait provenir le glycogène de l'hémoglobine, qui se décomposerait dans le foie en glycogène, urée et matière colorante de la bile.

Décomposition du glycogène dans le foie. — 1° *Destruction du glycogène dans le foie.* — D'après la doctrine classique de Cl. Bernard, le glycogène du foie se transforme en glycose qui passe dans le sang des veines sus-hépatiques et par elles dans la circulation générale. Les conditions de cette transformation ainsi que les conditions qui s'y rattachent sont étudiées à propos du glucose (Voir *Glucose*). Je dois cependant mentionner ici l'opinion de Seegen qui, repoussant la transformation directe du glycogène en glucose, croit que le glycogène se transforme en graisse dans le foie. Je reviendrai sur ce point à propos du glucose.

2° *Destruction du glycogène des muscles.* — Que devient le glycogène des muscles? Est-il transformé en glucose ou bien est-il oxydé de façon à donner lieu à des produits d'oxydation inférieurs, comme l'acide lactique et l'acide carbonique? La transformation en glucose paraît très vraisemblable quand on réfléchit à la facilité avec laquelle le glycogène se saccharifie. Si on place dans une solution de glycogène un fragment de muscle frais, la solution ne tarde pas à s'éclaircir et à réduire la liqueur cupro-potassique, ce qui prouve la transformation en sucre. Du reste l'existence d'un ferment saccharifiant a été constatée dans presque tous les organes (Lépine, V. Wittich, etc.), de sorte que le glycogène trouve pour ainsi dire partout les conditions de sa saccharification.

On a vu plus haut que la proportion de glycogène diminue dans le muscle actif ou dans le muscle tétanisé, et on a admis que dans ces cas il se formait de l'acide lactique aux dépens du glycogène. Mais cette formation d'acide lactique n'est pas encore tout à fait démontrée comme on le verra à propos de l'acide lactique (Voir *Acide lactique*). On a admis aussi que, dans la rigidité musculaire, le glycogène du muscle se transformait en acide lactique qui donnait au muscle sa réaction acide. Sengirew, en mélangeant de la viande hachée avec du glycogène et du carbonate de chaux, a vu se produire de l'acide paralactique. Mais Boëhm dans ses expériences a vu que dans un muscle en état de rigidité, la disparition du glycogène n'était pas corrélative de la production d'acide lactique et qu'il n'y avait aucune correspondance entre les deux phénomènes. C'est ce que prouve le tableau suivant. Dans chacune de ces trois expériences, une portion du même muscle était analysée à l'état frais, et une autre portion après l'apparition de la rigidité cadavérique.

	A. — MUSCLE FRAIS		B. — MUSCLE RIGIDE		OBSERVATIONS.
	GLYCOGÈNE p. 100.	AC. LACTIQUE p. 100.	GLYCOGÈNE p. 100.	AC. LACTIQUE p. 100.	
I.........	0,28	0,16	0,28	0,44	Analysé 8 heures après (A).
II........	0,71	0,22	0,71	0,57	— 18 —
III.......	0,036	0,35	0,041	0,56	— 24 —

Dans la troisième expérience l'animal (chat) avait été soumis préalablement à trois jours d'inanition, pour diminuer la quantité de glycogène des muscles. Or malgré la faible proportion de glycogène, la quantité d'acide lactique produit est aussi forte que dans les deux autres expériences. Il semble donc prouvé que l'acide lactique provient ou peut provenir d'autres substances que de la substance glycogène.

Rôle physiologique de la substance glycogène. — La quantité totale de substance glycogène existant dans l'organisme peut être évaluée à 300 ou 400 grammes. Quel est le rôle de cette substance ?

Le rôle du glycogène ne paraît pas être celui d'une *substance constituante* entrant d'une façon permanente dans la constitution des éléments et des tissus. Une cellule hépatique, une fibre musculaire ne perdent pas leurs caractères spécifiques quand le glycogène en disparaît. Il semblerait plutôt appartenir aux *substances de passage*, comme la graisse, par exemple, qui se forment et se détruisent plus ou moins facilement et qui peuvent sous certaines conditions s'accumuler dans les tissus comme *matières de réserve*. A ce point de vue le glycogène pourrait être rapproché de l'amidon végétal, il s'accumule dans le foie comme ce dernier s'accumule dans les graines et les tubercules de la plante, seulement tandis que dans la plante la transformation de l'amidon en glucose et l'utilisation de ce glucose par la plante ne se fait qu'à certaines époques déterminées de la vie du végétal, chez l'animal cette transformation en glucose est incessante et ce glucose incessamment utilisé pour produire, ou du moins tout porte à le croire, de la chaleur et du travail musculaire. Il y a donc dans l'organisme animal et particulièrement dans le foie et dans les muscles une véritable *réserve hydrocarbonée* toujours disponible. Cette réserve permet de maintenir constante la proportion de glucose du sang quelle que soit du reste la consommation de ce glucose par l'organisme.

On a aussi considéré la substance glycogène comme un simple *produit accessoire* formé dans l'accroissement de certains tissus (épiderme), dans certaines sécrétions (bile) et qui se déposerait alors dans les tissus, soit pour être utilisé de la façon indiquée plus haut, soit pour être employé à régénérer la molécule d'albumine (Pflüger).

Ce qui est certain en tout cas, c'est que tout ce qui ralentit les dissociations dans l'organisme (riche alimentation, spécialement d'hydrocarbonés, défaut d'exercice, etc.) favorisent son accumulation.

Bibliographie. — B. LUCHSINGER : *Notizen zur Physiologie des Glykogens* (Arch. de Pflüger, 1878). — R. BOEHM et F.-A. HOFFMAN : *Ueber die Einwirkung von defibrinirten Blute auf Glykogenlösungen* (Arch. für exp. Pat., t. X, 1878). — ID. : *Beiträge zur Kenntniss des Glykogens*, etc. (id.). — M. v. VINTSCHGAU et M. J. DIETL : *Weitere Mittheilungen über die Einwirkung von Kalilosungen auf Glykogen* (Arch. de Pflüger, t. XVII, 1878). — K. MAYDL : *Ueber die Abstammung des Glykogens* (Zeit. für phys. Ch., t. III, 1879). — R. BOEHM : *Ueber das Verhalten des Glycogens und der Milchsäure im Muskelfleisch* (Arch. de Pflüger, t. XXIII, 1880). — E. KULZ et A. BORNTRAGER : *Ueber die elementare Zusammensetzung des Glykogens* (Arch. de Pflüger, t. XXIV, 1880). — M. ABELES : *Berichtigung*, etc. (id.). — E. KULZ et A. BORNTRAGER : *Ueber die Einwirkung von Mineralsäuren auf Glykogen* (Arch. de Pflüger, t. XXIV, 1880). — E. KULZ : *Ueber eine Versuchsform Bernard's*, etc. (A. de Pflüger, t. XXIV, 1880). — ID. : *Ueber das Drehungsvermögen des Glykogens* (id., t. XXIV, 1880). — E. KULZ : *Bildet der Muskel* *selbständig Glycogen ?* (A. de Pflüger, t. XXIV, 1880). — ID. : *Bemerkungen zu einer Arbeit Schtscherbakoff's* (id.). — F. KRATSCHMER : *Beiträge zur quantitativen Bestimmung von Glycogen, Dextrin und Amylum* (A. de Pfl., t. XXIV, 1880). — R. BOEHM et HOFFMANN : *Ueber die postmortale Zuckerbildung in der Leber* (A. de Pfl., t. XXIII, 1880). — E. KULZ : *Ueber eine neue Methode das Glycogen quantitativ zu bestimmen* (A. de Pflüger, t. XXIV, 1880). — ID. : *Beitr. zur Lehre von der Glycogenbildung in der Leber* (Arch. de Pflüger, t. XXIV, 1880). — ID. : *Ueber den Einfluss angestrengter Körperbewegung auf den Glycogengehalt der Leber* (id.). — ID. : *Ueber den Einfluss der Abkühlung*, etc. (id.). ID. : *Bewirkt Injection von kohlensaurem Natron in die Pfortader Schwund des Leberglycogens ?* (id.). — ID. : *Verhalten des Glycogens in der Leber und den Muskeln nach dem Tode* (id.). — ID. : *Ueber den Glycogengehalt der Leber Winterschlafender Murmelthiere*, etc. (id.). — S. LUSTGARTEN : *Ueber einen aus das Glykogen entstehenden Salpeterester* (Monatsh. für Ch., t. II, 1881). — E. KULZ : *Zur Kenntniss des Glykogens* (Ber. d. d. ch. Ges., t. XV, 1882). — F. ROHMANN : *Ueber die Beziehungen des Ammoniaks zur Glykogenbildung in der Leber* (Centralbl. für kl. Med., 1884). — H.-A. LANDWEHR : *Eine neue Methode zur Darstellung und quantitativen Bestimmung des Glykogens in thierischen Organen* (Zeit. für phys. Ch., t. VIII, 1884). — O. NASSE : *Ueber Verbindungen des Glykogens nebst Bemerkungen über die mechanische Absorption* (Arch. de Pflüger, t. XXXVII, 1885). — BUTSCHLI : *Bemerkungen über einen dem Glykogen verwandten Körper in den Gregarinen* (Zeit. für Biol., t. XXI, 1885). — J. SEEGEN : *Zur Umwandlung des Peptons durch die Leber* (A. de Pfl., t. XXXVII, 1885). — D. BARFURTH : *Vergleichendhistochemische Unters. über das Glykogen* (Arch. für mikr. Anat., 1885). — R. CHITTENDEN et B. LAMBERT : *The post mortem formation of sugar in the livre in the presence of peptones* (Labor. of physiol. of Yale College New-Haven, 1885). — E. LAMBLING : *Dosage de matière glycogène dans les organes d'un supplicié* (Soc. de biol., 1885). — H.-A. LANDWEHR : *Ueber die Fällung des Dextrins durch Eisen* (A. de Pflüger, t. XXXVIII, 1886). — F. ROHMANN : *Beiträge zur Physiologie des Glykogens* (A. de Pflüger, t. XXXIX, 1886). — R. KULZ : *Zur quantitativen Bestimmung des Glykogens* (Zeitsch. für Biol., t. XXII). — B. DEMANT : *Ueber den Einfluss des Strychnins und Curare auf den Glycogengehalt der Leber und der Muskeln* (Zeitsch. für phys. Ch., t. X, 1886). — ID. : *Ueber den Glycogengehalt der Leber neugeborener Hunde* (id., t. II, 1887) (1).

Dextrine $(C^6H^{10}O^5)^2$?

Caractères. — La dextrine est une substance amorphe, transparente, d'aspect gommeux, très hygrométrique, soluble dans l'eau, peu soluble dans l'alcool faible, insoluble dans l'alcool fort et dans l'éther. Elle dévie à *droite* le plan de polarisation.

Variétés. — On distingue plusieurs espèces de dextrines qui diffèrent par leur pouvoir réducteur sur la liqueur cupro-potassique, par leur pouvoir rotatoire, par leur coloration avec l'iode et par la facilité avec laquelle la diastase les transforme en glucose.

1° *Erythrodextrine*. — Elle se colore en pourpre par l'iode ; elle est très attaquable par la diastase ; elle ne réduit pas la liqueur cupro-potassique. Pouvoir rotatoire = + 215. (Elle forme la majeure partie de la dextrine commerciale) (2).

2° *Achroodextrine α*. — Se colore à peine par l'iode ; moins attaquable que la précédente par la diastase. Pouvoir réducteur = 12 (le pouvoir réducteur du glucose étant égal à 100). Pouvoir rotatoire = + 210.

3° *Achroodextrine β*. — Ne se colore pas par l'iode ; inattaquable par la diastase. Pouvoir réducteur = 12. Pouvoir rotatoire = 190°.

(1) *A consulter* : Pelouze, *Sur la matière glycogène* (Comptes rendus, t. I, 1857) ; Schiff, *De la nature des granulations qui remplissent les cellules hépatiques* (Comptes rendus, 1859) ; Cl. Bernard, *Leçon sur la matière glycogène du foie* (Union méd., 1859) ; A. Sanson, *Sur l'existence de la matière glycogène dans tous les organes des herbivores* (Journ. de la physiol., t. II, 1859) ; S. Weiss, *Ueber die Quelle des Leberglycogens* (Akad. d. Wiss. zu Wien, 1873) ; Luchsinger, *Ueber Glycogenbildung in der Leber* (Arch. de Pflüger, t. VIII, 1873) ; Salomon, *Beiträge über die Bildung des Glykogens in der Leber* (Arch. de Virchow, t. LXI, 1874) ; id., *Der Glykogengehalt der Leber bein neugebornen Kinde* (Centralbl., 1874).

(2) Beaucoup d'auteurs identifient l'érythrodextrine et l'*amidon soluble*. Ce dernier s'obtient en maintenant à 100° l'amidon ordinaire ou par l'action des acides sur l'amidon. D'après Musculus et A. Meyer, c'est un mélange d'amidon soluble et de dextrine pure.

4° *Achroodextrine* γ. — Ne se colore pas par l'iode ; inattaquable par la diastase ; ne se saccharifie que très lentement par l'acide sulfurique. Pouvoir réducteur = 28. Pouvoir rotatoire = + 150°. (Existe habituellement dans le glucose du commerce.)

Brown et Héron, d'après les transformations produites sur l'amidon par l'extrait de malt à différentes températures admettent neuf espèces de dextrines, distinctes par leur pouvoir réducteur et leur pouvoir rotatoire et qui constitueraient autant d'intermédiaires entre l'amidon soluble et la maltose. Toutes ces dextrines seraient des polymères qui en partant de l'amidon, 10 ($C^{12}H^{20}O^{10}$), perdraient successivement 1 ($C^{12}H^{20}O^{10}$) qui en prenant de l'eau se transforme en maltose, de façon à arriver à la neuvième dextrine constituée par 1 ($C^{12}H^{20}O^{10}$) qui se transforme en maltose, terme final de la réaction. La dextrine ordinaire serait représentée par le huitième terme de la série 2 ($C^{12}H^{20}O^{10}$).

Propriétés chimiques. — Les acides étendus et bouillants transforment la dextrine en glucose. — Elle se comporte à peu près comme l'amidon sous l'influence de la chaleur et des acides. — Par le brome puis l'oxyde d'argent humide. il se produit de *l'acide dextronique.* — La dextrine se produit quand on maintient de l'amidon à la température de 160°. Elle se forme aussi par l'action de l'orge germée sur l'amidon.

Fermentations. — D'après R. Maly, la dextrine fermente au contact de la muqueuse stomacale en donnant un mélange d'acides lactique et sarcolactique. — D'après Zawilsky la pepsine pure, *sans acide,* transformerait en glucose l'érythrodextrine et l'achroodextrine.

Production artificielle par synthèse. — Musculus en dissolvant, à froid, du glucose dans l'acide sulfurique et ajoutant de l'alcool a vu se précipiter, au bout de trois semaines, une substance ayant les caractères de *l'achroodextrine* γ. Grimaux et Lefevre ont obtenu aussi par déshydratation une dextrine synthétique appartenant à la famille des achroodextrines et ne se colorant pas par l'iode. Le galactose leur a fourni de même une *galacto-dextrine.*

Existence dans l'organisme. — La dextrine a été trouvée dans le sang, dans l'urine des diabétiques, dans le tissu musculaire. Mais son existence et ses proportions y sont très variables. Musculus et V. Mering en ont rencontré dans le foie à côté du glucose et du maltose. Dans le règne végétal, on l'a trouvée dans la manne du frêne et dans quelque végétaux.

Cette dextrine provient évidemment de la dextrine produite dans l'intestin par la digestion des aliments féculents. Le sang des animaux nourris exclusivement de viande n'en contient pas (Poiseuille et Lefort).

Dans le sang la dextrine se transforme lentement en glucose.

Sucre de canne $C^{12}H^{22}O^{11}$.

Caractères. — Le sucre de canne est très soluble dans l'eau, insoluble dans l'alcool absolu froid et dans l'éther. D = 1,606. Il dévie à *droite* le plan de polarisation. Son pouvoir rotatoire = + 73°8.

Propriétés chimiques. — Chauffé à 160° il fond sans altération ; mais en le maintenant longtemps à cette température, il se décompose en glucose et *lévulosane,* $C^6H^{10}O^5$.

$$C^{12}H^{22}O^{11} = C^6H^{12}O^6 + C^6H^{10}O^5.$$

L'amalgame de sodium le transforme en mannite en présence de l'eau.

$$C^{12}H^{22}O^{11} + H^2O + 4H = 2C^6H^{14}O^6 \text{ (Mannite.)}$$

Par l'oxydation le sucre de canne donne à peu près les mêmes produits que le glucose. — Avec les alcalis, à froid, il donne des *saccharates* ou *sucrates.* (saccharate de chaux, etc). — Il se combine avec certains sels, comme les chlorures de sodium et de potassium. — Les acides étendus à chaud le transforment en *sucre interverti,* mélange à parties égales de glucose et de lévulose

$$C^{12}H^{22}O^{11} + H^2O = C^6H^{12}O^6 + C^6H^{12}O^6$$

Sucre de canne.   Eau.   Glucose.   Lévulose.

Ce sucre interverti dévie à *gauche* le plan de polarisation, la lévulose ayant un pouvoir rotatoire à *gauche* plus élevé que le pouvoir rotatoire à *droite* du glucose ; cette transformation est précédée d'un stade dans lequel le sucre interverti est optiquement inactif (*Sucre neutre*). A la température ordinaire l'opération est plus longue, il faut sept heures pour l'acide chlorhydrique ; cette transformation se fait même avec l'acide carbonique, mais il faut beaucoup plus longtemps (cent cinquante jours ; Lippmann). — Le sucre de canne forme avec les acides organiques des éthers (*saccharosides.*)

Réactions. — Le sucre de canne se distingue du glucose parce qu'il ne brunit pas par les alcalis et qu'il ne réduit pas la liqueur cupro-potassique. Celle-ci est au contraire réduite par le sucre interverti.

Fermentations. — Un certain nombre de ferments produisent l'inversion du sucre de canne et le transforment en *sucre interverti*, de même que les acides dilués ; tels sont la levure de bière, le *penicillium glaucum*, l'*aspergillus niger* (très actif), le *bacillus butylicus* et le *bacillus amylobacter*. Tous ces ferments figurés ne produisent l'inversion que parce qu'ils secrètent un ferment soluble (*invertine* de Berthelot, *sucrase* de Duclaux) auquel est due cette propriété. Cette inversion, étudiée par Duclaux sur l'*aspergillus niger*, marche d'abord très rapidement, puis se ralentit au bout de quelque temps. En se plaçant dans les conditions favorables, la sucrase peut transformer 4 000 fois son poids de sucre ; son maximum d'action se trouve un peu au delà de 56°.

Ce dédoublement en glucose et lévulose précède toute fermentation du sucre de canne. Une fois ce dédoublement accompli les ferments figurés déterminent alors leur fermentation spéciale soit alcoolique, soit butyrique en agissant sur les deux produits du dédoublement. Cette transformation de sucre de canne en glucose et lévulose se fait aussi dans le tube digestif et sera étudiée à propos de la digestion.

Existence dans l'organisme. — On a constaté la présence de petites quantités de sucre de canne dans la veine porte après son ingestion avec les aliments (Cl. Bernard, Hoppe-Seyler, Drosdoff). Il est probable que dans certaines conditions encore mal déterminées, une partie du sucre de canne ingéré échappe à l'interversion, est absorbée à son état naturel dans l'intestin et n'est dédoublée que dans le foie. L'existence du sucre de canne dans le sang serait donc purement accidentelle. On sait qu'il se trouve en grande quantité dans un certain nombre de végétaux (canne à sucre, betterave, carotte, etc.).

Rôle physiologique. — Dans l'organisme animal le sucre de canne n'a qu'un rôle purement alimentaire. Mais il n'est pas directement assimilable. Injecté dans le sang, comme l'a montré Cl. Bernard, il se retrouve inaltéré dans les urines, à moins que l'injection n'ait été faite dans les veines mésaraïques de façon à leur faire traverser le foie ; dans ce cas il est transformé en glucose et ne reparaît pas dans les urines. Il n'est pas non plus du reste directement assimilable chez les végétaux eux-mêmes. Ainsi dans la betterave il constitue une véritable réserve nutritive qui n'est employée qu'au moment où se développe l'activité de la plante (bourgeonnement, floraison) ; mais à ce moment il ne l'est pas à l'état de sucre de canne ; il apparaît dans les tissus de la plante un ferment qui le transforme en sucre interverti et c'est ce sucre interverti qui est utilisé par la plante.

Sucre de lait $C^{12}H^{22}O^{11} + H^2O$.

Syn. — Lactose, lactine.

Préparation. — Le sucre de lait se prépare en concentrant par l'évaporation le petit-lait et l'abandonnant à lui-même ; le sucre de lait cristallise et les cristaux sont purifiés par les procédés ordinaires.

Caractères. — Le sucre de lait cristallise en prismes orthorhombiques durs, incolores, de saveur faiblement sucrée. Entre 130° et 140° ils perdent leur eau de cristallisation. Il est soluble dans 6 parties d'eau froide et dans 2,5 parties d'eau bouillante ; par l'évaporation de sa solution aqueuse il se prend en masse cristalline anhydre qui se dissout dans l'eau froide avec abaissement de température. Il est insoluble dans l'alcool et dans l'éther. D = 1,534. Il dévie à *droite* le plan de polarisation; son pouvoir rotatoire = + 59°,3.

Propriétés chimiques. — Les propriétés chimiques du sucre de lait dérivent de sa constitution; on sait en effet qu'il est constitué par l'union du glucose et du galactose avec sortie d'une molécule d'eau. — Les *acides* minéraux dilués le dédoublent en glucose et en galactose :

$$C^{12}H^{22}O^{11} + H^2O = C^6H^{12}O^6 + C^6H^{12}O^6$$
$$\text{Sucre de lait.} \qquad \text{Glucose.} \qquad \text{Galactose.}$$

Par l'amalgame de sodium il fournit un mélange de mannite (provenant du glucose) et de dulcite (provenant du galactose). — Chauffé avec l'acide nitrique, il donne les produits d'oxydation des deux corps qui le constituent, acide saccharique (glucose), et acide mucique (galactose). Il donne en outre avec l'acide azotique ordinaire d'autres produits d'oxydation, acides oxalique, tartrique, etc. — Avec l'hydrate d'oxyde de cuivre il fournit les mêmes produits que le galactose, acides formique, carbonique, lactique et une plus forte proportion d'acide glycolique. — Avec le chlore ou le brome il donne de l'*acide lactonique* $C^6H^{10}O^6$ ou $C^5H^6O(OH)^3.COOH.$ — Chauffé avec les acides organiques, il donne des éthers ou *lactosides.* — Avec les alcalis, à froid, il donne des combinaisons peu stables. A *chaud,* il brunit par la potasse. Il réduit la liqueur cupro-potassique.

Réactions. — Si on chauffe fortement une solution de sucre de lait avec de l'acétate neutre de plomb, le liquide, au bout de quelques minutes, prend une coloration jaune à jaune brun; si on ajoute goutte à goutte de l'ammoniaque, la solution devient d'abord jaune, puis rouge brique; puis le liquide se décolore peu à peu en même temps qu'il se fait un précipité rouge (*R. de Rubner*).

Fermentations. — En présence de la levure de bière, le sucre de lait subit, quoique difficilement, la *fermentation alcoolique*, après s'être dédoublé en glucose et galactose. Cette fermentation alcoolique du sucre de lait est produite aussi par d'autres ferments, entre autres par l'*actinobacter polymorphus* et par le *tyrothrix claviformis* (Duclaux). Dans cette fermentation alcoolique il se produit de l'alcool ordinaire et de l'acide acétique. — La *fermentation lactique* se produit au contraire très facilement sous l'influence du *ferment lactique* de Pasteur. L'acide lactique ainsi formé peut subir à son tour sous l'influence de divers ferments des décompositions qui aboutissent à la production d'acides gras volatils et qui seront étudiées à propos de l'acide lactique. — La *fermentation visqueuse*, avec production d'un mucilage précipitable par l'alcool, peut être déterminée par différents ferments, l'*actinobacter* du lait visqueux (Duclaux); une espèce de *micrococcus* (Schmidt) un ferment de globules arrondis en chapelet, etc.

Synthèse. — Demole a reproduit artificiellement le sucre de lait en traitant par l'anhydride acétique à 150° un mélange de glucose et de galactose. Il reste cependant encore quelques doutes sur la valeur de cette expérience.

Dosage. — Le dosage du sucre de lait se fait soit par la liqueur cupro-potassique (voir *glucose*), soit par le polarimètre. — Gscheidlen a indiqué des procédés de dosage du sucre de lait basés sur les colorations (jaune rougeâtre à brun rouge) que prennent les solutions de sucre de lait quand on les chauffe avec de la soude.

Existence dans l'organisme. — A l'état ordinaire, le sucre de lait ne se rencontre que dans le lait. On en a constaté des traces dans le sang au moment de la lactation. De Sinéty avait remarqué que quand on supprime brusquement la lactation, les urines contiennent du glucose; d'après Hofmeister et Kaltenbach, le corps qui se rencontre dans ces cas dans l'urine serait non du glucose, mais du sucre de lait. Dans ces dernières années on a constaté la présence du sucre de lait dans un certain nombre de végétaux, suc du sapotillier (G. Bouchardat), glands du chêne (Braconnot), etc.

Origine. — *Alimentation.* — Depuis qu'on a constaté la présence du sucre de lait ou du galactose dans un certain nombre de végétaux, on pourrait penser que le sucre existant dans le lait provient de l'alimentation; mais cette hypothèse devient bien peu probable quand on réfléchit que le sucre de lait se dédouble dans l'intestin et se transforme en glucose avant d'être résorbé et de passer dans le sang. On a vu en effet qu'on n'en trouve que des traces dans ce liquide et seulement dans le temps de la lactation. Après l'injection dans le sang le sucre de lait disparaît rapidement en se transformant en glucose dont l'excès s'élimine par les urines. Il faut cependant remarquer que cette destruction n'est pas complète, car on retrouve du sucre de lait dans les urines. Worm-Müller en a aussi constaté l'existence dans les urines après l'injection de fortes doses dans l'estomac, du moins chez les sujets sains; car chez les diabétiques au contraire c'est du glucose qu'on retrouve dans ce cas dans l'urine. Enfin on peut chez un animal donner une alimentation complètement dépourvue de sucre de lait sans empêcher l'apparition de ce sucre dans le lait.

Origine dans l'organisme. — On peut donc considérer comme certain que le sucre de lait se forme dans l'organisme. Aux dépens de quelle substance? Beaucoup de physiologistes pensent que la lactose se forme aux dépens du glucose apporté par le sang aux glandes mammaires, et les expériences suivantes tendraient à faire admettre cette opinion. C. Becker a vu qu'après l'injection de glucose dans le sang, les lapines qui allaitaient éliminaient par les urines moins de sucre que les lapines ordinaires, et que cette élimination durait moins longtemps; il semble donc que chez les premières une partie du glucose injecté ait été employée à fournir à la glande mammaire les matériaux de production du sucre de lait. Cl. Bernard d'autre part, en injectant du glucose dans le sang de chiens et de lapins, a retrouvé le glucose dans toutes les sécrétions à l'exception du lait, où il n'a jamais trouvé que de la lactose. On a objecté à cette hypothèse que la faible quantité de glucose qui se trouve dans le sang ne pourrait suffire à la production du sucre de lait. Mais l'objection perd de sa valeur, quand on pense à la quantité considérable de sang qui traverse en vingt-quatre heures la glande mammaire. Une autre objection plus sérieuse peut-être est que dans ce cas il faudrait admettre que le sucre ne disparaît pas si vite du sang pendant l'état de lactation, qu'il le fait habituellement.

Si l'on réfléchit que le sucre de lait résulte de l'union du glucose et de galactose, on est porté à admettre que c'est de la même façon qu'il se produit dans l'organisme. Il est vrai que jusqu'ici, on n'a pu y reconnaître l'existence du galactose.

Dans une communication faite à la Société de Biologie, Bert a annoncé qu'il a constaté, avec Schutzenberger, dans le pis de la vache en lactation, la présence d'une substance lactogène aux dépens de laquelle se formerait le sucre de lait comme le glycose se forme aux dépens de la substance glycogène du foie. Les caractères de ce corps différeraient, du reste, notablement de ceux de la substance glycogène (*Gazette médicale de Paris*, 1879, n° 2). Ultérieurement Schutzenberger isolé de la glande mammaire de femelles non en état de lactation, une petite quantité d'une substance qui donne du sucre avec l'acide sulfurique; il est vrai que cette substance n'en donnait pas avec la diastase ou la salive. H. Thierfelder en faisant digérer la glande mammaire dans une étuve à la température du corps, a vu se former un corps réducteur qu'il considère comme du sucre de lait. Ce sucre de lait se produirait, d'après lui, sous l'influence d'un ferment, aux dépens d'une substance préexistant dans la glande et qu'il appelle *substance saccha-*

rogène. Cette substance, soluble dans l'eau, insoluble dans l'alcool et l'éther, ne se colore pas par l'iode et serait distincte de la substance glycogène.

Bert a fait l'expérience suivante pour savoir si le sucre de lait se formait dans les glandes mammaires ou dans le reste de l'organisme. Il extirpe les glandes mammaires d'une chèvre et la fait couvrir; l'urine contient de notables quantités de sucre, tandis que celle d'une chèvre non opérée et couverte, n'en contient pas. Mais la même expérience répétée sur des cobayes ne donne pas le même résultat.

Un certain nombre d'auteurs ont admis que le sucre de lait provenait de la métamorphose des substances albuminoïdes (voir: *Sécrétion lactée*).

Bibliographie. — H. FUDAKOWSKI : *Zur Charakteristik der beiden Milchzuckerabkömmlinge* (Ber. d. d. ch. Ges., t. XI, 1878). — E. DEMOLE : *Synthèse partielle du sucre de lait* (C. rendus, t. LXXXIX, 1879). — E.-J. MILLS et J. HOGARTH : *Researches on lactin* (Proceed. Roy. Soc. Lond., t. XXVIII, 1879). — H. KILIANI : *Ueber die Identität von Arabinose und Lactose* (Ber. d. d. ch. Ges., t. XIII, 1880). — E.-O. ERDMANN : *Ueber wasserfreie Milchzucker* (id.). — M. SCHMÖGER : *Ein bis jetzt noch nicht beobachtete Eigenschaft des Milchzuckers* (id.). — ID. : *Ueber wasserfreie Milchzucker* (Ber. d. d. ch. Ges., t. XIV, 1881). — P. CLAESSON : *Ueber Arabinose* (Ber. d. d. ch. Ges., t. XIV, 1881). — A. MUNTZ : *Sur la galactine* (Ann. chim, phys., t. XXVI, 1882). — G. GÉ : *Ueber Salpetersäurceesther des Milchzuckers* (Ber. d. d. ch. Ges., 1882). — A. RINDELL : *Inversion des Milchzuckers* (Zeit. für anal. Ch , t. XXII, 1883). — H. THIERFELDER : *Zur Physiologie der Milchbildung* (Arch. de Pflüger, t. XXXII, 1883). — H. KILIANI : *Ueber ein neuen Saccharin auf Milchzucker* (Ber. d. d. ch. Ges., t. XVI, 1883). — P. BERT : *Sur l'origine du sucre de lait* (C. rendus, t. XCVIII, 1884). — C. SCHEIBLER : *Ueber die Nichtidentität von Arabinose und Lactose* (Ber. d. d. ch. Ges., t. XVII, 1884). — L.-O. v. LIPPMANN : (id.). — A. MEYER : *Ueber Lactosin, ein neues Kohlehydrat* (Ber. d. d. ch. Ges., t. XVII, 1884). — H.-A LANDWEHR : *Ueber die Bedeutung des thierischen Gummis* (A. de Pflüger, t. XXXIX, 1886). — A. MUNTZ : *Sur l'existence des éléments du sucre de lait dans les plantes* (C. rendus, t. CII, 1886). — ID. : *Des éléments du sucre de lait dans les plantes* (id.). — M. CONRAD et M. GUTHZEIT : *Ueber die Zersetzung des Milchzuckers durch verdünnte Salzsäure* (Ber. d. d. ch. Ges., 1886). (Voir aussi : *Lait*).

Maltose $C^{12}H^{22}O^{11} + H^2O$.

Préparation. — Le maltose se forme par l'action de la diastase du malt sur l'empois d'amidon. Il se produit aussi par l'action des acides dilués et chauds sur la dextrine.

Caractères. — Il constitue des cristaux sucrés, solubles dans l'eau, moins solubles dans l'alcool que le glucose, insolubles dans l'éther. Il dévie à *droite* le plan de polarisation (+13°,3).

Propriétés chimiques. — En solution aqueuse, le chlore le transforme en *acide gluconique*, $C^6H^{12}O^7$. — L'acide azotique le transforme en *acide saccharique*, $C^6H^{10}O^8$. — Avec l'hydrate d'oxyde de cuivre il donne les mêmes produits que le sucre de lait. — Il réduit la liqueur cupro-potassique. — Il ne réduit pas, *comme le fait le glucose*, une solution légèrement acide d'acétate de cuivre (*R. de Barfood*).

Fermentations. — D'après Musculus et Gruber il fermente directement en présence de la levure de bière. — Il est transformé directement en acide lactique par le ferment lactique et en glucose par l'*aspergillus niger* (Bourquelot). — Il est transformé en glucose dans l'intestin grêle, probablement par le suc entérique ou par les fermentations intestinales; mais d'après Bourquelot cette transformation ne se ferait pas ailleurs que dans l'intestin où elle a lieu sous l'influence d'un ferment soluble distinct du ferment inversif. — Il se forme aussi un peu de glucose dans la putréfaction du maltose (Philips).

Existence et formation dans l'organisme. — La petite quantité de

maltose qui existe dans l'organisme provient de l'alimentation féculente. Les aliments amylacés en effet (amidon, dextrine, substance glycogène) se transforment en maltose sous l'influence des ferments digestifs diastasiques de la salive et du suc pancréatique, maltose dont on constate la présence dans le canal intestinal. Mais les quantités de maltose sont toujours très faibles parce que le maltose formé se dédouble très rapidement en glucose. Cependant on en aurait trouvé dans le sang avec le glucose et Musculus et V. Mering admettent son existence dans le foie, fait nié par Seegen et Kratschner.

Introduction dans l'organisme. — D'après Philips quand on injecte du maltose dans le sang il reparaît dans l'urine sans avoir subi d'altérations; il en serait de même quand on l'introduit par la veine porte. D'après Dastre et Bourquelot au contraire une partie au moins du maltose introduit dans le sang serait décomposé dans l'organisme; ainsi chez des chiens ils n'ont vu reparaître dans l'urine que 22 à 24 p. 100 du maltose introduit dans le sang et dans quelques cas une quantité encore plus faible. Philips du reste constata aussi la transformation partielle de maltose en glucose après les injections sous-cutanées de maltose, et il a vu aussi cette même transformation s'opérer dans une anse d'intestin isolée sur l'animal vivant. Son introduction dans l'estomac augmenterait la proportion de glycogène du foie, d'après les expériences de Külz sur le lapin.

Rôle physiologique. — Le rôle physiologique du maltose est évidemment le même que celui du glucose.

Bibliographie. — E. Külz : *Zur Kenntniss der Maltose* (Arch. de Pflüger, t. XXIV, 1881). — J. Steiner : *Bemerk. üb. einige Exp. mit Maltose* (Chem. News., t. XLIII, 1881). — S.-J. Philips : *Over maltose* (Amsterdam, 1881). — E. Meissl : *Ueber Maltose* (Journ. für pr. Ch., t. XXV, 1882). — Em. Bourquelot : *Recherches sur les propriétés physiologiques du maltose* (C. rendus, t. XCVII, 1883). — A. Herzfeld : *Ueber Maltose* (Ann. Ch. Pharm., t. CCXX, 1883). — A. Dastre et E. Bourquelot : *De l'assimilation du maltose* (C. rendus, t. XCVIII, 1884). — H. T. Brown : *Ueber Maltodextrine* (Ber. d. d. ch. Ges. 1886). — E. Bourquelot : *Recherches sur les propriétés physiologiques du maltose* (Journ. de l'Anat., 1886).

Glucose $C^6H^{12}O^6$.

Syn. — Glycose, dextrose, sucre de raisin, sucre de fruit, sucre de diabète.

Caractères. — Le glucose est un corps solide, blanc, inodore, d'une saveur piquante un peu farineuse qui devient bientôt sucrée. Il cristallise en masses mamelonnées composées de lamelles rhomboédriques (fig. 22) ou d'aiguilles (*gl. anhydre*). Il est soluble dans l'eau et l'alcool bouillant, peu soluble dans l'alcool froid, insoluble dans l'éther. $D = 1,55$. Il dévie à *droite* le plan de polarisation. Son pouvoir rotatoire est $[\alpha]^D = + 53°$.

Propriétés chimiques. — 1° *Chaleur*. À 170°, il se décompose et se change en *gluco*sane en perdant de l'eau :

$$C^6H^{12}O^6 - H^2O = C^6H^{10}O^5 \text{ (Glucosane.)}$$

A une température plus élevée il donne des produits caraméliques, ulmiques et du charbon avec dégagement d'acides acétique, carbonique, d'oxyde de carbone, de gaz des marais et de produits pyrogénés. — 2° *Électricité.* Le courant de pile le décompose en acide acétique, aldéhyde et acide carbonique. — 3° *Oxydation.* — L'oxygène libre ou l'ozone le transforment, en solution alcaline, en acides formique et acétique :

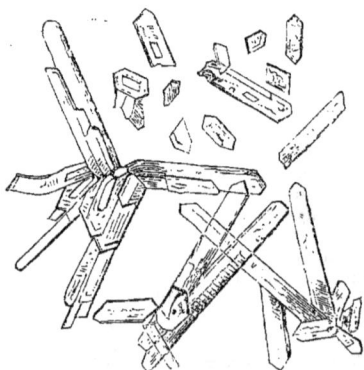

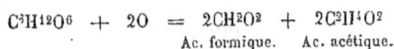

Fig. 22. — *Cristaux de glucose.*

$$C^3H^{12}O^6 + 2O = 2CH^2O^2 + 2C^2H^4O^2$$
Ac. formique.   Ac. acétique.

Le brome et le chlore à froid le transforment en *acide gluconique*, isomère de l'acide mannitique :

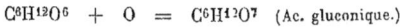

$$C^6H^{12}O^6 + O = C^6H^{12}O^7 \text{ (Ac. gluconique.)}$$

L'acide nitrique étendu le transforme en *acide saccharique* :

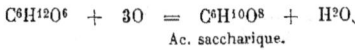

$$C^6H^{12}O^6 + 3O = C^6H^{10}O^8 + H^2O,$$
Ac. saccharique.

Par l'oxydation avec l'oxyde d'argent, il donne de l'*acide glycolique* :

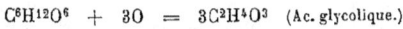

$$C^6H^{12}O^6 + 3O = 3C^2H^4O^3 \text{ (Ac. glycolique.)}$$

Enfin le dernier terme des oxydations est l'acide oxalique aboutissant lui-même aux acides formique et carbonique. — 4° *Réductions*. — Avec l'amalgame de sodium il se transforme en *mannite* :

$$C^6H^{12}O^6 + H^2 = C^6H^{14}O^6 \text{ (Mannite.)}$$

5° *Action des alcalis*. — A froid, il forme avec les alcalis des composés comparables aux alcoolates. — Hoppe Seyler a obtenu du lactate de potasse en traitant du glucose par la potasse. — D'Arsonval a annoncé avoir obtenu de l'alcool par l'action des alcalis sur le glucose ; mais le fait n'a pas été confirmé jusqu'ici. — A 35° à 40°, il est décomposé par les alcalis, il en est de même avec les bases organiques ammoniacales (hydrate d'oxyde de tétraméthylammonium, neurine). — Chauffé à 240° dans des tubes scellés avec l'hydrate de baryte, il fournit les acides formique, oxalique, acétique, lactique, pyrocatéchique, de la pyrocatéchine. — 6° *Éthers*. — Avec les acides minéraux et organiques il donne des éthers ou *glucosides*. Il donne des composés du même genre avec les alcools, les phénols, etc. — 7° *Sels*. — Il s'unit à certains sels comme l'alcool. Ainsi avec le chlorure de sodium, il donne des cristaux de la formule :

$$2(C^6H^{12}O^6) NaCl + 2H^2O.$$

8° Les solutions de glucose ne précipitent ni par l'acétate liquide de plomb ni par l'acétate de plomb ammoniacal, ce qui donne un moyen de le séparer de substances analogues. — Les propriétés réductrices du glucose seront étudiées plus loin (voir : *Réactions*).

Fermentations. — Le glucose peut subir un grand nombre de fermentations. — 1° *F. alcoolique*. — Cette fermentation est produite par la levure de bière (*saccharomycètes cerevisiæ* et *pastorianus*). Elle est représentée par l'équation classique (Lavoisier et Gay-Lussac) :

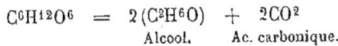

$$C^6H^{12}O^6 = 2(C^2H^6O) + 2CO^2$$
Alcool. Ac. carbonique.

Mais cette équation est incomplète car à côté de l'alcool ordinaire et de l'acide carbonique, il se forme de la glycérine, de l'acide succinique et des alcools homologues, dits de fermentation. — Un autre ferment, l'*actinobacter polymorphus* (Duclaux) peut aussi déterminer la fermentation alcoolique du glucose, soit qu'elle se produise avec ou sans dégagement d'hydrogène ; avec l'alcool il se produit dans ce cas de l'acide acétique ; les équations suivantes peuvent la représenter :

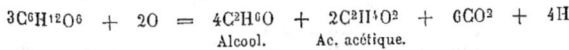

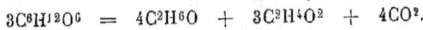

$$3C^6H^{12}O^6 + 2O = 4C^2H^6O + 2C^2H^4O^2 + 6CO^2 + 4H$$
Alcool. Ac. acétique.

$$3C^6H^{12}O^6 = 4C^2H^6O + 3C^2H^4O^2 + 4CO^2.$$

Ces deux ferments sont *anaérobies*. — 2° *F. lactique*. — Le ferment lactique est *aérobie*. L'équation suivante représente cette fermentation :

$$C^6H^{12}O^6 = 2C^3H^6O^3 \text{ (Ac. lactique.)}$$

Cette fermentation s'arrête très vite à cause de l'acidité de la liqueur qui s'oppose au développement du ferment si on n'ajoute pas du carbonate de chaux. — 3° *F. butyrique*. — Cette fermentation peut être déterminée par le *bacillus amylobacter* et le *bacillus butylicus*, tous deux *anaérobies*. Équation :

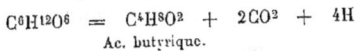

$$C^6H^{12}O^6 = C^4H^8O^2 + 2CO^2 + 4H$$
Ac. butyrique.

4° *F. gluconique*. — Elle est produite par le *micrococcus oblongus*, aérobie (Boutroux).

Il y a, par action oxydante évidemment, formation d'acide gluconique (*ac. zymogluconique* de Boutroux). Équation :

$$C^6H^{12}O^6 + 2O = C^6H^{12}O^7 \quad \text{(Ac. gluconique.)}$$

Ce ferment paraît identique an *mycoderma acéti* (*bacterium aceti*).

Réactions caractéristiques. — A. *Fermentation alcoolique avec la levure de bière.* — B. *Procédés chimiques.* — Chauffée avec les alcalis caustiques (lessive de soude) sa solution se colore en jaune puis en rouge brun. — Quand on ajoute à une solution de glucose un peu de potasse et de sulfate de cuivre, le liquide prend une belle couleur bleue et par la chaleur il se fait un précipité pulvérulent jaune d'hydrate d'oxydule de cuivre ou rouge d'oxydule de cuivre anhydre (Réaction de Trommer). — Dans les mêmes conditions, le sous-nitrate de bismuth donne un précipité noir olive (R de Böttger), le cyanure de mercure (R. de Knapp), l'iodure double de mercure et de potassium (R. de Sachsse) donnent un précipité noir. — Quand on verse dans une solution de glucose une solution d'indigo alcalinisée par du carbonate de sodium, la liqueur devient d'abord pourpre puis jaune par l'ébullition ; en agitant la liqueur elle devient bleue pour se décolorer par le repos (R. de Mulder). — En chauffant une solution de glucose avec quelques gouttes de molybdate ou de tungstate d'ammoniaque, et acidulant avec de l'acide chlorhydrique, le liquide se colore en bleu (R. d'Huizinga). — Chauffé avec une solution de phénylhydrazine additionnée d'acétate de soude, un liquide contenant du glucose donne par le refroidissement des aiguilles jaunes microscopiques de *phénylglucosazone* (R. de Fischer).

Procédés de dosage de la glycose. — A. *Fermentation.* — On ajoute un peu de levure de bière à un volume connu du liquide à examiner et on détermine la quantité d'acide carbonique produit par l'augmentation de poids d'un tube de Liebig contenant de la potasse ou de l'acide sulfurique et traversé par le courant gazeux dégagé. On admet que 1 centimètre cube d'acide carbonique correspond à 4 milligrammes de glucose. Ce procédé ne présente pas une précision suffisante. — B. *Procédés chimiques.* — 1° *Dosage par la liqueur de Barreswill ou de Fehling.* Cette liqueur s'obtient en ajoutant 40 grammes de sulfate de cuivre cristallisé dissous dans 160 centimètres cubes d'eau à un mélange d'une solution aqueuse de 160 grammes de sel de Seignette et de 600 centimètres cubes de lessive de soude caustique de densité de 1,12. On étend exactement à 1 154, 4 centimètres cubes ; 10 centimètres cubes du liquide obtenu sont réduits par 0,05 grammes de glucose. On introduit 10 centimètres cubes de réactif dans une capsule, on l'étend avec 40 centimètres cubes d'eau et on chauffe à 70°-80°. On ajoute alors goutte à goutte, à l'aide d'une burette, le liquide à examiner, dédoublé avec de l'eau, jusqu'à ce que la coloration bleue ait disparu. La réaction est terminée quand le liquide de la capsule ne réduit pas la liqueur de Barreswill et quand il ne précipite pas en rose le cyanure jaune, après neutralisation avec l'acide acétique. La quantité de glucose contenue dans un litre d'urine = 0,005 × 1000 divisé par la quantité d'urine employée en centimètres cubes (1). Dans la liqueur de Barreswill primitive la potasse remplaçait la soude caustique. Cette précipitation est empêchée par la présence de l'albumine, de la pepsine, des peptones, de la créatine, de la créatinine. Par contre l'acide urique, l'allantoïne, la leucine réduisent la liqueur cupro-potassique. Il en est de même du mucus. D'après les recherches de Soxhlet et Allihn, ce procédé ne serait pas exempt de reproches, le pouvoir réducteur du glucose variant avec la concentration de la liqueur. Pour éviter ces erreurs Soxhlet a modifié le procédé primitif (voir aussi sur ce point les travaux de Worm-Müller). — 2° *Procédé de Knapp.* La liqueur de Knapp s'obtient en dissolvant 10 grammes de cyanure de mercure dans 100 grammes de lessive de soude de densité 1,14 et étendant au litre ; 40 centimètres cubes sont réduits par 0,05 grammes de glucose. On procède comme avec la liqueur cupro-potassique. Le procédé de Knapp est excellent pour les liquides contenant de très faibles quantités de glucose, surtout en le combinant avec le procédé de la fermentation en dosant le sucre avant et après la fermentation. — Dans ces procédés chimiques il y a une cause d'erreur ; c'est que le liquide examiné (urine, sang) peut contenir des corps réducteurs autres que le glucose. Il est prudent alors d'employer le procédé suivant. On dose un échantillon du liquide à analyser comme d'ordinaire par la liqueur de Fehling ou de Knapp ; on a ainsi la totalité des principes réducteurs ; on fait alors fermenter une autre portion du liquide à analyser de façon à détruire tout le sucre qu'il contient et on fait alors sur cette même portion un second dosage qui donne les substances réductrices moins le glucose ; la différence des deux dosages donne la quantité de sucre fermentescible. — H. Molisch a récemment

(1) J'ai suivi le procédé que E. Ritter indiquait, dans ses cours, à la Faculté de médecine de Nancy.

indiqué deux réactions qu'il donne comme caractéristiques, spécialement pour la recherché du sucre dans l'urine; c'est d'ajouter au liquide deux gouttes d'une solution
alcoolique à 15-20 p. 100 de thymol ou de α-naphthol et un excès d'acide sulfurique

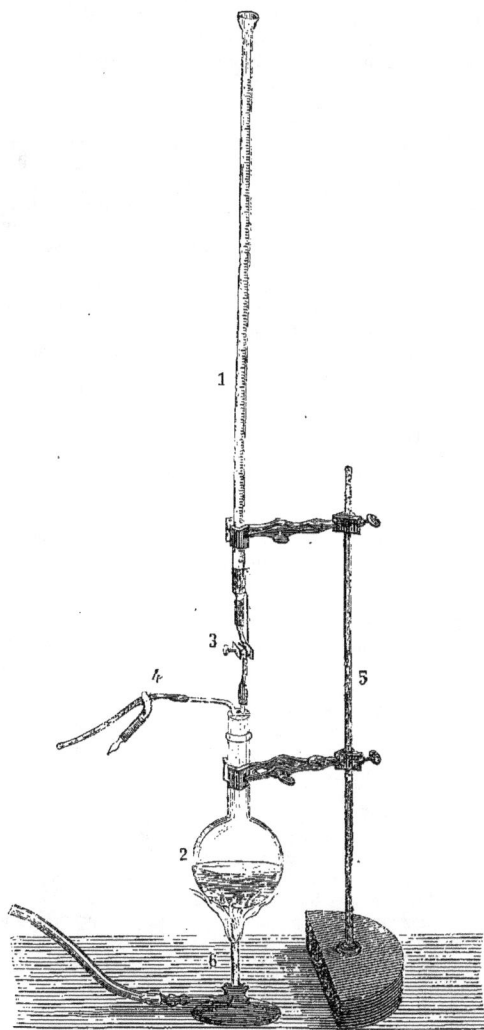

L.ROBERT
Fig. 23. — *Ballon et burette pour le dosage du sucre* (*).

concentré; en agitant fortement il se produit une coloration violette (naphtol) ou rouge
carminé (thymol). Mais cette réaction se produit aussi avec les hydrocarbonés, amidon,
dextrine, glycogène et n'est pas plus sensible que la liqueur de Fehling (Seegen). —
C. *Procédés optiques. Examen au polarimètre.* Pour l'emploi des polarimètres et en par-

(*) 1, burette; 3, son orifice inférieur fermé par une pince à pression; 2, ballon chauffé par le bec de
gaz (6) et dans lequel s'opère la réaction; 4, tube pour le dégagement de la vapeur et dont l'ajutage en
caoutchouc est pincé ensuite par une pince à pression pour empêcher l'entrée de l'air.

ticulier du *saccharimètre de Soleil*, voir les traités de physique. — D. *Procédés aréométriques.*
Procédé de Roberts. — Ce procédé consiste à prendre la densité du liquide avant et après
la fermentation. Une différence de 0,001 dans la densité prise avant ou après correspond
à une quantité de sucre = 0,23 p. 100 (Roberts) ou 0,219 p. 100 (Manasséin). Le procédé
de Roberts a été perfectionné par Antweiler et Breidenbend et par Worm-Müller. Il
donne de bons résultats quand la proportion de sucre dépasse 0,4 p. 100 à la condition
d'employer non un aéromètre ordinaire, mais un picnomètre muni d'un thermomètre.

Dosage du sucre dans le sang. — 1° *Procédé de Cl. Bernard.* Ce procédé exige les
objets suivants : six capsules de porcelaine de 20 grammes avec leur tare, un support
avec une lampe à l'alcool, une balance, une petite presse pour presser le caillot, une
burette divisée (fig. 23), du sulfate de soude en petits cristaux, un flacon de liqueur de
Barreswill (1) et un flacon de potasse caustique en pastilles. On pèse préalablement
20 grammes de sulfate de soude dans chacune des capsules ; cela fait on prend le sang
dont on veut doser le sucre et on en pèse 20 grammes que l'on mélange exactement aux
20 grammes de sulfate de soude. On porte alors la capsule sur le support et on fait cuire
le mélange ; l'opération est terminée quand la mousse qui surmonte le caillot est parfaitement blanche et que ce dernier ne présente plus de points rougeâtres. On retire
alors du feu et on rétablit sur la balance le poids primitif en ajoutant de l'eau pour compenser la perte due à l'évaporation. Le tout est jeté dans la petite presse dont on tourne
lentement la vis ; le liquide passe au-dessus du plateau compresseur et on le verse sur
un filtre qui surmonte la burette. Pendant que ce liquide filtre, on verse dans le petit
ballon (2, fig. 23) qui est au-dessous de la burette 1 centimètre cube de liqueur bleue ;
on ajoute 10 à 12 pastilles de potasse et 20 grammes d'eau distillée. On purge ensuite la
burette dont on serre la pince inférieure pour empêcher tout écoulement. On met sur le
ballon le bouchon de caoutchouc qui donne passage au tube qui termine la burette et à
un second tube coudé ayant un caoutchouc muni d'une pince à pression continue (4) et
servant de dégagement pour la vapeur. On porte le liquide à l'ébullition ; on laisse
alors tomber le liquide contenu dans la burette, d'abord rapidement, puis goutte
à goutte ; on voit alors le liquide bleu du ballon se décolorer de plus en plus et devenir
parfaitement limpide, ce qui se reconnaît en observant les bulles de vapeur qui se dégagent. Le dosage est alors terminé et on lit sur la burette la quantité du liquide écoulé,

soit *n* centimètres cubes. La formule $S = \dfrac{8}{n}$ fait connaître en grammes le poids de sucre

contenu dans 1 kilog. de sang. Le procédé de Cl. Bernard a été critiqué par Pavy et
Cazeneuve (2). — 2° *Procédé de Seegen.* — Le principe de ce procédé, que je donne
comme type des procédés nouveaux de dosage du glucose dans le sang, est basé sur la
précipitation des albuminoïdes par l'acétate de fer. Une quantité donnée de sang est
mélangée avec 8 à 10 fois son volume d'eau et chauffée dans une capsule de porcelaine
après addition de quelques gouttes d'acide acétique. Quand la précipitation des albuminoïdes commence, on ajoute de l'acétate de soude et du perchlorure de fer jusqu'à ce que
le liquide soit fortement acide ; on ajoute alors assez de carbonate de soude pour que la
réaction soit faiblement acide, on fait bouillir, on laisse refroidir et on filtre le liquide à
travers un linge fin non amidonné. Si la proportion de sel de fer ajouté a été convenable
le liquide qui filtre est clair. Le coagulum qui reste dans le linge est lavé à plusieurs reprises, et comprimé à la presse jusqu'à siccité. Les liquides exprimés du lavage sont
ajoutés au liquide filtré et si le tout a une teinte rosée due à la matière colorante du
sang on ajoute quelques gouttes de perchlorure de fer pour précipiter les dernières traces
de matières albuminoïdes. Le liquide est filtré sur le papier et réduit au bain-marie. Le
dosage se fait avec la liqueur de Fehling (3).

Isomères et corps analogues. — Meissner a extrait des muscles un sucre, *sucre
musculaire,* qui paraît identique au glucose ordinaire.

Existence dans l'organisme. — On rencontre le glucose dans l'intestin
grêle, dans le chyle et dans la lymphe après l'ingestion d'aliments féculents
et sucrés. On le trouve en outre même en dehors de toute alimentation de
ce genre dans un certain nombre de liquides et de tissus de l'organisme.

(1) La composition de la liqueur employée par Cl. Bernard est la suivante : sulfate de
cuivre, 36,40 gram. ; sel de Seignette, 200 gram. ; lessive de soude (24° Baumé), 300 c. c.
On ajoute de l'eau en quantité suffisante pour faire un litre à 15° C.
(2) Voir pour les réponses à ces objections : Dastre, *De la glycémie asphyxique,* 1879.
(3) *Arch. de Pflüger,* t. XXXIV, p. 391.

C'est ainsi qu'il existe dans le sang (dans le sérum bien plus que dans les globules). L'urine normale, d'après Blot, Brücke et un grand nombre d'auteurs, en contiendrait des traces; mais jusqu'ici, l'existence du glucose dans l'urine n'a été admise que d'après les réactions qu'il produit avec la liqueur de Barreswill et les réactifs analogues, et ces réactions ne font que démontrer dans l'urine l'existence d'un corps réducteur sans prouver que ce corps soit du glucose, et même en agissant sur des quantités considérables d'urine, on n'a pu encore l'isoler (Külz) (1). On en a trouvé aussi dans l'urine des nourrices (Blot, de Sinéty); mais d'après Hofmeister et Kaltenbach, ce serait du sucre de lait et non du glucose. Dans les cas pathologiques, au contraire, et en particulier dans le diabète, l'urine contient des proportions considérables de glucose. Le glucose existe encore dans le liquide de l'amnios et de l'allantoïde des herbivores, dans l'urine des fœtus de vache et de mouton, et, dans les cas de diabète, dans la plupart des excrétions et des sécrétions, salive, sueur, etc. Un grand nombre de tissus et d'organes contiennent aussi du glucose; tels sont le tissu musculaire, le thymus, etc., et surtout le foie. Cependant, pour ce dernier organe, les opinions des physiologistes diffèrent. Tandis que, d'après Claude Bernard, le sucre existerait toujours dans le foie vivant, beaucoup d'expérimentateurs n'en ont pas rencontré en prenant des morceaux de foie sur l'animal vivant; on verra plus loin quelle est l'explication de ces contradictions entre les différents observateurs, mais ce qui est certain, c'est que le foie pris sur l'animal vivant n'en contient que des traces, et qu'au contraire on en trouve des quantités de plus en plus fortes à mesure qu'on s'éloigne du moment où le foie a été détaché de l'animal.

Le glucose est comme on sait très répandu dans le règne végétal.

Sucre du sang. — Le sucre du sang, dont la nature (glucose) est aujourd'hui bien établie, se trouve principalement à l'état de dissolution dans le sérum. Ainsi Bleile a trouvé une proportion de 0,132 p. 100 de sucre dans le sérum et de 0,085 p. 100 dans le sang en totalité (sérum et globules).

D'après la théorie classique de Cl. Bernard, le sang verserait incessamment dans le foie une certaine quantité de glucose. La présence du sucre dans le sang avait été déjà constatée dans le diabète par Mac-Grégor (1837), et dans le cas d'alimentation féculente, par Bouchardat (1837), mais c'est Cl. Bernard qui le premier démontra la présence du sucre dans le sang indépendamment de l'alimentation, et par conséquent sa production par l'organisme animal (1849). Il faut donc distinguer à ce point de vue l'état du sang en dehors d'une alimentation sucrée et son état pendant une alimentation qui fournit directement de la glycose.

Dans le premier cas, si, par exemple, on nourrit un chien avec de la viande tout à fait dépourvue de sucre, on ne trouve pas de sucre dans le sang de la veine porte, on en trouve dans le sang des veines hépatiques, et ce sucre ainsi fourni par le foie se retrouve dans la veine cave inférieure, le cœur droit, et, *en même quantité*, dans le sang artériel; puis dans le sang veineux qui revient des capillaires généraux (jugulaire, veine cave inférieure au-dessous du foie, etc.), la quantité du sucre est moindre que dans le sang artériel.

Quand l'alimentation fournit du glucose absorbé dans l'intestin, les conditions

(1) Schilder avec la phénylhydrazine a toujours obtenu avec l'urine de sujets sains des cristaux jaunes de *phenylglucosazone.*

changent ; ce glucose ainsi absorbé se retrouve dans la veine porte en quantité variable suivant l'alimentation, et quand cette alimentation sucrée ou féculente est très abondante, la proportion de sucre dans la veine porte peut dépasser celle qui existe dans les veines sus-hépatiques, mais la proportion du sucre dans tous les autres segments du système vasculaire ne varie pas et reste ce qu'elle était dans le cas précédent. En résumé, dans la veine porte la quantité de sucre est variable et dépend de l'alimentation ; dans la veine sus-hépatique et dans le reste du système vasculaire, elle est constante et indépendante de l'alimentation. La proportion normale du sucre dans le sang serait la suivante, d'après Cl. Bernard :

Homme......................... .... 0,090 p. 100
Bœuf........ .. .. 0,127 —
Veau....... .... 0,099 —
Cheval......................... ....,.... 0,091 —

On verra tout à l'heure que les chiffres donnés par Cl. Bernard sont trop faibles, et on trouvera plus loin des analyses faites avec des procédés de dosage plus perfectionnés. Mais il faut remarquer que la plupart des auteurs ont confirmé les deux points principaux des recherches de Cl. Bernard, savoir : la proportion plus forte du sucre dans le sang des veines hépatiques comparativement au sang de la veine porte, et d'autre part la proportion moins forte de sucre dans le sang veineux ; c'est ce que montrent les analyses suivantes :

Chien .... { Sérum de la veine porte. .... 0,285 p. 100 de sucre. } Bleile.
{ Sérum de la veine hépatique..... 0,334 — — }

*Chien.... ..... *
(Moyenne { Sang de l'artère crurale........ 0,122 — —
de 14 analyses). { Sang de la veine crurale........ 0,111 — —

} G. Otto.

Lapin ....
(Moyenne { Sang de l'artère carotide........ 0,097 ·— —
de 10 analyses). { Sang de la veine jugulaire....... 0,087 — —

{ Sang de la veine-porte.......... 0,119 — —
{ Sang de la veine hépatique.... . 0,230 — —
Chien.......... { Sang du cœur droit.......... . 0,140 — — } J. Seegen.
{ Sang de la carotide.... .... 0,131 — —
{ Sang de la jugulaire........ ... 0,129 — —

Le tableau suivant, emprunté à J. Seegen, donne les proportions de sucre dans le sang de la veine porte, de la veine hépatique et de l'artère carotide dans diverses conditions alimentaires chez le chien :

	VEINE PORTE p. 100.	VEINE HÉPATIQUE p. 100.	ARTÈRE CAROTIDE p. 100.	MOYENNE de
Inanition......	0,147	0,260	0,157	8 expériences.
Amidon...............	0,144	0,261	0,150	9 —
Sucre de canne.......	0,186	0,265	0,165	6 —
Dextrine.............	0,256	0,320	0,176	4 —
Viande......	0,141	0,281	0,155	8 —
Graisse.	0,114	0,217	1,127	8 —

Tieffenbach a trouvé une décroissance du sucre du sang artériel à mesure qu'on s'éloigne du cœur.

D'après Otto, le sang de la mère et le sang du fœtus contiennent les mêmes proportions de sucre.

On voit que la quantité de sucre du sang varie surtout suivant l'alimentation. Elle augmente par une nourriture amylacée ou sucrée et diminue par la graisse. L'alimentation de viande et l'inanition ne paraissent pas avoir une grande influence. Cependant il y a dans le tableau précédent des contradictions difficiles à expliquer et qui tiennent probablement à des conditions expérimentales encore mal connues. L'augmentation du sucre du sang par les hydrocarbonés se montre de suite après l'introduction dans l'estomac et atteint son maximum au bout de trois ou quatre heures (chien); mais cette augmentation est loin de correspondre à la quantité de sucre qui disparaît par résorption dans l'intestin. La ligature de la veine cave inférieure au-dessus de l'embouchure des veines rénales augmente la quantité de sucre du sang (sang de la carotide; Seegen). La même augmentation s'observe dans le sang asphyxique (Dastre). Au contraire la ligature du canal thoracique (Bock et Hoffmann), l'*isolement du foie* sur l'animal vivant (Seegen) produisent une diminution. La saignée ne paraît pas faire varier la proportion de sucre du sang (Otto); elle égaliserait seulement les proportions de sucre dans le sang artériel et dans le sang veineux; quelques auteurs ont cependant signalé une augmentation.

Dans les conditions ordinaires, la quantité de sucre du sang présente une assez grande constance; quand cette quantité dépasse une certaine limite (0,4 à 0,6 p. 100), le sucre apparaît dans les urines, il y a glycosurie ou diabète. Le foie serait donc l'organe chargé de régler la proportion de sucre dans le sang. Aussi après la ligature de la veine porte ou dans les cas de cirrhose hépatique amenant son oblitération, il suffit de l'ingestion de quelques grammes de sucre pour que le diabète se produise, tandis qu'à l'état normal il en faut de 50 à 80 grammes.

Sucre du foie. — Le sucre du foie se trouve réparti également dans toutes les parties du foie, qui constitue à ce point de vue une unité physiologique. Ce fait, qui a été nié par quelques auteurs, a une certaine importance, eu égard aux expériences dans lesquelles on dose les proportions de sucre du foie dans un fragment soumis à diverses conditions expérimentales et dans un autre fragment pris comme contrôle.

Le sucre existe dans le foie aussi bien pendant la vie qu'après la mort.

L'existence de sucre dans le foie *pendant la vie* a été constatée par Cl. Bernard. Il a démontré que ce sucre existe même quand l'animal a été soumis à une alimentation de viande absolument dépourvue de matières amylacées ou sucrées pouvant fournir du glucose au foie. Seulement ce sucre y existe en très petite quantité (2 à 5 pour 1,000) parce qu'il passe au fur à mesure dans le sang des veines hépatiques.

Ces conclusions de Cl. Bernard ont été attaquées par un certain nombre de physiologistes et en particulier par Pavy, Schiff, etc. D'après eux la formation de sucre ne serait qu'un phénomène cadavérique et ne se produirait pas pendant la vie, sauf dans des conditions anormales. En prenant sur l'animal vivant un fragment de foie, on n'y trouverait jamais de glycose, contrairement à l'assertion de Cl. Bernard. Lussana, Tieffenbach, etc., sont aussi arrivés sur ce point à un résultat négatif. Dans un certain nombre de recherches sur ce sujet faites par moi sur des animaux adultes ou nouveau-nés (chien, chat, cobaye, pigeon), le foie pris avec les précautions indiquées plus haut fournissait un liquide qui, dans la plupart des cas, ne réduisait pas la liqueur de Barreswill, tandis que la réduction avait lieu quand le foie n'était pris qu'au bout de quelques minutes. Dans les cas où la réduction avait lieu avec le foie pris immédiatement, l'animal avait été chloroformé ou s'était livré à des mouvements brusques qui avaient certainement produit des troubles de la respiration et de la circulation du foie.

Dans des expériences ultérieures, Pavy est revenu sur quelques-unes de ses assertions ; il a trouvé par exemple, dans le foie pris sur l'animal vivant 0,2 à 0,5 pour 1,000 de sucre. Seegen a constaté des proportions plus fortes, 0,46 à 0,55 p. 100 chez le chien, 0,56 p. 100 chez le lapin. Il faut remarquer à ce sujet que cette proportion de sucre est sujette à varier suivant que le fragment du foie soumis à l'ébullition est plus ou moins volumineux et suivant la quantité de sang qu'il peut retenir dans son tissu.

Après la mort, le foie contient du sucre et la proportion de ce sucre augmente à mesure qu'on s'éloigne du moment où le foie a été extrait du corps de l'animal. C'est ce que démontre la célèbre expérience du *lavage du foie* de Cl. Bernard (1855). On extrait le foie d'un animal qui vient d'expirer, et on fait passer à travers ce foie par la veine porte un courant d'eau froide ; cette eau de lavage est d'abord sucrée, puis le sucre y diminue peu à peu et finit par disparaître ; le foie à ce moment ne contient plus de glycose ; si on l'abandonne alors à lui-même, la glycose s'y reforme de nouveau, et on constate en même temps que la substance glycogène qu'il contenait disparaît graduellement. Cette formation de glycose *post mortem* dans le foie est accélérée par la chaleur, arrêtée par une température de 0°, ainsi que par une température élevée (température de l'ébullition). Les chiffres suivants, empruntés à Dalton, donnent une idée de la rapidité de cette glycosogénie *post mortem ;* il a trouvé dans un cas les quantités suivantes de glycose dans le foie après l'extraction de l'organe sur l'animal vivant :

Après 5 secondes....................   1,8 p. 1000
 —   15 minutes.....   6,8   —
 —   1 heure   10,3   —

Cette expérience démontre donc d'une façon incontestable que du sucre se forme dans le foie après la mort. On verra plus loin le mécanisme de cette formation.

La *quantité* de sucre du foie est plus grande chez les animaux bien nourris; elle augmente sous l'influence de l'éther, du chloroforme, de la morphine, par l'interruption de la circulation hépatique ou toutes les causes de divers genres qui troublent cette circulation, après la ligature du canal cholédoque (Moos). Elle diminue au contraire par l'inanition, dans l'intoxication par le curare (?), par la ligature de la veine porte (Cl. Bernard a cependant obtenu un résultat différent). Dans l'hibernation, le sucre ne disparaît pas du foie. Chez les grenouilles, le sucre disparaît du foie dans la deuxième moitié de l'hiver (Schiff).

L'influence de l'alimentation sera étudiée plus loin (voir aussi le tableau de la page 140).

Origine du glucose. — Le glucose qui se trouve dans les organes et dans les liquides de l'organisme peut avoir une double origine. Il peut provenir de l'alimentation; il peut être formé dans l'organisme.

A. Origine de l'alimentation. — Le glucose contenu dans l'intestin provient de l'alimentation. Sous l'influence de la salive et du suc pancréatique, les aliments amylacés se transforment en glucose; il s'en forme de même aux dépens des sucres ingérés avec les aliments. Une partie de ce glucose est absorbé dans l'intestin et passe ainsi dans le sang et peut-être dans le chyle. Quand la quantité de sucre ainsi absorbée est considérable comme dans le cas d'une alimentation riche en sucre, ce glucose fait hausser la proportion du sucre du sang de la veine porte, peut traverser le foie et passer dans la circulation générale. Nous verrons tout à l'heure quelles réserves il convient peut-être de faire sur ce point.

B. Origine du sucre formé dans l'organisme.—1° *Formation du sucre dans le foie.*—*Théorie de Cl. Bernard. Formation du sucre aux dépens du glycogène du foie.*—On a vu plus haut que l'expérience du *lavage du foie* de Cl. Bernard a démontré la production de sucre dans le foie *après la mort.* D'après la doctrine classique de Cl. Bernard le sucre se formerait aux dépens de la substance glycogène et cette substance glycogène disparaîtrait au fur et à mesure que le sucre se produit. Cette transformation est une véritable fermentation. On sait que tous les ferments diastasiques, les ferments solubles de la salive et du suc pancréatique, que tous les tissus animaux contenant une substance albuminoïde soluble opèrent cette transformation. Mais dans le cas actuel, d'après Cl. Bernard, elle serait due à un ferment spécial, *ferment hépatique*, qui existe dans les cellules hépatiques et dont il peut être extrait, même sur un foie exsangue, par les procédés d'extraction de la ptyaline (1). Ce ferment hépatique est détruit par l'ébullition ; aussi quand on projette dans l'eau bouillante un fragment de foie, la transformation du glycogène en glucose ne se fait plus, le ferment étant détruit ; mais elle recommence si on ajoute un ferment diastasique.

L'origine de ce ferment hépatique est encore douteuse. Il paraît venir du sang et être fixé par les cellules hépatiques, mais où le sang le prend-il ? Est-ce la ptyaline résorbée dans l'intestin ? Est-ce un simple produit formé au moment de la destruction des tissus (Lépine), ou des globules sanguins (Van Tiegel) ? Ce dernier observateur a vu en effet que les globules, *au moment de leur destruction*, transforment le glycogène en glycose à la température de 35° ; la même chose se passerait dans les capillaires du foie. Je rappellerai encore que la bile contient un ferment diastasique qui pourrait aussi jouer un rôle dans cette transformation du glycogène en glycose. On a vu plus haut que le glycogène diminue dans le foie, tandis que le sucre augmente par la ligature du canal cholédoque. D'après Schiff, le ferment hépatique ne se formerait dans le sang qu'après la mort ou pendant la vie dans le sang stagnant ou ralenti.

L'existence de ce ferment hépatique spécial n'est pas admise par tous les auteurs. Ainsi Seegen et Kratschmer, malgré toutes les précautions possibles, n'ont pu isoler du foie pris, soit après la mort, soit sur l'animal vivant, d'autre ferment que des traces du ferment diastasique qu'on retrouve dans tous les tissus.

De la production du sucre dans le foie après la mort, Cl. Bernard a conclu que ce sucre se produisait de même pendant la vie aux dépens de la substance glycogène. Que du sucre se forme ainsi dans le foie pendant la vie, c'est ce que prouvent d'une façon irréfutable les analyses comparées du sang de la veine-porte et du sang de la veine hépatique, analyses dont les résultats

(1) *Préparation du ferment hépatique* (procédé de Cl. Bernard). Le foie débarrassé du sang qu'il contient par une injection intra-vasculaire est broyé, délayé dans quatre ou cinq fois son poids de glycérine pure, et laissé ainsi deux à trois jours ; la solution, filtrée, contient le ferment et peut se conserver indéfiniment. Pour obtenir le ferment, il suffit de le précipiter par l'alcool et de le redissoudre dans l'eau.

ont été donnés plus haut. Mais ce sucre provient-il en réalité de la substance glycogène ? C'est ce que Bernard crut devoir admettre en appliquant à l'animal vivant les résultats obtenus dans son expérience du lavage du foie. Rien ne paraissait plus naturel, étant donnée d'une part l'existence d'une substance facilement saccharifiable dans un organe, et d'autre part l'existence du sucre dans le même organe, que d'établir une relation de cause à effet entre ces deux substances et de faire provenir la seconde de la première; la conclusion s'imposait pour ainsi dire logiquement. Elle paraissait d'autant plus justifiée que Cl. Bernard trouvait une corrélation entre la production du sucre et la disparition de la substance glycogène. On va voir cependant que ces conclusions ont été attaquées et que la question doit être soumise à un nouvel examen.

Objections de Seegen et Kratschmer. — La théorie classique de Cl. Bernard a été attaquée dans ces derniers temps par Seegen et Kratschmer, qui sont arrivés à des conclusions différentes sur le mécanisme de la production du sucre dans le foie après la mort et pendant la vie. D'après ces auteurs, la substance glycogène ne contribue en rien à la production du sucre. Ils se basent sur les considérations suivantes:

1° Le sucre du foie est du glucose ; le sucre qui se produit aux dépens de la substance glycogène quand cette substance est soumise aux ferments diastasiques, est un sucre particulier (*sucre de fermentation*), mélange de dextrine et de maltose.

2° Le ferment spécial admis par Cl. Bernard dans le foie n'existe pas.

3° Si le glucose provenait du glycogène extrait de l'animal, on devrait constater à mesure que la proportion de sucre augmente dans le foie une diminution graduelle du glycogène aux dépens duquel ce sucre est formé. Or cette diminution admise par Cl. Bernard n'existe pas en réalité; elle ne se réalise que chez le lapin ; mais chez tous les autres animaux examinés, chien, chat, veau, cobaye, le parallélisme n'existe pas.

A ce point de vue, il est intéressant d'étudier comparativement la marche de l'augmentation du sucre dans le foie et la marche de la diminution du glycogène.

Pour le sucre, on voit que le maximum de production a lieu dans les premières heures qui suivent la mort ou l'extraction du foie, et qu'au bout de vingt-quatre heures cette production a beaucoup diminué et peut même s'arrêter.

La marche de la diminution du *glycogène* est toute différente; le maximum de cette diminution tombe *plus tard ;* au bout de vingt-quatre heures la quantité de glycogène du foie est à peu près la même que de suite après l'extraction. Il en résulte donc, contrairement à ce que croyait Cl. Bernard, que le glycogène est assez stable et ne se détruit pas si rapidement qu'on l'admet d'habitude. Cette opinion trouve un appui dans des analyses de E. Külz. Cet auteur a trouvé les quantités suivantes de glycogène dans des foies abandonnés à la température ordinaire dans son laboratoire, un certain nombre de jours après la mort ou après leur extraction.

Foie de porc, après 3 jours..................	1,36 p. 100	
— — 5 —	1,25	—
— — 8 —	0,47	—
Foie de chien bien nourri, après 8 jours..	7,2	—
Foie de bœuf, après 11 jours............	0,35	—
Foie d'enfant après 26 heures......... •	5,0	—

4° Si tout le sucre du foie provient du glycogène contenu dans cet organe, cette provision de glycogène ne pourra jamais fournir qu'une quantité déterminée de sucre, jamais plus, et si on examine divers fragments d'un foie 1, 2, 3, 4, etc., heures après la mort, on devra trouver dans tous la même quantité de sucre en additionnant le sucre existant dans le fragment analysé et le sucre provenant du restant de glycogène qu'il contient. Or, très souvent il n'en est rien et le sucre produit *dépasse* la quantité de sucre qui *peut* être produite par le glycogène contenu dans le foie. Il faut donc bien que ce sucre provienne d'une autre substance que du glycogène.

Les auteurs concluent donc, contrairement à la doctrine classique, que, après la mort comme pendant la vie, le sucre du foie ne se forme pas aux dépens du glycogène contenu dans cet organe.

Les deux premiers arguments n'ont pas une très grande valeur et l'absence d'un ferment hépatique spécial ne ruinerait pas la doctrine de Cl. Bernard ; mais les deux dernières catégories d'expériences et surtout la troisième ont une bien plus grande importance. Jusqu'ici les seuls auteurs qui aient repris cette question, Chittenden et Lambert, sont arrivés à des résultats différents de ceux de Seegen et Kratschmer et ont vu, comme Cl. Bernard, le glycogène diminuer à mesure que le sucre augmentait dans le foie. Boehm et Hoffmann se rangent aussi à l'opinion de Cl. Bernard. Des analyses répétées, faites dans des conditions précises, permettront seules de trancher la question.

C. Formation du sucre dans le foie aux dépens des albuminoïdes de l'alimentation (peptones). — Cl. Bernard avait déjà vu dans quelques-unes de ses premières expériences qu'une alimentation exclusive de viande pouvait augmenter la proportion de sucre du foie. J. Seegen a repris récemment la question et est arrivé à cette conclusion que dans le foie il y a une formation directe de sucre aux dépens des peptones provenant de la digestion des albuminoïdes.

L'opinion de Seegen s'appuie sur trois catégories d'expériences.

1° *Ingestion de peptones.* — Des chiens, préalablement soumis à un jeûne de un à quatre jours, reçoivent de 15 à 28 grammes de peptones de Darby en dissolution dans une certaine quantité d'eau ; on les sacrifie une heure après environ et on dose la proportion de sucre du foie. Cette proportion atteint 0,96 p. 100 (moyenne de dix expériences) tandis que chez des chiens pris comme terme de comparaison et privés de peptones, elle était en moyenne de 0, 40 à 0,55 p. 100.

2° *Injection de peptones dans la veine-porte.* — Dans une deuxième catégorie d'expériences, J. Seegen injecte dans une branche de la veine-porte une solution de 7 à 16 grammes de peptone dans 50 grammes d'eau ; les chiens étaient narcotisés par une injection d'opium ou chloroformisés. Le foie était analysé dix à quarante minutes après l'injection. Dans ces expériences, la quantité de sucre du foie fut trouvée de 0,94 p. 100 (moyenne de cinq analyses).

Dans une série complémentaire d'expériences consistant, les unes en ingestion, les autres en injection de peptones, Seegen examina comparativement la proportion de sucre dans le sang de la veine hépatique ; il trouva les chiffres suivants :

Avec peptones.		
(Moyenne de 6 expériences.) { Sucre du foie......................	0,89	p. 100
{ Sucre du sang de la veine hépatique.	0,28	—
Sans peptones........... Sucre du sang de la veine hépatique.	0,165	—

3° *Digestion du foie avec une solution de peptone.* — Dans cette troisième catégorie d'expériences, Seegen a cherché à démontrer directement cette transformation de peptones en sucre par le tissu du foie. Un fragment de foie est pris sur l'animal immédiatement après sa mort, et placé dans une solution de peptone avec 50 grammes de sang dans un flacon ; le flacon est maintenu pendant trois à quatre heures à la température de 30 à 35°, et traversé par un courant d'air déterminé par un aspirateur, de façon que le sang reste rouge et artérialisé tout le temps de l'expérience. Comme contrôle, un autre fragment de foie est traité identiquement de la même façon, mais *sans peptone*. Le sucre est dosé dans les deux fragments au bout de quatre heures. Voici les résultats obtenus par Seegen :

Foie sans peptone...... 2,56 p. 100 de sucre. } (Moyenne de 5 expériences.)
Foie avec peptone....... 3,54 — —

Il y a donc eu formation de sucre par le foie en présence des peptones et probablement transformation de ces peptones en sucre. Seegen admet que les peptones se dédoublent dans le foie en sucre et en urée. Il faut remarquer cependant que, pour être tout à fait probantes, les analyses devraient montrer une diminution de la quantité des peptones correspondante à la production du sucre.

Quoi qu'il en soit, ces expériences paraissent en effet démontrer la production du sucre aux dépens des albuminoïdes. Il faut remarquer cependant que ce n'est pas le sucre seul qui est augmenté dans ces dernières expériences, mais qu'il y a aussi augmentation des hydrocarbonés du foie (glycogène ?, dextrine ?). Ainsi tandis que les foies sans peptone contenaient 2,2 p. 100 d'hydrocarbonés en moyenne, les foies traités par les peptones en contenaient 2,8 p. 100 (moyenne de cinq expériences). On pourrait donc se demander si cette production de sucre aux dépens des peptones est bien *directe*, et si elle n'est pas précédée d'une transformation préalable en une subtance hydrocarbonée, glycogène, dextrine ou tout autre corps analogue.

Un fait qui vient du reste à l'appui de cette transformation (directe ou indirecte) des peptones en sucre, c'est que chez les diabétiques à forme grave, nourris exclusivement de viande, la production de sucre continue à se faire.

Il ne faudrait pourtant pas exagérer cette production de sucre aux dépens des albuminoïdes, et Seegen prouve lui-même qu'elle doit être assez limitée.

Il n'y a du reste, pour en être en être convaincu qu'à réfléchir à la quantité de sucre versée par le foie dans le sang. Le sang qui sort du foie contient en moyenne 1 p. 100 de plus de sucre que le sang qui arrive au foie; d'un autre côté, il passe par le foie, en vingt-quatre heures un minimum de 10 kilogrammes de sang environ par kilogramme de poids vif (voir *Foie*). On peut donc évaluer à 10 grammes la quantité moyenne de sucre que le sang reçoit du foie en vingt-quatre heures par kilogramme de poids vif, ce qui pour un homme de 60 kilos donnerait 600 grammes de sucre formés par le foie en vingt-quatre heures. Ces 600 grammes de sucre contiennent 240 grammes de carbone. En admettant que tout le carbone des albuminoïdes soit employé à la formation du sucre, il faudrait pour couvrir ce carbone avec les albuminoïdes seuls, près de 450 grammes d'albuminoïdes et plus de 1 kilogramme 1/2 de viande. On voit donc qu'il doit y avoir une autre source pour la formation du sucre dans le foie, et cette source ne peut se trouver que dans les hydrocarbonés ou dans les graisses. Ce qui le prouve d'abord, c'est que si on dose l'azote de l'urine, ce qui donne la mesure de l'intensité de la consommation des albuminoïdes, on voit que la quantité d'albumine détruite est loin de suffire à la production du sucre formé par le foie.

D. Formation du sucre dans le foie aux dépens de la graisse de l'alimentation. —

J. Seegen a cherché à prouver qu'une partie du sucre formé dans le foie provient de la graisse de l'alimentation. Il le démontre par deux catégories d'expériences.

1° *Ingestion de graisses.* — Après une alimentation grasse prolongée pendant trois à quatre jours, le foie est plus riche en sucre, tandis que la quantité de glycogène diminue et on constate en même temps une augmentation de sucre dans le sang de la veine hépatique. Le tableau suivant donne la moyenne des expériences de Seegen :

SUCRE DU SANG P. 100.			FOIE P. 100.		
Carotide.	Veine-porte.	V. hépatique.	Sucre.	Glycogène.	Graisse.
0,128	0,114	0,217	0,92	0,96	16,2

2° *Digestion du foie avec la graisse.* — En mettant un fragment de foie en présence de la graisse (huiles diverses) et un peu de sang, comme dans l'expérience mentionnée ci-dessus avec les peptones, il a vu se former du sucre dans le mélange ; voici la moyenne de dix expériences :

Foie sans graisse......... 2,45 p. 100 de sucre. } Moyenne de 10 expériences.
Foie avec graisse......... 3,46 — —

Là encore il est à regretter que le dosage de la graisse restante n'ait pas été fait.

Seegen a cherché à savoir quelle part pouvaient prendre à la formation du sucre les diverses parties constituantes des corps gras, et a répété cette expérience en employant, au lieu de graisse, de la glycérine, des acides gras et des savons. Voici le tableau qui résume ces expériences.

I. { Foie sans glycérine.. 2,56 p. 100 de sucre. } Moyenne de 3 expériences.
   { Foie avec glycérine.. 3,26 — —
II. { Foie sans savons.... 2,12 — — } Moyenne de 4 expériences.
    { Foie avec savons.... 3,07 — —
III. { Foie sans acides gras. 3,40 — — } Moyenne de 3 expériences.
     { Foie avec acides gras, 4,00 — —

Il résulte donc de ces recherches que les deux parties constituantes de la graisse, glycérine et acides gras, prennent part à la formation du sucre. En outre il se forme toujours une certaine quantité de substance hydrocarbonée, probablement de la dextrine.

Comment se produit cette transformation de graisse (glycérine et acides gras) en sucre? Il est difficile de le dire d'une façon précise, mais ce qui est certain, c'est que cette transformation ne peut se faire sans fixation d'oxygène ; or il est remarquable que, d'après S. Kempner, le sang qui sort du foie est presque dépourvu d'oxygène, tandis que le sang veineux général en contient des quantités notables.

Il se passerait donc dans le foie un processus analogue à celui qui se présente dans le règne végétal pour les graines oléagineuses, dans lesquelles on observe la transformation des matières grasses en amidon et en sucre, et on trouve là un point de contact nouveau entre les deux règnes.

D'après la constitution même des graisses et la proportion de carbone qu'elles contiennent, la formation de sucre aux dépens de la graisse est beaucoup plus favorable que sa formation aux dépens des albuminoïdes ; ainsi il suffit de 52 grammes de graisse pour fournir les éléments de 100 grammes de sucre, tandis qu'il faudrait 300 grammes de viande.

Seegen admet en outre, en se basant sur des idées théoriques, que le glycogène du foie se transforme en graisse dans cet organe et que cette graisse peut alors servir à la production du sucre; le glycogène serait donc dans ce cas un facteur indirect de la production du sucre. Il y aurait là encore un processus dont on retrouve l'analogue dans le règne végétal; ainsi les graines oléagineuses, avant leur maturité, ne contiennent pas de graisse, mais de l'amidon et du sucre.

Cette théorie de Seegen, dont on saisit facilement toute l'importance, n'a pas encore été soumise à la vérification expérimentale par d'autres physiologistes (Voir aussi : *Graisses*).

Formation du sucre dans le foie aux dépens des hydrocarbonés de l'alimentation. — Cette question se rattache en grande partie à celle de la formation du glycogène du foie aux dépens des hydrocarbonés de l'alimentation, question qui a été traitée précédemment (p. 117 et 123).

D'après les chiffres mêmes de Seegen (voir le tableau de la page 118), la quantité de sucre du foie augmente après une alimentation amylacée et surtout après une alimentation mixte de dextrine et sucre, par conséquent, même en repoussant, comme le fait Seegen, la transformation directe du glycogène en sucre, on ne peut nier l'influence des hydrocarbonés. Seulement ces hydrocarbonés ne sont pas nécessaires à la production du sucre, puisque le sucre continue à se former dans l'inanition ou par une alimentation absolument dépourvue d'hydrocarbonés, et dans ces cas, il est bien évident que la réserve de glycogène du foie serait bien vite épuisée et ne pourrait suffire à la quantité de sucre produite par l'organisme.

De tous les faits qui précèdent il est difficile de tirer une conclusion précise. Cependant le fait dominant qui en ressort, c'est que, dans les conditions ordinaires de l'alimentation, la proportion de sucre est plus forte dans le sang de la veine hépatique. Ce fait, établi par Cl. Bernard, a été confirmé par presque tous les expérimentateurs. Le foie verse donc incessamment du sucre dans le sang et si, sur l'animal vivant, on n'en retrouve que des traces dans le foie, c'est que ce sucre est versé dans le sang au fur et à mesure de sa formation. L'acide du suc gastrique ne se retrouve pas non plus dans les cellules des glandes stomacales, et il y a là un fait général qu'on observe pour presque toutes les sécrétions. Le foie sécrète donc du sucre pendant la vie. D'où vient ce sucre? A ce point de vue il y a peut-être quelques réserves à faire sur la doctrine classique de Cl. Bernard, et en tout cas il est nécessaire que des expériences nombreuses et précises et faites de divers côtés viennent déterminer le rôle du glycogène dans la production du sucre. Il me semble, d'après l'examen des faits, que le sucre doit être considéré comme un produit de l'activité du protoplasma de la cellule hépatique, plutôt que comme un produit de transformation directe d'une certaine catégorie d'aliments. C'est la cellule vivante qui fabrique du sucre et du glycogène; elle prend les matériaux de cette fabrication dans son protoplasma, mais pour que son protoplasma lui fournisse ces matériaux, il faut qu'il soit lui-même dans un état de nutrition satisfaisant, il faut qu'il se nourrisse aux dépens des aliments qui lui sont apportés par la veine-porte. La cellule hépatique, individualité vivante, constitue un petit organisme, et, comme l'organisme entier, a besoin d'aliments azotés et d'aliments non azotés, hydrocarbonés ou graisses. A ce point de vue tous les aliments contribuent en réalité à la production du sucre, et c'est ce que confirment les expériences mentionnées plus haut. L'expérience du lavage du foie, de Cl. Bernard, n'est pas, comme il semble au premier abord, une expérience *post mortem*; les cellules du foie continuent à fabriquer du sucre *parce qu'elles sont encore vivantes*; il ne suffit pas en effet d'extraire le foie sur un animal vivant pour que les cellules de ce foie meurent à l'instant; elles continuent à vivre et à sécréter, comme le cœur d'une grenouille séparé de l'animal, continue à battre, seulement le sucre s'y accumule parce que la circulation sanguine n'est plus là pour l'entraîner. Mais au bout de vingt-quatre à trente-six heures la production de sucre s'arrête dans ce foie, non parce que les matériaux du sucre manquent, car il contient encore du glycogène, mais parce que les cellules hépatiques sont mortes.

Formation du sucre dans les tissus autres que le foie. — Le foie est-il le lieu exclusif de la production de sucre dans l'organisme? La question est difficile à trancher; en effet le sang contenant du sucre, ce sucre passe par diffusion dans tous les tissus du corps, et d'autre part la quantité de sucre existant dans le sang suffit pour expliquer la proportion de sucre trouvée dans les autres organes. On a bien essayé de pratiquer l'extirpation du foie, et Moleschott, qui a fait cette expérience sur des grenouilles, a vu que cette opération n'était pas suivie d'une accumulation de sucre dans le sang, et en a conclu que le foie était bien le lieu de production du sucre. Seegen, en pratiquant l'*isolement du foie* (ligature de l'aorte et de la veine-cave inférieure dans le thorax), a vu baisser la quantité de sucre du sang de la carotide. Mais ces expériences apportent un tel trouble dans l'état de l'animal qu'il est difficile d'en conclure quelque chose au point de vue qui nous occupe.

Transformations du glucose dans l'organisme. — A. *Dans l'intestin.* — Dans l'intestin, une partie du glycose formé dans la digestion se transforme, par fermentation, en acides lactique et butyrique qui se retrouvent dans l'intestin grêle (acide lactique) et dans le gros intestin (acide lactique et butyrique).

B. *Transformations dans le foie.* — Dans le foie, comme on l'a vu plus haut, le sucre sert à la nutrition de la cellule hépatique et, d'après la doctrine de Cl. Bernard, s'y transforme en substance glycogène. Cette question a déjà été traitée.

C. *Transformations dans le sang et les tissus.* — Le glucose introduit dans le sang par le foie y disparaît peu à peu; sans cela il s'y accumulerait, le foie lui en fournissant continuellement; d'autre part dans les conditions ordinaires, le sucre n'est pas éliminé par les urines, qui n'en contiennent pas ou que des traces à l'état normal; on sait en effet qu'il ne paraît dans les urines que quand sa quantité dépasse 0,4 à 0,5 p. 100 dans le sang. Le glucose se détruit donc continuellement dans le sang ou dans les tissus. Où se fait cette destruction? Quels sont les produits qu'elle fournit? Quel est son mécanisme?

Lieu de la destruction du sucre. — Une petite quantité de glucose pourrait se détruire *dans le sang* lui-même. Si on met en contact avec du sang du sucre interverti (mélange de glucose et de lévulose), et qu'on l'examine au polarimètre, on constate aisément, par l'intensité de la déviation, la disparition graduelle du glucose. Si on place du sang défibriné dans des flacons bouchés, la proportion de sucre y diminue à peine; mais si le sang est agité, imitant ainsi les conditions de la circulation, la quantité de sucre diminue (Bleile). On sait du reste que le glucose est très oxydable, surtout en présence des alcalis. Cependant cette destruction du glucose dans le sang même doit être assez limitée, car la proportion de sucre reste sensiblement constante dans toute l'étendue du système artériel. Tieffenbach a trouvé pourtant une décroissance du sucre du sang artériel à mesure qu'on s'éloigne du cœur.

C'est certainement *dans les tissus* que se fait la destruction de la plus grande partie du sucre versé dans le sang par le foie. Seulement cette destruction ne se fait pas dans tous les tissus avec la même intensité, et il en est dans lesquels elle est beaucoup plus active que dans d'autres. Pour savoir quelle est la part des divers tissus et des divers organes dans la destruction du sucre, le meilleur procédé est d'analyser le sang qui arrive à un organe et le sang qui en sort. Malheureusement ces analyses n'ont encore été faites que pour un petit nombre d'organes.

Un certain nombre de physiologistes, Pavy en particulier, ont pensé que cette destruction se faisait principalement dans les capillaires du poumon. Mais la plupart des analyses ont montré à peu près les mêmes proportions de sucre dans le sang du cœur droit et dans le sang du cœur gauche; cependant il en est quelques-unes (voir par exemple page 140) dans lesquelles la proportion de sucre dans le sang artériel a été trouvée plus faible que dans le sang veineux du cœur droit. Cette destruction a donc lieu surtout, sinon exclusivement, dans les capillaires généraux comme le prouvent les analyses comparatives du sang artériel et du sang veineux (crurale, jugulaire). Comme le sang de ces veines est surtout du sang veineux musculaire et cérébral, on est porté à croire que la destruction du sucre se fait principalement dans les muscles et dans les centres nerveux, et accessoirement dans d'autres organes, comme les glandes par exemple.

L'analyse comparative des muscles inactifs ou paralysés et des muscles actifs ou tétanisés n'a donné que des résultats variables, et on n'a pas encore obtenu de conclusions précises comme pour la substance glycogène. Cependant, dans des expériences récentes, Chauveau en examinant comparativement avec Kaufmann, le sang du muscle masséter et le sang des glandes salivaires pendant l'activité et pendant le repos, a pu constater que la destruction du sucre est beaucoup plus intense dans les muscles que dans les glandes et pendant l'activité que pendant l'inaction.

Produits de destruction du sucre. — Les produits principaux qui se forment par la destruction du sucre (oxydation ou fermentation) et qu'on peut obtenir dans nos laboratoires, sont les acides oxalique, acétique, formique, carbonique, lactique, butyrique et l'alcool. Ces mêmes produits se forment-ils dans l'organisme? Le doute ne peut guère exister pour la plupart d'entre eux ; seulement, comme presque tous ces corps peuvent provenir de la destruction d'autres substances que le sucre, il est assez difficile de faire la part de ce dernier dans leur production. Cependant certaines indications peuvent nous mettre sur la voie. Ainsi la présence d'acide lactique dans les muscles et surtout dans les muscles en activité, rend très vraisemblable qu'une partie au moins de cet acide lactique provient de la destruction du glucose. Le doute ne peut guère exister non plus pour l'acide carbonique, terme ultime de sa décomposition. Il contribue aussi probablement à la production de l'acide oxalique. Certains auteurs et Blondeau en particulier, admettent aussi qu'il peut se produire une petite quantité d'alcool dans le sang aux dépens du glucose. Ces questions seront du reste étudiées dans les paragraphes qui traitent de ces différents principes.

Nature des décompositions du glucose et mécanisme de sa destruction. — Pour le glucose comme pour un grand nombre de principes de l'organisme, la question se pose de savoir si la destruction du sucre se fait par oxydation ou par fermentation. La difficulté augmente parce que la plupart des produits de destruction sont identiques dans les deux cas. La rapidité de la disparition du sucre dans le sang, après les injections de glucose dans le sang, même dans le cas d'injections continues, parlerait en faveur d'une oxydation ; mais il n'y a pas là une preuve, il n'y a qu'une présomption. Il en est de même de la facilité avec laquelle le glucose s'oxyde en présence des alcalis ; Gorup-Besanez a montré que le glucose en solution alcaline est transformé par l'ozone en acide formique et en acide carbonique. D'autres physiologistes, Bouchardat, Robin et Verdeil, Cl. Bernard, admettent plutôt un phénomène de fermentation. Cl. Bernard se base sur l'expérience suivante : il donne à un animal du sucre de canne qui se dédouble dans l'intestin en parties égales de glucose et de lévulose, qui sont toutes deux absorbées et passent dans le sang ; or, si on examine le sang au polarimètre, on trouve toujours une plus forte proportion de lévulose, ce qui s'explique facilement dans l'hypothèse d'une fermentation, puisque la lévulose se détruit moins facilement que le glucose sous l'influence des ferments. Si, au contraire, la destruction du sucre avait lieu par oxydation, comme la lévulose s'oxyde plus vite que le glucose en présence des alcalis, on devrait en trouver en moindre quantité dans le sang, ce qui n'est pas. Donc le glucose se détruirait surtout par fermentation.

Rôle du glucose dans l'organisme. — Quand on réfléchit à la quantité de glucose versé dans le sang par le foie en vingt-quatre heures, on voit de suite quelle doit être l'importance physiologique de cette substance. On peut, comme on l'a vu plus haut (p. 146), évaluer approximativement cette quantité à 10 grammes par kilogramme de poids vif, soit, pour un homme ordinaire, à 600 grammes en moyenne. L'urine normale ne contenant pas de sucre ou n'en contenant que des traces et ce sucre n'étant éliminé par aucune voie, il en résulte forcément que la totalité du sucre fourni par le foie est utilisé par l'organisme.

Les faits de physiologie végétale permettent de mieux saisir le rôle du sucre dans les organismes vivants. Quand par exemple on fait une culture du petit champignon microscopique, l'*aspergillus niger*, avec le liquide de Raulin (1),

(1). Ce liquide est une solution dans des proportions déterminées de sucre candi, d'acide tartrique, de sels ammoniacaux et de sels minéraux.

on constate au bout d'un certain temps, qu'il y a, toutes choses égales d'ailleurs, un rapport étroit entre le poids du sucre employé et le poids de végétal produit; ce rapport est d'environ un tiers, c'est-à-dire qu'avec trois grammes de sucre par exemple, on obtient à peu près *un* gramme d'*aspergillus*. Cette loi des proportions définies, qu'il est si surprenant de rencontrer dans un phénomène complexe comme la végétation, prouve toute l'importance du sucre pour les êtres vivants.

Quand on pousse un peu plus loin l'analyse, on voit que sur les trois parties de sucre consommées par la plante, *une* partie seulement a été employée à la constitution même des tissus de la plante, les *deux* autres parties ont été employées non à sa constitution, mais à son *entretien*, c'est-à-dire à produire de la chaleur et du travail mécanique. Chez les végétaux, il est possible, probable même qu'une petite partie du sucre entre dans la constitution des matières albuminoïdes du protoplasma, mais la plus grande partie sert évidemment à la constitution de la cellulose. Le rapport entre le sucre et la quantité de végétal formé n'a pas été formulé pour les végétaux supérieurs, comme il l'a été pour l'aspergillus; mais chez eux aussi l'importance du glucose pour la vie de la plante est considérable. Au moment de la germination, on voit la graisse des graines oléagineuses, l'amidon des graines amylacées se transformer en glucose; la même production de glucose se fait au moment de la floraison, et ce glucose sert en partie à la constitution des tissus, en partie à la production de chaleur en s'oxydant.

Les mêmes phénomènes se passent chez les animaux. Là aussi le glucose entre dans la constitution des tissus, mais à cause de l'absence de cellulose chez les animaux et de la présence d'une membrane de cellule azotée, ce rôle d'élément *constituant* est tout à fait secondaire, tandis que le rôle principal du glucose est de fournir par sa combustion de la chaleur et du travail mécanique (travail musculaire, travail nerveux), et le glucose a à ce point de vue un rôle prépondérant. La quantité de glucose qui est oxydée dans l'organisme en vingt-quatre heures suffit en effet pour couvrir les trois quarts de la chaleur produite dans le même temps par cet organisme.

Le glucose ne doit donc pas être considéré, comme l'ont fait quelques auteurs et Rouget en particulier, comme un simple produit de désassimilation; il a une signification plus haute et doit être envisagé comme un des facteurs les plus importants de la vie aussi bien dans les végétaux que dans les animaux.

Il est possible aussi, il est même probable que le glucose sert à la formation de la graisse, comme chez les plantes, où l'on voit, au moment de la maturation des graines oléagineuses, le glucose se transformer en graisse.

Accessoirement quelques auteurs ont admis que le glucose empêchait l'infiltration du tissu du poumon.

Bibliographie. — Sucre du foie. — J. Seegen et F. Kratschmer : *Die Natur des Leberzuckers* (A. de Pflüger, t. XXII, 1880). — E. Kulz : *Ueber die Natur des Zuckers in der todtenstarren Leber* (Arch. de Pflüger, t. XXIV, 1880). — J. Seegen et F. Kratschmer : *Ueber Zuckerbildung in der Leber* (Arch. de Pflüger, t. XXIV, 1881). — J. Seegen : *Die Einwirkung der Leber auf Pepton* (Arch. de Pflüger, t. XXV, 1881). — Ph. Lussana : *Sur la glycogenèse hépatique* (Arch. de biol. ital., 1882). — J. Seegen : *Pepton als Material für die Zuckerbildung in der Leber* (Arch. de Pflüger, t. XXVIII, 1882). — R. Chittenden et B. LAMBERT : *The post-mortem formation of sugar in the livre in the presence of peptones* (Stud. from the Labor. of Yale College, New-Haven, 1885). — J. SEEGEN : *Ueber die Fähigkeit der Leber, Zucker aus Fett zu bilden* (Arch. de Pflüger, t. XXXIX, 1886). — O. LANGENDORFF : *Unt. über die Zuckerbildung in der Leber* (Arch. für Physiol., 1886) (1).

Sucre du sang. — R. MOUTARD-MARTIN et CH. RICHET : *Effets des injections intraveineuses de sucre et de gomme* (C. rendus, t. XC, 1880). — L. v. BRASOL : *Wie entledigt sich das Blut von einem Ueberschuss an Traubenzucker?* (Arch. für Physiol., 1884). — A. DASTRE et E. BOURQUELOT : *De l'assimilation du maltose* (C. rendus, t. XCVIII, 1884). — J. SEEGEN : *Zucker in Blute, seine Quelle und seine Bedeutung* (A. de Pflüger, t. XXXIV, 1884). — G. OTTO : *Ueber den Gehalt des Blutes an Zucker und reducirender Substanz unter verschiedenen Umständen* (Arch. de Pflüger, t. XXXV, 1885). — J. SEEGEN : *Ueber Zucker im Blute mit Rucksicht auf Ernährung* (A. de Pfl., t. XXXVII, 1885). — ID. : *Ueber gährungsunfähige reducirende Substanzen im Blute* (id.). — J. SEEGEN : *Ueber Zucker im Blute mit Rücksicht auf Ernährung* (Arch. de Pflüger, t. XXXIX, 1886). — ID. : *Ueber die Fähigkeit der Leber, Zucker aus Fett zu bilden* (id.). — CHAUVEAU et KAUFMANN : *La glycose, le glycogène, la glycogénie en rapport avec la production de chaleur et de travail mécanique dans l'économie animale* (C. rendus, t. CIII, 1886) (2).

Bibliographie générale du glucose. — WORM-MULLER et J. HAGEN : (Arch. de Ch., t. XXII et XXIII, 1880). — D. LINDO : *Neue Reaction auf Glycose* (Zeit. für anal. und der Harnsäure durch Alkalien bei Bruttemperatur* (Journ. für pr. Ch., t. XXIV, 1881). — WORM-MULLER : *Der Nachweis des Zuckers im Harne*, etc. (A. de Pflüger, t. XXVII, 1882). — ANTWEILER et BREIDENBEND : *Bestimmung des Zuckers im diabetischen Harne durch Gährung* (A. de Pflüger, t. XXVIII, 1882). — H. KILIANI et S. KLEEMANN : *Umwandlung der Glukonsäure in normales Caprolacton, bezw. normale Capronsäure* (Ber. d. d. ch. Ges., t. XVII, 1884). — WORM-MULLER : *Robert's Methode und die quantitative Bestimmung von kleinen Mengen Traubenzucker im Harne* (A. de Pflüger, t. XXXIII, 1884). — WORM-MULLER : *Die Ausscheidung des Zuckers im Harne des gesunden Menschen nach Genuss von Kohlenhydraten* (A. de Pflüger, t. XXXIV, 1884). — E. NYLANDER : *Ueber alkalische Wismuthlösung als Reagens auf Traubenzucker im Harne* (Zeit. für phys. Ch., t. VIII, 1884). — WORM-MULLER : *Die Bestimmung des Traubenzuckers im Harne mittelst des Soleil-Ventzke'schen Polarimeters*, etc. (Arch. de Pflüger, t. XXXV, 1884). — WORM-MULLER : *Die Ausscheidung des Zuckers im Harne nach Genuss von Kohlenhydraten bei Diabetes mellitus* (A. de Pflüger, t. XXXVI, 1885). — A. CHAUVEAU et KAUFMANN : *La glycose, le glycogène, la glycogénie, en rapport avec la production de la chaleur et du travail mécanique dans l'économie animale* (C. rendus, t. CIII, 1886). — F. CRISWELL : *A modification of Fehling solution for testing and for estimating sugar in urin* (Brit. med. Journ., 1886). — C. SCHILDER : *Ein Beitrag zur Frage über den Zuckergehalt des normalen menschlichen Harns* (Wien. med. Blätter, 1886). — H. MOLISCH : *Zwei neue Zuckerreactionen* (Monatsch. f. Ch., t. VII). — J. SEEGEN : *Einige Bemerkungen über zwei neue Zuckerreactionen* (Centralbl., 1886). — M. EINHORN : *Die Gährungsprobe*

(1) *A consulter* : Chauveau, *Sur la formation de sucre dans l'économie animale* (Gaz. hebd., t. III, 1856) ; Stokvis, *Ueber Zuckerbildung in der Leber* (Wien. med. Wochensch., 1857) ; Cl. Bernard, *Sur le mécanisme physiologique de la formation du sucre dans le foie* (Comptes rendus, 1857) ; Figuier, *Expériences*, etc. (Gaz. hebd., t. IV, 1857) ; Coze, *Note sur l'influence des médicaments sur la glycogénie* (Comptes rendus, 1857) ; Pavy, *On the alleged sugar forming of the liver* (Guy's hosp. reports, 1858) ; id., *The influence of diet on the liver* (id.) ; Berthelot et de Luca, *Rech. sur le sucre formé par la matière glycogène* (Gaz. méd., 1859) ; Colin, *De la glycogénie animale* (Comptes rendus, 1859) ; Dalton, *Sugar formation in the liver*, 1871 ; Cl. Bernard, *Crit. expér. sur la fonction glycogénésique du foie* (Ann. de chim. et de phys., t. XI, 1877) ; Seegen et Kratschmer, *Beitr. zur Kenntniss der saccharificirenden Fermenten* (Arch. de Pflüger, t. XIV, 1877).

(2) *A consulter* : Lehmann, *Anal. comparées du sang de la veine-porte et du sang des veines hépatiques* (Arch. de méd., 1855) ; Chauveau, *Nouv. rech. sur la fonction glycogénique* (Comptes rendus, 1856) ; Lehmann, *Ueber die Bildung des Zuckers in der Leber* (Schmidt's Jahrb., t. XCVII, 1857) ; Cl. Bernard, *De la présence du sucre dans le sang de la veine-porte* (Comptes rendus, 1859) ; Cl. Bernard, *Critique expér. sur la formation du sucre dans le sang*. etc. (Comptes rendus, t. LXXXII, 1875) ; Pavy, *Eine neue Methode, um die Quantität des Zuckers im Blute zu bestimmen* (Centralbl., 1877) ; id., *Die Physiologie des Zuckers*, etc. (id.) ; Dastre, *Sur la détermination du sucre dans le sang* (Progrès méd., 1877) ; Bleile, *Ueber den Zuckergehalt des Blutes* (Arch. für Physiol., 1879) ; Dastre, *De la glycémie asphyxique*, 1879.

zum qualitativen Nachweis von Zucker im Harne (Arch. f. pat. Anat., t. CII). — Budde : *Die quantitative Bestimmung von Traubenzucker im Harne, nach Robert's Methode* (Arch. de Pflüger, t. XL, 1887, . — (Voir aussi : *Fonctions du foie*).

Lévulose $C^6H^{12}O^6$.

Syn. — Sucre incristallisable.

Préparation. — Pour l'isoler du glucose auquel il est mélangé dans le *sucre interverti*, on peut employer deux procédés. — 1° On fait fermenter le mélange; le glucose fermentant plus vite, il suffit d'arrêter à temps la fermentation pour obtenir la lévulose. — 2° On triture le mélange avec de l'eau et de la chaux éteinte; le lévulosate de calcium étant peu soluble, la différence de solubilité permet de séparer les deux sels. Il est très difficile à obtenir à l'état de pureté.

Caractères. — Malgré son nom primitif de sucre incristallisable, le lévulose cristallise en longues aiguilles brillantes très déliquescentes, très solubles dans l'eau et l'alcool faible, insolubles dans l'alcool absolu. Il se présente habituellement sous forme de liquide sirupeux. Sa saveur sucrée est plus prononcée que celle du glucose. Le lévulose dévie à *gauche* le plan de polarisation; son pouvoir rotatoire, qui diminue avec la température $= - 10°$ a $15°$, $- 53$ à $90°$

Propriétés chimiques. — Ses propriétés chimiques et ses réactions sont à peu près les mêmes que celles du glucose. Le lévulose résiste mieux à la fermentation que le glucose, mais il s'oxyde plus facilement; par l'ébullition prolongée avec l'acide sulfurique dilué, il se transforme en *acide lévulique*, $C^5H^{10}O^3$; il réduit comme le glucose la liqueur cupro-potassique.

Par l'oxydation il donne de l'*acide trioxybutyrique*. Chauffé avec l'acide sulfurique ou l'acide chlorhydrique il donne de l'acide formique et de l'*acide lévulinique (acéto-propionique)* d'après l'équation :

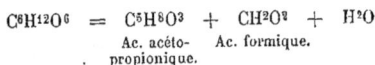

$$C^6H^{12}O^6 = C^5H^8O^3 + CH^2O^2 + H^2O$$
Ac. acéto-propionique.   Ac. formique.

Le lévulose se distingue du glucose par la façon dont il se comporte avec l'azotate de bismuth. Si on ajoute ce sel en poudre à du sirop de glucose il se décompose et il se précipite de l'azotate de bismuth, tandis que le sirop de lévulose le dissout. Cette solution bismuthique de lévulose est dangereuse à manier et fait explosion quand on la chauffe au bain-marie.

Existence dans l'organisme. — Le *lévulose* se rencontre dans l'intestin, où il se forme aux dépens du sucre de canne sous l'influence du ferment inversif (Voir : *Digestion dans l'intestin*). Dans cette transformation le sucre de canne donne parties égales de glucose et de lévulose (*sucre interverti*). Ce lévulose se retrouve dans le sang, dans les urines (après l'ingestion de grandes quantités de sucre de canne (1), dans les muscles (Meissner). On sait qu'il existe dans le miel, dans les fruits acides et sucrés (ordinairement à l'état de sucre interverti).

Galactose $C^6H^{12}O^6$.

Préparation. — Le galactose se forme par hydratation aux dépens du *sucre de lait* quand on le dédouble par les acides étendus (Dubrunfaut).

Caractères. — Il cristallise en masses composées de prismes disposés en rayons. Sa saveur est moins sucrée que celle du glucose . Il est soluble dans l'eau surtout à chaud, insoluble dans l'alcool et dans l'éther. Il dévie à *droite* le plan de polarisation plus fortement que le glucose; son pouvoir rotatoire $= + 83°,22$.

Propriétés chimiques. — Ses propriétés chimiques et ses réactions sont à peu près les mêmes que celles du glucose; il réduit comme lui la liqueur cupro-potassique.

(1) Cependant Worm-Müller n'a pas pu constater la présence du lévulose dans l'urine, après son ingestion, ni chez les individus sains, ni chez les diabétiques.

Cependant il est certaines réactions qui le distinguent. — Il fermente moins énergiquement. — Par l'oxydation (acide nitrique) : il donne de l'*acide mucique*, $C^6H^{10}O^8$. — Par l'action de l'hydrate d'oxyde de cuivre, il donne les acides carbonique, formique, beaucoup d'acide lactique, un peu d'acide glycolique et quelques autres acides insolubles dans l'éther. — Avec le brôme à froid il donne de l'*acide galactonique*, $C^6H^{10}O$. — Par l'amalgame de sodium, il se transforme en *dulcite*, $C^6H^{14}O^6$.

Le galactose n'existe pas, *à l'état isolé*, dans l'organisme, mais il entre, comme on l'a vu ci-dessus, dans la constitution du sucre de lait. Je renvoie donc à cette substance pour tout ce qui concerne son rôle physiologique.

Arabinose. — Je placerai à côté du galactose, une substance, l'arabinose, retirée de la betterave par Scheibler et sur la nature de laquelle il existe encore des doutes.

Caractères. — Elle constitue des prismes rhombiques incolores de saveur sucrée. Elle fond à 160°. Elle dévie *à droite* le plan de polarisation. Elle réduit la liqueur cupro-potassique et ne fermente pas avec la levûre de bière. Elle donne de l'acide mucique par l'acide nitrique.

L'arabinose existe dans les gommes, les matières mucilagineuses, les matières pectiques et d'après Landwehr se formerait aussi, par hydratation, aux dépens d'une *gomme animale* qui existerait dans la mucine, la chondrine et la métalbumine. Kiliani et A. Müntz admettent l'identité du galactose et de l'arabinose; Scheibler et Claeesson sont d'un avis opposé.

Bibliographie. — Voir : *Sucre de lait.*

Chondroglycose.

Caractères. — C'est un glucose incristallisable ou du moins très difficilement cristallisable, qui dévie à *gauche* le plan de polarisation (— 46°,5) et ne subit qu'une fermentation partielle. Il réduit la liqueur cupro-potassique. Il forme avec la chaux une combinaison soluble. D'après Krukenberg, c'est un acide, *acide chondroïtique* et non un sucre. Il a une réaction fortement acide, décompose les carbonates des terres alcalines, est très diffusible et ne fermente pas par la levûre de bière. Il précipite par l'acétate de plomb, les sels neutres de fer et le chlorure de zinc. Il en a obtenu deux modifications dont l'une précipite et l'autre ne précipite pas par l'acide acétique.

La chondroglycose se produit par l'action du suc gastrique sur la chondrine, Bödecker l'a obtenu en faisant bouillir la chondrine avec l'acide chlorhydrique.

Inosite $C^6H^{12}O^6$.

Syn. — Inosine, phaséomannite, mucite.

Préparation. — Voir : *Tissu musculaire.* On peut l'extraire en grande quantité des feuilles de noyer (Maquenne).

Caractères. — Corps solide, blanc, de saveur sucrée. Elle cristallise en prismes rhomboïdaux obliques efflorescents (fig. 24). Elle fond à 219° et par le refroidissement se prend à 100° environ en une masse de petits cristaux aiguillés. Elle est soluble dans l'eau, insoluble dans l'alcool absolu, l'éther et l'acide acétique fort. D à 15° = 1,1524. Elle est sans action sur la lumière polarisée.

Propriétés chimiques. — La chaleur ne l'altère pas sensiblement jusqu'à 219°. — Avec l'acide nitrique elle donne deux composés explosibles (éthers), l'*inosite hexanitrique*, $C^6H^6(AzO^2)^6O^6$ et l'*inosite trinitrique*, $C^6H^9(AzO^2)^3O^6$. — Elle ne réduit pas la liqueur cupro-potassique. — Elle n'est pas attaquée par l'ozone.

Fermentations. — Elle ne subit pas la fermentation alcoolique sous l'influence de la levûre de bière. Mais elle subit la fermentation lactique et paralactique. — Sous l'influence des substances albuminoïdes en putréfaction, elle fournit les acides propionique, butyrique et paralactique.

Fig. 24. — *Cristaux d'inosite.*

Réactions. — 1° *R. de Schérer.* — Évaporer le liquide avec de l'acide nitrique sur une lame de platine, presque jusqu'à siccité : reprendre le résidu par l'ammoniaque et une goutte de solution de chlorure de calcium et évaporer doucement jusqu'à siccité ; on a une coloration rosée. 2° *R. de Gallois.* — Traiter un peu de solution d'inosite par une goutte d'azotate de bioxyde de mercure ; il se forme un précipité jaunâtre ; si on le chauffe avec précaution, on a un résidu d'abord jaune-blanchâtre, puis rouge plus ou moins foncé ; cette coloration disparaît par le refroidissement pour disparaître si on chauffe de nouveau.

Constitution. — D'après Maquenne, l'inosite ne peut être ni aldéhyde, ni acétone ; elle ne doit pas être classée avec les sucres, mais serait un alcool hexatomique hexasecondaire (hexahydrure d'hexaoxybenzine) contenant six fois le groupement CHOH engagé dans la formule de constitution suivante :

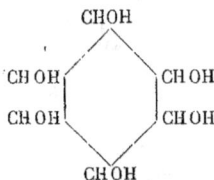

$$
\begin{array}{c}
\text{CHOH} \\
\text{CHOH} \quad\bigcirc\quad \text{CHOH} \\
\text{CHOH} \qquad \text{CHOH} \\
\text{CHOH}
\end{array}
$$

L'étude des produits de réduction et d'oxydation de l'inosite a confirmé cette vue théorique ; car dans ces conditions l'inosite donne naissance à des composés aromatiques bien définis (Maquenne).

Existence dans l'organisme. — L'inosite a été trouvée dans les muscles, spécialement dans le cœur, les reins, le foie, les poumons, le pancréas, la rate, les capsules surrénales, le cerveau, la moelle, le testicule, le sang de bœuf et de veau, l'urine (même à l'état normal, mais seulement après des boissons abondantes ; E. Külz), principalement dans certains cas pathologiques (diabète, polyurie, etc.). On l'a quelquefois rencontrée chez les animaux, au lieu du glucose, après la piqûre du plancher du quatrième ventricule.

Origine dans l'organisme. — L'inosite peut, pour une partie, provenir de l'alimentation, puisqu'on en a trouvé dans quelques végétaux, pois, haricots verts, dans le vin, dans le jus de raisin, etc., mais la plus grande partie est formée dans l'organisme, sans qu'on puisse dire d'une façon précise aux dépens de quelles substances elle prend naissance, et si elle provient des albuminoïdes ou des hydrocarbonés (substance glycogène ?).

Transformations et élimination. — Comme l'inosite ne se rencontre qu'exceptionnellement dans les excrétions, elle doit nécessairement se décomposer dans l'organisme, et donner comme produits ultimes de l'acide carbonique et de l'eau. On ignore s'il se forme des produits intermédiaires (acide butyrique et acide lactique) ; on sait seulement que partout où on a trouvé de l'inosite, on constate aussi la présence de l'acide lactique. Après l'ingestion de fortes proportions d'inosite, on n'en retrouve que de petites quantités dans l'urine. Elle ne paraît pas influencer la proportion de glycogène du foie (Külz, V. Mering).

Bibliographie. — Tanret et Villiers : *De l'identité de l'inosite musculaire et des sucres végétaux de même composition* (C. rendus, t. LXXXVI, 1878). — Id. : *Recherches sur* *l'inosite* (Ann. Ch. Phys., t. XXIII, 1881). — MAQUENNE : *Préparation, propriétés et constitution de l'inosite* (C. rendus, t. CIV, 1887) (1).

Bibliographie des hydrocarbonés en général. — A.-P.-N. FRANCHIMONT : (C. rendus, t. LXXXIX, 1879). — H.-T. BROWN et J. HÉRON : *Beitr. zur Geschichte der Stärke,* etc. (Ber. d. d. ch. Ges., t. XII, 1879). — FR. MUSCULUS : *Sur les modifications des propriétés physiques de l'amidon* (C. rendus, t. LXXXVIII, 1879). — K. ZULKOWSKY : *Verhalten der Stärke gegen Glycerin* (Ber. d. d. ch. Ges., t. XIII, 1880). — FR. MUSCULUS et A. MEYER : *Ueber Erythrodextrin* (Zeit. für phys. Ch., t. IX, 1880). — TH. THOMSEN : *Die Kohlehydrate,* etc. (Ber. d. d. ch. Ges., t. XIV, 1881). — TH. PFEIFFER et B. TOLLENS : *Ueber Verbind. von Kohlehydraten mit Alkalien* (Ann. ch. Pharm., t. CCX, 1881). — v. MERING : *Ueber den Einfluss diastatischer Fermente auf Stärke,* etc. (Zeit. für phys. Ch., t. V, 1881). — BR. BRUCKNER : *Beiträge zur genauere Kenntniss der chem. Beschaffenheit der Stärkekörner* (Monatsch. für Chem., t. IV, 1883). — L. SCHULZE : *Die elementare Zusammensetzung der Weizenstärke* (Journ. für pr. Chem., t. XXVIII, 1883). — F. SALOMON : *Die Stärke und ihre Verwandlungen* (Journ. für pr. Ch., t. XXVIII, 1883). — FR. MUSCULUS : *Bemerk. zu der Arbeit von F. Salomon,* etc. (Journ. für pr. Ch., t. XXVIII, 1883). — F. ALLIHN : *Ueber die Einwirkung von verdünnter Salzsäure auf Stärkemehl* (Dingler's Journal, t. CCL, 1883). — H.-A. LANDWEHR : *Ein neues Kohlehydrate* (*thierisches Gummi*) *im menschlichen Körper* (Zeit. für phys. Ch., t. VIII, 1883). — A.-G. POUCHET : *Sur une substance sucrée retirée des poumons et des crachats des phthisiques* (C. rendus, t. XCVI, 1883). — S. SCHUBERT : *Ueber das Verhalten des Stärkekorns beim Erhitzen* (Monatsch. für Ch., t. V, 1884). — H. LANDWEHR : *Thierisches Gummi, ein normaler Bestandtheil des menschlichen Harns* (Centralbl. für med. Wiss., 1885). — ID. : *Ueber die Fällung des Dextrins durch Eisen* (A. de Pflüger, t. XXXVIII, 1886). — H.-A. LANDWEHR : *Ueber die Bedeutung des thierischen Gummis* (A. de Pflüger, t. XXXIX, 1886). — E. GRIMAUX et L. LEFÈVRE : *Transformation des glucoses en dextrine* (C. rendus, t. CIII, 1886). — M. HÖNIG et ST. SCHUBERT : *Zur Kenntniss der Kohlehydrate* (Monatsch. für Ch., t. VII, 1886).

Bibliographie des sucres en général. — M. HÖNIG : *Zur Kenntniss der Gluconsäure* (Wien. Akad., 1878). — P. CLAESSON : *Ueber die Aetherschwefelsäuren der mehrsäurigen Alkohole und der Kohlehydrate* (Journ. für pr. Ch., t. XX, 1879). — F. ALLIHN : *Ueber die Verzuckerungsprocess bei der Einwirkung von verdünnter Schwefelsäure auf Stärkemehl bei höheren Temperaturen* (Journ. für pr. Ch., t. XXII, 1880). — F. URECH : *Strobometr. Beob. der Intervertirungsgeschwindigkeit von Rohrzucker,* etc. (Ber. d. d. ch. Ges., t. XIII, 1880). — H. KILIANI : *Darstellung von Glycolsäure aus Zucker* (Ann. ch. Pharm., t. CCVI, 1881). — F.-W. PAVY : *Zur Physiologie des Zuckers im thierischen Organismus* (Lancet, 1881). — JUNGFLEISCH et LEFRANC : *Sur la lévulose* (C. rendus, t. XCXIII, 1881). — J. HABERMANN et M. HÖNIG : *Ueber die Einwirkung von Kupferoxyhydrat auf einige Zuckerarten* (Monatsch. für Ch., t. III, 1882). — A. HERZFELD : *Ueber Gluconsäuren,* etc. (Ann. Ch. Pharm., t. CCXX, 1883). — R.-W. BAUER : *Ueber den aus Agar-Agar entstehenden Zucker, über eine neue Säure aus der Arabinose nebst dem Versuch einer Classification der gallertbildenden Kohlehydrate nach den aus ihnen entstehenden Zuckerarten* (Journ. für pr. Ch., t. XXX, 1884). — M. RUBNER : *Ueber die Einwirkung von Bleiacetat auf Trauben-und Milchzucker* (Zeit. für Biol., t. XX, 1884). — J. HABERMANN et M. HÖNIG : *Ueber die Einwirkung von Kupferoxydhydrat auf einige Zuckerarten* (Monatsh. für Ch., t. V, 1884). — E. FISCHER : *Verbindungen des Phenylhydrazins mit den Zuckerarten* (Ber. d. d. ch. Ges., t. XVII, 1884). — H. THIERFELDER et J. v. MERING : *Das Verhalten tertiärer Alkohole im Organismus* (Zeit. für phys. Ch., 1885). — J. SEEGEN : *Ueber Zucker im Harne bei Rohrzuckerfütterung* (A. de Pflüger, t. XXXVII, 1885). — H. KILIANI : *Ueber die Constitution der Dextrosecarbonsäure* (Ber. d. d. ch. Ges., 1886). — M. CONRAD et M. GUTHZEIT : *Unt. über die Einwirkung verdünnter Säuren auf Traubenzucker und Fruchtzucker* (Ber. d. d. ch. Ges., 1886). — FR. VOLPERT : *Ein Beitrag zur Kenntniss der Gluconsäuren* (Ber. d. d. ch. Ges., 1886).

(1) *A consulter :* Valentiner, *Ueber das Vorkommen der Inosite in des Muskeln potatoren* (Jahresbericht der schlesischen Gesellsch. 1857) ; Gallois, *Mémoire sur l'inosurie* (Comptes rendus, 1863) ; id., *De l'Inosurie*, 1864 ; Tanret et Villiers, *De l'identité de l'inosite musculaire et des sucres végétaux de même composition* (Comptes rendus, 1878).

Article III. — Substances albuminoïdes.

§ Ier. — Caractères principaux des substances albuminoïdes.

Caractères physiques. — *A l'état solide* et *humides* (fraîchement précipitées), elles forment des masses blanches, floconneuses ou granuleuses, insipides et inodores. — *A l'état sec*, elles sont jaunes, transparentes, comme cornées, à cassure conchoïde. — Elles ne cristallisent pas, sauf quelques albumines végétales.

Leur *solubilité* dans l'eau est variable et influencée par la présence des alcalis et des sels minéraux. Leurs solutions aqueuses dialysées donnent une albumine presque dépourvue de sels et très pure, mais à cause de la facile putréfaction de ces substances il faut ajouter à la solution un antiseptique, du chloroforme, etc. — Elles sont solubles dans les alcalis caustiques et la plupart des acides forts, insolubles dans l'alcool et l'éther. — Leurs solutions devient *à gauche* la lumière polarisée.

Caractères chimiques. — Leurs solutions précipitent par : les acides minéraux concentrés, l'acide picrique, le tannin, le carbonate de potassium en poudre, les solutions en excès de sels neutres alcalins ou terreux, le sublimé, l'acétate de fer fraîchement préparé, l'acétate de plomb basique (précipité soluble dans un excès du réactif), le ferro-et le ferricyanure de potassium, après addition préalable d'acide acétique (précipité soluble dans un excès du réactif), l'alcool, le phénol, la chaleur (à l'exception de la syntonine et de l'alcali-albumine. — Ces solutions décolorent l'iodure d'amidon.

En mélangeant à chaud une partie d'albumine et une partie d'ammoniaque, on obtient une substance qui se gélatinise par le refroidissement. Cette gelée oppose une très grande résistance à l'action des ferments (Michailow et Chopin).

Réactions caractéristiques des albuminoïdes. — 1° Chauffer le liquide et ajouter de l'acide nitrique jusqu'à réaction fortement acide ; il se fait un précipité qui ne change pas par l'addition d'acide. — 2° Ajouter de l'acide acétique jusqu'à réaction fortement acide, mélanger avec un volume égal d'une solution concentrée de sulfate de soude et chauffer jusqu'à l'ébullition ; les albuminoïdes sont précipités. — 3° Leur dissolution dans l'acide chlorhydrique concentré se colore en bleu, puis en violet et en brun sous l'influence de la chaleur.

Quand les quantités de substances albuminoïdes sont très faibles, on peut employer les réactions suivantes : — 1° R. de *Piotrowski*. Le liquide se colore en violet si on le chauffe avec une solution de soude ou de potasse avec addition de une ou deux gouttes de sulfate de cuivre. — 2° En chauffant avec l'acide nitrique concentré, le liquide prend une couleur jaune, qui passe au rouge-orange par l'action des alcalis (*R. xanthoprotéique*). — 3° R. de *Millon*. On prépare le réactif de Millon en dissolvant à froid 1 de mercure dans son poids d'acide azotique concentré ; on achève la solution en chauffant légèrement ; on ajoute deux volumes d'eau distillée et on décante. Ce réactif donne avec les liquides albumineux une coloration rouge plus prononcée si on chauffe jusqu'à 60 ou 70°. — 4° R. d'*Adamkiewicz*. Tout albuminate prend, quand il est dissous dans un excès d'acide acétique glacial, par l'addition d'acide sulfurique concentré, une belle couleur violette et une faible fluorescence. Cette réaction a lieu aussi avec les peptones. — 5° R. d'*Axenfeld*. Ajouter au liquide albumineux une goutte d'acide formique et trois gouttes d'une solution de chlorure d'or au millième ; la solution devient rose, puis pourpre, bleu foncé, et il se dépose un précipité bleu tandis que la solution s'éclaircit. Cette réaction serait très sensible. — 6° R. de *Kowalesky*. Ce réactif n'est autre que l'acétate d'urane employé déjà pour le dosage de l'acide phosphorique.

Procédés pour débarrasser un liquide de ses substances albuminoïdes. — 1° Aciduler fortement avec de l'acide acétique et ajouter un volume égal d'une solution concentrée de sulfate de soude et faire bouillir ; les substances albuminoïdes sont précipitées. — 2° Aciduler avec l'acide acétique sans excès et faire bouillir. — 3° Précipiter par un excès d'alcool la solution neutre ou faiblement acide. — 4° Ajouter une solution d'hydrate d'oxyde de fer dans l'acide acétique et faire bouillir. — 5° Faire bouillir avec de l'hydrate d'oxyde de plomb.

Décompositions. — 1° *Chaleur (distillation sèche).* Chauffées, les substances albuminoïdes dégagent une odeur de corne brûlée et laissent un charbon volumineux fortement azoté. Il se forme les produits suivants : des acides gras volatils, acétique, butyrique, valérique, caproïque, etc., combinés à l'ammoniaque ; du sulfure, du cyanure et du carbonate d'ammonium ; des ammoniaques composées (méthylamine, propylamine, butylamine, amylamine) ; une partie oléagineuse complexe (*huile animale de Dippel*), renfermant des hydrocarbonés et d'autres produits; des phénols; des bases non oxygénées formant deux séries, celles de la pyridine, C^5H^5Az, et de l'aniline, C^6H^7Az, du pyrrol, C^4H^5Az, du scatol, C^9H^9Az, etc. — 2° *Oxydation*. Avec l'*eau régale* elles donnent de l'acide oxalique, de l'acide fumarique et un composé chloré, le chlorazol. — Avec les *hypochlorites alcalins*, elles fournissent les mêmes acides et de plus de l'acide carbonique, de la leucine et de la tyrosine. — Ces deux derniers corps se produisent aussi avec le *brôme*, ainsi que les acides oxalique, aspartique, des acides gras et spécialement l'acide caproïque, de la leucinimide, etc. — Le *bichromate de potasse* avec l'*acide sulfurique* donnent des aldéhydes, des acétones et des acides de la série grasse et de la série aromatique. — Le *permanganate de potasse* produit de l'urée (Béchamp, Ritter) tandis que pour Lossen ce serait de la guanidine. Brucke a signalé aussi un acide azoté et sulfuré, isolé et étudié par Maly, *acide oxyprotosulfonique*. — 3° *Action de la baryte*. L'action de la baryte a été surtout étudiée par Schutzenberger. Son procédé consiste à chauffer à 200° environ, dans un cylindre en acier hermétiquement clos, un mélange d'une matière albuminoïde et d'une solution concentrée d'hydrate de baryte. On obtient ainsi les produits suivants : — Des gouttes huileuses d'une huile essentielle volatile (*albuminöl*), mélange de corps distincts, d'odeur de truffes et qui renferme un corps très voisin de C^4H^4O, du pyrrol, C^4H^5Az, des homologues supérieurs du pyrrol et un composé sulfuré ; — de l'ammoniaque avec de l'acide carbonique et de l'acide oxalique dans les rapports de composition du carbamide (urée) $CO(AzH^2)^2$ et de l'oxamide, $C^2O^2(AzH^2)^2$; — des acides volatils, acide acétique et acide formique; — des acides amidés de la formule générale $C^2H^{2n+1}AzO^2$ (*leucines*), et présentant dans la série successivement CH^2 en plus, savoir : alanine ou acide amido-propionique, $C^3H^7AzO^2$; butalanine ou acide amido-butyrique, $C^4H^9AzO^2$; acide amido-valérique, $C^5H^{11}AzO^2$, leucine ou acide amido-caproïque, $C^6H^{13}AzO^2$; acide amido-œnanthylique, $C^7H^{15}AzO^2$; — des corps moins hydrogénés de la formule générale $C^nH^{2n-1}AzO^2$ (*leucéines*), et dont le plus important, *leucéine*, a pour formule $(C^4H^7AzO^2)^n$ et se dédouble en *acide protéique*, $C^8H^{14}Az^2O^5$, et *glucoprotéine*, $C^8H^{16}Az^2O^4$, d'après l'équation :

$$4(C^4H^7AzO^2) = C^8H^{14}Az^2O^5 + C^8H^{16}Az^2O^4 - H^2O$$

Leucéine.   Ac. protéique.   Glucoprotéine.   Eau.

de la *tyroleucine*, $C^7H^{11}AzO^2$, produit nouveau du type $C^nH^{2n-3}AzO^2$; — des *acides lactique* et *succinique*; — des *acides glutamique* $C^5H^9AzO^4$ et *aspartique* $C^4H^7AzO^4$; — un acide nouveau, l'*acide glutimique*, $C^5H^7AzO^3$; — de la *tyrosine*, $C^9H^{11}AzO^3$. — On a trouvé aussi dans la décomposition par la baryte de l'hydrogène et de l'azote (Liebermann). — Danilewsky a obtenu, par l'action de la potasse sur l'albumine, une substance, la *protalbine* qui chauffée avec l'alcool en tubes soudés régénère l'albumine. D'après Nencki l'hydrate de potasse fournit avec l'albumine les produits suivants : indol, scatol, pyrrol, phénol, acide butyrique ; dans un premier stade il y aurait hydratation avec formation de peptones, de leucine et de tyrosine.

Les produits de décomposition des albuminoïdes, obtenus par les différents procédés indiqués ci-dessus peuvent se diviser en produits non azotés et produits azotés. En voici l'énumération : — 1° *Produits non azotés*. Acides gras volatils (acides formique, acétique, propionique, butyrique, valérique, caproïque); acide benzoïque; acide carbonique ; acide lactique; acides oxalique, succinique, fumarique; acide sulfurique ; — aldéhydes et acétones; — hydrogène. — 2° *Produits azotés*. Ammoniaque; méthylamine, propylamine, butylamine, amylamine ; urée (?), guanidine ; leucine, glycocolle, hypoxanthine, alanine, butalanine, leucéine, glucoprotéine, tyroleucine ; tyrosine ; aniline, pyridine ; leucinimide ; — acides aspartique, glutamique, glutimique, amido-valérique, amido-œnanthylique, protéique, oxyprotosulfonique ; — acide cyanhydrique ; — indol, phénol, scatol, pyrrol; — azote. — Il faut noter, et on en trouvera l'application plus loin, que tous ces corps ne préexistent pas dans la molécule d'albumine et que la plupart au contraire se forment au moment de sa décomposition.

Fermentations. — Les matières albuminoïdes peuvent être décomposées par un grand nombre de ferments ou de microbes, et ces décompositions, qui peuvent aller jusqu'à la putréfaction proprement dite, donnent naissance à des produits fixes ou volatils qui aboutissent d'une part à l'acide carbonique et à l'eau et d'autre part à l'ammoniaque. Ces fermentations peuvent être classées en deux groupes. — 1° Dans le premier elles sont produites par des ferments *aérobies;* dans ce premier groupe la fermentation ne dégage que très peu de gaz, et la quantité d'ammoniaque formée suffit pour saturer les acides de sorte que ces fermentations n'ont qu'une odeur peu marquée. Les agents principaux de ce premier groupe sont différentes variétés de bactéries ou *tyrothrix* (Duclaux) (*tenuis, filiformis, distortus, geniculatus, turgidus, scaber, virgula*), des bactéries plus petites non encore déterminées et quelques mucédinées. — 2° Le second groupe correspond à des ferments anaérobies (tyrothrix urocephalum, claviformis, catenula); dans ce fermentations le dégagement de gaz, hydrogène, hydrogène sulfuré et hydrogène phosphoré est très actif; en outre l'ammoniaque produite ne suffit plus pour saturer les acides gras volatils, d'où une odeur et une saveur plus prononcée du mélange. Dans ces fermentations et en particulier dans la putréfaction des albuminoïdes il se forme un grand nombre de produits dont la plupart ont été énumérés plus haut. On peut y ajouter le: acides palmitique, oléique, acrylique, crotonique, phénylpropionique et phénylacétique, paraoxyphénylacétique, paroxyphénylpropionique, paraoxybenzoïque, de l'alcool, du paracrésol et de l'orthocrésol, de l'hydrogène phosphoré et de l'hydrogène sulfuré, une matière colorante violette et des chromogènes, des ptomaïnes, etc. (Voir aussi : Fermentations).

Formule. — La formule adoptée le plus généralement pour l'albumine est la formule de Lieberkühn, $C^{72}H^{112}Az^{18}O^{22}S$, qui multipliée par 3 donne $C^{216}H^{336}Az^{54}O^{66}S^3$. D'après Schutzenberger, le dosage de l'azote serait trop faible et il donne la formule suivante: $C^{240}H^{387}Az^{65}O^{75}S^3$. Harnack de son côté a proposé : $C^{204}H^{322}Az^{52}O^{66}S^2$.

Constitution. — Les matières albuminoïdes et leurs dérivés renferment du carbone, de l'hydrogène, de l'azote, de l'oxygène et du soufre. Le soufre manque cependant dans la mucine et l'élastine. Elles ne contiennent pas de phosphore : le phosphore qu'on leur a attribué provient de la lécithine qui est souvent mélangée aux albuminoïdes et dont ces substances étaient incomplètement débarrassées. Le tableau suivant donne les proportions relatives (pour 100) de carbone, d'hydrogène, et de soufre contenues dans les principales substances albuminoïdes :

	C	H	Az	O	S
Albumine	52,7	6,9	15,4	20,9	0,8
—	54,5	7,3	16,5	23,5	2,0
Fibrine...........................	52,5	7,0	17,4	21,9	1,2
Caséine (lait de femme)...........	52,3	7,2	14,6	25,7	?
— (lait de vache).............	53,6	7,4	14,2	24,7	?
Syntonine.........................	54,1	7,3	16,1	21,5	1,1
Peptone...........................	51,4	6,95	17,1	23,45	1,1
Substance amyloïde................	53,6	7,0	15,5	22,5	1,3
Mucine............................	49,5	6,7	9,6	34,2	»
Substance collagène...............	50,0	6,7	18,0	24,5	0,5
Glutine...........................	50,0	6,7	18,1	24,6	0,5
Substance collagène n° 2..........	54,3	6,7	14,3	24,6	?
Chondrine.........................	58,0	6,6	14,4	29,0	0,6
Elastine..........................	55,5	7,4	16,7	20,4	»
Kératine..........................	50,0	6,4	16,2	20,0	0,7

On a cherché, par l'étude de leurs produits de décomposition et par la façon dont ils se forment sous l'influence des divers réactifs, à pénétrer la nature et la constitution intime des principes albuminoïdes. Mais jusqu'ici on n'est arrivé à rien de certain. Mulder les considérait comme constitués par l'union de combinaisons sulfurées avec un radical organique, la protéine, d'où le nom de matières protéiques. Gerhardt admettait dans ces substances un groupe atomique complexe comme formant tantôt un sel neutre (caséine), tantôt un sel acide de soude (albumine). Nasse a fait remarquer que si on traite les matières albuminoïdes par la baryte, une partie de leur azote, variable pour chaque matière, se dégage sous forme d'ammoniaque, tandis que le reste de l'azote ne se dégage que plus tard et se trouve très probablement engagé dans des combinaisons plus stables, noyau aromatique, amines-acides, amides-acides. Quant à l'ammoniaque qui se dégage tout d'abord, elle serait contenue à l'état de radical AzH^2 dans un groupe atomique complexe qui donne naissance aux acides glutamique et aspartique. En effet, ces deux acides renferment le radical AzH², comme le montrent les formules suivantes :

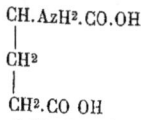

$$CH.AzH^2.CO.OH$$
$$CH^2$$
$$CH^2.CO\ OH$$
Acide glutamique.

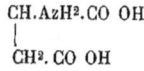

$$CH.AzH^2.CO\ OH$$
$$CH^2.CO\ OH$$
Acide aspartique.

Schutzenberger, dont les recherches ont été mentionnées plus haut, arrive aux résultats suivants sur la constitution des matières albuminoïdes. Si l'on fait abstraction des produits accessoires qui n'apparaissent qu'à faibles doses, comme le soufre, la tyrosine, le pyrrol, etc., on trouve comme élément essentiel la *leucéine*, $C^4H^7AzO^2$, formée comme on l'a vu par l'union de l'acide protéique, $C^8H^{14}Az^2O^5$ et de la gluco-protéine, $C^8H^{16}Az^2O^4$, avec élimination d'eau et qu'on peut considérer par conséquent comme un éther protéique. Cette leucéine jouerait dans la constitution des albuminoïdes un rôle analogue à celui de la glycérine pour les corps gras. Elle formerait le noyau auquel se rattacheraient d'une part l'urée ou l'oxamide et les divers groupements amidés de l'autre. On peut ainsi concevoir théoriquement, sous sa forme la plus simple, la constitution d'une molécule d'albumine, en associant, avec perte d'eau, à une molécule de leucéine, une molécule d'oxamide, une molécule de leucine et une molécule d'acide amido-valérique, d'après l'équation :

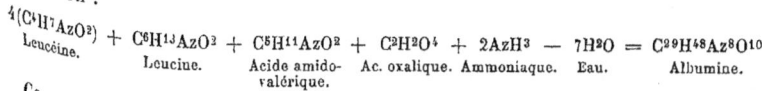

$$4(C^4H^7AzO^2) + C^6H^{13}AzO^2 + C^5H^{11}AzO^2 + C^2H^2O^4 + 2AzH^3 - 7H^2O = C^{29}H^{48}Az^8O^{10}$$

Leucéine.　Leucine.　Acide amido-valérique.　Ac. oxalique.　Ammoniaque.　Eau.　Albumine.

Ce poids moléculaire de l'albumine est certainement trop bas, mais il peut facilement être doublé, triplé, etc., en soudant plusieurs groupes entre eux par l'intermédiaire de l'urée ou de l'oxamide. L'albumine serait dans cette hypothèse une *uréide* complexe.

Les recherches de Gautier en France, de Pflüger en Allemagne, tendent à faire envisager d'une autre façon la constitution des matières albuminoïdes. Déjà Hunt avait considéré les albumines comme des *nitriles*, c'est-à-dire comme des éthers cyanhydriques. D'après Gautier, il existerait dans tout composé albuminoïde une chaîne centrale ou noyau constitué par le groupement CAzH (acide cyanhydrique) non saturé, groupement pouvant être soit tétratomique, soit diatomique.

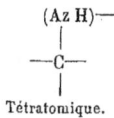

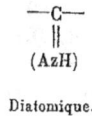

(AzH)—
|
—C—
|
Tétratomique.

—C—
‖
(AzH)
Diatomique.

A ces noyaux se rattacheraient des groupes diatomiques ou monoatomiques oxygénés, tels que OH ou CO, et plus généralement des radicaux aldéhydiques qui viennent compléter la molécule. Les groupements suivants feront saisir cette conception :

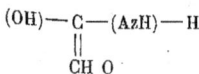

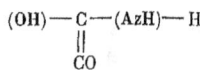

(OH)—C—(AzH)—H
‖
CH O

(OH)—C—(AzH)—H
‖
CO

On sait la tendance de l'acide cyanhydrique et du reste de beaucoup de composés cyanés à se polymériser. Le groupement CAzH, en s'unissant à lui-même ou à d'autres groupements deviendrait ainsi le squelette des matières albuminoïdes et d'une partie des composés organiques complexes qui en dérivent, acide urique, etc. L'*adénine*, $C^5H^5Az^5$, trouvée récemment par Kossel dans le pancréas, vient donner un exemple remarquable de cette polymérisation du groupe CAzH et confirmer les idées de Gautier. On trouvera plus loin la théorie de Pflüger. Pour ce qui concerne l'asparagine, voir : *Formation de l'albumine.*

Jusqu'ici nous n'avons guère envisagé que le *noyau azoté* des albuminoïdes, que ce noyau soit le radical AzH^2, une carbamide (urée) $CO(AzH^2)^2$, une leucéine ou un noyau cyané. Mais d'autres groupements semblent entrer encore dans la constitution des albuminoïdes, je veux parler d'un groupement aromatique et d'un groupement hydrocarboné.

L'existence d'un *noyau aromatique* C^6 paraît démontrée par la présence de la tyrosine $C^9H^{11}AzO^3$ (qui contient le radical C^6H^4 et un hydroxyle OH) dans les produits de décomposition de l'albumine; on a objecté, il est vrai, que ce noyau aromatique ne préexistait pas et se formait au moment même de la décomposition. Baumann a admis en outre dans l'albumine un noyau aromatique non hydroxylé qui fournirait de l'acide benzoïque, $C^6H^5,COOH$; il s'en forme en effet une petite quantité, mais seulement dans des conditions de décomposition spéciales. En tout cas ce noyau non hydroxylé existerait probablement à l'état d'aldéhyde benzoïque, $C^6H^5 . COH$. De toute façon ces noyaux aromatiques ne forment pas plus de 5 p. 100 de la molécule d'albumine. C'est à ce noyau aromatique que répond la réaction de Millon.

Enfin on a admis aussi l'existence d'un noyau hydrocarboné dont on retrouve la trace dans les acides gras volatils, l'acide oxalique, etc., qui se produisent dans la décomposition des albuminoïdes. Ce groupement serait représenté soit par CHO ou $H.COH$ (aldéhyde formique), soit par CH^2. D'après Krukenberg, toutes les substances albuminoïdes contiennent un groupement atomique qui réduit à chaud les solutions alcalines d'oxyde de cuivre, groupement de nature hydrocarbonée, et il considère les albuminoïdes comme des produits de substitution des hydrocarbonés. Les différences des substances albuminoïdes tiendraient pour lui au nombre différent de groupements hydrocarbonés qui entrent dans la constitution des albuminoïdes; c'est ainsi qu'on les trouve en plus grand nombre dans la mucine par exemple.

En résumé, quoique la question ne soit pas tout à fait tranchée, il me semble résulter des faits précédents que trois groupements principaux, essentiels, entrent dans la constitution des albuminoïdes, un noyau *azoté*, CAzH ou $CO(AzH^2)^2$, un noyau *hydrocarboné*, $H.COH$ ou *gras*, CH^2, et un noyau *aromatique*, C^6H^4, auxquels peuvent venir s'associer des noyaux accessoires de différente nature, la nature des albuminoïdes différant suivant le nombre et le mode de groupement des noyaux principaux et des noyaux accessoires.

Le mode de jonction de ces divers groupes n'est pas non plus bien connu et on en est encore réduit à des hypothèses.

Si, comme on le voit par ce qui précède, la constitution intime des substances albuminoïdes est loin d'être connue, il en est de même des conditions qui déterminent les différences qu'on rencontre entre les diverses substances de ce groupe. Ainsi, tandis qu'Heynsius et d'autres chimistes considèrent les diverses espèces d'albumines comme identiques, un grand nombre d'autres, Schmidt, Béchamp, Ritthausen, etc., en font des corps bien distincts. C'est qu'en effet les principales différences de ces corps sont basées sur leurs différences de solubilité dans les différents milieux, et ce caractère est tellement variable et tellement influencé par une foule de conditions difficiles à préciser, qu'il est impossible de lui attribuer une grande importance. Du reste, les chimistes ne sont même pas d'accord sur la question de savoir si l'albumine pure contient ou non des sels minéraux, et si ces sels entrent dans la constitution de sa molécule. On avait cru d'abord, par la dialyse, pouvoir obtenir de l'albumine absolument pure et dépourvue de sels (Graham, Schmidt, Aronstein); mais les recherches de Hoppe-Seyler, Kühne, Heynsius, Gautier et Alexandrowitch, ont montré que, même en prenant toutes les précautions possibles, elle contient toujours une petite quantité de sels. Or, on sait combien une proportion, même minime, de sels minéraux mélangée à l'albumine peut modifier sa solubilité, sa facilité de précipitation et ses principales propriétés physiques (pouvoir rotatoire, etc.).

Synthèse des albuminoïdes. — Il a été fait quelques essais de production synthétique des albuminoïdes. Grimaux, en chauffant pendant deux heures à 125° — 130° de l'anhydride de l'acide aspartique avec la moitié de son poids d'urée, a obtenu une substance de formule $C^{34}H^{40}Az^{10}O^{25}$, qui présentait les caractères généraux des substances protéiques. En traitant l'acide amidobenzoïque par le pentachlorure de phosphore il a préparé aussi une combinaison ayant tous les caractères de l'albumine du sérum.

Existence dans l'organisme. — Les substances albuminoïdes ou leurs dérivés font partie de tous les éléments et de tous les tissus de l'organisme sans exception ; on les rencontre en outre dans tous les liquides ayant un caractère nutritif, sang, lymphe, chyle, lait, ou dérivant du sang, suc des tissus, transsudations, dans un certain nombre de sécrétions, dans l'urine albuminurique. Le tableau suivant, emprunté à Gorup-Besanez, donne la quantité d'albuminoïdes pour 1,000 qui existe dans les principaux liquides et tissus de l'organisme :

LIQUIDES.		TISSUS.	
Liquide cérébro-spinal	0,9	Moelle	74,9
Humeur aqueuse	1,4	Cerveau	86,3
Eau de l'amnios	7,0	Foie	117,4
Liquide du péricarde	23,6	Thymus (veau)	122,9
Lymphe	24,6	Œuf de poule	134,3
Suc pancréatique	33,3	Muscles	161,8
Synovie	39,1	Tunique moyenne des artères	278,3
Lait	39,4	Cartilage	301,0
Chyle	40,9	Os	345,0
Sang	195,6	Cristallin	383,0

L'*état* dans lequel se trouvent les albuminoïdes dans l'organisme varie suivant les endroits où on les rencontre. Dans le sang et les liquides, l'albumine est à l'état de dissolution, sans qu'on sache encore exactement si sa solubilité n'est pas due à la présence de sels alcalins. Ailleurs elle se trouve à l'état demi-solide comme dans le protoplasma et les muscles; dans les tissus et les organes, comme le cartilage, les os, les membranes cellulaires, elle est tout à fait solide. Enfin on peut rencontrer même des albuminoïdes à l'état cristallisé, comme les plaques vitellines.

Origine des albuminoïdes de l'organisme. — Les albuminoïdes de l'organisme proviennent de l'alimentation, soit que ces albuminoïdes introduits avec les aliments appartiennent au règne végétal (herbivores) ou au règne animal (carnivores). Une fois introduits dans l'organisme, ces albuminoïdes subissent une série de transformations qui seront étudiées dans la physiologie spéciale et dont je ne ferai qu'esquisser ici les traits principaux.

Le premier changement auquel elles sont soumises est leur transformation en peptones. A la faveur de cette transformation, les substances albuminoïdes deviennent facilement absorbables et passent dans le sang. Là les peptones repassent (en totalité ou en partie?) à l'état d'albumine et constituent l'albumine du plasma sanguin. Cette albumine, à son tour, se répand dans tous les tissus avec le sang et, grâce à des modifications chimiques encore inconnues, s'organise et constitue les substances albuminoïdes des différents tissus et tous les dérivés qui seront étudiés plus loin. Toute l'albumine du sang ne paraît pas s'organiser ainsi; il est probable que, dans beaucoup de cas, la quantité d'albumine fournie par l'alimentation dépasse un peu la quantité d'albumine dont les tissus ont besoin pour leur réparation et que cet excès d'albumine reste dans le sang à l'état d'*albumine circulante*, comme on l'a appelée, par opposition avec l'*albumine d'organisation*.

Formation des albuminoïdes chez les organismes inférieurs. — Chez les organismes inférieurs, les substances albuminoïdes ne se forment pas de la même façon. Pasteur et Nägeli ont prouvé que les champignons forment de l'albumine avec des corps très simples comme le tartrate ou l'acétate d'ammoniaque. Les substances les plus différentes peuvent être employées par eux en présence de l'ammoniaque pour la formation de l'albumine (sucre, mannite, glycérine, acide acétique, acide succinique, etc.). D'après Löw, voici comment il faudrait comprendre la formation de l'albumine. Tous les corps qui peuvent servir à la production de l'albumine contiennent le groupement CHOH, isomère de l'aldéhyde formique (H.COH). On sait d'autre part que l'asparagine se trouve dans les végétaux partout où il y a formation active d'albumine. Ceci donné, le premier stade consiste dans la production de l'aldéhyde de l'acide aspartique d'après l'équation suivante :

I)
$$4CH\ OH + AzH^3 = \underset{\underset{\text{Aldéhyde aspartique.}}{CH^2.COH}}{\overset{H^2Az, CH.COH}{\underset{|}{}}} + 2H^2O$$

L'aldéhyde aspartique peut se former encore d'une autre façon, aux dépens de l'asparagine d'après l'équation :

I bis)
$$\underset{\underset{\text{Asparagine.}}{CH^2.COH^2Az}}{\overset{AzH^2.CH.CO\ OH}{\underset{|}{}}} + 2H^2 = \underset{\underset{\text{Aldéhyde aspartique.}}{CH^2.COH}}{\overset{AzH^2.CH.COH}{\underset{|}{}}} + AzH^3 + H^2O$$

A partir de l'aldéhyde aspartique, les processus ultérieurs sont des processus de condensation que représentent les équations suivantes :

II)
$$3\left\{ \underset{\underset{CH^2.COH}{|}}{\overset{H^2Az.CH.COH}{}} \right\} = C^{12}H^{17}Az^3O^4 + 2H^2O$$

III)
$$6\ C^{12}H^{17}Az^3O^4 + 6H^2 + H^4S = \underset{\text{Albumine.}}{C^{72}H^{112}Az^{18}SO^{22}} + 2H^2O$$

Löw arriva ainsi, par une série de condensations (avec hydrogénation) successives, à la formule de l'albumine de Lieberkühn. On sait du reste qu'en raison de leur caractère incomplet, les aldéhydes sont des corps éminemment propres à subir des phénomènes de condensation et de polymérisation. Il faut noter en outre que si l'aldéhyde aspartique de Löw n'a pas encore été isolé, on a trouvé dans beaucoup de plantes soit des aldéhydes tout formés, soit des corps qui leur donnent naissance par des dédoublements réguliers. En somme l'hypothèse de Löw, tout en n'ayant que la valeur d'une hypothèse, mérite toute l'attention du physiologiste.

Löw fait aussi remarquer, et il y a là probablement autre chose qu'une rencontre fortuite, que le chiffre 72 (nombre d'atomes de carbone de la formule de l'albumine de Lieberkühn) représente un multiple du chiffre de carbone des formules du sucre de raisin, de la glycérine et des acides oléique et stéarique, et il considère les graisses, les hydrocarbonés et les albuminoïdes comme ayant pour base le même groupement atomique à des degrés de condensation variables.

Albumine vivante. — On s'est demandé si l'albumine obtenue par les divers procédés de préparation était identique à l'albumine organisée et faisant partie du protoplasma cellulaire. Dans ces derniers temps, Pflüger, puis Löw ont émis l'idée que l'*albumine vivante*, comme ils l'appellent, était différente, non seulement physiologiquement mais chimiquement de l'albumine telle qu'on la trouve dans les aliments ou telle qu'elle existe dans les éléments et les tissus après la mort de ces tissus et de ces éléments (*albumine morte*).

Pflüger fait remarquer que l'albumine morte est à peu près indifférente aux réactifs chimiques et à l'oxygène à la température ordinaire, tandis que l'albumine vivante faisant partie constituante des tissus est en voie continuelle de désintégration. En outre les produits de désassimilation que fournit l'albumine vivante ne sont pas identiques à ceux que fournit l'albumine morte. Dans le premier cas, ce qui se forme surtout, ce sont l'urée et l'acide urique, qui contiennent le radical cyané, CAzH; cette urée et cet acide urique n'ont pu encore être obtenus aux dépens de l'albumine morte; les produits de destruction de l'albumine morte (qui ont été indiqués plus haut) contiennent surtout des amides et par conséquent le radical AzH^2, groupe plus stable que le radical CAzH. Dans la formation de l'albumine vivante aux dépens de l'albumine morte (alimentaire), les atomes d'azote se mettent en rapport avec le carbone et avec l'hydrogène pour constituer le groupement cyané; la mort au contraire consiste dans le passage de l'état cyané à l'état ammoniacal :

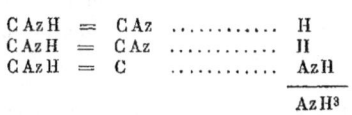

$$
\begin{array}{lll}
\text{C Az H} = \text{C Az} & \ldots\ldots\ldots & \text{H} \\
\text{C Az H} = \text{C Az} & \ldots\ldots\ldots & \text{H} \\
\text{C Az H} = \text{C} & \ldots\ldots\ldots & \text{Az H} \\
\hline
& & \text{Az H}^3
\end{array}
$$

Les termes ultimes de l'albumine vivante sont l'acide urique et l'urée, les termes ultimes de l'albumine morte l'acide carbonique et l'ammoniaque.

Löw considère comme caractéristique de l'albumine vivante, *active*, comme il l'appelle, la propriété de réduire les solutions alcalines de sels d'argent. Cette réaction serait due au noyau aldéhydique contenu dans l'albumine vivante. On sait que la réduction du nitrate d'argent en présence des alcalis est caractéristique des aldéhydes (*réactif de Tollens*). A ce groupe aldéhydique s'ajoute un *groupement amidé* (voir l'équation ci-dessous). A la mort l'albumine subit une transformation chimique qui la rend plus stable (*albumine passive*) et le groupement amidé passe à l'état *imidé* :

$$\begin{array}{ccc}
\mid & & \mid \\
CH\!-\!AzH^2 & & CH\!-\!AzH \\
\mid & = & \mid \quad \mid \\
C\!-\!COH & & C\!-\!CH\ OH \\
\parallel & & \parallel
\end{array}$$

Albumine active.   Albumine passive.
Groupement amidé   Groupement imidé.
aldéhydique.

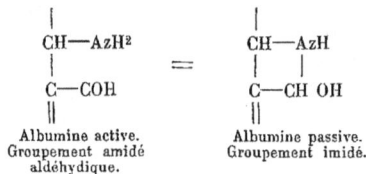

Désassimilation des albuminoïdes. — Après avoir parcouru ces stades successifs d'organisation et d'assimilation, les albuminoïdes, albuminoïdes des tissus et peut-être albumine circulante, se détruisent incessamment sous l'influence des actes vitaux spéciaux à chaque élément anatomique. Cette destruction donne naissance à une série de produits, produits de désassimilation, qui ont été mentionnés plus haut et qui seront étudiés plus loin. Ces produits aboutissent comme terme final à l'urée et à l'acide carbonique ; mais, comme on l'a vu à plusieurs reprises, nous sommes encore fort peu au courant des transformations qui s'accomplissent, et nous connaissons encore peu de chose sur la façon dont s'opèrent ces transformations. Y a-t-il oxydation, dédoublement ? est-ce un processus analogue aux fermentations ? ou bien toutes ces conditions interviennent-elles dans la désassimilation des albuminoïdes ? Autant de questions encore peu éclaircies jusqu'à présent. Ce qui paraît certain, c'est que la transformation des albuminoïdes en urée n'est pas directe, mais n'a lieu que par une série de produits intermédiaires ; les albuminoïdes paraissent se dédoubler successivement en deux sortes de produits, les uns fortement azotés, les autres peu azotés ou complètement dépourvus d'azote, de sorte qu'ils donnent naissance peu à peu à deux séries parallèles aboutissant l'une à l'urée, l'autre à l'acide carbonique et à l'eau. Enfin il est probable que, par leur dédoublement, les albuminoïdes contribuent aussi à la formation de la graisse et de la substance glycogène.

Comme presque tous les produits de désassimilation, les albuminoïdes s'éliminent surtout par l'urine.

La désassimilation des albuminoïdes s'apprécie en général, au point de vue pratique, par la quantité d'urée contenue dans l'urine, ou mieux par la quantité d'azote que renferme ce liquide, azote qui provient non seulement de l'urée, mais encore de l'acide urique, de la créatinine, etc. (*azote total*). Toutes les substances albuminoïdes contenant du soufre, il y a ordinairement parallélisme entre l'élimination du soufre (sulfates et phénolsulfates) et celle de l'azote et la proportion du soufre dans l'urine peut servir aussi à mesurer l'intensité de la désassimilation des albuminoïdes. Mais il faut se rappeler que cette désassimilation peut porter à la fois sur l'albumine organisée (albumine des tissus) et sur l'albumine de l'alimentation (albumine circulante).

§ 2. — Substances albuminoïdes proprement dites.

1. — Albumines.

Leurs solutions ne précipitent pas par les acides très étendus, les carbonates alcalins, le chlorure de sodium, l'acide platino-cyanhydrique, le sulfate de magnésie.

I. — ALBUMINE DU SÉRUM OU SÉRINE.

Préparation. — Les globulines qui l'accompagnent dans le sérum sont précipitées par un courant d'acide carbonique ou par le sulfate de magnésie en poudre. On filtre et on purifie, après neutralisation, par le dialyseur. Mais elle contient toujours une certaine quantité de cendres après la dialyse, 1 à 1,5 p. 100.

Caractères. — Desséchée, elle est jaunâtre, transparente, soluble dans l'eau en toutes proportions. Elle peut être chauffée jusqu'à 180° sans perdre sa solubilité. Sa solution est épaisse (quand elle est concentrée) et mousse par l'agitation. Ses solutions ont une réaction alcaline. — Elle dévie à gauche la lumière polarisée. Son pouvoir rotatoire = — 56°.

Propriétés chimiques. — *Chaleur.* — Le point de précipitation par la chaleur dépend de la quantité de sels qu'elle contient. Les solutions les plus pauvres en sels se troublent à 60° et la précipitation est complète à 72° — 73° (flocons et masse compacte). L'addition d'acides ou de sels neutres abaisse ce point de précipitation à 20°. Au contraire l'addition d'une très faible quantité d'acide acétique empêche la précipitation par la chaleur dans les solutions fortement dialysées. — *Précipitation.* — Les solutions à la température ordinaire ne précipitent pas par l'acide carbonique et les acides étendus ; elles précipitent par les acides concentrés. Elles donnent avec l'alcool un précipité soluble dans l'eau quand on a enlevé l'alcool. Elles précipitent par l'éther quand les sels tombent au-dessous d'un certain minimum.

Transformations et produits. — Par les alcalis (lessive de soude) elle se transforme en albuminate alcalin ou *alcali-albumine.* — Par les acides acétique, phosphorique concentrés, elle se transforme en *acide-albumine.* — L'acide chlorhydrique concentré en précipite des flocons qui se redissolvent dans le liquide ; l'eau précipite de la solution un *chlorhydrate de syntonine,* et il reste dans la solution un corps analogue aux peptones. — L'alcool la transforme en partie en globuline, en partie en albumine coagulée ; si l'action se prolonge ou si on chauffe, c'est cette dernière seule qui se forme. — Elle se combine avec le tannin. — Chauffée avec l'acide iodhydrique en tubes fermés, elle donne une substance analogue aux peptones (*pseudo-glutine* de Drechsel). — Maintenue plusieurs jours dans le vide à 40° — 60°, elle abandonne des quantités considérables de gaz consistant surtout en acide carbonique, hydrogène et une petite quantité d'azote (Gréhant).

Distinction d'avec l'albumine de l'œuf. — Quoique les deux albumines aient la plupart de leurs caractères et de leurs réactions communs et identiques, elles présentent cependant quelques différences. — 1° L'albumine de l'œuf a un pouvoir rotatoire = — 35,5°. — Elle précipite plus facilement par la chaleur, tandis que celle du sérum précipite plus facilement par l'alcool. — 3° Elle est plus difficilement soluble dans l'acide sulfurique concentré, et le précipité produit par l'eau dans cette solution est plus difficilement soluble dans un excès d'eau. — 4° Elle est difficilement soluble dans l'acide nitrique concentré. — 5° Le précipité produit dans ses solutions par les acides chlorhydrique et nitrique étendus est plus difficilement soluble dans un excès du réactif. — 6° Desséchée et chauffée, elle perd sa solubilité plus tôt que l'albumine du sérum, à 170°. — 7° Injectée dans les veines, elle passe dans les urines, tandis que l'albumine du sérum n'y passe pas. (D'après Cl. Bernard, les deux albumines y passeraient).

L'albumine du sérum existe dans le sang, la lymphe, le chyle, les transsudations physiologiques et pathologiques, le pus, le liquide de l'amnios, le lait, l'urine (?), et dans un certain nombre d'organes : les muscles (indépendamment du sang qu'ils contiennent), les reins, les testicules, la rétine, le corps vitré.

D'après les recherches de Martius, Gaskell, etc., l'albumine du sérum a la propriété que ne possèdent ni les autres albuminoïdes ni les peptones, de rétablir les pulsations du cœur (grenouille, tortue), quand ces pulsations sont arrêtées (voir : *Mouvements du cœur*).

II. — ALBUMINE DU MUSCLE.

L'*albumine du muscle* se distingue de celle du sérum parce qu'elle se coagule déjà à 45° ; du reste, elle présente tous les caractères de l'albumine du sérum. Cette albumine ne doit pas être confondue avec la myosine, qui sera étudiée plus loin.

2. — Globulines.

Caractères généraux. — Insolubles dans l'eau pure; solubles dans une solution de chlorure de sodium étendu et dans les carbonates alcalins; ces solutions sont coagulables par la chaleur. Elles se dissolvent dans l'acide chlorhydrique très étendu en se transformant en syntonine.

I. — PARAGLOBULINE.

Synonymie. — Globuline du sérum; substance fibrinoplastique de A. Schmidt; sérum caséine de Panum. La *plasmine* de Denis est un mélange de paraglobuline et de substance fibrinogène.

Préparation. — *Procédé de A. Schmidt.* Le sérum est étendu de quinze fois son volume d'eau et précipité par un courant d'acide carbonique et l'addition de quelques gouttes d'acide acétique étendu. Le précipité est lavé à l'eau distillée jusqu'à ce qu'il n'y ait plus traces de chlorures et d'albumine (essayer avec le nitrate d'argent et le ferrocyanure de potassium). La paraglobuline ainsi préparée est toujours mélangée de cendres, de fibrinogène, de ferment et de lécithine. — *Procédé de Hammarsten.* Le sérum est saturé par du chlorure de sodium en poudre fine; le précipité de paraglobuline est redissous dans une solution étendue de chlorure de sodium et reprécipité par le sel en substance; l'opération est répétée plusieurs fois. Hammarsten s'est assuré aussi que le sulfate de magnésie, finement pulvérisé, précipite complètement la paraglobuline du sérum étendu de cinq fois son volume d'une solution saturée de sulfate de magnésie. Il est très difficile d'obtenir la paraglobuline pure et complètement débarrassée du ferment de la fibrine. — *Procédé d'Hofmeister et Kauder.* Ajouter au sérum un volume égal d'une solution saturée à froid de sulfate d'ammoniaque; la globuline se précipite complètement.

Caractères. — Elle se présente sous forme d'une masse grenue ou floconneuse, insoluble dans l'eau pure, soluble dans l'eau aérée ou chargée d'acide carbonique. — Desséchée et chauffée à 100°, elle ne perd pas sa solubilité. — Ses solutions coagulent par la chaleur à une température plus élevée que les solutions d'albumine. Ses solutions dans le chlorure de sodium étendu précipitent à 75°. — La paraglobuline est soluble en outre, dans les alcalis dilués, les carbonates alcalins, les phosphates alcalins, les solutions étendues de sels neutres, le chlorure de sodium étendu, l'acide acétique. — Ses solutions précipitent incomplètement par le chlorure de sodium à 16 ou 17 p. 100 à moins qu'elles ne soient trop concentrées; elles précipitent en partie par la neutralisation, par l'addition d'eau, par l'acide acétique et l'acide carbonique quand elles sont modérément concentrées; elles précipitent complètement par le sulfate de magnésie. Débarrassée le plus possible d'alcalis par la dialyse, la paraglobuline se comporte comme une base faible et fixe plus d'acide carbonique que ne le comporte le reste d'alcali qu'elle contient; mais en présence d'une plus grande quantité d'alcali, elle se comporte comme un acide faible. — Son pouvoir rotatoire = 47,2°.

Caractères distinctifs d'avec la substance fibrinogène. — 1° La paraglobuline est plus soluble dans les alcalis et les sels (A. Schmidt). — 2° Elle précipite incomplètement de ses solutions par le sel marin en poudre (Hammarsten). — 3° Le précipité produit par le sulfate de cuivre dans les solutions de paraglobuline est soluble dans un excès de solution (Kühne). — 4° Sa solution reste claire au-dessus de 60°, tandis que celles de fibrinogène (et de myosine) se troublent déjà au-dessous de cette température, à 56°.

Existence dans l'organisme. — La paraglobuline existe dans le sang, la lymphe, le chyle. Elle est principalement contenue dans le sérum sanguin qui en renferme de 0,38 p. 100 (homme) à 2,53 p. 100 (poulet), suivant les espèces animales (Heynsius), tandis que, d'après Hammarsten, la proportion serait beaucoup plus forte (3,103 p. 100; homme). Elle existe aussi (ou une substance du groupe des globulines) dans le foie, les reins, le testicule, le cartilage, le liquide de l'amnios, le tissu connectif, la cornée. On peut la rencontrer aussi à l'état pathologique dans les urines albumineuses, surtout dans les cas de néphrite aiguë et de dégénérescence amyloïde du rein, dans les transsudations séreuses (liquide de l'hydrocèle), dans le pus, dans les kystes de la thyroïde. Il ne faut pas perdre de vue, dans la recherche de la paraglobuline, dans les liquides organiques, que la putréfaction transforme l'albumine en paraglobuline.

Mode de formation et origine dans l'organisme. — La paraglobuline se forme dans le sang après sa sortie des vaisseaux ; le sang en circulation n'en contient que de très faibles proportions. D'après A. Schmidt, elle proviendrait de la destruction des globules blancs. Si on sépare ces derniers en filtrant du plasma sanguin maintenu liquide par un mélange réfrigérant, le liquide qui traverse le filtre et est très pauvre en globules blancs, contient très peu de paraglobuline, tandis que les globules blancs qui restent sur le filtre en produisent beaucoup. Les globules rouges à noyau des oiseaux et des amphibies fourniraient aussi de la paraglobuline. Ce qui est certain, c'est que dans certaines conditions la paraglobuline provient *directement* de l'albumine. Ainsi il s'en forme dans la putréfaction des matières albuminoïdes, dans la digestion pancréatique de l'albumine (premier stade), par l'action des alcalis caustiques ou du ferrocyanure de potassium additionné d'acide acétique sur l'albumine, etc.

Rôle physiologique. — Le rôle physiologique de la paraglobuline est très peu connu encore. D'après A. Schmidt, il serait un des deux générateurs de la fibrine (voir : *Coagulation du sang*).

Substances analogues à la paraglobuline. — On peut rapprocher de la paraglobuline les substances suivantes : 1° la *vitelline* qu'on rencontre dans le jaune de l'œuf, dans les plaques vitellines des œufs des vertébrés, dans le protoplasma, dans les cellules végétales, et à laquelle se rattachent les cristaux d'*aleurone* de certains végétaux (noix de Para); — 2° la *globuline du cristallin* et la substance analogue qu'on trouve dans le corps vitré; — 3° la *globuline des globules rouges*, substance albuminoïde encore peu étudiée.

II. — SUBSTANCE FIBRINOGÈNE.

Préparation. — *Pr. de A. Schmidt.* On peut employer la sérosité de l'hydrocèle ou du péricarde. Le sérum est étendu d'eau, exactement neutralisé et on y fait passer pendant longtemps un courant d'acide carbonique. — *Pr. de Hammarsten.* On mélange du sang de cheval avec un quart de son volume d'une solution saturée de sulfate de magnésie ; on filtre, et on précipite le plasma filtré par un égal volume de solution saturée de chlorure de sodium; le précipité est pressé entre des feuilles de papier à filtrer, dissous dans l'eau distillée, reprécipité par la solution saturée et l'opération est répétée plusieurs fois; on a ainsi la substance fibrinogène pure et tout à fait dépourvue de paraglobuline.

Caractères. — La substance fibrinogène se présente sous l'aspect de masses visqueuses adhérentes aux parois du vase. Elle a des caractères à peu près identiques à ceux de la paraglobuline; on a vu plus haut (page 168) les caractères différentiels qui les distinguent l'une de l'autre.

Son caractère essentiel est de donner de la fibrine sous des conditions qui seront indiquées plus loin.

Exposée à l'air pendant huit à dix heures, elle perd la propriété de donner de la fibrine. Ses solutions (fibrinogène contenant des sels), chauffées dix minutes à 58°.—60°, se dédoublent en une *substance insoluble* plus azotée qui se précipite et une *substance soluble* plus pauvre en azote qui reste dans la liqueur (Hammarsten). Les solutions de fibrinogène (plasma sanguin) peuvent être évaporées et le résidu desséché à 111° sans perdre la propriété de se coaguler quand on a redissous ce résidu dans l'eau (A. Gautier).

Voici, d'après Hammarsten, la composition centésimale élémentaire de la fibrinogène, de la fibrine, des deux produits de dédoublement du fibrogène et de la paraglobuline :

	C %	H %	Az %	S %	O %
Fibrinogène....................	52,93	6,90	16,66	1,25	22,26
Fibrine.......................	52,68	6,83	16,91	1,10	22,48
Produit de dédoublement insoluble.....................	52,46	6,84	16,93	1,24	22,53
Produit de dédoublement soluble.	52,84	6,92	16,25	1,03	22,96
Paraglobuline.................	52,71	7,01	15,85	1,11	23,32

Existence dans l'organisme. — La substance fibrinogène existe dans le plasma sanguin, la lymphe, le chyle, les sérosités du péricarde, de la plèvre, du péritoine, le liquide de l'hydrocèle, les exsudats inflammatoires (liquide des ampoules de vésicatoire). On l'a trouvée en fortes proportions dans le produit de sécrétion des vésicules séminales du cobaye (Hensen et Landwehr). Les sérosités qui ne contiennent pas de globules blancs, comme le liquide de l'hydrocèle, ne se coagulent pas spontanément ; mais elles se coagulent par l'addition de sang défibriné, de ferment de la fibrine, d'extrait de tissus animaux, de globules blancs, etc.

Origine dans l'organisme. — D'après A. Schmidt, elle se formerait aux dépens des globules blancs, mais pendant la vie ; ce qui est certain, c'est qu'elle préexiste dans le sang. La substance fibrinogène qui existe dans les sérosités dépourvues de globules blancs proviendrait, dans ce cas, de la substance fibrinogène du sang ou de la lymphe.

Rôle physiologique. — Le rôle physiologique de la substance fibrinogène est encore très peu connu. On sait seulement qu'elle donne naissance à la fibrine et qu'elle joue un rôle essentiel dans la coagulation du sang. Cette formation de fibrine paraît due à un ferment particulier qui se forme dans le sang aux dépens des globules blancs. On a vu plus haut que, d'après Hammarsten, le produit insoluble du dédoublement du fibrinogène par la chaleur a la même composition centésimale que la fibrine (voir aussi *Coagulation du sang*).

III. — MYOSINE.

Préparation. — *Procédé de Kühne.* On prend de préférence des animaux à sang froid, la grenouille par exemple, dont les muscles conservent plus longtemps leur contractilité. On les saigne et on fait passer dans l'aorte un courant de solution de sel à 1/2 p. 100 pour enlever tout le sang. Les muscles sont alors isolés, lavés avec une solution de sel à 0° et exposés dans un nouet de linge fin bien serré à une température de — 7°. Cette masse musculaire une fois congelée est divisée en disques minces, pilée dans un mortier refroidi, et soumise dans un linge solide à une forte compression ; le liquide qui s'écoule est filtré à froid et constitue le plasma musculaire de Kühne. La coagulation spontanée de ce plasma donne la myosine. Pour avoir la myosine tout à fait pure, on peut aussi laisser tomber le plasma musculaire dans l'eau distillée, les gouttes de plasma se solidifient immédiatement. On peut aussi, pour préparer la myosine, utiliser sa solubilité dans le chlorure de sodium à 10 p. 100; il suffit de faire avec de la chair musculaire et de l'eau une bouillie fine à laquelle on ajoute du chlorure de sodium solide et d'ajouter de l'eau pour porter le titre de la solution à 10 p. 100 de sel; la myosine se dissout dans c liquide qu'on n'a plus qu'à filtrer.

Caractères. — La myosine se rapproche beaucoup de la paraglobuline. Elle s'en distingue cependant par un certain nombre de caractères importants. — 1° Elle coagule par la chaleur à 55° et se transforme en albumine coagulée. — 2° Elle décompose énergiquement à froid l'eau oxygénée. — 3° Elle oxyde la teinture de gayac en donnant une coloration bleue (Ces deux derniers caractères la rapprochent de la fibrine). — 4° Elle est moins soluble que la paraglobuline dans les acides et les alcalis très dilués. — 5° Elle est soluble dans le chlorhydrate d'ammoniaque (ce qui la distingue de la syntonine); cette solubilité se perd par l'action prolongée de l'eau. — Au point de vue chimique, la myosine représente une sorte d'intermédiaire entre la paraglobuline et la fibrine (Voir aussi *Syntonine*).

Existence dans l'organisme. — La myosine existe surtout dans le muscle, dont elle constitue la substance contractile (muscles striés et muscles lisses). Elle existe aussi dans le protoplasma. On l'a rencontrée aussi dans le tissu nerveux, dans la rétine. On en a récemment constaté la présence dans le règne végétal (pomme de terre). On ne sait pas exactement sous quelle forme elle se présente dans le tissu musculaire vivant, contractile. D'après Danilewsky et Catherine Schipilopp, elle se trouverait dans la substance anisotrope du muscle (à réfraction double) dans un état cristalloïde.

On ne sait rien de positif sur l'*origine* et le *mode de formation* de la myosine. On peut seulement supposer qu'elle est un dérivé de l'albumine ou des substances albuminoïdes du sang (voir : *Syntonine*).

Pour son *rôle physiologique*, voir : *Physiologie du tissu musculaire*.

Bibliographie. — A. Danilewsky : *Myosin, etc.* (Zeitsch. für phys. Ch. t. V, 1881). — H. Dillner : *Om globulinerne, etc.* (Upsal. lakär. förhandl. t. XX, 1885). — J. Pohl : *Ein neues Verfahren zur Bestimmung des Globulins im Harn*, etc. (Ber. d. d. ch. Ges. 1886).

3. — Fibrine.

Préparation. — Pour obtenir la *fibrine pure*, il faut commencer par préparer du plasma par un des procédés indiqués plus loin à propos du sang (Voir : *Plasma sanguin*). On peut l'avoir sous deux formes : sous forme de *gelée*, si on laisse la coagulation se produire lentement dans le liquide laissé en repos ; sous forme de *fibres*, si on bat le plasma avec une baguette de verre ou de bois. Habituellement on se contente de battre le sang immédiatement au sortir du vaisseau avec un petit balai de brins de baleine ou un agitateur quelconque; la fibrine se sépare sous forme de filaments qui restent adhérents à l'agitateur et qu'on lave dans l'eau distillée. Il reste alors le *sang défibriné*, constitué par le sérum et les globules (Ruysch). Le lavage prolongé du caillot sanguin employé autrefois (Malpighi) n'enlève que la matière colorante et laisse une fibrine impure mélangée de détritus de globules rouges et de globules blancs.

Caractères. — La fibrine obtenue par la coagulation spontanée forme d'abord une masse transparente qui peu à peu se contracte et devient blanche, opaque, résistante. Par le battage elle se présente sous forme de filaments grisâtres, mous, qui durcissent et acquièrent une certaine élasticité. Desséchée, elle est dure, jaunâtre, comme cornée. — Elle est insoluble dans l'eau, l'alcool, l'éther, dans une solution étendue de chlorure de sodium, soluble dans les solutions concentrées. Elle se dissout avec difficulté dans les alcalis étendus en se transformant en alcali-albumine, dans l'acide acétique étendu en se transformant en syntonine. — Ses solutions avec les sels neutres dilués coagulent à 60° et précipitent par l'eau, l'acide acétique, l'alcool; dans ces solutions la fibrine est convertie en une substance analogue aux globulines (Gautier). Ses solutions dans les alcalis ou les acides dilués au contraire ne coagulent pas par la chaleur. — Par l'acide nitrique à 1—5 p. 100 elle se gonfle en une gelée transparente et reprend son aspect primitif par l'enlèvement de l'acide. — Conservée longtemps sous l'alcool ou chauffée à 72°, elle se recroqueville, perd son élasticité et se transforme en albumine coagulée. — Elle retient très fortement la pepsine, caractère important au point de vue physiologique. La pepsine la transforme en peptone. Par l'action du suc pancréatique elle est transformée en partie en peptone, en partie en autres produits, leucine, tyrosine, etc. (V. *Suc gastrique* et *Suc pancréatique*). Par l'action prolongée des acides chlorhydrique et nitrique (0,4 p. 100), à 60°, elle se transforme en une substance analogue à la peptone.

Réactions caractéristiques. — Elle décompose l'eau oxygénée (Thénard). Elle bleuit la teinture de gayac en présence de la térébenthine ozonisée.

Variétés. — La fibrine présente des différences suivant les espèces animales et suivant la région du système sanguin d'où elle provient. Ces différences portent surtout sur sa solubilité, spécialement dans les solutions de soude. D'après certains auteurs, on trouverait une série de produits intermédiaires entre la substance fibrinogène et la fibrine (*Fibrine soluble*).

Existence dans l'organisme. — A *l'état normal*, la fibrine ne préexiste pas dans le sang pendant la vie. Elle se forme dans le sang, la lymphe, le chyle après la sortie de ces liquides des vaisseaux (*coagulation de la fibrine*); les conditions dans lesquelles elle se produit ainsi seront étudiées à propos de la coagulation du sang. A *l'état pathologique*, on peut la rencontrer dans le sang vivant (*caillots fibrineux*), la lymphe, les transsudations séreuses (plèvre, péricarde, etc.), les exsudats pathologiques, etc.

Origine et mode de formation. — La fibrine provient de la substance fibrinogène. Pour son mode de production, voir : *Coagulation du sang.*

Rôle physiologique. — Son rôle physiologique est encore incertain. Cependant comme elle ne se forme pendant la vie que dans des conditions pathologiques, il est présumable qu'elle n'a aucun rôle physiologique à remplir. Son importance est très grande au contraire au point de vue pathologique.

Bibliographie. — W. KIESERITZKY : *Die Gerinung des Faserstoffs*, etc. Dorpat, 1882.

4. — Protéines ou albuminates.

Les protéines ou albuminates sont insolubles dans l'eau et dans les solutions de sel marin; elles se dissolvent dans les acides étendus, les alcalis étendus et les solutions de carbonates alcalins. Ces solutions ne précipitent pas par la chaleur. Elles précipitent par l'addition de chlorure de sodium et par la neutralisation de la liqueur. En présence des phosphates elles ne précipitent par les acides que si on acidifie fortement la liqueur.

I. — ACIDE-ALBUMINE OU SYNTONINE.

Préparation. — On fait digérer de l'albumine dans l'acide chlorhydrique jusqu'à ce que la solution prenne une coloration bleue; on filtre et on étend le liquide filtré du double de son volume d'eau. Le précipité est dissous dans l'eau et la solution neutralisée avec du carbonate de soude; il se précipite par la neutralisation une gelée floconneuse qui est lavée jusqu'à disparition de la réaction acide. On peut aussi traiter l'albumine pendant longtemps par un acide étendu. — La syntonine s'obtient en traitant la myosine par un acide étendu (acide chlorhydrique à 0,4 p. 100).

Caractères. — La syntonine est insoluble dans l'eau pure, les solutions salines neutres (ainsi dans les solutions de chlorure de sodium), dans le chlorhydrate d'ammoniaque (caractère distinctif d'avec la myosine). Elle est facilement soluble dans les acides et les alcalis étendus et ne précipite pas de ces solutions par l'ébullition. Sa solubilité varie du reste avec la concentration de la solution, la température et le temps écoulé. Ces solutions alcalines ou acides précipitent par l'addition de chlorure de sodium en excès, de phosphate et d'acétate de sodium. Elles précipitent aussi par la neutralisation exacte de la liqueur. Elles précipitent difficilement par l'alcool. Sa solution dans l'eau de chaux est partiellement précipitable par la chaleur; la partie qui reste en dissolution précipite par l'addition de chlorure de sodium, de chlorure de calcium et de sulfate de magnésie. — En suspension dans l'eau et chauffée à 70°, elle se coagule (*albumine coagulée*). — Dissoute dans l'acide chlorhydrique très étendu, elle a un pouvoir rotatoire $= -72°$.

L'acide-albumine contient du soufre à moins qu'elle ne soit préparée avec l'alcali-albumine qui n'en contient pas. — La *parapeptone* produite dans la digestion des albuminoïdes par le suc gastrique paraît être de l'acide-albumine.

La *syntonine* provenant de la myosine peut être transformée en myosine. On dissout la syntonine à la température ordinaire dans le moins d'eau de chaux possible; on ajoute de la poudre de chlorhydrate d'ammoniaque jusqu'à saturation et on filtre; on obtient ainsi un liquide opalin, alcalin, qui après neutralisation exacte par l'acide acétique étendu, se comporte comme une solution de myosine dans le chlorhydrate d'ammoniaque (A. Danilewsky).

Variétés. — On constate quelques différences entre les syntonines de diverse provenance. — La *syntonine musculaire* a un aspect plus gélatineux que l'acide-albumine du blanc d'œuf et se dissout plus difficilement dans les alcalis. — La *parapeptone* est plus soluble que l'acide-albumine du blanc d'œuf. — La *syntonine de la fibrine* est soluble en partie dans le carbonate de chaux; elle est plus facilement soluble que l'acide-albumine dans le phosphate neutre de soude.

Pour les caractères distinctifs de l'acide-albumine et de l'alcali-albumine, voir : *Alcali-albumine.*

Existence dans l'organisme. — L'acide albumine ne paraît pas exister dans l'organisme. La question de savoir si dans les muscles rigides, la myosine ne se trouverait pas à l'état de syntonine n'est pas encore tranchée. On admet plutôt dans ce cas l'existence de myosine coagulée. La parapeptone se rencontre dans l'estomac au moment de la digestion des albuminoïdes.

II. — ALCALI-ALBUMINE.

Syn. — *Protéine de Mulder, albumine de Lieberkühn.*

Préparation. — On la prépare en traitant l'albumine soit par un alcali étendu, soit par la potasse caustique. La marche générale de l'opération est la même que pour l'acide-albumine. On peut en préparer aussi avec la caséine du lait.

Caractères. — Elle a presque tous les caractères de la syntonine, et quelques auteurs ont même admis l'identité des deux substances. Cependant elle s'en distingue par un certain nombre de caractères. — Son précipité a un aspect floconneux. — Elle est plus facilement soluble dans les alcalis. — Elle est soluble dans les solutions de carbonate de chaux avec élimination d'acide carbonique. — Sa solution dans le moins possible de lessive de soude a une réaction acide. — Chauffée en vase clos, elle se coagule au-dessus de 100°. — Son pouvoir rotatoire varie suivant sa provenance, mais il est inférieur à celui de l'acide-albumine.

La gelée d'alcali-albumine, traitée par des liquides fortement acides (acides phosphorique, chlohydrique, acétique, solutions d'acide borique, etc.) devient opaque et se rétracte (*pseudofibrine* de Brücke).

Tarchanoff a trouvé dans les œufs des oiseaux qui naissent les yeux fermés et le corps dépourvu de plumes, une albumine spéciale (*tata-albumine*) qui se prend par la chaleur en une masse transparente comme du verre.

Existence dans l'organisme. — La présence de l'alcali-albumine dans le sang a été admise par quelques auteurs et en particulier par Kühne et Eichwald; mais elle n'est pas démontrée d'une façon certaine.

III. — CASÉINE.

Préparation. — Le lait écrémé, étendu de quatre fois son volume d'eau, est traité par l'acide chlorhydrique ou l'acide acétique ; le précipité est recueilli, lavé avec de l'eau froide et débarrassé de la graisse par l'alcool et l'éther. Pour le lait de femme, il faut la précipiter par le sulfate de magnésie à saturation.

Caractères. — Purifiée et desséchée, la caséine se présente sous l'aspect d'une poudre blanc de neige, insoluble dans l'eau pure, rougissant la teinture de tournesol. Elle a les mêmes réactions que l'alcali-albumine, sauf quelques-unes qui seront indiquées plus loin et on en a conclu à l'identité des deux substances. La présence du phosphate de potassium dans le lait influence ses réactions ; c'est du reste grâce à ce sel que la caséine y est maintenue en dissolution. Son pouvoir rotatoire varie entre — 76° et — 91° suivant le corps qui la tient en dissolution.

Caractères distinctifs d'avec l'alcali-albumine. — La caséine est coagulée par le *lab* (ferment de la présure), tandis que l'alcali-albumine ne subit aucune modification (voir : *Digestion* et *Lait*). Elle donne du soufre en présence des alcalis.

Variétés. — La caséine paraît avoir des caractères différents suivant sa provenance. La caséine du lait de femme se distingue sous ce rapport de la caséine du lait de vache (voir : *Lait*).

Constitution. — La caséine est toujours dans le lait mélangée à la nucléine ; aussi contient-elle du phosphore. D'après Hammarsten, ce ne serait pas un simple mélange, mais une véritable combinaison, une *nucléo-albumine*.

Existence dans l'organisme. — La caséine ne se montre d'une façon certaine que dans le lait. On a admis aussi sa présence dans le sang, les muscles, le protoplasma des cellules nerveuses ; mais il est probable que dans ces cas il s'agit plutôt de globulines.

Origine et mode de formation. — La caséine se forme dans la glande mammaire aux dépens de l'albumine du sang. Dahnardt a extrait de la glande mammaire une substance qui en solution alcaline transforme l'albumine en caséine.

Bibliographie. — H. Mörner : *Studien über das Alkalialbuminat und das Syntonin* (A. de Pflüger, t. XVII, 1878). — A. Danilewsky : *Myosin* etc. (Zeitsch. f. phys. Ch. t. V, 1881). — J. Sander : *Ueber die Löslichkeit des Syntonins* (Arch. für Physiol. 1881). — H. Koster : *Zur Kenntniss des Casein*, etc. (Upsal. Lakar. förh. t. XVI, 1881). — A. Rosenberg : *Vergl. Unters. betreffend das Alcalialbuminat, Acidalbumin und Albumin* (Diss. Dorpat, et : Monatsh. für Ch. t. IV, 1883). — O. Hammarsten : *Zur Frage ob das Casein ein einheitlicher Stoff sei* (Zeitsch. f. phys. Ch. t. VII, 1883(. — O. Hammarsten *Ueber den Gehalt des Caseins an Schwefel*, etc. (Zeitsch. f. phys. Ch. t. IX, 1885).

5. — Albumines coagulées.

Caractères. — Quoique ces substances n'existent pas dans l'organisme, je leur donne une place ici parce qu'elles forment une classe à part dans les substances albuminoïdes et parce qu'elles ont une grande importance au point de vue de la digestion.

Les albumines coagulées sont des produits de l'action de la chaleur ou de l'alcool sur les matières albuminoïdes. Elles sont insolubles dans l'eau, les acides et les alcalis étendus et les solutions de sels neutres. Elles se dissolvent dans les alcalis et les acides forts, mais avec production d'une certaine quantité d'alcalialbumine ou d'acide-albumine. — Elles se convertissent facilement en peptones par l'action du suc gastrique ou du suc pancréatique à la température du corps.

Hémiprotéine de Schutzenberger. — En chauffant l'albumine coagulée (en quantité correspondant à 5 parties de substance sèche) avec 1 partie d'acide sulfurique de densité $= 1,842$ et 40 parties d'eau pendant une heure et demie et maintenant constante la proportion d'eau, l'albumine se décompose et donne un précipité blanc, amorphe, l'hémiprotéine. Cette hémiprotéine est insoluble dans l'eau et l'alcool, soluble dans les alcalis. Il reste dans la liqueur une substance, soluble dans l'eau, insoluble dans l'alcool, l'*hémialbumine*, qui ne donne pas les réactions de coloration des substances albuminoïdes. — En traitant l'hémiprotéine par l'acide sulfurique étendu bouillant, il se forme, entre autres produits, une substance amorphe, un peu sucrée, soluble dans l'eau et dans l'alcool, l'*hémiprotéidine* (Schutzenberger) (1).

§ 3. — Dérivés histogénétiques des albuminoïdes.

1. — Substance collagène et gélatine.

Le tissu connectif sous toutes ses formes, les os, l'ivoire des dents, sont constitués chimiquement par une substance identique, la *substance collagène*.

Caractères de la substance collagène et de la gélatine. — La *substance collagène* se gonfle dans l'eau froide sans se dissoudre; dans l'eau bouillante, elle se gonfle et se dissout en se transformant en une substance isomère, la *glutine* ou *gélatine* (voir plus loin les idées de F. Hofmeister sur ce sujet). Quand la substance collagène a été soumise auparavant à l'action des acides et des alcalis étendus, sa transformation isomérique est accélérée et peut même se faire à la température du sang.

La *gélatine* (*glutine*) est insoluble dans l'eau froide, l'alcool, l'éther, le chloroforme. Elle se dissout dans l'eau bouillante plus facilement même que la chondrine et se prend en gelée par le refroidissement. Ses solutions ne précipitent pas par les acides, l'acétate de plomb; elles précipitent par le tannin, le sublimé, l'acide métaphosphorique, l'acide taurocholique, l'alcool. — Sa présence empêche la réaction de Trommer, car elle dissout l'oxydule de cuivre. Elle donne la réaction du biuret. — (Pour les peptones de gélatine, voir : *Digestion*). Ses solutions dissolvent plus de phosphate de chaux que l'eau pure. Chauffée avec de l'eau à 140° dans des tubes soudés, elle se transforme en une gélatine soluble qui ne se prend plus en gelée par le refroidissement. — Ses solutions ne dialysent pas. — Elles dévient à gauche le plan de polarisation.

Produits de décomposition. — Chaleur. — Chauffée, elle donne de l'eau, de l'ammoniaque, de la méthylamine, de la butylamine, de l'acide carbonique, du cyanure ammonique, du pyrrol, C^4H^5Az, et ses dérivés : homopyrrol, C^5H^7Az, diméthylpyrrol, C^6H^9Az, pyrocoll, $C^{10}H^6Az^2O^2$; des traces de phénol, etc. ; pas de bases pyridiques. — *Acides.* Chauffée avec des acides étendus, elle donne du glycocolle, de la leucine, pas de tyrosine et en outre, d'après Gaethgens, de l'acide aspartique, de l'acide glutamique et une substance cristalline de la formule $C^{11}H^{23}Az^3O^6$. Voir aussi plus loin les recherches de Buchner et Curtius. — *Alcalis.* Chauffée avec la potasse et la baryte, elle donne à peu près les mêmes produits que l'albumine. — *Oxydation.* Il en est de même avec les agents oxydants. — *Putréfaction.* Par la putréfaction avec le pancréas, elle fournit, d'après Nencki, de l'acide carbonique, de l'ammoniaque, des acides acétique, butyrique, valérique, de la leucine ; il n'a pu constater la présence du glycocolle ni de l'indol.

On trouve dans le derme une autre substance collagène, *substance collagène n° 2*, qui donne du glycocolle, mais pas de leucine, par sa décomposition.

La *substance organique des os*, quoique portant le nom d'*osséine*, ne se distingue en rien de la substance collagène ordinaire et en a toutes les propriétés; elle se gonfle seulement un peu moins dans l'acide acétique. Chez l'embryon, les os ne contiennent pas de substance collagène, mais de la substance chondrigène (état cartilagineux) qui disparaît avant l'ossification. Les os fossiles renferment une modification soluble de la substance collagène ordinaire.

Constitution. — La constitution chimique de la substance collagène et de la gélatine a été étudiée par les chimistes dans ces derniers temps. D'après F. Hof-

(1) Pour les albumines végétales, voir les travaux spéciaux mentionnés dans la bibliographie.

meister, la collagène serait formée de deux substances qu'il appelle *semi-glutine* et *hémi-colline* et dont il a étudié les sels. Il en donne la formule suivante :

$$C^{102}H^{149}Az^{31}O^{38} + 3H^2O = C^{55}H^{85}Az^{17}O^{22} + C^{47}H^{70}Az^{14}O^{19}$$

Collagène.   Semi-glutine.   Hémi-colline.

La substance collagène serait un anhydride de la gélatine et s'en distinguerait par une molécule d'eau en moins.

$$C^{102}H^{151}Az^{31}O^{39} - H^2O = C^{102}H^{149}Az^{31}O^{38}$$

Gélatine.   Collagène.

Schutzenberger, se basant sur les produits qu'il obtient par l'action de la baryte, propose pour la gélatine la formule suivante :

$$C^2O^2 \begin{cases} Az : (CO.C^nH^{2n}.AzH.C^mH^{2m}.AzH.C^pH^{2p}.CO^2H)^2 \\ Az : (CO.C^nH^{2n}.AzH.C^mH^{2m}.AzH.C^pH^{2p}.CO^2H)^2 \end{cases}$$

Buchner et Curtius, en traitant la gélatine en solution chlorhydrique alcoolique par l'acide nitreux, ont obtenu une huile jaune citron, d'une odeur caractéristique, qui fond à 141° sans se décomposer. Sa formule est $C^5H^6Az^2O^3$ et répond à la formule de constitution suivante :

$$\begin{array}{lll} C\,Az^2 & CH^2 & CH^2 \\ \| & \| & \| \\ C(OH) & CH & CH \\ | & | & | \\ CO\,OC^2H^5 & CO\,OH & CO\,H \\ & \text{Ac. acrylique.} & \text{Acroléine (aldéhyde).} \end{array}$$

Elle a des relations étroites avec l'acide acrylique et l'acroléine ; elle a les propriétés d'une combinaison diazoïque d'acides gras et peut être considérée comme un éther diazoxyacrylique. En admettant que la gélatine ait pour base une aldéhyde, il faudrait penser à l'*amido-acroléine*. La composition centésimale de l'amido-acroléine se rapproche du reste beaucoup de celle de la gélatine. (Gélatine : C, 50,5 ; H, 6,7 ; Az, 18,8. — Amido-acroléine : C, 50,7 ; H, 7 ; Az, 19,7).

Existence dans l'organisme. — La gélatine existe, à l'état de substance collagène, dans le tissu connectif des vertébrés sous toutes ses formes et constitue la grande masse de ce tissu ; l'*amphiexus lanceolatus* fait seul exception. On la trouve en outre dans les os (osséine) et l'ivoire des dents.

Formation dans l'organisme. — La gélatine est précédée dans l'organisme par la mucine qui constitue la grande masse du tissu connectif embryonnaire et par la chondrine qui précède la gélatine dans l'ossification. Quant à son mode de formation, on ne sait rien de positif. On ignore si dans les tissus elle provient de la mucine ou de la chrondrine ou si, ce qui est plus probable, elle ne fait que se substituer à ces substances, car, dans ce cas, elle se formerait sans doute aux dépens de l'albumine du sang et de la lymphe. Je rappellerai à ce propos la gélatinisation de l'albumine observée par Michailow et Chopin en mettant cette dernière en présence de l'ammoniaque. A. Danilewsky a obtenu de la syntonine soumise à la digestion peptique un corps, auquel il donne le nom de *glutinoïde* et qui se rapproche beaucoup de la gélatine.

Désassimilation de la gélatine. — On a vu plus haut les produits fournis par la décomposition de la gélatine. Le plus important de ces produits est le glycocolle et il paraît très probable que cette production de glycocolle s'accomplit aussi dans l'organisme. Dans ce cas la gélatine contribuerait à la formation de l'acide glycocholique de la bile.

Bibliographie. — F. HOFMEISTER : |Ueber die chemische Structur des Collagens (Zeitsch. f. phys. Ch. t. II, 1878). — GAETHGENS : Zur Kenntniss der Zersetzungsproducte des Leims (Zeitsch. f. phys. Ch., t. I, 1878). — DANILEWSKY : Ueber die Entstehungsweise von Chondrin und Glutin, etc. (Med. Cbl. 1882). — H. WEISKE : Zur Chemie des Glutins (Zeitsch. für phys. Ch., t. VII, 1883).

2. — Substance chondrigène et chondrine

Caractères. — Les cartilages contiennent une substance, *substance chondrigène*, qui sous l'influence de l'eau bouillante se transforme en *chondrine* ou *gélatine de cartilage* qui se prend en gelée par le refroidissement. La chondrine se gonfle dans l'eau froide sans s'y dissoudre. Ses solutions sont précipitées par les acides et les sels métalliques (cuivre, fer, etc.). La coction prolongée avec l'eau alcalinisée la transforme en une modification soluble, mais qui ne se prend plus en gelée par le refroidissement. Elle se distingue de la mucine parce qu'elle se gonfle moins dans l'eau et parce que son précipité par l'acide acétique est soluble dans les solutions salines neutres ; elle se distingue de la glutine parce qu'elle précipite par l'acide acétique, les acides minéraux et l'acétate de plomb et n'est que troublée par le tannin et le sublimé qui précipitent la glutine. Ses solutions dévient à gauche le plan de polarisation.

Par la putréfaction ou par la coction avec l'acide sulfurique étendu ou l'eau de baryte elle donne de la leucine, mais pas de glycocolle ni de tyrosine. Par la coction avec l'acide azotique ou par l'action du suc gastrique, elle fournit une substance (sucre ?) qui réduit le sulfate de cuivre, la *chondroglycose* (voir page 155). Chauffée très longtemps dans l'eau elle se dédouble, d'après Landwehr, en gélatine et gomme animale. Avec les acides minéraux forts, par l'action prolongée de la chaleur, elle donne de l'acide lévulinique (Tollens). — Avec l'acide chlorhydrique concentré et le chlorure de zinc, elle fournit de l'acide amido-glutarique, de la leucine, du glycocolle et de l'ammoniaque. — Pétri en a retiré un corps analogue à la syntonine et un acide azoté polybasique incristallisable.

La chondrine de la cornée se distingue par quelques caractères de celle du cartilage.

Constitution. — Morochowetz la considère, non comme une substance à part, mais comme un mélange de gélatine (ou de substance collagène) et de mucine, hypothèse difficile à accorder avec un certain nombre de réactions et de caractères chimiques de la chondrine. Landwehr la regarde comme constituée par la gélatine, la gomme animale et une troisième substance qu'il n'a pu encore isoler. Ces deux hypothèses permettraient d'expliquer facilement la transformation de la chondrine en gélatine dans l'ossification.

Existence dans l'organisme. — La substance chondrigène existe dans les cartilages permanents, dans les cartilages d'ossification, dans la cornée, dans certaines tumeurs pathologiques (enchondromes).

Son *mode de formation* est inconnu. A. Danilewsky a obtenu comme résidu de la digestion pancréatique de l'albumine de l'œuf et de la caséine une substance très rapprochée de la chondrine et qu'il appelle *chondronoïde* et qui serait le prédécesseur de la chondrine.

Bibliographie. — R. PETRI : Zur Chemie des Chondrins (Ber. d. d. ch. Ges., t. XII, 1879). — DANILEWSKY : Ueber die Entstehungsweise von Chondrin und Glutin aus den Eiweisskörpern (Med. Cbl., 1881). — C. FR. KRUKENBERG : Chondrin und Chondroït-säure (Wurzb. phys. med. Ges., 1883). — ID. : Die chemische Bestandtheile der Knorpels (Zeitsch. f. Biol. t. XX, 1884). — M. SCHWARZ : Ueber Chondrin, Diss. St. Petersb. 1885.

3. — Kératine.

Caractères. — La *kératine* est insoluble dans l'alcool et dans l'éther ; elle se gonfle dans l'eau, plus facilement encore dans l'acide acétique ; elle est soluble dans la soude et la potasse. Chauffée avec l'acide sulfurique ou la potasse, elle donne comme produits de décomposition de l'acide aspartique, des acides gras volatils (acétique, butyrique, propionique, valérique), de l'ammoniaque et surtout de la leucine et de la tyrosine. Traitée par l'acide nitrique, elle fournit de l'acide oxalique. Avec l'hydrate de baryte, elle donne les mêmes produits que l'albumine, mais plus d'ammoniaque, d'acide carbonique et d'acide oxalique. Avec l'acide chlorhydrique et le chlorure de zinc, elle donne de l'acide glutamique, de l'acide aspartique, de la leucine, de la tyrosine, de l'ammoniaque et de l'hydrogène sulfuré. Sa composition la rapproche des substances albuminoïdes dont elle se distingue cependant par un excès de soufre. Mais le soufre ne s'y trouve qu'en combinaison lâche, comme le montre la facilité avec laquelle la kératine dégage de l'hydrogène sulfuré (température de 100 à 200° dans des tubes soudés, neutralisation par l'acide acétique de sa solution dans les alcalis). La proportion de soufre varie du reste dans des limites assez étendues, et ces variations de composition de la kératine n'indiquent pas une substance chimique définie.

Lindwall a trouvé la composition suivante pour la kératine retirée de la membrane d'enveloppe de l'œuf de poule (moyenne de trois analyses) : C 49,78 p. 100 ; H 6,64 ; Az 16,48 ; O 22,90 ; S 4,25. Ce qui est surtout à remarquer, c'est la forte proportion de soufre.

A. Ewald et Kuhne ont donné le nom de *neurokératine* à une substance extraite des centres nerveux et des fibres nerveuses à moelle, et qui a tous les caractères de la kératine.

Existence dans l'organisme. — La kératine constitue la substance chimique spéciale des tissus épithéliaux et existe par conséquent dans les poils, les ongles, la corne, etc. On la retrouve même dans des éléments n'appartenant pas à l'épithélium ; ainsi dans la membrane propre des glandes, la capsule cristalline, la membrane de Descemet, le sarcolemme des muscles, le névrilème, les membranes de cellules cartilagineuses, osseuses et connectives. En outre on la rencontre dans le cerveau et d'une façon générale dans le tissu nerveux (*neurokératine*) à l'exception des fibres du nerf olfactif et de la rétine. Le cristallin, quoiqu'appartenant, par son développement, aux tissus épithéliaux, ne contient pas de kératine ; il en serait de même du limaçon.

Son *mode de formation* est inconnu. Morochowetz la fait provenir des albuminoïdes par perte d'eau ; mais il y a entre la kératine et les albuminoïdes des différences plus importantes et spécialement l'excès de soufre et de tyrosine. D'après Drechsel il y aurait plutôt d'une part substitution du soufre à l'oxygène, comme on le voit dans le passage de l'acide acétique, C²H³O.OH, à l'acide thiacétique, C²H³O.SH, et d'autre part substitution de la tyrosine à une partie de la leucine de l'albumine.

Bibliographie. — L. Morochowetz : *Zur Histochemie der sogenannten Horngebilde* (Petersb. med. Wochensch., 1878). — V. Lindvall : *Zur Kenntniss des Keratins* (Upsal. lakär. förh. t. XVI, 1881). — H. Steinbrugge : *Unt. üb. das Vorkommen von Keratin in der Saugethierschnecke* (Zeitsch. f. Biol. t. XXI, 1885).

4. — Élastine.

Caractères. — L'élastine est à peu près insoluble dans tous les réactifs et très difficilement attaquable. Cependant elle finit par se dissoudre par la coction prolongée dans une marmite de Papin et dans les solutions concentrées de potasse et de soude. Traitée par l'acide sulfurique étendu bouillant, elle donne beaucoup de leucine (25 à

45 p. 100) et très peu de tyrosine. Par la putréfaction avec le pancréas, elle fournit de l'ammoniaque, de l'acide valérique, de la leucine, du glycocolle, et une substance analogue à la peptone, mais ni indol, ni phénol. Elle ne fournit non plus ni acide glutamique, ni acide aspartique, ce qui la différencie de l'albumine.

Par la digestion avec la pepsine, elle se dédouble en *peptone d'élastine* et *hémiélastine*. L'*hémiélastine* est soluble dans l'eau froide dont elle se précipite par l'ébullition sous forme de flocons qui se redissolvent par le refroidissement. Elle précipite de ses solutions par l'alcool, les acides minéraux concentrés, l'acide phosphotungstique, les sels métalliques, etc. Elle donne la réaction de Millon, la réaction xanthoprotéique et la réaction du biuret. La peptone d'élastine a les mêmes caractères que les peptones des albuminoïdes; elle se distingue de l'hémiélastine parce qu'elle ne précipite pas par les sels neutres et le cyanure jaune de potassium et de fer additionné d'acide acétique. L'élastine est dépourvue de soufre. Voici le résultat de son analyse d'après Horbaczewski: C 54,32 p. 100; H 6,99; Az 16,75; Cendres 0,51.

Existence dans l'organisme. — L'élastine forme la substance du *tissu élastique* proprement dit ou *tissu jaune*, tel qu'on le rencontre dans les tendons, les ligaments; les aponévroses, etc., et spécialement dans les ligaments jaunes de la colonne vertébrale.

C'est évidemment un dérivé des matières albuminoïdes; mais dans cette transformation les matières albuminoïdes doivent subir une modification assez profonde; car le noyau sulfuré disparaît ainsi que très probablement le groupement de la tyrosine; la petite quantité de tyrosine qu'on peut extraire de l'élastine, comme on l'a vu plus haut, provient probablement de l'albumine (gélatine) mélangée à l'élastine.

Bibliographie. — J. Horbaczewski: *Elastin* (Wien. Akad. Sitzungsber, 1885).

5. — Mucine.

Préparation. — On ajoute à la bile ou à l'extrait aqueux d'une glande salivaire (sous-maxillaire ou sublinguale) de l'acide acétique qui précipite la mucine; le précipité est lavé, dissous dans une solution étendue de carbonate de sodium et reprécipité par l'acide acétique.

Caractères. — Le précipité de mucine est floconneux, blanc ou jaunâtre. Desséché, c'est une substance brune cassante. — Elle est insoluble dans l'eau, mais elle s'y gonfle considérablement de façon à donner l'apparence d'une solution visqueuse, filante ou mousseuse quand l'eau contient un peu de sel marin. Elle est insoluble dans l'alcool, l'éther, le chloroforme. Elle est soluble dans les solutions de sels alcalins et terreux (eau de chaux) et dans les acides minéraux concentrés. — Ses solutions ne dialysent pas.

Propriétés chimiques. — Ses solutions ne précipitent pas par l'ébullition. Elles précipitent par l'alcool, l'acide acétique, les acides minéraux; un excès de ces derniers redissout le précipité. Elles ne précipitent pas par le sulfate de cuivre, le perchlorure de fer, l'azotate d'argent, l'acétate de plomb, le tannin. Elles précipitent par l'acétate basique de plomb quand elles sont neutres ou faiblement alcalines. Elle donne la réaction de Millon et la réaction xantho-protéique; mais elle ne donne pas celle du sulfate de cuivre. — Par l'ébullition avec l'acide sulfurique, elle fournit de la leucine et de la tyrosine. — Par l'acide sulfurique étendu, elle se dédouble en acide albumine et une substance hydrocarbonée, *gomme animale* de Landwehr, dont la formule serait, d'après Löbisch, $C^{12}H^{20}O^{10}$, $+ 2 H^2O$, et qui donnerait un sucre, $C^6H^{12}O^6$, incristallisable, ne fermentant pas et réduisant la liqueur de Barreswill. — La mucine n'est pas décomposée par le suc pancréatique et n'est pas atteinte par la putréfaction. — La mucine du tissu connectif embryonnaire et de la gélatine de Wharton se distingue de la mucine ordinaire en ce que le précipité de mucine est soluble dans un excès d'acide acétique.

Constitution. — La mucine peut être considérée comme un glucoside azoté. Elle contient à la fois les groupements albuminoïdes, comme le prouve la formation d'acide-albumine, de leucine et de tyrosine, et un noyau hydrocarboné. On la considérait comme dépourvue de soufre, mais les recherches plus récentes de Landwehr, d'Hammarsten, de Lobisch tendent à faire entrer le soufre dans sa constitution. Landwehr la regardait primitivement comme un simple mélange de globuline et de gomme animale; mais elle semble être plutôt une véritable individualité chimique. Il y a très probablement des différences dans sa constitution suivant sa provenance. Morochowetz la considère, à tort, comme identique à la nucléine et à la substance amyloïde. La *métalbumine* et la *pseudomucine* des kystes ovariques se rapprochent beaucoup de la mucine. La *paralbumine* de Schérer trouvée aussi dans ces kystes n'est qu'un mélange de métalbumine et d'albumine ordinaire.

Existence dans l'organisme. — La mucine se rencontre dans la sécrétion de toutes les muqueuses, spécialement dans les glandes dites muqueuses et leur produit de sécrétion, ainsi que dans les glandes salivaires et la salive, dans la bile. Elle existe probablement dans toutes les cellules épithéliales. On la trouve dans le liquide des bourses muqueuses, la synovie, la périlymphe, l'endolymphe, l'eau de l'amnios, la glande thyroïde, les fèces et à l'état pathologique dans les kystes de l'ovaire, l'hydrocéphale, etc. Le tissu connectif embryonnaire de la gélatine de Wharton, la substance unissante du tissu connectif sont constitués par une substance analogue à la mucine. On a donné le nom de *mucus* aux liquides de provenance glandulaire ou épithéliale qui contiennent une forte proportion de mucine. Ces liquides qui peuvent être neutres, alcalins ou acides, ont du reste une composition variable et très complexe.

Formation dans l'organisme. — La mucine est un produit de l'activité des cellules dites *cellules muqueuses*, spécialement des cellules *caliciformes* et peut-être de toutes les cellules épithéliales. Ces cellules muqueuses qui peuvent par leur agglomération former des glandes, *glandes muqueuses*, contiennent dans les mailles de leur réticulum une substance claire transparente, *substance mucinogène*, qui donne naissance à la mucine et se distingue de celle-ci parce qu'elle n'est pas colorée par l'hématoxyline (Watney et Klein). Cette substance mucinogène se transforme en mucine sous l'influence des alcalis étendus (Hammarsten) (voir: *Sécrétion salivaire*).

La mucine est éliminée telle quelle par la destruction des cellules qui la produisent et passe dans les différentes sécrétions ou excrétions.

Rôle physiologique. — On lui a attribué un rôle mécanique de protection pour les cellules épithéliales (intestin), et on admet qu'elle sert à faciliter la progression des aliments dans le tube digestif (salive, mucus bucco-pharyngien, mucus intestinal, etc) (voir: *Gomme animale*).

Bibliographie. — L. Morochowetz : *Ueber die Identität des Nucleïns, Mucins und der Amyloïdsubstanz* (Petersb. Med. Wochensch. 1878). — H. A. Landwehr : *Unt. über das Mucin der Galle* (Zeitsch. für physiol. Ch. t. V, 1881). — Id. : *Ueber Mucin, Metalbumin und Paralbumin* (id. t. VIII, 1883). — O. Hammarsten : *Metalbumin und Paralbumin* (id., t. VI, 1882). — Id. : *Studien über Mucin und mucinähnliche Substanzen* (A. de Pflüger. t. XXXVI, 1885). — W. F. Löbisch : *Ueber Mucin aus der Sehne des Rindes* (Zeitsch. phys. Ch., t. X, 1885).

§ 4. — Peptones.

Préparation. — Le liquide acide résultant de la digestion des albuminoïdes par le suc gastrique naturel ou artificiel, est neutralisé par un carbonate alcalin, porté à l'ébullition et filtré ; les peptones du liquide filtré sont précipitées par l'alcool absolu ; le précipité est purifié par l'alcool et l'éther et desséché dans le vide à 30° au plus. On peut aussi, après avoir précipité l'albumine par l'ébullition, aciduler le liquide avec l'acide acétique et précipiter les peptones par l'acide phosphotungstique. La dialyse est aussi un bon moyen de séparer les peptones des albuminoïdes ; seulement elle est assez lente et la putréfaction se produit vite.

On peut employer aussi pour la préparation des peptones le suc pancréatique.

Production artificielle des peptones. — La cuisson prolongée des albuminoïdes (surtout sous une pression de 2 à 3 atmosphères dans une marmite de Papin) donne des corps tout à fait analogues aux peptones (*albuminose de cuisson* de Corvisart). Ces produits ont non seulement tous les caractères physiques et chimiques des peptones proprement dites, mais ils ont encore leurs propriétés physiologiques ; injectés dans les veines d'un animal, ils sont assimilés et ne paraissent pas dans les urines (Schiff). L'action de l'air ozonisé produit aussi des corps analogues (Gorup-Besanez). Cependant Schiff, en injectant ces peptones dans les veines d'un lapin, les a retrouvées dans les urines, preuves qu'elles n'étaient pas assimilées. L'hémiprotéidine de Schutzenberger paraît être aussi très rapprochée des peptones. Chandelon en traitant une solution d'albumine de l'œuf par 3 à 4 gouttes d'acide prussique médicinal et le bioxyde de baryum hydraté et y faisant passer pendant quarante-huit heures un courant d'acide carbonique a obtenu de la propeptone (voir plus loin), et un corps ayant toutes les propriétés de la peptone.

Caractères. — *A l'état sec*, ce sont des corps amorphes, transparents, blanc jaunâtre, hygroscopiques. *Fraîchement précipitées* (humides), ce sont des masses blanches analogues à la caséine coagulée, qui fondent entre 80° et 90° et donnent un liquide jaunâtre analogue à de la graisse fondue et qui se solidifie par le refroidissement. Les caractères des peptones varient du reste suivant les divers modes de préparation. Elles dévient à gauche la lumière polarisée comme les substances albuminoïdes dont elles proviennent, mais ce pouvoir rotatoire n'est pas modifié par l'ébullition.

Réactions caractéristiques. — Les peptones se distinguent des substances albuminoïdes par les caractères chimiques suivants : 1° elles sont toujours facilement solubles dans l'eau ; — 2° elles ont une très grande diffusibilité ; leur équivalent endosmotique est très faible ; aussi la dialyse peut-elle séparer les peptones des autres substances albuminoïdes ; — 3° elles ne précipitent pas par l'ébullition ; — 4° en solutions étendues, elles ne précipitent pas par l'acide nitrique ; l'acide acétique, les sels neutres (de soude, etc.) ; le sulfate de cuivre, le perchlorure de fer, le ferrocyanure de potassium, l'alcool) ; — 5° elles précipitent (en solutions neutres ou faiblement acides) par le bichlorure de mercure, le nitrate de mercure, le nitrate d'argent, le tannin, l'acétate de plomb, les acides phosphomolybdique et phosphotungstique ; — 6° en ajoutant à leur solution un peu de soude et une à deux gouttes de solution faiblement teintée de sulfate de cuivre, on a une solution rose (*réaction du biuret* de Gorup-Besanez) ; — 7° Dissoutes dans l'acide acétique en excès et additionnées d'acide sulfurique concentré, elles prennent une coloration bleu violet avec une faible fluorescence verte et présentent une bande d'absorption entre *b* et *F*. La réaction est renforcée par le chlorure de sodium (*Réaction d'Adamkiewicz*).

Ces différences sont bien moins marquées et s'effaceraient même, d'après Adamkiewicz, quand les solutions de peptone sont tout à fait concentrées, à l'exception de la non-précipitation par la chaleur.

A ces caractères chimiques peuvent s'ajouter un certain nombre de *caractères physiologiques* : 1° injectées dans le sang les peptones ne reparaissent pas dans l'urine, à moins qu'on n'en ait injecté en excès. Cependant Hofmeister est arrivé à des résultats différents ; d'après lui 83 p. 100 de la peptone injectée dans le sang se retrouve dans l'urine (lapin). — 2° Elles empêchent ou retardent chez le chien la coagulation du sang ; cet effet ne se produit pas chez le lapin. — 3° Elles produisent chez les animaux un état narcotique particulier, *narcose peptonique.*

Produits de transformation intermédiaires entre les albuminoïdes et les peptones. — 1° *Recherches de Meissner.* Meissner distinguait dans les peptones trois modifications principales, suivant la substance digérée et le moment de la digestion, la peptone, la parapeptone et la métapeptone.

La *peptone* se présenterait sous trois états distingués par Meissner sous les noms de *peptone* A, *peptone* B et *peptone* C; toutes les trois sont très solubles dans l'eau et les acides dilués; elles se distinguent les unes des autres par les caractères suivants: 1º *Peptone* A : elle précipite des solutions neutres par l'acide nitrique concentré et des solutions très légèrement acidulées avec l'acide acétique par le ferrocyanure de potassium ; — 2º *Peptone* B : elle précipite par le ferrocyanure et ne précipite pas par l'acide nitrique ; — 3º *Peptone* C : elle ne précipite par aucun des deux réactifs.

La *parapeptone* précipite des solutions faiblement acides ou faiblement alcalines par l'alcool mélangé d'éther; elle précipite des solutions acides par les solutions concentrées de différents sels neutres, comme le sulfate de soude ; l'action prolongée du suc gastrique ou l'ébullition la rendent insoluble, et c'est cette modification insoluble qui constitue ce qu'on a appelé la *dyspeptone*. D'après Brücke et v. Wittich, la parapeptone se transformerait à la longue en peptone; d'après Schiff, au contraire, cette transformation n'aurait jamais lieu. Quant à la dyspeptone, elle ne paraît pas se produire dans la digestion naturelle.

Si le liquide est préalablement neutralisé et débarrassé de la parapeptone par la filtration, l'addition d'une très légère quantité d'acide (pas plus de 1 p. 1000) donne un précipité floconneux de *métapeptone*, soluble dans un excès d'acide et qui se reforme par les acides minéraux concentrés.

2º *Propeptone*. — D'après Schmidt-Mülheim, E. Salkowski, Herth, il se forme dans la digestion des albuminoïdes par le suc gastrique une substance intermédiaire (*propeptone*, hémialbumose de Kühne) qui se distingue de la peptone par un certain nombre de caractères. Elle précipite de ses solutions par le chlorure de sodium avec addition d'acide acétique, par l'acide nitrique à froid ; le précipité se dissout à chaud avec une couleur jaune.

3º *Recherches de Kühne*. — D'après Kühne et Chittenden, la transformation des albuminoïdes en peptones donnerait lieu à la formation de deux produits qu'il appelle *hémipeptone* et *antipeptone*. Ces deux produits sont précédés de produits intermédiaires auxquels il accole les qualificatifs *hémi* et *anti* pour les distinguer, de sorte qu'on a ainsi deux groupes distincts, le groupe *hémi* et le groupe *anti*. Le groupe *anti* ne dépasse pas la formation de l'antipeptone, tandis que le groupe *hémi*, sous l'influence de la trypsine du suc pancréatique, se décompose en leucine, tyrosine, etc. Voici les principaux caractères de ces deux groupes et des produits qui les composent :

A. *Groupe anti*. — 1º *Antialbumose*. Très semblable à la parapeptone de Meissner. — 2º *Antialbumide*. Paraît identique à l'hémiprotéine de Schutzenberger et peut-être à la dyspeptone de Meissner. — 3º *Antipeptone*. Elle a les propriétés de la peptone; elle a un goût amer désagréable; sa solution n'est pas troublée par l'acide acétique et le ferrocyanure de potassium ; elle n'est pas attaquée par la tyrosine.

B. *Groupe hémi*. — 1º *Hémialbumose*. Elle paraît être identique à la peptone A de Meissner, à la propeptone de Schmildt-Mülheim. A l'état pur, c'est une poudre blanche, soluble dans l'eau dont elle ne précipite pas par l'alcool, mais dont elle précipite par le chlorure de sodium. Dans ce produit intermédiaire, Kühne distingue encore un certain nombre de produits secondaires intermédiaires, *protoalbumose*, *deutéroalbumose*, *hétéroalbumose*, etc., pour les caractères desquels je renvoie au travail original. — 2º *Hémipeptone*. Avec la trypsine elle donne de la leucine et de la tyrosine. Il faut remarquer que les caractères de ces diverses substances sont loin encore d'être bien définis. Le tableau suivant représente ces dédoublements successifs des albuminoïdes sous l'influence de la digestion (1) :

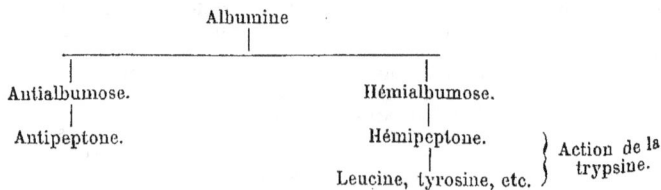

Albumine

Antialbumose.

Antipeptone.

Hémialbumose.

Hémipeptone.

Leucine, tyrosine, etc. } Action de la trypsine.

Constitution des peptones. — Aujourd'hui, deux opinions principales

(1) Pour séparer les peptones des albumoses on peut employer le sulfate d'ammoniaque qui précipite complètement les albumoses et laisse les peptones en dissolution.

ont cours sur la composition et la nature des peptones. Pour les uns (Maly, Herth, etc.), les peptones ont à peu près la même composition que la substance mère. Dans cette hypothèse la peptonisation des substances albuminoïdes consisterait dans un simple relâchement de l'assemblage moléculaire comme dans la décomposition des polymères en leurs molécules plus simples. En fait, dans la peptonisation de la fibrine par exemple, tout le soufre de la molécule de fibrine passe dans la molécule de peptone et ne devient libre que quand la peptone est décomposée; en outre, dans cet acte, il ne se dégage ni acide carbonique ni ammoniaque. Adamkiewicz fait remarquer que les peptones renferment moins de cendres que l'albumine, et rappelle à ce sujet le fait observé par A. Schmidt que l'albumine ordinaire perd la propriété de se coaguler par la chaleur quand on lui a enlevé une partie de ses sels par la diffusion. Enfin les mêmes auteurs invoquent l'analogie de composition centésimale de la fibrine et des peptones :

	C	H	Az	S
Fibrine	52,51	6,98	17,34	1,18
Peptone	51,40	6,95	17,13	1,13

Pour Hoppe-Seyler, Kossel, Henninger, etc., au contraire, la composition des peptones serait différente de celle des substances mères et elles représenteraient les hydrates de ces substances; elles pourraient s'unir indifféremment aux bases et aux acides et auraient une certaine analogie avec les amides-acides. Pœhl les considère comme de simples modifications physiques de l'albumine.

L'*identité* des diverses peptones, suivant leur provenance, est très discutée (Voir *Digestion par le suc gastrique et le suc pancréatique*). Les peptones résultant de l'action du suc pancréatique seraient plus riches en carbone et en oxygène et plus hygroscopiques. Elles seraient aussi sans action sur la coagulation du sang de chien.

Existence dans l'organisme. — Les peptones se rencontrent dans l'estomac et l'intestin au moment de la digestion des albuminoïdes; on les retrouve aussi à ce moment dans le sang, spécialement dans le sang de la veine porte, dans le chyle, dans la muqueuse intestinale, dans la rate, dans les muscles(?). A l'état pathologique on en a trouvé dans le pus, les crachats, l'urine, etc. Leur présence a été constatée chez un certain nombre de végétaux (E. Schulze et J. Barbieri).

Origine et formation dans l'organisme. — Les peptones se forment dans la digestion des albuminoïdes par le suc gastrique et le suc pancréatique. Les conditions de cette transformation seront étudiées avec les phénomènes chimiques de la digestion. D'après Pekelharing, il s'en formerait une certaine quantité dans les muscles au moment de la contraction. Il s'en produit aussi dans la putréfaction (*ptomopeptone*).

Transformations dans l'organisme. — La peptone produite dans la digestion des albuminoïdes dans l'estomac et l'intestin est absorbée au fur et à mesure et on n'en trouve que de faibles quantités dans le contenu du tube digestif; que devient-elle? Les quantités très faibles qu'on trouve dans le sang et dans le chyle prouvent qu'elle disparaît très rapidement. Comment se fait cette disparition? Il est peu probable qu'elle soit détruite et oxydée directement dans le sang, car on peut nourrir un animal en lui donnant exclusivement des peptones comme aliments azotés; il faut donc qu'elle soit assimilée. Contribue-t-elle à former l'albumine du sang, et l'albumine de l'alimentation, une fois transformée en peptone absorbable, repasse-t-elle à l'état d'albumine une fois arrivée dans le sang? Dans ce cas, il se passerait pour l'albumine quelque chose d'analogue à ce qui se passe pour l'amidon qui se transforme en glycose pour reparaître dans le foie à l'état de glycogène. Ou bien les peptones absorbées sont-elles utilisées directement par les tissus et les organes sans passer par l'intermédiaire d'albumine du sérum? Il est assez difficile, dans l'état actuel de la science, de choisir entre ces trois hypothèses : oxydation immédiate dans le sang, transformation en albumine, utilisation directe par les tissus. Il est même probable que, suivant les conditions, les trois cas peuvent se présenter. En effet, quand on donne en excès une alimentation azotée, la proportion des produits de désassimilation azotés de l'urine (urée, acide urique) augmente notablement et cette augmentation est presque immédiate, de sorte qu'on est porté à croire que ces produits se sont formés directement aux dépens des peptones de l'alimentation. D'autre part, la transformation des peptones en albumine du sérum est certainement limitée, car un excès d'alimentation azotée n'augmente pas la proportion d'albumine du sérum.

En admettant, ce qui est probable, la transformation des peptones en albumine, où se fait cette transformation? D'après Fede, Hermann, cette transformation se ferait dans le foie aux dépens des peptones apportés par la veine porte, Hofmeister a récemment émis l'opinion que cette transformation s'accomplissait dans la muqueuse intestinale au moment même de la résorption des peptones. Les globules blancs infiltrés dans le tissu réticulé de la muqueuse s'empareraient des peptones, les fixeraient comme les globules rouges fixent l'oxygène et les répartiraient dans les divers tissus de l'organisme.

Rôle physiologique des peptones. — Le rôle physiologique des peptones ressort de ce qui vient d'être dit ci-dessus. Elles représentent les produits de la digestion des albuminoïdes, les substances d'où l'albumine du sang, le protoplasma des cellules et en un mot tous les tissus tirent directement ou indirectement les matériaux azotés nécessaires à leur constitution.

Bibliographie des peptones. — Voir : *Digestion.*

Bibliographie des albuminoïdes. — DANILEWSKY : *Ueber Protalbin* (Ber. d. d. Ch. Ges. t. II, 1878). — S. KOHN : *Ueber einige Spaltungsproducte der Eiweisskörper* (Chem. Centralblatt, t. IX, 1878). — G. LÖW : *Ueber Oxydation des Eiweisses durch den Sauerstoff der Luft* (Zeit. für Biol., t. XIX, 1878). — P. SCHUTZENBERGER : *Sur la constitution de la laine et de quelques produits similaires* (Comptes rendus, t. LXXXVI, 1878). — J. HORBACZEWSKI : *Ueber die durch Einwirkung von Salzsäure aus den Albuminoïden entstehenden Zersetzungsproducte* (Wien. Akad., t. LXXX, 1879). — E. DRECHSEL : *Ueber die Darstellung krystallisirter Eiweissverbindungen* (Journ. für pr. Ch., t. XIX, 1879). — E. et H. SALKOWSKI : *Weit. Beitr. zur Kenntniss der Fäulnissproducte des Eiweiss* (Ber. d. d. ch. Ges., t. XII, 1879, et t. XIII, 1880). — PH. ZOLLER : *Xanthogensäure, ein Fällungsmittel der Eiweisskörper* (Ber. d. d. ch. Ges., t. XIII, 1880). — P. SCHUTZENBERGER : *Mém. sur les matières albuminoïdes* (Ann. Ch. Physiq., t. XVI, 1879). — L. SIEBERMANN : *Ueber die bei der Einwirkung von Baryumoxyhydrat auf Eiweisskörper auftretenden Gaze* (Wien. Akad. Sitzungsber, 1878). — W. KNOP : *Beiträge zur Kenntniss der Eiweisskörper* (Chem. Cbl., t. X, 1879). — E. SCHULZE et J. BARBIERI : *Ueber die*

Eiweisszersetzung von Kurbiskeimlinge (Journ. of pr. Ch., t. X, 1879). — O. Nasse : *Ueber die aromatische Gruppe im Eiweissmolekül* (Chem. Cbl., t. X, 1879). — R. H. Chittenden : *Ueber die Entstehung von Hypoxanthin aus Eiweissstoffen"* (Unt. d. physiol. Inst. d. Univ. Heidelberg, t. II, 1879). — O. Löw : *Eine Hypothese über die Bildung des Albumins* (A. de Pflüger, t. XXII, 1880). — A. F. W. Schimper : *Ueber die Krytalli-sation der eiweissartigen Substanzen* (Zeits. für Krystallographie, t. V, 1880). — L. Frédéricq : *Rech. sur les matières albuminoïdes du sérum sanguin* (Arch. de Biologie, t. I, 1880). — A. Béchamp : *Rech. sur les mat. albuminoïdes du cristallin* (C. rendus, t. XC, 1880). — A. Danilewsky : *Ueber ein neues krystalisirtes Spaltungsproduct der Eiweisskörper* (Ber. d. d. ch. Ges., t. XIII, 1880). — F. Lossen : *Guanidin, ein Oxyda-tions product des Eiweisses* (Ann. Ch. Pharm., t. CI, 1880). — A. Stutzer : *Ein Beitrag zur Kenntniss der Proteinstoffe* (Ber. d. d. ch. Ges., t. XIII, 1880). — A. Emmerling : *Stud. über die Eiweissbildung in der Pflanzen* (Landwirth. Versuchsstat., t. XXIV, 1880). — E. A. Jernström : (Upsal lakar förhandl. 1880). — G. Pouchet : *Des transformations des matières albuminoïdes dans l'économie*, 1880. — Bleunard : *Sur les produits de dédou-blement des matières protéiques* (C. rendus, t. XC, 1880). — E. Salkowski : *Ueber ein Verfahren zur völligen Abscheidung des Eiweiss ohne Erhitzen* (Med. Cbl., t. XVIII, 1880). — E. Grimaux : *Synthèse des colloïdes azotés* (C. rendus, t. XCIII, 1881). — L. Frédéricq : *Sur le pouvoir rotatoire des substances albuminoïdes*, etc. (C. rendus, t. XCIII, 1881). — E. Harnack : *Unters. über die Kupferverbindungen des Albumins* (Zeits. für phys. Chem., t. V, 1881). — E. Brücke : *Ueber eine dur chKaliumhyperman-ganate aus Huhnereiweiss erhaltene Säure* (Monatsh. für Chemie, t. II, 1881). — F. Schaffer : *Zur Kenntniss der Mycoproteins* (Journ. für pr. Ch., t. XXIII, 1881). — G. Grübler : *Ueber ein krystallinisches Eiweiss der Kurbissamen* (Journ. für pr. Ch., t. XXIII, 1881). — H. Ritthausen : *Ueber die Eiweisskörper der Oelsamen* (Journ. f. pr. Ch., t. XXIII, 1881). — Id. : *Kristallinische Eiweisskörper aus verschieden Oelsamen* (id. 1884). — A. Bleunard : *Sur les produits de dédoublement des matières protéiques* (C. ren-dus, t. XCII, 1881). — A. Danilewsky : *Études sur la constitution chimique des substances albuminoïdes* (Arch. des sc. phys. et naturelles, 1882). — Bleunard : *Recherches sur les matières albuminoïdes* (Ann. ch. phys., t. XXVI, 1882). — Ed. Grimaux : *Sur les colloïdes azotés* (Bull. de la soc. chim., t. XXXVIII, 1882). — J. Tarchanoff : *Ueber die Verschie-denheiten der Eiweisses*, etc. (Arch. de Pflüger, t. XXXI, 1883). — W. Kühne : *Ueber Hemialbumose im Harn* (Zeit. für Biol., t. XIX, 1883). — J. G. Stilling : *Ueber die Einwirkung von Kali auf Albumin* (Ber. d. d. ch. Ges., t. XVI, 1883). — H. Struve : *Die chemische Dialyse unter Anwendung von Chloroformwasser*, etc. (Journ. für pr. Ch., t. XXVII, 1883). — W. Kühne et R. H. Chittenden : *Ueber die nächsten Spaltungsproducte der Eiweisskörper* (Zeit. für Biol., t. XIX, 1883). — O. Löw : *Ueber Eiweiss und Pepton* (Arch. de Pflüger, t. XXXI, 1883). — E. Schulze et J. Barbieri : *Ueber die Bildung von Phenylamidopropionsäure*, etc. (Ber. d. d. ch. Ges., t. XVI, 1883). — A. Gautier et A. Etard : *Sur les produits dérivés de la fermentation des albuminoïdes* (C. rendus, t. XCVII, 1883). — C. Scheibler : *Unters. über die Glutaminsäure* (Ber. d. d. ch. Ges., t. XVII, 1884). — W. Michailow : *Ueber die Abscheidung animalischer Farbstoffe aus Albumin* (Ber. d. d. ch. Ges., t. XVII, 1884). — Id. : *Ueber die Darstellung animalischer Farbstoffe aus Eiweisstoffen* (id.). — E. Grimaux : *Sur un colloïde azoté dérivé de l'acide amidobenzoïque* (C. rendus, t. XCVIII, 1884). — Id. : *Sur quelques substances colloïdales* (id.). — Id. : *Sur la coagulation des corps colloïdaux* (id.). — A. Heynsius : *Ueber das Verhalten der Eiweissstoffe zu Salzen von Alkalien und alkalischen Erden* (Arch. de Pflüger, t. XXXIV, 1884). — W. Michailow : *Zur Frage über die Darstellung reinen Albumins* (Ber. d. d. ch. Ges., t. XVII, 1884). — E. Salkowski : *Zur Kenntniss der Eiweissfäulniss* (Zeit. für phys. Ch., t. VIII, 1884 et t. IX, 1885). — E. Grimaux : *Sur quelques réactions de l'albumine* (C. rendus, t. XCVIII, 1884). — J. K. Tarchanoff : *Ueber die Verschiedenheit der Eiereiweisses*, etc. (Arch. de Pflüger, t. XXXIII, 1884). — Ritthausen, *Ueber die Löslichkeit von Pflanzen-Protéinkörpern in salzsäurehaltigem Wasser* (Journ. für pr. Ch., t. XXIX, 1884). — Id. : *Ueber die Zusammensetzung der mit-telst Salzlösung dargestellten Eiweisskörper der Saubohnen und weissen Bohnen* (id.). — E. Schulze : *Unters. über die Amidosäuren,welche bei der Zersetzung der Eiweissstoffe durch Salzsäure und durch Barytwasser entstehen* (Zeit. für phys. Ch., t. IX, 1884). — W. Michailow : *Eine neue Reaction auf Eiweissstoffe und deren Stickstoff und Schwefel enthaltende Derivate* (Ber. d. d. ch. Ges., t. XVII, 1884). — O. Loew : *Ueber den mikro-chemischen Nachweis von Eiweissstoffen* (Bot. Zeit. 1884). — O. Hammarsten : *Ueber die Anwendbarkeit des Magnesiumsulfates zur Trennung und quantitativen Bestimmung von Serumalbumin und Globulinen* (Zeit. für phys. Ch., t. VIII, 1884). — J. Reichert. : *The proximate protéid constitution of the white of the egg* (Philad. med. Times, t. XIV,

1884). — A. Kossel : *Ueber einen peptonartigen Bestandtheil des Zellkernes* (Zeitsch. f. phys. Ch., t. VIII, 1884). — Griessmayer : *Ueber das Verhältniss von Eiweiss zum Pepton* (Allg. Brauer. Zeitung, 1884). — M. Straub : *Bijdrage tot de Kennis der hemialbumose* (Nederl. Tidjdsch. voor Gennesk. 1884). — C. A. Pekelharing :*Pepton en hemialbumose* (id.). — L. Liebermann et J. Toth : *Ueber die Einwirkung von Natronkalk auf Eiweisskörper* (Maly's Jahreb., 1881). — C. F. W. Krukenberg : *Die reducirend wirkende Atomgruppe in den Eiweissstoffen* (Cbl. 1845). — In. : *Die Beziehungen der Eiweissstoffe zu den Albuminoïden Substanzen und den Kohlehydraten* (Jen. med. Ges. 1885). — In. : *Ueber das Zustandekommen der sogen. Eiweissreactionen* (id.). — Axenfeld : *Ueber eine neue Eiweissreaction* (Cblatt. 1885). — Johansson : *Ueber das Verhalten des Serumalbumins zu Säuren und Neutralsalzen* (Zeit. für phys. Ch., t. IX, 1885). — J. Sebeliev: *Beitr. zur Kenntniss der Eiweisskörper der Kühmilch* (id.). — Dogiel : *Ueber Eiweisskörper der Frauen-und Kuhmilch* (id.). — R. Herth : *Unt. über die Hemialbumose oder das Propepton* (Wien.. Akad., t. XC, 1885). —O. Löw : *Ueber Eiweiss und Oxydation desselben* (Journ. f. pr. Ch., t. XXXI, 1885). — N. Kowaleski : *Essigsaures Uranoxyd, ein Reagens auf Albuminstoffe* (Zeit. für anal. Ch., t. XXIV, 1885). — W. Kühne : *Albumosen und Peptone* (Verhandl. d. nat. hist. med. Ver. zu Heidelberg, 1885). — Szymanski : *Zur Kenntniss des Malzpeptons* (Ber. d. d. ch. Ges., t. XVIII, 1885). — W. Fischel : *Ueber das Vorkommen von Pepton in bebrüteten Huhnereiern* (Zeit. für phys. Ch., t. X, 1885). — E. Drechsel : *Eiweisskörper ;* dans : *Ladenburg :* Handworterbuch der Chemie, 1885). — E. Schulze : *Notiz, betreffend die Bildung von Sulfaten in keimenden Erbsen* (Zeit. f. pl. Ch., t. IX, 1885). — Id. : *Ein Nachtrag zu den Unters. über die Amidosäuren, welche bei der Zersetzung der Eiweissstoffe durch Salzsäure und durch Barytwasser entstehen* (id.). — E. Salkowski : *Zur Kenntniss der Eiweissfäulniss* (id.). — A. Nauck : *Ueber eine neue Eigenschaft der Producte der regressiven Metamorphose der Eiweisskörper*, diss. Dorpat, 1886. — S. Guérin : *Origine et transformations des matières azotées chez les êtres vivants*, 1886. — G. Kauder : *Zur Kenntniss der Eiweisskörper des Blutserums* (Arch. für exp. Pat., t. XX, 1886). — E. Varenne : *Rech. sur la coagulation de l'albumine* (C. rendus, t. CII, 1886). — W. Michailow et G. Chopin : *Ueber die gelatinartigen Zustand der Eiweissstoffe* (id.). — J. Tarchanoff : *Ueber Hühnereier und durchsichtigen Eiweiss* (A. de Pflüger, t. XXXIX, 1886). — Id : *Weitere Beitr..* etc. (id.) (1).

Article IV. — Matières colorantes.

§ 1er. — Matières colorantes du sang.

1. — Oxyhémoglobine.

Préparation. — 1º On peut employer pour l'extraction de l'hémoglobine, quand on n'en veut que de petites quantités, le procédé d'isolement du stroma de Rollett décrit plus loin à propos des globules rouges (voir *Sang*). — 2º *Extraction de l'hémoglobine. Procédé de Preyer.* On prend du sang de cheval ou de chien qu'on laisse se coaguler : on décante le sérum ; on lave le caillot à l'eau glacée et on le fait congeler ; on le triture sur un filtre avec de l'eau glacée jusqu'à ce que l'eau de lavage ne précipite plus que faiblement par le bichlorure de mercure ; puis on dissout les globules dans l'eau tiède (40º). Le liquide filtré est recueilli, additionné d'une quantité convenable d'alcool et abandonné dans un mélange réfrigérant ; il se dépose des cristaux qu'on lave avec de l'eau glacée alcoolisée et qu'on purifie par une recristallisation. — *Procédé de Pasteur.* On fait passer le sang directement de la veine dans un ballon contenant de l'air privé de germes. Le sang se prend au bout de quelques semaines en une bouillie de cristaux.

(1) *A consulter :* Denis (de Commercy) : *Nouvelles études chimiques sur les matières albuminoïdes,* Paris, 1856 ; L. A. Gautier : *Des matières albuminoïdes,* Paris, 1865 ; A. Commaille : *Recherches sur la constitution chimique des matières albuminoïdes* (Journal de l'Anatomie, 1887); A. Béchamp : *Sur la formation de l'urée par l'action de l'hypermanganate de potasse sur les matières albuminoïdes* (Comptes rendus, 1870); E. Ritter : *Sur la transformation des matières albuminoïdes en urée,* etc. (Comptes rendus, 1871); A. Béchamp : *Id.* (id.); H. Hlaswietz et J. Habermann : *Ueber die Proteinstoffe* (Annal. d. Chemie und Pharmacie, t. CXIX, 1871); O. Nasse : *Studien über die Eiweisskörper* (Pflüger's Archiv, t. VI, VII, VIII, 1872-73); H. Hlaswietz et Habermann : *Ueber Proteinstoffe* (Journal f. prakt. Chemie, t. VII, 1873).

Procédés de préparation pour l'examen microscopique des cristaux d'hémoglobine. — 1° Ajouter à une goutte de sang de cobaye ou de chien de l'éther ou du chloroforme et recouvrir d'une lamelle de verre. — 2° Mélanger parties égales de sang défibriné et d'eau distillée et ajouter au mélange un quart de son volume d'alcool absolu; laisser le mélange à 0° pendant vingt-quatre à quarante-huit heures. — 3° *Procédé de Gscheidlen.* — Recueillir du sang défibriné laissé vingt-quatre heures à l'air dans de petits tubes fermés ensuite à la flamme et maintenir ces tubes pendant plusieurs jours dans l'étuve à une température de 37°; on ouvre alors le tube et on laisse écouler le sang dans un verre de montre; quand le sang a subi un commencement d'évaporation, il se dépose de très beaux cristaux d'hémoglobine.

Examen spectroscopique du sang. — La description et le mode d'emploi du spectroscope se trouvent dans tous les traités de physique, auxquels je renvoie. Le sang défibriné, plus ou moins dilué d'eau, est placé dans une petite cuve de verre à faces parallèles, *cuve hématinométrique* (fig. 25); mais un meilleur appareil est celui de Hermann; les deux faces parallèles peuvent se rapprocher, à l'aide d'une vis, et le degré de rapprochement des deux lames de verre, autrement dit l'épaisseur de la couche sanguine, est indiquée par une graduation extérieure; le sang peut être examiné ainsi en lames très minces sans avoir besoin d'être dilué. — *Pr. d'Hénocque.* Au lieu d'employer du sang dilué, Hénocque emploie aussi du sang pur, qui au sortir d'une piqûre faite au doigt est reçu directement dans un appareil particulier, l'*hématoscope.* L'hématoscope se compose de deux lamelles superposées qui s'écartent un peu l'une de l'autre à une extrémité, de sorte que l'épaisseur de la couche sanguine comprise entre les deux lamelles varie de zéro à 300 millièmes de millimètre. Hénocque a fait construire différents modèles d'*hématospectroscopes* applicables à la clinique et aux recherches physiologiques. Thierry a décrit aussi un bon appareil spectroscopique, l'*hémaspectroscope.*

Fig. 25. — *Cuve hématinométrique.*

Examen spectroscopique du sang sur le vivant. — 1° *Procédé de Vierordt.* — Si on place devant la fente du spectroscope les deux doigts rapprochés l'un de l'autre, de façon que le point de contact corresponde à la fente, en employant la lumière solaire comme source lumineuse, on voit les deux raies de l'oxyhémoglobine; si on entoure les deux doigts d'une lanière de caoutchouc pour y arrêter la circulation, les deux raies de l'oxyhémoglobine font place à la bande de Stokes (voir plus loin). — 2° *Procédé de Hoppe-Seyler et Stroganow.* Un vaisseau, carotide ou jugulaire du lapin, est isolé et placé entre deux lames de verre qui peuvent se rapprocher de façon à aplatir ses parois jusqu'à une limite où les raies de l'hémoglobine apparaissent (*Arch. de Pflüger*, t. XII, 1865; p. 23, pl. 2).

Hénocque a perfectionné les procédés d'examen spectroscopique du sang sur le vivant en utilisant chez l'homme la *surface sous-unguéale du pouce.*

Microspectroscopie du sang. — Hoppe-Seyler, Preyer, Stricker ont montré qu'il était possible de combiner le spectroscope et le microscope de façon à reconnaître au microscope les propriétés optiques du sang. La figure 26 représente le principe du microspectroscope oculaire de Sorby, microspectroscope qui peut s'appliquer à tous les microscopes. L'oculaire est surmonté d'un spectroscope constitué par un système associé de cinq prismes à section directe (*i*), trois de crown-glass et deux de flint-glass, de façon que les rayons d'entrée et de sortie en *a* et *b* sont dans la même direction. Entre les deux lentilles de l'oculaire se trouve une fente qui peut être rétrécie à volonté par la vis *a'*. Au-dessous de cette fente est un petit prisme rectangulaire, *e*,

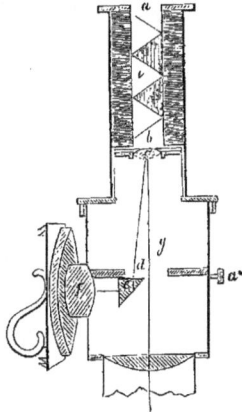

Fig. 26. — *Microspectroscope oculaire.*

qui reçoit les rayons lumineux qui lui arrivent d'une flamme située latéralement et dont les rayons traversent la lentille *f*. L'observateur a donc à la fois deux prismes, l'un qui provient de la flamme latérale, l'autre de la préparation microscopique. Il existe un certain nombre de microspectroscopes; tels sont ceux de Sorby, Browning, Hartnack, Zeiss, etc.

Caractères. — Les cristaux d'oxyhémoglobine présentent des caractères différents suivant les espèces, et, pour certaines espèces, l'hémoglobine n'a pu être obtenue à l'état cristallin. Preyer donne la classification suivante pour la facilité de la cristallisation: 1° cristallisation très difficile : veau, porc, pigeon, grenouille ; 2° cristallisation difficile: homme, singe, lapin, mouton ; 3° cristallisation facile : chat, chien, souris, cheval ; 4° cristallisation très facile : rat, cobaye. Il y a aussi des différences dans la forme des cristaux. Ils appartiennent en général à la forme rhomboédrique, sauf ceux du cobaye qui appartiennent au système hexagonal (tables à six pans). Ceux de l'homme sont des prismes ou des tables rhomboédriques. Les cristaux d'oxyhéglomobine sont rouge sang, transparents, biréfringents. Quand ils ont été rendus insolubles par l'alcool, ils sont décolorés par l'eau chlorée, l'alcool étendu ammoniacal (Struve). Ils sont solubles dans l'eau, en donnant une solution rouge vif; 100 grammes d'eau à 50° dissolvent 2 grammes d'oxyhémoglobine de chien. Leur solubilité est en raison inverse de leur facilité de cristallisation. Leurs solutions coagulent et l'albumine s'en sépare de 64° à 68°. Elles ne diffusent pas à travers les membranes de parchemin végétal. Les alcalis, les sels alcalins (carbonates, phosphates, borates) dissolvent l'oxyhémoglobine; il en est de même du sérum et des sérosités, de l'urine, de l'urée, des sels biliaires, de la glycérine, des solutions d'albumine. Ils sont insolubles dans l'éther, l'alcool, le chloroforme, la benzine, le sulfure de carbone, les essences, les huiles. La figure 27 représente les cristaux d'hémoglobine chez diverses espèces animales et chez l'homme.

Propriétés chimiques. — L'oxyhémoglobine joue le rôle d'un acide faible; elle rougit légèrement la teinture de tournesol et dans l'électrolyse du sang se dépose à l'état cristallin au pôle positif. Ses solutions sont précipitées par le carbonate de potassium en poudre, l'alcool, la plupart des sels métalliques, sauf l'acétate neutre et le sous-acétate de plomb, le cyanure de mercure, le nitrate d'argent; ce dernier les trouble cependant au bout d'un certain temps. Ces essais doivent être faits à 0° ou à une température voisine, sans cela on obtient toujours des précipités, même avec des solutions pures. Elles précipitent par les acides minéraux libres et les sels acides avec décomposition

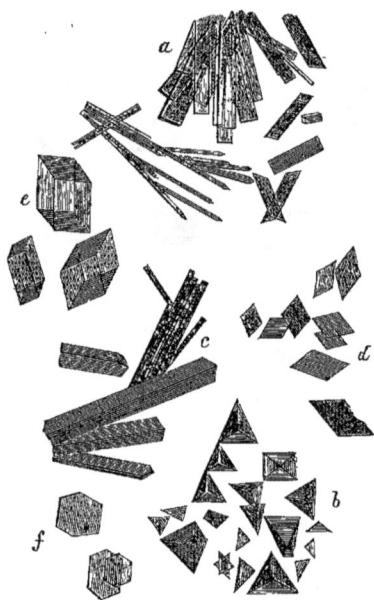

Fig. 27. — *Cristaux d'hémoglobine* (*).

de la matière colorante (précipité brun). — Les cristaux d'oxyhémoglobine se dissocient à 12° quand la pression partielle de l'oxygène tombe au-dessous de 20 millimètres de mercure. — *Chaleur.* Par la chaleur ils perdent leur eau de cristallisation. Anhydres, ils ne se décomposent pas jusqu'à 110°; mais leurs solutions se décomposent beaucoup plus vite ; elles s'altèrent déjà et brunissent à la température ordinaire. — *Action des acides.* — Les acides, au point de vue de leur action sur l'hémoglobine, peuvent se partager en quatre groupes (Preyer). — 1° Les acides qui ne précipitent pas l'hémoglobine, mais ne déterminent dans ses solutions que des changements optiques (acides gras volatils, acides lactique, malique, tartrique, citrique, acides phosphorique, oxalique, etc.). — 2° Acides qui coagulent l'hémoglobine à chaud, pas à froid (acides carbonique, pyrogallique). — 3° Acides qui coagulent à froid (acides nitrique, sulfurique, chromique, chlorhydrique). — 4° Acides qui coagulent à toute température et pour tout degré de concentration (acide métaphosphorique). L'acide borique ne rentre dans aucun de ces groupes et se comporte d'une façon particulière. — L'acide carbonique réduit l'oxyhémoglobine;

* *a* et *b*, cristaux de l'homme; *c*, du chat ; *d*, du cochon d'Inde ; *e*, du hamster ; *f*, de l'écureuil (Frey).

puis par l'agitation à l'air l'oxyhémoglobine se reforme. Si l'action de l'acide carbonique est prolongée, l'oxygène est chassé en partie et décompose l'hémoglobine réduite. Les acides gras volatils, les acides tartrique, citrique, décomposent l'hémoglobine en donnant naissance à des matières colorantes privées de fer ; le fer se sépare à l'état d'oxydule. — D'une façon générale l'action des acides décompose l'hémoglobine qui se dédouble en une substance albuminoïde, *globine*, et une matière colorante, *hématine*. — *Action des réducteurs.* Tous les corps réducteurs, sulfure ammonique, tartrate stanneux ammoniacal, stannate de soude, tartrate ferreux, hydrosulfite de soude, phénylhydrazine, la levure de bière, transforment l'oxyhémoglobine en *hémoglobine réduite* qui sera étudiée plus loin. Le même effet est produit par différents gaz ; l'hydrogène, l'acide carbonique, l'azote, chassent l'oxygène de l'oxyhémoglobine. Pour l'action de l'oxyde de carbone et de quelques autres gaz, voir : *Hémoglobine réduite.* — L'hydrogène sulfuré donne avec elle un composé sulfuré encore peu étudié. Avec l'ammoniaque elle donne un liquide rouge groseille qui s'altère lentement. — Les cristaux d'oxyhémoglobine décomposent l'eau oxygénée et ozonisent fortement l'oxygène ; si on place une goutte de solution concentrée d'hémoglobine sur du papier imprégné de teinture de gayac, la tache rouge s'entoure d'une auréole bleuâtre. Si on mélange de l'essence de térébenthine récemment distillée et agitée à l'air avec de la teinture de gayac, celle-ci conserve sa teinte jaunâtre ; si on ajoute au mélange un peu d'oxyhémoglobine (ou des globules rouges), on voit apparaître la coloration indigo caractéristique de l'ozone ; la quinine empêche cette action.

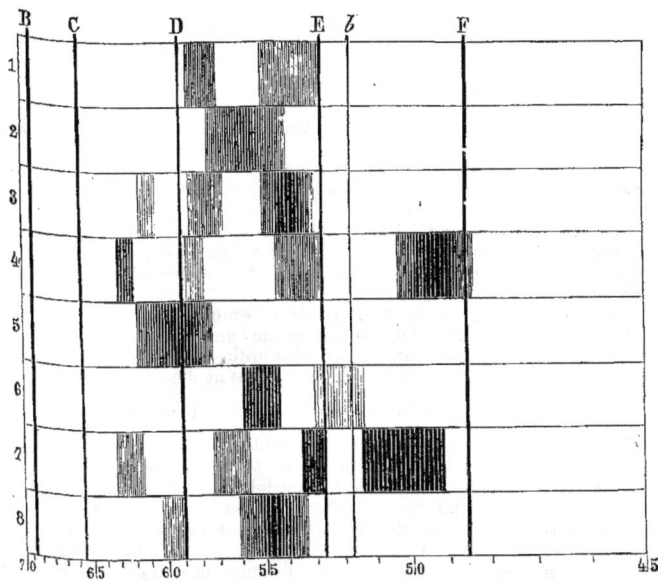

Fig. 28. — *Spectres d'absorption de l'hémoglobine et de ses dérivés* (*).

Caractères spectroscopiques. — Ces caractères ont une très grande importance. Une solution d'oxyhémoglobine (1 gramme pour 1 litre sous 1 centimètre d'épaisseur) donne deux bandes d'absorption entre D et E (fig. 28,1) ; la plus rapprochée de D est étroite, nettement limitée ; la seconde, plus rapprochée de E, est plus large et à bords moins nets. Sous l'influence des agents réducteurs (sulfure d'ammonium), ces deux bandes disparaissent et sont remplacées par une seule bande (fig. 28,2) *bande de Stockes,*

(*) 1, oxyhémoglobine. — 2, hématine réduite. — 3, méthémoglobine en solution alcaline. — 4, méthémoglo-bine en solution acide ou neutre ; hématine en solution acide. — 5, hématine en solution alcaline. — 6, hématine réduite. — 7, hématoporphyrine alcaline. — 8, hématoporphyrine acide. — Les lettres indi-quent les raies de Frauenhofer ; les chiffres marqués en bas indiquent en millionièmes de millimètre les longueurs d'onde des radiations lumineuses correspondantes.

large, à bords mal limités et qui occupe l'intervalle des deux précédentes. En outre, et examinant les régions extrêmes du spectre avec un verre bleu on constate dans le violet obscur une troisième bande d'absorption au voisinage de la raie *h* (Soret).

Ce spectre se modifie avec la concentration de la solution. La figure 29, empruntée à Hermann, montre comment les bandes d'absorption augmentent avec la concentration de la solution (figure de gauche). Pour une concentration de 1,0 p. 100, tout le spectre

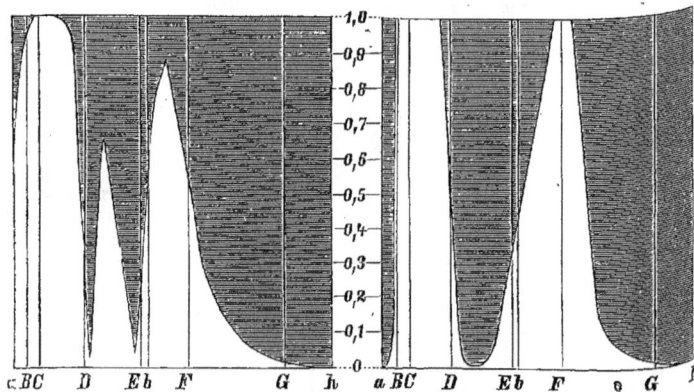

Fig. 29. — *Absorption spectrale de l'oxyhémoglobine et de l'hémoglobine réduite* (*).

disparaît à l'exception du rouge extrême; puis à mesure que la concentration diminue, on voit apparaître l'orangé, le vert, le jaune, le bleu, l'indigo et enfin le violet.

Procédés de dosage de l'hémoglobine. — Ces procédés peuvent se diviser en quatre groupes : procédés chimiques, procédés colorimétriques, procédés spectrophotométriques, procédés diaphanométriques (Voir la thèse de Lambling : *Des procédés de dosage de l'hémoglobine*).

A. **Procédés chimiques de dosage de l'hémoglobine.** — 1° *Dosage de l'hémoglobine par le fer.* L'hémoglobine contient en moyenne 0,42 p. 100 de fer, qui peut être dosé dans les cendres du sang par les procédés ordinaires. En désignant par *f* la quantité de fer trouvée dans 100 grammes de sang, le poids d'hémoglobine qui correspond à ce fer sera : $x = \dfrac{100}{0,42} \times f = f \times 238$. Ce procédé exige de trop grandes quantités de sang; le coefficient qu'on suppose être toujours 0,42 peut varier, enfin les erreurs dans le dosage du fer se multiplient par le facteur 238. — 2° *Dosage de l'hémoglobine par la quantité d'hématine formée.* On transforme de l'hémoglobine en hématine qui est pesée après dessication. On admet qu'un gramme d'hématine correspond à 21,31 grammes d'hémoglobine (Brozeit). G. Müller combine ce procédé avec le procédé spectroscopique. Le sang est mélangé de glycérine et traité par l'acide nitrique étendu qui fait disparaître les raies de l'oxyhémoglobine pour laisser celles de l'hématine. Il dose l'oxyhémoglobine par la quantité d'acide nécessaire pour faire disparaître complètement les raies de l'oxyhémoglobine. — 3° *Dosage de l'hémoglobine par l'oxygène absorbé.* Dans ces procédés il faudrait connaître exactement la quantité d'oxygène fixée pour 1 gramme d'hémoglobine; or le chiffre varie de 0,56 à 0,92 (en centimètres cubes) suivant les procédés employés. On connaît trois procédés principaux qui se rattachent à cette méthode de dosage. *a. Pr. de Cl. Bernard.* Ce procédé est basé sur ce fait que l'oxyde de carbone déplace l'oxygène de l'oxyhémoglobine et se substitue à lui volume à volume. Ce procédé sera décrit à propos des gaz du sang. — *b. Pr. de Gréhant par la pompe à mercure.* Voir aussi *Gaz du sang.* — *c. Pr. de Schutzenberger par l'hydrosulfite de soude.* Ce procédé, pour

(*) Les lettres indiquent les raies de Frauenhofer. Les chiffres indiquent les proportions pour 100 d'hémoglobine pour une solution d'un centimètre d'épaisseur. Les parties foncées correspondent aux régions obscures du spectre. On voit que pour l'oxyhémoglobine à partir d'une concentration de 0,05 pour 100 il n'y a plus qu'une bande d'absorption. — La figure de gauche correspond à l'oxyhémoglobine, celle de droite à l'hémoglobine réduite.

lequel je renvoie au mémoire original, repose sur la facile réduction de l'indigo bleu par l'hydrosulfite de soude et sur la propriété que possède l'oxygène de l'hémoglobine d'oxyder l'indigo réduit et de le faire repasser à l'état d'indigo bleu. Quinquaud a modifié ce procédé pour l'appliquer aux dosages cliniques.— 4° *Dosage de l'hémoglobine par le chlore.* Ce procédé, imaginé par Quinquaud, est basé sur la décoloration que subit le sang quand il est additionné d'eau de chlore. Pour doser l'hémoglobine totale, il suffit de connaître, une fois pour toutes, quel volume d'eau de chlore titrée décolore une quantité d'hémoglobine cristallisée. On peut alors se servir de cette liqueur titrée pour décolorer un volume donné de sang.

B. **Procédés colorimétriques de dosage de l'hémoglobine.** — Ces procédés sont fondés sur ce principe général que si deux solutions examinées dans des conditions identiques d'épaisseur et d'éclairement, présentent la même intensité de coloration, leur richesse en matière colorante est la même. Il y a deux façons d'opérer : 1° On peut étendre d'eau le sang à examiner, jusqu'à ce qu'on soit arrivé à une couleur type dont on a déterminé d'avance la richesse en hémoglobine (*Procédés à étalon fixe*). 2° On peut étendre le sang d'une quantité d'eau toujours la même et chercher la teinte identique dans une série d'étalons colorés correspondant à des quantités déterminées d'hémoglobine (*Pr. à étalon variable*).

1° *Procédés à étalon coloré fixe.* — a. *Procédé colorimétrique d'Hoppe-Seyler.* On fait une solution étendue et titrée d'hémoglobine cristallisée dans l'eau, et on en remplit une *cuve hématinométrique*; puis on prend 20 grammes de sang défibriné qu'on étend à 400 centimètres cubes, et on le met à côté dans une deuxième cuve hématinométrique ; on ajoute alors au sang étendu de l'eau distillée jusqu'à ce que la teinte du sang soit identique à celle de la solution titrée de la première cuve. Un centimètre cube de sang étendu contiendra la même quantité d'hémoglobine que 1 centimètre cube de la solution titrée; on connaît la quantité d'eau distillée ajoutée au sang; une simple proportion donnera la quantité d'hémoglobine contenue dans un centimètre cube de sang pur. — Rajewski a remplacé la solution titrée d'hémoglobine par des solutions de picrocarminate qui correspondent à des quantités déterminées d'hémoglobine. — b. *Procédé spectroscopique de Preyer.* On détermine, une fois pour toutes, avec une solution titrée d'hémoglobine, la proportion d'hémoglobine nécessaire pour que la teinte verte apparaisse dans la région de la raie b du spectre. Soit k cette quantité pour 100 centimètres cubes de solution. On défibrine le sang et on l'agite avec l'air ; on en mesure un demi-centimètre cube auquel on ajoute de suite son volume d'eau pour dissoudre les globules; on place le sang dans une cuve hématinométrique, sous la même épaisseur que la solution type, et on ajoute de l'eau distillée jusqu'à ce que la teinte verte apparaisse. Soit p le poids d'eau distillée ajouté, le poids de l'hémoglobine pour 100 centimètres cubes sera $= k (7 + 2p)$. On ne doit jamais faire varier l'écartement de la fente du spectroscope. D'après Preyer, la valeur constante de k serait 0,08. — c. *Méthode de Worm-Muller.* — Au lieu de décolorer une quantité déterminée de sang en l'étendant progressivement d'eau comme dans les méthodes de Hoppe-Seyler et de Preyer, on colore une quantité déterminée d'eau en y ajoutant petit à petit le sang à examiner; on juge le pouvoir colorant du sang par la quantité qu'il a fallu en ajouter. On prend comme unité la couleur type d'une solution de sang, et pour avoir une valeur absolue il suffit d'employer comme terme de comparaison une solution titrée d'hémoglobine. — d. *Procédé de Jolyet et Laffont.* — Jolyet et Laffont se servent du *colorimètre de Duboscq.* Cet appareil se compose de deux godets à fond plat situés l'un à côté de l'autre. Le fond des godets est éclairé par un miroir incliné. Le sang d'une part et le liquide étalon de l'autre (solution d'hémoglobine titrée ou de picro-carminate) se placent dans les deux godets. Dans chacun des godets descend à l'aide d'une vis micrométrique, un cylindre plongeur de verre plein à bases parallèles qui par son enfoncement diminue l'épaisseur de la couche liquide. En se plaçant au-dessus des cylindres et regardant suivant leur axe, on voit les deux liquides dont on peut comparer la teinte et on peut, en faisant varier l'épaisseur de la couche sanguine par un enfoncement plus ou moins marqué du cylindre correspondant, arriver à l'égalité des deux teintes et en déduire la quantité d'hémoglobine. On peut aussi remplacer la solution d'hémoglobine ou de picro-carminate par un verre coloré servant de type. Ce procédé est d'une grande simplicité et d'une exactitude suffisante, quand on prend les précautions convenables. Malassez a modifié récemment le colorimètre de Duboscq et Laurent (*Hémochromomètre; Arch. de physiolog.* 1882, p. 150 et *Soc. de biologie* 1886, p. 349). — e. *Chromocytomètre de Bizzozero.* Cet appareil peut servir à la fois comme chromomètre et cytomètre ou globulimètre. Dans le premier cas, on compare à la lumière transmise la teinte d'une solution sanguine à celle d'un étalon coloré de nature particulière; dans le second, on mesure le degré de transparence d'un liquide dans lequel les globules sont simplement en suspension, degré de transparence qui pourrait servir à mesurer la richesse des globules en hémoglobine. L'appareil de Bizzozero, pour lequel je renvoie au mémoire original, est analogue au lactoscope de Donné (voir : *Lait*). — *f. Hémoglobinomètre de Gowers*. Cet appareil se compose de deux éprouvettes en verre portées sur un pied commun. L'une, éprouvette-étalon, est remplie de glycérine picro-carminée dont la teinte représente celle d'une solution de sang normal au 100°. L'autre reçoit le sang (20 millimètres cubes) auquel on ajoute de l'eau distillée jusqu'à ce que sa teinte soit la même que celle de l'éprouvette-étalon. On déduit la quantité d'hémoglobine de la quantité d'eau distillée ajoutée. — *g. Procédé de Lesser*. Ce procédé, peu exact, est fondé sur la relation qui existe entre la concentration d'une solution sanguine et la largeur des bandes d'absorption de l'oxyhémoglobine. Plus la solution est concentrée et plus le bord gauche de la première bande se rapproche de la raie D.

2° *Procédés à étalon coloré variable*. — *a. Procédé de Welcker*. Ce procédé consiste à faire une solution en proportion déterminée du sang à examiner et à comparer la couleur de cette solution à celle d'une série de solutions sanguines plus ou moins diluées préparées d'avance et faites avec un sang de richesse globulaire connue. — *b. Procédé de l'échelle à taches de sang de Welcker*. Ce procédé est très analogue au précédent; seulement, au lieu de comparer entre elles deux solutions liquides, on compare les taches que laissent après elles ces solutions en se desséchant. — *c. Procédé des teintes coloriées d'Hayem*. Hayem remplace la solution de sang étalon par une série de teintes coloriées correspondant chacune à un certain nombre de globules sanguins par millimètre cube (chiffre déterminé d'avance); on remplit alors deux hématinomètres voisins (double cellule formée par deux anneaux de verre collés côte à côte sur une lame de verre), l'un d'une solution titrée de sang à examiner (4 ou 5 millimètres cubes de sang pour 500 millimètres cubes d'eau distillée) l'autre d'eau distillée; on glisse alors successivement sous cette dernière des rondelles coloriées jusqu'à ce que l'une des rondelles produise une coloration identique à celle de la solution sanguine. — *d. Hémochromomètre de Quincke*. Dans cet appareil, l'échelle de teintes auxquelles on compare le liquide sanguin est formée par une série de tubes contenant des solutions de picro-carminate de concentration décroissante. C'est à ces tubes, pris comme étalons, qu'on compare la solution sanguine. — *e. Hémochromomètre de Malassez*. Ce procédé a pour but de comparer la couleur d'une solution sanguine à celle d'une solution d'hémoglobine ou de picrocarminate d'ammoniaque. La solution

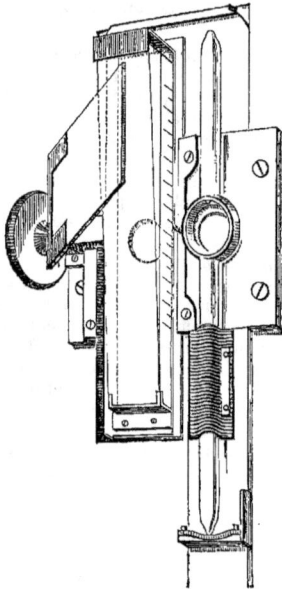

Fig. 30. — *Hémochromomètre de Malassez*.

sanguine au 1/100° est placée dans le mélangeur Potain (voir : *Numération des globules rouges*), un peu modifié; le réservoir au lieu d'être ovoïde présente deux faces planes, parallèles, de façon que les solutions sanguines sont toujours vues sous la même épaisseur; la solution de picro-carminate est placée dans une cuve prismatique en verre (prisme coloré) placée sur un chariot et mue par une crémaillère de façon qu'on peut faire passer devant l'œil de l'observateur des portions plus ou moins épaisses du prisme et obtenir ainsi des colorations plus ou moins intenses. Le réservoir du mélangeur et le prisme sont examinés à travers les deux trous d'un écran, et on détermine par le tâtonnement le point précis où il faut placer le prisme pour que les deux solutions aient la même valeur de ton. Une aiguille donne sur une échelle graduée la position du prisme et l'instrument est accompagné d'une table qui donne la richesse en hémoglobine pour chacune des graduations de l'échelle, richesse déterminée une fois pour toutes expérimentalement. La figure 30 représente l'appareil. Malassez a récemment modifié les différentes parties de son hémochromomètre. Le mélangeur est remplacé par une simple pipette graduée de façon à avoir facilement des solutions au 50°, au 100° ou au 200°; une solution de glycérine picro-carminée remplace la gelée picro-carminée et au lieu de faire varier l'épaisseur de l'étalon picro-carminé comme dans le premier appareil, c'est le sang à examiner qui est contenu dans une cuve prismatique à épaisseur variable. La figure 31 représente le nouvel hémochromomètre de Malassez. Il est supporté par un pied. La plaque métallique qui sert d'écran est percée de deux orifices ; derrière celui de gauche se trouve la cuve étalon picro-carminée ; derrière celui de droite la cuve prismatique qui contient la solution sanguine et qu'une crémaillère peut déplacer verticalement. On cherche par tâtonnement le point auquel les deux teintes sont égales, point indiqué par l'index d'une échelle graduée visible par un petit orifice carré situé à droite et en haut de l'écran. Le chiffre correspondant à l'index indique d'emblée la quantité d'hémoglobine pour 100 parties de sang, si la solution sanguine est au 100e. Pour plus de détails, voir le mémoire original — *f. Globulimètre de Mantegazza.* Cet appareil a pour principe la mesure du degré de transparence des solutions sanguines ; il se compose d'un tube horizontal fermé à ses deux extrémités par

Fig. 31. — *Nouvel hémochromomètre de Malassez (Verick).*

deux glaces dont l'écartement peut varier par un mécanisme analogue à celui des lorgnettes ; on introduit dans le récipient un mélange de 1 centimètre cube de sang et de 96 centimètres cubes d'une solution de carbonate de soude à 50 p. 100 ; on regarde alors à travers la couche sanguine la flamme d'une bougie, en interposant une série de verres bleus entre l'œil et la solution jusqu'au moment où la flamme de la bougie n'est plus visible ; l'appareil doit être gradué une fois pour toutes, en déterminant pour chaque verre bleu surajouté le nombre des globules à retrancher par millimètre cube de sang et en déterminant la quantité correspondante d'hémoglobine par un dosage préalable de cette substance. — *g. Hémomètre de Fleischl.* Cet appareil est formé par un coin de verre rouge dont on compare la couleur à celle du sang dilué en excluant les rayons violets.

C. **Procédés spectro-photométriques de dosage de l'hémoglobine.** — *a Procédé de Vierordt.* — Vierordt a, dans ces derniers temps, appliqué au dosage de l'hémoglobine son procédé de photométrie du spectre d'absorption du sang. Ce procédé est basé sur le principe suivant : Si on laisse tomber de la lumière blanche sur un point *a*

BEAUNIS. — Physiologie, 3e édition.   I. — 13

d'une surface colorée, par exemple d'une région du spectre solaire, le point a paraîtra blanc quand la lumière blanche sera assez forte. Si maintenant on affaiblit de plus en plus cette lumière blanche à l'aide de verres enfumés dont le pouvoir absorbant est exactement connu, le point a prend de plus en plus le *ton* de la couleur primitive, et pour un certain degré d'affaiblissement de la lumière blanche, la couleur de a ne peut plus se distinguer de la couleur de la région qui lui sert de fond. Plus il faut affaiblir la lumière blanche pour arriver à ce résultat, plus la couleur correspondante a une faible intensité.

Mais dans le spectre ordinaire, la région du rouge jusqu'au milieu du vert est trop rétrécie, et à partir de là le spectre s'étend jusqu'au violet ; il en résulte que les couleurs rouge, orange, jaune et jaune verdâtre paraissent trop claires, et les couleurs vert bleue et violette trop peu lumineuses. Pour avoir la véritable intensité lumineuse des diverses couleurs du spectre, il faut par conséquent placer les lignes de Frauenhofer non comme elles le sont dans le *spectre prismatique*, mais les rapprocher dans la région du violet, les écarter dans la région du rouge, autrement dit les placer à des distances correspondantes aux longueurs d'ondulations des différents rayons ; on a ainsi le *spectre typique*.

C'est d'après ces principes que Vierordt a construit le tableau suivant, qui donne l'intensité des différentes couleurs du spectre solaire :

COULEURS.	RÉGIONS DU SPECTRE. Lignes de Frauenhofer (1).	INTENSITÉ LUMINEUSE.	
		SPECTRE PRISMATIQUE.	SPECTRE TYPIQUE (intensité lumineuse véritable).
Rouge	A — a	6	2
	a — a 50 B	80	29
	a 50 B — B	171	69
	B — B 50 C	208	86
	B 50 C — C	281 — 348	129 — 167
Orange	C — C 50 D	984 — 2520	505 — 1550
Jaune..........	C 50 D — D	2582 — 5997	1616 — 4164
	D — D 10 E	7664 — 6450	5687 — 4850
Vert..........	D 10 E — D 36 E	5170	4071
	D 36 E — E	3956 — 2838	3242 — 2810
	E — E 17 F	2773	2980
	E 17 F — E 52 F	1972 — 1554	2008 — 1888
Bleu..........	E 52 F — F	1172 — 984	1441 — 1179
	F — G	493 — 58	676 — 116
Violet..........	G — G 50 H	85 — 18	77 — 46
	G 50 II — H	15 — 5	38 — 15
	Au delà de H	1 — 0,3	4 — 1,5

(1) Les chiffres placés entre les lettres de Frauenhofer correspondent aux divisions centésimales, la distance entre deux lettres successives étant divisée en cent parties.

C'est en se basant sur ces données que Vierordt a imaginé l'*analyse spectrale physiologique*, et il a appliqué cette analyse, qui, jusqu'ici, n'était utilisée que pour les matières colorantes qui présentent des bandes d'absorption, aux matières colorantes qui ne présentent aucune raie d'absorption. En effet, il a montré que toute substance colorée possède un pouvoir d'absorption déterminé pour une lumière d'une longueur d'ondulation donnée, et qu'on peut ainsi caractériser ce corps et le distinguer des autres corps colorés, en résumé déterminer son *coefficient d'absorption* pour les différentes régions du spectre.

Pour déterminer, en se basant sur ces données, la quantité d'hémoglobine, Vierordt emploie un spectroscope qui présente les principales modifications suivantes :

lunette oculaire est pourvue d'une disposition qui permet de masquer tout le spectre, à l'exception de la région qu'on veut observer; 2° la fente verticale de la mire est divisée en deux parties qui peuvent être rétrécies ou élargies isolément d'une quantité déterminée par le mouvement de deux vis micrométriques; une échelle graduée de 0 à 100 donne la largeur de chaque fente; 3° le liquide coloré est placé dans un petit réservoir (réservoir de Schulz) disposé de telle façon que, dans sa moitié supérieure, le liquide a une épaisseur de 11 millimètres et dans sa moitié inférieure une épaisseur de 1 millimètre seulement. Quand les deux moitiés de la fente du spectroscope ont la même largeur, on a deux spectres, un foncé correspondant à la moitié supérieure du liquide, un clair à sa moitié inférieure. Pour apprécier combien une couche de liquide épaisse de 1 centimètre absorbe de lumière dans une région déterminée du spectre, il suffit de rétrécir la moitié inférieure de la fente jusqu'à ce que les deux spectres aient une égale intensité lumineuse; si, par exemple, la fente inférieure est à 25° de l'échelle, l'autre ayant une largeur de 100°, l'intensité lumineuse restante sera 0,25 en prenant l'intensité lumineuse primitive comme unité : le liquide coloré a donc absorbé 0,75 de lumière.

Pour connaître le *coefficient d'extinction* d'une substance, il suffit de retrancher de l'unité le logarithme du chiffre qui représente l'intensité lumineuse restante : ainsi, si l'intensité lumineuse restante après la traversée d'une couche de solution de 1 centimètre d'épaisseur est égale à 0,36, dont le logarithme est 0,77815, le coefficient d'extinction sera $1 - 0,77815 = 0,2218$. Les coefficients d'extinction sont proportionnels à la concentration de la solution; si donc on représente par a la concentration de la solution, autrement dit la proportion de substance colorante contenue dans la solution (pour une épaisseur déterminée), par c le coefficient d'extinction, le rapport de ces deux nombres $\frac{a}{c}$ sera donc une quantité constante, ce qu'on peut appeler *rapport d'absorption;*

soit r ce rapport, on aura $\frac{a}{c} = r$; et on en tirera donc $a = cr$; par conséquent, on pourra calculer une fois pour toutes la valeur de la constante r; celle-ci déterminée, on connaîtra la proportion de la substance colorante contenue dans une solution en mesurant l'intensité lumineuse restante par le procédé décrit plus haut, en calculant le coefficient d'absorption et en multipliant ce chiffre par la constante r déterminée pour la substance colorante qu'on examine.

7° *Spectrophotomètre d'Hüfner.* — Hüfner a modifié avantageusement l'appareil de Vierordt. Sa principale modification porte sur l'emploi de la lumière polarisée, grâce à laquelle la couleur de la région spectrale observée reste parfaitement pure.

D. **Procédés diaphanométriques.** — *Procédé d'Hénocque.* Hénocque se sert de son *hématoscope* dont la disposition a été indiquée ci-dessus (page 187). L'hématoscope rempli de sang pur et sous une épaisseur qui varie de gauche à droite de 0 à 300 millièmes de millimètre, est appliqué sur une plaque d'émail sur laquelle sont gravés une échelle millimétrique, des chiffres et des lettres. Quand on superpose l'hématoscope à la plaque d'émail, la partie peu épaisse de la couche sanguine laisse lire les lettres et les chiffres, mais les uns et les autres disparaissent dans la partie épaisse du sang. L'appareil est gradué de façon que le dernier chiffre vu distinctement indique la quantité d'oxyhémoglobine contenue dans 100 grammes de sang.

Appréciation des divers procédés de dosage de l'hémoglobine. — Les procédés de Malassez et d'Hénocque peuvent être employés avec avantage dans les recherches cliniques. Mais dès qu'on veut obtenir une grande précision, comme dans les recherches de laboratoire, il faut s'adresser à d'autres procédés qui sont malheureusement beaucoup plus délicats et d'une exécution plus compliquée; les meilleurs sont le procédé par l'hydrosulfite, le procédé colorimétrique par l'appareil de Duboscq et le dosage spectro-photométrique de Vierordt, qui est le meilleur de tous (voir la thèse de Lambling).

Constitution de l'oxyhémoglobine. — Sa constitution est encore inconnue. Cependant, eu égard aux réactions chimiques de décomposition et à certains caractères spectroscopiques, on est porté à admettre qu'elle se compose d'un noyau coloré, le même dans toutes les hémoglobines, noyau qui fixe l'oxygène et d'un noyau albuminoïde (globine) qui varie d'une espèce animale à l'autre. Sa cristallisation, sa propriété de condenser certains gaz la différencient des matières albuminoïdes; la présence du fer est un des traits caractéristiques de cette substance;

ce fer, contrairement à Paquelin et Joly, est une partie essentielle et intime de la matière colorante, et ne s'y trouve pas à l'état de sel de fer.

La composition centésimale moyenne de l'hémoglobine peut être exprimée par les chiffres suivants : C 54; H 7,23; Az 16,25; S 0,63; Fe 0,42; O 21,45. On a proposé les formules suivantes :

	C	H	Az	S	Fe	O
Preyer.....................	600	960	154	3	1	179
Külz......................	609	1005	156	3	1	179
Marshall...................	637	1025	164	3	1	180
Zinoffsky..................	712	1130	214	2	1	245
Hüfner....................	550	852	149	2	1	149

Parahémoglobine. — Traitée par l'alcool, l'oxyhémoglobine se transforme en parahémoglobine, isomère ou polymère de l'oxyhémoglobine. Cette substance se présente sous l'aspect de cristaux biréfringents, insolubles dans l'eau, se dissolvant difficilement dans l'alcool absolu saturé d'ammoniaque avec coloration rouge. Elle donne une seule bande d'absorption entre D et E. A l'air et par les acides et les alcalis, elle se dédouble en albumine et hématine. On ne l'obtient pas avec l'hémoglobine oxycarbonée ni avec la méthémoglobine (Nencki). Hoppe-Seyler la regarde comme un simple produit de coagulation de l'oxyhémoglobine.

Existence dans l'organisme. — L'oxyhémoglobine se rencontre dans les globules rouges chez tous les vertébrés, aussi bien dans le sang veineux que dans le sang artériel, mais en beaucoup plus faible proportion dans le sang veineux. On la trouve aussi chez beaucoup d'invertébrés, soit dans des globules analogues aux globules sanguins, soit en dissolution dans le sang dépourvu de globules, soit à l'état libre dans les tissus musculaire et nerveux de l'animal. Elle existe encore dans les muscles (*myohématine*), dans la rate.

L'*état* dans lequel se trouve l'oxyhémoglobine dans l'organisme est encore indéterminé.

Dans les globules, elle est unie au stroma du globule rouge sans qu'on puisse dire encore exactement à quel état se trouve cette hémoglobine, si elle est contenue dans les mailles de la substance globulaire ou si elle s'y trouve à l'état d'imbibition. Il est peu probable qu'elle existe à l'état de dissolution, car la quantité d'eau des globules ne suffirait pas pour maintenir en dissolution la proportion d'hémoglobine qu'ils contiennent. Un autre fait important, c'est que, le sérum dissolvant facilement l'hémoglobine, il faut bien, puisque cette substance, à l'état normal, ne diffuse pas dans le sérum, qu'elle soit retenue par le globule sanguin avec une certaine force (combinaison chimique, affinité, imperméabilité de la membrane globulaire, etc.?). Dans certaines conditions, elle peut s'y rencontrer à l'état cristallin, et le cristal d'hémoglobine peut même remplir tout le globule, qui paraît alors complètement transformé en cristal (*cristaux intraglobulaires*). D'après Hoppe-Seyler, ce serait la lécithine du globule qui fixerait l'oxyhémoglobine. Preyer la considère comme unie à la potasse.

La *quantité* d'hémoglobine dans le sang varie suivant les espèces animales, comme l'indique le tableau suivant, qui donne la proportion d'hémoglobine pour 100 grammes de sang :

Homme	12,3 p. 100	Mouton	11,2 p. 100
Chien	13,8 —	Lapin	8,4 —
Porc	13,2 —	Coq	8,5 —
Bœuf	12,3 —	Canard	8,1 —

Le tableau suivant donne les moyennes de sept analyses comparatives de sang de bœuf faites par Lambling avec cinq procédés de dosage de l'hémoglobine; les quantités d'hémoglobine sont exprimées en grammes et rapportées à 100 centimètres cubes de sang :

Dosage par le fer	11,95
Dosage par l'hydrosulfite	12,14
Procédé de Preyer	11,70
Colorimètre Duboscq	12,02
Spectrophotomètre de Vierordt	12,14

Malassez a étudié comparativement la quantité d'hémoglobine contenue dans le sang, et le nombre des globules rouges, et il a trouvé qu'il n'y avait pas un rapport constant entre le nombre des globules et la couleur du sang; en effet, non seulement les globules sanguins n'ont pas le même volume, mais, à volume égal, la substance globulaire peut être plus ou moins chargée d'hémoglobine (voir pour les tableaux qu'il donne de la richesse des globules en hémoglobine, son mémoire dans les *Archives de physiologie*, 1877, p. 634).

La question de l'*hémoglobine musculaire* n'est pas encore tranchée. Kühne, Lancaster et un certain nombre d'auteurs admettent que de l'hémoglobine existe dans la substance musculaire indépendamment du sang, hémoglobine qui se révélerait par ses caractères spectroscopiques. On en aurait constaté aussi l'existence dans les muscles lisses. Brozeit et Ranke ont supposé que cette hémoglobine provenait du sang et diffuserait dans le muscle au moment de l'activité musculaire. Zalesky, dans des recherches récentes, n'a pu constater dans les muscles exsangues la présence de l'hémoglobine; il y a cependant trouvé une certaine quantité de fer.

A l'état pathologique, on rencontre quelquefois de l'hémoglobine dans l'urine (*hémoglobinurie*), ainsi après les injections d'eau dans les veines, les injections sous-cutanées de glycérine, l'empoisonnement par le phénol, l'ingestion d'azobenzol, etc.

Mode de formation de l'oxyhémoglobine. — Le mode de formation de l'hémoglobine dans l'organisme est inconnu. Au point de vue chimique on n'a pu encore obtenir synthétiquement la matière colorante du sang. Cependant il est utile de mentionner ici certains faits chimiques qui peuvent peut-être jeter un certain jour sur la question. Si on traite l'hémoglobine par les alcalis ou les acides, elle se décompose en albumine et hématine; si on agite alors ces deux substances avec de l'oxygène, l'hémoglobine se reforme de nouveau. Cependant si on répète l'expérience en employant de l'albumine (acide ou alcaline) et de l'hématine pure, on ne peut jamais reformer de l'hémoglobine. Il semble donc que l'albumine et peut-être l'hématine se trouvent dans un état particulier différent de l'albumine ordinaire et de l'hématine pure. Une autre expérience peut donner des indications sur la formation de l'hématine. Si on décompose l'oxyhémoglobine par l'acide acétique (ce qui donne la production d'une matière colorante dépourvue de fer, hématoïne de Preyer) et qu'on sature par un alcali, le fer rentre de nouveau dans la molécule et l'oxyhémoglobine est régénérée. Il semblerait donc que, au point de vue chimique, la formation de l'hémoglobine comprendrait trois stades : 1° un premier stade dans lequel il se formerait une substance colorante dépourvue de fer plus ou moins analogue à l'hématoline, à l'hématoporphyrine, etc. ; 2° un second stade dans lequel cette matière colorante se chargerait de fer, formation de l'hématine; 3° un troisième stade dans lequel la matière colorante ferrugineuse s'unirait à une substance albumineuse pour former l'hémoglobine ; un fait à noter et qui paraît ressortir de l'expérience mentionnée ci-dessus, c'est que la présence de l'oxygène semble nécessaire pour cette combinaison d'albumine et d'hématine.

Au point de vue physiologique, nous ne connaissons pas mieux le mode de formation de l'hémoglobine. Comment les globules sanguins embryonnaires, d'abord incolores, se chargent-ils peu à peu de matière colorante? Il est peu probable que l'hématine préexiste dans le plasma, qui est absolument incolore, et il paraît plus probable que les globules forment eux-mêmes la matière colorante et la combinent ensuite à la substance albuminoïde; dans cette hypothèse, les trois stades supposés plus haut de la formation de l'hémoglobine se passeraient dans les globules sanguins. C'est ici le lieu de rappeler les recherches de Bunge qui a trouvé dans le jaune de l'œuf et dans le lait une substance ferrugineuse du groupe des nucléines, qu'il appelle *hématogène* et à laquelle il fait jouer un rôle dans la formation de l'hémoglobine. Je mentionnerai aussi deux faits dont l'explication est bien difficile : le premier, c'est que chez certains vertébrés, les *leptocéphalides* et l'*amphioxus*, les globules sanguins sont dépourvus d'hémoglobine; le second, c'est que les muscles contiennent de l'hémoglobine qui ne provient pas du sang. Il est vrai que l'existence de l'hémoglobine dans les muscles n'est pas encore absolument hors de doute.

Rôle physiologique de l'oxyhémoglobine. — Le rôle essentiel de l'hémoglobine est de fixer l'oxygène introduit par la respiration et peut-être d'ozoniser cet oxygène, ou du moins de lui communiquer un état particulier qui développe ses propriétés oxydantes. Cet oxygène est ainsi transporté avec l'hémoglobine et les globules rouges dans les capillaires et par ces capillaires dans l'intimité des tissus et des organes. Là, quelle que soit du reste la destination ultérieure de cet oxygène (voir *Oxydations*), l'oxyhémoglobine se transforme partiellement en hémoglobine réduite qui est transportée des capillaires au cœur par les globules du sang veineux.

Dans ce parcours à travers l'appareil circulatoire il est certain qu'une partie de l'hémoglobine est détruite et donne naissance à un certain nombre de produits de décomposition. Seulement la quantité d'hémoglobine ainsi détruite et la nature des produits de décomposition ne sont pas encore bien déterminés. Ce qui semble certain cependant, et la question sera traitée à propos des matières colorantes biliaires, c'est que la matière colorante de la bile, la bilirubine, se forme dans le foie aux dépens de l'hémoglobine du sang. Or, comme cette bilirubine reparaît en partie dans l'urine à l'état d'urobiline, l'intensité de la désassimilation de l'hémoglobine peut jusqu'à un certain point s'apprécier par la quantité de la matière colorante de l'urine et de la matière colorante biliaire. Quant aux autres produits de décomposition de l'hémoglobine dans l'organisme, on ne peut que les supposer d'après les faits chimiques énoncés précédemment et ceux qui seront étudiés plus loin ; mais on n'a encore sur ce sujet aucune expérience positive qui permette d'arriver à une conclusion précise au point de vue physiologique.

2. — Hémoglobine réduite.

Préparation. — Le meilleur procédé est celui de Nencki et Sieber. Il consiste à abandonner dans une atmosphère d'hydrogène à la température de 20° à 25° des cristaux d'oxyhémoglobine additionnés d'un peu de sang en putréfaction. Les bactéries absorbent les dernières traces d'oxygène, et la solution, d'une belle couleur rouge violet, ne contient plus que de l'hémoglobine. En traitant cette solution par l'alcool absolu avec des précautions particulières pour lesquelles je renvoie au mémoire original, on obtient des cristaux d'hémoglobine.

Caractères. — Les cristaux d'hémoglobine sont constitués par des tables ou des prismes biréfringents d'une belle couleur rouge-violet, verts par transparence quand ils sont en lamelles minces. Ils se liquéfient rapidement à l'air et perdent leur couleur violette en absorbant l'oxygène et en se transformant en oxyhémoglobine.

Propriétés chimiques. — L'hémoglobine absorbe avidement l'oxygène et constitue ainsi un très bon réactif de ce corps. 100 grammes d'hémoglobine fixent environ 160 centimètres cubes d'oxygène. Elle absorbe également l'oxyde de carbone (*hémoglobine oxycarbonée*), le bioxyde d'azote (*h. oxyazotique*), l'acétylène, l'acide cyanhydrique. Toutes ces combinaisons sont du reste dissociables, et l'oxygène en excès peut les ramener à l'état d'oxyhémoglobine, même l'hémoglobine oxycarbonée, quoique avec plus de difficulté. — L'hémoglobine résiste à l'action de la lumière et à celle du ferment pancréatique. Elle offre aussi une très grande résistance à la putréfaction. — Ses solutions ne sont pas altérées par l'éther, le chloroforme, l'hydrogène sulfuré. Elles précipitent par l'alcool, le chlorure mercurique (précipité gris-rouge sale), le nitrate d'argent (précipité d'argent métallique), la solution d'alun (précipité rouge). — Les acides, à l'abri de l'air, la décomposent en une matière albuminoïde et *hémochromogène* ou *hématine réduite*, composé rouge pourpre qui donne de l'hématine au contact de l'oxygène. Le même dédoublement est effectué par les alcalis et l'alcool chaud.

Caractères spectroscopiques. — L'hémoglobine, sous une épaisseur suffisante, absorbe tout le spectre, sauf le rouge (fig. 29, à droite); en diluant de plus en plus la solution, on voit apparaître le vert et le bleu ; et il ne reste plus à la fin qu'une large bande, *bande de Stokes*, située entre D et E et qui se trouve à peu près entre les deux bandes d'absorption de l'oxyhémoglobine (fig. 28,2). — L'*hémoglobine oxycarbonée* présente deux bandes d'absorption presque identiques à celles de l'oxy-hémoglobine, mais un peu plus rapprochées de E ; on les en distingue parce qu'elles ne disparaissent pas par l'action des agents réducteurs. L'hémoglobine oxyazotique a les mêmes caractères spectroscopiques.

Existence dans l'organisme. — L'hémoglobine réduite existe surtout dans le sang veineux.

Pour tout ce qui concerne son mode de formation et son rôle physiologique, il n'y a qu'à se reporter à ce qui a été dit de l'oxyhémoglobine.

3. — Méthémoglobine.

Préparation. — Hüfner l'a obtenue à l'état cristallin en ajoutant à un litre de solution concentrée tiède d'oxyhémoglobine 3 à 4 centimètres cubes d'une solution de ferrocyanure de potassium ; on agite, on laisse refroidir à 0° et on traite par l'alcool à 0°. Elle se forme du reste aux dépens de l'hémoglobine et de l'oxyhémoglobine dans un grand nombre de conditions (agents oxydants, hydrogène palladié, vide, chaleur, etc.). — En agitant une minute quelques centimètres cubes de sang défibriné avec quelques gouttes de nitrite d'amyle, si on étend un peu de ce sang sur le porte-objet du microscope qu'on

couvre d'une lamelle, on aura au bout de quelques secondes des cristaux de méthémoglobine (Halliburton).

Caractères. — Hoppe-Seyler n'avait obtenu cette substance qu'à l'état amorphe. Les
cristaux obtenus par les procédés de Hüfner et Jederholm se présentent sous l'aspect
d'aiguilles ou de prismes allongés, brunâtres ou encore de tables à six pans. Ces cristaux
sont solubles dans l'eau, mais moins que les cristaux d'oxyhémoglobine; ils sont insolubles dans l'alcool et dans l'éther. Ses solutions ont une réaction légèrement acide.

Propriétés chimiques. — Les corps réducteurs la transforment en hémoglobine.
Elle ne perd pas d'oxygène dans le vide. Les acides et les alcalis la dédoublent en matière
albuminoïde et hématine. L'étude de ses propriétés chimiques n'a pas encore été faite
d'une façon complète.

Caractères spectroscopiques. — En solution acide (fig. 28, 4), elle présente
quatre bandes d'absorption, une entre C et D, dans le rouge, très nette, deux entre D et
E, à peu près dans la même situation que celles de l'oxyhémoglobine, et enfin une avant
F. Ce spectre est presque identique à celui de l'hématine en solution acide. En solution
alcaline (par l'addition de potasse) on n'observe plus que trois bandes, une avant D, très
pâle et deux entre D et E (fig. 28, 3).

Constitution. — La constitution de la méthémoglobine est encore incertaine.
Il y a à ce sujet trois opinions différentes : 1° Hoppe-Seyler, se basant sur sa formation aux dépens de l'oxyhémoglobine sous l'influence du palladium hydrogéné, par
conséquent par réduction, la considère comme moins oxygénée que l'oxyhémoglobine et intermédiaire entre cette dernière et l'hémoglobine réduite; 2° Gamgee,
Jäderhohm, Sorby au contraire la considèrent comme plus oxygénée que l'oxy-
moglobine et en font un *peroxyde d'hémoglobine.* Saarbach aurait obtenu de l'oxyhémoglobine par réduction de la méthémoglobine et par l'oxydation lente de
l'hémoglobine par le chlorate de potasse il a constaté qu'il se formait d'abord de
l'oxyhémoglobine et finalement de la méthémoglobine; ce serait donc dans ce cas
l'oxyhémoglobine qui représenterait le terme intermédiaire entre l'hémoglobine et
la méthémoglobine, degré ultime d'oxydation; 3° enfin d'après Hüfner et Küh-
Otto, la méthémoglobine et l'oxyhémoglobine contiendraient toutes deux la même
quantité d'oxygène; seulement l'oxygène serait à l'état de combinaison lâche dans
l'oxyhémoglobine, à l'état de combinaison plus stable dans la méthémoglobine.

Existence dans l'organisme. — On a rencontré la méthémoglobine
dans le sang sous l'influence de certaines substances (nitrite d'amyle, chlorate de potasse, nitrobenzol, azobenzol, etc.). D'après Hayem, le mode
d'action de ces diverses substances ne serait pas identique, et il les divise en
plusieurs groupes : 1° substances qui forment de la méthémoglobine dans
le globule rouge même (nitrite d'amyle, kairine); 2° substances qui détruisent les globules rouges et en font sortir une certaine quantité d'hémoglobine; la méthémoglobine existe à la fois dans le globule et dans le plasma;
les unes agissent rapidement (nitrite de sodium, acide pyrogallique), les
autres plus lentement (chlorates); enfin les ferricyanures agiraient uniquement sur l'hémoglobine dissoute. Quinquaud avait déjà constaté la désoxygénation du sang et la production de méthémoglobine dans le sang vivant
sous l'influence de l'acide pyrogallique.

On a constaté la présence de la méthémoglobine dans le liquide de
certains kystes et dans l'urine. D'après Hoppe-Seyler, dans tous les cas d'hémoglobinurie, ce serait de la méthémoglobine qu'on rencontrerait dans
l'urine.

4. — Hématine.

Préparation. — *Pr. d'Hoppe-Seyler.* Le sang défibriné est coagulé par l'alcool; le caillot, broyé et tamisé, est mis à digérer au bain-marie avec de l'alcool faiblement acidulé par l'acide sulfurique. On ajoute du sel marin et il se dépose des cristaux de chlorhydrate d'hématine. — *Pr. de Cazeneuve.* Le sang est additionné de sulfate de soude en cristaux et coagulé par la chaleur; le caillot, exprimé, est trituré avec de l'alcool contenant un peu d'acide oxalique; l'hématine dissoute dans l'alcool est précipitée par l'ammoniaque. — *Pr. de Schaljew.* Le sang défibriné est additionné de quatre volumes d'acide acétique glacial chauffé à 80°. Les cristaux se déposent par le refroidissement.

Caractères. — L'hématine se présente sous l'aspect d'une poudre brun-rouge foncé ou noirâtre avec reflets métalliques. Elle est insoluble dans l'eau, l'alcool, l'éther et le chloroforme, soluble dans l'alcool acidulé ou alcalinisé et dans les solutions aqueuses étendues d'alcalis ou d'ammoniaque. Les solutions alcalines sont rouges en couches épaisses, vertes par transparence; elles sont décolorées par le chlore et le permanganate de potasse. Elles précipitent en brun par les sels de chaux et de baryte.

Caractères spectroscopiques. — En solution acide (fig. 28, 4), elle donne les mêmes raies que la méthémoglobine en solution acide (voir : p. 200). En solution alcaline elle présente une seule bande d'absorption correspondant à la raie D (fig. 28, 5). Ceci permet de distinguer les deux substances; il suffit d'alcaliniser la liqueur.

Propriétés chimiques. — Elle peut être chauffée à 180° sans se décomposer; au delà, elle charbonne et brûle en dégageant de l'acide cyanhydrique. — Les réducteurs alcalins, sulfure ammonique, hydrosulfite de soude, la transforment en *hématine* réduite ou *hémochromogène.* — L'acide sulfurique concentré la transforme en une substance dépourvue de fer, *hématoporphyrine;* à l'abri de l'air, il donne une autre matière dépourvue aussi de fer, l'*hématoline.* L'acide chlorhydrique concentré la dédouble en hématoporphyrine et hématoline (Cazeneuve). — Elle donne des sels cristallisables avec un certain nombre d'acides; le plus important est le chlorhydrate d'hématine ou *hémine.* — Avec le zinc et l'acide chlorhydrique, elle donne un certain nombre de combinaisons, dont la plus facile à obtenir est l'*hexahydrohématoporphyrine* (Nencki et Sieber).

Formule de l'hématine. — Hoppe-Seyler donne à l'hématine pour formule : $C^{68}H^{70}Az^8Fe^2O^{10}$. Struve admet une formule un peu différente : $C^{70}H^{64}Az^8Fe^2O^{10}$. Nencki et Sieber, d'après leurs recherches sur l'hémine, sont arrivés à une formule plus simple : $C^{32}H^{32}Az^4FeO^4$, qui permet d'interpréter facilement certains faits de chimie physiologique comme on le verra plus loin.

Dérivés de l'hématine. — J'étudierai successivement les principaux dérivés de l'hématine.

Hémochromogène ou **hématine réduite** (*hématine rouge*). — L'hémochromogène se forme, comme on l'a vu plus haut, en faisant agir les corps réducteurs sur l'hématine. Il se forme aussi sous l'influence des alcalis et des acides aux dépens de l'hémoglobine réduite; celle-ci se dédouble en substance albuminoïde et hémochromogène comme l'oxyhémoglobine se dédouble en substance albuminoïde et hématine. — Ce corps est très difficile à isoler à cause de son affinité pour l'oxygène, et ne peut être examiné qu'en vases clos. — Ses solutions ont une couleur pourpre et présentent deux bandes d'absorption, l'une très forte, entre D et E, l'autre, beaucoup plus faible entre E et b (fig. 28, 6). — En présence des acides concentrés l'hémochromogène perd son fer et se transforme en hématoporphyrine, fait mis en doute par Nencki et Sieber. — C'est l'hémochromogène qui colore en rouge les parties profondes des préparations anatomiques imprégnées de sang et conservées dans l'alcool; à la surface au contraire, où elles possèdent une réaction acide, elles sont colorées en brun par l'hématine (Hoppe-Seyler).

Hémine. — L'hématine forme avec l'acide chlorhydrique une combinaison qui a une très grande importance en médecine légale, l'*hémine* de Teichmann, qui cristallise en lames rhomboédriques brun foncé (fig. 32), insolubles dans l'eau, à peine solubles dans l'alcool chaud et l'éther, solubles dans la potasse. Pour voir ces cristaux, il suffit d'abandonner à l'évaporation spontanée, sur une lame de verre, quelques gouttes d'eau rougies par le sang; on reprend le résidu par l'acide acétique cristallisable, et on évapore à feu doux après avoir recouvert le tout d'une lame de verre.

Fig. 32. — *Cristaux d'hémine.*

Nencki et Sieber sont arrivés à un résultat différent sur la constitution de l'hémine. En analysant les cristaux de Teichmann, ils ont constaté qu'ils devaient être représentés par la formule suivante : $C^{32}H^{30}Az^4 FeO^3,HCl$, et ils appellent hémine le corps représenté par la formule $C^{32}H^{30}Az^4FeO^3$, corps qui se distingue de l'hématine $C^{32}H^{32}Az^4FeO^4$ par H^2O en moins ; à ce point de vue on peut donc considérer les cristaux de Teichmann comme un éther chlorhydrique d'hématine.

Hématoporphyrine. — L'hématoporphyrine se produit par l'action de l'acide sulfurique concentré sur l'hématine. Elle est dépourvue de fer. D'après Hoppe-Seyler, elle aurait pour formule $C^{68}H^{74}Az^8O^{12}$, et sa formation serait représentée par l'équation suivante :

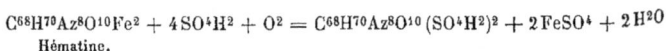

$$C^{68}H^{70}Az^8O^{10}Fe^2 + 4SO^4H^2 + O^2 = C^{68}H^{70}Az^8O^{10} (SO^4H^2)^2 + 2FeSO^4 + 2H^2O$$
Hématine.

la combinaison sulfurique étant transformée en hématoporphyrine par un excès d'eau. Nencki et Sieber expriment la réaction de la façon suivante :

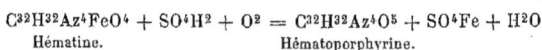

$$C^{32}H^{32}Az^4FeO^4 + SO^4H^2 + O^2 = C^{32}H^{32}Az^4O^5 + SO^4Fe + H^2O$$
Hématine.   Hématoporphyrine.

Il faut cependant reconnaître que dans l'action de l'acide sulfurique concentré sur l'hématine la fixation d'eau est peu vraisemblable. — L'hématoporphyrine est une poudre très foncée, d'un bel éclat violet, peu soluble dans l'eau, plus soluble dans les acides, très soluble dans les alcalis. — Au spectroscope, en solution acide (fig. 28, 8), elle présente deux bandes d'absorption, l'une immédiatement à la gauche de D, l'autre entre D et E. En solution alcaline, elle présente quatre bandes (fig. 28, 7) (1).

Hexahydrohématoporphyrine. — Traitée par l'amalgame de sodium, l'hématoporphyrine donne un produit de réduction, l'hexahydrohématoporphyrine, substance brun-rouge, indistinctement cristalline, insoluble dans l'ammoniaque et les alcalis fixes, soluble dans l'alcool, et qui répond à la formule $C^{32}H^{38}Az^4O^5$. Hoppe-Seyler ne considère pas ce corps comme une substance pure.

Hématoline. — En traitant l'hématine, à l'abri de l'air, par l'acide sulfurique concentré, on obtient une substance noire, insoluble dans les acides et les alcalis, à laquelle Hoppe-Seyler attribue la formule $C^{68}H^{78}Az^8O^7$.

Hématoïdine. — L'hématoïdine se rencontre dans les anciens foyers hémorrhagiques sous forme de cristaux microscopiques, constitués par des prismes obliques à base rhomboïdale de belle couleur rouge (fig. 33). Ces cristaux sont insolubles dans l'eau, l'acide acétique, la glycérine, les essences ; l'ammoniaque les dissout en prenant une teinte jaune amarante qui passe au jaune safran et au brun ; la potasse et la soude les dissolvent moins facilement. Ils ne contiennent pas de fer. Leur formule serait identique à celle de la bilirubine, $C^{16}H^{18}Az^2O^3$ (voir : *Bilirubine*). D'après Robin et Riche, au contraire, ils auraient pour formule, $C^{15}H^{18}Az^2O^3$.

Fig. 33. — *Cristaux d'hématoïdine.*

L'*hématoïne* de Reyer, l'*hématosine* de Paquelin et Jolly, sont aussi des produits dépourvus de fer et dérivant de la matière colorante du sang, dérivés dont la composition n'est pas encore bien connue.

Cholohématine. — Mac Munn a obtenu par l'action de l'amalgame de sodium sur l'hématine une matière colorante, qu'il appelle *cholohématine* et qui se retrouverait souvent dans la bile de mouton et de bœuf. Cette substance présenterait au spectroscope quatre raies d'absorption caractéristiques.

Rôle physiologique. — L'hématine n'existe pas dans l'organisme, pas plus que ses dérivés, à l'exception de l'hématoïdine, dont on ne connaît pas bien le mode de formation. Cependant l'hématine a une signification physiologique importante, parce que, comme on le verra plus loin, elle constitue un intermédiaire entre la matière colorante du sang et les matières colo-

(1) D'après Thudichum, la matière colorante du sang ne serait pas la seule origine de l'hématoporphyrine ; car il a rencontré cette dernière dans les téguments de la limace et de l'arion, qui ne contiennent pas d'hémoglobine.

rantes de la bile et de l'urine. Cette question sera étudiée avec ces matières colorantes.

Bibliographie. — BIZZORERO : *Il cromo-citometro*, etc. (Atti. d. r. Acad. d. Torino, 1879). — QUINCKE : *Ein Apparat zur Blutfarbstoffbestimmung* (Berl. kl. Wochensch., 1878). — GOWERS : *Apparatus for the clinical estimation of the haemoglobin in blood* (Med. Times, 1878). — L. JOLLY : *Sur le mode de combinaison du fer dans l'hémoglobine* (C. rendus, t. LXXXVIII, 1879). — F. MARCHAND : *Ueber das Methämoglobin* (Arch. de Virchow, t. LXXVII, 1879). — T.-L. PHIPSON : *Sur la matière colorante du palmella cruenta* (C. rendus, t. LXXXIX, 1879). — RICHET : *De l'hémoglobine* (Progrès médical, 1879). — W. KRUKENBERG : *Zur Kenntniss des Hämocyanins*, etc. (Med. Cbl., 1880). — A. FOETTINGER : *Sur l'existence de l'hémoglobine chez les Echinodermes* (Arch. de Biologie, t. I, 1880). — C. WEDL : *Ueber ein Verfahren zur Darstellung der Hämoglobinkrystalle* (Arch. de Virchow, t. LXXX, 1880). — A. JÆDERHOLM : *Ueber Methämoglobin* (Zeit. für Biol., t. XVI, 1880). — TH. WEYL : *Beiträge zur Kenntniss der Häminkrystalle* (Med. Cbl., 1880). — F. HOGYES : *Note on hemin* (Lancet, 1880). — H. STRUVE : *Zur Kenntniss der Blutkrystalle*, etc. (Ber. d. d. ch. Ges., t. XIV, 1881). — E. KREIS : *Ueber das Schiksal der Kohlenoxyds*, etc. (A. de Pflüger, t. XXVI, 1881). — BRANLY : *Dosage de l'hémoglobine par les procédés optiques*, Th. Paris, 1882. — E. LAMBLING : *Des procédés de dosage de l'hémoglobine*, Th. Nancy, 1882. — J. OTTO : *Ueber das Oxyhämoglobin des Schweines* (Zeit. für phys. Ch., 1882). — A. BÉCHAMP : *Action de l'eau oxygénée sur la matière colorante rouge du sang* (C. rendus, t. XLXIV, 1882). — S. VALENTIN : *Die Orte und Breiten der Blutbänder* (Zeit. für Biol., t. XVIII, 1882). — L. SAARBACH : *Ueber das Methämoglobin* (Arch. de Pflüger, t. XXVIII, 1882). — MALASSEZ : *Sur les perfectionnements les plus récents apportés aux appareils hémo-chromométriques* (Arch. de physiol., 1882). — G. HUEFNER et J. OTTO : *Ueber krystallinisches Methaemoglobin* (Zeit. für phys. Ch., t. VII, 1882). — HOPPE-SEYLER : *Ueber das Methämoglobin* (Zeit. für phys. Ch., t. VI, 1882). — J.-G. OTTO : *Beitr. zur Kenntniss des Blutfarbstoffe* (Arch. de Pflüger, t. XXXI, 1883). — B. KÜLZ : *Bestimmung des Molecularge-wichts von Schweinehämoglobins* (Zeit. für phys. Ch., t. VII, 1883). — J. MARSHALL : *Bestimmung des Moleculargewichtes von Hundehämoglobin* (Zeit. für phys. Ch., t. VII, 1883). — G. HÜFNER et R. KÜLZ : *Ueber den Sauerstoffgehalt des Methämoglobins* (Zeit. für phys. Ch., t. XII, 1883). — J.-G. OTTO : *Studien über das Methämoglobin* (Arch. de Pflüger, t. XXXI, 1883). M. BÜCHELER : *Beit. zur Kenntniss des Pferdeblutfarbstoffes* (Diss. Tübingen, 1883). — FR. MOBITZ : *Exper. St. über die quantit. Veranderungen des Hämoglobingehaltes im Blute*, etc. Diss. Dorpat, 1883. — G. HUFNER et R. KULZ : *Unters. zur physik. Chemie des Blutes* (Journ. für pr. Ch., t. XXVIII, 1883). — J.-L. SORET : *Sur le spectre d'absorption du sang dans la partie violette et ultra-violette* (C. rendus, t. XCVII, 1883). — M. NENCKI et N. SIEBER : *Unters. über den Blutfarbstoff* (Arch. für exp. Pat. und Pharmacol., t. XVIII, 1884). — AXENFELD : *Sur les cristaux d'hémine* (Arch. de biol. ital., t. VI, 1884). — V. D. HARRIS : *Hämatin compounds* (Journ. of physiol., t. V, 1884). — J. ROSENTHAL : *Phys. toxicol. Studien* (Sitz. ber. d. phys. med. Soc. Erlangen, t. XVI, 1884). — H. STRUVE : *Studien über Blut* (Journ. für pr. Ch., t. XXIX, 1884). — HÉNOCQUE : *Étude spectroscopique du sang à la surface sous-un-guénale du pouce* (Soc. de biol., 1884). — A. ROBIN et I. STRAUS : *Note sur la spectroscopie des tissus vivants* (id.) — HÉNOCQUE : *Examen du sang* (id.). — ID. : *Examen du sang sur les deux pouces* (id.). — J. HUFNER : *Ueber das Oxyhämoglobin des Pferdes* (Zeit. für phys. Ch., t. VIII, 1884). — ID. : *Ueber krystallinisches Methämoglobin vom Hunde* (id.). — ID. : *Ueber die Vertheilung des Blutfarbstoffs zwischen Kohlenoxyd und Sauerstoff* (Journ. für p. Ch., t. XXX, 1884). — S.-V. STEIN : *Ein Beitrag zur der Lehre von den Blutkrystallen* (Arch. de Virchow, t. XCVII, 1884). — A. JÆDERHOLM : *Studien über Methämoglobin* (Zeit. für Biol., t. XXIX, 1884). — C. HAYEM : *Expér. sur les substances toxiques ou médicamenteuses qui altèrent l'hémoglobine*, etc. (C. rendus, t. XCVIII, 1884). — NENCKI et SIEBER : *Unters. über den Blutfarbstoff* (Ber. d. d. Ch. Ges., t. XVIII, 1885). — B. LACHOWITZ et M. NENCKI : *Ueber das Parahämoglobin* (id.). — F. HOPPE-SEYLER : *Ueber Zersetzungsproducte der Blutfarbstoffe* (id.). — D. AXENFELD : *Die Wirkung der Halogene auf das Hämin* (Med. Centralbl., 1885). O. ZINOFFSKI : *Ueber die Grösse des Hämoglobinmoleculs* (Diss. Dorpat, etc. (Zeit. für phys. Ch., t. X, 1885). — S. ZALESKY : *Ueber eine neue Reaction auf Kohlenoxydhämoglobin* (id.). — MAC MUNN : *Observ. on some of the colouring matters of bile and urine and on a easy method of procuring hæmatin from blood* (Journ. of physiol., t. VI, 1885). — J. OTTO : *Die neueren Unters. über das Hämoglobin und das Methämoglobin* (Biol. Cbl., t. IV, 1885). — CHRISTIAN BOHR :

Exp. Unt. üb. die Sauerstoffaufnahme des Blutfarbstoffes,, 1885. — HÉNOCQUE : *La spectroscopie da sang* (Soc. de biol., 1885). — ID. : *La photographie du sang* (id.). — BROUARDEL et P. LOYE : *Rech. sur la destruction de l'hémoglobine par l'acide carbonique* (id.). — QUINQUAUD : *Désoxygénation du sang chez l'animal vivant* (id.). — A. TAMASSIA : *Soppra alcune inesatte asserzioni concernenti i cristalli d'emina* (Rivista di fren. An. II). — K. RIKFALVI : *Darstellung der Häminkrystalle mittels Brom-und Jodsalzen* (Centralbl., 1886). — E.-V. FLEISCRL : *Das Hämometer* (Oest. med. Jahr., 1885). — M. NENCKI et N. SIEBER : *Ueber das Hämin* (Arch. für exp. Pat., t. XX, 1885). — M. NENCKI : *Ueber das Parohämoglobin* (id.). — G. MULLER : *Eine neue Methode zur quantitativen Bestimmung des Oxyhämoglobins im Blute der Haussäugetiere* (Arch. f. Tierheilk, t. XII). — G. HUFNER : *Wird ausgekochtes, völlig sauerstoffreies Wasser zersetzend auf Oxylämoglobin?* (Zeitsch. f. phys. Ch., t. X, 1885). — HALLIBURTON : *Report on haemoglobin and methæmoglobin crystals* (Brit. med. Journ., 1886). — G. FELDHAUS : *Häminkrystalle* (Pharm. Cbl., t. XXV, 1885). — V.-D. HARRIS (Journ. of physiology, t. V, 1885). — M. DE THIERRY : *Sur un nouvel appareil, dit Héma-spectroscope* (C. rendus, t. C, 1885). — ID. : *Sur un nouveau spectroscope d'absorption* (C. rendus, t. CI, 1885). — N. SCHALFEJEW : *Ueber dieDorstellung des Hämins* (Journ. d. russ. phys. ch. Ges., 1885). — C.-FR.-W. KRUKENBERG : *Zur Kenntniss der Serumfarbstoffe* (Sitz. ber. d. Iena. Ges., 1885). — J.-G. OTTO : *Unt. über die Blutkörperchenzahl und den Hämoglobingehalt des Blutes* (Arch. de Pflüger, t. XXXVI, 1885). — E. QUINQUAUD et BRANY : *Études sur l'hémoglobine* (Arch. gén. de méd., t. X, 1885). — D. BENCZUR : *Stud. über den Hämoglobingehall des menschlichen Blutes bei Chlorose,* etc. (Deut. Arch. f. kl. Med., t. XXXVI, 1885). — BROUARDEL ET LOYE : *Rech. sur l'empoisonnement par l'hydrogène sulfuré* (C. rendus, 1885). — J. BELKI : *Beiträge zur Kenntniss der Wirkung gasförmiger Gifte* (Mały's Jahresber., 1885). — G. HAYEM : *Nouv. recherches sur les substances toxiques ou médicamenteuses qui transforment l'hémoglobine en methémoglobine* (C. rendus, t. CII, 1886). — N. KOWALESKY : *Ueber die Bildung von Methämoglobin im Blute unter Einwirkung von Alloxantin* (Med. Cblatt., 1887). — E. SMREKER et ZOTH : *Ueber die Darstellung von Hämoglobinkrystallen mittels Canadabalsam,* etc. (Wien. Akad., 1886). — HÉNOCQUE : *L'hématoscopie, methode nouvelle d'analyse du sang basée sur l'emploi du spectroscope* (C. rendus, t. CII, 1886). — ID. : *La formule de l'oxyhémoglobine* (Gaz. hebdom., 1886). — ID. : *Hématospectroscope double* (Soc. biol., 1886). — ID. : *Rech. hématoscopiques sur la quantité d'oxyhémoglobine chez l'homme et les animaux* (id.). — S. ZALESKI : *Das Eisen und das Hämoglobin im blutfreien Muskel* (Cbl., 1887) (1).

§ 2. — Matières colorantes de la bile.

La bile contient un certain nombre de matières colorantes dont les principales sont la bilirubine et la biliverdine. A ces matières colorantes se rattachent des produits dérivés qui se rencontrent aussi dans l'organisme dans certaines conditions; tels sont principalement la cholétéline, l'hydrobilirubine et quelques autres. La constitution de ces matières colorantes est inconnue jusqu'ici et on ignore à quel groupe chimique on doit les rattacher. Il est donc impossible de leur assigner des formules de structure, et il faut se contenter des formules brutes.

(1) A CONSULTER : Robin et Mercier : *Mémoire sur l'hématoïdine* (Gaz. médicale, 1855); Teichmann : *Ueber das Hämatin* (Zeitschrift für ration. Med., t. V, 1856); G. G. Stokes : *On the reduction and oxydation of the colouring matter of the blood* (Philos. Magazine, 1864); F. Hoppe-Seyler : *Ueber die optischen und chemischen Eigenschaften des Blutfarbstoffes* (Centralblatt für die med. Wiss., 1864); W. Preyer : *Die Blutkrystalle,* 1870; Quinquaud : *Sur un procédé de dosage de l'hémoglobine dans le sang* (Comptes rendus, t. LXXVI, 1873); Id. : *Sur les variations de l'hémoglobine dans les maladies* (ibid.); K. Vierordt : *Physiologische Spektralanalyse* (Zeitschrift für Biologie, t. XI, 1875); P. Cazeneuve : *Recherches de chimie médicale sur l'hématine,* 1876; A. Jæderholm : *Unters. über den Blutfarbstoff und seine Derivate* (Zeit. für Biologie, t. XIII, 1877); G. Hüfner : *Ueber quantitative Spectralanalyse und ein neues Spectrophotometer* (Journ. für prakt. Chemie, 1877); F. Hoppe-Seyler : *Weitere Mitteilungen über die Eigenschaften des Blutfarbstoffes* (Zeit. für phys. Chemie, t. I, 1877); L. Malassez : *Sur la richesse des globules rouges en hémoglobine* (Comptes rendus, t. LXXXV, 1877); Id. : *Sur la richesse en hémoglobine des globules rouges du sang* (Arch. de physiol., 1877).

Toutes ces substances dérivent en réalité de la bilirubine, qui est la matière colorante primitive et la première formée dans la bile. Elles en dérivent soit par oxydation, soit par réduction, comme le montre le tableau suivant :

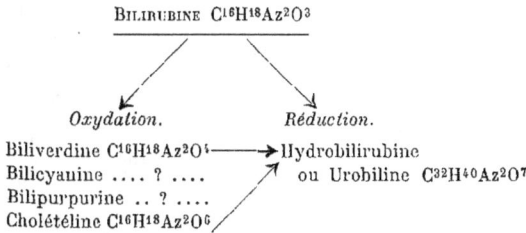

$$\text{BILIRUBINE } C^{16}H^{18}Az^2O^3$$

| Oxydation. | Réduction. |

Biliverdine $C^{16}H^{18}Az^2O^4$ ──────→ Hydrobilirubine
Bilicyanine .... ? .... ou Urobiline $C^{32}H^{40}Az^2O^7$
Bilipurpurine .. ? ....
Cholétéline $C^{16}H^{18}Az^2O^6$

1. — Bilirubine.

Préparation. — La *bilirubine* se retire habituellement des calculs biliaires à l'aide du chloroforme. Si l'on veut n'en avoir que de petites quantités, on peut l'extraire de la bile fraîche un peu acidulée en l'agitant avec du chloroforme; le liquide inférieur se colore en jaune, tandis que le liquide supérieur devient pâle ; par l'évaporation du chloroforme, la bilirubine reste et on la purifie en la traitant par l'alcool, puis par le chloroforme en la précipitant de nouveau par l'alcool. La bilirubine se sépare quelquefois de la bile par l'évaporation spontanée et donne de petits cristaux incomplets qu'on peut retrouver dans les cellules hépatiques dans les cas d'ictère.

Caractères. — La *bilirubine* se présente tantôt sous la forme d'une poudre amorphe rouge-orange, tantôt sous celle de cristaux microscopiques rouge foncé (aiguilles ou tables romboédriques). — Elle est insoluble dans l'eau, à peine soluble dans les huiles grasses et la glycérine; très peu soluble dans l'alcool, l'éther, l'essence de térébenthine, l'acide acétique glacial, soluble dans le chloroforme (586 parties), la benzine, le sulfure de carbone, les alcalis, l'acide sulfurique; très soluble dans les solutions d'alcalis, de carbonates alcalins, d'ammoniaque, de biphosphate de soude, etc. Le chloroforme ne l'enlève pas de ses solutions alcalines, ce qui la distingue des autres pigments biliaires. Elle est insoluble dans la salive et les solutions albumineuses. — Ses solutions précipitent par les acides (flocons bruns). — Ses solutions précipitent par le sulfate d'ammoniaque, ainsi du reste que les autres pigments biliaires (Méhu). — Elle ne présente pas de bande d'absorption spectroscopique. — Elle a un pouvoir tinctorial considérable, et, étendue au 40,000e, colore encore les tissus en jaune.

Propriétés chimiques. — La bilirubine a les caractères d'un acide faible. Elle se combine avec les alcalis et avec le calcium (calculs biliaires de bœuf). — Par son oxydation (exposition à l'air, acide azotique, etc.), elle se transforme en biliverdine (Voir : *Réaction de Gmelin*).

$$C^{16}H^{18}Az^2O^3 \ + \ O \ = \ C^{16}H^{18}Az^2O^4$$
Bilirubine.   Biliverdine.

Dans cette réaction il n'y a pas dégagement d'acide carbonique, comme le dit Thudichum.

En ajoutant de l'eau à la solution brune de bilirubine dans l'acide sulfurique concentré, il se dépose des flocons vert foncé qui se dissolvent dans l'alcool avec une belle coloration violette. — L'acide chlorhydrique concentré la décompose en donnant une masse brunâtre. — Au soleil, sa solution chloroformique verdit et il se précipite des flocons verts, regardés par Capranica comme de la biliverdine, mais qui, d'après Thudichum, seraient un composé chloré. — Sous l'influence de l'hydrogène à l'état naissant, la bilirubine (et la biliverdine) se transforment en *hydrobilirubine* (Voir : *Hydrobilirubine*, p. 209). — Le *brome* produit avec la bilirubine une série de composés intéressants. Si on ajoute peu à peu à une solution de bilirubine dans le chloroforme quelques gouttes d'une solution chloroformique de brome, le liquide passe par une série de brillantes colorations, verte, bleue, rouge, jaune orange, comme dans la réaction de Gmelin. Mais les produits formés ne sont pas de simples produits d'oxydation, comme dans cette réaction; ce sont des produits de substitution du brome, dont le mieux étudié est la *bilirubine tribromée*, corps bleu foncé, insoluble dans l'eau (Maly).

Réactions caractéristiques. — 1° *Réaction de Gmelin.* La réaction de Gmelin caractérise les matières colorantes biliaires. Elle consiste en une série d'oxydations que subissent ces matières colorantes sous l'influence de l'acide azotique contenant des vapeurs nitreuses. On verse dans un verre à pied 2 centimètres cubes d'acide azotique jaune et par dessus on laisse couler, avec précaution, le long des bords, la solution contenant la matière colorante biliaire. Au bout d'un certain temps on observe, à la limite des deux liquides, une série de colorations annulaires qui se succèdent, *de haut en bas,* dans l'ordre suivant : vert, bleu, violet, rouge, jaune. Au lieu d'acide azotique, on peut employer le nitrate de soude et l'acide sulfurique (Fleischl). Chacun des anneaux correspond à un degré de plus en plus intense d'oxydation et aux produits suivants : *vert* : biliverdine; *bleu* : bilicyanine; *violet* : corps inconnu, peut-être mélange des deux colorations voisines, bleue et rouge; *rouge* : bilipurpurine (?); *jaune* : cholétéline (Voir les paragraphes suivants). — 2° *Réactif d'Ehrlich.* Ce réactif se compose de 1 gramme d'acide sulfanilique, 15 centimètres cubes d'acide chlorhydrique, et 10 centigrammes de nitrite de sodium, pour un litre. On ajoute à une solution chloroformique de bilirubine un volume égal ou double du réactif et on traite par l'alcool qui clarifie la solution en lui donnant une coloration rouge, l'addition de quelques gouttes d'acide concentré (acide acétique glacial) produit une coloration violette qui passe au bleu intense. Cette réaction n'a pas lieu avec les autres matières colorantes biliaires. — 3° *R. avec le brome* (Voir plus haut). L'*acide iodique* et l'*acide chlorique* produisent les mêmes réactions colorantes que le brome (Capranica).

Constitution et formule. — Tous les auteurs ne s'accordent pas sur la formule de la bilirubine. Cependant la formule $C^{16}H^{18}Az^2O^3$ est la plus probable (Stædeler), ou celle formule doublée, $C^{32}H^{38}Az^4O^6$ (Maly). Sa constitution est encore inconnue. Par leur formule brute, les matières colorantes biliaires pourraient être rapprochées des corps du groupe de l'indigo (voir plus loin : *groupe de l'indigo*). On pourrait aussi supposer qu'elle rentre dans la classe des composés aromatiques; mais rien ne permet d'affirmer ces hypothèses.

Existence dans l'organisme. — La bilirubine existe dans la bile (homme, porc, chien), à laquelle elle donne sa couleur jaune ou jaune orangé. On l'a trouvée aussi dans le sérum du sang de cheval (Hammarsten) et à l'état pathologique dans les urines ictériques et les cartilages, dans les tissus des nouveau-nés morts peu après la naissance, et surtout dans les calculs biliaires. A l'état cristallin, elle existe dans les foyers apoplectiques et constitue une partie des cristaux d'hématoïdine.

Formation. — La bilirubine provient de la matière colorante du sang. Tous les faits chimiques et physiologiques parlent en faveur de cette opinion. Comme l'a montré Virchow, on rencontre dans les anciens extravasats sanguins (foyers apoplectiques du cerveau par exemple) des cristaux cristaux d'*hématoïdine* (voir p. 202) dont la provenance de la matière colorante du sang ne peut être douteuse. Le même résultat se produit à la suite des injections de sang pur ou défibriné dans le tissu cellulaire sous-cutané (Quincke). Les recherches de Jaffé, Hoppe-Seyler, Salkowski ont démontré que les réactions de l'hématoïdine sont identiques à celles de la bilirubine. Du reste, Frerichs, Kühne, Hermann, etc., ont prouvé que toutes les causes qui produisent la destruction des globules sanguins (injection d'acides biliaires, d'ammoniaque, de grandes quantités d'eau dans le sang) déterminent l'apparition de la matière colorante biliaire dans l'urine. Dans cette hypothèse, la formation de la bilirubine doit être conçue de la façon suivante : l'hémoglobine se transforme d'abord en hématine et celle-ci, en perdant du fer et prenant de l'eau, se transformerait à son tour en bilirubine d'après l'équation :

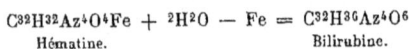

$$C^{32}H^{32}Az^4O^4Fe + 2H^2O - Fe = C^{32}H^{36}Az^4O^6$$
$$\text{Hématine.} \qquad\qquad\qquad\qquad \text{Bilirubine.}$$

Cette transformation s'opérerait sous l'influence du tissu connectif (Quincke). On verra plus loin en outre que l'urobiline, ce dérivé de la bilirubine, a des relations intimes avec la matière colorante du sang (voir : *Urobiline*). Cependant il faut dire que jusqu'ici on n'a pu obtenir artificiellement cette transformation d'hémoglobine en bilirubine en dehors de l'organisme.

Quant *au lieu de cette transformation* dans l'organisme, deux opinions sont en présence : les uns admettent qu'elle a lieu dans le foie, les autres dans le sang.

La *formation dans le foie* paraît plus probable. En effet, on trouve cette matière colorante dans l'intérieur des cellules hépatiques, et on trouve dans le foie lui-même et dans ces cellules hépatiques les conditions nécessaires à la destruction de l'hémoglobine, c'est-à-dire la présence des acides biliaires qui se forment dans le foie. Une seule difficulté existe, celle de savoir ce que devient le fer mis en liberté dans la transformation de l'hémoglobine en bilirubine. On ne trouve, en effet, ni dans la bile, qui renferme cependant un peu de phosphate de fer, ni dans le sang des veines sus-hépatiques, l'équivalent du fer disparu. Ce fer est-il employé à la formation nouvelle de globules sanguins, formation qui, comme on le verra, est très probablement une des fonctions du foie? D'après H. Stern, la bilirubine se formerait exclusivement dans le foie. Si on lie chez des pigeons les vaisseaux du foie de manière à pratiquer la *séparation physiologique* de l'organe, il n'y a pas d'accumulation de matière colorante biliaire dans le corps; ce qui devrait arriver si le foie était un simple organe d'élimination de cette matière colorante. Si au contraire, on lie le canal cholédoque, la bilirubine apparaît au bout d'une heure et demie dans l'urine et après cinq heures dans le sang.

L'origine *hématogène* de la bilirubine est plus controversée, et les expériences pour décider cette question sont très contradictoires. D'après quelques auteurs, l'hémoglobine, une fois passée des globules dans le sérum sanguin, se transformerait immédiatement en bilirubine; cependant Naunyn, en injectant dans le sang une solution d'hémoglobine, n'a pas retrouvé la bilirubine dans l'urine et n'a pu y constater que la présence de la matière colorante du sang. Il est vrai que Tarchanoff, dans des expériences récentes, est arrivé à des résultats opposés. Il faut mentionner cependant que l'existence de la biliverdine dans le placenta du chien, sa présence bien constatée dans certains kystes, semble indiquer que cette matière peut se former aussi, au moins dans certains cas, indépendamment du foie, dans le sang et dans les tissus.

L'opinion de Frerichs, qui faisait provenir la bilirubine d'une transformation des *acides biliaires*, est peu acceptable. Il ne semble y avoir, comme le prouvent les analyses de bile incolore de Ritter, dans lesquelles les acides biliaires ont toujours été constatés, aucune relation de cause à effet entre les deux espèces de principes; en tout cas, les acides biliaires peuvent exister dans la bile sans qu'on y rencontre de matière colorante. Cependant récemment Michailow a cherché à démontrer que la matière colorante biliaire peut provenir de l'acide glycocholique. En traitant cet acide par l'acide acétique et l'acide sulfurique concentré, on obtient une solution jaune à fluorescence verte qui, saturée par le sulfate d'ammoniaque, donne des flocons orangés qui passent au vert et au violet. Ces flocons seraient identiques à la matière colorante biliaire.

Élimination et produits de décomposition. — La bilirubine, une fois formée, passe avec la bile dans l'intestin. Cependant une partie de cette bilirubine se transforme déjà dans le foie en biliverdine. Une fois dans l'intestin, la bilirubine et la biliverdine sont décomposées et donnent naissance à un certain nombre de dérivés qui seront étudiés plus loin, et en particulier à l'hydrobilirubine qui va constituer, après avoir été résorbée dans l'intestin, une des matières colorantes de l'urine (voir : *Urobiline*).

L'injection d'une solution de bilirubine dans les veines (chien) augmente l'élimination de bilirubine par la bile (Tarchanoff).

Rôle physiologique. — D'après ce qui vient d'être dit, la bilirubine n'est très probablement qu'un produit de désassimilation des globules sanguins rouges, et n'a pas d'autre signification physiologique. On s'est demandé cependant si elle n'avait pas un rôle inverse, et si elle ne servait pas à la formation de l'hématine et à la constitution de la matière colorante du sang.

<h3 style="text-align:center">2. — Biliverdine $C^{16}H^{18}Az^2O^4$.</h3>

Préparation. — On la prépare en abandonnant à l'air une solution alcaline de bilirubine (Stædeler). On peut l'obtenir aussi en ajoutant du bioxyde de plomb à une solution alcaline de bilirubine (Maly). Il se précipite une combinaison plombique de biliverdine qu'on décompose par une solution alcoolique d'acide sulfurique.

Caractères. — La biliverdine se présente soit à l'état de poudre amorphe vert foncé, soit à l'état de lames cristallines rhomboïdales (évaporation de sa solution acétique). — Elle est insoluble dans l'eau, l'éther, le chloroforme *pur*, le sulfure de carbone, la benzine, peu soluble dans l'alcool amylique, soluble dans l'alcool ordinaire, l'esprit de bois, l'acide acétique cristallisable, le chloroforme mélangé d'alcool ou d'acide acétique, l'acide sulfurique concentré, l'acide chlorhydrique fort, les alcalis étendus. — Les solutions acides sont d'un beau vert, les solutions alcalines vert-jaunâtre ou vert foncé. — Les solutions alcalines précipitent par les acides, les solutions alcooliques par les alcalis. — Elle ne présente pas de bande d'absorption spectroscopique.

Propriétés chimiques. — Ses propriétés chimiques sont analogues à celles de la bilirubine dont elle représente le premier degré d'oxydation. Comme elle, elle se transforme en hydrobilirubine sous l'influence de l'amalgame de sodium. — Elle présente les mêmes réactions que la bilirubine et en particulier la réaction de Gmelin ; seulement la série des anneaux colorés commence par le bleu.

Constitution et formule. — La formule ancienne de Stædeler, $C^{16}H^{20}Az^2O^5$, ne peut être admise d'après les analyses récentes. Il faut lui substituer celle de Maly, $C^{16}H^{18}Az^2O^4$ ou d'après Thudichum, $C^8H^9AzO^2$, ce qui revient au même.

Existence dans l'organisme. — La biliverdine existe dans la bile et d'une façon exclusive dans celle des herbivores et des animaux à sang froid, à laquelle elle donne sa coloration verte. On la rencontre aussi dans le placenta des chiennes, dans le contenu de l'intestin et quelquefois dans l'urine ictérique, dans les calculs biliaires. Krukenberg a démontré sa présence dans la coquille des mollusques.

Pour son *rôle physiologique*, je renvoie à ce qui a été dit de la bilirubine.

3. — Autres produits d'oxydation de la bilirubine.

Outre la biliverdine on connaît, quoiqu'imparfaitement, un certain nombre de produits d'oxydation de la bilirubine qui correspondent aux divers degrés de coloration de la réaction de Gmelin et que je vais passer successivement en revue.

1° **Bilicyanine** ou **cholécyanine**. — La bilicyanine correspond à la coloration bleue de la réaction de Gmelin. Mais on n'a jamais pu l'obtenir à l'état de pureté. Ses solutions présentent deux bandes d'absorption spectroscopique entre D et E. C'est elle qu'on rencontre dans la bile dans les cas de bile bleue.

2° **Bilipurpurine**. — Celle-ci correspond à l'anneau rouge, mais elle n'a pas été isolée jusqu'ici et n'a pas été étudiée. La coloration violette intermédiaire à l'anneau bleu et à l'anneau rouge ne répond pas à un corps particulier et est probablement due au mélange de bilicyanine et de bilipurpurine.

3° **Cholétéline**. — Ce corps, qui répond à l'anneau jaune, représente le degré ultime d'oxydation de la bilirubine. Il a pour formule $C^{16}H^{18}Az^2O^6$ (Maly). Il est mieux connu que les précédents et se présente sous l'aspect d'une poudre brune, incristallisable, soluble dans l'alcool, l'éther, le chloroforme, l'acide acétique, soluble aussi dans les alcalis dont il est précipité par les acides. Par l'amalgame de sodium elle se tranforme en hydrobilirubine. Il n'y a pas identité entre ces deux substances, comme l'ont cru quelques auteurs.

Ces différents produits d'oxydation ne se rencontrent qu'exceptionnellement dans la bile, comme on l'a vu plus haut pour la bilicyanine. Il n'y a donc pas à insister sur leur rôle physiologique.

4. — Hydrobilirubine $C^{32}H^{40}Az^4O^7$.

Syn. — L'hydrobilirubine est identique à l'urobiline découverte par Jaffé dans l'urine et à la *stercobiline* retirée par Vaulair et Masius des excréments.

Préparation. — L'hydrobilirubine se prépare en traitant par l'amalgame de sodium les solutions alcalines de bilirubine. Le mercure séparé, on traite le liquide brun clair par l'acide chlorhydrique; il se précipite des flocons bruns qu'on recueille par filtration. Ces flocons sont redissous dans l'ammoniaque, précipités par l'acide et lavés (Maly). On peut aussi l'extraire des urines fébriles (Jaffé).

Caractères. — Desséchée, l'hydrobilirubine se présente sous l'aspect d'une poudre brun rouge foncé, peu soluble dans l'eau, soluble dans l'alcool, le chloroforme, les alcalis, l'acide acétique, l'acide sulfurique, un peu moins soluble dans l'éther. — Ses solutions étendues sont rosées, concentrées, brun rouge ; les solutions alcalines étendues sont jaunes comme l'urine et deviennent rouges par l'addition d'acide. Ses combinaisons avec les alcalis sont très solubles dans l'eau. — Les solutions neutres précipitent par les sels de zinc, l'acétate de plomb, le sulfate de cuivre, etc. — Au spectroscope, ses solutions donnent une bande foncée entre b et F, bande qui pâlit par l'ammoniaque, et se déplace un peu à gauche quand on ajoute deux gouttes de chlorure de zinc à la solution ammoniacale. Sa solution zincée ammoniacale possède une coloration rose et une belle fluorescence verte. — *Elle ne donne pas la réaction de Gmelin.* En solution alcaline, elle réduit la liqueur de Barreswill.

Existence dans l'organisme. — L'urobiline existe dans l'urine, les excréments, le placenta de la chienne et de la chatte. Maly a constaté sa présence dans la bile fraîche de l'homme à côté de la bilirubine et dans le sérum de sang de bœuf. Elle manquerait dans l'urine de cheval et de chien. D'après les recherches récentes de Jaffé, L. Disqué, etc., l'urobiline ne se rencontrerait qu'exceptionnellement dans l'urine normale. Mais on y trouve une matière chromogène incolore qui ne donne aucune raie spectrale, *uro-biline réduite* de Disqué; cette substance, par l'oxydation, se transforme en urobiline qui présente alors la raie caractéristique au spectroscope. L'urobiline proprement dite se rencontre au contraire souvent dans les urines.

pathologiques, principalement dans les affections fébriles et dans les cas où l'urine est très concentrée.

Formation dans l'organisme. — L'urobiline provient de la matière colorante biliaire par réduction. En traitant la bilirubine, ou la biliverdine en solution alcaline par l'amalgame de sodium à l'abri de l'air, il se forme de l'urobiline. Cette transformation paraît se faire dans l'intestin; on a vu en effet que l'urobiline se rencontre dans le contenu intestinal et dans les excréments. Une partie de l'urobiline ainsi formée est résorbée, passe dans le sang, où Maly a démontré sa présence par l'analyse spectrale, et est éliminée par l'urine. Comme habituellement on ne trouve dans l'urine que le chromogène de l'urobiline, il est probable ou bien que cette urobiline avant d'arriver dans l'urine subit une nouvelle réduction qui donne l'urobiline incolore, ou bien que la bilirubine se transforme directement dans l'intestin en urobiline incolore qui s'oxyde dans le cours des traitements chimiques qu'on lui fait subir pour en déceler la présence, mais qui, dans les conditions normales de l'organisme, arrive dans l'urine sans avoir subi d'oxydation. Quoi qu'il en soit, le fait certain et important à retenir, c'est que la matière colorante de l'urine, urobiline ou son chromogène, provient de la matière colorante de la bile.

La réaction peut être représentée par l'équation suivante :

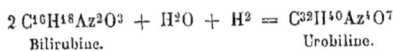

$$2\ C^{16}H^{18}Az^2O^3 + H^2O + H^2 = C^{32}H^{40}Az^4O^7$$

Bilirubine.   Urobiline.

Mais la matière colorante de la bile est-elle la seule génératrice de l'urobiline? Au point de vue chimique il n'en est pas ainsi; l'hémoglobine et l'hématine traitées par l'acide chlorhydrique et le zinc donnent une substance qui se comporte comme le chromogène de l'urobiline (Hoppe-Seyler). Il est difficile de dire s'il en est de même physiologiquement et si l'urobiline peut provenir directement de la matière colorante du sang. Il y a là en tout cas une preuve de plus des relations étroites qui existent entre la matière colorante du sang et la matière colorante biliaire.

Après l'injection sous-cutanée d'urobiline, cette substance se retrouve dans l'urine.

Rôle physiologique. — L'hydrobilirubine n'est qu'un simple produit d'excrétion.

5. — Autres dérivés de la bilirubine.

Outre les produits étudiés ci-dessus, on a encore décrit un certain nombre de dérivés de la matière colorante biliaire que je vais passer en revue.

Bilifuscine. — La bilifuscine s'obtient accessoirement dans la préparation de la bilirubine aux dépens des calculs biliaires. C'est une poudre noir olive, insoluble dans l'eau, à peine soluble dans l'éther et le chloroforme, soluble avec coloration brune dans l'alcool, l'acide acétique, les alcalis; sa solution alcaline est précipitée en brun par les acides. Staedeler lui attribue la formule $C^{16}H^{20}Az^2O^4$. Elle donnerait la réaction de Gmelin, ce qui paraît douteux (Brücke).

Biliprasine. — La biliprasine s'obtient dans les mêmes conditions que la bilifuscine des calculs biliaires, après l'extraction de cette dernière substance. C'est une poudre vert foncé, insoluble dans l'eau, l'éther et le chloroforme, soluble dans les alcalis et à laquelle Staedeler attribue la formule $C^{16}H^{22}Az^2O^6$. Sa solution alcaline est précipitée en vert par les acides. Ce n'est probablement qu'un mélange de biliverdine impure et de bilifuscine.

Bilihumine. — C'est une masse noirâtre qui peut être extraite des calculs biliaires par l'ammoniaque après qu'ils ont été épuisés par les autres dissolvants. Elle se formerait aussi lorsqu'on abandonne à l'air de la bilifuscine en présence d'un alcali.

Ces différentes substances, dont la pureté et la nature sont douteuses, ne se rencontrent que dans les calculs biliaires, et il n'y a pas à s'étendre sur leur rôle physiologique.

Bibliographie. — MÉHU : *Journal de pharmacie et de chimie*, 1878. — GEHRARD : *Einige neue Gallenfarbstoffreactionen* (Zeit. für anal. Ch., t. XXI, 1882). — A. MORIGGIA : *Sur les pigments de la bile* (Arch. de biol. ital., t. II, 1882). — E. CAPRANICA : *Les réactions des pigments biliaires* (Arch. de biol. ital., t. I, 1882). — CAPRANICA : *Die Reactionen der Gallenpigmente* (Molesch. Unters., t. XIII, 1883). — MICHAILOW : *Zur Frage über die Farbstoffe des Harns und des Blutserum* (Med. Cbl., 1883). — C.-F.-W. KRUKENBERG : *Zur Kenntniss der Genese der Gallenfarbstoffe* (Med. Cbl., 1883). — CH.-A. MAC-MUNN : *Observ. on the colouring-matter of the so-called bile of invertebrates* (Proceed. Roy. Soc. Lond., t. XV, 1883). — EHRLICH : *Sulfodiabenzol, ein Reagens aus Bilirubin* (Chem. Cbl., t. XIV, 1883). — P. EHRLICH : *Sulfodiazobenzol, ein Reagens auf Bilirubin* (Zeitsch. f. anal. Ch., t. XXII, 1884). — QUINCKE : *Beitr. zur Lehre vom Icterus* (Arch. de Virchow, t. XCV, 1884). — W. MICHAILOW : *Ueber die Darstellung animalischer Farbstoffe aus Eiweisstoffen* (Ber. d. d. ch. Ges., t. XVII, 1884). — C. DEUBNER : *Nachweis von Gallenfarbstoff im Harn icterischer*, Dorpat, 1884. — W. THUDICHUM : *Bericht. einiger Angaben, die Gallenfarbstoffe betreffend*, etc. (Unters. zur Naturlehre, t. XIII, 1885). — CH.-A. MAC-MUNN : *Observat. on some of the colouring matters of Bile and Urine*, etc. (Journ. of physiol., t. VI, 1885). — H. STERN : *Beitr. zur Pat. der Leber*, etc. (Arch. für exp. Pat., t. XIX, 1886) (1).

§ 3. — Matières colorantes de l'urine.

1. — Groupe de l'indigo.

Le groupe de l'indigo a des relations intimes avec l'*indol* qu'on trouve dans l'intestin et qui sera étudié plus loin et avec l'*indican*, matière colorante qu'on trouve dans les urines. L'indican n'est pas autre chose en effet qu'une combinaison d'oxindol ou indoxyle avec l'acide sulfurique, un indoxylsulfate de potasse. Ainsi on peut passer de l'indol à l'indigo par une série d'oxydations et inversement on peut passer de l'indigo à l'indol par des réductions successives. Les formules suivantes donnent la série de ces différents corps :

Indol....................	C^8H^7Az
Oxindol................	C^8H^7AzO
Dioxindol..............	$C^8H^7AzO^2$
Isatyde................	$C^8H^6AzO^2$
Isatine................	$C^8H^5AzO^2$
Indigo blanc...........	C^8H^6AzO
Indigo bleu............	C^8H^5AzO

(1) A CONSULTER : G. Stædeler, *Ueber die Farbstoffe der Galle* (Vierteljahrschrift der natur. Gesell. in Zürich, t. VIII, 1863) ; Id., *Ueber die Farbstoffe der Galle* (Ann. de Chemie und Pharm., t. CXXXII, 1864) ; R. L. Maly, *Vorläufige Mittheilungen üb. die chem. Urs. der Gallenfarbstoffe* (Ann. d. Chemie und Pharm.. t. CXXXII, 1864) ; R. Maly, *Unters. über die Gallenfarbstoffe* (Journal für prakt. Chemie, t. CIV, 1868) ; M. Jaffé, *Beitrag zur Kenntniss der Gallen-und Harnpigmente* (Centralblatt für die medic. Wissensch., 1868) ; Id., *Untersuch. über Gallenpigmente* (Archiv für die gesammte Physiologie, t. I, 1868) ; R. Maly, *Unters. über die Gallenfarbstoffe* (Sitzungsber. d. Acad. d. Wiss. zu Wien, 1874) ; R. Maly, *Unters. über die Gallenfarbstoffe* (Liebig's Ann. d. Chem., t. CLXXXI, 1876) ; Thudichum, *Ibid.* (Pflüger's Archiv, t. XIII, 1876) ; R. Maly, *Ueber künstliche Umwandlung von Bilirubin in Harnfarbstoff* (Ann. d. Chemie und Pharm., t. CLXI) ; Ludwig Disqué, *Ueber Urobilin* (Zeitschrift für physiol. Chemie, t. II, 1878).

La constitution intime de ces différents corps n'est pas encore parfaitement connue. Cependant, d'après les produits qu'ils fournissent, il est probable qu'ils appartiennent aux composés aromatiques. On a proposé un grand nombre de formules de structure pour ces composés; je ne donnerai que les principales en partant de l'indol :

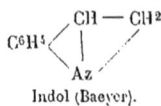
Indol (Baeyer).

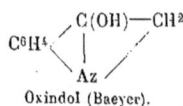
Oxindol (Baeyer).

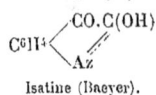
Isatine (Baeyer).

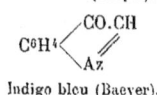
Indigo bleu (Baeyer).

Cependant, comme l'indol contient le groupement imidé AzH, les formules suivantes sont plus probables :

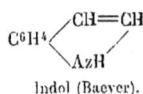
Indol (Baeyer).

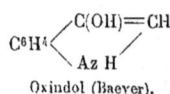
Oxindol (Baeyer).

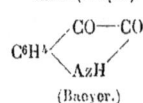   ou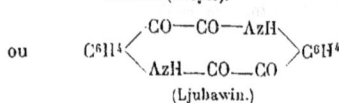
Isatine.

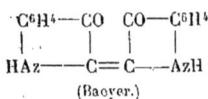   ou   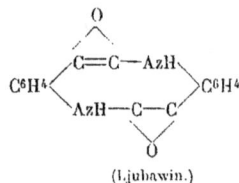   ou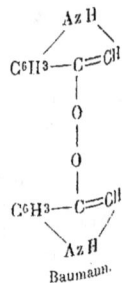

Indigotine.

Baeyer a réalisé la synthèse de l'oxindol, de l'isatine et de l'indigotine.

1. — INDICAN $C^8H^6KAzSO^4$.

Préparation. — On évapore à cristallisation l'urine (de préférence l'urine de chien auquel on a fait ingérer de l'indol); on traite le résidu par l'alcool; le liquide est précipité à froid par une solution alcoolique d'acide oxalique, filtré et alcalinisé; le liquide filtré est réduit, précipité par l'éther et purifié.

Caractères. — Préparé ainsi l'indican se présente sous l'aspect de lamelles blanches, brillantes, solubles dans l'eau, très peu solubles dans l'alcool froid. A l'état impur c'est un liquide sirupeux, jaune, très amer.

Propriétés chimiques. — Chauffé au contact de l'air, ou en présence de l'acide chlorhydrique et de perchlorure de fer, il se transforme en indigotine. Il s'en dépose aussi des solutions alcalines exposées à l'accès de l'air. — Par l'acide chlorhydrique étendu, il se dédouble en sulfate acide de potassium et indoxyle qui se sépare sous forme de gouttelettes huileuses :

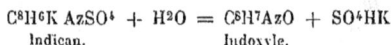
$$C^8H^6K\,AzSO^4 + H^2O = C^8H^7AzO + SO^4HK$$
Indican.   Indoxyle.

Traité par les acides concentrés, il donne de la leucine et des acides gras volatils.

Réactions caractéristiques et recherche de l'indican. — On ajoute au liquide (urine) de l'acide chlorhydrique fumant et 2 à 3 gouttes d'acide nitrique ; en chauffant, le mélange prend une coloration rouge violet et il se forme des cristaux d'indigotine et de rouge d'indigo. On peut aussi ajouter à l'urine deux parties d'acide nitrique, chauffer à 70° et agiter avec du chloroforme ; ce dernier dissout l'indigotine qu'on peut déceler par les réactions appropriées (voir : *Indigotine*). Jaffé et Salkowski ont donné des procédés de dosage de l'indican.

Nature et constitution. — L'indican de l'urine avait été considéré d'abord comme identique à l'indican qu'on extrait de l'*Isatis tinctoria* (indican végétal) ; mais l'indican végétal est un glucoside qui par les acides donne de l'indigo et un corps réducteur, l'*indiglucine*, tandis que l'indican de l'urine ne donne pas d'indiglucine, mais fournit de l'acide sulfurique et de l'indigo. On doit donc faire rentrer l'indican de l'urine dans les acides sulfo-conjugués comme l'acide phénolsulfurique (Voir : *Acides sulfo-conjugués*).

Existence dans l'organisme. — L'indican se rencontre, mais pas constamment dans les urines, principalement après une alimentation de viande. Il existe en plus grande proportion dans les urines pathologiques (cancer du foie, obstruction de l'intestin grêle, etc.). Dans ces cas il peut arriver que les urines se colorent en bleu par la putréfaction et se couvrent d'une pellicule irisée où l'on constate la présence de cristaux d'indigotine (fig. 35). L'indican a été trouvé aussi dans certains cas dans le sang et la sueur.

Formation dans l'organisme. — L'origine de l'indican est aujourd'hui bien connue ; il provient de l'indol formé dans l'intestin. Ainsi les injections sous-cutanées d'indol font apparaître l'indican dans l'urine (Jaffé). L'indol est probablement transformé en oxindol (voir plus haut) ou hydroxylindol, soit dans l'intestin, soit plutôt dans le sang, et s'associe ensuite à l'acide sulfurique pour constituer l'indican qui est éliminé par les urines. Toutes les causes qui augmentent la production de l'indol en prolongeant le séjour de cette substance dans l'intestin augmentent la production d'indican. C'est de cette façon qu'agissent une alimentation de viande, une nourriture azotée, la ligature de l'intestin grêle seul (chien) ou de l'intestin grêle et du gros intestin (lapin). Chez les oiseaux, au contraire, la ligature de l'intestin, l'ingestion d'indol ne font pas apparaître l'indican dans l'urine ; mais on trouve à sa place un corps particulier qui rougit par le chlore (Peurosch).

Rôle physiologique. — L'indican ne paraît avoir que le rôle d'un produit d'excrétion.

II. — INDIGOTINE C^8H^5AzO

Syn. — Indigo, bleu d'indigo, uroglaucine, urocyanine.

Préparation. — Pour obtenir l'indigotine pure, il suffit de soumettre à la sublimation l'indigo du commerce. On peut l'extraire aussi de l'urine (urine de cheval) ; en évapore l'urine à consistance sirupeuse, on ajoute un volume égal d'acide chlorhydrique additionné d'un peu d'eau chlorée, on lave le précipité à l'eau bouillante et on le purifie par l'alcool.

Caractères. — L'indigotine se présente sous l'aspect de cristaux bleu foncé dont la forme varie suivant qu'ils ont été obtenus par sublimation (fig. 34) ou par évaporation lente (fig. 35). Elle est insoluble dans l'eau, les alcalis et les acides étendus, très peu soluble dans l'alcool, l'éther et le chloroforme, soluble dans l'alcool amylique, le phénol et l'acide sulfurique concentré. — Au spectroscope ses solutions sulfuriques donnent une bande d'absorption entre C et D. — Ses solutions alcooliques sont décolorées par le chlore, les vapeurs nitreuses et le sulfhydrate ammonique. Il en est de même des solu-

Fig. 34. — *Cristaux d'indigotine obtenus par sublimation.*

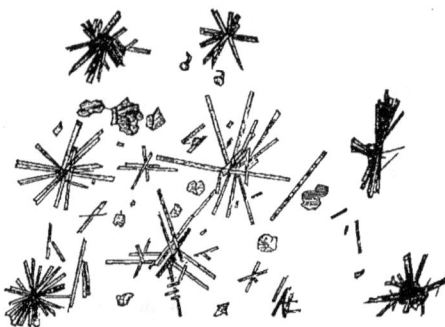

Fig. 35. — *Cristaux d'indigotine obtenus par évaporation lente.*

tions sulfuriques (formation d'indigo blanc). L'eau précipite de ces dernières une matière bleue.

Propriétés chimiques. — Chauffée, l'indigotine se sublime en donnant des vapeurs violettes analogues à celles de l'iode. — Avec l'acide sulfurique bouillant, elle donne deux acides sulfo-conjugués, *acides sulfopurpurique et sulfindigotique.* Les oxydants (acide chromique, acide azotique) transforment l'indigotine en *isatine*, avec coloration jaune :

Fig. 36. — *Dépôt d'indigotine dans une urine.*

$$C^8H^5AzO + O = C^8H^5AzO^2$$
Indigotine.   Isatine.

Sous l'influence des agents réducteurs, l'indigotine passe à l'état d'*indigo blanc* :

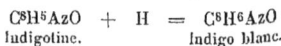

$$C^8H^5AzO + H = C^8H^6AzO$$
Indigotine.   Indigo blanc.

Chauffée en vase clos avec l'hydrate de baryte et la poudre de zinc, elle donne l'*indoline*, $C^{16}H^{14}Az^2$, polymère de l'indol (Schützenberger).

Réactions caractéristiques. — 1° Vapeurs violettes. — 2° Sa solution sulfurique, neutralisée par un carbonate alcalin, est réduite par une solution alcaline de glucose et passe du bleu au jaune. En agitant à l'air la liqueur décolorée, elle passe au bleu en absorbant de l'oxygène. — 3° Sa solution sulfurique est décolorée par l'acide nitrique.

Existence dans l'organisme. — L'indigotine existe dans les urines dans certains cas pathologiques ainsi dans les cas de cancer ou dans les maladies du tube digestif, et leur donne une coloration bleue ou violette qui augmente par la putréfaction. Mais ordinairement c'est de l'indigo blanc uni à l'acide sulfurique et à la potasse, $C^8H^5KAzSO^4$. Ce sel se rencontre aussi dans l'urine de lapin après l'ingestion d'indigo bleu et dans celle du chien après l'ingestion d'indigo blanc. Sous l'influence de la putréfaction et de l'oxydation l'indigo blanc de l'urine passe à l'état d'indigo bleu. L'indigotine peut se rencontrer aussi dans les sédiments urinaires (fig. 36).

Formation dans l'organisme. — L'indigotine provient de l'indol qui se forme dans l'intestin (voir : *Indol*). Cet indol est résorbé dans l'intestin et se transforme dans le sang en indoxyle qui est rejeté par l'urine à l'état d'indoxylsulfate de potassium (indican), $C^8H^6AzSO^4K$. C'est cet indoxyle qui à l'air se transforme en indigotine par oxydation :

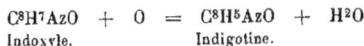

$$C^8H^7AzO + O = C^8H^5AzO + H^2O$$
Indoxyle.   Indigotine.

Rôle physiologique. — L'indigotine n'a que le rôle d'un simple produit d'excrétion.

Urrhodine ou indirudine (Rouge d'indigo). — A côté de l'indigotine se trouve dans les urines violettes une matière rouge insoluble dans l'eau pure, soluble dans l'eau ammoniacale, l'alcool, l'éther, le chloroforme, l'acide sulfurique. Ses solutions sont décolorées par les agents oxydants, les agents réducteurs, le chlore. On l'a trouvée dans les urines après l'ingestion d'isatine (Niggeler). Il est probable qu'elle rentre dans le groupe de l'indigo et qu'elle provient aussi de l'indol et de l'indican. La *purpurine* de Golding Bird n'est probablement que de l'urrhodine.

2. — Uromélanine.

L'uromélanine est une substance noire qui se rencontre dans l'urine dans les cas de cancer mélanique du foie ou après l'injection de *scatol* (Brieger). On l'extrait de l'urine par l'alcool amylique, sous forme de lamelles brillantes insolubles dans l'eau, les acides et les alcalis étendus, très peu solubles dans l'éther et le chloroforme, solubles dans l'alcool et surtout dans l'alcool amylique.

Cette substance est encore peu connue, mais il est très probable qu'elle provient du scatol et qu'elle a avec ce corps les mêmes relations que l'indigotine avec l'indol.

On a décrit encore d'autres matières colorantes de l'urine, mais dont l'existence comme individualité chimique est très incertaine. Telles sont : l'*urochrome* de Thudichum, la *paramélanine* et l'*omicholine* du même auteur, l'*uroérythrine* de Heller, l'*urorubine* de Plosz, etc.

L'*urobiline* a été décrite avec les dérivés de la matière colorante du sang.

Bibliographie. — A. BAEYER : *Synthese des Isatins und des Indigblaus* (Ber. d. d. Ges., t. II, 1878). — E.-V. SOMMARUGA : *Ueber die Moleculargrösse des Indigos* (id.). — P. SCHUTZENBERGER : *Indolin, ein neues Derivat des Indigotins* (Dingler's Journ., 1878). — E.-V. SOMMARUGA : *Ueber die Moleculargrösse des Indigos* (Ann. Pharm., t. CXCV, 1879). — E. BAUMANN et F. TIEMANN : *Zur Constitution des Indigos* (Ber. d. d. ch. Ges., t. XII, 1879). — A. BAEYER : *Ueber das Verhalten von Indigweiss zu pyroschwefelsaurem Kali* (Ber. d. d. ch. Ges., t. XII, 1879). — L. CLAISEN et J. SHADWELL : *Synthese des Isatins* (id.). — A. BAEYER : *Ueber die Beziehungen der Zimmtsäure zur Indigogruppe* (Ber. d. d. Ch. Ges., t. XIII, 1880). — W. STAEDEL et FR. KLEINSCHMIDT : *Ueber Isoindol* (Ber. d. d. Ch. Ges., t. XIII, 1880). — E. GIRAUD : *Prépar. de l'indoline et de ses composés* (C. rendus, t. XC, 1880). — E. BAUMANN et F. TIEMANN : *Ueber indigweiss-und indoxylschwefelsäures Kalium* (Ber. d. d. Ch. Ges., t. XII, 1840). — A. BAEYER : *Ueber die Verbindungen der Indigogruppe* (Ber. d. d. Ch. Ges., t. XIV, 1881 et t. XV, 1882). — A. BAEYER et V, DREWSEN : *Darstellung von Indigblau aus Orthonitrobenzolaldehyd* (Ber. d. d. Ch. Ges., t. XV, 1882). — N. LJUBAWIN : *Zur Uebersicht der Indigogruppe* (id.). — H. KOLBE : *Was* *ist Isatin?* (Journ. für pr. Ch., t. XXVII, 1883). — Id. : *Chem. Constitution des Acetyli-satins und der Acetylisatinsäure* (id.). — Hoppe-Seyler : *Beiträge zur Kenntniss der Indigobildenden Substanzen* (Zeit. für phys. Ch., t. VII, 1883). — M. Fileti : *Sintesi delle scatol* (Gaz. ch. ital., t. XIII, 1883). — Id. : *Transformazione dello scatol in indol e preparazione dell' indol* (id.). — A. Baeyer et W. Comstock : *Ueber Oxindol und Isatom* (Ber. d. d. ch. Ges., t. XVI, 1883). — A. Baeyer : *Ueber die Verbindungen der Indigogruppe* (Ber. d. d. ch. Ges., t. XVII, 1884) (id.). — Id. : *Ueber methylirte Indole.* — I. Fischer et O. Hess : *Synthese von Indolderivaten* (id.). — P. Alexejew : *Ueber die Structur des Indigoblaus* (id.). — A. Baeyer et F. Bloem : *Ueber die Bildung von Indigo aus Orthoamidoacetophenon* (id.). — C. Forrer : *Ueber das Indirubin* (id.). — H. Kolbe : *Ueber Isatin* (Journ. für pr. Ch., t. XXX, 1884). — Id. : *Beiträge zur Ermittelung der chem. Constitution der Isatins* (id.). — Cervesato (Rivista Clinica, 1885) (1).

§ 4. — Pigments divers.

1. — Lutéine.

Lutéine cristallisée. — Cette lutéine a été obtenue à l'état cristallin des corps jaunes de la vache. Elle se présente sous l'aspect de lamelles rhomboédriques rouges par transparence, vertes par réflexion, insolubles dans l'eau, les alcalis et les acides étendus, solubles dans l'alcool, l'éther, le chloroforme, les huiles grasses, etc. ; ses solutions précipitent par l'acétate mercurique.

Lutéine du jaune de l'œuf. — Maly a isolé du jaune de l'œuf deux matières colorantes qu'il appelle *vitello-lutéine* et *vitellorubine*. Sa *vitellolutéine* est jaune clair ; ses solutions alcooliques présentent deux bandes d'absorption au spectroscope, l'une en F, l'autre entre F et G. Elle ne se combine pas avec la baryte. Sa *vitellorubine* forme une masse amorphe rouge brun ; elle possède une large bande d'absorption en F. Elle se combine avec la baryte, ce qui permet de l'isoler de la précédente. Ces deux substances ont du reste la plupart de leurs réactions communes. Elles sont solubles dans l'alcool, l'éther, le chloroforme, les huiles grasses, etc. Elles se colorent en bleu par l'acide nitrique, en vert par l'acide sulfurique, en violet par l'acide chlorhydrique. Elles se décolorent par l'eau chlorée, par l'acide sulfureux, par l'exposition à la lumière solaire.

Lipochrine. — Kühne a donné ce nom à la matière colorante jaune qui colore les granulations graisseuses contenues dans les cellules épithéliales pigmentaires de la rétine. Elle présente des caractères presque identiques à ceux de la lutéine.

Chromophane. — Kühne a donné ce nom à la matière qui colore les globules qu'on trouve à la jonction des deux articles des cônes chez les oiseaux, les reptiles et quelques poissons. Il en distingue trois espèces suivant la coloration de ces globules, le *chlorophane*, jaune-verdâtre, le *xanthophane*, jaune orange, et le *rhodophane*, rouge pourpre. Ces matières colorantes se rapprochent beaucoup de la lutéine. Elles ne pâlissent pas à la lumière.

On voit que sous ce nom de lutéine on comprend un certain nombre de matières colorantes qui ont quelques caractères communs, mais qui sont loin d'être identiques. On les rencontre non seulement dans le jaune de l'œuf, les corps jaunes, la rétine, mais encore dans la graisse, le lait (beurre), le sérum sanguin, les sérosités, les capsules surrénales, et dans un certain nombre de produits pathologiques. Leur constitution est inconnue jusqu'à présent. Il en est de même de leur mode de formation dans l'organisme.

(1) A consulter : Schunck, *Ueber das Vörkommen von Indigo im Harn* (Chemische Centralblatt, 1857); Hoppe-Seyler, *Ueber Indican als constanten Harnbestandtheil* (Arch. für path. Anat., t. XVII); J. L. W. Thudichum, *Urochrome, the coloring matter of urine* (British med. Journal, 1864); M. Jaffé, *Ueber den Ursprung des Indicans im Harn* (Centralblatt, 1872). — Id., *Ueber die Ausscheidung des Indicans unter physiologischen und pathologischen Verhaltnissen* (ibid.); E. Salkowski, *Ueber die Bestimmung des Indigo im Harn* (Virchow's Archiv, t. LXVIII); Id., *Ueber die Quelle des Indicans im Harn der Fleischfresser* (Ber. d. d. chem. Gesells., t. XIX).

2. — Rouge rétinien.

Syn. — Pourpre rétinien, rhodopsine.

Caractères. — Le rouge rétinien s'extrait de la rétine à l'aide d'une solution de bile cristallisée incolore. On a ainsi une solution pourpre qui, à la lumière passe au jaune et se décolore ensuite complètement. Il est soluble dans l'eau et la plupart des liquides ; ses solutions ne présentent pas de bande d'absorption caractéristique au spectroscope. Il se décolore dans l'eau de chaux et de baryte, les acides, l'alcool, l'éther, le chloroforme, etc. ; il ne l'est pas par l'ammoniaque, l'alun, le chlorure de sodium, le sulfure ammonique, etc. Dans sa décoloration par la lumière, il paraît se produire un corps jaune intermédiaire.

Le rouge rétinien existe dans les bâtonnets de la rétine chez tous les vertébrés, à l'exception du pigeon, du poulet et d'une chauve-souris, le *rhinolophus hipposideros*. Il manque chez les invertébrés. On ne sait rien de positif sur son origine et son mode de formation. On sait seulement qu'après s'être détruit à la lumière, il se régénère dans la rétine à l'obscurité. Pour son rôle physiologique, voir : *Rétine* et *Vision*.

3. — Mélanine ou pigment noir.

Pigment noir de l'œil. — Les résultats obtenus par les divers chimistes sur ce pigment ne sont pas concordants, et il n'a pas encore été isolé à l'état de pureté. Les divergences portent surtout sur la présence du fer et du soufre. Kühne a donné le nom de fuscine au pigment noir qui se trouve dans les prolongements des cellules épithéliales de la rétine.

Pigment noir de la peau et des cheveux. — Les mêmes incertitudes existent pour ce pigment. Le pigment des cheveux serait soluble dans les alcalis, insoluble dans l'eau, l'alcool, l'éther, le chloroforme et le sulfure de carbone. Il contiendrait du soufre, mais pas de fer.

Pigment des tumeurs mélaniques. — Là encore les analyses ont donné des résultats différents. Il est probable du reste que les pigments qu'on rencontre dans ces tumeurs ne sont pas toujours identiques. Le fer et le soufre y ont été trouvés dans certains cas. Dans la plupart des cas de tumeurs mélaniques, on constate aussi dans l'urine, l'existence d'une matière colorante noire, *uromélanine*. Mörner a étudié récemment à l'aide de l'appareil de Vierordt (voir : *Hémoglobine*) le coefficient d'extinction du pigment des tumeurs mélaniques. Il y a constaté la présence du soufre et du fer. Berdez et Nencki ont donné le nom de *phymatorhusine* et d'*hippomélanine* à des pigments trouvés dans les tumeurs mélaniques du foie et de la rate d'une part, et dans les sarcomes mélaniques du cheval de l'autre.

Caractères généraux du pigment noir. — Ce pigment se présente ordinairement à l'état de granulations, *granulations pigmentaires*. Ces granulations sont insolubles dans l'eau, l'alcool, l'éther, les alcalis et les acides étendus ; par la coction prolongée avec une solution de potasse concentrée elles se dissolvent en donnant un liquide brun qui se décolore par le chlore (caractère distinctif d'avec les poussières de charbon).

La *provenance* de la matière pigmentaire et son *mode de formation* sont inconnus. On admet qu'elle provient de la décomposition de la matière colorante du sang ; mais jusqu'ici la démonstration n'en a pas été faite d'une façon certaine. Il se forme du reste dans la putréfaction des albuminoïdes des matières colorantes dont la nature n'est pas encore bien connue, mais qui prouvent que l'hémoglobine peut très bien n'être pas la seule origine des divers pigments. Un fait, qui à ma connaissance n'a pas encore été signalé et a une importance très grande au point de vue de la formation des pigments, c'est que le pigment peut se former dans des parties complètement dépourvues de vaisseaux sanguins. Ainsi, sur des embryons de brochet, on peut voir *en quelques minutes* apparaître sur la vésicule ombilicale du pigment noir sous forme de cellules qui s'étoilent et s'anastomosent par leurs prolongements. Du reste, le développement du pigment chroroïdien de l'œil conduit aux mêmes conclusions.

Le *rôle physiologique* du pigment se rapporte surtout au pigment choroïdien, et sera vu à propos de la vision (1).

Bibliographie. — S. Capranica : *Die chem. Reactionen des Retinapigments der Reptilien und Vögeln* (Ber. d. d. ch. Ges., t. II, 1878). — Ménu : *Méthode d'extraction des pigments d'origine animale* (Journ. de pharm., t. XXVIII, 1878). — Plosz : Zeitsch. für phys. Ch., t. VIII, 1883. — R. Norris Wolfenden : *On certain constituents of the eggs of the common frog* (Journ. of physiol., t. V, 1884). — C. Krukenberg : *Die farbigen Derivate der Nebennierenchromogene* (Arch. de Virchow, t. CI, 1885). — D. Halliburton : *Note on the colouring matter of the serum of certain birds* (Journ. of physiol., 1886). — A. Vossius : *Mikroch. Unt. über den Ursprung des Pigments*, etc. (Arch. de Graefe, t. XXXI). — J. Berdez et M. Nencki : *Ueber die Farbstoffe der melanotische Sarcome* (Arch. für exp. Pat., t. XXIX, 1886). — N. Sieber : *Ueber die Pigmente der Chorioidea und der Haare* (id.). — S. Ehrmann : *Unt. über die Physiologie und Pat. des Hautpigmentes* (Vierteljahrs. f. Derm. u. syph., 1885-1886). — E. Villejean : *Pigments et matières colorantes*, th. d'agrég. Paris, 1886. — H. Mörner : *Zur Kenntniss von den Farbstoffen der melanotischen Geschwülste* (Zeitsch. f. phys. Ch., t. II, 1887).

Article V. — Substances organiques phosphorées.

1. — Nucléine $C^{29}H^{49}Az^9Ph^3O^{22}$.

Préparation. — La nucléine s'extrait des globules de pus dont on enlève la graisse et la lécithine par l'alcool bouillant et les albuminoïdes par la digestion avec le suc gastrique. Le résidu, lavé et purifié, constitue la nucléine. On peut l'extraire aussi du jaune de l'œuf, de la levure de bière, etc.

Caractères. — La nucléine est insoluble dans la plupart des liquides et même dans les liquides digestifs. Elle se dissout en se décomposant dans l'acide chlorhydrique concentré et dans les alcalis ; on trouve dans la solution des albuminates et des peptones. Elle est colorée en jaune par la teinture d'iode. Elle ne donne pas la réaction xantho-protéique et seulement d'une façon indistincte la réaction de Millon. Elle précipite par le chlorure de zinc, le nitrate d'argent, le sulfate de cuivre. Elle donne avec les solutions de chlorure de sodium des gelées visqueuses. — Pour ses produits de décomposition, voir plus bas.

Constitution. — Miescher attribue à la nucléine du jaune de l'œuf la formule : $C^{29}H^{49}Az^9Ph^3O^{22}$. Ce qui caractérise du reste cette substance, c'est sa forte proportion de phosphore. Cependant cette proportion paraît varier et il est probable qu'il y a plusieurs sortes de nucléines. D'après Bunge, la nucléine du jaune de l'œuf, à laquelle il donne le nom d'*hématogène*, contiendrait du fer.

Kossel admet deux espèces de nucléines : 1° la *nucléine ordinaire*, telle qu'on la trouve dans les noyaux des cellules, dans la levûre de bière, etc. Cette nucléine fournit comme produits de décomposition une série de bases azotées, xanthine, hypoxanthine, guanine, et un corps découvert par Kossel, l'*adénine*, $C^5H^5Az^5$, polymère de l'acide cyanhydrique et très intéressant au point de vue physiologique ; 2° la *nucléine de Miescher*, telle qu'elle se rencontre dans le jaune de l'œuf ; celle-ci ne fournit pas les bases azotées mentionnées ci-dessus. La véritable nu-

(1) J'ai complètement laissé de côté dans ce chapitre les nombreux pigments qui se rencontrent chez les invertébrés, ainsi que chez les vertébrés autres que les mammifères.

cléine ne paraît chez le poulet que le quinzième jour avec les cellules à noyau. Cette nucléine du jaune de l'œuf paraît identique à celle du lait de vache.

La nucléine se rapproche par quelques points de la mucine et de la substance amyloïde ; mais il n'y a pas identité comme l'admet Morochowetz.

Existence dans l'organisme. — La nucléine a été trouvée par Miescher dans le sperme (tête des spermatozoïdes) ; elle existe dans beaucoup de noyaux de cellules (Plosz), dans les noyaux des globules blancs, des globules de pus, des globules rouges à noyau, les cellules hépatiques, le cerveau, dans le lait. Elle se rencontre encore dans le jaune de l'œuf et la levure de bière. On peut dire en somme, d'une façon générale, que la nucléine forme la partie constituante des noyaux des cellules, et ce fait seul suffit pour affirmer sa signification physiologique. On a vu plus haut qu'il faut distinguer du reste la nucléine véritable, caractéristique du noyau cellulaire, de la nucléine de Miescher, telle qu'on la trouve dans le jaune de l'œuf.

On ne sait rien de positif sur le mode de formation de la nucléine. Elle prend évidemment une partie de ses matériaux aux substances albuminoïdes ; mais d'où provient le phosphore qui entre dans sa constitution ? A ce point de vue, il est à noter que la lécithine accompagne presque partout la nucléine.

La désassimilation de la nucléine donne naissance à une série de produits, xanthine, hypoxanthine, adénine, etc., qui seront étudiés plus loin.

Bibliographie. — L. Morochowetz : *Ueber die Identität des Nucleïns, Mucins und der Amyloïdsubstanz* (Petersb. med. Journ., 1878). — A. Kossel : *Zur Chemie des Zellkerns* f. phys. f. phys. Ch., t. VII, 1882). — Bunge : *Ueber die Assimilation des Eisens* (Zeitsch. phys. Ch., t. IX, 1884). — Amthor : *Ueber das Nucleïn der Weinkerne* (Zeitsch. für für Physiol., t. IX, 1885). — A. Kossel : *Ueber das Nucleïn in Dotter des Hühnereies* (Arch. Ch., t. X, 1886) (1).

2. — Lécithine $C^{44}H^{90}AzPhO^9$.

Préparation. — La lécithine peut s'extraire du cerveau ou du jaune de l'œuf. — On fait avec la substance cérébrale et de l'eau une bouillie qu'on traite par l'éther à 0°. L'extrait éthéré est repris par l'alcool chaud à 40°, d'où la lécithine se précipite par le refroidissement. On la purifie par des traitements successifs à l'alcool et à l'éther. — Un procédé analogue est employé pour le jaune de l'œuf. On peut précipiter la lécithine par la solution alcoolique de chlorure de cadmium.

Caractères. — Pure, la lécithine se présente sous forme d'une masse incolore, cassante, à cristallisation à peine distincte. Dans l'eau elle se gonfle en formant des boules qui ressemblent à la myéline nerveuse ; quand il y a beaucoup d'eau, elle constitue une masse transparente. — Elle est soluble dans l'eau chaude, l'alcool chaud, l'éther, le chloroforme, la benzine, le sulfure de carbone, les huiles grasses, l'acide acétique bouillant.

Propriétés chimiques. — La lécithine agit comme une base faible ; sa molécule fixe à peu près une molécule d'acide carbonique (2cc,77 d'acide carbonique pour 0gr,092 de lécithine). Elle forme aussi des chloroplatinates. Mais elle joue encore le rôle d'acide, car elle donne avec la potasse des combinaisons cristallisées. — Elle se décompose facilement même à la température ordinaire, plus rapidement à 70°, et sous l'in-

(1) A consulter : F. Miescher, *Die Kerngebilde in Dotter des Huhnereies* (Med.-chem. Unters., t. IV) ; F. Miescher, *Die Spermatozoen einiger Wirbelthiere* (Verhandl. d. naturf. Ges. zu Basel, t. VI) ; Ph. v. Jaksch : *Ueber das Vorkommen von Nuclein im Menschen-Gehirn* (Arch. d. Pflüger, t. XIII).

fluence des alcalis et des acides. — Chauffée avec l'eau de baryte, elle se décompose en acide gras (stéarique, oléique ou palmitique suivant sa composition), choline et acide phosphoglycérique :

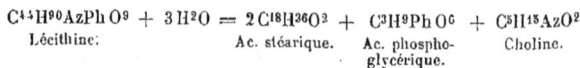

$$C^{44}H^{90}AzPhO^9 + 3H^2O = 2C^{18}H^{36}O^3 + C^3H^9PhO^6 + C^5H^{15}AzO^2$$

Lécithine.   Ac. stéarique.   Ac. phospho-   Choline.
                                                glycérique.

Traitée en solution éthérée par l'acide sulfurique dilué, elle se dédouble en choline et acide distéaro-phosphoglycérique :

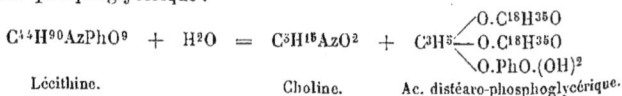

$$C^{44}H^{90}AzPhO^9 + H^2O = C^3H^{15}AzO^2 + C^3H^5 \begin{cases} O.C^{18}H^{35}O \\ O.C^{18}H^{35}O \\ O.PhO.(OH)^2 \end{cases}$$

Lécithine.   Choline.   Ac. distéaro-phosphoglycérique.

Constitution. — Pour bien comprendre la constitution de la lécithine, il faut d'abord connaître la constitution de ses deux produits de décomposition, l'acide phosphoglycérique et la *choline*.

L'acide *phosphoglycérique*, $C^3H^5(OH)^2.PhO^4H^2$, est une combinaison de la glycérine et de l'acide phosphorique,

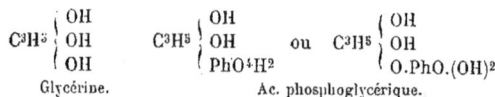

$$C^3H^5 \begin{cases} OH \\ OH \\ OH \end{cases} \qquad C^3H^5 \begin{cases} OH \\ OH \\ PhO^4H^2 \end{cases} \quad ou \quad C^3H^5 \begin{cases} OH \\ OH \\ O.PhO.(OH)^2 \end{cases}$$

Glycérine.   Ac. phosphoglycérique.

dans laquelle un hydroxyle OH de la glycérine est remplacé par l'acide phosphorique PhO^4H^3 qui perd en même temps un atome d'hydrogène, ou autrement il est formé par l'union de la glycérine et de l'acide phosphorique avec perte d'un équivalent d'eau.

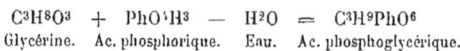

$$C^3H^8O^3 + PhO^4H^3 - H^2O = C^3H^9PhO^6$$

Glycérine.   Ac. phosphorique.   Eau.   Ac. phosphoglycérique.

L'acide phosphoglycérique se décompose facilement en glycérine et acide phosphorique.

La *choline* ou *névrine*, $C^5H^{15}AzO^2$, peut être considérée comme ayant la formule suivante :

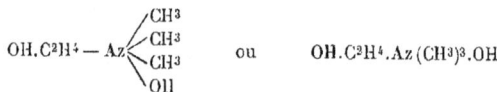

$$OH.C^2H^4 - Az \begin{cases} CH^3 \\ CH^3 \\ CH^3 \\ OH \end{cases} \qquad ou \qquad OH.C^2H^4.Az(CH^3)^3.OH$$

En effet, elle se décompose par la chaleur en glycol éthylique et triméthylamine.

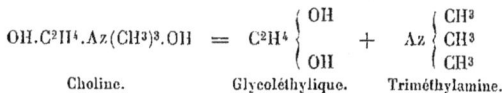

$$OH.C^2H^4.Az(CH^3)^3.OH = C^2H^4 \begin{cases} OH \\ OH \end{cases} + Az \begin{cases} CH^3 \\ CH^3 \\ CH^3 \end{cases}$$

Choline.   Glycoléthylique.   Triméthylamine.

Dans la choline, un hydroxyle OH est uni au glycol éthylique, l'autre à la méthylamine. Sa constitution explique la présence fréquente de triméthylamine dans les liquides et les tissus après la mort.

Il est facile maintenant de comprendre la constitution de la lécithine. Il suffit en effet de remplacer dans l'acide phosphoglycérique : 1° les deux hydroxyles OH du résidu glycérique par un radical d'acide gras (acide oléique, stéarique, ou palmitique); 2° de remplacer un atome d'hydrogène de l'acide phosphorique par la choline qui perd en même temps un hydroxyle; on aura donc pour la lécithine la formule de constitution suivante avec l'acide stéarique, $C^{18}H^{35}O^2$ (radical stéarique).

$$C^3H^5 \begin{cases} O.C^{18}H^{35}O \\ O.C^{18}H^{35}O \\ O.Ph\ O \end{cases} \begin{cases} OH \\ O.C^2H^4.Az(CH^3)^3OH \end{cases} \quad ou \quad C^3H^5 \begin{cases} O.C^{18}H^{35}O \\ O.C^{18}H^{35}O \\ O.Ph\ O \end{cases} \begin{cases} OH.Az(CH^3)^3 \\ O.C^2H^4.OH \end{cases}$$

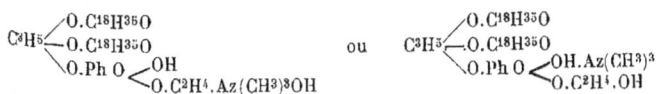

On peut avoir diverses espèces de lécithines suivant la nature des acides gras qui entrent dans sa constitution.

Les lécithines se rapprochent des corps gras par la propriété qu'elles ont de donner de la glycérine par la saponification.

On a fait la synthèse des éléments constituants de la lécithine, choline, acide phosphoglycérique et même acide distéaro-phosphoglycérique; mais celle de la lécithine n'a pas encore été obtenue.

Existence dans l'organisme. — La lécithine existe dans la substance nerveuse, la rétine, les muscles, la graisse, le cristallin, les globules du sang, les globules blancs, les spermatozoïdes, et dans presque tous les liquides animaux, sang, lymphe, chyle, bile, etc. Le jaune d'œuf en contient d'assez fortes proportions. Voici les chiffres des quantités de lécithine trouvées dans différents organes, tissus et liquides (pour 100 parties) :

Substance blanche	11,00	Sang (veine porte)	0,24
Rétine	2,48	Sang (veine hépatique)	0,29
Cristallin	0,23	Chyle	0,08
Spermatozoïdes	1,50	Bile (homme)	0,53
Globules rouges	0,75	— —	0,017
Jaune de l'œuf	6,80		

L'*origine* et le *mode de formation* de la lécithine sont inconnus.

Les *produits de décomposition* de la lécithine sont d'une part de l'acide phosphoglycérique, d'autre part de la choline et de plus les produits de décomposition de ces deux substances, c'est-à-dire de l'acide phosphorique, de la glycérine, de la triméthylamine et du glycol éthylique. Il est peu probable que les décompositions successives de la lécithine aillent dans l'organisme vivant jusqu'à ces deux derniers corps, quoique la présence de la triméthylamine ait été constatée dans quelques sécrétions.

La désassimilation de la lécithine ne semble pas d'ailleurs être très active; c'est du moins ce qui paraît ressortir de ce fait que sa proportion dans la substance cérébrale reste à peu près constante dans les diverses conditions de l'organisme (inanition, etc.).

Le *rôle physiologique* de la lécithine est très obscur. Cependant si l'on a égard à sa présence dans des tissus tels que le tissu nerveux, et dans des éléments comme les globules du sang, les globules blancs, etc., on ne peut s'empêcher de supposer que son importance physiologique est beaucoup plus grande qu'on ne l'avait supposé d'abord, qu'elle joue probablement un rôle dans la constitution et le développement des tissus, et qu'elle n'est pas un simple principe de déchet.

Bibliographie. — Fr. Hundeshagen : *Zur Synthese des Lecithins* (Journ. f. pr. Ch., t. XXVIII, 1883) (1).

(1) A consulter : Diakonow, *Centralblatt*, 1868 et *Med.-chem. Unt.*, t. III; Strecker, *Ann. der Ch. und Pharm.*, t. VI, suppl; Gobley, *Action de l'ammoniaque sur la lécithine*, 1870.

3. — Protagon $C^{160}H^{308}Az^5PhO^{35}$.

Préparation. — Le cerveau, débarrassé d'abord de la cholestérine par l'eau et l'éther à 0°, est traité par l'alcool à 85° à chaud; par le refroidissement à 0°, il se dépose des cristaux de protagon qu'on purifie par des traitements à l'alcool.

Caractères. — Le protagon se présente sous l'aspect d'aiguilles cristallines microscopiques (cristallisation lente) ou de précipité amorphe (précipitation rapide). — Il est peu soluble dans l'alcool et l'éther froids, soluble dans ces liquides chauds et dans l'acide acétique cristallisable. — Il se gonfle dans l'eau en formant une masse gélatiniforme opalescente et en solution apparente dans un excès d'eau. Chauffée avec des solutions salines concentrées (sel marin), cette solution donne un précipité floconneux de protagon. — Chauffé, il se décompose déjà au-dessus de 100°. — Il donne les mêmes produits de décomposition que la lécithine.

Constitution. — Liebreich, qui découvrit le protagon dans le cerveau, le considérait comme un composé défini. Diakonow et Hoppe-Seyler au contraire ont admis que c'était un simple mélange de lécithine et de cérébrine (Voir *Cérébrine*). Mais récemment Gamgee et Blankenhorn sont revenus à l'opinion primitive de Liebreich et ont montré que c'était bien une individualité chimique dont ils ont donné la formule.

Existence dans l'organisme. — Le protagon se rencontre partout où nous avons rencontré la lécithine et son histoire physiologique se confond avec celle de cette substance (voir : *Lécithine*).

Bibliographie. — A. Gamgee et E. Blankenhorn : *Ueber Protagon* (Zeitsch. f. phys. Ch., t. III, 1879). — A. Gamgee : *A note on protagon* (Proceed. Roy. Soc. Lond., t. XXX, 1880). — H.-C. Roscoe : *On the absence of potassium in protagon*, etc. (id.) (1).

CHAPITRE VII

PRODUITS DE DÉSASSIMILATION

Article Ier. — Acides organiques non azotés,

§ 1. — Acides de la série acétique. *Formule* : $C^nH^{2n}O^2$.

Ces acides sont monoatomiques et monobasiques. Ils sont tous formés par l'union d'un radical d'alcool avec le groupement CO.OH (hydrate de carboxyle). Ces acides forment une série continue dont le premier terme, représenté par l'*acide acétique*, est constitué par CO.OH uni au méthyle, CH³. Les acides suivants sont constitués par l'addition de CH² à l'acide qui les précède dans la série ou, ce qui revient au même, par l'union du groupement CO.OH successivement aux radicaux d'alcool, éthyle, propyle, butyle, etc. Ordinairement, l'*acide formique* est considéré comme le premier terme de la série acétique, mais dans ce cas le groupement CO.OH, au lieu d'être uni à un radical d'alcool, est uni à l'hydrogène.

Le tableau de la page suivante donne la série de ces acides.

(1) A consulter : Liebreich, *Ueber die chemische Beschaffenheit der Gehirnsubstanz* (Ann. d. Chem. u. Pharm., t. CXXXIV); Id., *Ueber die Entstehung der Myelinformen* (Arch. für pat. Anat.) ; Hoppe-Seyler, *Ueber das Vorkommen von Cholesterin und Protagon und ihre Betheiligung bei der Bildung des Stroma der rothen Blutkorperchen* (Medicinisch-chem. Unters., t. I); A. Baeyer et O. Liebreich, *Das Protagon ein Glycosid* (Arch. f. pat. Anat., t. XXXIX).

TERMES.	RADICAUX D'ALCOOLS.		ACIDES.		
	NOMS.	FORMULES.	NOMS.	FORMULES DE STRUCTURE.	FORMULES BRUTES.
1			Formique.....	H | $CO.OH$	CH^2O^2
2	Méthyle.....	CH^3	Acétique......	CH^3 | $CO.OH$	$C^2H^4O^2$
3	Propyle.....	CH^3 | CH^2 ou C^2H^5	Propionique...	CH^3 | CH^2 ou C^2H^5 | $CO.OH$	$C^3H^6O^2$
4	Butyle	C^3H^7	Butyrique.....	$CO.OH$ | CH^3 | $(CH^2)^2$ ou C^3H^7 | $CO.OH$	$C^4H^8O^2$
5	Valéryle.....	C^4H^9	Valérique	$CO.OH$ | C^4H^9	$C^5H^{10}O^2$
6	—	C^5H^{11}	Caproïque.....	$CO.OH$ | C^5H^{11}	$C^6H^{12}O^2$
7	—	C^6H^{13}	Œnanthylique.	$CO.OH$ | C^6H^{13}	$C^7H^{14}O^2$
8	—	C^7H^{15}	Caprylique....	$CO.OH$ | C^7H^{15}	$C^8H^{16}O^2$
9	—	C^8H^{17}	Pélargonique..	$CO.OH$ | C^8H^{17}	$C^9H^{18}O^2$
10	—	C^9H^{19}	Caprique......	$CO.OH$ | C^9H^{19}	$C^{10}H^{20}O^2$
11	—	—	—	$CO.OH$	—
12	—	$C^{11}H^{23}$	Laurostéarique	$C^{11}H^{23}$ | $CO.OH$	$C^{12}H^{24}O^2$
13	—	—	—		—
14	—	$C^{13}H^{27}$	Myristique	$C^{13}H^{27}$ | $CO.OH$	$C^{14}H^{28}O^2$
15	—	—	—		—
16	—	$C^{15}H^{31}$	Palmitique....	$C^{15}H^{31}$ | $CO.OH$	$C^{16}H^{32}O^2$
17	—	$C^{16}H^{33}$	Margarique (1).	$C^{16}H^{33}$ | $CO.OH$	$C^{17}H^{34}O^2$
18	—	$C^{17}H^{35}$	Stéarique	$CO.OH$ | $C^{17}H^{35}$ | $CO.OH$	$C^{18}H^{36}O^2$

(1) L'acide margarique paraît être un simple mélange d'acide palmitique et d'acide stéarique.

On voit, d'après les formules brutes de ces acides, qu'ils contiennent tous 2 d'oxygène et que le chiffre de l'hydrogène est toujours le double de celui du carbone.

Caractères des principaux de ces acides. — Acide formique CH^2O^2.

Liquide incolore, d'odeur forte et piquante; volatil à 100°, sans résidu; ne précipite pas le nitrate de mercure; chauffé avec de l'acide sulfurique concentré, il se décompose en eau et en oxyde de carbone : $CH^2O^2 = CO + H^2O$. — On le reconnaît à son odeur et à ce que chauffé avec un peu d'alcool et d'acide sulfurique, il dégage une odeur de rhum (formiate d'éthyle).

Acide acétique $C^2H^4O^2$. — Cristaux transparents, feuilletés, se changeant à 17°, en un fluide incolore, d'une odeur piquante caractéristique et d'une saveur très acide, volatil sans résidu. Ne précipite pas par le perchlorure de fer; mais si on sature l'acide par l'ammoniaque, la liqueur devient rouge foncé (acétate de fer). Précipité blanc cristallin par le protonitrate de mercure. Chauffé avec un peu d'alcool et quelques gouttes d'acide sulfurique, il dégage une odeur agréable d'éther acétique. — L'acide acétique se forme dans la fermentation acétique du vin sous l'influence d'un ferment, le *mycoderma aceti*. Il s'en produit en outre dans un certain nombre de fermentations : — 1° dans la fermentation acétique du sucre sous l'influence de l'*actinobacter polymorphus*, soit à l'air, soit à l'abri de l'air; équations : $C^6H^{12}O^6 = 3C^2H^4O^2$ et : $C^6H^{12}O^6 + 2O = 2C^2H^4O^2 + 2CO^2 + 4H$; — 2° dans la fermentation butyrique de l'acide lactique sous l'influence du ferment en chapelets de Fitz; — 3° dans la fermentation propionique de l'acide lactique; — 4° dans la fermentation butyrique de la glycérine sous l'influence du *bacillus butyricus*; — 5° dans la fermentation de l'acide tartrique sous l'influence d'un vibrion anaérobie en filaments grêles; équation : $C^4H^6O^6 = C^2H^4O^2 + 2CO^2 + 2H$; — 6° dans la fermentation de l'acide malique, soit sous l'influence de bâtonnets grêles avec production d'acide succinique; $3C^4H^6O^5 = 2C^4H^6O^4$ (acide succinique) $+ C^2H^4O^2 + 2CO^2 + H^2O$; soit sous l'influence de bâtonnets courts avec production d'acide propionique; $2C^4H^6O^5 = C^2H^4O^2 + C^3H^6O^2$ (acide propionique) $+ 3CO^2 + 2H$.

Acide propionique $C^3H^6O^2$. — Liquide incolore, d'une odeur analogue à l'acide acétique; volatil à 142°; soluble dans l'eau, dont le chlorure de calcium le précipite en gouttes huileuses. Traité par l'alcool et l'acide sulfurique, il dégage une odeur de fruit due au propionate d'éthyle. Le propionate de sodium est bien plus soluble que l'acétate. — L'acide propionique se produit dans un certain nombre de fermentations : — 1° dans la fermentation propionique de l'acide lactique sous l'influence d'un bacille grêle allongé : $2C^3H^6O^3 = C^3H^6O^2 + C^2H^4O^2 + CO^2 + 2H$; — 2° dans la fermentation acétique de l'acide tartrique; — 3° dans la fermentation propionique de l'acide malique sous l'influence de bâtonnets courts; $2C^4H^6O^5 = C^3H^6O^2 + C^2H^4O^2 + 3CO^2 + 2H$.

Acide butyrique $C^4H^8O^2$. — Liquide incolore, d'odeur vinaigrée (de beurre rance quand il est impur); soluble dans l'eau, l'alcool et l'éther; volatil à 160°. Il précipite de ses solutions concentrées par le chlorure de calcium en gouttes huileuses. Chauffé avec de l'alcool et de l'acide sulfurique, il donne du butyrate d'éthyle (odeur de fraise). L'acide butyrique se forme dans un certain nombre de fermentations très importantes au point de vue physiologique : — 1° dans la fermentation butyrique de l'acide lactique sous l'influence du *vibrion butyrique* et du ferment en chapelets de Fitz : $2C^3H^6O^3 = C^4H^8O^2 + 2CO^2 + 2H^2$; — 2° dans la fermentation propionique de l'acide malique; 3° dans la fermentation acétique de l'acide tartrique; — 4° dans la fermentation butyrique du sucre, $C^6H^{12}O^6 = C^4H^8O^2 + CO^2 + 4H$, et de la glycérine, $2C^3H^8O^3 = C^4H^8O^2 + 2CO^2 + 8H$, sous l'influence du *bacillus butylicus* de Fitz; — 5° dans la fermentation butyrique de la cellulose sous l'influence du *bacillus amylobacter*.

Acide valérique ou valérianique $C^5H^{10}O^2$. — Liquide incolore, huileux, d'odeur désagréable de valériane et de fromage pourri. Bout à 176°. Soluble dans 23 parties d'eau dont il précipite par le chlorure de calcium. — Il se produit dans la putréfaction des albuminoïdes et de la leucine. On l'a rencontré accessoirement dans la fermentation de l'acide lactique.

Acide caproïque $C^6H^{12}O^2$. — Liquide incolore, huileux, d'odeur de sueur; volatil à 202°; presque insoluble dans l'eau; miscible à l'alcool et à l'éther en toutes proportions; le caproate de baryte se dissout dans 12 parties d'eau froide. Il se produit accessoirement dans la fermentation butyrique de l'acide lactique, du sucre, de la glycérine.

Acide caprylique $C^8H^{16}O^2$. — Liquide onctueux, d'odeur de sueur; cristallise à + 16° en donnant des cristaux feuilletés; bout à 236°; insoluble dans l'eau; miscible l'alcool et à l'éther en toutes proportions; le caprylate de baryte est soluble dans 125 parties d'eau froide.

Acide caprique $C^{10}H^{20}O^2$. — Solide; cristallise en fines aiguilles; fusible à 30°; bout à 268°; presque insoluble dans l'eau; miscible à l'alcool et à l'éther en toutes proportions; le caprate de baryte est à peu près insoluble dans l'eau froide.

D'une façon générale, tous les acides gras volatils, jusqu'à l'acide caproïque, se rencontrent dans la putréfaction des substances organiques et spécialement des albuminoïdes; seul l'acide formique ne s'y produit qu'exceptionnellement. L'acide propionique s'y rencontre moins fréquemment que tous les autres.

Les acides *palmitique, margarique* et *stéarique* ont été étudiés avec les graisses.

Existence dans l'organisme. — Les acides gras inférieurs, depuis l'acide formique jusqu'à l'acide caprique, ont été rencontrés, mais toujours en petite quantité, dans les liquides de l'organisme, et dans le suc des tissus. L'acide formique a été trouvé dans le sang, l'urine, la sueur, la rate, le pancréas, le thymus, le suc musculaire, le cerveau; l'acide acétique, dans les mêmes liquides et tissus, principalement après l'ingestion d'alcool; l'acide propionique dans la sueur, la bile (?), le suc gastrique (?), l'urine; l'acide butyrique dans le sang (?), la sueur, l'urine (rarement), le contenu de l'estomac et de l'intestin, les glandes, les muscles; l'acide valérique et l'acide caproïque dans le sang, la sueur, l'urine (fièvre typhoïde, variole).

D'après Schotten, il y aurait, en moyenne, chez le chien, 0gr,246 d'acides gras éliminés par jour (comptés comme acide acétique). R. V. Jaksch a trouvé aussi, dans l'urine normale, de faibles quantités d'acide formique et d'acide acétique, et les agents oxydants permettent d'extraire de l'urine 1 gramme environ par vingt-quatre heures d'acides gras (formique, acétique, butyrique et propionique). Cette quantité augmente sous certaines conditions pathologiques.

Formation des acides gras dans l'organisme. — *Au point de vue physiologique*, la formation de ces acides dans l'organisme peut se comprendre de deux façons différentes :

1° Ils peuvent être produits par l'oxydation des acides organiques, des hydrocarbonés, des graisses, des albuminoïdes et de certaines substances azotées comme la glycocolle et surtout la leucine. En outre, chacun de ces acides peut prendre naissance par l'oxydation de l'acide qui vient immédiatement avant lui dans la série en donnant de l'acide carbonique, comme le montrent les formules suivantes :

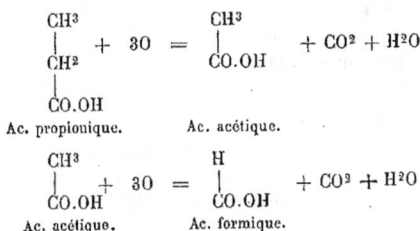

$$\begin{matrix} CH^3 \\ | \\ CH^2 \\ | \\ CO.OH \end{matrix} + 30 = \begin{matrix} CH^3 \\ | \\ CO.OH \end{matrix} + CO^2 + H^2O$$

Ac. propionique.　　　　Ac. acétique.

$$\begin{matrix} CH^3 \\ | \\ CO.OH \end{matrix} + 30 = \begin{matrix} H \\ | \\ CO.OH \end{matrix} + CO^2 + H^2O$$

Ac. acétique.　　　　Ac. formique.

Enfin, l'acide formique, le premier terme de la série, se décompose par l'oxydation en acide carbonique et en eau :

BEAUNIS. — Physiologie, 3e édition.　　　　　　　I. — 15

$$\begin{array}{c} H \\ | \\ CO.OH \end{array} + O = CO^2 + H^2O.$$

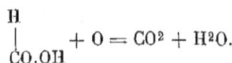

2° Les acides gras, au moins un certain nombre d'entre eux, peuvent encore être produits non par oxydation, mais par dédoublement, par fermentation. En effet, comme on l'a vu plus haut, l'existence de ces acides a été constatée dans un certain nombre de fermentations.

Il est probable que les acides gras formés dans l'organisme doivent naissance suivant les cas, tantôt à des oxydations, tantôt à des fermentations, sans qu'il soit possible encore de déterminer avec certitude dans la plupart des cas si l'on a affaire à tel ou tel mode de formation. Ce qui est positif cependant, c'est que quelques-uns de ces acides et en particulier les acides butyrique et acétique se produisent dans l'intestin par fermentation (fermentation du sucre, des acides végétaux, de la glycérine, etc. (voir : *Digestion*).

Destruction et élimination des acides gras. — On voit, par ce qui précède, que la destruction des acides de la série acétique paraît se faire surtout par oxydation avec formation d'acide carbonique et d'eau. Mais cette décomposition peut se faire encore par un autre mode, par fermentation, au moins pour les derniers termes de la série. Ainsi l'acide acétique et plus facilement encore l'acide formique peuvent se transformer sous l'influence de l'eau en acide carbonique avec dégagement d'hydrogène (voir : *Fermentations*).

Quand on fait ingérer à un animal (chien) des acides gras volatils (10 à 12 grammes par jour), ces acides se comportent différemment au point de vue de leur élimination. On retrouve encore dans les urines 26 p. 100 de l'acide formique ingéré; l'acide acétique se retrouve aussi, quoiqu'en plus faible proportion; mais les acides gras supérieurs sont détruits presque en totalité et il n'en reparaît plus que des traces dans les urines.

Une certaine quantité de ces acides gras volatils, spécialement des acides acétique et butyrique, sont éliminés à l'état de sels par les fèces, sans avoir été décomposés.

Rôle physiologique. — La plus grande partie des acides gras formés ou introduits dans l'organisme est détruite, comme on l'a vu plus haut, soit par oxydation, soit par fermentation; mais quel que soit le processus, il aboutit à une production de chaleur. Les acides gras sont donc un facteur important de la chaleur animale.

L'étude physiologique des acides palmitique, margarique et stéarique a été faite avec les corps gras.

Bibliographie. — C. Schotten : *Ueber die flüchtigen Säuren des Pferdeharns*, et c. (Zeitsch. für phys. Ch., t. VII). — R. V. Jaksch : *Ueber das Vorkommen der Ameisensäure in diabetischen Harn* (Naturf. Vers. zu Strasburg, 1885). — H. Wilsing : *Ueber die Mengen der vom Wiederkäuer in den Entleerungen ausgeschiedenen Fettsäuren* (Zeitsch. für Biol., t. XXI, 1885). — C. Nobel : *Ueber das Vorkommen der Ameisensäure in diabetischem Harn* (Cbl. 1886). — A. Bannow : *Ueber eine Buttersäure* (Ber. d. d. ch. Ges. 1886). — R. V. Jaksch : *Ueber physiologische und pathologische Lipacidurie* (Zeit. f. phys. Ch., t. X, 1886).

§ 2. — Acides de la série glycolique. *Formule* : $C^nH^{2n}O^3$.

Ces acides correspondent à ceux de la série acétique. Ils dérivent de ces acides par le remplacement d'un atome d'hydrogène du radical d'alcool par le radical hydroxyle, OH. Ce sont des acides diatomiques, monobasiques, dans lesquels on trouve le groupement CO.OH, caractéristique des acides, et le groupement CH^2.OH, caractéristique des alcools. On considère souvent l'acide carbonique comme le premier terme de la série. Le tableau suivant donne parallèlement les deux séries d'acides.

	ACIDES DE LA SÉRIE ACÉTIQUE.		ACIDES CORRESPONDANTS DE LA SÉRIE GLYCOLIQUE.		
1	Formique...	H | CO.OH	Carbonique ou oxy-formique.	OH | CO.OH	(Hypothétique.) CH^2O^3
2	Acétique....	CH^3 | CO.OH	Glycolique ou oxy-acétique...	CH^2.OH | CO.OH	$C^2H^4O^3$
3	Propionique.	CH^3 | CH^2 | CO.OH	Lactique ou oxy-propionique.	CH^2.OH | CH^2 | CO.OH	$C^3H^6O^3$
4	Butyrique...	CH^3 | $(CH^2)^2$ | CO.OH	Oxy-butyrique...............	CH^2.OH | $(CH^2)^2$ | CO.OH	$C^4H^8O^3$
5	Valérique...	CH^3 | $(CH^2)^3$ | CO.OH	Oxy-valérique...............	CH^2.OH | $(CH^2)^3$ | CO.OH	$C^5H^{10}O^3$
6	Caproïque...	CH^3 | $(CH^2)^4$ | CO.OH	Oxy-caproïque ou leucique....	CH^2.OH | $(CH^2)^4$ | CO.OH	$C^6H^{12}O^3$

On voit que ces acides ne diffèrent des acides correspondants de la série acétique que par un atome d'oxygène en plus. A partir de l'acide lactique, ces acides peuvent avoir des isomères dont le nombre augmente avec le nombre d'atomes de carbone qu'ils contiennent.

Au point de vue physiologique, les acides de ce groupe qui présentent de l'importance sont l'acide glycolique, l'acide lactique, l'acide **oxy-butyrique** et l'acide leucique.

1. — ACIDE GLYCOLIQUE $C^2H^2O^3$.

L'acide *glycolique* ou *oxy-acétique*

$$CH^2.OH$$
$$|$$
$$CO.OH$$

n'existe pas dans l'organisme. Mais il a des rapports intimes avec une substance, le *glycocolle*, très importante au point de vue physiologique. Les deux corps ne diffèrent que par la substitution du radical AzH^2 à l'hydroxyle OH de l'acide glycolique :

$$CH^2.OH$$
$$|$$
$$CO.OH$$
Ac. glycolique.

$$CH^2.AzH^2$$
$$|$$
$$CO.OH$$
Glycocolle.

II. — ACIDE LACTIQUE $C^3H^6O^3$.

Différentes espèces d'acides lactiques. — On connaît 4 isomères de l'acide lactique, deux acides *éthylidéno-lactiques*, un acide *éthyléno-lactique* et un acide *hydracrylique* ou *oxy-propionique*. Ce dernier, qui, d'après quelques auteurs, serait identique au précédent, n'existe pas dans l'organisme animal.

1° **Acide éthyléno-lactique.** — Cet acide dérive de l'éthylène (hydrogène bicarboné) C^2H^4, comme le montre sa formule de structure :

$$CH^2OH$$
$$|$$
$$CH^2$$
$$|$$
$$CO.OH$$
Ac. éthyléno-lactique.

$$CH^2$$
$$|$$
$$CH^2$$
Éthylène.

Cet acide est *optiquement inactif*. — Il se produit spécialement dans la fermentation de l'inosite. — Par l'oxydation, il donne de l'acide malonique $C^3H^4O^4$. Ses sels de zinc sont déliquescents et solubles dans l'alcool. Il a été obtenu par synthèse de l'hydrate de cyanure d'éthylène C^3H^5AzO.

2° **Acides éthylidéno-lactiques.** — Ces acides proviennent de l'éthylidène C^2H^4, corps isomère de l'éthylène, qui n'a pu encore être isolé et dont l'existence n'est même pas admise par tous les chimistes. Formule de structure :

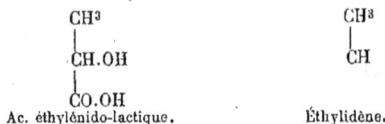

$$CH^3$$
$$|$$
$$CH.OH$$
$$|$$
$$CO.OH$$
Ac. éthylénido-lactique.

$$CH^3$$
$$|$$
$$CH$$
Éthylidène.

Ces acides par l'oxydation donnent de l'acide acétique et de l'acide formique. On en connaît deux espèces :

a. *Acide lactique ordinaire ou de fermentation*, ou acide α — hydroxypropionique. — Cet acide est *optiquement inactif*. Il se produit dans la fermentation des hydrocarbonés et de l'inosite. Son sel de zinc est soluble dans 56,63 parties d'eau et insoluble dans l'alcool. Il a été obtenu par synthèse de l'hydrate de cyanure d'éthylidène et de l'acide α — brompropionique.

b. *Acide paralactique ou sarcolactique*. — Cet acide dévie *à droite* le plan de polarisation; α D = + 3,5. C'est lui surtout qui se rencontre dans l'organisme. Il a été trouvé par Maly, dans la fermentation du sucre de canne. Son sel de zinc dévie à gauche le plan de polarisation ; il est soluble dans 17,5 parties d'eau et dans l'alcool.

Caractères communs des trois acides lactiques. — Ces trois acides ont des caractères communs. Ce sont des liquides sirupeux, incolores, fortement acides, solubles dans l'eau, l'alcool et l'éther. Chauffés, ils se dédoublent, en perdant de l'eau, en *acide dilactique* ou *anhydride lactique* $C^6H^{10}O^5$ et *lactide* $C^3H^4O^2$, d'après les équations : $2C^3H^6O^3 - H^2O = C^6H^{10}O^5$ et $C^3H^6O^3 - H^2O = C^3H^4O^2$. Par leur ébullition avec l'eau l'acide dilactique et la lactide reforment l'acide lactique. Avec l'acide sulfurique concentré, l'acide lactique dégage de l'oxyde de carbone. Il donne de l'alcool sans l'intervention d'un ferment (distillation du lactate de calcium sur de la chaux; Henriot).

Production de l'acide lactique par fermentation. — L'acide lactique se produit dans les fermentations suivantes : 1° aux dépens des sucres, sucre de lait, glucose, inosite, etc., et des hydrocarbonés, sous l'influence d'un ferment particulier aérobie, *ferment lactique*, découvert par Pasteur, composé de très petits articles; c'est la fermentation qui se produit dans le lait aigre; mais il est probable que d'autres ferments que le ferment lactique peuvent déterminer cette transformation; ainsi des fragments de muqueuse de l'estomac et de l'intestin produisent le même effet et Hammarsten admet dans la muqueuse de l'estomac un ferment lactique *soluble*, non figuré; 2° il se produit accessoirement dans la fermentation butylique du sucre et de la glycérine par le *bacillus butylicus*.

Fermentation de l'acide lactique. — L'acide lactique peut subir un certain nombre de fermentations qui fournissent divers produits : 1° Il subit la fermentation butyrique sous l'influence d'un ferment, le *vibrion butyrique* (Pasteur), et aussi sous l'influence du ferment en chapelet de Fitz; la formation d'acide butyrique se fait d'après l'équation : $2C^3H^6O^3 = C^4H^8O^2 + 2CO^2 + 2H^2$; 2° il donne naissance à l'acide propionique, $C^3H^6O^2$ sous l'influence du bacille grêle, allongé, de la fermentation propionique; $2C^3H^6O^3 = C^3H^6O^2 + C^2H^4O^2$ (ac. acétique) $+ CO^2 + 2H$; 3° il donne naissance aussi, avec un autre ferment, à l'acide valérique, $C^5H^{10}O^2$.

Réactions caractéristiques. — *Réactif d'Uffelmann.* Si on ajoute un peu d'acide lactique à une solution très étendue et à peine colorée de perchlorure de fer, cette solution se colore en jaune intense; cette réaction est très sensible. Les caractères microscopiques des sels de calcium et de zinc peuvent servir à reconnaître facilement l'acide

Fig. 37. — *Lactate de calcium.* Fig. 38. — *Lactate de zinc.*

lactique : 1° Le *lactate de calcium* (fig. 37), cristallise en fines aiguilles réunies sous forme de touffes; 2° le *lactate de zinc* (fig. 38) se présente sous l'aspect de prismes droits, ayant souvent la forme de *massue tronquée* ou de *tonneau*.

Existence dans l'organisme. — L'acide lactique existe dans les muscles striés et lisses; on le rencontre en outre dans un grand nombre d'organes, cerveau (substance grise spécialement), rate (lactate de fer?), pancréas, thymus, glande thyroïde, poumons et dans beaucoup de liquides de l'organisme, sang (spécialement le sang leucémique), urine et en particulier l'urine de cheval (lactate de calcium), lait, pus, liquide de l'allantoïde, suc gastrique, contenu de l'estomac (voir : *Suc gastrique*).

Les trois sortes d'acide lactique se rencontrent dans le tissu musculaire, mais c'est l'acide sarcolactique qui y prédomine. L'acide lactique y existe soit à l'état libre, soit combiné avec des bases (lactate de soude et de potasse). Il existe dans les muscles aussi bien à l'état de repos qu'à l'état d'activité, mais, contrairement aux assertions d'Astaschweski et de Warren, sa quantité est plus considérable dans les muscles actifs ou tétanisés expérimentalement, ainsi que dans les muscles atteints de rigidité cadavérique. L'inanition le diminue mais ne le fait pas disparaître complètement. Le tableau suivant donne la proportion d'acide lactique (pour 100) dans les muscles et dans le sang sous certaines conditions :

Muscles.		*Sang* (Gaglio).
Lapin : 0,132 à 0,905	} Takacs.	Lapin : 0,096
Chat : 0,287 à 0,318		Chien (après la digestion) : 0,017 à 0,035
Pigeons nourris, 1,15 à 1,58	} Demant.	— (6 heures après le repas), 0,035 à 0,051
— à jeun, 0,9 à 1,5		Sérum de sang du chien, 0,096.

Origine et mode de formation. — L'acide lactique provient de deux sources : 1° il s'en forme une certaine quantité dans l'intestin aux dépens des hydrocarbonés et spécialement des matières sucrées de l'alimentation; dans ce cas sa formation a lieu par une véritable fermentation, fermentation lactique; 2° il s'en forme aussi dans les tissus, et plus particulièrement dans le tissu musculaire. Est-ce là aussi par fermentation aux dépens des hydrocarbonés contenus dans le muscle, ou qui lui sont apportés par le sang (sucre musculaire, substance glycogène, glycose), ou bien provient-il des produits de dédoublement des substances albuminoïdes des tissus? C'est ce qu'il est difficile de décider.

Malgré les expériences contradictoires d'Astaschewsky et de Warren, la formation d'acide lactique dans les muscles augmente dans la contraction musculaire, et c'est principalement aux dépens de la substance glycogène du muscle qu'a lieu cette production d'acide lactique. On voit, en effet, la substance glycogène diminuer à mesure qu'augmente la proportion d'acide lactique. C'est ce qui ressort des chiffres suivants, empruntés à Marcuse, et qui représentent la moyenne de quatre expériences sur la grenouille.

Muscles.	*Glycogène* 0/0.	*Acide lactique* 0/0.
Au repos.......	0,657	0,076
Tétanisés.......	0,434	0,153

Cependant les quantités de glycogène disparu et d'acide lactique formé ne se correspondent pas exactement, il y a un surplus d'acide lactique qui provient sans doute de l'inosite, du glucose ou peut-être des albuminoïdes, comme semble l'indiquer la persistance de l'acide lactique musculaire dans l'inanition. Du reste, Spiro a constaté dans le sang du lapin, après une forte tétanisation des muscles, une proportion notable d'acide lactique, fait confirmé par Salomon et H. Meyer qui en ont cependant trouvé des quantités un peu plus faibles. En outre, Marcuse a vu, chez la grenouille, l'acide lactique apparaître dans l'urine sous l'influence de la tétanisation des muscles et sous l'action convulsivante de la strychnine. Chez les animaux à sang chaud au contraire cette apparition d'acide lactique dans l'urine, sous l'influence de l'exercice musculaire, ne s'observe pas. Quant au mode de formation de l'acide lactique dans le muscle, on ne sait rien de précis et on n'a pu jusqu'ici isoler de ferment lactique.

Dans la rigidité musculaire, il se produit aussi de l'acide lactique ; mais dans ce cas il ne proviendrait pas de la substance glycogène, si l'on s'en rapporte aux recherches de Boehm. En effet, d'après cet auteur, quand la rigidité cadavérique ne s'accompagne pas de putréfaction, la quantité de glycogène du muscle reste invariable pendant que la quantité d'acide lactique augmente. Voir le tableau de la page 120 où sont donnés les chiffres de Boehm.

Les muscles ne sont pas les seuls organes où se forme l'acide lactique. Les recherches de Gaglio, faites à l'aide des circulations artificielles sur le rein et les poumons, ont démontré qu'il se forme de l'acide lactique dans ces organes au contact du sang; le sang veineux qui sort de l'organe contient toujours plus d'acide lactique que le sang injecté par l'artère; cette production d'acide lactique n'a pas lieu quand on emploie le sérum (sang centrifugé); la présence des globules est donc indispensable et il y a là un acte vital, physiologique. Il faut noter à ce point de vue que l'inosite existe dans le tissu du rein et du poumon et qu'elle est probablement dans ces cas la source principale de l'acide lactique.

Destruction et élimination de l'acide lactique. — Une fois formé, l'acide lactique n'est pas éliminé tel quel, ou du moins on n'en retrouve que de très faibles quantités dans les excrétions. Il est donc très probable que la plus grande partie de l'acide lactique qui a pris naissance dans les tissus se détruit soit sur place, soit dans le sang, et cela avec une très grande rapidité. Cependant, d'après des recherches récentes, cette destruction se ferait principalement dans le foie.

Les expériences de Lehmann montrent bien la rapidité de la destruction de l'acide lactique. Quinze minutes après l'injection de 15 grammes de lactate de soude, Lehmann a vu l'urine devenir alcaline et a trouvé des carbonates dans ce liquide, et le même résultat se produisait au bout de cinq minutes quand le lactate de soude était injecté dans la veine jugulaire d'un chien. Il semble donc que la destruction de l'acide lactique se fasse par oxydation, soit que l'acide lactique se transforme directement en acide carbonique et en eau, soit que, ce qui est plus probable, il donne naissance à des produits intermédiaires, acides gras volatils, pour aboutir à la production finale d'acide carbonique et d'eau, comme on peut le voir par les formules suivantes :

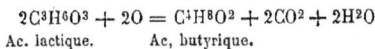

$$2C^3H^6O^3 + 2O = C^4H^8O^2 + 2CO^2 + 2H^2O$$
$$\text{Ac. lactique.} \qquad \text{Ac. butyrique.}$$

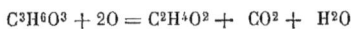

$$C^3H^6O^3 + 2O = C^2H^4O^2 + CO^2 + H^2O$$
$$\text{Ac. acétique.}$$

$$C^3H^6O^3 = 6O = 3CO^2 + 3H^2O$$

Du reste il se pourrait aussi que la décomposition de l'acide lactique, au lieu de se faire par oxydation, se fît par fermentation, de façon à donner naissance à de l'hydrogène et à des produits de réduction comme l'acide butyrique et l'acide propionique; et il est bien possible qu'une partie de l'acide lactique de l'intestin subisse cette fermentation.

Quant à la destruction de l'acide lactique dans le sang, les expériences de Spiro la rendent très douteuse et les recherches récentes de Minkowski, répétées par Marcuse, tendent à faire [admettre que le foie est l'organe essentiel de cette destruction. Après l'extirpation du foie chez les oies, Minkowski a vu l'acide lactique, qui n'y existe pas à l'état normal, apparaître dans l'urine et former presque la moitié des principes fixes de l'urine. Marcuse, en répétant l'expérience sur la grenouille, est arrivé au même résultat. Le foie serait donc un organe destructeur de l'acide lactique. Comment le détruit-il? A quels produits cette destruction donne-t-elle naissance et y a-t-il une relation entre cet acide lactique et les substances formées dans le foie, glycogène, glucose, acide urique, etc.? C'est ce que des recherches ultérieures peuvent seules décider.

Rôle physiologique. — Par sa destruction (oxydation ou fermentation), l'acide lactique est un des facteurs de la chaleur animale. J'ai dit plus haut quelques mots de sa destruction dans le foie, et de son rôle possible dans les fonctions de cet organe. D'après Hoppe-Seyler, il pourrait servir à la production de la graisse. L'acide lactique agit comme épuisant sur le tissu musculaire ; ce qu'on appelle la *fatigue musculaire* est dû en grande partie à un excès d'acide lactique. Son ingestion prolongée, spécialement chez les herbivores, pourrait produire le ramollissement des os.

Bibliographie. — Erlenmayer : *Zur Geschichte der Ethylenmilchsaure* (Ann. Ch. Pharm. 1878). — B. Demant : *Zur Kenntniss der Extractivstoffe der Muskeln* (Zeitsch. f. phys. Ch., t. III, 1879). — Ch. Richet : *De quelques conditions de la fermentation lactique* (C. rendus, t. LXXXVIII, 1879). — Astaschewsky : *Ueber die Säurebildung und den Milchsäuregehalt der Muskeln* (Zeitsch. f. phys. Ch., t. IV, 1880). — R. Boehm : *Ueber das Verhalten des Glycogens und der Milchsäure im Muskelfleisch*, etc. (A. de Pflüger, t. XXIII, 1880). — W. Marcuse : *Ueber die Bildung von Milchsäure bei der Thätigkeit des Muskels*, etc. (A. de Pfl., t. XXXIX, 1886). — G. Gaglio : *Die Milchsäure des Blutes und ihre Ursprungs-lätten* (Arch. für Physiologie, 1886). — H. Meyer : *Notiz über einige Salze der Milchsäure* (Ber. d. d. ch. Ges., 1886). — A. Hirschler : *Zur Kenntniss der Milchsäure im thierischen Organismus* (Zeitsch. f. phys. Ch., t. II, 1887) (1).

III. — ACIDE OXYBUTYRIQUE $C^4H^8O^3$.

Caractères et propriétés chimiques. — Les chimistes connaissent 4 acides oxybutyriques. Celui qu'on retire de l'urine diabétique est identique à l'acide β — oxybuty-rique. Pour sa préparation, je renvoie aux mémoires originaux. Le résidu de l'urine (après évaporation et traitement par l'alcool et l'éther), distillé avec l'acide sulfurique, donne un liquide incolore qui se prend en masse cristalline par le refroidissement. Son pouvoir rotatoire $= -23°,4$. Distillé avec l'acide sulfurique ou traité par l'amalgame de sodium, il se transforme en *acide crotonique* en perdant de l'eau d'après l'équation : $C^4H^8O^3 - H^2O = C^4H^6O^2$ (ac. crotonique). Et en s'oxydant, il donne de l'acide *acétyl-acétique* $C^4H^6O^3$ et par une oxydation ultérieure de l'acétone et de l'acide carbonique, d'après les équations : $C^4H^8O^3 + O = C^4H^6O^3 + H^2O$ et $C^4H^6O^3 = C^3H^6O$ (acétone) $+ CO^2$. Les formules de structure suivantes éclaircissent les relations de ces trois acides et de l'acétone :

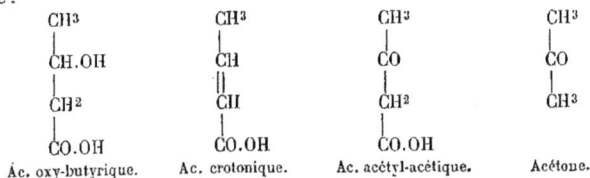

CH^3	CH^3	CH^3	CH^3
$CH.OH$	CH	CO	CO
CH^2	CH	CH^2	CH^3
$CO.OH$	$CO.OH$	$CO.OH$	
Ac. oxy-butyrique.	Ac. crotonique.	Ac. acétyl-acétique.	Acétone.

L'acide oxybutyrique de l'urine a été décrit sous les noms d'acides *pseudo-oxybuty-rique* (Külz), *para-oxybutyrique* ou *acétonique* (Minkowski), β — *hydroxybutyrique* (Deichmüller).

Existence dans l'organisme et rôle physiologique. — Cet acide n'a encore été rencontré que dans l'urine diabétique ainsi que les deux acides acétyl-acétique et crotonique qui sont en relation étroite avec lui. Hugounenq a constaté aussi sa présence dans le sang diabétique. Son ori-gine est douteuse et on ne sait d'une façon certaine s'il provient du glucose ou de la désassimilation des albuminoïdes. Il paraît être l'origine de l'acétone qu'on rencontre aussi quelquefois dans l'urine (*acétonurie*).

(1) *A consulter* : Spiro : *Beiträge zur Physiol. der Milchsäure* (Zeitsch. f. phys. Ch., t. I).

Bibliographie. — E. Külz : *Ueber eine neue linksdrehende Säure* (Pseudo-oxybutter-säure) (Zeit. f. Biol., t. XX, 1884 et : *Arch. de Pfl., t. XXXV*). — Id. : *Zur Kenntniss der linksdrehenden Oxybuttersäure* (Arch. f. exp. Pat., t. XVIII, 1887). — O. Minkowski : *Ueber das Vorkommen von Oxybuttersäure im Harne bei Diabetes mellitus* (Centralbl. 1884 et Archiv. f. exp. Pat., t. XVIII). — A. Deichmuller, F. Szymanski et B. Tollens : *Ueber β—Hydroxybuttersäure aus diabetischem Harn* (Ann. Pharm., t. CCXXVIII). — E. Stadelmann : *Ueber die im Harn von Diabetikern vorkommende pathologische Säure* (Zeit. für Biol., t. XXI). — H. Volpe : *Unt. üb. die Oxybuttersäure*, etc. (Arch. f. exp. Pat., t. XVI, 1886). — L. Hugounenq : *De la présence de l'acide β — oxybutyrique dans le sang diabétique* (Soc. de biol., 1887).

IV. — ACIDE LEUCIQUE $C^6H^{12}O^3$.

L'acide leucique ou *oxy-caproïque*

$$CH^2.OH$$
$$|$$
$$(CH^2)^4$$
$$|$$
$$CO.OH$$

n'existe pas dans l'organisme. Mais il a, avec une substance d'une grande importance physiologique, la leucine, les mêmes rapports que l'acide glycolique avec le glycocolle (voir plus haut); le radical hydroxyle OH de l'acide leucique est remplacé dans la leucine par le radical AzH^2 :

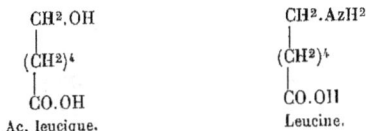

$CH^2.OH$	$CH^2.AzH^2$
$|$	$|$
$(CH^2)^4$	$(CH^2)^4$
$|$	$|$
$CO.OH$	$CO.OH$
Ac. leucique.	Leucine.

L'acide leucique, par la fermentation putride, donne de l'acide caproïque, tandis qu'une autre partie se dédouble en acide butyrique et acide acétique avec dégagement d'acide carbonique, d'eau et de gaz des marais (Stolnikoff).

§ 3. — **Acides de la série oxalique.** *Formule* : $C^nH^{2n}—_2O^4$

Ces acides renferment deux fois le groupement CO.OH, caractéristique des acides. Ils sont diatomiques et monobasiques. Leur formule générale est

$$CO.OH$$
$$|$$
$$C_nH_{2n}$$
$$|$$
$$CO.OH$$

Ils dérivent par oxydation des acides gras volatils et des acides de la série glycolique, et ont chacun leurs correspondants dans ces deux séries, comme le montre le tableau suivant :

TERMES.	SÉRIE ACÉTIQUE	SÉRIE GLYCOLIQUE.	SÉRIE OXALIQUE.
1	—	—	—
2	CH^3 | $CO.OH$ Ac. acétique.	$CH^2.OH$ | $CO.OH.$ Ac. glycolique.	$CO.OH$ | $CO.OH$ Ac. oxalique.
3	CH^3 | CH^2 | $CO.OH$ Ac. propionique.	$CH^2.OH$ | CH^2 | $CO.OH$ Ac. lactique.	$CO.OH$ | CH^2 | $CO.OH$ Ac. malonique.
4	CH^3 | $(CH^2)^2$ | $CO.OH$ Ac. butyrique.	$CH^2.OH$ | $(CH^2)^2$ | $CO.OH$ Ac. oxy-butyrique.	$CO.OH$ | $(CH^2)^2$ | $CO.OH$ Ac. succinique.

I. — ACIDE OXALIQUE $C^2H^2O^4$.

Caractères. — L'acide oxalique se présente sous l'aspect de cristaux blancs, efflorescents, de saveur très acide, solubles dans l'eau et l'alcool. L'acide oxalique fond à 85° et se sublime à 160°. Par la chaleur il se décompose en donnant de l'acide formique, de l'acide carbonique, de l'oxyde de carbone et de l'eau : $2C^2H^2O^4 = CH^2O^2 + 2CO^2 + CO + H^2O$. Dissous dans la glycérine et chauffé à 100°, il se décompose en acide carbonique et acide formique (Berthelot) : $C^2H^2O^4 = CO^2 + CH^2O^2$. Il se produit quelquefois de l'acide oxalique dans la fermentation de la levure de bière.

Oxalate de calcium. — Sel blanc, insoluble dans l'eau, l'acide acétique et l'ammoniaque, *soluble dans le phosphate acide de sodium.* Ses cristaux se présentent sous deux formes qu'on peut toutes deux rencontrer dans l'urine : 1° sous forme octaédrique d'en-

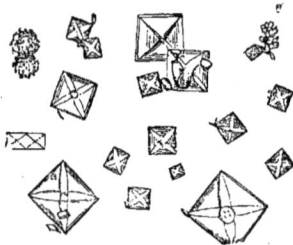

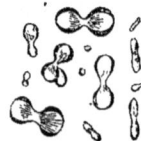

Fig. 39. — *Cristaux d'oxalate de calcium (en octaèdres).*   Fig. 40. — *Cristaux d'oxalate de calcium (en sablier).*   Fig. 41. — *Cristaux de phosphate de calcium.*

veloppe de lettre (fig. 39), comme la cristallisation artificielle de l'oxalate de calcium; 2° plus rarement sous forme de sabliers (fig. 40), ressemblant beaucoup aux cristaux de phosphate de calcium (fig. 41), dont les distingue leur insolubilité dans l'acide acétique.

Existence dans l'organisme. — L'acide oxalique se rencontre dans l'urine, principalement après une alimentation végétale et après l'ingestion d'oseille, de boissons mousseuses, bière, vin, de bicarbonates. Il s'y trouve à l'état de calcium et est maintenu en dissolution par le phosphate acide de sodium. Il existe en plus grande quantité dans l'urine des herbivores. On peut en trouver aussi dans les selles quand les aliments contenaient de l'acide oxalique. On a constaté aussi sa présence accidentellement dans le sang et quelques sécrétions. A l'état de concrétions ou de dépôts, on l'a rencontré dans les canalicules urinifères, la muqueuse utérine (grossesse), les ligaments ronds, la trompe de Fallope ; il peut entrer dans la constitution des calculs vésicaux, biliaires, intestinaux.

Origine et mode de formation. — L'acide oxalique peut provenir de deux sources : 1° de l'alimentation ; les substances qui contiennent de l'acide oxalique ne sont pas les seules qui fassent apparaître cet acide dans l'urine ; certains acides organiques peuvent encore en fournir, comme H. Muller et Kölliker l'ont constaté après l'administration de l'acide citrique.

2° L'acide oxalique peut se former en outre dans l'organisme même. Au point de vue chimique, l'acide oxalique se rencontre en effet parmi les produits de décomposition de presque toutes les substances organiques azotées ou non azotées, albuminoïdes, graisses, hydrocarbonés, acides gras volatils, acides gras de la série oléique, glycérine, acide urique, etc. Théoriquement, il est possible qu'il prenne naissance aux dépens de ces différents principes, mais, en fait, on ne sait presque rien de positif.

Un certain nombre d'expériences semblent indiquer qu'il peut se former par l'oxydation de l'acide urique et principalement quand celui-ci est soumis à une oxydation incomplète. Wöhler et Frerichs ont vu l'ingestion et l'injection dans le sang d'acide urique et d'urates augmenter la quantité d'oxalate de calcium dans l'urine ; l'acide urique accompagne souvent l'acide oxalique dans les calculs urinaires. On sait d'autre part que l'acide urique par l'oxydation donne de l'urée, de l'allantoïne et de l'acide oxalique et que l'allantoïne, à son tour, peut donner de l'acide oxalique. Il est vrai que, contrairement à Wöhler et à Frerichs, Zabelin n'a pas constaté la présence d'allantoïne et d'acide oxalique après l'ingestion d'acide urique (chez le chien) ; mais il est possible que, dans ce cas, l'oxydation de l'acide urique ait été poussée jusqu'au bout (formation d'urée) sans s'arrêter aux termes moins avancés de l'oxydation. Il semble, en effet, que l'acide oxalique se montre surtout dans les cas où les oxydations sont incomplètes et entravées par une cause ou une autre. Il faut noter cependant que, d'après les expériences récentes de Hammerbacher, il n'y aurait pas de relation entre l'acide urique et l'acide oxalique (voir aussi : *Acide urique*).

Schunk le fait provenir de l'*acide oxalurique* (voir plus loin), qui se transformerait dans l'urine en acide oxalique et en urée : mais cette opinion ne s'appuie sur aucun fait.

Une certaine quantité d'acide oxalique paraît pouvoir se former aussi par réduction. En dehors de l'organisme cette formation a été réalisée par Drechsel en faisant agir le sodium sur l'acide carbonique : $2CO^2 + 2Na = C^2O^4Na^2$. C'est ainsi que dans l'organisme l'acide oxalique peut se produire aux dépens de l'acide carbonique des boissons gazeuses et des bicarbonates alcalins.

L'influence du régime sur la proportion d'acide oxalique de l'urine a été étudiée par W. Mills chez le chien. L'urine contenait toujours de l'acide oxalique quelle que fût l'alimentation et sa proportion était au maximum pour une nourriture exclusive de viande. Ces recherches semblent donc impliquer la formation possible d'acide oxalique aux dépens des albuminoïdes. Les expériences de Berthelot et André sur la formation de l'acide oxalique dans les végétaux (oseille) sont intéressantes à ce point de vue. La production d'acide oxalique a lieu surtout dans les feuilles et on trouve en même temps dans ces feuilles une prépondérance de matériaux albuminoïdes et cette production paraît devoir être attribuée à une réduction incomplète de l'acide carbonique par le végétal.

Élimination de l'acide oxalique. — D'après les recherches de Russo-Giliberti, l'acide oxalique ingéré avec l'alimentation ou formé dans l'organisme passerait dans le sang où il se trouverait en dissolution à l'état d'oxalate de calcium (grâce au phosphate de sodium) et serait éliminé du sang, non seulement par l'urine, mais par les autres voies d'excrétion : bile, salive, etc. La forme cristalline de l'oxalate de calcium dépendrait du lieu de dépôt du sel ; les cristaux en sablier qu'on n'obtient jamais artificiellement se produiraient dans des voies étroites comme les canalicules urinifères ; quand les dépôts se font au contraire dans des cavités plus grandes, calice, bassinet, uretères, vessie, ses cristaux prendraient la forme octaédrique. Nous éliminons par l'urine en vingt-quatre heures environ 0gr,02 d'acide oxalique.

La plus grande partie de l'acide oxalique ingéré ou formé dans l'organisme est oxydé et donne de l'acide carbonique et de l'eau s'éliminant par les voies habituelles.

Rôle physiologique. — Par sa combustion, l'acide oxalique sert à la production de la chaleur animale. Autrement il n'a que le rôle de substance de déchet.

Bibliographie. — Czapek : *Beitr. zur Kenntniss der Oxalsäure-Ausscheidung in Menschenharn* (Prag. Zeit. f. Heilk., 1882). — G. Gaglio : *Sulla formazione dell' ossalico nell' organismo animale* (Gaz. ch. ital., t. XIII, 1883). — F. Hammerbacher : *Physiologie der Oxalsäure* (A. de Pflüger, t. XXIII, 1883). — W. Mills : *The secretion of oxalic acid in the dog under a varying diet* (Journ. of. physiol., t. V, 1884). — Ueber die Ausscheidung der Oxalsäure durch den Harn (A. de Virchow, t. XCIX, 1885) — A. Russo-Giliberti : *Sulla sede di formazione dell' ossalato di calcio nell' organismo animale* (Archivio per le sc. med., t. IX, 1885). — Berthelot et André : *Sur la formation de l'acide oxalique dans la végétation* (C. rendus, t. CII, 1886). — E. Salkowski : Ueber ein neues Verfahren zum Nachweis der Oxalsäure im Harn (Zeit. f. phys. ch., t. 1886). — O. Nickel : *Exp. Beitr. zur quant. Oxalsäurebestimmung im Harn* (Zeit. phys. Ch., t. II, 1887).

II. — ACIDE SUCCINIQUE $C^4H^6O^4$.

Caractères. — Blanc, de saveur aigre, cristallise en prismes ou en lames hexagonales (fig. 42) incolores, solubles dans l'eau et l'alcool chaud, solubles dans l'alcool froid et l'éther. — Il fond à 180° et distille à 135°. — Il brûle avec une flamme bleu pâle.

Propriétés chimiques. — Par la chaleur, il se décompose en anhydride succinique et eau : $C^4H^6O^4 = C^4H^4O^3 + H^2O$. — Sa solution aqueuse, exposée à l'air avec un peu d'urane, se décompose en acide propionique et acide carbonique ; la même décomposition se produit quand on le fond avec la potasse. Avec le peroxyde de manganèse et l'acide sulfurique, il donne de l'acide acétique. — Il se produit dans un grand nombre de fermentations : fermentation butyrique du lactate de chaux, fermentation propionique de l'acide lactique, fermentation de l'acide malique, fermentation alcoolique, dans la putréfaction du cerveau, des muscles, de la fibrine, etc.

Réactions caractéristiques. — 1° Le perchlorure de fer donne, dans les solutions de succinates alcalins, un précipité rouge brunâtre. — 2° Un mélange d'alcool, d'ammoniaque et de chlorure de baryum est précipité en blanc par l'acide succinique ou un succinate alcalin (caractère distinctif d'avec l'acide benzoïque). — 3° Chauffé avec un excès de chaux hydratée, il ne dégage pas d'ammoniaque (caractère distinctif d'avec l'acide hippurique). — 4° Examen de ses cristaux au microscope.

Existence dans l'organisme. — L'acide succinique se trouve en petite quantité dans l'urine, spécialement après l'ingestion d'aliments, fruits, légumes, asperges, etc., contenant des acides organiques et particulièrement de l'acide malique. Cependant Longo n'a pu l'y trouver après l'ingestion d'asperges et d'asparagine. On en a constaté la présence dans le suc de la rate, du thymus, de la glande thyroïde et dans un certain nombre de produits pathologiques. Il existe, d'après Meissner, dans l'urine de chien après une riche alimentation de viande et de graisse; cependant, s'il faut en croire Salkowsky, il ne s'y rencontrerait pas d'une façon constante. Meissner et Shepard l'auraient trouvé dans la sueur, la salive, l'urine après l'ingestion d'acide benzoïque. Dans tous les cas, il est probablement à l'état de succinate alcalin. Il existe dans quelques végétaux (absinthe, laitue vireuse).

Fig. 42. — *Acide succinique.*

Origine et mode de formation. — L'acide succinique peut provenir de l'alimentation; il est très probable qu'il s'en forme aussi une certaine quantité dans l'organisme. Cependant on a plutôt sur ce sujet des vues théoriques que des expériences directes.

L'acide succinique provient en premier lieu des aliments, non pas directement, puisque les aliments n'en contiennent pas, mais indirectement, par transformation de certains acides organiques ou de certaines substances qui y sont contenues et en particulier de l'acide malique et de l'asparagine (Hilger). Cette transformation peut s'opérer en dehors de l'organisme et s'accomplit de la même façon dans son intérieur. Cette influence a été surtout étudiée par Meissner et Koch; ils ont constaté que le malate de chaux et l'asparagine mis à l'étuve en digestion artificielle avec le suc gastrique donnent de grandes quantités d'acide succinique, et qu'il en est de même avec la pepsine non acidifiée, et en concluent que la transformation se fait déjà dans les premières voies. Ils n'ont cependant retrouvé dans l'urine qu'une petite quantité d'acide succinique très inférieure à la quantité d'acide malique ingéré et admettent qu'une partie de l'acide succinique formé et résorbé a été oxydée dans le sang. Bar. v. Longo croit même que tout l'acide succinique formé est décomposé dans l'organisme; car, contrairement aux assertions de Hilger, il n'a pu retrouver d'acide succinique dans l'urine après l'ingestion d'asparagine, d'acide aspartique et de succinate de soude. Cette transformation des acides organiques en acide succinique paraît consister soit en un simple dédoublement, comme le montrent les formules suivantes pour l'acide malique :

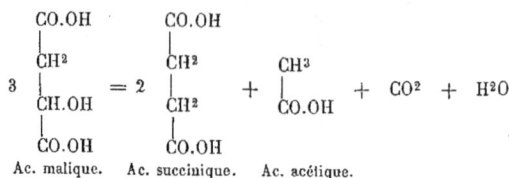

$$3 \begin{array}{c} CO.OH \\ | \\ CH^2 \\ | \\ CH.OH \\ | \\ CO.OH \end{array} = 2 \begin{array}{c} CO.OH \\ | \\ CH^2 \\ | \\ CH^2 \\ | \\ CO.OH \end{array} + \begin{array}{c} CH^3 \\ | \\ CO.OH \end{array} + CO^2 + H^2O$$

Ac. malique.   Ac. succinique.   Ac. acétique.

soit plutôt en une réduction, comme le montrent les exemples suivants :

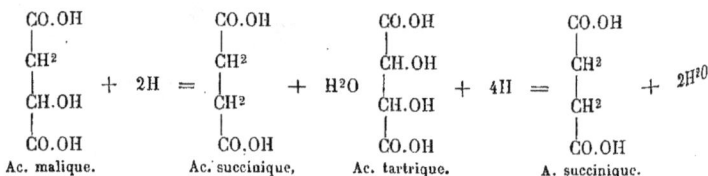

$$\begin{array}{c} CO.OH \\ | \\ CH^2 \\ | \\ CH.OH \\ | \\ CO.OH \end{array} + 2H = \begin{array}{c} CO.OH \\ | \\ CH^2 \\ | \\ CH^2 \\ | \\ CO.OH \end{array} + H^2O \qquad \begin{array}{c} CO.OH \\ | \\ CH.OH \\ | \\ CH.OH \\ | \\ CO.OH \end{array} + 4H = \begin{array}{c} CO.OH \\ | \\ CH^2 \\ | \\ CH^2 \\ | \\ CO.OH \end{array} + 2H^2O$$

Ac. malique.   Ac. succinique,   Ac. tartrique.   A. succinique.

Mais ce n'est probablement pas là la seule source d'acide succinique dans l'organisme; on sait, en effet, qu'il s'en produit dans la fermentation alcoolique, dans l'oxydation des graisses, dans la décomposition des albuminoïdes (de la caséine en particulier), dont un des produits, l'acide aspartique, se transforme facilement en acide succinique, et il est probable que les traces de cet acide, qui ont été trouvées dans les sucs de plusieurs organes, ont la même origine.

Destruction et élimination. — L'acide succinique, une fois formé, est très probablement détruit en grande partie dans l'organisme. Presque tous les expérimentateurs, en effet, ont vu que l'acide succinique, ingéré dans un but expérimental, ne reparaissait pas dans les urines, à moins qu'il n'eût été introduit en quantité trop considérable. L'acide succinique est donc, sans doute, décomposé en acide carbonique et en eau, soit que cette transformation soit directe et se fasse par oxydation : $C^4H^6O^4 + 7O = 4CO^2 + 3H^2O$, soit que cette décomposition soit précédée de la formation d'acides gras volatils et en particulier d'acides propionique et butyrique, et que la formation d'acide carbonique et d'eau ne soit qu'en partie secondaire :

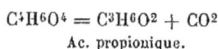

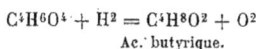

$$C^4H^6O^4 = C^3H^6O^2 + CO^2$$
Ac. propionique.

$$C^4H^6O^4 + H^2 = C^4H^8O^2 + O^2$$
Ac. butyrique.

§ 4. — Acides de la série oléique $C^nH^{2n}{-}^2O^2$.

Ces acides correspondent aux acides gras volatils de la série acétique $C^nH^{2n}O^2$; seulement deux atomes d'hydrogène disparaissent et sont remplacés par un atome d'oxygène du groupement CO.OH, de sorte que le groupement caractéristique de ces acides est $\begin{array}{c} CO \\ | \\ COH \end{array}$ comme le montre le tableau suivant :

NUMÉROS des termes de la série.	SÉRIE ACÉTIQUE.	SÉRIE OLÉIQUE.
3	CH^3 $|$ CH^2 $|$ $CO.OH$ Ac. propionique.	CH^3 $|$ CO $|$ COH Ac. acrylique.
4	CH^3 $|$ CH^2 $|$ CH^2 $|$ $CO.OH$ Ac. butyrique.	CH^3 $|$ CH^2 $|$ CO $|$ COH Ac. crotonique.
5	CH^3 $|$ $(CH^2)^2$ $|$ CH^2 $|$ $CO.OH$ Ac. valérique.	CH^3 $|$ $(CH^2)^2$ $|$ CO $|$ COH Ac. angélique.
18	CH^3 $|$ $(CH^2)^{15}$ $|$ CH^2 $|$ $CO.OH$ Ac. stéarique.	CH^3 $|$ $(CH^2)^{15}$ $|$ CO $|$ COH Ac. oléique.

De ces acides, l'*acide oléique* est le seul qui existe dans l'organisme. Il a été étudié à propos des graisses (p. 88).

ARTICLE II. — Alcools.

On ne rencontre dans l'organisme que trois alcools : deux alcools monoatomiques, l'alcool ordinaire ou éthylique et la cholestérine, et un alcool triatomique, la glycérine. La glycérine ayant été vue à propos des graisses (p. 89), il ne sera question ici que de l'alcool ordinaire et de la cholestérine.

I. — ALCOOL ORDINAIRE C^2H^6O.

Réactions caractéristiques. — Je me contenterai de donner ici les réactions qui permettent de déceler de très petites quantités d'alcool. — 1° On distille les matières qui sont supposées contenir de l'alcool ; les premières gouttes qui distillent se condensent sur le col de la cornue en formant des stries caractéristiques. — 2° Le produit de la distillation est traité par un mélange de bichromate de potassium et d'acide sulfurique ; en chauffant légèrement on a une coloration verte. — 3° On ajoute au liquide distillé un peu de potasse et d'iode en quantité suffisante pour donner au liquide une teinte jaunâtre ; au bout de quelque temps on a des lamelles hexagonales d'iodoforme facilement reconnaissables au microscope. Cette réaction se produit avec d'autres corps et en particulier avec l'acétone, les sucres, la dextrine et plusieurs matières albuminoïdes (*R. de Lieben.*)

— 4° On ajoute au liquide distillé un peu d'acide sulfurique concentré et une à deux gouttes d'acide butyrique; il se dégage du butyrate d'éthyle, reconnaissable à son odeur d'ananas.

Fermentations alcooliques. — L'alcool se produit dans un grand nombre de fermentations et sous l'influence d'un grand nombre de ferments divers : levures (*saccharomyces*); mucédinées (*penicillium glaucum*; *aspergillus glaucus*; *mucor racemosus, mucedo circinelloides, spinosus*); bacillus *butylicus* et *œthylicus* de Fitz, *actinobacter polymorphus*, etc. (voir : *Fermentations*).

Existence dans l'organisme.

Existence dans l'organisme. — D'après Béchamp et Rajewski, l'alcool existerait à l'état normal dans l'organisme, même en dehors de toute ingestion de boissons fermentées. On en aurait constaté la présence dans l'urine ainsi que dans le lait des herbivores. Si le fait se confirmait, il aurait une grande importance physiologique, puisqu'il semblerait indiquer que la destruction du glycose formé dans l'organisme peut se faire autrement que par oxydation, par fermentation alcoolique. On a vu déjà que Blondeau admet que la fermentation glycogène peut donner lieu dans le sang à la formation d'alcool. Béchamp en a trouvé dans le foie et le cerveau de moutons et de bœufs, traités encore chauds.

La présence d'alcool dans les végétaux a été aussi vérifiée par Muntz. Il semblerait donc y avoir là un fait général de l'activité des cellules vivantes et l'alcool se formerait dans ces cellules, comme dans les fermentations à l'abri de l'air, aux dépens du glucose de ces cellules à côté de l'acide carbonique et de l'eau, quoiqu'en quantités beaucoup plus faibles.

Après l'ingestion d'alcool et d'alcooliques, l'alcool se retrouve dans les organes, dans le sang et dans les urines; mais, contrairement aux conclusions de Lallemand, Perrin et Duroy et de Subbotin, la plus grande partie de l'alcool ingéré, d'après les recherches de Binz et de Bödlander, est brûlé dans l'organisme et converti en eau et acide carbonique; on ne retrouverait dans les urines et l'air expiré que 3 à 4 p. 100 de l'alcool ingéré et la peau n'en éliminerait que des quantités à peine appréciables.

Bibliographie. — Muntz : *Sur la fermentation alcoolique intracellulaire des végétaux* (C. rendus, t. LXXXVI, 1878). — A. Béchamp : *Sur la fermentation alcoolique et acétique spontanée du foie* (C. rendus, t. LXXV). — Id. : *Sur l'alcool et l'acide acétique normaux du lait*, etc. (C. rendus, t. LXXVI). — J. Béchamp : *Sur la présence de l'alcool dans les tissus animaux* (C. rendus, t. LXXXIX). — Binz : *Die Ausscheidung des Weingeistes* (Arch. f. exp. Pat., t. VI). — G. Bodlander : *Die Ausscheidung auf genommenen Weingeistes aus dem Körper* (Arch. de Pflüger, t. XXXII, 1883). — J. A. Peeters : *L'alcool* (Bruxelles, 1886).

II. — CHOLESTÉRINE $C^{26}H^{44}O, H^2O$.

Préparation. — La cholestérine s'extrait de la bile (voir : *Bile*). Mais habituellement on la retire des calculs biliaires qu'on pulvérise, et qu'on traite d'abord par l'éther, puis par l'alcool bouillant. Elle cristallise par refroidissement.

Caractères. — La cholestérine cristallise soit en fines aiguilles incolores, soyeuses (*cholestérine anhydre*), soit en tables rhomboédriques (*cholestérine hydratée*) (fig. 43). À l'état amorphe, c'est un corps blanc, inodore, gras au toucher, qui brûle à l'air comme la cire. Elle fond à 137° et distille dans le vide à 360°. Son pouvoir rotatoire = — 32. Elle est insoluble dans l'eau, les alcalis et les acides étendus, très peu soluble dans l'alcool froid, soluble dans l'alcool bouillant, l'éther, le chloroforme, la benzine, le sulfure de carbone, l'essence de térébenthine, le pétrole, l'acide acétique glacial, la glycérine bouillante, les acides gras volatils, les huiles grasses, les graisses liquides, les sels alcalins des acides biliaires, les solutions de savons (solution trouble), etc.

Réactions. — 1° Dissoudre la cholestérine dans le chloroforme et ajouter un égal volume d'acide sulfurique concentré; la solution est d'abord rouge, puis bleue, verte et enfin jaune. — 2º En chauffant peu à peu jusqu'à dessiccation un peu de cholestérine avec une goutte d'acide nitrique, il reste une tache jaune qui devient rouge par l'addition d'ammoniaque et ne change pas par l'addition de soude, ce qui la distingue de l'acide urique. — 3º Chauffée doucement avec un mélange d'un volume de perchlorure de fer et deux volumes d'acide chlorhydrique, elle se colore en violet ou en bleu. — 4º Chauffée fortement avec l'acide phosphorique, elle se colore en rouge brun. — 5º Triturée avec l'acide sulfurique concentré, elle prend une coloration jaune orangé, puis brune. — 6º Chauffée avec un mélange de 5 parties d'acide sulfurique pour une partie d'eau, elle donne une coloration rouge carmin qui par l'addition de teinture d'iode passe au violet, puis au jaune, vert et bleu.

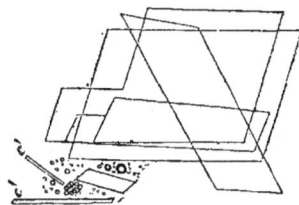

Fig. 43. — *Cristaux de cholestérine.*

Propriétés chimiques. — 1º *Oxydation.* Avec l'acide azotique, elle donne un acide, l'*acide cholestérique*, $C^8H^{10}O^5$, et d'autres produits volatils parmi lesquels l'acide acétique. — Avec le permanganate de potasse elle fournit deux acides monobasiques, les acides *cholesténique*, $C^{26}H^{42}O^4$, et *oxycholesténique*, $C^{26}H^{42}O^5$ et un acide bibasique, l'acide *dioxycholesténique*, $C^{26}H^{42}O^6$ (Latschinoff). — 2º *Déshydratation.* Avec l'acide sulfurique concentré, elle donne trois carbures d'hydrogène isomères, $C^{26}H^{42}$ (*cholestérilènes*). — Avec l'acide phosphorique elle donne deux carbures de même formule (*cholestérones*). — 3º *Éthers.* Chauffée avec les acides organiques dans des tubes scellés elle fournit des éthers, *éther cholestérylacétique*, $C^{26}H^{42}.C^2H^4O^2$, etc. Saponifiés, ces éthers régénèrent l'acide et la cholestérine. — 4º *Substitutions.* H peut être remplacé par Na pour former un *cholestérate de sodium*, $C^{26}H^{43}NaO$. — Cl peut se substituer à l'oxhydrile OH pour former un *chlorure de cholestérine*, $C^{26}H^{43}Cl$. — 5º *Union molécule à molécule.* Elle s'unit aux acides gras volatils en s'y dissolvant et forme ainsi des composés de formule $C^{26}H^{44}O.C^2H^4O^2$ (pour l'acide acétique par exemple) qui se dédoublent par l'addition d'eau et d'alcool. — 6º *Produits d'addition.* Avec le brome elle donne un produit d'addition, le *bibromure de cholestérine*, $C^{26}H^{44}OBr^2$. — 7º *Amide.* Chauffée en vase clos à 100º avec une solution alcoolique saturée d'ammoniaque elle donne une amide, $C^{26}H^{43}AzH^2$.

Isomères et corps analogues. — On a décrit plusieurs corps qui se rapprochent beaucoup de la cholestérine; tels sont : l'*isocholestérine*, isomère trouvée dans le suint de mouton; la *physostérine* extraite de la fève de Calabar (Hesse); la *paracholestérine* trouvée dans l'*Æthalium septicum* (Reinke et Rodenwald); la *caulostérine*, constatée par Schulze et Barbieri dans les graines et les pousses de lupin. Tous ces corps n'ont pas encore été étudiés d'une façon complète.

Constitution. — Les caractères chimiques indiqués plus haut et spécialement la propriété qu'a la cholestérine de former des éthers en s'unissant à une molécule d'acide prouvent que la cholestérine est un *alcool monoatomique* (1). Cependant sa constitution chimique n'est pas encore complètement élucidée. C'est ainsi que Latschinoff lui attribue la formule suivante : $C^{25}H^{42}O$, ou mieux $(C^5H^8)^5.H^2O$. Th. Weyl, dans des recherches récentes sur les cholestérones et les cholestérilènes, retrouve aussi dans la cholestérine et dans ses carbures le groupement C^5H^8 admis par Latschinoff. Ce groupement rattache la cholestérine à la *série camphénique* (térébenthine et camphre). Cette opinion s'appuie sur ses recherches sur les densités de vapeur de ces substances et sur un certain nombre de réactions de coloration. C'est ainsi que la réaction du perchlorure de fer et de l'acide chlorhydrique est commune à la cholestérine et à ses carbures d'une part et de l'autre à l'essence de térébenthine, au camphre et à l'acide cholalique. Ces faits tendraient à faire admettre la formule ci-dessus de Latschinoff. Un fait important au point de vue physiologique, c'est cette relation qui existe entre la cholestérine et les acides biliaires. D'autre part l'*acide cholestérique*, $C^8H^{10}O^5$, que nous avons vu se former par l'oxy-

(1) La formule de la cholestérine la rapproche des alcools cinnanémiques de la formule générale $Cn H^{2n-8} O$.

dation de la cholestérine, se produit aussi par celle de l'acide cholalique (Voir : *Acides biliaires*).

Existence dans l'organisme. — La cholestérine se rencontre dans la bile, le sérum sanguin, les globules rouges et les globules blancs du sang, la substance nerveuse (nerfs, cerveau, moelle), le sperme, la sueur, le lait, la matière sébacée, le *vernix caseosa* de l'embryon, la rate, le contenu de l'intestin, les fèces, le jaune de l'œuf, les œufs des poissons et des crustacés. Elle existe en forte proportion dans la laitance des poissons. Elle fait partie du protoplasma, et on la trouve surtout dans les tissus jeunes en voie de développement. Elle manque dans l'urine.

A l'état pathologique on la rencontre dans les calculs biliaires dont elle constitue la presque totalité, dans le pus, le liquide des hydropisies et des kystes de l'ovaire, dans les ovaires et les testicules malades, dans les tumeurs de diverse nature, dans la dégénérescence graisseuse du cœur, dans les masses tuberculeuses, dans l'humeur vitrée (*synchisis étincelant*), etc.

On a cru longtemps que la cholestérine était exclusive au règne animal. Mais des recherches récentes ont prouvé au contraire qu'elle est très répandue dans le règne végétal ; c'est ainsi qu'on a constaté sa présence dans un certain nombre de plantes et principalement dans les graines de lentilles, de pois, de céréales, dans les jeunes plantes vertes, dans les pousses et les bourgeons, les champignons, etc.

Le tableau suivant donne la proportion de cholestérine (pour 100) trouvée dans un certain nombre d'organes, de tissus et de liquides.

		Noms des auteurs des analyses.
Bile.............................	0,17	Ritter.
Sang artériel.....................	0,083	Flint.
Sang de la veine porte............	0,259	Drosdoff.
Sang des veines hépatiques........	0,273	Drosdoff.
Sang de la veine jugulaire.........	0,109	Flint.
Chyle............................	0,132	Hoppe-Seyler.
Sérum du sang...................	0,02	
Pus..............................	0,053 à 0,087	Hoppe-Seyler (2 cas).
Sperme (laitance)..	0,45	Miescher.
Calculs biliaires...................	64,2 à 98,1	»
Cerveau...........................		»
Substance blanche (avec la graisse)..	16,42	Petrowski.
Substance grise (avec la graisse)....	3,43	Petrowski.
Rétine	0,65 à 0,77	Cahn.
Cristallin de bœuf.................	0,22	Laptschinsky.
Globules rouges...............	0,126	Hohlbeck.
Méconium........................	0,79	Zweifel.
Jaune de l'œuf de poule non fécondé.	1,750	Parke.
— — au 10ᵉ jour..	1,281	Parke.
— — au 17ᵉ jour..	1,461	Parke.
Lentilles desséchées, non mûres....	0,025	»
— — à maturité....	0,055	»

État. — Dans la bile elle est en dissolution grâce aux sels des acides biliaires. Il en est de même dans le sérum sanguin et un certain nombre de liquides grâce aux savons solubles qui existent dans ces liquides. Il faut cependant remarquer que la cholestérine ne se trouve pas en réalité à l'état de dissolution dans les solutions de savon, mais plutôt à l'état de division extrême ; car le liquide, quoique filtrant facilement, reste toujours trouble. Dans d'autres liquides, comme dans certains liquides pathologiques, elle se rencontre à l'état de suspension. Dans les éléments anato-miques, dans le protoplasma des tissus, dans la substance nerveuse, elle est asso-ciée à la graisse et aux substances phosphorées et en particulier à la lécithine.

Origine. — L'origine de la cholestérine dans l'organisme est encore très obscure. On a fait à ce sujet un certain nombre d'hypothèses.

1° On peut éliminer de prime abord, vu la constitution de la cholestérine et sa faible oxygénation, l'hypothèse qui la fait provenir d'une oxydation incomplète des matières grasses.

2° A. Flint la fait provenir de la lécithine, et la considère comme un pro-duit de désassimilation de la substance cérébrale et des tissus nerveux, dont le foie serait l'organe éliminateur. Il s'appuie sur des analyses comparatives du sang de la carotide et du sang de la jugulaire, dans lesquelles la pro-portion de cholestérine était plus forte dans le sang de la jugulaire; mais ces analyses ne peuvent être acceptées comme exactes, à cause de la trop faible quantité de sang analysée, et les conclusions de Flint ne peuvent être admises tant que des expériences plus précises ne les auront pas confirmées

3° Mialhe fait dériver la cholestérine d'une oxydation incomplète des albuminoïdes. Quelque acceptable que soit cette hypothèse, elle n'a jus-qu'ici aucun fait expérimental à son appui.

4° Enfin, vu l'existence bien constatée aujourd'hui de la cholestérine ou des corps analogues dans les végétaux comestibles, il y aurait peut-être lieu de rechercher si une partie de la cholestérine existant dans l'organisme ne proviendrait pas de l'alimentation.

Lieu de formation. — On ne sait pas mieux où se forme la cholesté-rine, si c'est dans le sang, dans les tissus, dans un organe en particulier (foie), dans l'intestin, et on ne peut que rester dans le doute jusqu'à nouvel ordre. Cependant il paraît vraisemblable qu'elle se forme *sur place* dans l'in-timité des tissus, et par les processus nutritifs qui se passent dans ces tissus.

Décompositions. — On ne sait pas non plus si la cholestérine formée et existant dans l'organisme y subit des décompositions, en quoi consiste-raient ces décompositions, et quels en seraient les produits. *Théoriquement*, en se reportant aux propriétés chimiques indiquées plus haut, l'oxydation de la cholestérine pourrait fournir les corps suivants qui épuiseraient le carbone et l'hydrogène de cette substance :

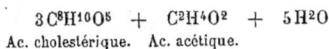

$$3\,C^8H^{10}O^5 + C^2H^4O^2 + 5\,H^2O$$
Ac. cholestérique.   Ac. acétique.

Mais l'acide cholestérique n'a pas été rencontré jusqu'ici dans l'organisme.

Élimination. — C'est le foie qui est l'organe d'élimination de la choles-térine. Elle passe avec la bile dans l'intestin et est éliminée avec les fèces.

Rôle physiologique. — Le rôle physiologique de la cholestérine est encore très obscur. On la considère en général comme un simple produit de désassimilation. Cependant son alliance presque constante avec la lécithine, sa proportion dans des éléments et des tissus comme les globules sanguins, la substance nerveuse, sa présence dans les éléments en voie de formation, ou dans les matériaux de germination, comme dans les graines des plantes, semblent indiquer un rôle histogénétique important, et permettent de croire qu'elle entre comme partie intégrante dans la constitution d'un grand nombre de tissus.

L'accumulation de la cholestérine dans les tissus et les organes, telle qu'on l'observe dans certains cas pathologiques, sa présence en excès dans la bile déterminant l'apparition des calculs biliaires pourraient tenir, soit à une augmentation de production de cholestérine dans l'organisme, soit à l'insuffisance de la destruction, soit à l'insuffisance de son élimination. De ce qui a été dit plus haut, il ressort que la question est à peu près impossible à résoudre. Tout ce que l'on peut dire c'est que la cholestérine se rencontre toujours en plus grande quantité toutes les fois que les phénomènes d'oxydation sont ralentis soit dans un organe, soit dans l'organisme entier. C'est ainsi que la vie sédentaire, un âge avancé, l'emprisonnement favorisent la production des calculs biliaires. Dans l'hibernation la production de cholestérine augmente dans le contenu de l'intestin.

A. Flint a admis que l'accumulation de la cholestérine dans le sang (cholesterhémie) pouvait produire des symptômes nerveux graves, et en particulier du coma, mais rien n'a démontré dans ces cas l'augmentation de cholestérine dans le sang, et les phénomènes s'expliquent beaucoup plus facilement par l'introduction des acides biliaires dans le sang.

Bibliographie. — O. Hesse : *Ueber Physosterin und Cholesterin* (Ann. Ch. Pharm., t. CXCIV, 1878). — P. Latschinoff : *Ueber einige neutrale Oxydationsproducte des Cholesterins* (Ber. d. d. ch. Ges., t. II, 1878). — W. Walitzky : *Ueber einige Derivate des Gehirncholesterins* (id.). — K. Preis et B. Raymann : *Beitr. zur Kenntniss des Cholesterins* (Ber. d. d. ch. Ges., t. XII, 1879). — J. Reinke et H. Rodenwald : *Ueber Paracholesterin aus Æthalium septicum* (Ann. Ch. Pharm., t. CCVII, 1881). — W. Walitzky : *Sur le cholestène (cholestérilène)* (C. rendus, t. XCXII, 1881). — E. Schulze et J. Barbieri : *Zur Kenntniss der Cholesterins* (Journ. für pr. Ch., t. XXV, 1882). — O. Hesse : *Ueber Physosterin und Paracholesterin* (Ann. Ch. Pharm., t. CCXI, 1882). — E. Schulze : *Ein Nachtrag zu der Abhandlung : Zur Kenntniss der Cholesterine* (J. für pr. Ch., t. XXV, 1882). — Th. Weyl : *Ueber die Beziehungen des Cholestearins zu den Terpenen und Campherarten* (Physiol. Ges. zu Berlin, 1885-86). — G. Lewin : *Mikrochemischer Nachweis von Cholesterinfett in der Körnerschicht der Epidermis* (Berl. kl. Wochensch., 1886). — Ed. Heckel et Fr. Schlagdenhauffen : *Sur la présence de la cholestérine dans quelques nouveaux corps gras d'origine végétale* (C. rendus, t. CII, 1886). — A. Arnaud : *Sur la présence de la cholestérine dans la carotte* (id.) (Voir aussi : *Bile*).

ARTICLE III. — Acétones.

ACÉTONE ORDINAIRE C^3H^6O.

Caractères. — Liquide incolore, d'odeur éthérée, de saveur brûlante, bouillant à 56°. — Soluble dans l'eau, l'alcool et d'éther en toutes proportions. Elle dissout les corps gras.

Propriétés chimiques. — Elle se forme dans un grand nombre de réactions : dans l'oxydation des corps contenant le radical *iso-propyle* C^3H^7, dans la distillation de l'acide acétique et d'un grand nombre de substances organiques, etc. — Par l'eau et l'amalgame de sodium, l'acétone se transforme en alcool iso-propylique : $C^3H^6O + H^2 = C^3H^8O$. Par l'acide nitrique fumant elle se décompose en donnant de l'acide oxalique : $C^3H^6O + 7O = C^2H^2O^4 + CO^2 + 2H^2O$. Avec l'acide chromique, elle donne de l'acide acétique et de l'acide carbonique : $C^3H^6O + 4O = C^2H^4O^2 + CO^2 + H^2O$. Elle se combine avec le sulfite acide de sodium.

Réactions caractéristiques. — 1° R. de Lieben. Voir : *Alcool.* — 2° R. de Legal. Elle prend une coloration rouge avec une solution de nitroprussiate de sodium additionnée d'un peu de lessive de soude; cette coloration ne disparait pas avec l'acide acétique, mais passe au pourpre. — 3° *R. de Penzoldt.* Chauffer quelques cristaux d'orthonitrobenzaldéhyde dans un peu d'eau, et alcaliniser avec de la lessive de soude; si le liquide contient de l'acétone, il se produit une couleur jaune et ensuite a lieu la séparation d'indigo bleu. Nobel emploie l'ammoniaque au lieu de soude. — 4° Pour éliminer l'alcool avant d'essayer la réaction de Lieben, Albertoni distille le liquide contenant de l'acétone avec du sulfite acide de sodium.

Existence dans l'organisme. — D'après V. Jaksch, il existerait des traces d'acétone dans l'urine normale. On la rencontre en tout cas dans l'urine diabétique (*acétonurie*), et on a même attribué à l'acétone et à sa présence dans le sang (*acétonhémie*) quelques-uns des accidents du diabète et en particulier le coma diabétique.

Origine et mode de formation. — On sait jusqu'ici fort peu de chose sur le mode de production de l'acétone dans l'organisme.

Markownikoff la fait provenir du glucose; mais Albertoni, en faisant ingérer de grandes quantités de glucose ou de dextrine à des lapins, n'a pu retrouver d'acétone dans l'urine. Rosenfeld l'attribue à la désassimilation des albuminoïdes; il a vu, chez les diabétiques, l'acétonurie se produire pour un régime exclusif de viande et cette acétonurie augmenter quand on passait d'un régime mixte à une alimentation de viande pure. D'autre part il ne faut pas oublier qu'un certain nombre de substances qui se produisent dans les fermentations intestinales, acide lactique, acide acétique, etc., peuvent donner naissance à de l'acétone qui absorbée passe dans le sang et de là dans les urines. L'acétone peut aussi se former dans les urines même aux dépens de l'acide acétylacétique. Frerichs et Albertoni ont montré en effet que cet acide existe souvent dans les urines diabétiques qui se colorent alors en rouge par le perchlorure de fer. Cette réaction se montre fréquemment chez les urines des buveurs.

Élimination. — L'acétone est éliminée, sans altérations, par l'urine et par les poumons.

Bibliographie. — R. V. Jaksch : *Ueber Acetonurie* (Zeitsch. f. phys. Ch., t. IV, 1883). — E. Legal : *Nitroprussidnatrium als Reagens*, etc. (Zeitsch. f. anal. Ch., t. XXII, 1883). — P. Albertoni : *Action et métamorphoses de quelques substances dans l'économie*, etc. (Arch. ital. de biologie, t. V, 1884). — Le Nobel : *Ueber einige neue chemische Eigenschaften des Acetons*, etc. (Arch. f. exp. Pat., t. XVIII, 1884). — K. V. Jaksch : *Weit. Beob. üb. Acetonurie* (Zeitsch. f. kl. Med., t. VIII, 1884 et id., t. X, 1886). — G. Rosenfeld : *Ueber die Entstehung des Acetons* (Deut. med., Wochensch. 1885).

Article IV. — Acide urique et dérivés uriques.

I. — ACIDE URIQUE $C^5H^4Az^4O^3$.

Préparation. — On ajoute à l'urine de l'acide chlorhydrique (20 c. c. par litre); l'acide urique se dépose au bout de quelques jours; on décante, on dissout les cristaux par l'acide sulfurique concentré et on les précipite par l'addition d'eau. Pour l'avoir en grandes masses on le retire ordinairement du guano ou des excréments de serpents.

Caractères. — Il se présente sous l'aspect d'une poudre cristalline, incolore quand il est pur, mais ordinairement colorée en jaune ou en brun. Ses cristaux (fig. 44) sont microscopiques et constitués par des tables rhomboédriques, des prismes à quatre pans ou des lames à six côtés; ils ont souvent la forme de pierres à aiguiser et se groupent fréquemment en rosaces. — L'acide urique est insipide, inodore, très peu soluble dans l'eau, insoluble dans l'alcool et dans l'éther, soluble dans la glycérine et l'acide sulfurique dont il est précipité par l'eau. Il se dissout à chaud dans le phosphate de soude en donnant un urate de soude : $Na^2HPhO^4 + C^5H^4Az^4O^3 = NaH^2PhO^4 + C^5H^3NaAz^4O^3$; c'est le phosphate acide de soude ainsi formé qui donne son acidité à l'urine.

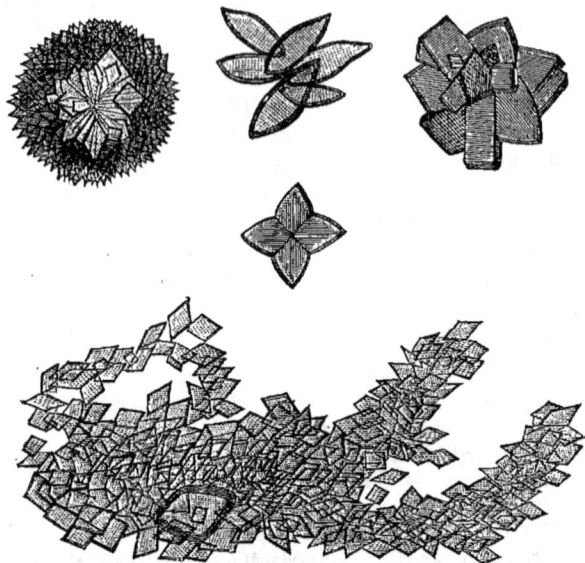

Fig. 44. — *Cristaux d'acide urique.*

Propriétés chimiques. — Par la chaleur il se décompose en donnant de l'ammoniaque, de l'acide cyanhydrique, de l'acide cyanique et de l'urée. Par l'eau bromée et l'acide nitrique à chaud il se transforme en urée et alloxane : $C^5H^4Az^4O^3 + Br^2 + 2H^2O = CH^4Az^2O + C^4H^2Az^2O^4 + 2HBr$ (E. Hardy) ; l'alloxane donne par l'oxydation de l'urée et de l'acide carbonique : $C^4H^2Az^2O^4 + 2O + H^2O = CH^4Az^2O + 3CO^2$. Bouilli avec de l'eau et de l'oxyde de plomb, l'acide urique donne de l'allantoïne et de l'acide carbonique : $C^5H^4Az^4O^3 + H^2O + O = C^4H^6Az^4O^3 + CO^2$. Dans de certaines conditions d'oxydation, il donne de l'acide oxalurique, $C^3H^4Az^2O^4$. L'ozone le transforme directement en urée, acide carbonique et ammoniaque (Gorup-Besanez). Chauffé avec l'acide iodhydrique ou l'acide chlorhydrique concentré, il se décompose en prenant de l'eau en glycocolle, acide carbonique et ammoniaque : $C^5H^4Az^4O^3 + 5H^2O = C^2H^5AzO^2 + 3CO^2 + 3AzH^3$. — En chauffant à 210°, 2 parties d'acide urique avec 3 parties de sarcosine on obtient l'*acide sarcosino-urique* : $C^5H^4Az^4O^3 + C^3H^7AzO^2 = C^8H^9Az^5O^4 + H^2O$. — Avec la potasse concentrée, en présence de l'air, il se transforme en *acide uroxanique* : $C^5H^4Az^4O^3 + 2H^2O + O = C^5H^8Az^4O^6$ (ac. uroxanique). Cet acide est le seul des produits de décomposition directe de l'acide urique qui contienne 5 atomes de carbone.

Urates. — L'acide urique est un acide faible bibasique. Ses sels principaux sont les suivants : 1° *Urate acide de sodium*. Il constitue la plus grande partie des dépôts rougeâtres de l'urine sous forme de grains amorphes ou de

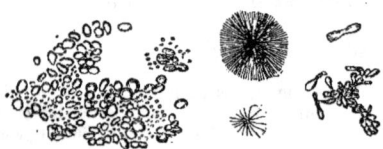

Fig. 45. — *Urate acide de sodium.*

prismes réunis en étoile (fig. 45). — 2° *Urate acide d'ammonium* (fig. 46), qui se présente sous forme de masses sphériques ou de longues aiguilles cristallines. — 3° *Urate de potassium*, fréquent aussi dans les sédiments urinaires. — 4° *Urate de calcium* (fig. 47), sous forme de grains ou de groupes étoilés (cartilages des goutteux).

Produits d'oxydation de l'acide urique. — Les agents oxydants agissent dans deux directions sur l'acide urique ; les uns produisent d'abord de l'alloxane et de l'urée, les autres de l'allantoïne et de l'acide carbonique ; de là deux séries, celle de l'alloxane et celle de l'allantoïne. Chacun de ces produits à son tour peut subir une série de dé-

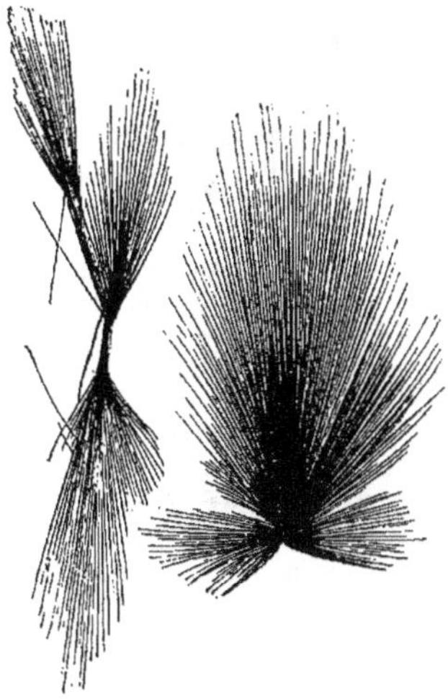

Fig. 46. — *Urate acide d'ammonium.*

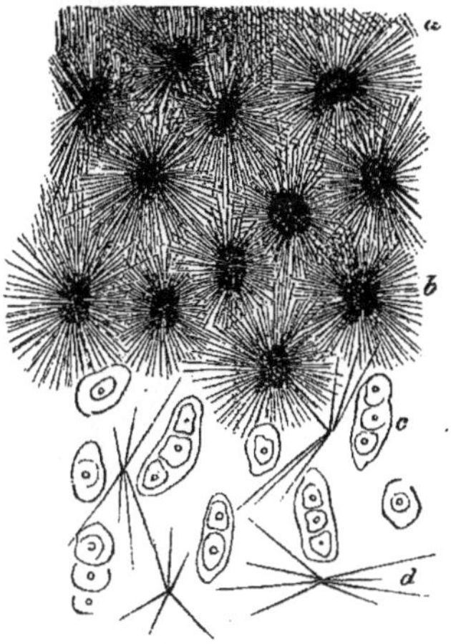

Fig. 47. — *Urate de calcium.*

compositions (oxydations ou réductions) jusqu'à l'urée, l'acide carbonique et l'eau, termes ultimes des réactions.

1° *Série de l'alloxane.* — Les équations suivantes en représentent les divers stades (en formules de structure) :

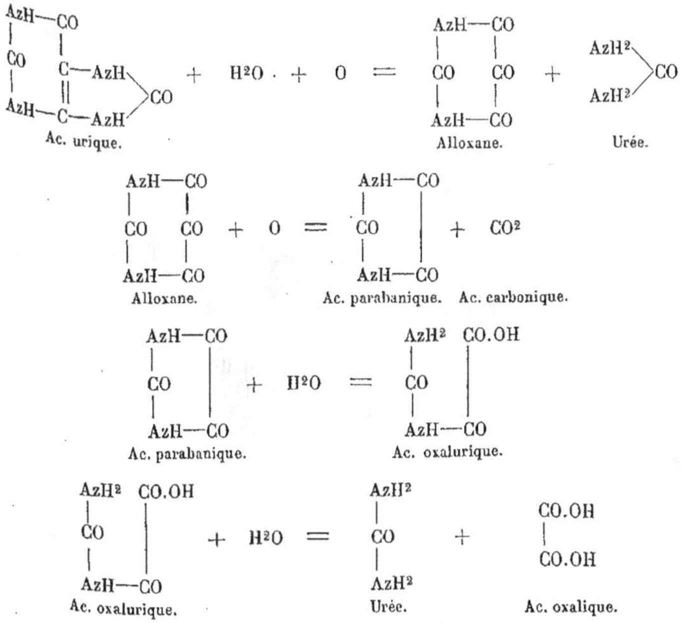

$$
\begin{array}{l}
\text{AzH—CO} \\
\quad | \qquad | \\
\text{CO} \quad \text{C—AzH} \\
\quad | \qquad || \qquad\rangle\text{CO} \\
\text{AzH—C—AzH}
\end{array}
\;+\;\text{H}^2\text{O}\;+\;\text{O}\;=\;
\begin{array}{l}
\text{AzH—CO} \\
\quad | \qquad | \\
\text{CO} \quad \text{CO} \\
\quad | \qquad | \\
\text{AzH—CO}
\end{array}
\;+\;
\begin{array}{l}
\text{AzH}^2 \\
\qquad\ \rangle\text{CO} \\
\text{AzH}^2
\end{array}
$$

Ac. urique.   Alloxane.   Urée.

$$
\begin{array}{l}
\text{AzH—CO} \\
\quad | \qquad | \\
\text{CO} \quad \text{CO} \\
\quad | \qquad | \\
\text{AzH—CO}
\end{array}
\;+\;\text{O}\;=\;
\begin{array}{l}
\text{AzH—CO} \\
\quad | \qquad | \\
\text{CO} \\
\quad | \qquad | \\
\text{AzH—CO}
\end{array}
\;+\;\text{CO}^2
$$

Alloxane.   Ac. parabanique.   Ac. carbonique.

$$
\begin{array}{l}
\text{AzH—CO} \\
\quad | \qquad | \\
\text{CO} \qquad | \\
\quad | \qquad | \\
\text{AzH—CO}
\end{array}
\;+\;\text{H}^2\text{O}\;=\;
\begin{array}{l}
\text{AzH}^2 \quad \text{CO.OH} \\
\quad | \qquad | \\
\text{CO} \qquad | \\
\quad | \qquad | \\
\text{AzH—CO}
\end{array}
$$

Ac. parabanique.   Ac. oxalurique.

$$
\begin{array}{l}
\text{AzH}^2 \quad \text{CO.OH} \\
\quad | \qquad | \\
\text{CO} \qquad | \\
\quad | \qquad | \\
\text{AzH—CO}
\end{array}
\;+\;\text{H}^2\text{O}\;=\;
\begin{array}{l}
\text{AzH}^2 \\
\quad | \\
\text{CO} \\
\quad | \\
\text{AzH}^2
\end{array}
\;+\;
\begin{array}{l}
\text{CO.OH} \\
\quad | \\
\text{CO.OH}
\end{array}
$$

Ac. oxalurique.   Urée.   Ac. oxalique.

A la série de l'alloxane appartiennent encore l'*alloxantine*, $C^8H^4Az^4O^7$; l'*acide dialu-rique*, $C^4H^4Az^2O^4$; l'*acide alloxanique*, $C^4H^4Az^2O^5$; l'*uramil*, $C^4H^5Az^3O^3$; l'*acide barbitu-rique*, $C^4H^4Az^2O^3$.

2° *Série de l'allantoïne*. — Les formules de structure suivantes représentent la forma-tion de l'allantoïne et de ses principaux dérivés :

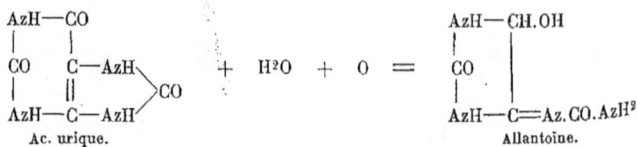

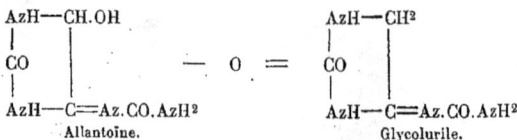

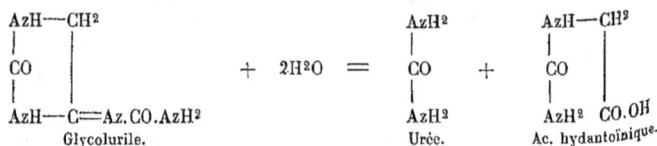

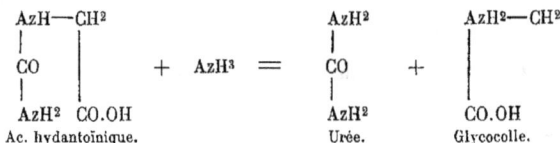

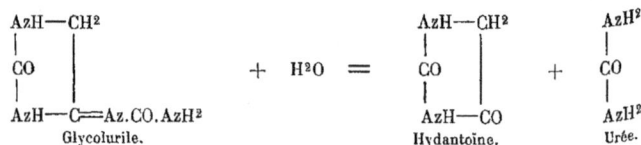

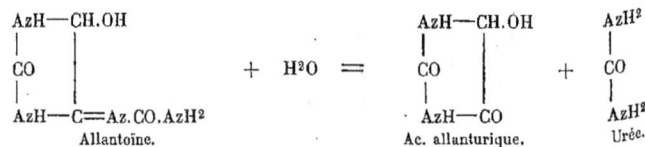

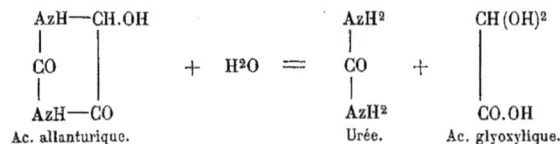

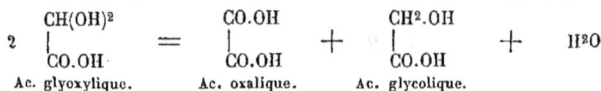

$$AzH—CO$$
$$|\qquad|$$
$$CO\quad C—AzH$$
$$|\qquad||\qquad\rangle CO \qquad + H^2O + O =$$
$$AzH—C—AzH$$
Ac. urique.

$$AzH—CH.OH$$
$$|$$
$$CO$$
$$|$$
$$AzH—C=Az.CO.AzH^2$$
Allantoïne.

$$AzH—CH.OH$$
$$|$$
$$CO \qquad\qquad — O =$$
$$|$$
$$AzH—C=Az.CO.AzH^2$$
Allantoïne.

$$AzH—CH^2$$
$$|$$
$$CO$$
$$|$$
$$AzH—C=Az.CO.AzH^2$$
Glycolurile.

$$AzH—CH^2$$
$$|$$
$$CO \qquad\qquad + 2H^2O =$$
$$|$$
$$AzH—C=Az.CO.AzH^2$$
Glycolurile.

$$AzH^2$$
$$|$$
$$CO \qquad +$$
$$|$$
$$AzH^2$$
Urée.

$$AzH—CH^2$$
$$|$$
$$CO$$
$$|$$
$$AzH^2\quad CO.OH$$
Ac. hydantoïnique.

$$AzH—CH^2$$
$$|$$
$$CO \qquad + AzH^3 =$$
$$|$$
$$AzH^2\quad CO.OH$$
Ac. hydantoïnique.

$$AzH^2$$
$$|$$
$$CO \qquad +$$
$$|$$
$$AzH^2$$
Urée.

$$AzH^2—CH^2$$
$$|$$
$$CO.OH$$
Glycocolle.

$$AzH—CH^2$$
$$|$$
$$CO$$
$$|$$
$$AzH—C=Az.CO.AzH^2$$
Glycolurile.

$$+ H^2O =$$

$$AzH—CH^2$$
$$|$$
$$CO$$
$$|$$
$$AzH—CO$$
Hydantoïne.

$$AzH^2$$
$$|$$
$$CO$$
$$|$$
$$AzH^2$$
Urée.

$$AzH—CH.OH$$
$$|$$
$$CO \qquad\qquad + H^2O =$$
$$|$$
$$AzH—C=Az.CO.AzH^2$$
Allantoïne.

$$AzH—CH.OH$$
$$|$$
$$CO$$
$$|$$
$$AzH—CO$$
Ac. allanturique.

$$AzH^2$$
$$|$$
$$CO$$
$$|$$
$$AzH^2$$
Urée.

$$AzH—CH.OH$$
$$|$$
$$CO \qquad\qquad + H^2O =$$
$$|$$
$$AzH—CO$$
Ac. allanturique.

$$AzH^2$$
$$|$$
$$CO \qquad +$$
$$|$$
$$AzH^2$$
Urée.

$$CH(OH)^2$$
$$|$$
$$CO.OH$$
Ac. glyoxylique.

$$\qquad CH(OH)^2$$
$$2 \quad | \qquad\qquad =$$
$$\qquad CO.OH$$
Ac. glyoxylique.

$$CO.OH$$
$$| \qquad +$$
$$CO.OH$$
Ac. oxalique.

$$CH^2.OH$$
$$| \qquad + H^2O$$
$$CO.OH$$
Ac. glycolique.

plus importants de ces corps seront étudié plus loin.

Réactions caractéristiques de l'acide urique. — 1° Mettre un peu de la substance à examiner dans un verre de montre, ajouter deux gouttes d'acide nitrique, chauffer et évaporer à siccité. Si la substance est de l'acide urique, elle se dissout dans l'acide nitrique et donne par l'évaporation un résidu jaune, puis rouge, qui devient rouge pourpre si on y ajoute une goutte d'ammoniaque caustique, et bleu violet si on ajoute de la soude ou de la potasse (*réaction de la murexide*). — 2° Dissoudre la substance à examiner dans un peu de solution de soude, et filtrer; ajouter au liquide du chlorhydrate d'ammoniaque en excès; il se fait un précipité d'urate d'ammoniaque qui, par l'addition d'acide chlorhydrique, laisse déposer des cristaux d'acide urique. — 3° Une solution alcaline d'acide urique ou d'urates réduit le nitrate d'argent; si on met sur un papier imprégné de nitrate d'argent une goutte de liquide contenant de l'acide urique, il se forme une tache jaune ou noire (*R. de Schiff*). — 4° Si on ajoute à une solution iodée d'hypochlorite de sodium un peu de solution d'acide urique, il se produit une coloration rosée qui disparaît par un excès de soude (*R. de Dietrich*). — 5° En chauffant avec la liqueur de Barreswill (voir : p. 136) une solution alcaline d'acide urique ou d'urates, il se précipite de l'urate d'oxydule de cuivre blanc et de l'oxydule de cuivre rouge; ce précipité peut être confondu avec celui que donne le glucose avec la même liqueur. — 6° Examen microscopique des cristaux.

Dosage de l'acide urique. — On précipite l'acide urique par l'acide chlorhydrique concentré, on recueille le précipité et on le pèse. Fokker et Salkowski ont modifié ce procédé. Le procédé de Fokker est basé sur l'insolubilité de l'urate acide d'ammoniaque. Celui de Salkowski, le plus exact de tous, mais un peu long et délicat, a pour principe la précipitation de l'acide urique à l'état d'urate double d'argent et de magnésie. Je renvoie pour ces deux procédés aux mémoires originaux.

Synthèse de l'acide urique. — Horbaczewski a réalisé la synthèse de l'acide urique en chauffant à 220° un mélange de glycocolle et d'urée; une molécule de glycocolle s'unit à trois molécules d'acide cyanique (formé aux dépens de l'urée) avec perte de deux molécules d'eau : $C^2H^5AzO^2 + 3CAzOH = C^5H^4Az^4O^3 + 2H^2O$.

Constitution et formule de l'acide urique. — On peut considérer l'acide urique, en se basant sur ses produits de décomposition, soit comme une *uréide*, c'est-à-dire un dérivé de l'urée, soit comme une *cyamide*, c'est-à-dire comme un dérivé de la cyanamide $CAz.AzH^2$. La première hypothèse explique mieux tous les faits. On a proposé de nombreuses formules de constitution de l'acide urique; je me contenterai de donner les principales :

Beeyer.   Strecker.   Kolbe.

Erlenmayer.   Mulder.   Fittig.

Les dernières formules d'Erlenmayer, Mulder et surtout de Fittig expliquent assez bien tous les faits. Mais la suivante, proposée par Médicus, et admise par Wislicenus, Grimaux, etc., paraît répondre encore mieux aux réactions de l'acide urique. On le considère comme contenant un noyau tricarboné avec deux restes d'urée, un *diuréide* :

Noyau tricarboné.   Reste d'urée.   Ac. urique.

C'est cette formule de Medicus qui explique le mieux la synthèse de l'acide urique aux dépens du glycocolle et de l'urée.

Existence dans l'organisme. — L'acide urique se trouve dans l'urine en grande partie à l'état d'urates alcalins, et surtout à l'état d'urate acide de sodium qui constitue presque en entier les sédiments rougeâtres de l'urine (fig. 45). Une petite quantité d'acide urique libre paraît aussi exister dans l'urine, et peut se déposer à l'état cristallin (fig. 44). Dans les excréments des oiseaux, l'acide urique est en grande partie à l'état libre. L'acide urique et les urates se rencontrent encore dans la gravelle, les calculs urinaires, les dépôts goutteux articulaires, etc. On a constaté aussi la présence de traces d'acide urique (probablement à l'état d'urates alcalins) dans le sang, les reins et quelques organes, rate, poumons, foie, cerveau, suc musculaire, et dans un certain nombre de sécrétions (salive, mucus nasal, pharyngé, bronchique, utéro-vaginal; Boucheron).

Origine et mode de formation. — L'origine et le mode de formation de l'acide urique sont encore entourés de beaucoup d'obscurités. On sait, à n'en pouvoir douter, qu'il est un produit de désassimilation des substances albuminoïdes (1); mais desquelles provient-il? Quels sont les produits intermédiaires? Dans quels organes se forme-t-il? Autant de questions auxquelles il est à peu près impossible de répondre. Je vais passer successivement en revue les différentes hypothèses faites sur ce sujet.

1° L'analogie de formule que l'acide urique présente avec la xanthine, la sarcine et la guanine a fait supposer qu'il provenait de ces substances par oxydation. En effet la guanine et la sarcine se transforment en xanthine si on les traite par l'acide nitrique, et si la transformation de la xanthine en acide urique n'a pu être encore obtenue artificiellement, on a obtenu la transformation inverse; Rheineck en traitant l'acide urique par l'amalgame de sodium a obtenu, par réduction, de la sarcine et de la xanthine (2). Du reste les produits d'oxydation de ces corps, acide parabanique, acide oxalurique, urée, sont les mêmes que ceux de l'acide urique. Il semblerait donc que, dans ce cas, ces corps représentent des degrés successifs d'oxydation qui aboutiraient finalement à l'acide urique (voir : *Xanthine, Sarcine,* etc.).

2° Les amides-acides de la série grasse, leucine, glycocolle, asparagine, l'acide aspartique se transforment en acide urique chez les oiseaux (v. Knieriem). On verra plus loin dans quelles conditions paraît se faire cette transformation.

3° W. Schrœder a vu que chez les poulets le carbonate et le formiate d'ammoniaque sont utilisés pour la formation de l'acide urique, tandis que quand on leur fait ingérer l'ammoniaque à l'état de sulfate ou de chlorhydrate, le sel ammoniacal reparaît tel quel dans les excréments et dans l'urine. Cette intervention de l'ammoniaque dans la formation de l'acide urique ne peut se comprendre que comme

(1) K. B. Hofmann cite à ce propos le fait suivant : sur un cadavre enterré depuis deux mois, la peau de la face, le foie et la muqueuse de l'estomac étaient couverts de taches blanches constituées par des cristaux d'acide urique. (*Lehrbuch der Zoochemie*, 1878, p. 519.)

(2) Il y a des réserves à faire au sujet de cette expérience exécutée dans le laboratoire de Strecker en 1864, et dont le résultat n'a pas été confirmé depuis. (Voir : Henninger, *Des uréides*, thèse, 1878, p. 78.)

un processus synthétique. Il faudrait donc admettre dans ce cas deux stades dans la formation de l'acide urique aux dépens des albuminoïdes, un stade d'oxydation, un stade de synthèse.

4° Chez les oiseaux, l'urée manque presque complètement dans l'urine et est remplacée par l'acide urique. Un fait remarquable constaté d'abord par C. Cech et vérifié depuis par H. Meyer et M. Jaffé, c'est que, si on donne à des poulets de l'urée, cette urée ne se retrouve pas dans les excréments; Meyer et Jaffé ont constaté en outre que chez ces animaux la quantité d'acide urique était augmentée après l'ingestion d'urée. Il semble donc que, chez les oiseaux du moins, l'acide urique puisse provenir, en totalité ou en partie, de l'urée formée dans l'organisme, soit directement, soit après sa décomposition en acide carbonique et ammoniaque, ce qui paraît moins probable.

5° On a vu plus haut que la synthèse de l'acide urique a été obtenue en mettant en présence du glycocolle et de l'urée. On peut se demander si un processus analogue ne se passe pas dans l'organisme et si le glycocolle et l'acide glycocholique ne doivent pas être regardés comme des prédécesseurs de l'acide urique. Il faut cependant remarquer que jusqu'ici aucun fait expérimental ne vient à l'appui de cette opinion.

S'il y a, comme on le voit, tant de doute sur le mode de formation de l'acide urique, on est un peu mieux au courant sur les conditions qui influencent en plus ou en moins sa production, et les causes qui en déterminent l'augmentation dans les cas pathologiques sont aujourd'hui assez bien connues. Au point de vue expérimental on a obtenu aussi quelques résultats intéressants. Schultzen a vu chez des poulets l'ingestion de la sarcosine empêcher la formation de l'acide urique qui se trouve remplacé alors par des produits plus solubles. Il y a là un fait intéressant au point de vue physiologique et qui, s'il se confirme, pourra devenir susceptible d'applications. L'acide benzoïque, l'acide quinique, l'acide salicylique au contraire augmentent la proportion d'acide urique (Meissner). Les inhalations d'oxygène (Eckhard, Ritter) et de protoxyde d'azote (Ritter), le sulfate de quinine (Ranke), le régime végétal, etc., diminuent la proportion d'acide urique. Un régime fortement animalisé, une alimentation abondante, augmentent sa quantité dans l'urine. Pour l'influence du mouvement musculaire, voir : *Influence du mouvement musculaire sur la nutrition*.

En résumé, d'une façon générale, tout ce qui diminue l'activité des oxydations favorise la production de l'acide urique; aussi regarde-t-on ordinairement l'acide urique comme un produit d'oxydation incomplète des matières albuminoïdes, les oxydations n'étant pas assez actives pour aboutir au dernier terme de la désassimilation des albuminoïdes, l'urée. La présence de l'acide urique dans les excréments des reptiles vient à l'appui de cette théorie; mais elle est en contradiction avec ce qui se passe chez les oiseaux, chez lesquels l'urée est remplacée par l'acide urique et qui se distinguent pourtant par l'activité de leurs oxydations intra-organiques. Du reste Fränkel et Senator, en déterminant chez le chien une respiration insuffisante, n'ont pas constaté d'augmentation correspondante de la quantité d'acide urique. Cazeneuve a observé aussi chez les oiseaux que les variations dans l'intensité de la respiration n'influençaient pas les rapports réciproques de l'acide urique, de l'urée et de l'ammoniaque.

Lieu de formation de l'acide urique. — Le lieu de la formation de l'acide urique est encore indéterminé, quoique des expériences récentes aient donné sur ce point quelques indications assez précises. On l'a placé succes-

sivement dans le rein, le foie, la rate, les globules blancs, les tissus connectifs, etc. J'examinerai successivement les principales hypothèses.

1° *Rein.* — Zalewski a cherché à soutenir cette opinion par une série d'expériences sur les oiseaux et les reptiles. Après la ligature de l'uretère, il se forme
des dépôts d'acide urique dans le rein et dans d'autres organes, tandis qu'après la
néphrotomie ces dépôts sont très peu prononcés; en outre, d'après lui, on ne
trouverait pas d'acide urique dans le sang de ces animaux à l'état normal. Mais
Meissner a montré que cet acide urique y existe en réalité, seulement il faut
prendre des quantités de sang plus considérables que celles qu'avait essayées
Zalewski, et l'analyse chimique est très délicate. Pawlinoff, d'autre part, a constaté qu'après la ligature des vaisseaux du rein, les dépôts d'acide urique continuent à se faire dans les autres organes et que le rein en est tout à fait exempt,
preuve certaine que le rein n'est pas le lieu de formation de l'acide urique et ne
sert qu'à éliminer cet acide à mesure qu'il lui est apporté par le sang. Les mêmes
dépôts se produisent après l'extirpation du rein (Schröder), la ligature de l'uretère
(Colasanti), contrairement aux assertions de Zalewsky. Cependant Garrod admet
encore que l'acide urique est formé dans le rein à l'état de sel ammoniacal et
dans des cellules spéciales.

2° *Foie.* — Meissner place le siège principal de la formation d'acide urique dans
le foie pour les oiseaux et les reptiles, tandis qu'il formerait de l'urée chez les
mammifères. Cette opinion de Meissner trouve un appui dans les expériences
de O. Minkowski sur les oies. Après l'extirpation du foie chez ces animaux, il a
constaté dans l'urine une diminution de l'azote et de l'acide urique et une augmentation d'ammoniaque. L'acide urique, qui à l'état normal représente 60 à 70 p. 100
de l'azote total de l'urine, n'en représentait plus que 3 à 6 p. 100 chez les oies à
foie extirpé, et il en conclut que la plus grande partie de l'acide urique éliminé se
forme dans le foie.

3° *Rate.* — Ranke le fait provenir de la rate, et se base sur ce fait que la
quinine, à fortes doses, diminue la quantité d'acide urique et sur les cas de
leucémie splénique avec augmentation d'acide urique; mais l'extirpation de la
rate ne fait baisser en rien la proportion d'acide urique de l'urine (Cl. Bernard),
et, sauf les cas mentionnés ci-dessus, l'acide urique ne se trouve pas en plus
grande quantité dans l'urine dans les maladies de la rate.

4° *Tissus connectifs.* — La présence de l'acide urique dans les tissus péri-
articulaires des goutteux et spécialement dans les cartilages a fait placer son lieu
d'origine dans les tissus connectifs sans qu'aucune expérience directe soit venue
appuyer cette assertion.

5° *Sang.* — Pawlinoff croit qu'il provient surtout des vaisseaux, ou autrement
dit du sang; après la ligature des uretères, les dépôts d'urates partent des vaisseaux lymphatiques et sanguins; d'après lui, l'acide urique se trouverait dans le
sang sous la forme d'urate de sodium neutre qui est beaucoup plus soluble que le
sel acide; cet urate neutre est facilement décomposé par l'acide carbonique (des
tissus) et transformé en sel acide moins soluble qui se dépose. La proportion
d'acide urique et d'urates dans le sang et dans l'urine serait, d'après Treskin, en
rapport avec l'alcalinité du sang; les alcalis décomposent énergiquement l'acide
urique tant en solution alcaline que dans l'organisme animal; ainsi chez le
pigeon, l'addition de carbonate de soude fait baisser de moitié la quantité d'acide
urique des excréments; c'est chez les oiseaux dont le sérum est faiblement alcalin
que l'on trouve la plus forte proportion d'acide urique, tandis que chez les herbivores dont le sang est très alcalin, il n'y a que peu ou pas d'acide urique.

Les relations de l'acide urique avec la quinine, la sarcine, la xanthine et l'existence de ces différents corps dans les glandes, les glandes vasculaires sanguines, les muscles, ont conduit aussi à voir, sans preuves suffisantes, dans ces divers organes, le siège de la formation de l'acide urique. Il est beaucoup plus probable, comme l'admettent Schröder et Colasanti, que cette production a lieu dans tous les tissus et tous les organes, peut-être seulement avec plus d'intensité dans certains endroits, tels que le foie par exemple.

Décomposition de l'acide urique et son élimination. — Il est à peu près certain qu'il se forme dans l'organisme plus d'acide urique qu'il n'en est éliminé par les urines Une partie de l'acide urique formé est éliminé tel quel sans modification à l'état d'acide urique et d'urates. Une autre partie est transformée, oxydée probablement, et éliminée sous une autre forme. Il y a donc deux questions à étudier : 1° quelles sont les transformations, quels sont les produits de décomposition de l'acide urique dans l'organisme? 2° quelle est la proportion d'acide urique transformé par rapport à la proportion d'acide urique non décomposé ?

Les décompositions de l'acide urique produites artificiellement dans les laboratoires donnent des indications précieuses sur les décompositions qu'il doit subir dans l'organisme. Les principales de ces décompositions ont été étudiées plus haut et parmi les produits de ces décompositions, il en est un certain nombre qui se retrouvent dans l'organisme, soit à l'état normal, soit à l'état pathologique, et qui par conséquent peuvent être considérés à juste titre comme pouvant provenir de l'acide urique. Tels sont l'allantoïne, l'alloxane, l'urée, etc., produits qui seront étudiés plus loin (voir : *Urée, Allantoïne, Alloxane*). Mais les termes finaux des décompositions de l'acide urique paraissent être l'urée, l'acide carbonique et l'eau. L'injection d'acide urique dans le sang ou son introduction par l'intestin chez les mammifères augmente la quantité d'urée dans l'urine (Frerichs et Wöhler, Neubauer, Stokvis), et ces faits, contredits par Gallois, ont été confirmés par les expériences de Zabelin.

Quant à la dernière question posée au début de ce paragraphe : quelle est la proportion d'acide urique transformée eu égard à la proportion d'acide urique non décomposé, il est impossible d'y répondre dans l'état actuel de la science.

Rôle physiologique de l'acide urique. — Ce rôle est celui d'un simple produit de désassimilation. Quant à son rôle pathogénique, malgré son importance, il n'entre pas dans le cadre de ce livre.

Bibliographie. — W. Schröder : *Ueber die Verwandlung des Ammoniaks in Harnsäure im Organismus des Huhns* (Zeit. für phys. Ch., t. II, 1878). — C. J. Mabery et B. Hill : *Ueber die Dimethylharnsäure* (Ber. d. d. ch. Ges., t. II, 1878). — Th. Treskin : *Sur l'influence des alcalis et des liquides alcalins sur la décomposition de l'acide urique* (Indicateur médical, 1887; en russe). — Seligsohn : *Ueber die Einwirkung von Wasserstoffsuperoxyd auf Harnsäure* (Arch. für Physiol., 1878). — E. Grimaux : *Synthèse des dérivés uriques de la série de l'alloxane* (C. rendus, t. LXXXVII, 1878). — Petrieff : *Ueber die chemische Natur der Mesoxalsäure* (Ber. d. d. ch. Ges., t. II, 1878). — E. Grimaux : *Synthèse des dérivés uriques de la série de l'alloxane* (Ann. ch. phys., t. XVII, 1879). — A. Calm : *Notiz über die Constitution der Parabansäure* (Ber. d. d. ch. Ges., t. XII,

1879). — M. KRETSCHY : *Ueber Kynurensäure* (Ber. d. d. ch. Ges., t. XII, 1879). — C. F. MABERY et H. B. HILL : *Ueber die Oxydationsproducte der Dimethylharnsäure* (Ber. d. d. ch. Ges., t. XIII, 1880). — L. BRIEGER : *Zur Kenntniss der Kynurensäure* (Zeit. für phys. ch., t. IV, 1880). — W. V. SCHRÖDER : *Ueber die Bildungsstätte der Harnsäure* (Molesch. Unt., t. XIII, 1881). — J. COLASANTI : *Exp. Untersuch. über die Bildung der Harnsäure* (Molesch. Unt., t. XIII, 1881). — G. CAZENEUVE : *Sur l'excrétion de l'acide urique chez les oiseaux* (C. rendus, t. XCIII, 1881). — WORM-MULLER : *Ueber das Verhalten der Harnsäure zu Kupferoxyd und Alkali* (Arch. de Pflüger, t. XXVII, 1881). — E. MULDER : *Einwirkung von Brom auf Uramil* (Ber. d. d. ch. Ges., t. XIV, 1881). — M. CONRAD et M. GUTHZEIT : *Ueber Barbitursaure* (Ber. d. d. ch. Ges., t. XIV, 1881). — R. ANDREASCH : *Synthèse der methylirten Parabansaure* (Ber. d. d. ch. Ges., t. XIV, 1881). — J. COLASANTI : *Rech. expér. sur la formation de l'acide urique* (Arch. de biol. ital. t. II, 1882). — J. HORBACZEWSKI : *Synthese der Harnsäure* (Ber. d. d. ch. Ges. t. XV, 1882). — J. COLASANTI : *Changements de forme de l'acide urique par l'action de la glycérine* (Arch. de biol. ital. t. II, 1882). — R. ANDREASCH : *Ueber gemischte Alloxantine* (Monatsh. für Ch., t. III, 1882). — ID. : *Ueber Cyanidoamalinsäure* (id. 1882). — ID. : *Ueber ein Reductionsproduct des Cholestrophans, den Dimethylglyoxylharnstoff* (id. 1882). — M. CONRAD et M. GUTHZEIT : *Ueber Barbitursäurederivate* (Ber. d. d. ch. Ges., t. XV, 1882). — A. B. GARROD : *On the formation of uric acid* (Proced. Roy. Soc. Lond., t. XXXV, 1883). — E. JUHNS : *Löslichkeit der Harnsaure in Salzlösungen* (Ber. d. d. ch. Ges., t. XVI, 1883). — M. CERESOLE : *Ueber die Violursaure* (Ber. d. d. ch. Ges., t. XVI, 1883). — E. LUDWIG : *Eine Methode zur quant. Bestimmung der Harnsäure* (Wien. med. Jahrb. 1884). — E. FISCHER : *Ueber die Harnsäure* (Ber. d. d. ch. Ges., t. 17, 1884). — F. MYLIUS : *Zur Kenntniss der Harnsäure* (id.). — A. B. GARROD : *Certains points in connexion with the physiology of uric acid* (Prod. Roy. Soc. Lond., t. XXX, 1884). — HORBACZEWSKI : *Ueber künstliche Harnsäure und Methylharnsäure* (Wien. Akad. Sitzungsber., 1885). — J. POHL-MAREW : *Ueber die synthetische Bildung von Allantoxansäure aus Parabansäure* (Ber. d. d. ch. Ges., t. XVIII, 1885). — BOUCHERON : *De l'acide urique dans la salive.* (C. rendus, t. C, 1885). — B. A. GARROD : *Chem. News*, t. LIII, 1886. — O. MINKOWSKI : *Ueber den Einfluss der Leberexstirpation auf den Stoffwechsel* (Arch. f. exp. Pat., t. XXI).

II. — ALLANTOÏNE ET SES DÉRIVÉS.

Allantoïne $C^4H^6Az^4O^3$. — La formule de constitution de l'allantoïne, comme celle de ses dérivés, a été indiquée plus haut à propos de l'acide urique. L'allantoïne est incolore et cristallise en prismes rhomboédriques ou en colonnettes minces. Elle est peu soluble dans l'eau, plus soluble dans les solutions d'alcalis et de carbonates alcalins, insoluble dans l'alcool absolu froid et dans l'éther. Ses solutions sont neutres, insipides et inodores. Elle ne précipitent pas par le sublimé, mais précipitent par le nitrate de mercure, de sorte que le procédé de dosage de l'urée de Liebig ne peut être employé quand une urine contient de l'allantoïne. Elle donne avec le nitrate d'argent ammoniacal un précipité blanc, amorphe, de grains sphériques. Elle a été obtenue par synthèse en chauffant à 11° l'acide mésoxalique $C^3H^4O^6$ avec l'urée (Michael).

Acide allanturique $C^3H^4Az^2O^3$. — Obtenu par le traitement de l'allantoïne par la baryte, il constitue une masse gommeuse, soluble dans l'eau, insoluble dans l'alcool.

Hydantoïne $C^3H^4Az^2O^2$. — Elle cristallise en aiguilles blanches, de saveur un peu

(1) *A consulter* : H. Ranke, *Beobachtungen und Versuche uber die Ausscheidung der Harnsäure beim Menschen.* Munich, 1858. — J. B. Stokvis, *Beiträge zur Physiologie des Acidum uricum* (Arch. für die holland. Beiträge, t. 11). — Zabelin, *Ueber die Umwandlung der Harnsäure im Thierkörper* (Ann. d. Chem. und Pharm. Pharm., t. II, 1863). — N. Zalesky, *Untersuch. über die urämischen Process und die Function der Niere* (Zeitschr. Tübingen, 1865. — C. Meissner, *Der Ursprung der Harnsäure des Harns der Vögel* (Zeitschr. für ration. Medicin, t. XXXI). — A. Strecker, *Sur la transformation de l'acide urique en glycocolle* (Comptes rendus, 1868). — Pawlinoff, *Die Bildungstätte der Harnsaure im Organismus* (Centralblatt, 1873). — A. P. Fokker, *Eine neue Methode der Harnsäurebestimmung* (Arch. v. Pflüger, 1875). — E. Salkowski *Ueber die quantitative Bestimmung der Harnsaure im Harn* (Virchow's Archiv, t. LXVIII). — Meyer et M. Jaffé, *Ueber die Entstehung der Harnsäure im Organismus der Vogel* (Ber. d. d. chem. Gesell., t. X). — E. Grimaux, *Recherches synthétiques sur la série urique* (Ann. de chimie et de physique, t. XI). — A. Henninger, *Des Uréides.* Thèse, Paris, 1878.

sucrée, difficilement solubles dans l'eau bouillante. Les solutions sont neutres et précipitent par le nitrate d'argent ammoniacal.

Acide hydantoïnique $C^3H^6Az^2O^3$. — Acide monobasique qui cristallise en gros prismes losangiques difficilement solubles dans l'eau froide, très solubles dans l'eau bouillante, insolubles dans l'alcool.

Glycolurile $C^4H^6Az^4O^2$. — Cristallise en octaèdres transparents ou en aiguilles incolores, difficilement solubles dans l'eau froide, solubles dans l'eau chaude, les acides et l'ammoniaque. Le nitrate d'argent ammoniacal détermine dans ses solutions aqueuses un précipité floconneux jaune paille.

Existence dans l'organisme. — L'allantoïne se trouve à l'état normal dans l'urine des nouveau-nés, dans l'urine des veaux qui tettent, d'où elle disparaît pour faire place à l'acide hippurique quand cesse l'alimentation lactée, dans le liquide de l'allantoïde, etc. Elle existe quelquefois dans l'urine de chien, surtout après une alimentation grasse trop prolongée (Meissner et Joly) ou quand on a provoqué chez lui des troubles respiratoires par l'injection d'huile dans les veines (Stadeler et Frerichs). Du reste E. Salkwoski, en faisant ingérer à des chiens de l'acide urique, a constaté dans l'urine non seulement une augmentation de l'azote total éliminé, mais la présence de notables quantités d'allantoïne. Ainsi chez un chien qui avait pris en quatre jours 4 grammes d'acide urique, il retira de l'urine 1^{gr},42 d'allantoïne. Les dérivés de l'allantoïne n'ont pas encore été rencontrés dans l'organisme. La présence de l'allantoïne a été constatée dans le règne végétal (pousses de platane; Schulze et Barbieri).

Elle n'a que le rôle d'un produit de désassimilation.

Bibliographie. — J. PONOMAREW : *Ueber einige Derivate des Allantoïns* (Ber. d. d. ch. Ges., t. II, 1878). — E. SCHULZE et J. BARBIERI : *Ueber das Vorkommen von Allantoïn im Pflanzenorganismus* (Ber d. d. ch. Ges., t. XIV). — A. MICHAEL : *Neue Synthèse der Allantoïns* (Ber. d. d. ch. Ges., t. XVI, 1883). — E. SCHULZE et E. BOSSHARD : *Zur Kenntniss des Vorkommens von Allantoïn, Asparagin, Hypoxanthin und Guanin in den Pflanzen* (Zeit. für phys. ch., t. IX, 1885).

III. — ALLOXANE ET SES DÉRIVÉS.

Alloxane $C^4H^2Az^2O^4$. — Elle cristallise soit en grandes pyramides rhomboédriques brillantes (avec 4 éq. d'eau), soit en petites colonnes rhomboédriques obliques (avec 1 éq. d'eau). Elle est soluble dans l'eau et dans l'alcool; sa solution aqueuse colore la peau en rouge pourpre et a une odeur nauséeuse. Elle donne une coloration bleu-indigo avec les sels ferreux.

Acide alloxanique $C^4H^4Az^2O^5$. — L'acide alloxanique est un acide bibasique, sirupeux, qui cristallise en une masse d'aiguilles rayonnées. Il est soluble dans l'eau et dans l'alcool. Ses solutions alcalines se colorent en bleu-indigo par les sels ferreux.

Alloxantine $C^8H^4Az^4O^7 + 3H^2O$. — Elle cristallise en colonnes rhomboédriques peu distinctes, incolores ou jaunâtres, ou en tablettes rhomboédriques microscopiques. Elle est difficilement soluble dans l'eau froide, et donne avec l'eau de baryte un précipité violet. Elle rougit à l'air en s'emparant de l'ammoniaque avec laquelle elle forme de la murexide.

Acide dialurique $C^4H^4Az^2O^4$. — Il se présente sous forme de prismes étoilés, solubles dans l'eau et rougissant à l'air, en se transformant en alloxantine.

Uramile $C^4H^5Az^3O^3$. — Elle cristallise en aiguilles soyeuses, rougissant à l'air, insolubles dans l'eau froide, solubles dans l'eau bouillante, dans l'ammoniaque froide et l'acide sulfurique concentré.

Murexide $C^8H^8Az^6O^6$. — La murexide est le sel ammoniacal acide d'un acide non encore isolé, l'*acide purpurique*, $C^8H^5Az^5O^6$; c'est un purpurate d'ammoniaque. Elle cristallise en tables quadrangulaires ou en colonnes aplaties, rouge grenat à la lumière transmise, vert métallique à la lumière réfléchie. Elle est peu soluble dans l'eau froide soluble dans l'eau bouillante avec une coloration pourpre. Elle est insoluble dans l'alcool et dans l'éther.

Acide barbiturique ou malonylurée $C^4H^4Az^2O^3$. — Il cristallise en gros prismes ou en aiguilles incolores, peu solubles dans l'eau froide, solubles dans l'eau chaude, l'acide nitrique et l'acide chlorhydrique.

Acide parabanique $C^3H^2Az^2O^2$. — Il cristallise en prismes tabulaires à 6 pans, solubles dans l'eau et l'alcool.

Acide oxalurique $C^3H^4Az^2O^4$. — Poudre cristalline incolore, de saveur et de réaction acide, difficilement soluble dans l'eau froide. C'est un acide monobasique. Les sels d'ammonium et de calcium donnent des cristaux bien reconnaissables au microscope. Il peut être considéré comme une urée dans laquelle un atome d'hydrogène est remplacé par le résidu d'acide oxalique C^2O^2 OH.

Existence dans l'organisme. — De tous ces produits, un seul, l'acide oxalurique, a été trouvé dans l'urine. L'alloxane a été constatée une fois par Liebig dans le mucus intestinal dans un cas de catarrhe de l'intestin.

IV. — XANTHINE $C^5H^4Az^4O^2$.

Préparation. — La xanthine peut s'extraire de l'urine, qui en renferme de très petites quantités, ainsi que de la chair musculaire (extrait de viande); mais on la prépare ordinairement en traitant la guanine par l'acide azoteux.

Caractères. — La xanthine est une poudre blanche crayeuse, prenant l'aspect de la cire par le frottement. Elle est très difficilement soluble dans l'eau froide, un peu soluble dans l'eau bouillante, insoluble dans l'alcool et dans l'éther. Elle se dissout dans les alcalis, dans l'ammoniaque, dans les acides concentrés avec lesquels elle forme des sels.

Propriétés chimiques. — *Formation.* La xanthine se forme ; 1º en réduisant l'acide urique par l'amalgame de sodium, $C^5H^4Az^4O^3 + H^2 = C^5H^4Az^4O^2 + H^2O$; 2º en traitant la guanine par l'acide azoteux, $C^5H^5Az^5O + AzO^2H = C^5H^4Az^4O^2 + Az^2 + H^2O$; 3º en chauffant en tubes scellés l'acide cyanhydrique au contact de l'eau (A. Gautier), il se forme de la xanthine, de la méthylxanthine, $C^6H^6Az^4O^2$ et de l'ammoniaque qu'on saisit par l'acide acétique ; équation : $11 CAzH + 4H^2O = C^5H^4Az^4O^2 + C^6H^6Az^4O^2 + 3AzH$; 4º dans le dédoublement de la nucléine par les acides étendus (Kossel).' — *Décompositions.* Chauffée rapidement à 150º elle se décompose en acide cyanhydrique, carbonate d'ammoniaque et produits rappelant l'odeur de la corne brûlée. Chauffée avec de l'acide nitrique fumant elle se décompose en ammoniaque, glycocolle, acide carbonique et acide formique ; $C^5H^4Az^4O^2 + 6H^2O = 3AzH^3 + C^2H^5AzO^2 + 2CO^2 + CH^2O^2$. Chauffée à 50º — 60º avec de l'acide chlorhydrique et du chlorate de potasse, elle donne de l'urée et de l'alloxane.

Réactions caractéristiques. — 1º Sa solution ammoniacale n'est pas précipitée par le chlorhydrate d'ammoniaque (l'acide urique l'est) ; 2º en évaporant un peu de xanthine avec de l'acide azotique à une douce chaleur, il reste un résidu incolore, qui chauffé avec précaution, devient jaune citron ; ce résidu n'est pas coloré en rouge par l'ammoniaque (caractère distinctif d'avec l'acide urique), mais par l'addition de soude caustique, il prend une coloration rouge jaunâtre qui passe au violet par la chaleur ; 3º le chlorhydrate de xanthine est moins soluble que celui de sarcine, ce qui permet de séparer les deux composés ; 4º l'azotate d'argent donne, dans une solution azotique de xanthine, un précipité qui se dissout quand on chauffe et reparaît par le refroidissement. Dans une solution ammoniacale de xanthine, l'azotate d'argent donne un précipité gélatineux ; 5º l'acide phospho-molybdique donne, dans les solutions de xanthine, un précipité jaune, volumineux, soluble dans les acides chauds étendus ; 6º si on mélange dans un verre de montre un peu de lessive de soude et de solution de chlorure de calcium, et qu'on y mette un grain de xanthine, il se forme autour de ce grain un anneau vert foncé, qui brunit et disparaît (caractère distinctif d'avec la sarcine, R. de Hoppe).

Corps analogues à la xanthine. — **Paraxanthine** $C^{15}H^{17}Az^9O^4$. — Corps analogue à la xanthine, trouvé par Salomon dans l'urine humaine. Elle cristallise en longues aiguilles. Elle est plus soluble dans l'eau froide que la xanthine, très soluble dans l'eau chaude, insoluble dans l'alcool et l'éther. La lessive de soude ou de potasse la précipite à l'état cristallin de ses solutions aqueuses concentrées (caractère distinctif d'avec les substances voisines).

Hétéroxanthine $C^6H^6Az^4O^2$. — Trouvée aussi par Salomon dans l'urine, à côté de la paraxanthine. C'est une poudre blanche, amorphe, pouvant, sous certaines conditions.

cristalliser en pinceaux microscopiques; difficilement soluble dans l'eau froide, soluble dans l'eau chaude. Elle parait être une *méthylxanthine*, c'est-à-dire une xanthine dans laquelle un équivalent d'hydrogène est remplacé par le radical méthyle CH³. Elle semble être intermédiaire entre la xanthine et la paraxanthine. (Ce corps ne doit pas être confondu avec l'*hydroxa-thine* C⁵H⁶Az⁴O³, obtenue par Behrend en traitant par le cyanate de potassium, l'*oxyuracile* ou *acide iso-barbiturique* C⁴H⁴Az²O³).

Pseudoxanthine C⁴H⁵Az⁵O. — Trouvée par Gautier dans les muscles de bœuf. C'est une poudre jaune clair, peu soluble dans l'eau froide, soluble dans les alcalis et dans l'acide chlorhydrique. Elle cristallise en prismes à faces courbes associés en étoiles. Elle a beaucoup de réactions communes avec la xanthine.

La *caféine* C⁸H¹⁰Az⁴O² et la *théobromine* C⁷H⁸Az⁴O², se rapprochent beaucoup de la xanthine. La caféine est une *triméthylxanthine*, la théobromine une *diméthylxanthine*.

Constitution et formule. — Les trois corps, xanthine, sarcine et guanine, ont d'étroites affinités entre eux et avec l'acide urique; je réunirai donc, dans un même paragraphe, ce qui a trait à la constitution de ces trois corps. Si l'on prend comme point de départ l'acide urique, il est facile de comprendre le mode de constitution de ces trois corps, comme on le voit d'après les formules suivantes :

Ac. urique. Xanthine. Sarcine. Guanine.

La synthèse de la xanthine au moyen de l'acide cyanhydrique par Gautier et la découverte de l'adénine, C⁵H⁵Az⁵ par Kossel permettent cependant d'envisager autrement la constitution de ces trois corps. La réaction de l'acide azoteux sur l'adénine et la guanine autorise à écrire leurs formules de la façon suivante :

Adénine.	Guanine.
C⁵H⁵Az⁵ = C⁵H⁴Az⁴.AzH	C⁵H⁵Az⁵O = C⁵H⁴Az⁴O.AzH
Sarcine.	Xanthine.
C⁵H⁴Az⁴O = C⁵H⁴Az⁴.O	C⁵H⁴Az⁴O² = D⁵H⁴Az⁴O.O

Tous ces corps possèdent donc un groupement très stable, C⁵H⁴Az⁴ et tous peuvent donner de l'acide cyanhydrique. En s'appuyant sur ces faits, Gautier admet qu'ils ont pour base un noyau cyanhydrique qui s'est polymérisé en déterminant des chaînes fermées. C'est ce que montrent les formules de structure suivantes :

Adénine. Guanine.

Sarcine. Xanthine.

Existence dans l'organisme. — La xanthine est très répandue dans l'organisme animal où on la rencontre dans presque tous les tissus et les liquides et spécialement l'urine, le foie, la rate, le pancréas, le thymus, le cerveau, les muscles, etc. L'urine en contient environ $0^{gr},0033$ par litre; elle y augmente après l'emploi des bains sulfureux. Elle constitue certains calculs urinaires très rares. On l'a trouvée dans le thé.

Le tableau suivant donne, d'après Kossel, les quantités de xanthine, de sarcine et de guanine trouvées dans un certain nombre d'organes (pour 100 parties de tissu sec) :

ORGANES.	XANTHINE.	SARCINE.	GUANINE.
Muscles d'embryon de veau.........	0,111	0,359	0,412
Muscles de bœuf....................	0,053	0,230	0,020
Muscles de chien...................	0,093	0,222	traces.
Pancréas de bœuf......	0,844	0,411	0,241
—	0,180	0,364	0,746
Rate de bœuf.....................	0,152	0,281	0,270
Foie de bœuf......................	0,121	0,134	0,197

Origine. — On admet en général que la xanthine (comme les corps voisins) est un produit de désassimilation des albuminoïdes, mais les recherches de Kossel tendent à faire admettre qu'elle provient principalement de la désassimilation de la nucléine. Elle ne paraît pas avoir d'autre *rôle physiologique* que celui d'un produit de désassimilation.

v. — SARCINE OU HYPOXANTHINE $C^5H^4Az^4O$.

Préparation. — La sarcine se retire de l'extrait de viande dont on traite la solution par l'acétate de plomb; on enlève le plomb par l'hydrogène sulfuré et on précipite par le nitrate d'argent ammoniacal. Le précipité est dissous dans l'acide nitrique étendu bouillant; il se précipite par refroidissement des cristaux de nitrate de sarcine.

Caractères. — La sarcine constitue des cristaux microscopiques solubles dans 300 parties d'eau froide, dans 80 parties d'eau bouillante, dans 900 parties d'alcool bouillant; elle se dissout dans les alcalis, l'ammoniaque et les acides.

Propriétés chimiques. — *Formation.* Elle se forme : 1° en traitant l'acide urique ou la xanthine par l'amalgame de sodium $C^5H^4Az^4O^3 + 4H = 2H^2O + C^5H^4Az^4O$; 2° en traitant la carnine $C^7H^8Az^4O^3$ par le brome : $C^7H^8Az^4O^3 + 2Br = C^5H^4Az^4O.HBr + C^0$ $+ CH^3Br.$; 3° dans la décomposition de la nucléine (Kossel). — *Décompositions.* Chauffée au-dessus de 150°, elle se décompose en donnant de l'acide cyanhydrique.

Réactions caractéristiques. — Les mêmes que la xanthine, sauf deux réactions qui l'en différencient et qui ont été indiquées à propos de cette substance.

Existence dans l'organisme. — La sarcine accompagne presque partout la xanthine (foie, rate, pancréas, etc.). Cependant on ne l'a pas encore démontrée d'une façon certaine dans l'urine normale; mais on l'a trouvée dans l'urine leucémique. Elle existe aussi dans le règne végétal (thé; graine de lupin).

Pour son *origine*, voir *Xanthine*.

Bibliographie de la xanthine et de la sarcine. — G. SALOMON : *Bildung von Xanthinkörpern aus Eiweiss durch Pankreasverdaung* (Ber. d. d. ch. Ges., t. II, 1878). — R. A. CHITTENDEN : *Ueber die Entstehung von Hypoxanthin aus Eiweissstoffen* (Unt. d. physiol. Inst. d. Univ. Heidelberg, t. II, 1879). — H. KRAUSE et G. SALOMON : *Mittheil. über die Bildung von Xanthinkörpern aus Eiweiss* (Ber. d. d. ch. Ges., t. XII, 1879). — E. DRECHSEL : *Zur Frage nach der Entstehung von Hypoxanthin aus Eiweiss*

(Ber d. d. ch. Ges., t. XIII, 1880). — G. SALOMON : *Ueber die Entstehung von Hypoxanthin aus Eiweisskörpern* (Ber. d. d. ch. Ges., t. XIII, 1880). — A. KOSSEL : *Ueber die Verbreitung des Hypoxanthins im Thier und Pflanzenreich* (Zeit. für phys. Ch., t. V, 1881). — G. SALOMON : *Zur Physiologie der Xanthinkörper* (Arch. für Physiol., 1881). — ID. : *Ueber die Bildung von Xanthinkörpern im keimenden Pflanzen* (Arch. für Physiol., 1881). — A. KOSSEL : *Ueber die Herkunft des Hypoxanthins in den Organismen* (Zeit. für phys. Ch., t. V, 1881). — R. MALY et F. HINTEREGGER : *Stud. über Coffein und Theobromin* (Ber. d. d. ch. Ges., t. XIV, 1881). — E. FISCHER : *Ueber das Caffein* (Ber. d. d. ch. Ges., 1882). — A. KOSSEL : *Ueber Xanthin und Hypoxanthin* (Zeit. für phys. Ch., t. VI, 1882). — ID. : *Zur Chemie des Zellkerns* (Zeit. für phys. Ch., t. VII, 1882). — E. SCHULZE : *Ueber das Vorkommen von Hypoxanthin in Kartoffelsaft* (Ber. d. d. ch. Ges., t. XV, 1882). — E. FISCHER : *Ueber das Coffein* (Ber. d. d. ch. Ges., t. XV, 1882). — ID. : *Umwandlung des Xanthins im Theobromin und Coffein* (Ber. d. d. ch. Ges., t. XV, 1882). — R. MALY et F. HINTEREGGER : *Stud. über Coffein undTheobromin* (Monatsh. für Ch., t. III, 1882). — R. MALY et R. ANDREASCH : *id.* (id., 1882). — G. SALOMON : *Beitr. zur Chemie des Harns* (Arch. f. Physiol., 1882). — E. SCHMIDT : *Ueber Einwirkung von Salzsaure auf Xanthin* (Ann. Ch. Pharm., t. CCXVII, 1882). — E. FISCHER et L. REESE : *Ueber Caffein, Xanthin und Guanin* (Ann. Ch. Pharm., t. CCXXI, 1883). — E. SCHMIDT : *Ueber Einwirkung von Salzsaure aus Coffein* (id., 1883). — ID. : *Ueber das Caffeinmethylhydroxyd* (Ber. d. d. ch. Ges., t. XVI, 1883). — E. SCHMIDT et H. PRESSLER : *Zur Kenntniss des Theobromins* (Ann. Ch. Pharm., CCVII, 1883). — R. MALY et R. ANDREASCH : *Stud. über Coffein und Theobromin* (Monatsb. für Ch., t. IV, 1883). — A. GAUTIER : *Nouvelle méthode de synthèse des composés organiques azotés. Synthèse totale de la xanthine et de la méthylxanthine* (C. rendus, t. XCVIII, 1884). — A. BAGINSKY : *Ueber das Vorkommen von Xanthin, Guanin und Hypoxanthin* (Zeit. für phys. Ch., t. VIII, 1884). — G. SALOMON : *Ueber das Paraxanthin, einen neuen Bestandtheil der normalen menschlichen Harns* (Zeit. für kl. Med., t. VII, 1884). — R. BEHREND : *Ueber einige Derivate des Harnstoffs* (Ber. d. d. Ch.). — ID. : *Versuch zur Synthese von Körpern der Harnsäurereihe* (Ann. Ch. Pharm., 1885). — E. SCHULZE et E. BOSSHARD : *Zur Kenntniss des Vorkommens von Allantoïn, Asparagin, Hypoxanthin und Guanin in den Pflanzen* (Zeit. für phys. Ch., t. IX, 1885). — ID. : *Ueber einen neuen stickstoffhaltigen Pflanzenbestand theil* (id., t. X, 1885). — V. LEHMANN : *Ueber das Verhalten des Guanins, Xanthins und Hypoxanthins bei der Selbstgahrung der Hefe* (Zeit. für phys. Ch., t. IX, 1885). — A. KOSSEL : *Ueber eine neue Base aus dem Thierkörper* (Arch. für Phys., 1885). — ID. : *Ueber das Adenin* (Ber. d. d. ch. Ges., t. XVIII, 1885). — G. SALOMON : *Ueber Paraxanthin und Heteroxanthin* (Arch. für Physiol., 1885). — V. LEHMANN : *Ueber das Verhalten des Guanins, Xanthins und Hypoxanthins bei der Selbstgährung der Hefe* (Zeit. f. phys. Ch., t. IX, 1885). — G. SALOMON : *Ueber einen neuen Bestandtheil des menschlichen Harns* (Arch. f. Physiol., 1885). — W. FILEHNE: : *Ueber einige Wirkungen des Xanthins, des Caffeins und mehrerer mit ihnen verwandter Körper* (Arch. f. Physiol., 1886).

VI. — GUANINE $C^5H^5Az^5O$

Préparation. — La guanine s'extrait du guano du Pérou qu'on traite par un lait de chaux à l'ébullition; on reprend le résidu par le carbonate de sodium bouillant et on ajoute de l'acide acétique, puis de l'acide chlorhydrique qui précipite la guanine à l'état de chlorhydrate.

Caractères. — La guanine est une poudre blanche, crayeuse, difficilement soluble dans l'ammoniaque concentré dont elle se sépare par l'évaporation de l'ammoniaque à l'état de cristaux microscopiques (Drechsel). Elle est soluble dans les acides et les alcalis, insoluble dans l'alcool et dans l'éther.

Propriétés. — La guanine se transforme en xanthine, sous l'influence de l'acide azoteux : $C^5H^5Az^5O + AzO^2H = C^5H^4Az^4O^2 + Az^2 + H^2O$. Avec l'acide nitrique et le chlorate de potasse à chaud, elle donne de la guanidine CH^5Az^3, et de l'acide parabanique, $C^3H^2Az^2O^3$. Équation : $C^5H^5Az^5O + O^3 + H^2O = CH^5Az^3 + C^3H^2Az^2O^3 + CO^2$. Avec le nitrate d'argent elle se comporte comme la xanthine et la sarcine. Les solutions donnent avec le chlorure de platine un précipité cristallin jaune orangé.

Réactions caractéristiques. — Les solutions acides donnent avec le bichromate de potasse, le ferrocyanure de potassium et l'acide picrique des précipités cristallins insolubles (caractère distinctif d'avec la xanthine et la sarcine, Capranica).

Existence dans l'organisme. — La guanine existe dans le foie, le panréas, l'extrait de viande ; elle n'existe pas dans l'urine. Elle se trouve en grande quantité dans le guano du Pérou. Il s'en forme dans la putréfaction de la levûre de bière et dans la décomposition de la nucléine et probablement de tous les noyaux cellulaires.

Bibliographie — S. Capranica : *Vorlaufige Mittheilung einiger neuen Guaninreactionen* Zeit. für phys. Ch., t. IV, 1880). — E. Drechsel : *Ueber krystallisirtes Guanin* (Journ. für pr. Ch., t. XXIV, 1881). — G. Salomon : *Chem. Unters. eines von Guaninablagerungen durchsetzten Schinkens* (Arch. de Virchow, t. XCVII, 1884). — A. Kossel : *Ueber Guanin* (Zeit. für phys. Ch., t. VIII, 1884). — E. Schulze et E. Bosshard : *Ueber einen neuer stickstoffhaltigen Pflanzenbestandtheil* (id., t. X, 1885).

VII. — CARNINE $C^7H^8Az^4O^3$.

Préparation. — La carnine se retire de l'extrait de viande a l'état de sel d'argent dont on sépare la carnine par un traitement approprié.

Caractères. — Cristaux blancs, mamelonnés, difficilement solubles dans l'eau froide, très solubles dans l'eau bouillante, insolubles dans l'alcool et l'éther, de saveur amère. Ses solutions sont neutres et ne précipitent pas par l'acétate neutre de plomb.

Propriétés chimiques. — Par l'eau bromée, elle donne du bromhydrate de sarcine, du bromure de méthyle et de l'acide carbonique : $C^7H^8Az^4O^3 + Br^2 = C^5H^4Az^4O.HBr + CH^3.Br + CO^2$. L'acide azotique la transforme aussi en sarcine. En faisant varier la dilution de l'acide, on obtiendrait dans cette réaction une base intermédiaire entre la carnine et la sarcine et de formule $C^6H^6Az^4O^2$; son existence n'est pas encore démontrée. La carnine ne diffère de la sarcine que par les éléments de l'acide acétique en plus : $C^7H^8Az^4O^3 = C^5H^4Az^4O + C^2H^4O^2$.

Existence dans l'organisme. — La carnine existe dans l'extrait de viande, et par conséquent dans les muscles. D'après Krukenberg, il y aurait dans les muscles, à côté de la carnine, un autre corps très voisin bien caractérisé. La carnine se rencontre aussi dans la levûre de bière.

Article V. — Amides.

URÉE CH^4Az^2O

Syn. — *Carbamide, carbadiamide, carbonyldiamide.*

Prép. — L'urine est évaporée à consistance sirupeuse, et traitée par l'alcool ; la solution alcoolique est évaporée, la masse cristalline qui se dépose est reprise par l'alcool ordinaire, évaporée, redissoute dans l'alcool absolu qui abandonne les cristaux d'urée par l'évaporation lente. Au lieu d'alcool on peut ajouter de l'acide nitrique qui précipite l'azotate d'urée ; le sel, redissous dans l'eau, est purifié par le charbon animal, décomposé par le carbonate de baryte et l'urée est séparée par l'alcool absolu.

Fig. 48. — *Urée.*

Caractères. — L'urée se présente sous l'aspect de cristaux prismatiques à 4 pans, striés, incolores et terminés par des facettes obliques (fig. 48). Leur saveur est fraîche et amère. Elle est très soluble dans l'eau, un peu moins dans l'alcool absolu, encore moins dans l'éther, presque insoluble dans le chloroforme, la benzine, l'éther de pétrole. Ses solutions sont neutres. Sa dissolution s'accompagne d'une absorption de chaleur. Elle fond à 130°. Elle est inaltérable à l'air et n'est pas déliquescente. Ses solutions précipitent par le nitrate d'argent. Ses solutions alcalines ou neutres précipitent par le sublimé.

Formation. — L'urée se forme dans un grand nombre de circonstances. A. *Par synthèse* : 1° En chauffant le cyanate d'ammonium, $CAzO(AzH^4)$; éq. : $CAzO(AzH^4) = CO(AzH^2)^2 = CH^4Az^2O$. 2° En faisant agir l'ammoniaque sur le chlorure de carbonyle (phosgène), $COCl^2$; éq. : $COCl^2 + 2AzH^3 = CO(AzH^2)^2$

+2HCl. 3° En faisant agir l'ammoniaque sur le carbonate d'éthyle, $CO(O.C^2H^5)^2$; éq. : $CO(O.C^2H^5)^2 + 2AzH^3 = CO(AzH^2)^2 + 2C^2H^6O$ (alcool). 4° En chauffant du carbamate d'ammoniaque, $CO.AzH^2.O.AzH^4$; éq. : $CO.AzH^2.O.AzH^4 = CO(AzH^2)^2 + H^2O$. 5° En chauffant les uréthanes (éthers de l'acide carbamique) $CO.AzH^2.O.C^2H^5$, avec une solution alcoolique d'ammoniaque; éq. : $CO.AzH^2.O.C^2H^5 + AzH^3 = CO(AzH^2)^2 + C^2H^6O$ (alcool). 6° De la cyanamide, $CAz.AzH^2$, en prenant de l'eau; éq. : $CAz.AzH^2 + H^2O = CO(AzH^2)^2$. 7° En faisant passer de l'acide carbamique et de l'ammoniaque dans un tube de verre chauffé au rouge (Mixter), etc. — B. *Par décomposition* d'un grand nombre de corps, acide urique, allantoïne, guanine, guanidine, créatine, etc. (Voir ces différents corps.)

Propriétés chimiques. — A. *Décompositions.* — Par la *chaleur*, elle se décompose en donnant des produits multiples. Cette décomposition se fait suivant trois directions; cyanate d'ammoniaque, cyanamide et biuret, qui, se décomposant et se combinant à leur tour, donnent de l'acide cyanurique, de l'ammélide, $C^3H^4Az^5O^2$, et du carbamate d'ammoniaque. A l'*air* les solutions d'urée s'altèrent peu à peu; l'urée fixe deux molécules d'eau et se transforme en carbonate d'ammonium : $CO(AzH^2)^2 + 2H^2O = CO(O.AzH^4)^2$. Les *acides* minéraux forts et les *alcalis* produisent le même effet, en dégageant l'ammoniaque (acides) ou l'acide carbonique (alcalis), du carbonate d'ammonium ainsi formé. Les *hypobromites* et les *hypochlorites* alcalins la décomposent en azote, acide carbonique et eau : $CH^4Az^2O + 3KBrO = Az^2 + CO^2 + 2H^2O + 3KBr$. En fondant l'urée avec du sodium il se forme du cyanamide de sodium (Fenton). Dans l'*électrolyse* d'une solution aqueuse d'urée, l'oxygène et l'acide nitrique se dégagent au pôle positif, l'hydrogène, l'azote et la méthylamine (?) au pôle négatif.

B. *Combinaisons.* — L'urée se combine : 1° Avec un certain nombre d'*acides*, en formant des sels acides, cristallisables, facilement décomposables en général; elle ne se combine pas avec les acides urique, hippurique, lactique, benzoïque, carbonique, picrique. 2° Avec quelques *oxydes* métalliques et en particulier avec les oxydes de mercure et d'argent. 3° Avec certains *sels* et en particulier, avec le sublimé, les chlorures, chlorure de sodium, chlorhydrate d'ammoniaque, les nitrates, nitrate d'argent, etc.

Principales combinaisons et principaux dérivés de l'urée. — *Azotate d'urée.* — Ce sel, $CH^4Az^2O + HAzO^3$, se présente sous l'aspect de tables hexagonales ou rhomboédriques (fig. 49), bien reconnaissables au microscope, peu solubles dans l'eau froide, solubles dans l'acétone, difficilement solubles dans l'acide nitrique étendu. Dans les troubles de la circulation et de la respiration, les cristaux d'azotate d'urée se présentent sous une autre forme, celle d'aiguilles cristallines réunies en pinceaux. Les solutions de

Fig. 49. — *Azotate d'urée.*

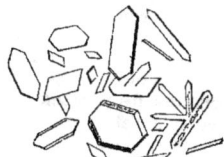

Fig. 50. — *Oxalate d'urée.*

nitrate d'urée se colorent en violet foncé par l'addition de furfurol en laissant un dépôt noir.

Oxalate d'urée. — L'oxalate d'urée, $2CH^4Az^2O + C^2H^2O^4 + 2H^2O$, cristallise en prismes ou lamelles minces (fig. 50), difficilement solubles dans l'eau, encore moins dans l'acide oxalique et l'alcool.

Nitrate de mercure et d'urée $CH^4Az^2O + HgO + H^2Az^2O^6$. — Précipité cristallin qui se produit quand on ajoute de l'azotate acide de mercure à de l'azotate d'urée. Si on mélange des solutions étendues et chaudes d'urée et de nitrate acide de mercure, il se forme un précipité blanc, cristallin, lourd, de formule : $2CH^4Az^2O + 3HgO + HgAz^2O^6$ (Procédé du dosage de l'urée de Liebig). Tous ces précipités sont solubles dans une solution de sel marin.

Chlorure de palladium et d'urée, $2CH^4Az^2O + PdCl^2$. — Précipité jaune cristallin qui se produit quand on ajoute une solution de chlorure de palladium à une solution d'urée. Ce précipité est insoluble dans l'alcool (Drechsel).

Biuret, $C^2H^5Az^3O^2 + H^2O$. — Le biuret se forme dans la décomposition de l'urée par la chaleur : $2CH^4Az^2O = (AzH^2.CO)^2AzH$ (biuret) $+ AzH^3$. Il constitue de fines aiguilles, difficilement solubles dans l'eau froide, solubles dans l'eau chaude et dans l'alcool. Par la chaleur, il se décompose en acide cyanurique et ammoniaque : $3C^2H^5Az^3O^2 = 3AzH^3 + 2C^3Az^3(OH)^3$ (acide cyanurique). Une solution alcaline de biuret dissout l'oxyde de cuivre en donnant une coloration rose violet (*Réaction du biuret*).

Acide cyanurique $C^3H^3Az^3O^3 = (CAz)^3(OH)^3$. — Se forme de l'urée par l'action de la chaleur en perdant $3AzH^3$; éq. : $3CH^4Az^2O — 3AzH^2 = C^3H^3Az^3O^3$. Il cristallise en prismes rhomboédriques, incolores, solubles dans l'eau et dans l'alcool. C'est un polymère de l'acide cyanique CHAzO, qu'il reproduit par l'action de la chaleur.

Cyanamide CH^2Az^2. — Elle forme des cristaux incolores, solubles dans l'eau, l'alcool et l'éther. Elle s'unit avec l'hydrogène sulfuré, CH^4Az^2S. Avec la sarcosine elle donne la créatinine.

Sulfurée CH^4Az^2S. — Se produit quand on chauffe à 160° du sulfocyanate d'ammonium, de même que le cyanate d'ammonium se transforme en urée. Elle cristallise en aiguilles soyeuses solubles dans l'eau et l'alcool, moins solubles dans l'éther.

Urées composées. — Les atomes d'hydrogène de l'urée peuvent être remplacés par des radicaux d'alcools ou des radicaux d'acides. Exemples : 1° Le radical alcoolique, éthyle, C^2H^5, remplace un atome de H de l'urée $CO.AzH^2.AzH^2$; on a ainsi l'éthylurée, $CO.AzH^2.AzH(C^2H^5)$; c'est ainsi que se forment la méthylurée, la phénylurée, etc. — 2° Deux radicaux d'alcools peuvent remplacer 2 atomes de H; exemple : la diéthylurée, $CO.AzH(C^2H^5).AzH(C^2H^5)$. Les deux radicaux alcooliques peuvent être différents, comme dans l'éthylméthylurée, $CO.AzH(C^2H^5).AzH(CH^3)$. — 3° Le radical d'acide, acétyle, C^2H^3O, peut remplacer un atome de H, comme dans l'acétylurée, $CO.AzH^2.AzH(C^2H^3O)$, etc.

Uréthanes. — Les uréthanes sont des éthers de l'acide carbamique. Elles se forment quand on fait chauffer au-dessus de 100° de l'urée avec un alcool ; ainsi l'urée et l'alcool méthylique, $CH^3.OH$, donnent la méthyluréthane, $CO.AzH^2.CH^3.O$, et il se dégage de l'ammoniaque.

Réactions caractéristiques. — 1° Examen microscopique de ses cristaux et de ceux qu'il cristaux d'azotate et d'oxalate d'urée. — 2° *R. du biuret*. Chauffer l'urée jusqu'à ce qu'il ne se dégage plus de vapeurs ammoniacales, ajouter au résidu quelques gouttes de lessive de soude caustique et un peu d'une solution étendue de sulfate de cuivre ; on a une coloration rouge violet. — 3° *R. du furfurol*. Si on ajoute à une solution aqueuse alcoolique concentrée de furfurol le tiers de son volume d'une solution d'urée et quelques gouttes d'acide chlorhydrique, le mélange s'échauffe, se colore en violet pourpre et se solidifie bientôt en une masse d'un brun noir. L'allantoïne donne une réaction analogue. — 4° Le liquide, additionné d'acide chlorhydrique, est évaporé jusqu'à l'apparition de vapeurs blanches épaisses. Après le refroidissement on ajoute une à deux gouttes d'ammoniaque et une goutte de solution de chlorure de baryum, et on frotte avec une baguette de verre ; il se forme au point frotté un précipité cristallin de cyanurate de baryte. Si on ajoute à la solution ammoniacale du résidu de l'évaporation une goutte de solution de sulfate de cuivre étendue on a un précipité cristallin violet (cyanurate de cuivre et d'ammoniaque) (Bloxam).

Recherches de petites quantités d'urée. — Traiter le liquide par deux à trois fois son volume d'alcool qui précipite les matières albuminoïdes. Filtrer et évaporer. Le résidu est repris par l'alcool absolu qui dissout l'urée et évaporé de nouveau. On redissout le résidu dans un peu d'eau chaude et on précipite des échantillons de la solution par l'acide azotique, l'acide oxalique, etc., pour avoir les cristaux et les précipités caractéristiques.

Dosage de l'urée. — Il existe un certain nombre de procédés de dosage de l'urée et chacun d'eux a reçu plusieurs modifications. Je me contenterai de signaler les plus importants en donnant seulement le principe de ces procédés. — 1° *Procédé de Liebig*. On emploie une liqueur titrée d'azotate mercurique ; on reconnaît que toute l'urée est précipitée quand l'addition du réactif indicateur, carbonate de sodium, produit une coloration jaune. — 2° *Procédé de Lecomte*. On décompose l'urée par l'hypochlorite de sodium en acide carbonique et azote, et on mesure l'azote produit. Ch. Bouchard a modifié et simplifié ce procédé. — 3° *Procédé d'Yvon. Précédé de Knop-Hüfner*. Il y a un grand nombre de modifications de ce procédé. Je ne ferai que mentionner à ce propos les appareils de Reynard, Esbach, Méhu, Wagner, Soxhlet, Noël, Falck, Thierry, etc. Hamburger a modifié récemment ce procédé. Le principe en est le même, mais on emploie l'hypobromite de sodium. — 4° *Procédé de Millon*. On décompose l'urée par l'acide azoteux en acide carbonique et azote, et on mesure l'acide carbonique ; Gréhant se sert de la pompe à mercure pour recueillir les gaz. — 5° *Procédé de Bunsen*. On transforme l'urée en carbonate d'ammonium en la chauffant dans un tube scellé, et on dose le carbonate à l'état de carbonate de baryum. Ce procédé a été modifié par Pekelhäring, Salkowski, etc. Il a été donné dans ces derniers temps divers procédés de dosage de l'urée applicables principalement à la clinique et pour lesquels je renvoie aux ouvrages spéciaux, ainsi du reste que pour les détails d'analyse. Il y a des différences notables entre les résultats donnés par les divers procédés (voir : *Analyse de l'urine*). Le défaut de tous ces procédés est de donner les substances azotées autres que l'urée.

Fermentations de l'urée. — On connaît un certain nombre de ferments qui transforment l'urée en carbonate d'ammoniaque. — 1° *Ferment de l'urée* de Pasteur ;

Fig. 51. — *Micrococcus ureæ.*   Fig. 52. — *Bacillus ureæ.*

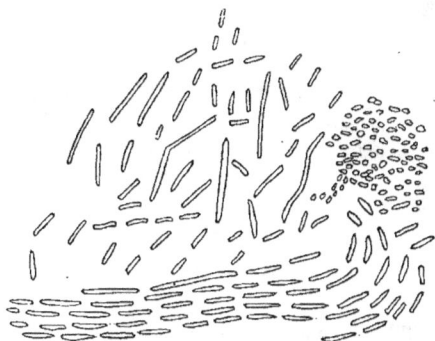

microccccus ureæ de Van Tieghem et Koch. C'est le plus important et le plus répandu. Il se présente (fig. 51) sous l'aspect de globules sphériques réunis en chapelets plus ou moins longs. — 2° *Bacillus ureæ* de Miquel (fig. 52) constitué par de longs filaments. — 3° Une *mucédinée* de la famille des Aspergillus, dont le mycélium volumineux porte des tubes fructifères à têtes légèrement renflées ; leurs spores forment dans l'urine des traînées denses, blanchâtres. — 4° *Bacterium* de Ch. Bouchard (fig. 53) qui se compose d'articles allongés, cylindriques, ressemblant au *bacterium termo* et qui, d'après Bouchard, existerait presque toujours dans les urines pathologiques. Ces différents organismes sécrètent un ferment soluble, isolé par Musculus, et qui transforme aussi l'urée en carbonate d'ammoniaque. D'après Richet, la muqueuse stomacale a la propriété d'accomplir aussi cette transformation.

Fig. 53. — *Bactérium de Ch. Bouchard.*

Constitution. — L'*urée* dérive de l'acide carbonique, dans lequel deux oxyhydriles OH sont remplacés par AzH², comme le montrent les formules suivantes :

$$
\begin{array}{cc}
\text{OH} & \text{AzH}^2 \\
| & | \\
\text{CO} & \text{CO} \\
| & | \\
\text{OH} & \text{AzH}^2 \\
\text{Ac. carbonique (1).} & \text{Urée.}
\end{array}
$$

L'urée est donc une *diamide carbonique*, une *carbamide*. Entre l'acide carbonique et l'urée existe un intermédiaire, non encore isolé, l'*acide carbamique*, amide simple de l'acide carbonique

(1) L'acide carbonique, CH²O³, n'a pas encore été isolé ; son existence est admise théoriquement, d'après la constitution des sels qu'il forme ; on ne connaît que son anhydride, CO², auquel on donne vulgairement le nom d'acide carbonique.

$$\begin{array}{ccc} OH & AzH^2 & AzH^2 \\ | & | & | \\ CO & CO & CO \\ | & | & | \\ OH & OH & AzH^2 \end{array}$$

Ac. carbonique.   Ac. carbamique.   Urée.

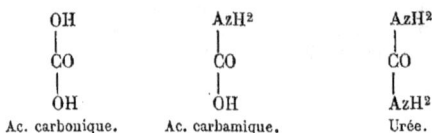

ou, ce qui revient au même, elle est constituée par deux molécules d'ammoniaque dans lesquelles deux atomes d'hydrogène sont remplacés par le radical *carboxyle*, CO

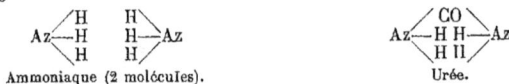

$$Az\begin{array}{c} H \\ H \\ H \end{array} \quad \begin{array}{c} H \\ H \end{array}Az \qquad\qquad Az\begin{array}{c} CO \\ H \; H \\ H \; H \end{array}Az$$

Ammoniaque (2 molécules).   Urée.

Cette constitution explique la facilité avec laquelle elle donne naissance à du carbonate d'ammoniaque et se décompose en acide carbonique et ammoniaque :

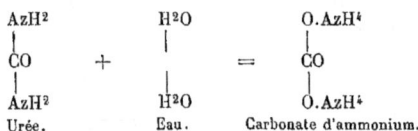

$$\begin{array}{ccccc} AzH^2 & & H^2O & & O.AzH^4 \\ | & & | & & | \\ CO & + & & = & CO \\ | & & | & & | \\ AzH^2 & & H^2O & & O.AzH^4 \end{array}$$

Urée.   Eau.   Carbonate d'ammonium.

Elle explique aussi comment on obtient facilement l'urée par synthèse aux dépens de l'ammoniaque et des dérivés de l'acide carbonique.

De même le *carbamate d'ammoniaque* (sel obtenu en mettant en présence l'acide carbonique et l'ammoniaque desséchée) donne par la chaleur de l'urée et de l'eau.

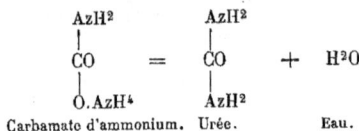

$$\begin{array}{ccccc} AzH^2 & & AzH^2 & & \\ | & & | & & \\ CO & = & CO & + & H^2O \\ | & & | & & \\ O.AzH^4 & & AzH^2 & & \end{array}$$

Carbamate d'ammonium.   Urée.   Eau.

L'urée a en outre des relations intimes avec l'*acide cyanique* (*acide pseudo-cyanique*). Cet acide peut être, en effet, considéré comme une *imide carbonique*, une *carbimide*. Deux atomes d'hydrogène de l'ammoniaque sont remplacés par le radical carboxyle CO.

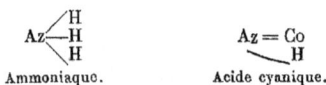

$$Az\begin{array}{c} H \\ H \\ H \end{array} \qquad\qquad Az = Co\begin{array}{c} \\ H \end{array}$$

Ammoniaque.   Acide cyanique.

L'acide cyanique en présence de l'eau se transforme facilement en acide carbonique et ammoniaque :

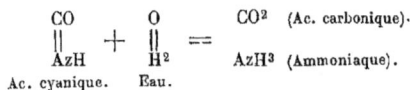

$$\begin{array}{ccccc} CO & & O & & CO^2 \quad (Ac.\ carbonique). \\ \| & + & \| & = & \\ AzH & & H^2 & & AzH^3 \quad (Ammoniaque). \end{array}$$

Ac. cyanique.   Eau.

Le *cyanate d'ammonium* par la chaleur se transforme en urée par un simple déplacement de molécules

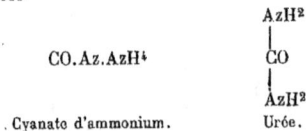

$$\begin{array}{cc} & AzH^2 \\ & | \\ CO.Az.AzH^4 & CO \\ & | \\ & AzH^2 \end{array}$$

Cyanate d'ammonium.   Urée.

De même la *cyanamide* se transforme en urée en fixant de l'eau

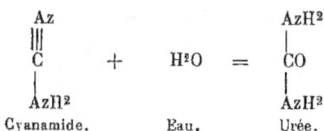

$$
\begin{array}{ccc}
\underset{\substack{\| \| \| \\ \text{C} \\ | \\ \text{AzH}^2}}{\text{Az}} & + \quad \text{H}^2\text{O} \quad = & \underset{\substack{\text{CO} \\ | \\ \text{AzH}^2}}{\text{AzH}^2} \\
\text{Cyanamide.} & \text{Eau.} & \text{Urée.}
\end{array}
$$

Ces rapports de l'urée avec l'acide carbonique d'une part, avec le groupe cyanique d'autre part, sont indispensables à connaître pour comprendre les diverses théories émises sur le mode de formation de l'urée.

Existence dans l'organisme. — L'urée se rencontre principalement dans l'urine (voir : *Urine*). Mais on a démontré en outre sa présence dans le sang, la lymphe, le chyle, le liquide de l'amnios, l'humeur aqueuse, l'humeur vitrée, la bile, et dans un certain nombre d'organes, foie, rate, cerveau, poumons, reins, muscles. A l'état pathologique (urémie) elle existe dans presque tous les liquides et les organes (salive, sueur, lait, transsudations, etc.).

Le tableau suivant donne, d'après Gréhant et Quinquaud, les quantités d'urée contenues dans le sang et le chyle (les chiffres sont exprimés en milligrammes et rapportés à 100 grammes de liquide).

	1	2	3	4	5	6	7	8	9
Artère carotide		52	35,6	57	40	32,4		36,8	40,5
Artère fémorale...............	33								
Veines sus-hépatiques.........		55	39,1	66	44	40,2	84,9		
Veine splénique..............			37,7			39,4		53,1	
Veine fémorale...............	31								
Veine-porte.................					52		71,5	42,5	53,1
Chyle (canal thoracique).......							95,5	59,0	46,0

Je crois inutile de donner un tableau des quantités d'urée trouvées dans les organes, les recherches sur ce sujet n'étant ni assez nombreuses, ni assez précises.

Origine et mode de formation de l'urée dans l'organisme. — L'origine de l'urée, malgré de nombreuses recherches, présente encore beaucoup d'obscurités. Cependant un fait certain, c'est qu'elle provient de la décomposition des substances albuminoïdes dont elle représente un des derniers termes. La plus grande partie de l'azote introduit dans l'organisme par les aliments quitte l'organisme à l'état d'urée. Aussi voit-on la quantité d'urée augmenter après une alimentation azotée (viande), et la persistance de l'urée dans l'urine pendant l'inanition prouve que, même en dehors de l'alimentation, l'urée peut provenir de la désassimilation des tissus azotés.

Mais les albuminoïdes existent dans le corps sous deux formes essentielles et bien différentes au point de vue physiologique. D'une part, l'albumine fait partie intégrante des tissus; elle entre dans la constitution intime de la substance organisée à l'état de myosine dans le muscle, d'osséine dans l'os, etc.; d'autre part l'albumine introduite par l'alimentation, transformée en peptones par la digestion, passe dans le sang où on la retrouve à l'état d'albumine du sérum et constitue ainsi ce que l'on a appelé *albumine circulante*. Cette albumine circulante, qui ne fait pas encore partie de la substance des tissus, contribue-t-elle à la formation de l'urée? autrement dit: l'excès d'albumine introduite par l'alimentation et non utilisée pour la réparation des tissus azotés de l'organisme est-il transformé intégralement ou partiellement en urée (*Luxusconsomption* des auteurs allemands)? Cette opinion a été très discutée, sans qu'on ait pu arriver à des résultats positifs. D'après Fick même, la plus grande partie de l'urée devrait être rapportée aux peptones absorbés dans l'alimentation. Cette question se retrouvera du reste à propos de la nutrition.

Dans l'organisme, l'urée ne dérive pas *directement* des albuminoïdes. Toutes les recherches des physiologistes et des chimistes sur ce sujet s'accordent pour prouver que, entre les albuminoïdes et l'urée, existent un certain nombre de produits de décomposition intermédiaires et que, par une série de métamorphoses successives, oxydations et dédoublements, il se forme des substances azotées qui se rapprochent de plus en plus de l'urée, terme final de ces décompositions. Quelles sont ces substances? Quelles sont celles qui précèdent immédiatement l'urée dans la série? Nous n'en connaissons que quelques-unes et encore, pour beaucoup d'entre elles, se base-t-on autant sur des raisons théoriques que sur l'expérience (voir: *Albuminoïdes*). Laissant de côté tous les produits intermédiaires, nous ne nous occuperons ici que des substances qui donnent ou sont supposées donner naissance directement à l'urée, et nous allons les passer successivement en revue.

Acide urique. — Autrefois l'acide urique était considéré comme la principale substance donnant directement naissance à l'urée, et un certain nombre de faits venaient appuyer cette opinion. L'acide urique accompagne constamment l'urée dans l'organisme; Becquerel a même constaté que la quantité d'urée dans l'urine est inversement proportionnelle à la quantité d'acide urique, et que quand l'une augmente, l'autre diminue et *vice versa*. Il faut dire cependant que les expériences de Ranke sont en opposition avec celles de Becquerel. Un autre fait à l'appui c'est que l'ingestion d'acide urique ou son injection dans les veines détermine une augmentation d'urée (Wölher, Frerichs).

Enfin les faits chimiques viennent aussi à l'appui de cette hypothèse, comme on l'a vu plus haut à propos de l'acide urique (page 246). Cependant, malgré toutes ces raisons, il est très probable qu'il n'y a pas, comme on le verra plus loin, entre la production de l'acide urique et celle de l'urée, la liaison supposée généralement. Les deux substances proviennent évidemment de la désassimilation des albuminoïdes et des tissus azotés, mais leurs origines sont différentes et le lieu de leur formation doit très probablement être cherché dans des points différents de l'organisme.

Créatine et *créatinine.* — Ce qui vient d'être dit de l'acide urique peut se dire aussi des autres substances qu'on considère souvent comme les prédécesseurs de l'urée et en particulier de la créatine, malgré les raisons chimiques et les faits qui ont été invoqués à l'appui de cette opinion, faits qui seront étudiés à propos de la créatine (voir: *Créatine*).

Des recherches récentes, basées sur la constitution chimique de l'urée (voir plus haut), permettent de concevoir sous un tout autre aspect le mode de production de l'urée dans l'organisme, et quoique le sujet soit loin d'être épuisé et qu'il y ait encore bien des divergences entre les expérimentateurs, il est utile de donner un aperçu de ces nouvelles théories.

Formation de l'urée aux dépens des amides-acides, leucine, tyrosine, glycocolle. — Les amides-acides, leucine, tyrosine, glycocolle, ont été constatés dans les produits de décomposition des albuminoïdes (voir : *Albuminoïdes*). Ces substances, et particulièrement la leucine et la tyrosine, manquent dans les excrétions; mais elles peuvent y apparaître en quantité notable dans certains cas, atrophie aiguë du foie, intoxication par le phosphore, dans lesquels on observe alors une disparition de l'urée. Il semble donc que dans ces cas la décomposition de la leucine et de la tyrosine ait été entravée et n'ait pu aboutir à la production d'urée. Il est vrai que la transformation de ces amides-acides en urée n'a pas encore été obtenue chimiquement; mais Schultzen et Nencki ont prouvé par leurs recherches que l'ingestion de glycocolle et de leucine augmente la quantité d'urée et que presque tout l'azote de la leucine et du glycocolle se retrouve dans l'urée; il en est de même après l'ingestion de sarcosine et d'alanine (E. Salkowski), il semble donc que cette transformation d'amides-acides en urée se produise dans l'organisme. On a fait cependant à cette opinion de Schultzen et Nencki deux objections principales. La première, c'est que l'augmentation d'urée tiendrait non pas à une transformation des amides-acides en urée, mais simplement à ce que ces substances activeraient la désassimilation des albuminoïdes de l'organisme; mais cette objection perd une partie de sa valeur en présence de ce fait qu'il y a parallélisme entre l'azote ingéré avec la leucine et le glycocolle et l'azote éliminé par l'urée. Du reste cette suractivité dans la désassimilation de l'albumine paraît être tout à fait insignifiante.

Une deuxième objection, c'est que les amides-acides, ou du moins certains d'entre eux, quand ils ont été ingérés, reparaissent dans l'urine à l'état d'*uramides acides*, qui ne sont autre chose qu'une combinaison des amides-acides avec le groupe CO.AzH (acide cyanique ou carbimide). Ainsi le glycocolle, amide-acide, donne avec l'acide cyanique un uramide-acide, l'*acide hydantoïnique :*

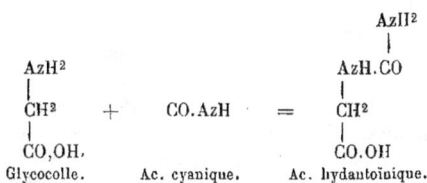

$$
\begin{array}{ccccc}
 & & & & \text{AzH}^2 \\
 & & & & | \\
\text{AzH}^2 & & & & \text{AzH.CO} \\
| & & & & | \\
\text{CH}^2 & + & \text{CO.AzH} & = & \text{CH}^2 \\
| & & & & | \\
\text{CO,OH.} & & & & \text{CO.OH} \\
\text{Glycocolle.} & & \text{Ac. cyanique.} & & \text{Ac. hydantoïnique.}
\end{array}
$$

Schultzen a dans ses expériences vu se réaliser une synthèse semblable dans l'organisme; ainsi après l'ingestion de sarcosine (méthylglycocolle) l'acide méthylhydantoïnique apparaît dans l'urine ; ce résultat, nié d'abord, a été confirmé depuis et du reste la réaction a été obtenue artificiellement par l'action du cyanate de potassium sur la sarcosine. Cette formation d'uramides-acides a été constatée aussi par Salkowski aux dépens de la taurine chez l'homme et chez le chien. La taurine ingérée se retrouve dans l'urine à l'état d'acide tauro-carbamique (acide uramido-iséthionique).

$$
\begin{array}{ccccc}
AzH^2 & & & & AzH^2 \\
| & & & & | \\
CH^2 & & & & AzH.CO \\
| & & & & | \\
CH^2.SO^2.OH & + & CO.AzH & = & CH^2 \\
& & & & | \\
& & & & CH^2.SO^2.OH
\end{array}
$$

Taurine.	Ac. cyanique.	Ac. tauro-carbamique.

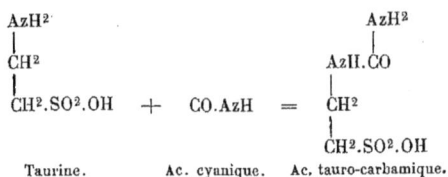

Il a de même constaté chez l'homme, le chien et le lapin la formation d'acide uramido-benzoïque aux dépens de l'acide amido-benzoïque. Enfin la même transformation se produit aussi avec la tyrosine. Or le procédé de Bunsen employé par Schultzen et Nencki pour déceler l'urée dans l'urine s'applique aussi bien aux uramides-acides qu'à l'urée. Cependant Salkowski, pour se mettre à l'abri de cette cause d'erreur, a employé pour la constatation de l'urée un procédé différent et est arrivé à cette conclusion que le glycocolle et la sarcosine augmentent d'une façon indubitable la quantité d'urée dans l'urine. La tyrosine au contraire passe sans avoir été décomposée.

On peut donc admettre comme probable que les amides-acides, le glycocolle, la sarcosine, la leucine, etc., donnent naissance à l'urée dans l'organisme et en sont les facteurs principaux, quoique jusqu'ici on n'ait pu obtenir artificiellement l'urée aux dépens de ces amides-acides.

Comment concevoir maintenant cette formation d'urée aux dépens des amides-acides? Toutes ces amides-acides ne contiennent qu'un atome d'azote, comme le montrent leurs formules, tandis que l'urée en contient deux :

Glycocolle......	$C^2H^5\ AzO^2$
Sarcosine..................	$C^3H^7\ AzO^2$
Leucine	$C^6H^{13}\ AzO^2$
Tyrosine......................	$C^7H^{11}\ AzO^3$
Urée...........................	$C\ H^4\ Az^2O$

Comme il est difficile d'admettre cette transformation directe de ces amides-acides en urée, transformation qui n'a pu encore être réalisée en dehors de l'organisme, on est porté à supposer que l'urée se forme aux dépens de principes qui eux-mêmes proviennent de ces amides-acides, principes intermédiaires entre ces amides-acides et l'urée.

Théoriquement, on peut penser à trois substances qui toutes les trois ont, comme on l'a vu plus haut, des relations intimes avec l'urée : l'acide cyanique, l'acide carbamique et l'ammoniaque.

La formation de l'urée aux dépens de l'*acide cyanique* a été admise par Hoppe-Seyler et E. Salkowski. On peut la concevoir de la façon suivante. Elle se produirait par l'union de 2 molécules d'acide cyanique à l'état naissant, avec admission d'eau et élimination d'acide carbonique, comme le représente la formule suivante (Salkowski) :

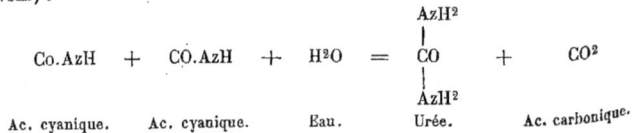

$$
\begin{array}{ccccccccc}
& & & & & & AzH^2 & & \\
& & & & & & | & & \\
Co.AzH & + & CO.AzH & + & H^2O & = & CO & + & CO^2 \\
& & & & & & | & & \\
& & & & & & AzH^2 & &
\end{array}
$$

Ac. cyanique.	Ac. cyanique.	Eau.	Urée.	Ac. carbonique.

Hoppe-Seyler admet que l'acide cyanique formé dans l'organisme s'unit à l'ammoniaque et que ce cyanate d'ammoniaque se transforme en urée. Il est vrai que l'acide cyanique n'a pas encore été obtenu comme produit de décomposition de la leucine et du glycocolle; mais, d'un autre côté, la combustion des albuminoïdes et présence des alcalis donne de l'acide cyanique, et cet acide se forme aussi dans l'organisme, comme le prouvent les recherches citées plus haut faites avec les acides-amides; en effet leur passage à l'état d'uramides-acides dans l'urine ne peut se concevoir théoriquement que par l'union de ces amides-acides avec le groupe cyanique CO.AzH qu'ils trouvent tout formé dans l'organisme. Cependant, même en admettant cette origine cyanique de l'urée, reste à savoir si cet acide cyanique provient des amides-acides ou s'il ne proviendrait pas directement d'une décomposition des albuminoïdes. Je rappellerai à ce propos l'*hypothèse cyanique* de Pflüger (p. 65).

Drechsel a cherché à prouver que l'urée provient de l'*acide carbamique* :

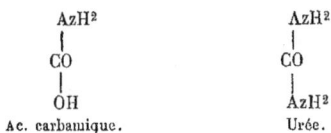

$$
\begin{array}{cc}
AzH^2 & AzH^2 \\
| & | \\
CO & CO \\
| & | \\
OH & AzH^2 \\
\text{Ac. carbamique.} & \text{Urée.}
\end{array}
$$

En oxydant le glycocolle en solution ammoniacale avec le permanganate d'ammoniaque, il a constaté dans les produits de la réaction la présence de l'acide carbamique, et, en se basant sur des recherches chimiques, arrive à cette conclusion que l'acide carbamique se forme partout où se brûlent des combinaisons carbonées et azotées en solution alcaline ou plus généralement partout où l'acide carbonique et l'ammoniaque se trouvent à l'état naissant. Enfin, en poursuivant ces recherches, il en aurait découvert l'existence dans le sang.

Dans cette hypothèse les réactions seraient les suivantes et se feraient en deux stades, par oxydation d'abord, puis par réduction :

1. $AzH^2.CO.O.AzH^4 + O = AzH^2.CO.OAzH^2 + H^2O$
2. $AzH^2.CO.O.AzH^2 + H^2 = AzH^2.CO. \ AzH^2 + H^2O$

D'après Hofmeister, les réactions employées par Dreschel seraient insuffisantes pour caractériser l'acide carbamique et son hypothèse ne s'appuierait sur aucune base positive. Cependant un fait qui vient à l'appui de l'hypothèse de Drechsel, c'est qu'il se forme une petite quantité d'urée dans l'électrolyse d'une solution de carbamate d'ammoniaque en faisant changer fréquemment les courants de sens.

Enfin, d'après une troisième hypothèse, qui se confond sur certains points avec les précédentes, l'urée se formerait aux dépens des combinaisons ammoniacales, hypothèse qui théoriquement n'a rien de contraire aux faits chimiques, puisque d'une part l'ammoniaque se produit dans la décomposition des substances albuminoïdes et que sa présence a été constatée dans le sang et dans diverses excrétions, et que d'autre part le carbonate d'ammoniaque peut se transformer en urée en perdant de l'eau. Un certain nombre de recherches dans ce sens ont été entreprises dans ces derniers temps. V. Kniriem a vu qu'après l'ingestion de chlorhydrate d'ammoniaque, la plus grande quantité de l'azote de cette substance se retrouve à l'état d'urée dans l'urine, et il en est de même avec le nitrate d'ammoniaque. Salkowski, en répétant les expériences de V. Kniriem, est arrivé aux mêmes résultats chez le lapin; mais chez le chien il n'en était plus de même; chez lui, en effet, il n'y avait pas transformation du chlorhydrate d'ammoniaque en urée. Ce fait, qui avait donné lieu à Voit et Feder de nier les résultats constatés par V. Kniriem et Salkowski, a été expliqué par Schmiedeberg et ses élèves, par la façon différente dont les organismes du chien et du lapin se comportent vis-à-vis des acides. Schmiedeberg et Walter ont montré en effet que, chez le chien, l'ingestion d'acide chlorhydrique augmente notablement l'élimination de l'ammoniaque par l'urine ; cette ammoniaque nécessaire à l'élimination de l'acide chlorhydrique, celui-ci la prend à l'organisme ; mais si, au lieu d'être ingéré à l'état de liberté, il est ingéré à l'état de chlorhydrate d'ammoniaque, il n'y a pas formation d'urée, parce que cette ammoniaque est retenue par l'acide chlorhydrique qui, au lieu d'emprunter l'ammoniaque à l'organisme même, emploie celle de la substance ingérée. Cela est si vrai que si, au lieu de chlorhydrate, on donne au chien du carbonate d'ammoniaque, une partie de ce carbonate se retrouve dans l'urine à l'état d'urée. Du reste si, à l'exemple de I. Munk, on place l'organisme d'un chien dans les mêmes conditions que celui d'un lapin en rendant son urine alcaline par une alimentation végétale, le chlorhydrate d'ammoniaque ne reparaît que partiellement dans l'urine ; une moitié au moins du sel ingéré se retrouve à l'état d'urée. Si chez le lapin l'acide chlorhydrique ingéré n'a pas besoin d'ammoniaque pour son élimination, c'est qu'il trouve des bases fixes avec lesquelles il entre en combinaison. Voir aussi plus loin les expériences de Schneider (p. 272).

D'après les faits précédents, il paraît difficile de mettre en doute l'augmentation de production d'urée par l'ingestion de sels ammoniacaux. Mais à quoi est due cette augmentation? Feder croit qu'elle est due simplement à ce que la désassimilation de l'albumine est activée après l'ingestion de chlorhydrate d'ammoniaque comme après l'ingestion de sel marin. Mais les recherches de Salkoswski et d'autres physiologistes prouvent qu'il n'en est pas ainsi et que l'azote du chlorhydrate d'ammoniaque introduit dans l'organisme passe en grande partie à l'état d'urée. Comment se fait cette transformation? D'après Salkowski, qui là encore admet la production cyanique de l'urée, l'ammoniaque introduite trouve dans le corps de l'acide cyanique et donne avec lui de l'urée. Seulement, tandis que, dans les conditions normales de production de l'urée, 2 molécules d'acide cyanique donnent, en prenant de l'eau, 1 molécule d'urée et de l'acide carbonique,

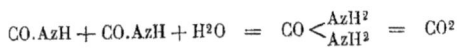

$$CO.AzH + CO.AzH + H^2O = CO<^{AzH^2}_{AzH^2} = CO^2$$

après l'ingestion d'ammoniaque, les 2 molécules d'acide cyanique donnent 2 molécules d'urée :

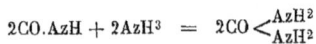

$$2CO.AzH + 2AzH^3 = 2CO<^{AzH^2}_{AzH^2}$$

Cependant on pourrait aussi admettre comme possible un autre mode de production de l'urée, c'est la transformation du carbonate d'ammoniaque en urée avec perte d'un équivalent d'eau. Cependant, d'après Salkowski, ce second mode de production de l'urée est peu probable et les faits seraient plutôt en faveur de sa hypothèse. Je rappellerai à ce sujet l'expérience de Mixter qui a obtenu un peu d'urée en faisant passer dans un tube de verre chauffé au rouge de l'acide carbonique et de l'ammoniaque.

On voit par cet exposé que l'urée est incontestablement le principal produit de désassimilation des substances albuminoïdes, mais que nous ne savons pas encore d'une façon certaine quels sont les corps intermédiaires (acide urique, amides, acides, acide carbamique, acide cyanique, ammoniaque) qui lui donnent directement naissance, mais ce qui paraît certain, c'est que dans sa formation il intervient à la fois des processus d'oxydation et des processus de synthèse.

Lieu de formation de l'urée. — Une autre question se présente maintenant qui se relie étroitement à celle de l'origine de l'urée. Où se forme t-elle? Dans quels tissus, dans quels organes? Il est évident, *a priori*, que tous les tissus azotés subissent sur une plus ou moins grande échelle, suivant leur activité vitale, une désassimilation, qui, directement ou indirectement, aboutit finalement à la production d'urée. Mais cette urée se forme-t-elle sur place, dans chaque tissu, dans chaque organe, pour être au fur et à mesure entraînée par le sang et éliminée par le rein? ou bien les produits de désassimilation des tissus azotés varient-ils suivant les tissus et les organes et la production d'urée se fait-elle dans un seul ou dans plusieurs organes déterminés, soit directement aux dépens des albuminoïdes de · ces organes, soit indirectement aux dépens de produits de désassimilation intermédiaires formés soit dans ces organes mêmes, soit ailleurs? Autant de questions auxquelles il est à peu près impossible de donner une réponse précise. Cependant, il paraît peu probable que l'urée se forme indistinctement dans tous les tissus et dans tous les organes, car si sa présence a été constatée partout dans les cas d'urémie, à l'état normal elle paraît manquer dans certains organes, par exemple dans les muscles. Il semble donc, et c'est là ce qu'admettent aujourd'hui la plupart des physiologistes, que l'urée se produise, sinon exclusivement, du moins en plus grande quantité dans certains organes de préférence à d'autres, et en particulier dans le foie et la rate. Je vais examiner à ce point de vue les principaux organes.

Reins. — On a longtemps discuté la question de savoir si l'urée était formée dans le rein; mais il est démontré aujourd'hui que l'urée ou au moins la plus grande partie de l'urée ne se forme pas dans le rein; le sang de la veine rénale contient moins d'urée que celui de l'artère (Picard, Gréhant); après l'extirpation des reins, l'urée s'accumule dans le sang et dans les organes (1), d'après les expériences de Voit, Meissner, Gréhant, etc., et quoique les recherches de Zalesky et de quelques autres auteurs aient donné des résultats contraires, le fait n'en paraît pas moins constaté aujourd'hui. Du reste Schröder a montré que l'extirpation des reins (chien) n'empêche pas la transformation en urée du sel ammoniacal ingéré. La même accumulation s'observe après la ligature des uretères. Cependant Hoppe-Seyler semble admettre encore la production d'urée dans le rein. Rosenstein a cherché à résoudre la question en extirpant un seul rein pour voir si la diminution d'étendue de la surface glandulaire diminuerait la quantité d'urée; or la quantité d'urée est restée la même qu'avant l'extirpation.

Muscles. — Voit place dans les muscles le lieu de formation de l'urée et il s'appuie entre autres sur ce fait que, dans le choléra, les muscles contiennent plus d'urée que le sang, le foie et le cerveau, surtout au moment de la digestion, et ces deux derniers organes en contiennent plus que le sang; il y aurait, d'après lui, pendant la digestion, production d'urée dans les muscles, le cerveau et le foie, tandis que,

(1) Voici les chiffres de Gréhant : 1re *expérience :* quantité d'urée dans le sang artériel normal du chien = 0,026 °/$_0$; quantité 3 h. après l'extirpation des reins = 0,045 °/$_0$; quantité 27 h. après = 0,206 °/$_0$. — 2e *expérience :* quantité avant l'extirpation = 0,088 °/$_0$; 1 h. après l'extirpation = 0,093 °/$_0$; 27 h. après = 0,276 °/$_0$. — 3e *expérience :* avant l'extirpation = 0,074 °/$_0$ 5 h. après = 0,016 ; 21 h. après = 0,167 °/$_0$. — 4e *expérience* (ligature des uretères) : avant la ligature = 0,063 °/$_0$: 19 heures après la ligature = 0,171 °/$_0$.

pendant l'inanition, elle ne se formerait que dans les muscles et le cerveau. Mais
les recherches de Demant, qui n'a pu trouver d'urée dans 5 kilogrammes de
muscles de cheval, celle de Schroeder et Salomon qu'on trouvera plus loin sont
contraires à cette opinion.

Rate. — Gscheidlen, se basant sur la proportion d'urée dans la rate, proportion
qu'il a trouvée supérieure à celle du sang, incline à voir dans cet organe un des lieux
de production de l'urée. Gréhant et Quinquaud ont aussi trouvé plus d'urée dans
le sang de la veine splénique que dans le sang de l'artère. Ces deux auteurs ont
trouvé les mêmes relations pour le sang de l'*intestin*.

Sang. — Addison, Führer, Ludwig, etc., la font provenir de la destruction des
globules rouges, et d'après Landois, ce serait là une des causes de l'augmentation
de l'urée après la transfusion. Cette opinion se rattache du reste à celle qui place
dans le foie le lieu de la formation de l'urée, opinion qui sera exposée ci-dessous.
On pourrait aussi chercher l'origine de l'urée, soit dans les peptones introduits dans
le sang par l'alimentation, soit dans l'*albumine circulante*. Gréhant et Quinquaud
ont toujours trouvé plus d'urée dans la lymphe et dans le chyle que dans le sang.

Foie. — D'après Meissner, qui soutient une opinion déjà émise par Heynsius et
Küthe, l'urée se formerait principalement dans le foie; le foie contient toujours en
effet une assez forte proportion d'urée; si, à l'exemple de Cyon, on fait passer un
courant de sang à travers le foie, ce sang contient plus d'urée, tandis que la quantité d'urée du foie diminue, et Gscheidlen a répété avec le même résultat l'expérience
de Cyon, tout en obtenant des chiffres plus faibles. Meissner insiste aussi sur ce
fait que dans l'atrophie aiguë du foie, l'urée disparaît de l'urine. Mais, d'après Hüppert
Beneke et Meissner lui-même, cette urée ne se produirait pas aux dépens du tissu
même du foie, mais aux dépens des globules rouges; sa formation serait liée à la
destruction de ces globules et il y aurait alors un lien intime entre la formation de
la bilirubine, de la substance glycogène et de l'urée. Cependant cette production
d'urée dans le foie est contredite par un certain nombre d'expériences. C'est ainsi
que I. Munk, dans quatre expériences, a trouvé plus d'urée dans le sang que dans
le foie; de même, d'après Gscheidlen, le sang des veines sus-hépatiques ne contient
pas plus d'urée que le sang veineux général et il n'a pas vu non plus d'accumulation d'urée dans le foie abandonné à lui-même après son extirpation. P. Picard,
sur ce dernier point, est pourtant arrivé à des résultats opposés. Le même auteur
admet que le foie ne produit de l'urée qu'au moment de la digestion, tandis qu'il
ne s'en forme pas pendant l'inanition. Les expériences récentes de Stolnikow,
Salomon et Schröder, parlent aussi en faveur d'une production d'urée dans le foie.
Stolnikow, en électrisant cet organe chez l'homme et le chien, a constaté une
augmentation d'urée dans l'urine et en électrisant un mélange de foie frais haché
et de sang défibriné, a trouvé dans le mélange une forte proportion d'urée qui ne
se rencontrait pas quand on ne pratiquait pas l'électrisation. Schröder et Salomon
ont démontré, en employant les procédés des *circulations artificielles*, que le foie
fabrique de l'urée aux dépens des sels ammoniacaux. En faisant passer à travers
le foie, par la veine porte, du sang contenant du carbonate d'ammoniaque, ils ont
vu que le sang qui sortait du foie contenait une plus forte proportion d'urée. En
pratiquant l'*isolement physiologique* du foie sur l'animal vivant, Schröder a vu au
contraire que la formation d'urée aux dépens de sels ammoniacaux n'avait plus
lieu. En employant le même procédé de circulation artificielle avec les muscles, ces
deux auteurs n'ont pu constater dans ces organes la transformation des sels ammoniacaux en urée. Toutes ces expériences conduisent donc à cette conclusion que le
foie est un des organes où la production d'urée se fait avec le plus d'activité.

Élimination de l'urée. — Une fois formée dans l'organisme, quel que soit du reste le mécanisme de cette formation, l'urée passe dans le sang et est éliminée par les reins. Cette élimination est-elle totale, autrement dit toute l'urée qui prend naissance dans le corps est-elle éliminée à l'état d'urée, ou bien une partie de cette urée est-elle décomposée (en acide carbonique et ammoniaque) avant son élimination? On a vu (page 264) que l'urée se transforme facilement en carbonate d'ammoniaque; cette transformation, qui se produit dans l'urine abandonnée à elle-même après son émission, sous l'influence d'un ferment spécial, peut se montrer aussi sous certaines conditions dans l'urine contenu dans la vessie, ainsi dans les catarrhes de cet organe et dans les maladies de la moelle épinière. On a même admis que cette transformation pouvait se faire dans le sang dans quelques cas pathologiques (urémie, choléra).

Urémie. — Après l'extirpation des reins ou la ligature des uretères, on observe une série de phénomènes désignés sous le nom d'accidents urémiques ou urémie et consistant en abattement, coma, délire, crampes, vomissements, etc. La cause de ces accidents a été très controversée. On les a attribués d'abord à la rétention de l'urée, et Gallois, Hammond et beaucoup d'autres expérimentateurs ont vu des accidents analogues aux accidents urémiques se produire après l'injection d'urée dans les veines; mais les expériences d'autres physiologistes ont donné des résultats contraires, et Feltz et Ritter ont prouvé que les accidents tenaient dans ces cas à la présence d'ammoniaque dans l'urine et qu'ils n'étaient jamais déterminés par l'urée pure. Cependant P. Picard dans ces derniers temps, ainsi qu'Elers et Gœmann et plus récemment Gréhant et Quinquaud, ont vu les accidents se produire avec l'urée pure, mais seulement par des doses très fortes. D'après Gréhant et Quinquaud, la dose toxique serait, chez le chien, de 3 grammes par kilogramme d'animal. Du reste chez les oiseaux qui présentent aussi les accidents urémiques, la rétention de l'urée ne peut être invoquée pour expliquer ces accidents. L'intoxication urémique a été aussi attribuée au carbonate d'ammoniaque qui se produirait dans le sang par la décomposition de l'urée (*ammoniémie*); mais cette transformation, admise par Frerichs, n'a pas lieu (Feltz et Ritter); elle n'a lieu que dans le tube intestinal, et en effet le carbonate d'ammoniaque ainsi formé se retrouve dans les vomissements et dans les selles; il est vrai qu'une petite partie de ce carbonate d'ammoniaque peut être résorbée, passer dans le sang et on peut même en constater des traces dans l'air expiré: mais il ne s'y trouve jamais qu'en très faible quantité et d'ailleurs, comme l'ont montré Oppler et Munk, les accidents déterminés par l'ammoniémie sont différents de ceux de l'urémie; ce sont des phénomènes d'excitation et on n'observe jamais de coma. L'acide urique, la créatinine, le succinate de soude, les matières extractives, les produits d'oxydation de l'urobiline, les ptomaïnes, etc., ont été invoqués sans que l'expérience ait confirmé ces diverses hypothèses. D'après les recherches de Feltz et Ritter, la plus grande part reviendrait aux sels de potasse. Traube voit dans l'urémie un œdème aigu du cerveau. Il paraît assez probable que plusieurs facteurs, encore à déterminer, entrent en jeu dans la production des accidents urémiques.

Pour les conditions qui influencent la quantité d'urée éliminée, voir: *Urine*.

Rôle physiologique. — Le rôle physiologique de l'urée est celui d'un principe de déchet, et à ce point de vue elle a une très grande importance, puisque c'est à l'état d'urée que s'élimine presque tout l'azote des matières albuminoïdes introduites dans l'organisme ou faisant partie des tissus azotés. La proportion d'urée contenue dans l'urine peut donc servir à mesurer, jusqu'à un certain point, l'intensité de la nutrition, et ses variations suivent en général les variations d'activité des oxydations intraorganiques.

Bibliographie. — E. Hallervorden : *Ueber das Verhalten des Ammoniaks im Organismus und seine Beziehung zur Harnstoffbildung* (Arch. für exp. Pat., t. X, 1878). — O. Schmiedeberg : *Ueber das Verhaltniss des Ammoniaks und der primaren Monaminbasen zur Harnstoffbildung im Thierkörper* (Arch. für exp. Pat., t. VIII, 1878). — L. Fédé: *Ueber die Ausscheidung des Salmiaks im Organismus* (Zeit. für Biol.,t. XIV, 1878). — J. Munk : *Ueber das Verhalten des Salmiaks im Organismus* (Zeit. für phys. Ch., t. II 1877). — P. Picard : *Rech. sur l'urée* (C. rendus, t. LXXXVII, 1878). — Coranda : *Ueber das Verhalten des Ammoniaks im menschlichen Organismus* (Arch. für exp. Pat., t. XII 1879). — P. Miquel : *Sur un nouveau ferment figuré de l'urée* (Bull. soc. chim., t. XXXI 1879). — A. Adamkiewicz : *Ueber die Schicksale des Ammoniaks*, etc. (Arch. de Virchow, t. LXXVI, 1879). — Id : *Wirkung des Salmiaks bei gesunden Menschen* (Arch. für Physiol., 1879). — A. Schabanowa : *Sur les quantités d'urée éliminées à diverses périodes de l'enfance dans les conditions normales* (en russe), 1879. — E. Drechsel : *Ueber Harnstoffpalladiumchlorür* (Journ. für pr. Ch., t. XX, 1879). — L. Féser E. Voit : *Zur Harnstoffbildung aus pflanzensauren Ammoniaksalzen* (Zeit. für Biol., t. XVI, 1870). — E. Salkowski : *Weitere Beiträge zur Theorie der Harnstoffbildung* (Zeit. für phys. Ch., t. IV, 1880). — E. Drechsel : *Ueber die Bildung des Harnstoffs im thierischen Organismus* (Arch. für Physiol., 1880). — W. Rommelaere : *Recherches sur l'origine de l'urée*, 1880). — W. Signist : *Der Einfluss der Faradisation der Leber auf die Menge des ausgeschiedenen Harnstoffs* (Hofmann's Jahresber., 1880). — R. V. Jaksch : *Ueber die Entwickelungsbedingungen des Micrococcus ureæ* (Med. Cbl. 1880). — L. Popoff : *Ueber die Folgen der Unterbindung der Ureteren*, etc. (Arch. de Virchow, t. LXXXI, 1880). — S. Fubini : *Ueber den Einfluss der wichtigsten Opiumalkaloïde auf die Menge des vom Menschen in 24 Stunden ausgeschieden Harnstoffs* (Med. Cbl. 1880). — E. Gaumaux : *De la synthèse des principes azotés de l'organisme* (Journ. de l'Anat., t. XVI, 1880 — W. Heintz : *Zwei Verbindungen des Harnstoffs mit Goldchlorid* (Ber. d. ch. Ges. t. CCII, 1880). — Ch. Richet et Moutard-Martin : *Contrib. à l'action physiologique de l'urée* (C. rendus, t. XCII, 1881). — R. V. Jaksch : *Studien über den Harnstoffspiegel für phys. Ch., t. V, 1881). — F. Röhmann : *Ueber saure Harngährung* (id.). — Ch. Richet *Sur la fermentation de l'urée* (C. rendus, t. XCII, 1881). — Herroux : *On the synthetic production of urea*, etc. (Journ. of chem. soc. 1881). — W. J. Sell : *On a series of salts of a base containing chromium and urea* (Proc. Roy. Soc. Lond. 1881). — W. V. Schroeder : *Ueber die Bildungsstätt des Harnstoffs* (Arch. für exp. Pat., t. XV, 1882). — W. G. Mixter : *Ueber die Bildung von Harnstoff aus Kohlensäure* (Ber. d. ch. Ges., t. XV, 1882). — Fenton : *Umwandlung von Harnstoff in Cyanamid* (Ber. d. ch. Ges. t. XV, 1882). — C. F. A. Koch : *Ueber die Ausscheidung der Harnstoffs der anorganischen Salze mit dem Harn* (Zeit. für Biol., t. XIX, 1883). — Fubini et Orlenghi : *Influence de la caféine et de l'infusion de café sur la quantité journalière de l'urée* (Arch. de biologie, t. III, 1883). — E. Salkowski : *Weitere Beiträge zur Kenntniss der Harnstoffbildung* (Zeit. für phys. Ch., t. VII, 1883). — Gréhant et Quinquaud : Nouvelles recher ches sur le lieu de formation de l'urée* (Journ. de l'anat., 1884). — W. Salkowski *Ueber die Vertheilung der Ammoniaksalze im thierischen Organismus und über den Werth der Harnstoffbildung* (Arch. de Virchow, t. XCVII, 1884). — E. Salkowski : *Ueber Bildung von Harnstoff aus Sarkosin* (Zeit für phys. Ch., t. VIII, 1884). — L. Wanner : *The urea elimination under the use of potassium fluoride in health* (Journ. of anal. physiol. 1884). — M. Rübner : *Ueber die Wärmebindung beim Lösen von Harnstoff in Wasser* (Zeit für Biol., t. XX, 1884). — Gréhant et Quinquaud : *L'urée est un poison*, (Journ. de l'Anat. 1884). — R. Behrend : *Ueber einige Derivate des Harnstoffs* (Ber. d. ch. Ges., t. XVII, 1884). — B. Rathke : *Ueber Verbindungen des Schwefelharnstoffs* (Ber. d. ch. Ges., t. XVII, 1884). — A. Ladureau : *Sur le ferment ammoniacal* (C. rendus, t. XCIX, 1884). — H. J. Hamburger : *Titration des Harnstoffes mittelst Bromlauge* (Zeit. f. Biol. t. XX, 1884). — Bloxam : *Erkennung des Harnstoffes mittelst Brom* (Zeit. f. anal. Ch., t. XXIII, 1884). — Eu. Pfeiffer : *Ueber die titrimetrische Bestimmung des Harnstoffes* (Zeit. f. Biol., t. XX, 1884). — J. F. Eykmann : *Ueber die Bestimmung des Harnstoffes* (Zeit. f. anal. Ch., t. XXIII, 1884). — R. Natvig et Otto : *Ueber die Brauchbarkeit der Esbachschen Methode*, etc. (Maly's Jahresb. 1884). — Gréhant et Quinquaud : *Note sur l'aition de l'urée* (Soc. de biol. 1875). — Sambuc : *Dosage* *l'urée* (Arch. de méd. nav. 1885). — W. V. SCHRÖDER : *Die Bildung des Harnstoffs in der Leber* (Arch. für exp. Pat., t. XIX, 1885). — F. ANDERLINI : *Apparat zur Harnstoffbestimmung* (Ch. Zeit. 1884). — W. GERRARD : *Einf. Apparat zur Bestimm. des Harnstoffes* (Ch. Cbl. 1885). — A. S. LEA : *Some notes on the isolation of a soluble urea-ferment*, etc. (Journ. of Phys., t. VI, 1885). — C. JACOBY : *Krit. und Exp. zur Met. d. Harnstoffbestimmung nach Knop-Hüfner* (Zeit. f. anal. Cl., t. XXIV, 1885). — J. MYGGE : (Maly's Jahresb. 1885). — G. LUNGE : *Ueber die Bestimmung der Harnstoffes* (A. de Pfl., t. XXXVII, 1885). — G. FRUTIGER : *Nouvel uréomètre* (Rev. méd. Suisse rom. 1886). — DANNECY : *Sur un nouvel uréomètre* (Bull. de thér. 1888). — E. PFLUGER et FR. SCHENCK : *Ueber Bestimmung des Harnstoffs im menschlichen Harne nach der Methode von Knop-Hüfner* (Arch. de Pflüger, t. XXXVIII, 1886). — E. PFLÜGER : *Ein neues Verfahren zur Bestimmung des Harnstoffs mit Hypobromitlauge* (id.). — F. SCHENCK : *Ueber den Correctionscoefficienten bei Hüfner's Brommethode* (id.). — ID : *Zur Kritik der Harnstoffbestimmung nach Plehn* (id.). — E. PFLUGER et K. BOHLAND : *Ueber eine Methode den Stickstoffgehalt des menschlichen Harnes schnell annaherungsweise zu bestimmen* (id.). — ID. : *Prüfung der Harnstoffanalyse Hüfner's*, etc. (id., t. XXXIX, 1886). — ID. : *Bestimmung des Harnstoffs im menschlichen Harne mit Bromlauge* (id.). — E. SALKOWSKI : *Zur Hüfner'schen Methode der Harnstoffbestimmung* (Zeit. f. phys. Ch., t. X, 1886). — NOEL-PATON : *The commoner methods for the estimation of urea in urine* (Practitioner, 1886). — J. MARSHALL : *Ein Apparat für die Harnstoffbestimmung*, etc. (Zeit. f. phys. Ch., t. XI, 1887). — Voir aussi : *Bibliographie de l'urine* (1).

ARTICLE VI. — Acides amidés.

GLYCOCOLLE $C^2H^5AzO^2$.

Syn. — Sucre de gélatine, glycollamine, glycine, acide acétamique, acide amido-acétique.

Prép. — On le prépare en traitant la gélatine à chaud par l'acide sulfurique et neutralisant la liqueur par du carbonate de sodium : il se dépose des cristaux de glycocolle.

Caractères. — Cristaux prismatiques ou rhomboédriques (fig. 54) durs, incolores, de saveur sucrée, solubles dans l'eau, à peine solubles dans l'alcool et dans l'éther. Il fond à 170°. Ses solutions ont une réaction acide.

Propriétés chimiques. — Formation. — Le glycocolle se produit dans diverses circonstances ; je mentionnerai celles qui ont un intérêt physiologique : 1° dans la décomposition de la gélatine ; — 2° en traitant l'acide urique par l'acide iodhydrique : $C^5H^4Az^4O^3 + 3IH + 5H^2O = C^2H^5AzO^2 + 3AzH^4I + 3CO^2$; il est possible que cette transformation d'acide urique en glycocolle ne soit pas directe, mais que, comme le croit Kummerling, le glycocolle se forme aux dépens du radical cyanique de l'acide urique et qui serait mis en liberté dans la décomposition de ce dernier ; — 3° dans le dédoublement des acides glycocholique et hippurique (voir ces acides) ; — 4° dans le dédoublement de l'acide amido-malique dérivé de l'acide violurique, provenant lui-même de l'allautoine ; — 5° aux dépens des composés cyanés, ainsi dans la réaction du cyanogène avec l'acide iodhydrique : $2CAz + 2IH + 2H^2O + 3H = AzH^4I + 2I + C^2H^5AzO^2$; par l'action de la baryte sur l'acide tricyanhydrique, etc. ; — 6° il a été obtenu par synthèse en faisant réagir

(1) *A consulter* : Picard : *De la présence de l'urée dans le sang.* Strasbourg, 1856. — Béchamp : *Essai sur les substances albuminoïdes et sur leur transformation en urée.* Strasbourg, 1856. — G. Meissner ; *Der Ursprung des Harnstoffs* (Zeitsch. f. ration. Medicin, t. XXXI). — A. Gréhant : *Recherches physiologiques sur l'excrétion de l'urée par les reins.* Paris, 1870. — E. Ritter : *Sur la transformation des matières albuminoïdes en urée*, etc. (Comptes rendus, 1871). — O. Schultzen et M. Nencki : *Ueber die Vorstufen des Harnstoffs im thierischen Organismus* (Zeitschr. für Biologie, t. VIII). — J. Munk : *Ueber die Harnstoffbildung in der Leber* (Arch. de Pflüger, t. II). — Drechsel : *Beiträge zur Kenntniss des Cyanamids.* Leipzig, 1875. — Id. : *Ueber die Oxydation von Glycocoll, Leucin und Tyrosin, sowie über das Vorkommen der Carbaminsäure in Blute* (Ber. d. k. sachs. Gesells. d. Wiss. 1875). — E. Salkowski : *Ueber die Bildung des Harnstoffes in Thierkörper* (Centralblatt, 1875). — P. Picard : *Recherches sur l'urée* (Gaz. médicale, 1871). — L. Feder : *Ueber die Ausscheidung des Salmiaks im Harn* (Zeitsch. für Biologie, t. XIII). — E. Salkowski : *Ueber den Vorgang der Harnstoffbildung im Thierkörper*, etc. (Zeitsch. für phys. Chemie, t. I).

l'ammoniaque sur l'acide monobromacétique : $C^2H^3BrO^2 + 2AzH^3 = AzH^4Br + C^2H^5AzO^2$
— *Décompositions*. Chauffé, il se charbonne en donnant des vapeurs ammoniacales et de la méthylamine. — Les agents oxydants le transforment en acide oxamique :
$C^2H^5AzO^2 + O^2 = C^2H^3AzO^3 + H^2O$. Avec le peroxyde de manganèse et l'acide sulfurique,

Fig. 54. — *Cristaux de glycocolle.*

il donne de l'acide cyanhydrique, de l'acide carbonique et de l'eau. — L'acide nitreux le transforme en *acide glycholique* : $C^2H^5AzO^2$
$+ AzHO^2 = C^2H^4O^3 + H^2O + 2Az$. Chauffé avec la baryte, il se décompose en méthylamine et acide carbonique : $C^2H^5AzO^2 + BaH^2O^2$
$= CH^3AzH^2 + BaCO^3 + H^2O$. — *Combinaisons et dérivés*. Chauffé avec de l'eau de baryte et de l'urée, il donne de l'acide hydantoïque :
$C^2H^5AzO^2 + CH^4Az^2O = C^3H^6Az^2O^3 + AzH^3$.
Mêlé à une solution de cyanamide, il forme de la glycocyanamine : $C^3H^7Az^3O^2$, homologue de la créatinine. — Il forme des sels avec les bases et les oxydes métalliques. — Il se combine avec les acides. — Il donne un grand nombre de dérivés dont les plus importants sont l'acide glycocholique, l'acide hippurique, qui seront étudiés plus loin, et la sarcosine.

Sarcosine ou méthylglycocolle, $C^3H^7AzO^2$. — La sarcosine est un méthylglycocolle dans lequel le radical méthyle, CH³, remplace un hydrogène du radical AzH^2. On peut l'obtenir par synthèse en traitant la méthylamine, $CH^3.AzH^2$, par l'acide chloracétique, $CH^2Cl.CO.OH$. — Elle cristallise en colonnes rhomboédriques, incolores, de saveur douceâtre, un peu métalliques, solubles dans l'eau, moins solubles dans l'alcool, insolubles dans l'éther. — Si on chauffe à 100° une solution alcaline de sarcosine et de cyanamide, il se dépose par le refroidissement des cristaux de créatinine. — La sarcosine est isomère avec le lactamide, l'uréthane et l'alanine. — Elle n'a pas encore été trouvée dans l'organisme.

Réactions caractéristiques (Engel). — 1° Le glycocolle réduit, même à froid, l'azotate mercureux. — 2° Il donne avec le perchlorure de fer une coloration rouge intense qui disparaît par l'addition d'un acide et reparaît par la neutralisation par l'ammoniaque. — 3° Traité par une solution de sulfate de cuivre, puis par la potasse, il donne une coloration bleue. — 4° Traité par le phénol, en présence d'un excès d'hypochlorite de sodium, il donne une coloration bleue.

Constitution. — Il peut être considéré comme un *acide amido-acétique*

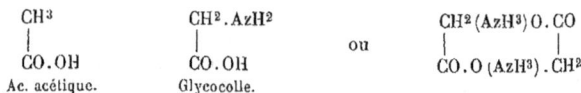

$$
\begin{array}{ccc}
CH^3 & CH^2.AzH^2 & CH^2(AzH^3)O.CO \\
| & | \qquad ou & | \qquad\qquad | \\
CO.OH & CO.OH & CO.O(AzH^3).CH^2 \\
\text{Ac. acétique.} & \text{Glycocolle.} &
\end{array}
$$

car, comme il représente à la fois une amine et un acide, il est plus logique de doubler sa formule. Ses relations avec l'acide urique, l'allantoïne, les composés cyanés, la créatinine, ont été indiquées plus haut.

Existence dans l'organisme. — Le glycocolle n'a pas encore été trouvé à l'état de liberté dans l'organisme animal sauf dans les muscles du *Pecten irradians*.

Origine et mode de formation. — Si l'on s'en rapporte aux faits chimiques, on voit que le glycocolle a des rapports, d'une part avec quelques produits de désassimilation, acide urique, allantoïne, etc., et d'autre part avec les albuminoïdes. On a vu en effet que le dédoublement de certaines substances albuminoïdes et en particulier de la gélatine, donne du glycocolle. Il est difficile de décider lequel de ces deux modes de formation se rencontre dans l'organisme ; peut-être du reste s'y produit-il des deux façons. Quant au lieu de la production, on l'a placé dans le foie, mais on ne sait rien de précis sur ce point et s'il provient de la désassimilation des tissus à gélatine sa formation ne pourrait guère être localisée dans un organe déterminé.

Je noterai ici que le glycocolle pourrait bien provenir, en grande partie, chez les herbivores, de la *bétaïne* (lycine, triméthylglycocolle) qui se rencontre dans un grand nombre de substances qui servent à leur alimentation (navets encore verts, betteraves, feuilles du *Lycium barbarum*, etc.). Le glycocolle en effet peut se former de la bétaïne par remplacement de trois H par trois CH^3, comme le montrent les formules suivantes :

$$CH^2AzH^2 \quad\quad\quad CH.Az(CH^3)^3$$
$$| \quad\quad\quad\quad\quad\quad |$$
$$CO.OH \quad\quad\quad\quad CO.OH$$

Glycocolle. — Bétaïne.

Transformations dans l'organisme. — Le glycocolle, une fois formé, contribue à la production de l'acide glycocholique, et accessoirement chez l'homme (et sous certaines conditions) à celle de l'acide hippurique. Mais l'acide glycocholique est décomposé, au moins partiellement, dans l'intestin et une certaine quantité de glycocolle se trouve ainsi mis en liberté. Quelle en est la destination ? que devient-il ? On n'a pas encore constaté sa présence dans le contenu de l'intestin ; il est donc probable qu'il est résorbé et passe dans le sang. Mais là que devient-il, car on ne le retrouve pas plus dans le sang que dans l'intestin ? Une partie reforme peut-être de l'acide glycocholique, mais la désassimilation de la gélatine fournissant toujours du glycocolle, il doit y avoir un autre mode de disparition du glycocolle dans le sang.

Si l'on examine quels sont les produits de décomposition du glycocolle obtenus dans les laboratoires, on voit qu'il donne naissance aux produits suivants : eau, acides oxalique, carbonique, cyanhydrique, oxamique, carbonique, ammoniaque, méthylamine, qui se retrouvent ou dont les dérivés se retrouvent dans l'organisme.

D'après une hypothèse qui a été développée à propos de l'urée, le glycocolle donnerait de l'urée. Sans revenir sur des faits déjà étudiés, je me contenterai de dire que, quoique cette transformation de glycocolle en urée n'ait pas été obtenue directement, certains faits physiologiques parlent en faveur de cette opinion. En effet, si on fait ingérer du glycocolle à un chien soumis à la *ration d'entretien*, et dont la quantité d'urée de l'urine est constante, on voit cette quantité d'urée augmenter dans une proportion qui correspond exactement à la quantité de glycocolle ingéré (Horsford, Küthe, Schultzen et Nencki).

Le *rôle physiologique* du glycocolle ressort des faits précédents (1).

ACIDE HIPPURIQUE $C^9H^9AzO^3$.

Préparation. — On le retire de l'urine de cheval ou de vache qu'on traite pendant quelques minutes par l'ébullition avec du lait de chaux en excès. Le liquide encore

(1) *A consulter* : Engel : *Contributions à l'étude des glycocolles*, 1875.

chaud est filtré, évaporé au $1/10^e$ de son volume et saturé d'acide chlorhydrique; les cristaux d'acide hippurique se précipitent; on les dissout dans une solution de soude, et on ajoute à la solution bouillante du permanganate de potassium et on précipite de nouveau par l'acide chlorhydrique. On peut aussi extraire de l'acide hippurique de l'urine de l'homme après l'ingestion d'acide benzoïque.

Caractères. — L'acide hippurique (fig. 55), cristallise en gros prismes quadrangulaires, terminés par deux ou quatre facettes et quelquefois en fines aiguilles agglomérées. Il est inodore, de saveur faiblement amère, peu soluble dans l'eau froide et dans

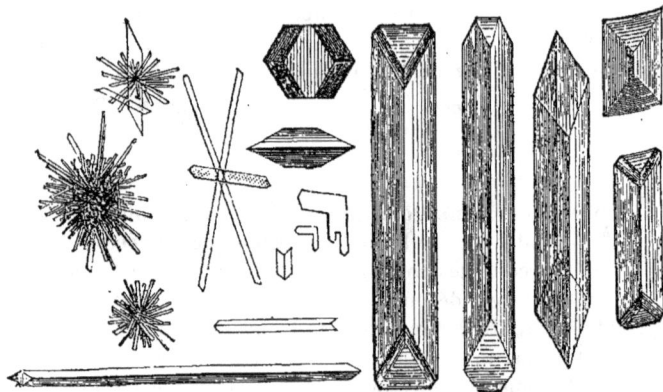

Fig. 55. — *Acide hippurique.*

l'éther, soluble dans l'eau bouillante et l'alcool, un peu soluble dans l'éther acétique, l'alcool amylique, insoluble dans le chloroforme, la benzine, le sulfure de carbone. Il réduit la solution alcoolique de sulfate de cuivre. Ses sels cristallisent facilement et sont pour la plupart solubles dans l'eau et dans l'alcool. — Il rougit la teinture de tournesol. — Il fond vers 130°.

Propriétés chimiques. — Chauffé à 250°, il se décompose en donnant de l'acide cyanhydrique, de l'acide benzoïque et du benzonitrile, $C^6H^5.CAz$. — Chauffé avec les acides minéraux et les alcalis, il se décompose en prenant de l'eau en acide benzoïque et glycocolle : $C^9H^9AzO^3 + H^2O = C^7H^6O^2 + C^2H^5AzO^2$. La même décomposition se produit par les ferments (ainsi dans l'urine en putréfaction). Par l'acide nitreux et les hypoazotites alcalins, il se décompose en acide *benzoglycolique,* eau et azote : $C^9H^9AzO^3 + AzH^3 = C^9H^8O^4 + H^2O + 2Az$. Traité par le peroxyde de plomb, il se décompose en acide carbonique, ammoniaque et benzamide, $C^6H^5.CO.AzH^2$. Par le peroxyde de manganèse et l'acide sulfurique étendu, il se décompose en acide benzoïque, acide carbonique et ammoniaque. — *Combinaisons.* L'acide hippurique est monobasique et forme des sels avec les bases et les oxydes métalliques.

Synthèse. — Il a été obtenu artificiellement par divers procédés : 1° Avec le chlorure de benzoyle et le glycocolate de zinc : $2C^6H^5.CO.Cl + Zn(HAz.CH^2.COOH)^2 = 2(C^6H^5.CO)HAz.CH^2COOH + ZnCl^2$; — 2° en chauffant de l'acide benzoïque avec le glycocolle ; — 3° en chauffant de la benzamide avec l'acide monochloracétique : $(C^6H^5.CO)AzH^2 + Cl.CH^2.COOH = (C^6H^5.CO)HAz.CH^2.COOH + HCl.$

Réactions caractéristiques. — 1° Examen microscopique des cristaux. — 2° Les hippurates alcalins donnent avec le perchlorure de fer un précipité brun (caractère commun avec les acides benzoïque et succinique). — 3° Chauffé avec de la chaux hydratée, il donne de la benzine et de l'ammoniaque (caractère distinctif d'avec l'acide benzoïque). — 4° Chauffé dans un tube à essai, il fond en un liquide huileux, puis se décompose; il se sublime de l'acide benzoïque; en même temps il se dégage de l'acide prussique reconnaissable à son odeur. — 5° Chauffé et évaporé à siccité avec de l'acide nitrique concentré, il donne de la nitrobenzine et de l'essence d'amandes amères. — 6° L'acide chlorhydrique le sépare, sous forme de longues aiguilles, des solutions concentrées de ses sels. — 7° Il ne dégage pas d'azote par l'hypobromite de sodium.

Constitution. — L'acide hippurique est un glycocolle dans lequel un atome d'hydrogène est remplacé par le radical *benzoyle*, $C^6H^5.CO$.

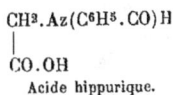

$$\begin{array}{c} CH^2-AzH^2 \\ | \\ CO.OH \end{array} \qquad\qquad \begin{array}{c} CH^2.Az(C^6H^5.CO)H \\ | \\ CO.OH \end{array}$$

Glycocolle.   Acide hippurique.

On peut le considérer comme constitué par l'union de l'acide benzoïque et du glycocolle avec perte d'une molécule d'eau,

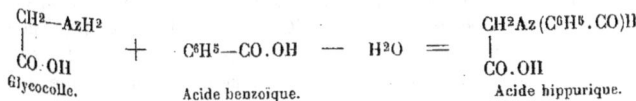

$$\begin{array}{c} CH^2-AzH^2 \\ | \\ CO.OH \end{array} + C^6H^5-CO.OH - H^2O = \begin{array}{c} CH^2Az(C^6H^5.CO)H \\ | \\ CO.OH \end{array}$$

Glycocolle.   Acide benzoïque.   Acide hippurique.

et on verra plus loin que cette formation s'accomplit dans l'organisme. Inversement, les acides minéraux, les alcalis, avec l'aide de la chaleur, certains ferments (ferment de l'urine putréfiée), le décomposent en acide benzoïque et glycocolle en fixant une molécule d'eau.

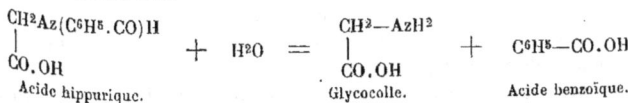

$$\begin{array}{c} CH^2Az(C^6H^5.CO)H \\ | \\ CO.OH \end{array} + H^2O = \begin{array}{c} CH^2-AzH^2 \\ | \\ CO.OH \end{array} + C^6H^5-CO.OH$$

Acide hippurique.   Glycocolle.   Acide benzoïque.

Existence dans l'organisme. — L'acide hippurique se rencontre dans l'urine des herbivores, cheval, bœuf, etc. Dans l'urine des carnivores et en particulier de l'homme, il n'existe qu'en très petite quantité, sauf après l'ingestion de certains végétaux, asperges, prunes de reine-Claude, airelles rouges, fruits de la ronce arctique, etc., ou après l'administration d'acide benzoïque, d'acide cinnamique, d'acide quinique et de quelques autres corps analogues. Sa présence a été constatée dans l'urine des nouveau-nés les premiers jours après la naissance. Son existence dans le sang, les capsules surrénales, la sueur, admise par quelques auteurs, est douteuse.

L'acide hippurique se trouve dans l'urine à l'état d'hippurate de sodium ou de calcium (urine de cheval). Il est peu probable qu'il soit à l'état libre, même pour une faible partie.

Origine et mode de formation. — L'acide hippurique peut provenir de deux sources, de l'alimentation, autrement dit des substances qui contiennent ou peuvent fournir de l'acide benzoïque et en second lieu de la désassimilation des albuminoïdes de l'organisme.

C'est un fait aujourd'hui bien constaté que l'ingestion d'acide benzoïque fait apparaître des quantités notables d'acide hippurique dans les urines, et cela non seulement chez les herbivores, mais encore chez les carnivores et chez l'homme, dont l'urine n'en révèle que des traces à l'état normal. L'acide benzoïque ingéré, qui ne se retrouve plus dans les urines à l'état d'acide benzoïque, s'unit au glycocolle formé dans l'organisme (Voir : Glycocolle) et forme avec lui de l'acide hippurique avec perte d'une molécule d'eau, comme le montre l'équation donnée ci-dessus. Toutes les substances qui contiennent de l'acide benzoïque ou qui peuvent lui donner naissance par leur décomposition (acide cinnamique, essence d'amandes amères) sont dans le même cas. Il en serait de même de l'acide quinique, $C^7H^{12}O^6$, d'après Lautemann et Mattschersky; mais le fait est nié par G. Meissner et Shepard. Les acides benzoïques substitués, chloro-benzoïque, amido-benzoïque, donnent naissance dans les mêmes conditions aux acides chloro-hippurique et amido-hippurique.

En résumé, tous les aliments qui contiennent une des substances précédentes font apparaître l'acide hippurique dans les urines ou en augmentent la quantité; c'est ce qui arrive, en effet, pour un certain nombre de végétaux dans lesquels on a constaté la présence de l'acide quinique (les prunes de reine-Claude en particulier). Mais ni l'acide benzoïque ni l'acide quinique ne se rencontrent dans la plupart des fourrages qui servent à la nourriture des herbivores. Hallwachs a bien constaté dans ces fourrages la présence de la *coumarine;* mais cette substance ne produit pas d'acide hippurique et passe inaltérée dans l'organisme. Harten a, il est vrai, trouvé des traces de *quinon* dans beaucoup de graminées, mais pas d'acide quinique, et Shepard et Meissner ont montré que le résidu des fourrages, résidu composé de cellulose, de ligneux et de substance cuticulaire, et à peu près dépourvu de matière azotée, donne encore lieu à l'apparition de l'acide hippurique dans l'urine. Je dois faire remarquer pourtant que Löw a trouvé dans l'extrait de foin un acide qu'il considère comme identique à l'acide quinique.

S'il est cependant un fait bien démontré, c'est que l'acide hippurique est sous l'influence de l'alimentation végétale; en effet, il existe en quantité notable dans l'urine des herbivores et manque presque complètement dans celle des carnivores. Chez le veau, comme l'a vu Woehler, l'acide hippurique est absent de l'urine tant qu'il tette, tandis qu'il paraît dès qu'on lui donne du fourrage.

D'après Shepard et Meissner, la substance qui, dans l'alimentation végétale, donnerait naissance à l'acide hippurique, serait la substance cuticulaire, la cuticule qui recouvre toutes les parties des plantes exposées à l'air, et dont la composition se rapprocherait beaucoup de celle de l'acide quinique. Ils ont remarqué que les parties riches en substance cuticulaire, paille de céréales, foin, graminées, etc., augmentent la proportion d'acide hippurique, tandis qu'il diminue ou disparaît par l'ingestion de graines décortiquées, de carottes, de pommes de terre, de betteraves, etc. Harten, en nourrissant des lapins avec du foin riche en substance cuticulaire, a vu que l'acide hippurique disparaissait de l'urine quand on détruisait cette substance cuticulaire avant de donner le fourrage à l'animal. Cependant les expériences de Meissner et Shepard ont été récemment contredites par H. Weiske, qui est arrivé à cette conclusion que ce n'est pas la substance cuticulaire qui contribue à la formation de l'acide hippurique.

Du reste, il y a des différences très grandes entre les animaux, au point de vue de la production de l'acide hippurique; ainsi la paille d'avoine qui, d'après Henneberg et Stohmann, amènerait chez les bœufs une production notable d'acide hippurique, n'en produit pas chez le lapin (Harten).

La transformation d'acide quinique en acide benzoïque (qu'on peut produire par l'iodure de phosphore) se fait probablement par oxydation et par réduction:
$$C^7H^{12}O^6 + 4H^2 + 3O = C^7H^6O^2 + 7H^2O.$$

Les substances qui, ingérées, font apparaître l'acide hippurique dans les urines, sont les suivantes:

Acide cinnamique.................	$C^6H^5.CH.CH.CO\,OH$
Ac. phénylpropionique.............	$C^6H^5.CH^2.CH^2.CO\,OH$
Ac. α-phénylamidopropionique.......	$CH^3.CH.AzH.C^6H^5.CO.OH$
Toluol..................	$C^6H^5.CH^3$
Ethylbenzol.....................	$C^6H^5.CH^2.CH^3$
Propylbenzol normal...............	$C^6H^5.CH^2.CH^2.CH^3.$

Tous ces corps se transforment en acide benzoïque par oxydation de la chaîne latérale ; ex. :

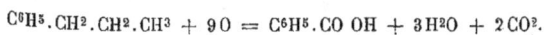

$$C^6H^5 . CH^2 . CH^2 . CH^3 + 9O = C^6H^5 . CO\,OH + 3H^2O + 2CO^2.$$

Les dérivés benzoïques donnent de même des dérivés hippuriques parallèles ; ainsi l'acide métachlorobenzoïque donne l'acide métachlorohippurique, l'acide métanitrobenzoïque, l'acide métanitrohippurique, etc.

En dehors de l'acide hippurique provenant de l'alimentation, il y en a toujours une petite quantité qui se forme dans l'organisme indépendamment du régime alimentaire. Liebig admettait déjà l'existence constante de l'acide hippurique dans l'urine normale de l'homme. Schultzen en a constaté des proportions notables dans l'urine d'un homme soumis à l'inanition depuis quatorze jours. Weismann est arrivé aux mêmes résultats après s'être soumis pendant plusieurs jours à un régime composé exclusivement d'œufs et de viande (quinze œufs et une livre de viande par jour) et en a trouvé aussi chez des malades qui ne prenaient que du lait et du bouillon. D'où provient dans ces cas l'acide hippurique ? il est très probable qu'il a son origine dans la désassimilation des substances albuminoïdes. On sait, en effet, que les albuminoïdes, par l'oxydation, donnent entre autres produits de l'acide benzoïque et de l'essence d'amandes amères d'une part, et de l'autre du glycocolle. Or ces deux substances, mises en présence, donnent naissance à l'acide hippurique absolument comme quand l'acide benzoïque est ingéré expérimentalement ou introduit par l'alimentation.

Lieu de formation de l'acide hippurique. — Où se fait maintenant l'union de ces deux facteurs de l'acide hippurique, acide benzoïque et glycocolle, soit que l'acide benzoïque provienne de l'alimentation, soit qu'il provienne de la décomposition des albuminoïdes ? Les recherches les plus récentes tendent à localiser dans le rein la formation de l'acide hippurique.

Kühne et Hallwachs avaient admis qu'elle se faisait *dans le foie*, où se trouverait déjà le lieu de formation du glycocolle. Si on fait ingérer de l'acide benzoïque après avoir lié les vaisseaux du foie pour interrompre la circulation hépatique, l'acide benzoïque passe inaltéré dans l'urine et il ne se forme pas d'acide hippurique ; si, au contraire, on injecte dans le sang du benzoate de soude et de la bile, ou du glycocholate de soude, ou du glycocolle, l'acide hippurique apparaît dans l'urine. Mais les expériences de Kühne et Hallwachs ont été contredites par la plupart des physiologistes. Bunge et Schmiedeberg ont constaté chez des grenouilles dont le foie avait été extirpé que l'injection d'acide benzoïque et de glycocolle dans les sacs lymphatiques du dos était suivie de l'apparition de cristaux d'acide hippurique. Cet acide a pu donc se former sans participation du foie. Il faut cependant remarquer que des expériences plus récentes de Salomon Jaarveld et Stokvis tendraient à faire admettre que le foie prend part aussi à la formation de cet acide.

Une opinion qui a réuni plus de suffrages est celle de Shepard et Meissner, qui placent *dans le rein* même le lieu de production de l'acide hippurique. Les faits sur lesquels ils s'appuient sont les suivants : absence de l'acide hippurique dans le sang des herbivores, même après l'extirpation des reins (il est vrai qu'ils en ont trouvé après la ligature de l'artère et de la veine rénales, ce qui est en opposition avec leur théorie) ; absence de l'acide hippurique dans la salive et dans la sueur après l'injection d'acide benzoïque dans le sang. Les recherches récentes de Bunge et de Schmiedeberg, de Hoffmann, celles de Jaarveld et Stokvis sont venues appuyer.

l'hypothèse de Shepard et Meissner. Chez le chien, lorsque les vaisseaux des reins ont été liés, on ne trouve pas d'acide hippurique dans le sang, dans le foie et dans les muscles après l'injection d'acide benzoïque, mais seulement l'acide benzoïque injecté. Il en est de même après l'extirpation des reins. Les circulations artificielles dans les reins extirpés ont donné les mêmes résultats. En faisant passer à travers des reins frais un courant de sang contenant de l'acide benzoïque et du glycocolle, Bunge et Schmiedeberg ont constaté la présence de l'acide hippurique dans le sang de retour et dans le liquide qui s'écoulait par l'uretère. Dans ce processus, les globules rouges paraissent jouer un rôle essentiel, car en remplaçant le sang par du sérum, la formation d'acide hippurique n'avait pas lieu. Hoffmann est arrivé aux mêmes conclusions. Il a constaté en outre que le sang privé d'oxygène par l'oxyde de carbone avait perdu la propriété de former de l'acide hippurique, et que cet acide ne se produisait plus quand le rein était détruit et diminuait de quantité quand les reins avaient subi l'action toxique de la quinine. Si au contraire on pratique seulement la ligature de l'uretère (lapin), les transsudations séreuses ne contiennent que de l'acide hippurique et pas d'acide benzoïque. Dans les maladies du rein la transformation de l'acide benzoïque en acide hippurique est entravée et une partie de l'acide benzoïque ingéré reparaît inaltéré dans les urines.

Il est cependant possible que d'autres organes que le rein, et en particulier le foie et le canal intestinal, interviennent aussi dans la production de l'acide hippurique (A. de Velde, Stokvis).

Quelques auteurs (Hallwachs, v. Maack, Fröhde) ont supposé, d'après des raisons théoriques, que l'acide hippurique pouvait provenir de la tyrosine par oxydation. Fröhde en a, en effet, obtenu de l'essence d'amandes amères et de l'acide benzoïque. Mais ces faits ne suffisent pas pour faire admettre cette opinion. Kühne croyait qu'il pouvait provenir de l'acide succinique ; mais Hallwachs a montré que la quantité d'acide hippurique de l'urine n'augmentait pas après l'ingestion d'acide succinique.

Transformations dans l'organisme. — Il est probable que tout l'acide hippurique formé dans l'organisme est éliminé tel quel, sans subir de transformations ultérieures. Cependant les recherches de Hennebert et Stohmann, de G. Meissner et Shepard, ont montré qu'il y a un rapport entre les proportions d'urée et d'acide hippurique éliminé ; quand l'une des deux substances augmente, l'autre diminue. Il semble que la formation d'acide hippurique emploie une substance (glycocolle ?), qui sans cela se convertirait en urée (Voir : *Urée*). La chaleur, l'exercice musculaire, l'énergie des oxydations intra-organiques paraissent augmenter la quantité d'acide hippurique de l'urine.

Cependant dans certaines conditions l'acide hippurique peut se dédoubler dans l'organisme en acide benzoïque et glycocolle. Ainsi ce dédoublement paraît se produire, au moins partiellement, quand l'acide hippurique est introduit dans l'estomac, surtout dans les cas de lésion du rein. Il peut se produire aussi dans l'urine alcaline ou dans l'urine acide contenant de l'albumine, probablement sous l'influence des ferments. Chez les animaux carnivores (chien), le rein et quelquefois les muscles et le foie renferment un ferment qui décompose l'acide hippurique ; ce ferment manque dans tous les organes chez le bœuf et le lapin (O. Minkowski).

L'acide hippurique n'a pas d'autre *rôle physiologique* que celui d'un produit d'excrétion.

Corps analogues à l'acide hippurique. — Un certain nombre de substances se combinent dans l'organisme avec le glycocolle à la manière de l'acide benzoïque pour donner des corps comparables à l'acide hippurique. Tels sont : 1° deux acides isomères, acides *paratolurique* et *métatoluriques*, (CH³.C⁶H⁴CO₂HAz.COOH, qui se retrouvent dans l'urine après l'ingestion d'acide paratoluylique et de xylol ; 2° l'acide *phénacéturique*, (C⁶H⁵.CH².CO₂HAz.CH².COOH, après l'ingestion d'acide phénylacétique ; 3° l'acide *mésitylénique* (CH³)₂.C⁶H³.COOH, après l'ingestion de mésitylène ou triméthylbenzol ; 4° l'acide *cuminique* (CH³)²CH.C⁶H⁴.COOH, et l'acide *cuminurique*, (C³H⁷.C⁶H⁴.CO)HAz.CH².COOH, après l'ingestion de cymol.

Acide ornithurique C¹⁹H²⁰Az³O⁴. — Tandis que, dans l'organisme des mammifères, l'acide benzoïque se transforme en acide hippurique en s'unissant au glycocolle, dans l'organisme des oiseaux il s'unit à une substance non encore isolée, l'*ornithine*, C⁵H¹²Az²O² pour donner un acide, l'*acide ornithurique ;* cet acide cristallise en petites aiguilles incolores, presque insolubles dans l'eau et dans l'éther, solubles dans l'alcool et dans l'éther acétique.

Bibliographie. — W. v. Schröder : *Ueber hie Bildung der Hippursäure im Organismus des Schafes*(Zeit. für physiol. Ch., t. III, 1879). — H. Weiske : *Ueber Hippursäurebildung im thierischen Organismus* (Zeit. für Biol., t. XV, 1879). — O. Loew : *Ueber die Quelle der Hippursäure im Harn der Pflanzenfresser* (Journ. für pr. Ch., t. XIX, 1879). — E. Stadelmann : *Ueber die Umwandlung der Chinasäure im Hippursäure im Organismus der Saugethiere* (Arch. für exp. Pat., t. X, 1879). — G. J. Jaarsveld et B. J. Stokvis : *Ueber dem Einfluss der Nierenaffectionen anf die Bildung der Hippursäure* (Arch. für exp. Pat., t. X, 1879). — C. Schotten : *Ueber die Quelle der Hippursäure im Harn* (Zeit. für phys. Ch. t. VIII, 1883). — A. v. de Velde et B. J. Stokvis : *Beiträge zur Frage der Hippursäurezerlegung im lebenden Organismus* (Arch. für exp. Pat., t. XVII, 1883). — O. Minkowski : *Ueber Spaltungen im Thierkörper* (Arch. für exp. Pat., t. XVII, 1883). — Fr. Kronecker : *Ueber die Hippursäurebildung beim Menschen in Krankheiten* (Arch. für exp. Pat., t. XVI, 1883). — Th. Curtius : *Synthese von Hippursäure und Hippursäuräthern* (Ber. d. d. d. ch. Ges., t. XVII, 1884). — J. Baum : *Eine einfache Methode zur künstlichen Darstellung von Hippursäure und ähnlich zusammengesetzter Verbindungen* (Zeit. für phys. Ch., t. IX, 1885). — H. Tappeiner : *Zur Kenntniss der Hippursäurebildung* (Zeitsch. f. Biol., t. XXII, 1886). — A. Hoffmann : *Ueber eine Verbindung der Brenztraubensäure mit Hippursäure.* (Ber. d. d. ch. Ges. 1886) (1).

BUTALANINE C⁵H¹¹AzO².

Syn. — Acide amido-valérique, oxyvaléramine.

Caractères. — Cristallise en paillettes prismatiques incolores ou en aiguilles étoilées un peu solubles dans l'eau, à peine solubles dans l'alcool froid et dans l'éther. — Chauffée avec précaution, elle se sublime comme la leucine; chauffée brusquement, elle se décompose en acide carbonique et butylamine : C⁵H¹¹AzO² = CO² + C⁴H¹¹Az. — Elle s'unit aux bases et aux acides pour former des sels. — Elle a été obtenue par synthèse.

Constitution. — C'est un acide amido-valérique. Elle a avec l'acide valérique les mêmes relations que la leucine avec l'acide caproïque.

(1) *A consulter :* W. Hallwachs : *Ueber den Ursprung der Hippursäure im Harn der Pflanzenfresser*, 1857. — A. Weismann : *Id. : De acidi hippurici in corpore humano generatione*, 1857. — Kühne et Hallwachs : *Ueber die Entstehung der Hippursäure nach dem Genusse von Benzoesäure* (Arch. f. pathol. Anat., t. XII). — E. Lautemann : *Ueber die Reduction der Chinasäure zu Benzoesäure und die Verwandlung derselben in Hippursäure im thierischen Organismus* (Annal. v. Chemie u. Pharm., t. CXXV). — G. Meissner et C.-U. Shepard : *Untersuchungen über das Entstehen der Hippursäure im thierischen Organismus*, 1866. — H. Weiske : *Untersuch. über die Hippursäurebildung im Körper des Herbivoren* (Zeitschrift f. Biologie, t. XII). — G. Bunge et O. Schmiedeberg : *Ueber die Bildung der Hippursäure* (Archiv f. exper. Pathol., t. VI). — A. Hoffmann : *Ueber die Bildung der Hippursäure in der Niere* (Archiv. experim. Pathol., t. VII).

Existence dans l'organisme. — Elle aurait été trouvée dans le tissu du pancréas et de la rate par Gorup-Besanez, ce qui mérite confirmation. En tout cas, on a constaté sa présence dans la décomposition des matières albuminoïdes.

LEUCINE $C^6H^{13}AzO^2$.

Syn. — Acide amido-caproïque, oxycaproamine.

Préparation. — La leucine se forme en grande quantité dans la digestion pancréatique des albuminoïdes et dans la putréfaction des matières azotées en même temps que la tyrosine. Elle se prépare, comme cette dernière, en faisant bouillir avec l'acide sulfurique étendu des rognures de corne. On sature par la chaux. La tyrosine se dépose la première et ensuite la leucine, qu'on purifie par cristallisation. — On peut l'extraire aussi du pancréas. Il se forme aussi de la leucine quand on traite l'indican par les acides concentrés.

Caractères. — C'est une substance blanche, insipide, inodore. Elle cristallise en lamelles nacrées, douces au toucher, plus légères que l'eau, souvent en petites masses à cristallisation radiée ou en fines aiguilles (fig. 56). — Elle est soluble dans l'eau froide (27 parties), plus soluble dans l'eau chaude, très peu soluble dans l'alcool, insoluble dans l'éther. Elle se dissout dans l'ammoniaque, la lessive de potasse et les acides étendus L'acide acétique augmente sa solubilité dans l'eau et dans l'alcool. — Elle fond à 170° et se sublime en donnant un produit floconneux.

Fig. 56. — Leucine.

Propriétés chimiques. — Chauffée rapidement à 180°-200°, elle se décompose en une huile brune. acide carbonique et amylamine : $C^6H^{13}AzO^2 = CO^2 + C^5H^{11}AzH^2$. — Par l'acide iodhydrique, elle se dédouble en ammoniaque et acide caproïque $C^6H^{13}AzO^2 + H^2 = AzH^3 + C^6H^{12}O^2$. — L'ozone, dans une solution alcaline de leucine, donne de l'aldéhyde valérique, de l'ammoniaque et de l'acide cyanique. — Avec le permanganate de potasse, elle donne de l'acide valérique, de l'acide oxalique et de l'ammoniaque. — Un certain nombre d'agents la décomposent, du reste, en donnant des acides gras et spécialement de l'acide valérique (potasse, fibrine en putréfaction, etc.). — L'acide nitreux convertit la leucine en azote, eau et acide leucique $C^6H^{13}AzO^2 + AzO^2H = H^2O + 2Az + C^6H^{12}O^3$ (voir p. 233). — Elle forme des sels avec les acides et des combinaisons avec un certain de sels métalliques. — On peut rapprocher de la leucine les *leucéines* et la *tyroleucine*, $C^7H^{11}AzO^2$, de Schutzenberger (Voir *Albuminoïdes*, p. 159).

Synthèse. — La leucine a été obtenue par synthèse : 1° en faisant réagir l'acide chlorhydrique sur un mélange d'acide cyanhydrique et de valéral : $CAzH + C^5H^{10}O + H^2O = C^6H^{13}AzO^2$ (Limpricht); 2° en chauffant l'acide caproïque avec le brome et l'ammoniaque (Hufner). L'identité de cette leucine synthétique avec la leucine naturelle a été mise en doute.

Réactions caractéristiques. — 1° *R. de Schérer.* — Évaporer une petite portion avec de l'acide nitrique sur une lame de platine ; il reste un résidu incolore presque invisible qui, chauffé avec quelques gouttes de solution de soude, se colore en jaune ou en jaune brun et se rassemble ensuite en une goutte huileuse qui roule sur le platine. 2° Chauffer dans un tube à essai; on a l'odeur caractéristique de l'amylamine, odeur rappelant à la fois celle de l'ammoniaque et celle des composés amyliques. — 3° Examen microscopique des cristaux.

Nature et constitution. — La *leucine* est un *acide amido-caproïque,*

$$
\begin{array}{cc}
CH^3 & CH^3.AzH^2 \\
| & | \\
(CH^2)^4 & (CH^2)^4 \\
| & | \\
CO.OH & CO.OH \\
\text{Ac. caproïque.} & \text{Leucine.}
\end{array}
$$

Le radical AzH^2 remplace un atome d'hydrogène de CH^3. On a vu plus haut (p. 223) ses relations avec l'acide leucique.

Existence dans l'organisme. — A l'état normal, la leucine se rencontre dans le tissu de la plupart des glandes, mais surtout dans le pancréas et le suc pancréatique. Ainsi on en a trouvé de petites quantités dans le foie, les glandes salivaires, les reins, la rate, le thymus, les capsules surrénales, la glande thyroïde, les glandes lymphatiques, le cerveau, la matière sébacée. A l'état pathologique on a constaté sa présence, dans quelques cas, dans le sang (leucémie, atrophie aiguë du foie), dans l'urine, la bile, le pus, etc.

Origine et mode de formation. — L'origine de la leucine ne peut faire l'objet d'un doute ; il est évident qu'elle provient de la désassimilation des matières albuminoïdes, et sa formation dans l'organisme est certainement due à un processus de fermentation analogue à celle qui lui donne naissance dans la putréfaction de ces matières et dans la digestion pancréatique. Ce qui est certain, c'est qu'on en rencontre toujours des petites quantités, même dans le pancréas tout à fait frais.

Transformations dans l'organisme et élimination. — Que devient la leucine formée dans l'organisme? Comme on ne la rencontre que tout à fait exceptionnellement et dans les cas pathologiques dans les excrétions, il faut qu'elle subisse dans l'organisme même des transformations, qu'elle y soit décomposée avant d'être éliminée. Chimiquement, les produits principaux de décomposition de la leucine sont d'une part des acides gras, de l'autre de l'ammoniaque. Or les mêmes produits se forment dans l'organisme, car presque partout à côté de la leucine on trouve des acides gras, et l'acide valérique existe dans les débris épithéliaux qui recouvrent l'épiderme cutané, débris dont la décomposition fournit de la leucine (exemple : sueur des extrémités).

Mais d'un autre côté, comme on l'a vu plus haut à propos de l'urée, il se pourrait que la leucine fût un des produits intermédiaires entre les albuminoïdes et l'urée. Il est vrai que jusqu'ici on n'a pu obtenir l'urée artificiellement au moyen de la leucine ; mais Schultzen et Nencki, en faisant ingérer de la leucine à des chiens, ont constaté une augmentation d'urée correspondant à la leucine introduite dans l'organisme.

Le *rôle physiologique* de la leucine est celui d'un principe de désassimilation des substances albuminoïdes.

Bibliographie. — J. Mauthner : *Notiz über das optische Drehunsvermogen des Leucins und Cystins* (Zeit. für phys. Ch., t. VII, 1883). — E. O. v. Lippmann : *Ueber das Vorkommen von Leucin und Tyrosin in der Rübenmelasse* (Ber. d. d. ch. Ges., t. XVII, 1884). — E. Schulze et E. Bosshard : *Ueber das optische Verhalten einiger Amidosauren* (Ber. d. d. ch. Ges., t. XVII, 1884). — J. Lewkowitsch : *Notiz über das optische Drehungsvermögen des Leucins* (Ber. d. d. ch. Ges., t. XVII, 1884). — (Voir aussi : *Tyrosine*.)

ACIDE ASPARTIQUE $C^4H^7AzO^2$.

Caractères. — On en connaît deux espèces, l'acide aspartique actif et l'acide aspartique inactif. Il prend naissance dans la décomposition des matières albuminoïdes dans les mêmes conditions que la leucine et la tyrosine. — Il cristallise en tables minces rectangulaires, soyeuses, inodores, de saveur un peu acide rappelant le bouillon. Il est soluble dans l'eau froide, dans les acides azotique et chlorhydrique, dans les solutions alcalines, peu soluble dans l'alcool. — Il dévie à droite le plan de polarisation (acide actif). — Il fournit de l'acide malique par sa décomposition. — On l'obtient en faisant bouillir l'asparagine avec l'eau de baryte.

L'acide aspartique a avec l'acide malique les mêmes relations que le glycocolle avec l'acide glycolique; le radical AzH² remplace un oxhydrile de l'acide malique. Sa formule rationnelle peut s'écrire : COOH.C²H³(AzH²).COOH.

L'existence de l'acide aspartique dans l'organisme est encore douteuse; cependant il est probable qu'il accompagne en petite quantité la leucine et la tyrosine. Dans le règne végétal, au contraire, il a été constaté dans un certain nombre de plantes (1). Voir aussi : *Acide succinique*, p. 237 et *Albuminoïdes*, pages 161 et 164.

ACIDE GLUTAMIQUE C⁵H⁹AzO⁴.

Caractères. — Il se produit dans les mêmes conditions que l'acide aspartique. Il cristallise en tétraèdres rhombiques, solubles dans l'eau, peu solubles dans l'alcool. Il dévie à droite le plan de polarisation. — Il donne du pyrrol en se décomposant par la chaleur : C⁵H⁹AzO⁴ = C⁴H⁵Az + CO² + 2H²O. — C'est un homologue supérieur de l'acide aspartique. Sa formule rationnelle est : COOH.C³H⁵(AzH²).COOH.

Son existence dans l'organisme est aussi douteuse que celle de l'acide aspartique. Cependant l'acide cryptophanique de l'urine trouvée par Thudichum contiendrait un peu d'acide glutamique. Dans le règne végétal, au contraire, il est assez répandu. Voir aussi : *Albuminoïdes*, p. 161.

ARTICLE VII. — Substances aromatiques.

TYROSINE C⁹H¹¹AzO³.

Préparation. — La tyrosine se prépare en faisant bouillir des rognures de corne de bœuf avec de l'acide sulfurique étendu. L'acide sulfurique est saturé par la chaux, et la tyrosine se dépose en cristaux qu'il n'y a plus qu'à purifier. La plupart des substances albuminoïdes fournissent de la tyrosine par leur putréfaction ou par leur traitement par les acides et les alcalis.

Caractères. — Pure, la tyrosine cristallise en aiguilles blanches, soyeuses (fig. 57), insipides et inodores, ressemblant beaucoup, au microscope, aux cristaux d'hypoxanthine. Elle est presque insoluble dans l'eau froide, un peu soluble dans l'eau chaude, insoluble dans l'alcool et l'éther, soluble dans les acides minéraux, l'ammoniaque, les alcalis, les solutions de carbonates alcalins.

Propriétés chimiques. — Chauffée, elle se décompose avec une odeur de corne brûlée, en donnant de l'acide carbonique et une base, C⁸H¹¹AzO. — Chauffée avec la chaux sodée, elle dégage l'odeur d'acide phénique. Fondue avec l'hydrate de potasse, elle donne non de l'acide salicylique, mais son isomère, l'acide paraoxybenzoïque, C⁷H⁶O³, et de l'acide acétique : C⁹H¹¹AzO³ + H²O + O = C⁷H⁶O³ + C²H⁴O² + AzH³. — Chauffée à...

Fig. 57. — *Tyrosine.*
X 130

(1) Pour ce qui concerne l'asparagine voir : *Albuminoïdes*, p. 164.

en tubes scellés avec l'acide iodhydrique, elle donne de l'ammoniaque et pas d'éthyla-mine. — Elle forme des sels avec les acides. Elle se combine avec les bases et les oxydes métalliques. — Elle donne avec l'acide sulfurique concentré des acides sulfotyrosiniques qui se colorent en violet par le perchlorure de fer. — Traitée par le chlore ou le brome, elle donne du chloranil, $C^6Cl^4O^2$, et du bromanil, $C^6Br^4O^2$ (tétrabromquinou). — En la traitant par le cyanate de potasse, Jaffé a obtenu l'*acide tyrosinhydantoïnique*, $C^{10}H^{12}Az^2O^4$.

Réactions caractéristiques. — 1° Examen microscopique. — 2° Brûle avec odeur de corne brûlée. — 3° *R. de Piria.* Chauffer la substance avec quelques gouttes d'acide sulfurique concentré dans un verre de montre; quand la solution est refroidie, on y ajoute un peu d'eau et de carbonate de chaux, tant qu'il y a une effervescence; on filtre, on évapore à un petit volume et on ajoute deux gouttes de solution neutre de chlorure de fer. S'il y a de la tyrosine, on a une coloration violette. — 4° *R. d'Hoffmann.* Mettre la substance dans un verre avec un peu d'eau; ajouter quelques gouttes d'une solution neutre d'azotate de mercure : chauffer et maintenir quelque temps à l'ébullition; il se produit une coloration rose et un précipité rouge. — 5° *R. de Schérer.* Evaporer sur une lame de platine avec un peu d'acide nitrique; le résidu jaune foncé, transparent, devient rouge quand on l'humecte avec la soude, et, évaporé, devient brun noir.

Synthèse. — E. Erlenmayer et A. Lipp ont fait la synthèse de la tyrosine en transformant d'abord, à l'aide de l'acide sulfurique et de l'acide nitrique, la phénylalanine en paranitrophénylalanine, celle-ci en paramidophénylalanine par le zinc et l'acide chlorhydrique et cette dernière en tyrosine.

Constitution. — La tyrosine peut être rangée dans les combinaisons aromatiques. En effet, sa constitution peut se comprendre de la façon suivante.

Elle se rattache d'une part à l'acide propionique, acide gras, de l'autre à l'acide phénique, combinaison aromatique. L'acide propionique, par le remplacement d'un atome d'hydrogène par le radical oxyphényl, $C^6H^4.OH$, donne l'acide oxyphénylpropionique, lequel, par le remplacement d'un nouvel atome d'hydrogène par le radical AzH^2, donne la tyrosine, amide de l'acide oxyphénylpropionique; les formules suivantes représentent cette parenté de la tyrosine :

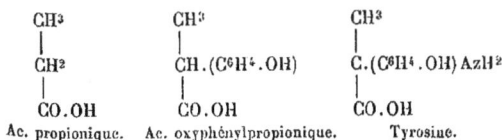

$$
\begin{array}{ccc}
CH^3 & CH^3 & CH^3 \\
| & | & | \\
CH^2 & CH.(C^6H^4.OH) & C.(C^6H^4.OH)AzH^2 \\
| & | & | \\
CO.OH & CO.OH & CO.OH \\
\text{Ac. propionique.} & \text{Ac. oxyphénylpropionique.} & \text{Tyrosine.}
\end{array}
$$

Ou, ce qui revient au même, elle peut être considérée comme de l'alanine, amide de l'acide propionique, dans laquelle un atome d'hydrogène est remplacé par le radical oxyphényl :

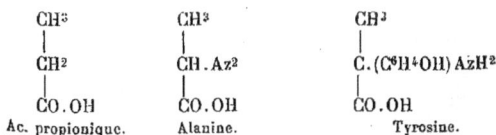

$$
\begin{array}{ccc}
CH^3 & CH^3 & CH^3 \\
| & | & | \\
CH^2 & CH.Az^2 & C.(C^6H^4OH)AzH^2 \\
| & | & | \\
CO.OH & CO.OH & CO.OH \\
\text{Ac. propionique.} & \text{Alanine.} & \text{Tyrosine.}
\end{array}
$$

C'est donc l'acide parahydroxyphénylalphaamido-propionique des chimistes.

Existence dans l'organisme. — La tyrosine accompagne partout la leucine; on la rencontre spécialement dans le pancréas, le foie, la rate, les glandes lymphatiques, les glandes salivaires, le thymus, la glande thyroïde, etc. Mais si on prend les organes tout à fait frais, en les mettant à l'abri de la décomposition, par exemple en plongeant les organes dans l'alcool absolu, elle ne s'y rencontre pas. Elle se formerait donc dans ces organes par la décomposition des albuminoïdes. Par contre, on la trouve dans beaucoup de cas pathologiques, ainsi dans le foie et la rate, dans l'atrophie aiguë, la variole, la fièvre typhoïde, dans l'urine, dans ces mêmes maladies, dans les crachats, etc. Elle existe en grande quantité dans les matières albuminoïdes en putréfaction, dans les préparations conservées dans l'esprit-de-vin. Il s'en forme beaucoup dans la digestion pancréatique des albuminoïdes.

Origine dans l'organisme. — La tyrosine provient évidemment des matières albuminoïdes; on a vu en effet qu'il s'en forme toujours dans la décomposition et la putréfaction de ces matières. Mais d'après ce qui a été dit ci-dessus, on peut se demander, si, *à l'état normal*, il s'en forme dans l'organisme. En tout cas, s'il s'en forme, c'est en quantité très faible et il est probable qu'elle est immédiatement transformée pour donner naissance à d'autres produits.

Danilewski a constaté l'existence d'un produit de décomposition intermédiaire entre les albuminoïdes et la tyrosine et dont la formule serait $C^{21}H^{26}Az^2O^8$ et il admet que ce corps donne naissance à la tyrosine, l'inosite et une substance aromatique comme l'amido-phénol; il représente la réaction par l'équation suivante : $C^{21}H^{26}Az^2O^8 + 2H^2O = C^9H^{11}AzO^3 + C^6H^{12}O^6$ (inosite) $+ C^6H^7AzO$ (amido-phénol).

Transformations dans l'organisme. — La tyrosine, formée soit dans l'intestin, soit dans les tissus, ne se rencontrant dans les excrétions qu'exceptionnellement et à l'état pathologique, doit être décomposée. Son principal produit de décomposition est le phénol qui s'élimine par l'urine, mais elle ne donne pas naissance d'emblée au phénol; entre ces deux substances existent un certain nombre de substances intermédiaires et spécialement des oxacides aromatiques.

Les formules suivantes représentent d'après Baumann les corps intermédiaires de la tyrosine au phénol :

$HO.C^6H^4.CH^2.CH(AzH^2).CO.OH$..	Tyrosine.
$HO.C^6H^4.CH^2.CH^2.CO.OH$.......	Ac. hydroparacoumarique.
$HO.C^6H^4.CH^2.CH^3$..............	Paraéthylphénol.
$HO.C^6H^4.CH^2.CO.OH$............	Ac. paroxyphénylacétique.
$HO.C^6H^4.CH^3$...................	Paracrésol.
$HO.C^6H^4.CO.OH$.................	Ac. paraoxybenzoïque.
$HO.C^6H^5$.......................	Phénol.

L'inspection seule de ces formules montre que dans ces réactions successives, il y a tantôt réduction, tantôt dédoublement simple, tantôt oxydation. De ces produits intermédiaires, la plupart se trouvent dans l'urine, et si le paraéthylphénol n'y a pas encore été rencontré, c'est que probablement son oxydation se fait trop rapidement.

Chez l'homme, l'ingestion de tyrosine ne la fait pas apparaître dans l'urine, mais il y a augmentation du phénol, des acides sulfo-conjugués et des oxacides.

Chez le chien, au contraire, une partie de la tyrosine ingérée se retrouve dans l'urine. Après l'ingestion prolongée de tyrosine chez le lapin, Blendermann a trouvé dans l'urine deux substances, la tyrosinhydantoïne, $C^{10}H^{10}Az^2O^3$, et l'acide oxyhydroparacoumarique, $C^9H^{10}O^4$.

Le rôle *physiologique* de la tyrosine est celui d'un simple produit de désassimila-tion.

Bibliographie. — E. Baumann : *Ueber die Bildung von Hydroparacumärsaure aus Tyrosin* (Ber. d. d. ch. Ges., t. XII, 1879). — Th. Weyl : *Spaltung von Tyrosin durch Fäulniss* (Zeit. für phys. Ch., t. III, 1879). — E. Baumann : *Weitere Beiträge zur Kenntniss der aromatischen Substanzen* (Zeit. für phys. Ch., t. IV, 1880). — J. Ossikowsky : *Bei-träge zur Lehre über die chemische Constitution des Tyrosins und Skatols* (Ber. d. d. ch. Ges., t. XIII, 1880). — H. Blendermann : *Beitrage zur Kenntniss der Bildung und Zersetzung des Tyrosins im Organismus* (Zeit. für phys. Ch., t. VI, 1882). — S. Schotten : *Ueber das Verhalten des Tyrosins und der aromatischen Oxysäuren im Organismus* (Zeit. für phys. Ch., t. VII, 1882). — E. Erlenmayer et A. Lipp : *Ueber künstliches Tyrosin* (Ber. d. d. ch. Ges., t. XV, 1882). — J. Mauthner : *Ueber das optische Drehungs-vermogen des Tyrosins und Cystins* (Monatsh. f. Chem. t. III, 1882). — G. Körner et A. Menozzi : *Abscheidung des Stickstoffs aus dem Tyrosin* (Ber. d. d. ch. Ges., t. XV, 1882). — C. Schotten : *Ueber die Quelle der Hippursäure im Harn* (Zeit. für phys. Ch., t. VIII, 1883). — E. Baumann : *Zur Kenntniss der aromatischen Substanzen des Thier-körpers* (Zeit. für phys. Ch., t. VII, 1883). — E. Erlenmayer et A. Lipp : *Synthèse des Tyrosins* (Ann. Chem. Pharm., t. CCXIX, 1883). — M. Jaffé : *Ueber die Tyrosinhydan-toïnsäure* (Zeit. für phys. Ch., t. VII, 1883). — E. et H. Salkowski : *Ueber die Entstehung der Homologen der Benzoesaure bei der Faulniss* (Zeit. für phys. Ch., t. VII, 1883).

PHÉNOL C^6H^6O.

Syn. — Acide phénique, acide carbolique.

Caractères. — Aiguilles cristallines incolores, d'odeur caractéristique, de saveur brûlante, solubles dans l'eau, l'alcool, l'éther, la glycérine, l'acide acétique. — Fusible à 42°, bout à 182°. — La lumière le colore en brun rouge. — Il coagule l'albumine et cau-térise la peau en produisant une tache blanche.

Propriétés chimiques. — *Formation.* Le phénol peut être formé par synthèse de différentes façons, et en particulier aux dépens de la benzine, C^6H^6, par substitution du radical hydroxyle OH à un atome d'hydrogène, par la déshydratation de la glycérine au moyen du chlorure de calcium, etc. — *Décompositions.* Chauffé à 280°, avec l'acide iodhy-drique, il régénère la benzine. — Par les oxydants énergiques, il donne de l'acide oxa-lique, de l'acide formique et de l'acide carbonique. Avec la potasse fondante il perd de l'hydrogène et forme deux *diphénols* isomères, $C^{12}H^{10}O^2$, avec production d'acides salicy-lique et oxybenzoïque. — *Combinaisons.* Avec le chlore, le brome, l'iode, il donne des dérivés de substitution, mono-, di-, tribromphénol, etc. — Avec les métaux et les bases, il se comporte comme un acide faible, quoiqu'il soit sans action sur le tournesol, et donne des sels ou *phénates.* — Il se combine avec les acides avec élimination d'eau pour former des éthers. L'acide sulfo-conjugué phénolsulfurique sera étudié plus loin. — Le phénol est un antiseptique puissant.

Réactions caractéristiques. — 1° Un copeau de sapin imprégné d'acide chlorhy-drique devient bleu foncé quand on l'expose aux rayons solaires. L'addition d'une trace de chlorate de potasse à l'acide chlorhydrique rend la réaction plus sensible (Tommasi). — 2° Il prend, par le perchlorure de fer, une teinte bleue, même en solution très éten-due. — 3° Ses solutions donnent avec l'eau bromée un précipité blanc laiteux qui se transforme en cristaux soyeux de tribromphénol.

Dosage. — Le liquide (urine) est distillé avec 1/5 d'acide chlorhydrique étendu, jus-qu'à ce que le liquide distillé ne soit plus troublé par l'eau bromée : le liquide distillé est alors filtré et traité par l'eau bromée jusqu'à persistance de la coloration jaune. Le pré-cipité est recueilli sur un filtre, lavé, desséché et pesé ; 331 parties du précipité (tribrom-phénol) correspondent à 94 parties du phénol.

Constitution. — Comme on l'a vu plus haut le phénol dérive de la benzine, C^6H^6 par substitution d'un oxyhydrile OH à un atome d'hydrogène et on peut lui assigner la formule de constitution suivante :

Benzine.   Phénol.

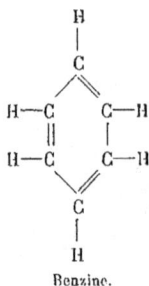

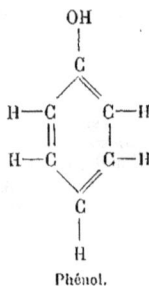

On voit donc que le phénol est assimilable à un alcool.

Existence dans l'organisme. — Il se forme dans l'organisme une certaine quantité de phénol, mais comme ce phénol s'y combine à l'acide sulfurique pour former de l'acide phénolsulfurique, je renvoie à ce dernier acide pour tout ce qui concerne la physiologie du phénol.

CRESOL C^7H^8O.

Isomères. — On rencontre trois isomères du crésol, l'*orthocrésol*, le *métacrésol* et le *paracrésol*. Ce sont des phénols monoatomiques dans lesquels un atome d'hydrogène est remplacé par le radical méthyle CH^3. Ils ont pour formule de constitution :

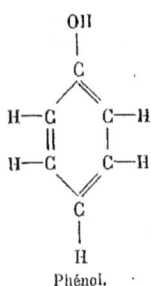

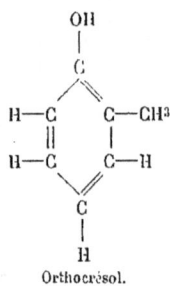

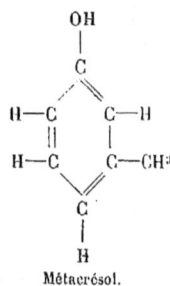

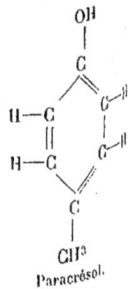

Phénol.   Orthocrésol.   Métacrésol.   Paracrésol.

Les crésols sont colorés en bleu violet par le perchlorure de fer. — On en trouve dans l'urine à l'état d'acides sulfo-conjugués.

Orthocrésol. — Cristallise en prismes fusibles à 31° et bouillant à 185°. Il se produit dans la putréfaction des matières albuminoïdes. — Par oxydation avec la potasse fondante, il donne de l'acide salicylique ou oxybenzoïque, $C^7H^6O^3$.

Métacrésol. — Liquide incristallisable, bouillant à 201°. Par la potasse, il donne l'acide paraoxybenzoïque.

Paracrésol. — Cristaux prismatiques incolores dont l'odeur rappelle à la fois celle de l'urine et celle du phénol. Peu soluble dans l'eau, soluble dans l'ammoniaque. Il fond à 36° et bout à 302°. Par l'action ménagée de l'eau bromée, il donne du tétrabromoparacrésol, qui, par le brome en excès, se transforme en tribromophénol. C'est sur cette réaction qu'est basé le procédé de dosage du crésol dans l'urine. Il se produit dans la putréfaction de l'albumine. C'est lui qui forme la partie principale de la créosote.

Les crésols formés dans l'organisme constituent avec l'acide sulfurique des acides sulfo-conjugués qui seront étudiés plus loin.

PYROCATÉCHINE $C^6H^6O^2$.

Syn. — Acide pyrocatéchique, acide oxyphénique, oxyphénol, orthodioxybenzol.

Caractères. — Cristallise en lamelles incolores, brillantes, d'odeur irritante, de saveur amère, solubles dans l'eau et l'alcool, moins solubles dans l'éther. Elle fond à 104°, bout à 245°. — Ses solutions se colorent en vert foncé sous l'influence des persels de fer. Elles réduisent les sels des métaux lourds et la liqueur cupro-potassique à l'ébullition. Avec l'acide azotique, elle donne de l'acide oxalique. On en connaît deux isomères, la résorcine et l'hydroquinon. — Elle existe dans l'urine en petite quantité à l'état d'acide sulfo-conjugué, acide sulfopyrocatéchique.

Constitution. — La pyrocatéchine est un phénol diatomique dans lequel deux oxyhydriles OH remplacent deux hydrogènes de la benzine.

Pour tout ce qui concerne son existence dans l'organisme et son rôle physiologique, voir : *Acides sulfo-conjugués*.

Bibliographie du phénol, du crésol et de la pyrocatéchine. — F. SCHAFFER : *Ueber die Auscheidung des dem Thierkörper zugefuhrten Phenols* (Journ. f. pr. Chemie, t. XVIII, 1878). — W. ODERMATT : *Zur Kenntniss der Phenolbildung bei der Faulniss der Eiweisskörper* (Journ. für pr. Ck., t. XVIII, 1878). — A. CHRISTIANI : *Ueber das Verhalten von Phenol, Indol und Benzol im Thierkörper* (Zeitsch. f. physiol. Chemie, t. II, 1878). — A. CHRISTIANI et E. BAUMANN : *Ueber den Ort der Bildung der Phenolschwefelsäure im Thierkörper* (id.). — E. SALKOWSKI : *Ueber den Einfluss der Verschliessung des Darmkanals auf die Bildung der Carbolsäure* (Archives de Virchow, t. CXXII, 1878). — E. BAUMANN : *Ueber die Aetherschwefelsäuren der Phenole* (Zeit. für phys. Chemie, t. II, 1878). — A. AUERBACH : *Zur Kenntniss der Oxydationsprocesse im Thierkörper* (Arch. de Virchow, t. LXXVII, 1879). — E. BAUMANN et C. PREUSSE : *Zur Kenntniss der Oxydationen und Synthesen im Thierkörper* (Zeit. f. phys. Ch., t. III, 1879). — E. BAUMANN : *Ueber die Entstehung des Phenols*, etc. (id.). — E. TAUBER : *Beitr. zur Kenntniss über das Verhalten des Phenols im thierischen Organismus* (Zeit. f. phys. Ch., t. II, 1879). — D. DE JONGE : *Weit. Beitr. über das Verhalten des Phenols im thierischen Organismus* (Ber. d. d. chem. Ges., t. XII, 1879). — E. BAUMANN et C. PREUSSE : *Ueber Bromphenylmercaptursäure* (Zeit. f. phys. Ch., t. III, 1879). — M. JAFFE : *Ueber die nach Einführung von Brombenzol und Chlorbenzol im Organismus entstehenden schwefelhalligen Säuren* (Ber. d. d. ch. Ges., t. XII, 1879). — E. et H. SALKOWSKI : *Ueber das Verhalten der Phenylessigsäure und Phenylpropionsäure im Organismus* (Ber. d. d. ch. Ges., t. XII, 1879). — R. ENGEL : *Le phénol dans l'économie animale* (Ann. ch. et phys., t. XX, 1880). — M. NENCKI et P. GIACOSA : *Ueber die Oxydation des Benzols*, etc. (Zeit. f. phys. Ch., t. IV, 1880). — W. KOCHS : *Fortgesetzte Unters. über die Bildungstatten der Aetherschwefelsäuren im thierischen Organismus* (Archives de Pflüger, t. XXIII, 1880). — A. KOSSEL : *Ueber das Verhalten von Phenolaethern im Thierkörper* (Zeit. f. phys. Ch., t. I, 1880). — D. CERNA : *A note on the chemistry of phenol* (Philadelph. med. Times, t. X, 1880). — J. MUNK : *Ueber die Oxydation des Phenols beim Pferde* (Arch. für Physiologie, 1881). — E. SCHULZE et J. BARBIERI : *Ueber das Vorkommen von Phenylamidopropionsäure unter den Zersetzungsproducten der Eiweissstoffe* (Ber. d. d. ch. Ges., t. XIV, 1881). — E. HIRSCHSOHN : *Vergleich. Versuche bezüglich des Verhaltens von Thymol und Carbolsäure gegen gewisse Agentien* (Ber. d. d. ch. Ges., t. XIV, 1881). — E. SCHULZE et J. BARBIERI : *Ueber Phenylamidopropionsäure*, etc. (Journ. für pr. Ch., t. XXVII, 1883). — G. DRECHSEL : *Elektrolysen und Elektrosynthesen* (Journ. f. pr. Ch., t. XXIX, 1885). — HOPPE-SEYLER : *Ueber die Wirkung des Phenylhydrazins auf den Organismus* (Zeit. für phys. Ch., t. IX, 1884). — H. SALKOWSKI : *Ueber die isomeren Oxyphenylessigsäuren* (Ber. d. d. ch. Ges., t. XVII, 1884). — C. WEINREB et S. BONDI : *Zur Titration des Phenols mittelst Brom* (Wien. Acad. Sitzungsber. 1884). — ALLAIN-LE CANU : *El. chimique et thermique des acides phénolsulfuriques* (C. rendus 1886, t. CIII). Voir aussi : *Acides sulfo-conjugués* (1).

(1) *A consulter* : Bugilinski : *Ueber die Carbolsäure im Harn* (Medic. chemisch. Untersuch. v. Hoppe-Seyler, deuxième livraison). — E. BAUMANN : *Ueber das Vorkommen von Brenzcatechin im Harn* (Arch. v. Pflüger, t. XII). — ID. : *Ueber Sulfosäuren im Harn* (Ber. d. chem. Gesell., t. IX). — ID. : *Ueber gepaarte Schwefelsäure im Harn* (Arch. v. Pflüger, t. XII). — ID. : *Ueber gepaarte Schwfelsäuren im Organismus* (Arch. v. Pflüger, t. XII). —

INDOL C^8H^7Az.

Caractères. — L'indol se produit dans la putréfaction des matières albuminoïdes, dans la digestion pancréatique. Pur, il constitue des feuillets minces, brillants, incolores, d'odeur fécaloïde pénétrante, solubles dans l'eau bouillante, l'alcool et l'éther. Il fond à 52° et passe à la distillation avec la vapeur d'eau. — En suspension dans l'eau et traité quelques heures par l'air ozonisé, il donne une résine et se transforme en partie en bleu d'indigo : $2C^8H^7Az + 4O = C^{16}H^{10}Az^2O^2 + 2H^2O$. — L'indol peut être obtenu par réduction de l'oxindol, C^8H^7AzO, qui est lui-même un dérivé de l'indigo (voir *Indican*). Baeyer et Emmerling ont réalisé sa synthèse en fondant l'acide nitrocinnamique avec la potasse caustique : $C^6H^4.CH^2.COOH.AzO^2$ (acide nitrocinnamique) $= C^8H^7Az + CO^2 + O^2$. Fileti a obtenu de l'indol en faisant passer des vapeurs de scatol dans un tube de porcelaine chauffé au rouge (Voir : *Scatol*).

Réactions caractéristiques. — 1° Il donne une solution rouge foncé avec l'alcool et l'acide nitreux. — 2° Sa solution aqueuse donne par l'acide nitreux un précipité rouge volumineux formé de fines aiguilles. — 3° Sa solution donne une coloration rouge cerise à un copeau de pin imprégné d'acide chlorhydrique. — 4° Si on mêle ensemble des solutions d'indol et d'acide picrique dans la benzine, il se dépose de longues aiguilles rouges d'acide indolpicrique, d'où l'indol est mis en liberté par l'ammoniaque.

Nature et constitution. — L'*indol* appartient probablement au groupe des composés aromatiques. On peut lui attribuer la constitution suivante :

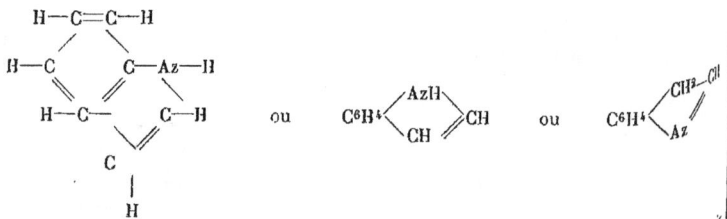

Il constitue donc une *chaîne latérale fermée* annexée au noyau benzoïque (voir aussi p. 212).

Existence dans l'organisme et mode de formation. — L'indol

existe dans le contenu de l'intestin où il se forme dans la digestion pancréatique et peut-être aussi dans la décomposition des matières albuminoïdes. Une partie de l'indol ainsi formé se retrouve dans les fèces ; l'autre partie est résorbée, oxydée et reparaît à l'état d'indican dans l'urine (voir : *Indican* p. 213). On avait admis qu'il pouvait s'en former aux dépens de la tyrosine, mais les recherches de Nencki et Schultzen rendent le fait peu probable.

Bibliographie. — M. Fileti : *Transformazione dello scatol in indol e preparazione dell' indol* (Gaz. ch. ital., t. XIII, 1883). Voir : *Indican* (1).

SCATOL C^9H^9Az.

Caractères. — Le scatol s'extrait des excréments ou des produits de la putréfaction pancréatique des albuminoïdes. — Il cristallise en feuillets brillants, d'une odeur peu

E. Salkowski : *Ueber die Entstehung der Phenols im Thierkörper* (Ber. d. d. chem. Gesell., t. X). — L. Brieger : *Ueber Phenol-Ausscheidung bei Krankheiten* (Centralblatt, 1878).
E. Baumann : *Ueber die synthetischen Processe im Thierkörper*, Berlin, 1878.
(1) *A consulter* : W. Kuhne : *Ueber Indol* (Ber. d. d. ch. Ges., t. VIII) : M. Nencki : *Zur Geschichte des Indols*, etc. (Ber. d. d. ch. Ges., t. IV).

trante et désagréaole quand il provient des substances albuminoïdes ; mais ce qui semble indiquer que cette odeur est due à un autre corps, c'est que le scatol qui est préparé aux dépens de l'indigo ne présente pas cette odeur (Bæyer). — Il se dissout dans l'eau plus difficilement que l'indol. Il fond à 95°. — Il forme avec l'acide picrique un sel qui cristallise en longues aiguilles rouges. — L'acide chlorhydrique concentré le colore en violet. Il est décomposé par l'acide nitrique concentré avec dégagement de vapeurs qui rappellent l'odeur du nitro-phénol. En faisant passer ces vapeurs à travers un tube de porcelaine chauffé au rouge, il se produit de l'indol (Fileti). — On l'a obtenu par synthèse en chauffant du chlrure de zinc et de l'aniline avec la glycérine : C^6H^7Az (aniline) $+ C^3H^8O^3$ (glycérine) $= C^9H^9Az + 3H^2O$. De même par la distillation du nitrocuminate de baryte avec le fer et la baryte. Il s'en produit aussi par la réduction de l'indigo (indigo chauffé avec de l'étain et de l'acide chlorhydrique). — On en connaît un isomère, le *méthylkétol*.

Réactions caractéristiques. — Il se distingue de l'indol parce qu'il n'est pas coloré par l'eau chlorée et qu'avec l'acide nitrique fumant, il ne donne pas de précipité rouge, mais simplement un trouble blanchâtre. — Il se distingue de la naphtylamine par ses cristaux, son point de fusion et l'absence de précipitation par le nitrate d'argent.

Acide scatol-carbonique $C^{10}H^9AzO^2$. — Cet acide, d'après les recherches de H. et E. Salkowski, se forme dans la putréfaction des albuminoïdes à côté de l'indol, mais toujours en petite quantité. Il cristallise en feuillets solubles dans l'eau bouillante, l'alcool et l'éther, il fond à 164° ; à une température plus élevée, il se décompose en acide carbonique et scatol. Ses sels alcalins sont solubles dans l'eau. Une solution d'un sel alcalin à 1 pour 1000 prend, à chaud, une coloration rouge bleuâtre par l'addition d'une solution étendue de perchlorure de fer.

Formule et constitution. — Le scatol paraît avoir des relations étroites avec l'indol. Dans leurs recherches sur la putréfaction des albuminoïdes, E. et H. Salkowski ont vu que l'indol et le scatol peuvent se substituer l'un à l'autre et croient que les deux proviennent d'une même substance mère. D'après Fileti, la formule de constitution du scatol serait la suivante que je rapproche de celle de l'indol :

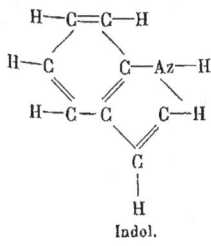

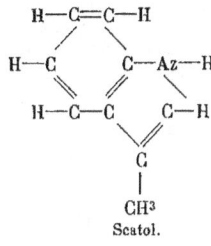

Indol.   Scatol.

En résumé le scatol serait un méthylindol dans lequel le radical méthyle, CH^3, se substitue à un atome d'hydrogène.

Le scatol se rencontre dans les excréments. Sa formation se fait dans les mêmes conditions que l'indol. Une partie du scatol ainsi formé est résorbée et reparaît dans l'urine à l'état d'acide sulfo-conjugué, *acide scatoxylsulfurique* $C^9H^9AzSO^4$ (voir p. 298). Cet acide existe aussi dans l'urine après l'ingestion du scatol.

Bibliographie. — L. BRIEGER : *Ueber Skatol* (Ber. d. d. ch. Ges., t. XII, 1879). — J. NENCKI : *Die empirische Formel des Skatols* (Journ. f. prakt. Ch., t. XX, 1879). — J. OSSIKOWSKY : *Beitrag zur Lehre über die chem. Constitution des Tyrosins und Skatols* (Ber. d. d. ch. Ges., t. XIII, 1880). — A. BAEYER et G. K. JACKSON : *Ueber die Synthese des Methylketols, eines isomeren des Skatols* (Ber. d. d. ch. Ges., t. XIII, 1880). — E. et H. SALKOWSKI : *Ueber die Skatolbildende Substanzen* (Ber. d. d. ch. Ges., 1880). — M. NENCKI : *Zur Kenntniss der Skatolbildung* (Zeit. f. phys. Ch., t. IV, 1880). — L. BRIEGER : *Weitere Beiträge zur Kenntniss des Skatols* (Zeit. f. phys. Ch., t. IV, 1880). — A. BAEYER : *Darstellung von Skatol aus Indigo* (Ber. d. d. ch. Ges.,

t. XIII, 1880). — O. Fischer et L. German : *Neue Bildungsweise des Skatols* (Ber. d. d. ch. Ges., t. XVI, 1883). — M. Fileti : *Sintesi dello scatol* (Gazz. ch. ital., t. XIII, 1883). — Id. : *Transformazione dello scatol in indol e preparazione dell' indol* (id.). — E. Salkowski : *Ueber das Verhalten der Skatolcarbonsäure im Organismus* (Zeit. für phys. Ch., t. IX, 1884). — A. Lipp : *Ueber methylirte Indole* (Ber. d. d. ch. Ges., t. XVII, 1884).

OXACIDES AROMATIQUES $C^n H^{2n-8} O^3$.

Deux de ces acides ont été trouvés, en petite quantité, dans l'urine normale : l'*acide paroxyphénylacétique* et l'*acide hydroparacoumarique*. Ils s'y trouvent soit à l'état libre, soit à l'état de sels et pour une très faible partie à l'état d'acides sulfo-conjugués.

Acide paroxyphénylacétique $HO.C^6H^4.CH^2CO.OH = C^8H^8O^3$. — **Caractères.** Soluble dans l'eau, l'alcool et l'éther, peu soluble dans la benzine bouillante. Il cristallise de ses solutions dans la benzine en feuillets ou aiguilles aplaties, de ses solutions aqueuses en prismes allongés transparents. — Par la putréfaction il se décompose en paracrésol et acide carbonique : $HO.C^6H^4.CH^2.COOH = HO. C^6H^4.CH^3 + CO^2$. — Il se forme dans la putréfaction de l'albumine et de la tyrosine. — Ses solutions se colorent en rouge intense par le réactif de Millon. Avec le perchlorure de fer il prend une coloration violette qui passe rapidement au vert grisâtre.

L'urine en contient environ $0^{gr},02$ par litre. Cet acide se forme, comme produit intermédiaire dans la décomposition de la tyrosine. Ingéré, il se retrouve inaltéré dans l'urine.

Acide hydroparacoumarique $HO.C^6H^4.CH^2.CH^2CO.OH = C^9H^{10}O^3$. — **Caractères.** — L'acide hydroparacoumarique (ou *paraoxyphénylpropionique*) constitue de petits cristaux solubles dans l'eau bouillante, l'alcool et l'éther. — Dans la putréfaction pancréatique il se décompose en donnant du phénol, du paracrésol et de l'acide paroxyphénylacétique. — Il se colore en bleu par le perchlorure de fer. Il ne réduit pas la solution cupro-potassique.

Il accompagne quelquefois l'acide précédent dans l'urine et a la même signification physiologique. Ingéré, il se retrouve dans l'urine en partie à l'état de phénol, en partie inaltéré.

Article VIII. — Acides conjugués.

Un certain nombre de substances formées dans l'organisme ou ingérées s'unissent soit à l'acide sulfurique, soit à d'autres acides pour constituer des composés acides conjugués dont les plus importants sont les acides biliaires, l'acide hippurique et ses congénères et les acides sulfo-conjugués. Les acides biliaires seront étudiés à part; l'acide hippurique a été étudié avec les acides amidés ; il ne sera donc question ici que des acides sulfo-conjugués, des acides glycuroniques conjugués et des uramides-acides.

§ 1. — Acides sulfo-conjugués.

Un grand nombre de substances, soit ingérées expérimentalement, soit formées dans l'organisme, s'unissent à l'acide sulfurique provenant des désassimilations organiques et se retrouvent dans l'urine à l'état d'acides sulfo-conjugués. Ces acides sulfo-conjugués sont comparables à des éthers, car ils résultent de la combinaison d'un acide et d'un alcool (phénol) avec élimination d'eau et régénèrent, en prenant de l'eau, l'alcool et l'acide sulfurique.

Le tableau suivant donne l'énumération des substances qui fournissent des acides sulfo-conjugués :

Substances.	Se retrouvant dans l'urine à l'état de :
I. — Phénols monoatomiques.	
Phénol C^6H^6O	Ac. phénolsulfurique.
Crésol C^7H^8O	Ac. crésolsulfurique.
Paracrésol C^7H^8O	Ac. sulfo-conjugués, en p. ac. paraoxybenzoïque.
Orthocrésol C^7H^8O	Ac. sulfohydrotoluquinonique.
Métacrésol C^7H^8O	Ac. sulfo-conjugués (pas les deux précédents).
Thymol $C^{10}H^{14}O$	Ac. thymolsulfurique.
β-Naphtol $C^{10}H^8O$	Ac. β-naphtolsulfurique.
II. — Phénols diatomiques.	
Pyrocatéchine $C^6H^6O^2$	Ac. sulfopyrocatéchique.
Résorcine $C^6H^6O^2$	Ac. sulforésorcique.
Hydroquinon $C^6H^6O^2$	Ac. sulfohydroquinonique.
Méthylhydroquinon $C^7H^8O^2$	Ac. sulfo-conjugués.
Orcine $C^7H^8O^2$	Ac. sulfo-conjugués.
III. — Phénols triatomiques.	
Pyrogallol $C^6H^6O^3$	Ac. sulfopyrogallique.
IV. — Phénols substitués.	
Tribromphénol $C^6H^3Br^3O$	Ac. tribromphénolsulfurique.
Orthonitrophénol $C^6H^5AzO^3$	Ac. sulfo-conjugués.
Ac. picrique $C^6H^3Az^3O^7$	?
Paraamidophénol C^6H^7AzO	Ac. sulfo-conjugués augmentés.
V. — Oxacides aromatiques.	
Ac. salicylique $C^7H^6O^3$	?
Salicylamide $C^7H^7AzO^2$	Ac. sulfo-conjugués.
Essence de gaultheria $C^8H^8O^3$	Ac. sulfo-conjugués.
Ac. oxybenzoïque $C^7H^6O^3$	Ac. sulfo-conjugués.
Ac. paraoxybenzoïque $C^7H^6O^3$	Ac. phénolsulfurique (un peu).
Ac. protocatéchique $C^7H^6O^4$	Ac. sulfopyrocatéchique.
Vanilline $C^8H^8O^3$	Ac. sulfo-vanillique.
Ac. vanillique $C^8H^8O^3$	Ac. sulfo-conjugués.
Tyrosine $C^9H^{11}AzO^3$	Ac. phénolsulfurique.
Salicine $C^{13}H^{18}O^7$	Ac. sulfo-conjugués.
VI. — Carbures d'hydrogène aromatiques.	
Benzol C^6H^6	Ac. phénolsulfurique, sulfopyrocatéchique et sulfohydroquinonique.
Isopropylbenzol C^9H^{12}	Ac. sulfo-conjugués.
Butylbenzol $C^{10}H^{14}$	Ac. sulfo-conjugués.
Naphtaline $C^{10}H^8$	Ac. sulfo-conjugués.
VII. — Carbures d'hydrogène substitués.	
Brombenzol C^6H^5Br	Ac. bromphénolsulfurique.
Chlorbenzol C^6H^5Bl	Ac. chlorophénolsulfurique.
Aniline C^6H^7Az	Ac. amidophénolsulfurique (?).
Diméthylaniline $C^9H^{14}Az$	Ac. sulfo-conjugués.
Indol C^8H^7Az	Ac. indoxylsulfurique (indican).
Scatol C^9H^9Az	Ac. scatoxylsulfurique.

Parmi ces substances, il en est un certain nombre qui se forment dans l'organisme ; ce sont les acides phénolsulfurique, crésolsulfurique, sulfopyrocatéchique, l'indican et l'acide scatoxylsulfurique (1). Je les étudierai successivement, l'indican, qui a été étudié page 212 à propos des matières colorantes de l'urine.

La quantité totale d'acides sulfo-conjugués dans l'urine est pour un litre d'urine de 0,121 à 0,174 chez l'homme, de 0,042 à 0,084 chez le chien après une alimentation mixte, de 0,092 à 0,168 pour une alimentation exclusive de viande, de 0,2? chez le lapin, de 0,98 à 2,335 chez le cheval (Baumann). Le rapport de l'acide sulfurique des sulfates, A, à l'acide sulfurique conjugué, B, est dans l'urine normale :: 10 : 1.

ACIDE PHÉNOLSULFURIQUE $C^6H^5.O.SO^2.OH$.

L'acide phénolsulfurique, se décomposant très rapidement en phénol et acide sulfurique, n'a pu être obtenu pur. On ne connaît que ses sels et en particulier le phénolsulfate de potassium, $C^6H^5.O.SO^2.OK$, qui existe dans l'urine.

Caractères. — Le phénolsulfate de potassium cristallise en petites lamelles brillantes, solubles dans l'eau, à peine solubles dans l'alcool absolu, solubles dans l'alcool bouillant. — Ses solutions ne sont pas fluorescentes ; mais le sel impur donne à l'urine une fluorescence d'un beau bleu. — Il ne se colore pas par le perchlorure de fer, mais chauffé à 170°-180° en tubes scellés, il se transforme en un paraphénolsulfate isomère qui se colore en bleu violet par le perchlorure de fer.

Propriétés chimiques. — Baumann l'a obtenu par synthèse, en traitant le pyrosulfate de potasse par le phénol potassé. — Drechsel, en traitant le phénol et l'acide sulfurique (sulfate de magnésium) par l'électrolyse à l'aide des courants alternants, a obtenu l'acide phénolsulfurique et il représente les deux stades de la réaction, oxydation puis réduction, par les équations suivantes :

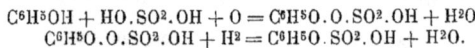

$$C^6H^5OH + HO.SO^2.OH + O = C^6H^5O.O.SO^2.OH + H^2O$$
$$C^6H^5O.O.SO^2.OH + H^2 = C^6H^5O.SO^2.OH + H^2O.$$

Sous l'influence des acides minéraux, de l'air humide, etc., il se décompose en phénol et sulfate de potassium.

Réactions caractéristiques — Le liquide (urine) est distillé avec de l'acide chlorhydrique ; il passe du phénol qui se reconnaît à ses réactions caractéristiques indiquées page 289.

Existence dans l'organisme. — L'acide phénolsulfurique se rencontre dans l'urine de l'homme, du chien, du lapin et surtout du cheval, où la proportion de phénol peut atteindre $0^{gr},913$ par litre. Il manquerait dans l'urine des poulets et des grenouilles (Christiani).

Origine et mode de formation. — Une petite quantité de phénol se forme dans l'intestin, aux dépens de la tyrosine produite dans la digestion pancréatique des albuminoïdes (voir : *Tyrosine*, p. 288). La quantité de phénol ainsi formé est difficile à évaluer ; on peut admettre que 100 grammes d'albuminoïdes fournissent environ $1^{gr},5$ de phénol au plus. Aussi chez les herbivores et surtout chez le cheval, il est peu admissible que tout le phénol de l'urine provienne des albuminoïdes et il est probable qu'une partie du phénol de l'urine provient de substances aromatiques contenues dans l'alimentation. On sait en effet qu'un certain nombre de substances aromatiques comme

(1) Il y a encore deux substances, l'acide hydroparacoumarique et l'acide oxyphénylacétique qui existent dans l'urine à l'état d'acides sulfo-conjugués, mais la plus grande partie de ces corps s'y trouve soit à l'état libre, soit à l'état de sel (voir p. 294). Il existe encore dans l'urine d'autres acides sulfo-conjugués, mais qui n'ont pas encore été isolés.

benzol, l'acide paraoxybenzoïque, se transforment en phénol quand on les introduit dans l'organisme.

Tout ce qui ralentit le parcours des matières et augmente leur séjour dans l'intestin augmente la quantité de phénol de l'urine (obstruction intestinale, ligature de l'intestin). Une alimentation animale agit dans le même sens et le fait même apparaître dans l'urine chez les poulets, chez lesquels elle n'en contient pas à l'état normal.

En résumé le phénol et les acides sulfo-conjugués en général sont en relation avec les phénomènes de putréfaction qui se passent dans l'intestin et on peut même les faire disparaître de l'urine en arrêtant les fermentations putrides de l'intestin (antiseptiques).

Le phénol ainsi formé dans l'intestin et dont on retrouve toujours des traces dans les excréments, est absorbé au fur et à mesure et passe dans le sang et de là dans l'urine où on le retrouve à l'état d'acide phénolsulfurique.

On s'est demandé où se faisait l'union du phénol et de l'acide sulfurique, c'est-à-dire où se formait l'acide phénolsulfurique. Ce qui paraît certain, c'est qu'il n'en existe pas dans le sang normal et qu'il ne se forme pas dans le rein (Christiani et Baumann). W. Kochs en faisant une bouillie de muscles ou de foie haché et de sang défibriné avec addition de phénol et de sulfate de soude, a vu se former de l'acide phénolsulfurique.

Transformation dans l'organisme. — Il est probable que tout le phénol produit dans l'intestin n'est pas éliminé à l'état d'acide phénolsulfurique par l'urine. Une partie de ce phénol est soit oxydée, soit transformée en un autre acide sulfo-conjugué. En effet, après l'ingestion de phénol, on ne retrouve dans l'urine qu'une partie du phénol ingéré, quantité variable du reste suivant les espèces animales (19 p. 100 chez la grenouille, 26 p. 100 chez le lapin), et à côté de l'acide phénolsulfurique on trouve de l'acide sulfohydroquinonique. Le phénol qui ne contribue pas à la formation des acides sulfo-conjugués, est probablement soumis à l'oxydation et donne de l'acide carbonique. L'acide phénolsulfurique ne paraît pas se détruire dans l'organisme; après son ingestion (lapin) on en retrouve 72 p. 100 dans l'urine.

Le *rôle physiologique* du phénol est celui d'un simple produit de décomposition.

ACIDE CRÉSOLSULFURIQUE $C^6H^4.CH^3.O.SO^2OH$.

L'acide crésolsulfurique se présente dans l'urine (cheval) sous trois états isomériques correspondant aux trois crésols isomères *ortho*, *méta* et *para*. De ces trois, c'est l'acide paracrésolsulfurique qui s'y trouve en plus grande proportion. Ces acides se trouvent dans l'urine à l'état de sels de potasse: $C^6H^3.OH.CH^3.SO^2.OK$. Ce sel prend une coloration bleu intense par le perchlorure de fer. On peut l'obtenir synthétiquement comme le sel correspondant de l'acide phénolsulfurique.

Le crésol se forme dans l'organisme dans les mêmes conditions que le phénol. D'après Baumann, il serait un intermédiaire entre la tyrosine et le phénol (voir page 288).

ACIDE SULFOPYROCATÉCHIQUE.

L'acide sulfopyrocatéchique existe dans l'urine à l'état de sels de potassium. On en connaît deux : 1° Le sel de l'acide monoatomique, $C^6H^4(OH).O.SO^2.OK$, représente une poudre blanche, cristalline, soluble dans l'eau, insoluble dans l'alcool; sa solution aqueuse n'est pas colorée par le perchlorure de fer. — 2º Le sel de l'acide diatomique, $C^6H^4(O.SO^2.OK)^2$, cristallise en feuillets brillants, solubles dans l'eau ; sa solution aqueuse se colore en violet par le perchlorure de fer.

L'acide sulfopyrocatéchique se rencontre à l'état normal dans l'urine de cheval (Baumann) et peut-être dans l'urine humaine. Les urines qui contiennent cette substance se foncent par l'exposition à l'air, phénomène qu'on attribuait auparavant à l'*alcaptone*.

L'origine et le mode de formation de cette substance sont encore douteux. Quelques auteurs admettent bien l'existence de la pyrocatéchine dans les plantes; mais, d'après Preusse, il n'en est rien. Il suppose plutôt que l'acide sulfopyrocatéchique provient de l'acide protocatéchique, $C^7H^6O^4$, qui peut se produire aux dépens du tannin contenu dans les végétaux. En faisant digérer pendant plusieurs jours une solution aqueuse d'acide tannique ou d'acide protocachétique avec du pancréas, il a vu se produire de la pyrocatéchine et après l'ingestion de la protocatéchine chez le chien, il apparaît dans l'urine une petite quantité d'acide sulfopyrocatéchique.

ACIDE SCATOXYLSULFURIQUE $C^9H^9AzSO^4$.

Cet acide se rencontre dans l'urine a l'état de sel de potasse cristallin. Chauffé, il dégage des vapeurs violettes ; sa solution aqueuse est colorée en rouge par l'acide chlorhydrique concentré. Si on chauffe avec du chlorure de baryum sa solution acidulée, il se dépose du sulfate de baryte.

L'acide scatoxylsulfurique a avec le scatol les mêmes relations que l'indican avec l'indol. Pour tout ce qui concerne la physiologie de ce corps, voir : *Scatol*.

Bibliographie des acides sulfo-conjugués. — C. PREUSSE : *Ueber die Entstehung des Brenzcatechins im Thierkörper* (Zeit. f. phys. Chemie, t. II, 1878). — ID. : *Ueber das angebliche Vorkommen von Brenzcatechin im Pflanzen* (id.). — O. JACOBSEN : *das Verhalten des Cymols im Thierkörper* (Ber. d. d. ch. Ges., t. XII, 1879). — E. BAUMANN et L. BRIEGER : *Zur Kenntniss des Paracresols* (Ber. d. d. ch. Ges., t. XII, 1879). O. SCHMIEDEBERG et H. MEYER : *Ueber Stoffwechselproducte nach Campherfütterung* (Zeit. für phys. Ch., t. III, 1879). — L. BRIEGER : *Ueber die aromatischen Producte der Fäulniss* (Zeit. für phys. Ch., t. III, 1879). — E. BAUMANN et L. BRIEGER : *Ueber die Entstehung von Kresolen bei der Fäulniss* (id.). — M. NENCKI et P. GIACOSA : *Ueber die Oxydation der aromatischen Kohlenwasserstoffe im Thierkörper* (Zeit. f. phys. Ch., t. IV, 1880). — C. PREUSSE : *Ueber das Verhalten des Vanillins im Thierkörper* (Zeit. f. phys. Ch., t. IV, 1880). — E. BAUMANN : *Zur Kenntniss der aromatischen Producte des Thierkörpers* (Ber. d. d. ch. Ges., t. XIII, 1880). — ID. : *Weitere Beiträge zur Kenntniss aromatischen Substanzen* (Zeit. f. phys. Ch., t. IV, 1880). — C. PREUSSE : *Zur Kenntniss der Oxydation aromatischen Substanzen im Thierkörper* (Zeit. f. phys. Ch., t. V, 1881). — E. BAUMANN et C. PREUSSE : *Zur Kenntniss der synthetischen Processe im Thierkörper* (Zeit. für phys. Ch., t. V, 1881). — E. STEINAUER : *Ueber die Abspaltung von Brom aus gebromten aromatischen Verbindungen im Organismus* (Zeit. für phys. Ch., t. V, 1881). — E. et H. SALKOWSKI : *Ueber das Verhalten der aus dem Eiweiss durch Fäulniss entstehenden aromatischen Säure im Thierkörper* (Zeit. für phys. Ch., t. VII, 1883). — F. BAUMANN : *Zur Kenntniss der aromatischen Substanzen des Thierkörpers* (Zeit. für phys. Ch., t. VII, 1883). — F. HAMMERBACHER : *Ueber die Bildung von Aetherschwefelsäuren* (Arch. de Pflüger, t. XXXIII, 1883). — A. KOSSEL : *Zur Kenntniss der gepaarten Aetherschwefelsäuren* (Zeit. für phys. Ch., t. VII, 1883). — PETRI : *Kairin bei Phthisie, sowie über den Nachweis einer darnach im Harn auftretenden Aetherschwefelsäure* (Med. Cbl., 1884). — V. MERING : *Ueber das Schicksal des Kairin im menschlichen Organismus* (Zeit. für kl. Med. t. VII, 1887). — STOLNIKOW : *Ueber die Bedeutung der Hydroxylgruppe (HO) in einigen Giften* (Zeit. für phys. Ch., t. VII, 1884). — J. ANDEER : *Der Haushalt der aromatischen Verbindungen, speciell des Resorcins im Säugethierkörper* (Med. Cbl.

1885). — E. Brieger : *Zur Darstellung der Aetherschwefelsäure aus dem Urin* (Zeit. für phys. Ch., t. VIII, 1884). — E. Baumann : *Ueber die Bildung der Mercaptursäuren im Organismus und ihre Erkennung im Harn* (Zeit. für ph. Ch., t. VIII, 1884). — E. Baumann : *Die aromat. Verbindungen im Harn und die Darmfäulniss* (id.). — E. Salkowski : *Ueber die Entstehung der aromatischen Substanzen im Thierkorper* (id.). — E. Salkowski : *Ueber das Vorkommen der Phenacetursäure im Harn und die Entstehung der aromatischen Substanzen beim Herbivoren* (Zeit. für phys. Ch., t. IX, 1885). — V. Morax : *Bestimmung der Darmfäulniss durch die Ætherschwefelsäuren im Harn* (id., t. X, 1886). — E. Salkowski : *Ueber die quant. Bestimmung der Schwefelsäure und Ætherschwefelsäure im Harn* (Zeitsch. für phys. Ch., t. X, 1886).

§ 2. — Acides glycuroniques conjugués.

Caractères. — L'acide glycuronique, $C^6H^8O^6 + H^2O$, se présente sous l'aspect d'un liquide sirupeux qui, par l'addition d'alcool se prend en masse cristalline brillante. Ces cristaux sont solubles dans l'eau, insolubles dans l'alcool. — Il dévie à droite la lumière polarisée. Il réduit à chaud l'oxyde de cuivre. — Anhydre, il a pour formule : $C^6H^8O^6$; dans ses sels il prend un équivalent d'eau et sa formule devient $C^6H^{10}O^7$. Il paraît agir à la fois comme acide et comme aldéhyde et on peut lui attribuer la formule de constitution suivante :

$$(CH.OH)^4 \begin{cases} CHO \\ CO.OH \end{cases}$$

L'acide glycuronique se rencontre dans l'urine à l'état d'acide conjugué après l'ingestion d'un certain nombre de substances. Ainsi après l'ingestion de camphre on trouve dans l'urine deux acides isomères, *acides camphoglycuroniques alpha* et *béta*, $C^{16}H^{24}O^8 + H^2O$ qui par les acides chlorhydrique et sulfurique bouillants se décomposent en essence de camphre $C^{10}H^{16}O^2$ et acide glycuronique anhydre $C^6H^8O^6$. De même après l'ingestion de chloral on rencontre dans l'urine un acide, *l'acide urochloralique* $C^8H^{11}Cl^3O^7$, qui se dédouble en acide glycuronique et alcool éthylique trichloré $CCl^3.CH^2.OH$ d'après l'équation : $C^8H^{11}Cl^3O^7 + H^2O = C^6H^{10}O^7 + CCl^3.CH^2.OH$. *L'acide uronitrotoluilique* $C^{13}H^{15}AzO^9$, *l'acide urobutylchloralique* $C^9H^{15}Cl^3O^7$, et quelques autres qu'on trouve après l'administration d'orthonitrotoluol, d'hydrate de butylchloral ou d'autres substances (ex. : hydroquinon, résorcine, thymol, etc.) ne paraissent être aussi que des acides glycuroniques conjugués. On a trouvé aussi cet acide glycuronique dans l'urine dans un cas de coma diabétique.

L'origine de cet acide dans l'organisme est encore très obscure. Cependant tout porte à le considérer comme un produit de décomposition du glucose.

Bibliographie. — E. Külz : *Zur Kenntniss der synthetischen Vorgänge im thierischen Organismus* (A. de Pflüger, t. XXX, 1883). — E. E. Sundwick : *Ueber die Glykuronsäurepaarungen im Organismus* (Ber. d. d, ch. Ges., 1886). — H. Thierfelder : *Ueber die Bildung der Glykuronsäure beim Hungertier* (Zeitsch. f. phys. Ch., t. X, 1886).

§ 3. — Uramides-acides.

Les uramides-acides peuvent être considérés comme constitués par l'union d'une amide-acide, sarcosine, tyrosine, taurine, etc. avec les éléments de l'acide carbonique, moins un équivalent d'eau. Ce sont : 1° *l'acide méthylhydantoinique* $C^4H^8Az^2O^3$, qui paraît dans l'urine après l'ingestion de sarcosine $C^3H^7AzO^2$; 2° *l'acide taurocarbamique* $C^3H^8Az^2SO^4$, après l'ingestion de taurine $C^2H^7AzSO^3$; 3° *l'acide tyrosinhydantoïque* $C^{10}H^{10}Az^2O^3$, après la saturation de l'organisme du lapin par la tyrosine $C^9H^{11}AzO^3$; 4° *l'acide uramido-benzoïque* $C^8H^8Az^2O^3$, après l'ingestion d'*acide méta-amido-benzoïque* $C^7H^7AzO^2$, etc. La formation de ces acides a déjà étudiée à propos de l'urée, pages 267 et 268.

A ce point de vue il y a deux manières de voir sur le mode de formation de ces uramides-acides dans l'organisme : pour Drechsel, ils se forment par synthèse, à la façon de l'acide hippurique, par l'union d'un acide amidé et de l'acide carbamique avec sortie d'une molécule d'eau, synthèse dont l'équation suivante peut donner un exemple, ainsi pour l'acide taurocarbamique :

$$C^2H^7AzSO^3 + CO^2AzH^3 - H^2O = C^3H^8Az^2SO^4.$$

D'après E. Salkowski au contraire ils se formeraient par addition simple avec l'acide cyanique produit dans l'organisme d'après l'équation (voir aussi p. 268) :

$$C^2H'AzSO^3 + CO.AzH = C^3H^8Az^2SO^4.$$

Article IX. — Créatines.

CRÉATINE $C^4H^9Az^3O^2$.

Syn. — *Méthylglycocyamine, méthylguanidine acétique.*

Prép. — *Pr. de Stœdeler.* La viande hachée est délayée dans l'alcool ; on chauffe et on exprime ; le résidu est traité par l'eau tiède. On réunit les liquides des deux opérations. On chasse l'alcool et on précipite par l'acétate de plomb. On filtre, on élimine l'excès de réactif par l'hydrogène sulfuré ; on filtre de nouveau et on évapore en consistance sirupeuse. La créatine se dépose par le refroidissement. — *Pr. de Neubauer.* La viande hachée est additionnée de son poids d'eau et chauffée à 60° pour coaguler l'albumine ; le résidu est repris par l'eau et porté à l'ébullition. La liqueur, filtrée, est précipitée par l'acétate de plomb, traitée par l'hydrogène sulfuré et concentrée. La créatine se dépose incolore.

Caractères. — C'est un corps blanc, inodore, à saveur amère. Il forme des cristaux prismatiques rhomboïdaux (fig. 58) qui, à 100°, perdent leur eau de cristallisation et deviennent blancs et opaques. — Elle est peu soluble dans l'eau froide, soluble dans l'eau chaude, presque insoluble dans l'alcool et dans l'éther. — On peut l'obtenir aussi en traitant la créatinine par les alcalis en présence de l'eau.

Fig. 58. — *Créatine.*

Propriétés chimiques. — *Décompositions.* Chauffée au dessus de 100°, elle fond, puis se décompose en donnant de l'ammoniaque et des vapeurs jaunes.—Par l'ébullition prolongée avec l'eau, ou par l'action des acides ou en présence des substances en putréfaction, elle perd de l'eau et se transforme en créatinine : $C^4H^9Az^3O^2 - H^2O = C^4H^7Az^3O$. Bouillie avec l'eau de baryte, elle se dédouble en sarcosine et urée : $C^4H^9Az^3O^2 + H^2O = C^3H^7AzO^2$ (sarcosine) $+ CH^4Az^2O$. A côté de l'urée et de la sarcosine se forment toujours de notables quantités de méthylhydantoïne : $C^4H^9Az^3O^2 = C^4H^6Az^2O^2 + AzH^3$, et d'acide méthylparabanique : $C^4H^9Az^3O^2 + O^2 = C^4H^4Az^2O^3 + AzH^3 + H^2O$, avec dégagement d'ammoniaque. — Chauffée avec l'acide nitrique ou la chaux sodée, elle donne de l'ammoniaque et de la méthylamine. Avec l'acide sulfurique et l'oxyde puce de plomb, elle donne de l'acide oxalique, $C^2H^2O^4$, et de la méthyluramine (méthylguanidine) : $C^4H^9Az^3O^2 + 2O = C^2H^2O^4 + C^2H^7Az^3$. — L'hypobromite de sodium la décompose en dégageant tout l'azote à l'état libre, — *Combinaisons.* Elle se combine avec les chlorures de zinc et de cadmium en donnant des chlorures doubles cristallins. Elle donne avec l'azotate d'argent et le sublimé, sous certaines conditions, des précipités caractéristiques. — Elle se combine avec les acides à la manière des bases faibles.

Synthèse. — Strecker l'a obtenu par synthèse en abandonnant au repos une solution aqueuse de cyanamide et de sarcosine, additionnée de quelques gouttes d'ammoniaque : CH^2Az^2 (cyanamide) $+ C^3H^7AzO^2$ (sarcosine) $= C^4H^9Az^3O^2$. On l'obtient aussi en chauffant à 100° une solution alcoolique de sarcosine et de cyanamide (Volhard).

Réactions caractéristiques. — 1° *R. d'Engel.* En ajoutant à de la créatine en excès du nitrate d'argent, puis un peu de potasse étendue, on obtient un précipité blanc ; en continuant l'addition de potasse, le précipité blanc se redissout et on obtient un liquide citrin qui se prend en une gelée qui brunit à l'air et devient tout à fait noire au bout de quelques heures. — 2° En ajoutant du sublimé à une solution saturée de créatine en excès et traitant par un peu de potasse, on a un précipité blanc qui noircit quand on le chauffe au sein de la liqueur mère (R. Engel). — 3° Transformer la créatine en créatinine et caractériser la créatinine.

Constitution. — La *créatine* peut être considérée comme constituée par l'union de la sarcosine et de la cyanamide. La *sarcosine*, $C^3H^7AzO^2$, qui n'a pas encore été rencontrée dans l'organisme, est un méthylglycocolle, c'est-à-dire un glycocolle dans lequel uu atome d'hydrogène a été remplacé par le radical méthyle, CH^3, comme le montrent les formules suivantes :

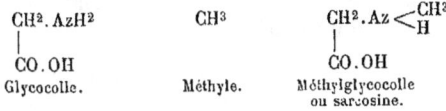

$$
\begin{array}{ccc}
CH^2.AzH^2 & CH^3 & CH^2.Az{<}^{CH^3}_{H} \\
| & & | \\
CO.OH & & CO.OH \\
\text{Glycocolle.} & \text{Méthyle.} & \text{Méthylglycocolle ou sarcosine.}
\end{array}
$$

La sarcosine avec la cyanamide donne la créatine :

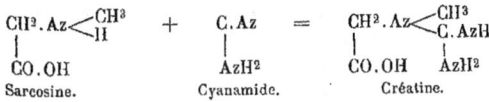

$$
\begin{array}{cccc}
CH^3.Az{<}^{CH^3}_{H} & + & C.Az & = & CH^2.Az{<}^{CH^3}_{C.AzH} \\
| & & | & & | \quad \| \\
CO.OH & & AzH^2 & & CO.OH \quad AzH^2 \\
\text{Sarcosine.} & & \text{Cyanamide.} & & \text{Créatine.}
\end{array}
$$

La créatine peut encore être envisagée à un autre point de vue; on peut la considérer comme constituée par de l'urée dans laquelle un atome d'hydrogène est remplacé par un reste de sarcosine (sarcosine, moins un oxhydrile, OH) :

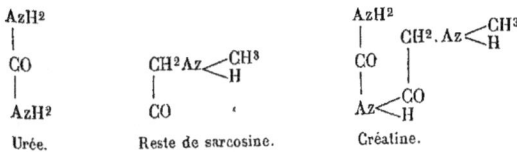

$$
\begin{array}{ccc}
AzH^2 & & AzH^2 \\
| & & | \quad CH^2.Az{<}^{CH^3}_{H} \\
CO & CH^2Az{<}^{CH^3}_{H} & CO \quad | \\
| & | & Az{<}^{CO}_{H} \\
AzH^2 & CO & \\
\text{Urée.} & \text{Reste de sarcosine.} & \text{Créatine.}
\end{array}
$$

On a vu en effet que la créatine se décompose, en prenant de l'eau, en sarcosine et en urée.

Existence dans l'organisme. — La créatine existe dans les muscles (1,3 à 2,3 pour 1000 parties) la substance nerveuse, le sang, le liquide de l'amnios, le testicule et quelquefois dans les transsudations. Elle n'existe pas dans les organes glandulaires. On a cru constater sa présence dans l'urine, mais cette dernière ne contient que de la créatinine, et l'erreur s'explique par la facilité avec laquelle la créatine se transforme en créatinine.

Origine. — L'origine de la créatine ne peut faire l'objet d'un doute. Elle provient évidemment de la désassimilation des substances albuminoïdes et probablement du tissu musculaire, quoique jusqu'ici la créatine n'ait pu être obtenue artificiellement dans la décomposition des albuminoïdes. Sarokow avait admis que le cœur contenait plus de créatine que les autres muscles et que sa proportion augmentait dans les muscles en activité et particulièrement après la tétanisation; mais ces résultats n'ont pas été confirmés par Voit et Nawrocki. D'autre part, la nature de l'alimentation paraît exercer une influence notable sur l'élimination de la créatine (à l'état de créatinine) par l'urine, car la quantité de créatinine de l'urine augmente par une alimentation animale et diminue au contraire par une nourriture végétale. Il est probable que dans ce cas l'augmentation de créatinine est due à la transformation de la créatine contenue dans la viande qui a servi à l'alimentation. On a contaté en effet que la proportion de créatinine de l'urine augmente après l'ingestion de créatine.

Transformations dans l'organisme. — Une fois formée dans l'organisme, la créatine ne reste pas à cet état. Elle paraît, au moins pour une grande partie, se transformer en créatinine, transformation qui, comme on sait, s'opère avec la plus grande facilité.

Sarokow admettait que cette transformation de créatine en créatinine se faisait dans les muscles au moment de la contraction ; mais des recherches plus précises ont montré que la créatinine n'existe pas dans le tissu musculaire, soit pendant le repos, soit pendant le mouvement (Nawrocki). Cette transformation ne se fait pas non plus dans le sang qui ne contient pas de créatinine. Elle paraîtrait plutôt se faire dans le rein. Cependant, après la ligature des uretères, on trouve dans le rein non de la créatinine, mais de la créatine. Kühne aurait pourtant constaté la présence de la créatinine dans le rein.

Si la transformation de créatine en créatinine est certaine, il n'en est pas de même de celle de la créatine en urée admise par plusieurs physiologistes. I. Munk, en ajoutant de la créatine à l'alimentation (chez l'homme et chez le chien), avait constaté non seulement une augmentation de créatinine dans l'urine, mais une augmentation d'urée. D'après lui et quelques autres expérimentateurs, Oppler, Perls, Zaleski, cette transformation s'opérerait dans le rein ; après l'extirpation du rein, on ne trouverait que très peu d'urée dans le sang, tandis que la proportion de créatine augmenterait dans les muscles ; au contraire, après la ligature des uretères, qui laisse le rein fonctionner, l'urée s'accumulerait dans le sang, tandis que les muscles ne contiennent pas plus de créatine qu'à l'état normal. Cette opinion était encore confirmée par les expériences de Ssubotin, qui obtint de l'urée en faisant digérer la substance rénale avec de la créatine. Les faits chimiques venaient aussi à l'appui de cette hypothèse. Avec l'eau de baryte la créatine se décompose en sarcosine et en urée :

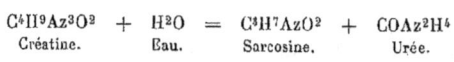

$$C^4H^9Az^3O^2 + H^2O = C^3H^7AzO^2 + COAz^2H^4$$
Créatine.   Eau.   Sarcosine.   Urée.

Mais les expériences de Voit et de Meissner ont donné des résultats contraires. Ils ont vu, après l'injection de créatine et de créatinine, que ces substances se retrouvaient dans l'urine, et qu'il n'y avait pas augmentation d'urée. L'extirpation des reins, la ligature des uretères n'auraient pas non plus, d'après eux, les conséquences admises par Munk, et on n'observerait pas, après ces opérations, les différences dans la proportion de créatine et d'urée que Munk, Perls, etc., ont cru constater dans les muscles et dans le sang. Enfin, Voit et Gscheidlen, en répétant les expériences de Ssubotin sur le rein, sont arrivés à des conclusions négatives. On voit que la question reste ouverte et demande de nouvelles expériences.

CRÉATININE $C^4H^7Az^3O$.

Prép. — 1° *Pr. de Neubauer*. Ce procédé permet de la doser dans l'urine. On traite l'urine par un lait de chaux jusqu'à neutralisation et on ajoute du chlorure de calcium qui précipite les phosphates. On filtre et on évapore à consistance sirupeuse et on épuise le résidu par l'alcool absolu. Le liquide alcoolique est mélangé avec une solution concentrée et neutre de chlorure de zinc. Les cristaux de chlorure de zinc et de créatinine sont traités par l'hydrate de plomb qui met en liberté la créatinine qui cristallise. — 2° On la prépare aussi en traitant la créatine par les acides concentrés chauds, chlorhydrique ou sulfurique ; on obtient ainsi les sels correspondants de créatinine.

Caractères. — La créatinine cristallise en prismes brillants, incolores (fig. 59), solubles dans l'eau et l'alcool, presque insolubles dans l'éther. — Ses solutions bleuissent la teinture de tournesol et ont une saveur caustique rappelant celle de l'ammoniaque. Ses solutions donnent avec le nitrate d'argent un précipité d'aiguilles cristallines solubles dans l'eau bouillante. Il en est de même avec le sublimé. Avec le chlorure platinique elles donnent un précipité rouge. Acidulées par l'acide nitrique, ses solutions donnent avec les acides phosphomolybdique et phosphotungstique un précipité jaune.

Propriétés chimiques. — En présence des alcalis elle se transforme en créatine en prenant de l'eau : $C^4H^7Az^3O + H^2O = C^4H^9Az^3O^2$. — Chauffée avec l'eau de baryte, à 100°, elle se décompose en ammoniaque et méthylhydantoïne : $C^4H^7Az^3O + H^2O = AzH^3 + C^4H^6Az^2O^2$. Chauffée avec le permanganate de potasse elle donne de l'acide oxalique et de la méthylguanidine (méthyluramine) : $C^4H^7Az^3O + H^2O + 2O = C^2H^2O^4 + C^2H^7Az^3$. — *Combinaisons.* — La créatinine forme des combinaisons avec les acides et quelques sels (chlorure de zinc, nitrate d'argent, etc.).

Synthèse. — Horbaczewski a réalisé la synthèse de la créatinine en chauffant du carbonate de guanidine avec la sarcosine : $CH^5Az^3 + C^3H^7AzO^2 = C^4H^7Az^3O + H^2O + AzH^3$. — Duvillier formule ainsi les lois de formation par synthèse des créatines et créatinines : 1° L'action de la cyanamide sur les acides amidés dérivés de l'ammoniaque ordinaire, fournit des créatines ; 2° les acides amidés dérivés de la méthylamine, à l'exception des deux premiers termes de la série (méthylglycocolle et acide α-méthylamidopropionique) qui donnent des créatines, fournissent des créatinines ; 3° les acides amidés dérivés de l'éthylamine fournissent tous des créatinines.

Réactions caractéristiques. — 1° Réaction alcaline. — 2° Précipiter sa solution aqueuse par le chlorure de zinc, on obtient des cristaux formés de fines aiguilles groupées concentriquement et facilement reconnaissables au microscope (fig. 60). — 3° R. de *Maschke.* Une solution aqueuse de créatinine, saturée par du carbonate de sodium, puis additionnée de tartrate sodico-potassique et d'un peu de sulfate de cuivre, laisse déposer au bout de quelque temps une poudre blanche de petits grains agglutinés, microscopiques. La chaleur (60°) accélère cette réaction qui est très sensible. L'addition de glucose donne plus de sensibilité à la réaction. — 4° R. de *Weyl.* Si on ajoute à une solution de créatinine quelques gouttes de nitro-prussiate de sodium, puis une solution étendue de soude caustique, il se développe une coloration rubis qui passe rapidement au jaune. Acidulée par l'acide acétique et chauffée, la solution devient verte, puis bleue (E. Salkowski). On obtient le même effet en ajoutant au liquide jaune du perchlorure de fer et un acide inorganique (Krukenberg).

Corps voisins de la créatinine. — A. Gautier a retiré de la chair musculaire un certain nombre de bases voisines de la créatinine et de la créatine. — 1° *Xanthocréatinine* $C^5H^{10}Az^4O$. Paillettes minces, rectangulaires, jaune soufre, de saveur amère, solubles dans l'eau froide et l'alcool bouillant. — 2° *Crusocréatinine* $C^5H^8Az^4O$. Cristaux jaune orange, de saveur amère, dont les propriétés chimiques ressemblent beaucoup à celles

Fig. 59. — *Créatinine.*

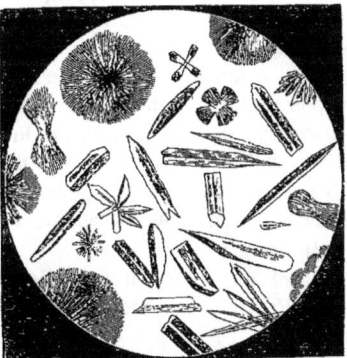
Fig. 60. — *Chlorure double de zinc et de créatinine.*

de la créatinine. — 3° *Amphicréatine* $C^9H^{19}Az^7O^4$. Prismes obliques, blanc-jaunâtre, de saveur à peine amère, ayant de grandes analogies avec la créatine. — 4° *Base* C^{11} $Az^{10}O^5$. Tables minces, rectangulaires, incolores ou jaunâtres. — *Base* $C^{12}H^{26}Az^{10}O^5$. Tables rectangulaires, fragiles, soyeuses.

Constitution. — La constitution de la créatinine la rapproche aussi de la méthylhydantoïne, qui se forme quand on met en présence dans de certaines conditions de la sarcosine et de l'urée. En effet, par l'eau de baryte à 100° la créatinine se transforme en méthylhydantoïne en dégageant de l'ammoniaque. Les formules de constitution de ces deux corps sont les suivantes :

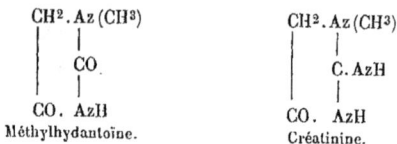

$$
\begin{array}{c}
CH^2.Az(CH^3) \\
| \\
CO \\
| \\
CO.AzH
\end{array}
\qquad
\begin{array}{c}
CH^2.Az(CH^3) \\
| \\
C.AzH \\
| \\
CO.AzH
\end{array}
$$

Méthylhydantoïne.   Créatinine.

D'après A. Gautier, et cette opinion trouve un appui dans ses recherches mentionnées plus haut, le groupement CAzH a une grande importance dans la constitution des créatines. Ainsi la cruso-créatinine $C^5H^8Az^4O =$ la créatinine $C^4H^7Az^3O$ $+ CHAz$; l'amphicréatine, $C^8H^{19}Az^7O^4 = 2C^4H^9Az^3O^2$ (créatine) $+ CHAz$. Enfin les deux bases, $C^{11}H^{24}Az^{10}O^5$ et $C^{12}H^{26}Az^{11}O^5$ ne diffèrent l'une de l'autre que par le groupement CHAz.

Existence dans l'organisme. — La créatinine existe dans l'urine et ne paraît exister que là. On a bien, il est vrai, constaté plusieurs fois sa présence dans les muscles, le sang, le liquide amniotique, mais il est à peu près certain que, dans ces cas, elle provenait d'une transformation de la créatine qui existe dans ces organes et dans ces liquides. Le bouillon de viande en contient toujours un peu.

Quant à son *origine*, elle n'est pas douteuse, comme on vient de le voir à propos de la créatine. Elle provient de cette dernière substance et est par conséquent, comme elle, un produit de désassimilation des matières albuminoïdes, soit de l'organisme, soit de l'alimentation.

Nous en éliminons par jour environ $1^{gr},12$ (Neubauer). Sa quantité dans l'urine augmente par un régime animal et par l'ingestion de créatine et de créatinine.

Malgré les faits chimiques elle ne paraît pas contribuer à la formation de l'urée. En tout cas, son ingestion n'augmente pas la proportion d'urée de l'urine.

Bibliographie. — Th. Weyl : *Ueber eine neue Reaction auf Kreatinin und Kreatin* (Ber. d. d. ch. Ges., t. II, 1878). — O. Maschke : *Ueber eine neue Reaction auf Kreatinin und Kreatin* (id.). — E. Salkowski : *Zur Kenntniss des Kreatinins* (Zeit. für phys. Ch., t. IV, 1880). — Worm-Muller : *Ueber das Verhalten des Kreatinins zu Kupferoxyd und Alkali* (Arch. de Pflüger, t. XXVII, 1881). — Duvillier : *Sur quelques combinaisons appartenant au groupe des créatines et des créatinines* (C. rendus, t. XCVI et CVII, 1883). — F. Mylius : *Beiträge zur Kenntniss des Sarkosins* (Ber. d. d. ch. Ges., t. IX, 1884). — E. Salkowski : *Zur Weyl'schen Kreatininreaction* (Zeit. für phys. Ch., t. IX, 1884). — Krukenberg : *Kreatininproben* (Verh. d. phys. med. Ges. zu Wurzburg, 1884). — J. Horbaczewski : *Neue Synthese des Kreatins* (Wied. med. Jahrb. 1885). — Duvillier : *Sur la formation des créatines et des créatinines* (C. rendus, t. C, 1885). — Id. : *Sur une créatinine nouvelle* (C. rendus, t. CIII, 1886). — M. Jaffe : *Ueber eine neue Reaction* ...

Kreatinins (Zeit. f. phys. Ch., t. X, 1886). — G. COLASANTI : *Le reazioni della creatinina* (R. Ac. Med. di Roma, t. XIII, 1886-87) (1).

ARTICLE X. — Composés sulfurés.

TAURINE $C^2H^7AzSO^3$.

Prép. — On fait bouillir de la bile de bœuf avec de l'acide chlorhydrique étendu; le liquide est décanté, concentré, laissé à lui-même pour que le chlorure de sodium se dépose et additionné d'alcool absolu qui précipite la taurine.

Caractères. — La taurine cristallise en prismes transparents, quadrangulaires ou hexagonaux terminés par des pyramides à quatre pans (fig. 61). Ces cristaux croquent sous la dent et n'ont aucun goût spécial. — Elle est un peu soluble dans l'eau froide (15 parties), plus soluble dans l'eau bouillante, insoluble dans l'alcool et l'éther, soluble dans l'alcool ammoniacal. Ses solutions sont neutres. Elle ne précipite pas par le tannin et les sels métalliques.

Propriétés chimiques. — La taurine est très stable. La chaleur ne la décompose qu'au-dessus de 240°. Elle ne s'altère pas quand on la fait bouillir avec les acides étendus ou la potasse. Elle est cependant décomposée par l'acide azoteux en acide iséthionique, eau et azote : $C^2H^7AzSO^3 + HAzO^2 = C^2H^6SO^4 + H^2O + 2Az$. — Sous l'influence de la potasse en fusion elle se décompose en ammoniaque, sulfate et acétate de potassium. Elle donne avec les oxydes métalliques de véritables sels (R. Engel). — En s'unissant à l'acide cholalique

Fig. 61. — *Taurine.*

avec perte d'eau, elle donne l'acide taurocholique qui sera étudié plus loin. — La taurine a été obtenue synthétiquement en partant du chlorure d'acide iséthionique.

Réactions caractéristiques. — 1° Chauffée sur une lame de platine, elle fond en dégageant de l'acide sulfureux et des vapeurs épaisses. — 2° En la fondant avec un mélange de soude et de nitrate de potassium, il se forme du sulfate de potassium facilement caractérisable. — 3° Examen microscopique de ses cristaux.

Nature et constitution. — La *taurine* peut être considérée comme dérivant de l'acide iséthionique.

L'acide iséthionique est un acide sulfo-éthylénique dans lequel le radical monoatomique *oxyéthylène* remplace un atome d'hydrogène de l'acide sulfureux :

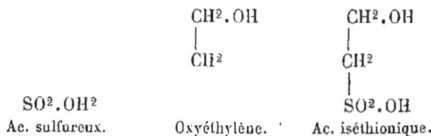

$$\begin{array}{ccc}
& CH^2.OH & CH^2.OH \\
& | & | \\
& CH^2 & CH^2 \\
& & | \\
SO^2.OH^2 & & SO^2.OH \\
\text{Ac. sulfureux.} & \text{Oxyéthylène.} & \text{Ac. iséthionique.}
\end{array}$$

En remplaçant dans l'acide iséthionique un oxyhydrile OH par AzH^2, on a la taurine :

(1) *A consulter* : C. Neubauer : *Ueber Kreatinin* (Annal. d. Chemie und Pharm. t. CXIX). Id. : *Ueber quantitative Kreatin und Kreatininbestimmung im Muskelfleisch* (Zeitschr. für analyt. Chemie, 1863). — Id. : *Ueber Kreatinin und Kreatin* (Ann. d. Chem. und Pharm. t. CXXVII). — R. Engel : *Sur la créatine* (Comptes rendus, 1874).

BEAUNIS. — Physiologie, 3° édition.   1. — 20

$$
\begin{array}{cc}
CH^2.OH & CH^2.AzH^2 \\
| & | \\
CH^2 & CH^2 \\
| & | \\
SO^2.OH & SO^2.OH \\
\text{Ac. iséthionique.} & \text{Taurine.}
\end{array}
$$

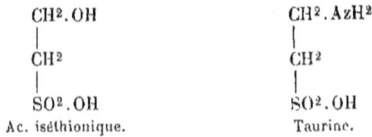

Cependant l'indifférence chimique de la taurine s'accordant peu avec l'existence du groupement acide SO^2.OH, il vaut mieux doubler la molécule et admettre la formule suivante :

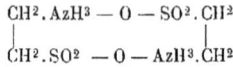

$$
\begin{array}{l}
CH^2.AzH^3 — O — SO^2.CH^2 \\
| \qquad\qquad\qquad\quad | \\
CH^2.SO^2 — O — AzH^3.CH^2
\end{array}
$$

Existence dans l'organisme. — La taurine existe en petite quantité dans le contenu de l'intestin et dans les excréments. On l'a trouvée dans les muscles et les poumons de quelques mammifères, dans l'urine du bœuf, dans le foie et la rate de quelques poissons.

Origine et mode de formation. — Dans l'intestin elle provient évidemment de la décomposition de l'acide taurocholique, décomposition qui s'opère bien plus facilement que celle de l'acide glycocholique. Quant à l'origine de la taurine qui existe à l'état de combinaison dans l'acide taurocholique, on ne sait à peu près rien. On peut seulement supposer qu'elle est un produit de désassimilation des substances albuminoïdes.

Transformation dans l'organisme et élimination. — Une partie de la taurine est éliminée telle quelle par l'intestin, comme on vient de le voir ; mais la petite proportion de taurine contenue dans les excréments laisse prévoir qu'une certaine quantité de taurine quitte l'organisme par une autre voie. Si on examine quels sont les produits de décomposition de la taurine, on voit que par l'action de la potasse elle donne de l'ammoniaque, du sulfate et de l'acétate de potassium ; d'après Buchner, le mucus de la vésicule biliaire ferait subir la même transformation à la taurine en présence d'un liquide alcalin. Cette transformation paraît s'accomplir dans l'organisme, au moins chez les herbivores et les oiseaux ; en effet, Salkowski chez le lapin, C.-O. Cœch chez le poulet, ont constaté une augmentation des sulfates de l'urine et des excréments. Chez l'homme et le chien, il n'en est plus de même ; d'après les expériences de Salkowski, une partie de la taurine passe inaltérée dans l'urine, mais la majeure partie s'unit à l'acide cyanique formé dans l'organisme et donne naissance à de l'acide tauro-carbamique qui se retrouve dans l'urine. Il ne serait pas impossible du reste que cet acide tauro-carbamique existât dans l'urine à l'état normal (voir p. 267).

Son *rôle physiologique* est celui d'un produit d'excrétion. Voir aussi *Acides biliaires*.

Bibliographie. — W. JAMES : *Derivate des Taurins* (Ber. d. d. ch. Ges., 1886) (1).

(1) *A consulter* : R. Engel : *Rech. sur la taurine* (Comptes rendus, 1875). — E. Salkowski : *Ueber das Verhalten des Taurins und die Bildung der Schwefelsäure in thierischen Organismus* (Virch. Archiv, t. LVIII).

CYSTINE $C^3H^7AzSO^2$.

Prép. — On la retire des calculs urinaires en les traitant par l'ammoniaque qui la dissout.

Caractères. — Elle cristallise en lamelles ou tables hexagonales (fig. 62) incolores, insolubles dans l'eau, l'alcool, l'éther, l'acide acétique, solubles dans l'ammoniaque, les alcalis, les carbonates alcalins, les acides.

Propriétés chimiques. — Chauffée, elle ne fond pas, mais brûle avec une flamme vert-bleuâtre et dégage une odeur fétide, rappelant celle de l'acide cyanhydrique. — Chauffée avec l'acide nitrique, elle donne un résidu rouge-brun. Chauffée sur une plaque d'argent avec un peu de lessive de soude, elle donne une tache noire de sulfure d'ar-

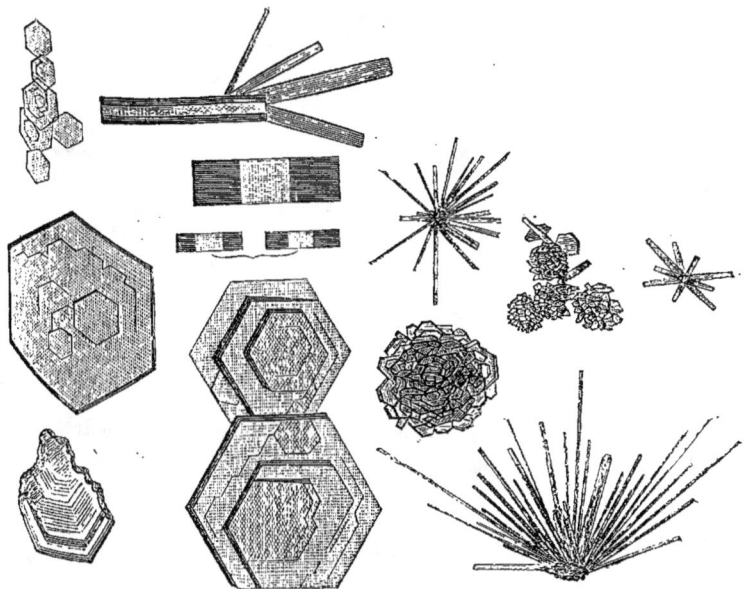

Fig. 62. — *Cristaux de cystine* (*).

gent. — Chauffée avec les alcalis, elle se décompose en sulfure alcalin, ammoniaque et un gaz qui brûle avec une flamme bleue en formant de l'acide sulfureux. — Chauffée avec de l'eau à 140°, elle dégage de l'hydrogène sulfuré, un corps ayant l'odeur du mercaptan, de l'acide carbonique, de l'ammoniaque et un acide sulfuré. — Avec le zinc et l'acide chlorhydrique elle dégage à froid de l'hydrogène sulfuré. — En suspension dans l'eau, elle est attaquée par l'acide nitreux qui la transforme en acide sulfurique et *acide glycéramique* ou *sérine* $C^3H^7AzO^3$. — Elle forme avec les acides des sels cristallisables en aiguilles. — Traitée par le zinc et l'acide chlorhydrique, elle se transforme, d'après Baumann, en une base soluble, la *cystéine* $C^3H^7AzSO^2$, qui, par oxydation à l'air, se change bientôt en cystine. Après l'ingestion de benzol bromé et de benzol chloré, C^6H^5Br et C^6H^5Cl, on trouve dans l'urine deux acides, l'acide *bromphénylmercapturique* $C^{11}H^{12}Br$ $AzSO^3$ et l'acide *chlorphénylmercapturique* $C^{11}H^{12}ClAzSO^3$, dans lesquels un atome de la cystine a été remplacé par C^6H^4Br et C^6H^4Cl, avec addition du groupement $CO.CH^2$ (voir plus loin : *Formule et nature de la cystine*). Cependant, d'après Baumann, ils devraient plutôt être considérés comme des dérivés de la cystéine, et l'équation suivante peut donner une idée de leur formation : $C^3H^7AzSO^2 + C^6H^5Br + O = C^3H^6 (C^6H^4Br) AzSO^2$

(*) 1, formes obtenues par évaporation d'une dissolution ammoniacale de cystine. — 2, cristaux lamelleux obtenus en grattant les calculs de cystine (Robin et Verdeil).

(Bromphénylcystéine) + H^2O. Ces acides fournissent un certain nombre de dérivés pour lesquels je renvoie aux mémoires originaux.

Réactions caractéristiques. — 1° Odeur caractéristique quand on la chauffe. — 2° Solubilité dans l'ammoniaque. — 3° Elle ne donne pas la réaction de la murexide (caractère distinctif d'avec l'acide urique). — Chauffée dans un tube à essai avec de l'oxyde de plomb dissous dans la potasse caustique, elle donne un précipité noir de sulfure de plomb (Elle partage cette réaction avec les albuminoïdes). — 5° Examen microscopique de ses cristaux.

Formule et constitution. — La nature de la cystine est encore inconnue. On l'a rattachée à l'acide amido-lactique; mais sa synthèse n'ayant pas encore été faite, on n'a sur ce point aucune certitude. On lui attribue la formule suivante :

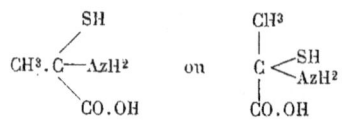

$$CH^3.C \overset{SH}{\underset{CO.OH}{\vert}} AzH^2 \qquad \text{ou} \qquad C \overset{CH^3}{\underset{CO.OH}{\vert}} {<}^{SH}_{AzH^2}$$

Cependant Baumann admet comme formule pour la cystine $C^6H^{12}Az^2S^2O^4$, autrement dit il double la formule ordinaire de la cystine avec 2 atomes d'hydrogène en moins, et explique par l'équation suivante la formation de cystine aux oxydation aux dépens de la cystéine : $2C^3H^7AzSO^2 + O = C^6H^{12}Az^2S^2O^4 + H^2O$, et il propose pour les deux corps les formules de constitution suivantes :

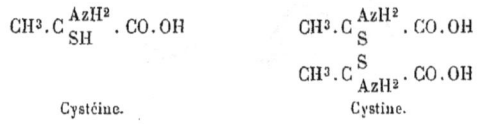

$$CH^3.C \overset{AzH^2}{\underset{SH}{}}.CO.OH \qquad CH^3.C \overset{AzH^2}{\underset{S}{}}.CO.OH$$
$$CH^3.C \overset{S}{\underset{AzH^2}{}}.CO.OH$$

Cystéine.   Cystine.

La cystine existe dans certains calculs et sédiments urinaires très rares, dans l'urine (rarement) et spécialement dans l'urine de chien; on a constaté sa présence dans les reins du bœuf.

Son origine est inconnue. Sa constitution chimique fait seulement prévoir qu'elle doit provenir de la désassimilation des matières albuminoïdes; mais on ne sait ni si elle se forme à l'état normal dans l'organisme, ni quels sont les produits intermédiaires qui lui donnent immédiatement naissance. On ne sait pas plus quels produits de décomposition elle peut fournir dans l'organisme.

Bibliographie. — E. Külz : *Notiz zur Kenntniss des Cystins* (Ber. d. d. ch. Ges., t. XV, 1882). — E. Baumann : *Zur Kenntniss der Phenylmercaptursäure des Cystins und des Serins* (Ber. d. d. ch. Ges., t. XV, 1882). — J. Mauthner : *Ueber das optische Drehungsvermogen des Tyrosins und Cystins* (Monatsh. für Ch., t. III, 1882). — E. Külz : *Zur Kenntniss des Cystins* (Zeit. für Biol., t. XX, 1884). — E. Baumann : *Ueber Cystin und Cystein* (Zeit. für phys. Ch., t. CXXXI, 1884). — J. Mauthner : *Zur Kenntniss des Cystins* (Ber. d. d. ch. Ges., t. XVII, 1884). — Stadthagen : *Zur Kenntniss der Cystinurie* (Arch. de Virchow, t. C, 1885). — E. Goldmann : *Ueber die Schicksale des Cysteins*, etc. (Zeit. für phys. Ch., t. IX, 1885).

Article XI. — Acides biliaires.

Les *acides biliaires* sont au nombre de deux chez l'homme : acides *glycocholique* ou *cholique*, $C^{26}H^{43}AzO^6$, et *taurocholique* ou *choléique*, $C^{26}H^{45}AzSO^7$. Ces acides peuvent être considérés comme constitués par l'union d'un acide non azoté, l'*acide cholalique*, $C^{24}H^{40}O^5$, avec une substance azotée, le *glyco-colle*, $C^2H^5AzO^2$, pour l'acide glycocholique, la *taurine*, $C^2H^7AzSO^3$, pour l'acide taurocholique, qui, comme on le voit, contient du soufre. Les équations suivantes montrent que cette combinaison se ferait avec élimination d'eau.

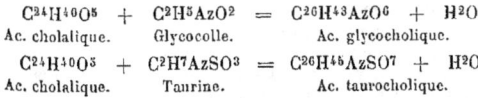

$$C^{24}H^{40}O^5 + C^2H^5AzO^2 = C^{26}H^{43}AzO^6 + H^2O$$
Ac. cholalique.   Glycocolle.   Ac. glycocholique.

$$C^{24}H^{40}O^5 + C^2H^7AzSO^3 = C^{26}H^{45}AzSO^7 + H^2O$$
Ac. cholalique.   Taurine.   Ac. taurocholique.

Inversement ces acides, sous l'influence de divers agents (baryte, etc.), se décomposent en fixant de l'eau en acide cholalique et glycocolle ou taurine.

J'étudierai successivement l'acide cholalique, l'acide glycocholique et l'acide taurocholique. L'étude du glycocolle et de la taurine a été faite pages 275 et 303.

ACIDE CHOLALIQUE $C^{24}H^{40}O^5$.

Prép. — Faire bouillir la bile 24 heures avec une solution saturée de baryte. En décomposant le sel de baryte par l'acide chlorhydrique, on obtient l'acide cholalique qu'on fait cristalliser en le traitant par l'éther. Tappeiner a indiqué un procédé plus rapide (traitement du sel de baryte par un mélange d'acide chlorhydrique et d'éther).

Caractères. — L'acide cholalique peut être obtenu sous trois états : anhydre, amorphe ou cristallisé (prismes à quatre pans); avec une molécule d'eau de cristallisation (tables rhomboédriques); avec deux molécules et demi d'eau de cristallisation (tétraèdres ou octaèdres d'éclat vitreux). — Il est peu soluble dans l'eau, assez soluble dans l'éther, soluble dans l'alcool et la glycérine. Il se dissout dans l'acide sulfurique concentré avec une fluorescence verte. — Il dévie à droite la lumière polarisée. — Il brûle avec une flamme fuligineuse.

Propriétés chimiques. — Chauffé à 200° ou bouilli avec les acides, il perd deux molécules d'eau et se transforme en *dyslysine* $C^{24}H^{36}O^3$. — Par les différents agents d'oxydation, il donne un certain nombre de produits qui seront étudiés plus loin, et en outre des acides gras volatils, de l'acide acétique à l'acide caprique, des acides gras solides, particulièrement les acides laurique et stéarique, et de l'acide oxalique. Cependant, d'après Latschinoff, ces acides gras fixes proviendraient de l'acide cholalique impur, celui-ci retenant énergiquement les acides gras solides. — *Combinaisons*. L'acide cholalique forme plusieurs espèces de combinaisons. Les cholalates alcalins sont solubles dans l'eau et l'alcool. Le cholalate de calcium est insoluble dans l'eau, soluble dans l'alcool bouillant, et cristallise en fines aiguilles quelquefois tronquées et facilement reconnaissables (fig. 63). Les cholalates métalliques sont insolubles dans l'eau.

Fig. 63. — *Cholalate de calcium.*

L'acide cholalique forme aussi des éthers avec les radicaux d'alcools.

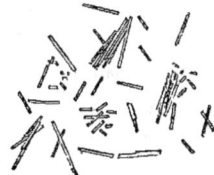

Dérivés de l'acide cholalique. — 1° **Ac. cholestérique** $C^8H^{10}O^5$. — Cet acide se produit dans l'oxydation de l'acide cholalique par l'acide chromique. C'est un liquide sirupeux, jaunâtre, de saveur acide et amère, soluble dans l'eau et l'alcool. Il est identique à l'acide cholestérique obtenu par l'oxydation de la cholestérine. D'après Tappeiner, sa véritable formule serait $C^{12}H^{16}O^7$ et l'acide cholestérique ordinaire serait un mélange de cet acide et d'un dérivé $C^{11}H^{16}O^5$, formé du premier par perte de CO^2. — 2° **Ac. choloïdanique** $C^{16}H^{24}O^7$. — Il forme de fines aiguilles allongées, presque insolubles dans l'eau froide, solubles dans l'alcool. Latschinoff le considère comme un isomère de l'acide camphorique, $C^6H^{10}O^4$ et l'appelle *acide cholécamphorique*. — 3° **Ac. cholanique** $C^{20}H^{28}O^6$. — Il se présente sous l'aspect de flocons amorphes, cristallisables, peu solubles dans l'eau, solubles dans l'alcool et l'éther. L'acide nitrique le transforme en acide choloïdanique. — 4° **Ac. choléinique**. $C^{25}H^{42}O^4$. — Obtenu par Latschinoff à l'état cristallin; par l'oxydation par l'acide chromique, il donne de l'acide cholanique. — 5° **Ac. bilianique** $C^{24}H^{34}O^8$ (Clèves). — 6° **Ac. déhydrocholalique** $C^{24}H^{34}O^5$. — Obtenu par Hammarsten en oxydant l'acide cholalique par l'acide chromique en solution acétique. — 7° **Ac. désoxycholalique**, $C^{24}H^{40}O^4$. — Obtenu par Mylius par réduction de l'acide cholalique. — Les caractères et les formules de la plupart de ces acides ne sont pas encore établis d'une façon certaine. La *dyslysine* sera étudiée plus loin.

Réactions caractéristiques. — Ces réactions sont communes à l'acide cholalique et aux deux acides biliaires. 1° *Réaction de Pettenkofer.* Ajouter au liquide quelques gouttes d'une solution au quart de sucre de canne et quelques gouttes d'acide sulfurique concentré en maintenant la température à + 70° environ; il se produit une coloration rouge cerise, puis pourpre. La présence des nitrates et des chlorates empêche la réaction. Elle se produit plus rapidement aussi avec le sucre de fruit. Les albuminoïdes, l'acide oléique, le phénol, la benzine, l'acide salicylique, la morphine, l'amylalcool, le camphre, etc., donnent une réaction qui se rapproche beaucoup de celle des acides biliaires. Drechsel remplace l'acide sulfurique par l'acide phosphorique concentré [1]. — 2° *R. de Bogomoloff.* Évaporer à siccité la solution alcoolique des acides biliaires; étaler le résidu le plus possible et le mouiller avec une à trois gouttes d'acide sulfurique concentré, puis ajouter une goutte d'alcool; il se produit des zones de coloration jaunes, orangées, rouges, violettes et indigo, en allant du centre à la périphérie. Cette réaction serait plus sensible que la précédente. — 3° *R. de Strasburg.* Tremper un morceau de papier à filtrer dans le liquide (urine, par ex.) mélangé d'abord de sucre de canne; on laisse sécher; faire tomber dessus une goutte d'acide sulfurique concentré pur qu'on laisse couler; après un quart de minute, à la lumière transmise, on a une belle coloration violette.

Anhydrides de l'acide cholalique. — 1° **Dyslysine**, $C^{24}H^{36}O^3$. — La dyslysine est une masse blanche, amorphe, inodore, insipide, insoluble dans l'eau, l'alcool, les alcalis, les acides acétique et chlorhydrique, presque insoluble dans l'éther, soluble dans les solutions d'acide cholalique et de cholalates alcalins. Elle fond à 180° et brûle avec une flamme fuligineuse. Chauffée avec une solution alcoolique de potasse, elle régénère l'acide cholalique. — 2° **Ac. choloïdinique** $C^{24}H^{38}O^4$ ou plutôt $C^{24}H^{39}O^{41/2}$ (en notation d'équivalents : $C^{48}H^{39}O^9$). Ce serait de l'acide cholalique, moins $1/2H^2O$. C'est une poudre amorphe, insoluble dans l'eau, peu soluble dans l'éther, soluble dans l'alcool.

Corps rapprochés de l'acide cholalique. — **Acide fellinique**, $C^{23}H^{40}O^4$. D'après Schotten, cet acide se trouverait dans la bile à côté de l'acide cholalique en combinaison avec le glycocolle et la taurine. Il cristallise en tables rectangulaires. Il donne la réaction de Pettenkofer autrement que l'acide cholalique; la coloration rouge a une teinte bleuâtre et disparaît par l'addition d'eau. Il dévie à droite le plan de polarisation. — **Ac. anthropocholalique**, $C^{18}H^{28}O^4$. — Cet acide, admis comme spécial à la bile humaine ne paraît être qu'un mélange d'acide cholalique ordinaire et d'acide choléinique. — **Ac. hyocholalique**, $C^{25}H^{40}O^4$. — Il remplace, dans la bile de porc, l'acide cholalique. — **Ac. chénocholalique**, $C^{27}H^{44}O^4$. — Il remplace l'acide cholalique dans la bile d'oie.

Nature et constitution. — L'acide cholalique a des rapports d'une part avec la cholestérine, car il compte l'acide cholestérique dans ses produits d'oxydation et d'autre part avec les corps gras, car on trouve des acides gras dans ses produits de décomposition. Mais sa nature et sa constitution sont encore inconnues. Ainsi certains auteurs admettent 25 atomes de carbone au lieu de 24 : $(C^{25}H^{40}O^4)$ $+ 1/2H^2O$ (formule de Mulder). D'après Mylius, il renfermerait, outre le groupe carboxyle, 3 atomes d'oxygène sous forme d'hydroxyle et on pourrait lui attribuer la formule de constitution suivante :

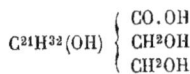

$$C^{21}H^{32}(OH) \begin{cases} CO.OH \\ CH^2OH \\ CH^2OH \end{cases}$$

[1] Le liquide rouge de la réaction de Pettenkofer des acides biliaires est dichroïque et donne deux bandes d'absorption entre F et E. Celui des albuminoïdes n'est pas dichroïque; celui de l'acide oléique et de l'amylalcool ne donne aucune bande d'absorption au spectroscope.

L'acide cholalique ne se rencontre pas dans la bile fraîche, mais seulement dans le canal intestinal et dans la bile altérée, comme du reste la dyslysine.

ACIDE GLYCOCHOLIQUE $C^{26}H^{43}AzO^6$.

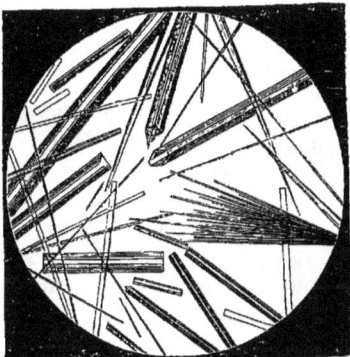

Syn. — Ac. cholique.

Prép. — On évapore la bile fraîche au bain-marie; il reste un résidu solide qu'on traite par l'alcool absolu froid; on décolore le mélange par le charbon animal, on dessèche de nouveau; le résidu est traité par l'alcool absolu : l'éther donne un précipité résineux (*résine biliaire*) qui se prend au bout de quelque temps en une bouillie cristalline (*bile cristallisée de Plattner*). Pour en extraire l'*acide glycocholique*, on dissout la bile cristallisée dans un peu d'eau et on ajoute de l'acide sulfurique étendu; après quelques heures l'acide glycocholique se sépare en aiguilles cristallines soyeuses. On peut aussi précipiter l'acide glycocholique par l'acétate neutre de plomb. Le liquide filtré et débarrassé de glycocholate de plomb donne par l'acétate de plomb basique un précipité de taurocholate de plomb. Pour préparer l'acide taurocholique il faut prendre de préférence de la bile de chien, qui ne contient que cet acide.

Caractères. — Évaporé de sa solution alcoolique, il se présente sous forme d'une masse résineuse; autrement il cristallise en fines aiguilles soyeuses (fig. 64) qui ne s'altèrent pas à l'air. Il a une saveur d'abord sucrée puis amère. Il est très peu soluble dans l'eau froide, plus soluble dans l'eau chaude, à peine soluble dans l'éther, soluble dans l'alcool, l'acide acétique, la glycérine, les acides, les alcalis. Il dévie à droite la lumière polarisée. Il brûle avec une flamme fuligineuse.

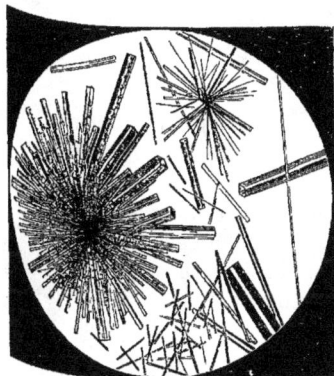

Fig. 64. — *Acide glycocholique.*   Fig. 65. — *Glycocholate de sodium.*

Propriétés chimiques. — A 100° il fond et se transforme, en perdant de l'eau, en *acide glycocholonique* $C^{26}H^{41}AzO^5$. On a vu plus haut sa décomposition en acide cholalique et glycocolle. — Il forme avec les alcalis des sels solubles dont le plus important, le *glycocholate de sodium*, qui existe dans la bile, se présente sous l'aspect de fines aiguilles groupées en pinceaux ou en étoiles caractéristiques (fig. 65). Les sels des métaux lourds sont au contraire insolubles dans l'eau, sauf le sel d'argent. — On en connaît un isomère, l'*acide paraglycocholique*, insoluble, cristallisant en tablettes microscopiques, à six côtés. — Chez le porc, l'acide glycocholique est remplacé par un acide homologue, l'*acide hyoglycocholique* $C^{27}H^{43}AzO^5$.

Constitution. — L'acide glycocholique peut être considéré comme un glycocolle dans lequel un atome d'hydrogène AzH^2 est remplacé par le radical de l'acide cholalique : $COOH.CH^2.AzH(C^{24}H^{39}O^4)$.

Pour ce qui concerne la physiologie de l'acide glycocholique, voir : *Acide taurocholique.*

ACIDE TAUROCHOLIQUE $C^{26}H^{45}AzSO^7$.

Syn. — Acide choléique.

Prép. — La bile (de chien) est précipitée par l'alcool; on ajoute du noir animal et on filtre. Le taurocholate de sodium est précipité du liquide filtré par l'éther et dissous dans l'eau d'où l'acide taurocholique est précipité par l'acétate de plomb. On le purifie et on le fait cristalliser par les procédés ordinaires.

Caractères. — Il cristallise en fines aiguilles soyeuses très déliquescentes, de saveur amère, solubles dans l'eau et l'alcool, insolubles dans l'éther. Il dévie à droite la lumière polarisée.

Propriétés chimiques. — Il se décompose très facilement (chaleur, putréfaction, etc.) en acide cholalique et taurine. — Les taurocholates alcalins sont solubles dans l'eau et l'alcool, insolubles dans l'éther. Leur solution aqueuse ne précipite pas par l'acide acétique et les acides minéraux. Les solutions de taurocholates alcalins émulsionnent et dissolvent les graisses, les acides gras, la cholestérine. — L'acide taurocholique précipite l'albumine de ses solutions; le précipité contient de l'albumine et de l'acide taurocholique. Avec les solutions de peptone et de propeptone, il donne un précipité d'acide taurocholique. Il a aussi une action antiseptique; il retarde ou empêche les fermentations et les putréfactions ainsi que les fermentations digestives (action du suc gastrique de la salive, du suc pancréatique; R. Maly et F. Emich). Ces caractères n'appartiennent pas à l'acide glycocholique. L'acide taurocholique et les taurocholates alcalins ont une action dissolvante sur les globules sanguins et les globules de pus.

Les acides *hyotaurocholique* $C^{27}H^{45}AzSO^6$ et *chénotaurocholique* $C^{29}H^{49}AzSO^6$ remplacent l'acide taurocholique ordinaire dans la bile de porc et d'oie.

Caractères distinctifs d'avec l'acide glycocholique. — 1° L'acide taurocholique et les taurocholates alcalins sont précipités par l'acétate neutre de plomb qui précipite les acides glycocholique et cholalique. — 2° Existence du soufre et de la taurine (voir : *Taurine*).

Existence dans l'organisme. — Les acides biliaires existent dans la bile, non à l'état libre, mais à l'état de glycocholate et taurocholate de sodium. La bile humaine contient beaucoup plus de glycocholates que de taurocholates; la bile de chien, au contraire, ne contient que du taurocholate. Dans la bile des poissons de mer les acides biliaires sont à l'état de sels de potassium. Ces acides biliaires ainsi que leurs produits de décomposition se rencontrent aussi dans l'intestin et dans les excréments. Enfin, dans les cas d'ictère, on a constaté (quoiqu'il y ait des divergences sur ce point entre les auteurs) des traces d'acides biliaires dans le sang et dans l'urine.

Origine et mode de formation. — L'origine des acides biliaires est très obscure. Il est très probable qu'ils se forment dans le foie par l'union de l'acide cholalique d'une part, et de la taurine et du glycocolle de l'autre; mais la preuve expérimentale manque jusqu'ici. En admettant cette hypothèse, qui a pour elle toutes les probabilités, il reste à savoir quelle est l'origine des trois facteurs des acides biliaires, glycocolle, taurine, acide cholalique. Pour la glycocolle et la taurine la question a déjà été étudiée et on a vu qu'elles prennent très probablement naissance dans la décomposition des albuminoïdes. En est-il de même pour l'acide cholalique, qui, lui, est dépourvu d'azote? Certaines raisons théoriques permettent de le supposer. On a en effet obtenu par l'oxydation des albuminoïdes des corps que leurs affinités rapprochent de l'acide cholalique (Frœhde), et la réaction de Pettenkofer, commune à l'acide cholalique et aux albuminoïdes, semble indiquer que ces derniers contiennent un noyau qui se retrouve dans l'acide cholalique (Baumstark). D'après Bidder et Schmidt, Lehmann et quelques autres physiologistes, au contraire, l'acide cholalique proviendrait de la décomposition des graisses, et on a vu plus haut en effet que l'acide chola-lique a des affinités avec les corps gras.

Les conditions dans lesquelles le glycocolle et la taurine s'unissent à l'acide cholalique pour constituer les acides biliaires ne sont pas mieux connues et il n'a pas encore été possible de réaliser artificiellement cette combinaison dans les laboratoires. Dans l'organisme même, on n'a pas été plus heureux, l'ingestion de glycocolle ne paraît avoir aucune action sur la proportion des acides biliaires de la bile, et il en est de même de l'ingestion de taurine qui donne naissance non à de l'acide taurocholique, mais à de l'acide tauro-carbamique.

Quel que soit du reste le mode de production des acides biliaires et leur provenance, il est certain que leur formation doit être localisée dans le foie. Leur existence en effet n'a été constatée à l'état normal que dans le foie et dans la bile, et ils ne s'accumulent pas dans le sang et les organes après l'extirpation du foie (Kunde, Moleschott). Naunyn a bien admis l'existence dans l'urine normale de traces d'acides biliaires, mais, même en admettant la réalité du fait, elles proviendraient évidemment de la bile résorbée dans l'intestin.

Transformations dans l'organisme. — Une fois formés, quel que soit le mécanisme de cette formation, les acides biliaires apparaissent dans la bile et passent avec elle dans l'intestin. Là, ils subissent, principalement l'acide taurocholique qui est beaucoup moins stable, une décomposition par-tielle qui donne naissance à l'acide cholalique, l'acide choloïdique et à la dys-lyline, et d'autre part au glycocolle et à la taurine. La quantité d'acides bi-liaires, décomposés ou non, qui se retrouve dans les fèces ne paraît pas répondre à la quantité de ces acides qui a été amenée avec la bile dans l'in-testin ; une notable partie de ces acides biliaires doit donc être résorbée et passer dans le sang.

Que deviennent les acides biliaires une fois introduits dans le sang? Ser-vent-ils de nouveau à la sécrétion biliaire et sont-ils repris par le foie pour reparaître dans la bile, comme l'admet Schiff? Ce physiologiste a constaté en effet que l'injection de sels biliaires, dans le sang, dans l'intestin, sous la peau, augmentait la sécrétion biliaire et il s'est assuré que l'augmentation de sécrétion biliaire n'était pas due à l'action de ces sels sur la circulation mais était bien due à une influence directe des acides biliaires. D'autres observateurs croient que les acides biliaires sont détruits dans le sang, et sans parler des vues théoriques de Bischoff à ce sujet, les expériences d'Huppert parlent en faveur de cette opinion. Il s'est assuré sur des lapins porteurs de fistules biliaires, que, dans les cas les plus favorables, le foie n'éliminait par la sécrétion biliaire que le tiers ou le quart des acides bi-liaires injectés dans le sang, et cependant ces acides biliaires disparaissaient avec une grande rapidité, ce qui porte à admettre que ces acides biliaires sont détruits dans le sang ou dans les tissus. Gorup-Besanez a montré du reste que les acides biliaires en solution alcaline sont facilement oxydés par l'oxygène ozonisé. Cependant l'hypothèse précédente demande de nouvelles expériences avant qu'on puisse l'accepter sans réserve, d'autant plus que d'après des observations récentes de Tappeiner, la résorption des acides biliaires dans l'intestin (jéjunum et duodénum du chien) serait beaucoup plus limitée qu'on ne l'admet généralement, fait qui ressortait déjà des recherches antérieures de Leyden.

Je ne ferai que mentionner ici l'opinion de Frerichs et Stœdeler qui admettent la transformation des acides biliaires en pigment.

Rôle physiologique. — Le rôle physiologique des acides biliaires sera étudié avec la bile. Introduits dans le sang, soit expérimentalement, soit dans les cas d'ictère, leur action immédiate se traduit par deux phénomènes principaux, une destruction des globules rouges, un ralentissement du pouls. A la suite de la destruction des globules rouges, la matière colorante du sang passe dans le sérum et se retrouve dans les urines. A haute dose les acides biliaires produisent des effets toxiques spéciaux (Felz et Ritter).

Bibliographie. — H. TAPPEINER : *Ueber die Einwirkung von saurem chromsaurem K. und Schwefelsäure auf Cholsäure* (Ann. Ch. Pharm., t. CLXXXXIV, 1878). — A. PASTREM : *Note sur l'acide cholalique* (C. rendus, t. LXXXVII, 1878). — E. EGGER : *Cholsäure ein neues Oxydationsproduct der Cholsäure* (Ber. d. d. ch. Ges., t. XII, 1878). — H. TAPPEINER : *Zur Oxydation der Cholsäure* (Ber. d. d. ch. Ges., t. XII, 1879). — P. LATSCHINOW : *Ueber ein merkwürdiges Product das bei Oxydation der Cholsäure erhalten wurde* (Ber. d. d. ch. Ges., t. XII, 1879). — M. KUTSCHEROFF : *Zur Frage der Oxydation der Cholsäure* (Ber. d. d. ch. Ges., t. XII, 1879). — P. LATSCHINOFF : *Sur die Cholecamphersäure*, etc. (Ber. d. d. ch. Ges., t. XIII, 1880). — P. T. CLÈVE : *Sur les produits d'oxydation de l'acide cholalique* (C. rendus. t. XC, 1880). — E. DRECHSEL : *Eine Modification der Pettenkofer's Reaction* (Ber. d. d. ch. Ges., t. XIV, 1881). — O. HAMMARSTEN : *Ueber Dehydrocholulsäure, ein neues Oxydationsproduct der Cholsäure* (Ber. d. d. ch. Ges., t. XIV, 1881). — D. VITALI : *Ueber die Gallensäuren* (Ber. d. d. ch. Ges., t. XIV, 1881). — P. T. CLÈVE : *Sur les produits d'oxydation de l'acide cholalique* (Bull. soc. chim., t. XXXV, 1881). — M. KUTSCHEROFF : *Eine Bemerkung zur Frage uber die Oxydation der Cholsäure* (Ber. d. d. ch. Ges., t. XIV, 1881). — P. T. CLÈVE : *Sur l'acide choloïdanique* (Bull. soc. chim., t. XXXVIII, 1882). — P. LATSCHINOW : *Ueber die Isocholansäure* (Ber. d. d. ch. Ges., t. XV, 1872). — E. DRECHSEL : *Ueber die Anwendung von Phosphorsäure anstatt Schwefelsäure bei der Pettenkofer's Reaction auf Gallensäuren* (Journ. f. pr. Ch., t. XXVII, 1883). — R. MALY et F. EMICH : *Ueber das Verhalten der Gallensäuren zu Eiweiss*, etc. (Monatsh. f. Ch., t. IV, 1883). — P. LATSCHINOFF : *Ueber eine der Cholsäure analogue neue Säure* (Ber. d. d. ch. Ges., t. XVIII, 1885). — P. LATSCHINOFF : *Ueber die Choleinsäure* (Ber. d. d. ch. Ges., t.). — F. MYLIUS : *Ueber die Cholsäure* (Ber. d. d. ch. Ges., 1886). — C. SCHOTTEN : *die Säuren der menschlichen Galle* (Zeitsch. f. phys. Ch., t. X et XI).

ARTICLE XII. — Composés cyanés.

ADÉNINE $C^5H^5Az^6$.

Caractères. — L'adénine cristallise en cristaux transparents, non encore déterminés, solubles dans l'eau bouillante et l'acide acétique glacial, difficilement solubles dans l'eau froide, un peu solubles dans l'alcool bouillant, insolubles dans l'éther et le chloroforme. Ses solutions aqueuses sont neutres. Elle se dissout dans les acides minéraux formant des sels cristallisables. Elle se dissout complètement au bain-marie dans une solution ammoniacale très étendue (ce qui permet de la séparer de la guanine). Elle peut être chauffée à 278° sans se fondre, mais au delà se sublime. — Elle forme des combinaisons cristallisables avec les bases, les acides et les sels. — L'acide nitreux la transforme

forme en hypoxanthine : $C^5H^5Az^5 + AzO^2H = C^5H^4Az^4O + 2Az + H^2O$. La potasse à 200° donne avec l'adénine du cyanure de potassium : $C^5H^5Az^5 + 5KOH = 5CAzK + 6H^2O$. Kossel a obtenu l'adénine en traitant la nucléine par l'acide sulfurique concentré. — Pour sa préparation, voir le mémoire original de Kossel. — L'adénine est un polymère de l'acide cyanhydrique CAzH. Sa constitution a déjà été étudiée page 257 à propos de la xanthine.

L'adénine a été extraite par A. Kossel du pancréas. On a constaté aussi son existence dans les feuilles de thé.

Elle paraît être un produit de désassimilation de la nucléine et représenterait un intermédiaire entre la nucléine et l'hypoxanthine. Elle a une grande importance théorique, comme on l'a vu page 257.

Bibliographie. — *Weitere Beiträge zur Chemie des Zellkerns* (Zeitsch. f. phys. Ch., t. X, 1886). Voir aussi la bibliographie de la xanthine.

ACIDE SULFOCYANHYDRIQUE CAzSH.

Syn. — Acide sulfocyanique, acide rhodanhydrique.

Caractères. — Il se prépare en décomposant le sulfocyanate de mercure par l'hydrogène sulfuré. C'est un liquide incolore, d'odeur piquante d'acide acétique, se solidifiant par un froid intense. — Chauffé, il se décompose partiellement en acide carbonique, ammoniaque et sulfure de carbone : $2\ CAzSH + 2H^2O = CO^2 + 2AzH^3 + CS^2$. Ses solutions concentrées par la chaleur donnent de l'acide cyanhydrique et de l'acide persulfocyanique : $3\ CAzSH = CAzH + C^2Az^2S^3H^2$. — Il constitue des sels dont le plus important est le *sulfocyanate de potassium* qui cristallise en longs prismes striés très solubles dans l'eau. — L'acide sulfocyanhydrique serait mieux appelé acide sulfocyanique, car c'est en réalité un acide cyanique dans lequel un atome de soufre remplace un atome d'oxygène. Il est très toxique.

Réactions caractéristiques. — Cet acide ainsi que ses sels donnent avec les sels ferriques une coloration rouge intense qui n'est pas troublée par l'addition d'acide chlorhydrique (distinction d'avec les acides formique et acétique).

Existence dans l'organisme. — L'acide sulfocyanhydrique existe dans la salive à l'état de sulfocyanure de potassium. Ce sel se retrouve aussi dans l'urine ($0^{gr},11$ par litre; Munk), dans le lait (G. Musso?), le sang (Leared).

Son mode de formation dans l'organisme est inconnu. Cependant son origine se comprend mieux quand on réfléchit à l'existence probable d'un noyau cyané dans les albuminoïdes. Il ne paraît avoir que le rôle d'un produit de désassimilation (voir aussi : *Salive*).

ARTICLE XIII. — **Ammoniaque et amines.**

AMMONIAQUE AzH^3

Réactions caractéristiques. — Je me contenterai de donner ici les réactions qui permettent de déceler l'ammoniaque. — 1° Odeur caractéristique. — 2° Bleuit le papier de tournesol humide. — 3° Elle précipite en bleu le sublimé corrosif. — 4° *Réactif de Nessler*. — Ses sels donnent avec le *réactif de Nessler* un précipité brun ou une coloration jaune. Le réactif de Nessler se prépare de la façon suivante : on dissout 2 grammes d'iodure de potassium dans 50 centimètres cubes d'eau et on ajoute du biiodure mercurique, jusqu'à ce qu'il ne s'en dissolve plus; on laisse refroidir; ou étend de 20 centimètres cubes d'eau; on mélange 2 parties de cette solution à 3 parties d'une solution concentrée de potasse et on filtre. — Pour déceler de petites quantités d'ammoniaque dans un liquide (urine, etc.), on met dans une soucoupe 20 centimètres cubes du liquide additionné d'autant de lait de chaux; on place à côté une capsule avec 5 cc. d'acide sulfurique et on laisse quelques jours à l'abri de l'air, sous une cloche. On peut alors connaître l'ammoniaque absorbé en dosant l'acide sulfurique libre.

Existence dans l'organisme. — On a constaté la présence de l'ammoniaque dans l'urine, la sueur, le suc gastrique, l'air expiré. C'est principalement dans l'urine que son existence a été mise hors de doute par Heintz, Boussingault et Neubauer. En vingt-quatre heures, un homme en éliminerait 0^{gr},7. Il est probable qu'elle s'y trouve en combinaison avec le phosphate de soude. E. Salkowski a montré que la quantité d'ammoniaque est plus faible dans l'urine des herbivores que dans celle des carnivores. Ainsi dans l'urine normale acide, le rapport de l'ammoniaque à l'azote total de l'urine est 1 : 17 ou 1 : 20,5, tandis que dans l'urine alcaline de lapin, il est 1 : 54 ou 1 : 57. L'ingestion d'acides augmente la proportion d'ammoniaque de l'urine (Schmiedeberg et Walter), et au contraire en rendant l'urine d'un chien alcaline par une nourriture végétale, on voit baisser peu à peu la quantité d'ammoniaque de l'urine (E. Salkowsky et I. Munk). L'ammoniaque se trouve dans les liquides animaux à l'état de carbonate d'ammoniaque.

Origine et mode de formation. — L'ammoniaque de l'urine pourrait être attribuée d'abord à la décomposition de l'urée (voir : *Urée*); mais si cette provenance est certaine pour l'urine qui a subi soit dans la vessie, soit après son émission, la fermentation dite ammoniacale, il n'en est plus de même pour celle qui se rencontre dans l'urine normale. Il est plus probable qu'elle provient d'une petite quantité d'urée déversée dans l'intestin avec les sécrétions digestives, puis décomposée un peu plus loin et qui, résorbée, passe dans le sang et s'élimine par les urines. Le carbonate d'ammoniaque qu'on trouve dans la sueur, dans l'air expiré (0^{gr},087 à 0^{gr},124 par jour, chien) peut avoir aussi la même origine, à moins qu'il n'y ait là une décomposition sur place de principes azotés et en particulier d'urée.

Il est difficile d'admettre que cette production d'ammoniaque puisse se faire dans le sang aux dépens des substances albuminoïdes et de leurs différents produits de désassimilation dont elle représente le dernier terme. On trouve bien des traces d'ammoniaque dans le sang; mais à l'état normal il est douteux que la désassimilation des albuminoïdes aille jusqu'à la production d'ammoniaque, et on a vu déjà à quels produits intermédiaires s'arrête cette désassimilation. En outre, Feltz et Ritter, dans leurs expériences, n'ont pas constaté de transformation d'urée en carbonate d'ammoniaque dans le sang, même en injectant du ferment ammoniacal. Il faut cependant rappeler ici des faits, qui ont été étudiés à propos de l'urée, et desquels il résulterait que l'urée peut se former dans l'organisme par l'union directe de l'ammoniaque avec un autre facteur azoté, ammoniaque qui dans ce cas proviendrait de la désassimilation de certains principes azotés (voir page 269).

On a admis que dans certaines conditions pathologiques, l'ammoniaque pouvait s'accumuler dans le sang et donner lieu à des accidents (ammoniémie : voir p. 273).

Bibliographie. — J. LATSCHENBERGER : *Der Nachweis und Bestimmung des Ammoniaks in thierischen Flussigkeiten* (Monatsh. f. Ch., t. V, 1884).

TRIMÉTHYLAMINE C^3H^9Az ou $Az(CH^3)^3$.

Caractères. — Liquide huileux, fortement alcalin, d'odeur désagréable de poisson gâté, très soluble dans l'eau. Elle bout à 9°. Elle donne avec les acides des sels facilement cristallisables. Elle se forme dans plusieurs fermentations et se rencontre dans la saumure de harengs, le guano, etc.

On a rencontré la triméthylamine dans le sang (veau) et l'urine (Dessaignes). Elle provient évidemment de la décomposition des matières albuminoïdes. D'après des recherches de Brieger, elle pourrait bien provenir de la choline.

Bibliographie. — L. BRIEGER : *Die Quelle des Trimethylamins im Mutterkorn* (Zeitsch. f. phys. Ch., t. XI, 1887).

PYRROL C^4H^5Az.

Caractères. — Liquide huileux, incolore, d'odeur de chloroforme; insoluble dans l'eau et les alcalis, lentement soluble dans les acides, soluble dans l'alcool et l'éther. Il bout à 126°. Chauffé avec les acides, il donne de l'ammoniaque et du *rouge de pyrrol*, $C^{20}H^{14}Az^2O$. Il colore en rouge intense un copeau de sapin trempé dans l'acide chlorhydrique. — En ajoutant quelques gouttes de pyrrol à une solution d'alloxane, le liquide prend une coloration verte, puis bleu-violet foncé et il s'en sépare par refroidissement des feuillets soyeux, cristallisés de *pyrrolalloxane*, $C^8H^7Az^3O^4$ (somme des molécules de l'alloxane et du pyrrol). — Il se forme dans la distillation sèche de la glutine et de l'acide glutamique.

Le pyrrol se rencontre dans les excréments.

Bibliographie. — G. CIMICIAN et P. SILBER : *Ueber die Einwirkung des Alloxans auf Pyrrol.* (Ber. d. d. ch. Ges., 1886). — H. HATTINGER : *Vorlaufige Mittheilung über Glutaminsäure und Pyrrol* (Monatsch. f. Ch., t. III, 1882). — G. CIMICIAN et M. DUNNSTEDT : *Stud. üb. die Verbindungen aus der Pyrrolreihe* (Ber. d. d. ch. Ges., 1886).

ARTICLE XIV. — Corps non sériés.

CÉRÉBRINE.

Prép. — La *cérébrote* de Couerbe, l'*acide cérébrique* de Vauquelin, la *phrénosine* de Thudichum, sont de la cérébrine impure. Les procédés plus perfectionnés de Bourgoin, de Geoghegan et de Parcus ont permis d'avoir la cérébrine tout à fait pure. — Le cerveau, bien lavé, est traité à chaud par l'eau de baryte; on lave, on filtre et on évapore; le résidu desséché est traité par l'alcool et l'eau carbonique pour le débarrasser de la cholestérine et de la baryte et purifié par plusieurs traitements par l'alcool (Parcus).

Caractères. — Tout à fait pure, la cérébrine est une poudre blanc de neige, qui, au microscope, se compose de grains transparents faiblement anisotropes. Elle est soluble dans l'alcool bouillant, le chloroforme, la benzine, l'acétone bouillante, l'acide acétique, difficilement soluble dans l'alcool froid, insoluble dans l'éther. Elle se gonfle dans l'eau bouillante, d'où elle se sépare en flocons par le refroidissement. — Elle se dissout dans l'acide sulfurique concentré, et la solution devient peu à peu rouge pourpre, puis violette en attirant de l'eau, puis tout à fait noire, et il s'en dépose une masse fibreuse, la *cétylide* de Geoghegan, $C^{22}H^{42}O^3$.

Propriétés chimiques. — Chauffée, elle fond d'abord sans se décomposer, puis à 145° se colore en jaune et à 170° donne un liquide brun. Chauffée avec de l'acide chlorhydrique elle donne une substance (acide) qui réduit la liqueur de Barreswill. Chauffée avec l'acide nitrique concentré, elle se transforme en une huile qui se prend par le refroidissement, et paraît être de l'acide palmitique. — La *cétylide*, indiquée plus haut, est une substance blanche, soluble dans l'éther et le chloroforme, et qui, fondue avec la potasse hydratée donne de l'acide palmitique.

Nature et constitution. — La constitution de la cérébrine est encore inconnue. D'après ses produits de décomposition, elle a des relations avec les graisses par l'acide palmitique. Son analyse permet de lui attribuer la formule suivante : $C^{76}H^{154}Az^2O^{11}$ ou une formule très voisine.

Homocérébrine et encéphaline. — Outre la cérébrine, Parcus a extrait du cerveau deux substances voisines, l'*homocérébrine* et l'*encéphaline*. — 1° L'*homocérébrine* est une masse gélatineuse qui se prend par le refroidissement. Elle cristallise en fines aiguilles, plus solubles dans l'alcool que la cérébrine. Elle se décompose aussi plus facilement que cette dernière dont elle se rapproche beaucoup par ses propriétés chimiques. Sa proportion dans le cerveau est d'environ le quart de celle de la cérébrine. La *cérasine* de Thudichum serait de l'homocérébrine impure. — 2° L'*encéphaline* cristallise en feuillets, mais forme aussi une gelée par l'alcool. Elle a à peu près les mêmes propriétés que la cérébrine et l'homocérébrine. Elle existe en très petite quantité dans le cerveau.

On ne sait rien de précis sur la physiologie de ces substances, sur leur origine, leurs transformations dans l'organisme et leurs produits d'élimination.

Bibliographie. — G. E. GEOGHEGAN : *Ueber die Constitution des Cerebrins* (Zeit. für phys. Ch., t. III, 1879). — O. CAILLOL DE PONCY et CH. LIVON : *Recherches sur la localisation de l'arsenic dans le cerveau* (C. rendus, t. LXXXVIII, 1879). — J.-L.-W. THUDICHUM : *On the modification of the spectrum of potassium*, etc. (*Proceed. of the roy. Soc. of London*, t. XXX, 1880). — E. PARCUS : *Ueber einige neue Gehirnstoffe* (Journ. f. prakt. Ch., t. XXIV, 1881). — O. PERTIK : *Myelin und Nervenmark* (Hoffmann Jahresb., 1881). — F. BAUMSTARK : *Ueber eine neue Methode, das Gehirn chemisch zu erforschen und deren bisherige Ergebnisse* (Zeit. für phys. Ch., t. IX, 1885).

JÉCORINE $C^{105}H^{168}Az^5SPh^3O^{46}$.

Caractères. — Substance extraite par Drechsel du foie du cheval. Elle est très hygroscopique et se liquéfie à l'air en une masse sirupeuse soluble dans l'eau. Desséchée dans le vide sur l'acide sulfurique, elle se dissout dans l'éther contenant de l'eau. Elle ne se colore pas par l'iode. Chauffée avec l'acide nitrique, elle se décompose en donnant de l'acide stéarique. Elle contient du soufre et du phosphore.

Son rôle physiologique est absolument inconnu.

Bibliographie. — DRECHSEL : *Ueber einen neuen schwefel-und phosphorhaltigen Restandtheil der Leber* (Ber. d. sachs. Ges. d. Wiss., 1886).

ACIDE INOSIQUE $C^{10}H^{14}Az^4O^{11}$.

Caractères. — Liquide sirupeux, acide, d'odeur de viande rôtie, de saveur de bouillon, soluble dans l'eau, insoluble dans l'alcool. Il forme des sels incristallisables ; se décompose à 100°.

L'*acide inosique* a été trouvé dans le suc musculaire et les muscles. Son rôle physiologique est inconnu. Cependant il est probable qu'il n'est qu'un produit de désassimilation des substances albuminoïdes et probablement du tissu musculaire, puisqu'il n'a été encore rencontré que dans les muscles.

Ses transformations et ses produits de décomposition n'ont pas été étudiés.

ACIDE CRYPTOPHANIQUE $C^{10}H^{14}AzO^5$.

L'*acide cryptophanique* a été découvert par W. Thudichum dans l'urine. D'après Pircher, Neubauer, Salkowsky, l'existence de cet acide ne serait rien moins que démontrée.

Thudichum mentionne un autre acide non encore étudié, l'*acide para-phanique*, qui existerait dans l'urine à côté de l'acide cryptophanique.

DIAMIDE LACTYLIQUE $C^3H^8Az^2O$.

Caractères. — Substance cristallisant comme l'acide hippurique, soluble dans l'eau, insoluble dans l'alcool et l'éther, fondant à 250°. Elle donne avec les acides des combinaisons solubles. Sa solution aqueuse précipite par le sulfate mercurique. Traitée par l'acide nitreux, elle donne de l'acide lactique. Sa formule de constitution serait, d'après Baumstark, $CO.(AzH^2).C^2H^4.AzH^2$.

Elle a été trouvée par Baumstark dans l'urine normale.

ACIDE KYNURÉNIQUE $C^{10}H^7AzO^3$.

Caractères. — Cristallise en longues aiguilles brillantes, presque insolubles dans l'eau froide, difficilement solubles dans l'eau bouillante. Chauffé à 253°, il se décompose en acide carbonique et *kynurine*, C^9H^7AzO, qui cristallise en prismes brillants, incolores, solubles dans l'alcool et dans l'eau chaude. — La kynurine et l'acide kynurénique, chauffés au rouge dans un courant d'hydrogène avec de la poudre de zinc, perdent leur oxygène et se tranforment en *quinoline* C^9H^7Az. L'acide kynurénique doit donc être considéré comme un acide oxyquinolincarbonique, et sa formule serait : $C^9H^5(OH)Az.COOH$.

Acide urocaninique $C^{12}H^{12}Az^4O^4$. — Cet acide a été aussi trouvé dans l'urine de chien par Jaffé. Par la chaleur il se décompose en acide carbonique et une base d'aspect huileux, l'*urocanine* $C^{11}H^{10}Az^4O$. On ne sait rien de précis sur sa constitution et son origine.

L'acide kynurénique existe dans l'urine du chien, principalement après une alimentation de viande. Son origine et son mode de formation dans l'organisme sont inconnus.

PROTAMINE $C^3H^{20}Az^5O^2.OH$.

Caractères. — La protamine s'extrait du frai de saumon par l'acide chlorhydrique étendu et le chlorure de platine. C'est une masse gommeuse, incristallisable, de réaction alcaline, soluble dans l'eau, insoluble dans l'alcool et dans l'éther. Elle s'unit avec les bases métalliques et avec les acides. Ses solutions précipitent par l'acide phosphomolybdique, l'acide phosphotungstique, l'iodomercurate de potassium, le sublimé, le ferrocyanure de potassium, etc. Ses sels donnent avec une solution ammoniacale de nucléine un précipité blanc, granuleux, combinaison de nucléine et de protamine, insoluble dans l'eau et l'ammoniaque, soluble dans les acides étendus.

La protamine n'a été rencontrée jusqu'ici que dans le frai du saumon.

SPERMINE C^2H^5Az.

Caractères. — Charcot a signalé dans le sang des leucocythémiques, le sperme desséché, des cristaux (cristaux de Charcot), dont la nature a été très discutée. D'après Schreiner, ils seraient le phosphate d'une base, la spermine. — Précipitée par l'eau de baryte de la solution de son phosphate, elle se présente sous l'aspect d'un liquide sirupeux cristallisant sur les bords, à réaction alcaline, très soluble dans l'alcool, insoluble dans l'éther. — Son phosphate cristallise en prismes et en aiguilles, solubles dans l'eau chaude, les acides et les alcalis, insolubles dans l'éther, l'alcool, le chloroforme et les solutions de sel marin.

L'origine et le mode de formation de cette substance sont inconnus.

EXCRÉTINE $C^{20}H^{36}O$.

Caractères. — L'excrétine s'extrait des fèces par l'alcool. Elle cristallise en feuilles ou par groupes d'aiguilles, insolubles dans l'eau, solubles dans l'alcool bouillant et dans l'éther. Sa réaction est neutre. Elle brûle avec une odeur aromatique. Elle fond entre 92° et 96°. Elle se rapproche par certains points de la cholestérine et de la stéarine. Elle se distingue de la cholestérine par la forme de ses cristaux et sa plus faible solubilité dans l'acide acétique glacial. — La formule de Marcet, $C^{98}H^{156}AzO^2$, s'applique évidemment à l'excrétine impure. — Quand on abandonne au-dessous de 0° une solution alcoolique d'excrétine, il se dépose une substance granuleuse, de couleur olive, insoluble dans l'eau, soluble dans l'alcool chaud et l'éther, fusible à 25°, l'*acide excrétoléique*, dont la constitution est encore incertaine.

L'excrétine a été retirée par Marcet des excréments humains. Son mode de formation est complètement inconnu.

ARTICLE XV. — Ptomaïnes.

On a donné le nom de *ptomaïnes* (πτωμα, cadavre) à des alcaloïdes ou à des corps analogues qui se forment dans les cadavres par la putréfaction des substances albuminoïdes (1). Je passerai rapidement en revue les caractères de ces alcaloïdes cadavériques ou du moins de ceux qui ont pu être isolés et étudiés d'une façon satisfaisante. On les divise en deux groupes : *ptomaïnes non oxygénées*, *ptomaïnes oxygénées*.

A. **Ptomaïnes non oxygénées.** — **Caractères généraux.** Les ptomaïnes non oxygénées sont ordinairement liquides, volatiles, d'odeur vireuse ou cadavérique, rappelant aussi quelquefois celles de certaines fleurs, solubles dans l'éther alcoolique.

Caractères spéciaux. — 1° **Neuridine** $C^5H^{14}Az^2$. — Extraite par Brieger des organes du cadavre et des produits de la putréfaction de la viande, de la gélatine, etc. Elle forme avec l'acide chlorhydrique un sel qui cristallise en longues aiguilles. Elle est soluble dans l'eau, insoluble dans l'alcool absolu et dans l'éther. — La soude dédouble son chlorhydrate en diméthylamine et triméthylamine. — Pure, elle n'est pas toxique. — 2° **Cadavérine** $C^5H^{16}Az^2$. — Trouvée par Brieger dans les cadavres soumis à une putréfaction prolongée. Liquide incolore, visqueux, bouillant à 115°-120°, d'odeur rappelant celle de la conicine. — Elle fournit des sels cristallisables. — Brieger a décrit sous le nom de *saprine* une ptomaïne qui a les mêmes caractères que la cadavérine, mais qui s'en distingue par la forme cristalline de ses sels. — Elle n'est pas toxique. — 3° **Putrescine** $C^4H^{12}Az^2$. — Extraite par Brieger de la chair musculaire putréfiée de mammifères. Liquide limpide, huileux, d'odeur spermatique. Il bout à 135°. C'est une base puissante qui donne avec les acides des sels cristallisables. Elle n'est pas toxique. — 4° **Parvoline** $C^9H^{13}Az$. — Découverte par Gautier et Étard dans les produits de putréfaction de la viande de cheval. Base huileuse, de couleur ambrée, d'odeur de fleur d'aubépine, un peu soluble dans l'eau, très soluble dans l'alcool, l'éther et le chloroforme. Bout au-dessous de 200°. — 5° **Hydrocollidine** $C^8H^{13}Az$. — Découverte par Gautier et Étard dans les produits de putréfaction de la viande. Liquide incolore, oléagineux, d'odeur de seringa, bouillant à 210°. — 6° **Collidine** $C^8H^{11}Az$. — Extraite par Nencki des produits de la putréfaction de la gélatine avec le pancréas. — 7° **Base** $C^{17}H^{38}Az^4$ (Gautier et Étard). — Trouvée dans la viande avec l'hydrocollidine. — 8° **Base...** $C^{10}H^{15}Az$. — Découverte par Guareschi et Mosso dans la fibrine de bœuf putréfiée. Huile alcaline, peu soluble dans l'eau, facilement résinifiable. — 9° **Mydaléine.** — Alcaloïde toxique non encore isolé.

B. **Ptomaïnes oxygénées.** — **Caractères généraux.** — Solides, blanches, ordinairement cristallines, très solubles dans l'eau, insolubles dans l'alcool et le chloroforme. La plupart se rencontrent aussi bien dans les tissus normaux que dans les matières animales en putréfaction.

Caractères spéciaux. — 1° **Neurine** $C^5H^{13}AzO$. — La neurine est un hydrate de triméthyléthylammonium : $(CH^3)^3.C^2H^3.Az.OH$. Elle se produit aux dépens de la lécithine.

(1) Les ptomaïnes ont été surtout étudiées dans ces derniers temps par A. Gautier en France, Selmi en Italie, Brieger en Allemagne. J'ai suivi en grande partie dans ce paragraphe l'ordre adopté par Hugounenq, *les alcaloïdes d'origine animale*, 1886.

thine dans la putréfaction cadavérique. Elle diffère de la choline par 2 éq. d'eau en moins. C'est un liquide sirupeux, très alcalin, soluble dans l'eau. Elle est fortement toxique. — 2° **Choline** $C^5H^{15}AzO^2$. — C'est un hydrate de triméthyl-hydroéthylén-ammonium $(CH^3)^3.C^2H^4.OH.Az.OH$. Elle existe dans la bile et se forme dans les tissus à l'état normal et pendant leur putréfaction. C'est un liquide sirupeux, soluble dans l'eau, très alcalin. La chaleur le dédouble en glycol et triméthylamine : $C^5H^{15}AzO^2 = C^2H^6O^2 + (CH^3)^3Az$. Par l'oxydation elle donne de la *muscarine* $C^5H^{13}AzO^2$, et par une oxydation plus profonde se transforme en *bétaïne* ou *oxynévrine*, $C^5H^{11}AzO^2 + H^2O$. Elle ne diffère de la névrine que par un équivalent d'eau en plus. Par l'acide iodhydrique et l'oxyde d'argent, on transforme du reste la choline en névrine. La choline entre dans la constitution de la lécithine et peut en être extraite dans le dédoublement de cette substance par l'eau de baryte (voir *lécithine*, p. 220). Elle a été obtenue synthétiquement par Wurtz. La choline est moins toxique que la neurine. — 3° **Muscarine** $C^5H^{13}AzO^2$. — Alcaloïde des champignons qu'on a trouvé dans la chair de poisson putréfiée. Base puissante, solide, cristallisée, déliquescente. C'est un toxique violent. — 4° **Gadinine** $C^7H^{15}AzO^2$. — Retirée par Brieger de la morue en putréfaction. Cet alcaloïde qui n'a pas encore été isolé à l'état de liberté, forme des sels cristallisables qui ne sont pas toxiques. — G. Pouchet a trouvé dans l'urine et les fèces des bases de formule : $C^3H^5AzO^2$, $C^{12}H^{24}Az^2O^2$,$C^7H^{18}Az^2O^6$,$C^3H^{12}Az^2O^4$. — Un certain nombre de ptomaïnes ont encore été décrites dans ces derniers temps par Brieger, E. et H. Salkowski, Maas, Arnold, Vitlers, etc.

Caractères généraux et communs des ptomaïnes. — Les ptomaïnes sont instables, très alcalines et s'unissent aux acides ; un excès d'acide les décompose en les colorant d'abord en rose, puis en précipitant une résine brune. Elles s'unissent toutes, à l'état de chlorhydrate, avec le chlorure de platine, en formant des sels doubles, de couleurs tendres, plus ou moins cristallisables. Elles sont précipitées par les réactifs ordinaires des alcaloïdes végétaux et on n'a pas encore rencontré un réactif certain qui soit exclusif à un des deux groupes; la réduction d'un mélange de ferricyanure et de chlorure ferrique (réactif de Brouardel et Boutmy) est produite aussi par beaucoup d'alcaloïdes végétaux et d'alcalis artificiels. Les ptomaïnes sont très oxydables et jouent le rôle de réducteurs énergiques dans un grand nombre de réactions. — Pour la préparation des ptomaïnes (voir les mémoires spéciaux).

Nature et constitution des ptomaïnes. — On a rapproché les ptomaïnes des alcaloïdes végétaux, ce qui ne donne aucune notion précise sur leur constitution. Il est très probable que leur constitution offre de notables différences, les unes devant être rattachées aux amines ou aux amides, les autres aux bases pyridiques.

Origine et mode de formation. — Les ptomaïnes se forment dans la putréfaction des tissus animaux et spécialement des tissus azotés, probablement sous l'influence de fermentations bactériennes. Elles seraient donc des produits *post-mortem*, purement cadavériques. Mais il est probable que sous certaines conditions encore mal déterminées, ces ptomaïnes ou du moins quelques-unes d'entre elles, peuvent se former pendant la vie et peut-être à l'état normal par la simple activité des cellules vivantes. D'autres auteurs leur attribuent une origine différente. Ainsi pour Ch. Bouchard, elles seraient formées dans l'intestin, y seraient résorbées et passeraient de là dans le sang pour être éliminées par les urines (1). Je ne ferai que mentionner l'opinion de Cl. Gram qui les considère comme produites par les opérations chimiques employées pour les préparer.

A. Gautier a distingué les ptomaïnes proprement dites, formées dans la putréfaction cadavérique et les *leucomaïnes*, alcaloïdes qui se forment dans les tissus animaux pendant leur vie normale. Ces leucomaïnes comprennent

(1) Mourson et Schlagdenhauffen ont constaté la présence de ptomaïnes dans l'eau de l'amnios.

draient les substances du groupe urique, les substances du groupe de la créatinine et en outre un certain nombre de corps non sériés, très rapprochés des alcaloïdes végétaux, mais dont l'étude n'a pu encore être faite d'une façon complète. C'est dans ces leucomaïnes non sériées qu'on peut ranger les substances toxiques de l'urine normale, de la salive, les venins des serpents, des batraciens, etc., etc. Les faits précédents montrent du reste qu'il n'y a peut-être pas lieu de faire une distinction aussi tranchée entre les ptomaïnes et les leucomaïnes.

Bibliographie. — F. SELMI : *Di una ptomaina venefica*, etc. (Gaz. ch. ital., t. IX, 1878). — ID. : *Sulla genesi degli alcaloidi venefici*, etc. (id.). — A. GAUTIER : *Les alcaloïdes dérivés des matières protéiques*, etc. (Journ. de l'anat., 1881). — F. SELMI : *Ptomaïnes*, etc. 1881. — A. GAUTIER : *Sur la découverte des alcaloïdes dérivés des matières protéiques animales* (C. rendus, t. XCIV, 1882). — J. GUARESCHI et A. MOSSO : *Les ptomaïnes* (Arch. de biol. ital., t. II, 1882 et t. III, 1883). — A. GAUTIER et A. ÉTARD : *Sur le mécanisme de la fermentation putride*, etc. (C. rendus, t. XCIV, 1882), — C. BOUCHARD : *De l'origine intestinale de certains alcaloïdes normaux ou pathologiques* (Rev. de méd., 1882). — J. MOURSON et F. SCHLAGDENHAUFFEN : *Nouv. rech. chim. et phys. sur quelques liquides organiques* (C. rendus, t. XCV, 1882). — A. GAUTIER et A. ÉTARD : *Bull. de la Soc. chimique*, t. XXXVII, 1882. — E. PATERNO et P. SPICA : *Ricerche sulla genesi delle ptomaïne* (Gaz. chim. ital., t. XII, 1882). — F. COPPOLA : *Sulla genesi delle ptomaïne* (id.). — AD. CASALI : *Sui principi basici delle materie animali putrefatte* (Ann. univ. di med., 1882). — M. NENCKI : *Zur Geschichte der basischen Fäulnissproducte* (Journ. für pr. Ch., t. XXVI, 1882). — H. MAAS : *Ueber Fäulnissalkaloide* (Med. Cbl., 1883). — C. ARNOLD : *Ptomaïne*, etc. (Ch. Centralbl., 1883). — L. BRIEGER : *Zur Kenntniss der Fäulnissalkaloide* (Arch. für Physiol., 1883). — ID. : Ber. d. d. ch. Ges., t. XVI, 1883. — E. et H. SALKOWSKI : *Ueber basische Fäulnissproducte* (Ber d. d. ch. Ges., t. XVI, 1883). — FR. COPPOLA : *La genèse des ptomaïnes* (Arch. de biol. ital., 1883). — A. G. POUCHET : *Rech. sur les ptomaïnes* (C. rendus, t. XCVII, 1883). — L. BRIEGER : *Zur Kenntniss der Fäulnissalkaloide* (Ber. d. d. ch. Ges., t. XVII, 1884). — C. GÆTHGENS : *Ueber eine alkaloïdartigen standtheil menschlicher Leichentheile* (Zeitsch. f. anal. Ch., t. XXIII, 1884). — C. ARNOLD : *Unt. über das Vorkommen und die Bildung von Ptomainen*, etc. (Ch. Centralbl., 1884). — H. MAAS : *Ueber Fäulnissalkaloide*, etc., 1884. — F. COPPOLA : *Sur les alcaloïdes et la putréfaction* (Arch. de biol. ital., t. VI, 1884). — G. VANDEVELDE : *Les Ptomaïnes* (Arch. de Biologie, t. V, 1884). — L. BRIEGER : *Ueber Ptomaïne*, 1885. — ID. : *Das Cholin als Ptomaïnbildner* (Zeitsch. f. phys. Ch., t. X, 1885). — H. OFFINGER : *Die Ptomaïne*, 1885. — O. BOCKLISCH : *Ueber Fäulnissbasen aus Fischen* (Ber. d. d. ch. Ges., t. XVIII, 1885). — A. VILLIERS : *Sur la formation des ptomaïnes*, etc. (C. rendus, t. C, 1885). — A. GAUTIER : *Sur les alcaloïdes dérivés de la destruction bactérienne ou physiologique des tissus animaux*, 1886. — L. HUGOUNENQ : *Les alcaloïdes d'origine animale* (Thèse d'agrég. Paris, 1886). — CH. GRAM : *Ein Beitrag zur Erklärung des Entstehens der ptomaïne* (Arch. für exp. Pat., t. XX. — A. LADENBURG : *Ueber die Identität des Cadaverins mit dem Pentamethyldiamin* (Ber. d. d. ch. Ges., 1886).

CHAPITRE VIII

RÉACTIONS CHIMIQUES DANS L'ORGANISME VIVANT

ARTICLE Ier. — Décompositions.

Les décompositions qui se passent dans l'organisme et grâce auxquelles les différents principes constituants de l'organisme subissent les modifications qui ont été étudiées dans le précédent chapitre ne se font pas d'après les lois particulières, spéciales aux êtres vivants; elles se font d'après comlois générales de la chimie, et la vie n'en modifie pas la nature. Ces décompositions, comme celles qui sont obtenues dans nos laboratoires, peuvent se faire par oxydation, par dédoublement et par réduction.

1. — Oxydations.

D'après les théories courantes, nées sous l'impulsion des travaux de Lavoisier, les oxydations constituent la grande majorité des réactions chimiques dans les organismes animaux. L'oxygène introduit par la respiration passe dans le sang et du sang dans les tissus; il va se fixer ainsi sur toutes les substances oxydables que contient l'organisme, hydrocarbonés, graisses, albuminoïdes et donne ainsi naissance à une série de produits de décomposition qui se retrouvent dans les excrétions et dont les termes finaux sont représentés par l'eau, l'urée et l'acide carbonique. Dans cette théorie, la vie n'est en réalité qu'une combustion; les oxydations dominent toute la vie animale et c'est par elles que sont produits la chaleur, le mouvement, l'innervation, en un mot, toutes les forces vives de l'organisme.

Quoique les recherches modernes tendent, comme on le verra plus loin, à restreindre la part attribuée aux oxydations dans les phénomènes chimiques intra-organiques, il est impossible cependant de nier leur existence et le rôle qu'elles jouent dans l'assimilation et la désassimilation. La présence même de l'oxygène dans le sang et dans les tissus d'un animal, tant qu'il vit, le démontrerait déjà a priori, si des faits nombreux ne mettaient hors de doute la réalité de ces oxydations. Ainsi la formation de beaucoup de principes organiques, la production de la graisse, ne peuvent se comprendre sans fixation d'oxygène; un grand nombre de substances introduites dans le sang par le tube digestif subissent une oxydation et sont éliminées par l'urine à l'état de combinaisons plus riches en oxygène; tels sont les acides organiques, les sulfites, hyposulfites, etc.

Mais quand on examine le mécanisme de ces oxydations, on est arrêté par une difficulté. Lorsque ces oxydations se produisent dans nos laboratoires et donnent ainsi naissance aux produits qu'on rencontre dans l'organisme, elles ne se produisent que sous l'influence d'oxydants très énergiques (acide azotique, permanganate de potasse, etc.) ou de températures très élevées incompatibles avec la vie. Dans l'organisme, au contraire, ces oxydations s'accomplissent à la température du corps; il ne peut être évidemment question d'une action spécifique, vitale, différente des actions chimiques ordinaires; mais si tous les physiologistes sont d'accord là-dessus, il n'en est plus de même de l'interprétation des faits, et il y a sur ce point plusieurs hypothèses.

Nencki et Sieber ont fait remarquer que les substances albuminoïdes absorbent l'oxygène en présence des solutions alcalines et ils en concluent que les tissus du corps sont oxydés lentement par l'oxygène en dissolution dans les liquides alcalins qui les imbibent. Mais ceci n'explique pas le mécanisme de ces oxydations. Une des hypothèses qui a été le plus en faveur, et qui compte encore beaucoup de partisans, est celle qui considère l'oxygène comme se trouvant dans le sang à l'état d'ozone, O^3. Si le fait était prouvé, on aurait là une explication facile des oxydations intra-organiques. En effet, plusieurs chimistes et en particulier Gorup-Besanez, qui s'est beaucoup occupé de cette question, ont montré que, si on emploie l'ozone au lieu de l'oxygène, les mêmes oxydations qui demandaient avec l'oxygène une température très élevée peuvent se produire facilement à de basses températures qui ne dépassent pas celle du sang; Gorup-Besanez a prouvé, en outre, que la présence des alcalins et des carbonates alcalins facilite l'oxydation des substances organiques par l'ozone. Ainsi, dans ces conditions les graisses, le glucose, la plupart des acides organiques, sont facilement décomposés, tandis que par l'oxygène seul ils ne subissent aucune altération. Mais, comme on le verra à propos du sang, l'existence de l'ozone dans le sang est loin d'être démontrée, et Pflüger, Pokrowski, etc., ont élevé de nombreuses objections contre les assertions de Gorup-Besanez et de A. Schmidt.

Cependant, s'il est douteux que l'oxygène de l'oxyhémoglobine soit à l'état d'ozone et s'il est plus probable qu'il s'y trouve à l'état d'oxygène ordinaire, ou neutre, on est en droit de supposer que, sous l'influence des réactions chimiques intra-organiques, de l'oxygène est mis en liberté, et cet oxygène à l'état naissant a un pouvoir oxydant plus énergique que l'oxygène ordinaire. Hoppe-Seyler a surtout insisté sur ce point, et on trouvera plus loin (voir p. 342) en étudiant les phénomènes de fermentation, quelles sont, d'après lui, les conditions de production de cet oxygène à l'état naissant.

Pflüger fait du reste remarquer qu'il n'est pas nécessaire d'invoquer l'existence de l'ozone, pour expliquer les oxydations intra-organiques à une basse température. En effet, au lieu même où se produisent les réactions chimiques de l'organisme, la chaleur développée est considérable; mais cette chaleur reste localisée et se transforme sur place en mouvement mécanique (vibration des molécules, etc.), sans augmenter d'une façon notable la température moyenne de l'organisme; en un mot, cette température *moyenne* ne peut aucunement donner une idée des températures réelles auxquelles peuvent être portés à un moment donné des points déterminés de l'organisme, par exemple au moment de la formation d'une molécule d'acide carbonique.

O. Nasse admet que la molécule d'oxygène, O^2, est dédoublée sous l'influence de forces spéciales (?) inhérentes à l'organisme et agissant à la façon de la chaleur pour relâcher les composés atomiques. Les deux atomes d'oxygène, ainsi mis en liberté, peuvent s'unir aux aliments ou aux tissus de l'organisme (*oxydations primaires*). Mais il peut arriver qu'un seul atome soit employé, l'autre restant libre et disponible; cet atome peut à son tour agir en oxydant des substances que les seules forces de l'organisme ne suffisent pas à dédoubler; c'est ce qu'il appelle *oxydations secondaires*. C'est ainsi que, dans la combustion de la graisse, de l'oxygène est ainsi mis en liberté (oxygène atomique) et peut alors oxyder certaines substances, par exemple le benzol, qu'il transforme en phénol. Si la combustion de la graisse est entravée, comme dans l'empoisonnement par le phosphore, l'oxygène atomique n'étant plus produit en quantité suffisante, le benzol ingéré ne se transforme plus en phénol et passe sans altération.

On a beaucoup discuté pour savoir si les oxydations se faisaient dans le sang ou dans l'intimité des tissus. Un fait certain, c'est que partout où se trouvent des éléments anatomiques, il y a absorption d'oxygène et élimination d'acide carbonique, autrement dit respiration. Cette loi générale, démontrée pour la première fois par les expériences de Spallanzani, a été confirmée depuis par tous les physiologistes, Liebig, Valentin, Hermann, Cl. Bernard, Bert, etc. Mais le sang, comme les tissus, contient des éléments anatomiques, des globules et peut sous ce rapport être rapproché des tissus animaux. Ces globules se comportent-ils comme ces tissus eux-mêmes? Le sang respire-t-il comme respire un fragment de muscle ou de substance nerveuse? On sait, et c'est un des actes qui constituent la fonction respiratoire de l'organisme, que le sang absorbe de l'oxygène; mais cet oxygène se fixe-t-il, dans le sang même, sur les matériaux oxydables du sang pour former de l'acide carbonique et de l'eau sans l'intervention des tissus?

Plusieurs expérimentateurs, et Sachs en particulier, avaient vu la proportion d'acide carbonique augmenter dans le sang abandonné à lui-même; Pflüger, A. Schmidt constatèrent aussi que du sang placé sous le mercure à l'abri de l'air devient rapidement noir, en même temps qu'on y voit augmenter la quantité d'acide carbonique et diminuer la proportion d'oxygène. Estor et Saint-Pierre cherchèrent, par des expériences directes, à démontrer l'existence des oxydations dans le sang vivant; en analysant les gaz du sang artériel pris dans la carotide et dans la fémorale, ils trouvèrent que la proportion d'oxygène diminuait à mesure que les artères étaient plus éloignées du cœur; dans des recherches ultérieures, ils injectèrent du sucre de raisin dans le sang de la veine fémorale (chien) et dosèrent le sucre et l'oxygène dans le sang artériel : dans ce cas, l'oxygène disparaît presque tout entier dans le sang artériel, quoique l'animal continue à respirer régulièrement, et ne commence à reparaître dans le sang que quand tout le sucre injecté a été oxydé. La transformation des azotites en azotates, des sulfites et des hyposulfites en sulfates, des sels d'acides organiques en carbonates semble aussi parler en faveur de la réalité des oxydations dans le sang.

Mais d'un autre côté un grand nombre d'expériences plus précises tendent à restreindre considérablement la valeur des expériences précédentes. Marchand, Meyer avaient déjà vu depuis longtemps que du sang défibriné privé d'acide carbonique ne dégage pas d'acide carbonique quand on le fait traverser par un courant d'oxygène. Hoppe-Seyler, Schutzenberger, Pflüger, A. Schmidt, répétant les expériences de Sachs, ont vu que, si l'on prend du sang frais, au sortir du vaisseau, il ne perd son oxygène qu'avec une très grande lenteur ; si, comme l'a fait Hoppe-Seyler, on intercepte la circulation dans une artère sur l'animal vivant, le sang devient bien noir dans cette portion du vaisseau, mais cette coloration noire n'existe qu'au voisinage de la paroi vasculaire, preuve que l'oxygène du sang a été utilisé non par des matériaux oxydables contenus dans le sang, mais par la paroi artérielle elle-même, et probablement par la couche musculaire de cette paroi, comme l'admet Pflüger, revenu de sa première opinion. Quant aux expériences d'Estor et Saint-Pierre, elles ont été répétées par plusieurs physiologistes et en particulier par Hirschmann, Sczelkow, Pflüger, etc., avec des résultats tout opposés. Du reste, ce qui prouve que les oxydations ne doivent pas être bien actives dans le sang, c'est que, si on injecte dans le sang une substance très avide d'oxygène, comme l'acide pyrogallique, cet acide pyrogallique se retrouve inaltéré dans l'urine (Cl. Bernard, Jüdell).

Beaucoup d'expériences, au contraire, démontrent que la plus grande partie des oxydations intra-organiques doivent se passer dans les tissus, plutôt que dans le sang. On a vu plus haut les recherches de Spallanzani, sur la respiration des tissus : si on place dans du sang défibriné des fragments de muscle ou d'un autre tissu, ce sang perd très rapidement son oxygène (Hoppe-Seyler). Le lactate de soude, mis en contact avec le sang défibriné, n'est pas oxydé, mais si on fait passer ce sang dans la veine, le lactate de soude est transformé en carbonate; cependant il faut remarquer que cette expérience faite par Scheremetjewsky dans le laboratoire de Ludwig prête, comme l'a montré Pflüger, à de nombreuses objections. La suivante, due à OErtmann, est beaucoup plus démonstrative : il saigne à blanc des grenouilles et remplace le sang, d'après le procédé de Cohnheim, par une solution de chlorure de sodium; puis il étudie comparativement l'échange des gaz chez ces *grenouilles salées*, qui continuent parfaitement à vivre, et chez des grenouilles saines, et constate que les échanges gazeux, admission d'oxygène et élimination d'acide carbonique, sont les mêmes dans les deux cas; le sang étant absent, c'est donc dans les tissus que doivent se faire les oxydations. Une expérience élégante de Schutzenberger, montre bien cette affinité des éléments anatomiques pour l'oxygène; il fait circuler lentement du sang rouge défibriné dans des tubes de baudruche mince, immergés dans une bouillie de levûre, et voit le sang sortir noir; la levûre joue là le rôle des éléments histologiques des tissus. Du reste, les faits de physiologie comparée s'accordent avec cette opinion. Chez les animaux inférieurs, chez l'embryon avant l'apparition des vaisseaux, le sang manque, et ils n'en sont pas moins le siège d'oxydations. Chez les insectes, l'air arrive directement aux tissus par les trachées, et Max Schultze a démontré, dans plusieurs cas, que les terminaisons des trachées viennent se mettre en rapport avec les cellules, ainsi dans les organes phosphorescents du *lampyris splendidula*.

Mais si l'existence d'oxydations dans les tissus est incontestable, il ne faudrait pas croire que ces oxydations puissent être comparées à ce qui se passe dans la combustion, par exemple. Il n'y a pas, en effet, fixation directe de l'oxygène sur le carbone et sur l'hydrogène des tissus et des substances organiques, et le processus est probablement beaucoup plus compliqué; ainsi, comme le fait remarquer Cl. Bernard (*Leçons sur les phénomènes de la vie*), on ne rencontre jamais dans l'organisme les produits de la combustion incomplète comme l'oxyde de carbone, on n'a jamais constaté non plus la production d'eau. Le sang d'un muscle en contraction n'est pas plus riche en eau que celui qui y pénètre, le sang veineux d'une glande en sécrétion est plus pauvre en eau que le sang artériel de cette glande; mais l'objection la plus forte, c'est que quand on place un tissu en présence de l'oxygène ou du sang oxygéné, il n'y a jamais parallélisme entre la quantité d'oxygène absorbé par ce tissu et la quantité d'acide carbonique qu'il élimine. Donc, sans nier la réalité des oxydations, il est probable que, comme on le verra à propos des fermentations, ces oxydations n'ont qu'un rôle secondaire, moins important qu'on ne le croyait généralement, et sont subordonnées à des processus beaucoup plus complexes, plus ou moins analogues aux fermentations et à la putréfaction. (Voir : *Fermentations*.)

Bibliographie. — A AUERBACH : *Zur Kenntniss der Oxydations-Processe im Thierkörper* (Arch. de Virchow, t. LXXVII, 1879). — E. BAUMANN et C. PREUSSE : *Zur Kenntniss der Oxydationen und Synthesen im Thierkörper* (Zeit. f. phys. Chemie, t. III, 1879). — Id. : *Zur Geschichte der Oxydationen im Thierkörper* (Zeit. f. phys. Ch., t. IV, 1880). — C. PREUSSE : *Zur Kenntniss der Oxydation aromatischen Substanzen im Thierkörper* (Zeit. f. phys. Ch., t. V, 1881). — O. SCHMIEDEBERG : *Ueber Oxydationen und Synthesen im Thierkörper* (Arch. für exper. Path., t. XIV, 1881). — M. NENCKI : *Zur Geschichte der Oxydationen im Thierkörper* (Journ. für pr. Ch., t. XXIII, 1881). — M. NENCKI et N. SIEBER : *Unters. über die physiol. Oxydation* (Journ. f. pr. Ch., t. XXVI, 1882). — A. DENNIG : *Spectralanalytische Messungen der Sauerstoffzehrung der Gewebe* (Zeit. für Biol., t. I, 1883). — M. NENCKI et N. SIEBER : *Ueber eine neue Methode die physiologische Oxydation zu messen* (Arch. de Pflüger, t. XXXI, 1883). — E.SALKOWSKI : *Kleine Mittheilungen* (Zeit. für phys. Ch., t. VII, 1883). — P. EHRLICH : *Das Sauerstoffbedürfniss des Organismus*, 1885. — O. NASSE : *Ueber primäre und secundäre Oxydation im Thierkörper* (Naturf. Ges. zu Rostock, 1885) (1).

(1) *A consulter* : Gorup-Besanez : *Ueber die Einwirkung des Ozons auf org. Verbindungen* (Wissenschaftliche Mittheilungen der physik.-med. Soc. zu Erlangen, t. I, 1858).

2. — Dédoublements.

Le *dédoublement*, dans son acception la plus simple, signifie la séparation d'une substance organique en deux ou plusieurs composés, dont la somme représente exactement la substance primitive. Les deux acides biliaires en offrent un bel exemple; ainsi, l'acide glycocholique se dédouble en acide choloïdique et glycocolle : $C^{26}H^{43}AzO^6 = C^{24}H^{38}O^4 + C^2H^5AzO^2$; et l'acide taurocholique se transforme en acide choloïdique et taurine : $C^{26}H^{45}AzSO^7 = C^{24}H^{38}O^4 + C^2H^7AzSO^8$.

La *déshydratation simple* n'est qu'une forme de dédoublement; ainsi par la chaleur, l'acide cholalique se change en dyslysine et en eau : $C^{24}H^{40}O^5 = C^{24}H^{36}O^3 + 2H^2O$; la créatine se change en créatinine et en eau : $C^4H^9Az^3O^2 = C^4H^7Az^3O + H^2O$. Il peut y avoir à la fois déshydratation et dédoublement ; ainsi l'acide oxalique se transforme en acide carbonique, oxyde de carbone et eau : $C^2H^2O^4 = CO^2 + CO + H^2O$.

La *dissociation* est un cas particulier de dédoublement. C'est un dédoublement qui se produit sous l'influence d'une certaine température, mais dans lequel les molécules disjointes s'unissent de nouveau pour reformer la combinaison primitive, dès que se rétablissent les conditions primitives de température (et de tension); c'est ce que les chimistes appellent *actions réversibles*. D'après Donders, les échanges gazeux dans les poumons et dans les tissus rentreraient dans les phénomènes de dissociation.

A côté des dédoublements simples se trouvent des cas dans lesquels le dédoublement ne peut se produire qu'avec l'hydratation de la substance qui se dédouble; telles sont la saponification des graisses et la formation des acides gras aux dépens des graisses; tels sont le dédoublement de l'acide glycocholique en acide cholalique et glycocolle : $C^{26}A^{43}AzO^6 + H^2O = C^{24}H^{40}O^5 + C^2H^5AzO^2$; de l'acide taurocholique en acide cholalique et taurine, de la créatine en urée et sarcosine, de l'urée en acide carbonique et ammoniaque, etc., etc.

Les dédoublements paraissent assez fréquents dans l'organisme, surtout dans certaines parties, comme le foie, et ont une large part dans la production des principes de désassimilation. Ces dédoublements semblent même précéder les oxydations dans la série des décompositions successives ; ainsi, pour les substances albuminoïdes, il y aurait d'abord production par dédou-

1. Sachs : *Ein Beitrag zur Frage über den Ort der Kohlensäurebildung im Organismus* (Archiv für Anat., 1863). — A. Estor et Saint-Pierre : *Recherches expérimentales sur la coloration rouge des tissus enflammés* (Journal de l'Anat., t. I, 1864). — Id. : *Du siège des combustions respiratoires* (ibid., 1865). — Hoppe-Seyler : *Ueber die Oxydation im lebenden Blute* (Med.-chem. Untersuch., t. 1er, 1866). — P. Schutzenberger et Risler : *Sur le pouvoir oxydant du sang* (Comptes rendus, t. LXXVI, 1873). — A. Estor et Saint-Pierre : *Nouvelles expériences sur les combustions respiratoires* (Comptes rendus, t. LXXVI, 1873). — P. Schutzenberger : *Expériences concernant les combustions au sein de l'organisme animal* (Comptes rendus, t. LXXVIII, 1874). — E. Pflüger : *Ueber die physiologische Verbrennung in den lebendigen Organismus* (Arch. f. d. Ges. Phys., t. X, 1875). — E. OErtmann : *Ueber den Stoffwechsel entbluteter Frösche* (Arch. de Pflüger, t. XV, 1877). — Andreas Takacs : *Beitrag zur Lehre von der Oxydation im Organismus* (Zeitschrift für phys. Chemie, t. II, 1878).

blement de deux séries de principes, principes azotés d'une part, principes non azotés, hydrocarbonés et acides gras de l'autre, et ce ne serait que sur ces produits de dédoublement qu'agiraient alors les oxydations. Cependant ces questions sont encore tellement obscures, qu'il est bien difficile de poser des lois générales et qu'on en est réduit à de simples suppositions.

D'après les recherches de Schmiedeberg, confirmées par Minkowski, les dédoublements qui se passent dans l'organisme sont probablement déterminés par un ferment soluble contenu dans certains organes (voir : *Ferments solubles*).

Bibliographie. — O. SCHMIEDEBERG : *Ueber Spaltungen und Synthesen im Thierkörper* (Arch. f. exp. Pat., t. XIV, 1881). — O. MINKOWSKI : *Ueber Spaltungen im Thierkörper* (id., t. XVII, 1883). — L. BRASSE : *Sur le rôle de la dissociation en biologie* (Soc. de biol. 1886). — M. NENCKI : *Ueber die Spaltung der Säureester der Fettreihe*, etc. (Arch. f. exp. Pat., t. XX, et Ber. d. d. ch. Ges., 1886).

3. — Réductions.

A côté des dédoublements se placent les réductions, et ces réductions se présentent plus fréquemment qu'on ne le pensait dans l'organisme animal. Les plantes offrent un exemple type de réduction dans la décomposition de l'acide carbonique (acide carbonique hydraté, CO^3H^2) dans la chlorophylle sous l'influence de la lumière ; et ce processus, pour lequel les volumes d'oxygène et d'acide carbonique absorbé sont égaux, paraît répondre exactement à la formation des hydro-carbonés comme le montre l'équation suivante :

$$6CO^3H^2 = C^6H^{12}O^6 + 6O^2.$$

Dans l'organisme animal on trouve aussi des exemples de réductions ; telles sont la formation de l'urobiline aux dépens de la matière colorante de la bile, celle de l'acide benzoïque aux dépens de l'acide quinique, la transformation des iodates et des bromates en iodures et en bromures, celle de l'indigo bleu en indigo blanc, etc. Quelquefois même ces réductions pourront se produire simultanément avec des oxydations, comme dans la combustion du bois il se forme à la fois des produits d'oxydation comme l'acide carbonique et l'eau, et des produits de réduction comme le charbon ; c'est ainsi que, pour ne citer qu'un exemple, l'acide malique introduit dans l'organisme est en partie réduit en donnant naissance à de l'acide succinique et en partie oxydé pour former de l'eau et de l'acide carbonique. L'étude des fermentations nous donnera de nouvelles preuves de cette simultanéité d'oxydations et de réductions.

Je ne ferai que rappeler ici les propriétés réductrices attribuées par Löw aux tissus vivants, propriétés qui ont été étudiées page 165.

ARTICLE II. — Synthèses.

La synthèse paraît jouer dans l'organisme animal un rôle beaucoup plus important qu'on ne le supposait autrefois. Jusque dans ces dernières années les processus synthétiques paraissaient réservés aux organismes végétaux, et quand Wöhler, en 1824, montra que l'acide benzoïque ingéré par un animal se transforme en acide hippurique, le fait fut considéré comme une exception. Cependant, depuis cette découverte, les exemples de synthèse se sont multipliés et ont prouvé une fois de plus combien est artificielle, au fond, la distinction établie entre la vie animale et la vie végétale.

Les processus synthétiques qui se passent dans l'organisme animal peuvent se classer en différents groupes, et quoique la plupart de ces synthèses aient été étudiées dans les paragraphes précédents, il me paraît utile de les rappeler de nouveau et d'en présenter une vue d'ensemble.

Un premier groupe comprend les synthèses dans lesquelles une substance, introduite dans l'organisme, s'y combine, sans se décomposer, avec une autre substance de façon à donner lieu à un corps de composition plus complexe qui s'élimine par les excrétions; j'en donnerai quelques exemples.

L'acide benzoïque se combine avec le glycocolle pour former de l'acide hippurique (voir page 277). Les recherches de Bertagnini, Maly, Löbisch, Baumann, etc., ont montré que beaucoup d'acides s'unissent de même au glycocolle pour former des composés analogues à l'acide hippurique; tels sont les acides salicylique, oxybenzoïque, paroxybenzoïque, nitrobenzoïque, chlorobenzoïque, anisique, etc.

Un second exemple est fourni par l'union du groupe COAzH (carbimide ou acide cyanique) avec des substances azotées. C'est ainsi que, comme l'a montré Salkowski, la taurine ingérée reparaît, chez l'homme, dans l'urine à l'état d'acide taurocarbamique ou uramidoiséthionique (voir page 268).

La transformation des combinaisons ammoniacales en urée dans l'organisme, transformation dont les conditions ont été étudiées page 269, rentre aussi dans le même groupe. Enfin un exemple très remarquable est donné par l'union d'un certain nombre de substances aromatiques avec l'acide sulfurique, comme l'a démontré Baumann pour les acides sulfo-conjugués (voir p. 294).

Dans toutes les synthèses précédentes, les substances introduites dans l'organisme ne subissent pas de décomposition avant de s'unir à l'autre substance pour former le composé final. Mais il arrive souvent que la substance introduite est d'abord modifiée dans sa composition par dédoublement, oxydation ou réduction et que ce n'est qu'un de ces produits qui contribue à former le composé final. Le processus est déjà plus complexe. C'est ainsi que le toluol ingéré est oxydé et donne de l'acide benzoïque qui s'unit alors au glycocolle pour former de l'acide hippurique; de même le benzol par l'oxydation se transforme en phénol, l'aniline en amido-phénol, l'indol en hydroxylindol (?) et fournissent ultérieurement des phénolsulfates, des amidophénolsulfates et de l'indican. D'autres fois, c'est une réduction qui se produit comme dans la production de l'acide hippurique aux dépens de l'acide quinique, $C^7H^{12}O^6$.

Jusqu'ici toutes ces synthèses se produisent après l'introduction dans l'organisme de substances déterminées; mais il est très probable qu'en dehors même de l'ingestion de ces substances, une partie de ces synthèses s'accomplissent à l'état normal dans le corps; on a vu en effet, à propos de l'étude de ces différents principes, que l'acide hippurique, l'urée, l'indican, les phénolsulfates, etc., existent dans l'organisme quel que soit le mode d'alimentation et en dehors de toute ingestion des substances qui leur donnent naissance dans les expériences citées plus haut. Il paraît donc hors de doute qu'un certain nombre de synthèses se produisent normalement dans l'organisme animal à côté des décompositions organiques, et qu'une part, très difficile du reste à déterminer, doit être faite dans les actes intimes de la nutrition aux deux ordres de phénomènes. Mais il ne faudrait pas considérer ces synthèses comme donnant naissance seulement à des produits de déchet, éliminés par les excrétions, comme l'acide hippurique, l'urée, les acides biliaires, etc. Elles ont très probablement une valeur physiologique plus haute, et comme tout porte à le penser, la synthèse intervient dans la transformation du sucre de raisin en substance glycogène, dans la formation de la lécithine, dans la production de la graisse, dans celle de l'hémoglobine et de la plupart des substances albuminoïdes, par conséquent dans la formation des substances organiques les plus complexes. Le groupement de l'acide phosphorique, de la glycérine et de la neurine pour constituer la lécithine est sous ce rapport un bel exemple de synthèse intraorganique. L'hémoglobine traitée par les alcalis se dédouble en albumine et hématine; si on agite avec de l'oxygène ces deux substances, l'hémoglobine se régénère de nouveau. R. Rudzki a pu maintenir des lapins au même poids pendant un certain temps en leur donnant une nourriture absolument privée d'albuminoïdes avec addition d'extrait de viande ou d'acide urique, et on ne peut guère douter que dans ce cas il ne se soit formé des albuminoïdes par synthèse. Il faut probablement ranger dans la même catégorie de faits la production artificielle d'albuminoïdes (syntonine, protéine, etc.) aux dépens des peptones, obtenue par Plosz, Maly, Henninger, F. Hofmeister.

Par quel mécanisme maintenant ces synthèses se produisent-elles dans l'organisme? Dans la plupart des cas, comme on peut le voir dans les exemples précédents, il y a en même temps élimination d'eau, et les substances formées par synthèse peuvent être considérées comme des anhydrides. L'organisme paraît donc avoir la propriété d'enlever une molécule d'eau à un certain nombre de substances, et Bæyer et Nencki considèrent ce phénomène de déshydratation comme un processus vital des plus importants. Seulement l'explication de ce phénomène est assez difficile à donner. On l'a rapproché des fermentations, et en effet Nasse a constaté que certaines synthèses se produisent sous l'influence de ferments dans l'organisme. W. Kochs a vu aussi la synthèse des acides sulfo-conjugués se faire en mettant certaines substances (résorcine, etc.) à digérer avec des tissus (rein, foie) finement hachés. D'autre part il est probable qu'il y a là un phénomène complexe et que ces synthèses parcourent plusieurs stades avant d'arriver au résultat final.

Quant au lieu de ces synthèses, nous sommes encore dans le doute et nous ignorons pour la plupart d'entre elles quels sont les organes ou les tissus dans lesquels elles s'accomplissent.

Bibliographie. — E. BAUMANN et C. PREUSSE : *Zur Kenntniss der Oxydationen und Synthesen im Thierkörper* (Zeit. f. phys. Ch., t. III, 1879). — W. KOCHS : *Ueber eine Methode zur Bestimmung der Topographie des Chemismus im thierischen Körper* (Arch. de Pflüger, t. XXII, 1879). — ID. : *Unt. üb. die Bildungsstätten der Ætherschwefelsäuren* (id., t. XXIII, 1879. — O. SCHMIEDEBERG : *Ueber Oxydationen und Synthesen im Thierkörper* (Arch. für exp. Pat., t. XIV, 1881). — E. BAUMANN et C. PREUSSE : *Zur Kenntniss der synthetischen Process im Thierkörper* (Zeit. f. phys. Ch., t. V, 1881). — O. SCHMIEDEBERG : *Ueber Spaltungen und Synthesen im Thierkörper* (Arch. für exp. Pat., t. XVI, 1881). — E. KÜLZ : *Zur Kenntniss der synthetischen Vorgänge im thierischen Organismus* (Arch. de Pflüger, t. XXX, 1883). — O. NASSE : *Ueber die Synthesen im thierischen ...*

Organismus (Rostocker Zeitung, 1884). — O. Nasse : *Ueber Synthesen im thierischen Organismus* (Biol. Cbl., t. IV, 1885) (1).

Article III. — Fermentations.

Les fermentations jouent un si grand rôle dans les phénomènes intimes de la nutrition qu'il est impossible de les passer sous silence et que leur étude doit terminer celle des réactions chimiques de l'organisme dont elles représentent la forme la plus complexe.

Les fermentations se divisent en deux classes qui correspondent à deux groupes de ferments, les ferments solubles et les ferments figurés.

1. — Ferments solubles.

Les *ferments solubles* (*zymases* de Béchamp, *enzymes* de Kühne), comme la diastase, la ptyaline, etc., sont des produits de sécrétion ou de décomposition de cellules vivantes, animales et végétales. Leur constitution est encore peu connue, à cause de la difficulté qu'on éprouve pour les isoler à l'état de pureté : cependant, malgré les assertions contraires de Cohnheim et de Schiff, il paraît certain qu'ils sont azotés et qu'ils appartiennent au groupe des substances albuminoïdes. Sans entrer ici dans des détails de préparation qui seront donnés à propos de l'étude des différents organes ou des sécrétions qui les fournissent, il suffira de rappeler ici que le meilleur procédé pour leur extraction est celui de V. Wittich ; ce procédé consiste à traiter par la glycérine pure les organes qui renferment les ferments solubles ; le ferment peut être ensuite isolé de cette solution glycérinée par différents procédés. Desséchés, les ferments solubles sont solides, amorphes, incolores ou jaunâtres, insipides, solubles dans l'eau, dont ils sont précipités par l'alcool et l'acétate de plomb. Ces ferments s'unissent facilement aux substances albuminoïdes ; ainsi V. Wittich a constaté que la fibrine absorbe la pepsine et la retient avec une telle force que cette dernière ne peut lui être enlevée par un lavage prolongé à l'eau ; il ne paraît pas cependant y avoir une véritable combinaison chimique, quoiqu'il y ait une relation déterminée entre la quantité de fibrine et la quantité de pepsine absorbée. Du reste, les ferments ont une certaine affinité pour les substances finement divisées (soufre, cholestérine, etc.) et pour les précipités floconneux, comme le phosphate de chaux ; ces substances peuvent les entraîner mécaniquement et les précipiter de leurs solutions, et c'est même un des procédés qu'on emploie pour la préparation des ferments solubles. Une autre propriété des ferments solubles est leur affinité pour l'oxygène, affinité déjà reconnue en 1858 par M. Traube et qui se constate par la décomposition de l'eau oxygénée et par les phénomènes intimes de la fermentation. Les ferments solubles présentent une certaine résistance à l'influence des divers agents ; ainsi leurs propriétés ne sont pas annihilées par des influences qui agissent

(1) *A consulter :* M. Jaffé : *Zur Kenntniss der synthetischen Vorgänge im Thierkörper* Zeitschrift für physiol. Chemie, t. II, 1878). — E. Baumann : *Ueber die synthetischen Processe im Thierkörper.* Berlin, 1878.

d'une façon toxique sur les ferments figurés, alcool, acide cyanhydrique, anesthésiques, air comprimé, etc.

Les ferments solubles qui se rencontrent dans l'organisme humain appartiennent à cinq groupes :

1° Ferment transformant les albuminoïdes en peptones (1) :
   Pepsine ; muqueuse stomacale ; suc gastrique ; glandes de Brunner ; muscles ; urine ;
   Trypsine ; pancréas ; suc pancréatique.
2° Ferment transformant l'amidon en glucose :
   Ptyaline ; glandes salivaires ; salive ; pancréas ; suc pancréatique ; foie ; bile ; muqueuse stomacale ; muqueuse intestinale ; suc musculaire ; cerveau ; reins ; urine ; chyle ; sérum sanguin.
3° Ferment inversif, transformant le sucre de canne en sucre interverti :
   Muqueuse de l'intestin grêle ; cellules hépatiques.
4° Ferment décomposant les graisses en glycérine et acides gras :
   Pancréas ; suc pancréatique.
5° Ferment du sang, produisant la coagulation de la fibrine (?) :
   Plasma sanguin (voir : *Sang*).

On a signalé encore dans l'organisme l'existence d'autres ferments, mais dont l'étude n'a pas encore été faite d'une façon complète. Ils seront mentionnés dans la physiologie spéciale.

On voit par ce tableau que la présence des ferments solubles est loin d'être localisée dans un organe déterminé, et que les ferments solubles existent dans beaucoup de points de l'organisme ; c'est surtout pour le ferment saccharifiant que cette généralisation se remarque, et d'après les recherches de Lépine, Seegen et Kratschner, ce pouvoir saccharifiant s'étendrait, dans certaines conditions, à toutes les substances albuminoïdes. Déjà, en 185 Cl. Bernard avait vu que la fibrine, en se décomposant, peut transformer l'amidon en sucre, et Lépine constata que cette propriété se montre dans tous les tissus quand ils ont subi un commencement d'altération.

Quels sont l'origine et le mode de formation de ces ferments solubles ? Deux théories sont en présence : pour les uns les ferments solubles sont le produit de l'activité de certains éléments cellulaires déterminés, et ne se formeraient que là ; ainsi la pepsine serait formée dans les glandes stomacales, la pancréatine dans les cellules du pancréas, la ptyaline dans les glandes salivaires et le pancréas, etc. ; si on rencontre ces ferments dans d'autres endroits, comme on le voit par le tableau ci-dessus, c'est que ces ferments, une fois sécrétés par ces glandes, sont résorbés en partie, passent dans le sang et de là peuvent diffuser et se répandre dans tout l'organisme ; il n'y a rien d'étonnant alors à ce qu'on puisse les rencontrer dans les muscles, le cerveau, les excrétions, etc. Dans une autre théorie ces ferments, principalement le ferment saccharifiant, ne seraient qu'un produit de la nutrition générale ; ils se formeraient partout, et, une fois formés, iraient s'accumuler, se localiser pour ainsi dire dans certains organes. Cette dernière hypothèse ne peut guère être admise pour la pepsine et la pancréatine, mais elle pourrait se soutenir pour la ptyaline si l'on se reporte aux

(1) Ce ferment peptique a été constaté dans un certain nombre de végétaux, *Cannabis indica*, *Linum usitatissimum*, l'orge germée, et surtout dans le *Carica papaya* (papaïne) (voir : *Digestion stomacale*).

expériences citées plus haut de Lépine et de Seegen et Kratschner. On peut se demander cependant si cette altération des tissus qui leur communique ce pouvoir saccharifiant n'est pas une décomposition purement cadavérique et si les mêmes phénomènes se produisent pendant la vie. Tiegel a bien constaté, il est vrai, que les globules du sang, au moment de leur destruction par les acides biliaires ou l'éther, ont la propriété de transformer l'amidon en glycose, propriété qu'ils ne possèdent ni avant ni après leur destruction, et Schmidt admet que le ferment du sang provient de la décomposition d'éléments incolores existant dans ce liquide; mais ces expériences ont été attaquées de divers côtés, et la solution de cette question exige encore de nouvelles recherches.

Quoi qu'il en soit, ce qui ne peut faire l'objet d'un doute, c'est la formation du ferment peptique (pepsine, pancréatine) dans des cellules spéciales et dans des organes déterminés. Seulement les recherches récentes d'Heidenhain sur le pancréas ont fait envisager sous un nouveau jour cette question de la formation des ferments solubles. Schiff avait déjà remarqué depuis longtemps que certaines substances augmentaient la production de la pepsine et de la pancréatine (peptogènes et pancréatogènes), et que ces ferments n'apparaissaient avec leur pouvoir digestif que dans certaines conditions déterminées, mais ces recherches avaient été très discutées et n'avaient fait que poser le problème sans le résoudre. Heidenhain constata que le pancréas, quand on l'examine à l'état tout à fait frais, ne contient pas de pancréatine et ne renferme pas de ferment qui puisse transformer les albuminoïdes en peptones; mais, par contre, il contient une substance particulière, *substance zymogène*, qui se convertit en pancréatine sous certaines conditions, en particulier sous l'influence de l'oxygène, pancréatine qui se retrouve dans le suc pancréatique, qui, lui, ne contient pas de substance zymogène. D'après Ebstein et Grützner, il en serait de même pour la pepsine, qui n'existerait pas à l'état libre dans les cellules des glandes stomacales. Les substances zymogènes peptique et pancréatique paraissent être une combinaison des ferments peptique et pancréatique avec une substance albuminoïde, combinaison qui se détruirait au moment de la sécrétion pour mettre en liberté le ferment, pepsine ou pancréatine; Hammarsten admet de même que le ferment de la présure qui coagule le lait ne préexiste pas dans la muqueuse de l'estomac du veau, mais est mis en liberté par l'action de l'acide chlorhydrique ou de l'acide lactique.

L'action des ferments solubles sera étudiée pour chacun de ces ferments dans le chapitre consacré aux phénomènes chimiques de la digestion. Ici cette action ne doit être étudiée qu'au point de vue général. Un premier fait à constater, c'est que des fermentations identiques à celles qui se produisent sous leur influence, dans l'organisme animal, se produisent aussi non seulement dans les végétaux, mais même en dehors de toute influence vitale. Je n'insisterai pas sur les fermentations végétales qui jouent un si grand rôle dans la vie des plantes; mais pour ce qui concerne les fermentations en dehors de toute action vitale, je rappellerai que la plupart des ferments solubles peuvent être remplacés artificiellement par la chaleur, l'électricité et par des substances minérales. Ainsi l'acide sulfurique étendu transforme l'amidon en glycose ; par la cuisson prolongée, les albuminoïdes se convertissent en corps identiques aux peptones ; Berthelot, dans se récentes discussions avec Pasteur à l'Académie des sciences, a annoncé qu'il avait pu obtenir une petite quantité d'alcool par l'électrolyse du sucre. On est donc porté à admettre que les ferments solubles n'agissent que par une action comparable aux actions chimiques ; la substance organisée, vivante ou morte, n'intervient que pour produire le ferment soluble, et, une fois produit, celui-ci n'agit que comme un réactif chimique ordinaire. Un fait à noter, c'est que l'activité des ferments n'est pas indéfinie ; le ferment se détruit peu à peu et finit par disparaître. Cependant la grandeur de l'effet produit est toujours considérable si on la compare à la masse du ferment ; ainsi la diastase peut saccharifier 2,000 fois son poids d'amidon.

Les conditions essentielles pour que la fermentation se produise, c'est d'une part la présence de l'eau, de l'autre une certaine température ; à ce point de vue l'organisme présente des conditions très favorables au développement des fermentations.

Certaines influences agissent soit pour activer, soit pour retarder ou empêcher les fermentations ; c'est ainsi que les bases, le sublimé, le borate de soude, le salicylate de soude les retardent, tandis qu'elles sont en général favorisées par les acides.

Les produits de la fermentation varient évidemment suivant la nature même de la substance décomposée et le mode de décomposition de cette substance, et ces différents produits seront étudiés en détail dans la physiologie spéciale.

Bibliographie. — Ad. Würtz : *Note sur le mode d'action des ferments solubles* (C. rendus, t. XCIII. 1881). — F. Falk : *Ueber das Verhalten einiger Fermente im thierischen Organismus* (Arch. de Virchow, t. LXXXIV, 1881). — O. Loew : *Ueber die chemische Natur der ungeformten Fermente* (A. de Pflüger, t. XXVII, 1882) (1).

2. — Ferments figurés et microbes.

Les *ferments figurés* sont de véritables organismes vivants, comme on le voit dans la levûre de bière (fig. 66) qu'on peut prendre pour type.

C'est en 1836 que Cagnard de Latour reconnut que la levûre de la fermentation alcoolique était formée par des globules organisés et non, comme le croyait Berzélius, par une substance amorphe. Cette découverte fut le point de départ d'une série de recherches, dont l'honneur principal revient à Pasteur et qui prouvèrent que beaucoup de fermentations étaient dues à des êtres organisés animaux ou végétaux ; c'est ainsi qu'on a constaté l'existence

(1) *A consulter* : V. Wittich : *Ueber eine neue Methode zur Darstellung künstlicher Verdaungsflussigkeiten* (Arch. de Pflüger, t. II, 1869). — V. Wittich : *Weitere Mittheilungen über Verdaungsfermente* (Arch. de Pflüger, 1870). — Lépine : *Ueber Entstehung und Verbreitung des thierischen Zuckerferments* (Berichte d. k. sächs. Gesell. d. Wissenschaft 1870). — O. Nasse : *Untersuch. über die ungeformten Fermente* (Arch. de Pflüger, 1875). — G. Hüfner : *Untersuch. über ungeformte Fermente und ihre Wirkungen* (Journ. f. prakt. Chemie, t. XI, 1875). — W. Kühne : *Ueber das Verhalten verschiedener isolirter und sog. ungeformten Fermente* (Verhandl. d. Heidelb. natur. Hist. med. Vereins, 1878

du *mycoderma aceti* de la fermentation acétique, du vibrion de la fermentation butyrique, des bactéridies de l'affection charbonneuse, etc. (1).

Ces ferments figurés étant de véritables êtres organisés, vivants, doivent
donc être distingués des ferments solubles. L'organisation est la condition
sine qua non de leur action. Si on détruit les cellules de la levûre de bière en
les broyant sur un plateau de verre, quoique les éléments chimiques soient
restés intacts, leur pouvoir de ferment disparaît
(Ludersdorf). Il en est de même de toutes les
substances qui altèrent plus ou moins l'organisation des êtres vivants ; ainsi l'alcool, l'acide
prussique, les anesthésiques, etc., arrêtent les
fermentations en tuant les ferments figurés ou
en suspendant momentanément leur activité
vitale, tandis qu'elles sont sans influence sur

Fig. 66. — *Cryptococcus
cerevisiæ.*

celles qui sont produites par les ferments solubles. L'air comprimé, l'oxygène à haute tension, déterminent les mêmes effets, d'après les expériences
de Bert ; cependant cette influence de l'air comprimé et des substances
toxiques ne paraît s'exercer que sur les organismes figurés à l'état de développement complet ; lorsqu'ils sont à l'état de germe, au moins pour quelques-uns d'entre eux, ces ferments peuvent résister à l'action de l'air comprimé et de l'alcool (Pasteur, Feltz). Le mouvement, qui semble favoriser
beaucoup de fermentations par ferments solubles s'oppose au contraire au
développement des ferments figurés ; c'est du moins ce qui résulte des expériences de Bert et d'Horvath qui ont constaté que les bactéries ne se multiplient pas dans un liquide soumis à une agitation prolongée (2).

Enfin un dernier caractère qui distingue cette classe de fermentations,
c'est sa complexité. Les fermentations du premier groupe sont toujours relativement simples ; les produits de la fermentation sont peu nombreux, comme
on le voit dans la saccharification de l'amidon par la ptyaline, dans la
transformation des albuminoïdes en peptones par la pepsine et la pancréatine, etc. Il n'en est plus de même des fermentations par les ferments figurés.
Il y a là non seulement multiplicité de produits de fermentation, mais encore une complexité d'actions qui rend leur étude très difficile ; ce caractère
se montre bien dans une des fermentations les plus simples et les mieux
connues de cette classe, la fermentation alcoolique. Ainsi la glucose, en présence de la levûre de bière, donne non seulement de l'acide carbonique et
de l'alcool, mais de la glycérine, de l'acide succinique, de la matière grasse,
de l'acide acétique, une matière azotée (J. Oser) et d'autres produits encore.
Il s'agit donc là d'un phénomène très complexe, et on peut jusqu'à un certain point, comme le fait Béchamp, comparer les produits de cette fermentation aux produits de désassimilation d'un organisme qui fabrique de l'urée,

(1) Il ne peut entrer dans le cadre de ce livre de faire l'étude complète des fermentations. Je ne veux ici que traiter la question au point de vue strictement physiologique
et d'une façon aussi générale que possible. Les fermentations spéciales ont été indiquées
dans les divers paragraphes de la *chimie physiologique* auxquels je renvoie.
(2) Il y a cependant certaines réserves à faire sur ce point.

de l'acide oxalique, de l'acide carbonique, comme la levûre de bière fabrique de l'alcool, de l'acide succinique et de l'acide carbonique. « La levûre, cellule vivante, transforme d'abord, par le moyen de la zymase qu'elle sécrète, le sucre de canne en glucose; c'est la digestion. Elle absorbe ensuite ce glucose et s'en nourrit; elle assimile, s'accroît, se multiplie et désassimile. Elle assimile, c'est-à-dire qu'une portion de l'aliment (la matière fermentescible) digérée ou modifiée, fait momentanément ou définitivement partie de son être et sert à son accroissement et à sa vie. Elle désassimile, c'est-à-dire elle rejette au dehors les parties usées de son être et de ses tissus sous la forme des composés nombreux qui sont les produits de l'opération que l'on est convenu d'appeler fermentation alcoolique. Enfin elle engendre de la chaleur. N'est-ce pas là le tableau complet de la vie d'un animal ? »

L'étude des diverses espèces de fermentation ne rentre pas dans le cadre de ce livre; la question ne doit être étudiée ici qu'au point de vue général et dans ses relations avec la physiologie. A ce point de vue, il est nécessaire de donner une idée des principales théories qui ont été émises sur les fermentations. Ces théories peuvent se ranger sous deux chefs : théories physiologiques, théories chimiques.

A. *Théories physiologiques*. — La théorie physiologique a été soutenue surtout par Pasteur, dont les travaux ont tant fait pour l'histoire des fermentations. Turpin avait déjà formulé cette théorie en 1838, en disant : « Fermentation comme effet et végétation comme cause. » Dans cette hypothèse, la fermentation est un phénomène corrélatif de l'organisation et de la multiplication d'organismes vivants, c'est un phénomène vital, physiologique. Mais Pasteur ne s'est pas arrêté à cette formule générale; il a creusé profondément le sujet et, par une série d'expériences délicates, admirablement instituées, il est arrivé aux résultats suivants, qui ont été très vivement attaqués de divers côtés, mais qui, en tant que faits, n'en restent pas moins acquis à la science. En 1861, il découvrit que la fermentation butyrique est produite par un organisme vivant, un vibrion, qui constitue le ferment butyrique; il vit que ce vibrion pouvait vivre dans un milieu purement minéral tenant en dissolution du sucre ou du lactate de chaux; il constata en outre que ce vibrion vivait, se nourrissait, se multipliait en dehors de toute participation de l'oxygène libre et de l'air atmosphérique : au contraire, le contact de l'air le tuait et arrêtait la fermentation, tandis que cette fermentation continuait dans l'acide carbonique. Ce fait, très inattendu, d'un organisme vivant sans oxygène, que l'oxygène au contraire tuait, fut accueilli d'abord par l'incrédulité générale; mais cette incrédulité ne tint pas devant les expériences multipliées de Pasteur, et Liebig, malgré ses dénégations, ne releva pas le défi de Pasteur qui lui proposa de préparer autant de vibrions qu'il le voudrait à l'abri du contact de l'air. En étudiant ensuite les conditions dans lesquelles se produisait la fermentation alcoolique par la levûre de bière, il retrouva des phénomènes du même ordre. Il vit que la levûre se comportait différemment suivant qu'elle était placée en présence de l'air ou à l'abri de l'air. Si la levûre est placée dans un liquide fermentescible largement oxygéné, elle se développe et vit comme un corps organisé ordinaire en absorbant l'oxygène de l'air et émettant de l'acide carbonique absolument comme dans l'acte de la respiration; dans ces conditions, la levûre n'agit pas comme ferment et ne produit pas d'alcool ou n'en produit que des traces. Mais si on empêche l'accès de l'air, les phénomènes changent, et la fermentation s'établit fournissant un produit alcoolique. Y a-t-il là un processus spécial à la levûre de bière? Pasteur prouva que non et que le fait devait être généralisé; ainsi les moisissures, le *penicillum*, le *mucor mucedo*, etc., lorsqu'ils sont au contact de l'air, se développent à la façon ordinaire; quand ils sont submergés, au contraire, ils donnent lieu à la production d'alcool; ces organismes ont donc deux manières de vivre suivant les conditions atmosphériques dans lesquelles ils sont placés; mais toujours, quand ils vivent et agissent comme ferments, c'est que l'oxygène ne leur arrive pas ou ne leur arrive qu'en quantité insuffisante; *la fermentation est la vie sans air.* Il y a donc, comme le dit Pasteur, deux espèces d'êtres : les être *aérobies*, auxquels l'air est indispensable, et ce groupe comprend la plupart des êtres vivants; et des êtres *anaérobies*, dont la vie a lieu à l'abri de l'air, tels sont les vibrions de la fermentation butyrique; enfin certains organismes, comme la levûre de bière, peuvent être à la fois, suivant leur milieu, aérobies ou anaérobies, suivant qu'ils vivent à l'air libre ou à l'abri de l'air.

Comment interpréter cette vie sans air, et faut-il admettre en réalité que toute une catégorie d'êtres vivants échappe à cette grande loi physiologique de la nécessité de l'oxygène pour la vie? Il n'en est rien, et d'après Pasteur il faudrait donner aux faits l'interprétation suivante. Les ferments, les êtres anaérobies peuvent vivre sans air, mais ils ne peuvent vivre sans oxygène; cet oxygène, au lieu de le prendre à l'air qui leur manque, ces ferments le prennent à la matière fermentescible, au sucre; dans ce cas le sucre fournit à la levûre, par exemple, à la fois l'oxygène nécessaire à sa respiration et le carbone nécessaire à sa multiplication : la respiration et l'assimilation se confondent; quand au contraire la levûre est au contact de l'air, elle n'emprunte au sucre que son carbone et prend l'oxygène à l'air libre; la respiration et l'assimilation sont distinctes. On peut substituer d'autres substances au sucre, ainsi l'acide lactique, la mannite, la glycérine, etc., et on a alors autant de fermentations différentes que de substances fermentescibles. En résumé, dit Pasteur, « à côté de tous les êtres connus jusqu'à ce jour et qui, sans exception » (au moins on le croit), ne peuvent respirer et se nourrir qu'en assimilant du gaz » oxygène libre, il y aurait une classe d'êtres dont la respiration serait assez active » pour qu'ils puissent vivre, hors de l'influence de l'air, en s'emparant de l'oxygène » de certaines combinaisons, d'où résulterait pour celles-ci une décomposition » lente et progressive. Cette deuxième classe d'êtres organisés serait constituée » par les ferments de tout point semblables aux êtres de la première classe, » vivant comme eux, assimilant à leur manière le carbone, l'azote et les phosphates, » et comme eux ayant besoin d'oxygène, mais différant d'eux en ce qu'ils pour- » raient, à défaut de gaz oxygène libre, respirer avec du gaz oxygène enlevé » à des combinaisons peu stables (1). » Beaucoup d'autres cellules végétales et animales sont dans le même cas; l'oxygène libre est nécessaire à leur existence; mais quand elles sont subitement privées de ce gaz, elles ne meurent pas pour cela subitement, leur vie se prolonge, grâce à l'oxygène qu'elles prennent aux combinaisons instables avec lesquelles elles se trouvent en contact. Elles produisent ainsi de véritables fermentations et ce dernier phénomène apparaît de la sorte comme étroitement lié aux propriétés de toute cellule vivante; il caractérise la vie de toute cellule à l'abri du contact de l'air. On voit de suite à quelle généralisation Pasteur en arrive et quelle application on peut en faire à la physiologie.

Quant à la question de savoir si, comme le croit Pasteur, tous les ferments figurés proviennent de l'extérieur et sont apportés par l'air atmosphérique, c'est une question qui ne concerne pas le mécanisme même de la fermentation et qui rentre plutôt dans l'étude de la génération spontanée.

(1) *Comptes rendus*, 1861.

De nombreuses objections se sont élevées contre la théorie de Pasteur. On a cherché d'abord à prouver qu'il pouvait y avoir fermentation sans ferments figurés. On a prétendu, par exemple, que la putréfaction des œufs se faisait en l'absence de tout organisme; mais les expériences de Gayon ont réfuté victorieusement cette objection. Il a constaté que tous les œufs putréfiés contenaient des bactéries et des vibrions, il a retrouvé ces bactéries et ces vibrions dans le cloaque, les a suivis dans l'oviducte et jusque sur l'enveloppe de l'œuf avant la formation de la coquille; il a montré enfin que si l'on empêchait l'arrivée dans l'œuf de ces organismes, les œufs pouvaient se conserver sans altération. On a invoqué aussi contre Pasteur la fermentation alcoolique des fruits en l'absence de tout ferment organisé, observée par Lechartier et Bellamy; mais en réalité il n'y a là qu'une contradiction apparente; en effet, on retrouve là les conditions de toute fermentation, la vie sans air. Tous les fruits en train de mûrir, lorsqu'ils sont exposés à l'air, comme l'a montré Bérard en 1821, absorbent de l'oxygène et émettent de l'acide carbonique; mais si on interrompt l'accès de l'air, les cellules de ces fruits continuent à vivre en agissant comme ferments et produisent de l'alcool. Les expériences de Cazenave et Livon montrent bien aussi l'influence des organismes inférieurs sur la fermentation; ils lient sur un chien l'urèthre et l'uretère, détachent la vessie et la suspendent à l'air; l'urine se concentre peu à peu dans la vessie sans devenir alcaline et sans qu'il s'y développe de fermentation ammoniacale; il en est de même si avant l'expérience on rend l'urine alcaline par l'ingestion du bicarbonate de soude ou la piqûre du quatrième ventricule.

Du reste, plus on avance, plus les faits donnent raison à Pasteur sur ce point; et pour presque toutes les fermentations on a trouvé un ou plusieurs ferments organisés qui déterminent ces fermentations; il suffira de citer le ferment lactique signalé par Remack et Blondeau, les deux organismes de la fermentation visqueuse, le *mycoderma aceti* du vinaigre, la *torulacée* de la fermentation ammoniacale de l'urine, le vibrion butyrique, les vibrions et les bactéries de la putréfaction, etc., etc. Seulement chaque fermentation n'a pas, comme semble l'avoir cru d'abord Pasteur, son ferment spécifique; en effet, une même fermentation, la fermentation alcoolique, par exemple, peut être produite par un grand nombre de ferments figurés différents, comme le reconnaît du reste aujourd'hui Pasteur lui même, et d'autre part un même ferment peut donner lieu à des produits très divers, comme on l'a vu pour la fermentation alcoolique. Seulement restreinte dans de certaines limites, la théorie de Pasteur est exacte en ce sens que, pour une fermentation donnée, un ferment spécial produit le maximum d'effet.

D'autres auteurs, admettant l'existence d'organismes dans les liquides et dans les substances en fermentation, leur refusent tout rôle essentiel dans l'acte même de la fermentation. Pour eux ces organismes ne sont qu'accessoires, et s'ils existent dans ces substances c'est qu'ils y trouvent des conditions favorables à leur développement; la prolifération des organismes inférieurs est la conséquence et non la cause de la fermentation. Cette question, qui a une très grande importance en pathologie, me paraît cependant devoir être résolue dans le sens de Pasteur. Les expériences de cet auteur, celles de Coze et Feltz, de Cazenave et Livon, etc., me paraissent démontrer que le rôle actif revient en réalité, dans les fermentations et les putréfactions, aux organismes figurés; cette démonstration a été aussi donnée pour certaines affections pathologiques qui sont déterminées par des êtres vivants. Ainsi, dans le charbon, l'agent virulent est un élément organisé, un *bacillus* (bactéridie de Davaine), dont le rôle, soupçonné par Davaine et Koch, a été mis hors de doute par Pasteur et Joubert; en effet, d'une part, ils ont pu isoler ces microbes de tous les autres éléments solides du sang charbonneux par une série de *cultures* successives, et inoculer le charbon à un animal avec le liquide de la dernière culture; d'autre part, en filtrant ce liquide sur un diaphragme en plâtre, qui en sépare tout ce qui est solide, ils ont vu que le liquide filtré était absolument inactif. Il en résulte donc cette conclusion, confirmée encore par d'autres expériences, que les ferments figurés ont un rôle essentiel dans les processus de fermentation. On a pu d'ailleurs isoler, dans ces dernières années, les microbes pathogènes d'un certain nombre de maladies.

Berthelot, tout en admettant l'existence des ferments figurés, croit que ces ferments ne font que sécréter des ferments solubles agissant chacun sur des principes différents, de même que, dans l'acte de la digestion, l'organisme sécrète de la salive, du suc gastrique, du suc pancréatique, etc. Dans ce cas, il n'y aurait de différence que dans la complexité des réactions. On a objecté, il est vrai, que cette sécrétion de principes solubles n'avait jamais été démontrée, et une expérience de Mitscherlich tend même à la réfuter complètement : il prend un tube fermé intérieurement par du papier à filtrer, il le remplit de levûre de bière, le plonge par le bas seulement dans une solution de sucre, et constate que la fermentation n'a lieu que dans l'intérieur du tube à levûre. Cependant une expérience récente de Dumas (1) contredit celle de Mitscherlich et prouve que la levûre de bière agit sur une solution de sucre de canne à travers le papier parcheminé, et Berthelot a démontré que la levûre de bière abandonne un ferment soluble qui transforme l'amidon et le sucre de canne en glucose. Du reste les recherches les plus récentes prouvent que les microbes de la fermentation sécrètent les mêmes ferments solubles que ceux qu'on rencontre chez les animaux supérieurs.

Hoppe-Seyler s'élève aussi contre cette tendance à identifier le ferment proprement dit, c'est-à-dire la substance qui produit la fermentation, avec l'être organisé qui donne naissance à cette substance. On peut cependant répondre, avec Pasteur, que si l'existence de certains ferments solubles est aujourd'hui bien démontrée, on n'a pas encore constaté l'existence d'un ferment soluble alcoolique; ses expériences sont même contraires à l'existence d'un ferment soluble alcoolique et démontrent la nécessité de la levûre; ainsi la levûre n'apparaît sur les grappes de raisin que quand le raisin commence à mûrir; si, au moment où le raisin est encore à l'état de verjus, on le renferme dans des serres hermétiquement closes, les globules de levûre ne se déposent pas sur les grappes et le raisin mûrit, mais sans fermenter, et si l'on prend du jus de raisin mûr exempt de levûre, on n'obtient jamais d'alcool.

L'existence d'être anaérobies et la fermentation sans air n'ont pas soulevé moins d'objections. Je laisse de côté l'objection de Gunning, qui me paraît tomber devant l'habileté d'expérimentateur de Pasteur; Gunning aurait constaté la présence de l'oxygène dans des liquides traités par le vide, l'ébullition, un courant d'acide carbonique, et que par conséquent on aurait pu croire débarrassés de tout leur oxygène par ces divers traitements; aussi conclut-il que les expériences sur les fermentations en l'absence d'oxygène ne présentent aucune garantie, puisqu'il peut toujours rester un peu d'oxygène. Mais en tout cas il ne pourrait rester dans ces conditions que des *traces* d'oxygène, bien insuffisantes pour la vie des organismes aérobies ordinaires, et Pasteur a bien soin de dire que la fermentation a pour condition la vie sans air ou avec une quantité d'air insuffisante. L'objection de Gunning peut donc être écartée.

Un premier fait, c'est que les ferments, et en particulier la levûre de bière, peu-

(1) *Ann. de chimie et de physique*, 1874, p. 73.

vent vivre à l'abri de l'air. Une expérience de Pasteur réfute d'une façon complète les expériences contraires, et spécialement celles de Brefeld. Il prend un ballon rempli de levûre sucrée privée d'air, il y introduit quelques gouttes de levûre pure en fermentation et voit la fermentation alcoolique s'achever complètement à l'abri de l'air; il montre ensuite que la non-réussite des expériences de Brefeld tient probablement à ce qu'il a employé de la levûre trop vieille qui se multiplie difficilement dans un milieu privé d'air; la levûre trop vieille perd en effet peu à peu son activité, et pour la recouvrer il faut qu'elle soit mise au contact de l'oxygène qui donne aux cellules de levûre une nouvelle jeunesse et exerce sur elles une action impulsive et excitatrice. Les expériences contradictoires de Traube s'expliquent parce que Traube n'a pas employé de levûre pure, absolument dépourvue d'organismes étrangers. Les recherches les plus récentes et spécialement celles de Lechowicz et Nencki ont confirmé que les fermentations et la putréfaction peuvent s'accomplir sans qu'il y ait trace d'oxygène.

Berthelot, Traube, etc., ont aussi discuté et résolu dans un sens négatif la question de savoir si la levûre prend de l'oxygène au sucre; sans entrer dans les détails de cette discussion, il suffira de dire qu'en effet cette absorption d'oxygène n'est pas démontrée d'une façon positive; c'est, comme l'avoue Pasteur, une simple conjecture, mais qu'il est bien difficile de ne pas admettre pour expliquer la vie de la levûre à l'abri de l'air. Il faut reconnaître cependant qu'il y a là un *desideratum* qui ne peut être comblé que par de nouvelles expériences.

B. *Théories chimiques.* — Les théories chimiques ont varié avec les progrès de la chimie. Berzélius, ignorant l'état organisé des ferments et en particulier de la levûre de bière, considérait les fermentations comme des *actions catalytiques* comparables à ce qui se produit par l'action de la mousse de platine, par exemple. Mais il est bien démontré aujourd'hui que le ferment ne reste pas invariable, soit que, comme les ferments solubles, il s'use et se détruise à la longue, soit que, au contraire, il se multiplie dans la fermentation comme les ferments figurés. Liebig admet une autre explication et revient aux idées de Willis et de Stahl. « La levûre de bière et en général toutes les matières animales et végétales en putréfaction reportent sur d'autres corps l'état de décomposition dans lequel elles se trouvent elles-mêmes; le mouvement, qui, par la perturbation d'équilibre, s'imprime à leurs propres éléments, se communique également aux éléments du corps qui se trouvent en contact avec elles. » Le ferment n'est alors qu'un corps en décomposition qui communique l'ébranlement à une substance fermentescible instable. Mais cette théorie de Liebig tombe devant l'expérience de Pasteur qui réussit à provoquer la fermentation complète d'un liquide sucré avec des matières minérales et une trace de levûre, sans qu'il y ait de substance en décomposition. La théorie de Nœgeli, malgré son caractère mécanique, peut aussi se rattacher aux théories de Stahl, et des auteurs que je viens de mentionner.

Pour Berthelot, Frémy, Hoppe-Seyler, etc., les fermentations sont des actes purement chimiques et les changements chimiques produits dans toute fermentation se résolvent en une réaction fondamentale provoquée par un principe défini et à l'ordre des ferments solubles; ce principe se consomme, en général, au fur et à mesure de sa production, c'est-à-dire se transforme chimiquement pendant l'accomplissement même du travail qu'il détermine. Ce ferment soluble a été isolé pour un certain nombre de fermentations; seulement, pour l'isoler, il faut constater les conditions spéciales où il est sécrété suivant une proportion plus grande qu'il n'est consommé. Jusqu'ici le ferment soluble alcoolique n'a pu être isolé, mais il est probable que cette relation entre les ferments solubles et les êtres microscopiques qui les fabriquent pourra être étendue à la levûre de bière, et que la fermentation alcoolique pourra un jour, comme les autres, être ramenée à des actes purement chimiques (1). S'il en est ainsi, si tous les ferments dits figurés n'agissent que par les ferments solubles qu'ils sécrètent, la distinction en ferments solubles et ferments figurés n'a plus de raison d'être ; les ferments figurés ne font que fabriquer les ferments ; ils ne sont pas eux-mêmes ferments, pas plus qu'on n'appellera ferment l'animal qui sécrète la pepsine ou la ptyaline par ses cellules glandulaires ; ou bien alors tous les êtres vivants seraient des ferments et il n'y aurait plus qu'à identifier la fermentation et la vie.

C'est ici le lieu de mentionner la classification des fermentations donnée par Hoppe-Seyler, classification essentiellement chimique, mais qui donne une idée précise du mécanisme même des fermentations. Hoppe-Seyler (2) classe ainsi les fermentations :

I. *Transformation d'anhydrides en hydrates.*

A. Les ferments agissent comme les acides minéraux étendus à la température de l'ébullition.

1° Transformation de l'amidon ou du glycogène en dextrine et en glycose.

2° Transformation du sucre de canne en glycose et en lévulose, etc.

B. Les ferments agissent comme les alcalis caustiques à de hautes températures. Saponification de fermentation.

1° Dédoublement des éthers, des graisses, etc., en alcool et en acide.

2° Décomposition des amides avec admission d'eau ; telles sont la transformation de l'urée en carbonate d'ammoniate, la décomposition de l'acide hippurique en acide benzoïque et glycocolle ; de l'acide taurocholique en acide cholalique et taurine, etc.

II. *Fermentations avec transport d'oxygène sur l'atome de carbone.*

1° Fermentation lactique.

2° Fermentation alcoolique.

3° Putréfaction.

4° Fermentation butyrique, etc.

On voit que, dans cette classification, Hoppe-Seyler confond les fermentations produites par les ferments solubles (*fermentations indirectes* de Schutzenberger) et celles qui sont produites par des organismes cellulaires, par des ferments figurés (*fermentations directes*). C'est qu'en effet Hoppe-Seyler, à l'exemple de Liebig, Frémy, etc., regarde les fermentations comme de simples processus chimiques et repousse l'identification du ferment, c'est-à-dire du corps qui produit la décomposition de la substance fermentescible avec l'organisme cellulaire (levûre, bactérie, etc.), dans lequel le ferment est formé. Seulement la classification de Hoppe-Seyler était intéressante à mentionner, parce qu'elle est basée sur des faits qui jettent un certain jour sur les réactions chimiques qui se passent dans l'intimité de l'organisme.

Dans la seconde classe de fermentation (lactique, alcoolique, putréfaction) il se forme toujours de l'acide carbonique ou des combinaisons de carboxyle qui n'existaient pas auparavant. Dans toutes aussi on observe soit un dégagement d'hydrogène, soit des phénomènes de réduction. Quand l'accès de l'air est interrompu et que l'oxygène n'arrive pas ou n'arrive qu'en quantité insuffisante, ce sont principalement les phénomènes de réduction qui dominent, réductions qui sont produites par l'hydrogène à l'état naissant, et qui ne sont en réalité que des processus secondaires de la fermentation. Quand, au contraire, de l'oxygène arrive en quantité

(1) *Comptes rendus*, 1878.
(2) *Physiologische Chemie*, p. 116.

suffisante les choses se passent autrement. Les idées d'Hoppe-Seyler sur ce sujet peuvent se résumer ainsi.

L'hydrogène dégagé dans les fermentations de la seconde classe et en particulier dans la putréfaction se trouverait dans un état comparable à celui de l'oxygène actif. Osann avait déjà constaté en 1834 que le platine ou le charbon qui s'étaient emparés de l'hydrogène par l'électrolyse de l'acide sulfurique étendu réduisaient la solution de nitrate d'argent. Bekeloff, confirmant les faits observés par Osann, montra que l'hydrogène en présence de la mousse de platine réduisait le sulfate de cuivre. Graham constata aussi le pouvoir réducteur de l'hydrogène, en chauffant du palladium avec l'hydrogène, ou en chargeant le palladium d'hydrogène par l'électrolyse et l'appela *hydrogène actif*, et Hoppe-Seyler obtint le même résultat avec la mousse de palladium chargée d'hydrogène (réduction du sulfate de cuivre, décoloration de l'indigo, transformation de l'oxyhémoglobine en métahémoglobine, etc.); mais le fait le plus intéressant qu'il constata fut la réduction de l'oxygène libre, indifférent, avec formation d'eau. On peut donc admettre pour l'hydrogène un état actif dans lequel son pouvoir réducteur est considérablement augmenté, et il est très probable que l'hydrogène à l'état naissant, formé dans la putréfaction, se trouve à cet état actif. Maintenant des faits montrent que cet hydrogène actif peut rendre à son tour l'oxygène actif; si l'on place de l'empois d'amidon ioduré en présence de la mousse de palladium chargée d'hydrogène, le liquide se colore en bleu, tandis que rien de semblable n'a lieu si la mousse de palladium est chauffée au rouge pour brûler l'hydrogène. Comment comprendre cette action de l'hydrogène actif sur l'oxygène? L'oxygène libre peut se présenter sous trois états : à l'état d'oxygène indifférent, il se compose de deux atomes et a pour formule O², si cette molécule O² est dédoublée par un corps qui fixe un atome d'oxygène O, il reste un atome libre, O, qui se trouve à l'état naissant et est doué d'un pouvoir oxydant énergique. Si cet atome d'oxygène O se porte sur une molécule d'oxygène indifférent O², il constitue l'ozone O³, et tout le pouvoir oxydant de l'ozone consiste en son retour à l'état d'oxygène indifférent O², avec dégagement d'un atome d'oxygène actif O. On a donc ces trois états de l'oxygène : O, oxygène actif ; O², oxygène indifférent ; O³, ozone. On s'explique maintenant facilement l'état qui se passe dans la putréfaction. Quand l'accès de l'air existe, l'hydrogène à l'état naissant s'empare d'un atome de l'oxygène indifférent O² et forme de l'eau H²O; un atome d'oxygène actif O est ainsi mis en liberté et va oxyder les substances oxydables qu'il rencontre ou, s'il n'en trouve pas, forme soit de l'eau avec l'hydrogène libre, soit de l'ozone avec l'oxygène indifférent. On voit ainsi que l'hydrogène peut devenir l'agent indirect des oxydations les plus énergiques. Si, au contraire, l'accès de l'air est empêché, l'hydrogène dégagé, ne trouvant pas d'oxygène à sa portée, se porte sur les substances réductibles; il n'y a plus d'oxydations; il n'y a que des phénomènes de réduction. C'est ainsi que, dans les liquides qui se putréfient, l'air n'arrive que dans les couches superficielles et ne peut pénétrer dans les couches profondes; aussi dans les premières observe-t-on des oxydations, tandis que dans les couches profondes il n'y a plus que des réductions (1).

On saisit de suite l'application que ces faits peuvent avoir en physiologie. Si, comme on le verra plus loin, il se passe dans le corps des phénomènes analogues

(1) D'après Baumann, l'oxygène actif se distinguerait de l'ozone parce qu'il oxyde l'eau en eau oxygénée, l'azote en acide nitreux et l'oxyde de carbone en acide carbonique, ce que l'ozone ne fait pas. C. Würster a indiqué un réactif qui permet de déceler de très petites quantités d'oxygène actif; c'est un papier imprégné de tétraméthylparaphénylendiamine, ce papier est coloré en bleu ou violet par l'oxygène actif, l'ozone et les agents oxydants.

à la fermentation putride, et beaucoup de faits tendent à le démontrer, les oxydations intra-organiques doivent être envisagées sous un jour tout nouveau. Il n'y a
plus oxydation directe, comme on l'admettait autrefois ; l'oxydation pure et simple
de Lavoisier devrait faire place à un processus plus compliqué ; ce ne serait plus
l'oxygène des globules rouges qui servirait seul aux oxydations, mais l'oxygène
excité, mis en activité par les fermentations internes ; on expliquerait ainsi beaucoup de faits dont l'interprétation était bien difficile avec la théorie ancienne : par
exemple, la formation simultanée dans l'organisme de produits de réduction et
de produits d'oxydation, l'absence si souvent constatée de parallélisme entre l'oxygène introduit et l'acide carbonique éliminé ; l'existence d'oxydations énergiques
dans l'organisme humain, ce qui avait fait admettre un peu hypothétiquement
peut-être la présence de l'ozone ; enfin ce fait que beaucoup de substances très
facilement oxydables peuvent traverser le corps sans être oxydées. Hoppe-Seyler
résume ces phénomènes dans l'équation suivante en représentant par n la substance oxydable :

$$HH + O^2 + n = H^2O + On.$$

Ces idées d'Hoppe-Seyler ont été attaquées de divers côtés et spécialement par
Traube, et il s'est élevé, entre les deux auteurs, une polémique assez vive pour laquelle je ne puis que renvoyer aux mémoires originaux.

Rôle des fermentations dans l'organisme. — Quel est maintenant le rôle
des fermentations dans la vie animale ? Cette question peut être envisagée à
plusieurs points de vue.

On a vu plus haut que les organismes vivants produisent ou sécrètent un
certain nombre de principes particuliers qu'on appelle ferments solubles.
Renferment-ils aussi, à l'état normal, des organismes analogues aux ferments
figurés ou les germes de ces ferments figurés ? On peut arriver à constater
l'existence de ces ferments par deux procédés : la méthode directe et la
méthode indirecte. La méthode directe consiste à examiner au microscope
les divers liquides et tissus de l'économie pour voir s'ils renferment des organismes inférieurs. Les recherches de Pasteur et d'autres observateurs ont
prouvé que l'air et l'eau tiennent en suspension une infinité d'organismes
inférieurs ou de germes de ces organismes (voir : *Génération spontanée*).
Ces organismes pénètrent dans le corps avec l'air inspiré et avec les aliments que nous ingérons. Aussi n'y a-t-il rien d'étonnant à ce qu'on rencontre ces organismes inférieurs et en particulier les bactéries dans les voies
aériennes et surtout dans le tube digestif ; tout le tube digestif, en effet, de
la bouche à l'anus, est infesté de bactéries, et ce qui prouve bien que ces
bactéries sont introduites avec les aliments, c'est qu'elles manquent dans le
méconium du fœtus. Mais, d'après quelques auteurs, ces ferments figurés
pénétreraient plus profondément dans l'organisme ; on les rencontrerait dans
le sang (bactéries, vibrions immobiles de Lüders, etc.), et dans certains cas
on aurait constaté leur présence dans d'autres liquides (urine, Nepveu) et
même dans les organes profonds. Tout récemment encore Ribbert et Bizzozero ont observé dans les follicules lymphatiques de l'intestin du lapin et de
quelques autres animaux des bactéries enfermées dans des cellules migratrices
volumineuses. Cependant la plupart des observateurs, Pasteur, Feltz, Rindfleisch, etc., repoussent l'existence, à l'état normal, des ferments figurés

dans le sang et dans les organes. On verra plus loin les idées de Béchamp et Estor sur ce sujet.

On a cherché à résoudre la question d'une autre façon, par la méthode indirecte. On avait depuis longtemps observé la putréfaction d'organes profonds avec production de bactéries, par exemple dans le cerveau et la moelle, et comme il était difficile d'admettre la pénétration de bactéries provenant de l'air extérieur, on supposait que ces organes contenaient déjà des germes qui sous des conditions favorables s'étaient développés et avaient donné naissance aux bactéries. Des expériences dans ce sens furent faites par Hensen, Servel, Tiegel, Burdon-Sanderson, Mott et Horsly, etc., et parurent favorables à cette opinion. Du sang recueilli à l'abri de l'air sur l'animal vivant se putréfia en présentant une quantité innombrable de bactéries et de vibrions. Servel prend un morceau de foie sur l'animal vivant, le plonge dans une solution d'acide chromique et trouve au bout d'un certain temps la partie centrale putréfiée et remplie de bactéries; et Konkol-Jasnopolsky arrive au même résultat en plongeant dans la cire bouillante des fragments de foie et de muscles frais. Marie Ekunina attribue aussi la réaction acide des tissus après la mort à la production d'acides gras et d'acide lactique déterminée par la décomposition de ces tissus par les microbes qu'ils contiennent. Si pendant la vie ces décompositions ne se produisent pas, c'est que ces germes ne peuvent se développer dans les conditions normales de l'organisme vivant. Peut-être faudrait-il chercher la cause de cette immunité dans l'influence de l'ozone ou de l'oxygène actif qui empêche les germes de bactéries de se développer (J. Szpilman). Du reste, après les injections de bactéries dans le sang, ces bactéries disparaissent rapidement en se fixant dans les organes où elles se détruisent.

Aux expériences qui tendent à faire admettre l'existence normale de microbes ou de leurs germes dans les tissus vivants on peut cependant opposer des expériences contraires. Ainsi les expériences d'Hensen sur la putréfaction du sang ont été répétées par Klebs avec des résultats tout à fait opposés; il a vu au contraire que les vibrions et les bactéries ne se développaient que dans le sang des chiens malades et jamais dans celui des animaux sains. Du reste une expérience de Pasteur lève tous les doutes, pour le sang du moins. Il prend un tube de verre terminé par une pointe très effilée et complétement obturée à cette extrémité; dans l'autre extrémité il place un tampon très serré de coton; ce tube, ainsi préparé, est laissé pendant deux heures à une température de 200 degrés; il introduit alors la pointe du tube dans le vaisseau (artère ou veine) d'un chien bien portant et brise alors la pointe du tube dans le vaisseau même; le tube une fois à moitié rempli de sang, il en ferme la pointe à la flamme d'une lampe à alcool; ce sang, qui se trouve en contact avec de l'air filtré parfaitement pur, se conserve indéfiniment sans altération. La même expérience réussit avec l'urine. Hauser, en prenant toutes les précautions possibles, n'a pu non plus constater l'existence de microbes dans les tissus vivants. Une remarquable expérience de Chauveau montre bien l'influence des organismes venus de l'extérieur sur les fermentations intra-organiques; il pratique sur deux béliers le bistournage (1); sur l'un l'opération est pratiquée seule; il y a transformation graisseuse du testicule; sur l'autre il fait précéder l'opération de l'inoculation d'un liquide putride contenant des vibrions; il y a putréfaction du testicule. Je rappellerai aussi l'expérience de Cazeneuve et Livon sur la putréfaction de l'urine (voir p. 338).

(1) Procédé de castration qui consiste à produire l'atrophie du testicule en renversant ces organes dans les bourses et en les faisant tourner trois fois autour du cordon.

L'existence incontestable d'organismes inférieurs dans le tube digestif a conduit quelques auteurs à se demander si ces organismes ne joueraient pas un rôle dans la digestion et principalement dans la digestion intestinale. C'est aussi à cette conclusion que sont arrivés Nencki et Kühne. D'après Nencki, la digestion intestinale normale est en grande partie une putréfaction, et la décomposition de l'albumine dans l'intestin s'accomplirait sous l'influence d'organismes inférieurs, et Kühne soutient que la digestion pancréatique ne se fait pas quand on enlève tous les ferments organisés qni existent ordinairement dans le pancréas. Depuis longtemps déjà, du reste, Béchamp, Estor et Saint-Pierre attribuaient une influence notable aux organismes inférieurs dans les phénomènes de la digestion.

L'application de la théorie des fermentations aux phénomènes de la vie devait recevoir encore plus d'extension. On a vu plus haut que, pour Pasteur, la fermentation est *la vie sans air*. Or, comme le fait remarquer Berthelot et comme Pasteur lui-même le reconnaît, beaucoup de cellules animales et végétales se trouvent dans ces conditions ; leur vie, en réalité, s'accomplit à l'abri de l'air ; il y a donc là une véritable fermentation qui se confond pour ainsi dire avec la vie. D'un autre côté, si on se place au point de vue chimique, on trouve, et c'est surtout Hoppe-Seyler qui a insisté sur ce point, une analogie frappante entre les phénomènes chimiques qui se passent dans l'organisme, et les phénomènes chimiques des fermentations et principalement de la fermentation putride ; mêmes séries de transformations, mêmes dédoublements, mêmes produits de décomposition, et si l'on ne peut affirmer qu'il y ait identité entre les deux espèces de processus, on est forcé, pour retrouver les analogues les plus parfaits du processus vital, d'aller chercher les processus putrides. *La vie est une pourriture*, a dit Mitscherlich, et sans accepter cette idée dans sa forme absolue, il faut bien admettre avec Claude Bernard, A. Gautier, etc., que la fermentation est le procédé général qui caractérise la chimie vivante et cette vue trouve un appui dans les études faites récemment sur les ptomaïnes (voir : *Ptomaïnes*, p. 320).

Théorie du microzyma. — Pour terminer ce qui concerne les fermentations, je dois dire quelques mots de la théorie de Béchamp et Estor. Pour eux, non seulement la vie est une fermentation, mais les organismes ne sont que des agglomérations de ferments. En étudiant la craie au microscope, Béchamp y trouva en grand nombre des particules mobiles animées d'un mouvement de trépidation (mouvement brownien) ; ces particules, il les considéra comme des organismes vivants, et leur donna le nom de *microzyma, microzyma cretæ*. Ces microzymas se retrouveraient, d'après lui, dans tous les ferments, dans tous les éléments anatomiques de la période embryonnaire ; les globules sanguins, les cellules, tous les éléments de l'organisme ne seraient primitivement que des agglomérations de microzymas, et ces microzymas en se dissociant et devenant libres produiraient la mort des cellules ; dans l'intestin du chien, en pleine digestion, il a retrouvé des microzymas, soit libres, depuis le pylore jusqu'à la valvuve iléo-cæcale, soit associés en bactéries et bactéridies dans l'estomac et le gros intestin ; il a pu observer dans l'intestin cette transformation de microzymas en bactéries et de bactéries en microzymas. Béchamp et Estor ont étudié les caractères et les propriétés de ces microzymas dans les divers tissus, leurs différents modes d'activité suivant les organes et suivant l'âge, et croient avoir démontré l'importance de ces petits organismes pour la constitution du tout. En un mot, suivant l'expression même de Béchamp, *l'animal est réductible au microzyma* (1). On voit de suite quelle serait la

(1) Ces microzymas seraient démontrés par une expérience que Béchamp considère comme irréfutable. Il enfouit un petit chat dans une forte quantité de carbonate de chaux

portée de cette théorie si elle était confirmée par les faits. Jusqu'ici cependant elle n'a guère été admise dans la science, mais il faut dire aussi qu'elle n'a pas été soumise encore à un examen sérieux. Les microzymas du reste étaient déjà connus depuis longtemps sous le nom de *granulations moléculaires*, mais on ne les considérait pas comme de véritables organismes vivants, on n'y voyait que des particules organiques protéiques ou graisseuses.

Bibliographie. — **Oxygène actif.** — F. Hoppe-Seyler : *Erregung des Sauerstoff durch nascirenden Wasserstoff* (Ber. d. d ch. Ges., t. XII, 1879). — E. Baumann : *Ueber Kenntniss des activen Sauerstoffs* (Zeit. für phys. Ch., t. XV, 1881). — M. Traube : *Ueber die Activirung des Sauerstoffs* (Ber. d. d. ch. Ges., t. XV, 1882). — Kingzett : *Ueber die Einwirkung activen Sauerstoff* (Ber. d. d. ch. Ges., t. XV, 1882). — B. Solger : *Ueber die Einwirkung des Wasserstoffsuperoxydes auf thierische Gewebe* (Med. Cbl., 1883). — Hoppe-Seyler : *Ueber Erregung des Sauerstoffs durch nascirenden Wasserstoff* (Ber. d. d. ch. Ges., t. XVI. t. XV, 1883). — M. Traube : *Ueber Activirung des Sauerstoffs* (Ber. d. d. ch. Ges., t. XVI. 1883). — Id. : *Ueber das Verhalten des nascirenden Wasserstoffs gegen Sauerstoffgas* (id.). — Hoppe-Seyler : *Ueber die Activirung des Sauerstoffs* (id.). — E. Baumann : *Zur Kenntniss des activen Sauerstoffs* (id.). — Hoppe-Seyler : *Ueber Activirung von Sauerstoff durch Wasserstoff im Entstehungsmomente* (Zeit. für phys. Ch., t. II, 1885).
Putréfaction. — M. Nencki et P. Giacosa : *Giebt es Bacterien oder deren Keime in den Organen gesunder Thiere?* (Journ. für pr. Ch., t. XX, 1879). — M. Nencki : *Ueber die Lebensfähigkeit der Spaltpilze bei fehlenden Sauerstoff* (Journ. für pr. Ch., t. XIX, 1879). — J. W. Gunning : *Id*, (id.. t. XX, 1879). — M. Nencki et P. Schaffer : *Ueber die chemische Zusammensetzung der Faulnissbacterien* (Journ. für pr. Ch., t. XX, 1879). — A. Wernich : *Die aromatischen Fäulnissproducte in ihrer Einwirkung auf Spalt-und Sprosspilze* (Arch. de Virchow, t. LXXVIII, 1879). — Marie Ekunina : *Ueber die Ursache der sauren Reaction der thierischen Gewebe nach dem Tode* (Journ. für pr. Ch., t. XVI. 1880). — R. Arndt : *Unt. über die Entstehung von Kokken und Bakterien in organischen Substanzen* (Arch. de Virchow, t. LXXXII, 1880). — B. Demant : *Ueber Fäulnissproducte im Fötus* (Zeit. für phys. Ch., t. IV, 1880). — H. Senator : *Ueber das Vorkommen der Producten der Darmfäulniss bei Neugeborenen* (id.). — W. O. Leube : *Beitr. zur Frage vom Vorkommen der Bakterien im lebendem Organismus* (Zeit. für kl. Med. t. III, 1881). — H. Nothnagel : *Die normal im menschlichen Darmentleerungen vorkommenden niedersten Organismen* (Zeitsch. f. kl. Med., t. III, 1881). — F. W. Mott et V. Horsley : *An the existence of bacteria in healthy tissues* (Journ. of physiol., t. III, 1882). — Baginsky : *Ueber das Vorkommen von Producten der Fäulniss im Fruchtwasser und Meconium* (Arch. f. Physiol., 1883). — F. W. Zahn : *Unt. über das Vorkommen von Fäulnisskeimen im Blute gesunder Thiere* (Arch. de Virchow, t. XCV, 1884). — Hauser : *Ueber das Vorkommen von Mikroorganismen im lebenden Gewebe*, etc, (Med. Cbl., 1884). — P. Hoppe-Seyler : *Ueber die Einwirkung von Sauerstoff auf die Lebensthätigkeit niederer Organismen* (Zeit. für phys. Ch., t. VIII, 1884). — L. Brieger : *Ueber Spaltungsproducte der Bakterien* (Zeit. für phys. Ch., t. VIII et IX, 1884). — V. Hofmann : *Unt. üb. Spaltpilze im menschlichen Blute*, 1884. — Ribbert : *Deutsche med. Wochenschrift*, 1885. — Bizzozero : *Ueber das constante Vorkommen von Bakterien in den lymph. follikeln des Kaninchendarmes* (Centralbl., 1885. — J. Fodor : *Ueber Bacterien im Blute des gesunden Thieres* (Deut. med. Wochensch., 1885). — Zweifel : *Gibt es im gesunden lebenden Organismus Faulnisskeime?* (Naturf. Vers. in Strassburg, 1885). — Hauser : *Ueber das Vorkommen von Mikroorganismen in lebenden Gewebe gesunder Thiere* (Arch. f. exp. Pat., t. XX, 1885). — W. de Bary : *Beitrag zur Kenntniss der niederen Organismen im Mageninhalte* (id.). — Max Knisl : *Beitr. zur Kenntniss der Bacterien im normalen Darmtractus* (Diss. Munich, 1885). — Galippe : *Note sur un champignon développé dans la salive humaine* (Journ. de l'anat., 1885). — Th. Escherich : *Die Darmbacterien des Neugeborenen und Säuglings* (Fortschritte der Med., 1885). — A. de Bary : *Leçons sur les Bactéries*, trad. franç., 1886. — A. Béchamp : *Microzymas et microbes*, 1886. — Id. : *Lettres sur la théorie du microzyma* (Gaz. méd. de Paris, 1886).

et le conserve ainsi pendant quatorze ans. Après ce temps le cadavre a disparu entier et il ne trouve à la place où il était enfoui qu'un mélange de craie et de microzymas. Ces microzymas qui se transforment facilement en bactéries et font fermenter l'empois d'amidon sont donc des parties constituantes de l'organisme. Pour ce qui concerne les *microzymas de la craie*, les expériences de Chamberland et Roux en infirment complètement l'existence.

Fermentations en général. — *Comptes rendus de l'académie des sciences, passim* (Communications de Pasteur, Frémy, Schutzenberger, Berthelot, Béchamp, etc.). — Hoppe-Seyler : *Ueber Gährungsprocesse* (Zeitsch. für phys. Ch., 1879). — A. Fitz : *Ueber Spaltpilzgährungen* (Ber. d. d. ch. Ges., 1879, 1880, 1884). — J. Schiel : *Ueber Gährung* (Ber. d. d. ch. Ges., t. XII, 1879). — A. Künkel : *Ueber Wärmestörungen bei den Fermentationen* (A. de Pflüger, t. XX, 1879). — V. Nägeli : *Ueber Wärmetönung bei Fermentwirkungen* (A. de Pflüger, t. XXII, 1880). — D. Cochin : *Sur la fermentation alcoolique* (Ann. de ch. et Phys., t. XX et XXI, 1879, 1880). — A. Mayer : *Ueber den Einfluss der Sauerstoffzufuhr auf die Gährung* (Ber. d. d. ch. Ges., t. XIII, 1880). — A. Chapuis : *Rôle chimique des ferments figurés*, 1880. — A. Béchamp : *Du rôle et de l'origine de certains microzymas* (C. rendus, t. XCII, 1881). — Chamberland et Roux : *De la non-existence du microzyma cretæ* (id.). — Regnard : *Appareil*, etc. (id., t. XCV, 1882). — A. Mayer : *Ueber die Nägeli'sche Theorie der Gährung*, etc. (Zeit. für Biol., t. XVIII, 1882). — Nägeli : *Ueber Gährung*, etc. (id.). — A. Béchamp : *Les microzymas*, etc. (Arch. de physiol., 1882). — J. Wortmann : *Unt. über das diastatische Ferment der Bakterien* (Zeit. für phys. Ch., t. VI, 1882). — Br. Lachowicz et M. Nencki : *Die Anaërobiosefrage* (A. de Pflüger, t. XXXIII, 1883). — Duclaux : *Microbiologie*, 1883. — Regnard : *Expression graphique de la fermentation* (Soc. de biol., 1884, 1885, 1886). — E. Büchner : *Ueber den Einfluss des Sauerstoffs auf Gährungen* (Zeit. für phys. Ch., t. IX, 1885). — Nägeli : *Theorie der Gährung*, 1885. — E. Büchner : *Ueber den Einfluss des Sauerstoffs auf Gährungen* (Zeitsch. f. phys. Ch., t. IX, 1885). — C. Ingenkamp : *Die geschichtliche Entwickelung unserer Kenntniss von Fäulniss und Gährungen* (Zeit. f. kl. Med., t. X, 1885). — C. Trouessart : *Les microbes, les ferments et les moisissures*, 1886. — J. Schmitt : *Microbes et maladies*, 1887) (1).

CHAPITRE IX

LISTE DES PRINCIPES CONSTITUANTS DU CORPS HUMAIN

Article 1er. — **Corps simples.**

Noms.	Symboles.	Poids atomique.	Présence.
Hydrogène......	H2	1,00	Tous les tissus et tous les liquides.
Carbone......	C	12,00	Tous les tissus et tous les liquides.
Azote..........	Az	14,00	Une grande partie des tissus; en solution dans les liquides de l'organisme
Oxygène......	O2	16,00	Tous les tissus; en solution dans les liquides de l'organisme.
Soufre..........	S	32,00	Substances albuminoïdes; sang; suc des tissus; sécrétions.
Phosphore......	Ph	31,00	Sang; substance nerveuse; os; dents; liquides de l'organisme.
Fluor......	Fl	19,00	Os; dents; sang (traces).
Chlore..........	Cl	35,46	Tous les tissus, tous les liquides animaux.
Silicium......	Si	28,00	Cheveux; sang; bile; urine (traces); épiderme salive; os (?).
Sodium......	Na	23,00	Sang; toutes les sécrétions; suc des tissus.
Potassium......	K	39,00	Muscles; globules rouges; substance nerveuse; glandes; foie; sécrétions; lait; jaune de l'œuf.
Calcium........	Ca	40,00	Tous les organes, surtout os et dents; liquides de l'organisme.
Magnésium.....	Mg	24,00	Accompagne le calcium.
Lithium........	Li	7,00	Muscles; sang; lait (traces, par l'analyse spectrale).

(1) *A consulter* : Pasteur : *De l'origine des ferments* (Comptes rendus, 1860). — Id. : *Mémoires sur les corpuscules organisés qui existent dans l'atmosphère* (Ann. des sciences naturelles, t. XXI, 1861, et Ann. de chimie et de physique, 1862). — Monoyer : *Des fermentations*. Strasbourg, 1862. — P. Schutzenberger : *Les fermentations*. Paris, 4e édit.

Fer.............	Fe	56,00	Matière colorante du sang; bile; urine; chyle; lymphe; sueur; lait; jaune de l'œuf.
Manganèse......	Mn	55,00	Accompagne le fer.
Cuivre.........	Cu	63,40	Foie et bile.
Plomb.........	Pb	207,00	Accompagne le cuivre (?).

ARTICLE II. — Corps composés.

§ 1. — Corps composés inorganiques.

I. — EAU.

L'eau se rencontre dans toutes les parties de l'organisme, même les plus dures, comme l'émail des dents (voir page 81).

II. — ACIDES INORGANIQUES.

Acide chlorhydrique......	HCl	En combinaison avec la soude à peu près partout. Libre dans le suc gastrique (voir : Suc gastrique).
— fluorhydrique.......	HFl	Os et dents
— phosphorique.......	PhH³O⁴	Os et dents; tous les liquides animaux.
— sulfurique.........	SH²O⁴	Sang; suc des tissus et sécrétions; lait.
— azotique..........	AzHO³	Urine.
— azoteux...........	AzHO²	Urine.
— silicique..........	SiO²	Cheveux; épiderme; os; sang; salive; bile; urine (traces).

III. — BASES INORGANIQUES.

Soude..................	NaO	Sang; bile; urine; suc pancréatique; sécrétions.
Potasse................	KO	Muscles; globules rouges; substance nerveuse; lait; sécrétions.
Ammoniaque...........	AzH³	Sang et urine (traces).
Chaux.................	CaO	Organes, surtout os et dents; liquides animaux.
Magnésie..............	MgO	Accompagne la chaux.

IV. — SELS.

Chlorure de sodium......	NaCl	Tous les tissus et tous les liquides.
— de potassium....	KCl	Globules du sang; muscles; substance nerveuse.
— d'ammonium....	AzH⁴Cl	En petite quantité dans le suc gastrique, l'urine, la salive (pas constant).
Fluorure de calcium.....	CaFl	Os: dents; sang.
Phosphate de sodium.....	PhNa³O⁴ / PhNa²HO⁴ / PhNaH²O⁴	Tous les tissus et les liquides, surtout l'urine et la bile.
— de potassium...	PhK³O⁴ / PhK²HO⁴ / PhKH²O⁴	Accompagne le phosphate de soude; existe surtout dans les globules rouges.
— de calcium.....	PhCa³O⁴ / PhCa²HO⁴ / PhCaH²O⁴	Tous les tissus et liquides, surtout os et dents.
— de magnésium..	PhMg³O⁴ / PhMg²HO⁴	Tous les tissus et liquides (traces), surtout muscles et thymus.
— de fer..........	PhO⁴Fe	Bile.
Sulfate de sodium........	SO⁴Na²	La plupart des tissus et des liquides (sauf le lait, la bile et le suc gastrique).
— de potassium......	SO⁴K	La plupart des tissus et des liquides (sauf le lait, la bile et le suc gastrique).

Hyposulfite de sodium	S^2O^3Na	Urine (chats et chiens; Schmiedeberg).
— de potassium..	S^2O^3K	Urine (chats et chiens; Schmiedeberg).

§ 2. — Composés organiques.

I. — ACIDES ORGANIQUES NON AZOTÉS.

Acides de la série acétique.

Acide formique..........	CH^2O^2	Rate; muscles; pancréas; thymus; sueur (?); sang leucémique; cerveau; urine.
— acétique..........	$C^2H^4O^2$	Rate; muscles.
— propionique........	$C^3H^6O^2$	Sueur; bile; suc gastrique (?); urine (?).
— butyrique	$C^4H^8O^2$	Rate; muscles; sueur; urine; sang; contenu de l'estomac et des intestins; excréments.
— valérique..........	$C^5H^{10}O^2$	Fèces; urines pathologiques.
— caproïque..........	$C^6H^{12}O^2$	Sueur; sang; fèces.
— caprylique........	$C^8H^{16}O^2$	Sueur; sang: fèces.
— caprique..........	$C^{10}H^{20}O^2$	Sueur; sang; fèces.
— palmitique........	$C^{16}H^{32}O^2$	Graisse; sérum du sang.
— stéarique	$C^{18}H^{54}O^2$	Graisse; sérum du sang.

Acides de la série glycolique.

Acide carbonique........	CO^2	Sang et la plupart des liquides (absorbé à l'état de gaz); os et dents.
Acides lactiques..........	$C^3H^6O^3$	Suc des glandes; suc musculaire; urine; lait; sueur; suc gastrique (?); rate; thymus; foie; pancréas; glande thyroïde, poumons; cerveau, etc.

Acides de la série oxalique.

Acide oxalique..........	$C^2H^2O^4$	Urine (à l'état d'oxalate de calcium); fèces.
— succinique	$C^4H^6O^4$	Urine; rate; thymus; thyroïde; sang.

Acides de la série oléique.

Acide oléique............	$C^{18}H^{34}O^2$	Graisses; chyle.

Acides sulfo-conjugués.

— phénolsulfurique....	$C^6H^5O.SO^3H^2$	Urine.
— chrésylsulfurique...	$C^6H^4(CH^3).SO^4H$	Urine.

Acides non sériés.

— cholalique..........	$C^{24}H^{40}O^5$	Contenu de l'intestin; fèces.
— choloïdique........	$C^{24}H^{38}O^4$	Fèces.
— phosphoglycérique..	$C^3H^9PhO^6$	Substance nerveuse et partout où se rencontre la lécithine (en combinaison avec la névrine et les acides gras).

II. — ALCOOLS ET PHÉNOLS.

Alcool éthylique..........	C^2H^6O	Urine; lait (Béchamp).
Cholestérine.............	$C^{26}H^{44}O,H^2O$	Bile; sérum sanguin; lymphe; chyle: globules du sang; substance nerveuse; rate; matière sébacée; contenu de l'intestin; jaune de l'œuf.
Glycérine................	$C^3H^8O^3$	Contenu de l'intestin grêle (traces); graisses (à l'état de combinaison).
Phénol	C^6H^6O	Contenu de l'intestin; fèces; urine.
Crésol................	C^7H^8O	Contenu de l'intestin; fèces; urine.
Pyrocatéchine............	$C^6H^6O^2$	Urine.

III. — ACÉTONES.

Acétone ordinaire.........	C^3H^6O	Urine.

IV. — SUCRES ET HYDROCARBONÉS.

Substance glycogène......	$(C^6H^{10}O^5)^2$	Foie; muscles; globules blancs; placenta; amnios; beaucoup de tissus et d'organes embryonnaires; urine diabétique.
Dextrine.................	$(C^6H^{10}O^5)^2$	Sang; muscles.
Glucose	$C^6H^{12}O^6$	Sang; chyle; lymphe; foie; tissu musculaire; thymus; urine (?).
Lévulose	$C^6H^{12}O^5$	Contenu de l'intestin grêle (après l'ingestion du sucre de canne).
Inosite..................	$C^6H^{12}O^6$	Muscles, surtout le cœur; reins; foie; poumons; pancréas; rate; capsules surrénales; cerveau; moelle; testicule; sang; urine.
Sucre de canne..........	$C^{12}H^{22}O^{11}$	Sang (dans certaines conditions).
Maltose	$C^{12}H^{22}O^{11} + H^2O$	Sang; foie.
Sucre de lait	$C^{12}H^{22}O^{11}$	Lait; urine (début et fin de la lactation.

V. — CORPS GRAS.

Tripalmitine.............	$C^3H^5(O.C^{16}H^{31}O)^3$	
Tristéarine	$C^3H^5(O.C^{18}H^{35}O)^3$	Graisse; tous les tissus; tous les liquides sauf l'urine.
Trioléine	$C^3H^5(O.C^{18}H^{33}O)^3$	

VI. — SAVONS.

Tripalmitates de soude et de potasse.............		
Tristéarates..............		Sang; lymphe; chyle; bile; contenu de l'intestin grêle.
Trioléates................		

VII. — ACIDE URIQUE ET DÉRIVÉS URIQUES.

Acide urique............	$C^5H^4Az^4O^3$	Foie; rate; poumon; pancréas; cerveau; muscles; sang; urine.
Dérivés : sarcine.........	$C^5H^4Az^4O$	Muscles; rate; foie; capsules surrénales; thyroïde; moelle des os; cerveau; reins.
— xanthine........	$C^5H^4Az^4O^2$	Urine; foie; rate; pancréas; thymus; cerveau; muscles; thyroïde; reins.
— guanine........	$C^5H^5Az^5O$	Pancréas; foie; poumons.
— carnine........	$C^7H^8Az^4O^3$	Extrait de viande.
— acide oxalurique.	$C^3H^4Az^2O^4$	Urine.
— allantoïne.......	$C^4H^6Az^4O^3$	Urine; eau de l'amnios.
— alloxane........	$C^4H^3Az^2O^4$	Urine (un cas); mucus intestinal (un cas).
— paraxanthine....	$C^{15}H^{17}Az^9O^4$	Urine.
— hétéroxanthine..	$C^6H^6Az^4O^2$	Urine.
— pseudoxanthine .	$C^4H^5Az^5O$	Muscles.

VIII. — AMIDES.

Acide carbamique........	CH^3AzO^2	Sang (?).
Urée..................	CH^4Az^2O	Urine; sang; lymphe; chyle; transsudats; sueur; foie; rein; rate; poumons; cerveau (?); cristallin; corps vitré; humeur aqueuse; liquide de l'amnios.

IX. — ACIDES AMIDÉS.

Glycocolle	$C^2H^5AzO^2$	Muscles.
Acide hippurique	$C^9H^9AzO^3$	Urine des herbivores.
Butalanine	$C^5H^{11}AzO^2$	Pancréas.
Leucine	$C^6H^{13}AzO^2$	Pancréas; rate; thymus; thyroïde; glandes salivaires; foie; reins; capsules surrénales; substance nerveuse; glandes lymphatiques; contenu de l'intestin.
Acide aspartique	$C^4H^7AzO^4$	Accompagne la leucine et la tyrosine.
Acide glutamique	$C^3H^9AzO^4$	Accompagne la leucine et la tyrosine.

X. — SUBSTANCES AROMATIQUES.

Tyrosine	$C^8H^{11}AzO^3$	Rate; pancréas; accompagne ordinairement la leucine.
Indol	C^9H^7Az	Fèces; contenu de l'intestin.
Scatol	C^9H^9Az	Fèces.
Ac. paroxyphénylacétique.	$C^8H^8O^3$	Urine.
Ac. hydroparacoumarique.	$C^9H^{10}O^3$	Urine.

XI. — ACIDES CONJUGUÉS.

Acides sulfo-conjugués.

Acide phénolsulfurique....	$C^6H^6SO^4$	Urine.
— crésolsulfurique	$C^7H^8SO^4$	Urine.
— sulfopyrocatéchique.	$C^6H^6SO^5$	Urine.
— scatoxylsulfurique ..	$C^9H^9AzSO^5$	Urine.

XII. — CRÉATINES.

Créatine	$C^4H^9Az^3O^2$	Muscles; substance nerveuse; sang; testicule; transsudats; liquide de l'amnios.
Créatinine.	$C^4H^7Az^3O$	Urine.

XIII. — COMPOSÉS SULFURÉS.

Taurine	$C^2H^7AzSO^3$	Muscles; poumons; fèces.
Cystine	$C^3H^7AzSO^2$	Urine (quelquefois); sueur (quelquefois); reins.

XIV. — ACIDES BILIAIRES.

Acide glycocholique	$C^{26}H^{43}AzO^6$	Bile; urine (traces).
— taurocholique	$C^{26}A^{43}AzSO^7$	Bile; urine (traces).

XV. — COMPOSÉS CYANÉS.

Adénine	$C^5H^5Az^5$	Pancréas.
Acide sulfocyanhydrique..	$CAzSH$	Salive; urine; sang; lait.

XVI. — AMMONIAQUE ET AMINES.

Ammoniaque	AzH^3	Air expiré; urine; sueur.
Triméthylamine	C^3H^9Az	Sang; urine.
Pyrrol	C^4H^5Az	Fèces.

XVII. — SELS.

Carbonate de sodium	CO^3Na^2	Sang et urine des herbivores et omnivores.

Carbonate de potassium...	CO^3K	Sang et urine des herbivores et omnivores.
Carbonate de calcium.....	CO^3Ca	Os; dents; otolithes; urine d'herbivores.
Carbonate de magnésium..	CO^3Mg	Urine d'herbivores.
Hippurate de sodium......	$C^9H^8NaAzO^3$	Urine d'herbivores; urine d'homme (traces).
Hippurate de calcium.....	$C^9H^8CaAzO^3$	Urine d'herbivores; urine d'homme (traces).
Urate de sodium..........	$C^5H^3NaAz^4O^3$	Urine; sang; rate; foie; pancréas; poumons; cerveau.
Urate de potassium.......	$C^5H^3KAz^4O^3$	Urine; sang; rate; foie; pancréas; poumons; cerveau.
Oxalate de calcium........	C^2HCaO^4	Urine (sédiments).
Glycocholate de sodium...	$C^{26}H^{42}NaAzO^6$	Bile.
Taurocholate de sodium...	$C^{26}H^{44}NaAzSO^7$	Bile.
Sulfocyanure de potassium.	$CyKS^2$	Salive parotidienne; lait (?).
— de sodium...	$CyNaS^2$	Salive parotidienne; lait (?).
Phénolsulfate de potassium	$C^6H^5O.SO^3K$	Urine.
Sulfopyrocatéchate de potassium	{ $C^6H^5KSO^5$ $C^6H^4K^2SO^4$ }	Urine.
Scatoxylsulfate de potassium.................	$C^9H^8KAzSO^4$	Urine.

XVIII. — CORPS NON SÉRIÉS.

Cérébrine	$C^{76}H^{154}Az^2O^{14}$	Tissu nerveux.
Jécorine.................	$C^{405}H^{188}Az^8SPh^3O^{46}$	Foie.
Acide inosique...........	$C^{10}H^{14}Az^4O^{11}$	Muscles.
Acide cryptophanique.....	$C^{10}H^{14}AzO^5$	Urine.
Diamide lactylique........	$C^3H^8AzO^2$	Urine.
Spermine............	C^2H^5Az	Sperme desséché; sang leucocythémique.
Excrétine...............	$C^{20}H^{36}O$	Fèces.

XIX. — SUBSTANCES ORGANIQUES PHOSPHORÉES.

Nucléine.................	$C^{29}H^{49}Az^9Ph^3O^{22}$	Noyau des cellules; substance nerveuse; lait; spermatozoïdes; jaune de l'œuf.
Lécithine................	$C^{44}H^{90}AzPhO^9$	Substance nerveuse; muscles; graisse; cellules; protoplasma; liquides animaux; sang, etc.
Protagon	$C^{160}H^{308}Az^5PhO^{35}$	Accompagne la lécithine.

XX. — MATIÈRES COLORANTES.

Oxyhémoglobine..........	....	Globules rouges; muscles; rate.
Hémoglobine réduite......	....	Globules rouges.
Méthémoglobine..........	....	Sang.
Bilirubine...............	$C^{16}H^{18}Az^2O^3$	Bile.
Biliverdine..............	$C^{16}H^{18}Az^4O^4$	Bile.
Urobiline.....	$C^3H^{40}Az^4O^7$	Urine; bile; excréments.
Indican.................	$C^8H^6KAzSO^4$	Urine.
Lutéine.................	....	Corps jaunes; jaune de l'œuf.
Rouge rétinien..........		Rétine.
Mélanine	....	Pigment noir.

XXI. — SUBSTANCES ALBUMINOÏDES.

Albumines.

Albumine du sérum.....................	Sang; lymphe; chyle; organes et tissus.
Albumine musculaire.....................	Muscle.

Globulines.

Paraglobuline........................... ..	Sang, lymphe, chyle.

Globuline du cristallin......................... Cristallin.
Globuline des globules rouges................. Globules rouges.
Vitelline................................... Protoplasma; jaune de l'œuf.
Substance fibrinogène...... .... Sang; lymphe; chyle; sérosités.
Myosine................................... Muscle; protoplasma.

Protéines.

Caséine.................................... Lait.

XXII. — DÉRIVÉS HISTOGÉNÉTIQUES DES ALBUMINOÏDES.

Substance collagène...................... Tissu connectif: os; dents.
Substance chondrigène.................... Cartilages; cornée.
Kératine................................... Tissus épithéliaux; sarcolemme; névri-
lème.
Élastine................................... Tissu élastique.
Mucine.................................... Sécrétions muqueuses; tissu connectif
embryonnaire.

XXIII. — PEPTONES.

Propeptone; hémialbumose................. } Estomac; intestin; sang; chyle; mus-
Parapeptone; antialbumose................. } cles (?).
Peptones................................... }

XXIV. — FERMENTS,

Ptyaline.
Pepsine et trypsine.
Ferment inversif.
Ferment du sang.
Ferment décomposant les graisses (?).

Bibliographie générale. — A. RICHE : *Manuel de chimie médicale et pharmaceutique.* Paris, 1880. — A. GAMGEE : *A text-book of the physiological chemistry of the animal body.* London, 1880. — L. LIEBERMANN : *Grundzüge der Chemie des Menschen.* Stuttgart, 1880. — E. DRECHSEL : *Die fundamentalen Aufgaben der physiologischen Chemie.* Leipzig, 1881. — Th. WEIL : *Anal. Hülfsbuch für physiol. chem. Uebungen.* Berlin, 1881. — HOPPE-SEYLER : *Handb. d. physiologisch und pathologisch-chemischen Analyse,* 5e édit., 1883. — O. HAMMARSTEN : *Traité de chimie physiologique* (en suédois). Upsal, 1883. — C. FR. W. KRUKENBERG : *Grundriss der medicinisch-chemischen Analyse.* Heidelberg, 1883. — C. H. RALFE : *Clinical chemistry.* London, 1883. — E. DRECHSEL : *Chemie der Secrete und der Gewebe* (in Hermann's Handbuch der Physiologie, 1883). — CH. RICHET : *De la méthode des coefficients de partage en chimie physiologique* (Journ. de l'anat., t. XIX, 1883). — W. LEUBE : *Ueber die Bedeutung der Chemie in der Medicin,* 1883. — R. ENGEL : *Nouv. él. de chimie médicale,* 1883. — E. LUDWIG : *Medicinische Chemie.* Wien, 1885. — BEUGNIES-CORBEAU : *Chimie biologique et thérapeutique,* 1885. — L. J. W. THUDICHUM : *Grundzüge der anat. und klin. Chemie,* 1886. — W. KRUKENBERG : *Chem. Unt. zur wissensch. Med.,* 1886) (1).

(1) *A consulter :* W. Kühne : *Lehrbuch der physiologischen Chemie,* 1868. — A. Gautier : *Chimie appliquée à la physiologie,* 1874. — Hoppe-Seyler : *Physiologische Chemie,* 1878-1882. — B. Hofmann : *Lehrbuch der Zoochemie,* 1878-79. — Voir aussi les traités généraux de Chimie et de Physiologie et les recueils et journaux de chimie et en particulier : Hoppe-Seyler : *Zeitschrift für physiologische Chemie,* et R. Maly : *Jahresbericht für physiologische Chemie.*

LIVRE TROISIÈME

PHYSIOLOGIE GÉNÉRALE

PREMIÈRE PARTIE

PHYSIOLOGIE CELLULAIRE

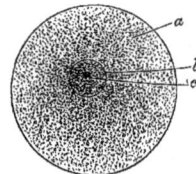

La forme que présentent à leur origine tous les organismes est la forme cellulaire, et la même chose peut se dire de leurs éléments. Tout organisme, tout élément anatomique est une cellule ou dérive d'une cellule.

L'idée que se faisaient primitivement les auteurs de la théorie cellulaire, Schleiden et Schwann, de la constitution de la cellule s'est aujourd'hui profondément modifié. La *cellule* (χοῖλος, creux) était pour eux une petite vésicule microscopique composée d'une membrane d'enveloppe et d'un contenu semi-liquide, dans lequel se trouvait un globule, le noyau, pourvu lui-même d'une granulation, le nucléole (fig. 67). Une observation plus précise montra bientôt que la membrane d'enveloppe manquait souvent et que la cellule se

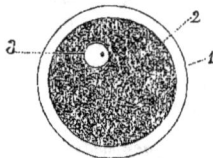

Fig. 67. — *Cellule* (*). Fig. 68. — *Globule (ovule nu)* (**).

composait, dans beaucoup de cas, d'une petite masse demi-solide avec un noyau (Schultze) ; il n'y avait donc plus là de cavité et le nom de globule convenait mieux à cet élément anatomique primordial (fig. 68). Enfin on alla plus loin encore et, comme le noyau lui-même était souvent absent, la cellule se trouva réduite à une masse plus ou moins homogène de substance organisée (Brücke).

L'étude physiologique de la cellule a confirmé cette dernière vue ; en réalité, la substance organisée ou *protoplasma* constitue la partie essentielle

(*) 1. membrane. — 2, sa limite interne et contour externe du protoplasma cellulaire. — 3, noyau avec nucléole (Ovule).
(**) *a*, protoplasma. — *b*, noyau. — *c*, nucléole.

de la cellule vivante qui lui doit ses propriétés fondamentales. D'après ce qui vient d'être exposé, le nom de cellule ne correspond plus à la conception moderne de cet élément anatomique et serait remplacé avec avantage par celui de globule; mais comme il est consacré par l'usage, on peut continuer à l'employer, tout en se rappelant qu'il a perdu dans beaucoup de cas son sens étymologique (1).

Art. Ier. — Substance organisée ou protoplasma.

La substance organisée présente une forme, un aspect, une constitution chimique très variables, si on l'étudie dans les divers organismes, dans les différents éléments des organismes et aux diverses phases de leur existence. Mais quelles que soient sa forme ultérieure et les modifications qu'elle subit plus tard, il n'en est pas moins vrai qu'à son origine elle présente des caractères particuliers communs à tous les êtres, végétaux et animaux, et constitue une espèce de gangue où la vie va puiser les matériaux de son évolution future. Cette substance primordiale, c'est le protoplasma, c'est la substance vivante par excellence, la *base physique de la vie*, suivant l'expression d'Huxley. Ce n'est pas encore la *vie définie;* c'est, comme le dit Claude Bernard, un *chaos vital*, qui n'a pas encore été modelé et où tout se trouve confondu.

Pour étudier ce protoplasma, il ne faut pas s'adresser aux organismes supérieurs ni aux éléments spécialisés de ces organismes; il faut s'adresser, au contraire, aux organismes inférieurs ou aux éléments naissants des êtres plus perfectionnés; c'est là qu'on peut l'étudier avec le plus de facilité (2).

Le protoplasma se présente sous deux aspects : tantôt il est libre, tantôt il est contenu dans l'intérieur d'une cellule.

1° **Protoplasma libre.** — Pour en donner une idée, il suffira de prendre des exemples dans chacun des deux règnes, animal et végétal.

A. *Myxomycètes.* — Les myxomycètes sont des champignons qu'on rencontre sur les feuilles ou les bois pourris, sur le tan qui *fleurit*. Dans une phase de leur développement (de Bary), leurs spores donnent naissance, après plusieurs transformations (2), à des masses protoplasmiques analogues à des amibes (voir plus loin) qui

(1) Hæckel a donné le nom de *cytodes* aux organismes élémentaires (*monères*) ou aux éléments des organismes supérieurs composés uniquement de protoplasma. Il donne au protoplasma des cytodes le nom de *plasson*, réservant le nom de protoplasma proprement dit pour la substance des cellules à noyau. Le protoplasma a reçu aussi les noms de *sarcode* (Dujardin), *cytoplasma* (Kölliker), *substance protozootique* (Reichert), etc.

(2) Pour l'étude du protoplasma, je ne puis que renvoyer aux ouvrages d'histologie, pour les précautions à prendre pour la préparation.

(3) Voici, d'après de Bary, la série des transformations. Les *spores* sont contenues dans des réceptacles ou *sporanges.* A l'époque de la maturité, les sporanges s'ouvrent et laissent échapper les spores. La spore est constituée par une membrane vésiculaire et un contenu protoplasmique; une fois libre, au bout d'un temps variable, la spore se gonfle, sa membrane se déchire et la masse de protoplasma qu'elle contenait sort en s'effilant par un bout et se transforme en une sorte de corpuscule amœboïde cilié (*Schwarmer*). Ces *spores* vidées en se soudant, après avoir perdu leur cil, constituent la *plasmodie*, qui, à son tour, donne naissance aux sporanges et aux spores (A. de Bary, *Morphologie und Physiologie der Pilze, Flechten und Myxomyceten*, p. 295).

finissent par se réunir pour constituer des masses volumineuses de protoplasma, appelées *plasmodies* (fig. 69). Ces plasmodies sont formées par une substance granuleuse à bords hyalins, et présentent des mouvements de deux espèces : 1° un mouvement de courant qui se fait avec une vitesse variable et dans différentes directions, et qui est rendu visible par la progression des granulations ; 2° un changement de forme qui modifie les contours de la masse et amène à la longue un véritable mouvement de progression sur la surface sous-jacente. Les agents extérieurs peuvent modifier ces mouvements ; la chaleur les accélère ; le froid les ralentit ; une chaleur trop ardente (+40°) ou un froid trop rigoureux les arrêtent.

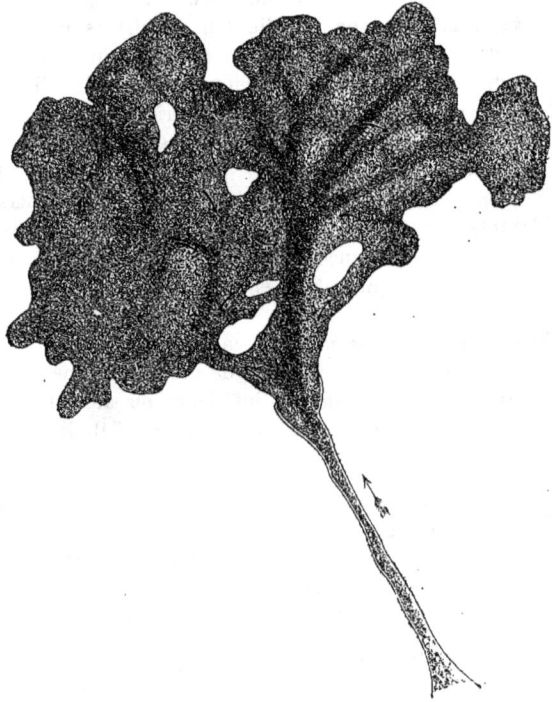

Fig. 69. — *Plasmodie de Myxomycètes* (*).

tuant le protoplasma ; l'électricité y produit des phénomènes qui rappellent ceux qu'elle produit sur la substance musculaire, et une expérience curieuse de Kühne prouve l'analogie des deux éléments ; il fabriqua une fibre musculaire artificielle en introduisant du protoplasma de myxomycètes dans un intestin d'hydrophile et put faire raccourcir deux ou trois fois par l'électricité cette fibre colossale. L'oxygène est nécessaire à la production du mouvement du protoplasma ; l'acide carbonique l'anéantit ; il en est de même des vapeurs d'éther, du chloroforme, de la vératrine, etc.

B. *Amibes*. — Les amibes sont de petits organismes microscopiques qu'on ren

(*) Plasmodie de myxomycètes, *Didymium Serpula* (W. Hofmeister). La direction des flèches indique la direction des courants du protoplasma.

contre dans les eaux stagnantes. Les amibes se composent d'une masse de substance homogène, comme diffluente, dont la transparence est atténuée par des
granulations plus ou moins
nombreuses (fig. 70 et 71).
Quand on les examine au microscope pendant un certain
temps, et surtout si on prend
successivement plusieurs dessins à la chambre claire, on
constate qu'elles présentent des
changements de forme et des
mouvements très remarquables
dont les figures 70 et 71 peuvent
donner une idée. Sur un point
de leur surface se dessine une

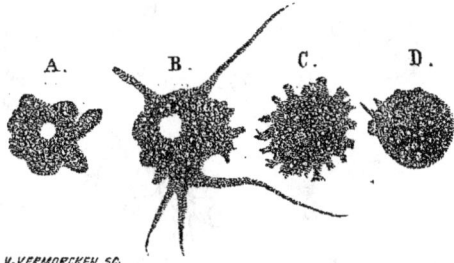

V.VERMORCKEN SC.

Fig. 70. — Amibe (Amœba diffluens).

sorte de boursouflure transparente qui s'étend peu à peu, et on voit le petit être
non seulement changer de forme, mais progresser lentement comme par un mouvement de reptation rudimentaire ou
plutôt de glissement.

Quand ou examine une amibe dans
une infusion, il est intéressant de constater comment elle se comporte avec
les corpuscules qui l'entourent et comment elle se nourrit. Quand elle rencontre un corps étranger qui peut servir à sa nutrition, par exemple un
granule végétal, on voit les prolongements de l'amibe s'étendre peu à peu

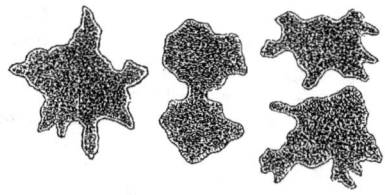

Fig. 71. — Protamœba primitiva.

autour du grain (fig. 72, C) et finir, en se soudant, par l'entourer complètement,
de façon qu'il se trouve engagé tout entier dans la masse même de l'amibe. Puis
un temps se passe, pendant le-
quel la digestion du corps étranger se produit par un mécanisme
sur lequel le microscope ne nous
révèle rien, et alors ce qui reste
du corps étranger, sa partie inutile et non assimilable, est ex-
pulsée du corps de l'amibe, par
un processus inverse du processus d'introduction. Cienkowsky
a vu ainsi des amibes entourer
et digérer des grains d'amidon
(monas amyli). Ces amibes présentent, du reste, vis-à-vis des agents extérieurs, à

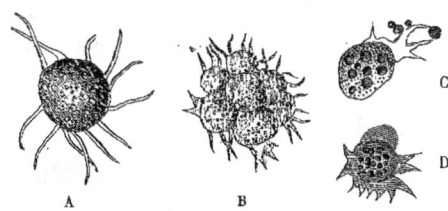

Fig. 72. — Corpuscules lymphatiques du lombric
et amibes des infusions (*).

peu près les mêmes réactions que le protoplasma des myxomycètes.

Les mouvements du protoplasma peuvent se présenter sous d'autres formes dans
d'autres espèces animales. Ainsi chez l'espèce, l'actinophrys dont une espèce, l'actinophrys
Eichhornii, a été surtout étudiée, les prolongements du protoplasma forment autour
de la partie centrale de l'animal une couronne de filaments très fins disposés comme

(*) A, un corpuscule lymphatique de lombric isolé. — B, corpuscules lymphatiques de lombrics agrégés.
— C, amibes des infusions englobant des corpuscules colorés. — D, corpuscules lymphatiques du lombric
ayant englobé les mêmes corpuscules colorés de bleu de Prusse (Balbiani).

les rayons d'une roue, filaments qui saisissent et attirent dans le corps de l'actinophrys les infusoires dont il fait sa nourriture. D'autres fois, comme dans le *protogenes primordialis*, par exemple
(fig. 73), les prolongements protoplasmiques sont moins régulièrement disposés, se ramifient et s'anastomosent
les uns avec les autres ou avec les prolongements des organismes voisins de
la même espèce.

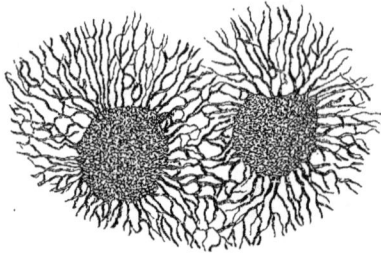

Fig. 73. — *Protogenes primordialis* (Hæckel).

On a découvert dans les organismes
supérieurs des éléments tout à fait
analogues aux animaux et sur lesquels
les mêmes mouvements, dits *amœboïdes*, ont été constatés; tels sont les glo-
bules blancs du sang, certains globules connectifs, etc. (Voir : *Mouvements des cellules*).

2° **Protoplasma intra-cellulaire.** — A. *Protoplasma des cellules végétales.* —
Certaines cellules végétales (fig. 74) se prêtent mieux que
d'autres à l'étude du protoplasma ; et en première ligne, les
poils staminifères de l'éphémère de Virginie, plante de la
famille des commélynées. Ces poils sont formés par de
grandes cellules allongées remplies d'un liquide violet, au
milieu duquel se meut le protoplasma incolore. Une partie de
ce protoplasma se trouve accumulée autour du noyau ; l'autre est étalée à la surface interne de la membrane de cellule, et de l'une à l'autre vont des trainées souvent anastomosées entre elles, et qui constituent parfois une sorte de
réseau protoplasmique intra-cellulaire ; dans ce réseau se
produisent des courants dont la direction change et qui en
font varier d'aspect et de forme. Là encore, l'action des
agents extérieurs se rapproche beaucoup de ce qui se passe
pour les myxomycètes.

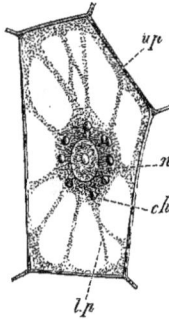

Fig. 74. — *Cellule
végétale* (*).

Les mouvements du protoplasma dans l'intérieur des cel-
lules végétales ont été observés depuis longtemps dans les *Chara* (cyclose); on le
retrouve dans beaucoup d'autres plantes, *Urtica
urens*, *Vallisneria spiralis*, etc., et on peut supposer que là où on n'a pu encore les constater, cela
tient uniquement aux conditions de l'observation
et à la lenteur du mouvement.

B. *Protoplasma des cellules animales.* — L'existence et les mouvements du protoplasma ont été
aussi constatés dans beaucoup de cellules animales, cellules cartilagineuses, cellules pigmentaires, ovules, infusoires unicellulaires, etc.

De tous ces faits, qu'on pourrait multiplier encore, on est en droit de conclure que le protoplasma, qu'il se présente dans les cellules végétales ou animales, à l'état libre ou à l'état intra-

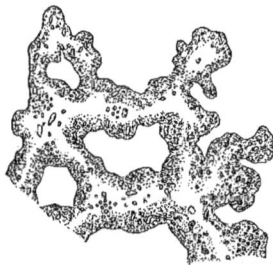

Fig. 75. — *Portion du réseau protoplasmique du Bathybius Hæc-
kelii.*

cellulaire, possède des caractères sinon identiques, du moins très semblables et qui
ne diffèrent pas essentiellement.

(*) *n*, noyau. — *up*, couche du protoplasma tapissant la face interne de la membrane de cellule. — *lp*, trabécules unissant cette couche à la couche protoplasmique qui entoure le noyau. — *ch*, grains chlorophylliens.

Aussi est-il bien difficile souvent d'assigner aux masses vivantes protoplasmiques (cytodes d'Hæckel) le caractère végétal ou animal·et serait-on tenté, avec Hæckel, de faire de ces êtres une classe à part sous le nom de *monères*, constituant ainsi un règne intermédiaire (*protistes*) entre le règne animal et le règne végétal. A quel règne par exemple rattacher ce *Bathybius* (fig. 75) découvert par Hæckel dans le limon qui tapisse les profondeurs de 4,000 et 8,000 mètres de l'océan, *bathybius* qui consiste en un simple réseau protoplasmique doué de mouvements amœboïdes comme la plasmodie des Myxomycètes (1)?

Caractères généraux du protoplasma. — Le protoplasma est une substance d'une consistance semi-liquide qui peut varier, du reste, depuis l'état presque fluide jusqu'à l'état pâteux. Il se compose de deux parties : d'une substance fondamentale d'aspect homogène, plus ou moins réfringente, et de granulations d'apparence et de grosseur variables. La substance fondamentale est azotée et contient une grande quantité d'eau (70 p. 100); les granulations sont de diverse nature, graisseuses, amylacées, protéiques, etc. Le protoplasma est perméable à l'eau dans de certaines limites, et en s'imbibant il se gonfle; on peut considérer chaque molécule solide de protoplasma comme entourée par une couche d'eau qui peut augmenter ou diminuer d'épaisseur, suivant la capacité hygrométrique du protoplasma. Cette perméabilité est plus faible pour les substances, colorantes ou autres, dissoutes dans l'eau que pour l'eau elle-même ; on a vu plus haut que le protoplasma des cellules végétales à suc coloré reste incolore.

La structure intime du protoplasma a donné lieu à de nombreuses discussions. Quoique l'existence des granulations ait été niée par Reichert qui n'y voyait qu'une simple illusion d'optique, ces granulations sont aujourd'hui admises par tous les observateurs. Une autre question est celle de savoir à quel état, solide ou semi-liquide, se trouve le protoplasma. Ce qui semble parler en faveur de l'état semi-liquide du protoplasma, c'est, outre les mouvements qui seront étudiés plus loin, la confluence, la fusion qu'on observe souvent, soit entre les prolongements voisins (amibes, *actinophrys*, etc.), soit même entre les prolongements et la substance de deux organismes protoplasmiques primitivement distincts (voir les fig. 71 et 73). Reichert admet bien, il est vrai, un simple accolement de deux prolongements voisins, mais cet accolement est difficile à soutenir en présence de ce fait que l'on voit, sous l'influence des mouvements du protoplasma, les granulations traverser le lieu de la confluence pour passer d'un prolongement dans l'autre. Il semble donc qu'il faille admettre plutôt une sorte d'état demi-liquide.

La texture intime du protoplasma est plus difficile à interpréter. Sachs, se basant sur des considérations théoriques, émet l'hypothèse que la substance organique du protoplasma se présente sous la forme de molécules imperméables en elles-mêmes, mais pouvant par suite de l'imbibition s'envelopper de couches liquides plus ou moins épaisses. En effet, les propriétés du protoplasma sont absolument incompatibles avec l'hypothèse d'une substance liquide ; car il serait impossible alors d'expliquer les modifications qu'il éprouve pendant ses mouvements, la propriété qu'il possède de ne pas se laisser pénétrer par les solutions aqueuses de matières colorantes tant qu'il est vivant, enfin tous les degrés intermédiaires de

(1) Malgré les discussions passionnées auxquelles il a donné lieu, l'existence de ce Bathybius paraît incontestable.

consistance qu'il peut présenter entre l'état solide et l'état liquide. Quant à la forme même de ces molécules solides, on ne peut que faire des suppositions d'autant plus que l'étude à l'aide de la lumière polarisée n'a pas jusqu'ici fourni de résultats.

A l'examen microscopique, le protoplasma avait été considéré jusqu'en ces derniers temps comme une substance homogène. Cependant, depuis longtemps déjà, on avait constaté une structure radiée dans la partie corticale transparente des masses protoplasmiques (Strasbürger, cellules de *Spirogyra;* de Bary et Hofmeister, plasmodies de myxomycètes, etc.). Des recherches récentes tendraient à faire admettre dans le protoplasma une structure beaucoup plus complexe. Heitzmann considère le protoplasma comme constitué par un réseau très fin de filaments entre-croisés de substance contractile et les granulations du protoplasma ne seraient autre chose que les points nodaux épaissis correspondant aux intersections de ce réseau; les mailles de ce réseau seraient occupées par un liquide. D'après d'autres auteurs, au contraire, l'existence des granulations du protoplasma ne serait pas douteuse comme formations distinctes, et Hæckel, qui leur a donné le nom de *plastidules*, en fait les éléments primaires du protoplasma (*Théorie plastidulaire*). Ces plastidules, reliées entre elles par des filaments très déliés, seraient, à l'état actif, douées de mouvements vibratoires ou ondulatoires, mouvements plastidulaires, et auraient, outre les propriétés physiques des molécules matérielles, la propriété de conserver leur mode spécial de mouvement (*Mémoire* des plastidules d'Hæckel). On verra plus loin, à propos des cellules et de la génération cellulaire, les faits sur lesquels peut s'appuyer cette théorie.

Un caractère qui se rencontre quelquefois dans la substance du protoplasma est l'existence de *vacuoles*. On appelle ainsi de petites cavités remplies d'eau qui se forment dans l'intérieur du protoplasma et disparaissent ensuite après avoir atteint un certain volume. Ces vacuoles sont quelquefois contractiles et à des intervalles réguliers; leurs contractions sont rythmiques. Hofmeister les attribue à un simple phénomène d'imbibition du protoplasma; l'état moléculaire du protoplasma changeant par des causes inconnues (nutrition, agents extérieurs), sa capacité pour l'eau diminue; cette eau se rassemble et constitue la vacuole qui disparaît quand cette eau est reprise par suite d'une augmentation dans la capacité d'imbibition. Rouget a observé des cellules et du protoplasma à vacuoles dans les parois des capillaires sanguins et lymphatiques en voie de développement et dans d'autres parties embryonnaires. L'existence des vacuoles contractiles a été aussi observée par Liberkühn dans les globules blancs de la salamandre et du triton. Quand ces vacuoles acquièrent une certaine étendue, leur forme devient irrégulière et elles ne sont plus susceptibles de contractions; elles représentent alors de simples cavités limitées par une couche de protoplasma et traversées souvent par des filaments protoplasmiques, comme on le voit par exemple dans les cellules mentionnées ci-dessus de l'éphémère de Virginie.

La *composition chimique* du protoplasma est peu connue. En effet, pour se procurer du protoplasma en quantité suffisante pour l'analyse, on est obligé de s'adresser à un liquide pathologique, le *pus*, composé de globules identiques ou presque identiques aux globules blancs du sang. Les réactions microchimiques indiquent déjà que le protoplasma (globules blancs du sang, corpuscules salivaires, etc.) est composé de plus d'une substance albuminoïde; mais une analyse détaillée montre que le protoplasma même le plus simple a une composition très complexe.

En effet, on y trouve (Hofmann) : — 1° des substances albuminoïdes solubles au nombre de trois; un albuminate alcalin; une albumine spontanément coagulable à

48-49° ; une albumine identique à celle du sérum sanguin ; — 2° deux albumines insolubles, dont l'une (*substance hyaline* de Rovida) se gonfle en gelée dans les solutions de sel marin et forme la masse principale des globules de pus ; — 3° de la lécithine et de la cérébrine ; — 4° des savons d'acides gras ; — 5° de la cholestérine ; — 6° de la substance glycogène (globules lymphatiques) ; — 7° des matières extractives encore indéterminées ; — 8° des matières inorganiques : chlore, acide phosphorique, potassium, sodium, calcium, magnésium et fer.

On sait fort peu de chose des échanges chimiques qui se passent dans le protoplasma ; la question reviendra du reste à propos de la nutrition cellulaire. Pour les propriétés réductrices du protoplasma par rapport aux sels d'argent, et pour les différences chimiques du protoplasma mort et du protoplasma vivant, voir la théorie de Löw, p. 164.

Irritabilité du protoplasma. — L'irritabilité est la propriété fondamentale du protoplasma, la condition de ses manifestations vitales. Tout ce qui a vie est irritable, c'est-à-dire réagit en présence d'une excitation. Si on pique une fibre musculaire, elle exécute un mouvement, une contraction, et tant qu'elle est vivante, ce mouvement se reproduit quelle que soit l'excitation, mécanique, chimique ou physique, pourvu du moins que la fibre soit sensible au mode d'excitation employé. L'irritabilité suppose donc dans le protoplasma la sensibilité, c'est-à-dire l'aptitude à réagir sous l'influence de tel ou tel excitant d'une nature déterminée, ou plutôt la sensibilité et l'irritabilité ne font qu'un, car il est impossible d'isoler les deux propriétés, puisque nous ne pouvons juger de la sensibilité du protoplasma que par les manifestations de son irritabilité. L'irritabilité n'est pas, comme on l'a cru, exclusive aux éléments contractiles, elle est générale ; tous les éléments doués de vie la possèdent, seulement la réaction, c'est-à-dire la manifestation consécutive à l'irritation, varie suivant la nature de l'élément irrité ; pour la fibre musculaire, c'est une contraction ; pour la cellule glandulaire, une sécrétion ; pour la cellule épithéliale ou connective, une multiplication cellulaire ; pour la cellule nerveuse, un des modes divers de son activité, perception, sensation ou tout autre.

Toute excitation produit nécessairement, tant que l'élément se trouve dans des conditions normales, une manifestation d'activité, et inversement toute manifestation d'activité vitale ne se produit qu'à la condition d'une irritation antécédente, et elle se produit nécessairement comme se produit une réaction chimique quand on met deux corps convenables en présence ; que ce soit une masse de protoplasma, une cellule épithéliale, un globule connectif, une fibre musculaire ou une cellule nerveuse, l'activité vitale est *toujours provoquée, jamais spontanée.*

L'étude des mouvements du protoplasma paraît au premier abord contredire l'assertion émise ci-dessus. En effet, en examinant les cellules de l'éphémère de Virginie, par exemple, ces mouvements semblent se faire d'une façon continue et en l'absence de toute provocation extérieure ; mais en réalité il n'en est rien, comme le prouve un examen plus attentif et une analyse précise des conditions de ces mouvements. On verra plus loin en effet que des influences de température, d'humidité, de tension, des actions chimiques interviennent constamment et sont indispensables à la manifestation des mouvements du protoplasma.

Mouvements du protoplasma. — En laissant de côté certains mouvements spéciaux qui, quoique pouvant être rattachés aux mouvements du protoplasma, seront étudiés à part, le mouvement vibratile par exemple, les mouvements du protoplasma peuvent se présenter sous trois formes principales qui sont souvent réunies ensemble. On peut distinguer les mouvements de courant, les mouvements amœboïdes et les mouvements de masse ou déplacements.

Les *mouvements de courant* s'observent surtout dans l'intérieur de certaines cellules végétales ; tantôt les courants du protoplasma intra-cellulaire sont toujours dirigés dans le même sens et déterminent une véritable rotation de la couche de protoplasma qui entoure le liquide intra-cellulaire, comme dans les *chara* (*cyclose*), tantôt, comme dans l'éphémère de Virginie, les courants ont lieu dans des directions différentes et des tractus protoplasmiques s'entre-croisent en traversant l'intérieur de la cellule. Dans ce mouvement de courant toutes les parties du protoplasma ne se meuvent pas avec la même rapidité ; quelques-unes même, principalement les couches superficielles, paraissent immobiles et il semblerait voir quelquefois une sorte de tube transparent dans lequel s'écoulerait un liquide renfermant des granulations. On voit en outre ces courants changer de forme, de direction, de volume, de situation suivant des conditions encore indéterminées. La rapidité des courants varie non seulement pour une même espèce, mais paraît varier aussi d'une espèce à l'autre ; et sous ce rapport on trouve toutes les transitions, depuis le protoplasma du *didymium serpula* qui parcourt 10 millimètres par minute, jusqu'à celui des cellules des feuilles du *potamogeton crispus*, qui ne parcourt dans le même temps que 9 millièmes de millimètre.

Les *mouvements amœboïdes* sont plus importants au point de vue de la physiologie animale. Ce sont, en effet, ces mouvements qui ont été observés sur un certain nombre d'éléments anatomiques, globules blancs de la lymphe et du sang, globules du tissu connectif, globules de pus, etc. Ces mouvements ont été décrits plus haut (page 357) et il est inutile d'y revenir, mais il importe de faire remarquer la ressemblance qui existe entre certaines amibes et certains éléments anatomiques, et spécialement les globules blancs ; il n'y a pour s'en convaincre qu'à jeter les yeux sur la figure 73, page 357. Cette ressemblance s'étend même plus loin : de même que les amibes, les globules blancs, les globules connectifs s'emparent des particules étrangères, qui se trouvent à leur contact ; c'est ainsi qu'on les voit absorber les poussières colorées, vermillon, cinabre, bleu d'aniline, etc., qu'on injecte dans le système circulatoire d'un animal ou dans les sacs lymphatiques de la grenouille et que dans la rate, par exemple, on trouve des cellules contenant des globules rouges entiers ou par fragments, cellules qui ne sont autre chose que des globules blancs en cours de digestion, si l'on peut s'exprimer ainsi.

Les *mouvements de déplacement* accompagnent en général les mouvements amœboïdes. Hofmeister avait déjà signalé la progression des plasmodies de myxomycètes, et on avait depuis longtemps observé la progression des amibes sur le porte-objet du microscope. En 1863, V. Recklinghausen décrivit les *migrations* des globules du tissu connectif et de la cornée ; il vit qu'en excitant la cornée chez la grenouille, les globules lymphatiques de cette membrane allaient se rassembler dans l'humeur aqueuse, et ces observations ont été confirmées par Engelmann et d'autres micrographes. On verra plus loin, dans la physiologie du sang, quelle extension a été donnée à ces migrations de globules et quel rôle on leur a fait jouer au point de vue pathologique.

Les *excitants* physiologiques du protoplasma ou, ce qui revient au même, les conditions générales de son activité sont en première ligne la chaleur, l'humidité, l'oxygène et la présence de substances chimiques en solution dans le liquide qui l'entoure.

Les mouvements du protoplasma ne peuvent s'accomplir que dans de certaines limites de *température* ; au-dessus ou au-dessous de ces limites, à un degré variable suivant les espèces, tout mouvement s'arrête ; si la température n'a pas atteint le point de désorganisation du protoplasma, les mouvements peuvent encore reprendre ; son activité vitale n'a été que suspendue. Ordinairement, quand la température s'approche de 0° ou atteint 40° à 50°, les mouvements disparaissent ; dans ce cas le protoplasma se réunit en masses globulaires isolées ou en gouttelettes. Ces degrés peuvent même être dépassés, sans que la vie du protoplasma soit abolie ; ainsi Schenk a pu refroidir jusqu'à 7° au-dessous de 0° des globules blancs de sang de grenouille et maintenir pendant une heure à la même température des corpuscules salivaires sans les empêcher de reprendre leurs mouvements amœboïdes au retour de la température normale. D'une façon générale, à mesure que la chaleur augmente, le mouvement du protoplasma s'accélère. Les contractions des globules blancs des animaux supérieurs ne peuvent s'observer que si on chauffe la plaque qui les supporte.

L'*eau* exerce aussi une influence marquée sur les mouvements du protoplasma. Ainsi, suivant l'état de concentration du plasma sanguin, les contractions des globules blancs sont plus ou moins actives ; Tomsa, en ajoutant de l'eau au plasma, a vu leurs mouvements s'accélérer tandis qu'ils cessaient à mesure que le plasma se concentrait, et il a constaté, par l'injection d'eau dans les sacs lymphatiques de la grenouille, que le même effet se produisait sur le vivant.

L'abord de l'*oxygène* est indispensable aux mouvements du protoplasma. Les courants des cellules de l'éphémère de Virginie s'arrêtent, comme l'a montré Kühne, dans l'eau privée d'air, dans l'hydrogène, dans l'acide carbonique ou si on les plonge dans l'huile de façon à empêcher l'accès de l'air ; ces courants reprennent au contraire dès qu'on rétablit l'accès de l'air. Les contractions du protoplasma sont liées à une véritable respiration avec absorption d'oxygène et élimination d'acide carbonique.

Les *influences chimiques*, qui à l'état normal agissent sur le protoplasma, sont très peu connues. Mais on connaît mieux l'action expérimentale de ces substances. Seulement il importe dans ces influences de faire la part de ce qui revient à la concentration de la solution et de ce qui revient à la substance elle-même. Les acides, les alcalis, l'alcool, l'opium, le curare, etc., arrêtent les mouvements du protoplasma, mais la plupart du temps ces mouvements reprennent au bout d'un temps variable. Il en est de même des anesthésiques dont l'action a été bien étudiée par Cl. Bernard. Il a montré que les anesthésiques suspendent l'irritabilité du protoplasma, tant animal que végétal, et ce qu'il y a de remarquable, comme le prouvent les expériences sur la germination, c'est que la respiration du protoplasma n'est pas abolie. Si l'on place, en effet, des graines de cresson alénois dans une atmosphère anesthésiante (éther ou chloroforme), la germination (phénomène de mouvement) ne se fait plus, tandis que la respiration continue à se faire, comme le prouve la précipitation du carbonate de baryte dans de l'eau de baryte placée au fond de l'éprouvette. La quinine (Binz), la vératrine, la conéine (Scharzenbroich), le curare (Œhl), arrêtent le mouvement des globules blancs et des corpuscules salivaires. Il en est de même, d'après Tarchanoff, dans l'air comprimé à 3-6 atmosphères. Ces mouvements paraissent pouvoir continuer au contraire dans l'urine, comme Michelsohn l'a vu sur les globules de pus. Löw a étudié les différences de résistance que le protoplasma offre aux différents agents chimiques et spécialement aux poisons.

Les *actions mécaniques*, contact, pression, ébranlement, traction, produisent en général un arrêt momentané du mouvement qui peut se comparer à une sorte de tétanos tel que celui qu'on observe sur le tissu musculaire; puis au bout d'un certain temps les mouvements se rétablissent et reprennent peu à peu leur activité.

L'action de l'*électricité* a été bien étudiée, depuis longtemps déjà, par Becquerel sur les *charas*, par Jürgensen sur la *vallisneria spiralis*, et dans ces derniers temps par un certain nombre d'auteurs modernes et principalement Heidenhain, Kühne, Frommann, etc. Sans entrer dans les détails de ces expériences, ce qu'on peut dire de plus général, c'est que les courants faibles et les courants constants sont sans influence ou ralentissent un peu les mouvements, que les courants modérés au contraire paraissent déterminer un état de contraction tonique, de tétanos qui se traduit par la forme globulaire du protoplasma et se rapproche de celle qu'on observe sous l'influence des actions mécaniques.

L'action de la *lumière* est différente suivant les cas.

D'après Engelmann, une variation *brusque* d'éclairement, dans un sens ou dans l'autre, agit comme un excitant énergique sur le protoplasma.

L'influence de la *pesanteur* n'est pas nettement déterminée. Cependant la plasmodie des myxomycètes paraît présenter le *géotropisme négatif* (tendance à aller en sens inverse de la pesanteur).

Les mouvements du protoplasma peuvent persister assez longtemps après la mort, comme Visconti en a observé des exemples (cellules contractiles dans le cordon ombilical et dans le cervelet). Mais les expériences de Lieberkühn sont bien plus curieuses sous ce rapport; en recueillant directement dans des tubes capillaires du sang de salamandre, il a constaté non seulement que les globules blancs conservaient encore leurs mouvements au bout de quatre-vingt-cinq jours, mais encore qu'il s'y était formé des corps contenant jusqu'à dix-huit noyaux et des globules rouges ou des fragments de globules rouges. Ces globules blancs avaient donc continué à vivre comme de véritables amibes (voir aussi : Physiologie du sang). En présence de ces faits on s'explique facilement comment Bizzozero, en transplantant sous la peau (grenouille) des cellules de la moelle osseuse, a pu les trouver encore mobiles au bout de quatre-vingt-cinq jours.

Quelle est maintenant la cause, quelle est la nature réelle des mouvements du protoplasma? En disant que le protoplasma est *contractile*, nous ne faisons que reculer la difficulté et que grouper sous un signe nominal un ensemble de faits dont l'explication n'en est pas plus avancée pour cela. Une première question à résoudre est celle de savoir si les mouvements du protoplasma sont des phénomènes vitaux. Cette question, qui paraît oiseuse au premier abord, a cependant été vivement discutée. On a prétendu que ces mouvements ne se produisaient pas pendant la vie et qu'ils étaient dus à une sorte de coagulation, à des courants provoqués par des influences extérieures (eau, température, actions chimiques, etc.), encore mal déterminées, mais en tout cas que ce n'étaient que des phénomènes cadavériques. Une objection faite par Bottcher et qui paraissait avoir une certaine valeur, c'est que ces mouvements du protoplasma ne se produisaient pas de suite, mais seulement au bout d'un certain temps; mais ce retard dans l'apparition des contractions s'explique facilement par l'immobilité tétanique que les actions mécaniques exercent sur le protoplasma, actions mécaniques qu'il est presque impossible d'éviter dans sa préparation. Du reste, l'identité des mouvements du protoplasma, des contractions des globules blancs avec les mouvements et les contractions d'êtres auxquels on ne peut refuser la vie, comme les amibes, la progression de ce protoplasma sur le porte-objet du microscope mettent cette vitalité hors de doute. Enfin, Hering et Lieberkuhn ont constaté ces mouvements amœboïdes des globules blancs dans l'intérieur même des vaisseaux sanguins.

La cause des mouvements du protoplasma est beaucoup plus obscure. Hofmeister les rattache à des différences d'imbibition; il suppose que le protoplasma est composé de particules microscopiques différentes et douées d'un pouvoir d'imbibition variable; toutes sont entourées de couches aqueuses; si la diminution ou l'augmentation dans le pouvoir d'imbibition alternent régulièrement sur des séries continues de molécules, l'eau chassée des parties qui se trouvent dans la première de ces conditions sera absorbée par celles qui se trouvent dans la seconde et sera ainsi mise en mouvement. Un arrangement convenable dans les séries de molécules pourrait rendre possible la propagation du mouvement dans toute la masse du protoplasma (voir Hofmeister, *Die Lehre von den Pflanzenzellen*, p. 59 à 68). Sachs (*Physiologie végétale*, p. 474 et suiv.) paraît se rattacher aussi à la théorie d'Hofmeister, quoiqu'avec certaines réserves; il insiste avec raison sur ce fait qu'il y a absence de proportionnalité entre la force d'impulsion visible et l'effet produit. Les molécules du protoplasma seraient donc dans un état d'équilibre instable et soumises à un certain nombre de forces qui se neutralisent réciproquement; qu'une force intérieure vienne à agir, quelque faible qu'elle soit, l'équilibre est rompu et les forces qui se neutralisaient étant mises en liberté à leur tour agissent sur les molécules voisines et de proche en proche l'ébranlement se communique à toute la masse. Il ne faut pas oublier non plus que dans le protoplasma le mouvement est lié à des actions chimiques (absorption d'oxygène) et très probablement à des dégagements de chaleur et peut-être aussi à des différences de tension électrique.

Formation du protoplasma. — Sans entrer dans la question de l'origine du protoplasma (voir : *Génération spontanée*), il reste à voir comment se forme le protoplasma. Étant donnée une petite masse de protoplasma vivant, comment cette masse de protoplasma s'accroît-elle de façon à augmenter de quantité d'une façon pour ainsi dire indéfinie, tant qu'il trouve à sa portée des substances qui représentent pour lui de véritables aliments. On a vu plus haut quels sont les principes chimiques qui composent le protoplasma. Ces principes, au point de vue qui nous occupe ici, peuvent se réduire en trois groupes : des principes minéraux, des corps organiques non azotés, des albuminoïdes. Ces substances, nécessaires à la constitution du protoplasma, il doit ou bien les trouver dans le milieu qui l'entoure ou bien les fabriquer de toutes pièces aux dépens des matériaux fournis par ce milieu. A priori, il est de toute évidence que le protoplasma doit trouver dans le milieu ambiant les principes minéraux, chlorure de sodium, phosphates, etc., qui lui sont indispensables. Pour les principes organiques non azotés, il paraît en être de même; les expériences montrent en effet que le protoplasma *incolore* n'a pas le pouvoir de fabriquer de toutes pièces des substances ternaires, amidon, sucres, etc. ; ce pouvoir semble réservé au protoplasma vert, c'est-à-dire à la chlorophylle, qui sous l'influence de la lumière solaire fabrique de l'amidon aux dépens de l'eau et de l'acide carbonique en éliminant de l'oxygène. Les substances azotées au contraire, comme les albuminoïdes, peuvent être formées par le protoplasma incolore, à l'abri de la radiation solaire, pourvu que ce protoplasma trouve à sa portée une combinaison organique non azotée (sucre, alcool, etc.) et un sel azoté (nitrate ou sel ammoniacal). Les expériences de Pasteur ont démontré d'une façon saisissante ce fait si important, que la croissance du protoplasma n'est pas liée à la présence de l'albumine. Il prépare un champ de culture composé des principes suivants : alcool ou acide acétique pur, sel ammoniacal, acide phosphorique, potasse, magnésie, eau pure, oxygène gazeux ; dans ce milieu complètement dépourvu d'albumine et dont toutes les substances appartiennent au règne minéral ou peuvent être fabriquées de toutes pièces au moyen de principes minéraux, il dépose une parcelle de *mycoderma aceti*, et voit, à l'obscurité, se produire une quantité considérable de cellules nouvelles de *mycoderma aceti*. Il a obtenu les mêmes résultats avec la levure de bière, les vibrions, etc. Seulement il faut offrir comme point de départ au protoplasma un principe carboné assez élevé, comme le sucre, l'alcool, l'acide acétique ; en fournissant le carbone à l'état d'acide carbonique, non seulement il ne se formerait pas de protoplasma nouveau, mais la vie s'arrêterait au bout d'un certain temps. En résumé, le protoplasma vert à chlorophylle peut seul produire des principes carbonés ternaires en partant de l'acide carbonique, et en mettant en œuvre l'énergie de la radiation solaire ; le protoplasma incolore, à l'aide de l'énergie calorifique, forme les synthèses quaternaires et donne naissance à de l'albumine en unissant les substances ternaires avec l'azote. Comment s'opère cette combinaison ? Nous sommes là-dessus dans l'ignorance la plus absolue. Cependant c'est ici le lieu de mentionner une expérience de Berthelot, qui laisse entrevoir peut-être la possibilité d'une solution. Il a constaté que sous l'influence de différences de tension électrique maintenues constantes et comparables à celles de l'électricité atmosphérique à la surface du sol, il pouvait y avoir fixation de l'azote de l'air sur des composés organiques ternaires, tels que la cellulose et l'amidon.

Bibliographie. — HANSTEIN : *Das Protoplasma*, 1880. — TH. W. ENGELMANN : *Ueber Reizung contractilen Protoplasmas durch plötzliche Beleuchtung* (Arch. de Pflüger, t. XIX, 1880). — C. FROMMAN : *Ueber netzförmige Structur des Protoplasma*, etc. (Sitzber. der Ien. Ges., 1880). — G. KLEBS : *Ueber Form und Wesen der pflanzlichen Protoplasmabewegung* (Biol. Cbl. 1881). — O. Löw et TH. BAKORNY : *Ein chem. Unterschied zwischen lebenden und todten Protoplasma* (Arch. de Pflüger, t. XXV, 1881). — J. KOLLMANN : *Ueber thierisches Protoplasma* (Biol. Cbl., t. II, 1882). — J. REINKE : *Die reducirenden Eigenschaften lebender Zellen* (Ber. d. d. ch. Ges., t. XV, 1882). — O. Löw et TH. BAKORNY : *Einige Bemerkungen über Protoplasma* (Arch. de Pflüger, t. XXVI, 1882). — E. BAUMANN : *Ueber den von O. Löw und Th. Bakorny erbrachten Nachweis von der Ursache des Lebens* (Arch. de Pflüger, t. XXIX, 1882). — O. Löw et TH. BAKORNY : *Ueber die reducirenden Eigenschaften der lebenden Protoplasmas* (Ber. d. d. ch. Ges., t. XV, 1882). — C. HEITZMANN : *Mikr. Morphol. des Thierkörpers*, etc., 1883. — O. Löw : *Ueber silberreducirende thierische Organe* (Arch. de Pflüger, t. XXXIV, 1884). — Id. : *Zur Chemie der Argyrie* (id.). — O. LOEW : *Ueber den verschiedenen Resistenzgrad im Protoplasma* (Arch. de Pflüger, t. XXXV, 1885). — L. OLIVIER : *Sur la canalisation des cellules et la continuité du protoplasma chez les végétaux* (Soc. de biol., 1885) (1).

(1) A CONSULTER : Dujardin : *Mém. sur le sarcode* (Ann. d'Anat. et de Physiologie, 1838). — M. Schultze : *Ueber Muskelkörperchen und das, was man eine Zelle zu nennen hat* (Archiv für Anat., 1861). — E. Hæckel : *Die Radiolarien*, Berlin, 1862. — M. Schultze : *Das Protoplasma der Rhizopoden und der Pflanzenzellen*, Leipzig, 1863. — W. Kühne : *Untersuchungen über das Protoplasma und die Contractilität*, Leipzig, 1864. — M. Schultze : *Die Körnchenbewegung an den Pseudopodien der Polythalamien* (Arch. für Naturgeschichte, 1863).

Art. II. — Cellule.

A l'état parfait, une cellule est composée de trois parties, la substance de la cellule ou le contenu cellulaire, le noyau et la membrane de cellule. Ces trois parties vont être étudiées à part avant de passer à l'étude de la cellule prise dans son ensemble.

A. *Substance ou contenu cellulaire.* — Ce contenu comprend deux parties : le *protoplasma intra-cellulaire* (*cytoplasma, mitome*), qui a été étudié tout à l'heure et le *suc intra-cellulaire* liquide (*enchylema, paraplasma*) qui remplit les espaces non occupés par le protoplasma.

Le suc intra-cellulaire, qu'il ne faut pas confondre avec le suc d'imbibition du protoplasma, est tantôt à peine visible, tantôt si abondant qu'il remplit presque en entier la cavité de la cellule. Il est surtout visible dans certaines cellules végétales, dans lesquelles il est coloré et tranche ainsi sur le reste du contenu cellulaire. Sa composition chimique est peu connue. Ce suc doit être le véhicule des substances solubles qui servent de matériaux à la cellule et l'intermédiaire obligé entre le protoplasma et l'extérieur.

On trouve en outre dans les cellules des substances qui varient suivant les différentes espèces de cellules et qui seront étudiées pour chacune d'elles.

Les recherches récentes de Heitzmann, Frommann, Trinchese, etc., tendraient à faire admettre une structure plus compliquée du contenu cellulaire. D'après Heitzmann, les granulations du protoplasma ne seraient que les points nodaux, les lieux d'entre-croisement d'un réseau très fin de substance contractile qui occuperait le corps de la cellule ; ce réseau se limiterait en dehors par une mince couche corticale de la même substance et en dedans se rattacherait au noyau par de fins prolongements. Le noyau et le nucléole présenteraient aussi la même structure. Les idées d'Heitzman ont été attaquées par plusieurs auteurs, en particulier par Langhans qui ne voit dans ce réseau qu'un phénomène cadavérique.

Brass distingue dans le protoplasma intra-cellulaire plusieurs substances différentes auxquelles il attribue un rôle spécial ; il admet une substance centrale entourant le noyau et chargée d'assimiler (plasma de nutrition et plasma alimentaire) et une substance périphérique divisée elle-même en plasma respiratoire et plasma contractile. Altmann décrit dans beaucoup de cellules des granulations spéciales, *ozonophores*, qui joueraient le rôle des grains chlorophylliens des plantes et s'empareraient de l'oxygène.

B. *Noyau.* — Le noyau est un corpuscule sphérique, situé ordinairement

1. Cienkowsky : *Das Plasmodium* (Jahr. f. wiss. Botanik, 1863). — C. B. Reichert : *Ueber die contractile Substanz* (Arch. für Anat., 1865). — E. Hæckel : *Ueber den Sarco-dekörper der Rhizopoden* (Zeitschr. für wiss. Zool., t. XV, 1865). — G. Hayem et A. Hénocque : *Sur les mouvements dits amœboïdes observés particulièrement dans le sang* (Arch. génér. de médecine, 1866). — Robin : *Anatomie et physiologie cellulaires*. Paris, 1873. — C. Heitzmann : *Unters. über das Protoplasma* (Sitzungsber. der K. Akad. d. Wiss. zu Wien, 1874). — F. E. Schulze : *Rhizopodenstudien* (Arch. für mikr. Anat., t. II, 1875). — Cl. Bernard : *Leçons sur les phénomènes de la vie*. Paris, 1870. — E. Hæckel : *Die Perigenesis der Plastidule oder die Wellenzeugung der Lebenstheilchen*. Berlin, 1876.

dans la partie centrale, plus rarement dans la partie périphérique de la cellule; une même cellule peut contenir plusieurs noyaux. Le noyau forme tantôt un globule demi-solide, tantôt une vésicule remplie de liquide. Dans son intérieur se trouvent une ou plusieurs granulations, *nucléoles*. Chimiquement le noyau est azoté comme le protoplasma; il contient en outre dans un certain nombre de cellules de la nucléine (globules de pus, globules rouges à noyau, etc.).

La signification et le mode d'activité vitale du noyau ne sont pas encore bien connues; il paraît surtout être en rapport avec la formation des cellules; dans les cellules végétales, le noyau précède toujours la formation cellulaire. Il paraît être une sorte de condensation du protoplasma; les parties les plus riches en azote paraissent se porter vers le centre du globule, tandis que les parties moins azotées se portent à la périphérie du globule. Il semble donc y avoir une sorte d'antagonisme, de polarité différente entre le noyau et la membrane.

Plusieurs observateurs ont constaté sur le noyau des mouvements amœboïdes comparables à ceux du protoplasma (Richardson, Brandt). Eimer, Balbiani, Kidd, ont constaté de même des mouvements amœboïdes du nucléole (tache germinative de l'ovule de silure et de carpe; nucléoles des cellules d'épithélium buccal de la grenouille).

D'après les recherches récentes, la structure du noyau est beaucoup plus complexe qu'on ne le croyait. On peut distinguer dans le noyau : la membrane d'enveloppe, le nucléole et la substance fondamentale.

1° La *membrane d'enveloppe*, *membrane nucléaire* est considérée tantôt comme une véritable membrane close, tantôt comme une dépendance du protoplasma cellulaire. Quelques auteurs admettent qu'elle est percée de pores par lesquels le réticulum du protoplasma nucléaire communique avec le protoplasma cellulaire.

2° Le *nucléole*, d'après Eimer, serait entouré par une couche amorphe claire, *hyaloïde* et par un cercle extérieur de granulations, d'où partent des filaments radiés qui vont au corps du nucléole en traversant l'hyaloïde. Le nucléole aurait aussi, d'après Heitzmann, la même structure réticulée que le noyau et le protoplasma cellulaire. Le nucléole peut manquer (*état énucléolaire* d'Auerbach), d'autres fois on en trouve plusieurs et même leur nombre peut s'élever jusqu'à seize et même, d'après Auerbach, dépasser la centaine, par exemple chez les poissons (noyaux *multinucléolaires*). Mais dans ce cas un des nucléoles, *nucléole principal*, est plus volumineux que les autres. Ces nucléoles présentent souvent des vacuoles contractiles, auxquelles Balbiani fait jouer un rôle important dans la vie du noyau.

3° La *substance fondamentale* comprend le protoplasma nucléaire, des granulations et le suc nucléaire. — 1° *Protoplasma nucléaire* (*matière* ou *substance nucléaire*, *nucléoplasma, chromatine, substance chromatique*) se colore par les réactifs colorants; il se présente sous la forme de *filaments* (*filaments chromatiques*) repliés ou de réseau (*réticulum*), dont les travées offrent parfois une striation transversale (disques, granulations). Pour d'autres auteurs ce serait, soit un cordon continu ou segmenté, soit un boyau constitué par un étui et un contenu (Carnoy). C'est dans cette substance fondamentale que se trouve la nucléine; — 2° les granulations, qu'il ne faut pas confondre avec les nucléoles, sont, suivant les uns, de simples nodosités du réseau protoplasmique, suivant les autres des granulations distinctes; — 3° le suc nucléaire (*achromatine*) ne se colore pas par les réactifs; il est amorphe, semi-liquide et remplit les intervalles du réseau protoplasmique.

Les opinions varient sur les relations du noyau et de la cellule. Pour les uns l'action réciproque entre le noyau et le protoplasma cellulaire est purement dynamiques; pour d'autres au contraire, le réseau protoplasmique du noyau communiquerait directement par les pores de la membrane nucléaire avec le protoplasma cellulaire.

C. *Membrane de cellule.* — Dans les globules dépourvus de membrane d'enveloppe, la périphérie du protoplasma représente cependant une couche corticale plus dense et plus résistante que le reste. C'est pour ainsi dire le premier pas vers la production d'une membrane de cellule, et entre les deux extrêmes on trouve tous les degrés de transition.

Complètement développée, la membrane cellulaire forme une véritable vésicule à parois minces, qui enferme la masse globulaire. Cette membrane est homogène, amorphe, transparente, au moins dans son jeune âge, et, offre, suivant son épaisseur, un simple ou un double contour à l'examen microscopique (fig. 76). Sa consistance est très variable, depuis une mollesse semi-liquide jusqu'à une dureté ligneuse. Elle présente souvent une certaine élasticité et se moule sur le contenu cellulaire en changeant de forme avec lui; d'autres fois, elle a au contraire une rigidité qui assure la constance de sa forme.

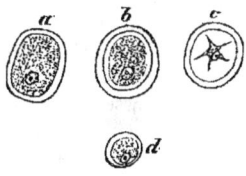

Fig. 76. — *Cellules de cartilage.*

Elle est perméable, mais seulement pour les liquides qui peuvent l'imbiber; ainsi elle se laisse traverser par l'eau et les solutions aqueuses (acides, bases, sels acides et basiques), mais elle ne laissera pas passer alors les huiles et les graisses liquides.

La constitution chimique n'est pas la même dans les deux règnes. La membrane de cellule végétale est formée au début par de la cellulose; ce n'est que plus tard qu'une membrane secondaire, de nature azotée, vient s'ajouter à la première. La membrane de cellule animale, sauf peut-être dans quelques organismes inférieurs, est toujours azotée.

La constitution chimique de la membrane de cellule n'est pas encore bien connue. On ne sait si on doit la rattacher à la kératine, c'est-à-dire à la substance épidermique ou à la substance élastique, à l'élastine. L'absence de réactions microchimiques précises empêche d'arriver à un résultat définitif.

La différence de constitution de la membrane de cellule animale et de la membrane de cellule végétale n'est pas absolue, comme la remarque en est faite ci-dessus. En effet la *tunicine*, qu'on rencontre, par exemple, chez les ascidies, est identique à la cellulose et n'en diffère que parce qu'elle est un peu plus difficile à transformer en sucre par l'action des acides. Il est vrai que cette tunicine ne forme qu'une membrane de cellule secondaire, et que la membrane primaire est azotée.

L'*activité vitale* de la membrane de cellule est très limitée. Elle ne contribue guère à la vie de la cellule que par ses propriétés physiques et par son intervention dans les phénomènes d'osmose. Pour tout le reste, elle ne joue qu'un rôle secondaire; elle ne paraît pas être le siège d'aucun dégagement de forces vives, et, dans les mouvements de la cellule, ne fait que suivre passivement les mouvements du protoplasma.

La membrane de cellule est un produit du protoplasma; il n'y a aucun doute là-dessus. Mais est-ce un épaississement pur et simple de la couche corticale du protoplasma, une transformation chimique ou une sécrétion de ce dernier, une solidification d'un liquide produit par lui? Le doute est permis dans certains cas, mais le second mode paraît être le plus fréquent. Peut-être aussi, dans quelques circonstances, cette membrane est-elle formée par le même mécanisme que les *membranes de précipitation* obtenues par M. Traube au contact de deux colloïdes (voir plus loin p. 378).

Une fois formée, la membrane de cellule subit des transformations chimiques et physiques; elle devient plus dure, plus résistante, moins perméable; elle peut même s'incruster de sels calcaires, de silice, etc.

L'*accroissement* de la membrane de cellule se fait par deux procédés distincts, et qui, bien que simultanés dans la réalité, doivent être étudiés séparément, accroissement en surface, accroissement en épaisseur. L'accroissement en surface peut être uniforme, c'est-à-dire porter sur toute l'étendue de la membrane; alors la cellule s'agrandit sans changer de forme; la vésicule cellulaire se dilate; ou bien cet accroissement se localise dans certains points déterminés de la membrane: ainsi, si cet accroissement porte seulement sur une zone équatoriale de la cellule qui lule, cette partie seule se dilate et repousse les deux pôles de la cellule se prend alors la forme cylindrique ou ovoïde. L'accroissement en épaisseur peut se faire de deux façons. Dans l'accroissement centrifuge, les nouvelles couches se déposent à l'extérieur de la membrane déjà existante; dans l'accroissement centripète, les nouvelles couches sont intérieures à la membrane. Dans les deux cas, du reste, l'accroissement peut se répartir uniformément ou se localiser, et, dans ce dernier cas, produire, s'il est centrifuge, des saillies ou des crêtes à la surface des cellules; s'il est centripète, des cloisons à l'intérieur de leur cavité.

En même temps que ces phénomènes d'accroissement des membranes de cellules, il peut se produire parallèlement des phénomènes de résorption, et, en se localisant dans certaines régions de la membrane, cette résorption peut donner naissance à des pores et à des canaux, comme on en voit surtout dans certaines cellules végétales.

De la cellule considérée dans son ensemble. — La grandeur des éléments cellulaires varie dans des limites assez étendues. Le plus volumineux, l'ovule, est visible à l'œil nu; les plus petits nécessitent de forts grossissements pour être aperçus : tels sont les globules sanguins (1). Leur forme typique est la forme sphérique, mais il est rare que cette forme se conserve dans son intégrité; elle passe facilement à la forme ovoïde, en fuseau, polyédrique, cylindrique, conique, aplatie, etc., suivant qu'une ou deux dimensions prédominent; dans certains cas, une des dimensions disparaît presque et la cellule est réduite à une lamelle tellement mince qu'elle n'a plus d'épaisseur appréciable, même aux plus forts grossissements. Ainsi pour les cellules endothéliales des séreuses.

La surface de la cellule est le plus habituellement lisse; mais elle peut présenter des prolongements : tantôt ces prolongements constituent des

(1) Le tableau suivant (p. 371) donne, en millièmes de millimètre, le volume d'un certain nombre de cellules et d'éléments anatomiques.

sortes de crêtes hérissant toute leur surface, comme dans certaines cellules épidermiques; tantôt ils sont placés sur une seule face de la cellule (cellules vibratiles); d'autres fois ces prolongements sont ramifiés (cellules nerveuses, cellules pigmentaires) et s'anastomosent avec ceux des cellules voisines.

Le caractère physique le plus important de la cellule, c'est de se laisser imbiber et d'être perméable aux liquides. Cette perméabilité se voit facilement si l'on met en contact avec la cellule de l'eau distillée ou une solution saturée d'un sel indifférent; dans le premier cas, la cellule se gonfle en s'imbibant d'eau; dans le second, elle se ratatine en abandonnant de l'eau à la solution qui l'entoure. Les cellules sont donc le siège continuel de phénomènes d'endosmose et d'exosmose. L'imbibition de la cellule par l'eau amène un état de tension de la cellule, une sorte de *turgor* due à la pression hydraulique de l'eau sur la paroi intérieure de la membrane d'enveloppe. Cette tension cellulaire, qui joue un si grand rôle dans la plupart des phénomènes de la vie végétale, a été jusqu'ici peu étudiée dans la vie animale et paraît pourtant y avoir aussi une très grande importance. Cette tension cellulaire hydrostatique ne doit pas être confondue avec la tension qui résulte de l'accroissement et qui est plus considérable dans les parties qui s'accroissent le plus.

Nutrition cellulaire. — Les mutations matérielles de la cellule consistent en deux ordres de phénomènes, assimilation et désassimilation.

Par l'assimilation, la cellule prend dans le milieu qui l'entoure les matériaux nécessaires qu'elle convertit en sa propre substance ou qu'elle doit utiliser pour les phénomènes de son activité vitale. Cette assimilation comprend deux phases bien distinctes et qu'il importe de ne pas confondre : 1° une phase dans laquelle la cellule transforme, de manière à les rendre

CELLULES ET ÉLÉMENTS.	MILLIÈMES de millimètre.		CELLULES ET ÉLÉMENTS.	MILLIÈMES de millimètre.	
Largeur des bâtonnets de la rétine...............	1,6 à	1,8	Cellules glandulaires salivaires...............	14 à	18
Tubes nerveux sans moelle...	1 —	2	Globules rouges (oiseaux).....	15 —	18
— à moelle......	2 —	12	— (amphibies).	15 —	18
Cellules épithéliales de l'intestin...............	4 —	6	— du colostrum......	15 —	56
Tache germinative...........	4 —	6	Cellules glandulaires.........	18 —	23
Longueur des cils vibratiles..	4 —	34	Globules rouges (grenouille)..	22	
Noyau de cellule............	5 —	7	Cellules nerveuses..........	22 —	100
Globules rouges (homme)....	5 —	8	— adipeuses.........	30 —	150
Cellules connectives.........	5 —	15	Globules rouges (triton)......	32	
Largeur des fibres lisses....	6 —	12	Vésicule germinative........	38 —	45
Leucocytes.................	7 —	12	Bâtonnets de la rétine (longueur)...................	40 —	50
Globules rouges (poissons osseux)...................	11 —	18	Épithélium buccal...........	42 —	75
Largeur de la fibre striée....	11 —	56	Longueur des spermatozoïdes.	45	
Cellules pigmentaires de la rétine...................	13 —	20	— des fibres lisses....	50 —	500
			Globules rouges (protée).....	57	
			Ovule....................	100 —	200

utilisables, les substances qu'elle prend au milieu qui l'entoure; 2° une phase dans laquelle ces substances transformées deviennent parties intégrantes de la cellule : formation de la matière organique, formation de la substance organisée vivante. La première phase de l'assimilation, celle de formation de la matière organique, très développée dans la cellule végétale, est au contraire rudimentaire dans la cellule animale qui se trouve en présence de matières organiques déjà formées dans la plante; la seconde phase, celle d'intégration ou de vivification, existe à la fois dans la cellule végétale et dans la cellule animale; mais elle est beaucoup plus importante chez cette dernière, chez laquelle l'usure incessante exige une réparation incessante de la substance vivante.

La désassimilation consiste en une oxydation soit de la substance même de la cellule, soit des matériaux transformés par elle, mais non employés à sa réparation, et cette oxydation, liée à un dégagement de forces vives, prédomine dans la cellule animale.

A côté de ces deux grands actes de la nutrition cellulaire se placent des phénomènes accessoires. Les cellules semblent choisir, dans le milieu qui les entoure, certaines substances de préférence à d'autres et ne laissent pénétrer que celles-là dans leur intérieur; c'est ce qu'on a appelé affinité élective de la cellule. Les cellules éliminent les produits de l'usure de leur substance et des substances qu'elles contiennent dans leur intérieur, c'est l'excrétion cellulaire. Enfin, elles peuvent fabriquer des principes qui, sans être immédiatement utilisables soit pour former la substance organisée, soit pour l'accomplissement des actes vitaux, servent à faciliter certains actes spéciaux : tel est le rôle des liquides sécrétés dans la digestion par les cellules à pepsine, les cellules salivaires, etc.; ce sont les sécrétions cellulaires.

Irritabilité. — Ce qui a été dit du protoplasma sur cette question (voir page 361) peut se dire aussi de la cellule. L'irritabilité est la propriété fondamentale de la cellule, la condition de ses manifestations vitales et l'activité cellulaire, comme on l'a vu plus haut, est *toujours provoquée, jamais spontanée.* Pas de contraction, pas de sécrétion, pas d'action nerveuse sans irritation préalable, que cette irritation soit produite par une cause extérieure ou par une cause interne (afflux sanguin, substances absorbées, etc.). Cette loi, qui se vérifie tous les jours expérimentalement, n'est du reste qu'un corollaire de la loi de la persistance du mouvement. Il n'y a donc pas de *spontanéité vitale* au sens propre du mot, et cette expression, qui a cours encore dans le langage médical, n'a plus de raison d'être aujourd'hui.

Il résulte de cette activité vitale spéciale aux éléments anatomiques, que les cellules ont une certaine indépendance dans l'organisme, et que c'est la réunion de ces existences partielles qui constitue la vie du tout. Chaque cellule commande pour ainsi dire à un *territoire cellulaire* dont elle est le centre d'action.

Les phénomènes de mouvement des cellules ont leur cause dans les mouvements mêmes du protoplasma qui ont été étudiés plus haut. Mais la présence et les propriétés de la membrane de cellule, quand elle existe, impriment un caractère particulier à ces mouvements. Quand la cellule est entourée par une membrane dure, résistante, le protplasma se meut dans son intérieur sans pouvoir en modifier la forme ; quand, au contraire, la membrane est mince, molle, élastique, ou quand elle est absente, les mouvements du protoplasma peuvent amener des changements de forme et même des mouvements de locomotion de la cellule. On peut donc distinguer deux sortes de mouvements :

1° Des mouvements intra-cellulaires ; ils sont plus fréquents dans les cellules végétales ; tels sont ceux du protoplasma des cellules des poils staminifères de l'éphémère de Virginie ;

2° Des mouvements cellulaires proprement dits. On peut en reconnaître quatre espèces :

— Les mouvements amœboïdes, comme ceux des globules blancs du sang ;

— Les mouvements contractiles, où toute la masse participe au mouvement, comme dans la fibre musculaire ;

— Les mouvements vibratiles, dans lesquels une partie localisée de la cellule prend part au mouvement ; tels sont les mouvements des cils vibratiles de certaines cellules épithéliales ;

— Les mouvements de locomotion, dans lesquels la cellule se déplace en totalité : globules migrateurs connectifs ; spermatozoïdes.

Un développement de chaleur doit exister dans les cellules, puisqu'il s'y passe des phénomènes d'oxydation, mais on n'a sur ce sujet aucune donnée précise. Il en est de même de la production de l'électricité.

Évolution cellulaire. — Chaque cellule a, comme l'organisme dont elle fait partie et dont elle est une sorte de miniature, son évolution déterminée depuis son origine jusqu'à sa fin.

Pendant longtemps on admettait, et certains auteurs (Ch. Robin, Onimus) admettent encore que des cellules peuvent naître dans un liquide (*cytoblastème* de Schwann, *blastème* de Robin) dépourvu d'éléments cellulaires ; c'était la *formation libre* ou *spontanée des cellules*. Peu à peu cependant des observations plus précises montrèrent que ce mode de formation cellulaire était beaucoup plus restreint qu'on ne l'avait cru, et bientôt il fut nié complètement par la plupart des histologistes, surtout en Allemagne, où Virchow, modifiant la formule de Harvey : *Omne vivum ex ovo*, en fit la phrase célèbre : *Omnis cellula à cellula*. Aussi malgré les expériences d'Onimus sur la genèse des leucocytes, et celles de Montgomery, on peut affirmer aujourd'hui que la formation par *multiplication cellulaire* est de beaucoup la plus fréquente, sinon la seule.

Peut-être pourtant faudrait-il admettre, et des faits récemment observés tendraient à le prouver, un autre mode de génération cellulaire intermédiaire entre la formation libre et la multiplication cellulaire et auquel on pourrait donner le nom de *génération protoplasmique* des cellules. Dans ce mode de génération, une masse de protoplasma granuleux, amorphe, sans structure appréciable, se segmente peu à peu en parcelles correspondantes aux cellules naissantes, dont les contours apparaissent peu à peu dans la masse plastique homogène. C'est surtout sur de jeunes embryons qu'on peut observer le mieux ce mode de naissance des cellules, ainsi, sur des embryons de brochet on voit des fibres musculaires, des cellules nerveuses, des cellules épithéliales apparaître dans une substance finement granulée et primitivement amorphe. Il est vrai que cette masse de protoplasma provenant en réalité des cellules embryonnaires (voir : *Développement*), on pourrait encore, quoique indirectement, rattacher ce mode de formation protoplasmique à la multiplication cellulaire ; dans ce cas, le protoplasma représenterait une sorte de stade intermédiaire entre deux générations cellulaires, comme la plasmodie des myxomycètes représente une phase d'évolution intermédiaire entre les dérivés amœboïdes des spores ciliées et les réceptacles des spores.

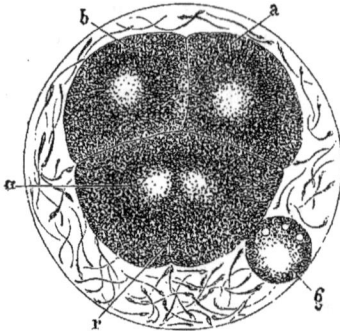

Fig. 77. — *Génération endogène* (*).

Le même mode de formation s'observerait dans les culs-de-sac glandulaires (Luschka, glandes à pepsine).

Les cellules animales des organismes supérieurs possèdent trois modes de multiplication cellulaire : la génération endogène, la génération par scission et la génération par bourgeonnement.

La *génération endogène* (fig. 77) ne se présente que dans les cellules pourvues d'une membrane d'enveloppe. Le noyau et le protoplasma se divisent en deux masses distinctes qui se comportent chacune ensuite comme une cellule, tout en restant contenues dans la membrane de la cellule-mère. Cette segmentation se fait de la façon suivante : le noyau s'étrangle circulairement et se divise peu à peu en deux parties ; le protoplasma suit cette division et il en résulte 2, puis 4, puis 8, etc., cellules, suivant que le processus de segmentation continue plus ou moins longtemps. C'est ainsi que

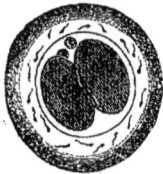
Fig. 78 (**).

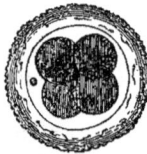
Fig. 79 (***).

Fig. 80 (****).

Fig. 81 (*****).

se fait la segmentation de l'ovule (voir fig. 78, 79, 80 et 81). Quelquefois le processus de segmentation ne s'accomplit pas d'une façon aussi parfaite ; ainsi le noyau seul peut y prendre part, et on a des cellules à noyaux multiples ; d'autres fois, une partie seulement du protoplasma prend part à la segmentation, l'autre partie restant indivise : telle est la segmentation partielle de l'ovule, comme chez les oiseaux. Dans cette multiplication cellulaire endogène, la membrane de la

(*) Œuf de *Nephelis* pendant la segmentation. — *a, b*, globules résultant de la segmentation d'une moitié de vitellus. — *r*, segmentation commençante de la deuxième moitié. *n*. — *g*, globule polaire. De nombreux spermatozoïdes sont interposés entre le vitellus et la membrane vitelline (Ch. Robin).
(**) *Segmentation du vitellus.* — Ovule avec deux globes de segmentation.
(***) Ovule avec quatre globes de segmentation.
(****) Ovule avec huit globes de segmentation.
(*****) Ovule à l'état de segmentation plus avancée (Bischoff).

cellule-mère doit s'accroître pour pouvoir contenir les générations successives qui se produisent dans son intérieur; mais il arrive en général un moment où cet accroissement s'arrête et où, la multiplication endogène continuant, la membrane de la cellule-mère disparaît, laissant échapper et mettant en liberté les cellules nouvelles.

Dans les exemples de génération endogène qui viennent d'être cités, il y a division, scission de la masse protoplasmique que contient la cellule; aussi quelques auteurs rattachent-ils ce mode de multiplication cellulaire à la génération par scission (*scission endogène*). Mais il est un autre mode de génération endogène dans lequel une partie seulement du protoplasma est employée à la formation des cellules nouvelles (fig. 82); c'est à ce mode qu'on a donné aussi le nom de *formation libre endogène*, qu'il ne faut pas confondre avec la formation libre au sein d'un blastème.

Dans la *génération par scission* ou *fissiparité* (voir fig. 86), le processus est le même; c'est une segmentation qui débute par le noyau, mais qui se continue de façon à intéresser toute la cellule, membrane d'enveloppe comprise; il

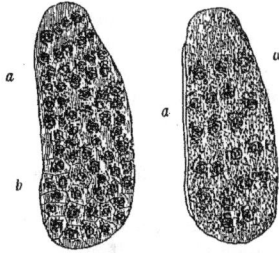

Fig. 82. — *Genèse de cellules par formation libre dans la couche blastodermique d'un œuf d'insecte* (Balbiani) (*).

en résulte que, dans ce cas, les deux nouvelles cellules provenant de la scission de la cellule génératrice deviennent immédiatement libres et indépendantes, la cellule-mère disparaît en donnant naissance à deux cellules filles. Ce mode de multiplication cellulaire est le plus commun chez l'homme.

Dans la *génération par bourgeonnement* ou *gemmiparité* (fig. 83), il se fait sur un des points de la cellule génératrice une saillie en forme de bourgeon qui s'accroît peu à peu en tenant toujours à l'organisme générateur par un pédicule qui devient de plus en plus étroit et finit enfin par se rompre; la cellule nouvelle se détache alors de la cellule-mère et commence une existence indépendante. Cette génération par bourgeonnement, dont on trouve un exemple dans la levûre de bière, est très répandue dans les organismes inférieurs, mais

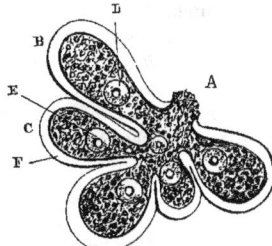

Fig. 83. — *Bourgeonnement ou gemmation* (**).

beaucoup moins chez l'homme, où on la rencontre cependant dans quelques cas (cellules de la rate).

La cellule mère peut présenter aussi plusieurs bourgeonnements simultanés à divers degrés de développement, comme on en voit un exemple dans la figure 83.

Il existe encore d'autres modes de formation cellulaire, mais qui ne se présentent pas dans le règne animal et sur lesquels, par conséquent, il n'y a pas lieu d'insister ici. Tels sont le *rajeunissement* et la *conjugaison* (1). Il faut cependant remar-

(1) Dans le *rajeunissement*, la masse entière du protoplasma d'une cellule forme une cellule nouvelle (formation des zoospores dans les algues du genre *Œdogonium*). Dans la

(*) *a*, formation des noyaux. — *b*, différenciation des cellules.
(**) Ovulation d'un mollusque lamellibranche, *Venus decussata*. — A, cellule-mère. — B, C, bourgeons formés par le refoulement de la paroi cellulaire, F, sous la pression des nouveaux noyaux, D, E, provenant du nucléus primitif (Leydig).

quer que la fécondation n'est qu'un mode particulier de conjugaison cellulaire (voir : *Génération*).

Ces diverses formes de multiplication cellulaire sont étroitement liées aux mouvements du protoplasma. Ainsi la segmentation dans l'ovule est précédée d'une rotation du protoplasma ovulaire (vitellus) et s'accompagne de phénomènes de contraction. Ces mouvements ont, du reste, été observés dans un grand nombre de cellules. Cependant cette influence est niée par certains auteurs, par Kleinenberg en particulier.

Le rôle du noyau dans la multiplication cellulaire n'est pas encore parfaitement déterminé, malgré les nombreuses recherches faites sur ce sujet. Cependant, pour la plupart des auteurs, il aurait un rôle essentiel et serait le centre et le point de départ des mouvements du protoplasma qui aboutissent à la multiplication cellulaire. Un fait certain et qui paraît favorable à cette opinion, c'est que la formation des noyaux et leur division précèdent en général l'apparition des cellules et la scission des cellules préexistantes, de sorte qu'il semble y avoir là une relation évidente de cause à effet. Mais d'autres observateurs et Ranvier en particulier, d'après ses recherches sur les globules blancs de l'axolotl, pensent que le noyau ne joue qu'un rôle passif et que les bourgeonnements et les divisions qu'il présente sont sous l'influence de l'activité motrice du protoplasma.

Caryokinèse. — Les phénomènes qui se passent dans le noyau au moment de la multiplication cellulaire ont été bien étudiés dans ces derniers temps par un grand nombre d'histologistes. La division du noyau en deux dans la génération des cellules par scission peut se faire de deux façons : par *division directe* et par *division indirecte*.

Dans la *division directe*, telle qu'on l'a observée sur les globules blancs par exemple, le noyau s'étrangle par son milieu, se divise en deux, et le corps de la cellule se segmente à son tour de la même façon.

La *division indirecte* (*caryokinèse, caryolyse, caryomitose*) est beaucoup plus compliquée. Dans ce cas, la division du noyau s'accompagne de phénomènes de mouvement (κάρυον, noyau ; κίνησις, mouvement) d'un caractère spécial et dont je résumerai brièvement les traits principaux. Les diverses phases du phénomène peuvent

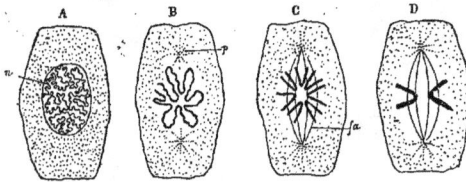

Fig. 84. — *Caryokinèse* (M. Duval).

être suivis sur les figures 84, 85 et 86. Au moment où la cellule (A, fig. 84) va se diviser, il se produit en deux points opposés du protoplasma cellulaire ou *pôles* deux figures rayonnées, *étoiles* (*p*, B, fig. 84) ou *asters*, dont les rayons sont constitués par des granulations du protoplasma. En même temps, le nucléole et la membrane du noyau ont disparu, et rien ne sépare la substance de la cellule de la substance nucléaire. A ce même stade B, le réseau ou filament chromatique s'est modifié par un procédé encore discuté et, à sa place, on trouve une sorte de rosace constituée par une série d'anses en forme d'U ou de V. A un stade ultérieur (C, fig. 84), les deux *asters* sont reliés par une série de filaments très fins, *fa*, *filaments achromatiques*, dont l'ensemble constitue une

conjugaison, deux ou plusieurs masses protoplasmiques, appartenant à des cellules différentes, se soudent en une seule masse (formation des zygospores des algues conjuguées, des myxomycètes, etc.).

espèce de *fuseau* et qui dans chaque *aster* aboutissent à un corpuscule réfringent, *corpuscule polaire*. En même temps les anses qui forment la rosace du stade B constituent un certain nombre de filaments en forme de V dont la pointe est tournée vers la région centrale de façon à figurer une étoile, dont les rayons sont dirigés vers la périphérie (*plaque* ou *étoile nucléaire*). Bientôt ces filaments se disposent suivant un plan perpendiculaire à l'axe du fuseau en formant la *plaque équatoriale* (D, fig. 84 ; deux filaments seulement ont été représentés).

Tous les stades précédents aboutissent à la formation de la plaque nucléaire. Les stades suivants, représentés dans la figure 85, E à H, concernent plus spécialement la formation des deux nouveaux noyaux. Dans E, chaque filaments en V se dédouble suivant sa longueur et chaque nouveau filament s'oriente de façon que la pointe du V au lieu d'être dirigée vers le centre, se dirige vers un des pôles en suivant un des filaments achromatiques qui semble leur servir de fil conducteur (F). Bientôt (G, fig. 85)

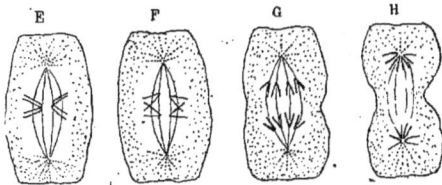

Fig. 85. — *Caryokinèse*.

la plaque équatoriale est séparée en deux et les filaments en V forment deux groupes qui progressent chacun vers un des pôles, de sorte qu'au stade suivant, H, les deux groupes ayant accompli leur trajet et atteint chacun leur pôle correspondant, il en résulte deux étoiles, *asters* des noyaux filles, encore réunis par les filaments achromatiques du fuseau (*amphiaster*).

À ce moment ont lieu la formation des noyaux-filles et la segmentation du corps de la cellule-mère (fig. 86, I à K). Les filaments en V deviennent flexueux, J, puis s'unissent en un peloton J, qui se transforme peu à peu en réticulum nucléaire; en même temps la membrane du noyau et le nucléole apparaissent, K, pendant que le corps même de la cellule accomplit sa segmentation.

Ce processus de caryokinèse est très rapide, ce qui explique pourquoi il avait échappé à l'observation. Il a été constaté, du reste, dans presque tous les tissus normaux et pathologiques, dans toute la série animale, et les recherches récentes tendent de plus en plus à restreindre, dans la multiplication cellulaire, la part de la division directe au profit de la caryokinèse (1).

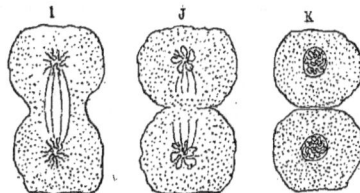

Fig. 86. — *Caryokinèse*.

La division du noyau et celle de la cellule seraient, du reste, d'après un certain nombre d'auteurs, deux phénomènes tout à fait indépendants. En tout cas, la cellule ne serait pour rien dans la division du noyau.

Kindfleisch a cherché à rattacher à l'influence de l'adhésion les figures que présente le protoplasma dans la division du noyau.

Production artificielle des cellules. — Il a été fait quelques expériences sur la *production artificielle des cellules*. Dutrochet avait déjà, dans ses recherches pour expliquer les phénomènes de la contraction musculaire, vu des globules se former

(1) Pour tous les détails de la caryokinèse, je ne puis que renvoyer aux mémoires originaux cités dans la bibliographie.

en soumettant à l'action de la pile des solutions d'albumine ou une émulsion de jaune d'œuf. Ascherson (1840) avait observé que quand on agite ensemble de la graisse et de l'albumine liquides, les gouttelettes de graisse s'entourent de fines membranes albumineuses (vésicules d'Ascherson). Mais les premières recherches précises sur la production artificielle de cellules sont dues à M. Traube, recherches déjà citées page 370. Il a obtenu la formation de vésicules closes, susceptibles de croissance, par un simple procédé physique. La croissance de ces vésicules se fait pour le contenu de la vésicule par endosmose, pour la membrane d'enveloppe par intussusception. Pour produire ces vésicules, il suffit de verser une goutte d'une solution d'un colloïde A dans une solution aqueuse d'un autre colloïde B qui forme avec le premier une combinaison insoluble : cette goutte se recouvre d'une enve- loppe insoluble amorphe qui empêche toute action ultérieure entre A et B. C'est ainsi qu'on obtient des vésicules closes avec la gélatine et le tannin par exemple. La formation d'une membrane au contact de deux colloïdes repose sur ce fait que les molécules de la couche insoluble ainsi produite se rapprochent de telle façon que les *interstices moléculaires* qui les séparent sont plus petits que les molécules des deux colloïdes. Les membranes ainsi obtenues sont beaucoup plus denses que les membranes employées en général dans les expériences d'endosmose et qui pré- sentent toujours des *pores* (pores qu'il faut bien distinguer des interstices molécu- laires); mais comme elles sont beaucoup plus minces, les phénomènes d'endosmose s'y établissent avec beaucoup plus de rapidité. Traube appelle ces membranes *membranes de précipitation,* et les substances qui leur donnent naissance *substances membranogènes,* les désignant sous le nom de *membranogènes interne et externe,* sui- vant qu'elles constituent le contenu de la cellule ou le liquide extérieur.

La formation d'une membrane de précipitation a pour base ce principe que ses interstices moléculaires sont plus petits que les molécules des substances mem- branogènes. Mais, dès que la pression du contenu cellulaire a augmenté à la suite du courant endosmotique, et a écarté les molécules de la membrane les unes des autres, de telle façon que ses interstices laissent passer les molécules des mem- branogènes, ceux-ci entrent de nouveau en contact et donnent lieu à la précipita- tion de molécules composées qui se déposent entre les molécules déjà formées de la membrane de précipitation. On voit que l'intussusception des physiologistes se réduirait ainsi à un simple phénomène physique. Traube a étudié en outre l'action de la pesanteur, de la lumière, des agents chimiques sur la forme de ces cellules et les conditions diverses qui en déterminent la croissance. La croissance d'une cellule dépend en dernière analyse de deux causes qui agissent simultanément: 1° d'une augmentation du contenu de la cellule par l'eau de la solution extérieure traversant endosmotiquement la membrane de cellule; 2° de l'extension de cette membrane par intussusception. Une cellule cessera donc de s'accroître : 1° quand le contenu cellulaire ne pourra enlever de l'eau à la solution extérieure et que l'équilibre entre la concentration des deux solutions, intérieure et extérieure, sera établi ; 2° quand la solution d'un des membranogènes sera épuisée, ou quand la solution du membranogène extérieur sera remplacée par un liquide indifférent. Plus l'attraction du corps dissous dans le contenu de la cellule pour l'eau (force endosmotique) est intense, plus la cellule est susceptible d'une croissance rapide. La croissance de la cellule peut être activée par l'addition de substances indiffé- rentes dans la formation même de la membrane (ainsi : glucose). Le chlorure de sodium, par contre, n'amène aucune augmentation notable de l'endosmose.

M. Traube a obtenu aussi des cellules en mettant en présence de l'acide tan- nique et de l'acétate de plomb ou de cuivre, ou même en mettant en présence deux cristalloïdes, comme le ferrocyanure de potassium et l'acétate du cuivre. Donc l'impossibilité de traverser une membrane n'est pas limitée aux corps amorphes, aux colloïdes, et la théorie de la formation des membranes peut se formuler ainsi : tout précipité dont les interstices sont plus petits que les molécules de ses composants prendra la forme d'une membrane si ces deux composants restent en présence. Si, comme l'a montré Graham, les corps amorphes ne peuvent traverser les membranes ordinaires, c'est simplement parce que, parmi les combinaisons chimiques, *les corps amorphes possèdent les molécules les plus volumineuses*, trop volumineuses pour traverser non seulement les interstices moléculaires, mais même les pores des membranes végétales et animales ordinaires.

Les différentes membranes de précipitation ont un équivalent endosmotique différent ; ainsi la membrane de tannate de gélatine laisse passer le sulfate d'ammoniaque qui ne peut traverser une membrane de ferrocyanure de cuivre. Les interstices moléculaires de ces diverses membranes ont donc des grandeurs différentes. En outre, ces membranes ne se comportent pas comme les membranes ordinaires, car elles ne se laissent pas traverser par des substances qu'on considère en général comme très diffusibles, et l'auteur en cite plusieurs exemples.

Les interstices moléculaires des membranes de précipitation peuvent être encore rétrécis par des précipités qui viennent s'y déposer ; c'est ce qu'il appelle *infiltration*. Une membrane ainsi infiltrée peut perdre sa perméabilité pour une substance même très diffusible ; ainsi une membrane de tannate de gélatine infiltrée de sulfate de baryte ne se laisse plus traverser par le sulfate d'ammoniaque. Comme les membranes de beaucoup de cellules animales et végétales sont très riches en principes fixes, il est probable que l'infiltration par des substances inorganiques et peut-être aussi par des précipités organiques exerce une influence essentielle sur l'équivalent endosmotique de la membrane de cellule, et, par suite, sur la composition chimique du contenu de la cellule, si différent suivant les tissus. J'ai cru devoir donner ce résumé des expériences de Traube, parce que, comme je le faisais déjà remarquer en 1869 (*Gazette médicale de Paris*, page 72), ce travail représente la tentative la plus heureuse qui se soit encore produite jusqu'ici pour expliquer la formation des cellules par des forces purement physiques et en dehors de toute action vitale. Ces expériences ont aussi, comme on le verra plus loin à propos des tissus épithéliaux, une importance très grande au point de vue de l'endosmose physiologique.

Rainey, en 1868, a fait aussi quelques essais de production artificielle des cellules ; il a obtenu des cellules à vacuoles en mélangeant des solutions de gomme ou de gomme et de dextrine avec des solutions saturées de chlorure de zinc ; mais ces expériences sont loin d'avoir l'importance théorique de celles de Traube. Les expériences de Pfeifer sur les membranes de précipitation concernent surtout les phénomènes endosmotiques de ces membranes, bien plus que leur mode même de production.

On peut encore rattacher à ces essais les recherches de Harting et de Ord sur les formations calcaires et cristallines obtenues artificiellement en présence des albuminoïdes. Harting place dans une solution d'albumine, de gélatine, etc., en les séparant par une membrane perméable, deux sels susceptibles de produire du carbonate ou du phosphate de chaux, il produit ainsi des formes rappelant celles qui existent chez les animaux et dans lesquelles la composition chimique de la substance albuminoïde combinée au sel insoluble s'est profondément modifiée ; l'albumine s'est transformée en un corps voisin de la conchyoline ou de la chitine. Ord a employé un procédé un peu différent de celui de Harting ; ce sont des tubes remplis d'une solution saline et fermés par un bouchon de gélatine qui sépare la première solution d'une deuxième solution saline pouvant fournir un sel insoluble; il a étudié ainsi les dépôts cristallins d'oxalate de chaux qui se forment dans le bouchon gélatineux et l'influence de la chaleur, de l'électricité, etc., sur ces dépôts. Monnier et Vogt ont repris récemment cette question de la fabrication artificielle des formes organiques dans une série d'expériences analogues à celles de Traube.

Métamorphoses des cellules. — Une fois nées, les cellules éprouvent des changements de formes, de véritables métamorphoses. Ces métamorphoses se font de deux façons différentes : 1° la cellule conserve le type cellulaire, tout en changeant de forme; 2° elle perd son caractère de cellule et subit une complète transformation ; c'est ainsi qu'il serait difficile, si l'on n'en avait suivi pas à pas l'évolution, de reconnaître des cellules dans une fibre musculaire de l'utérus en l'état de gestation, dans une fibre connective, dans un capillaire sanguin. En même temps qu'elle change de forme, la cellule s'accroît, contenu et contenant; elle augmente de volume et les diverses parties de la cellule prennent part à cet accroissement, le noyau dans une proportion beaucoup moindre que le reste.

La *durée* de la vie des cellules est très variable. Quelques éléments, par exemple certains éléments épithéliaux, paraissent avoir à peine une existence de douze à vingt-quatre heures; les cellules glandulaires de certaines glandes (mamelle) ont une existence encore plus rapide; la durée des cellules de l'ongle paraît être de cinq mois en été, de quatre mois en hiver (Berthold); d'autres éléments au contraire (cellules cartilagineuses) durent probablement autant que la vie de l'organisme auquel ils appartiennent. Il en serait de même, d'après Lenhossek, des cellules nerveuses des ganglions spinaux.

La *mort* des cellules peut se faire de diverses façons. La mort *mécanique* ne se produit que pour les cellules superficielles, comme les cellules épidermiques; quand leurs propriétés vitales sont à peu près abolies, elles tombent sous l'influence de causes mécaniques extérieures, frottements, chocs, lavages, etc. La *transformation chimique* est un des modes les plus communs de mort des cellules; la plus fréquente est la transformation graisseuse ou granulo-graisseuse, si importante en pathologie, mais en rencontre d'autres, telles que l'infiltration calcaire, la dégénérescence colloïde, amyloïde, etc. Enfin la cellule peut disparaître, molécule à molécule, par résorption; les particules qui la composaient disparaissent peu à peu et sont entraînées par le sang; c'est une sorte de liquéfaction cellulaire. On ne peut considérer comme mort des cellules leur transformation morphologique et leur génération par scission, quoique dans ces deux cas la cellule disparaisse en tant qu'individualité organique.

Le chapitre qui précède a montré combien la notion primitive de la cellule telle que l'avaient conçue Schleiden et Schwann, a dû être modifiée depuis pour s'adapter aux faits observés.

Dans la *théorie cellulaire*, qui trouve sa plus haute expression dans Virchow, qui s'est approprié l'idée de l'indépendance cellulaire émise pour la première fois par Goodsir, la cellule est la véritable *unité physiologique et anatomique ;* chaque cellule a sa vie propre, indépendante jusqu'à un certain point de la vie du tout, quoiqu'elle puisse être influencée par les conditions du milieu dans lequel elle est plongée; mais l'activité vitale de la cellule ne s'arrête pas à la limite de sa membrane d'enveloppe; elle s'étend au delà, et chaque cellule commande pour ainsi dire un territoire cellulaire dont elle est le centre d'action. L'organisme entier n'est donc autre chose qu'une agglomération, qu'une fédération de cellules, cellules qui proviennent toutes, par une série de multiplications successives, d'une cellule primordiale.

Mais cette unité anatomique, la cellule, se montra bientôt plus complexe dans sa structure qu'on ne l'avait pensé d'abord. On s'aperçut bientôt que dans la cellule toutes les parties n'avaient pas la même signification et qu'il en était une, le protoplasma, qui primait toutes les autres et présentait une bien plus grande importance physiologique. Alors naquit la *théorie protoplasmique*. Dans cette nouvelle évolution de la théorie, le protoplasma est la substance vivante par excellence, c'est de lui que tout dérive, et la cellule ne vient qu'en seconde ligne. Dans cette hypothèse, l'idée de l'indépendance cellulaire, de l'activité isolée de chaque élément anatomique, soutenue si vigoureusement par Virchow, perd de plus en plus du terrain. En effet, avec le protoplasma il n'y a plus et il ne peut y avoir cette séparation tranchée entre les éléments voisins ; chaque parcelle de la masse protoplasmique jouit des propriétés du tout, et l'on peut voir ces masses protoplasmiques se segmenter, se déplacer, se fusionner, se séparer de nouveau sans perdre leurs propriétés d'organisme vivant. Tous les éléments de l'organisme ne sont que des masses de protoplasma plus ou moins modifié, et pour quelques auteurs, Heitzmann en particulier, l'organisme entier n'est qu'un immense réseau de protoplasma dont tous les éléments sont continus les uns avec les autres et reliés entre eux par les prolongements qui s'anastomosent d'un élément à l'autre. Cette continuité a été aussi admise chez les végétaux par Olivier.

Enfin, un pas en avant a encore été fait dans ces derniers temps, et la *théorie*

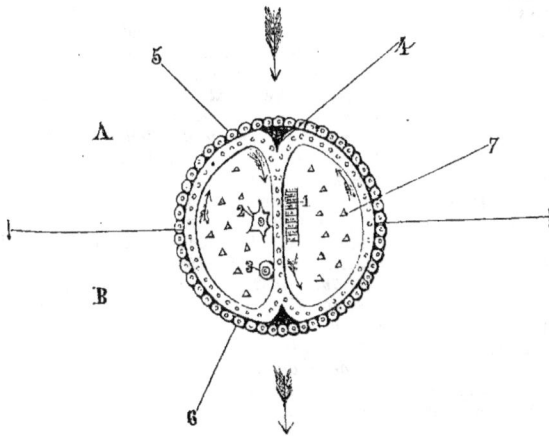

Fig. 87. — *Schéma de l'organisme* (*).

Plastidulaire, dont il a été parlé à propos du protoplasma, semble vouloir remplacer la théorie protoplasmique. On voit combien on se rapproche des *théories moléculaires*, telles que celles de Beale, de Bennett, de Béchamp, dans lesquelles les unités anatomiques et physiologiques sont représentées en dernière analyse par des molécules douées de propriétés particulières (*germinal matter* de Beale, *molécules* de Bennett, *microzymas* de Béchamp, etc.), au delà desquelles il ne resterait plus que les *molécules organiques* de Buffon et les *unités physiologiques* d'Herbert Spencer.

(*) A, surface d'introduction. — B, surface d'élimination. — 1, éléments musculaires. — 2, éléments nerveux. — 3, élément reproducteur. — 4, globules sanguins et sang. — 5, éléments épithéliaux d'absorption. — 6, éléments épithéliaux d'élimination. — 7, éléments connectifs.

Si on se reporte à la figure schématique 87, on voit qu'on peut distinguer six catégories d'éléments ayant chacun leurs caractères, leurs propriétés et leur physiologie particulière. Ce sont : 1° le globule sanguin; 2° l'élément connectif; 3° l'élément épithélial; 4° l'élément contractile; 5° l'élément nerveux; 6° l'élément reproducteur mâle (spermatozoïde) ou femelle (ovule). Le globule sanguin sera vu avec le sang; l'élément reproducteur sera étudié à propos de la reproduction. Quant aux autres éléments, leur physiologie se confond avec celle des tissus auxquels ils se rattachent.

Bibliographie de la caryokinèse. — RINDFLEISCH : *Eine Hypothese* (Cbl., 1880). — E. ZACHARIAS : *Ueber die chemische Beschaffenheit des Zellkerns* (Botan. Zeit., 1881). G. BALBIANI : *Sur la structure du noyau des cellules salivaires*, etc. (Zool. Anz., 1881) — W. PFITZNER : *Beob. üb. weiteres Vorkommen der Karyokinese* (Arch. f. mikr. Anat., t. XX, 1881). — E. STRASBURGER : *Ueber den Theilungsvorgang der Zellkerne*, etc. (Arch. f. mikr. Anat., t. XXI, 1882). — N. USKOFF : *Zur Bedeutung der Karyokinese* (id.). — L. GUIGNARD : *Sur la division du noyau cellulaire chez les végétaux* (Journ. de microgr., 1883). — W. PFITZNER : *Beitr. zur Lehre vom Bau des Zellkerns*, etc. (Arch. f. mikr. Anat., t. XXII, 1883). — W. MAYZEL : *Sur la caryomitose* (en polonais), 1884. — W. PFITZNER: *Struct. Zur morphol. Bedeutung des Zellkerns* (Morph. Jahrb., t. XI, 1885). — GUIGNARD : *Ueber et division du noyau cellulaire* (Ann. des sc. nat., 1885). — E. ZACHARIAS : *Ueber moc. Nucleolus* (Bot. Ztg., 1885). — R. BONNET : *Ueber Kern-und Zelltheilung* (Münch. Wochensch., 1886). — CORNIL : *Division des cellules en trois par caryocinèse* (Journ. de micrographie, 1886). — ID. : *Divis. indirecte des noyaux*, etc. (Arch. de physiol., 1886). — MATHIAS DUVAL ET E. RETTERER : *Observ. de caryokinèse dans l'épiderme des mammifères* (Soc. de biol., 1886). — W. WALDEYER : *Ueber Karyokinese* (Deut. med. Wochensch., 1886). — P. GILIS : *Prolifération de la cellule par karyokinèse*, th. d'agrég. Paris, 1886. — W. WALDEYER : *Ueber Karyokinese* (Arch. f. Physiol., 1887).

Bibliographie de la cellule en général. — E. STRASBURGER : *Zellbildung und Zelltheilung*, 1880. — J. BERNSTEIN : *Ueber die Krafte der lebenden Materie*, Halle, 1880. — C. FROMMANN : *Zur Lehre von der Structur der Zellen* (Jenaische Zeitsch., t. XIV, 1880). — S. RETZIUS : *Stud. üb. die Zellentheilung* (Biol. Unt., 1881). — W. MAYZEL : *Zelltheilung*, etc. (Anal. dans Schwalbe Jahresber., 1881). — W. FLEMMING : *Zellsubstanz, Kern-und Zelltheilung*, 1882. — MONNIER et VOGT : *Note sur la fabrication artificielle des formes des éléments organiques* (Journ. de l'Anat., t. XVIII, 1882). — L. F. HENNEGUY : *Division des cellules embryonnaires*, etc. (C. rendus, t. XCIV et Soc. de biol., 1882). — A. BRASS : *Die Zelle als-Elementarorganismus*, 1882. — E. STRASBURGER : *Ueber den Bau und das Wachsthum der Zellhäute*, 1882. — RANVIER : *Anatomie générale* (Journ. de micrographie, 1883). — E. LEYDIG : *Unt. zur Anat. der Thiere*, 1883. — A. BRASS : *Zell Stud.*, 1883. — J. B. CARNOY : *La biologie cellulaire*, 1884-1885. — C. RABL : *Ueber Zelltheilung* (Morph. Jahrbuch, t. X, 1884). — F. LEYDIG : *Zelle und Gewebe*, 1885. — HENNUM : *Sur la cause de la forme des cellules* (en suédois), 1885 et Biol. Cbl., 1885. — ALTMANN : *Stud. üb. die Zelle*, 1886. — A. ETERNOD : *La cellule en général* (Journ. de micrographie, 1886). — A. HYATT : *Théorie larvaire des tissus de cellules* (id.) (1).

(1) A CONSULTER : R. Virchow : *Pathologie cellulaire*, trad. franç. 4e édition. Paris, 1874. — Bennett : *On the molecular theory of organisation* (Proceedings of the royal Society of Edinburg, 1861). — Ch. Robin : *Sur la substance organisée et l'état d'organisation* (Journal de la physiologie, 1861). — C. B. Reichert : *Ueber die neuern Reformen in der Zellenlehre* (Archiv für Anat., 1863). — M. Traube : *Experimente zur Theorie der Zellenbildung* (Archiv für Anat., 1867). — Ch. Robin : *Mémoires sur les divers modes de naissance de la substance organisée*, etc. (Journal de la physiologie, 1864). — G. Clémenceau : *De la génération des éléments anatomiques*, Paris, 1865. — Onimus : *Expériences sur la genèse des leucocytes* (Journal de l'Anat., 1867). — E. Montgomery : *On the formation of so called cells in animal bodies*, Londres, 1867. — G. Rainey : *On the artificial production of certain organic forms* (Med. Times and Gazette, 1868). — P. Harting : *Recherches de morphologie synthétique* (Journal de Zoologie, t. I). — Ch. Robin : *Anatomie et physiologie cellulaires*. Paris, 1873. — O. Hertwig : *Beiträge zur Kenntniss der Bildung, Befruchtung und Theilung des thierischen Eies* (Morphol. Jahrbuch, t. I, 1875). — Ranvier : *Recherches sur les éléments du sang* (Archives de physiologie, 1875).

listinguer
priétés et
l'élémen.
ment ner-
ovule). le
a étudié à
iologie se

1880). —
", 1881).
Anz., 188
likr. Anat.
etc. (Arch
ese (id.).
e microgr.
nikr. Anat.
r. Pritzys
RD : Street
: Ueber de
onch. mod
(Journ. d.
siol., 1880
les mamm
rochenst.
Paris, 188.

ildung un
Halle, 1889
ch., t. XVI.
. Mayer.
ellsubstan
a artificiel
Hennec
l., 1882).
er den Da
(Journ. d.
rass : Bie
Ueber zel
85. — d. 0
Cbl., t. V
en génér
de cellule

Paris, 187
yal Societ
organisati
men in de
der Zelle
les de me
lémenceau
ences sur l
ormation
producti
echerches d
physiologi
Befruchtung
nvier : Br

DEUXIÈME PARTIE

DU SANG, DE LA LYMPHE ET DU CHYLE

Le sang n'est pas seulement un liquide : il contient des éléments anatomiques, des globules, et peut, à ce point de vue, être considéré comme un
tissu dont la substance intercellulaire serait à l'état liquide.

Le sang est contenu dans des conduits ou vaisseaux qui forment un système continu, un circuit, de façon qu'une molécule sanguine prise en un
point du système vasculaire revient à
ce point après avoir accompli son trajet comme dans un canal circulaire
(fig. 88). Sans entrer ici dans des détails qui seront donnés plus tard, l'appareil circulatoire est constitué par
plusieurs ordres de canaux, et le sang
doit traverser dans son trajet circulaire deux systèmes de vaisseaux capillaires, les capillaires du poumon et
les capillaires des autres organes (capillaires généraux).

Si, dans le schéma de la figure 89,
nous suivons le cours du sang, nous

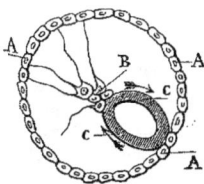

Fig. 88. — Schéma de l'organisme (*).

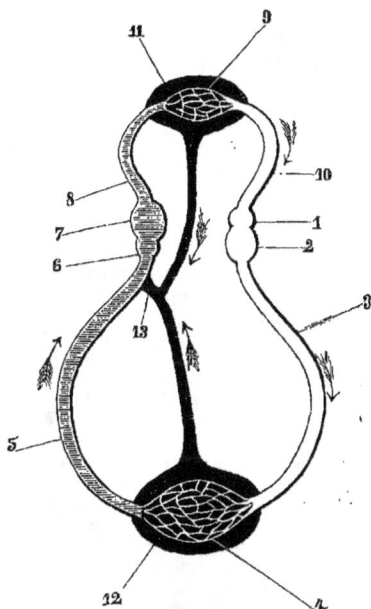

Fig. 89. — Schéma de l'appareil
vasculaire (**).

voyons que, partant, par exemple, des capillaires généraux (4), il passe
dans les veines (5), arrive au cœur droit (6,7) et est conduit par l'artère

(*) AA, globules épithéliaux. — B, globules nerveux. — C, circuit vasculaire.
(**) 1, oreillette gauche. — 2, ventricule gauche. — 3, aorte. — 4, capillaires généraux. — 5, veines. —
6, oreillette droite. — 7, ventricule droit. — 8, artère pulmonaire. — 9, capillaires pulmonaires. — 10, veines
pulmonaires. — 11, 12, espaces lymphatiques. — 13, abouchement des lymphatiques.

pulmonaire (8) aux capillaires des poumons (9); de là il passe dans les veines pulmonaires (10), le cœur gauche (1,2) et l'aorte (3), par les branches de laquelle il revient à son point de départ.

Dans les capillaires, sous des causes qui seront étudiées plus loin, une partie du liquide sanguin transsude à travers les parois de ces canaux, et le sang se divise là en deux courants : 1° un courant direct qui passe par les veines et reste dans le circuit vasculaire ; 2° un courant indirect ou dérivé qui traverse les parois des capillaires et se déverse dans les espaces, espaces lymphatiques (11,12); là, il est repris, sous le nom de *lymphe*, par des vaisseaux particuliers, vaisseaux lymphatiques, qui se rendent (13) dans les veines avant leur abouchement dans le cœur droit. La lymphe représente donc une sorte de filtration du sang, et les lymphatiques un véritable appareil de drainage pour le liquide sanguin. La lymphe qui revient des capillaires de l'intestin, chargée d'une partie des principes absorbés dans la digestion, présente des caractères particuliers et a reçu le nom de *chyle*. Nous avons donc à étudier successivement le sang, la lymphe et le chyle. Enfin au sang et à la lymphe peuvent se rattacher les sérosités et les transsudations, liquides exsudés à travers les parois des capillaires dans les cavités du corps et très analogues comme composition au sérum sanguin.

CHAPITRE PREMIER

SANG

Procédés pour recueillir le sang. — Chez l'homme, on se procure facilement le sang, soit par des piqûres dans divers points de la peau (doigts (1); coude, oreille, etc.) si l'on n'en veut que de petites quantités pour l'examen microscopique, soit, si l'on en veut de plus grandes quantités, par l'application d'une ventouse, d'une sangsue artificielle, ou par une saignée. Chez les *mammifères* et chez les *oiseaux*, on peut en recueillir de la même façon; mais il vaut mieux, après avoir fixé l'animal, mettre à nu une artère ou une veine et y introduire une canule. Le chien et le lapin peuvent supporter, sans que la mort s'ensuive, une perte de sang du cinquantième de leur poids. Pour les amphibies, grenouilles, tritons, salamandres, etc., on fixe l'animal sur une planchette en position dorsale, on enlève la paroi thoracique antérieure pour mettre à nu le cœur et on incise cet organe en recueillant le sang qui s'écoule dans une capsule ; il faut avoir la précaution d'essuyer auparavant l'animal avec un linge et d'absorber l'humidité de la peau avec du papier à filtrer. Un procédé plus expéditif est de décapiter simplement l'animal. Pour les grenouilles, on peut déjà avoir une certaine quantité de sang en incisant la grande artère cutanée qui naît du troisième arc aortique avant l'artère pulmonaire et se trouve derrière le tympan. Le sang des *poissons* s'obtient par la simple incision des branchies. Pour les *crustacés* et les *mollusques*, il suffit de mettre à nu et d'inciser le cœur. On peut aussi se procurer quelques gouttes du sang des *insectes*, en prenant quelques précautions; il faut être prévenu que, comme on le verra plus loin, le sang, chez beaucoup d'animaux inférieurs, n'a pas la coloration rouge qu'il a chez les vertébrés.

Procédés pour constater la réaction alcaline du sang. — Comme la présence de la matière colorante du sang empêche de constater sa réaction quand on le met directement en contact avec le papier de tournesol, il faut prendre des précautions indispensables.

(1) La piqûre doit être faite près de l'ongle sur la face dorsale, comme le recommande Malassez; pour avoir une plus grande quantité de sang, on applique un petit cordon de caoutchouc autour de la racine du doigt pour faire affluer le sang dans l'extrémité. On peut obtenir ainsi près de 2 centimètres cubes de sang.

sables. La teinture de tournesol doit être préparée de façon à avoir le maximum de sensibilité. Plusieurs procédés ont été employés pour rechercher la réaction du sang. Kühne le soumet d'abord à la dialyse dans une sorte de petite capsule de parchemin végétal. Liebreich emploie des lames poreuses de gypse ou d'argile imprégnées de teinture de tournesol rouge et en enlevant par un courant d'eau les globules qui restent sur la lame, on constate la présence d'une tache bleue. Au lieu de lames poreuses, Zuntz emploie du papier de soie imbibé de tournesol et d'une forte solution neutre de chlorure ou de sulfate de sodium; il laisse tomber une goutte de sang sur ce papier et enlève le sang au bout de quelques secondes avec du papier à filtrer. On a employé, pour titrer l'alcalinité du sang, l'acide phosphorique (Zuntz) ou l'acide tartrique (Lassar, Lépine).

Procédé pour constater la densité du sang. — Le procédé suivant a été imaginé par Roy. Il dépose avec une pipette une goutte de sang dans un mélange de glycérine et d'eau de densité connue; si la goutte reste en place sans monter ni descendre, c'est qu'elle a exactement la densité du mélange. En essayant ainsi successivement avec des mélanges de densité différente et déterminée d'avance on peut apprécier facilement la densité d'un sang donné.

Anatomiquement le sang est un liquide tenant en suspension des globules ou un tissu de globules avec une substance intercellulaire liquide. *Physiologiquement*, il est l'intermédiaire entre les tissus superficiels (épithéliaux) et l'extérieur d'une part, et les tissus profonds de l'autre (fig. 87); il reçoit dans son sein les matériaux de nutrition et les matériaux de déchet et porte les premiers des tissus superficiels aux tissus profonds, les seconds des tissus profonds aux tissus superficiels.

Le sang est un liquide alcalin, d'une couleur rouge qui varie du rouge vermeil au rouge foncé, d'une odeur spéciale, d'une saveur salée, fade et nauséeuse; il se coagule plus ou moins rapidement après sa sortie des vaisseaux; son poids spécifique est de 1,045 à 1,075.

L'*alcalinité* du sang répond à celle d'une solution titrée de soude à 0,2 — 0,4 p. 100. Elle peut diminuer dans certains états pathologiques. Elle est plus faible dans le sang veineux que dans le sang artériel (Lépine). Elle peut augmenter légèrement par l'ingestion continue de fortes doses de soude. Lloyd Jones a étudié la *densité* du sang par le procédé de Roy. C'est à la naissance que le sang a son maximum de densité (1,066); cette densité diminue ensuite pour remonter à partir de la deuxième année jusqu'à la vieillesse sans cependant jamais atteindre le maximum de la naissance. La densité est plus faible dans le sexe féminin; elle diminue par l'alimentation, par l'exercice musculaire (sauf dans le cas de sueurs trop abondantes. Elle est plus grande dans la grossesse).

Le sang est constitué par les parties suivantes :

1° Parties solides ou globules.$\left\{\begin{array}{l}\text{globules rouges,}\\\text{globules blancs,}\end{array}\right.$ $\left.\begin{array}{l}\\\\\text{fibrine ou partie coagulable}\end{array}\right\}$ caillot;

2° Partie liquide ou plasma....$\left\{\begin{array}{l}\text{fibrine ou partie coagulable}\\\text{sérum,}\end{array}\right.$

3° Gaz du sang.

Bibliographie. — A. SCHAFER : *A simple method of demonstrating the alkaline reaction of the blood* (Journ. of Physiol., t. III, 1882). — JONES LLOYD : *On the variations in the specific gravity of the blood in health* (Journ. of physiol., t. VIII, 1887).

Article Iᵉʳ. — **Globules.**

§ 1ᵉʳ. — **Globules rouges.**

1. — Caractères des globules rouges.

Séparation des globules et du plasma. — Le sang se coagulant très vite après sa sortie des vaisseaux, il faut, pour en isoler mécaniquement les diverses parties constituantes, prendre certaines précautions. On peut séparer la partie liquide (plasma) des globules de la façon suivante : si on laisse tomber, sur un filtre à pores assez fins et contenant de l'eau sucrée, du sang de grenouille, les globules restent sur le filtre et il passe seulement un liquide presque incolore, mélange d'eau sucrée et de plasma sanguin (Müller). — On peut, sans aucune addition, obtenir le même résultat en choisissant des animaux dont le sang se coagule très lentement. Si on reçoit du sang de cheval dans une éprouvette maintenue dans un mélange réfrigérant, le sang ne se coagule pas et se partage au bout d'un certain temps en trois parties : une couche inférieure, opaque, rouge foncé, constituée par les globules rouges et qui occupe un peu plus de la moitié de la hauteur totale ; une couche moyenne, blanc grisâtre, de 1/20ᵉ environ d'épaisseur, formée par les globules blancs, et une couche supérieure, liquide, transparente, constituée par du plasma pur (Kühne). — R. Pribram, Salet et Daremberg, etc., ont utilisé la force centrifuge pour séparer le plasma des globules ; le sang est recueilli dans une éprouvette étroite entourée de glace à laquelle une machine imprime un très rapide mouvement de rotation horizontale ; le plasma se sépare des globules en quelques minutes.

Numération des globules rouges. — 1º *Procédé de Vierordt.* On étend une petite quantité de sang d'un volume déterminé d'eau sucrée ; on fait passer une petite quantité de ce mélange dans un tube capillaire dont on connaît exactement le calibre ; on mesure sous le microscope la longueur de la colonne sanguine, ce qui donne le volume du sang ; ou étend ce sang sur un verre porte-objet dans une solution de gomme qui, en séchant, conserve les globules, et on n'a plus qu'à les compter à l'aide d'un micromètre quadrillé. — Welcker a modifié un peu le procédé de Vierordt, mais la numération par ces procédés est toujours une opération très longue. — 2º *Procédé de Malassez,* est du principe de ce procédé, qui représente un perfectionnement sur celui de Vierordt, est effectué à Cramer, qui, au lieu d'effectuer la numération des globules sur une surface, l'effectue dans un volume déterminé de dilution. — On fait d'abord un mélange parfaitement titré de sang et de sérum artificiel, soit dans une éprouvette, soit avec le *mélangeur Potain.* Le sérum artificiel se compose d'une solution de sulfate de soude de 5 à 6 p. 100. Malassez a renoncé à la solution de gomme arabique qu'il employait primitivement. — Le mélan-

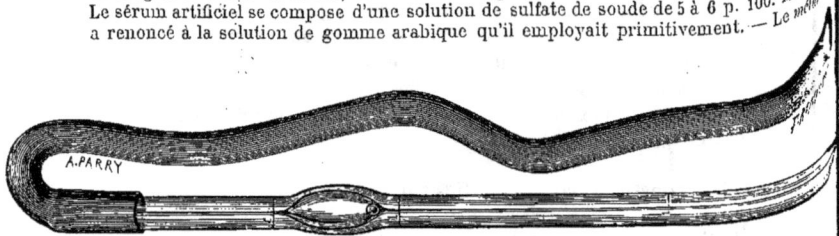

Fig. 90. — *Mélangeur Potain.*

geur *Potain* (fig. 90) représente une sorte de pipette à tube capillaire ; dans l'ampoule de la pipette se trouve à l'état de liberté une petite boule de verre ; un tube de caoutchouc s'adapte à la partie de la pipette supérieure à l'ampoule ; l'autre extrémité du tube est graduée et effilée en pointe et a, entre les deux traits extrêmes de la graduation, une capacité de 1/100ᵉ de la capacité totale de l'ampoule. Pour faire un mélange au 1/100ᵉ, on aspire par le tube en caoutchouc une colonne de sang égale à la longueur de la partie graduée et on aspire ensuite du sérum artificiel de façon à remplir l'ampoule ; on agite le tout, et la petite boule contenue dans l'ampoule mélange entièrement le sang et le sérum. Ce mélange est alors introduit dans un tube fin en verre où *capillaire artificiel* (fig. 91), calibré et cubé, qu'on place sous le microscope et dont on compte les globules sur un micromètre quadrillé (fig. 92). L'appareil de Zeiss et Thoma est construit sur le même principe que celui de Malassez. — 3° *Procédé de Hayem et Nachet*. On fait le mélange de sang et de sérum dans une petite éprouvette (fig. 93); le sang et le sérum ayant été aspirés dans des pipettes graduées, on connaît la quantité qu'on en a prise et par suite le titre du mélange. On dépose une goutte du mélange dans une cellule

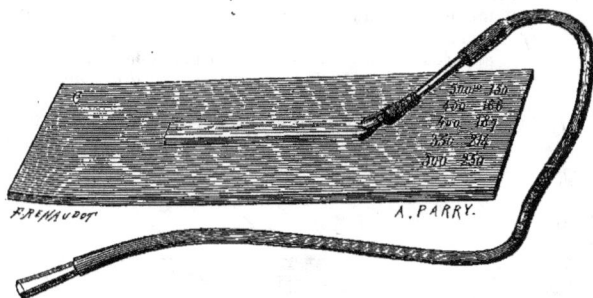

Fig. 91. — *Capillaire artificiel de Malassez.*

(fig. 84) formée par une lamelle de verre épaisse de 1/5 de millimètre, perforée à son centre et collée sur une lame de verre, et on recouvre d'une lamelle de verre. L'oculaire du microscope contient un micromètre oculaire, qui porte un carré divisé de 1/5° de millimètre de côté (pour l'objectif dont on se sert et pour un enfoncement déterminé de l'oculaire dans le tube du microscope, enfoncement qui est indiqué par un trait); cette frac-

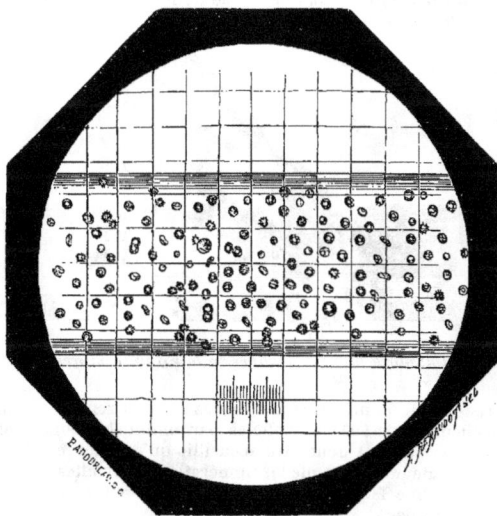

Fig. 92. — *Capillaire artificiel rempli de sang dilué et observé au microscope avec un micromètre oculaire quadrillé.*

tion 1/5° représente la valeur de l'épaisseur de la cellule qui contient le mélange; le carré divisé de l'oculaire donne donc à l'œil de l'observateur la projection d'un cube de 1/5° de millimètre de côté, et en comptant les globules contenus dans ce carré, on aura le nombre de globules contenus dans un cube de 1/5° de millimètre de côté; en multipliant par 125, on aura le nombre de globules renfermés dans 1 millimètre cube du mélange, et en multipliant ce chiffre par le titre du mélange, on aura le nombre de globules contenus dans 1 millimètre cube de sang. — 4° *Hémocytomètre de Gowers*. Le compte-globules de

Gowers ressemble beaucoup à celui d'Hayem ; mais Gowers remplace le quadrillage oculaire par un quadrillage objectif, de sorte qu'il supprime ainsi le réglage préalable du microscope et l'emploi d'un oculaire spécial. — 5° *Compte-globules d'Afferow.* Afferow a récemment décrit un compte-globules dans lequel il a cherché à éviter quelques-uns des inconvénients de ceux de Malassez, Hayem, Zeiss, etc., mais dont le maniement paraît un peu délicat. Il facilite la numération en recevant l'image sur le verre dépoli d'une chambre micro-photographique. Son appareil permet d'employer des cellules de un demi et 1 millimètre de profondeur. — 6° *Procédé d'Hayem modifié par Malassez.* Malassez a modifié et perfectionné sur plusieurs points le procédé d'Hayem. Sa principale modification porte sur l'addition au compte-globules d'une *chambre humide graduée* (fig. 95) munie d'un compresseur porte-

Fig. 93. — *Éprouvette et agitateur.*

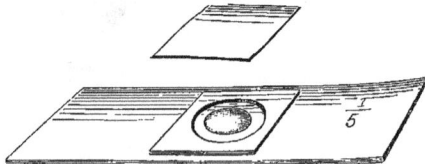

Fig. 94. — *Cellule calibrée pour la numération des globules.*

lamelle et pour le maniement de laquelle je renvoie au mémoire original de l'auteur. — 7° *Globulimètre de Mantegazza.* Cet appareil, construit sur le même principe que le *lactoscope* de Donné (voir : *lait*) est basé sur la transparence d'un mélange de sang et d'une solution de carbonate de sodium. — Je ne ferai que mentionner l'appareil compliqué de Ceradini, le *citemaritmo.*

Fig. 95. — *Chambre humide graduée munie d'un compresseur porte-lamelle.*

Dans ces procédés de numération les causes d'erreur sont très nombreuses et on peut se tromper facilement de 500,000 globules par millimètre cube. Les résultats obtenus par ces procédés ne peuvent donc être accueillis qu'avec toutes réserves. Ils ne peuvent avoir une certaine valeur que lorsque les numérations sont faites par le même observateur et toujours de la même façon ; mais les résultats obtenus par différents observateurs ne sont pas comparables.

Les *globules rouges* ou *hématies* ont été découverts en 1658 par Swammerdam, chez la grenouille, en 1673 par Leuwenhoek, chez l'homme. Ce sont de petits corpuscules de 0mm,007 de diamètre sur 0mm,0019 d'épaisseur ; ils ont la forme d'une lentille biconcave, de façon que, vus de face, ils représentent un disque circulaire avec une dépression centrale, et de profil un bâtonnet un peu renflé à ses deux extrémités. Leur couleur est jaunâtre clair tirant un peu sur le vert, et ce n'est qu'en grande masse qu'ils ont une coloration rouge. Ils sont très mous, élastiques et, après avoir été comprimés ou étirés, reprennent immédiatement leur forme primitive ; cette élasticité leur permet de se modifier suivant les obstacles qu'ils rencontrent et de traverser des capillaires plus fins que leur diamètre. Une particularité singulière encore mal expliquée est la propriété qu'ils ont de s'empiler les uns à côté des autres comme des piles de monnaie (fig. 96, a) (1).

Fig. 96. — *Globules du sang humain* (*).

Leur volume de 0,00000068 de millimètre cube (Welcker) a une assez grande fixité pour une même espèce animale. Leur poids est de 0,00008 de milligramme (2). Leur nombre est considérable ; Vierordt l'a trouvé de 5 millions par millimètre cube ; Hoppe-Seyler a trouvé par son procédé 326 parties de globules pour 1,000 parties en poids de sang de cheval. D'après Welcker, la totalité des globules rouges contenus dans le sang représente une surface de 2,816 mètres carrés (surface oxygénée du sang). Leur densité, 1,105, est plus considérable que celle du plasma ; aussi, si on laisse le sang reposer en retardant la coagulation de la fibrine, tombent-ils au fond de l'éprouvette.

Hayem distingue dans le sang trois sortes de globules rouges, dont les moyennes seraient représentées par les chiffres suivants : $0^m,0085 - 0^m,0075 - 0^m,0065$. Pour 100 corpuscules, on aurait en général dans le sang normal 75 moyens, 12 gros et 12 petits. Le froid, les inspirations d'oxygène, les saignées, la quinine, l'acide cyanhydrique, l'alcool augmenteraient les dimensions des globules ; leur grosseur diminuerait au contraire par la chaleur, l'acide carbonique, la morphine et sous l'influence de la fièvre aiguë (Manasséin). D'après Berchon et Périer les globules rouges du nouveau-né auraient, les deux premiers jours de la naissance, des dimensions plus faibles que ceux de l'adulte.

Le *nombre* des globules est sous l'influence de plusieurs conditions parmi lesquelles une des plus importantes est la quantité du plasma sanguin. Ce nombre peut varier dans des limites assez étendues. Sörensen, qui s'est servi du procédé de Malassez un peu modifié, a fait une série de recherches intéressantes sur les causes qui peuvent faire varier ce nombre. Le tableau suivant représente la moyenne des chiffres qu'il a trouvés pour les différents âges dans les deux sexes. :

(1) Pour Robin, cette adhérence serait due à la sécrétion par les globules d'une substance visqueuse lorsque le sérum se concentre par l'évaporation. L'opinion de Dogiel qui la considère comme produite par la fibrine a été réfutée par Weber et Suchard. D'après Norris, cette adhérence pourrait aller dans le sang stagnant et même dans l'intérieur des vaisseaux jusqu'à une véritable confluence en une masse liquide colloïde. Norris a cherché à donner de cette propriété singulière une explication physique et a essayé de reproduire artificiellement les mêmes phénomènes en se servant de petits disques de liège imprégnés d'un liquide et placés en suspension dans un liquide non miscible au liquide d'imprégnation ; l'adhérence des globules serait due à ce qu'ils possèdent à leur surface une substance qui ne se mélange pas avec le plasma.
(2) Il est évident que ces mesures n'ont qu'une valeur très approximative.

(*) a, globules empilés en colonnes. — b, c, globules vus de face.

SEXE MASCULIN.		SEXE FÉMININ.	
AGE.	NOMBRE DE GLOBULES par millimètre cube.	AGE.	NOMBRE DE GLOBULES par millimètre cube.
4 à 8 jours.............	5.769500	1 à 14 jours.............	5.560800
5 ans..............	4.950000	2 à 10 ans.............	5.120000
19 1/2 à 22 ans............	5.600000	15 à 28 —	4.820000
25 à 30 ans.............	5.340000	22 à 31 — (grossesse à 6 mois).	5.010000
50 à 52 —	5.137000	41 à 61 —	4.600000
82 ans.................	4.174700		

Les recherches de Lépine, Cuffer, Hélot, s'accordent aussi pour prouver cette augmentation de globules rouges chez le nouveau-né. Mais il faut que le nouveau-né ait respiré; car le sang du fœtus à terme contient toujours moins de globules que le sang de la mère (Cohnstein et Zuntz). Le chiffre des globules est plus grand aussi chez les individus d'une constitution forte, chez l'habitant des campagnes.

La quantité des globules rouges augmente et atteint son maximum une heure après le repas; elle est alors de 15,4 à 19,4 p. 100 plus grande qu'avant, puis elle diminue peu à peu dans les six heures qui suivent. Cependant cette influence de la digestion n'est pas admise par tous les auteurs. L'inanition, en concentrant le sang, augmente le nombre des globules. D'après Malassez, la richesse globulaire serait plus grande dans le sang veineux de la peau, des muscles, des glandes, de la rate; cette augmentation serait plus marquée dans les muscles pendant la contraction, dans les glandes pendant l'état de repos, dans la rate après la digestion. Certaines maladies et en particulier la chlorose, la leucémie, l'anémie pernicieuse, etc., feraient baisser et quelquefois considérablement le chiffre des globules.

Il en serait de même dans la grossesse, d'après quelques physiologistes. D'après Sorensen, le chiffre de un demi-million de globules rouges par millimètre cube serait la limite inférieure extrême compatible avec la vie. Le sang des carnivores est plus riche en globules que celui des herbivores. D'une façon générale, la richesse globulaire diminue des vertébrés supérieurs aux inférieurs tandis que le volume des globules augmente, sans compenser cependant l'infériorité numérique. Dans l'hibernation, le chiffre des globules peut tomber à deux millions par millimètre cube. Le nombre des globules, d'après Kostjurin, ne serait pas le même dans les différentes régions du corps (sang des capillaires cutanés). Il serait moindre dans les régions où la circulation est plus lente, ainsi dans la région plantaire.

Forme et structure des globules. — Les globules sont constitués par une masse demi-solide, homogène, qui paraît dépourvue de membrane d'enveloppe et de noyau (voir plus loin); ce dernier se rencontre cependant dans la vie embryonnaire et chez les vertébrés inférieurs. L'existence d'une membrane d'enveloppe a été longtemps admise et l'est encore aujourd'hui par beaucoup d'histologistes. Brücke distingue dans le globule une masse poreuse, sorte de charpente molle, transparente, ou l'*oïkoïde*, et une substance vivante, contractile, colorée, le *zooïde*. Les globules rouges sont circulaires chez tous les mammifères, sauf les caméliens; ils sont elliptiques chez les caméliens, les oiseaux, les amphibies (fig. 97), les reptiles et la plupart des poissons; ils sont circulaires chez les cyclostomes. Leur grandeur est très variable pour les différentes espèces; les plus considérables se rencontrent chez les amphibies (1).

La *structure* des globules rouges a donné lieu à beaucoup de discussions qui sont loin d'être épuisées. La question la plus discutée est celle de savoir si les globules sanguins possèdent ou non une membrane d'enveloppe, et l'accord n'existe pas encore sur ce sujet parmi les histologistes; les uns, comme Reichert, Osjannikow, Kneuttinger, Neumann, admettent l'existence d'une membrane en se basant sur l'action de certains réactifs qui isolent cette membrane du corps du globule (acide nitrique, solution de sucre alcoolisée, acides et alcalis, acide phosphorique, etc.). Krause, en employant de forts grossissements, aurait constaté sur les globules une membrane à double contour. Preyer, sur les globules des salamandres, Vaillant, sur ceux de la

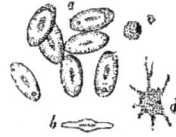

Fig. 97. — *Globules du sang de grenouille* (*).

sirène lacertine, sont arrivés aux mêmes conclusions. Ranvier, en colorant par le sulfate de rosaniline des globules traités par l'alcool dilué, a vu la partie périphérique de la substance du globule se distinguer du reste sous forme de membrane colorée à double contour; et ses observations me paraissent démontrer d'une façon très nette la présence d'une membrane d'enveloppe, fine et molle, sur les globules sanguins. Beaucoup d'histologistes au contraire, se basant soit sur l'examen direct, soit sur l'action des réactifs, nient complètement l'existence d'une membrane (Schultze, Rollett, Beale, Vintschgau, Rovida, Böttcher, Pouchet, etc.).

On a vu plus haut que les globules sanguins embryonnaires (mammifères) et ceux des vertébrés inférieurs (amphibies) possèdent un noyau. Quelques auteurs et en particulier Böttcher, Brandt, Sappey, admettent l'existence d'un noyau dans les globules circulaires de l'adulte, ou du moins dans un certain nombre d'entre eux. D'après Hayem, des globules à noyau ne se montreraient que dans les cas d'anémie extrême. Ranvier et, après lui, Stirling, ont décrit des nucléoles dans les noyaux des globules rouges des amphibies.

Quelle est la disposition intime de la substance du globule sanguin? Quelle est sa structure histologique? Il a été dit déjà quelques mots de l'hypothèse de Brücke. Si on laisse tomber du sang de triton dans une solution d'acide borique à 1 p. 100,

(1) Voici les dimensions des globules sanguins de quelques vertébrés :

GLOBULES DISCOIDES.		GLOBULES ELLIPTIQUES.		
			Petit diamètre.	Grand diamètre.
Éléphant	0.0094	Amphiuma	0.040	0.070
Homme	0.0077	Proteus anguinus	0.049	0.0635
Chien	0.0073	Triton cristatus	0.008	0.0135
Lapin	0.0069	Grenouille	0.017	0.0255
Chat	0.0065	Bufo vulgaris	0.0135	0.024
Mouton	0.0050	Pigeon	0.0065	0.0147
Chèvre	0.0041	Lama	0.0040	0.0080
Moschus javanicus	0 0025			

(*) *a*, globule rouge vu de face; *b*, vu de profil; *c*, globule blanc; *d*, globule blanc avec prolongements amœboides.

on voit au bout d'un certain temps chaque globule se séparer en deux parties, une partie transparente, incolore, et une partie colorée qui contient le noyau, partie colorée qui gagne le bord du globule et finit peu à peu par s'en séparer tout à fait. Mais, avant cette séparation, la partie colorée se présente sous la forme de ramifications arborescentes partant du noyau et qui finissent par s'agglomérer. La partie colorée ou *zooïde* représente la partie active, réellement vivante, tandis que la partie incolore ou *oïkoïde* lui sert simplement de charpente et de soutien. Faber rattache à la théorie de Brücke. Krause s'en rapproche aussi beaucoup lorsqu'il admet une charpente ou stroma incolore à fibres radiées dont les mailles contiennent la matière colorante. Meisels a observé les mêmes phénomènes sur les globules des autres espèces. Beaucoup d'auteurs décrivent aussi des filaments radiés (protoplasmiques, albumineux) allant du noyau vers la périphérie; mais l'interprétation de ces rayons est encore très douteuse, comme l'a fait remarquer Ranvier. Du reste, certaines observations paraissent contraires à cette structure compliquée de la substance globulaire et tendraient plutôt à faire admettre pour cette substance une consistance liquide ou semi-liquide. En effet, Lieberkuhn a constaté des mouvements moléculaires dans l'intérieur des globules rouges, sur des têtards vivants, et Tarchanoff, dans des observations très curieuses, a vu les granulations vitellines des globules rouges de têtards se porter d'un pôle à l'autre, sous l'influence de l'électricité, et prendre un mouvement dans la direction opposée quand on renversait le courant.

Contractilité des globules rouges. — Cette contractilité est encore l'objet d'un doute. Cependant les observations de Schultze, de Metschnikow, démontrent d'une façon indubitable que cette contractilité existe dans certains cas dans les globules embryonnaires. Ils ont vu en effet des mouvements amœboïdes des globules rouges chez le poulet du troisième au sixième jour de l'incubation; mais chez l'adulte les observations sont bien moins concluantes, quoiqu'elles aient été affirmées par quelques auteurs, Winkler par exemple; cependant Klebs attribue bien la forme dentelée que prennent les globules après leur sortie du vaisseau à une contractilité vitale; mais il semble plutôt n'y avoir là qu'une véritable altération cadavérique. Friedreich, Munk ont vu aussi des mouvements amœboïdes des globules rouges en suspension dans l'urine, et il semblerait que, dans certaines maladies, les globules rouges, recouvrant les propriétés des globules embryonnaires, pussent présenter des phénomènes de contractilité comme l'ont observé Laskewitsch et Rommelære, Ardnt, etc.

Influence de divers agents sur les globules rouges. — Après leur sortie des vaisseaux, les globules rouges s'altèrent très rapidement et prennent des formes singulières; la plus commune est l'état *dentelé* ou *crénelé* (fig. 98, *d*), dont la cause n'est pas encore bien expliquée; on a vu plus haut que Klebs en fait un phénomène de contractilité. Hüter émet à ce sujet l'hypothèse singulière que cet aspect est dû à des monades qui se fixent sur les globules. C'est ici le lieu de rappeler que Laborde et Coudereau, dans une communication à la Société de biologie, décrivent un état crénelé particulier des globules rouges chez les jeunes chiens à l'état d'allaitement; ces globules seraient recouverts de globules graisseux qui leur donneraient un aspect mûriforme ou dentelé.

De nombreuses recherches ont été faites dans ces dernières années pour étudier les phénomènes produits sur les globules rouges par les divers réactifs chimiques ou par les agents physiques, chaleur, électricité, etc. Quoique ces recherches n'aient encore donné que peu de résultats au point de vue physiologique et aient surtout une importance histologique, j'en donnerai cependant un résumé.

L'examen de la circulation au microscope ou même le simple examen d'une goutte de sang montre l'élasticité des globules rouges et avec quelle facilité ils prennent toutes les formes en présence des obstacles qu'ils rencontrent, pour reprendre leur forme primitive une fois l'obstacle franchi. Ces formes, souvent très singulières, des globules rouges se voient bien si on agit mécaniquement sur les globules dans certaines conditions ou si on emploie certains artifices de préparation. Ainsi, en mélangeant du sang avec une solution concentrée de gomme et ajoutant une solution concentrée de chlorure de sodium, on voit au microscope les globules s'allonger et devenir fusiformes (Lindwurm); le même aspect s'observe dans les caillots sanguins, sur des coupes minces de gélatine à laquelle on a mélangé du sang défibriné pendant qu'il était encore liquide (Rollett). Cependant cette élasticité des globules rouges a une limite assez vite atteinte; si on place une goutte de sang sous le microscope et qu'on comprime et relève alternativement la lamelle couvre-objet, au bout de quelque temps, la cohésion des globules est détruite et ils se segmentent en fragments de forme variable.

Le *froid*, indépendamment de son action sur la coloration du sang qui sera vue plus loin, conserve les globules; on peut garder pendant quatre à cinq jours du sang dont les globules possèdent encore toutes leurs propriétés, en plaçant ce sang dans un endroit frais, par exemple dans une capsule entourée d'eau glacée.

L'influence de la *chaleur* a surtout été étudiée par M. Schultze. Jusqu'à 52° environ les globules conservent leur vitalité, mais, à partir de 52°, ils présentent des dépressions, puis des étranglements et il s'en détache des globules de dimensions variables qui, quelquefois, restent reliés les uns avec les autres pendant quelque temps en formant des espèces de chapelets, ou en offrant les formes les plus variées.

L'*électricité statique* appliquée à l'aide d'une bouteille de Leyde, par chocs se succédant toutes les trois ou quatre minutes, produit une série de phénomènes bien décrits par Rollett. Les globules (mammifères) se creusent d'abord d'incisures, puis deviennent mûriformes, puis dentelés; les dents s'amincissent ensuite et s'effilent de façon que le globule paraît hérissé de piquants; enfin ces piquants disparaissent et le globule prend la forme sphérique et, au bout d'un certain temps, se décolore par le passage de la matière colorante dans le sérum. L'action des *courants induits* se rapproche de celle de l'électricité statique; il faut remarquer seulement que le courant induit direct qui accompagne l'ouverture du courant primaire, a plus d'effet que le courant inverse. Sur les globules de grenouille et de triton les phénomènes sont un peu différents et les saillies et les prolongements sont moins prononcés et ont une direction rayonnée. Le *courant constant* ne produit pas ces phénomènes; mais il peut agir par électrolyse, de sorte que les globules présentent au pôle positif les changements dus à l'action des acides, au pôle négatif ceux qui sont dus à l'action des bases. J'ai mentionné plus haut la curieuse expérience de Tarchanoff.

L'*eau* rend les globules sphériques tout en diminuant un peu leur diamètre; il n'y a donc gonflement que dans le sens du plus petit diamètre des globules; mais cette sphère formée par le globule n'est pas toujours parfaitement régulière et elle présente souvent en un point une sorte d'ombilic ou de dépression; au bout de quelque temps le globule se décolore complètement. Dans les globules elliptiques on voit souvent, sous l'action de l'eau, une série de rayons partant du noyau et se terminant en pointe à la périphérie du globule (addition de 3 ou 4 volumes d'eau à 1 volume de sang de grenouille frais).

Dans l'action des différents réactifs liquides ou en solution sur les globules rouges, il faut toujours faire la part de l'eau, c'est-à-dire de la concentration plus ou moins grande de la solution; c'est ce qui se voit bien si l'on emploie des substances indifférentes, comme le sucre par exemple, à des degrés divers de concentration. Les solutions très étendues agissent comme l'eau elle-même; les solutions très concentrées au contraire ratatinent les globules, froncent leur surface, les rendent plus durs et moins souples.

Hamburger a étudié avec soin l'action de l'eau et des solutions à divers degrés de concentration. Il a recherché pour un grand nombre de substances le point de concentration auquel le globule sanguin reste inaltéré, sans perdre sa matière colorante, *point isotonique* ou *neutre* (0,64 p. 100 pour le chlorure de sodium; 5,59 p. 100 pour le sucre).

Les *alcalis*, à des degrés différents de concentration, suivant la substance, ont pour effet général d'abord de donner aux globules une forme sphérique et ensuite de les faire disparaître au bout d'un certain temps. Dans les globules à noyau la disparition est précédée d'un aplatissement du noyau.

Les *acides* produisent un fin précipité, soit dans la substance du globule, soit dans le noyau (globules embryonnaires et globules elliptiques). Ces effets sont du reste très variés suivant la nature de l'acide. On a vu plus haut (p. 391) l'action de l'acide borique. L'action du tannin (solution à 2 p. 100) s'en rapproche beaucoup (Robert). L'acide pyrogallique concentré sépare le globule en trois parties, une couche corticale, une masse homogène, hyaline (*zooïde* de Brücke) qui fait hernie par les déchirures de la couche corticale, et une masse grenue jaune brunâtre (Wedl). L'acide phénique détermine des formes variables et curieuses suivant son degré de concentration (Hüls). Pour étudier d'une façon nette l'action des acides et des alcalis, en évitant les influences accessoires, on peut aussi employer l'électrolyse. La teinture d'iode agit à la façon des acides.

L'action des *sels métalliques* a été peu étudiée. Les sels d'argent donnent d'abord aux globules un double contour et une forme allongée ou anguleuse; les noyaux (globules de grenouille) offrent un précipité granuleux; au bout d'un certain temps les globules pâlissent et se séparent en granulations.

Les *vapeurs* d'éther, de chloroforme, de sulfure de carbone, d'alcool, rendent le sang transparent et font passer sa matière colorante dans le sérum; cette action est précédée d'un changement de forme du globule qui devient irrégulièrement sphérique. J'ai mentionné plus haut (p. 391) l'action de l'alcool dilué.

L'*oxygène* augmenterait les dimensions des globules; l'*ozone* les détruit à la longue. L'*acide carbonique* les rendrait plus petits. Stricker a étudié surtout l'influence alternative de l'acide carbonique et de l'oxygène sur les globules : il a vu sous l'action de l'acide carbonique un précipité se produire dans le noyau (globules de grenouille et de tritons) et ce précipité disparaître par l'action de l'oxygène; ce précipité paraît être dû à de la paraglobuline; mais, pour qu'il se produise, il faut que les globules aient déjà été soumis à l'action de l'eau; si l'addition est très limitée, on voit la figure radiée déjà décrite, et qui était apparue sous l'action de l'eau, disparaître sous l'influence de l'acide carbonique et reparaître de nouveau quand l'oxygène remplace l'acide carbonique. L'acide carbonique peut aussi, dans de certaines conditions d'aquosité du globule, rendre le noyau et même la surface du globule rugueux tandis qu'ils reprennent leur aspect lisse par l'action de l'oxygène.

L'influence des *matières colorantes* sur les globules sanguins ayant surtout de l'intérêt au point de vue histologique, je renvoie pour cette question aux ouvrages spéciaux. Je mentionnerai seulement la coloration verte que prennent les globules rouges quand on les traite par le carmin d'indigo et le borax, puis par l'acide oxalique. Cette réaction les distinguerait de tous les autres éléments (Bayerl).

L'action de certaines *substances organiques* sur les globules rouges a au contraire une très grande importance physiologique. En première ligne vient la bile. Plattner, puis Kühne, ont montré que la bile, les sels alcalins des acides biliaires, l'acide cholalique, ont la propriété de dissoudre et de détruire les globules sanguins avec des phénomènes qui se rapprochent de ceux qui sont produits par l'action du chloroforme. L'urée en solution ou en poudre détruit les globules dans des conditions qui varient suivant la concentration de la solution. Pour une solution de 25 à 30 p. 100, les globules elliptiques s'étranglent et se segmentent en corpuscules arrondis ; pour des solutions plus faibles, ils deviennent sphériques et disparaissent. Les mêmes phénomènes se produisent sur les globules circulaires. Cependant Cuffer et Regnard prétendent que l'urée est sans action sur les globules. D'après les mêmes auteurs, au contraire, les globules rouges seraient détruits par le carbonate d'ammonium et la créatine. D'après les recherches de Rovida, l'acide urique serait sans action. Le *sérum d'une espèce différente* produirait une segmentation des globules rouges en masses irrégulières (Creite): si on laisse une goutte de sang défibriné de lapin tomber dans du sérum de sang de grenouille, les globules deviennent d'abord sphériques et perdent leur matière colorante; bientôt les globules disparaissent et il ne reste plus que des fragments mous et filants (fibrine du stroma); du reste les expériences de transfusion ont prouvé que les globules rouges disparaissent avec plus ou moins de rapidité quand ils ont été injectés dans le sang d'un animal d'une espèce différente (voir : *Transfusion*). Les globules rouges injectés dans différents endroits sur les animaux vivants soit de même espèce, soit d'espèce différente (chambre antérieure de l'œil, sacs lymphatiques, etc.), présentent une série de phénomènes sur lesquels je reviendrai à propos de la formation des globules du sang.

La *résistance* des globules sanguins aux divers agents n'est pas la même pour tous les globules. Il en est qui se détruisent beaucoup plus facilement que d'autres et Mosso les divise à ce point de vue en deux classes et mesure cette résistance en additionnant le sang d'une solution plus ou moins concentrée de chlorure de sodium.

Durée des globules rouges.

— La durée des globules rouges est complètement inconnue jusqu'ici et les chiffres qui ont été donnés ne s'appuient sur aucune base sérieuse. On a bien vu dans les expériences de transfusion les globules sanguins injectés disparaître au bout d'un temps variable suivant les espèces animales qui fournissaient le sang transfusé et le terrain de la transfusion; mais il est difficile d'en tirer des conséquences pour l'état normal, d'autant plus qu'on a vu plus haut l'action dissolvante du sérum sur les globules d'une espèce éloignée; d'ailleurs les chiffres donnés par les différents expérimentateurs ne s'accordent même pas entre eux. La destruction

des globules sanguins dans les extravasations sanguines, ou après l'injection
du sang dans la chambre antérieure de l'œil, dans les sacs lymphatiques, etc.,
ne peut non plus fournir de résultats précis. La seule chose positive, c'est
qu'on observe dans le sang des globules qui présentent des différences de
coloration, de consistance, de réactions chimiques, de volume même, qui
doivent correspondre à des degrés divers de développement ; il y aurait alors
dans le sang une destruction et une rénovation incessante de globules rouges.
Quant au lieu de destruction des globules, certains faits, qui seront étudiés à
propos de la physiologie du foie et de la rate, tendraient à la localiser dans ces
deux organes. La bile sert, du reste, à éliminer une partie du fer provenant
de la destruction des globules rouges. R. Engel a même cherché en se basant
sur la quantité de fer éliminé par la bile à évaluer la durée de la vie des globules rouges.

Bibliographie. — DUPÉRIÉ : *Sur les variat. phys. dans l'état anatomique des globules
du sang*, 1878. — R. ARNDT : *Beob. an rothen Blutkörperchen* (Arch. de Virchow,
t. LXXVIII, 1879). — ID. : *Zur Contractilität der rothen Blutkörperchen* (id.). — ERNREICH :
Ueber die specifischen Granulationen des Blutes (Arch. für Physiol., 1879). — LABORDE :
Sur la présence de corpuscules graisseux, etc. (Gaz. médicale, 1879). — P. HENRY et
B. NANCREDE : *Ueber Zählung der Blutkörperchen* (Bost. med. and surg. Journ., 1879).
— G. CUTLER et H. BRADFORD : *Changes of the globular richness of human blood* (Journ.
of physiol., t. I, 1879). — WORM-MÜLLER : *Om Tallingen de röde Blodegerner*, etc.
(Arkiv for Mathematik, t. I, 1879). — J. GAULE : *Ueber Würmchen, welche aus den Fis-
chblutkörperchen auswandern* (Arch. f. Physiol., 1880). — G. HAYEM : *Sur les caractères
anatomiques du sang particuliers aux anémies* (C. rendus, t. XC, 1880). — WEBER et
SUCHARD : *De la disposition en piles qu'affectent les globules rouges* (Arch. de physiol.,
1880). — L. MALASSEZ : *Sur les perfectionnements les plus récents apportés aux méthodes
et aux appareils de numération des globules sanguins* (Arch. de physiol., 1880). —
ID. : *Compte-globules à chambre humide graduée* (Gaz. méd., 1880). — J. WOODWARD :
Ueber die Grösse der Blutkörperchen (New-York med. Record, t. XVII, 1880). —
S. D. KOSTJURIN : *Ueber die Vertheilung der rothen Blutkörperchen in den Capillar-
gefässen der Haut* (Petersb. med. Wochensch., t. V, 1880). — A. ROLLETT : *Ueber die Wir-
kung, welche Salze und Zücker auf die rothen Blutkörperchen ausüben* (Biol. Cbl., 1880).
— A. W. MEISELS : *Stud. üb. Zooid und OEkoid*, etc. (Sitzb. Wien. Akad., t. LXXXIV,
1881). — CH. ROBIN : *Sur les globules du sang* (Gaz. méd., 1881). — K. ARNDT : *Ueber
den rothen Blutkörperchen* (Arch. de Virchow, t. LXXXIII, 1881). — G. TOENISSEN :
Ueber Blutkörperchenzählung, etc. Diss. Erlangen, 1881. — E. JESSEN : *Photom. des
Absorptionsspectrums der Blutkörperchen* (Zeit. f. Biol., t. XVII, 1881). — E. HART : *On
the micrometric numeration of the blood-corpuscles* (Quarterly Journ. of micr. sc., 1881).
— F. LYON et R. THOMA : *Ueber die Methode der Blutkörperchenzählung* (Arch. de Virchow, t. LXXXIV, 1881). — F. DOWDESWELL : *On some appearances of the blood-corpuscles*, etc. (Quart. journ. of micr. sc., 1881). — D. LAMBL : *Hématographie clinique* (en
polonais) ; 1881. — G. BIZZOZERO : *Sur un nouvel élément morphologique du sang chez
les mammifères* (Arch. ital. de biol., t. I, 1882, et III, 1883 ; et dans : Arch. de Virchow,
t. XC, 1882 et Cbl., 1882). — B. NORRIS : *The new blood-corpuscle* (Lancet, 1882). —
E. H. HOWLETT : *On the granular matter of the blood* (id.). — R. NEALE : id. — OSLER : *Ueber
den dritten Formbestandtheil des Blutes* (Cbl., 1882). — R. DAVISON : *A clinical study of
the small granular cells of the blood* (Lancet, 1882). — W. OSLER : *Note on cells containing red blood-corpuscles* (Lancet, 1882). — R. NICOLAÏDES : *Rech. sur le nombre des globules rouges dans les vaisseaux du foie* (Arch. de physiol., 1882). — N. HEYL : *Zählung,
resultate betreffend die farblosen und die rothen Blutkörperchen*, Diss. Dorpat, 1882. —
C. BINZ : *Das Verhalten von Blut und Ozon zu einander* (Cbl., 1882). — MAYET : *Rech.
sur les altérations spontanées des éléments colorés du sang* (id.). — E. RAY-LANKESTER :
On Drepanidium ranarum (Quart. Journ. of micr. sc., 1882). — CHR. GRAM : *Und. over
de røde Blædlegemers*, etc. (en danois) ; 1883. — EHRMANN et SIEGEL : *Beitr. zur Mengenbestimmung der Blutkörperchen* (Anzeiger d. k. k. Ges. d. Ærzte in Wien, 1883). — SIEGEL :
Ueber Mengenbestimmung der Blutkörperchen (Wien. med. Presse, 1883). — A. ANDREJEWSKI :
Ueber die Ursachen der Schwankungen im Verhältnisse der rothen Blutkörperchen, Diss.

Dorpat, 1883. — HAYEM : *Contrib. à l'étude des altér. morphologiques des globules rouges* (Arch. de physiol., 1883). — J. DOGIEL : *Neue Unt. üb. die Ursache der Geldrollenbildung* (Arch. f. Physiol., 1883). — A. SCHMIDT : *Rech. sur les leucocytes du sang* (Arch. de physiol., 1883). — BIZZOZERO : *Die Blutplatten im peptonisirten Blute* (Cbl., 1883). — HAYEM : *Note sur les plaquettes du sang* (Gaz. méd., 1883). — M. LAWDOWSKY : *Sur la question du troisième élément du sang* (Le méd. ; en russe; 1883). — F. SLEVOGT : *Ueber die im Blute der Saugethiere vorkommenden Körnchenbildungen*, Dorpat, 1883. — C. LAKER : *Beob. üb. die Blutscheibschen*, etc. (Wien. Akad., t. LXXXVI, 1883). — H. FEIERTAG : *Ueber die sog. Blutplättchen*, Diss. Dorpat, 1883. — S. ALFEROW : *Nouvel appareil servant à compter exactement les globules sanguins* (Arch. de physiol., 1884). — F. SIEGEL : *Ueber Methode und praktische Verwerthung der Blutkörperchenzählung* (Allg. Wien. med. Zeit., 1884). — F. SIEGEL et C. MAYDL : *Ueber Zahlungen der Blutkörperchen* (Wien. med. Jahrb., 1884). — CH. GRAM : *Unt. üb. die Grösse der rothen Blutkörperchen*, etc. (Fortschr. d. Med., 1884). — J. MELTZER et H. WELCH : *Zur Histiophysik der rothen Blutkörperchen* (Centralbl., 1884). — J. BERNSTEIN : *Ueber den Einfluss der Salze auf die Lösung der rothen Blutkörperchen durch verschiedene Agentien* (Cbl., 1884). — F. DOWDESWELL : *On some appearances in the blood of vertebrated animals* (Journ. of the roy. micr. soc., t. IV, 1884). — L. GIBSON : *On the « invisible blood corpuscles » of* Norris (Journ. of anat., t. XVIII, 1884). — M. AFFANASIEW : *Ueber den dritten Formbestandtheil des Blutes* (D. Arch. f. kl. Med., t. XXXV, 1884). — P. EHRLICH : *Zur Physiologie und Pat. der Blutscheiben* (Char.-Ann., t. X, 1885). — W. NIKOLSKY : *Zur Vacuolenbildung in den rothen Blutkörperchen*, etc. (Med. Cbl., 1885). — MAYET : *Act. de quelques liq. neutres sur les globules rouges* (Lyon méd., t. I, 1885). — C. SCHIMMELBUSCH : *Die Blutplättchen und die Blutgerinnung* (Fortsch. d. Med., t. III, et Arch. de Virchow, 1885). — M. LÖWIT : *Die Blutplättchen etc.* (Fortsch. d. Med., t. III, 1885). — R. FUSARI : *Contrib. allo studio delle piastrini del sangue* (Acad. d. med. di Torino, 1885). — J. G. OTTO : *Unt. üb. die Blutkörperchenzahl*, etc. (A. de Pflüger, t. XXXVI, 1885). — B. DANILEWSKY : *Die Hämatozoen der Kaltblüter* (Arch. f. mikr. Anat., t. XXIV, 1885). — ID. : *Zur Parasitologie des Blutes* (Biol. Cbl., t. V, 1885, et Arch. slaves de Biol., t. I, 1886). — G. BOCCARDI : *Sulla struttura dei globuli rossi nelle rane* (Istituto fisiol. di Napoli, 1886). — ID. : *Ric. sullo svilluppo dei corpuscoli del sangue* (id.) et Acad. delle sc. fis. e mat.. 1886). — CROOKSHANK : *Flagellated Protozoa in the Blood* (Journ. of micr. soc., t. VI, 1886). — J. v. FODOR : *Bacterien im Blute lebender Thiere* (Arch. f. Hyg., t. IV, 1886). — KOWALESKY : *Ueber die Wirkung der Salze auf die rothen Blutkörperchen* (Akad., 1886 et 1887). — C. LAKER : *Beob. an den geformten Bestandth. des Blutes* (Wien. t. VII, 1886). — E. OEHL : *Sur les masses protoplasmiques du sang* (Arch. ital. de biol., 1886). — W. OESLER : *The blood-plaque* (Brit. med. Journ., 1886). — G. PLATNER : *Ueber die Entstehung des Nebenkerns*, etc. (Arch. f. mikr. Anat., t. XXVI, 1886). — ZENTZ : *Ueber den wechselnden Gehalt des strömenden Blutes an geformten Bestandtheilen* (59e Versamml. deut. Naturf. zu Berlin, 1886). — G. VARIOT : *Éléments figurés du sang*. Th. d'Agrég. Paris, 1886. — H. HAMBURGER : *Ueber den Einfluss chem. Verbindungen auf Blutkörperchen* (Arch. f. Physiol. 1886). — H. HAMBURGER : *Ueber die durch Salz-und Rohrzucker-Lösungen bewirkten Veränderungen der Blutkörperchen* (Arch. f. Physiol., 1887) (1).

(1) *A consulter :* Donné : *Recherches sur les globules du sang*, 1833. — R. Wagner : *Beiträge zur vergleich. Physiologie des Blutes*, 1833. — Vierordt : *Neue Methode der quantitative mikr. Analyse des Blutes* (Arch. für phys. Heilkunde, 1852). — Welcker : *Ueber Blutkörperchenzählung* (Archiv des Vereins für gemein. Arbeiten zu Göttinguen, 1854). — H. Welcker : *Grösse, Zahl, Volumen, Oberflache, und Farbe der Blutkörperchen bei Menschen und bei Thieren* (Zeitschr. für rat. Medicin, t. XX, 1863). — K. Vierordt : *Notiz über die Zählung der Blutkörperchen* (ibid., t. XXXI, 1863). — M. Kneuttinger : *Zur Histologie des Blutes*, 1865. — Mantegazza : *Del globulimetrio, nuovo strumento per determinare rapidamente la quantità dei globelti rossi del sangue*, 1865. — G. Ceradini : *Projetto di Citemaritmo, apparecchio per l'enumerazione dei globuli del sangue* (Rendiconti del reale Istituto lombardo, t. III, 1867). — L. Malassez : *De la numération des globules rouges* (Archives de physiologie, 1874 et Gazette médicale de Paris, 1874). — Ranvier : *Recherches sur les éléments du sang* (Arch. de physiologie, 1875). — Hayem : *De la numé des globules du sang* (Gazette hebdomadaire, 1875 et Comptes rendus, 1875). — Lépine : *De la numération des globules rouges chez l'enfant nouveau-né* (Gaz. méd. de Paris, 1876). — Gowers : *On the numeration of blood corpuscles* (Lancet, 1877).

2. — Composition des globules rouges.

Le globule sanguin se compose de deux parties, le *stroma* ou masse globulaire et la matière colorante ou *hémoglobine*. L'hémoglobine ayant été étudiée d'une façon détaillée dans la chimie physiologique (p. 186 et suiv.), il ne sera question ici que du stroma globulaire.

Procédés de séparation du stroma et de la matière colorante. — *Isolement du stroma par le procédé de Rollett.* — Pour isoler le stroma de la matière colorante, on peut employer divers procédés ; la réfrigération, l'électricité font passer dans le plasma la matière colorante des globules. Si on laisse tomber goutte à goutte du sang défibriné (surtout de cobaye) dans une capsule placée dans un mélange réfrigérant et qu'on chauffe ensuite rapidement à + 20°, le sérum se colore et les globules restent à peu près incolores avec toutes leurs propriétés (forme, élasticité, etc.). Le sang, qui était auparavant opaque, devient transparent et de couleur de laque ou *laqué* (*lackfärbig* des Allemands). Le sang peut prendre cette couleur de laque sous beaucoup d'influences, comme on le verra dans le paragraphe : Couleur du sang.

Le *stroma* globulaire (globuline de Denis), obtenu par le procédé de Rollett, a conservé la forme et la plupart des propriétés des globules rouges, mais les globules ainsi décolorés sont devenus moins lourds et ne tombent plus au fond du liquide. Ce stroma est insoluble dans le sérum, l'eau distillée, les solutions salines étendues, l'eau sucrée ; au-dessus de 60°, il se dissout en se divisant d'abord en gouttelettes.

La *composition chimique* du stroma globulaire est encore peu connue sur beaucoup de points. On y trouve : 1° des matières albuminoïdes, un albuminate alcalin et de la globuline ; 2° de la lécithine ; 3° de la graisse ; 4° de la cholestérine ; 5° de l'eau ; 6° des phosphates alcalins qui proviennent très probablement de la lécithine et, du moins dans quelques espèces animales (chien, bœuf), des chlorures alcalins ; des traces de manganèse. Le noyau des globules rouges contient en outre de la nucléine. Les globules renferment aussi une substance inconnue qui décompose les carbonates. On y constate encore la présence d'un ferment saccharifiant qui se sépare des globules quand on traite du sang défibriné par 10 volumes d'une solution de chlorure de sodium à un demi p. 100 à la température de 100°.

Les globules des mammifères sont plus riches en eau que ceux des oiseaux.

§ 2. — Globules blancs.

Numération des globules blancs. — La numération des globules blancs dans le sang pur est peu exacte, parce qu'une partie des globules blancs est masquée par les globules rouges ; il vaut mieux employer le procédé de Malassez ; ce procédé est identique au procédé de numération des globules rouges ; seulement, à cause de la faible proportion des globules blancs, on ne fait le mélange de sang et de sérum artificiel qu'au 1/50° et on compte les globules blancs dans plusieurs champs microscopiques contigus. Thoma emploie un liquide (acide acétique étendu) qui dissout les globules rouges et laisse les blancs intacts.

Les *globules blancs* ou *leucocytes* (fig. 98, c), découverts en 1770 par Hewson, sont incolores, sphériques, un peu plus volumineux que les globules rouges et beaucoup moins nombreux que ces derniers. La proportion des globules blancs aux globules rouges est de 1 à 500 environ, ce qui fait à peu près 15,000 par millimètre cube. Cette proportion varie beaucoup du reste suivant les circonstances physiologiques et les organes ; le sang de la veine splénique contiendrait quelquefois jusqu'à un quart de globules blancs; ils augmentent au moment de la diges- tion et ils diminuent par l'abstinence ; chez les gre- nouilles, ils peuvent même disparaître complètement (Kölliker).

Il faut cependant remarquer que ces globules paraissent se détruire très rapidement après leur sortie des vaisseaux (A. Schmidt, Landois), de façon que le nombre trouvé dans ces conditions ne répondrait en rien au nombre de leucocytes exis-

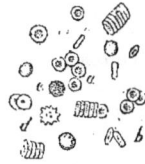

Fig. 98. — *Globules du sang de l'homme* (*).

tant dans le sang en circulation. Ce fait peut expliquer les variations qu'on rencontre entre les différents observateurs au sujet du nombre des globules blancs et l'écart des moyennes données par eux (1 : 300 — 1 : 1500). C'est ainsi que Malassez et Grancher n'ont pas constaté l'augmentation des leucocytes après le repas, et que Tarchanoff croit que le sang veineux de la rate ne contient pas plus de globules blancs que le sang de l'artère. Les saignées, la lactation, la quinine (Binz et Martin ont observé le contraire), l'essence de térébenthine, le camphre, l'essence de fenouil et de cannelle, la leucémie, les suppurations locales (leucémie de suppuration), les substances amères, etc., augmentent le nombre des globules blancs ; ils diminuent par le curare, le mercure, l'essence de menthe poivrée. Le sang défibriné renferme toujours moins de globules blancs que le sang en circulation. La plus grande partie des globules blancs (71 p. 100) disparaît dans le battage du sang.

Leur densité est un peu plus faible que celle des globules rouges ; ils se précipi- tent plus lentement au fond du vase.

Ils sont constitués par une masse de protoplasma granuleuse, dépourvue d'enve- loppe et qui contient 1 à 4 ou 5 noyaux visibles par l'addition d'acide acétique. Cependant l'existence d'une membrane d'enveloppe a été admise par Robin et Sap- pey.

Les globules blancs sont loin d'avoir la fixité de volume et la constance de carac- tères des globules rouges; quelques-uns sont très petits et réduits à un noyau entouré d'une mince couche de protoplasma ; on trouve du reste toutes les formes de transition jusqu'aux globules parfaits.

Schultze en admet trois et même quatre espèces dans le sang humain : 1° les plus petits ne dépassent pas 0mm,005, sont sphériques et pourvus d'un gros noyau; ils ne présentent pas de mouvements amœboïdes; 2° d'autres, de la grosseur des glo- bules rouges, sont finement granulés et leurs mouvements se bornent à l'expansion de courts prolongements souvent terminés en pointe; 3° la troisième espèce, plus volumineuse, de forme ordinairement irrégulière, à granulations fines, offre le phé- nomène des mouvements amœboïdes dans toute leur perfection ; 4° enfin, les der- niers ne se distinguent des précédents, dont ils possèdent les mouvements, que par leurs granulations plus grosses. Eichhorn admet dans le sang normal, à côté des globules blancs ordinaires, des globules blancs, formés dans les lymphatiques et constitués par un noyau entouré d'une mince couche de protoplasma (*lymphocytes*); ils auraient le diamètre d'un globule rouge. Lawdowsky en distingue deux espèces dont il sera parlé plus loin à propos des mouvements des leucocytes. Rindfleisch, Golubew, Kneuttinger, Hayem, Renaut, Lawdowski, ont aussi décrit plusieurs

(*) *a*, globules rouges vus de face; *b*, vus de profil; *c*, globule blanc ; *d*, globule dentelé.

formes de globules blancs chez les grenouilles. D'après les recherches de Ranvier, le noyau des plus gros globules blancs a souvent l'aspect d'un boudin replié quelquefois sur lui-même, tandis que celui des petits globules a une forme sphérique. Ces noyaux, sous l'influence de l'alcool dilué, présenteraient un double contour et auraient par conséquent la structure vésiculaire.

La *composition chimique* des globules blancs a été étudiée sur les globules de pus, qui leur sont identiques. La substance même de ces globules est constituée par du protoplasma dont la composition chimique a été vue, p. 360. Les noyaux contiennent une substance particulière, la nucléine, qui ne paraît être qu'un mélange d'un corps organique phosphoré (lécithine) et de matières albuminoïdes.

Les *mouvements* des globules blancs ont déjà été mentionnés à propos du protoplasma (p. 357) et rentrent dans la catégorie des mouvements dits *amœboïdes* qui ont été décrits à ce propos. Les globules blancs du sang se comportent en effet absolument comme des amibes; ils changent de forme, se déplacent, absorbent et digèrent les particules colorées ou les corpuscules divers qu'on met en contact avec eux; ils présentent les mêmes réactions vis-à-vis des agents physiques; la chaleur active leurs mouvements et les rend beaucoup plus sensibles; à 40°, ils prennent la forme sphérique (tétanos calorifique) et à 50° sont tués en devenant fusiformes; l'électricité les tétanise et les tue si la décharge est trop intense. Le curare arrête ces mouvements (Drosdorff). Ils sont influencés par l'état de concentration du plasma, et augmentent quand le plasma sanguin est plus concentré. Ces mouvements amœboïdes des globules blancs ont été observés non seulement dans le sang sorti des vaisseaux, mais aussi dans l'intérieur des vaisseaux et dans le sang en circulation (Héring, Thoma).

Ces mouvements, d'après Lawdowsky, différeraient dans les deux espèces de leucocytes qu'il admet dans le sang. Les uns, à fines granulations, à noyau invisible pendant la vie, présentent des mouvements lents et des prolongements minces, nombreux, ramifiés; les autres, à grosses granulations, ont un noyau visible, contractile, des prolongements courts et épais, et exécutent des mouvements énergiques; ces mouvements peuvent persister jusqu'à huit jours dans une chambre humide.

Outre ces mouvements amœboïdes, on remarque des mouvements moléculaires des granulations contenues dans les globules blancs. Ces mouvements moléculaires qui se présentent surtout après l'addition d'eau, paraissent être de nature purement physique, quoique Stricker les considère comme une manifestation vitale de l'activité cellulaire.

C'est grâce à ces mouvements que les leucocytes peuvent traverser les pores des membranes organiques; ainsi Lortet appliqua la membrane de la chambre à air d'un œuf de poule dépouillé à ce niveau de sa coquille sur une plaie en suppuration, et trouva, au bout de quelques heures, les globules blancs du pus (identiques à ceux du sang) à la face interne de la membrane. Pour la question de la sortie des globules blancs à travers les parois des vaisseaux, voir : *Pus.*

Un caractère essentiel de ces globules, c'est leur ubiquité; ils ne sont pas exclusifs au sang, comme les globules rouges; on trouve partout ou à peu près partout, spécialement dans les tissus connectifs, des éléments absolument semblables. Cependant on verra plus loin qu'il semble y avoir des différences assez profondes entre les diverses espèces de globules blancs. La *formation des globules* sera étudiée plus loin. La *durée* de leur existence est inconnue, les différences d'aspect et de caractères qu'ils présentent dans le sang et qui ont été mentionnées plus haut indiquent qu'ils parcourent certains stades de développement avant d'arriver à l'état parfait, et leur destruction paraît même se faire assez rapidement.

Le rôle principal des globules blancs paraît être, comme on le verra plus loin, de contribuer à la formation des globules rouges quoiqu'il y ait peut-être quelques réserves à faire sur ce point. Cependant leur ubiquité fait supposer que ce n'est pas là leur rôle unique et qu'à côté de cette destination spéciale ils interviennent très probablement d'une façon plus générale dans les actes intimes de la nutrition. Il est ainsi à peu près certain, comme on le verra à propos de la coagulation du sang, que par leur destruction ils donnent naissance à la fibrine. Enfin, d'après Wooldridge, ils auraient la propriété de s'emparer des peptones injectés dans le sang. Les leucocytes paraissent avoir du reste une aptitude spéciale à se charger des principes étrangers à leur propre substance, et on verra à propos de l'absorption digestive que quelques auteurs ont invoqué pour l'expliquer cette propriété des leucocytes.

Bibliographie. — J. Gaule : *Beob. der farblosen Elemente des Froschblutes* (Arch. f. Physiol., 1880). — Pouchet : *Note sur les leucocytes de Semmer*, etc. (Journ. de l'Anat., 1880). — Id. : *Note sur les granulations hémoglobiques*, etc. (Gaz. méd., 1880). — P. Ehrlich : *Method. Beitr. zur Physiol. und Pat. der verschiedenen Formen der Leuko-cyten* (Zeit. f. kl. Med., t. I, 1880). — Schwarze : *Ueber stäbchenhaltige Lymphzellen bei Vögeln* (Centralbl., 1880). — P. Detoma : *Del rapporto fra i globuli sanguigni bianchi e i globuli rossi del sangue* (Gior. d. R. Acad. di med. di Torino, 1880). — J. Cavafy : *Amœboid movements of the colourless blood-corpuscles*, etc. (Med. chir. transac., t. LXIV, 1881). — F. Hoffmann : *Ein Beitrag zur Physiol. und Pat. der farblosen Blutkörperchen*, Diss. Dorpat, 1881. — D. Lawdowski : *Sur les phén. de mouvement des leucocytes* (en russe), 1881. — J. Renaut : *Mém. sur les éléments cellulaires du sang* (Arch. de physiol., 1881). — R. Thoma : *Die Zählung der weissen Zellen des Blutes* (Arch. de Virchow, t. LXXXVII, 1882). — E. Rauschenbach : *Ueber die Wechselwirkungen zwischen Proto-plasma und Blutplasma*, Diss. Dorpat, 1882. — J. Dogiel : *Zur Physiol. der Lymphkör-perchen* (Arch. f. Physiol., 1884). — M. Einhorn : *Ueber das Verhalten der Lymphocyten zu den weissen Blutkörperchen*, 1884. — W. Flemming : *Ueber die Regeneration der Lymphzellen* (Physiol. Ver. im Kiel, 1884). — M. Löwit : *Ueber Neubildung und Zerfall weisser Blutkörperchen* (Wien Akad., t. XCII, 1885) (1).

§ 3. — Autres éléments figurés du sang.

Outre les globules rouges et les globules blancs, on trouve encore dans le sang un certain nombre d'éléments dont la nature et la signification sont encore indéterminées, pour quelques-uns du moins. Je les passerai succes-sivement en revue.

(1) *A consulter :* Moleschott : *Ueber das Verhältniss der farblosen Blutzellen zu den far-bigen*, etc. (Wiener med. Wochenschrift, 1854). — E. Hirt : *Ueber das Verhältniss zwis-chen den weissen und rothen Blutzellen* (Müll. Archiv, 1856). — A. Schmidt : *Ueber die weissen Blutkörperchen* (Dorpat med. Zeitschrift, t. V, 1874). — Id. : *Ueber die Beziehungen des Faserstoffes zu den farblosen und rothen Blutkörperchen*, etc. (Pflüger's Archiv, t. IX, 1874). — Grancher : *Recherches sur le nombre des globules blancs du sang*, etc. (Gaz. mé-dicale, 1876). — Malassez : *Sur le nombre des globules blancs du sang à l'état de santé* (Ibid., 1876).

1° *Hématoblastes d'Hayem.* — Hayem a donné ce nom à des corpuscules plus petits que les globules rouges et qui ne paraissent être autre chose que les corpuscules déjà décrits par Zimmermann sous le nom de *corpuscules élémentaires*, par Donné sous le nom de *globulins*. Ces hématoblastes ont de 0mm,0015 à 0mm,003; ils sont incolores, discoïdes, homogènes, d'une couleur jaunâtre ou verdâtre; ils s'altèrent très facilement et par suite se dérobent très vite à l'observation. On en trouve 216,000 à 346,000 par millimètre cube. On verra plus loin le rôle que leur fait jouer Hayem dans la formation des globules rouges. D'après Pouchet, ils prendraient souvent la forme discoïde. Chez la grenouille et le triton, les hématoblastes seraient pourvus d'un noyau (1). Gibson leur donne le nom de *microcytes colorés du sang* et les fait provenir de la destruction des globules rouges.

2° *Plaques de Bizzozero.* — Bizzozerro les décrit comme des plaques très pâles, ovales ou arrondies, d'un diamètre deux à trois fois plus faible que celui des globules rouges. Elles s'altèrent très vite et après leur sortie des vaisseaux deviennent granuleuses. On les a aussi appelées *disques sanguins* (Laker), *microcytes incolores* (Gibson). Elles paraissent identiques aux hématoblastes d'Hayem. Leur présence dans le sang circulant a été niée par quelques auteurs (Gram, Lowit). On en compterait environ 40 pour 1000 globules rouges. Les auteurs varient beaucoup sur la signification de ces plaques, comme du reste sur celle des hématoblastes d'Hayem. Tandis que les uns les considèrent comme provenant de la destruction des globules blancs (Gibson, Laker) ou des globules rouges (Gibson, Mosso), d'autres les regardent comme un stade de développement des globules rouges.

3° *Corpuscules de Norris.* — Norris considère comme les prédécesseurs des globules rouges des éléments incolores, à peu près invisibles parce qu'ils ont le même indice de réfraction que le sérum; ce sont des disques incolores, biconcaves et on trouverait dans le sang toutes les formes intermédiaires entre eux et les globules rouges. D'après Norris, les hématoblastes d'Hayem ne seraient que les granulations provenant de la destruction de ces éléments. Ces corpuscules paraissent être simplement des globules qui ont perdu leur hémoglobine.

4° *Microcytes de Vanlair et Masius.* — Éléments offrant la couleur des globules rouges, mais d'un ton un peu plus foncé. Ce ne sont probablement que des globules au terme de leur évolution.

5° *Leucocytes de Semmer.* — Ce sont des éléments sphériques, de la grosseur des leucocytes ordinaires, mais qui s'en distinguent par la nature et la disposition des granulations qu'ils contiennent. Ces granulations sont arrondies, réfringentes, plus ou moins volumineuses, et groupées de façon à refouler les noyaux vers la périphérie. Ehrlich, d'après leur solubilité et leurs réactions de coloration, distingue cinq espèces de granulations dans les leucocytes de Semmer, dont les plus importantes se colorent par l'éosine (*granulations éosinophiles*); d'après Ehrlich, et contrairement à Semmer et à Pouchet elles ne contiendraient pas d'hémoglobine. La signification de ces leucocytes et de leurs granulations est encore très obscure.

Outre ces formes, on peut trouver encore dans le sang : 1° des masses de protoplasma plus ou moins régulières et plus ou moins volumineuses; les plus grosses sont de forme irrégulières et sont probablement formées par la confluence de plusieurs globules blancs; les plus petites ne sont autre chose que des fragments de

(1) Il s'est introduit une très grande confusion dans la science à propos du mot *hématoblaste*. Ce terme a été employé en effet pour désigner des éléments très différents, soit : 1° les globulins de Donné et les corpuscules élémentaires de Zimmermann ; 2° des globules blancs à protoplasma hyalin ; 3° les granulations dites *éosinophiles* ; 4° les cellules à noyaux bourgeonnants de Bizzozero ; 5° les *myéloplaxes* de Robin ; 6° les cellules vaso-formatives de Ranvier ; 7° des cellules rouges à noyau (Neumann).

globules blancs; 2° des granulations et des gouttelettes graisseuses qui, surtout après l'ingestion de lait, peuvent être assez nombreuses pour donner au sang un aspect laiteux ; 3° des corpuscules mobiles punctiformes visibles seulement à de très forts grossissements (500 à 1,500 diamètres) et de nature indéterminée; 4° des granulations anguleuses constituées probablement par des précipités de fibrine ou de paraglobuline; 5° des granulations ou des plaques de pigment; 6° des cristaux d'hémoglobine ; malgré l'affirmation contraire de Funke, ces cristaux me paraissent pouvoir se former dans le sang en circulation. J'ai pu du moins constater dans un cas sur le sang humain normal l'existence d'un cristal identique aux cristaux d'hémoglobine du cobaye. On a rencontré en outre dans le sang des éléments particuliers provenant probablement du dehors, micrococcus, bâtonnets, bactéries, etc., dont la présence semble liée à certaines formes morbides. Je mentionnerai spécialement des parasites de la classe des infusoires flagellés, *trypanosoma sanguinis*, considérés par Gaule comme provenant des globules blancs du sang.

Bibliographie. — Voir : *Globules rouges, globules blancs, formation des globules sanguins.*

§ 4. — Formation des globules du sang.

1. — Formation et évolution des globules blancs.

Le mode de formation des globules blancs du sang est encore très discuté. Le fait certain, c'est que la plus grande partie des leucocytes du sang provient de la lymphe et qu'une faible partie seulement se forme dans le sang. J'étudierai successivement les divers modes de formation admis par les physiologistes.

Formation des globules blancs de la lymphe. — L'origine des globules lymphatiques paraît être multiple. En tout cas, ce qui est positif, c'est que les glandes lymphatiques et les organes lymphoïdes ne sont pas les seuls lieux de production de ces globules. En effet, on a constaté à plusieurs reprises et en particulier chez l'homme, sur deux suppliciés (Teichmann), la présence de globules dans les lymphatiques qui précèdent les ganglions. Les hypothèses principales qui ont été admises sur l'origine des globules lymphatiques sont les suivantes :

1° *Ils se forment dans les glandes lymphatiques, les organes lymphoïdes, rate, thymus, etc.* — Cette origine est incontestable, comme le prouve l'augmentation considérable du nombre des globules dans les vaisseaux qui sortent des ganglions. Mais le mode d'origine est plus obscur. Frey admet qu'ils proviennent des cellules des parois des vaisseaux et des cavités des glandes lymphatiques, cellules qui sont détachées par le courant du liquide.

D'après les recherches que j'ai faites, il y a déjà quelques années, sur des ganglions d'enfant hypertrophiés et sur des ganglions de malades morts d'affections du cœur, il m'a semblé que les globules lymphatiques provenaient des noyaux qui se rencontrent aux points d'intersection des trabécules du tissu réticulé de ces ganglions, noyaux qu'il est impossible de confondre avec la coupe de ces mêmes trabécules. Chez l'adulte, à l'état normal, ces noyaux s'atrophient; mais chez l'enfant ou dans certains cas pathologiques, ils sont volumineux, granuleux, ovoïdes, et constituent non plus seulement des noyaux, mais de véritables globules, plus pâles seulement et moins réfringents que les globules blancs; quelques-uns même sont tellement pâles qu'il faut beaucoup d'attention pour les distinguer de la substance trabéculaire qui les entoure ; quelquefois ces globules, au lieu d'occuper l'intersection des trabécules, en occupent le trajet même, et il n'est pas rare d'en rencontrer qui débordent et font sur le bord des trabécules une saillie plus ou moins prononcée. Enfin, dans certains cas, et spécialement chez des malades morts de maladies du cœur, j'ai trouvé des globules ne tenant plus aux trabécules que par un pédicule très fin, de sorte qu'on peut au bout d'un certain temps rencontrer toutes les formes de transition entre l'état dans lequel les globules lymphatiques constituent une masse granuleuse à peine distincte enfouie complètement dans les renflements trabéculaires et l'état qui précède immédiatement leur mise en liberté sous l'influence soit de la contractilité protoplasmique, soit de l'impulsion du courant lymphatique.

2° *Ils se forment dans le tissu adénoïde ou réticulé.* — Ce mode de formation, qui se rapproche en somme beaucoup du précédent, puisque le tissu réticulé n'est autre chose que la forme rudimentaire des organes lymphoïdes, explique pourquoi on trouve des globules avant les ganglions lymphatiques.

3° *Ils proviennent des cellules fixes du tissu connectif.* — Dans ce mode de production, admis par His, ils se formeraient par division aux dépens de ces cellules fixes (voir : *Pus*).

4° *Ils proviennent de l'épithélium des lymphatiques et des cavités lymphatiques.* — C'est l'opinion de Billroth et Frey mentionnée plus haut. Les cellules qui tapissent les parois vasculaires se développent peu à peu et, quand elles ont atteint un certain volume, se détachent de la paroi interne des lymphatiques et passent à l'état de globules lymphatiques.

5° *Ils proviennent de l'épithélium des séreuses.* — D'après Schweigger-Seidel, l'épithélium de la face abdominale du centre tendineux du diaphragme donnerait naissance, par division, à des globules lymphatiques, et par le carmin, on trouverait sur les noyaux de ces cellules tous les stades de division ; une fois formés, ces globules lymphatiques pénétreraient dans ces vaisseaux lymphatiques par les *stomates* ou ouvertures interépithéliales du centre tendineux.

6° *Ils proviennent par émigration des globules blancs du sang.* — Cette supposition, aite par Héring, ne fait que reculer la difficulté, puisque les globules blancs du sang proviennent eux-mêmes en partie, sinon en totalité, des globules de la lymphe.

7° *Ils se forment par genèse dans le plasma sanguin et lymphatique.* — Cette opinion a été admise par Robin et Sappey, mais elle a contre elle presque tous les histologistes.

Multiplication des globules blancs. — Une fois formés, les globules blancs peuvent se multiplier, soit dans le sang, soit dans la lymphe. Cette multiplication, d'après les recherches de Ranvier, Renaut, etc., se fait par division, soit directe (Ranvier) soit indirecte (Flemming, Peremeschko). On verra plus loin les idées de Pouchet sur cette question. Recklinghausen n'admet pas ce mode de multiplication par scission, et paraît plutôt disposé à admettre une sorte de multiplication endogène ; du moins il a vu une fois un jeune globule lymphatique situé à côté du noyau dans un globule lymphatique se détacher brusquement de ce globule.

Destruction des globules blancs. — Ceux des globules blancs du sang qui ne donnent pas naissance soit à de nouveaux globules blancs, soit aux globules rouges, se détruisent dans le sang en produisant, comme on le verra à propos de la coagulation, les générateurs de la fibrine. Cette destruction paraît se faire assez rapidement.

2. — Formation et évolution des globules rouges.

Formation des globules rouges. — Il y a de nombreuses dissidences au sujet de cette question entre les histologistes. J'exposerai les théories principales.

La formation des globules sanguins doit être étudiée d'abord dans la période embryonnaire et ensuite après la naissance.

A. *Formation des globules rouges dans la période embryonnaire.* — La formation des globules rouges dans la période embryonnaire peut être divisée en deux stades. Dans le premier, les vaisseaux et les globules se forment en dehors de l'embryon ; dans le second, l'embryon prend part à cette formation.

a. *Stade extra-embryonnaire.* — Chez le poulet, les premiers vaisseaux et les premiers globules sanguins commencent déjà à se former dès la fin du premier jour de l'incubation et avant même l'apparition du cœur. Ils paraissent dans le feuillet moyen du blastoderme, et principalement dans sa partie profonde (lame fibro-intestinale) dans la région de l'*area vasculosa* (1). Ils apparaissent d'abord sous la forme d'*îlots sanguins* disposés souvent en réseaux et constitués par des agglomérations de cellules arrondies. Ces masses et ces cordons, primitivement solides, deviennent peu à peu creux et constituent, par leurs cellules périphériques, les vaisseaux sanguins, par leurs cellules centrales, les globules rouges : un liquide (sécrété par les globules? Reichert) remplit ces cavités et représente la première ébauche du plasma sanguin. Le sang ne se forme d'abord que dans l'*area vasculosa* et la partie postérieure de l'aire pellucide, et les vaisseaux n'atteignent pas encore la région embryonnaire proprement dite. Les globules sanguins sont d'abord arrondis, pâles, et contiennent un noyau et des granulations foncées ; ils ont de 0mm,009 à 0mm,0011 ; puis ils se chargent de matière colorante et perdent leurs granulations. Ce mode de formation, admis par Kölliker et quelques autres auteurs, a été décrit différemment par d'autres histologistes. Klein croit que les globules se forment dans des vésicules closes, *vésicules endothéliales* (considérées par Kölliker comme des états pathologiques) et qui se réuniraient pour former des vaisseaux. Les recherches de quelques observateurs, et en particulier de Balfour et de Wissozki, tendent à modifier un peu la description donnée par Kölliker et à rapprocher le mode de formation des vaisseaux pendant la vie embryonnaire de celui qui a été décrit par Ranvier chez le lapin nouveau-né (voir plus loin). D'après Wissozky, dont les études portent sur les membranes de l'œuf du lapin, on trouve entre les bords du placenta et le sinus terminal un réseau de corpuscules proto-plasmiques à noyau, corpuscules qu'il appelle *hématoblastes*. Ces hématoblastes sont de deux espèces, qui représentent deux degrés de développement : les plus jeunes sont arrondis ou ovales et à prolongements mousses ; les seconds, plus volumineux, ne sont autre chose que l'analogue des cellules *vaso-formatives* de Ranvier ; ils constituent de grosses cellules étoilées à 2 à 6 noyaux, et dont les prolongements en s'anastomosant donnent un réseau, réseau des hématoblastes primitifs ; ce réseau devient de plus en plus épais et il s'y forme par places des cavités remplies de globules rouges, nés du protoplasma des hématoblastes. Chez le poulet, comme on peut l'observer dans l'allantoïde, les premiers globules ainsi formés seraient d'abord sans noyau et ce ne serait que plus tard que le noyau se formerait. La description de Balfour concorde à peu près avec la précédente, sauf en un point ; c'est que, d'après Balfour, les globules proviendraient non du protoplasma, mais des noyaux du réseau primitif.

(1) Pour les termes d'embryologie, voir : Beaunis et Bouchard, *Nouveaux éléments d'anatomie descriptive et d'embryologie*, 4e édition, 1886.

b. *Stade intra-embryonnaire*. — La formation des vaisseaux et des globules sanguins, d'abord limitée, comme on vient de le voir, aux parties extra-embryonnaires, gagne peu à peu l'embryon lui-même, soit que la vascularisation progresse graduellement de l'*area vasculosa* vers l'embryon, soit que cette vascularisation se fasse sur place, car les deux modes existent simultanément. Du reste, d'après les recherches de la plupart des histologistes, la formation des vaisseaux et des globules se fait primitivement par le même mécanisme que celui qui a été décrit ci-dessus, et il est du reste probable que ce mode de formation se continue pendant toute la vie embryonnaire, comme le prouvent les recherches de Schafer et de Leboucq, et même pendant quelque temps après la naissance, comme on le verra par les observations de Ranvier.

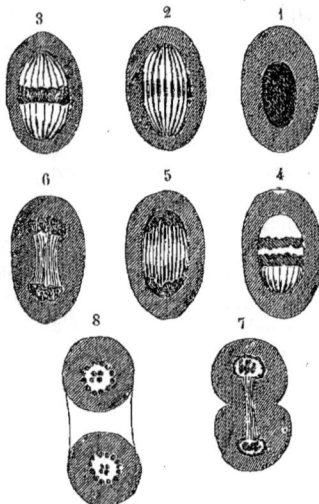

Fig. 99. — *Phases successives de la division d'un globule sanguin chez un embryon de poulet* (Butschli).

Mais ce mode de formation des globules rouges n'est pas le seul. Remak, et le fait a été confirmé depuis par beaucoup d'histologistes, a montré qu'une fois formés, les globules rouges de l'embryon peuvent se multiplier par scission, scission qui a été étudiée par Butschli, et dont on peut suivre les phases (division indirecte) sur la figure 99. A ce mode de formation par scission j'en ai puis ajouter un autre que j'ai déjà mentionné, et dans la première édition de cet ouvrage, qui, du moins à ma connaissance, n'a pas été décrit jusqu'ici. En examinant un embryon de brochet, à l'époque où le cœur bat ou plutôt exécute une sorte d'ondulation et avant que la circulation ne soit complètement établie, j'ai constaté les faits suivants. A ce moment le cœur est constitué par des cellules polygonales très régulières; à deux reprises, j'ai vu très nettement une de ces cellules, plus réfringente que les autres, se détacher peu à peu des parois du cœur, devenir libre et passer alors, comme globule sanguin, dans la cavité cardiaque où elle se chargeait de matière colorante.

Lorsque le foie est développé, il est probable qu'il prend une part importante à la formation des globules rouges (voir *Physiologie du foie*). La rate, la moelle osseuse paraissent aussi contribuer à la production des globules sanguins, comme ils y contribuent après la naissance. On ne sait encore si, chez l'embryon, les globules blancs peuvent se transformer en globules rouges.

Jusqu'à la quatrième semaine, tous les globules sanguins de l'embryon humain possèdent un noyau; mais peu à peu le nombre des globules à noyau diminue; au troisième mois, ils ne forment plus que le quart ou le huitième de la totalité des globules, et à la fin de la vie fœtale ils ont presque disparu La figure 100, empruntée à Robin, représente les diverses formes, naturelles ou altérées, qu'on rencontre sur l'embryon humain.

B. *Formation des globules sanguins après la naissance*. — Dans les premiers temps qui suivent la naissance, la formation des globules paraît se faire surtout par un mécanisme qui a été suivi dans toutes ses phases par Ranvier dans l'épiploon du lapin; et d'après les recherches de Schäfer, il est probable qu'il en est de même dans le tissu cellulaire des jeunes mammifères. Si on examine le grand épiploon d'un lapin nouveau-né, on y remarque des taches opalines de 1 à 3 millimètres de diamètre, *taches laiteuses de Ranvier*. Ces taches laiteuses présentent, outre les cellules lymphatiques et les cellules connectives, des éléments particuliers, *cellules vaso-formatives de Ranvier*. Ces cellules vaso-formatives sont granuleuses, réfringentes, irrégulièrement ramifiées et leurs branches s'anastomosent souvent les unes avec les autres pour former un réseau; elles ne montrent pas de mouvements amœboïdes. C'est aux dépens de ces cellules vaso-formatives que se forment les globules sanguins et les capillaires qui se mettent ensuite en communication avec les vaisseaux déjà existants; ils deviennent alors perméables et entrent dans l'appareil de la circulation générale. Les idées de Schäfer se rapprochent beaucoup de celles de Ranvier; seulement Schäfer considère les cellules dans lesquelles se forment les globules sanguins comme des cellules connectives. Thin interprète autrement les faits décrits par Ranvier; pour lui les cellules vaso-formatives ne servent que des fentes interfasciculaires de l'épiploon, fentes remplies par un liquide provenant du sang et pouvant contenir les éléments morphologiques du sang. Cette interpréta-

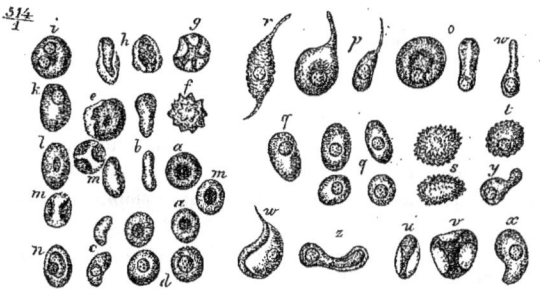

Ch. R.   Ner sc

Fig. 100. — *Globules du sang de l'embryon humain* (*).

tion de Thin me paraît difficile à admettre en présence des faits si nets observés par Ranvier.

En dehors de ce mode particulier qui ne paraît exister que dans les premiers temps après la naissance et n'être pour ainsi dire qu'une continuation de ce qui se passe dans la vie fœtale, on a admis d'autres modes de formation que je vais passer en revue.

a. La *formation des globules rouges aux dépens des globules blancs* est admise par le plus grand nombre des auteurs, mais les opinions varient sur le mécanisme de cette transformation. Pour Pouchet (recherches sur le triton) les globules rouges et les globules blancs dérivent d'un même élément initial qu'il appelle *leucocyte primaire* ou *noyau d'origine*, qui peut évoluer, suivant des conditions encore indéterminées, de façon à donner soit un leucocyte, soit un globule rouge. Dans ce dernier cas, le noyau prend une forme ovoïde et s'entoure d'un corps cellulaire qui se charge peu à peu d'hémoglobine. Ce qui paraît positif, quel que soit le mécanisme

(*) Ces globules proviennent d'embryons de 3, 8 et 25 millimètres. — *a, b, c, o, q*, globules normaux vus de face et de profil. — *d*, globule gonflé par l'eau. — *k, l, m, n*, globules déformés. — *h, g, u, v, x, y, z, w*, déformations plus prononcées. — *f, s, t*, globules crénelés. — *p, r*, globules offrant des prolongements. — *i*, globule à deux noyaux.

de la transformation, c'est que beaucoup d'auteurs ont observé, soit chez les ovipares, soit chez les vivipares, des formes de transition entre les globules blancs et les globules rouges (Kolliker, Rouget, Renaut, etc.).

C'est ici le lieu de mentionner une très curieuse expérience de Recklinghausen, confirmée par Schklarewski. Il fait tomber quelques gouttes de sang de grenouille dans un creuset de porcelaine passé au feu et en prenant toutes les précautions possibles pour qu'aucun germe venant de l'extérieur ne puisse se mêler au sang, le creuset est mis à l'abri dans un espace rempli d'air humide renouvelé de temps en temps avec précaution. Le sang se coagule, puis au bout de vingt-quatre heures il redevient liquide de nouveau et les globules y conservent toutes leurs propriétés physiologiques. En outre, si on examine ce sang, au bout de huit à dix jours, on y constatera l'existence de globules rouges de nouvelle formation, et qui semblent produits aux dépens des globules blancs. Le sang peut ainsi se conserver liquide et sans altération pendant plus de trente-cinq jours. D'après Schäfer, cette liquéfaction du sang ne serait qu'apparente et due à l'expulsion du sérum par la rétraction du caillot, expulsion qui comprendrait aussi les globules rouges et les globules blancs. Je dois ajouter du reste que Ranvier, en répétant l'expérience de Recklinghausen, est arrivé à un résultat négatif.

b. *Formation des globules rouges aux dépens de globules rouges à noyaux (cellules de Neumann).* — Neumann a décrit dans la moelle osseuse rouge des cellules ayant tous les caractères des globules sanguins embryonnaires. Ce sont des globules à noyau volumineux, quelquefois double, à protoplasma homogène, jaune, identique à celui des globules rouges. Seulement les auteurs ne sont pas d'accord sur le mode de transformation des cellules de Neumann en globules rouges sans noyau. D'après Neumann, Kolliker, etc., le noyau disparaît simplement et se détruit; pour Rindfleisch, il sort de la cellule en laissant une sorte de cloche qui prend peu à peu la forme d'un globule rouge par simple action mécanique. En roulant et comprimant des modèles malléables en forme de cloche il les a vus prendre la forme discoïde des globules sanguins. Malassez au contraire admet un bourgeonnement des cellules de Neumann, chaque bourgeon se détachant de la cellule et donnant naissance à un globule rouge. Quant à l'origine des cellules de Neumann, l'accord entre les histologistes n'est pas plus satisfaisant. Les uns les font provenir de la division des cellules préexistantes, ce qui ne fait que reculer la difficulté, les autres, des leucocytes (leucocytes ordinaires et leucocytes primaires de Pouchet), les autres, d'éléments particuliers formés dans la moelle et pour la description desquels je renvoie aux mémoires spéciaux. Ce qui est certain, c'est qu'on rencontre dans la moelle des éléments cellulaires de forme diverse et qu'on peut considérer comme des prédécesseurs des globules rouges et des globules de Neumann.

c. *Formation des globules rouges aux dépens des myéloplaxes.* — On trouve dans la moelle, dans les cartilages en voie d'ossification, des masses protoplasmiques contenant plusieurs noyaux ou myéloplaxes, qui peuvent être considérées comme de véritables *cellules vaso-formatives;* ces myéloplaxes semblent être aussi le siège d'une formation endogène de globules sanguins.

d. *Formation des globules rouges aux dépens des hématoblastes d'Hayem.* — On a vu plus haut (p. 402) ce qu'Hayem entend par hématoblastes. Ce sont ces hématoblastes qui, d'après lui, se transformeraient en globules rouges et il a retrouvé dans le sang les formes intermédiaires entre l'hématoblaste et le globule parfait. Quant aux hématoblastes eux-mêmes, il les fait provenir des globules blancs de la lymphe ou mieux de corps existant dans ces globules blancs. Les idées d'Hayem ont été attaquées très vivement de divers côtés. Je ne ferai que mentionner quelques autres opinions sur la formation des globules sanguins : protoplasma indifférent, cellules incolores, plaques de Bizzozero, etc.).

Lieux de formation des globules rouges. — 1° *Moelle osseuse.* — Malgré l'avis contraire de quelques auteurs, il me paraît difficile de ne pas admettre que la moelle osseuse ne soit un des centres principaux de la formation des globules sanguins après la naissance et les faits cités plus haut me semblent le démontrer d'une façon certaine. A côté de la moelle peut-être, d'après quelques observations faudrait-il placer, mais à un degré très inférieur, les *cartilages en voie d'ossification.*

2° *Rate.* — Il paraît se faire en outre dans la rate une *formation de globules rouges.* C'est du moins ce qu'on est en droit de conclure de l'existence dans la pulpe splénique de formes analogues à celles qu'on trouve dans la moelle osseuse. Cette opinion trouve un appui dans les expériences de P. Picard et Malassez. Ces observateurs ont constaté en effet que le sang veineux de la rate dilatée (par section nerveuse) est plus riche en globules rouges et en hémoglobine que le sang de l'artère; il y a dans la rate formation de globules et d'hémoglobine, et cette formation se constate dans la masse splénique isolée; enfin P. Picard a constaté dans le tissu de la rate l'existence des matériaux des globules sanguins et en particulier du fer et du potassium; un poids donné de rate contient d'après ses recherches plus de potassium et plus de fer qu'un poids égal de sang. Après les saignées, la rate et le sang veineux qui en sort sont plus riches en globules rouges à noyau. Enfin, après l'extirpation de la rate, le sang serait moins riche en globules et en hémoglobine. Cette extirpation n'empêche pas, il est vrai, la formation des globules rouges; mais elle peut être suppléée par d'autres organes.

3° *Foie.* — Lehmann, en s'appuyant surtout sur les caractères des globules sanguins et leur proportion dans le sang de la veine porte et dans le sang des veines sus-hépatiques, a cru pouvoir conclure à la formation dans le foie de globules rouges; les globules dans les veines hépatiques seraient plus petits, plus sphériques, moins résistants à l'eau, en un mot auraient des caractères plus jeunes. En outre, en se basant sur ce fait que le fer perdu par l'hémoglobine pour se transformer en bilirubine doit se retrouver quelque part et qu'il ne se rencontre ni dans le tissu hépatique, ni dans la bile (qui n'en renferme que des quantités infinitésimales), on a admis que ce fer est repris pour entrer dans la constitution des globules sanguins de nouvelle formation. Mais des recherches précises manquent pour appuyer cette opinion, du moins après la naissance; car chez l'embryon la fonction hématopoiétique du foie est tout à fait hors de doute.

4° Enfin les *glandes vasculaires sanguines*, les *organes lymphoïdes*, les *glandes lymphatiques* seraient aussi, d'après beaucoup d'auteurs, des lieux de formation des globules rouges (1).

Multiplication des globules rouges. — Une fois formés, les globules rouges paraissent pouvoir se multiplier par division, soit directe, soit indirecte, même chez l'adulte. C'est du moins ce qui semble résulter d'observations faites principalement sur les globules rouges à noyau des oiseaux et des batraciens. Cette multiplication paraît se faire surtout dans les organes hématopoiétiques. Quelques auteurs ont aussi admis d'autres modes de multiplication et spécialement la multiplication par bourgeonnement.

Destruction des globules rouges. — La destruction des globules rouges qui

(1) Brown-Séquard a admis, dans certaines conditions pour lesquelles je renvoie à l'original, une formation de globules sanguins *post mortem.*

dans certaines conditions se fait avec une assez grande rapidité (transfusion) a lieu continuellement dans le sang et paraît se faire de préférence dans certains organes et en particulier dans le foie et dans la rate. Il est très probable, en effet, qu'il y a dans le foie destruction des globules rouges. En effet, la bilirubine dérive de l'hémoglobine en perdant du fer, et les globules sanguins rencontrent dans les acides biliaires qui se forment dans le foie des agents de destruction; enfin Naunyn, en injectant une solution d'hémoglobine dans la veine porte, a vu cette hémoglobine se transformer en bilirubine. D'autre part, beaucoup de physiologistes, Kolliker, Ecker, Béclard, etc., ont admis aussi que la rate était un lieu de destruction des globules rouges. Cette opinion s'appuie surtout sur les formes cellulaires particulières qu'on rencontre dans la pulpe splénique, globules rouges plus ou moins altérés enfermés dans des globules amœboïdes, globules rouges libres altérés ou fragments de globules. L'existence de fer dans la rate, invoquée par P. Picard en faveur de la formation de globules rouges, pourrait aussi être invoquée en faveur de leur destruction, surtout si ce fer se présente, comme le dit Nasse, de l'état de granulations jaunâtres constituées par de l'oxyde de fer et un peu de phosphate de fer, et de substance organique; ces granulations existent surtout chez les vieux animaux. Il est difficile, sur ces simples données, d'affirmer cette destruction de globules, sans qu'on puisse cependant la nier d'une façon absolue. Des recherches ultérieures permettront seules de résoudre la question.

Bibliographie. — G. POUCHET : *Évolut. et structure des noyaux des éléments du sang chez le triton* (Journ. de l'Anat., 1879). — G. HAYEM : *Rech. sur l'évolution des hématies* (Arch. de physiol., 1879). — E. RINDFLEISCH : *Ueber Knochenmark* (Arch. f. mikr. Anat., t. XVII, 1879). — BIZZOZERO et SALVIOLI : *Die Milz a's Bildungsstätte rother Blutkörperchen* (Cbl., 1879). — ID. : *Ricerche sperim. sulla ematopoesi splenica* (Arch. per le sc. med., t. IV, 1879). — FOA et SALVIOLI : *Sull' origine dei globuli rossi del sangue* (Archivio per le sc. med., t. IV. 1879-1880). — BIZZOZERO et SALVIOLI : *Ric. sper. sulla ematopoesi splenica* (id.). — BIZZOZERO et TORRE : *Ueber die Blutbildung bei Vogeln* (Centralbl., t. IV, 1880). — ID. : *Sulla produzione dei globuli rossi nel sangue* (Arch. per le sc. med., t. IV, 1880). — TH. KORN : *Ueber die Betheilung der Milz und des Knochenmarkes an der Bildung rother Blutkörperchen* (Centralbl., 1880). — R. NORRIS : *On the origin and mode of development of the morphological elements of mammalian blood* (Birmingham Philos. Soc., 1879). — OBRASTZOW : *Zur Morphologie der Blutbildung im Knochenmarke* (Centralbl., 1880). — HOLMES CATHCART : *New-York med. Record*, t. XVIII, 1880. — H. GENSCH : *Die Blutbildung auf dem Dottersack bei Knochenfischen* (Arch. f. mikr. Anat., t. XIX, 1880). — E. FUNCKE : *Ueber die Teilung der rothen Blutkorperchen bei Hühnerembryonen* (Centralbl., 1880). — SAPPEY : *Les éléments figurés du sang dans la série animale*, id. — A. W. JOHNSTONE : *Arch. of med.*, t. VI, 1881. — OBRASTZOW : *Zur Morphologie der Blutbildung im Knochenmark der Saugethiere* (Arch. de Virchow, t. LXXXIV, 1881). — TH. KORN : *Ueber die Betheiligung der Milz und des Knochenmarks an der Bildung rother Blutkörperchen bei Vogeln* (Arch. de Virchow, 1881). — G. BIZZOZERO et A. TORRE : *Ueber Entstehung und Entwickelung der rothen Blutkörperchen bei Vogeln* (Moleschott's Unt., t. XII, 1881). — BIZZOZERO et SALVIOLI : *Beitr. zur Hämatologie* (id.). — BIZZOZERO : *Sulla die Teilung der rothen Blutkörperchen im Extrauterinleben* (Cbl., 1881). — ID. : *Sulla produzione dei globuli rossi del sangue nella vita extrauterina* (Giorn. d. R. Acad. d. med. di Torino, 1881). — E. NEUMANN : *Ueber Blutregeneration und Blutbildung* (Zeit. f. kl. Med. t. III, 1881). — L. FELLNER : *Ueber die Entwickelung und die Kernformation der rothen Blutkörperchen der Säuger* (Wien. med. Jahrb., 1880). — M. LITTEN : *Ueber das Vorkommen blutkörperhaltiger Zellen im Knochenmark* (Centralbl., 1881). — L. RIESS : id. — G. BIZZOZERO : *Sur la production des globules rouges dans la vie extra-utérine* (Arch. ital. de biol., t. 1, 1882). — P. FOA : *Sur l'origine des globules rouges du sang* (id.). — ID. : *Sull' ematopoesi* (Arch. per le sc. med., t. V, 1882). — L. MALASSEZ : *Sur l'origine et la formation des globules rouges dans la moelle des os* (Arch. de physiol., t. IX, 1882). — BIZZOZERO et TORRE : *Ueber die Bildung der rothen Blutkörperchen* (Cbl., 1882). — K. WINOGRADOW : *Ueber die Veränderungen des Blutes, der Lymphdrüsen und des Knochenmarkes nach der Milzexstirpation* (Cbl., 1882). — G. TIZZONI : *Exp. et rech. sur la fonction hématopoiétique*, etc. (Arch. it. de Biol., t. I, 1882). — W. FEUERSTACK :

Entwickelung der rothen Blutkörperchen (Zeit. f. wiss. Zool., t. XXXVIII, 1883). — N. KULTSCHITZKI : Sur la formation des globules rouges (en russe), 1881. — C. VASILIU : De la moelle comme organe de formation des globules rouges (Anal. dans : Journ. de l'Anat., 1883). — M. LÖWIT : Ueber die Bildung rother und weisser Blutkörperchen (Prag. med. Wochensch., t. VIII, 1883). — B. BAYERL : Die Entstehung rother Blutkörperchen im Knorpel am Ossifikationsrande (Arch. f. mikr. Anat., t. XXIII, 1883). — H. QUINCKE : Zur Physiologie und Pat. des Blutes (Deut. Arch. f. kl. Med., t. XXXIII, 1883). — M. DAVIDOFF : Ueber die Entstehung der rothen Blutkörperchen, etc. (Zool. Anzeiger, 1884). — M. LÖWIT : Ueber die Bildung rother und weisser Blutkörperchen (Wien. Akad., t. LXXXVIII, 1884). — W. ALY : Ueber die Vermehrung der rothen Blutkörperchen bei den Amphibien, 1884. — BIZZOZERO et TORRE : Sur la formation des globules rouges (Arch. ital. de biol., t. IV, 1884). — H. FEIERTAG : Beob. üb. die sogenannten Blutplättchen, 1883. — F. WENCKEBACH : Dev. of the blood-corpuscles, etc. (Journ. of anat., t. XIX, 1885). — J. LOCKART-GIBSON : The blood-forming organs and blood-formation (id.). — J. EBERTH et W. ALY : Ueber die Vermehrung der rothen Blutkörper (Fortschr. d. Med., t. III, 1885). — BROWN-SÉQUARD : Formation des globules sanguins dans les vaisseaux après la mort (Soc. de biol., 1885) (1).

ARTICLE II. — **Plasma.**

Préparation. — On peut obtenir le *plasma pur* en employant le procédé décrit b. 386 (sang de cheval recueilli dans une éprouvette maintenue dans un mélange réfrigérant). — Le *plasma mélangé* peut être obtenu par différents procédés. Celui de Müller (filtration du sang mélangé d'eau sucrée) ne peut être employé que pour le sang d'animaux à globules rouges très volumineux, comme la grenouille (voir p. 386). Pour les mammifères il faut recueillir le sang dans une éprouvette graduée contenant une solution saline qui retarde la coagulation. Hewsen employait une solution de sulfate de soude; mais il vaut mieux se servir d'une solution à 25 p. 100 de sulfate de magnésie, dans la proportion de volume pour 4 volumes de sang (Semmer) ou d'une solution de monophosphate de potassium à 4 p. 100, dans la proportion de 2 volumes pour 1 volume de sang (Masia); le mélange doit être remué avec une baguette de verre pendant toute la durée de l'écoulement du sang. L'éprouvette est placée à une basse température, et lorsque les globules se sont déposés, le plasma est recueilli avec une pipette.

Le plasma sanguin, obtenu comme on l'a indiqué plus haut, est un liquide incolore ou ambré, filant, alcalin, d'une densité de 1,027; au bout de peu de temps, il se prend en une gelée transparente qui se rétracte peu à peu en expulsant le sérum dans lequel nage le caillot de fibrine.

(1) A consulter : Donné ; De l'origine des globules du sang, etc. (Comptes rendus, 1842). — M. Recklinghausen : Ueber die Erzeugung von rothen Blutkörperchen (Archiv für mikr. Anat., t. II, 1866). — E. Neumann : Ueber die Bedeutung des Knochenmarks für die Blutbildung (Med. Centralblatt, 1868). — Id. : Blutkörperhaltige Zellen im Knochenmark (ibid.). — Id. : Ueber pathologische Veränderungen des Knochenmarkes (Med. Centralblatt, 1869). — Id. : Neue Beiträge zur Kenntniss der Blutbildung (Archiv der Heilkunde, 1874). — Bottschli : Studien über die ersten Entwickelungsvorgänge der Eizelle, die Zelltheilung, etc. (Abhandl. d. Senkenberg. naturf. Gesellsc. — Hayem : Des caractères anatomiques du sang chez le nouveau-né, etc. (Comptes rendus, t. LXXXIV). — Id. : Sur la nature et la signification des petits globules rouges du sang (ibid., t. LXXXV). — Id. : Note sur l'évolution des globules rouges (ibid., t. LXXXV). — G. Pouchet : Note sur la genèse des hématies chez l'adulte (ibid.). — Hayem : Recherches sur l'anatomie normale et pathologique du sang, 1878. — Id. : Sur les hématoblastes (Soc. de Biologie, 1878). — Id. : Sur le sang du chat nouveau-né (ibid.). — Id. : Sur la formation des globules rouges dans les cellules vaso-formatives (ibid.). — Pouchet : De l'origine des hématies (Soc. de Biologie, 1878). — Id. : Note sur la circulation choriale des rongeurs (ibid.). — Id. : Note sur l'évolution des éléments du sang chez les ovipares (ibid.).

§ 1er. — Fibrine et coagulation.

Procédés pour déterminer la durée de la coagulation. — Pour déterminer le temps de la coagulation sur de très petites quantités de sang, C. H. Vierordt emploie le procédé suivant : il recueille une goutte de sang dans un tube capillaire dans l'axe duquel se trouve engagé un crin de cheval; tant que la coagulation est en train, le crin adhère au caillot en voie de formation, comme on peut s'en assurer par des tractions légères; quand la coagulation est achevée, au contraire, le crin peut être extrait sans entraîner aucune parcelle de caillot.

Préparation du ferment de la fibrine. — *Procédé de A. Schmidt.* On mélange le sérum du sang avec 15 à 20 parties d'alcool fort et on laisse le mélange quatorze jours au moins à la température de la chambre. On filtre alors, et le précipité est desséché sur l'acide sulfurique et broyé avec de l'eau distillée (2 parties) pendant dix minutes et on fait passer dans le liquide un courant d'acide carbonique jusqu'à ce qu'il n'y ait plus de précipité. Le liquide filtré contient le ferment. — *Pr. d'Hammarsten.* Le sérum doit d'abord être tout à fait débarrassé de paraglobuline par le sulfate de magnésie; ce sérum ainsi saturé de sulfate de magnésie est fortement étendu d'eau et traité par un alcali; il se forme un précipité d'hydrate de magnésium qui entraîne (mécaniquement?) le ferment. Le précipité est dissous dans l'eau additionnée d'acide acétique et la magnésie est enlevée par la dialyse ou le ferment précipité par l'alcool.

La fibrine et ses générateurs, les substances fibrinoplastique et fibrinogène ont été étudiées au point de vue chimique dans la chimie de la nutrition (p. 168, 169 et 171). Il ne sera question ici que de la coagulation.

La coagulation du sang reconnaît pour cause la coagulation de la fibrine. Habituellement cette coagulation se fait de la façon suivante : toute la masse sanguine se prend en une sorte de gelée qui emprisonne à la fois sérum et globules, puis, peu à peu, cette gelée devient plus consistante, et en même temps des gouttelettes de sérum viennent sourdre à la surface

Fig. 101. — *Caillot avec couenne* (*).

et finissent par former au-dessus du caillot une couche transparente liquide. Le caillot se rétractant de plus en plus par suite de l'élasticité de la fibrine, tout le sérum se trouve peu à peu exprimé du caillot dans lequel les globules restent emprisonnés. Les globules rouges étant plus denses que les globules blancs et se précipitant assez rapidement au fond du vase, il en résulte que la partie inférieure du caillot est en général plus colorée que les parties supérieures ; cette couche supérieure peut même être tout à fait blanche et formée soit par la fibrine seule, soit par de la fibrine et des globules blancs ; c'est ce qu'on a appelé *couenne inflammatoire, crusta phlogistica* (fig. 101). Une fois complètement rétracté, le caillot nage librement dans le sérum.

Les caractères du caillot varient suivant l'état du sang dont il provient : tantôt il est volumineux, mou, se déchire facilement; d'autres fois il est petit, résistant, et la rétraction énergique de la fibrine en renversant ses bords en dedans donne à sa face supérieure une forme en cupule.

(*) *a*, niveau du sérum sanguin. — *c*, couenne en cupule. — *l*, globules blancs. — *r*, caillot avec les globules rouges (d'après Virchow).

La coagulation commence en général deux à cinq minutes après la sortie du sang des vaisseaux ; la rétraction du caillot est complète au bout de douze à vingt heures, mais il y a de très grandes variations. Le sang de l'homme paraît se coaguler plus lentement que celui de la femme. Les diverses régions du système vasculaire présentent aussi des différences sous ce rapport ; le sang artériel se coagule plus vite que le sang veineux ; le sang des veines hépatiques est peu coagulable, il en est de même du sang menstruel, probablement à cause du mélange des sécrétions alcalines du conduit vagino-utérin ; car lorsqu'il s'écoule en abondance, il fournit des caillots. Le sang de l'embryon du poulet ne se coagule pas avant le quinzième jour de l'incubation (Boll). Le temps de la coagulation varie aussi suivant les différentes espèces animales ; très rapide chez les oiseaux, elle est plus lente chez les animaux à sang froid ; les mammifères sont intermédiaires entre les deux ; mais chez eux encore on trouve des variétés ; ainsi la coagulation, qni se fait très lentement chez le cheval, a lieu beaucoup plus vite chez le mouton. Dans quelques espèces, la grenouille par exemple, le caillot ne tient pas ; il se redissout au bout de quatre à cinq heures et le sang redevient liquide.

Pendant la coagulation, le sang devient moins alcalin et il semble y avoir formation d'un acide dû peut-être à la décomposition des globules rouges ; en même temps la proportion d'oxygène du sang diminue. La coagulation s'accompagne aussi d'un dégagement de chaleur qui, nié à plusieurs reprises, a été constaté autrefois par Fourcroy et quelques autres observateurs et mis hors de doute par les recherches plus récentes de Valentin, Lépine, Schiffer. L. Hermann a admis aussi un dégagement d'électricité, en se basant sur ce fait que les parties cooagulées sont électrisées négativement et les parties non coagulées positivement ; mais ce dégagement d'électricité n'a pas été constaté d'une façon positive.

Certaines conditions influencent la rapidité de la coagulation.

La coagulation est *accélérée* par les causes suivantes : 1° abord de l'oxygène ou de l'air atmosphérique ; cependant la présence de l'oxygène n'est pas nécessaire à la coagulation, car elle se fait dans le vide barométrique ; elle peut se produire de même dans l'hydrogène, l'azote ou tout autre gaz indifférent ; c'est grâce à cette influence accélérante de l'oxygène que le sang se coagule plus vite dans des vases larges, donnant un libre accès à l'air, que dans des éprouvettes étroites ; c'est aussi une des raisons pour lesquelles le battage du sang hâte sa coagulation ; 2° une température modérée (39° à 55°) hâte la coagulation (Hewson) ; il peut y avoir là une cause de mort quand la température du corps dépasse 42°,5 : ainsi Weikart tue des lapins en les plongeant dans un bain à 45° et trouve des caillots dans le cœur droit ; 3° l'influence des corps étrangers sur la coagulation a été mise hors de doute par une série d'expériences dues surtout à Brücke, Lister, etc. Hewson avait déjà vu le sang se coaguler dans les vaisseaux liés en y insufflant de l'air ; Brücke montra que quand on introduit dans le cœur ou dans un vaisseau un corps étranger, mercure, aiguille, etc., la coagulation du sang a toujours lieu autour du corps étranger qui est le point de départ des dépôts de fibrine : il semble y avoir là une sorte de phénomène analogue à celui qui se passe quand un fil placé dans une solution de sucre y détermine la cristallisation ; 4° certaines substances introduites dans le sang accélèrent aussi la coagulation : telles sont les injections de sang *laqué* dans les veines d'un animal (Naunyn), les inhalations d'oxygène (Richardson), les injections de sels biliaires, les injections de ferment de la fibrine, celles d'extrait d'organes (cerveau, reins, foie, capsules surrénales, muscles, thymus, testicule; Buchanan, Foa et Pellacani, etc.). Les substances provenant de la désassimilation des albuminoïdes (acide urique, glycocolle, etc.) accélèrent la coagulation, etc.; 5° dans certaines maladies, l'hydrémie par exemple, la coagulation est accélérée.

La coagulation est *retardée* ou même *empêchée* par les causes suivantes : 1° l'absence d'oxygène; 2° une température au-dessous de 0° ou simplement une basse température ou une température trop élevée (au-dessus de 52°); 3° la saturation du sang par l'acide carbonique : ainsi, dans l'asphyxie le sang devient incoagulable; 4° l'addition au sang de certaines substances retarde ou arrête la coagulation ; les principales sont les suivantes : de faibles doses d'alcalis et d'ammoniaque; certains sels, carbonates de sodium et de potassium, sulfates de sodium et de magnésium, chlorures alcalins, borate de sodium, acétate et azotate de potassium; acides acétique, phosphorique, lactique; glycérine (10 vol. pour 1 vol. de sang); eau sucrée; albumine; ou même la simple addition de grandes quantités d'eau; les inhalations de tabac, l'action de fumer retarderaient la coagulation d'après Richardson; les injections de peptone (chez le chien, pas chez le lapin; la tryptone d'après Fano empêcherait cette action anticoagulante); les injections de ferments diastasiques (ptyaline, etc., chez le chien seulement; Salvioli); 5° dans certaines maladies, l'hémophilie par exemple, le sang ne se coagule pas; il en est de même chez les personnes frappées par la foudre.

Certaines influences physiques paraissent agir sur la coagulation sans qu'on puisse bien s'expliquer leur action; ainsi le sang reçu dans un vase imprégné d'huile ou de vaseline ne se coagule pas (Freund).

En présence de ce phénomène si constant (sauf certaines exceptions déterminées) de la coagulation du sang sorti des vaisseaux, on s'est demandé pourquoi le sang ne se coagulait pas dans les vaisseaux et quelles étaient les causes qui empêchaient sa coagulation pendant la vie. Les faits qui précèdent montrent que la coagulation ne peut être attribuée ni au changement de température du sang, ni à l'accès de l'air, ni au repos du sang. Brücke, qui a étudié la question sous toutes ses faces et fait sur ce point une série d'expériences ingénieuses, est arrivé à ce résultat que la condition principale du maintien du sang à l'état liquide pendant la vie doit être cherchée dans la paroi même des vaisseaux.

Voici les principales expériences sur lesquelles s'appuie l'opinion de Brücke. Hewson et Scudamore avaient déjà vu que le sang peut rester liquide dans les vaisseaux longtemps après la mort de l'animal. Ainsi chez le chien le sang peut rester liquide 5, 10, 14 heures; mais si l'on prend des animaux à sang froid, la tortue par exemple, cette durée peut être beaucoup plus longue; en plaçant la tortue à une température de + 1° centigrade, Brücke a pu maintenir le sang liquide jusqu'à six à huit jours. En répétant la même expérience avec un cœur de tortue détaché et conservé sous une cloche dans un milieu saturé d'humidité, il a vu le sang rester liquide tant que le cœur battait et se coaguler quand le cœur avait perdu son excitabilité. Il a pu même injecter dans un cœur de tortue du sang d'un autre animal ou du sang conservé jusqu'à trois jours à une température de 18° à 24° centigrades sans que ce sang se coagulât. Si au contraire on introduit dans quelques-uns des gros vaisseaux qui naissent du cœur de la tortue de petites baguettes de verre, le sang se coagule autour de ces baguettes et reste liquide partout ailleurs. La même chose a lieu pour tout corps étranger qu'on introduit dans le cœur ou dans un vaisseau : la coagulation ne débute jamais sur la paroi du vaisseau, mais toujours sur le corps étranger. Brücke répéta ses expériences sur des mammifères, sur le hérisson, sur des chats, principalement sur des mammifères nouveau-nés chez lesquels l'excitabilité des tissus se conserve plus longtemps que chez les animaux adultes; chez tous, ces expériences donnèrent le même résultat que chez la tortue ou la grenouille. La seule différence est que la coagulation se fait plus rapidement, ce qui s'explique par la perte plus rapide de l'excitabilité des tissus chez les animaux à sang chaud et par la température plus élevée. Il suffit en effet de maintenir à 37° le cœur de la tortue pour voir la coagulation se faire rapidement comme dans le cœur d'un mammifère. Les recherches de Brücke ont été confirmées par un grand nombre d'observateurs. Une expérience de Turner répétée par Lister montre bien cette influence de la paroi des vaisseaux; il comprend un segment de veine entre deux ligatures, la détache et la suspend; les globules se déposent et la partie supérieure du vaisseau est occupée par le plasma incolore qui reste liquide.

Mais cette action anticoagulante de la paroi vasculaire ne se produit que tant que le vaisseau est vivant et la paroi intacte. Dès que le cœur a perdu son excitabilité et a cessé de se contracter, dès que la paroi vasculaire a subi les altérations cadavériques, le sang se coagule. Lister répète l'expérience précédente en produisant une inflammation dans la veine par un badigeonnage à l'ammoniaque de sa face externe et voit le sang se coaguler au bout d'une heure trois quarts; en contondant la veine en plusieurs points avec une pince, des caillots se forment aux points contus, tandis que le sang reste liquide partout ailleurs. On sait du reste que dans les ligatures, à la suite d'amputations, la ligature, c'est-à-dire le lieu où les tuniques artérielles sont déchirées, est le point de départ de la coagulation. La paroi altérée du vaisseau agit donc sur le sang absolument comme un corps étranger; et il suffit même parfois d'une altération très légère de l'endothélium visible seulement au microscope (Durante) (1).

La paroi des vaisseaux et des sacs lymphatiques paraît agir de même sur la coagulation. Brücke pique l'aorte de la tortue de façon à faire écouler du sang dans l'espace ou citerne lymphatique qui l'entoure; ce sang reste liquide. Au contraire, par une piqûre du cœur qui laisse écouler le sang dans le sac péricardique, la coagulation se produit.

Quant à la façon dont agit la paroi du vaisseau vivant, elle reste encore inexpliquée. En tout cas il n'y a pas à une influence nerveuse comme le croyait Thackrah, car elle se produit, comme on l'a vu, même sur un vaisseau complètement détaché du cœur de l'animal. Je mentionnerai ici une expérience curieuse de Magendie, répétée par Brown-Séquard : si dans un cœur de tortue, battant encore, on injecte du sang défibriné, ce sang se coagule spontanément.

Il y a cependant des expériences qui semblent indiquer que cette action de la paroi du vaisseau a moins d'importance que ne lui en attribue Brücke et qui montrent que le sang, même sorti des vaisseaux, peut, sous certaines conditions, se coaguler très imparfaitement et même rester liquide. Telles sont les expériences de Schäfer. Il place un tube de verre dans l'aorte gauche d'une grenouille, l'aorte droite ayant été liée préalablement; le tube est placé verticalement et le sang, chassé par les contractions du cœur, y monte à une certaine hauteur et oscille

(1) Je dois cependant citer une expérience de Glénard contraire à cette hypothèse. Si on enlève sur un animal vivant un segment de vaisseau plein de sang et qu'on l'abandonne à l'air, le vaisseau et le sang se dessèchent sans qu'il y ait coagulation préalable. Ce sang ainsi desséché, repris par l'eau, fournit une solution spontanément coagulable.

isochroniquement avec ces contractions; au bout de quelques minutes, on voit se reformer à la partie supérieure une couche claire, dont l'épaisseur augmente, et en recueillant un peu de ce liquide avec une pipette, on constate qu'il possède toutes les propriétés caractéristiques du plasma sanguin. Ce liquide contient à peine quelques globules rouges, mais un grand nombre de globules blancs.

Phénomènes microscopiques de la coagulation. — Si on examine au microscope la façon dont se produit la coagulation, on voit que cette coagulation semble avoir pour point de départ de petites granulations anguleuses qui ne sont probablement que des particules de fibrine existant déjà antérieurement dans le sang ou formées après sa sortie des vaisseaux. Les angles de ces granulations s'allongent, et constituent des espèces de rayons qui s'anastomosent avec les rayons des granulations voisines en formant un réseau qui emprisonne les globules sanguins (fig. 102). Pour Hayem, ces granulations ne seraient autre chose que les hématoblastes altérés.

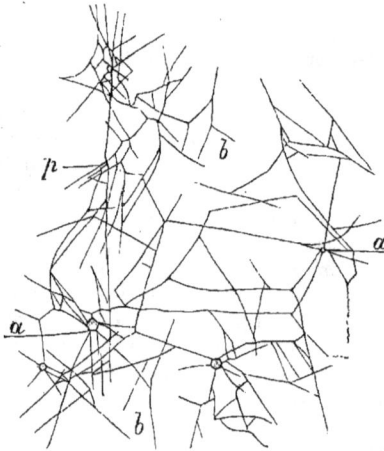

Fig. 102. — *Réticulum fibrineux du sang de l'homme* (Ranvier).

Landois a décrit sous le nom de *fibrine du stroma* une sorte de fibrine qui proviendrait du stroma des globules rouges. En plaçant une goutte de sang défibriné de lapin dans du sérum de sang de grenouille, on voit au microscope le stroma des globules perdre sa matière colorante, puis s'accoler et s'agglomérer en une masse filante, dans laquelle on ne distingue plus les contours des globules, et enfin s'étirer en filaments entre-croisés; on peut ainsi suivre pas à pas la formation des filaments de fibrine aux dépens du stroma des globules rouges. Il rappelle à ce sujet que les agents qui détruisent les globules rouges (ainsi : les sels biliaires) produisent aussi la coagulation.

Schafer a fait une observation intéressante sur les phénomènes microscopiques de la coagulation. Il recueille du sang de grenouille dans des tubes capillaires à parois très minces permettant facilement l'examen microscopique. Au bout de quelques minutes, la coagulation se produit et on voit dans l'axe du tube un caillot coloré entouré par un liquide transparent; bientôt, les globules blancs sont expulsés du caillot et viennent nager dans le liquide incolore; au bout de peu de temps, le même phénomène se produit pour les globules rouges, et ces derniers apparaissent en telle quantité dans le sérum que l'examen microscopique devient impossible; si alors le tube est placé verticalement, tous ces globules rouges tombent à la partie inférieure, et la partie supérieure du tube est occupée par le sérum incolore dans lequel flotte un léger filament de fibrine qui représente le reste du caillot (Klein, Burdon-Sanderson, *Handbook for the phys. Labor.*, p. 175).

Théories de la coagulation. — Il a été fait de nombreuses hypothèses pour expliquer le mécanisme de la coagulation. Je ne mentionnerai que les principales :

1° *Théorie de Denis.* — Denis a démontré que la fibrine ne préexiste pas dans le sang à l'état de fibrine. D'après lui, il existerait dans le sang une substance, la *plasmine*, qui peut en être précipitée par un excès de sel marin : ce précipité, redissous dans l'eau, se coagule spontanément au bout de quelque temps en se dédoublant en une substance concrète qui forme le caillot : c'est la fibrine ordinaire ou concrète, et en une substance albuminoïde qui reste en solution dans le plasma, grâce au sel marin : c'est la *fibrine soluble*.

2º *Théorie de A. Schmidt*. — La fibrine est produite par l'action réciproque de deux substances albuminoïdes qu'il appelle les *générateurs* de la fibrine; ce sont la substance *fibrinogène* et la substance *fibrinoplastique (paraglobuline)*; mais ces deux substances, à elles seules, ne peuvent donner naissance à la fibrine; il faut l'intervention d'un troisième facteur, d'un ferment, *ferment fibrinogène* de A. Schmidt. La substance fibrinogène est toujours employée tout entière pour la production de la fibrine; elle est consommée intégralement; il n'en est pas de même de la substance fibrinoplastique dont il reste toujours un excès dans le sérum après la coagulation. Quant à l'action du troisième facteur, elle paraît être analogue à celle des ferments; sa quantité n'a d'influence que sur la rapidité de la coagulation et non sur la quantité de fibrine formée. La substance fibrinogène préexiste toute formée dans le sang vivant. La substance fibrinoplastique et le ferment ne se forment qu'après la sortie du sang des vaisseaux et aux dépens des produits de destruction des globules blancs; si on retarde cette destruction par le froid, ces deux substances ne peuvent se produire et la coagulation du plasma n'a pas lieu. Il admet aussi que les formes de transition entre les globules blancs et les globules rouges, et même chez les oiseaux et les amphibies, les globules rouges peuvent par leur destruction donner la paraglobuline et le ferment. Quant à la substance fibrinogène, elle serait formée aussi par les globules blancs, mais *pendant la vie*.

Dans l'hypothèse de A. Schmidt, si le sang ne se coagule pas pendant la vie, c'est que la destruction des globules blancs ne se fait pas ou se fait sur une si petite échelle qu'il n'y a pas de production de substance fibrinoplastique et de ferment. Les sérosités ne se coagulent spontanément que quand elles contiennent des globules blancs qui leur fournissent les matériaux de la paraglobuline et du ferment.

Les recherches récentes de A. Schmidt et de ses élèves ont apporté quelques modifications à la théorie primitive. Tous les globules blancs ne sont pas susceptibles de produire le ferment de la fibrine et la coagulation; cette propriété est réservée aux leucocytes qui se trouvent surtout dans le sang et se colorent facilement par l'éosine; ils sont peu résistants et se détruisent facilement. Les autres, qui existent surtout dans la lymphe et dans le chyle, se colorent difficilement par l'éosine et sont plus résistants. Ils se décomposent sans produire de fibrine et sont étrangers à la coagulation. Ce ferment, qui provient de la destruction des globules blancs, ne préexiste pas dans le sang; il se formerait sous l'influence du plasma sanguin aux dépens d'une substance mère existant dans les globules. Cette action coagulante des globules blancs ne serait pas du reste spéciale à ces éléments, car on la retrouve dans d'autres éléments cellulaires, dans la levûre de bière, les spermatozoïdes, l'albumine en voie de décomposition, etc., et on a vu plus haut l'action coagulante de l'extrait de certains organes (p. 414). Ce ferment de la fibrine serait donc un produit général de l'activité du protoplasma.

Mantegazza avait déjà attribué aux globules blancs la production de fibrine, mais au lieu d'un processus de destruction, il y voyait un acte vital. La coagulation était due, pour lui, à une excitation des globules blancs (contact avec des corps étrangers, substances irritantes, etc.), et cette excitation donnerait naissance à une substance albumineuse (substance fibrino-plastique) qui serait l'origine du caillot ou de la fibrine.

3º *Théorie de Hammarsten*. — Hammarsten croit que la paraglobuline ou substance fibrinoplastique ne joue aucun rôle dans la coagulation. Deux facteurs seulement sont nécessaires pour la coagulation, la substance fibrinogène et le ferment. En débarrassant complètement de paraglobuline le ferment et la substance fibrinogène, il a pu obtenir des caillots fibrineux identiques à ceux qu'on obtient avec le plasma sanguin. Dans ce processus, la substance fibrinogène paraît d'abord se transformer en un produit intermédiaire, *fibrine soluble*, qui passe ensuite à l'état de *fibrine insoluble*. Si la paraglobuline produit la coagulation quand on l'ajoute aux sérosités qui ne se coagulent pas spontanément, c'est d'une part parce que cette paraglobuline est impure et contient toujours du ferment, et d'autre part parce que cette paraglobuline a de l'affinité pour les substances (alcalis et sels du sérum) qui tiennent la fibrine soluble en dissolution.

4° *Théorie de Mathieu et Urbain*. — La fibrine se trouve en dissolution dans le sang tant que le sang est dans les vaisseaux. Mais dès que le sang est sorti des vaisseaux, l'acide carbonique des globules rouges (voir *Gaz du sang*) est chassé par l'oxygène de l'air ; cet acide carbonique se dissout dans le plasma et se porte sur la fibrine qui passe de l'état soluble à l'état de fibrine carbonatée insoluble. En effet la fibrine coagulée dégage de l'acide carbonique sous l'influence des acides fixes, et le sang contient moins d'acide carbonique après qu'avant la coagulation. Si on prend du sang de la veine rénale, qui est incoagulable par le battage, ou du sang rendu incoagulable en le privant d'acide carbonique par exosmose, l'addition d'acide carbonique y produit la coagulation. Les sels alcalins retardent la coagulation en fixant l'acide carbonique et l'empêchant d'agir sur la fibrine. Si, pendant la vie, l'acide carbonique ne se porte pas sur la fibrine pour amener la coagulation, c'est que ces globules sanguins auraient la propriété de fixer l'acide carbonique. Cette théorie a été attaquée par A. Gautier et Glénard. Leurs expériences principales sont les suivantes : Gautier filtre du plasma contenant 4 à 6 p. 100 de chlorure de sodium, le dessèche dans le vide, chauffe le résidu de 100 à 110° après l'avoir réduit en poudre ; ce résidu dissous dans l'eau privée d'acide carbonique se coagule spontanément. Glénard intercepte un fragment de jugulaire entre deux ligatures ; il place le vaisseau verticalement ; quand les globules sont déposés, il place au milieu du segment veineux une troisième ligature, de façon que la partie du vaisseau comprise entre les deux ligatures supérieures ne contient plus que le plasma ; il vide alors la partie inférieure qui renferme les globules, remplace ceux-ci par de l'acide carbonique et détache alors la ligature intermédiaire ; l'acide carbonique va alors se mélanger au plasma, et cependant il n'y a pas de coagulation.

Cette théorie trouve cependant un appui dans les expériences récentes de Morochowetz, quoique celui-ci interprète autrement l'action de l'acide carbonique. Il a pu, en effet, à l'aide de l'éther et spécialement de l'acide carbonique, transformer la globuline soluble en fibrine à l'état fibrillaire. La coagulation se produit dans le sang quand les globules abandonnent au plasma une partie de leur acide carbonique ; cet acide s'unit aux alcalis du sang, abaisse par suite l'alcalinité de ce liquide et la globuline se précipite. Le même phénomène a lieu après la sortie du sang des vaisseaux. Si le sang ne se coagule pas pendant la vie, c'est que l'acide carbonique des globules, au lieu d'aller dans le plasma, est éliminé par les poumons ou pris par les tissus (?).

5° *Théorie d'Eichwald*. — Eichwald admet une fibrine soluble préexistant dans le sang. Après la sortie du sang, l'acide carbonique de l'air et celui qui se forme aux dépens des globules rouges enlève les bases nécessaires pour maintenir cette fibrine en dissolution et celle-ci se précipite. Aussi voit-on depuis le début jusqu'à la fin de la coagulation l'alcalinité du sang diminuer et la coagulation être retardée ou empêchée par toutes les causes qui retardent ou empêchent la formation de l'acide carbonique aux dépens des globules rouges.

6e *Théorie d'Heynsius*. — Heynsius attribue un rôle essentiel aux globules rouges dans la formation de la fibrine. Il se base sur l'expérience suivante. Il recueille dans une éprouvette graduée contenant un demi-litre d'une solution à 2 p. 100 de chlorure de sodium, et maintenue dans la glace, 50 centimètres cubes de sang de cheval ; les globules se déposent au fond de l'éprouvette ; il décante le liquide qui surnage, ajoute de nouvelle solution salée et décante de façon à enlever tout le plasma sanguin ; il ajoute alors aux globules 50 centimètres de sérum de sang de bœuf, et porte l'éprouvette à la température de 40° ; au bout de quelques minutes, ce sérum se coagule. Ce caillot est lavé, desséché et pesé. Or son poids est à peu près égal au poids d'un caillot fourni par une quantité égale de sang (globules et plasma). Du reste, Heynsius a montré que la quantité de fibrine formée par le plasma est beaucoup plus faible que la quantité de fibrine fournie par une quantité correspondante de sang. Hoppe-Seyler, en traitant par l'eau les globules à noyau des oiseaux, a obtenu du reste un précipité qui se comporte comme la fibrine. Ces expériences ne permettent guère de douter que les globules rouges ne prennent part, comme les globules blancs, à la formation de la fibrine. Les observations de Landois sur le même sujet ont été vues plus haut (page 416).

Mosso rattache aussi aux globules rouges la coagulation du sang et spécialement à ceux des globules rouges qui prennent facilement la forme dentelée.

7e *Théorie de Brücke*. — Brücke commence par prouver, par une expérience bien connue, que la substance qui par sa coagulation donne la fibrine existe déjà dans le plasma sanguin à l'état d'albumine coagulable par la chaleur. Il partage en deux parties égales du plasma de cheval ; l'une est acidulée par l'acide acétique étendu, et neutralisée incomplètement au bout de quatre heures par l'ammoniaque ; cette partie ne se coagule pas spontanément ; mais étendue d'eau et chauffée à l'ébullition, elle donne un caillot d'albumine. La deuxième partie est battue pour en extraire la fibrine et ensuite l'albumine en est précipitée par la chaleur. Or la somme de ces deux quantités (fibrine + albumine coagulée) représente exactement la quantité d'albumine coagulée obtenue dans la première partie. Après la sortie du sang des vaisseaux, il se forme un acide qui rend cette albumine insoluble. En même temps, outre la fibrine, il se sépare des phosphates de calcium et de magnésium, sels insolubles dans l'eau qui ne doivent pas exister dans le sang vivant. Les bases de ces sels sont probablement unies à l'albumine et maintenues ainsi à l'état de dissolution, l'acide phosphorique étant combiné à une autre base à l'état de sel soluble. Dans la coagulation, cette union de l'albumine et des bases serait détruite et il y aurait formation de phosphates insolubles. Dans la dernière édition de sa *Physiologie*, Brücke, sans toutefois se prononcer formellement, paraît incliner vers la théorie de A. Schmidt.

8e *Théorie de Lussana*. — Lussana fait provenir la fibrine de la décomposition vitale des tissus, et en particulier du tissu connectif et du tissu musculaire. Ces produits de la métamorphose régressive des tissus se coaguleraient sous l'influence d'une substance, la globuline, qui serait fournie par la destruction des globules rouges et des globules blancs. Virchow avait du reste admis déjà que la substance fibrinogène provenait de la désassimilation des tissus connectifs. Pour les muscles, Lussana invoque l'expérience suivante : Si on tétanise la patte d'un mouton et qu'on recueille simultanément le sang de la patte tétanisée et le sang de la patte correspondante laissée au repos, on trouve moitié plus de fibrine dans le sang de la première que dans celui de la seconde. Mantegazza a combattu les expériences et les conclusions de Lussana.

9° *Théorie d'Hayem*. — Hayem rattache à ses hématoblastes la coagulation du sang. La fibrine n'y jouerait qu'un rôle secondaire et accessoire. Le rôle principal reviendrait aux hématoblastes qui par leur confluence constitueraient une masse cohérente, point de départ des dépôts de fibrine.

10° *Théorie de Bizzozero*. — D'après Bizzozero, les plaques qu'il a décrites dans le sang seraient l'agent essentiel de la coagulation dont elles produiraient les éléments par leur décomposition. Il repousse au contraire le rôle attribué par A. Schmidt, et beaucoup d'autres auteurs, aux globules blancs.

Ce ne sont pas là les seules théories de la coagulation du sang et il serait facile d'en multiplier les exemples. Mais je me suis contenté de mentionner les plus importantes. Dans les limites de ce livre, il m'est impossible d'entrer dans la discussion de ces diverses théories. Toutes contiennent une fraction de la vérité, mais on peut dire que jusqu'à présent aucune n'est complètement satisfaisante et n'explique tous les faits.

On peut cependant de l'étude qui précède tirer les conclusions suivantes:

1° La fibrine ne préexiste pas dans le sang à l'état de fibrine ;

2° Le plasma sanguin contient une substance, substance fibrinogène, aux dépens de laquelle se forme la fibrine ;

3° La formation de la fibrine a lieu sous l'influence d'un ferment ;

4° Les globules blancs et les globules rouges, et probablement un certain nombre d'autres éléments cellulaires fournissent les matériaux principaux de la fibrine et spécialement le ferment ;

5° La paroi interne des vaisseaux, tant qu'elle est saine et vivante, empêche la formation de la coagulation dans les couches sanguines qui sont en contact avec cette paroi ;

6° Les corps étrangers, les parois altérées ou mortes des vaisseaux sanguins, agissent comme causes déterminantes de la coagulation.

Tels sont les faits qui me paraissent ressortir d'une façon positive de la masse d'expériences sur la coagulation ; quant à leur interprétation, elle est impossible dans l'état actuel de la science.

Bibliographie — L. Frédéricq : *Rech. sur la constitution du plasma sanguin*, 1878. K. Schönlein : *Vergl. Messungen der Gerinnungszeit des Wirbelthierblutes* (Zeit. f. Biol., t. XV, 1879). — A. Gamgee : *Some old and new experiments on the fibrinferment* (Journ. of physiol., t. II, 1879). — Foa et Pellacani : *Contrib. allo studio della coagulazione del sangue* (Riv. clin., t. X, 1880). — M. Edelberg : *Ueber die Wirkungen des Fibrinferments*, etc. (Arch. f. exp. Pat., t. XII, 1880). — N. Bojanus : *Exp. Beitr. zur Physiol. und Pat. des Blutes der Säugethiere*, Diss. Dorpat., 1881. — F. Hoffmann : *Ein Beitr. zur Phys. und Pat. der farblosen Blutkörperchen*, Diss. Dorpat, 1881. — Fano : *Das Verhalten des Peptons und Tryptons gegen Blut und Lymphe* (Arch. f. Physiol., 1881). — Fr. Rauschenbach, Samson-Himmelstjerna : *Exp. St. üb. das Blut*, Diss. Dorpat, 1882. — W. Kirstzki : *Ueber die Wechselwirkungen zwischen Protoplasma und Blutplasma*, id. — Ritzki : *Die Gerinnung des Faserstoffes*, id. — K. Hasebroek : *Ein Beitrag zur Kenntniss der Blutgerinnung* (Zeit. f. Biol., t. XVIII, 1882). — G. Fano : *De la substance qui empêche la coagulation du sang et de la lymphe lorsqu'ils contiennent de la peptone* (Arch. de biol. ital., t. II, 1882). — Landerer : *Einige Versuche über Gerinnung*, 1882. (Arch. f. exp. Pat., t. XV, 1882). — J. Hlava : *Zur Histogenese des Fibrins* (Cbl., 1883). — Id. : *Die Beziehung der Blutplättchen Bizzozero's zur Blutgerinnung*, etc. (Arch. f. exp. Pat., t. XVII, 1883). — J. Bizzozero : *Die Blutplättchen im peptonisirten Blut*,

(Cbl., 1883). — G. Hayem : *Nouv. contribution à l'étude des concrétions sanguines intra-vasculaires* (C. rendus, t. XCVII, 1883). — C. Woolbridge : *On the coagul. of the blood* (Journ. of physiol., t. IV, 1883). — Id. : *Zur Gerinnung des Blutes* (Arch. f. Physiol., t. IV, 1883). — Lea, Sheridan et Green : *Some notes on fibrin-ferment* (Journ. of physiol., t. IV, 1883). — Foa et Pellacani : *Sur le ferment fibrinogène*, etc. (Arch. de biol. ital., 1884). — Morochowetz : *Rech. sur la coagulation du sang* (Journ. médical ; en russe ; 1884). — C. Holzmann : *Ueber das Wesen der Blutgerinnung* (Arch. f. Physiol., 1885). — C. Schimmelbusch : *Die Blutplättchen und die Blutgerinnung* (Fortschr. d. Med. 1885). — M. Löwit : *Die Blutplättchen und Blutgerinnung* (id.). — C. Salvioli : *Ueber die Wirkung der diastatischen Fermente auf die Blutgerinnung* (Centralbl., 1885). — Samson Himmelstjerna : *Ueber lecithinreiches Blut*, etc. Diss. Dorpat, 1885. — C. Woolbridge : *Note on the relation of red blood corpuscles to coagulation* (Proceed. of the royal Soc., t. XVIII, 1886). — Id. : *Ueber intravasculäre Gerinnungen* (Arch. f. Physiol., 1886). — E. Freund : *Zur Kenntniss der Blutgerinnung* (Wien. med. Blätter, 1886). — A. Mosso : *Alterazioni dei corpuscoli rossi del sangue. Coagulazione del sangue* (Atti R. Acad. d. Lincei, III, 1887) (1).

§ 2. — Sérum.

Préparation. — Pour avoir du sérum tout à fait pur, on prend du plasma sanguin qu'on laisse se coaguler spontanément ou dont on précipite la fibrine par le battage. Habituellement, il suffit d'abandonner du sang à la coagulation à une basse température et en prenant la précaution de détacher avec une aiguille les bords du caillot des parois de l'éprouvette, pour accélérer la séparation du sérum. On peut aussi employer la force centrifuge pour isoler le sérum du caillot ou des globules ; il n'y a qu'à placer l'éprouvette qui renferme le sang (défibriné ou coagulé) dans un appareil à mouvement centrifuge (L. Babo, Pribram, Afonasiew).

Le sérum est chez l'homme un liquide transparent, jaune verdâtre, plus alcalin que le plasma. Après une riche alimentation, il présente un aspect laiteux dû à des globules de graisse. Sa coloration est due en partie à un pigment propre, en partie à une petite quantité d'hémoglobine qui provient de la dissolution des globules rouges. Le sérum du chien a la même couleur que celui de l'homme, celui du cheval est jaune ambré ; celui du lapin est presque incolore, celui de la vache tout à fait incolore. Sa densité, chez l'homme, varie de 1027 à 1029.

Le sérum contient : 1° des substances albuminoïdes, albumine du sérum, albuminate de soude et un excès de paraglobuline qui reste après la coagulation du plasma. Leur proportion atteint 7 à 10 p. 100 de la quantité du sérum, et la plus grande partie consiste en albumine du sérum. Cependant, d'après les recherches

(1) A consulter : Denis : *Mémoires sur le sang*, 1858. — A. Schmidt : *Ueber den Faser-stoff und die Ursachen seiner Gerinnung* (Chemisches Centralblatt, 1861). — A. Schmidt : *Ueber den Faserstoff*, etc. (Arch. für Anat., 1871). — Denis : *Sur le plasmine*, etc. (Comptes rendus, 1861). — A. Schmidt : *Weiteres über den Faserstoff*, etc. (Arch. für Anat., 1862). — A. Schmidt : *Hämatologische Studien*, 1865. — E. Eichwald : *Ueber die eiweissartigen Stoffe der Blutflüssigkeit*, etc. (Chem. Centralblatt, 1869). — A. Heynsius : *Ueber die Eiweisskörper des Blutes* (Archiv de Pflüger, t. II, 1869). — A. Schmidt : *Ueber die Faser-stoffgerinnung* (Pflüger's Archiv, t. V, 1872). — Id. : *Neue Unters. über die Faserstoffgerin-nung* (id.). — A. Gautier : *Sur un dédoublement de la fibrine du sang* (Comptes rendus, t. LXXIX, 1874). — Mathieu et Urbain : *Du rôle des gaz dans la coagulation du sang* (Comptes rendus, t. LXXIX, 1874). — A. Gautier : *Sur la production de la fibrine du sang* (Comptes rendus, t. LXXX, 1875). — Fr. Glénard : *Sur le rôle de l'acide carbonique dans le phénomène de la coagulation du sang* (Comptes rendus, t. LXXXI, 1875). — L. Frédéricq : *Recherches sur la coagulation du sang*, 1877. — O. Hammarsten : *Zur Lehre von der Faser-stoffgerinnung* (Arch. de Pflüger, t. XIV, 1877). — Mantegazza : *Experimentelle Unters. über den Ursprung des Faserstoffes*, etc. (Unters. zur Naturlehre, t. XI. 1876). — C. H. Vierordt : *Die Gerinnungszeit des Blutes*, etc. (Arch. d. Heilk., t. XIX, 1878).

d'Hammarsten, la quantité de paraglobuline serait beaucoup plus considérable qu'on ne l'admet ordinairement et même, dans le sérum du cheval en particulier, elle serait plus forte que la quantité d'albumine proprement dite ; chez l'homme et le lapin on aurait le rapport inverse. Halliburton distingue plusieurs sortes d'albumines du sérum suivant la température à laquelle elles se coagulent ;

2° Des matières azotées, de l'urée (0,02 p. 100 du sang total) ; de la créatine ; puis un certain nombre de principes dont l'existence n'est pas constante ou bien est douteuse, ou qui ne s'y trouvent qu'en très faible quantité ; tels sont : l'acide urique, la créatinine (?), l'acide hippurique, l'acide carbamique, la sarcine, la xanthine, la leucine, la tyrosine, la triméthylamine, l'ammoniaque (due probablement à la décomposition d'un sel ammoniacal, chlorhydrate d'ammoniaque ? lactate ?) etc. ;

3° Des substances non azotées : du glucose (0,031 p. 100 du sang total) dont la répartition dans les diverses régions vasculaires a été étudiée avec la glycogénie ; des graisses (0,1 à 0,2 p. 100) à l'état de graisses neutres, sous forme d'émulsion ; des savons d'acides gras ; de la cholestérine (0,02 à 0,03 p. 100) ; des acides organiques, et en particulier de l'acide lactique, et peut-être des acides gras volatils (acétique, butyrique, caproïque, etc.) ; de l'alcool (?), etc. ; le sérum des herbivores contient de l'acide succinique ;

4° De la lécithine ;

5° Un pigment particulier (hydrobilirubine? ou produit d'oxydation de l'hémoglobine) ; des traces d'oxyhémoglobine ;

6° Un ferment saccharifiant analogue à la ptyaline ;

7° Des sels inorganiques, chlorures, phosphates, carbonates et sulfates de sodium, de potassium, de calcium et de magnésium (la soude et les chlorures prédominent dans le sérum ; on a vu que pour les globules c'étaient les phosphates et la potasse) ; des traces de manganèse ;

8° De l'eau (environ 90 p. 100) ;

9° Des gaz (voir *Gaz du sang*).

Bibliographie. — A. M. BLEILE : *Ueber den Zuckergehalt des Blutes* (Arch. f. Physiol. 1879). — F. W. PAVY : *Further researches on the physiology of sugar in relation to the blood* (Proceed. of the roy. Soc. of Lond., t. XXVIII, 1879). — J. SACHSSENDAL : *Ueber gelöstes Hämoglobin im circulirenden Blute*, Diss. Dorpat, 1880. — G. SALVIOLI : *Die gerinnbaren Eiweissstoffe im Blutserum* (Arch. f. Physiol.. 1881). — G. BERTONI et G. RAIMONDI : *Ricerca dell' acido nitroso del sangue* (Gaz. chim. ital., t. XII, 1882). — MALY : *Ueber das Basensäureverhältniss im Blutserum*, etc. (Monatsh. f. Ch., t. III, 1882). — H. MEYER et FEITELBERG : *Stud. üb. die Alkalescenz des Blutes* (Arch. f. exp. Pat., t. XVII, 1883). — A. E. BURCKHARDT : *Beitr. zur Chem. und Physiol. des Blutserums* (Arch. f. exp. Pat., t. XVI, 1883). — D. HALLIBURTON : *The proteïds of serum* (Journ. of physiol., t. V 1884). — G. KAUDER : *Zur Kenntniss der Eiweisskörper der Blutserums* (Arch. f. exp. Pat., t. XX, 1886). — St. KLIKOWICZ : *Die Regelung der Salzmengen des Blutes* (Arch. f. Physiol., 1886).

ARTICLE III. — Gaz du sang.

Extraction des gaz du sang. — On peut employer trois méthodes différentes pour extraire les gaz du sang : la chaleur, le déplacement par d'autres gaz et le vide. Naturellement, ces trois méthodes peuvent être employées isolément ou associées (1).

(1) Je rappellerai ici les principales lois de l'absorption des gaz par les liquides. Les gaz peuvent se trouver dans les liquides sous trois états : 1° à l'état de dissolution ou simplement absorbés ; 2° à l'état de combinaison chimique particulière, dans lequel ils sont soumis aux lois de la dissociation, c'est-à-dire qu'ils se décomposent sous l'influence d'une élévation de température ou d'une diminution de pression et reforment le

A. Extraction des gaz du sang par la chaleur. — Cette méthode a été employée pour la première fois par Humphry Davy (1799). Cette méthode, modifiée pour la démonstration par Bert (*Leçons sur la respiration*, p. 78), ne donne pas la totalité des gaz du sang et n'est plus employée aujourd'hui que comme adjuvant des autres méthodes.

B. Extraction des gaz du sang par le déplacement par un autre gaz. — 1° *Procédé de Priestley.* — Priestley (1776) déplaça le premier les gaz du sang par l'hydrogène ou l'azote et démontra la présence de l'oxygène dans le gaz extrait du sang par l'action de cet oxygène sur le bioxyde d'azote. — 2° *Procédé de Vauquelin.* — Vauquelin démontrait, dans ses cours, le dégagement de l'acide carbonique du sang, sous l'influence d'un courant d'hydrogène; ce procédé, employé depuis par Magnus et Bertuch, ne donne, comme l'a montré Preyer, que des résultats incomplets. — 3° *Procédé de Cl. Bernard, par l'oxyde de carbone.* — Cl. Bernard découvrit que l'oxyde de carbone a la propriété de déplacer complètement l'oxygène du sang et de former une combinaison avec l'hémoglobine. Il basa sur cette propriété un procédé d'extraction et d'analyse de l'oxygène du sang. Pour recueillir le sang à l'abri de l'air, Cl. Bernard introduit dans un vaisseau (bout central d'une artère ou bout périphérique d'une veine) une sonde élastique, c (fig. 103, 2), pourvue de deux ouvertures latérales, o, o' et fixée à une seringue en fer, S, dont le piston est gradué. On aspire une certaine quantité de sang, on chasse l'air qui existait dans la sonde et on aspire de nouveau du sang, de façon qu'il n'y ait plus d'air dans l'appareil. On ferme alors le robinet r', on détache la sonde, c, et on la remplace par le tube en fer recourbé, T' (fig. 3); on ouvre le robinet r (fig. 1) et on fait passer le sang (20 centimètres cubes) dans l'éprouvette, m, qui contient déjà l'oxyde de carbone; on agite le sang avec l'oxyde de carbone et le mercure, et on laisse l'appareil pendant vingt-quatre heures à une température de 30° environ, temps nécessaire pour que le dégagement de l'oxygène soit complet. Au bout de ce temps, on fait passer le gaz dans un eudiomètre. On peut aussi introduire directement le sang dans l'appareil gradué de la figure 104. Le tube A est rempli de sang et d'oxyde de carbone à l'aide de la seringue précédemment décrite; on visse sous le mercure le robinet R au tube A, on ferme le robinet R, on agite le sang et l'oxyde de carbone et on les laisse en contact pendant un temps suffisant; en ouvrant ensuite le robinet R, on peut mesurer la quantité de gaz qui reste. Les gaz une fois mesurés, il reste à faire leur analyse; l'acide carbonique est absorbé par la potasse; l'oxygène est dosé par l'acide pyrogallique; l'excès d'oxyde de carbone est absorbé par le chlorure cuivreux ammoniacal; l'azote est dosé par différence. Nawrocki a constaté que le procédé de Cl. Bernard donne des résultats exacts à condition de laisser assez longtemps le sang en contact avec l'oxyde de carbone. Pour éviter les transvasements de gaz, Estor et Saint-Pierre ont employé une cloche en forme de tube en U renversé, et dont les deux branches sont graduées; ce procédé est plus rapide, mais il donne des résultats moins précis et expose à des causes d'erreur. Les mêmes auteurs ont imaginé une disposition d'appareil pour associer l'extraction par le vide avec le déplacement par l'oxyde de carbone.

C. Extraction des gaz du sang par le vide. — Mayow remarqua le premier (1670) que le sang dégageait des gaz dans le vide. Le vide pour l'extraction des gaz du sang peut être obtenu de trois façons différentes : par la machine pneumatique (vide pneumatique),

combinaison primitive quand reparaissent les conditions primitives de température et de pression; 3° à l'état de combinaison chimique ordinaire.

Pour les gaz simplement absorbés, les poids de gaz absorbé par une même quantité de liquide sont proportionnels à la pression; si la pression égale zéro, le poids absorbé égale zéro, et par suite le gaz absorbé par un liquide peut en être chassé par le vide. On appelle *coefficient d'absorption d'un gaz* le volume de ce gaz dissous (à 0° et 0m,76 de pression) par l'unité de volume du liquide.

Les gaz n'exercent aucune pression l'un sur l'autre et lorsqu'on met un liquide en présence d'un mélange gazeux, chacun des gaz se comporte comme s'il était seul, c'est-à-dire qu'il est absorbé en quantité proportionnelle à son coefficient d'absorption et à la pression qui lui est propre : c'est ce qu'on appelle la *pression partielle* du gaz. Ainsi l'air atmosphérique renferme 21 parties d'oxygène et 79 parties d'azote; la pression partielle de l'oxygène sera 0,21 et celle de l'azote 0,79 de la pression atmosphérique. Il résulte de ces faits qu'un gaz dissous dans un liquide s'échappe dans un espace rempli d'un autre gaz comme s'il était dans le vide; on peut donc chasser un gaz d'un liquide en y faisant passer un autre gaz.

Le coefficient d'absorption d'un gaz diminue avec la température. On peut donc chasser par la chaleur les gaz absorbés par un liquide.

par l'ébullition de l'eau, par les pompes à mercure (vide barométrique). Chacun de ces modes a donné naissance à des procédés d'extraction des gaz du sang.

a. *Extraction par le vide pneumatique.* — 1° *Procédé de Magnus.* — Le sang est placé dans une ampoule dont l'ouverture supérieure communique avec un eudiomètre, et dont l'ouverture inférieure plonge dans une cuvette remplie de mercure. L'appareil est placé

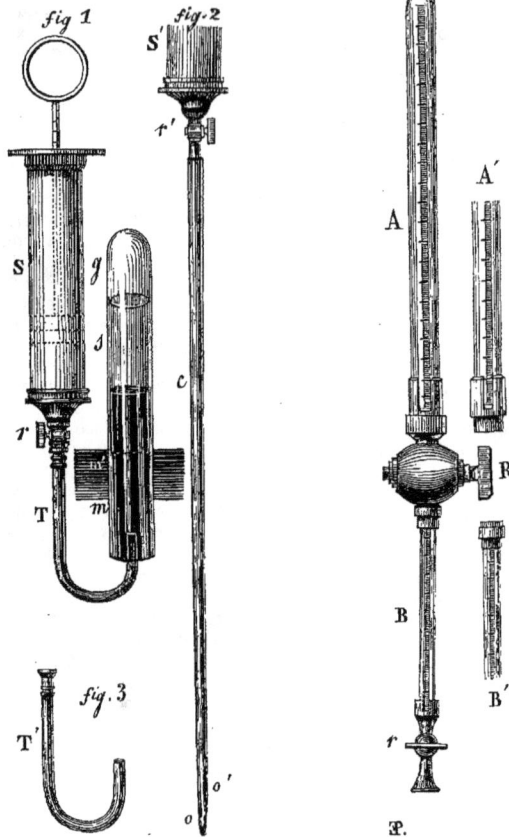

Fig. 103. — *Appareil pour recueillir du sang à l'abri du contact de l'air* (Cl. Bernard) (*).

Fig. 104. — *Appareil gradué pour les analyses de gaz du sang* (Cl. Bernard) (**).

sous la cloche d'une machine pneumatique. — 2° *Procédé de Setschenow.* — L'appareil de Setschenow est plus compliqué que celui de Magnus: mais il a l'avantage qu'on peut faire en même temps, avec une légère modification, plusieurs analyses du sang. Comme ces appareils ne sont plus guère employés, je ne ferai que les mentionner.

b. *Extraction par le vide produit par l'ébullition de l'eau.* — Ce procédé, déjà employé par Bunsen et Baumert, a été utilisé par Lothar Meyer dans ses recherches sur les gaz du

(*) *Fig. 1.* — S, seringue. — T, tube en fer, recourbé. — r, robinet. — m, éprouvette remplie de mercure et placée sur la cuve à mercure. — s, sang. — q, gaz.
Fig. 2. — S', seringue dont la canule est fixée à une sonde en gomme élastique. — r', robinet. — c, sonde. — o, o', ouvertures par lesquelles le sang pénètre dans la sonde et dans la seringue.
Fig. 3. — T', tube recourbé en fer, séparé de la seringue.
(**) A, tube en verre gradué, susceptible de se dévisser; A' est destiné à recueillir le sang. — B, B', tube rempli de mercure et placé dans la cuve à mercure. — R, r, robinets.

sang. De même que les précédents, ces appareils ont été abandonnés pour les pompes à mercure.

c. Extraction des gaz du sang par le vide barométrique; pompes à mercure. — Ces appareils sont aujourd'hui, à cause de leur commodité et de la rapidité de l'analyse, les seuls employés pour l'analyse des gaz du sang. Leur nombre est très considérable, et, dans l'impossibilité de les décrire tous, je me contenterai de décrire un seul de ces appareils, qui permettra d'en comprendre facilement le principe et le mécanisme. La pompe à mercure paraît avoir été employée pour la première fois par Hoppe-Seyler; elle a été depuis perfectionnée par Ludwig et ses élèves, par Pflüger, Gréhant, Mathieu et Urbain, etc., et est maintenant d'un usage journalier dans les laboratoires.

La figure 105 représente l'appareil construit par Alvergniat sur les indications de Gréhant.

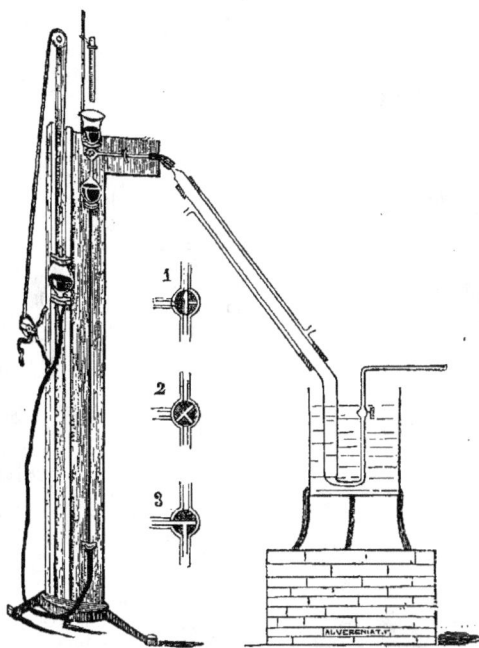

Fig. 105. — *Pompe à mercure pour l'extraction des gaz du sang.*

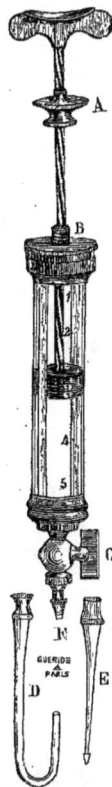

Fig. 106. — *Seringue pour extraire le sang* (*).

L'appareil (fig. 105), se compose d'un tube fixe, *tube barométrique*, dont la hauteur dépasse la hauteur barométrique; ce tube porte à sa partie supérieure une ampoule, *ampoule barométrique*, et se divise au-dessus de cette ampoule en deux branches, une branche verticale effilée, qui sert au dégagement des gaz et communique avec une cuvette qu'on remplit de mercure; une branche horizontale à laquelle s'adapte, par un caoutchouc à parois épaisses, le tube dans lequel se place le liquide dont on veut extraire les gaz, ou *tube extracteur*. L'extrémité inférieure du tube barométrique fixe communique par un caoutchouc à parois épaisses avec un réservoir à mercure d'une capacité supérieure à celle du reste de l'appareil et qui peut monter ou descendre le long d'une coulisse par le jeu d'une manivelle. Un robinet à trois voies est placé à la jonction du tube barométrique

(*) A, écrou mobile se vissant en B. — C, robinet. — D, E, canules en fer. — F, douille pour recevoir les canules. — 1, 2, 3, 4, 5, divisions en centimètres cubes (d'après Bert).

fixe avec ses deux branches; dans la position 1 (fig. 105, p. 425), il communique par sa branche verticale effilée avec la cuvette supérieure; dans la position 3, il communique par sa branche horizontale avec le tube extracteur; dans la position 2, toute communication est interceptée. Cet appareil a subi plusieurs modifications dans le détail desquelles il serait trop long d'entrer (Appareils d'Estor et Saint-Pierre, Mathieu et Urbain, Busch, etc.).

On remplit l'appareil de mercure par le réservoir mobile après avoir placé ce réservoir au haut de sa course et mis le robinet dans la position 1; le niveau du mercure dans la cuvette supérieure fixe doit dépasser le point d'affleurement de la branche verticale effilée, ou tube de dégagement. L'extraction des gaz du sang comprend alors plusieurs stades.

1º *Formation du vide barométrique dans le tube extracteur.* — L'appareil étant rempli de mercure, on place le robinet dans la position 2; on abaisse alors le réservoir mobile; le mercure s'abaisse dans le tube barométrique; on place le robinet en position 3 et une partie de l'air du tube extracteur passe dans l'ampoule barométrique; on met le robinet en position 1 et on élève le réservoir à mercure; l'air s'échappe par le tube de dégagement à mesure que le mercure monte dans le tube barométrique; on replace le robinet dans la position 2 et on répète l'opération jusqu'à ce qu'il ne sorte plus de bulles d'air par le tube de dégagement (huit ou dix fois environ); on a alors le vide dans le tube extracteur. Pour avoir le vide plus parfait, Gréhant remplit préalablement le tube extracteur d'eau distillée bouillie qu'on expulse par la même série de manipulations.

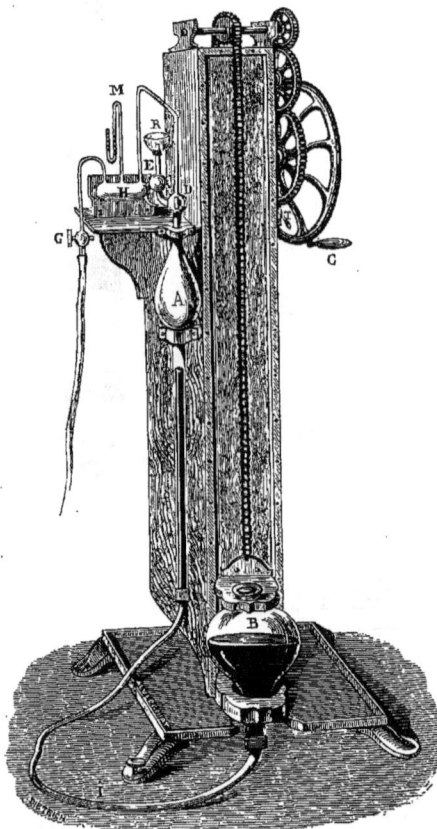

Fig. 107. — *Pompe à mercure.*

2º *Introduction du sang dans le tube extracteur.* — Pour introduire le sang dans le tube extracteur, il faut certaines précautions pour éviter le contact de l'air. On peut mettre directement le vaisseau de l'animal en communication avec un tube relié par un robinet avec le tube extracteur (fig. 105). On peut se servir aussi d'une pipette, ou mieux d'une seringue graduée (fig. 108 et 106), avec laquelle on aspire le sang, et on rattache par un tube de caoutchouc rempli de mercure le bout de la pipette ou de la seringue avec le tube de dégagement; on place alors le robinet à trois voies dans la position 1 et on abaisse le réservoir mobile pour faire pénétrer une certaine quantité de sang dans l'ampoule barométrique; on fait alors passer ce sang facilement dans le tube extracteur en mettant le robinet dans la position 3 et élevant

(*) A, ampoule barométrique. — B, réservoir à mercure mobile. — C, manivelle faisant monter ou descendre le réservoir B. — D, robinet à trois voies. — E, tube vertical de communication avec la cuvette R. H, tube de communication avec le tube extracteur. — G, robinet par lequel arrive le sang. — i, tube de caoutchouc faisant communiquer l'ampoule barométrique et le réservoir à mercure.

le réservoir mobile. L'appareil de Mathieu et Urbain évite une partie des difficultés de cette introduction du sang à l'abri de l'air.

3° *Extraction des gaz du sang.* — On fait le vide par le procédé déjà décrit, et à chaque fois on fait passer les gaz extraits dans une éprouvette graduée placée au-dessus du tube de dégagement. On répète la manipulation jusqu'à ce que le sang ne fournisse plus de gaz. Pour que la mousse due à la viscosité du sang n'aille pas jusqu'à la branche horizontale, on donne au tube extracteur une certaine longueur et on lui adapte un manchon réfrigérant dans lequel coule un courant d'eau froide.

Pour achever de dégager les gaz, on chauffe la partie inférieure du tube extracteur dans de l'eau à + 40° (fig. 105). Enfin, pour extraire l'acide carbonique uni aux alcalis, on ajoute une petite quantité d'une solution bouillie d'acide tartrique et on répète l'opération.

4° *Analyse des gaz.* — L'analyse des gaz recueillis dans l'éprouvette se fait par les méthodes ordinaires usitées en chimie ; l'oxygène est absorbé par l'acide pyrogallique ou le phosphore ; l'acide carbonique par la potasse ; l'azote est dosé par différence.

La figure 107 représente un modèle plus récent de pompe à mercure.

La pompe à mercure a été modifiée successivement par presque tous les physiologistes qui se sont occupés des gaz du sang ; les principales sont celles de Ludwig, modifiée successivement par Schöffer, Sczelkow, Setschenow, Kowalesky ; celle de Lothar Meyer ; celle d'Helmholtz ; celle de A. Schmidt ; celle de Gréhant ; celle de Mathieu et Urbain ; celle d'Estor et Saint-Pierre ; celle de Frankland-Sprengel, etc.

Dans tous les appareils précédents, le vide barométrique est saturé d'humidité. Pflüger a modifié la pompe à mercure de façon à avoir un vide parfaitement desséché et à absorber immédiatement la vapeur aqueuse dégagée par le sang ; Pokrowski et Busch ont modifié l'appareil de Pflüger.

Dans ces derniers temps, les trompes de laboratoire ou les souffleries hydrauliques ont été utilisées pour produire le vide (voir *Technique du laboratoire*).

Chez l'homme, on peut aussi faire l'analyse des gaz du sang, en recueillant le sang sous l'huile pour le mettre à l'abri de l'air (Lépine).

Le sang contient en moyenne les proportions de gaz suivantes pour 100 volumes (à 0° et à 760 millimètres de pression (1).

	Sang artériel.	Sang veineux.
Oxygène	18	8
Acide carbonique	38	48
Azote	2	2
TOTAL	58	58

Le tableau suivant donne la moyenne des principales analyses du sang pour différents mammifères (par 0° et 760 millimètres) :

ESPÈCE ANIMALE.	NATURE DU SANG.	O.	CO².	Az.	GAZ TOTAL.
Chien	Artériel	18,59	38,63	2,27	59,49
	Veineux	7,82	47,80	1,74	57,36
Mouton	Artériel	11,87	38,72	1,96	52,55
Chat	Veineux	5,97	46,85	2,32	55,14
Lapin	Artériel	13,09	28,81	1,28	43,18
	Artériel	13,21	33,94	2,05	49,20

Ces proportions de gaz sont sujettes du reste à de très grandes variations, comme on le verra plus loin.

(1) En Allemagne, on calcule en général le volume des gaz pour 0° de température et 1 mètre de pression ; pour réduire les gaz ainsi calculés en gaz à 0° et 0m,760 de pression, il suffit de multiplier les chiffres par 1,315. Pour faire l'opération inverse, c'est-à-dire pour transformer les gaz à 0° et 0m,760 de pression en gaz à 0° et 1 mètre de pression, il faut multiplier par 0,76.

Oxygène. — L'oxygène se trouve dans le sang presque en totalité en combinaison chimique avec l'hémoglobine des globules rouges (voir : *Oxyhémoglobine*, p. 256). D'après G. Hüfner, 1 gramme d'hémoglobine peut fixer 1,52 centimètre cube d'oxygène. Cette combinaison est, comme on l'a vu, une combinaison chimique lâche, d'où l'oxygène peut être chassé par le vide, par la chaleur, par un autre gaz, par des agents réducteurs, comme le sulfure ammonique. Quant à la question de savoir à quel état est l'oxygène des globules rouges, et s'il s'y trouve à l'état d'ozone, comme on l'avait supposé pour expliquer les oxydations intra-organiques (voir p. 323), elle paraît résolue dans le sens négatif. En effet, on n'a jamais pu constater dans le sang ou dans les gaz du sang la présence de l'ozone. Cependant les globules rouges peuvent transporter l'ozone ou l'oxygène actif d'un corps déjà ozonisé sur une substance oxydable. Si l'on ajoute à de la teinture de gayac, récemment préparée de la térébenthine ozonisée (exposée longtemps à l'air), il n'y a aucune réaction; mais dès qu'on ajoute quelques gouttes de sang et qu'on agite, l'ozone se porte sur la teinture de gayac qui prend une coloration bleue. Les globules sanguins peuvent aussi agir comme excitateurs de l'oxygène; en effet, à eux seuls et sans l'intervention d'une substance ozonisée, comme la térébenthine, ils bleuissent la teinture de gayac; mais cette réaction, comme l'a montré Pflüger, n'est due très probablement qu'à une décomposition de l'hémoglobine.

Une très petite quantité d'oxygène se trouve en outre à l'état de dissolution simple dans le plasma. Comme on le voit d'après les tableaux ci-dessus, le *sang artériel* contient plus d'oxygène que le sang veineux ; et, d'après Pflüger, il en est même à peu près saturé chez le chien, et Jolyet a constaté le même fait chez les oiseaux. Cependant les proportions de cet oxygène peuvent varier, et ces variations ont été surtout bien étudiées par Mathieu et Urbain. Les causes qui déterminent l'augmentation de la proportion d'oxygène du sang artériel sont les suivantes : l'augmentation du nombre des globules rouges, la fréquence et surtout l'ampleur des respirations, la veille, le travail musculaire, l'augmentation de la température centrale de l'organisme, l'abaissement de la température extérieure, le calibre des artères, non pas, comme l'avaient cru Estor et Saint-Pierre, parce que l'oxygène diminue, par suite d'oxydation, des artères plus rapprochées du cœur aux artères éloignées, mais simplement parce que dans les artères plus volumineuses le sang circule sous des influences mécaniques différentes qui augmentent sa densité et le nombre de ses globules rouges. La diminution d'oxygène dans le sang artériel s'observe dans les conditions inverses : ainsi, après les saignées, les boissons, dans la période de la digestion, pendant le sommeil naturel et le sommeil anesthésique (sauf dans la période d'excitation où on constate une augmentation); par l'abaissement de la température propre du corps et l'élévation de la température extérieure. La douleur, l'inanition, un régime uniforme produisent le même résultat. Les animaux de petite taille, les très jeunes et les vieux animaux présentent un chiffre inférieur d'oxygène. Dans l'asphyxie, la proportion d'oxygène du sang diminue d'une façon considérable et peut tomber jusqu'à 1,5 p. 100 dans l'asphyxie expérimentale. L'influence de la race a été encore trop peu étudiée pour en tirer des conclusions précises.

Dans le *sang veineux* la proportion d'oxygène varie plus encore que dans le sang artériel; il peut même manquer complètement dans le sang asphyxique. Il est en plus grande quantité dans le sang veineux rouge des glandes en activité; d'après Urbain et Mathieu, il diminuerait pendant le travail musculaire. Pour l'influence de la pression, voir : *Pression barométrique.*

Acide carbonique. — L'acide carbonique se rencontre à la fois dans le plasma et dans les globules rouges.

1° *Dans le plasma*, tout l'acide carbonique se trouve à l'état de combinaison chimique et probablement sous les trois états suivants : 1° à l'état de carbonate de soude; 2° à l'état de bicarbonate de soude; 3° à l'état de phospho-carbonate de soude (sel de Fernet) : c'est très probablement la plus petite quantité d'acide carbonique qui se trouve à cet état; deux équivalents de phosphate neutre de soude fixent un équivalent d'acide carbonique et il se forme du phosphate acide de soude et du carbonate neutre de soude. L'acide carbonique n° 1 ne peut être éliminé que par l'influence d'un acide; celui du bicarbonate de soude est évacué par le vide et il reste du carbonate neutre; il en est de même de celui qui est uni au phosphate de soude. Le vide seul suffit, comme l'a montré Pflüger, pour chasser tout l'acide carbonique du sang; mais cette action est due à ce que, dans ce processus, les globules rouges acquièrent les propriétés d'un acide, ou dégagent un acide qui peut décomposer le carbonate de soude (Preyer, Schöffer, Afonasiew).

La question de l'état dans lequel l'acide carbonique se trouve dans le sérum a été très discutée et interprétée successivement de façons très différentes. Avant Lothar Meyer et Fernet, on admettait en général que l'acide carbonique du sang était à l'état de dissolution simple; les expériences de ces deux auteurs montrèrent qu'une partie seulement de cet acide carbonique était libre et qu'une partie variable se trouvait à l'état de combinaison chimique. Mais bientôt le perfectionnement des appareils permettant de dégager par le vide seul une quantité plus considérable d'acide carbonique, on restreignit de plus en plus la proportion d'acide carbonique combiné (Setschenow), jusqu'à ce qu'enfin Pflüger, arrivant, avec le vide sec, à dégager tout l'acide carbonique du sang, en conclut que tout l'acide carbonique du sang était à l'état de dissolution simple. Mais des recherches récentes ont fait envisager la question à un point de vue tout opposé et tendent à faire admettre, et c'est là la conclusion à laquelle arrive Bert, que tout l'acide carbonique du sang est à l'état de combinaison. Bert a montré en effet que les alcalis du sang ne sont jamais saturés d'acide carbonique et qu'il n'y a pas d'acide libre dans le sang. Dans l'asphyxie, les acidents toxiques arrivent quand les alcalis sont saturés et que l'acide carbonique apparaît dans le sang à l'état de dissolution.

Une petite quantité d'acide carbonique semble aussi être unie dans le sérum à une combinaison protéique, peut-être à la paraglobuline.

2° Les *globules rouges* contiennent aussi une certaine proportion d'acide carbonique (A. Schmidt, Zuntz, Frédéricq, Mathieu et Urbain, etc.). Cette fixation de l'acide carbonique par les globules rouges est due à l'hémoglobine. Elle ne peut être mise en doute, car un volume de sang total fixe à peu près autant d'acide carbonique qu'un égal volume de sérum. D'après Setschenow, le dixième au moins de la quantité totale de l'acide carbonique du sang serait ainsi combiné aux globules; d'après Gréhant et Quinquaud cette proportion serait beaucoup plus considérable.

L'acide carbonique offre dans ses proportions des variations correspondantes à celles de l'oxygène. Comme on le voit par le tableau de la page 427, le *sang artériel* contient toujours de l'acide carbonique et toujours, même dans l'apnée (voir : *Respiration*), en plus forte proportion que l'oxygène. Cet acide carbonique diminue par les saignées, l'élévation de la température propre de l'animal, il augmente après la digestion, dans le sommeil chloroformique, par l'abaissement de la température propre de l'organisme; sa quantité est plus forte dans les grosses artères. Dans le sang asphyxique, l'acide carbonique peut monter à 52 volumes pour 100 et plus.

Azote. — L'azote paraît être à l'état de dissolution simple dans le sang. Ses variations ont été peu étudiées.

Bibliographie. — Setschenoff : *Ueber diejenigen Bestandtheile welche Kohlensäure absorbiren* (Ber. d. d. ch. Ges., t. XII, 1879). — E. Herter : *Ueber die Spannung des Sauerstoffs im arteriellen Blute* (Zeit. f. physiol. Ch., t. III, 1879). — P. Regnard et R. Blanchard : *Note sur les gaz du sang*, etc. (Gaz. méd., 1880). — J. Geppert : *Die Gase des arteriellen Blutes im Fieber* (Zeit. f. kl. Med., t. II, 1880). — Gréhant et Quinquaud : *Note sur l'acide carbonique du sang* (Soc. de biol., 1886) (1).

ARTICLE IV. — **Du sang considéré dans son ensemble.**

§ 1ᵉʳ. — **Caractères organoleptiques du sang.**

Couleur du sang. — Le sang artériel est rouge vermeil, monochroïque; le sang veineux est en général dichroïque, rouge foncé en couches épaisses.

(1) *A consulter* : Priestley : *Observations on respiration*, etc. (Philosophical Transact., t. LXVI, 1776). — Davy : *Théorie des Lichtes*, etc. (Gilbert's Annal., t. XII, 1803). — Cl. Bernard : *Leçons sur les effets des substances toxiques*, 1857. — Lothar Meyer : *Die Gase des Blutes* (Zeitschrift für rat. Medicin, t. VIII, 1857). — E. Fernet : *Du rôle des principaux éléments du sang dans l'absorption ou le dégagement des gaz de la respiration*, 1858. — Cl. Bernard : *Leçons sur les propriétés physiologiques des liquides de l'organisme*, 1859. — J. Setschenow : *Beiträge zur Pneumatologie des Blutes* (Zeit. für rat. Med., t. X, 1860). — Id. : *Pneumatologische Notizen* (id., 1860). — Setschenow : *Neuer Apparat zur Gewinnung der Gaze aus dem Blute* (Zeitsch. für rat. Medicin, t. XXIII, 1864). — Estor et Saint-Pierre : *Sur un appareil propre aux analyses des mélanges gazeux* (Comptes rendus, 1864). — E. Pflüger : *Beschreibung meiner Gaspumpe* (Unters. aus dem physiol. Laborator. zu Bonn, 1865). — Estor et Saint-Pierre : *Du siège des combustions respiratoires* (Journal de l'Anatomie, 1865). — W. Preyer : *Ueber die Kohlensäure und den Sauerstoff im Blute* (Centralblatt, 1866). — Mathieu et Urbain : *Des gaz du sang* (Comptes rendus, 1871). — Mathieu et Urbain : *Des gaz du sang* (Comptes rendus, t. LXXIV, 1872). — N. Gréhant : *Recherches comparatives sur l'absorption des gaz par le sang* (Comptes rendus, t. LXXV, 1872). — Estor et Saint-Pierre : *Analyse des gaz du sang* (Comptes rendus, t. LXXIV, et Journal de l'Anatomie, 1872). — Lépine : *Sur une méthode pour doser le gaz du sang chez l'homme* (Gaz. méd. de Paris, 1873). — Mathieu et Urbain : *Des gaz du sang* (Annal. de chimie et de physique, 1874). — Jolyet : *Contribution à l'étude de la physiologie comparée du sang des vertébrés ovipares* (Gaz. méd. de Paris, 1874). — Mathieu et Urbain : *De l'affinité des globules sanguins pour l'acide carbonique* (Comptes rendus, t. LXXXIV, 1877). — P. Bert : *Sur l'état dans lequel se trouve l'acide carbonique du sang et des tissus* (Gaz. médicale, 1878).

ou vu par réflexion, vert en couches minces ou par transparence ; le sang artériel laisse passer de préférence et réfléchit aussi les rayons situés entre les lignes C et D du spectre solaire (rouges et jaunes) et absorbe les rayons verts ; le sang veineux, au contraire, laisse passer et réfléchit surtout les rayons bleus et les rayons verts.

Ces différences de coloration tiennent : 1° d'une part à l'hémoglobine et à l'état dans lequel elle se trouve, oxy-hémoglobine ou hémoglobine réduite ; 2° à l'état des globules, à leur nombre, à leur variation de volume et à leurs différences de réfraction d'avec le pouvoir réfringent du plasma : ainsi l'augmentation de volume des globules rend le sang plus clair parce qu'ils réfléchissent plus de lumière par leur surface ; la diminution de volume des globules par des solutions concentrées produit l'effet inverse ; tout ce qui augmente la différence de réfringence des globules et du plasma diminue la transparence du sang, mais le fait paraître moins foncé à la lumière réfléchie ; l'addition d'eau, au contraire, en diminuant la différence de réfringence des globules et du plasma, rendra le sang plus foncé par réflexion et plus transparent. La coloration du sang est en général en rapport avec le nombre des globules ; cependant on trouve quelques exceptions, ce qui indique que, dans certains cas, les globules ne contiennent pas tous la même quantité de matière colorante (Worm Müller). Quand le nombre des globules blancs augmente beaucoup, comme dans la leucémie, le sang peut devenir très clair, comme s'il était mélangé avec du lait.

La coloration rouge du sang artériel n'a pas toujours la même teinte ; elle est plus foncée dans la grossesse, pâle dans l'anémie, la chlorose. Le sang artériel peut devenir foncé dans certaines conditions, par exemple dans l'asphyxie ; si on comprime la trachée sur un animal, le sang devient noir presque immédiatement (Bichat) ; le même phénomène se produit quand on comprime le larynx en mettant une canule dans la trachée pour maintenir la respiration (Cl. Bernard).

Le sang veineux n'a pas toujours une coloration foncée. Le sang veineux des glandes en activité, et spécialement celui des veines rénales, est rouge (Cl. Bernard). Chez les animaux refroidis artificiellement, le sang des veines ressemble au sang artériel ; le sang des animaux hibernants est aussi plus rouge quoique la respiration soit ralentie.

Le sang tout à fait privé de gaz est brun foncé, presque noir ; il prend le même aspect par l'addition d'acide pyrogallique et dans l'empoisonnement par la nitrobenzine. L'oxyde de carbone lui donne une couleur rouge cerise persistante ; l'hydrogène phosphoré et l'hydrogène antimonié agissent de la même façon, mais plus faiblement. Le chlore le colore en jaune verdâtre, l'hydrogène sulfuré en brun, etc. Le sang de quelques invertébrés est bleu verdâtre (*Sepia*, *Octopus*), bleu céleste (*Helix pomatia*), bleuâtre (*Unio pictorum*, etc.).

Odeur du sang. — L'odeur du sang, *halitus sanguinis*, est caractéristique pour chaque espèce animale et se rapproche de celle de la sueur ; elle se dégage surtout quand on ajoute au sang de l'acide sulfurique concentré (1 volume et demi) ; elle est due probablement à des acides gras.

§ 2. — Quantité de sang du corps.

Procédés. — 1° *Saignée simple* (Herbst, Vanner, Jones). — On tue un animal par hémorrhagie ; on recueille le sang, on le pèse et on compare le poids du sang au poids de l'animal. Mais, sur un animal tué par hémorrhagie, il reste toujours dans les vaisseaux une certaine quantité de sang, quantité qui peut varier du tiers à la moitié du sang total.

2° *Saignée avec injection d'eau distillée.* (Lehmann, Weber). — On pèse un animal; on le décapite ou on le saigne; on le pèse de nouveau; la perte du poids donne le poids du sang écoulé; on détermine la quantité de principes fixes pour 100 contenus dans ce sang. On injecte alors de l'eau distillée dans les vaisseaux; on détermine la quantité de principes fixes que cette eau ramène, et on en déduit le poids du sang resté dans les tissus. On a ainsi le poids total du sang de l'animal. Ce procédé, appliqué chez l'homme par Weber dans un cas de décapitation, donne un chiffre trop fort, l'eau injectée ramenant des principes fixes provenant des tissus.

3° *Méthode des mélanges* (procédé de Valentin). — On fait une saignée à un animal et on recherche la quantité de principes fixes pour 100. On injecte dans les veines une quantité d'eau distillée qui diminue la proportion relative de principes fixes; on fait alors une deuxième saignée, et la diminution de proportion (pour 100) des principes fixes fait connaître la quantité de sang. Soit, par exemple :

x,   la quantité totale du sang ;
a,   la quantité de sang de la première saignée;
$y = x - a$,   la quantité de sang qui reste après cette première saignée;
b,   la quantité p. 100 de principes fixes de la première saignée;
c,   la quantité d'eau injectée;
d,   la quantité p. 100 de principes fixes de la deuxième saignée
                    (après l'injection d'eau).

On a :

$$100 : b = y : \frac{by}{100},$$

$$100 : d = (y + c) : \frac{(y + c)d}{100},$$

$$\frac{by}{100} = \frac{(y + c)d}{100};$$

donc :

$$y = \frac{cd}{b - d};$$

mais :

$$y = x - a;$$

donc :

$$x = \frac{cd}{b - d} a.$$

Veit a critiqué le procédé de Valentin et montré qu'il donne des chiffres trop forts.
Pr. de Blake. — Blake a employé un procédé dont le principe est le même que celui de Valentin. Il injecte dans le sang une quantité donnée de solution titrée de sulfate d'alumine. Au bout de quelque temps il fait une saignée et recherche la proportion de sulfate d'alumine contenu dans le sang. Il déduit la masse du sang du degré de dilution qu'a subi la substance. Dans ces deux procédés, il y a plusieurs causes d'erreur : le mélange des liquides et des solutions salines injectées avec le sang est loin d'être uniforme; une certaine quantité de l'eau injectée ou de la solution saline peut passer dans les tissus.
— *Pr. de Gréhant et Quinquaud.* — Ces auteurs ont heureusement modifié la méthode des mélanges. Ils font respirer à un animal de l'oxyde de carbone. Au bout d'un temps déterminé, un quart d'heure par exemple, ils dosent la quantité d'oxyde de carbone fixée par l'animal et la quantité du même gaz fixée par un volume déterminé de sang; une simple proportion permet d'obtenir le volume du sang total de l'animal. Ce procédé évite une partie des causes d'erreur inhérentes au procédé de Valentin. — Le *procédé de Cybulski* dans lequel la quantité d'hémoglobine du sang est dosée *avant* et *après* l'injection de sérum précédée d'une saignée préalable repose aussi sur le principe des mélanges.

4° *Méthode colorimétrique de Welcker.* — On fait une saignée à un animal, puis on le tue; on recueille tout le sang qui s'écoule et on fait passer dans les vaisseaux un courant d'eau distillée jusqu'à ce que cette eau revienne incolore; on épuise ensuite par l'eau distillée les tissus de l'animal, divisés et hachés; on mélange cette eau distillée au sang recueilli après la mort de l'animal; on a ainsi un mélange (M_1) d'une certaine coloration; on ajoute alors à la première saignée une quantité d'eau distillée suffisante pour donner au mélange M_2 la coloration de M_1. On connaît donc : 1° la quantité d'eau distillée ajoutée à la première saignée; 2° la quantité de sang de la première saignée; 3° la quantité d'eau injectée dans les veines; il est facile, par une simple proportion, d'en tirer la quatrième quantité inconnue, c'est-à-dire la quantité totale du sang moins la première saignée, et l'addition de ces deux chiffres donne la quantité totale du sang. Ce procédé, le meilleur jusqu'ici de tous ceux qui ont été proposés, a été employé par Heidenhain, Panum, Spiegelberg, Gscheidlen, etc. Gscheidlen a perfectionné le procédé de Welcker en traitant le sang par l'oxyde de carbone qui transforme l'hémoglobine en hémoglobine oxycarbonique, s'oppose à la décomposition de la matière colorante et permet plus facilement la comparaison des colorations du sang. Il y a quelques précautions à prendre pour appliquer ce procédé. Le voici tel qu'il est décrit par Gscheidlen (*Physiologische Methodik*, p. 335). On met à nu la carotide d'un animal, on y adapte une canule et on laisse couler le sang dans un flacon taré contenant des fragments de verre pour défibriner le sang par l'agitation. Un à deux centimètres cubes de sang défibriné sont étendus de 100 volumes d'eau distillée et traités par l'oxyde de carbone. On procède alors au lavage des vaisseaux; un tube en T est placé sur la carotide et sa branche verticale est mise en communication avec un grand flacon rempli d'une solution de sel marin à 0,5 ou 0,6 p. 100; ce flacon peut être élevé plus ou moins haut par une poulie; on ouvre alors les deux jugulaires et la veine cave inférieure pour recueillir le sang et on laisse pénétrer la solution de sel marin d'abord sous une faible pression, puis sous une pression plus forte, jusqu'à ce que les veines laissent couler un liquide incolore; on arrête alors l'injection, et on enlève le canal intestinal et l'estomac; tous les autres organes sont divisés, hachés et traités par l'eau distillée; au bout de vingt-quatre heures, on recueille l'eau de macération, on exprime celle que contiennent encore les organes par la presse et on filtre le tout. Ce liquide est alors mélangé à l'eau de lavage des vaisseaux; cette eau de lavage est traitée aussi par l'oxyde de carbone. Le mélange de sang et d'eau distillée ainsi obtenu est placé dans un hématinomètre; on place dans un autre hématinomètre un centimètre cube du premier mélange (sang défibriné de la saignée et eau distillée) et on lui ajoute avec une burette de l'eau distillée jusqu'à ce que les colorations des deux liquides dans les deux hématinomètres soient identiques. Une simple proportion donne alors la quantité de sang.

5° *Procédé spectroscopique de Preyer*. — Ce procédé, décrit p. 191 à propos des procédés de dosage de l'hémoglobine, a été employé pour déterminer la quantité de sang. On curarise l'animal (ce qui n'est pas nécessaire d'après Gscheidlen) pour arrêter ses mouvements, on lui fait une saignée et on dose la quantité d'hémoglobine h, contenue dans une quantité donnée de sang p; on injecte alors par la carotide ou l'aorte une solution de chlorure de sodium à 0,5 p. 100 jusqu'à ce que le liquide revienne incolore par une veine qui sert à l'écoulement du sang : on mesure la quantité totale de ce mélange (sang et eau de lavage) et on dose l'hémoglobine, h' : on a alors la quantité totale de sang, Q :

$$Q = \frac{p(h+h')}{h}.$$

Steinberg a modifié le procédé de Preyer, dont le grand inconvénient est que la dilution du sang par l'eau de lavage est trop considérable pour permettre d'apprécier directement l'hémoglobine. Steinberg met dans deux hématinomètres des quantités égales de sang, et verse, dans l'un de l'eau distillée, dans l'autre le mélange (d'eau de lavage et sang), jusqu'à ce que les deux solutions laissent passer également les rayons verts; comme l'eau de lavage contient déjà de l'hémoglobine, il faut en ajouter plus que d'eau pure. Soient alors :

$y,$ la quantité absolue de sang à déterminer;
$m,$ le poids du sang de la saignée d'épreuve;
$b,$ la quantité de sang qui a été étendue d'une part avec de l'eau, de l'autre avec le liquide de lavage;
$a,$ la quantité d'eau ajoutée dans un hématinomètre;
$c,$ la quantité de mélange (eau de lavage et sang) ajoutée dans l'autre hématinomètre;
$d,$ le volume de la quantité totale du mélange (eau de lavage et sang);
$x,$ la quantité de sang contenue en c;

on a :

$$b + a : b = b + c : b + x;$$

d'où :

$$x = \frac{b(c-a)}{a+b}.$$

Pour avoir la quantité de sang du liquide de lavage, on divise d par c et on multiplie le quotient par x ; si on ajoute alors la quantité m du sang de la saignée d'épreuve, on a la quantité totale de sang y par la formule suivante :

$$y = m + \frac{d}{c}x = m + \frac{d}{c} \cdot \frac{b(c-a)}{a+b}.$$

Pour empêcher la coagulation, on recueille le sang de la saignée d'épreuve dans un flacon taré contenant une solution concentrée de carbonate de soude.

6° *Procédés basés sur la numération des globules du sang.* — a. *Procédé de Vierordt.* — Il pratique une saignée à un animal, mesure la quantité de sang et en calcule le nombre des globules ; au bout d'un certain temps qu'il suppose suffisant pour que la masse du sang soit revenue à son volume normal, et avant qu'il y ait eu formation de nouveaux globules, il fait une seconde saignée et une seconde numération. D'après la diminution qu'a subie la richesse globulaire après la première saignée, il apprécie la masse totale. Ce procédé, qui expose à de nombreuses chances d'erreur, paraît avoir été abandonné par son auteur, car il n'en parle pas dans sa *Physiologie*. — b. *Procédé de Malassez.* — Après avoir essayé plusieurs procédés, Malassez s'est arrêté aux deux suivants ; son 1° *Procédé direct.* — L'animal est tué par hémorrhagie ; ses vaisseaux sont lavés ; son corps est découpé comme dans le procédé de Welcker ; seulement, au lieu d'eau distillée, on se sert de sérum artificiel ; on a ainsi un mélange sanguin dans lequel les globules sont conservés, et dont on connaît le volume ; on compte les globules dans ce mélange, et, par une simple multiplication, on a le nombre total de globules rouges de l'animal ; si on divise le nombre total des globules par le poids de l'animal exprimé en grammes, on a la quantité de globules par gramme d'animal ou ce que Malassez appelle la *capacité globulaire* ; si on divise le chiffre qui représente la capacité globulaire par le nombre de globules par millimètre cube (richesse globulaire), on obtient le nombre de millimètres cubes de sang contenu dans un gramme d'animal et on arrive facilement au volume du sang du corps. Les causes d'erreur qui existent déjà dans les procédés de numération des globules du sang rendent ce procédé moins exact que celui de Welcker. — 2° *Procédé indirect.* — Ce procédé peut s'appliquer sans qu'on sacrifie l'animal, ce qui a permis de l'employer chez l'homme. Malassez injecte dans les veines d'un animal du sang d'animal de même espèce, mais de richesse globulaire différente. Il détermine la richesse globulaire du sang injecté, celle du sang de l'animal qui reçoit l'injection, avant et après cette injection, et a ainsi tous les éléments pour déterminer la masse totale du sang. Soient V, le volume inconnu de la masse totale ; n, la richesse globulaire de l'animal injecté avant l'injection ; v', le volume du sang injecté ; n', la richesse globulaire de ce sang : n'', la richesse globulaire de l'animal après l'injection ; on a :

$$Vn + v'n' = (V+v')n'' ;$$

d'où :

$$V = \frac{v'(n''-n')}{n-n''}.$$

Brozeit a employé le dosage de l'hématine pour l'évaluation de la quantité de sang. Vierordt a donné un autre procédé basé sur la vitesse de la circulation et sur la quantité de sang qui passe dans l'aorte à chaque systole ventriculaire (Voir : *Circulation*).

7° *Procédé de Tarchanoff.* — Le procédé de Tarchanoff, applicable sur l'homme vivant, consiste à soumettre un sujet à une forte sudation (bain russe) et à déterminer la perte d'eau subie par le sang. On dose en outre la quantité d'hémoglobine du sang avant et après le bain. On a ainsi toutes les données nécessaires pour calculer le volume total du sang. Soit p la quantité d'eau sortie du sang, a la quantité d'hémoglobine (en milligrammes) contenue *avant* le bain dans un centimètre cube de sang, a' la quantité contenue *après* le bain, x le volume total du sang à déterminer, on aura xa pour la quantité totale d'hémoglobine du sang *avant* le bain, $(x-p)a'$ pour la quantité totale *après* le bain. Comme l'expérience dure au plus une demi-heure, on peut admettre que la quantité d'hémoglobine du sang reste invariable ; on aura donc $xa = (x-p)a'$, d'où $x = \frac{pa'}{a'-a}$; x représentera donc, en centimètres cubes, le volume total du sang.

En résumé, de tous ces procédés, le meilleur est sans contredit celui de Welcker.

L'appréciation de la *quantité de sang des organes* peut se faire par les mêmes procédés que pour la masse totale du sang et spécialement par le procédé de Welcker. On peut, dans les procédés colorimétriques, employer comme témoin, au lieu d'un mélange de sang de titre déterminé, une solution de picrocarminate d'ammoniaque (voir : *Dosage de l'hémoglobine*).

La quantité de sang du corps peut être évaluée, chez l'homme, à environ 1/13e du poids du corps, soit en moyenne à 4 ou 4,5 kilogrammes. Chez le nouveau-né, elle ne serait que le 1/19e de ce poids (Welcker).

Les conditions qui font varier la masse du sang sont encore pour la plupart mal déterminées à cause du petit nombre de recherches faites sur ce sujet.

D'une façon générale, la proportion de la masse totale du sang, relativement au poids du corps, diminue à mesure qu'on descend dans la série animale. D'après Welcker, les mammifères seraient intermédiaires entre les oiseaux et les amphibies [1]. On constate aussi des différences d'une espèce à l'autre, comme le montre le tableau suivant qui donne le poids du corps par rapport au poids du sang pris comme unité chez quelques mammifères :

ESPÈCES.	POIDS.	NOMS des OBSERVATEURS.	ESPÈCES.	POIDS.	NOMS des OBSERVATEURS.
Chien	12 à 14	Heidenhain	Lapin	15 à 19	Heidenhain
— adulte.........	11,2-12,5	Steinberg.	—	20,1	Gscheidlen.
Jeune chien.........	16,2-17,8		—	14-16	Brozeit.
		Spiegelberg	—	12,3-13,3	Steinberg.
Chiennes non pleines.	12,7	et Gscheid-	Cobaye...	20,9	Gscheidlen.
		len.	—	12-12,3	Steinberg.
Chiennes pleines { début de la gestation.	12,8	—	Chat............	13,3	Brozeit.
			—	10,4-11,9	Steinberg.
fin de la gestation	9,4	—	— à jeun.......	17,8	—
			— très jeune...	17,3-18,4	—

Pour une espèce donnée, la quantité relative de sang est en rapport inverse de la taille de l'animal (Welcker); elle est plus forte chez les jeunes animaux que chez les adultes [2], chez le mâle que la femelle.

Collard de Martigny, Chossat, Bidder et Schmidt croyaient que, dans l'inanition, la quantité de sang diminuait beaucoup plus que toutes les autres parties du corps, à l'exception de la graisse; mais les recherches de Valentin et Heidenhain, confirmées par Panum, montrent que la quantité de sang ne change pour ainsi dire pas par rapport au poids du corps. Cependant les chiffres donnés par Steinberg (voir le tableau ci-dessus) parlent dans un sens opposé.

La grossesse, surtout dans la seconde moitié, amène une augmentation de la masse du sang.

[1] Cependant Malassez a trouvé pour le volume de sang rapporté à un gramme d'animal : mammifères, 63 millimètres cubes par gramme; oiseaux, 48; poissons, 13.

[2] Malassez a trouvé, au contraire, une baisse continue du volume du sang à partir de la naissance (lapins) et un chiffre plus faible pour les nouveau-nés que pour les adultes. Mais ces expériences sont peu nombreuses, et le sujet exige encore de nouvelles recherches.

Bibliographie. — J. R. Tarchanoff : *Die Bestimmung der Blutmenge am lebenden Menschen* (A. de Pflüger, t. XXIII, 1880). — N. Cybulski : *Appréciation de la quantité de sang chez les animaux* (Journ. med.; en russe ; 1880). — Gréhant et Quinquaud : *Mesure du volume du sang contenu dans l'organisme d'un mammifère vivant* (C. rendus, t. XCXIV et : Journ. de l'Anat., t. XVIII, 1882) (1).

§ 3. — Analyse du sang.

Procédés d'analyse du sang. — A. **Procédé général d'analyse du sang.** — L'analyse du sang comporte les opérations successives suivantes :

1º On pèse le sang en totalité ;

2º On extrait la fibrine du sang par le battage ; on la pèse après l'avoir lavée, desséchée, bouillie avec l'alcool et l'éther, et desséchée de nouveau ;

3º On dose la quantité d'eau en faisant évaporer un poids donné de sang et pesant le résidu ;

4º L'incinération de ce résidu donne le poids des matières inorganiques ;

5º On reprend ce résidu par l'eau pour séparer les sels solubles des sels insolubles, et on les isole par les procédés ordinaires de l'analyse chimique ;

6º Pour doser l'albumine, on ajoute au sérum (20 ou 30 centimètres cubes) quelques gouttes d'acide acétique et on évapore ; le résidu est épuisé par l'alcool et par l'eau bouillante et pesé, puis incinéré et pesé de nouveau ; la différence des deux poids donne le poids de l'albumine ;

7º Les graisses, la cholestérine, la lécithine, sont dosées en évaporant les solutions alcooliques précédentes et en épuisant le résidu par l'éther ;

8º Les matières extractives sont dosées en évaporant l'eau et l'alcool de lavage (nº 6). L'évaporation fournit le poids des sels solubles dans l'eau et dans l'alcool et des matières extractives ; l'incinération du résidu donne le poids des sels minéraux ; la différence des deux poids représente le poids des matières extractives.

B. **Procédés de dosage de quelques principes spéciaux.** — Je renverrai pour ces procédés aux paragraphes de la chimie physiologique qui traitent de ces principes (urée, acide urique, glucose, hémoglobine, etc.) et aux traités spéciaux d'analyse chimique physiologique. Je dirai cependant quelques mots du dosage des globules et du dosage de l'oxygène.

Dosage des globules physiologiques (globules humides). — a. *Procédé d'Hoppe-Seyler.* — On prend une quantité connue de plasma P et on en détermine la fibrine F : on prend, d'autre part, une quantité connue de sang, plasma et globules, Q ; et on en

détermine la fibrine F'. La quantité de plasma P' contenue dans Q sera donc égale à $\dfrac{P \times F'}{F}$,

ei il suffira de retrancher P' de Q pour avoir la quantité de globules. Ce procédé ne peut être employé que sur des sangs se coagulant très lentement, comme celui du cheval.

b. *Procédé de C. Bouchard.* — On fait coaguler un poids donné de sang dans une capsule, on décante et on détermine le poids d'albumine, de sel et d'eau. Le caillot sert à doser la fibrine (en enlevant les globules par la malaxation avec une solution de sulfate de soude saturée d'oxygène). On recueille le même volume de sang dans un poids p d'une solution de sucre de canne marquant 1,026 au densimètre, et on le laisse coaguler, on décante et on détermine la proportion d'albumine. Un gramme de sérum normal contient un poids P d'albumine ; un gramme de sérum sucré en contient un poids P'. Soit x la quantité inconnue de sérum, il contiendra la quantité d'albumine Px. Le sérum sucré pèse $x + p$; il contiendra la quantité d'albumine, P' $(x + p)$. La proportion d'albumine étant la même dans les deux sangs, on aura :

$$Px = P'(x + p), \qquad \text{d'où} \qquad x = \frac{pP'}{P - P'}.$$

(1) A consulter : Valentin : *Versuche über die in dem thierischen Körper enthaltene Blutmenge* (Repertor. für Anat., t. III, 1838). — Bischoff : *Abermalige Bestimmung der Blutmenge bei einem Hingerichteten* (Zeit. für wiss. Zoologie, t. IX, 1857). — Welcker : *Blutkörperchenzahlung und farbeprüfende Methode* (Vierteljahrsch. in Prag., t. IV, 1854, et Zeitsch. für rat. Med., t. IV, 1858). — R. Gscheidlen : *Studien über die Blutmenge und ihre Vertheilung im Thierkörper* (Unters. aus dem phys. Labor. im Würzburg, 1868). — Malassez : *Nouveaux procédés pour apprécier la masse totale du sang* (Arch. de physiologie, 1874). — Id. : *Recherches sur quelques variations que présente la masse totale du sang* (Arch. de physiologie, 1875).

On a ainsi le poids du sérum; on connaît le poids de la fibrine; la différence entre le poids du sang et la somme des poids du sérum et de la fibrine donne le poids des globules. En divisant ce poids par 4, on a le poids des globules secs.

Dosage de l'oxygène. — 1° *Procédé Quinquaud.* — Quinquaud a proposé de doser l'hémoglobine en dosant l'oxygène que le sang abandonne, après avoir été agité à l'air; il admet, ce qui n'est pas démontré, que le sang fixe toujours une quantité d'oxygène proportionnelle à la quantité d'hémoglobine qu'il contient. — *Procédé de Schutzenberger et Risler par l'hydrosulfite.* Ce procédé repose sur la facilité avec laquelle s'oxyde l'hydrosulfite de soude $SNaHO^2$ et sur la décoloration qu'il fait subir à une solution de carmin d'indigo ou de sulfate de cuivre ammoniacal. Pour les détails du procédé, voir le mémoire original et le *Manuel de chimie pratique* de Ritter.

Le tableau suivant, emprunté à C. Schmidt, donne la composition du sang d'un homme de 25 ans, pour 1000 parties :

	POUR 1,000 PARTIES.		
	Sang total.	Plasma.	Globules.
Eau..................	788,71	901,51	681,63
Matières solides.	211,29	98,49	318,37
Matières albuminoïdes et extractives...	192,10	81,92	296,07
Fibrine.................	3,93	8,06	—
Hématine.................	7,38	—	15,02
Sels................	7,88	8,51	7,28
Chlorure de sodium.............	2,701	5,546	—
— de potassium...........	2,062	0,359	3,679
Sulfate de potassium...........	0,205	0,281	0,132
Phosphate de sodium..........	0,457	0,271	0,633
— de potassium.........	1,202	—	2,343
— de calcium..........	0,193	0,298	0,094
— de magnésium.........	0,137	0,218	0,060
Soude	0,921	1,532	0,341

Voici, d'après Hoppe-Seyler, les analyses du sang de divers animaux :

	SANG DE CHEVAL.			CHIEN.		PORC.	BŒUF (1)
				S. artériel.	S. veineux.	S. défibriné.	S. défibriné.
	I	II	III	IV	V	VI	VII
1° Globules...........	327,78	362,90	334,48	383,42	357,03	436,8	318,7
Parties solides...	128,19	130,78	132,28	—	153,77	160,§	127,5
Eau...........	199,59	232,12	202,20	—	203,26	276,l	191,2
2° Plasma...........	672,22	637,10	665,52	616,58	642,97	563,2	681,3
Parties solides...	67,80	55,48	64,96	78,70	55,97	45,3	59,l
Eau............	604,32	581,62	660,56	537,88	587,00	517,9	622,2

(1) Les analyses I, II et III sont dues à Sacharjin et Hoppe-Seyler; IV, à Fudakowski; V, à Rohlbeck; VI et VII, à Bunge.

Les analyses des globules humides ont donné les résultats suivants, pour 1000 parties de globules (comparer avec l'analyse de C. Schmidt, page 437) :

	CHIEN.	PORC.	CHEVAL.	BŒUF (1).
	I	II	III	IV
Eau..........................	569,30	632,1	608,9	599,9 / 400,1
Matières solides....................	430,70	367,9		280,5
Hémoglobine.....................	412,51	261,0		107,8
Albuminoïdes...		86,1		
Cholestérine	1,26	12,0	39,11	7,5
Lécithine.......................	7,47			
Matières extractives........	2,97			4,8
Sels organiques...................	6,49	8,9		0,741
K²O		5,543	4,92	0,011
MgO...........		0,158	?	1,635
Cl.............................		1,504	1,93	0,708
Ph²O⁵.........................		2,067	?	2,093
Na²O		—	—	

Les analyses suivantes donnent les proportions des principes les plus importants du sang :

1° Proportion des *substances albuminoïdes* dans le sérum, d'après Hammarsten :

SÉRUM pour 100 parties.	MATIÈRES solides.	ALBUMINOÏDES en totalité.	PARA-GLOBULINE.	ALBUMINE du sérum.	LÉCITHINE, graisse, sels, etc.
Cheval.......	8,597	7,257	4,565	2,677	1,340
Bœuf.........	8,965	7,499	4,169	3,330	1,466
Homme......	9,207	7,620	3,103	4,516	1,588
Lapin........	7,525	6,225	1,788	4,436	1,239

Les chiffres d'Hammarsten diffèrent considérablement des chiffres donnés ordinairement et en particulier de ceux trouvés par Heynsius, que donne le tableau suivant :

SÉRUM pour 100 parties.	PARAGLOBULINE.	SÉRUM pour 100 parties.	PARAGLOBULINE.
Homme..............	0,38	Lapin.................	0,44
Vache..............	1,88	Porc.	0,80
Mouton.............	1,65	Chien...............	0,65
Chèvre.............	0,55	Chat...............	0,54
Veau...............	0,51	Poulet	2,53

Heynsius précipite la paraglobuline d'abord par l'eau et l'acide carbonique, puis par le chlorure de sodium ; Hammarsten, par le sulfate de magnésie.

2° Les proportions d'*hémoglobine* dans le sang ont été données page 197.

(1) L'analyse I est de Hohlbeck, les autres de Bunge.

3° Proportion d'*urée* dans le sang (pour 100 parties de sang) :

HOMME.	CHIEN.	CHEVAL.	VEAU.	NOMS DES OBSERVATEURS.
0,016	0,036 0,02 0,0192 0,0011 à 0,058 0,0238 à 0,0533 0,014 à 0,085 0,139 à 0,1496	0,02	0,02 0,0192	Picard. Poiseuille et Gobley. Wurtz. Treskin. Munk. Pekelharing. P. Picard.

4° *Sels inorganiques.* — Je donnerai ici un tableau emprunté à Hoppe-Seyler (*Physiologische Chemie*) et qui contient les proportions de sels solubles pour 1000 parties de sérum sanguin :

	HOMME.	CHIEN.	VEAU.	COULEUVRE (1).
	I	II	III	IV
K^2SO^4	—	—	0,414	—
Na^2SO^4	0,44	0,325	0,244	1,239
Na Cl	4,92	5,915	5,390	8,485
Na^2HPhO^4	0,15	0,072	0,050	1,236
Na^2CO^3	0,21	0,303	1,992	2,545
$Ca^3(PhO^4)^2$	0,73	?	?	1,731
$Mg^3(PhO^4)^2$		?	?	0,923

5° Proportion des *sels* dans les cendres du sang (pour 100 parties) :

	CHIEN.	HOMME.	HOMME.	HOMME.	VEAU.	MOUTON.	POULET [2].
	I	II	III	IV	V	VI	VII
Potasse	3,96	26,55	12,71	11,39	7,00	6,61	18,41
Soude	43,40	24,11	34,90	36,24	56,55	41,92	30,00
Chaux	1,29	0,90	1,68	1,88	0,73	1,10	1,08
Magnésie	0,68	0,53	0,99	1,28	0,24	0,56	0,22
Oxyde de fer	8,64	8,16	8,07	8,80	7,03	8,93	3,89
Chlore	32,47	30,74	37,63	34,28	28,30	12,67	24,10
Acide sulfur. (SO^3)	4,18	7,11	1,70	1,16	1,66	1,78	1,19
Ac. phosph. (Ph^2O^5)	12,74	8,82	9,37	11,26	4,17	5,10	26,62
Ac. carbonique	—	—	1,43	0,96	—	6,72	—
Ac. silicique	—	—	—	—	1,11	—	—

Pour la différence des sels minéraux du plasma et des globules, voir le tableau de la page 437.

6° Proportion de *fer* dans le sang. Cette proportion est d'environ 0,057 (homme)

(1) Les analyses I et IV sont d'Hoppe-Seyler ; II et III de Sertoli.
(2) I est la moyenne de 3 analyses ; II, la moyenne de 4 analyses de Järisch ; III est de Verdeil ; IV d'Henneberg ; V de Weber ; VI est la moyenne de 2 analyses de Verdeil. Ce tableau est reproduit d'après Hoppe-Seyler.

et 0,048 (femme) p. 100. Chez un adulte, la quantité de fer contenue dans le sang peut être évaluée à $3^{gr},06$. D'après Boussingault, le fer ne serait pas contenu seulement dans les globules, mais encore dans la fibrine et dans l'albumine : ainsi dans 100 parties de sang frais, on aurait pour 12,7 de globules, 44,45 milligrammes de fer ; pour 7 d'albumine, 6,04 milligr. ; pour 0,3 de fibrine, 0,14 milligr. de fer.

Pour les proportions de *sucre*, voir : page 140.

Bibliographie. — A. Sommer : *Zur Methodik der quant. Blutanalyse*, Diss. Dorpat. 1883. — F. Mölitz : *Exp. St. üb. die quant. Veränderungen des Hämoglobingehaltes im Blute*, etc. Id. — Ed. v. Götschel : *Vergl. Anal. des Blutes*, etc. Id.

§ 4. — Variations du sang.

L'étude des variations de caractère et de composition que présente le sang est encore très peu avancée, sauf peut-être en ce qui concerne le sang artériel et le sang veineux général, et encore y a-t-il bien des divergences entre les physiologistes.

Différences du sang artériel et du sang veineux. — Le sang artériel présente partout une composition uniforme (1), le sang veineux, au contraire, diffère suivant les organes dont il revient. Cependant cette composition est assez uniforme dans les grosses veines pour qu'on puisse étudier d'une façon générale les propriétés du sang veineux, comparativement à celles du sang artériel. Les différences principales portent sur trois points : la couleur, la coagulation et la proportion des gaz. Le *sang artériel* est rouge vermeil, monochroïque ; il se coagule plus facilement ; il contient plus d'oxygène et un peu moins d'acide carbonique. Le *sang veineux* est rouge foncé, dichroïque ; il se coagule moins vite ; il contient plus d'acide carbonique et moins d'oxygène. Lépine l'a trouvé moins alcalin que le sang artériel.

Tarchanoff et Swaen n'ont pas trouvé de différences dans la proportion relative des globules blancs et des globules rouges pour les deux espèces de sang ; il y a cependant une exception ; le sang du cœur gauche est plus riche en globules blancs que le sang du cœur droit, ce qui peut s'expliquer par la concentration du sang à travers les poumons et par la dilution du sang veineux du cœur droit par la lymphe. La proportion de gaz dans le sang artériel et dans le sang veineux a été donnée page 427.

D'après J. Lesser, la quantité d'hémoglobine serait la même à un moment donné dans les grosses artères et dans les grosses veines. Cependant Joly et Lafont ont trouvé une légère différence en faveur du sang artériel. Otto, au contraire, y aurait constaté moins d'hémoglobine.

Le tableau suivant résume les caractères des deux sangs :

(1) Estor et Saint-Pierre ont trouvé que la quantité d'oxygène diminuait dans le sang artériel à mesure qu'on s'éloigne du cœur ; mais le fait n'a pas été confirmé par les autres observateurs. Mathieu et Urbain ont constaté, il est vrai, une moindre quantité d'oxygène dans les petites artères, mais sans égard à leur distance du cœur ; ils attribuent cette diminution d'oxygène à une cause mécanique : il y aurait moins de globules rouges dans le sang des petites artères que dans le sang des grosses.

	SANG ARTÉRIEL.	SANG VEINEUX.
Couleur............	Rouge vermeil.	Rouge foncé; dichroïque.
Coagulation........	Plus rapide.	Moins rapide.
Gaz..........	Plus d'oxygène. Moins d'acide carbonique.	Moins d'oxygène. Plus d'acide carbonique.
Globules...........	Moins de globules rouges.	Plus de globules rouges.
Composition	Plus d'eau. Plus de fibrine. Plus de sels. Plus de matières extractives. Moins de graisse.	Moins d'eau. Moins de fibrine. Moins de sels. Moins de matières extractives. Plus de graisse.

Sang des différentes régions du corps. — 1° *Sang des capillaires.* — Le sang des capillaires reste liquide après la mort et ne se coagule pas à l'air (Virchow). D'après Falk, cette absence de coagulation tiendrait à ce que les tissus après la mort ne fournissent plus de substance fibrinogène au sang des capillaires, et qu'au contraire la substance fibrinogène qui s'y trouvait passe par transsudation dans les tissus.

2° *Sang de la veine porte.* — Le sang de la veine porte reçoit une partie des principes résorbés dans la digestion (voir : *Digestion*). Elle présentera donc une composition différente suivant le moment de la digestion et l'état du tube intestinal. On a comparé surtout (Lehmann, Drosdoff) le sang de la veine porte au sang des veines hépatiques. Seulement la difficulté de recueillir le sang de ces deux veines dans des conditions physiologiques ne permettent d'accepter les résultats obtenus qu'avec réserve, surtout les résultats de Lehmann. Le tableau suivant donne les analyses comparées du sang de la veine porte et du sang des veines hépatiques par Drosdoff (pour 1000 parties de sang) :

	VEINE PORTE.	VEINES HÉPATIQUES.
Eau.........................	725,80	743,39
Parties solides..................	274,20	256,61
Hémoglobine, matières albuminoïdes et sels insolubles.	251,75	237,88
Cholestérine....................	2,59	2,73
Lécithine......................	2,45	2,90
Graisse.......................	5,75	0,97
Extrait alcoolique................	1,27	1,36
Extrait aqueux..................	5,05	5,68
Sels minéraux..................	5,38	5,07
K²SO⁴.......................	0,17	0,13
KCl.........................	0,66	0,61
NaCl........................	2,75	2,84
Na²HPhO⁴....................	0,63	0,55
Na²CO³......................	0,53	0,46

On voit par cette analyse que le sang de la veine porte contiendrait plus de matières solides, plus de graisse, plus de sels minéraux et spécialement du phosphate de sodium, par contre moins de cholestérine et de lécithine que le sang des veines hépatiques. D'après Béclard, le sang de la veine porte se coagulerait plus vite que le sang du cœur droit ; le caillot serait plus diffluent, contiendrait moins de fibrine, et cette fibrine, abandonnée à l'air, se liquéfierait au bout de douze heures. Ce sujet exige encore de nouvelles recherches. Pour le sucre, voir page 140.

3° *Sang des veines hépatiques.* — Le sang des veines hépatiques contient plus de globules que le sang de la veine porte, comme le montre le tableau suivant (moyenne de trois analyses) de sang de chien :

	Globules.	Plasma.
Sang des veines hépatiques....................	69,73	30,27
Sang de la veine porte.................	45,22	54,78

D'après Lehmann, ces globules seraient plus arrondis, difficilement solubles dans l'eau ; la proportion des globules blancs aux globules rouges serait de 1 : 170. Le sang a une couleur violet foncé et ne se coagule pas après la mort, ce que Lehmann attribue à l'absence de fibrine ; ce qui est certain, c'est qu'il est rare de trouver des caillots dans les veines hépatiques, tandis qu'ils sont fréquents dans les autres veines. Cependant, d'après Schiff, Valentin et quelques autres physiologistes, le sang des veines hépatiques pourrait se coaguler et David prétend même en avoir retiré 6 à 8 pour 1000 de fibrine, tandis que le sang de la veine porte n'en fournissait que 2 à 4 pour 1,000. D'après l'analyse de Drosdoff (voir ci-dessus) il contiendrait plus d'eau, de cholestérine et de lécithine, moins de matières solides, de graisse et de sels que le sang de la veine porte. Il renferme toujours du sucre (voir page 140).

4° *Sang de la veine splénique.* — Les résultats donnés par les divers auteurs pour le sang de la veine splénique sont très variables et ne doivent être accueillis qu'avec beaucoup de réserve. D'après Béclard, il renfermerait moins de globules rouges ; Malassez a au contraire constaté une augmentation qui paraît plus probable, le procédé employé étant plus précis. Les globules seraient souvent dentelés, plus clairs et contiendraient quelquefois de petits cristaux, cristaux qui peuvent même exister à l'état libre (Gray) ; du reste le sang de la veine splénique cristallise facilement. D'après la plupart des auteurs, le nombre des globules blancs serait plus considérable que dans le sang veineux ordinaire et que dans le sang artériel (1 globule blanc pour 102 rouges (Preyer), pour 70 (Hirt), pour 4,9 (Vierordt), pour 3 (Funke) ; d'après Tarchanoff au contraire le nombre des globules blancs ne serait pas plus grand que dans le sang de l'artère, et les chiffres trouvés par les observateurs précédents seraient dus à des erreurs et à des imperfections dans la façon de recueillir le sang. La fibrine serait diminuée suivant Lehmann, augmentée suivant Gray et Funke. Ce sang serait très riche en cholestérine (Funke, Marcet).

5° *Sang de la veine rénale.* — Il est rutilant, plus riche en oxygène, plus pauvre en acide carbonique que le sang de l'artère (Mathieu et Urbain) : il contient moins d'eau, de chlorure de sodium, de créatine, d'acide urique et d'urée ; il se coagule difficilement.

6° *Sang menstruel.* — On croyait qu'il ne renfermait pas de fibrine, mais il est prouvé aujourd'hui qu'il en contient ; son caillot est mou, diffluent ; le mucus vaginal s'oppose souvent à sa coagulation.

7° *Sang des vaisseaux placentaires.* — Ce sang paraît plus riche en globules et plus pauvre en eau que le sang des veines du bras, il renfermerait plus d'urée. Cohnstein et Zuntz ont étudié comparativement chez le mouton, le sang artériel maternel, le sang de l'artère et le sang de la veine ombilicale au point de vue de l'oxygène, de l'acide carbonique et de l'hémoglobine et ont trouvé pour 100 parties de sang : *Sang artériel maternel* : O : 14,7 ; CO_2 : 46,7 ; hémoglobine : 7,3. — *Sang de l'artère ombilicale* : O : 2, 3 ; CO_2 : 47 ; hémoglobine : 7,08. — *Sang de la veine ombilicale* : O : 6, 3 ; CO_2 : 40,5. (Voir du reste pour les caractères des divers sangs veineux, la physiologie spéciale des différents organes.)

8° *Répartition du sang dans les divers organes.* — Ranke a recherché sur le lapin la quantité de sang existant dans les différents organes ; il a trouvé pour 100 parties de sang :

	LAPIN VIVANT.	LAPIN EN ÉTAT DE RIGIDITÉ.
1° Appareil des mouvements.....................	36,6 p. 100	39,78 p. 100
Peau..		2,10 —
Os..		8,24 —
Muscles.....................................		29,20 —
Centres nerveux.............................		1,24 —
2° Appareils vasculaire et glandulaire..........	63,4 —	60,22 -
Foie..	24,0 —	29,30 —
Reins.......................................	1,93 —	1,63 —
Rate..		0,23 —
Intestin et organes génitaux.................		6,30 —
Cœur, poumons, gros vaisseaux.............		22,76 —

Influence des divers états de l'organisme. — 1° Age. — Le sang de l'embryon ne se coagule pas ; d'après Boll le sang du poulet ne se coagule que du treizième au quinzième jour. Vogtenberger et Binder ont trouvé les proportions suivantes des divers principes pour le sang du fœtus de veau de 20 semaines :

Eau............................... 81,90 p. 100
Partie coagulable par l'ébullition..... 15,96
Graisse........................... 0,05
Cendres { partie soluble............. 0,61
{ —   insoluble.......... 0,35   (oxyde de fer : 0,13).

Le sang du fœtus de 15 semaines présentait au bout de deux à quatre jours un caillot mou de fibrine. Ce sang contient très peu de globules dans les premières périodes ; leur nombre va ensuite en augmentant, mais même chez le fœtus à terme il est toujours plus faible que dans le sang maternel. Dès que le fœtus a respiré leur nombre augmente rapidement et cinq heures après la naissance atteint le chiffre du sang maternel (Cohnstein et Zuntz). Les mêmes relations existent pour l'hémoglobine. Le sang du *nouveau-né* est plus riche en parties solides que le sang veineux de la mère (chienne ; sang pris dans la jugulaire) ; le nombre des globules rouges est plus considérable, et d'après Berchon et Périer ces globules seraient moins volumineux : la quantité de sang n'est que le 1/19 du poids du corps au lieu d'être le 1/13 comme chez l'adulte. Le sang se coagule moins rapidement dans les vaisseaux après la mort. Quelque temps après la naissance les globules diminuent pour augmenter à la puberté. Chez le *vieillard* il y a diminution du nombre des globules rouges : le sang renfermerait aussi plus d'eau, de fibrine, de sels et de cholestérine. D'après Leichtenstern la proportion d'hémoglobine aux différents âges serait représentée par les chiffres suivants : 100 (1 à 3 jours) ; 55 (jusqu'à 5 ans) ; 58 (de 5 à 15 ans) ; 64 (de 15 à 25 ans) ; 72 (de 25 à 45 ans) ; 63 (de 45 à 60 ans). La quantité d'oxygène du sang décroît aux limites extrêmes de la vie.

2° *Sexe.* — Le sang de la femme est moins coloré que celui de l'homme et contient moins d'hémoglobine et de globules, sa densité est plus faible, il est plus riche en eau, plus pauvre en albumine, en matières extractives et en graisse.

3° *Taille, constitution, etc.* — D'après Welcker, la quantité de sang serait en raison inverse de la taille de l'animal ; elle serait plus faible, suivant Ranke, chez les animaux gras. Les individus de constitution faible ont moins de globules rouges que les gens vigoureux, les habitants des villes moins que les campagnards.

Influence des différentes fonctions. — 1° *Alimentation.* — L'*inanition*, contrairement à l'opinion de Chossat, Bidder et Schmidt, Collard de Martigny, ne modifierait pas, d'après Panum et Valentin, la quantité du sang, par rapport au poids du corps; elle n'aurait pas non plus une grande influence sur sa composition. Subbotin a constaté chez le chien (pas chez le lapin) une légère diminution d'hémoglobine. D'après d'autres observations, elle augmenterait la quantité d'eau et de sels, et diminuerait tous les autres principes, y compris l'oxygène du sang. Les globules blancs diminuent rapidement et disparaissent même chez la grenouille (Kolliker). Les *boissons* n'augmentent pas d'une façon notable la quantité d'eau du sang; par contre, suivant Jürgensen et Leichtenstern, elle diminue par l'abstinence complète de boissons, ce qui amène une augmentation relative de matière colorante. Une nourriture animale fait hausser la quantité des globules, de la fibrine, des matières extractives et des sels, spécialement des phosphates et de la potasse; par l'alimentation végétale, le sang devient plus aqueux, l'albumine, les graisses, le sucre augmentent; les sels calcaires et magnésiens prédominent; après une alimentation riche en graisse, le sérum se charge de graisse et devient lactescent; les aliments féculents augmentent la proportion du sucre. Le sang des carnivores est plus riche en phosphates; celui des herbivores contient des carbonates; on y rencontre de l'acide succinique. La *digestion* augmente tous les principes du sang à l'exception de l'eau; cependant, d'après quelques physiologistes, la quantité totale de sang serait augmentée d'une façon considérable; le nombre des globules rouges augmente après le repas et, après avoir atteint son maximum au bout d'une heure, diminue graduellement dans les six heures qui suivent. Les globules blancs augmentent aussi pendant la digestion comme le montrent les chiffres donnés par Hirt :

	Rapport des globules blancs aux globules rouges.
Le matin..	1 : 1761
Une demi-heure après le premier repas.................	1 : 1695
Deux heures et demie à trois heures après.............	1 : 1514
Une demi-heure a une heure après le repas de midi.....	1 : 429
Deux heures et demie à trois heures après.............	1 : 1481
Une demi-heure à une heure après le repas du soir.....	1 : 544
Deux heures et demie à trois heures après.............	1 : 1227

Suivant Pury, cet accroissement du nombre des globules blancs débuterait 30 minutes après le repas et continuerait 2 heures après, et la courbe de cette augmentation rappellerait celle que Lichtenfels et Frölich ont donnée de l'augmentation de la température et du pouls. La digestion s'accompagne aussi d'une diminution de l'oxygène du sang artériel et d'une augmentation de l'acide carbonique; cette diminution atteint son maximum 4 heures après le repas, et le sang ne reprend son type normal qu'après 7 à 8 heures (Mathieu et Urbain).

2° *Exercice musculaire.* — Contrairement à Bert, Mathieu et Urbain ont trouvé une petite augmentation dans le sang artériel pendant le travail musculaire et une diminution d'acide carbonique; cette augmentation d'oxygène paraît due à la fréquence des mouvements respiratoires. Le sang veineux présenterait une diminution portant à la fois sur l'oxygène et sur l'acide carbonique.

3° *Grossesse.* — Becquerel et Rodier ont trouvé dans les derniers mois de la grossesse le sang plus pauvre en globules et en albumine; l'eau était augmentée, il y avait aussi une légère augmentation de fibrine. Nasse a fait dans ces derniers temps une série de recherches sur les caractères du sang dans la grossesse. La densilé normale étant 1,0553, il a trouvé pendant la grossesse les chiffres suivants : jusqu'au début du 6e mois = 1,052 ; de là à la fin du 8e = 1,0497 ; au 9e mois = 1,0513 ; chez 12 femmes en travail = 1,0533. Le poids spécifique du sérum est toujours diminué. La proportion de fibrine est plus forte : elle monte de 2,36 pour 1,000 jusqu'à 3,67 au 9e mois et 3,82 pendant le travail. Sur des chiennes en état de gestation, Nasse a constaté aussi, avec la diminution du poids spécifique, une diminution des sels solubles qui tombent de 6,49 à 6,01 pour 1000, une diminution de l'albumine (de 0,196 pour 1000) et une augmentation d'eau, de fibrine et de graisse. Après la mise bas, le poids spécifique augmente pendant quelques jours ; la proportion d'eau baisse de 3,4 à 15,6 millièmes ; le retour à l'état normal ne se fait que quand l'allaitement n'a plus lieu ; la proportion de fibrine baisse rapidement, mais cette baisse s'arrête si on interrompt l'allaitement ; les sels solubles augmentent les deux premiers jours, puis diminuent ; la quantité de fer augmente. Cohnstein a trouvé dans le sang de la brebis pleine plus d'hémoglobine et moins de globules que dans le sang du même animal à l'état ordinaire. D'après Kosina et Ekkert la quantité d'hémoglobine et de globules rouges serait diminuée au moment de l'accouchement tandis que les globules blancs sont augmentés.

4o *Veille et sommeil.* — Le sang artériel contiendrait moins d'oxygène pendant le sommeil que pendant l'état de veille, ce qui doit tenir à la respiration.

5o *Respiration et circulation.* — L'ampleur et la fréquence des respirations élèvent la proportion d'oxygène du sang ; l'accélération de la circulation a un effet inverse. Ainsi l'excitation du pneumogastrique qui ralentit les battements du cœur, diminue la quantité d'oxygène (Mathieu et Urbain).

6o *Hibernation.* — Dans l'hibernation le nombre des globules rouges peut tomber de 7 millions à 2 millions par millimètres cube (Vierordt) ; il y a très peu de globules blancs. Le sang est rouge cerise et la différence de coloration du sang artériel et du sang veineux est moins prononcée.

Pour les caractères du sang dans l'asphyxie. voir : *Respiration* et *Asphyxie.*

Influence des agents extérieurs. — La *chaleur* augmente la proportion d'oxygène du sang artériel et diminue celle du sang veineux ; dans les deux sangs il y a diminution de l'acide carbonique ; mais chez l'animal réchauffé artificiellement l'acide carbonique augmente au bout de 2 à 3 heures dans le sang veineux. Par le refroidissement, l'oxygène diminue dans le sang artériel et dans le sang veineux, l'acide carbonique augmente dans le sang artériel (Mathieu et Urbain). Pour les modifications que subissent les gaz du sang sous l'influence des changements de pression atmosphérique, voir : *Action des milieux, Pression barométrique.*

Bibliographie. — N. ZASETZKY : *Sur l'influence de la sueur sur la proportion d'hémoglobine du sang* (Journ. de méd. mil. ; en russe ; 1879). — O. LEICHSTENSTERN : *Unt. üb. Hämoglobingehalt des Blutes in gesunden und kranken Zuständen,* 1878. — DASTRE : *De la glycémie asphyxique* (C. rendus, t. LXXXIX, 1879). — M. WIENER : *Ueber den Einfluss der Abnabelungszeit auf den Blutgehalt der Placenta* (Arch. f. Gynœk., 1879). — E. TIEGEL : *Notizen üb. Schlangenblut* (A. de Pflüg., t. XXIII, 1880). — A. KOSINA et A. EKKERT : *Et. du sang pendant et après l'accouchement* (Journ. méd. ; en russe ; 1881). — PICARD : *Rech. sur les quantités d'urée du sang* (Journ. de l'Anat., 1881). — L. FRÉDÉRICQ : *Sur le sang des insectes* (Acad. Roy. de Belg., 1881). — J. COHNSTEIN : *Blutveränderung während der Schwangerschaft* (A. de Pflüger. t. XXXIV, 1884). — J. COHNSTEIN et N. ZUNTZ : *Unt. üb. das Blut,* etc. (id.).

§ 5. — **Rôle physiologique du sang.**

D'une façon générale, le sang, *milieu intérieur*, comme l'appelle si justement Claude Bernard, le sang joue un double rôle : il est à la fois liquide nourricier (*chair coulante* de Bordeu) et liquide excréteur ; il charrie à la fois les matériaux nécessaires à la vie des tissus et les principes de déchet qui en proviennent et doivent être éliminés. Le sang n'arrive pourtant pas à tous les tissus ; il en est (cartilages, tissus épidermiques), qui sont privés de vaisseaux ; mais ils n'en sont pas moins sous la dépendance indirecte du sang ; en effet, ils en reçoivent le plasma qui a traversé les parois des capillaires des organes voisins, et qui, par l'imbibition, arrive de proche en proche jusqu'à eux. Cependant, on peut dire que la vitalité d'un tissu est en général en rapport avec sa richesse sanguine.

Ce rôle vivifiant du sang est prouvé d'une façon très nette par l'expérimentation ; si on interrompt l'abord du sang dans un organe, toutes les fonctions sont bientôt abolies ; ainsi on paralyse un membre par la ligature de l'artère principale, et Brown-Séquard, en liant les artères qui se rendent à la tête d'un chien, a pu montrer le curieux spectacle d'une tête morte sur un corps plein de vie, et par un phénomène inverse, ramener graduellement la vie dans cette tête inanimée en rétablissant le cours du sang dans les artères. De même, l'injection de sang oxygéné fait reparaître l'irritabilité dans des membres amputés ou dans des têtes séparées du corps. (Voir aussi : *Tissus musculaire et nerveux*).

Il y a deux choses dans cette action vivifiante du sang : 1° un apport de matériaux nutritifs pour la rénovation des tissus ; ces matériaux nutritifs varient naturellement suivant les pertes subies, autrement dit suivant le tissu ; l'offre est la même pour tous les tissus, mais chacun d'eux choisit dans le plasma artériel ce qui convient pour sa réparation ; 2° outre cette action rénovatrice, le sang maintient les propriétés vitales des tissus à l'état d'intégrité (irritabilité musculaire, excitabilité nerveuse) ; c'est l'oxygène qui, à ce point de vue, joue le rôle essentiel ; ainsi, les expériences citées plus haut ne réussissent qu'avec du sang oxygéné et pas avec du sang veineux.

L'oxygène du sang est en outre l'agent principal des décompositions chimiques qui constituent la désassimilation et qui sont la condition *sine qua non* de l'activité vitale (production de chaleur, de travail mécanique, d'innervation). Que cet oxygène s'y trouve à l'état d'ozone ou simplement à l'état naissant, il n'en est pas moins certain que l'oxygène du sang a une affinité beaucoup plus grande pour les substances oxydables que l'oxygène ordinaire, et qu'il s'accomplit dans l'intérieur de l'organisme, à la température du corps, des oxydations qui ne pourraient se faire, en dehors de l'organisme, qu'à des températures très élevées. La question de savoir si ces oxydations se font dans le sang ou en dehors des vaisseaux a déjà été traitée page 324.

L'acide carbonique est un principe de désassimilation et de déchet ; mais il a de plus une action stimulante sur certains tissus et, en particulier, sur certains centres nerveux (ainsi sur le centre inspirateur).

Comme agent de transport des matériaux de déchets des tissus, le sang n'a pas une moins grande importance physiologique. En effet, un grand nombre de ces principes de déchet, s'ils s'accumulaient dans les tissus, et n'étaient pas enlevés au fur et à mesure par le sang entraveraient le fonctionnement de ces tissus et produiraient des accidents dont la physiologie des divers organes peut fournir facilement des exemples (perte de l'irritabilité musculaire et de l'excitabilité nerveuse par l'acidité, accidents urémiques, etc.).

Les phénomènes nutritifs qui se passent dans le sang sont encore peu connus. Les seuls éléments vivants du sang sont les globules rouges et les globules blancs ; mais à part les phénomènes qui ont été étudiés à propos des gaz et du sang, on ne sait presque rien des autres processus qui peuvent se passer dans leur intérieur, et des échanges qui doivent se faire entre eux et le plasma sanguin. On ne sait pas non plus quelle part revient aux éléments globulaires du sang dans les échanges qui se font entre le sang et les tissus. Un fait intéressant à noter, c'est que la proportion des divers principes du sang conserve toujours une certaine constance, surtout pour les substances minérales. Dès que la proportion des principes du sang augmente au delà d'une certaine limite, des accidents surviennent si ces principes ne peuvent pas s'éliminer rapidement, et cette influence pernicieuse se fait remarquer aussi pour les principes qui paraissent les plus indifférents, comme Bert l'a montré pour l'oxygène (voir : *Pression barométrique*). On pourrait presque dire que, pour chaque principe du sang il y a une limite physiologique maximum et une limite minimum entre lesquelles la proportion de ce principe peut osciller tout en se maintenant dans la moyenne seule compatible avec l'état normal, tandis qu'un état pathologique se produit dès que ces limites sont dépassées. Cette constance de composition du sang se constate d'une façon frappante dans les cas d'alimentation acide. Hofman en nourrissant des pigeons exclusivement avec du jaune d'œuf acide, Salkowsky, Lassar, Walter en donnant à des lapins et à des chiens des acides dilués d'une façon continue (acides sulfurique et phosphorique) n'ont jamais pu parvenir à rendre le sang acide ; il restait toujours alcalin jusqu'à la mort, en présentant seulement une diminution des carbonates (Walter).

Le mode d'élimination des substances en excès dans le sang a été étudié par Klikowicz. Il a vu que si on injecte un sel (sulfate de soude, chlorure de sodium) dans le sang, le sang passe immédiatement dans les tissus, de sorte que quelques minutes après l'injection on n'en retrouve que des traces dans le sang, avant même que le sang ait été éliminé par les reins; en même temps les tissus abandonnent de l'eau au sang. Puis, peu à peu, à mesure que les reins jouent leur rôle d'organe éliminateur, les sels passés dans les tissus rentrent dans le sang pour être expulsés graduellement par les reins.

En outre, le sang par sa *tension* (voir : *Pression sanguine*) donne aux tissus et aux organes un certain degré de tension qui est nécessaire à leur fonctionnement et par cette tension règle aussi la transsudation du plasma sanguin à travers les parois vasculaires, transsudation qui est la condition essentielle de la circulation lymphatique et de la nutrition des tissus.

Enfin, par sa circulation, le sang est le grand distributeur du calorique dans l'organisme; cette chaleur engendrée par les actions chimiques qui se passent dans son sein ou en dehors de lui, il la transporte dans toutes les parties du corps et en régularise la répartition et la perte. (Voir : *Chaleur animale.*)

Pertes de sang. — Le rôle physiologique si multiple du sang explique les accidents qui surviennent lorsque les *pertes de sang* deviennent considérables. La quantité de sang qui peut être perdue ainsi sans amener la mort, varie évidemment suivant les individus, la constitution, l'âge, le sexe, etc. Les femmes supportent plus facilement que les hommes des hémorrhagies notables; elles sont plus graves chez les personnes grasses, chez celles d'une faible constitution, chez les vieillards. En général, chez l'adulte une hémorrhagie qui fait perdre la moitié de la quantité totale de sang est mortelle. Plus l'hémorrhagie est intense, plus les accidents se produisent vite et, dans les hémorrhagies foudroyantes, la mort peut être immédiate. Les pertes de sang s'accompagnent de pâleur et de refroidissement des téguments, de résolution musculaire, de vertige et de syncope; dans les hémorrhagies foudroyantes, il y a de la dyspnée, la perte de connaissance est complète, et bientôt l'émission involontaire de l'urine ou des matières fécales, la dilatation des pupilles et des convulsions générales annoncent une mort imminente. Quand la mort ne suit pas l'hémorrhagie, l'eau et les sels du sang se réparent vite par résorption, mais il faut un temps plus long pour les albuminoïdes et surtout pour les globules rouges. Cependant d'après les recherches de Tolmatscheffs, la formation nouvelle des globules rouges serait assez rapide, car il a vu la quantité d'hémoglobine du sang augmenter quelques jours après des saignées abondantes. Frédéricq a étudié récemment d'une façon détaillée les effets physiologiques des soustractions sanguines.

Les animaux à sang froid peuvent supporter impunément des pertes considérables de sang. Hensen a trouvé sur une grenouille, à la suite d'extravasations sanguines musculaires, un sang coagulable presque incolore et à peu près dépourvu de globules rouges, et il a pu reproduire artificiellement le même état par des blessures musculaires multiples. Mais les expériences les plus curieuses dans cette direction sont dues à Cohnheim. Il injecte dans la veine abdominale d'une grenouille une solution de chlorure de sodium à 0,75 p. 100, jusqu'à ce que tout le sang de l'animal ait été entraîné par l'injection et qu'il ne reste plus dans les vaisseaux que la solution saline; cette *grenouille salée* continue à vivre pendant quelques jours comme une grenouille normale; ces faits ont été confirmés par Bernstein, Lewisson, et d'autres physiologistes. Lewisson a étudié chez ces animaux l'influence des divers toxiques et Oertmann a montré que chez des grenouilles salées les phénomènes de nutrition et en particulier l'élimination d'acide carbonique se produisaient comme chez les grenouilles saines.

Bibliographie. — G. Bunge : *Ueber das Verhalten der Kalisalze im Blute* (Zeit. f. phys. Ch., t. III, 1879). — Klikowicz : *Die Regelung der Salzmengen des Blutes* (Arch. f. Physiol., 1886). — L. Frédéricq : *De l'action physiologique des soustractions sanguines* (Trav. du laboratoire, 1886).

§ 6. — Transfusion du sang.

Procédés. A. *Transfusion immédiate.* — Dans ce procédé, on fait passer directement le sang du vaisseau auquel le sang est emprunté (artère ou veine) au vaisseau par lequel le sang transfusé doit arriver dans l'appareil circulatoire de l'individu transfusé; ce vaisseau peut être une artère ou une veine. Ordinairement, on réunit l'extrémité périphérique d'une veine du sujet qui fournit le sang, à l'extrémité centrale d'une veine de l'individu transfusé. On a imaginé pour ce mode de transfusion divers appareils destinés tous à empêcher l'introduction de l'air, et parmi lesquels je mentionnerai surtout l'appareil de Roussel, de Genève. On peut faire la transfusion immédiate soit d'homme à homme, soit d'animal à homme. A. Guérin a proposé un procédé qui n'a été appliqué qu'au point de vue expérimental, sur les animaux; il joint le bout central d'une artère au bout périphérique d'une artère d'un autre animal, et répète la même opération sur les deux extrémités restantes des deux artères; on peut ainsi faire un échange complet de sang entre deux animaux (transfusion réciproque). — B *Transfusion médiate.* — Dans ce procédé, le sang extrait des vaisseaux est recueilli dans une seringue, ou tout autre appareil, et injecté dans les vaisseaux (artère ou veine) de l'individu sur lequel se fait la transfusion. Le sang doit être maintenu à la température normale; et l'injection doit se faire lentement et ne pas dépasser une certaine quantité de sang. On injecte soit du sang pur, soit du sang défibriné par le battage, soit du sang additionné d'une solution saline (phosphate de soude) pour retarder la coagulation. Dans certains cas, on a essayé de remplacer le sang par du sérum, du lait ou des solutions de sel marin à un demi p. 100. Pour la description des appareils pour la transfusion, et en particulier ceux de Moncoq et Mathieu, voir les mémoires spéciaux.

La transfusion, pratiquée pour la première fois à Paris en 1667, par J. Denis, repose sur des bases physiologiques qu'il est utile de préciser. Elle a été et est encore employée soit dans les cas de pertes de sang considérables mettant en danger la vie du malade, soit dans les cas d'intoxication comme dans l'empoisonnement par l'oxyde de carbone, soit enfin dans certaines maladies, comme l'anémie, la phthisie, etc.

Pour comprendre l'effet de la transfusion, il faut se reporter à ce qui a été dit du rôle physiologique du sang; au point de vue de la transfusion, il y a deux faits dominants : en premier lieu, le sang par ses globules rouges et par l'oxygène qu'ils transportent a un rôle vivifiant, excitateur; en second lieu, il détermine une certain degré de tension nécessaire à l'activité des tissus et à leur fonctionnement régulier; c'est là le rôle principal du sang transfusé, il agit comme excitateur des fonctions et il rétablit la tension sanguine abaissée au-dessous de la normale. Le sang transfusé agit donc par ses globules rouges et par sa masse. La fibrine n'a aucune influence et peut être enlevée par le battage sans que le sang transfusé perde ses propriétés. L'albumine du sang ne joue probablement aussi d'autre rôle que celui de maintenir l'état d'intégrité des globules et de leur offrir leur milieu normal. Une faible partie de l'action vivifiante et stimulante du sang transfusé peut cependant être attribuée aussi aux sels du sang; car dans certains cas l'injection d'une solution saline a pu remplacer la transfusion sanguine; il est vrai que dans ces cas la solution saline a pu agir par sa masse seule et rétablir la tension normale du sang dans l'appareil vasculaire.

Les globules rouges représentent la partie active du sang transfusé, il importe d'étudier ce que deviennent ces globules une fois introduits dans le système circulatoire de l'individu soumis à la transfusion. Il faut à ce point de vue distinguer deux cas : 1° celui où le sang transfusé appartient à un individu de même espèce; 2° celui où il appartient à un individu d'espèce différente.

1° *Quand le sang provient d'une espèce différente*, les globules rouges du sang transfusé se dissolvent plus ou moins vite; ils s'agglomèrent d'abord en formant des masses irrégulières assez volumineuses pour obstruer les capillaires et les petites artérioles; puis ils perdent peu à peu leur matière colorante qui passe dans le sérum (Panum, Landois). Ce sérum, ainsi chargé d'hémoglobine, produit à son tour des coagulations dans le sang de l'animal transfusé (Naunyn, Francken), et on remarque même, surtout chez certaines espèces, une dissolution des globules propres de l'individu transfusé. Ainsi les globules de mouton disparaissent rapidement dans le sang d'homme, ceux de lapin et de mouton introduits dans le sang de chien se dissolvent en quelques minutes. Certaines espèces, comme le lapin, ont des globules qui se dissolvent très facilement dans n'importe quel sérum, tandis que les globules de chien au contraire présentent une très grande résistance à la destruction. Les globules rouges de l'homme paraissent se rapprocher plutôt de ceux du lapin.

Les accidents qui suivent les transfusions d'espèce à espèce différente sont de la fièvre, des hématuries, des extravasations de matière colorante dans l'intestin, les séreuses, les bronches, de la dyspnée, des vomissements, des convulsions, les signes de l'asphyxie et la mort. L'élimination de l'urée serait interrompue; cependant, d'après Fabvre, ces accidents ne se montrent pas quand la quantité de sang transfusé est assez faible.

2° *Quand le sang provient de la même espèce*, il n'en est plus de même : on remarque seulement de la fièvre après un quart d'heure à une demi-heure, quelquefois aussi quelques-uns des accidents énumérés ci-dessus, mais à un degré beaucoup plus faible.

Bibliographie. — K. Kronecker : *Ueber lebenerhaltende Transfusionen mit Pferde-serum* (Phys. Ges. zu Berlin, 1881-82). — H. Quincke : *Zur Physiologie und Pat. des Blutes* (Deut. Arch. f. kl. Med., t. XXXIII, 1883). — V. Ott : *Ueber den Einfluss der Kochsalzinfusion auf den verbluteten Organismus*, etc. (Arch. de Virchow, t. XCIII, 1883). — W. Lewaschew : *De l'influence du sang défibriné sur la vitalité des tissus* (Journal hebd. de Botkin; en russe; 1884). — P. Albertoni : *La transfusion du sang* (Arch. ital. de biol., t. II). — Hayem : *De la transfusion péritonéale* (C. rendus, t. XCVIII, 1884). — Bizzozero et Sanquirico : *Du sort des globules rouges dans la transfusion du sang défibriné* (Arch. ital. de biol., t. VII, 1886).

Bibliographie du sang en général. — J. E. Buntzen : *Om Ernärings og Blodte-bets*, etc. (en danois): Copenhague, 1879. — N. Bojanus : *Exp. Beiträge zur Physiol. und Pat. der farblosen Blutkörperchen*, Diss. Dorpat, 1881. — A. Schmidt : *Ueber Menschen-blut und Froschblut*, Dorpat, 1881. — R. Lépine : *Contrib. à l'étude du sang et de l'urine*, etc. (Rev. mens. de méd., t. IV, 1880). — G. Valentin : *Die mechanischen und die optischen Dichtigkeiten des Blutes*, etc. (A. de Pfl., t. XXII, 1880). — Id. : *Unt. zur physikalischen Chemie des Blutes* (Journ. f. pr. Ch., t, XXII, 1880). — L. Wooldridge : *Zur Chemie der Blutkörperchen* (Arch. f. Phys., 1881). — D. Dubelir : *Ueber den Einfluss des fortdauernden Gebrauches von Kohlensaurem Natron auf die Zusammensetzung des Blutes* (Monatsh. f. Ch., t. II, 1881). — A. Schmidt : *Ueber Menschenblut und Frosch-blut*, Dorpat, 1881.—E. Engelsen : *Unders. over Blodlegmernes*, etc. Diss. Copenhague, 1884. — W. Zahn : *Beitr. zur Physiol. und Pat. des Blutes* (Arch. de Virchow, t. XCV, 1884). — H. Struve : *St. über Blut* (Journ. f. pr. Ch., t. XXIX, 1884). — v. Mering : *Ueber die Wirkung des Ferricyankalium auf Blut* (Zeit. f. phys. Ch., t. VIII, 1884). — C. Wooldridge : *Ueber einen neuen Stoff des Blutplasmas* (Arch. f. Physiol., 1883). — Worm-Müller : *Om Forholdet mellem de rode Blodlegemers*, etc. (Kristiania vi-densk. Forhandl., 1885). — Malassez : *Le sang, la lymphe et les voies circulatoires* (Journ. de microgr., 1885). — Maurel : *Du sang dans les différentes races humaines* (Matér. pour l'hist. prim. de l'homme, t. XX, 1886). — L. Mayer : *Stud. zur Histol. und Physiol. des Blutgefässsystems* (Wien. Akad., 1886).

CHAPITRE II

LYMPHE

Procédés pour recueillir la lymphe. — A. Grenouille. — On peut se procurer une petite quantité de lymphe en incisant les *sacs lymphatiques* de la grenouille. Ces sacs lymphatiques sont des lacunes qui existent entre la peau et les parois du corps, lacunes qui sont séparées par des cloisons allant de la peau aux parties profondes, et qui peuvent se distendre par l'insufflation. Au tronc, on trouve quatre sacs lymphatiques, deux latéraux, un dorsal et un ventral. Seulement la quantité de lymphe contenue dans ces sacs à l'état normal est très faible et, pour qu'ils en contiennent une certaine quantité, il faut curariser l'animal. Mais le sac qui en fournit le plus dans ces conditions est le sac lymphatique sublingual (Tarchanoff). Si on soulève l'animal par les extrémités inférieures de manière à lui tenir la tête en bas et qu'on tire doucement la langue en dehors, on voit à la face inférieure de l'organe un sac volumineux rempli de lymphe qui forme une boule accolée à la langue.

B. **Mammifères**. — Pour recueillir la lymphe sur l'animal vivant, la première précaution à prendre est de l'immobiliser par un des différents procédés usuels (curarisation et respiration artificielle ; injection d'opium dans les veines, etc.). On peut s'adresser à différents vaisseaux, et naturellement le procédé varie suivant le vaisseau qu'on a choisi. Je décrirai brièvement ces procédés tels qu'ils sont employés chez le chien. — 1° *Canal thoracique*. — L'animal doit être à jeun depuis vingt-quatre heures pour que la lymphe ne soit pas mélangée de chyle. On fait à gauche une incision oblique en bas et en dedans comme pour la recherche du ganglion cervical inférieur du grand sympathique ; on se guide sur la veine jugulaire externe et on trouve le canal thoracique à l'union de cette veine avec la sous-clavière ; il faut beaucoup de précautions pour arriver sur le canal qu'on reconnaît à sa coloration blanchâtre, opaline et dans lequel on introduit une canule de verre. La lymphe s'écoule continuellement pendant quatre à cinq heures et l'écoulement peut encore persister quelque temps, même après l'arrêt du cœur. Des mouvements passifs (flexion et extension) imprimés aux membres, soit par la main, soit par une machine, augmentent l'écoulement de la lymphe (Lesser, Paschutin). — 2° *Vaisseau lymphatique cervical*. — Ce vaisseau se trouve dans la région carotidienne en rapport avec la carotide et la trachée : on le rencontre à la partie moyenne du cou, entre le sterno-mastoïdien et le sterno-hyoïdien. — 3° *Tronc lymphatique brachial*. — Ce tronc marche près de la veine cervicale transverse et parallèlement à cette veine jusqu'à l'embouchure de cette veine dans la jugulaire externe ; un peu avant, elle se recourbe en dedans, la croise ainsi que le plexus brachial et s'ouvre dans le tronc lymphatique cervical au bord externe de la veine jugulaire. L'incision de la peau doit être faite au bord externe de la veine jugulaire externe ; on se guide sur la veine et l'artère cervicale transverses (Hammarsten, Paschutin). — 4° *Lymphatique du membre postérieur*. — Ce vaisseau accompagne la veine saphène externe sur laquelle on se guide pour le découvrir (Emminghaus). — La section du nerf sciatique et la ligature de la veine crurale augmentent considérablement la proportion de lymphe (Ranvier). — 5° *Lymphatiques du testicule*. On met à nu le cordon spermatique à sa sortie du canal inguinal ; les lymphatiques accompagnent l'artère spermatique, mais sont cependant dans une gaine distincte (Tomsa). — Pour le détail des procédés, voir les mémoires originaux. — Chez les autres animaux, cheval, bœuf, etc., les procédés varient un peu suivant les dispositions particulières des lymphatiques. On peut se procurer encore une certaine quantité de lymphe en assommant un animal et liant à un immédiatement le canal thoracique ; des mouvements passifs de flexion et d'extension imprimés aux membres augmentent la quantité de lymphe. On peut aussi, à l'exemple de Genersich, prolonger l'écoulement de lymphe en entretenant une circulation artificielle de sang défibriné dans l'aorte.

C. **Homme**. — Chez l'homme, on a pu se procurer de la lymphe en quantité quelquefois considérable, par des fistules des vaisseaux lymphatiques (cou, cuisse, prépuce, etc.).

La lymphe est un liquide alcalin (moins que le sang), incolore ou opalescent, qui tient en suspension des globules blancs semblables à ceux du sang et, comme le sang, se coagule après sa sortie des vaisseaux ; sa densité est de 1,045.

Les parties constituantes de la lymphe sont : les globules, le plasma et les gaz en solution dans le plasma.

§ 1er. — Globules de la lymphe.

Les globules de la lymphe sont identiques aux globules blancs du sang, et on peut leur appliquer exactement la description de ces derniers. Leur nombre, variable suivant les régions du système lymphatique et les conditions dans lesquelles ils sont recueillis, peut être évalué à 8,200 par millimètre cube (Ritter). Cependant avec les ganglions lymphatiques, on n'en rencontre qu'une très faible quantité.

Outre ces globules, on trouve dans la lymphe des hématoblastes (Hayem), des noyaux libres ou des globules plus petits d'aspect homogène et une très petite quantité de granulations élémentaires. On y rencontre aussi des globules rouges, surtout dans les lymphatiques de la rate (animaux à jeun) et dans le canal thoracique.

Le mode de formation des globules de la lymphe a été étudié page 403.

§ 2. — Plasma.

Le plasma de la lymphe est un liquide alcalin, jaune citron ou ambré, quelquefois à peine coloré, dont la couleur rappelle assez celle du plasma sanguin de l'animal et qui se coagule quelque temps après son exposition à l'air (5 à 20 minutes). Ce plasma se compose de deux parties, la fibrine ou substance coagulable et le sérum.

La *fibrine* de la lymphe offre les mêmes caractères et la même composition que celle du sang; elle peut manquer dans certains cas (voir *Coagulation de la lymphe*), et la lymphe perd alors la propriété de se coaguler. La lymphe qui sort des ganglions lymphatiques est plus riche en fibrine. La lymphe contient environ 2 millièmes de fibrine (0,526 pour mille d'après Hayem; cheval).

Le *sérum* qui reste après la séparation de la fibrine a à peu près la même constitution que le sérum sanguin; les proportions seules diffèrent. Il contient 3 p. 100 de substances albuminoïdes consistant surtout en globuline, albumine du sérum, un peu d'albuminate de potasse et un excès de fibrinogène: des peptones, des matières extractives azotées, de l'urée, en plus forte proportion que dans le sang (Wurtz); des graisses à l'état de glycérides; des acides: oléique, palmitique et butyrique; des traces de savons et quelques acides gras volatils, spécialement de l'acide butyrique; du glucose, qui, d'après quelques auteurs, y existerait toujours, et, d'après Cl. Bernard, ne s'y trouverait que quand l'organisme est saturé de cette substance. On y a constaté la présence de la cholestérine et de la lécithine. Les substances minérales sont surtout la potasse et les phosphates dans le caillot, la soude qui prédomine dans le sérum, des carbonates, des sulfates et un peu d'oxyde de fer.

§ 3. — Gaz de la lymphe.

Les *gaz* de la lymphe consistent presque entièrement en acide carbonique (35 p. 100), une petite quantité d'azote (1,87 p. 100) et des traces d'oxygène (Hammarsten). Il résulte de ces recherches que la lymphe renferme plus d'acide carbonique que le sang artériel et moins que le sang veineux.

Le tableau suivant donne les quantités de gaz constatées dans la lymphe du chien (pour 100 parties de lymphe) :

	O	CO2	Az
Lymphe pure du membre antérieur.........	0,00	41,89	1,12
— —	0,10	47,13	1,58
Lymphe pure provenant surtout des membres.	0,00	44,07	1,22
Lymphe pure des membres et de l'intestin...	0,10	37,55	1,63

Tschiriew et Buchner ont fait des recherches sur la proportion des gaz de la lymphe dans l'asphyxie (voir : *Asphyxie*).

§ 4. — De la lymphe considérée dans son ensemble.

Caractères organoleptiques. — La lymphe a une odeur faible, un peu animalisée, caractéristique pour certaines espèces; sa saveur est fade, salée, avec un arrière-goût alcalin.

Coagulation de la lymphe. — La coagulation de la lymphe est un peu plus tardive que celle du sang; elle n'a pas lieu dans les vaisseaux; en effet, si chez le cheval on partage par des ligatures le canal thoracique en plusieurs segments, la lymphe reste liquide; mais elle se coagule dès qu'elle est exposée à l'air (Teichmann); l'expérience réussit de même très bien et peut se faire bien plus facilement, comme le fait remarquer Tarchanoff, avec le sac sublingual de la grenouille rempli de lymphe dans les conditions mentionnées page 451. Si on le suspend dans une chambre à la température de 8° à 10°, la lymphe reste liquide pendant deux ou trois jours; mais il suffit d'ouvrir le sac lymphatique pour qu'elle se coagule presque immédiatement. Le caillot est très petit par rapport au sérum; son poids représente 40 millièmes de celui de la lymphe; il est blanchâtre, mou, peu rétractile, et se colore quelquefois en rouge au bout d'un certain temps, fait nié par Colin pour la lymphe pure et dû probablement à la présence de quelques globules rouges emprisonnés dans le caillot et peut-être aussi à une transformation chimique produite sous l'influence de l'oxygène (Gubler et Quévenne). La peptone agit sur la lymphe comme sur le sang et retarde sa coagulation.

Quantité de lymphe. — On a cherché à évaluer la quantité de lymphe par la quantité qui s'écoule en un temps donné par le canal thoracique; mais le procédé est trop incertain pour qu'on puisse en tirer des conclusions précises. Aussi les chiffres assignés à la quantité de lymphe, tels que le $1/12^e$ du poids du corps, ne peuvent-ils avoir aucune valeur. La seule chose certaine, c'est que la proportion de lymphe fournie par le canal thoracique peut atteindre un chiffre considérable; ainsi Colin, sur un cheval, a obtenu dans un cas plus de 2 kilogrammes de lymphe par heure. Schwanda, sur des chiens endormis par la teinture d'opium, a recueilli en moyenne $3^{gr},065$ par heure (moyenne de 13 cas). Lesser, sur des chiens curarisés, a obtenu des quantités beaucoup plus considérables, jusqu'à 300 centimètres cubes par heure. Il est vrai que la curarisation augmente la quantité de lymphe. (On trouvera dans Colin, *Physiologie*, des tableaux donnant les quantités de lymphe recueillies chez les principales espèces domestiques.)

Analyse de la lymphe. — Les procédés d'analyse de la lymphe sont les mêmes que pour le sang. Le tableau suivant, emprunté à C. Schmidt, représente l'analyse de la lymphe du cou et celle du chyle du canal thoracique d'un poulain nourri de foin:

	DANS 1,000 PARTIES		SÉRUM (1,000 p.)		CAILLOT (1,000 p.)	
	LYMPHE.	CHYLE.	LYMPHE.	CHYLE.	LYMPHE.	CHYLE.
Eau.....................	955,36	956,19	957,61	958,50	907,32	877,59
Partics solides...............	44,64	43,81	42,39	41,50	92,68	112,41
Fibrine....................	2,18	1,27	—	—	48,66	38,95
Albumine...			32,02			67,77
Graisse....................	34,99	35,11	1,23	31,63	34,36	
Matières extractives..........			1,78			
Sels minéraux...............	7,47	7,49	7,36	7,55	9,66	5,46
Chlorure de sodium........ ..	5,67	5,84	5,65	5,95	6,07	2,30
Soude....................	1,27	1,17	1,30	1,17	0,60	1,32
Potasse....................	0,16	0,13	0,11	0,11	1,07	0,70
Acide sulfurique............	0,09	0,05	0,08	0,05	0,18	0,04
Acide phosphorique..........	0,02	0,04	0,02	0,02	0,15	0,85
Phosphates terreux..........	0,26	0,25	0,20	0,25	1,59	0,38

Le caillot était, pour la lymphe, de 44,83 parties pour 1,000; pour le chyle, de 32,56.

Nasse sur les chiens a trouvé les chiffres suivants :

	INANITION.	ALIMENTATION	
		DE VIANDE.	VÉGÉTALE.
Eau..........................	954,68	953,70	958,20
Matières solides..................	45,82	46,30	41,70
Fibrine.........................	0,591	0,716	0,455
NaCl...........................	6,72	6,50	6,77

Sur des animaux qui avaient déjà été utilisés pour des recherches sur la lymphe, il a trouvé des chiffres un peu différents.

Il n'existe pas d'analyse de lymphe humaine *pure*; les analyses, assez nombreuses du reste, ont toujours porté sur des liquides provenant de lymphorrhées ou de fistules lymphatiques et qui n'avaient pas tous les caractères de la lymphe. Le tableau suivant en donne les principales :

	I	II	III	IV	V	VI	VII (1)
Eau............	939,87	934,77	969,26	957,60	940-950	986,34	943,58
Matières solides.......	60,13	65,23	30,74	42,40	60-50	13,66	56,42
Fibrine...........	0,56	0,63	5,20	0,37	1,65	1,07	1,60
Albumine.........	42,75	42,80	4,34	34,72	—	2,30	21,17
Graisse.........	3,82	9,20	2,64	—	—	{ 1,50	24,85
Matières extractives..	5,70	4,40	3,12	—	—		1,58
Sels............	7,30	8,20	15,44	7,31	—	8,79	7,22

Le tableau suivant donne les analyses comparatives, faites par Wurtz, de la lymphe et du chyle d'un taureau vivant en pleine digestion et d'un vache vivante :

	TAUREAU.		VACHE.	
	LYMPHE.	CHYLE.	LYMPHE.	CHYLE.
Eau........	938,97	929,71	955,38	951,24
Fibrine.......	2,05	1,96	2,20	2,82
Albumine......	50,90	59,64	34,76	38,84
Graisse.......	0,42	2,55	0,24	0,72
Sels........	7,63	6,12	7,41	6,36

Pour l'urée, Wurtz a trouvé les quantités suivantes :

	SANG.	CHYLE.	LYMPHE.
Chien nourri avec de la viande	0,89	—	0,158
—	—	0,183	—
Vache nourrie de luzerne sèche...........	0,192	0,192	0,193
Taureau —	—	0,189	0,213
—	—	—	0,215
Bélier —	0,248 (sang artériel)	0,280	—
Mouton —	—	0,071	—
Cheval —	—	—	0,126
	—	—	0.112

(1) Analyses I et II, lymphe provenant de dilatations variqueuses de la cuisse d'une femme (Gubler et Quévenne); — III, lymphe provenant d'une plaie du dos du pied (Marchand et Colberg) ; — IV, lymphe d'une dilatation lymphatique du cordon Schérer). -- V; lymphe provenant d'une fistule (Nasse). — VI; lymphe provenant d'une fistule de la cuisse (Danhardt et Hensen). — VII; lymphe provenant d'une lymphorrhée de la cuisse; le liquide avait l'aspect du chyle (Odénius et Laug).

La comparaison de la lymphe et du sang donne des résultats instructifs; comme l'indique le tableau suivant, en passant à travers la membrane des capillaires sanguins, le plasma du sang perd environ la moitié de son albumine et les deux tiers de sa fibrine; les autres principes et en particulier les sels passent à peu près en même proportion :

	POUR 1,000 PARTIES.		
	PLASMA SANGUIN.	PLASMA LYMPHATIQUE.	PLASMA DU CHYLE.
Eau..........................	901,50	957,61	958,50
Fibrine.......................	8,06	2,18	1,27
Albumine......................	81,92	32,02	30,85
Sels	8,51	7,36	7,55
Chlorure de sodium............	5,546	5,65	5,95
Soude........................	1,532	1,30	1,17

Variations de la lymphe. — La lymphe n'a pas la même composition dans les divers points du système lymphatique. Avant les ganglions lymphatiques, la lymphe est très pauvre en globules et en fibrine; dans le canal thoracique, elle contient un assez grand nombre de globules rouges, probablement par reflux sanguin.

Les différents principes de la lymphe peuvent varier dans des limites assez étendues sans qu'il soit possible encore de préciser les causes de ces variations. La ligature des veines paraît augmenter la quantité de fibrine et de parties solides; il en serait de même de l'accroissement de l'afflux sanguin artériel, quoique d'une façon moins prononcée; la proportion de fibrine diminue au contraire par la ligature des artères. Le curare augmente la quantité de parties solides. Cette augmentation s'observe aussi au bout d'un certain temps quand on recueille la lymphe par des fistules expérimentales. La graisse est un des principes qui paraissent le plus sujets à variations; elle peut monter jusqu'à 30 p. 1000.

La quantité de lymphe (mélangée au chyle), augmente pendant la digestion. La nature de l'alimentation exerce une certaine influence; la proportion de lymphe est plus forte quand on nourrit les chiens avec de la viande que quand on les nourrit avec des pommes de terre. La quantité de lymphe diminue beaucoup par l'inanition. Indépendamment de l'alimentation, l'augmentation de la lymphe se montre sous les conditions suivantes : augmentation de pression sanguine, quelles que soient les causes qui la produisent (ligature des veines, accroissement de l'afflux sanguin artériel, soit par paralysie des nerfs vaso-moteurs ou par excitation des nerfs vaso-dilatateurs, augmentation de la masse du sang par des injections intra-vasculaires d'eau, de sang, de sérum, de lait, etc.); activité des organes, par exemple : les mouvements musculaires actifs ou passifs; curarisation. Des conditions opposées produisent une diminution de la quantité de lymphe.

Rôle physiologique de la lymphe. — Le rôle de la lymphe est multiple : elle représente un véritable appareil de drainage qui ramène au sang une partie du plasma sanguin exsudé à travers les parois des capillaires, et constitue un système qui sert d'intermédiaire entre le sang et les tissus ; elle transmet aux tissus et aux organes les matériaux qui ont été fournis par le sang, et les tissus emploient ces matériaux pour leur nutrition, leurs sécrétions et, en un mot, pour les divers modes de leur activité fonctionnelle ; en outre, la lymphe reçoit des tissus les matériaux de déchet ou certains principes introduits accidentellement dans ces tissus et les ramène au sang avec les parties non utilisées du plasma transsudé ; il y a donc un échange continuel entre la lymphe et le sang d'une part, la lymphe et les tissus de l'autre, échange dans lequel chacun d'eux donne et reçoit en même temps, de sorte que chacun de ces trois facteurs de la nutrition est sous la dépendance immédiate des deux autres.

CHAPITRE III

CHYLE

Procédés pour recueillir le chyle. — Pour voir les chylifères gorgés de chyle, il suffit d'ouvrir un animal en pleine digestion, de préférence un animal encore à la mamelle, et d'examiner le mésentère ; les chylifères apparaissent sous forme de traînées blanches (Découverte des chylifères par Gaspard Aselli, en 1622). — Pour se procurer du chyle en quantité assez considérable, on peut, soit ouvrir le réservoir de Pecquet sur un animal en pleine digestion, soit pratiquer une fistule du canal thoracique par le procédé décrit p. 451. — *Procédé de Colin.* Chez le bœuf, au lieu de s'adresser au canal thoracique, on introduit une canule dans un des gros chylifères accompagnant l'artère mésentérique et que l'on met à découvert par une incision faite au flanc droit de l'animal. Le même procédé peut s'employer chez le mouton, le bouc, etc. (Colin, *Physiologie*, t. II).

Hors l'état de digestion, le liquide des chylifères est tout à fait identique à la lymphe ; et ce n'est que pendant la digestion qu'il se présente sous un aspect particulier. C'est un liquide faiblement alcalin, laiteux ou opalin, coloré quelquefois d'une légère teinte jaunâtre ou jaune verdâtre, d'une consistance variable, mais ordinairement fluide et d'un poids spécifique de 1,020 environ. Son odeur et sa saveur sont les mêmes que celles de la lymphe. Comme elle, il se coagule après sa sortie des vaisseaux, et son caillot est mou, gélatineux, peu rétractile ; on a remarqué que la coagulation se fait plus vite et est plus complète quand on prend le chyle sur l'animal vivant que quand on le recueille après la mort ; la substance fibrinogène paraît se détruire très vite. Quelquefois ce caillot se liquéfie au bout de quelque temps sous l'influence de la chaleur. D'après quelques auteurs il pourrait prendre à l'air une coloration rosée, fait nié par Colin, et qu'il est cependant difficile de mettre en doute en présence des affirmations positives de plusieurs physiologistes ; cet effet paraît dû à la rutilance produite par l'oxygène de l'air sur les globules rouges que contient souvent le chyle. Le sérum qui provient de la coagulation est fortement alcalin.

Le chyle contient les mêmes éléments anatomiques que la lymphe, et de plus d'innombrables granulations moléculaires excessivement fines, qui ne sont autre chose que des granulations graisseuses entourées d'une membrane albuminoïde.

La composition chimique du chyle se rapproche beaucoup de celle de la lymphe (voir : *Analyse de la lymphe*); seulement il est plus riche en matières solides [1] et surtout en graisses, qui varient du reste suivant l'alimentation; outre des graisses neutres, on y rencontre de petites quantités de savons. Il renferme en outre de l'urée, des traces d'un ferment saccharifiant (Grohe), des peptones. Parmi les matières organiques, la présence de la glycose a donné lieu à de nombreuses discussions : suivant les uns, elle y existerait toujours, quel que soit le mode d'alimentation; suivant d'autres, elle ne se rencontrerait que dans le cas d'alimentation féculente et sa proportion serait exactement en rapport avec la quantité de cette alimentation. Les gaz du chyle sont les mêmes que ceux de la lymphe.

Les analyses du chyle de C. Schmidt ont été données avec celles de la lymphe, page 434. Le tableau suivant donne deux analyses comparatives du chyle et du sérum sanguin, empruntées à Hoppe-Seyler (*Physiologische Chemie*) :

POUR 1,000 PARTIES.	CHYLE DE CHIEN.	SÉRUM SANGUIN DU MÊME CHIEN.
Eau..	906,77	936,01
Matières solides...........................	96,23	63,99
Fibrine...	1,11	45,24
Albumine......................................	21,05	
Graisse, cholestérine.....................	64,86	6,81
Lécithine......................................		2,91
Autres matières organiques.............	2,34	8,76
Sels minéraux...............................	7,92	

Owen Rees donne les chiffres suivants pour le chyle pris dans le canal thoracique d'un décapité :

Eau.................	90,48 p. 100	Extrait alcoolique......	0,52 p. 100
Albumine et fibrine...	7,08 —	Graisse...............	0,92 —
Extrait aqueux.......	0,56 —	Sels.................	0,44 —

Hoppe-Seyler donne l'analyse suivante de chyle humain recueilli dans la cavité péritonéale et dans la plèvre à la suite d'une rupture du canal thoracique :

POUR 1,000 PARTIES.		POUR 1,000 PARTIES.	
I			
		Sels minéraux solubles....	6,804
		Sels insolubles............	0,350
Eau......................	940,724		
Matières solides..........	59,276	II	
Albuminoïdes	36,665		
Cholestérine.............	1,321		
Lécithine................	0,829	Fibrine..................	6,045
Graisse..................	7,226	Globuline................	2,832
Savons..................	2,353	Albumine du sérum.......	38,968
Extrait alcoolique........	3,630	Graisse, cholestérine......	4,709
— aqueux..........	0,578	Lécithine................	

(1) C. Schmidt est arrivé à un résultat contraire.

Pour la quantité d'urée dans le chyle, voir page 455, les analyses de Wurtz.

La proportion de graisse contenue dans le chyle varie suivant le moment de la digestion; le maximum a lieu cinq heures après l'ingestion de la graisse. Le tableau suivant emprunté à Zawilsky donne les quantités de graisse correspondantes aux divers stades de la digestion de la graisse chez le chien :

N°s D'ORDRE DES EXPÉRIENCES.	TEMPS ÉCOULÉ DEPUIS L'INGESTION DE LA GRAISSE.	QUANTITÉ de graisse versée par minute dans le canal thoracique.	PROPORTION pour 100 de graisse dans le chyle.
		milligrammes.	
I	De 1 heure 58 minutes à 2 heures 58 minutes.	33	8,1 p. 100
	Id. id. 3 — 38 —	55	8,2 —
	Id. id. 4 — 18 —	72	11,5 —
II	De 4 heures 6 minutes à 5 heures 20 minutes.	24	6,6 —
III	De 4 heures 45 minutes à 5 heures 47 minutes.	16	3,7 —
IV	De 7 heures 45 minutes à 8 heures 22 minutes.	47	6,9 —
	9 — 43 — 10 — 38 —	101	9,1 —
V	11 — 56 — 12 — 39 —	85	14,6 —
	De 9 heures 50 minutes à 10 heures 15 minutes.	101	10,1 —
	Id. id. 10 — 45 —	96	11,4 —
	Id. id. 11 — 22 —	75	11,0 —
VI	Id. id. 12 — 15 —	60	12,0 —
	De 18 heures 38 minutes à 19 heures 10 minutes.	90	11,5 —
	Id. id. 19 — 42 —	70	9,0 —
	Id. id. 20 — 42 —	36	8,6 —
VII	Id. id. 21 — 44 —	34	8,4 —
	De 26 heures 45 minutes à 27 heures 30 minutes.	3	0,46 —
	Id. id. 28 — 20 —	2	0,44 —
	Id. id. 29 — 10 —	1	0,29 —
	Id. id. 30 — 10 —	0,1	0,25 —

La *quantité* de chyle qui arrive en 24 heures dans le canal thoracique ne peut guère être évaluée d'une façon précise. On a bien cherché à la déterminer par la quantité de graisse absorbée dans l'intestin, en admettant que toute la graisse absorbée passait dans les chylifères ; la proportion de graisse dans le chyle est de 3 p. 100 environ; la quantité de graisse ingérée dans l'alimentation est à peu près de 90 grammes par jour; la quantité de chyle produite en 24 heures serait de 3 kilogrammes (Vierordt) ; ces données sont trop incertaines pour y attacher grande importance. Le tableau précédent de Zawilsky peut fournir des indications précieuses à ce point de vue. Colin obtenait par heure chez le bœuf, par des fistules du canal thoracique, une moyenne de 500 à 600 grammes et quelquefois beaucoup plus. C. Schmidt, d'après ses mesures sur deux poulains, arrive à 6,13 kilogrammes de chyle en 24 heures pour 100 kilogrammes de poids vif, et sur ces 6,13 kilogrammes, attribue 3,40 kilogrammes seulement au chyle provenant de l'intestin, et les 2,73 kilogrammes restants à la lymphe transsudée du sang. Il est évident que ces calculs reposent sur des bases bien peu précises et n'ont aucune certitude.

Les variations de composition du chyle ont été peu étudiées et leur étude a donné des résultats contradictoires. Chez l'animal à jeun, Tiedemann et Gmelin l'ont trouvé plus pauvre en eau, plus riche en parties solides, fibrine, albuminoïdes et globules. Ce qu'il y a de certain, c'est que la proportion de graisse du chyle augmente par l'alimentation.

Sauf les particularités mentionnées ci-dessus, tout ce qui a été dit de la lymphe peut s'appliquer à la physiologie du chyle.

Le rôle physiologique du chyle ressort de sa composition même et de son lieu d'origine. Son rôle essentiel est de transporter au sang la graisse absorbée dans la digestion intestinale. La question de savoir si la glycose, les peptones, etc., sont aussi absorbées par les chylifères, sera étudiée avec la physiologie de la digestion.

Bibliographie de la lymphe et du chyle. — C. Preusse : *Ueber den Inhalt einer Lymphcyste* (Zeit. f. phys. Ch., t. IV, 1880). — M. v. Frey : *Die Emulsion des Fettes im Chylus* (Arch. f. Physiol., 1881). — Hayem et Féry : *Dosage comparatif de la fibrine dans le sang et dans la lymphe* (Arch. de physiol., 1882). — C. F. W. Krukenberg : *Zur vergleich. Physiol. der Lymphe*, etc.. 1882. — G. Fano et D. Baldi : *Gli albuminoidi della linfa et del sangue nel lavoro muscolare* (Lo Sperimentale, 1883).

Appendice. — Sérosités et transsudations. — Les séreuses contiennent toujours, même à l'état normal, une petite quantité de liquide, quantité qui peut s'accroître à l'état pathologique. Les *sérosités* et les *transsudations séreuses* proviennent du plasma sanguin exsudé à travers les parois des vaisseaux et plus ou moins modifié à la traversée des membranes connectives et surtout épithéliales. Ces sérosités doivent donc être rapprochées du plasma lymphatique et ont en effet une composition à peu près identique, sauf les proportions relatives de certains principes et surtout des substances albuminoïdes qui, comme toutes les substances colloïdes, sont très peu diffusibles. Ce sont des liquides transparents, incolores, jaune verdâtre ou jaune ambré, souvent fluorescents, un peu visqueux, alcalins comme le plasma sanguin. La coagulation spontanée se montre quelquefois dans les transsudations séreuses (ainsi dans la sérosité péricardique), mais elle est toujours plus lente que pour le sang, à cause de la pauvreté de ces liquides en paraglobuline ; ils se coagulent cependant presque toujours si on ajoute un peu de paraglobuline. Les sérosités contiennent toujours des globules blancs, identiques à ceux de la lymphe.

Les substances albuminoïdes des sérosités consistent en albumine ordinaire (albumine du sérum et albuminate de potasse), substance fibrinogène et des traces de paraglobuline. On y retrouve les matières extractives (urée, créatine, acide urique, leucine, tyrosine), la graisse, la cholestérine, les sels minéraux qu'on rencontre dans le plasma sanguin. On y trouve en outre des gaz en dissolution, surtout de l'acide carbonique.

Quelques-uns de ces liquides offrent des caractères particuliers. La *sérosité du péricarde* contient le plus de fibrine et se coagule le plus facilement. Le *liquide cérébro-spinal*, au contraire, est incoagulable ; son albumine est très analogue à la caséine ; ou y trouve une matière ressemblant à l'alcaptone, de la glycose (Cl. Bernard), et une assez forte proportion de phosphates et de sels de potasse. Le *liquide allantoïdien* renferme de l'allantoïne, une albumine de nature spéciale, des lactates alcalins, du chlorure de sodium, des phosphates et de la glycose (chez les herbivores). Le *liquide amniotique* contient de l'albumine, de l'urée, du sucre de lait, de l'acide lactique (?), de la glycose, qui disparaît quand le sucre apparaît dans le foie (Cl. Bernard) et des sels (chlorure de sodium, carbonates alcalins et traces de phosphates et de sulfates).

D'une façon générale, c'est la proportion d'albumine qui varie le plus dans les diverses transsudations. D'après C. Schmidt, le liquide le plus riche en albumine est celui de la plèvre; viennent ensuite le liquide du péritoine, le liquide céphalo-rachidien et en dernier lieu celui du tissu cellulaire sous-cutané.

Les transsudations séreuses ayant la même origine que le plasma lymphatique, les mêmes causes qui augmentent la quantité de la lymphe pourront produire aussi l'augmentation de ces transsudations et leur accumulation dans les cavités séreuses ou dans les mailles du tissu cellulaire comme on l'observe dans les cas pathologiques. C'est ainsi que toute augmentation de pression sanguine se traduira par une transsudation exagérée de plasma sanguin; c'est de cette façon qu'agissent la ligature des veines, la section des nerfs qui en paralysant les vaso-moteurs d'une région amènent la dilatation des artères et un afflux sanguin considérable, la di-minution de pression *autour* des vaisseaux comme par l'application d'une ven-touse, etc. Lower avait remarqué le premier qu'après la ligature des veines (veine cave thoracique), il se produit de l'ascite et de l'œdème des membres postérieurs, et cette loi se vérifie tous les jours en clinique, depuis surtout que Bouillaud a appelé l'attention sur ce point. Mais il faut, pour que la transsudation se produise, que toutes les veines de retour soient oblitérées. Ranvier a montré en effet qu'après la ligature des deux veines jugulaires sur le chien et le lapin, de la veine fémorale à l'anneau, et de la veine cave inférieure au-dessous de l'embouchure des veines rénales, il ne se produit pas d'œdème. Mais cette absence d'œdème est due dans ces cas, comme l'ont prouvé les expériences de Straus et Mathias Duval et celles de Rott, à ce qu'il s'établit une circulation collatérale qui suffit pour assurer le retour du sang vers le cœur.

Mais si les expériences de Ranvier laissent intacte la loi établie par Lower et Bouillaud, elles montrent bien l'influence de l'innervation vaso-motrice sur la trans-sudation séreuse. Sur un chien qui a subi la ligature de la veine cave inférieure, sans présenter d'œdème, Ranvier coupe le nerf sciatique d'un côté et constate après la section un œdème considérable du membre correspondant, et l'expé-rience suivante prouve que l'œdème est bien dû à la section dés filets vaso-moteurs contenus dans le sciatique. En effet, si sur un chien dont la veine cave est liée, on ouvre le canal vertébral et si on coupe les trois dernières paires lombaires et les paires sacrées qui ne contiennent pas de filets vaso-moteurs, l'œdème ne se produit pas, quoique le membre postérieur correspondant soit paralysé du sentiment et du mouvement. Il en est de même si on sectionne trans-versalement la moelle, c'est-à-dire au-dessous du point d'où naissent les vaso-moteurs du membre inférieur. Comme on l'a vu plus haut, la paralysie vaso-mo-trice détermine l'œdème en augmentant la pression sanguine.

Hoppe-Seyler a fait des recherches sur les conditions qui entrent en jeu dans les transsudations. Il s'est servi de l'uretère dans lequel il faisait passer sous une pression déterminée du sérum sanguin pur ou plus ou moins étendu d'albumine. La vitesse de la transsudation dépendait essentiellement de la pression et de la richesse du sérum en albumine. En comparant le sérum et le liquide transsudé, il constata les faits suivants : le résidu sec du sérum étant 53,55 pour 1000; — 61,5; — 62,0; celui du liquide transsudé était 41,4; — 49,7; — 48,71. La proportion de sels était la même dans les deux liquides; le transsudat paraissait même contenir plus de sels solubles. Les différences observées dans le résidu sec provenaient donc de l'albumine; et en effet, le sérum en contenant 53,73 pour 1000, le transsudat en renfermait 41,66 et 41,52. Ces transsudations artificielles se comportent au point de vue de leur composition, absolument comme les transsudations patho-logiques.

Le tableau suivant donne l'analyse comparative des principales sérosités, du sérum sanguin et du sérum lymphatique.

POUR 1,000 PARTIES.	EAU.	MATIÈRES solides.	ALBUMINE.	FIBRINE.	MATIÈRES extractives.	SELS.
Sérosité de la plèvre......	951,87	48,13	35,83	0,60	4,28	7,72
— du péritoine......	980,92	19,08	12,20		2,81	8,05
— de l'hydrocèle....	930,80	69.20	55,70		4,80	8,70
— du péricarde.....	959,79	40,21	24,04	0,80	10,07	5,30
Liquide céphalo-rachidien.	984,04	15,96	2,21		4,98	8,76
Œdème des extrémités....	982,17	17,83	3,64		5,31	9,00
Eau de l'amnios..........	984,30	15,70	1,90		8,10	5,90
Humeur aqueuse.........	986,87	13,13	1,22		4,21	8,51
Plasma sanguin..........	901,50	98,50	77,16	8,06	4,76	7,36
— lymphatique......	957,61	42,39	30,24	2,18	1,78	7,75
Sérum du pus...........	909,67	90,32	70,22		12,35	

Le tableau suivant donne les quantités de gaz contenues dans quelques sérosités pour 100 volumes de liquide (à 0° et 0^m,760 de pression).

	CO^2	O	Az	NOMS DES OBSERVATEURS.
Sérosité de la plèvre..........	54,93	0,68	0,33	Ewald.
— du péritoine.........	14,27	0,139	2,107	Planer.
Hydrocèle....................	64,94	0,16	2,05	Strassburg.
Œdème des extrémités.......	31,36	Traces	Traces	Ewald.

Du pus et de la suppuration. Diapédèse. — Quoique l'étude de la suppuration soit essentiellement du ressort de la pathologie, elle touche cependant à la physiologie par certains points sur lesquels il peut être utile d'insister.

Le pus est un liquide blanc jaunâtre ou gris verdâtre, faiblement alcalin, constitué, comme le sang et la lymphe, par un liquide, sérum du pus, et des globules, globules du pus (fig. 108), identiques aux globules blancs du sang. La composition chimique du sérum du pus a été donnée plus haut; celle des globules du pus est identique à celle des globules blancs.

Il n'entre pas dans le plan de ce livre de traiter toutes les questions qui concernent la suppuration. La seule qui présente de l'intérêt au point de vue physiologique est celle de l'origine des globules de pus et spécialement ce qu'on a appelé la diapédèse des globules blancs.

Fig. 108. — Globules du pus (*).

L'origine des globules de pus présente encore bien des points obscurs et nous retrouvons là les mêmes dissidences qui se sont déjà montrées à propos de l'origine et de la formation des cellules. Pour Robin et son école, Legros, Onimus, Picot, Bergeret, etc., les globules purulents naîtraient sur place, par formation libre, aux dépens d'un blastème préexistant. La plupart des histologistes, au contraire, admet-

(*) a, b, globules de pus normaux. — c, globules traités par l'acide acétique dilué. — d, globules de pus d'une fistule osseuse. — e, globules purulents migrateurs.

tent que les globules de pus peuvent se former aux dépens, soit des cellules connectives (Virchow, Morel, etc.), soit des cellules épithéliales (Buhl, Remak, Morel, etc.), soit peut-être encore aux dépens de quelques autres éléments (cellules cartilagineuses, noyaux musculaires, etc.). Mais c'étaient là les seuls modes admis jusqu'ici, quand Cohnheim vint décrire, après Waller, mais avec beaucoup plus de détails, un nouveau mécanisme de production des globules purulents; ces globules, d'après les recherches de Cohnheim, ne seraient autre chose que les globules blancs du sang, sortis par *diapédèse* ou émigration des vaisseaux sanguins.

En étudiant au microscope la circulation dans le mésentère, sur une grenouille vivante curarisée, Cohnheim remarqua les phénomènes suivants : les artères se dilatent d'abord, les veines ensuite, mais plus lentement, et au bout d'un certain temps la vitesse du courant sanguin se ralentit notablement et permet de bien distinguer les globules; peu à peu la zone périphérique du vaisseau (veinule) examiné se remplit de globules blancs qui forment une couche immobile dans l'axe de laquelle coule la colonne mobile des globules rouges. Bientôt sur le contour extérieur de la paroi veineuse se montrent de petites saillies incolores qui augmentent peu à peu et finissent par dépasser la grosseur d'un demi globule blanc; cette demi-sphère devient pyriforme, son extrémité amincie étant alors engagée dans la paroi du vaisseau; alors de la surface de la saillie rayonnent de fines dentelures et des prolongements; la masse s'écarte de plus en plus de la paroi et n'y tient plus que par un fin pédicule qui se détache; la masse devient alors tout à fait libre et ne se distingue plus en rien d'un globule blanc ordinaire. Le processus entier dure environ deux heures. Au bout d'un certain temps, la veine se trouve ainsi entourée de globules blancs et ses parois sont traversées par des globules blancs à

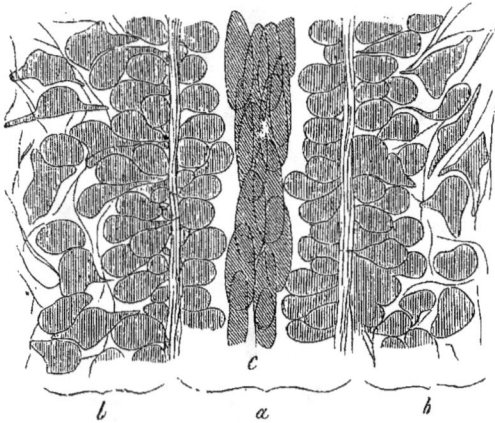

Fig. 109. — *Expérience de Cohnheim* (*).

toutes les phases de leur émigration (fig. 109). Le phénomène devient encore plus facile à suivre si les globules blancs ont été préalablement imprégnés de matière colorante par une injection d'une substance colorée dans un des sacs lymphatiques. Les mêmes phénomènes se passent dans les capillaires; mais l'émigration a lieu non seulement pour les globules blancs, mais aussi pour les globules rouges. Quant

(*) *a*, veine. — *bb*, tissu conjonctif avoisinant, rempli de globules blancs émigrés. — *c*, colonne de globules rouges. — Grossis. = 500.

à la voie suivie par les globules, d'après Cohnheim, ils passeraient par les stomates ou lacunes décrites par quelques histologistes et qui existeraient entre les cellules épithéliales des vaisseaux. Les globules purulents proviendraient donc des globules blancs du sang et les recherches qu'il fit sur l'inflammation de la cornée le confirmèrent dans cette opinion.

Les observations de Cohnheim, si intéressantes et si inattendues, car celles de Waller avaient été tout à fait oubliées, furent le signal d'un grand nombre de recherches qui, malheureusement, furent loin de donner des résultats concordants. Tandis que Héring, Scharrenbroich, Hayem, Ranvier, Rouget, Vulpian, A. Key, etc., confirmaient sur la plupart des points les observations de Cohnheim, Balogh, Donitz, Robin, Feltz, Picot, Stricker, Duval, etc., au contraire, niaient absolument cette émigration des globules blancs à travers la paroi des vaisseaux et attribuaient une toute autre interprétation aux phénomènes décrits par Cohnheim. En présence d'affirmations contraires et émanant d'histologistes aussi autorisés de part et d'autre, il est difficile de faire un choix et il n'y a qu'à attendre que de nouvelles recherches viennent fixer définitivement ce point délicat d'histologie physiologique.

La multiplication des globules de pus, quel que soit du reste leur mode de formation, paraît pouvoir se faire soit par division, soit par bourgeonnement.

Bibliographie. — LAWDOUSKY : *Sur les phénomènes et les causes de la diapédèse des éléments du sang* (Wojenno-med. journal; en russe; 1883). — ID. : *Mikr. Unt. einiger Lebensvorgänge des Blutes* (Archiv de Virchow, t. XCVI et XCVII, 1884). — BINZ : *Das Verhalten der Lymphkörperchen zum Chinin* (Arch. f. Physiol., 1885).

TROISIÈME PARTIE

PHYSIOLOGIE DES TISSUS

Au point de vue physiologique comme au point de vue anatomique, les éléments et les tissus peuvent être divisés en deux grandes classes : les éléments (et les tissus) superficiels ou épithéliaux et les éléments (et les tissus) profonds qui comprennent tous les autres. La différence des rapports des deux classes avec le milieu extérieur a pour conséquence une différence essentielle dans leur mode de nutrition. Situés dans l'intimité de l'organisme et n'ayant avec le milieu extérieur que des rapports indirects par l'intermédiaire du sang et des tissus épithéliaux superficiels, les tissus profonds ne peuvent éliminer leurs déchets et les produits de leur usure que sous une forme qui leur permette de traverser les membranes des vaisseaux et les membranes épithéliales : liquides ou particules d'une ténuité extrême ; leur destruction est donc partielle, *moléculaire*, et il en est de même de leur renouvellement ; les matériaux constituants d'une fibre musculaire, par exemple, sont incessamment usés et éliminés au dehors et remplacés par des matériaux nouveaux sans que la fibre musculaire elle-même paraisse éprouver des changements appréciables ; la substance change, la forme reste. Pour les éléments épithéliaux il n'en est plus de même ; placés à la limite de l'organisme, ils n'ont plus besoin de verser dans un milieu intermédiaire, le sang, leurs produits de déchet ; ils les éliminent directement sans être obligés de leur faire subir une liquéfaction préalable ; ils tombent et s'éliminent *in toto* (mue ou desquamation épithéliale) et leur renouvellement est total aussi ; les jeunes cellules récemment formées remplacent et poussent devant elles les cellules anciennes qui tombent entraînées mécaniquement hors de l'organisme.

CHAPITRE PREMIER

PHYSIOLOGIE DES TISSUS CONNECTIFS

Quelle que soit, au point de vue histologique, l'idée qu'on se fasse des différents groupes de tissus connectifs, au point de vue physiologique, leurs analogies sont incontestables et leur parenté ne peut être méconnue. Ils constituent la trame et la charpente de l'organisme dans laquelle sont plongés les tissus profonds et que recouvrent les tissus épithéliaux, et sous ce rapport le nom de *substance de soutien*, qui leur a été donné par quelques anatomistes, se trouve parfaitement justifié. Il me semble, en s'appuyant sur les données de l'histologie et de la physiologie comparées, que la disposition générale des tissus connectifs de l'organisme peut être envisagée de la façon suivante. Cette masse connective est creusée de deux sortes de cavités : les unes logent les éléments profonds, fibres musculaires, cellules nerveuses, etc., c'est la trame connective des organes et des tissus ; les autres ne sont autre chose que des lacunes dans lesquelles circulent les sucs nourriciers et leurs dérivés : parmi ces lacunes, les unes constituent un système perfectionné de canaux dans lesquels le sang est contenu, c'est le système vasculaire ; un second ordre de lacunes, moins bien délimité, mais formant encore un tout continu, est constitué par les vaisseaux lymphatiques ; enfin, un troisième et vaste système de lacunes, beaucoup plus irrégulier, parcourt cette masse connective dans tous les sens et contient de la sérosité provenant soit des vaisseaux, soit des tissus ; ces dernières lacunes, lacunes connectives proprement dites, se continuent avec les radicules lymphatiques et par leur intermédiaire, avec l'appareil sanguin ; elles constituent en réalité de simples interstices de la substance connective et peuvent présenter toutes les dimensions, depuis les cavités séreuses, qui n'en sont que des dilatations colossales, jusqu'aux canalicules imperceptibles que présentent les tendons. Toutes ces lacunes, sanguines, lymphatiques, connectives, offrent, dans leur intérieur, un élément anatomique caractéristique, le *globule blanc* ou *leucocyte*, déjà étudié à propos du sang et de la lymphe ; ce sont ces globules blancs qui constituent ce qu'on a appelé encore *globules mobiles* ou *migrateurs* du tissu connectif. Outre ces globules blancs, on rencontre dans les lacunes connectives des éléments particuliers, fixes, immobiles, au moins dans leur état de développement complet et qui peuvent présenter des formes très variables suivant les points dans lesquels on les considère. A l'état le plus simple, embryonnaire pour ainsi dire, ce sont des éléments arrondis ou ovalaires, granuleux, pourvus d'un noyau, dépourvus de membrane d'enveloppe, et situés le plus souvent autour des artères ; c'est à ces éléments que Waldeyer a donné le nom de *cellules du plasma* ou *cellules péri-vasculaires*. On peut rapprocher sans doute de ces cellules les ostéoblastes décrits par Gegenbaur dans les os en voie de développement. Ces cellules à protoplasma granuleux peuvent prendre l'aspect fusiforme, comme dans le tissu connectif ordinaire et dans la moelle des os ; elles peuvent aussi présenter des prolongements multiples, qui s'anastomosent entre eux, et on a alors diverses formes de cellules étoilées, comme on en rencontre dans les lacunes connectives, dans les capillaires en voie de développement (cellules vaso-formatives de Ranvier), dans la cornée, etc. Quand le protoplasma granuleux des cellules connectives disparaît, elles constituent les *cellules plates* de Ranvier, telles que celles que cet observateur a décrites dans les tendons. A ces cellules plates doivent être rattachées très probablement les *cellules endothéliales* qui tapissent les séreuses, la face interne des vaisseaux, etc.

Quoique ce rapprochement entre les cellules connectives et les cellules endothéliales ne soit pas admis par beaucoup d'histologistes, il me paraît justifié, d'autant plus qu'on trouve, comme l'a montré Ranvier, dans le tissu péri-fasciculaire des nerfs, des formes intermédiaires entre ces deux espèces d'éléments. Les cellules connectives fixes ne paraissent pas douées de mouvements amœboïdes, sauf peut-être dans les premières phases de leur développement et à l'état embryonnaire. Quant à leurs relations avec les globules blancs, elles sont encore indéterminées. A ces deux catégories d'éléments cellulaires viennent s'ajouter certaines formes spéciales, caractéristiques des divers tissus du groupe connectif et qui seront mentionnées plus loin.

La description précédente des cellules connectives s'écarte sur beaucoup de points de celle qui a été donnée par Virchow et qui a été adoptée pendant longtemps par la plupart des histologistes. Pour Virchow, les *corpuscules du tissu connectif* ou *cellules plasmatiques* étaient constitués par des cellules fusiformes, avec des prolongements canaliculés qui s'anastomosaient entre eux de façon à former un réseau dans lequel peuvent circuler les sucs nourriciers, le plasma. La discussion de ces différentes opinions ne peut trouver place dans le cadre de ce livre. Ehrlich a décrit dans le tissu connectif des cellules granuleuses particulières (*Mastzellen*).

Excepté pendant la période du développement embryonnaire, les tissus connectifs ne sont jamais constitués par une agglomération pure et simple de cellules. Il s'interpose toujours, entre les éléments cellulaires, une certaine quantité de substance fondamentale, amorphe ou fibrillaire, variable pour chaque groupe de tissu connectif. Sans entrer ici dans des détails histologiques qui sont décrits dans les ouvrages spéciaux, je me contenterai de donner un résumé de ces diverses formes.

Les tissus de substance connective peuvent être divisés de la façon suivante :

1° *Tissus connectifs proprement dits.* — a. Tissu muqueux; ex. : corps vitré. — b. Tissu réticulé; ex. : réticulum des glandes lymphatiques. — c. Tissu fibreux; ex. : tendons, aponévrose, tissu cellulaire. — d. Tissu adipeux; ex. : graisse.

2° *Tissu élastique.*

3° *Tissu cartilagineux.* — a. Cartilage hyalin. — b. Fibro-cartilage. — c. Cartilage réticulé.

4° *Tissu osseux.* — a. Os. — b. Ivoire ou dentine.

Les caractères histologiques de ces divers tissus sont les suivants :

Tissus connectifs proprement dits :

Tissu muqueux. — Le tissu muqueux représente le tissu connectif embryonnaire. Chez l'adulte il ne se rencontre que dans le corps vitré. Il est constitué par des cellules arrondies ou étoilées, quelquefois anastomosées entre elles, disséminées dans une substance fondamentale homogène ou fibrillaire. Chez le fœtus, il existe dans le cordon ombilical, le bulbe dentaire, le tissu connectif embryonnaire.

Tissu réticulé (*reticulum, tissu adénoïde*). — Le tissu réticulé est formé par des fibrilles connectives excessivement fines, entre-croisées dans tous les sens et s'anastomosant entre elles; ces fibrilles circonscrivent ainsi des mailles ou espaces dans lesquels sont placés soit des globules blancs, comme dans les glandes lymphatiques, soit les éléments propres des organes, comme dans les centres nerveux. Aux points d'entre-croisement sont des épaississements ou nœuds qui ne sont très probablement que les restes ou les noyaux atrophiés des cellules connectives qui constituaient primitivement ce réseau par leurs anastomoses. Ce tissu réticulé existe dans tous les organes lymphoïdes, dans les centres nerveux, etc.

Tissu adipeux. — Ce tissu est constitué exclusivement par des cellules, *cellules adipeuses*. A l'état parfait, elles sont complètement remplies de graisse et ont l'aspect de gouttelettes de graisse; le contour de la gouttelette masque alors la membrane et le noyau de la cellule. Dans le cas contraire, la graisse ne les remplit que plus ou moins complètement et le noyau devient alors bien visible; la gouttelette graisseuse peut aussi se fractionner en gouttelettes plus petites ou en granulations. Le tissu adipeux peut se développer partout où existe du tissu connectif. Les vésicules adipeuses paraissent provenir des cellules connectives fixes. Cependant l'accord est loin d'exister parmi les histologistes au sujet de l'origine et de la signification de ce tissu. Quelques auteurs font en effet des cellules adipeuses un élément spécifique, glandulaire même pour quelques-uns.

Tissu connectif. — Ce tissu est constitué par une substance fondamentale ordinairement fibrillaire, comme dans les tendons, les téguments, le tissu cellulaire sous-cutané, quelquefois lamelleuse comme dans la cornée, et par des cellules, cellules connectives décrites plus haut (p. 466) et globules blancs. C'est ce tissu connectif qui forme la plus grande masse du tissu connectif sous-cutané et interstitiel, des tendons, des ligaments, des membranes fibreuses, aponévroses, capsules articulaires, périoste, dure-mère, etc. Outre les cellules mentionnées ci-dessus, le tissu connectif peut présenter des formes cellulaires spéciales : telles sont les cellules pigmentaires étoilées et ramifiées, les corpuscules étoilés de la cornée, etc.

Au tissu connectif peut se rattacher le *tissu médullaire* des os, constitué par une trame connective très fine dans les mailles de laquelle sont engagés des éléments cellulaires particuliers dont plusieurs rappellent les formes embryonnaires, spécialement dans la moelle dite *fœtale* de certains os (vertèbres) et des os en voie de développement. Les plus nombreuses, *cellules médullaires* ou *médullocelles*, sont arrondies, un peu granuleuses et renferment un ou deux noyaux foncés, volumineux.

D'autres cellules sont très granuleuses et ressemblent à des globules blancs. Enfin on constate encore la présence de cellules fusiformes, de cellules adipeuses et de masses protoplasmiques irrégulières ou *myéloplaxes*, pouvant contenir un grand nombre de noyaux. La *moelle jaune* est constituée presque uniquement par des cellules adipeuses. Par ses caractères physiologiques la moelle fœtale pourrait peut-être être rattachée au tissu connectif réticulé (voir : *Physiologie des organes lymphoïdes*).

2° **Tissu élastique.** — Le tissu élastique présente tantôt la forme de fibres, les unes volumineuses, à bords droits ou dentelés, les autres d'une finesse extrême, tantôt celle de membranes ordinairement percées de trous (membranes fenêtrées) telles qu'on les observe dans la tunique moyenne des artères. Il n'y a pas d'éléments cellulaires spéciaux au tissu élastique, à moins qu'on ne veuille considérer ainsi les cellules étoilées aplaties qu'on rencontre sur la membrane propre de certaines glandes (glandes salivaires).

3° **Tissu cartilagineux.** — Le tissu cartilagineux comprend des cellules cartilagineuses et une substance fondamentale. Les cellules cartilagineuses sont en général sphériques ou un peu allongées, à enveloppe distincte, sauf à l'état embryonnaire, avec un contenu granuleux et un noyau; elles sont entourées d'une enveloppe divisée souvent en zones concentriques, *capsule de cartilage*.

La substance fondamentale est formée tantôt par une substance hyaline (*cartilage hyalin*) homogène, dans laquelle certains auteurs ont décrit dans ces derniers temps un réseau de fins canalicules anastomosés, tantôt par une substance fibrillaire ou fibreuse, connective ou élastique (*fibro-cartilage; cartilage élastique* ou *réticulé*). Ce cartilage, sauf pendant la période d'ossification, ne contient pas de vaisseaux.

4° Tissu osseux. — Le tissu osseux renferme un élément cellulaire caractéristique, la cellule osseuse et une substance fondamentale. Les cellules osseuses, isolées, sont constituées par une masse aplatie de protoplasma contenant un noyau; d'après Ranvier, elles seraient dépourvues de membrane d'enveloppe et ne posséderaient pas de prolongements. Virchow au contraire les décrivait comme des cellules complètes munies de prolongements fins s'anastomosant avec ceux des cellules voisines.

Ces cellules osseuses sont contenues dans des cavités, *cavités osseuses* ou *ostéoplastes* communiquant les unes avec les autres par de fins prolongements ou *canalicules osseux*. Ces ostéoplastes sont disposés concentriquement autour des vaisseaux et des canaux de Havers qui les contiennent. La substance fondamentale est composée de *lamelles* distribuées en général en couches concentriques autour des canaux de Havers ou du canal médullaire central; dans la substance spongieuse la disposition des lamelles est beaucoup moins régulière. Les cellules osseuses se rencontrent surtout dans l'épaisseur des lamelles et leurs lames sont parallèles aux faces des lamelles osseuses. Les os sont très riches en vaisseaux; le réseau capillaire des os est composé par des mailles rectangulaires allongées communiquant entre elles par des anastomoses transversales; ce réseau communique d'une part avec les capillaires de la moelle, de l'autre avec ceux du périoste. Ces capillaires sont contenus dans un système de canaux creusés dans l'intérieur de la substance compacte de l'os, *canaux de Havers*.

L'ivoire ou *dentine* n'est que de la substance osseuse modifiée, traversée par des canalicules, canalicules dentaires dans lesquels pénétreraient les prolongements des cellules extérieures de la pulpe dentaire ou *odontoblastes*.

Pour les détails de structure et les mesures micrométriques des divers éléments des tissus connectifs, voir les traités spéciaux d'histologie.

1. — Propriétés chimiques des tissus connectifs.

Au point de vue chimique, les tissus connectifs peuvent se diviser en quatre groupes : 1° le *tissu connectif embryonnaire* ou *muqueux* qui donne de la mucine ; 2° les *tissus collagènes*, tissu connectif proprement dit et os, qui donnent de la gélatine par l'ébullition ; 3° les *tissus chondrigènes*, comme les cartilages, qui fournissent la chondrine ; 4° le *tissu élastique* constitué par l'élastine. Il y a, comme le fait remarquer Hoppe-Seyler, des relations entre ces divers groupes chimiques, spécialement entre les trois premiers. En effet, la mucine se rencontre surtout chez les invertébrés ; chez les vertébrés elle n'existe guère dans les tissus connectifs que pendant l'état embryonnaire ; c'est ainsi qu'on ne la rencontre chez l'homme que dans le corps vitré, ou dans certaines formations pathologiques. La chondrine précède toujours la gélatine dans le développement des tissus connectifs ; elle apparaît chez les mollusques et existe chez tous les vertébrés. Enfin la substance collagène représente le degré le plus élevé de la série ; chez les invertébrés, on ne la trouve que dans les céphalopodes, et elle existe chez tous les vertébrés, à l'exception peut-être de l'*amphioxus lanceolatus* (Hoppe-Seyler, fait nié par Krukenberg). L'anatomie pathologique fournit les mêmes résultats ; la mucine se trouve dans les tumeurs à développement rapide; la chondrine, la substance collagène dans celles dont le développement est beaucoup plus lent et représentent un degré supérieur d'organisation. Il y a donc une certaine *équivalence* entre ces trois substances, et elles peuvent se substituer l'une à l'autre, soit dans la série animale, soit dans le cours du développement normal ou pathologique.

L'étude chimique de ces substances a été faite dans la chimie physiologique.

A. Tissu muqueux. — Le tissu muqueux se rencontre dans le corps vitré, le cordon ombilical, le tissu connectif embryonnaire. Ces tissus donnent de la mucine ou du moins une substance très analogue à la mucine (voir : *Physiologie des épithéliums*). La corde dorsale paraît aussi, du moins dans les premiers temps, devoir être rangée parmi les tissus muqueux.

B. Tissus chondrigènes. — Ce groupe comprend les cartilages et probablement aussi la cornée. Ces tissus contiennent une substance, *substance chondrigène*, qui, sous l'influence de l'eau bouillante, se transforme en *chondrine* ou *gélatine de cartilage* qui se prend en gelée par le refroidissement.

Le tableau suivant donne la quantité d'eau et de parties solides contenues dans les cartilages costaux et les cartilages articulaires du genou (d'après V. Bibra) et la cornée (His) :

	CARTILAGES COSTAUX.	CARTILAGES DU GENOU.	CORNÉE.
Eau................................	67,67 %	73,59 %	75,88
Parties solides..	32,33	26,41	24,12
Substances organiques..............	30,13	24,87	23,22
Substances minérales..............	2,20	1,54	0,95
Pour 100 parties de substances minérales.			
Sulfate de potassium.................	26,66	»	
Sulfate de sodium.....	44,81	55,17	
Chlorure de sodium..................	6,11	22,48	
Phosphate de sodium...	8,42	7,39	
Phosphate de calcium...............	7,88	15,51	
Phosphate de magnésium.............	4,55		

La proportion des sels minéraux paraît être en rapport avec l'âge, comme le montrent les analyses suivantes dues en partie à V. Bibra (cartilages costaux) :

Enfant de 6 mois...................... 2,24 % de cendres.
    —   de 3 ans 3,00   —
Jeune fille de 19 ans.................... 7,29   —
Homme de 20 ans...................... 3,40   —
Femme de 25 ans 3,92   —
Homme de 40 ans...................... 6,10   —

D'une façon générale, les sels de calcium augmentent avec l'âge, tandis qu'on observe une diminution de sels de sodium.

C. Tissus collagènes. — Ce groupe comprend le tissu connectif ordinaire sous toutes ses formes, les os et l'ivoire des dents. Tous ces tissus sont constitués chimiquement par la substance collagène.

Le *tissu osseux* résulte de l'union de la substance organique avec des substances minérales consistant principalement en phosphates de calcium. Ces deux parties, substance organique et substance minérale, peuvent être isolées, la première en traitant l'os par un acide, la seconde en le calcinant, et dans les deux cas la partie restante conserve exactement la forme primitive et même la structure de l'os.

On a longtemps discuté pour savoir si l'union de la substance collagène et des sels minéraux était une véritable combinaison chimique et malgré les nombreuses recherches faites sur ce sujet, la question n'est pas encore résolue définitivement. Ce qui est certain, c'est qu'il y a un rapport assez constant entre la quantité de substance organique et de substance minérale des os, et que les différents principes inorganiques se trouvent aussi dans des proportions assez constantes l'un par rapport à l'autre.

Au point de vue de la composition des os, il y a, outre la substance organique, plusieurs groupes de principes à considérer, l'eau, les principes minéraux, la graisse et les gaz.

La proportion d'*eau* des os varie dans des limites assez considérables. Ainsi Volkmann a trouvé comme minimum 16,5 p. 100 (radius d'homme de 38 ans, assez gras) et comme maximum 68,7 p. 100 (sacrum d'homme de 45 ans, maigre). Les os spongieux sont plus riches en eau que les os compactes, ceux des sujets maigres en contiennent plus que ceux des sujets gras. D'après quatre analyses, la proportion d'eau de tout le squelette serait de 48,6 p. 100 en moyenne. Les os sont du reste très hygroscopiques et la poudre d'os a une très grande affinité pour l'eau. D'après Aeby, la quantité d'eau des os varierait avec la température et l'état hygrométrique de l'atmosphère ; seulement il faudrait distinguer dans les os l'eau hygroscopique, circulante, qui varie à chaque instant, et l'eau chimiquement combinée qui reste constante, et les deux quantités d'eau doivent être appréciées à part.

Les *principes minéraux* sont, comme le montre le tableau suivant, dans un rapport assez constant avec la substance organique pour les diverses espèces animales (d'après Zalesky).

MATIÈRES.	HOMME.	BOEUF.	COBAYE.	TORTUE GRECQUE.
Organiques..	34,56	32,02	34,70	36,95
Inorganiques................	65,44	67,98	65,30	63,05

Il en est de même si on considère l'âge. Frémy a trouvé les chiffres suivants pour la substance compacte du fémur :

	Substance organique pour 100.
Fœtus féminin.....................	37,0
Nouveau-né (sexe féminin)..................	35,2
Femme de 22 ans...........................	35,4
— 80 —	35,4
— 81 —	35,5
— 88 —	55,7
— 97 —	35,1

Il semble cependant y avoir une légère augmentation des principes minéraux avec l'âge. Les os longs, le tissu compacte paraissent aussi un peu plus riches en substances minérales.

Les principes inorganiques de l'os consistent en : chlorure de calcium, fluorure de calcium, carbonate de calcium, phosphate de calcium et phosphate de magnésium.

Le *chlorure de calcium*, $CaCl^2$, se trouve dans les os en combinaison analogue à l'apatite; il y existe en très petite quantité.

Le *fluorure de calcium*, $CaFl^2$, s'y trouve aussi en très faible proportion et, d'après Hoppe-Seyler, la quantité de fluor des os n'atteindrait pas 1 p. 100 des cendres.

Le *phosphate de calcium* forme environ 84 à 87 p. 100 des principes minéraux des os. L'état dans lequel ce phosphate de calcium se trouve dans les os a été l'objet de nombreuses discussions. D'après Hoppe-Seyler, le phosphate de calcium se trouverait dans les os dans une combinaison ressemblant à l'apatite $(10Ca : 6PhO^4)$; et comme l'acide phosphorique ne peut saturer tout le calcium, il admet que le calcium restant libre est saturé par le chlore, le fluor et l'acide carbonique.

D'après une autre opinion, et en particulier d'après Aeby, il y aurait une combinaison de phosphate tricalcique et de carbonate de chaux, d'après la formule :

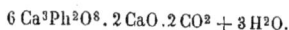

$$6\,Ca^3Ph^2O^8 . 2\,CaO . 2\,CO^2 + 3\,H^2O.$$

Cette combinaison se distinguerait de celle qui existe dans l'ivoire des dents par le remplacement de CO^2 par $2H^2O$.

Le *phosphate de magnésium*, $Mg^3(PhO^4)$ est probablement à l'état d'orthophosphate, mais il s'y trouve en trop petite quantité pour qu'on puisse le déterminer exactement.

Le tableau suivant donne pour diverses espèces les proportions relatives des principaux sels des os.

	HOMME.	BOEUF.	COBAYE.	TORTUE GRECQUE.
$Ca^3(PhO^4)^2$..............	83,8886	86,0961	87,8791	85,9807
$Mg^3(PhO^4)^2$..............	1,0392	1,0237	1,0545	1,3568
Ca uni à CO^2, Cl, Fl.......	7,6475	7,3569	7,0269	6,3188

Le tableau suivant donne, d'après Heintz (I, II) et Recklinghausen (III, IV, V, VI, VII), les analyses de substances minérales d'os d'adultes et d'enfants :

	HOMME		ENFANTS DE				
			3 JOURS	14 JOURS		6 ANS	
			Os du crâne	Crâne	Fémur	Fémur	
						S. compacte	Épiphyse
	I	II	III	IV	V	VI	VII
Ca.........	38,59	38,56	38,41	36,43	37,66	37,98	37,97
PhO^4......	53,75	53,87	56,20	56,96	54,81	54,86	56,78
CO^3......	5,44	5,51	4,85	6,02	7,06	6,88	4,97
Mg.........	0,48	0,48	0,54	0,59	0,47	0,28	0,33
Fl.........	1,74	1,58	—	—	—	—	—

D'après Papillon on pourrait, en introduisant dans l'alimentation de la magnésie, de la strontiane et de l'alumine, remplacer dans les os une partie de la chaux par ces substances sans altérer la structure et les propriétés de l'os. Ces résultats, attaqués par Weiske-Proskau, ont été confirmés par les recherches de Kœnig, Aronheim et Farwick. D'après Weiske et Wildt, la composition des os serait à peu près indépendante de l'alimentation et cette composition ne se modifierait pas quand on diminue dans les aliments les proportions de phosphate et de chaux. Mais Kœnig, Dusart, Forster sont arrivés à des résultats différents. Ils ont vu la privation de sels minéraux produire le ramollissement et l'incurvation des os. L'addition d'acide lactique à l'alimentation déterminerait, d'après Heitzmann, le rachitisme (carnivores et herbivores); cependant Heiss, dans ses expériences sur des chiens, n'a pas vu dans ces conditions de diminution de la chaux des os.

La *graisse* des os provient de la moelle osseuse contenue dans les cavités médullaires et les grands canaux de Havers.

Les os contiennent en outre une certaine quantité d'*acide carbonique* libre; mais cette proportion d'acide carbonique libre est toujours très faible eu égard à la proportion d'acide carbonique combiné (Pflüger).

L'*ivoire* des dents et le *cément* ont la même composition chimique que la substance osseuse.

Le tableau suivant donne, d'après V. Bibra, des analyses d'os et de dents.

POUR 1,000 PARTIES.	FÉMUR.	FÉMUR.		DENTS.	
	Homme de 30 ans.	S. compacte	S. spongieuse	Ivoire.	Émail.
Substance organique......	310,3	314,7	358,2	280,1	35,9
Substance minérale........	689,7	685,3	641,8	719,9	964,1
Phosphate de chaux........	596,3	582,3	428,2	667,2	898,2
Fluorure de calcium........					
Carbonate de chaux........	73,3	83,5	193,7	33,6	43,7
Phosphate de magnésie.....	13,2	10,3	10,0	10,8	13,4
Chlorure de sodium, etc....	6,9	9,2	9,9	8,3	8,8
Graisse	13,3			4,0	2,0
Osséine ou trame organique.	297,0	314,7	358,2	276,1	33,9

D. Tissu élastique. — Le tissu *élastique* ou *tissu jaune* est constitué par une substance spéciale, l'*élastine*, très analogue à la *kératine* des tissus cornés.

Bibliographie. — **Tissu connectif.** — H. Weiske : *Zur Chemie des Glutins* (Zeit. für phys. Ch., t. VII, 1883).
Cartilage. — M. Schwartz : *Ueber Chondrin* (Diss. St-Peterb., 1883).
Os. — C. Æby : *Ueber den chemischen Aufbau der Knochen* (Med. Cbl., t. XVI, 1878). — R. Fleischer : *Ueber das Vorkommen des sogenannten Bence-Joneschen Eiweisskörpers im normalen Knochenmark* (A. de Virchow, t. LXXXI, 1880). — H. Nasse : *Ueber den Einfluss der Nervendurchschneidung auf die Ernährung* (Arch. de Pflüger, t. XXIII, 1880). — H. E. Smith : *Enthalten die Knochen Keratin?* (Zeit. für Biol., t. XIX, 1883). — H. Weiske : *Beitrag zur Knochenanalyse* (Zeit. für phys. Ch., t. VII, 1883).

2. — Propriétés physiques des tissus connectifs.

Le *poids spécifique* des tissus connectifs varie dans des limites assez étendues, dont la graisse et le tissu osseux représentent les deux extrêmes. Aussi la graisse agit non seulement comme substance de remplissage, mais en outre, par sa faible densité, elle allège le poids total de l'organisme et par suite la masse à mouvoir, d'où dépense moindre de force musculaire.

La *consistance* des tissus connectifs offre tous les degrés, depuis l'état diffluent et semi-liquide, comme dans le corps vitré, jusqu'à la dureté considérable, tel qu'on le voit dans les os et les dents. Cette consistance est généralement en rapport avec la quantité d'eau contenue dans le tissu ; ainsi le corps vitré contient 98 p. 100 d'eau, l'os 5 p. 100 seulement. Leur *cohésion* est en général assez forte, sauf pour les tissus les plus mous, comme le corps vitré. Cette cohésion est la résultante de deux actions : 1° l'adhésion des molécules des éléments connectifs les unes pour les autres, par exemple d'une fibrille connective ou *cohésion moléculaire ;* 2° l'adhésion de ces éléments les uns avec les autres, ainsi l'union de deux fibrilles entre elles, *cohésion élémentaire* ou *parcellaire.* Ceci indique déjà que la cohésion des tissus connectifs ne sera presque jamais uniforme et que leur rupture se fera d'habitude plus facilement dans un sens que dans un autre ; ainsi un cartilage costal se brisera plus facilement en travers que dans le sens de sa longueur ; c'est encore plus marqué dans les tissus à structure fibreuse, comme les tendons et les ligaments ; il est plus facile de dissocier les fibrilles que de les rompre.

Les forces qui agissent sur un tissu pour en détruire la cohésion, c'està-dire pour le rompre, peuvent s'exercer de quatre façons différentes : par traction, par pression, par flexion et par torsion ; et, suivant chaque mode d'action, les divers tissus connectifs se comportent d'une façon différente.

La *résistance à la traction* est considérable pour certains tissus connectifs, en particulier pour les os et les tendons ; le tendon d'un plantaire grêle supporte un poids de 15 kil., sans se rompre. Si l'on prend pour unité de diamètre le millimètre carré, on trouve que le *coefficient de cohésion,* c'est-àdire le poids nécessaire pour rompre l'unité de diamètre des divers tissus connectifs, est le suivant :

Os..................	7,76	Artères.............	0,16
Tendons............	6,94	Veines..............	0,12

Cette résistance à la traction a un rôle essentiel dans la mécanique de l'organisme ; c'est grâce à cette résistance des os, des tendons, des ligaments, que nous pouvons accomplir une certaine somme de travail mécanique extérieur, jusqu'à la limite indiquée par la limite même de cohésion de ces différents tissus. C'est dans la résistance à la distension des membranes connectives (aponévroses, membranes fibreuses, etc.) que certaines actions physiologiques trouvent un adjuvant et un régulateur. (Ex. : rôle de l'aponévrose supérieure du périnée dans la défécation ; rôle de la membrane du tympan dans l'audition).

La *résistance à la pression* est surtout prononcée dans le squelette osseux, dans les cartilages qui revêtent les surfaces articulaires, dans les disques intervertébraux, etc. Elle joue un rôle incessant dans la station et dans la marche ; elle agit surtout dans le saut au moment où les pieds touchent le sol et où le calcanéum se trouve pris entre le sol résistant et l'astragale supportant le poids du corps animé d'une vitesse en rapport avec la hauteur de la chute.

J'emploie, pour apprécier la cohésion et la résistance à la pression des tissus en général et des divers organes, l'*aiguille œsthésiométrique* qui est figurée et décrite dans le chapitre des *sensations tactiles*. Bitot a décrit un appareil fondé sur le même principe, le *stasimètre*, qui permet de graduer facilement et de mesurer le degré de pression exercée par l'aiguille sur les tissus. Pour les tissus très durs, comme l'os, Rauber a employé un instrument analogue susceptible de donner des pressions variant dans des limites considérables.

Les *résistances à la flexion* et *à la torsion* ne s'exercent que dans certaines circonstances déterminées. Ainsi, quand la main soulève un poids, le bras étant horizontal, les os tendent à se fléchir sous l'influence du poids. Dans l'inspiration, les côtes et les cartilages costaux sont légèrement tordus et cette torsion cesse pendant l'expiration, les cartilages et les os revenant à leur forme naturelle dès que les puissances musculaires inspiratrices ont cessé d'agir.

La structure des tissus connectifs est presque toujours en rapport avec leur fonction mécanique, c'est-à-dire avec la manière dont leur cohésion est mise en jeu et avec la direction des forces qui tendent à rompre cette cohésion. Quand les forces agissent habituellement par traction, la cohésion doit être plus forte dans le sens longitudinal, et les organes prennent la structure fibrillaire comme les tendons et les ligaments; quand la traction s'exerce non plus dans un seul sens, mais dans plusieurs, comme dans la distension des membranes fibreuses et des aponévroses, la structure est encore fibrillaire, mais les fibrilles, au lieu d'être parallèles comme dans les tendons, sont entre-croisées et dirigées dans plusieurs sens. Quand la résistance à la pression doit dominer, on trouve, comme dans la tête du fémur ou le calcanéum, une disposition spéciale des lamelles du tissu spongieux qui rappelle le mécanisme des voûtes, ou une forme tubuleuse, comme dans la diaphyse des os longs, etc.

Les tissus connectifs interviennent aussi dans la cohésion des organes composés; ainsi le foie, le poumon, le cerveau doivent leurs degrés différents de cohésion, d'abord à la cohésion même de leurs éléments propres, glandulaires, nerveux, etc., et en second lieu à la présence et à la cohésion du tissu connectif qui entre dans leur composition; ainsi le foie, si pauvre en tissu connectif, le cerveau, dans lequel on ne trouve guère que du tissu réticulé, ont une cohésion très faible, tandis que le poumon, très riche en tissu élastique, présente une cohésion plus considérable.

L'*élasticité* des tissus connectifs joue un rôle essentiel dans beaucoup d'actes physiologiques. Dans la mise en jeu de cette élasticité, on doit distinguer avec soin deux phases successives : 1° le changement de forme du corps élastique sous l'influence d'une force quelconque; 2° le retour du corps à sa forme naturelle ou primitive lorsque cette force a cessé d'agir. Il faut donc distinguer la force élastique d'un corps qui se mesure par la force nécessaire pour changer sa forme primitive et la facilité avec laquelle ce corps revient à sa forme primitive ou la perfection de son élasticité. Ainsi, la force élastique du caoutchouc est faible, mais son élasticité est parfaite.

Les causes qui modifient la forme naturelle des corps élastiques sont les mêmes que celles que nous avons vues à propos de la cohésion; elles agissent par traction (extensibilité), par pression (compressibilité), par flexion (flexibilité) et par torsion. On aura donc, pour les tissus connectifs comme pour les autres corps, une élasticité de traction, une élasticité de pression, etc., et cette élasticité sera plus ou moins forte et plus ou moins parfaite.

Pour que l'élasticité se manifeste, il faut déjà que le tissu présente une certaine consistance; aussi ne peut-on guère parler de l'élasticité du corps vitré, par exemple. On peut diviser les tissus connectifs en deux grands groupes : le premier groupe est constitué par le tissu jaune élastique, faiblement mais parfaitement élastique; il change de forme sous l'influence d'une force très faible, mais il revient exactement à sa forme naturelle; le second groupe comprend les tissus connectifs proprement dits, comme les tendons et les ligaments; leur limite d'élasticité est vite atteinte et seulement à l'aide de forces puissantes, et ils ne reviennent ensuite qu'imparfaitement à leur forme naturelle; le cartilage et les os représentent une sorte de groupe intermédiaire entre les tissus connectifs proprement dits et le tissu jaune.

Du reste, l'élasticité des tissus connectifs diffère non seulement suivant la nature du tissu, mais encore suivant le genre d'élasticité. L'élasticité de traction est plus marquée dans les os, les ligaments, les tendons; l'élasticité de pression dans les cartilages articulaires, etc.

L'élasticité des tissus connectifs a deux fonctions principales :

1° C'est une force permanente qui lutte contre des actions permanentes (ex. : pesanteur) ou temporaires (action musculaire). Ainsi l'élasticité de compression des disques intervétébraux et l'élasticité de traction des ligaments jaunes maintiennent la rectitude de la colonne vertébrale continuellement inclinée en avant par le poids des viscères. Dans l'expiration, l'élasticité de torsion des cartilages costaux et des côtes intervient pour rendre au thorax sa forme naturelle dès que les muscles inspirateurs ont cessé d'agir.

2° Elle transforme un mouvement intermittent en mouvement continu; ainsi l'élasticité des parois artérielles transforme le courant saccadé du sang artériel en un courant continu, comme on le voit dans les capillaires.

L'élasticité des tissus connectifs maintient donc à la fois et la forme des organes et la forme même du corps entier et contre-balance continuellement les actions continues ou temporaires (pressions, pesanteur, actions musculaires, etc.), qui tendent à chaque instant à en changer la forme naturelle.

On appelle *module* ou *coefficient d'élasticité* le poids qui allonge d'une quantité égale à l'unité un corps de longueur 1 et de section 1; on prend habituellement pour unité le millimètre carré et le kilogramme. Comme les allongements sont proportionnels aux poids, il est facile de calculer le coefficient d'élasticité, c'est-à-dire le poids capable de doubler la longueur d'un corps, quand on connaît l'allongement qu'un poids déterminé fait subir à ce corps.

Le *coefficient de l'élasticité* peut encore se calculer par une autre méthode qui a été employée par plusieurs physiologistes, méthode basée sur les lois des mouvements vibratoires. Quand on a exercé une traction, une flexion, une torsion, etc., sur un corps élastique, ce corps ne revient à sa position primitive qu'après une série d'oscillations ou de vibrations. Or, d'après les lois des mouvements vibratoires, la durée de la vibration est en raison inverse de la racine carrée de la force élastique ; on peut donc, au lieu de mesurer directement la force élastique par la déformation produite par l'extension, la torsion, etc., la mesurer par la rapidité avec laquelle un corps étendu ou tordu exécute ces oscillations.

La plupart des tissus animaux ne suivent pas rigoureusement la loi de proportionnalité de l'allongement aux charges ; en effet, même à partir de poids assez faibles, les allongements croissent moins rapidement que les poids employés à les produire. La courbe des allongements (1), au lieu de représenter une ligne droite, a la forme d'une hyperbole. Cependant Wundt a cherché à montrer que, principalement pour les tissus mous, l'hyperbole n'est pas applicable.

Outre l'allongement immédiat, les tissus animaux présentent, quand on laisse la charge agir pendant longtemps, un allongement *secondaire* ou *consécutif* qui peut avoir une très longue durée.

Bouland a imaginé un instrument très sensible, l'*élastomètre*, pour mesurer l'élasticité des membranes organiques et l'influence de la quantité d'eau de ces membranes sur leur élasticité (2).

Le même physiologiste a constaté, à l'aide de ses appareils, et en particulier du *synelcomètre*, la contraction des membranes connectives sous l'influence du froid, leur dilatation sous l'influence d'une chaleur modérée ; sous l'influence d'une chaleur intense au contraire (65° à 100°), il a vu une contraction de ces membranes qu'il attribue à une coagulation des albuminoïdes. Le fait du raccourcissement des tendons sous l'influence de la chaleur (65° à 80°) a été aussi constaté par d'autres observateurs ; mais tandis que Hermann l'attribue comme Bouland à la coagulation de l'albumine, Engelmann l'attribue à un gonflement indépendant de la chaleur.

Les propriétés *optiques* des tissus connectifs n'ont d'importance que dans deux organes appartenant à ce groupe et qui se trouvent dans l'œil, la cornée et le corps vitré ; ces propriétés seront étudiées avec la vision.

3. — Rôle des tissus connectifs dans l'osmose.

Les tissus connectifs sont en rapport de tous côtés avec les liquides de l'organisme, sang, lymphe, transsudations séreuses, liquides, qui, au point de vue chimique, peuvent être considérés comme des solutions salines de

(1) Les poids sont marqués sur la ligne des abscisses et les allongements correspondants sont construits sur les ordonnées.

(2) Ch. Bouland a construit, avec des vessies et des estomacs de grenouilles et d'autres réservoirs membraneux, une série d'instruments très ingénieux qui peuvent servir à étudier les propriétés physiques d'imbibition, de filtration, d'endosmose et d'élasticité des membranes animales. Ces instruments sont : l'*hygromètre gastrique ;* le *synelcomètre*, destiné à mesurer la rectractilité des membranes ; l'*élastomètre*, le *diapnomètre*, pour apprécier l'état de la transpiration cutanée, et l'*osmopneumètre*, pour étudier l'endosmose des gaz et des vapeurs. Pour la description et l'usage de ces divers appareils, voir le travail de Ch. Bouland : *De la contractilité physique* dans le *Journal de l'Anatomie*, 1873.

substances albumineuses ou au point de vue spécial de ce paragraphe, comme des mélanges de cristalloïdes et de colloïdes. Les membranes qui limitent ces liquides et les séparent les uns des autres ou des divers éléments de l'organisme sont en grande partie constituées par de la substance connective et les échanges qui se passent entre ces liquides et les tissus ne peuvent avoir lieu qu'à travers des membranes, parois des vaisseaux, membranes tégumentaires, séreuses, etc. Pour bien comprendre les conditions qui agissent quand les liquides de l'organisme traversent ces membranes, il importe de rappeler les lois générales de l'osmose et de voir comment se comportent les membranes connectives dans les phénomènes osmotiques. On verra plus loin, à propos de la physiologie des épithéliums, comment les lois de l'osmose physique sont modifiées par l'activité spéciale des cellules épithéliales. Avant d'étudier les phénomènes d'osmose, je rappellerai les principaux faits qui concernent la diffusion des liquides, l'imbibition et la filtration, faits dont la connaissance est indispensable pour la compréhension des phénomènes osmotiques.

1. — DIFFUSION DES LIQUIDES.

Procédés. — Quand il s'agit de deux liquides de densité différente, on place dans une éprouvette le liquide le plus léger et on fait arriver au fond de l'éprouvette le liquide le plus lourd avec une pipette terminée par un long tube fin. Graham employait aussi un autre procédé; il mettait le liquide à étudier dans un petit vase cylindrique, et le plaçait ensuite dans un réservoir plus grand dans lequel il versait de l'eau pure de façon qu'elle dépassât légèrement le bord supérieur du petit vase. Beilstein a employé un procédé un peu différent. — Pour suivre le processus de diffusion, on recueille avec une pipette toute le liquide dans les différentes couches à des intervalles déterminés. Pour éviter toute agitation de liquide, Ludwig remplace le fond du vase le plus grand par un bouchon dans lequel sont engagés des tubes étirés et soudés à leur partie inférieure; ces tubes atteignent par leur extrémité supérieure à des hauteurs différentes de façon à correspondre aux diverses couches qu'on se propose d'examiner, il n'y a alors qu'à briser à un moment donné l'extrémité inférieure fermée du tube pour recueillir le liquide de telle ou telle couche. Au lieu d'employer ces tubes étirés et soudés, on pourrait employer des tubes munis de robinets ou de pinces comme les burettes de Mohr, ce qui permettrait de recueillir plus facilement et n'importe à quel moment le liquide des différentes couches. — Pour étudier les différences de densité des diverses couches liquides Fick et Beez se sont servis de sphères ou de triangles de verre d'un poids déterminé et attachés au bras d'une balance; la densité du liquide se déduisait des poids qu'il fallait ajouter sur l'autre plateau pour faire équilibre au petit appareil. — Hoppe-Seyler emploie pour les substances douées de pouvoir rotatoire (sucre, albumine, gomme, etc.) un appareil composé d'une cuve carrée en verre dans laquelle on peut explorer, à l'aide d'un saccharimètre qui peut s'élever ou s'abaisser, chacune des couches liquides du mélange et mesurer son pouvoir rotatoire (1).

Quand deux liquides miscibles sont en contact immédiat, ces deux liquides se mélangent peu à peu au bout d'un certain temps.

Les conditions de la diffusion des liquides ont été surtout bien étudiées par Graham. Les conditions principales qui influencent la diffusion sont les suivantes:
1° *Nature des substances*; les acides diffusent très rapidement, les sels acides plus rapidement que les sels neutres, les sels alcalins, le glucose plus lentement, la gomme, l'albumine, les colloïdes beaucoup plus lentement encore;
2° La *chaleur* accélère la diffusion spécialement pour les substances peu diffusibles;

(1) Hoppe-Seyler : *Physiol. Chemie*, p. 145.

3° Pour une même substance, la diffusion est à peu près proportionnelle à la quantité de cette substance que contient la solution employée; quand deux solutions sont en présence, plus leur différence de concentration est grande, plus la diffusion est intense;

4° La répartition de la matière diffusée dans les différentes couches se fait en général d'une manière assez uniforme; d'après Graham, la concentration des couches diminue en progression géométrique avec la hauteur de ces couches. Pour Fick, la diminution a lieu en progression arithmétique et la répartition du sel (chlorure de sodium) pourrait se représenter par une ligne droite. Hoppe-Seyler a trouvé une courbe différente pour le sucre;

5° L'addition à une substance peu diffusible d'une substance très diffusible ralentit la vitesse de diffusion de la première;

6° Quand deux solutions peu concentrées diffusent l'une vers l'autre, la diffusion de chacune d'elles se fait à peu près aussi vite que dans l'eau pure;

7° Quand une partie constituante d'une combinaison chimique diffuse plus vite que l'autre, il y a une décomposition partielle; ainsi, pour l'alun, par exemple, le sulfate de potassium diffuse plus vite·que le sulfate d'alumine.

Du reste, la diffusion n'est pas une simple opération mécanique, Graham, Scheurer-Kestner avaient déjà cité des faits de décomposition chimique et Berthollet avait prouvé que l'eau, dans certains cas, exerce une action chimique proportionnelle à sa quantité; ainsi la solution de bisulfate de potassium est un mélange de bisulfate de potassium, de sulfate de potassium et d'acide sulfurique; ainsi pour l'albumine du sérum, la diffusion lui enlève son carbonate de soude (A. Kossel).

II. — IMBIBITION.

Procédés. — *Procédés de Quincke pour démontrer la diminution de volume dans l'imbibition.* — On place dans un tube à réactif de l'eau distillée purgée d'air et la substance qu'on veut étudier en prenant soin qu'il n'y ait pas introduction de bulles d'air et on surmonte l'appareil d'un tube capillaire s'adaptant exactement au tube à réactif; la baisse du liquide dans le tube capillaire prouve la diminution de volume qui se fait par l'imbibition.

Procédés pour démontrer que dans l'imbibition la substance imbibée prend plus d'eau que de sel. — 1° *Procédé de Ludwig.* — On prend une solution saturée froide de sel marin; la substance imbibée en enlevant de l'eau détermine la cristallisation du sel. — 2° *Procédé de Gunning.* — On place dans un vase à précipités une solution saline étendue et des graines de lycopode; en plongeant un fragment de vessie bien desséchée dans les couches supérieures du liquide, la vessie absorbe de l'eau et concentre les couches supérieures; celles-ci augmentent de densité tombent au fond du vase et il s'établit ainsi des courants rendus visibles par les graines de lycopode.

Les lois de l'imbibition des membranes connectives paraissent être à peu près les mêmes que celles de l'imbibition des corps poreux ordinaires, cependant avec quelques restrictions. En effet si l'histologie démontre dans certains tissus connectifs de véritables lacunes et des canalicules capillaires comparables aux pores des membranes artificielles, il en est d'autres dans lesquels ces pores sont loin d'être démontrés. Il faut donc distinguer l'*imbibition capillaire*, dans laquelle le liquide d'imbibition pénètre dans des espaces préformés, et l'*imbibition moléculaire*, comparable au gonflement des colloïdes dans un liquide et dans laquelle le liquide pénètre dans les espaces qui séparent les molécules de la membrane imbibée.

Les conditions de l'imbibition sont les suivantes :

1° Elle dépend de la nature même de la membrane ou du tissu; ainsi la cornée s'imbibe plus que le cartilage. Certains procédés d'histologie sont basés précisément sur la capacité différente d'imbibition de tel ou tel élément pour les matières colorantes;

2° La nature du liquide n'a pas moins d'influence. Les tissus connectifs ont une affinité très grande pour l'eau pure, moindre pour les substances dissoutes dans l'eau et cette affinité varie du reste pour chaque substance pour une membrane donnée. Il résulte de ce fait que dans l'imbibition, la membrane prend plus d'eau que de sel et que par conséquent le liquide qui imbibe la membrane sera moins concentré que le liquide primitif; c'est ce que démontrent les recherches de Ludwig et Gunning mentionnées plus haut. C'est ce qui explique pourquoi les transsudations séreuses sont en général moins concentrées que le plasma sanguin. Il semblerait pourtant, d'après Vierordt, y avoir d'autres conditions pour les matières colorantes; mais les expériences de Vierordt ne portent que sur des lames de gélatine qui sont difficilement comparables à de véritables membranes connectives. D'après Gunning, l'imbibition serait plus forte pour les sels de potasse que pour les sels de soude ;

3° La chaleur favorise l'imbibition ;

4° Quand une membrane s'est imbibée d'une certaine quantité de liquide, elle ne peut plus en recevoir; dans l'organisme, la limite d'imbibition n'est jamais atteinte, même pour l'eau;

5° La quantité d'une solution aqueuse qui sature les membranes est d'autant plus faible que cette solution est plus concentrée ;

6° Les tissus, en s'imbibant de liquide, augmentent de volume, mais cette augmentation ne correspond pas à la quantité d'eau introduite; l'imbibition s'accompagne en réalité d'une contraction comme l'a montré Quincke (Voir plus haut, page 479);

7° L'imbibition peut s'accompagner d'un courant contraire. Ainsi une vessie de bœuf abandonne de l'albumine au liquide extérieur (Gunning).

Buff, Jürgensen, Heidenhain, Engelmann ont vu que l'imbibition des tissus et des corps poreux s'accompagnait d'un dégagement d'électricité.

III. — FILTRATION.

Procédés. — Pour étudier la filtration, il suffit de disposer un appareil qui permette de faire varier à volonté la pression sous laquelle le liquide qu'on étudie doit filtrer. On peut employer à cet effet les différents appareils dont le principe se trouve dans tous les traités de physique et de chimie et le plus simple est de faire arriver le liquide d'un flacon qu'on peut placer à des hauteurs variables au-dessus de la membrane filtrante. On peut faire varier la vitesse du courant à l'aide d'un robinet. Hoppe-Seyler décrit et figure dans sa *Chimie physiologique* (p. 156) un appareil très simple qu'on peut employer à cet usage et dont la membrane filtrante est représentée par l'uretère.

Dans la filtration, le liquide traverse la membrane sous une certaine pression; c'est ainsi que le plasma sanguin transsude à travers la paroi des vaisseaux sous l'influence de la pression sanguine. Naturellement la filtration ne peut se produire que lorsque le liquide peut imbiber la membrane filtrante.

Les conditions qui influencent la quantité de liquide qui filtre et la quantité des substances dissoutes qui traversent la membrane sont les suivantes :

1° *Nature de la membrane.* — Dans les membranes poreuses, la largeur des pores joue un rôle essentiel; dans les membranes non poreuses et en particulier dans les membranes connectives, c'est la grandeur des interstices moléculaires, et toutes les causes qui modifient cette grandeur peuvent influencer la filtration; telles sont l'épaisseur, la tension et la nature des membranes. Un fait qu'il importe de noter et qui montre combien les causes d'erreurs sont faciles dans ces expériences, c'est que des parties voisines d'une même membrane, traitées de la même façon, peuvent donner des résultats différents (W. Schmidt et Reinhart). Les mêmes auteurs ont aussi constaté des différences allant quelquefois de 1 à 10, suivant qu'on tournait vers l'eau la face superficielle (muqueuse) ou la face profonde de la membrane (Voir plus loin les résultats de Matteucci et Cima à propos de l'endosmose et le rôle des tissus épithéliaux dans l'endosmose).

2° *Nature du liquide et de la solution.* — D'une façon générale, plus une membrane s'imbibe facilement, plus la filtration est rapide. Les cristalloïdes filtrent beaucoup plus facilement que les colloïdes.

3° La vitesse de la filtration augmente avec la *concentration* de la solution ; cette augmentation est d'abord rapide, puis elle se ralentit ; par exception, pour quelques sels, comme le salpêtre, la vitesse de filtration, après avoir baissé, augmente de nouveau à partir d'un certain degré de concentration.

4° La *température* paraît accroître la vitesse de la filtration.

5° La *pression* augmente la rapidité de la filtration. Cette influence est une des plus importantes.

6° La vitesse de filtration augmente pendant la *durée* d'une expérience, probablement par l'élargissement des interstices moléculaires.

7° En général, en filtrant le liquide, la solution se modifie ; cependant beaucoup de solutions salines n'éprouvent pas de modifications ; mais ordinairement le liquide filtré est moins concentré que la solution primitive et la différence entre la concentration de la solution primitive et celle de la solution filtrée est d'autant plus grande que la pression est plus faible, la température plus élevée et la solution primitive moins concentrée. Enfin pour certaines substances, comme le salpêtre, en solutions assez fortes, le liquide filtré est plus concentré que la solution primitive.

IV. — OSMOSE.

Procédés. — **Endosmomètres.** — 1° *E. de Dutrochet.* Il se servit d'abord d'une poche membraneuse (cæcum de poulet) remplie de lait, d'albumine, etc., plongée dans l'eau ; puis il adapta à la partie supérieure de la poche un tube de verre de façon à donner à l'endosmomètre la disposition de la figure 110. Il perfectionna ensuite l'appareil en remplaçant la poche membraneuse par un cylindre de verre dont la partie supérieure se continuait par un tube fin gradué en millimètres et sur l'ouverture inférieure duquel était tendue une membrane poreuse. Jérichau tendait simplement la membrane sur l'ouverture évasée d'un entonnoir. — 2° *E. de Liebig.* — L'endosmomètre plonge dans une des branches d'un tube en U ; les deux branches de ce tube sont égales et réunies par un tube capillaire ; au début de l'expérience le niveau des liquides se trouve à la même hauteur dans les deux branches ; quand par suite du courant endosmotique le liquide a monté dans l'endosmomètre d'une certaine quantité, il suffit d'ajouter avec une burette du liquide dans l'autre branche jusqu'au niveau primitif pour savoir combien il a passé de liquide dans l'endosmomètre.

3° *Endosmomètre de Matteucci et Cima.* — Au lieu de placer la membrane de l'endosmomètre horizontalement, ils lui donnèrent une position verticale. Leur endosmomètre a la forme d'un tube en U dans lequel le tube de jonction est remplacé par deux cylindres en laiton terminés d'un côté par une lame pleine et de l'autre par une lame percée de trous ; on accole l'une à l'autre les lames trouées en interposant entre elles une membrane endosmométrique et les deux cylindres sont fixés dans cette position de façon à empêcher toute sortie du liquide qu'ils contiennent.

4° *E. de Vierordt.* — Vierordt a adopté le principe de l'appareil précédent ; mais il l'a perfectionné, principalement par des modifications apportées dans le mode de fixation de la membrane et par l'addition d'un manomètre à mercure qui donne à chaque instant la pression des liquides de chaque côté de la membrane.

5° *E. de Boulland.* — Boulland employait comme réservoir de l'endosmomètre la tunique fibreuse de l'estomac de la grenouille ; le tube de verre de l'endosmomètre se recourbe à angle droit et présente une branche horizontale : l'appareil est rempli de mer-

BEAUNIS. — Physiologie, 3e édition. I. — 31

cure, puis on y introduit une petite quantité du liquide qu'on veut étudier et qui remplace un volume correspondant de mercure; on place alors le réservoir dans le second liquide et les déplacements du mercure dans le tube horizontal qui a été divisé et gradué d'avance indiquent le sens et l'intensité du courant osmotique.

Endosmomètre à égale pression. — *E. de Ludwig.* — Dans les appareils précédents, la pression varie à chaque instant de l'expérience dans les deux liquides. Pour remédier à cet inconvénient on peut employer la disposition imaginée par Ludwig. L'endosmomètre, constitué par un tube de verre gradué, et rempli du liquide le plus dense, est suspendu par un fil de platine à l'une des extrémités du fléau d'une balance et plonge dans un bocal rempli du liquide le moins dense. Des poids placés dans l'autre plateau rétablissent l'équilibre de façon à amener à 0° l'aiguille de la balance. L'emploi de la balance permet non seulement d'égaliser la pression des deux liquides au début de l'expérience, mais encore de maintenir cette égalité pendant toute sa durée. (Pour les détails de l'expérience, voir : Hoppe-Seyler, *Physiologische Chemie*, p. 158).

Détermination de l'équivalent endosmotique. — 1° *Procédé de Jolly.* Il place dans un tube large et fermé à sa partie inférieure par une membrane une quantité déterminée du corps dont il veut déterminer l'équivalent endosmotique. Le tube est pesé au début de l'expérience et placé ensuite dans l'eau pure renouvelée très souvent; on retire de temps en temps ce tube de l'eau pour le peser de nouveau; quand il n'augmente plus de poids, c'est que toute la substance qu'il contenait a été remplacée par de l'eau pure. La différence entre le poids primitif du tube et son poids final donne la quantité d'eau introduite et le rapport de ce poids au poids de la substance placée dans le tube donne l'équivalent endosmotique. — 2° *Procédé de Cloëtta.* L'endosmomètre est

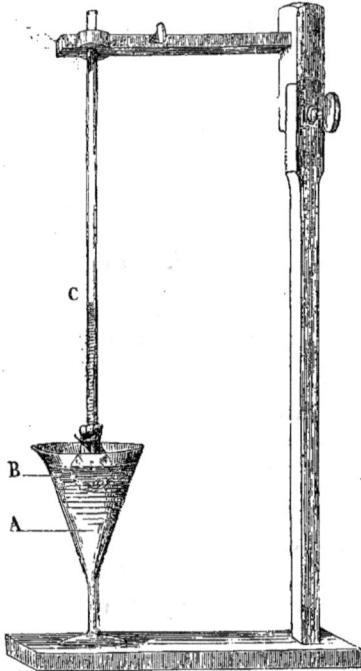

Fig. 110. — *Endosmomètre.*

placé sous une cloche de façon à empêcher l'évaporation de l'eau et suspendu dans l'eau du réservoir par un fil attaché à une poulie qui permet de maintenir constamment le niveau égal entre le liquide qui s'introduit dans l'endosmomètre et le liquide extérieur.

Influence de l'électricité sur l'endosmose. — 1° *Appareil de Wiedemann.* L'appareil a une disposition générale analogue à celle des appareils de Matteucci et Cima et de Vierordt; mais chaque cylindre contient une lame métallique qui plonge dans le liquide et à laquelle aboutissent les deux pôles d'une pile. — 2° Wiedemann a imaginé un autre appareil pour suivre d'une façon plus précise les phénomènes d'endosmose sous l'influence de l'électricité (voir pour les détails de l'appareil le mémoire original dans Gavarret : *Traité d'électricité*). — 3° *Appareil de Gscheidlen.* Il emploie simplement un couple de Daniell; seulement le vase extérieur et le vase poreux sont bouchés hermétiquement par deux bouchons que traversent deux tubes communiquant l'un avec le liquide intérieur contenu dans le vase poreux, l'autre avec le liquide extérieur. Le cuivre et le zinc ont leur disposition ordinaire et sont en relation, par des fils qui traversent les deux bouchons, avec les pôles d'une batterie galvanique.

Osmographe de Carlet. — Carlet a construit un appareil, l'*osmographe*, qui permet d'enregistrer directement les variations de niveau du liquide de l'endosmomètre.

On peut employer dans les recherches d'endosmose toute espèce de diaphragme poreux ou de membrane sèche ou humide. Les plus usités sont les lames d'argile, les membranes animales et végétales, les membranes de caoutchouc, le parchemin végétal. Le mode d'attache de la membrane sur l'endosmomètre et le choix de cette membrane demandent une attention particulière et l'endosmomètre doit toujours être essayé avant l'expérience.

Quand deux liquides hétérogènes et miscibles sont séparés par une membrane perméable, il s'établit au travers de cette membrane deux courants dirigés en sens inverse. Ordinairement ces deux courants sont inégaux et l'un des deux liquides augmente de volume au détriment de l'autre. Dutrochet appela *endosmose* la production du courant le plus intense, *exosmose*, celle du courant le plus faible. Graham considérant le courant faible comme dû à des causes secondaires, telles que la diffusion ou la pression hydrostatique, caractérisa le phénomène par le courant principal et substitua aux termes employés par Dutrochet le terme d'*osmose* et donna au courant principal le nom de courant osmotique.

Les lois physiques de l'osmose pouvant, dans leurs traits généraux, s'appliquer aux membranes connectives, je rappellerai les conditions principales des phénomènes osmotiques dont ces membranes peuvent être le siège. Il faut remarquer que, dans l'organisme vivant, les deux liquides qui baignent une membrane sont rarement à la même pression et que, par conséquent, la filtration vient presque toujours compliquer l'osmose.

Si on place dans l'endosmomètre B (fig. 110) une solution concentrée de sel marin et dans le verre A de l'eau pure, il s'établira un courant d'eau de A en B, un courant de chlorure de sodium de B en A, jusqu'à ce que les deux solutions soient également salées en A et en B. Il y a un rapport constant entre le poids de l'eau qui traverse la membrane et le poids de la substance dissoute qui la traverse en sens inverse, et on appelle *équivalent endosmotique* la quantité d'eau nécessaire pour faire passer à travers la membrane un gramme de la substance dissoute.

Les conditions qui influencent l'équivalent endosmotique et l'osmose sont les suivantes.

L'équivalent endosmotique est très fort pour les substances colloïdes, comme l'albumine, très faible pour les cristalloïdes, comme le sel. Aussi faut-il, pour qu'une très faible quantité de colloïde traverse une membrane connective, qu'il passe en sens inverse une quantité considérable d'eau. Voici quelques-uns des chiffres donnés par Jolly pour les équivalents endosmotiques de différentes substances :

Acide sulfurique	0,349	Sucre	7,157
Urée	2,000	Sulfate de soude	11,628
Alcool	4,169	Gomme arabique	11,790
Chlorure de sodium	4,223	Sulfate de potasse	12,277

On voit que pour l'acide sulfurique l'osmose est *négative*, c'est-à-dire que la quantité d'eau qui entre dans l'endosmomètre est plus faible que le poids du corps.

L'équivalent endosmotique augmente avec la durée de l'expérience, avec la concentration de la solution, sauf pour les corps à osmose négative, et d'après Ludwig pour le sulfate de soude. Il change avec la nature de la membrane, sa densité, son épaisseur, etc.; ainsi l'équivalent du chlorure de sodium est de 2,9 avec une vessie natatoire de poisson, 4,0 avec un péricarde de bœuf, 6,4 avec une vessie de bœuf (Harzer). Pour les expériences de Matteucci et Cima, et l'influence du côté de la membrane tourné vers tel ou tel liquide, voir : *Physiologie des épithéliums*.

La température favorise l'endosmose, mais elle ne modifie pas l'équivalent endosmotique.

L'action de l'électricité a été bien étudiée par Wiedemann. Porret avait déjà constaté le transport de l'eau à travers une cloison perméable dans le sens même du courant. Wiedemann a étudié d'une façon très précise les lois de ce transport; il a vu que la quantité de liquide transporté est proportionnelle à l'intensité du courant employé. Cependant pour les acides, le transport s'effectue en sens contraire, du pôle négatif vers le pôle positif, par conséquent en sens inverse du courant. En général, quand le courant électrique va dans le même sens que le courant osmotique principal, il le favorise; il le diminue dans le cas contraire.

Quand les liquides osmotiques, neutres ou alcalins, contiennent de l'albumine, celle-ci se comporte comme une substance acide vis-à-vis de l'eau et elle se transporte vers le pôle positif en déposant au pôle négatif les sels avec lesquels elle était associée; dissoute dans un liquide acide, elle se comporte comme une base faible et se dépose au pôle négatif (Wundt). Morin a pu ainsi, à l'aide de l'électricité, faire traverser des membranes animales ou des membranes poreuses inorganiques par des substances comme la gomme, l'albumine, les graisses.

La pression favorise le courant osmotique de même sens et diminue le courant contraire. Cette condition a une très grande importance en physiologie, comme je l'ai fait remarquer plus haut. La pression sanguine exerce une influence notable sur les phénomènes osmotiques, et il en est de même des contre-pressions qui s'établissent sous des causes diverses en dehors des vaisseaux.

Quand un liquide contient deux substances en dissolution, chacune de ces substances endosmose comme si elle était seule (Cloetta). Cependant Schumacher est arrivé à des résultats opposés et a trouvé une augmentation de l'équivalent endosmotique.

L'affinité chimique favorise l'endosmose; ainsi quand l'albumine est additionnée de sel, elle exosmose beaucoup plus facilement vers l'eau que quand elle est pure. Quand l'affinité chimique est très forte, il peut même n'y avoir qu'un courant, ainsi en plaçant d'un côté un acide, de l'autre de la potasse, il n'y a qu'un courant de l'acide vers la potasse; il en est de même avec l'acide oxalique et le carbonate de chaux; le précipité d'oxalate de chaux n'a lieu que sur la face de la membrane tournée vers le carbonate.

Quand des substances mélangées ont un équivalent endosmotique très différent, comme l'albumine et le sel par exemple, l'une d'elles peut avoir fini de s'osmoser bien avant l'autre qui reste d'un côté de la membrane; on peut ainsi, comme l'ont montré Dubrunfaut d'abord, puis Graham, qui généralisa la méthode sous le nom de *dialyse*, isoler l'une de l'autre ces substances et les obtenir ainsi à l'état de pureté.

Les phénomènes varient quand le liquide de l'endosmomètre, au lieu d'être au repos, circule et se renouvelle constamment, condition qui, d'habitude, se réalise sur le vivant. Dans ce cas et d'une façon générale, la circulation favorise l'exosmose (Wibel). La concentration de la solution paraît avoir peu d'influence.

Je ne ferai que mentionner ici les intéressantes recherches de Traube qui ont été analysées page 378.

On a invoqué diverses hypothèses pour expliquer les phénomènes d'osmose; mais jusqu'ici aucune de ces théories ne donne une interprétation satisfaisante des faits. Poisson faisait intervenir la capillarité de la membrane ; Becquerel attribuait une influence prépondérante à l'électricité ; J. Béclard l'attribue à la chaleur spécifique des deux liquides osmotiques (1) ; mais aucune de ces théories n'embrasse la généralité des faits.

Celle qui répond le mieux au plus grand nombre de phénomènes est, sans contredit, celle de Brücke qui a été adoptée, avec plus ou moins de modifications, par la plupart des physiologistes, Hoppe-Seyler, Wundt, etc. Quand une membrane poreuse est en contact avec deux liquides, soit par exemple de l'eau et de l'alcool. il faut faire intervenir trois conditions essentielles dans la production des courants osmotiques : 1° l'attraction des molécules de chaque liquide les unes pour les autres ; 2° l'attraction des deux liquides l'un pour l'autre ; 3° l'attraction de la membrane pour chaque liquide. Supposons que la membrane ait plus d'attraction pour l'eau que pour l'alcool, et représentons par les lignes ab, cd, les parois d'un des

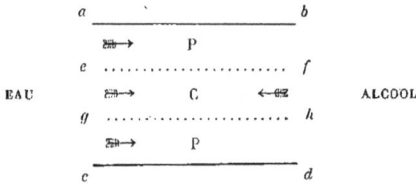

Fig. 111. — *Théorie de l'endosmose.*

pores qui traversent la membrane (fig. 111). Si la membrane n'avait pas plus d'affinité pour l'eau que l'alcool, le pore se remplirait d'un mélange d'eau et d'alcool dans lequel s'établiraient de simples courants de diffusion de sens contraires ; mais grâce à l'affinité de la membrane pour l'eau, les parois ab, cd, se recouvrent d'une couche d'eau pure plus ou moins épaisse P, tandis que la partie centrale C, limitée par les lignes ponctuées ef, gh, contient un mélange d'alcool et d'eau. Dans cette couche centrale, les courants de diffusion s'établissent entre l'alcool et l'eau comme si ces deux liquides étaient en contact immédiat, et il y a deux courants, l'un de l'eau vers l'alcool, l'autre de l'alcool vers l'eau. Dans la couche pariétale, au contraire, l'affinité de la membrane pour l'eau détermine un courant d'un seul sens, allant de l'eau vers l'alcool. La résultante totale sera donc un courant principal allant de l'eau vers l'alcool. Si la membrane avait, au contraire, une plus grande affinité pour l'alcool, comme par exemple, une membrane de caoutchouc, le courant principal serait dirigé de l'alcool vers l'eau. Le courant central est soumis aux lois ordinaires de la diffusion ; le courant pariétal est soumis aux lois de l'imbibition et de la filtration. La grandeur relative des deux courants peut varier en outre suivant l'épaisseur de la couche centrale et de la couche pariétale ; si l'affinité de la membrane pour un des liquides est très forte, si les pores sont très étroits, la couche centrale peut même manquer et le courant se faire dans un seul sens.

Il ne peut entrer dans le cadre de ce livre de reprendre un à un tous les faits d'osmose pour voir comment ils peuvent s'expliquer dans cette théorie ; mais ce qui est certain, c'est que jusqu'ici elle est encore celle qui en donne la meilleure interprétation. On a fait à la théorie de Brücke cette objection que les membranes

(1) D'après J. Béclard le liquide qui a la plus forte capacité calorifique se dirige vers l'autre liquide et forme le courant prédominant. Mais, pour deux mêmes liquides, le sens de l'osmose peut varier suivant la nature de la membrane.

animales ne sont pas en réalité des membranes poreuses en comprenant le mot pores dans le sens ordinaire, et Robin fait remarquer justement la continuité anatomique des éléments qui constituent les membranes traversées par des liquides. Mais les molécules de ces membranes sont toujours séparées par des interstices d'étendue variable dans lesquels les liquides pénètrent, comme ils pénètrent dans les pores des membranes poreuses et auxquels peut s'appliquer, avec une légère modification, la théorie de Brücke. Dans l'hypothèse de Brücke, la notion de l'équivalent endosmotique perd de sa valeur, puisqu'il n'y a pas en réalité de rapport essentiel entre les deux courants, aussi s'explique-t-on facilement les variations, et le peu de fixité que présentent les équivalents endosmotiques.

Un point qu'il importe de ne pas perdre de vue dans l'étude des phénomènes d'endosmose, c'est que jamais on n'a affaire à des membranes parfaitement homogènes; on a vu plus haut que des parties voisines d'une même membrane fournissaient des résultats différents; les membranes connectives que nous employons et à plus forte raison celles qui sont pendant la vie le siège de l'endosmose sont formées de couches et d'éléments différents, non seulement au point de vue anatomique, mais encore au point de vue chimique; les interstices moléculaires de ces membranes présenteront donc dans les divers points des diamètres très différents et les expériences de Traube ont montré en effet que les phénomènes d'endosmose se présentent sous une tout autre forme que dans les expériences ordinaires, quand on emploie des membranes parfaitement homogènes, comme celles qu'il produit artificiellement (Voir page 378).

Les lois de l'osmose gazeuse seront étudiées à propos de la respiration.

Bibliographie. — E. Hinteregger : Diffusionsversuche an Lösungen sauer reagirender Salzgemische (Ber. d. d. ch. Ges., t. XII, 1879). — J. M. v. Bemmeler : Ueber den Zustand der Alkaliphosphate in wässeriger Lösung (id.). — E. Gottwalt : Ueber die Filtration von Eiweisslösungen durch thierische Membranen (Zeit. für phys. Ch., t. IV, 1880). — E. N. Regéczy : Beitr. zur Lehre von der Filtration (Schwalbe, Jahresb., 1881). — F. Wibel : Die Ænderungen des osmotischen Erscheinungen, etc. (Abhandl. d. naturwiss. Ver. im Hamburg, 1883). — J. W. Runeberg : Zur Frage der Filtration Eiweisslösungen (Zeit. für phys. Chem., t. VI, 1882). — R. Klemensiewicz : Fundamentalversuche über Transsudation, 1883. — N. v. Regéczy : Beitr. zur Filtrationstheorie (Arch. de Pflüger, t. XXX, 1883). — Chabry : Sur la diffusion (Soc. biol., 1883 et 1884). — N. v. Regéczy : Beiträge zur Lehre der Diffusion von Eiweisslösungen (Arch. de Pflüger, t. XXXIV, 1884). — J. W. Runeberg : Zur Filtrationsfrage (Arch. de Pflüger, t. XXXIV, 1884). — Id. : Sur la filtration, etc. (Finska läkare sallskhandl., t. XXVI, 1884). — A. Löwy : Ueber den Einfluss der Temperatur auf der Filtration von Eiweisslösungen durch thierische Membranen (Zeit. für phys. Ch., t. IX, 1885) (1).

(1) A consulter : Dutrochet : De l'agent immédiat du mouvement vital (Endosmose), 1826. — Dutrochet : Mém. pour servir à l'étude des végétaux et des animaux, 1837. — Brucke : De diffusione humorum per septa mortua et viva, 1842. — Id. : Beiträge zur Lehre von der Diffusion, etc. (Poggend. Ann., t. LVIII, 1843). — Matteucci et Cima : Mémoire sur l'endosmose (Ann. de chimie et de physique, t. XIII, 1845). — Ph. Jolly : Experimental Unter. über Endosmose (id.). — J. Béclard : Rech. expér. sur les conditions physiques de l'endosmose des liquides et des gaz (Comptes rendus, 1871). — Graham : Ueber die Diffusion von Flussigkeiten (Ann. der Chemie, 1851). — Graham : On osmotic force (Philos. Transactions, 1854). — Fick : Ueber Diffusion (Poggendorf's Annalen, 1855). — A. Fick : Versuche über Endosmose (Unters. zur Naturlehre, t. III, 1857). — C. Eckhard : Beiträge zur Lehre von der Filtration und Hydrodiffusion (Beiträge zur Anat. und Physiol., 1858). — J. V. Liebig : Ueber die Theorie der Osmose (id.). — C. Eckhard : Ueber Diffusionsgeschwindigkeit durch thierische Membranen (Beiträge, t. III, 1862). — Ch. Robin : Recherches sur l'endosmose (Journal de la physiologie, t. VI, 1864). — Dubrunfaut : Note sur la diffusion et l'endosmose (Comptes rendus, 1866). — M. Traube : Ueber homogene Membranen, etc. (Centralblatt, 1866). — Quincke : Ueber Imbibition (Arch. de Pflüger, 1870). — Bouland : De la contractilité physique (Journal de l'Anatomie, 1873). — Carlet : Sur un nouvel osmomètre (Comptes rendus, 1873). — A. Charpentier : L'Osmose, 1878.

4. — Propriétés physiologiques des tissus connectifs.

La *nutrition* des tissus connectifs est en général peu active à l'état physiologique, sauf dans la période d'accroissement. Au point de vue de la nutrition, ils peuvent être divisés en deux groupes : les tissus dépourvus de vaisseaux, comme le corps vitré, le cartilage, et les tissus vasculaires, comme les os, les tendons, les ligaments. Les premiers se nourrissent par imbibition pure ; le plasma lymphatique et sanguin des tissus sous-jacents pénètre peu à peu, de proche en proche, leur substance et suffit pour la réparation, peu active du reste, de leurs éléments ; aussi se trouvent-ils sous la dépendance immédiate des tissus sous-jacents, dont ils reçoivent leurs matériaux de nutrition ; tels sont les rapports du cartilage d'encroûtement avec les extrémités osseuses articulaires. Dans les tissus vasculaires, au contraire, la nutrition se fait directement par le sang.

On ne connaît que très incomplètement le mode de nutrition de ces tissus ; on ne sait d'une façon précise ni quels sont leurs produits de déchet ni quels sont leurs matériaux de réparation et sous quelle forme les uns s'éliminent et les autres arrivent à ces tissus (voir : *Propriétés chimiques des tissus connectifs*, p. 469).

La physiologie des globules blancs a été étudiée à propos du sang et de la lymphe. Le rôle de la moelle osseuse dans la production des globules rouges a été mentionné pages 408 et 409.

La *sensibilité* des tissus connectifs est en général très peu marquée. Cependant quelques-uns, moelle osseuse, périoste, etc., sont assez riches en filets nerveux et peuvent, dans certains cas, présenter une sensibilité très vive. Pour les *réflexes tendineux*, voir : *Physiologie du tissu musculaire.*

Pour tout ce qui concerne le développement, l'accroissement et la régénération des tissus connectifs et du tissu osseux en particulier, voir les traités d'histologie et les mémoires spéciaux.

Les tissus connectifs proviennent tous du feuillet moyen du blastoderme (1).

CHAPITRE II

PHYSIOLOGIE DES ÉPITHÉLIUMS

Les tissus épithéliaux sont constitués par une ou plusieurs couches de cellules épithéliales appliquées sur une membrane connective et vasculaire sous-jacente. Quand il n'y a qu'une seule couche de cellules (fig. 112, A, B), l'épithélium est dit *simple* ; il est *stratifié* quand ces cellules forment plusieurs couches superposées (fig. 112, C). Les cellules épithéliales juxtaposées ou

(1) *A consulter* : Bichat : *Anatomie générale*, 1801. — Virchow : *La pathologie cellulaire*, 1861. — M. Sée : *Du tissu élastique*, 1860. — Beaunis : *Anat. générale et physiologie du système lymphatique*, 1863. — A. Bouchard : *Du tissu connectif*, 1866. — Gillette : *Du tissu conjonctif*, 1873.

superposées sont agglutinées ensemble par une substance unissante, démontrable par l'action de certains réactifs, spécialement du nitrate d'argent; mais cette substance est toujours en quantité très faible, de façon que les cellules paraissent intimement accolées. Jamais d'ailleurs on ne rencontre, entre les cellules épithéliales, de la substance fondamentale ou des éléments accessoires, tissu connectif, vaisseaux, tels qu'on en voit dans les autres tissus. Il y a cependant une exception pour les nerfs, comme on le verra plus loin.

La forme des cellules épithéliales se rattache à plusieurs types : dans la cellule polyédrique ou sphérique, les trois dimensions sont à peu près égales; dans la cellule pavimenteuse (fig. 112, A), deux dimensions prédominent et la cellule prend la forme d'une lamelle plus ou moins mince : dans la cellule cylindrique ou cylindro-conique (fig. 112, B), une seule dimension, la verticale, l'emporte sur les deux autres. Dans quelques cas, de fins prolongements, ou cils vibratiles, se placent sur la partie libre de la cellule qui prend alors le nom de *cellule vibratile*. Dans certaines régions, par exemple dans les couches profondes de l'épiderme cutané, de l'épithélium lingual, les cellules présentent des dentelures qui s'engrènent

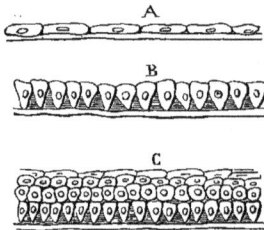

Fig. 112. — *Épithélium* (*).

avec des dentelures correspondantes des cellules voisines, *cellules dentelées*. Enfin, les cellules épithéliales peuvent présenter des formes très irrégulières qu'il est difficile de rattacher à une forme-type; tel est, par exemple, l'épithélium de la vessie. Certains épithéliums offrent, en outre, des détails de structure particuliers qui seront étudiés à propos de la physiologie des organes auxquels ils appartiennent; tel est le plateau qui se rencontre sur les cellules cylindro-coniques de l'intestin grêle.

Chacune de ces formes épithéliales correspond à un rôle physiologique différent. L'épithélium pavimenteux qui, avec un petit nombre d'éléments cellulaires (fig. 112, A), recouvre une surface étendue, a surtout un rôle de protection; l'épithélium cylindrique qui permet, à surface égale (fig. 112, B), de multiplier les éléments cellulaires, indique une vitalité nutritive plus énergique; cette vitalité est au maximum dans l'épithélium stratifié, qui nécessite une abondante prolifération cellulaire (fig. 112, C). L'épithélium vibratile est surtout en rapport avec un mode particulier de mouvement, mouvement vibratile.

L'épithélium forme une couche *continue* à la surface de l'organisme; sur toute l'étendue de la peau et des muqueuses, on trouve une couche épithéliale simple ou stratifiée. L'exception qu'on avait cru exister pour la muqueuse des vésicules pulmonaires ne s'est pas confirmée; il est aujourd'hui prouvé qu'un épithélium tapisse ces vésicules; mais cet épithélium, très délicat, se détruit avec la plus grande facilité. De la continuité de l'épithélium dérive un fait physiologique très important; c'est que : *toutes les substances*

(*) A, épithélium pavimenteux. — B, épithélium cylindrique. — C, épithélium stratifié (Kuss).

qui doivent pénétrer dans l'organisme, comme toutes celles qui doivent en sortir, sont forcées de traverser une membrane épithéliale.

D'après les recherches de Klebs, Ranvier, Mitrophanow, Prenant, etc., cette continuité serait loin d'être absolue. Les cellules épithéliales, du moins sur un certain nombre de membranes (membrane de Descemet, etc.), seraient séparées par des espaces, *espaces intercellulaires*, traversés par des *ponts* qui réuniraient les cellules voisines. Ces espaces serviraient de véritables canaux nutritifs pour les éléments épithéliaux.

L'épithélium se présente sous deux formes principales : l'épithélium tégumentaire et l'épithélium glandulaire.

L'épithélium tégumentaire est étalé et constitue, comme l'indique son nom, une sorte de couverture qui s'étend sur les parties sous-jacentes; c'est lui qui revêt toute la surface extérieure du corps (épiderme, tégument externe) et les muqueuses des cavités digestive, respiratoire, génito-urinaire (tégument interne), muqueuses qui ne sont que des continuations du tégument externe.

On admet souvent entre la face profonde des épithéliums tégumentaires et la membrane connective sous-jacente une membrane amorphe, très mince (*base-ment-membrane* de Bowmann) dont l'existence est plus que douteuse.

Les *épithéliums tégumentaires* ou *de revêtement* peuvent être classés en *épithéliums simples* et *épithéliums stratifiés*.

A. *Épithéliums simples.* — 1° *Épithéliums simples à cellules plates.* — Ces épithéliums se rapprochent beaucoup des endothéliums étudiés à propos du tissu connectif. Ils sont constitués par une couche simple de cellules aplaties, lamelleuses, à bords plus ou moins sinueux, accolées par une substance unissante, démontrable par le nitrate d'argent et contenant un noyau entouré quelquefois d'une petite masse de protoplasma. C'est cette forme d'épithélium qui se rencontre, par exemple, dans les vésicules pulmonaires, les glomérules du rein, et pour ceux qui ne rangent pas dans les endothéliums proprement dits, sur les séreuses et la membrane interne des vaisseaux.

2° *Épithéliums simples à cellules cylindriques.* — Les cellules ont une forme cylindrique ou cylindro-conique, ou plutôt la forme d'une pyramide à six ou huit pans par suite de la pression réciproque qu'elles exercent les unes sur les autres. Il en résulte que, vues de face, elles présentent l'aspect d'un épithélium pavimenteux. Cette forme d'épithélium se rencontre dans l'estomac, l'intestin, les conduits excréteurs des glandes, etc.

3° *Épithéliums simples à cellules vibratiles.* — Cette forme d'épithélium ressemble tout à fait à l'épithélium précédent, avec cette seule différence que la face libre des cellules est couverte de cils vibratiles. Elle se rencontre dans les petites bronches, par exemple.

B. *Épithéliums stratifiés.* — 1° *Épithélium pavimenteux stratifié.* — Les cellules des diverses couches de cet épithélium n'ont pas les mêmes formes. Les plus profondes, très adhérentes au tissu connectif sous-jacent, dont elles se distinguent nettement, sont cylindriques, souvent dentelées, pourvues d'un noyau transparent ovalaire. Au-dessus de celles-ci, les cellules sont plus volumineuses, sphériques, offrent aussi des dentelures; puis à mesure qu'elles se rapprochent de la surface les cellules deviennent de plus en plus aplaties, et dans la couche cornée de l'épiderme, par exemple, sont réduites à une lamelle mince dans laquelle le noyau a disparu. Cet épithélium tapisse la peau et un grand nombre de muqueuses.

2° *Épithélium vibratile stratifié.* — Dans cet épithélium, les cellules profondes sont arrondies ou ovalaires ; les cellules superficielles, au contraire, sont cylindriques et seules pourvues de cils vibratiles. On le rencontre dans le larynx, sous les cordes vocales, la trachée, les bronches, à l'exception des petites bronches où il est simple, le canal lacrymal, etc.

Il faut encore rattacher à l'épithélium tégumentaire certaines formes dérivées qui présentent une fonction toute spéciale ; tels sont le tissu corné, les ongles, les poils, le cristallin.

L'*épithélium glandulaire* n'est qu'une transformation de l'épithélium tégumentaire. Une glande, sous sa forme la plus simple, n'est qu'une dépression de l'épithélium (fig. 113, B), dépression qui présente tantôt l'aspect d'un tube terminé par un cul-de-sac de même diamètre (fig. 113, B), comme

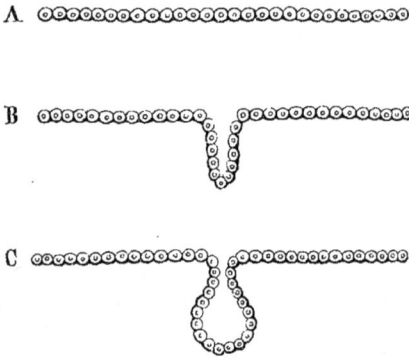

Fig. 113. — *Formation des glandes.*

dans les glandes en tube ; tantôt la forme d'une bouteille terminée par un cul-de-sac dilaté ou *acinus* (fig. 113, C), comme dans les glandes en grappe. Les cellules épithéliales qui tapissent le cul-de-sac glandulaire offrent souvent des caractères différents de ceux des cellules du reste du tube glandulaire ; habituellement, les cellules glandulaires sont ovoïdes, sphériques ou polyédriques, tandis que les autres sont fréquemment cylindriques ou cylindro-coniques.

D'après Langley, la substance cellulaire de la plus grande partie des cellules glandulaires seraitcomposée : 1° d'une charpente protoplasmique en forme de réseau ; 2° d'une substance hyaline contenue dans les mailles de ce réseau ; 3° de granulations sphériques enfouies dans cette substance hyaline ; ces granulations représenteraient l'élément sécréteur essentiel et donneraient naissance aux substances organiques de la sécrétion ; elles augmentent de grosseur et de nombre pendant le repos de la glande, diminuent, au contraire, au moment de la sécrétion.

Pour ce qui concerne les rapports des *terminaisons nerveuses* avec les épithéliums, je renvoie aux ouvrages d'histologie et aux chapitres qui traitent de la physiologie des organes des sens.

1. — Propriétés chimiques des tissus épithéliaux.

Les tissus épithéliaux sont constitués chimiquement par une substance particulière, la *kératine*, qui se retrouve aussi dans les ongles, les poils, etc., et même dans des éléments n'appartenant pas à l'épithélium : ainsi dans la membrane propre des glandes, la capsule cristalline, la membrane de Descemet, le sarcolemme des muscles, le névrilème, et les membranes de cellules cartilagineuses, osseuses et connectives. Le cristallin, quoique appartenant par son développement aux tissus épithéliaux, ne renferme pas de kératine, mais une substance analogue à la globuline. Les épithéliums contiennent en outre des proportions variables de principes inorganiques. Ils renferment souvent du pigment. La composition chimique des cellules glandulaires varie suivant les glandes auxquelles elles appartiennent et sera étudiée avec la physiologie de ces organes.

L'étude chimique de la kératine a été faite dans la *Chimie physiologique* (p. 178).

Ranvier a constaté dans les couches profondes de l'épiderme cutané l'existence d'une substance à laquelle il a donné le nom d'*éléidine* et qui se présente sous forme de gouttelettes colorées par le carmin.

La quantité d'*eau* des *cheveux* est évaluée par J. Moleschott à 13 p. 100, celle des ongles à 14 p. 100 environ.

Les *principes inorganiques* s'y trouvent en quantité variable. Les *ongles* contiennent surtout du phosphate de chaux. Les *cheveux* renferment 0,5 à 7 p. 100 de substances inorganiques, sulfates alcalins, sulfate de chaux, oxyde de fer et de manganèse, acide silicique. Voici, d'après Baudrimont, la composition de ces cendres pour les diverses couleurs de cheveux :

POUR 100 PARTIES.	CHEVEUX				
	Blancs.	Blonds.	Rouges.	Bruns.	Noirs.
Sulfate de soude............	22,082	33,177	18,435	»	»
Sulfate de potasse	1,417	8,440	7,542	42,936	56,506
Sulfate de chaux...........	13,576	»	»	»	»
Carbonate de soude.........	»	»	»	10,080	»
Chlorure de sodium........	traces.	traces.	0,945	2,453	3,306
Carbonate de chaux........	16,181	9,965	4,033	5,600	4,628
Carbonate de magnésie....	5,011	3,363	6,197	4,266	2,890
Phosphate de chaux........	20,532	9,616	10,296	10,133	15,041
Oxyde de fer..............	8,388	4,220	9,663	10,866	8,099
Silice	12,308	30,717	42,462	10,066	6,611

Le *cristallin* ne contient pas de kératine, comme on l'a vu plus haut. Voici sa composition d'après Berzélius et Hoppe-Seyler et d'après les analyses récentes de Laptschinsky :

POUR 1,000 PARTIES.			POUR 1,000 PARTIES.	
BERZÉLIUS.		HOPPE-SEYLER.	LAPTSCHINSKY.	
Eau.....................	580,0	642,7	Eau...................	635,1
Matières solides..........	420,0	352,2	Matières solides........	364,9
Mat. albuminoïdes ou globuline.	359,0	330,3	Matière albuminoïde....	349,3
Fibres du cristallin	24,0	»	Lécithine..............	2,3
Extrait alcoolique.......	24,0	5,2	Cholestérine...........	2,2
Extrait aqueux..........	13,0	9,4	Graisse...............	2,9
Sels solubles............	»	6,1	Sels solubles.........	5,3
Sels insolubles..........	»	1,2	Sels insolubles........	2,9

Les substances albuminoïdes du cristallin sont de l'albumine, du sérum, de l'albuminate de potasse et surtout de la globuline. D'après Laptschinsky, la quantité de graisse serait plus faible qu'on ne l'admet généralement.

Bibliographie. — L. RANVIER : *Sur une substance nouvelle de l'épiderme,* etc. (C. rendus, t. LXXXVIII, 1879). — J. MOLESCHOTT : *Wassergehalt der menschlichen Horngewebe*

(Molesch. Unters. t. XII, 1879). — L. Ranvier : *De l'éléidine et de la répartition de cette substance dans la peau*, etc. (Arch. de physiol., 1884).

2. — Propriétés physiques des tissus épithéliaux.

La *consistance* du tissu épithélial, très variable pour les diverses formes de ce tissu, augmente en général à mesure que l'épithélium est plus exposé aux influences extérieures et principalement à la pression; aussi, c'est à la surface de la peau que cet épithélium acquiert le plus de dureté, comme on le voit dans les ongles, l'épiderme du talon et, accidentellement, dans les callosités qui se produisent dans la paume des mains chez les hommes astreints aux travaux manuels. L'épithélium intestinal, au contraire, offre une mollesse très grande et se détache par le raclage de la muqueuse sous forme de gelée filante.

La *cohésion* des tissus épithéliaux est en général assez faible, sauf pour le tissu corné; les ongles, les poils, présentent une assez grande résistance à la distension; mais cette résistance à la distension est bien plus faible pour l'épiderme cutané; aussi le voit-on se fendiller quand la distension de la peau est portée trop loin, comme dans la grossesse ou les cas de tumeur abdominale. La résistance à la pression est plus marquée; ainsi l'épiderme du talon supporte tout le poids du corps sans diminution notable de son épaisseur.

L'*élasticité* des tissus épidermiques, comme les poils et les ongles, les seuls pour lesquels on puisse l'apprécier, est très imparfaite. Cependant, dans certaines régions, dans la vessie par exemple, les cellules épithéliales paraissent douées d'une certaine élasticité et s'accommodent ainsi aux variations de distension de la muqueuse vésicale.

Les tissus épithéliaux sont *transparents* et laissent passer assez facilement les rayons lumineux : cette propriété optique acquiert une importance exceptionnelle dans le cristallin et sera étudiée avec la vision.

Ils sont *mauvais conducteurs* de la chaleur et de l'électricité, et constituent à ce point de vue une véritable barrière qui diminue la déperdition de chaleur par le rayonnement qui se produit à la surface de l'organisme. Les poils surtout jouent un rôle très important sous ce rapport, surtout chez certaines espèces animales.

Les tissus épithéliaux sont aussi le siège d'une *production d'électricité*. On a constaté sur la peau et les muqueuses de la grenouille l'existence d'un courant allant de la surface à la profondeur, et les mêmes courants ont été aussi constatés chez l'homme et les mammifères. Ces courants ne dépendent pas exclusivement des glandes, car ils existent aussi sur la peau dépourvue de glandes des poissons (Hermann). Ils paraissent être plutôt une propriété générale du protoplasma.

La *capacité d'imbibition* des tissus épidermiques est assez marquée, à moins que ces tissus ne soient recouverts d'un vernis gras, comme sur presque toute la surface cutanée; on sait avec quelle facilité l'épiderme de la paume de la main ou de la plante des pieds (dépourvues de glandes sébacées) se gonfle dans un bain, et l'emploi du cheveu dans l'hygromètre de de

Saussure prouve immédiatement le pouvoir hygroscopique des tissus épithéliaux.

Les lois physiques de l'*endosmose*, applicables (ou à peu près), comme on l'a vu plus haut, aux membranes connectives, ne le sont plus exactement aux membranes épithéliales. C'est qu'en effet, ici, un facteur nouveau intervient, l'activité spéciale de la cellule épithéliale, qui modifie les phénomènes de filtration et d'osmose. Il semble y avoir une sorte d'*action élective* par laquelle certaines substances sont arrêtées au passage, tandis que d'autres traversent facilement les membranes épithéliales. Comme ces membranes forment une couche limitante à la périphérie de l'organisme, cette action élective a la plus grande influence sur l'introduction et l'élimination des substances qui se trouvent en contact avec l'épithélium, soit du côté de l'organisme, soit du côté du milieu extérieur.

Les expériences de Küss, Susini, etc., ont montré que les membranes épithéliales *fraîches*, *vivantes*, ne se comportent pas de la même façon dans les phénomènes de filtration et d'osmose que les membranes dont l'épithélium est altéré. Ainsi Küss, Susini, Ségalas, Cazeneuve et Livon ont constaté que la muqueuse vésicale saine est, pendant la vie, réfractaire à l'absorption de l'iodure de potassium, ou de substances toxiques (1). Matteucci et Cima avaient déjà constaté des faits analogues.

Les mêmes observateurs ont remarqué que, pour les membranes épithéliales, muqueuses de l'estomac, vessie de bœuf, peau de grenouille, d'anguille et de torpille, les phénomènes endosmotiques variaient suivant le côté de la membrane tourné vers l'eau pure. Ainsi dans la peau de grenouille, par exemple, le courant est plus intense quand la face extérieure est tournée vers l'eau pure que lorsque l'eau est en contact avec la face interne. Tout en n'acceptant qu'avec réserve les résultats de Matteucci et Cima dont quelques expériences sont passibles d'objections, il n'en reste pas moins acquis que le sens dans lequel la membrane est disposée peut avoir de l'influence sur les phénomènes osmotiques. Ranke et Hallenke, Schmidt et Reinhart ont répété une partie des expériences de Matteucci et Cima, et il semble résulter de leurs recherches que les phénomènes sont dus en grande partie à la différence de tension de la couche épithéliale suivant le côté de la membrane que l'on applique sur l'endosmomètre.

Bibliographie. — M. BAYLISS et R. BRADFORD : *On the electrical phenomena accompanying secretion*, etc. (Journ. of physiology, t. VII, 1886) (2).

3. — Propriétés physiologiques des épithéliums.

La *nutrition* des tissus épithéliaux est sous la dépendance immédiate de la membrane vasculo-nerveuse sous-épithéliale ; le sang fournit à l'épithélium ses matériaux de nutrition, matériaux qui arrivent aux cellules épithéliales par imbibition et de proche en proche, comme le tissu osseux vasculaire

---

(1) Il est vrai que Bert et Jolyet ont constaté des résultats contraires.
(2) *A consulter* : Matteucci et Cima : *Mémoire sur l'endosmose* (Annales de chimie et de physique, 1845). — Susini : *Rech. sur l'imperméabilité de l'épithélium vésical* (Journal de l'Anatomie, 1868). — P. Bert : *Absorption vésicale* (Gaz. méd., 1870). — Cazeneuve et Livon : *Nouvelles recherches sur la physiologie de l'épithélium vésical* (Comptes rendus, 1878).

fournit les matériaux de nutrition du cartilage intravasculaire. Cette nutrition est en général très active, sauf pour les formes pavimenteuses simples dont le rôle paraît tout à fait inférieur. D'après les recherches récentes, mentionnées page 489, les *espaces intercellulaires* paraissent jouer un rôle essentiel dans la transmission des matériaux nutritifs jusqu'aux cellules épithéliales.

La *formation de certains principes particuliers* est un des modes les plus essentiels de la vitalité des tissus épithéliaux et principalement des épithéliums glandulaires. D'autres fois, il n'y a pas production, dans l'intérieur de la cellule, de principes nouveaux, mais simplement extraction de principes formés ou existant dans le sang et dans les tissus. Les cellules épithéliales subissent fréquemment des transformations chimiques particulières; la plus fréquente est la transformation graisseuse, qui constitue un des modes de sécrétion épithéliale; la transformation cornée se produit dans l'épiderme cutané et en général dans tous les épithéliums exposés aux influences extérieures (air, pressions, etc.) ; ou peut citer encore la transformation pigmentaire telle qu'on l'observe dans les couches profondes de l'épiderme cutané.

La *multiplication* des épithéliums est encore peu connue. Ce qu'on sait de plus certain, c'est que les nouvelles cellules se forment dans les parties profondes de l'épithélium; pendant ce processus de multiplication, il se passe du côté de la surface extérieure un processus inverse; les cellules tombent et sont éliminées directement à l'extérieur; il y a une *mue épithéliale* incessante, mue qui, chez l'homme, ne porte que sur de petits lambeaux d'épithélium, mais qui, à l'état pathologique ou chez des espèces animales, peut porter sur des parties très étendues ou même sur la totalité du revêtement épithélial. Cette mue épithéliale se fait non seulement pour l'épiderme cutané, mais encore pour la plus grande partie du revêtement tégumentaire interne; ainsi l'épithélium intestinal paraît tomber dans l'intervalle de chaque digestion. Cette desquamation épithéliale est précédée souvent d'une transformation chimique des cellules (surtout graisseuse). L'élimination des épithéliums est donc totale et non moléculaire comme celle des tissus profonds, et le renouvellement est total aussi; ni le sang ni la lymphe ne reçoivent, sauf certains cas exceptionnels, les déchets des tissus épithéliaux. Ceci est vrai même pour les tissus épithéliaux qui paraissent le plus profondément situés, comme les glandes dont les conduits excréteurs maintiennent la communication de la surface glandulaire avec la surface tégumentaire, c'est-à-dire avec l'extérieur.

La question de la multiplication des épithéliums est encore à l'étude. Deux théories sont en présence; pour les uns, la multiplication se ferait aux dépens des cellules épithéliales existantes et principalement par division; pour les autres les cellules épithéliales proviendraient du tissu connectif sous-jacent que Buckart appelle la *matrice des cellules épithéliales.* Pagenstecher fait jouer le rôle principal aux globules connectifs migrateurs découverts par Recklinghausen.

Je dois dire que ce mode de multiplication est nié par la plupart des histologistes. Les expériences de Reverdin sur la *greffe épidermique* parlent plutôt en faveur de l'opinion qui rattache la multiplication des cellules épithéliales aux cellules déjà existantes. Si l'on détache avec une lancette un lambeau d'épiderme et qu'on l'applique sur une plaie en suppuration, on voit ce lambeau d'épiderme se souder aux bourgeons charnus et déterminer la formation d'un îlot épithélial indépendant, et l'on peut ainsi, par la transformation de l'épiderme, hâter la cicatrisation des plaies. C'est du reste la conclusion à laquelle est arrivé Charpy ; la couche profonde de cellules cylindriques de l'épiderme cutané serait en réalité constituée, d'après lui, par des cellules de forme et de dimensions variables correspondant à des stades divers d'évolution. Le tissu épithélial constituerait donc un tissu autonome, personnel et indépendant des tissus sous-jacents. (Voir pour cette question de la multiplication des tissus épithéliaux les ouvrages et les mémoires d'histologie.)

De même que les tissus épithéliaux dont il dérive, le cristallin peut aussi se régénérer. Cette régénération du cristallin, plus facile chez les jeunes animaux, se fait au bout de cinq à douze mois aux dépens de l'épithélium de la capsule cristalline antérieure. Ces cristallins régénérés n'atteignent jamais, du reste, la grosseur des lentilles normales (Milliot).

J. Moleschott a cherché à apprécier l'intensité de l'accroissement des tissus épidermiques. D'après ses recherches, il évalue la perte (et par suite le renouvellement) de ces divers tissus par jour aux chiffres suivants : cheveux et barbe, 0,246 ; ongles, 0,0114 ; épiderme, 14,353, ce qui donne comme total une perte quotidienne de 14,6104 (soit 14 à 15 grammes) qui correspondent à 4,5 grammes d'urée et nécessitent pour leur réparation 13 grammes d'albumine. Ces chiffres n'ont évidemment qu'une valeur approximative. L'accroissement des tissus épidermiques est plus intense au printemps et en été.

La sensibilité des tissus épithéliaux est nulle, mais leur rôle dans les diverses sensations est très important (voir : Sensations) ; et de plus, il peut s'interposer, entre les éléments épithéliaux purs, des éléments nerveux qui donnent au tissu épithélial une sensibilité d'emprunt, comme dans la cornée.

Bibliographie. — J. Moleschott : Ueber das Wachsthum der Horngebilde (Moleschott's Unters., t. XII, 1879). — E. Salkowski : Bemerkung über die tägliche Grösse der Epidermisabstossung (Arch. de Virchow, t. LXXIX, 1880).

4. — Rôle protecteur des épithéliums.

Les épithéliums ont en premier lieu un rôle purement mécanique ; partout où des pressions répétées, des frottements, pourraient léser les parties superficielles du corps, l'épithélium, devenu couche cornée de l'épiderme, agit comme organe protecteur ; il agit de même en présence des substances chimiques qui détruiraient rapidement les cellules plus délicates des parties profondes. Mauvais conducteur du calorique, l'épiderme, et spécialement ses annexes, poils, cheveux, etc., s'opposent, dans de certaines limites, aux déperditions de chaleur et peuvent aussi prévenir les effets d'une chaleur trop intense ; ainsi les cheveux protègent la tête contre l'insolation.

Les épithéliums représentent des adjuvants indispensables de certaines fonctions. Les papilles cornées de la langue et du palais de certains animaux interviennent dans les phénomènes de mastication. Mais c'est surtout dans les organes des sens spéciaux que se révèle le mieux la part prise par l'épithélium dans certains actes fonctionnels d'un ordre supérieur. Toute la sensibilité cutanée tactile est basée sur l'existence de l'épiderme; dès qu'il est enlevé, comme par un vésicatoire, il n'y a plus de sensation tactile nette et précise, il n'y a plus que de la douleur; l'épithélium lingual joue le même rôle pour la sensibilité gustative, et pour chacun des sens il serait facile de faire la même remarque. Outre cette part nécessaire dans la sensation, l'épithélium fournit, par ses annexes et ses dérivés, des organes de protection et de perfectionnement pour les sens, cils des paupières et sourcils, cristallin, vibrisses, ongles, etc.

5. — Rôle de l'épithélium dans l'absorption.

Les épithéliums constituent, comme on l'a vu plus haut, une membrane continue recouvrant toute la périphérie de l'organisme; *tout ce qui entre, tout ce qui sort* , doit les traverser ; ils peuvent donc servir à la fois à l'absorption et à l'élimination, être traversés par un courant allant de l'extérieur à l'intérieur ou par un courant de sens inverse. Supposons un instant que ce courant soit de l'eau; que cette eau vienne du dehors et pénètre dans l'organisme, ou qu'elle vienne de l'organisme et soit éliminée à l'extérieur, il est évident *à priori*, et l'expérience l'a confirmé, que les phénomènes qui se produisent au moment où le courant traversera la membrane épithéliale n'en seront pas modifiés (1); si la surface épithéliale laisse passer au dehors l'eau provenant de l'organisme, elle laissera passer l'eau de dehors en dedans avec la même facilité; il y a parallélisme absolu entre l'absorption et l'élimination. Un exemple en est fourni par la muqueuse pulmonaire; à l'état physiologique, elle absorbe de l'oxygène et élimine de l'acide carbonique et de la vapeur d'eau; de même on peut dire qu'elle absorbera les substances volatiles et les éliminera avec la même facilité; l'absorption et l'exhalation des corps volatils marchent parallèlement et *pari passu;* étant donnée une surface épithéliale, à l'élimination facile d'une substance par cette surface correspond l'absorption facile de cette substance, et *vice versâ.*

1° *Absorption des gaz et des substances volatiles par les épithéliums.* — La surface pulmonaire, dont l'épithélium si fragile et si délicat se rapproche tant des endothéliums (Buhl, Debove), occupe la première place à ce point de vue, tant pour l'absorption physiologique de l'oxygène dans la respiration que pour l'absorption accidentelle des gaz et des substances volatiles. La peau, qui, même chez l'homme, est le siège d'une respiration rudimentaire, paraît, d'après les recherches les plus récentes, qui confirment en ce point l'opinion de Bichat, pouvoir absorber les substances volatiles. Pour la muqueuse intestinale, où la respiration est plus rudimentaire encore, cette absorption est probable, sans qu'elle soit démontrée d'une façon positive.

2° *Absorption des liquides et des substances solubles.* — C'est surtout dans l'absorption des liquides et des substances solubles que se montre le mieux

(1) Voir plus haut (page 493) les réserves à faire au sujet des expériences de Matteucci et Cima.

la spécialité d'action des surfaces épithéliales. Si l'on s'en tient à l'eau et aux principes que l'eau peut dissoudre, on voit certaines muqueuses, comme la muqueuse pulmonaire, l'absorber en quantité presque illimitée, tandis que l'épithélium vésical paraît presque réfractaire à l'absorption. La muqueuse intestinale, qui absorbe si rapidement la glycose et les peptones, n'absorbe qu'à peine ou très lentement certaines substances toxiques et les virus. Enfin l'absorption cutanée ne se fait que lorsque l'enduit sébacé de la peau a été enlevé par différents moyens chimiques ou mécaniques.

3° *Absorption de la graisse.* — Le mécanisme de l'absorption de la graisse dans l'intestin sera étudié plus tard (voir : *Absorption digestive*). Partout ailleurs, sauf peut-être la peau dans des circonstances particulières, l'épithélium, imprégné d'eau, est réfractaire à l'absorption graisseuse (voir, pour les détails, le chapitre *Absorption* de la physiologie spéciale).

6. — Rôle de l'épithélium dans l'élimination.

I. — EXHALATION.

L'exhalation n'est autre chose que l'élimination des gaz et des substances volatiles. L'exhalation gazeuse physiologique consiste surtout en acide carbonique et vapeur d'eau et se fait spécialement par la surface pulmonaire et accessoirement par la peau et l'intestin. Mais ce ne sont pas là les seules voies, et on peut affirmer, d'une façon générale, que toute la surface épithéliale est le siège d'une exhalation carbonique et aqueuse, qui acquiert seulement son maximum d'intensité sur certaines régions ; les surfaces glandulaires elles-mêmes ne font pas exception à cette règle, car on a trouvé de l'acide carbonique dans le lait, l'urine et toutes les sécrétions examinées à ce point de vue (voir : *Gaz de l'organisme*). Quant à l'élimination extra-physiologique des substances volatiles, elle se fait en première ligne par la muqueuse pulmonaire, mais elle peut se faire aussi par toutes les surfaces épithéliales et même par les surfaces glandulaires ; ainsi on retrouve dans l'urine, le lait, les substances odorantes ingérées.

II. — SÉCRÉTION.

Tandis que l'absorption se fait principalement par les épithéliums tégumentaires, le processus inverse, l'élimination, se fait surtout par les surfaces glandulaires ou glandes. Les cellules glandulaires jouent le rôle essentiel dans la sécrétion ; ces cellules sont appliquées sur la membrane propre de l'*acinus*, de façon que chaque cul-de-sac glandulaire est entouré d'un réseau capillaire sanguin. Cependant, d'après des recherches récentes (Ludwig et Tomsa), entre les capillaires sanguins et l'*acinus* se trouveraient des lacunes lymphatiques, de façon que les *acini* plongeraient dans ces lacunes lymphatiques et y prendraient les éléments de la sécrétion. Enfin, d'après les observations de Pflüger, confirmées par Paladino, sur les glandes salivaires, les cellules glandulaires seraient en connexion intime avec les filets nerveux terminaux; mais ces connexions ont été niées par beaucoup d'histologistes.

Au point de vue du mode d'activité de l'épithélium glandulaire, le processus général de sécrétion peut se diviser en quatre processus distincts, à chacun desquels correspond un groupe de sécrétions, suivant que tel ou tel mode spécial d'activité glandulaire prédomine dans une sécrétion.

1° *Sécrétions par filtration ou transsudations glandulaires.* — Dans ce cas, l'épithélium glandulaire ne fabrique pas de principes nouveaux; il ne fait qu'utiliser les principes existant déjà dans le sang et dans la lymphe; ce genre de sécrétion se rapproche beaucoup des transsudations des séreuses; mais il n'y a pas simple filtration; l'action élective de l'épithélium s'exerce au passage et fait varier la proportion des principes de la sécrétion comparativement à la composition du plasma lymphatique ou sanguin. A cette catégorie appartiennent la sécrétion urinaire, la sueur, les larmes, etc.

Les principes les plus importants passant ainsi par filtration sont : l'eau, les sels du plasma (chlorures de sodium, de potassium, phosphates, sulfates, chaux, magnésie, etc.), l'acide carbonique, l'albumine (traces), les matières extractives, créatine, urée, acide urique, la glycose, la cholestérine, etc.

2° *Sécrétions proprement dites avec production de principes nouveaux.* — Ici, l'activité glandulaire spéciale intervient beaucoup plus énergiquement que tout à l'heure; la cellule épithéliale n'agit plus comme un simple filtre; elle modifie au passage la nature même des produits qui la traversent, ou crée à leurs dépens des produits nouveaux. Dans cette classe se rangent la plupart des sécrétions digestives (salive, suc gastrique, etc.).

Les produits ainsi formés par les cellules glandulaires varient pour ainsi dire avec chaque glande sans que jusqu'ici l'histologie et la physiologie aient pu expliquer leur mode de production. Ainsi on n'a pas encore expliqué d'une façon satisfaisante les transformations chimiques qui font apparaître l'acide chlorhydrique dans le suc gastrique, l'acide sulfocyanhydrique dans la salive, les acides biliaires dans la bile. La formation de la caséine du lait, des ferments solubles des sécrétions digestives n'est pas mieux expliquée.

3° *Sécrétions par desquamation glandulaire.* — Dans les sécrétions précédentes, la cellule glandulaire conserve son intégrité; elle ne fait qu'abandonner à l'extérieur les principes qui la traversent ou qu'elle a formés; ici, la cellule elle-même tombe et s'élimine, et contribue par conséquent à former le produit de sécrétion. Cette desquamation glandulaire, tout à fait comparable à la desquamation épithéliale qui se remarque sur l'épiderme cutané, est en général précédée d'une transformation chimique des cellules glandulaires; cette transformation est tantôt graisseuse, comme dans les sécrétions sébacées, tantôt muqueuse, comme dans les mucus. La graisse et la mucine constituent les produits spéciaux de ce groupe de sécrétions.

4° *Sécrétions morphologiques.* — Ici, l'élément essentiel de la sécrétion est un élément morphologique, une cellule ou un dérivé de cellule, et le liquide qui tient l'élément anatomique en suspension est l'accessoire. Tel est le liquide du testicule qui renferme un élément anatomique, le spermatozoïde. Il s'agit plutôt ici d'un cas particulier de formation cellulaire que d'une véritable sécrétion.

Caractères physiques des sécrétions. — La *consistance* des sécrétions varie depuis une fluidité comparable à celle de l'eau distillée (larmes) jusqu'à une viscosité excessive (salive sublinguale) et même jusqu'à un état demi-solide (matière sébacée); beaucoup de sécrétions ont une consistance un peu filante due à la présence de la mucine.

Couleur et transparence. — Quelques sécrétions sont incolores (larmes, sueurs, etc.); d'autres sont colorées par des matières colorantes dissoutes, comme l'urine et la bile dont la coloration est la plus foncée de toutes; d'autres enfin ont une coloration blanche, comme le lait; mais elle n'est pas due à une matière colorante spéciale; elle est due à la suspension dans le liquide d'une innombrable quantité de globules graisseux; dans ce cas, le liquide est opaque, tandis qu'habituellement les sécrétions, même colorées, sont parfaitement transparentes. L'opacité, ou le trouble des sécrétions, peut être due aussi à la suspension dans le liquide de particules salines insolubles (urine des herbivores). Quelques sécrétions, comme l'urine, présentent une légère *fluorescence*.

Caractères chimiques des sécrétions. — Les sécrétions sont neutres, acides ou alcalines; la bile est neutre; la salive, le suc pancréatique, etc., sont alcalins; le suc gastrique, la sueur, etc., sont acides.

La proportion d'eau et des matières solides dans les diverses sécrétions offre des variations considérables; en général, la proportion de substances solides est la plus faible dans les sécrétions par filtration; elle augmente dans les sécrétions proprement dites pour atteindre son maximum dans les sécrétions par desquamation et surtout dans les sécrétions morphologiques. Le tableau suivant donne, pour 1000 grammes de liquide, les proportions d'eau, de principes solides, d'albuminoïdes, de principes azotés et de non azotés, de graisse et de sels pour les différentes sécrétions. Les trois dernières analyses ont été prises sur le chien.

	DENSITÉ.	RÉACTION.	EAU.	PARTIES solides.	ALBUMINOÏDES.	PRINCIPES azotés.	PRINCIPES non azotés.	GRAISSES.	SELS.
Urine.........	1,018	Acide........	960	40	»	25	traces.	»	15,000
Sueur.......	1,004	Acide........	995	5	»	1,611	0,317	0,013	2,265
Larmes......	»	Alcaline.....	982	18	5	»	»	»	13,200
Bile........	1,028	Neutre......	862	138	»	104	26	traces.	8,000
Lait........	1,031	Amphotère (?)	886,34	113,66	36,77	»	45,92	25,98	1,840
Colostrum....	»	Alcaline.....	858	142	80	»	43	30	5,400
Sperme.....	»	Neutre......	900	100	60	»	»	»	40,000
Salive mixte..	1,006	Alcaline.....	995,16	4,84	2,96	»	»	»	1,880
Suc gastrique.	1,005	Acide........	973	27	17,1	»	»	»	9,800
Suc pancréat.	1,010	Alcaline.....	900,76	99,24	90,40	»	»	»	8,800
Suc entérique.	1,011	Alcaline	975	975	»	»	»	»	»

Quantité de la sécrétion. — La quantité de liquide sécrété varie pour chaque sécrétion. Considérable en général pour les sécrétions par filtration et les sécrétions proprement dites, elle est plus faible pour les deux dernières catégories. Cette quantité n'est pas en rapport avec le volume de la glande et avec son poids, comme on peut le voir par le tableau suivant :

	POIDS des glandes.	QUANTITÉ de sécrétion en 24 heures	QUANTITÉ par kilogr. de poids vif.	QUANTITÉ PAR KILOGR. DE GLANDES.			
				QUANTITÉ de sécrétion.	QUANTITÉ de parties solides.	QUANTITÉ de matières organiques.	QUANTITÉ de sels.
	gr.	gr.	gr.	gr.	gr.	gr.	gr.
Foie..............	1450	1000	16	689	82	77	5
Glandes mammaires.	500(?)	1350	22	2700	324	318	5
Reins..............	180	140''	23	7777	333	200	133
Pancréas...........	70	250	4	3571	342	314	29
Glandes salivaires...	70	900	15	12857	68	45	22

On voit, par ce tableau, quelle différence il y a, à poids égal, entre l'activité des diverses espèces de cellules glandulaires.

La quantité de la sécrétion varie suivant certaines conditions étudiées pour chaque sécrétion en particulier, et ces variations sont plus marquées pour les sécrétions du premier groupe que pour les autres.

Aux variations de la quantité totale de la sécrétion correspondent des variations de quantité des divers principes qui la constituent ; mais tous ces principes ne varient pas dans le même rapport. L'eau d'abord, et en seconde ligne les principes salins, y contribuent beaucoup plus que les substances albuminoïdes ; aussi, en général, quand une sécrétion augmente, elle devient en même temps plus aqueuse et plus pauvre en substances solides, surtout en albuminoïdes.

Il y a une certaine corrélation entre les différentes sécrétions, et principalement entre les sécrétions par filtration, au point de vue de la quantité ; ainsi, quand la quantité de la sueur augmente, celle de l'urine diminue. Il y a donc une sorte de balancement entre la peau et les reins ; et ce balancement existe non seulement pour la quantité totale de la sécrétion, mais pour la quantité des divers principes et surtout de l'eau et des sels ; les deux surfaces épithéliales peuvent se suppléer dans de certaines limites.

Mécanisme des sécrétions. — On ne connaît encore que d'une façon très incomplète le mécanisme de la sécrétion ; cependant des recherches récentes, faites spécialement sur les glandes salivaires et sudoripares, ont permis d'analyser plus profondément le phénomène. Auparavant, on croyait que la pression sanguine avait le rôle principal dans la sécrétion ; que, sous l'influence de cette pression, le plasma sanguin transsudait à travers les parois des capillaires et était modifié au passage par l'épithélium glandulaire. Mais il est prouvé aujourd'hui que la circulation sanguine n'a qu'une influence indirecte sur la sécrétion. Ludwig, en effet, par une expérience célèbre, démontra que la pression dans les conduits salivaires pouvait être supérieure à la pression du sang artériel de la glande ; en outre, la sécrétion salivaire peut continuer sur une tête coupée, malgré la vacuité des vaisseaux et en l'absence de toute pression sanguine. Enfin, fait accessoire, mais utile à mentionner, la température du liquide sécrété peut être supérieure à celle du sang artériel qui entre dans la glande, preuve que celle-ci est le siège d'un travail chimique assez actif. Toutes ces données autorisent à concevoir le phénomène de la sécrétion de la façon suivante :

Une sécrétion se compose de deux actes ou deux phases distinctes, et jusqu'à un certain point, indépendantes.

1° Une *filtration* du plasma sanguin à travers les parois des capillaires ; ce plasma s'épanche dans les lacunes lymphatiques qui entourent les *acini* glandulaires, et c'est dans cette lymphe que les éléments glandulaires prendront les éléments de leur sécrétion. Cette filtration est sous l'influence de la pression sanguine et varie en intensité suivant toutes les conditions qui font varier cette pression ; c'est là, à proprement parler, l'*acte accessoire* de la sécrétion ; cette filtration atteint son maximum au moment même de la sécrétion, et le liquide filtré entraîne ainsi les substances produites par l'activité des cellules glandulaires ;

2° Une *activité des cellules glandulaires* qui prennent dans la lymphe les matériaux nécessaires pour la sécrétion et les modifient plus ou moins ; cette phase est l'*acte essentiel* de la sécrétion ; il est sous la dépendance immédiate de la précédente, en ce sens que la filtration fournit le liquide dont ont besoin les cellules glandulaires et le renouvelle si la provision en est épuisée ; sans cela la sécrétion s'arrêterait faute d'aliments ; mais il en est indépendant d'une façon immédiate. Cette activité des cellules glandulaires atteint en général son maximum pendant le repos *apparent* de la glande. C'est en effet au moment où la glande ne sécrète pas que les cellules glandulaires *préparent* les substances spéciales à chaque sécrétion et particulièrement les ferments, comme la ptyaline, la pepsine, etc.

En effet, on peut abolir isolément chacun des deux processus sans enrayer l'autre. On a vu plus haut que la sécrétion continue sur une tête coupée, et il en est de même si on interrompt la circulation dans la glande ; la salivation continue pendant un certain temps. D'un autre côté, on peut arrêter la sécrétion, tout en laissant la filtration sanguine se produire ; si, par une injection de carbonate de soude dans le conduit salivaire, on détruit l'activité des cellules glandulaires et qu'on augmente la pression sanguine par l'excitation de la corde du tympan, la filtration sanguine continue à se faire, mais la glande ne sécrétant plus, le liquide transsudé s'accumule dans les lacunes lymphatiques et la glande s'œdématie (Gianuzzi).

Le rôle des nerfs dans les sécrétions est en rapport avec le mécanisme qui vient d'être expliqué. A chacun des deux actes de la sécrétion correspond une catégorie spéciale de nerfs : à la filtration, des *nerfs vasculaires*, qui règlent la circulation glandulaire et la pression sanguine ; à la sécrétion proprement dite, des *nerfs glandulaires*, qui agissent directement sur les cellules épithéliales des *acini* (voir : *Nerfs glandulaires*).

L'indépendance de ces deux actes n'empêche pas qu'il ne marchent en général ensemble et du même pas ; habituellement, quand la filtration s'exagère, la sécrétion s'exagère aussi, *et vice versá*. En effet, une sécrétion intense suppose un renouvellement plus fréquent de la lymphe périglandulaire et une activité plus grande de l'acte préparatoire de la sécrétion ; c'est là ce qui explique le fait observé par Cl. Bernard, que le sang veineux des glandes en activité est rouge clair et non rouge foncé, par suite de l'accélération de la circulation glandulaire. Les sécrétions sont excitées par le jaborandi, la muscarine, enrayées par l'atropine, la morphine, etc.

D'après les recherches de L. Hermann, les glandes, spécialement les glandes sudoripares, sont le siège d'un courant qu'on peut constater par le galvanomètre. Ce
courant de repos change de sens au moment de l'activité de la glande. Cependant
la variation au lieu d'être négative peut être positive sans qu'on puisse en déterminer les conditions. En tout cas la réaction de la sécrétion ne paraît avoir aucune
influence (Bayliss).

Rôle des sécrétions. — Les sécrétions ont tantôt un rôle mécanique comme
la sécrétion sébacée qui protège la surface cutanée, comme la salive dans la mastication; tantôt un rôle chimique, comme la plupart des sécrétions digestives qui
opèrent des transformations chimiques des substances alimentaires; d'autres fois,
elles ont un rôle plus spécialement limité, comme la sécrétion spermatique. D'autres enfin n'ont qu'un rôle de dépuration et d'élimination, comme l'urine, et ne
servent qu'à déverser à l'extérieur les déchets provenant de l'usure des tissus ou de
l'oxydation des aliments absorbés; ce sont les sécrétions *excrémentitielles*.

Une fois leur action produite, les liquides sécrétés ne sont pas tous et en totalité
éliminés de l'organisme; les pertes seraient alors beaucoup trop considérables et
épuiseraient le corps trop rapidement. Une grande partie des principes sécrétés
sont repris par d'autres surfaces épithéliales et repassent dans le sang, tels sont la
salive, le suc gastrique, etc.; quelques-uns y repassent en entier; d'autres resti-
tuent seulement quelques-uns de leurs principes, comme la bile. On a donné
aux premières le nom de sécrétions *récrémentitielles,* aux secondes celui de sécrétions
excrémento-récrémentitielles; les sécrétions *excrémentitielles*, comme l'urine, sont éliminées en totalité.

Bibliographie. — LANGLEY : *On the structure of secretory cells* (Proceed. Cambridg.
phil. Soc., t. V, 1883) (1).

7. — Mouvement vibratile.

Procédés. — Les mouvements des cils vibratiles ne peuvent être étudiés qu'au microscope; mais on peut facilement rendre leurs effets visibles à l'œil nu. Si on place sur
une muqueuse pourvue de cils vibratiles, la muqueuse du pharynx de la grenouille, par
exemple, une poussière colorée, noir de fumée ou bleu de Prusse, on voit, au bout de
peu de temps, que cette poussière est entraînée vers l'estomac; des corpuscules, même
assez lourds, tels que des grains de plomb, peuvent être ainsi déplacés par le mouvement
vibratile, et pour une région donnée, le transport des particules se fait toujours dans la
même direction. Pour amplifier le mouvement on peut faire agir le mouvement vibratile
sur la petite branche d'un levier léger dont la longue branche subit un déplacement
correspondant à sa longueur. Avec quelques précautions ce déplacement peut même
s'inscrire sur un cylindre enregistreur. Une expérience élégante de Bowditch montre
bien la force du mouvement vibratile. On détache le pharynx et l'œsophage d'une grenouille et on les passe sur une baguette de verre imprégnée d'une solution faible de
sel marin; on voit alors l'œsophage progresser sur la baguette dans le sens du mouvement vibratile. Ce mouvement est même assez fort pour entraîner sur la baguette tout
l'avant-train de la grenouille. Si on détache un lambeau de muqueuse vibratile sur une
surface humide, on la voit progresser comme par un mouvement de reptation (*limace
artificielle* de Mathias Duval). On a imaginé plusieurs appareils pour mesurer la vitesse
du mouvement vibratile. Les principaux sont ceux de Calliburcès et d'Engelmann. —
Appareil de Calliburcès. Cet appareil, décrit et figuré dans Cl. Bernard et dans Cyon (2),
se compose d'une petite tige d'aluminium fixée dans un tube de verre; à une de ses
extrémités, cette tige porte une aiguille qui indique sur un cercle gradué les angles de
rotation du tube de verre et de la tige d'aluminium, rotation déterminée par le mouve-

(1) *A consulter* : J. MÜLLER : *De glandularum secernentium structura penitiori,* 1830.
(2) Cl. Bernard, *Leçons sur les tissus vivants,* p. 140, et Cyon, *Methodik,* p. 310, pl. XXXVI,
fig. 1.

ment des cils vibratiles. L'appareil est disposé dans une cage de verre cubique qui permet de le soumettre à l'action de diverses températures. — *Appareils d'Engelmann.* Ces appareils sont au nombre de deux, qu'il appelle *horloge vibratile* et *moulin vibratile.* Le principe de ces instruments est le suivant : les cils vibratiles mettent en mouvement soit une aiguille (horloge), soit une roue dentée (moulin) et leur rotation détermine, pour des distances angulaires égales, le passage d'une étincelle électrique d'une pointe métallique à un cylindre enregistreur à travers un papier enfumé ; ces étincelles laissent sur le papier enfumé des traces blanches qui par leur distance les unes des autres indiquent l'intensité du mouvement vibratile. Pour la description des appareils, qui ne pourrait se comprendre sans figures, voir le mémoire original de l'auteur (1).

Le mouvement vibratile, découvert par A. de Heyde en 1863, a été bien étudié par Purkinje, Valentin et Engelmann. Quand on examine ce mouvement au microscope, il se fait d'abord avec une telle rapidité qu'on ne peut voir les cils vibratiles en mouvement et qu'on n'aperçoit qu'une sorte de zone claire sur le bord de la surface vibratile ; mais ce mouvement devient visible au bout d'un certain temps alors qu'il a subi un ralentissement, ce qui correspond à environ douze vibrations par seconde. Ce mouvement peut présenter diverses formes : tantôt, et le plus souvent, c'est un mouvement d'abaissement et de relèvement des cils ; tantôt c'est un mouvement de crochet, comme la flexion et l'extension des doigts ; d'autres fois, c'est une sorte d'ondulation ou un mouvement de tourbillon. Dans ces mouvements, tous les cils d'une surface se meuvent dans le même sens. D'après Engelmann, chaque vibration se composerait de deux demi-vibrations d'inégale durée ; la plus longue correspondrait à la contraction et au relèvement du cil, la plus courte au relâchement du cil et à son inclinaison, inclinaison qui serait due à l'élasticité même du cil et se fait dans le sens du courant produit par le mouvement vibratile total. Ces mouvements des cils peuvent être très rapides, jusqu'à 960 à 1020 par minute, et sont tout à fait indépendants du système nerveux et de la circulation, car ils persistent sur des cellules détachées ; mais, par contre, le mouvement s'arrête quand les cils sont détachés de la cellule qui les supportait. Ces mouvements subsistent assez longtemps après la mort, et on les a observés encore au bout de trente heures et plus chez des suppliciés (Ordonez, Gosselin, Robin) ; chez les animaux à sang froid, ils peuvent persister plusieurs jours.

Le travail accompli par le mouvement vibratile est assez considérable. Ainsi Wyman a observé un mouvement de progression horizontale en chargeant d'un poids de 48 grammes une surface de 14 millimètres carrés de pharynx de grenouille. Le mouvement vibratile dégage de l'électricité. Engelmann a constaté sur la muqueuse du pharynx de la grenouille, tant que les cils étaient en action, un courant allant de la surface à la profondeur.

Les mouvements vibratiles sont arrêtés ou ralentis par l'eau pure, les alcalis, les acides, la bile, les solutions très étendues de sels ; quand ils ont été arrêtés par des liquides indifférents ou par des solutions qui n'ont pas désorganisé les cils, ces mouvements reparaissent par l'addition d'alcalis (soude ou potasse diluées). L'air, l'oxygène, favorisent le mouvement vibratile ; l'acide carbonique, l'hydrogène, l'éther, le nitrite d'amyle, le chloroforme, le ralentissent ou le font disparaître ; il en est de même de l'air comprimé ou de l'oxygène à haute tension ; l'ammoniaque

(1) Engelmann, *Archiv* de Pflüger, t. XV, p. 493.

l'accélère. L'abaissement de la température ralentit le mouvement vibratile; jusqu'à 40°C., l'énergie des vibrations augmente avec la température, mais à partir de 40° cette énergie diminue et le mouvement (grenouille) s'arrête à 45°. Les observations sur l'influence de l'électricité ne sont pas concordantes; d'après Kistiakowsky, Stuart, etc., les courants constants et les courants induits accélèrent le mouvement; Legros et Onimus, au contraire, ont vu le mouvement ralenti s'accélérer par les courants constants, mais auraient constaté un ralentissement et un arrêt complet par les courants d'induction. D'après Engelmann, le courant constant n'aurait aucune action, tant que son intensité ne change pas; pour les courants d'induction, l'effet varierait suivant l'état de la membrane vibratile; mais quand les mouvements sont ralentis, il y a accélération plus forte pour le courant d'ouverture que pour le courant de fermeture; quand les courants sont très forts, le mouvement est ralenti ou arrêté.

Quelle est la nature du mouvement vibratile? Il ne peut y avoir aujourd'hui le moindre doute, et le mouvement vibratile n'est qu'un cas particulier des mouvements du protoplasma. En effet, le contenu des cils se continue, d'après des recherches récentes, avec le contenu de la cellule épithéliale et les cils se comportent avec les différents réactifs de la même manière que le protoplasma (coagulation à +40°, action des alcalis, etc.). Le mouvement vibratile présente aussi de grandes analogies avec le mouvement musculaire; ainsi il n'est pas aboli par le curare, à moins qu'il ne soit en solution très concentrée. Cependant cette analogie du mouvement vibratile avec les mouvements du protoplasma et de la substance musculaire n'est pas admise par tous les auteurs. Ainsi Cadiat, dans des recherches sur l'influence de l'électricité sur les mouvements vibratiles et les contractions des bryozoaires et des embryons ciliés de mollusques, arrive à cette conclusion que la substance des cils vibratiles est une substance à part jouissant de propriétés spéciales. Quelques auteurs admettent que la flexion du cil a lieu par contraction, le relèvement se faisant par l'élasticité du cil. On a aussi admis dans chaque cil deux filaments accolés qui se contracteraient alternativement inclinant le cil, tantôt dans un sens, tantôt dans l'autre. Ce qui est certain, c'est que ce mouvement peut se transmettre de proche en proche, de cellule à cellule, de façon à déterminer une véritable coordination du mouvement vibratile.

Engelmann admet que les mouvements des cils vibratiles sont dus à des changements de forme des particules élémentaires qui composent la substance des cils. Ces particules élémentaires qu'il appelle *inotagmes*, auraient pendant le repos des cils une forme allongée et seraient orientées parallèlement à la direction des cils par leur grand axe; dans la contraction, ils prendraient la forme sphérique.

Le mouvement vibratile s'observe dans les voies respiratoires (larynx, trachée et bronches, où il est dirigé vers l'extérieur), la muqueuse nasale, les trompes utérines, etc.

Le rôle du mouvement vibratile ne paraît avoir d'importance chez l'homme que dans les voies respiratoires, pour transporter vers le larynx, pour être expulsées par la toux, les mucosités et les poussières qui ont pénétré dans l'arbre aérien avec l'air inspiré (Voir aussi le chapitre de la reproduction).

Bibliographie. — Martius : *Method of determining the absolute rate of ciliary vibration by the stroboscope* (Journ. r. microsc. Soc., t. VI, 1887) (1).

(1) *A consulter* : Purkinje et Valentin : *De phænomeno generali et fundamentali motus vibratorii continui*, 1835. — Calliburcès : *Rech. expér. sur l'influence de la chaleur*, etc. (Comptes rendus, 1858). — J. Wyman : *Experiments with vibrating cilia* (Monthly micr. Journal, 1872). — Th. W. Engelmann : *Flimmeruhr und Flimmermühle* (Arch. de Pflüger,

Bibliographie générale. — A. PRENANT : *Sur la morphologie des épithéliums* (Journal de l'Anat., 1886) (1).

CHAPITRE III

PHYSIOLOGIE DU TISSU MUSCULAIRE

ARTICLE 1er. — Tissu musculaire strié.

§ 1er. — Caractères histologiques de la fibre striée.

La fibre musculaire striée (fig. 114) représente le plus haut degré de perfectionnement de la substance contractile. La fibre primitive a la forme d'un cylindre allongé de 0^{mm},012 à 0^{mm},02 de diamètre et présente des stries transversales parallèles très nettes et une striation longitudinale moins accentuée. Dans les muscles rouges (2), les stries longitudinales sont très apparentes ; dans les muscles pâles, au contraire, les stries longitudinales sont à peine distinctes (Ranvier). La fibre striée est constituée par une enveloppe élastique, le sarcolemme, et un contenu, substance musculaire ou contractile. Cette substance contractile, suivant les réactifs qu'on emploie, se dissocie en disques superposés (acide chlorhydrique étendu) ou en un faisceau de fibrilles plus fines (alcool). Mais, d'après la plupart des histologistes, la division en fibrilles paraît plus naturelle et plus probable.

La *structure intime* de la fibre musculaire primitive a été l'objet de nombreuses recherches, malgré lesquelles il reste encore beaucoup d'obscurité sur la question. Le *sarcolemme* ou *myolemme* est une membrane très mince, assez résistante, et qui se voit bien quand on détermine la rupture de la substance musculaire (fig. 115), ou quand, par l'action de l'eau, cette membrane se soulève sur son contenu. Le sarcolemme paraît entourer de tous côtés la substance musculaire même à l'insertion de la fibre musculaire sur le tendon.

Les *fibrilles* musculaires dont la réunion constitue la fibre primitive sont facilement isolables chez les animaux inférieurs (larves d'insectes, crustacés, etc.). Ces fibrilles (fig. 116) ont une largeur de 0^{mm},001 et paraissent formées par la juxtaposition bout à bout de segments foncés, A, et de segments clairs, C. Les segments foncés des fibrilles voisines se trouvant au même niveau donnent par leur réunion l'aspect de striation transversale de la fibre musculaire, et quand leur adhésion aux segments clairs a été détruite par certains réactifs, la dissociation de cette fibre en disques. Quelques auteurs, et Bowmann en particulier, se basant sur cette division des fibrilles en segments, ont admis que la fibre musculaire se composait

t. XV, 1877). — Bowditch : *The force of ciliary motion* (Boston med. journal, 1876). — Engelmann : *Protoplasma und Flimmerbewegung* (dans : Handbuch der Physiologie, t. I, 1879).

(1) A consulter : Farabœuf : *De l'épiderme et des épithéliums*, 1872.

(2) Cette distinction des muscles en muscles rouges et muscles pâles, qui existe aussi chez l'homme, se voit chez certains animaux; ainsi chez le lapin, le demi-tendineux, le crural, le petit adducteur, le carré crural, le soléaire, sont rouges; le droit interne, le droit externe, le vaste interne, le vaste externe, le grand adducteur, le biceps, les jumeaux, etc., appartiennent aux muscles pâles.

d'une substance semi-liquide et d'éléments solides, *sarcous elements* de Bowmann, *prismes musculaires* de Krause, régulièrement juxtaposés.

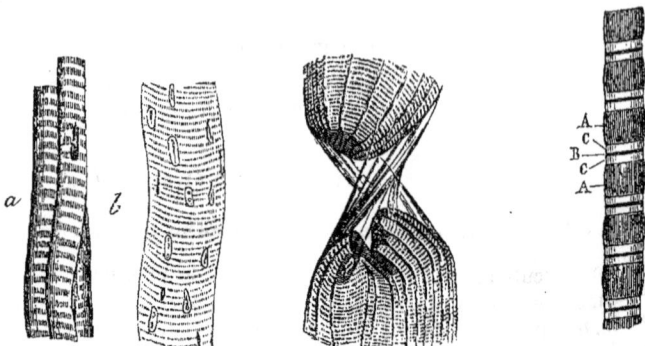

Fig. 114. — *Fibre musculaire striée* (*).   Fig. 115. — *Sarcolemme* (**).   Fig. 116. — *Fibrille musculaire d'insecte* (***).

D'après Brücke, les segments foncés des fibrilles musculaires seraient *anisotropes* et auraient la réfraction double (1); les segments clairs au contraire seraient *isotropes* et à réfraction simple. Cependant les résultats de Brücke ont été attaqués par Rouget, Ranvier, Robin. Pour Wagener, les deux substances, isotrope et anisotrope, ne seraient que la même substance à des degrés divers de cohésion.

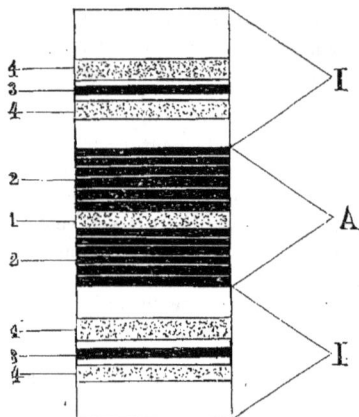

Fig. 117. — *Schéma de la fibre striée* (****).

Des recherches récentes, faites avec les plus forts grossissements, ont fait attribuer à la fibre musculaire une structure beaucoup plus complexe dont le schéma suivant, emprunté à Engelmann, peut donner une idée (fig. 117). La fibre musculaire se compose de disques alternatifs de substance isotrope (I) et de substance anisotrope (A). Le disque anisotrope A est coupé par une bande claire, *disque moyen ou de Hensen* (1); le disque isotrope I, de son côté, est coupé par une bande transversale, *disque de Krause*, divisée elle-même en cinq stries secondaires, une médiane (3) foncée, *disque intermédiaire* d'Engelmann, *disque terminal* de Merkel, limitée par deux lignes claires de substance isotrope qu'il

(1) Ces segments foncés seraient composés, d'après Brücke, de petites particules biréfringentes qu'il appelle *disdiaclastes*.

(*) *a*, fibre normale d'un enfant à terme. — *b*, fibre traitée par un acide (300 diamètres).
(**) Sarcolemme rendu visible par la rupture du contenu.
(***) A, segment obscur. — B, bande obscure transversale (disque intermédiaire) traversant le segment clair C (1000 diamètres).
(****) I, substance isotrope. — A, substance anisotrope. — 1, disque moyen coupant en deux moitiés la substance anisotrope. — 3, bande foncée coupant en deux la substance isotrope ou disque intermédiaire. — 4, 4, stries accessoires claires.

séparent de deux autres stries accessoires, *disques accessoires* d'Engelmann, un peu moins foncées (4).

Le disque intermédiaire (3) est très élastique, uni solidement au sarcolemme et possède la double réfraction. L'espace compris entre deux disques intermédiaires, 3 à 3, constitue ce que Krause appelle une case musculaire (*Muskelkätschen*), case qui est remplie, suivant lui, par un corps plein (prisme musculaire) immergé dans un liquide. Pour Rouget, la fibre musculaire se compose de fibrilles, et chaque fibrille est constituée par l'enroulement spiroïde d'un filament légèrement aplati, sorte de ruban contourné en hélice sur lui-même, au bord duquel correspondent les stries transversales obscures, tandis que les stries claires ne sont autre chose que les intervalles des tours de spire.

Les fibrilles musculaires sont réunies par une substance interstitielle qui, sur des coupes de fibres durcies par l'acide chromique, forme un système de cloisons polygonales (*Champ de Cohnheim*). Rollett a donné le nom de *sarcoplasma* à la substance unissante des fibrilles. D'après S. Mayer, la substance contractile serait remplacée par places par des agglomérations de cellules amœboïdes contenues dans le sarcolemme.

On a beaucoup discuté pour savoir à quel état se trouvait la substance contractile de la fibre musculaire. Pour Brücke et Kühne, cette substance serait à l'état liquide ou semi-liquide. On invoque en faveur de cet état l'ondulation que la fibre présente pendant sa contraction (voir : *Phénomènes microscopiques de la contraction musculaire*), l'épaississement de la fibre au pôle négatif lorsqu'elle est soumise à l'action d'un courant, épaississement qu'on compare au transport d'un liquide vers ce pôle, et surtout l'observation de Kühne qui a vu un parasite, le *Myoryctes Weismanni*, se mouvoir dans une fibre musculaire vivante. Dans cette hypothèse les prismes musculaires anisotropes seraient plongés dans la substance isotrope qui serait à l'état liquide. On a fait à cette théorie de nombreuses objections pour lesquelles je renvoie aux ouvrages spéciaux.

Les fibres musculaires présentent en outre des *noyaux*. Ces noyaux, très nombreux dans les muscles rouges (Ranvier), et qui se voient bien par l'addition d'un acide (fig. 114, *b*), sont situés soit sous le sarcolemme, soit plus rarement, chez l'homme du moins, dans la profondeur de la fibre et entre les fibrilles; ils sont ovalaires, renferment 1 ou 2 nucléoles, et sont entourés d'un peu de protoplasma granuleux qui peut manquer (*corpuscule musculaire* de Schultze).

Les fibres musculaires ne vont pas, en général, d'une extrémité à l'autre du muscle, à moins que celui-ci ne soit très court, comme chez la grenouille par exemple (Ranvier); d'après Rollett, leur longueur ne dépasserait pas 4 centimètres. Dans ce trajet les fibres ne présentent pas de divisions ou d'anastomoses, sauf dans quelques muscles comme le cœur, la langue, les muscles de l'œil.

Il n'y a pas continuité, comme l'a démontré Weismann, entre la fibre musculaire et son tendon ; le sarcolemme recouvre l'extrémité terminale mousse ou en facette de la fibre musculaire et adhère par contiguïté au tendon qui est creusé pour la recevoir. Cependant Golgi admet cette continuité. La fibre striée se termine toujours par un disque isotrope et par un disque accessoire (Engelmann).

Ranvier a, dans ces derniers temps, appelé l'attention sur le spectre produit par les muscles striés. Il suffit pour cela de faire une préparation de fibres musculaires fraîches, bien parallèles. On se place au fond d'un appartement dont on a fermé les volets de manière à ne laisser pénétrer la lumière que par une fente et on approche la préparation de l'œil en l'orientant de façon que l'axe longitudinal des fibres soit perpendiculaire à la direction de la fente. On voit alors de chaque côté de la fente des spectres symétriques produits par les stries transversales musculaires, comme il s'en produit avec les stries très fines tracées sur une glace (*réseaux* des physiciens). On peut, avec le spectre musculaire, comme avec ceux des prismes ou des réseaux, reconnaître les caractères spectroscopiques de l'hémoglobine, et Ranvier a décrit un petit appareil pour cet usage, le *myospectroscope*.

Le tissu cellulaire strié est constitué par la juxtaposition des fibres musculaires primitives; ces fibres, sauf quelques exceptions (mentionnées plus haut), sont parallèles entre elles et réunies en faisceaux contenus dans une gaine connective (*périmysium interne*); ces faisceaux eux-mêmes se groupent en faisceaux secondaires, tertiaires, etc., pour former le muscle qui est lui-même entouré d'une gaine fibreuse, *périmysium externe*. Roth et Babinski ont décrit récemment dans les muscles des formations spéciales, auxquelles Roth donne le nom de *troncs nervo-musculaires* et dont la signification est encore indécise.

Les *vaisseaux* des muscles sont très nombreux; les *capillaires* constituent un réseau de mailles rectangulaires qui entourent les fibres musculaires de façon que chaque fibre est en contact avec au moins deux et quelquefois quatre à cinq capillaires sanguins. Les *lymphatiques* des muscles sont peu connus; cependant leur existence a été démontrée par Sappey, Georges et Frances Hoggan (diaphragme), His et Belajew (cœur). Thanhoffer a trouvé à la limite du tendon et du muscle un système de canaux plasmatiques qui passent du tendon dans la substance musculaire et qui se perdent dans la substance unissante des fibrilles.

La richesse des muscles en *nerfs* dépend de leur fonction. Ainsi tandis que, dans les nerfs des muscles de l'œil, on trouve une fibre nerveuse par trois à dix fibres musculaires, dans les nerfs des muscles couturier et biceps il n'y a plus qu'une seule fibre nerveuse pour 40 à 80 fibres musculaires (Tergast).

La *terminaison des nerfs moteurs dans les muscles* se fait de la façon suivante. En arrivant à la fibre musculaire primitive, la gaine de Schwann (ou plutôt, d'après Ranvier, la gaine de Henle) se continue avec le sarcolemme; le nerf se place ainsi au-dessous du sarcolemme, perd sa myéline au bout de quelque temps et paraît se terminer en s'épanouissant en une sorte de masse granuleuse pourvue de noyaux, *plaque motrice terminale de Rouget*, *éminence nerveuse*. Mais en se servant de grossissements plus considérables et en employant des réactifs appropriés, on constate que la masse granuleuse n'est pas un épanouissement de la fibre nerveuse. Celle-ci, une fois arrivée au-dessous du sarcolemme, se divise et perd sa myéline; chacune des divisions se ramifie à son tour, et l'ensemble constitue ce que Ranvier appelle l'*arborisation terminale;* ces ramifications, munies de noyaux petits, irréguliers, sont plongées dans une substance granuleuse, *substance fondamentale*, pourvue de noyaux volumineux, ovales, *noyaux fondamentaux* et appliquée sur la substance contractile avec laquelle elle est en rapport intime. Trinchese a donné le nom de *neurococci* aux granulations qui se trouvent sur le trajet et à la terminaison du cylindre-axe. Chez la grenouille, la substance fondamentale et les noyaux fondamentaux manquent et l'arborisation, *buisson terminal de Kühne*, a une disposition particulière un peu différente. Dans la couleuvre, la tortue, etc., on trouve des formes intermédiaires entre ces deux modes de terminaison (Tschiriew). Un faisceau primitif peut recevoir plusieurs terminaisons nerveuses.

Une question importante au point de vue physiologique et qui n'est pas encore résolue est celle de la *continuité* ou de la *discontinuité* de la substance nerveuse et de la substance contractile. D'après Engelmann et Fœttinger, la substance nerveuse s'unirait au disque intermédiaire de la substance isotrope. Kühne, au contraire, qui a fait de très intéressantes recherches sur l'histologie des terminaisons nerveuses, se prononce catégoriquement pour la discontinuité de la fibre nerveuse et de la substance musculaire. La plupart des auteurs laissent la question indécise.

Une question encore à l'étude est celle de l'existence de nerfs sensitifs ou centripètes dans les muscles. Depuis longtemps déjà, Kölliker, Reichert, et plus récemment Odénius et Sachs, avaient décrit dans les muscles des filets nerveux distincts des nerfs moteurs. Tschiriew, au contraire, n'a jamais trouvé sur les fibres musculaires que des terminaisons motrices ; mais il a constaté que les fibres nerveuses sans myéline, décrites par Kölliker et les autres auteurs comme des fibres sensitives, ne se terminent pas dans les fibres musculaires, mais ne font que traverser le muscle pour aller se terminer dans l'aponévrose qui recouvre le muscle. D'après les recherches de Sachs et de Golgi, on trouve aussi dans les tendons au lieu d'insertion des fibres musculaires des filets nerveux qui, d'après Golgi, se termineraient par des renflements spéciaux dont les prolongements se mettraient en rapport avec le sarcolemme de la fibre musculaire. Golgi décrit en outre dans les couches tendineuses superficielles des terminaisons nerveuses analogues aux corpuscules de la conjonctive. L'existence des nerfs sensitifs a été confirmée dans ces derniers temps par les recherches de Marchi, Waldeyer, etc.

Pour tout ce qui concerne le développement et la régénération des fibres musculaires, je ne puis que renvoyer aux traités et aux mémoires d'histologie.

§ 2. — Propriétés chimiques du tissu musculaire strié.

Le tissu musculaire se compose chimiquement de deux parties, la substance musculaire proprement dite et un résidu insoluble formé par le sarcolemme, les noyaux musculaires et un peu de graisse.

Le sarcolemme est habituellement rapproché du tissu élastique, cependant il est attaqué par le suc gastrique et soluble, quoique lentement, dans les acides et les alcalis. Il se rapprocherait plutôt de la substance collagène. Frais, il est digéré par la trypsine.

La substance musculaire, plasma musculaire de Kühne, se présente, quand elle a été obtenue par le procédé de Kühne (voir : p. 170), sous la forme d'un liquide sirupeux, mais non filant, opalin, jaunâtre, neutre ou faiblement alcalin. Cependant J. Moleschott et A. Battistini, en se servant de la phtaléine-phénol, auraient constaté l'acidité du muscle à l'état de repos. Ce liquide se coagule spontanément à la température ordinaire en donnant naissance à une substance particulière, la myosine, et après la coagulation il reste un liquide, le sérum ou suc musculaire. D'après Halliburton, cette coagulation se ferait sous l'influence d'un ferment spécial.

La myosine a été étudiée page 170 dans la chimie physiologique. D'après Nasse, qui combat, du reste, les idées de Danilewsky et Cat. Schipiloff (voir p. 172), elle correspondrait à la substance anisotrope.

Le sérum musculaire ou l'extrait aqueux du muscle contient les principes suivants :

1° Des albuminoïdes au nombre de trois : un albuminate de potasse précipitable par l'acide acétique, une albumine coagulable à 45° et insoluble dans les solutions salines ; une assez forte proportion d'albumine coagulable à 75° ;

2° Des traces de ferments ; pepsine (Brücke) ; ptyaline ou ferment saccharifiant (Piotrowsky) ; ferment de la fibrine (Grubert) ; ferment spécial (Halliburton) ;

3° Des peptones ;

4° Une *matière colorante*, identique à la matière colorante du sang et qui existe encore dans les muscles dont tout le sang a été enlevé par le lavage des vaisseaux (Kühne); cette matière colorante musculaire existe chez certaines espèces animales dont le sang ne contient pas d'hémoglobine, ainsi chez les *paludines;*

5° Des *principes azotés :* créatine, xanthine, hypoxanthine, acide inosique, acide urique; outre ces principes constants on rencontre, soit dans certaines espèces, soit dans certains états particuliers, d'autres principes extractifs azotés; c'est ainsi qu'on a constaté l'existence de l'urée dans l'urémie et le choléra et à l'état normal dans la chair des *plagiostomes* (Staedeler), dans celle du lapin et du chien (P. Picard), celle de la taurine et de la leucine dans la viande du cheval, celle de la carnine dans l'extrait de viande américain. La créatinine, qui avait été trouvée par plusieurs chimistes dans le tissu musculaire, ne paraît pas y exister à l'état normal et provient de la créatine. Les muscles contiendraient aussi de l'ammoniaque (0,15 pour 100 gr.; Pellet);

6° Des *principes non azotés :* de la graisse, soit libre, soit combinée en dissolution dans le plasma musculaire (Newmann); de l'inosite, et, d'après Meissner, un autre sucre musculaire d'une espèce particulière; de la substance glycogène, qui existe non seulement dans les muscles des fœtus et des nouveau-nés, mais encore après la naissance (voir p. 119); de la glycose, formée probablement aux dépens de la substance glycogène sous l'influence du ferment ptyalique mentionné plus haut (1); de la dextrine (trouvée dans les muscles du cheval et du lapin); les trois acides lactiques, mais surtout l'acide sarcolactique (voir p. 228 et 229); des acides gras, acides formique et acétique, dont l'existence pendant la vie est douteuse;

7° Des *sels* où dominent les phosphates acides et la potasse (analogie avec les globules sanguins); mais la proportion de potasse par rapport à la soude y est plus considérable que dans ces derniers. Les autres principes inorganiques sont le chlore, l'acide sulfurique, la chaux, la magnésie, le fer. Les cendres du tissu musculaire sont acides;

8° De l'*eau* qui forme près des trois quarts (75 p. 100) du poids du muscle. La proportion d'eau est plus forte dans les muscles de la femme, pendant l'enfance, dans les muscles qui travaillent beaucoup; le cœur est le muscle qui contient le maximum d'eau;

9° Des *gaz* consistant surtout en acide carbonique (14,40 p. 100), un peu d'azote (4,90 p. 100) et des traces d'oxygène (Szumonski), qui, d'après L. Hermann, n'existent pas dans le muscle vivant.

Le tableau suivant emprunté à K. B. Hofmann donne la composition moyenne de la chair musculaire chez les mammifères, les oiseaux et les animaux à sang froid (pour 100 parties) :

(1) D'après Seegen, cette transformation serait due à une propriété spéciale du muscle qui lui serait commune avec le sang artériel.

	MAMMIFÈRES.	OISEAUX.	ANIMAUX À SANG FROID.
Parties solides...................	217 — 255	227 — 282	200
Eau.............................	745 — 783	717 — 773	800
Matières organiques...............	208 — 245	217 — 263	180 — 190
Matières inorganiques.............	9 — 10	10 — 19	10 — 20
Albumine coagulée, sarcolemme, etc.	145 — 167	150 — 177	?
Albuminate de potasse.............	28,5 — 30,1	»	»
Créatine.........................	2,0	3,4	2,3
Sarcine..........................	0,2	»	»
Xanthine et hypoxanthine..........	0,2	»	»
Inosate de baryte.................	0,1	0,1 — 0,3	»
Taurine..........................	0,7 (cheval)	»	1,1
Inosite..........................	0,03	»	»
Glycogène........................	4,1 — 5,0	»	3 — 5
Acide lactique...................	0,4 — 0,7	»	»
Acide phosphorique...............	3,4 — 4,8	»	»
Potasse..........................	3,0 — 3,9	»	»
Soude............................	0,4 — 0,41	»	»
Chaux............................	0,16 — 0,18	»	»
Magnésie.........................	0,4 — 0,43	»	»
Chlorure de sodium...............	0,04 — 0,1	»	»
Oxyde de fer.....................	0,05 — 0,1	»	»

La quantité d'*azote* de la chair musculaire, importante à connaître pour la physiologie, est en moyenne de 3,4 p. 100 (3,03 à 3,84) pour la viande fraîche, de 10,68 à 14,01 p. 100 de la viande sèche.

Bibliographie. — R. DEMANT : *Zur Kenntniss der Extractivstoffe der Muskeln* (Zeit. für phys. Chem., t. II, 1879). — R. DEMANT : *Zur Chemie der Muskeln* (Zeit. für phys. Ch., t. III, 1879). — R. DEMANT : *Ueber das Serumalbumin in den Muskeln* (Zeits. für phys. Chem., t. IV, 1880). — H. PELLET : *De l'existence de l'ammoniaque dans les végétaux et la chair musculaire* (C. rendus, t. XC, 1880). — DEMANT : *Zur Frage nach dem Harnstoffgehalt der Muskeln* (Zeit. für phys. Ch., t. IV, 1880). — A. SENGIREW : *Zur Lehre über die physiologische Bedeutung des Muskelglykogens* (Hofman's Jahresber., 1880. — R. BÖHM : *Ueber das Verhalten des Glykogens und der Milchsäure im Muskelfleisch* (Arch. de Pflüger, t. XXIII, 1880. — A. DANILEWSKI : *Myosin*, etc. (Zeit. für phys. Ch., t. XV, 1881). — CATHERINE SCHIPILOFF et A. DANILEWSKI : *Ueber die Natur der aniotropen Substanzen der quergestreiften Muskels*, etc. (Zeit. für phys. Ch., t. XV, 1881). — J. SCHIFFER : *Ueber den Einfluss der Temperatur auf den Glykogengehalt der Froschmuskeln* (Med. Centralbl., 1881). — E. KÜLZ : *Bildet der Muskel selbstständig Glykogen?* (A. de Pflüger, t. XXIV, 1881). — C. F. W. KRUKENBERG : *Weit. Unt. zur vergleich. Muskelchemie*, 1882. — TH. WEYL : *Historische Notiz zur Muskelchemie* (Zeit. für phys. Ch., t. VII, 1883). — MAC MUNN : *On Myohæmatin*, etc. (Proceed. physiol. Soc., 1884). — G. BUNGE : *Analyse der anorganischen Bestandtheile des Muskels* (Zeit. für phys. Ch., t. IX, 1884). — M. RÜBNER : *Vers. üb. den Einfluss der Temperatur auf die Respiration des ruhenden Muskels* (Arch. für Physiol., 1885). — C. KRUKENBERG et H. WAGENER : *Ueber Besonderheiten des chemischen Baues contractiler Gewebe* (Zeit. für Biologie, t. XXI, 1885). — P. LATHAM : *On the origin and formation of lactic acid, creatine and urea in muscular tissue* (Lancet, 1885). — ZALESKI : *Das Eisen und das Hämoglobin im blutfreien Muskel* (Cbl., 1887). — J. MOLESCHOTT et A. BATTISTINI : *Sur la réaction chimique des muscles striés*, etc. (Arch. ital. de Biol., 1887). — J. SEEGEN : *Ueber die Einwirkung von Muskel und Blut auf Glykogen* (Cbl., 1887).

§ 3. — **Propriétés physiques du tissu musculaire strié.**

I. — CONSISTANCE.

La consistance du tissu musculaire varie suivant les divers états du muscle. Quand le muscle est tendu par ses deux extrémités, il est dur, résistant ; quand, au contraire, ses deux extrémités ne subissent aucune traction, il est mou, comme fluctuant, qu'il soit au repos ou en état de contraction ; c'est la tension de ses deux extrémités qui détermine seule la dureté du muscle. Pendant la rigidité cadavérique, le muscle présente, comme l'indique cette appellation, une dureté plus considérable encore.

II. — COHÉSION.

La cohésion du tissu musculaire est beaucoup plus faible que celle des tissus connectifs et surtout des tendons. La fibre musculaire se laisse rompre assez facilement. Cette cohésion paraît due en grande partie au sarcolemme et aux éléments connectifs et vasculaires qui entrent dans la composition du muscle ; aussi cette cohésion est-elle plus faible pour les muscles dont le sarcolemme est le plus mince, comme la langue.

La cohésion du tissu musculaire n'est guère mise en jeu physiologiquement que de deux façons, par la traction et par la pression. La résistance à la traction ou la ténacité est influencée par l'état du muscle. D'après Weber, un centimètre carré de muscle peut supporter un poids d'un kilogramme sans se rompre. La perte de l'irritabilité musculaire s'accompagne d'une diminution de cohésion ; sur une grenouille morte depuis vingt-quatre heures et chez laquelle l'irritabilité musculaire avait disparu, les gastrocnémiens se rompaient sous des poids de 245 et 290 grammes, tandis que le gastrocnémien d'une grenouille vivante supportait un poids d'un kilogramme et demi sans se rompre. Il en est de même pour la résistance à la pression.

III. — ÉLASTICITÉ.

Procédés pour l'étude de l'élasticité musculaire. — A. Procédés optiques. — 1º Procédé de E. Weber. Le muscle hyoglosse de la grenouille, détaché avec la langue et l'ouverture glottique, est suspendu par la glotte à un crochet fixé dans un poteau ; un plateau de balance est accroché à la partie linguale et supporte les poids dont on veut charger le muscle, les allongements du muscle se lisent sur une échelle graduée appliquée contre le poteau (*Handwörterbuch der Physiologie*, de Wagner, t. III, p. 69). — 2º Procédé de Du Bois-Reymond. Le muscle suspendu verticalement supporte, de haut en bas, une échelle métrique sur laquelle se lisent les déplacements au moyen d'une lunette fixe, un plateau qu'on charge de poids, et enfin deux lames minces de mica perpendiculaires l'une à l'autre qui plongent dans l'huile et empêchent l'appareil d'exécuter les oscillations latérales.

B. Appareils de torsion. — Au lieu d'utiliser les allongements du muscle sous l'influence de poids pour déterminer son élasticité, on peut utiliser les oscillations du muscle dues à la torsion (1). E. Weber construisit avec des fibres musculaires une sorte de balance de torsion analogue à la balance de Coulomb et déduisait l'élasticité du nombre et de la rapidité des oscillations de l'aiguille. Volkmann au lieu des oscillations de torsion enregistrait les oscillations longitudinales sur le kymographion.

C. Procédés graphiques. — On peut employer aussi les procédés graphiques pour enregistrer les allongements du muscle. Volkmann s'est servi du *kymographion* de Ludwig (Voir : *Technique du laboratoire*) ; Wittich a utilisé la plaque du sphygmographe de Marey ; on peut se servir aussi des myographes ordinaires. Mais une disposition meilleure est celle qui a été décrite et figurée par Marey (*Du mouvement dans les fonctions de la vie*, p. 297 et fig. 91). Une grenouille est fixée comme dans le myographe ordi-

(1) On sait que la durée de la vibration d'un corps élastique est en raison inverse de la racine carrée de la force élastique (Voir page 477).

dinaire; le tendon du gastrocnémien est attaché à un fil qui supporte le poids dont on charge le muscle et fait marcher un levier qui, à l'aide d'une disposition spéciale, trace sur un cylindre enregistreur à marche lente la courbe de l'allongement du muscle. Au lieu de poids, Marey emploie, pour charger le muscle, un flacon dans lequel il fait arriver ou d'où il fait sortir du mercure par un écoulement régulier; on obtient ainsi des courbes continues. — Blix a, sous la direction d'Holmgren, construit un appareil dans lequel la charge croît automatiquement d'une façon continue de 0 à un maximum déterminé, et avec une vitesse aussi grande qu'on le veut de façon à annuler l'influence de l'allongement secondaire; l'appareil est disposé de façon que les charges s'inscrivent sur la ligne des abscisses et les allongements du muscle sur les ordonnées: il se recommande par sa précision et sa rapidité. — Bergonié a imaginé récemment un appareil dans lequel le corps élastique est tendu d'une manière uniformément croissante par la flexion d'une lame élastique d'acier, lame élastique dont la flexion est actionnée par une machine de Gramme. Les flexions de la lame s'inscrivent sur un cylindre enregistreur de Marey.

D. Procédés de Donders et v. Mansvelt. — Dans ce procédé, applicable chez l'homme, l'expérimentation se fait sur les fléchisseurs de l'avant-bras, biceps et brachial antérieur. Le bras est vertical et maintenu immobile; l'avant-bras est fléchi à angle droit et horizontal, et l'angle qu'il fait avec le bras dans les divers mouvements de flexion s'apprécie sur un arc-de-cercle divisé dont l'épitrochlée occupe le centre. Des poids variables sont suspendus au poignet par un bracelet de cuir. A un moment donné, on coupe le fil qui supporte le poids et l'avant-bras se fléchit d'un certain nombre de degrés qui varient suivant la grandeur du poids qui chargeait l'avant-bras.

Élasticité musculaire. — L'élasticité musculaire a été bien étudiée par Ed. Weber. Cette élasticité est très faible, mais elle est sinon parfaite, au moins très rapprochée de la perfection; le muscle s'allonge facilement sous l'influence de poids très faibles et revient ensuite exactement à sa longueur primitive. Ces allongements du muscle ne sont pas exactement proportionnels aux poids qui le tendent; l'allongement diminue, d'abord vite, puis plus lentement, à mesure que les poids augmentent, et la courbe d'élasticité musculaire, au lieu d'être une ligne droite, se rapproche de l'hyperbole (Wertheim) (1).

La limite d'élasticité du muscle est assez vite dépassée; un gastrocnémien de grenouille chargé d'un poids de 50 grammes ne revient plus à sa longueur primitive.

A l'état d'activité ou de contraction, le coefficient d'élasticité du muscle diminue, c'est-à-dire que le muscle est moins élastique, plus extensible (Weber). En construisant avec des fibres musculaires une sorte de balance de torsion analogue à la balance de Coulomb, Weber a vu que les oscillations de l'aiguille étaient plus rapides pour le muscle en repos que pour le muscle actif. Ce fait expliquerait une expérience curieuse de Weber : si on charge d'un poids considérable un muscle en repos, quand ce muscle se contracte, il s'allonge au lieu de se raccourcir ; cela tient à ce que le raccourcissement dû à la contraction n'a pas été suffisant pour compenser l'allongement dû à la diminution d'élasticité; mais pour que l'expérience réussisse, il faut que le muscle soit déjà fatigué. Weber a, du reste, comme l'a montré Volkmann, exagéré la diminution d'élasticité du muscle actif.

Les résultats de Weber au sujet de l'élasticité musculaire sont du reste loin d'être adoptés par tous les physiologistes et une longue controverse s'est élevée à ce propos entre Weber et Volkmann. Wundt est arrivé aussi

(1) D'après Wundt, le module d'élasticité des muscles (poids, en grammes, qui peut doubler de longueur un muscle de 1 millimètre carré de section transversale) serait = 273,4.

à des résultats contraires à ceux de Weber. D'après lui, la diminution de l'élasticité pendant la contraction est due non à l'activité musculaire, mais au raccourcissement; si en effet, on empêche le muscle de se raccourcir en le surchargeant, le muscle ne s'allonge pas au moment où on l'excite; ce qui devrait arriver si c'était la contraction même qui était la cause de la diminution de l'élasticité. Donders et Van Mansvelt dans leurs expériences sur l'homme, par le procédé indiqué plus haut, sont aussi en opposition avec la théorie de Weber. Cependant dans des recherches récentes, Blix est arrivé à des résultats qui confirment en partie ceux de Weber.

L'arrêt de la circulation dans un muscle diminue son extensibilité. Le tannin rend plus grande et plus parfaite l'élasticité musculaire. Rossbach et V. Anrep ont étudié l'influence d'un certain nombre de poisons sur cette élasticité.

Le rôle essentiel de l'élasticité est de fusionner les secousses multiples dont se compose une contraction (voir plus loin : *Contraction musculaire*). En outre, elle favorise la production du travail musculaire, en vertu de cette loi formulée par Marey, qu'une force de courte durée, employée à mouvoir une masse, a plus d'effet utile lorsqu'elle agit sur cette masse par l'intermédiaire d'un corps élastique (1). La faible élasticité du muscle fait qu'il n'oppose que peu de résistance aux muscles antagonistes et n'exige pour son élongation qu'une faible dépense de force ; puis, dès que la contraction des antagonistes cesse, il revient à sa longueur naturelle sans trop de force et sans mouvements désordonnés (voir aussi pour les variations de l'élasticité musculaire les paragraphes : *Contraction musculaire*, *Fatigue musculaire*, *Rigidité cadavérique*).

IV. — TONICITÉ MUSCULAIRE

La tonicité musculaire (*tonus musculaire*) n'est qu'une forme spéciale de l'élasticité musculaire et pourrait être appelée *tension musculaire*. Sur le vivant, les muscles n'ont presque jamais leur longueur naturelle, ils sont tendus, c'est-à-dire tirés à leurs deux extrémités, soit par la contraction des muscles antagonistes, soit par l'élasticité même des pièces du squelette et des parties molles ; aussi quand on vient à couper le muscle en travers ou à sectionner ses tendons, voit-on ce muscle se raccourcir et ses deux moitiés s'écarter l'une de l'autre jusqu'à une certaine distance. Les sphincters sont peut-être, à l'état normal, les seuls muscles qui aient leur longueur naturelle et qui ne soient pas tendus ; leur tonicité n'intervient que lorsqu'ils sont dilatés.

La tonicité n'est pas spéciale au muscle inactif; elle existe aussi dans le muscle actif, et, comme on l'a vu plus haut, c'est cette tension qui donne au muscle contracté sa rigidité et sa consistance.

Cette tension des muscles a une grande importance pour leur fonction; si elle n'existait pas, le muscle devrait d'abord, au début de sa contraction, perdre un certain temps à acquérir le degré de tension nécessaire pour qu'il puisse agir sur les os.

(1) Marey, *Du mouvement dans les fonctions de la vie*, page 457.

Des controverses nombreuses se sont élevées sur la question de savoir si la tonicité musculaire était sous l'influence de l'innervation. Plusieurs expériences semblent prouver cette influence. La plus connue est l'expérience de Brondgeest. Il sectionne, sur une grenouille, la moelle au-dessous du bulbe, puis coupe les nerfs de la jambe d'un seul côté; alors, en suspendant la grenouille par la tête, il voit que toutes les articulations de la jambe du côté opéré sont plus lâches et moins fléchies et en conclut que la moelle fournit aux fléchisseurs et probablement à tous les muscles une innervation permanente qui les maintient dans un état de contraction légère.

Pour voir si ce tonus était dû à une activité automatique de la moelle ou à une action réflexe provenant de nerfs sensitifs, Brondgeest prépara la grenouille et la suspendit comme dans l'expérience précédente; il vit alors par l'excitation des nerfs cutanés (pincement, chaleur, etc.) la patte dont les nerfs étaient intacts se fléchir et rester ainsi plus d'une demi-heure à l'état de flexion permanente; ce qui prouvait bien la nature réflexe du phénomène, c'est qu'il ne se produisait plus après la section des racines postérieures de la moelle. La destruction de la moelle, le chloroforme, le curare, produisent le même résultat que la section du nerf, savoir l'abolition du tonus musculaire. Si, à l'exemple de Liégeois, on coupe le nerf sciatique d'un seul côté et qu'on sectionne les deux muscles gastrocnémiens, on voit que le muscle du côté paralysé se raccourcit moins que celui du côté intact. Les expériences de Brondgeest furent répétées avec le même résultat par la plupart des physiologistes; mais chacun en donna pour ainsi dire une interprétation différente. Pour Wittich la flexion de la patte intacte était due à une crampe réflexe produite par l'évaporation cutanée; en plaçant la grenouille sous une cloche humide, les deux pattes restaient symétriques après comme avant la section d'un des deux nerfs. Schwalbe l'attribuait à la fatigue consécutive aux mouvements de l'animal, cette fatigue augmentant l'élasticité des muscles du côté intact, ces muscles se laissaient moins facilement distendre par leur poids que les muscles du côté coupé. Pour Carlet, l'allongement du membre dont le nerf a été sectionné au lieu d'être dû, comme on l'admet généralement, à un état de flaccidité, est dû au contraire à une contracture des extenseurs, contracture déterminée par la section agissant comme excitant mécanique; on peut constater en effet soit par les mesures directes, soit à l'aide du myographe de Marey, que sur une grenouille à moelle coupée, le gastrocnémien qui s'est contracté sous l'influence de la section du nerf sciatique ne revient à sa longueur primitive qu'au bout d'un temps plus ou moins long. Cette contracture des extenseurs s'observe bien en effet dans un certain nombre de cas, mais la plupart du temps, dans l'expérience de Brondgeest, le membre dont le nerf a été sectionné se trouve dans un véritable état de flaccidité.

Cohnstein remarqua que l'expérience de Brondgeest ne réussissait pas quand l'animal au lieu d'être suspendu verticalement était placé horizontalement sur le mercure. Il vit que l'expérience réussissait quand, au lieu de sectionner le sciatique, on pratiquait des sections circulaires de la peau de la jambe, quand le membre était dépouillé ou quand on faisait la section sous-cutanée des nerfs de la peau, et il arriva à cette conclusion que c'est le poids de la jambe qui excite par traction les nerfs cutanés, d'où contracture réflexe des fléchisseurs.

Certaines expériences sont cependant en opposition avec les recherches précédentes. Ainsi Heidenhain constata sur la grenouille et le lapin que la courbe d'élasticité d'un muscle chargé d'un poids n'était pas modifiée par la section du nerf qui se rend au muscle et Auerbach arriva aux mêmes conclusions.

Cette question de la tonicité musculaire est entrée dans une nouvelle phase à la suite des recherches faites récemment sur les nerfs des tendons et sur ce qu'on a appelé les *réflexes tendineux*. Eulenburg, Erb, Westphal, etc., constatèrent chez l'homme sain, mais surtout chez des malades atteints d'affections de la moelle épinière, que, la jambe étant demi-fléchie, un coup sur le tendon rotulien déterminait un mouvement brusque d'extension de la jambe; une distension brusque du tendon produisait le même effet. Il ne s'agit pas dans ce phénomène, comme le croyait Westphal, d'une excitation directe et mécanique du muscle par l'ébranlement ou l'allongement du tendon, car on ne constate pas d'onde musculaire (Voir: *Contraction musculaire*) et on ne voit pas la partie inférieure du muscle se contracter avant la partie supérieure ; au contraire, le muscle se contracte en totalité. C'est donc une contraction réflexe et les expériences sur les animaux prouvent que l'excitation qui détermine les réflexes ne part pas de la peau, mais bien du tendon et probablement des filets nerveux observés dans les aponévroses musculaires (voir page 509). Ce réflexe tendineux est aboli par la section des racines postérieures des sixièmes nerfs lombaires chez le lapin et la destruction de la partie correspondante de la moelle (Tschiriew). Les voies centripètes du phénomène passent donc par le muscle, le nerf crural et les racines postérieures pour arriver à la moelle, d'où l'excitation se propage aux nerfs moteurs. Ces filets centripètes musculo-tendineux sont très délicats et très susceptibles, car la moindre distension du nerf crural abolit le réflexe tendineux, tandis que la motricité volontaire, l'excitabilité réflexe cutanée et l'excitabilité faradique ne sont pas atteintes (Westphal); les nerfs tendineux sont donc plus facilement lésés que les nerfs sensitifs cutanés ou les nerfs moteurs.

D'après Tschiriew, dont les recherches ont été faites sur le tendon rotulien et le nerf crural du lapin, après la section du nerf crural, le muscle se contracte brusquement et, après son retour au repos, a une longueur plus considérable qu'auparavant; le muscle se trouvait donc, avant la section du nerf, dans un état de contraction tonique, due à ses connexions avec le système nerveux central. En outre, il y aurait, d'après lui, une forme différente de la contraction produite par un choc d'induction de rupture suivant que la contraction a lieu avant la section du nerf ou après cette section; dans ce dernier cas, en effet, on observait des oscillations (déjà vues par Cyon chez la grenouille) qui indiquent une modification de l'élasticité dans le muscle dont les connexions avec les centres nerveux ont été abolies. Pour Tschiriew, cette innervation centrale ne serait pas permanente comme l'admettait Brondgeest, puisque dans certaines positions les muscles sont tout à fait relâchés; elle ne se produirait que quand les muscles et leurs tendons sont soumis à un certain degré de distension nécessaire pour que le tonus réflexe apparaisse.

Mommsen, dans des expériences récentes, a constaté aussi la nature réflexe du tonus musculaire et montré que ce réflexe part non seulement des nerfs cutanés, mais des nerfs sensitifs musculaires et que la mise en jeu de ce tonus réflexe est de nature mécanique (distension continue des muscles par la fixation de leurs points d'insertion).

La tonicité des sphincters a été aussi très controversée. Tandis que Rosenthal et Cohnstein la considèrent comme purement élastique, les expériences d'Heidenhain et Colberg, au contraire, tendent à faire admettre une intervention des centres nerveux (Voir: *Mécanisme de l'excrétion urinaire*).

Bibliographie. — Boudet de Paris : *De l'élasticité musculaire*, Th. de Paris, 1880. — H. P. Enko : *Beitr. zur Lehre von der Muskelcontraction* (Arch. f. Physiol., 1880). — Lewin :*Ueber den Einfluss des Tannins auf die Elasticität des Muskels* (Arch. f. Physiol., 1880). — B. v. Anrep : *Stud. über Tonus und Elasticität der Muskeln* (Arch. de Pflüger, t. XXI, 1880). — J. Rossbach et B. v. Anrep : *Einfluss von Giften und Arzneimitteln auf* *die Länge und Dehnbarkeit des quergestreiften Muskels* (id.). — BERGONIÉ : *Contrib. à l'étude des propriétés physiques du muscle*, Bordeaux, 1883. — J. MOMMSEN : *Beitrag zur Kenntniss des Muskeltonus* (Arch. de Virchow, t. CI, 1885) (1).

§ 4. — Propriétés physiologiques du tissu musculaire strié.

I. — NUTRITION ET CIRCULATION

Nutrition et respiration. — La *nutrition* du tissu musculaire est très active. Le muscle, comme l'ont montré les recherches de Spallanzani et d'un grand nombre de physiologistes, même à l'état de repos et privé de sang, absorbe de l'oxygène et élimine de l'acide carbonique, est le siège par conséquent d'une véritable respiration. Dans cet acte respiratoire, le volume de l'acide carbonique exhalé est toujours inférieur au volume de l'oxygène absorbé; il n'y a donc pas parallélisme entre les deux phénomènes et du reste l'élimination de l'acide carbonique persiste, tout en diminuant d'intensité, quand les muscles sont placés dans l'hydrogène ou dans l'azote. La respiration musculaire est plus active que celle des autres tissus ; elle présente aussi des différences suivant les espèces animales et l'âge ; c'est ainsi que les animaux à sang froid et les animaux nouveau-nés consomment moins d'oxygène et produisent moins d'acide carbonique que les animaux à sang chaud et les adultes. Cette production d'acide carbonique se constate aussi dans le sang veineux musculaire et même lorsque, à l'exemple de Ludwig et ses élèves, on fait passer dans un muscle un courant de sang défibriné dépourvu d'oxygène. D'après Stintzing, l'acide carbonique du muscle proviendrait en partie d'une substance qui préexisterait dans le muscle et serait donc en partie plutôt un produit de désassimilation qu'un produit de la respiration musculaire. L'acide carbonique n'est pas du reste le seul produit de la désassimilation musculaire, comme le démontre la présence dans le muscle inactif des principes extractifs azotés et non azotés qui ont été signalés plus haut (page 510). Rubner a étudié l'influence de la température sur la respiration musculaire. Il a vu, qu'en restant dans des limites moyennes de température, la consommation d'oxygène diminuait avec l'abaissement de température et *vice versa*. Le dégagement d'acide carbonique, au contraire, en est indépendant jusqu'à un certain point ; l'abaissement de température n'empêche pas en effet son élimination. Le muscle peut produire de l'acide carbonique sans consommer

(1) *A consulter* : Ed. Weber : *Muskelbewegung* (Wagner's Handworterbuch, 1850). — Heidenhain : *Ueber eine die Muskelelasticität betreffende Frage*, 1856. — A. W. Volkmann : *Commentatio de elasticitate musculorum*, 1856. — Auerbach : *Ueber den Muskeltonus* (Froriep's Notizen, 1857). — L. Rosenthal : *De tono cum musculorum tum eo imprimis qui sphincterum tonus vocatur*, 1857. — W. Wundt : *Ueber die Elasticität des organischen Gewebe* (Zeit. für rat. Med., t. VIII, 1859). — P. Q. Brondgeest : *Onderzoekingen over den Tonus der willkeurige spieren*, 1860. — V. Wittich : *Das Brondgeest'che Experiment* (Königsb. med. Jahrbücher, t. III, 1861). — V. Mansvelt : *Over de elasticität der spieren*, Utrecht, 1863. — J. Cohnstein : *Kurze Uebersicht der Lehre des Muskeltonus* (Arch. für Anat., 1863). — Marey : *Rôle de l'élasticité dans la contraction musculaire.* — M. G. Blix : *Bidrag till läran om muskelelasticiteten* (Upsala, 1874). — Tschirjew : *Tonus quergestreif-ter Muskeln* (Arch. für Physiologie, 1879).

l'oxygène. Ces phénomènes de respiration et de désassimilation sont beaucoup plus actifs, comme on le verra plus loin, pendant la contraction, mais ils existent toujours, même pendant l'état d'inactivité ; seulement pendant la période de repos, la force chimique de tension se dégage tout entière à l'état de chaleur sans se transformer en travail mécanique. Quant à la nature des décompositions qui se passent dans le muscle, cette question sera traitée en examinant les diverses théories de la contraction musculaire.

Comme le système musculaire forme près de la moitié de la masse du corps, et que d'ailleurs le tissu musculaire est celui dont la nutrition est la plus active, il en résulte que l'on peut, dans de certaines limites, apprécier l'intensité de la nutrition musculaire par l'activité de la nutrition totale qui peut elle-même se mesurer par les produits de la respiration et par l'urine.

Les phénomènes chimiques qui se passent dans le muscle inactif paraissent être, jusqu'à un certain point, sous la dépendance des nerfs et des centres nerveux. Les recherches de Rohrig, Zuntz, Pflüger, etc., ont montré que les phénomènes chimiques diminuent d'intensité après la section des nerfs musculaires ou après leur paralysie par le curare (1) ou la morphine. Les centres nerveux exerceraient donc sur la nutrition des muscles une action excitante continue ; c'est ce qu'on appelle *tonus chimique des muscles*. Ce tonus serait de nature réflexe et déterminé par les excitations partant des nerfs sensitifs ; c'est ainsi que le froid (excitation des nerfs cutanés), la lumière, etc., augmentent l'intensité des phénomènes de nutrition musculaire et la production d'acide carbonique, tandis que l'inverse a lieu par toutes les causes qui affaiblissent ou suppriment ces excitations (chaleur, obscurité, sommeil, etc.). Ce tonus chimique peut être rapproché du tonus élastique mentionné plus haut.

Il y a donc une différence notable entre le muscle simplement inactif et le muscle paralysé dont le nerf a été coupé. Cette différence ressort des chiffres qui seront donnés plus loin (Voir : *Phénomènes chimiques de la contraction musculaire*) ; pour le moment je me contenterai de mentionner les analyses suivantes faites par Cl. Bernard sur le sang du muscle droit antérieur du chien dans ces différents états (dosage de l'oxygène par l'oxyde de carbone) :

Oxygène pour 100.

Sang artériel du muscle................................ 7,31
État de paralysie (nerf coupé).............. 7,20
Sang veineux } État de repos (nerf intact)................. 5,00
État de contraction....................... 4,28

Cette influence des nerfs sur la nutrition des muscles explique les altérations qui se produisent dans les muscles après la section des nerfs qui s'y rendent. Ces altérations, bien étudiées par Erb et Vulpian, consistent en une atrophie musculaire visible à l'œil nu, un mois ou six semaines après la section du nerf ; cette atrophie est due au développement de vésicules adipeuses entre les fibres musculaires primitives (fig. 14, p. 97) ; en même temps la substance musculaire est le siège d'une dégénérescence qui se traduit par la formation dans l'intérieur du sarcolemme de granulations graisseuses qui font peu à peu disparaître la striation de la fibre et

(1) Colasanti a prouvé que la diminution de la respiration musculaire à la suite de la curarisation tient bien à la paralysie des nerfs moteurs et que le curare n'a aucune action directe sur la nutrition du muscle.

envahissent peu à peu la substance contractile (fig. 13, p. 98). Les caractères de la graisse des muscles dégénérés ont été étudiés page 97. Les muscles paralysés contiennent en outre plus de matières extractives, de sels et de matière glycogène que les muscles sains; par contre ils renferment un peu moins d'eau; les muscles paralysés sont moins acides; ils donnent un bouillon plus foncé et qui n'a pas l'odeur aromatique du bouillon fait avec les muscles normaux, et le résidu desséché à l'étuve a une odeur forte, désagréable, rappelant l'odeur d'écrevisse.

Ces altérations musculaires s'accompagnent, comme on le verra plus loin, d'une diminution de l'irritabilité du muscle.

La cause de ces altérations a été très controversée. Elles ne peuvent tenir à l'inertie fonctionnelle, à l'immobilité produite par la section du nerf; car, dans ce cas, l'atrophie simple (fig. 14) ne s'établit qu'avec une très grande lenteur. Cependant Joseph, en immobilisant des grenouilles, aurait constaté dans les muscles immobilisés des altérations identiques à celles qui succèdent à la section des nerfs, mais les résultats de Joseph ont été contredits par Vulpian. On ne peut invoquer non plus une paralysie vaso-motrice par section des filets vaso-moteurs contenus dans les nerfs coupés, car pour les muscles innervés par le facial par exemple, les altérations sont les mêmes, soit qu'on coupe le nerf à sa sortie du trou stylo-mastoïdien, soit qu'on le sectionne à son origine et avant qu'il ait reçu des filets vaso-moteurs (Vulpian); du reste on n'a jamais constaté d'altérations musculaires après la section du sympathique du cou, quoiqu'il y ait dans ce cas paralysie vaso-motrice. Brown-Séquard et Charcot admirent que les lésions des muscles étaient dues à l'irritation des nerfs, irritation déterminée par la section; dans cette hypothèse les lésions devraient être plus rapides et plus intenses après la section incomplète ou l'irritation traumatique des nerfs qu'après leur section simple; mais Vulpian, dans une série d'expériences sur ce sujet, est arrivé à cette conclusion que les résultats sont sensiblement les mêmes dans les deux cas.

On se trouve donc conduit par exclusion à cette idée que les centres nerveux agissent d'une façon continue sur la nutrition musculaire et que la suppression de cette influence détermine des troubles dans la nutrition du muscle et des altérations dans sa structure.

Circulation dans les muscles. — Les muscles sont des organes très riches en vaisseaux sanguins; d'après Ranke, le système musculaire du lapin (en état de rigidité) contient 20,20 p. 100 du poids total du sang de l'animal. L'abord du sang est nécessaire à la vie même du muscle et à la manifestation de son activité, comme on le verra plus loin à propos de l'irritabilité musculaire. Tout obstacle à la circulation (ligature, compression, etc.) produit en un temps très court la perte de l'irritabilité et la mort du muscle. Ranvier, dans ses recherches sur les muscles rouges et les muscles pâles, a montré que la circulation ne se fait pas de la même façon dans les deux espèces de muscles; dans les muscles pâles, les mailles vasculaires sont rectangulaires, allongées; dans les muscles rouges, les mailles sont plus larges, les capillaires sont plus sinueux et les anastomoses transversales présentent souvent de petites dilatations fusiformes. Ces différences de disposition paraissent correspondre aux modes différents de contraction des deux sortes de muscles.

Les vaisseaux des muscles possèdent des nerfs dilatateurs et des nerfs constricteurs qui viennent s'accoler aux filets moteurs proprement dits; c'est du moins ce qu'on est en droit de supposer d'après les expériences de Sadler, Gaskell, etc.; les nerfs dilatateurs l'emporteraient sur les filets constricteurs; en effet en excitant un nerf musculaire on observe ordinairement en même temps que la contraction un accroissement de l'écoulement de sang par la veine, et Gaskell a constaté directement au microscope, sur l'hyo-glosse de la grenouille, cette dilatation vasculaire. On observerait même cette dilatation en l'absence de toute circulation, ainsi après l'ablation du cœur ou la ligature de l'aorte (Gaskell).

Pour l'état de la circulation pendant la contraction (Voir : *Contraction musculaire*).

Bibliographie. — M. Rubner : *Vers. üb. den Einfluss der Temperatur auf die Respiration des ruhenden Muskels* (Arch. f. Physiol., 1885) (1).

II. — IRRITABILITÉ ET CONTRACTILITÉ MUSCULAIRES.

L'*irritabilité* ou *excitabilité musculaire*, reconnue pour la première fois par Haller, est la propriété qu'a le muscle de se contracter sous l'influence de certains excitants. Comme cette irritabilité se traduit par un mouvement spécial, un raccourcissement, une contraction, elle a reçu aussi le nom de *contractilité*. L'irritabilité étant, comme on l'a vu plus haut (page 361), une propriété générale de tous les éléments vivants, nous emploierons de préférence le terme *contractilité* pour caractériser l'irritabilité musculaire.

La question de savoir si la contractibilité est inhérente à la substance musculaire ou si elle dépend des nerfs qui se rendent aux muscles a été très vivement discutée et n'est pas encore tranchée d'une façon définitive. Cependant les raisons suivantes tendent plutôt à faire admettre qu'elle est indépendante des nerfs musculaires.

1° La substance musculaire n'est qu'une forme de protoplasma contractile, forme plus perfectionnée il est vrai, mais qui s'en rapproche cependant par beaucoup de caractères (Voir : *Protoplasma*) ; or, les mouvements du protoplasma sont essentiellement propres à cette substance et indépendants de toute action nerveuse.

2° Quand on détruit ou quand on paralyse les nerfs d'un muscle, la substance musculaire n'en conserve pas moins sa contractilité.

On peut arriver à ce résultat par trois moyens, par la section des nerfs qui se rendent au muscle, par le curare, par le passage d'un courant constant ascendant dans le nerf.

Après la *section des nerfs moteurs*, il se produit dans les muscles des altérations qui ont été étudiées page 518 ; mais ces altérations sont tardives et lentes à se prononcer, tandis qu'au bout de quatre jours en moyenne (2) le nerf subit la dégénérescence graisseuse (Longet) ; à cet état le nerf a perdu son excitabilité, et si on le soumet à une irritation, il ne détermine plus de contraction dans le muscle ; mais si on applique l'irritation *directement* sur le muscle, celui-ci se contracte en l'absence de toute intervention nerveuse. On a objecté, il est vrai, que la dégéné-

(1) *A consulter :* **Nutrition.** — Brown-Séquard : *Influence du système nerveux sur la nutrition des muscles* (Soc. de Biologie, 1849). — Vulpian : *Sur les modifications que subissent les muscles sous l'influence de la section de leurs nerfs* (Arch. de physiologie, 1869). — Vulpian : *De l'altération des muscles qui se produisent sous l'influence des lésions traumatiques ou analogues des nerfs* (Comptes rendus, 1872). — Id. : (Archives de physiologie, t. IV, 1872). (Voir aussi la bibliographie de la chimie des muscles, p. 511).
    Circulation. — Ranke : *Die Blutvertheilung*, etc., 1871. — Ranvier : *Note sur les vaisseaux sanguins et la circulation dans les muscles rouges* (Arch. de physiologie, 1874).
    (1) Le temps varie suivant les espèces animales et est beaucoup plus long chez les grenouilles (Voir : *Physiologie du tissu nerveux*).

rescence ne portait que sur des troncs nerveux, et n'atteignait pas les plaques motrices terminales et les terminaisons nerveuses intra-musculaires. Mais les recherches de Sokolow sur la grenouille et de Ranvier sur le lapin montrent que la dégénérescence atteint aussi les terminaisons nerveuses et qu'elle semble même débuter par ces terminaisons.

Le *curare* (Voir: *Toxicologie physiologique*) paralyse les nerfs moteurs périphériques (Cl. Bernard, Kolliker), et laisse intacte la contractilité musculaire. Quand on empoisonne un animal avec le curare, l'excitation des nerfs moteurs ne produit rien; l'excitation directe du muscle produit des contractions; l'excitabilité nerveuse est abolie; l'irritabilité musculaire persiste. Schiff a objecté que les extrémités nerveuses sans moelle n'étaient pas affectées par le curare, et Funke invoque à l'appui ce fait anatomique que les terminaisons nerveuses motrices situées sous le sarcolemme ne sont pas en contact immédiat avec le sang des capillaires et avec le poison; mais cette objection est difficilement acceptable en présence des expériences qui prouvent que ce sont précisément les fibres à moelle qui résistent à l'action du curare et que celui-ci influence principalement les nerfs moteurs à leur terminaison dans le muscle. Une autre objection a été faite: Kühne avait cru voir chez les animaux curarisés l'irritabilité du muscle décroître depuis le hile du nerf (entrée du nerf dans le muscle) jusqu'aux extrémités, et en avait conclu à l'existence dans le muscle d'un appareil nerveux spécial échappant à l'action du curare, mais Sachs a démontré depuis que, quand la curarisation est complète, l'irritabilité est la même dans toutes les parties du muscle.

Eckhard avait vu que lorsqu'on fait passer dans un nerf moteur un *courant constant ascendant* assez fort (*anelectrotonus*), ce nerf devient inexcitable et ne détermine plus de contractions quand on l'irrite. Dans ces conditions de paralysie nerveuse, la contraction se produit encore au contraire par l'excitation directe du muscle. Il est vrai que dans ce cas la contractilité est diminuée, ce qu'Ekhard invoque contre l'irritabilité musculaire; mais cette diminution, comme l'a fait remarquer Pflüger, s'explique facilement d'une façon plus rationnelle. Quand on excite directement un muscle à l'état d'intégrité, on excite à la fois la substance musculaire et les terminaisons nerveuses périphériques et la contraction consécutive est la résultante de ces deux excitations qui s'ajoutent; quand le muscle est curarisé, une seule de ces deux excitations, celle de la substance musculaire, persiste, l'autre est supprimée et il s'ensuit tout naturellement un affaiblissement de la contraction.

3° La contractilité existe dans des muscles ou des portions de muscles absolument dépourvus de nerfs.

Certains muscles, comme le couturier de la grenouille (Kühne), le rétracteur du bulbe oculaire du chat (Krause), etc., sont dépourvus de nerfs dans une certaine partie de leur étendue. Cependant en appliquant des excitants chimiques ou mécaniques sur ces parties, on obtient une contraction qui ne peut tenir à une excitation nerveuse. On peut objecter à cette expérience, d'abord que ces portions de muscle peuvent contenir des nerfs qui ont échappé à l'observation, ensuite que l'excitation s'est transmise de proche en proche jusqu'à la terminaison nerveuse la plus voisine de la fibre excitée. Mais l'objection peut difficilement s'appliquer à l'observation suivante: si on examine au microscope des fibres musculaires vivantes, on trouve facilement des tronçons de fibres évidemment dépourvus de plaques terminales, et qui sont cependant le siège de contractions bien nettes; il en est de même par exemple pour le cœur de très jeunes embryons qui bat d'une façon rythmique à une époque où il est impossible d'y apercevoir la moindre trace d'éléments nerveux.

4° Certains excitants agissent sur les muscles sans agir sur les nerfs et inversement.

La différence d'action porte surtout sur les excitants chimiques ; mais il y a sur ce sujet des dissidences nombreuses entre les observateurs. D'après Kühne, qui a fait un grand nombre de recherches sur cette question, l'ammoniaque à l'état de vapeur ou de solution, l'eau de chaux, les acides minéraux à l'état de dilution très faible (un pour 1000 par exemple pour l'acide chlorhydrique) seraient sans action sur les nerfs, tandis qu'appliqués directement sur le muscle soit intact, soit curarisé (ou paralysé par la section de ses nerfs ou par l'anelectrotonus), ils déterminent des contractions. D'autres substances au contraire, telles que la glycérine concentrée, l'alcool, la créosote, l'acide lactique concentré, agiraient sur les nerfs et seraient sans influence sur les muscles. Les conclusions de Kühne ont été attaquées par plusieurs physiologistes et spécialement par Wundt et Funke.

On peut rapprocher des faits précédents l'action de certains poisons. On a vu plus haut que le curare n'agit que sur les terminaisons nerveuses motrices et respecte l'irritabilité musculaire. D'autres toxiques au contraire, comme le sulfocyanure de potassium, abolissent la contractilité musculaire en respectant l'excitabilité nerveuse.

5° Enfin on observe dans les muscles, dans certaines conditions, une forme particulière de contraction, *contraction idio-musculaire*, qui vient aussi à l'appui de la théorie de l'irritabilité musculaire.

Bennett-Dowler, puis Brown-Séquard constatèrent la production de mouvements musculaires après la mort sous l'influence d'exitations mécaniques des muscles (choc ou coup sec sur le muscle). Ces phénomènes ont été bien étudiés depuis par Schiff, Auerbach, Aeby, etc., et ont été observés sur des membres amputés, sur des décapités, sur l'homme vivant et sur les animaux. La contraction musculaire peut se présenter sous diverses formes ; tantôt, comme dans les cas de Bennett-Dowler, on a une contraction totale du muscle, tantôt, et c'est à cette forme spéciale que revient le nom de contraction idio-musculaire, le choc détermine sur le muscle la production d'une *crête* ou d'un soulèvement, qui peut rester localisée au point excité, ou au contraire être le point de départ d'ondes de contraction qui marchent successivement vers les extrémités du muscle et reviennent vers le point percuté. La crête est plus prononcée quand le choc a lieu transversalement à la direction des fibres, avec le dos d'un scalpel par exemple ; un certain degré d'affaiblissement de l'animal favorise sa formation. La contraction idio-musculaire peut être déterminée non seulement par les chocs mécaniques, mais encore par tous les excitants de l'activité musculaire, agents chimiques, électricité, etc. (1) ; elle s'observe aussi bien dans les muscles intacts que dans ceux dont les nerfs ont été coupés ou paralysés. Elle ne peut donc être attribuée à l'excitation des terminaisons nerveuses intra-musculaires. Pour la produire chez l'homme vivant, il faut choisir de préférence un sujet maigre et s'adresser à des muscles appliqués sur un plan osseux résistant comme le trapèze, le grand dorsal, le grand pectoral, etc.

Causes influençant la contractilité musculaire. — La contractilité musculaire varie, suivant certaines conditions, soit en plus, soit en moins. Elle est augmentée par un afflux sanguin plus considérable ; si on fait affluer le sang dans

(1) Schiff croyait qu'elle ne pouvait être produite que par les excitants chimiques et mécaniques, Wundt que par l'électricité ; Kühne a démontré qu'elle était déterminée par tous ces agents indistinctement.

un membre en paralysant ses nerfs vaso-moteurs (section des troncs lombaires chez la grenouille), la dilatation des capillaires de la patte s'accompagne d'une irritabilité plus grande des muscles du même côté ; de même, après l'hémisection du bulbe et des tubercules bijumeaux chez la grenouille, on a une hyperhémie et une contractilité plus marquée d'une moitié de la langue (Liégeois). Le repos, la présence de l'oxygène produisent le même effet ; les muscles conservent plus long-temps leur irritabilité dans l'oxygène que dans l'air, et dans l'air que dans un mi-lieu privé d'oxygène ; l'injection de sang oxygéné dans un membre séparé du corps y maintient l'irritabilité pendant un certain temps. La chaleur, tant qu'elle ne dépasse pas une certaine limite, augmente l'irritabilité musculaire. Certaines subs-tances, la vératrine, l'ésérine, produisent le même effet. Il en serait de même du passage d'un courant galvanique constant dans le sens de la longueur des fibres.

Les causes qui agissent en sens inverse sont : l'arrêt de la circulation sanguine (compression ou ligature de l'aorte, comme dans l'expérience de Stenson (injection de substances coagulantes ou obturantes dans les vaisseaux), la fatigue, un repos trop prolongé, le froid ou plutôt une température au-dessus ou au-dessous d'une moyenne variable suivant chaque espèce, une forte extension du muscle, une trop forte proportion d'eau (Künkel), enfin la présence dans le muscle de certaines substances telles que l'acide carbonique, l'acide lactique, le phosphate de chaux, ou de principes toxiques, comme la digitaline. Certains poisons abolissent presque instantanément l'irritabilité musculaire ; tels sont le sulfocyanure de potassium, tous les sels de potasse, la bile, l'émétine, la saponine, l'upas antiar, l'inée, etc.

L'interruption de la circulation sanguine dans les muscles peut se faire comme on l'a vu plus haut par plusieurs procédés. Mais quelques-uns d'entre eux présen-tent des causes d'erreur. Après la ligature de l'aorte (expérience de Sténon ou de Stenson), non seulement la circulation peut se rétablir par les collatérales, ce qu'on évite par le procédé des injections obturantes de Vulpian (poudre de lyco-pode, etc.), mais surtout l'arrêt de la circulation peut porter aussi sur la partie inférieure de la moelle (Schiffer). Du Bois-Reymond passe un trocart courbe armé d'un fil en avant du rachis et de l'aorte, de façon qu'en serrant le fil, l'aorte se trouve comprimée contre la colonne vertébrale ; chez les jeunes animaux, la cons-triction peut atteindre et comprimer la moelle.

La paralysie musculaire consécutive à l'interruption de la circulation se produit beaucoup plus vite chez les animaux à sang chaud que chez les batraciens. Chez le cobaye elle se montre au bout de quelques minutes. Mais il faut distinguer, dans cette paralysie, ce qui revient au système nerveux et ce qui revient à l'irritabilité propre du tissu musculaire. En général la contractilité musculaire, essayée par l'irritation directe du muscle ne disparaît qu'au bout de quatre à cinq heures, tandis que la contractilité indirecte (par l'excitation des nerfs musculaires) est abolie beaucoup plus vite. La perte de la contractilité est toujours précédée d'une augmen-tation transitoire de l'irritabilité musculaire. L'expérience de Sténon réussit aussi quand on lie la veine avant de lier l'artère de façon à retenir le sang dans les mus-cles. Ce n'est donc pas l'anémie qui est la cause directe de la perte de la contrac-tilité ; mais dans l'expérience ainsi modifiée, l'abolition de l'irritabilité musculaire est moins rapide, ce qui s'accorde du reste avec les expériences d'Ettinger et de Ranke sur des muscles isolés ; il est probable que dans ce cas le maintien de l'irri-tabilité est dû à ce que le sang sature, par son alcalinité, l'acide lactique et l'acide carbonique qui se sont formés dans le muscle. Quant à la cause réelle de la perte de contractilité, elle doit être cherchée dans l'interruption de la respiration et de la nutrition musculaires. A l'état normal, le sang apporte au muscle de l'oxygène, substance excitante, et le débarrasse des produits de décomposition tels que l'a-cide carbonique, l'acide lactique, etc., autrement dit de substances paralysantes; on comprend facilement alors quelle influence doit avoir sur le muscle l'interruption de la circulation.

La section et la paralysie des nerfs, comme on l'a vu plus haut (page 520), sont suivies de modifications dans l'irritabilité musculaire. Dès le troisième ou le quatrième jour on observe une diminution de la contractilité pour les excitations directes ou indirectes, de quelque nature qu'elles soient. Au bout de quelques semaines, les muscles deviennent plus irritables pour les actions mécaniques et pour les courants continus, tandis qu'il deviennent insensibles aux courants de courte durée et aux courants d'induction (Erb). Le même phénomème a été constaté dans un certain nombre de paralysies de cause périphérique. Cette augmentation d'excitabilité pour les courants continus n'a pas été observée par Vulpian. Il n'a pas non plus retrouvé la différence signalée par Erb entre les muscles paralysés et les muscles à innervation normale, et a toujours vu dans les deux sortes de muscles le pôle négatif agir plus fortement que le pôle positif, tandis qu'Erb a constaté le contraire pour les muscles paralysés. Après avoir atteint son maximum vers la septième semaine, l'irritabilité musculaire diminue peu à peu pour disparaître tout à fait au septième ou huitième mois (1).

C'est probablement à l'augmentation d'irritabilité musculaire mentionnée plus haut qu'il faut rattacher les contractions fibrillaires ou les mouvements ondulatoires observés par Schiff, Bidder, etc., sur des muscles dont les nerfs ont été coupés (muscles de la langue, de la face). Ces contractions paralytiques se montrent dès le troisième jour et durent quelquefois très longtemps (jusqu'à des mois). Elles persistent après la ligature des artères et ne sont pas empêchées par la curarisation (Bleuler et Lehmann).

En résumé, l'irritabilité musculaire est sous la dépendance immédiate de la nutrition générale du muscle et de toutes les conditions qui la déterminent (circulation, respiration, actions nerveuses). Quant aux influences générales de climat, de race, de sexe, etc., et à l'action qu'elle peuvent avoir sur l'irritabilité musculaire, elles n'ont pas encore été étudiées d'une façon précise.

La contractilité ne paraît pas égale pour tous les muscles. Bidder et Rollett ont constaté que, pour de faibles excitations du nerf sciatique de la grenouille, les fléchisseurs se contractent plus énergiquement que les extenseurs, tandis que pour de fortes excitations ce sont les extenseurs qui l'emportent, et Völkin a observé le même fait sur le lapin. Il est vrai que dans ce cas la différence paraît tenir aux nerfs plutôt qu'aux muscles eux-mêmes, cependant elle se montre aussi par l'excitation directe des muscles. Chez les animaux nouveau-nés, Soltmann a trouvé la contractilité musculaire plus faible que chez les adultes; Legros et Onimus avaient déjà constaté le même fait sur les muscles de l'embryon.

La contractilité persiste plus ou moins longtemps après la mort ou sur un membre détaché du corps; elle disparaît très vite chez les animaux à sang chaud, beaucoup plus lentement chez les batraciens. Cette différence tient en grande partie à la température; en effet, en refroidissant artificiellement un mammifère, on peut voir l'irritabilité persister six à huit heures au lieu de deux heures et demie comme à l'ordinaire (Israël). L'irritabilité musculaire indirecte se perd toujours avant la

(1) Schmulewitsch rattache les variations d'excitabilité musculaire après la section des nerfs, aux variations de la quantité de sang produites par l'irritation ou la paralysie des nerfs vaso-moteurs contenus dans les troncs nerveux musculaires. Il y aurait au moment de la section anémie par irritation des nerfs vaso-moteurs, et plus tard hyperhémie par la paralysie de ces mêmes nerfs (Voir : Nerfs vaso-moteurs).

contractilité directe; l'excitabilité pour les courants induits disparaît plus vite que pour les courants constants. Quand les muscles sont conservés à une basse température la persistance de la contractilité est plus longue; un gastrocnémien de grenouille maintenu à 0° peut rester irritable jusqu'à dix jours, tandis que par les chaleurs de l'été son irritabilité disparaît en vingt-quatre heures. Certains muscles, le gastro-cnémien et le couturier par exemple, conservent bien plus longtemps leur contracti-lité. Onimus sur un supplicié a vu la contractilité disparaître en premier lieu sur les muscles de la langue et le diaphragme, puis sur ceux de la face (deux heures et demie à trois heures après la mort): pour les muscles des membres, les fléchis-seurs restent plus longtemps contractiles que les extenseurs; les muscles du tronc et surtout les muscles abdominaux sont ceux qui conservent le plus longtemps leur contractilité.

Brown-Séquard a trouvé les chiffres suivants pour la durée de l'irritabilité après la mort : cobaye, 8 heures; lapin, 8 h. 1/2; mouton, 10 h. 1/2; chien, 11 h. 3/4; chat, 12 h. 1/2. Dans certains cas, elle persisterait encore plus longtemps. E. Rous-seau a vu le cœur d'une femme guillotinée battre encore vingt-six heures après la mort; Vulpian sur un chien a constaté des pulsations du cœur au bout de quatre-vingt-seize heures et demie. Cette irritabilité *post portem* explique les mouvements observés dans certains cas sur des cadavres, surtout dans les cas de choléra (Brandt).

Cette diminution d'irritabilité après la mort est précédée d'une période d'aug-mentation. Quant à cette diminution elle-même, elle se fait d'abord vite, puis plus lentement, et est représentée par une courbe dont la convexité est tournée vers la ligne des abscisses (Nicolaïdes).

On vient de voir que le froid conserve l'irritabilité musculaire. Certaines substan-ces et en particulier certains sels neutres produisent le même effet, et sont par suite d'un emploi courant dans les recherches physiologiques. Le tableau suivant emprunté à Nasse donne, pour les sels de sodium qui sont les plus efficaces, les noms de ces sels et l'état de dilution auquel ils doivent être employés pour produire le maximum d'effet :

	Quantité de sel p. 100 d'eau.
Chlorure de sodium	0,6
Phosphate de sodium	1,55
Nitrate de sodium	1,0
Bromure de sodium	1,2
Iodure de sodium	1,75
Sulfure de sodium	1,4
Acétate de sodium	0,95

À petites doses, les phosphates de potassium et de calcium favorisent aussi le maintien de l'irritabilité (Ringer Sydney).

Quand la contractilité musculaire a disparu, elle peut, comme l'ont démontré les recherches de A. de Humboldt et Kay et plus récemment celles de Brown-Séquard et Stannius, reparaître par l'injection dans le muscle de sang oxygéné. Ludwig et A. Schmidt ont même pu, en maintenant la circulation artificielle de sang défibriné dans les muscles de chien, conserver l'irritabilité musculaire longtemps après la mort. D'après Preyer les muscles rigides peuvent même rede-venir excitables par l'injection de sang oxygéné quand on a la précaution de les traiter auparavant par une solution de chlorure de sodium qui dissout la myosine coagulée. Heidenhain a constaté qu'un muscle qui n'est plus ou presque plus irritable peut récupérer sa contractilité quand on le fait traverser par un courant constant ascendant ou descendant; l'action de ce dernier est cependant plus faible.

Bibliographie. — FREUSBERG : *Bericht. Nachtrag zu der Arbeit über die electrisch Erregbärkeit gelähmter Muskeln* (Arch. f. Psychiatrie, t. IX, 1819). — J. SCHMULEWITSCH : *Ueber den Einfluss des Blutgehaltes der Muskeln auf deren Reizbarkeit* (Arch. f. Physiol. 1879). — CH. RICHET : *De l'excitabilité du muscle pendant les différentes périodes de sa contraction* (C. rendus, t. LXXXIX, 1879). — ID. : *De l'excitabilité rythmique des muscles et de leur comparaison avec le cœur* (id.). — CH. LIVON : *De la contraction rythmique des muscles sous l'influence de l'acide salicylique* (id.). — J. MOMMSEN : *Beitrag zur Kenntniss von den Erregbarkeitsveränderungen*, etc. (Arch. f. pat. Anat., t. LXXXIII, 1881). — S. MAYER : *Ueber einige Bewegungserscheinungen an quergestreiften Muskeln* (Prag. med. Wochenschr., 1881). — CH. RICHET : *De diversarum musculorum diversa irritabilitate* (A. de Pflüger, t. XXXI, 1883). — A. FICK : *Zur verschiedenen Erregbarkeit functionnell verschiedener Nervenmuskelpräparate* (id., t. XXX, 1883). — P. GRUTZNER : *Ueber physiologische Verschiedenheiten der Skeletmuskeln* (Bresl. ärztl. Ztschr., 1883). — M. BLOCH : *Exp. sur la contraction musculaire provoquée par une percussion du muscle chez l'homme* (Journ. de l'Anat., 1885). — C. MILRAD : *Ueber den Einfluss veränderter Muskelerregbarkeit auf die Folgen der mechanischen Muskelreizung* (Arch. f. exp. Pat. t. XX, 1885). — J. KÜNKEL : *Ueber eine Grundwirkung von Giften auf die quergestreifte Muskelsubstanz* (Arch. de Pflüger, t. XXXVI, 1885). — JEANSELME et LARMOYEZ : *Et. sur la contractilité post mortem* (Arch. de Physiol., 1885). — R. NICOLAÏDES : *Ueber die Curve, nach welcher die Erregbarkeit der Muskeln abfällt* (Arch. f. Physiol., 1886). — G. BUFA-LINI : *Sul decorso dell' eccitabilità muscolare in alcuni avvelenamenti acutissimi* (Soc. med. Siena, 1885). — C. WESTPHAL : *Die elektrische Erregbarkeit der Nerven und Muskel Neugeborener* (Neur. Cbl., 1886). — H. PASCHKIS et J. PAL : *Ueber die Muskelwirkung des Coffeins, Theobromins und Xanthins* (Wien. med. Jahrb., 1886). — RINGER SIDNEY : *Further experiments regarding the influence of small quantities of lime potassium and other salts on muscular tissue* (Journ. of Physiol., t. VII, 1886). — P. REGNARD : *De biol. phén. de la vie sous les hautes pressions. La contraction musculaire* (Soc. de biol. 1877) (1).

§ 5. — Contraction musculaire.

1. — Remarques générales.

La contraction musculaire, telle qu'elle se présente à l'état normal et dans les conditions physiologiques, se produit sous deux influences différentes. Elle peut être *volontaire* et dans ce cas elle a son point de départ dans la substance cérébrale, elle est d'origine centrale. Elle peut avoir pour point de départ la périphérie sensitive, comme quand une excitation de la peau détermine un mouvement involontaire ; dans ce cas les centres nerveux agissent aussi, mais ils n'agissent que comme centres de transmission (*centres réflexes*) pour transporter l'excitation de la périphérie sensitive et des nerfs sensitifs aux nerfs moteurs et au muscle ; la contraction est *réflexe*. Ces deux modes de contraction physiologique, contraction volontaire, contraction réflexe, supposent donc tout un ensemble anatomique auquel on a donné le nom d'*arc réflexe*, qu'on peut représenter schématiquement comme dans la figure 118 et dans lequel on trouve successivement les parties suivantes en allant de la surface sensitive, peau ou muqueuse, au muscle : 8, la surface

(1) *A consulter :* Haller : *De partibus corporis humani sens. et irritabilibus*, 1753. — Longet : *Rech. expér. sur les conditions nécessaires à l'entretien et à la manifestation de l'irritabilité musculaire* (Examinateur médical, 1841). — Cl. Bernard : *Anal. physiol. des propriétés des systèmes musculaire et nerveux au moyen du curare* (Comptes rendus, 1856). — Kölliker : *Physiol. Unters. über die Wirkung einiger Gifte* (Arch. für pat. Anat. 1856). — Brown-Séquard : *Rech. sur les lois de l'irritabilité musculaire* (Gaz. médicale, 1857). — H. Munk : *Ueber die Abhängigkeit des Absterbens der Muskeln von der Länge ihrer Nerven* (Allg. med. Centralzeitung, 1860). — Brown-Séquard : *Rech. sur l'irritabilité musculaire* (Journ. de la physiol., t. II, 1859). — W. Erb : *Zur Pat. u. pat. An. periph. Paral.* (D. Arch. f. kl. Med., 1868 et 1869). — Vulpian : *Arch. de physiol.*, 1869 et 1872.

sensitive; 7, le nerf sensitif; 6, le ganglion de la racine sensitive; 5, la racine sensitive; 4, les centres nerveux; 3, la racine motrice; 2, le nerf moteur; 1, le muscle. Cet ensemble anatomique forme un tout et en réalité ne peut être scindé. Mais pour connaître le fonctionnement de cet ensemble nous sommes obligés de le fractionner et d'étudier successivement le mode d'activité de chacune des parties qui le composent. Mais cette étude partielle, indispensable pour comprendre la physiologie du tout, ne peut être faite en utilisant seulement la contraction volontaire ou la contraction réflexe, telles qu'elles se présentent dans les conditions normales; nous sommes forcés de recourir à la contraction dite *expérimentale* et d'exciter artificiellement, par des moyens appropriés, les différentes parties de l'arc réflexe pour voir comment chaque partie, prise à part, fonctionne et quel est son mode spécial d'activité.

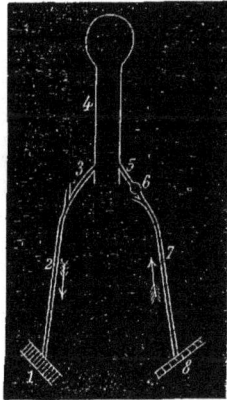

Fig. 118. — *Schéma de l'arc réflexe.*

Dans ce chapitre, consacré uniquement à la physiologie du tissu musculaire, je laisserai de côté tout ce qui concerne le mode d'activité des éléments nerveux et ne m'occuperai que des caractères de la contraction musculaire, suivant la cause qui la détermine (1).

Expérimentalement, la contraction musculaire peut être déterminée par l'excitation de chacun des *huit* éléments qui composent l'arc réflexe (fig. 118).

Pour désigner ces différentes espèces de contraction, j'ai proposé les termes abréviatifs que représente le tableau suivant :

A. Contraction *directe*, par excitation directe :
 — du muscle : *Contraction musculo-directe;*
 — du nerf moteur : *Contraction névro-directe;*
 — de la racine motrice : *Contraction radico-directe.*

B. Contraction *centrale*, par excitation des centres nerveux :
 — *Contraction médullaire, bulbaire, encéphalique.*

C. Contraction *réflexe*, par excitation :
 — de la racine sensitive : *Contraction radico-réflexe;*
 — du ganglion : *Contraction ganglio-réflexe;*
 — du nerf sensitif : *Contraction névro-réflexe;*
 — de la périphérie sensitive : *Contraction périphéro-réflexe* (*Contraction cutanéo-réflexe, cardio-réflexe,* etc., suivant le point de la périphérie sensitive excité).

J'aurai donc à étudier en premier lieu les caractères de la contraction *expérimentale*, contraction *directe, réflexe* et *centrale,* puis le caractère de la contraction *physiologique,* contraction *réflexe* et contraction *volontaire.* Mais auparavant j'étudierai dans deux paragraphes préliminaires : 1° les procédés d'enregistrement des contractions musculaires; 2° les différents modes d'excitation du tissu musculaire.

(1) Voir mes : *Recherches sur les formes de la contraction musculaire et sur les phénomènes d'arrêt; in Recherches expérimentales sur les conditions de l'activité cérébrale et sur la physiologie des nerfs,* 1er fascicule, 1884.

2. — Myographie.

Myographie. — On appelle myographie l'étude de la contraction musculaire à l'aide des appareils enregistreurs : le muscle, en se contractant, fournit lui-même le graphique de son mouvement. Les appareils enregistreurs de la contraction musculaire ont reçu le nom de *Myographes*. Comme le mouvement d'un muscle se décompose en deux mouvements secondaires, un raccourcissement et un gonflement, les appareils se divisent en deux classes suivant qu'ils enregistreront le premier ou le second mouvement.

A. Appareils enregistreurs du raccourcissement musculaire. — 1° *Myographe d'Helmholtz* (fig. 119). — Ce myographe, le premier en date, consiste en un cadre métallique mobile autour d'un pivot horizontal et équilibré par un contre-poids. Au milieu de ce cadre s'attachent par un crochet le tendon du muscle en expérience et une

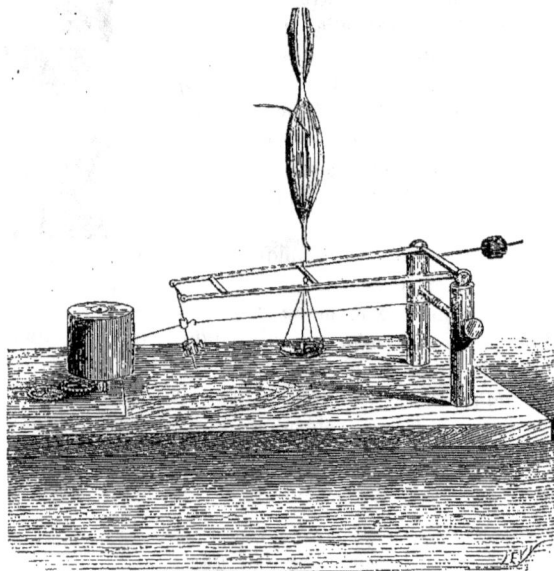

Fig. 119. — *Myographe d'Helmholtz.*

balance qu'on peut charger de poids variables. A l'extrémité opposée à son axe de rotation, le cadre supporte une pointe écrivante dont la disposition se voit sur la figure et qui trace le mouvement d'ascension et de descente du muscle sur un cylindre enregistreur vertical. Le défaut principal de cet instrument était sa trop grande masse. Le myographe d'Helmholtz, qui est très employé en Allemagne, a subi un certain nombre de modifications et de perfectionnements (Du Bois-Reymond, Sanders-Ezn, Kronecker, Tiegel, etc.). Pflüger a remplacé le cylindre tournant par une plaque de verre qu'on fait marcher à la main ou à l'aide d'une vis (1). La plupart de ces myographes sont munis d'une chambre humide destinée à préserver le nerf et le muscle du dessèchement dû à l'évaporation. Le myographe d'Helmholtz a été modifié pour pouvoir s'appliquer sur l'homme (Cyon, *Methodik*, Pl. L, fig. 4).

2° *Myographe simple de Marey* (fig. 120). — La pièce principale de l'appareil est constituée par une plaque métallique horizontale mobile le long d'une tige verticale. Cette plaque supporte l'axe d'un levier enregistreur très léger de 12 centimètres de longueur environ, qui se meut dans un plan horizontal ; sur ce levier glisse une coulisse munie à sa partie supérieure d'un bouton auquel s'attache par un fil le tendon du muscle en expérience (ordinairement le gastro-cnémien de la grenouille), de sorte qu'en approchant

(1) On trouvera les descriptions et les figures de ces divers myographes dans les mémoires spéciaux.

ou écartant cette coulisse de l'axe du levier, on amplifie plus ou moins ses mouvements. Sur le pivot qui sert d'axe au levier enregistreur s'enroule un fil qui, après avoir passé sur une petite poulie, supporte un plateau qu'on charge de poids (15 à 20 grammes pour un gastro-cnémien de grenouille) pour graduer le travail du muscle. Ce plateau remplace le ressort élastique qui se trouvait dans les anciens myographes. Cette plaque du myographe supporte en outre une lame de liège sur laquelle se fixent la grenouille et l'excitateur électrique, comme on le voit dans la figure. En outre, une disposition particulière permet de l'abaisser ou de la soulever légèrement par un simple mouvement de bascule, de façon que, sans rien déranger aux pièces de l'appareil, on peut, dans le cours de l'expérience, interrompre le contact du levier écrivant avec le cylindre enregistreur. Pour avoir des graphiques de longue durée et en imbrication oblique, tout l'appareil est placé sur le chariot qui se meut sur le chemin de fer parallèlement au cylindre enregistreur. (Voir la figure.) La préparation de la grenouille consiste, après l'avoir fixée sur la planchette de liège, à mettre à nu le tendon du gastro-cnémien qu'on détache de son insertion au calcanéum, après l'avoir attaché au fil du levier enregistreur; puis on isole

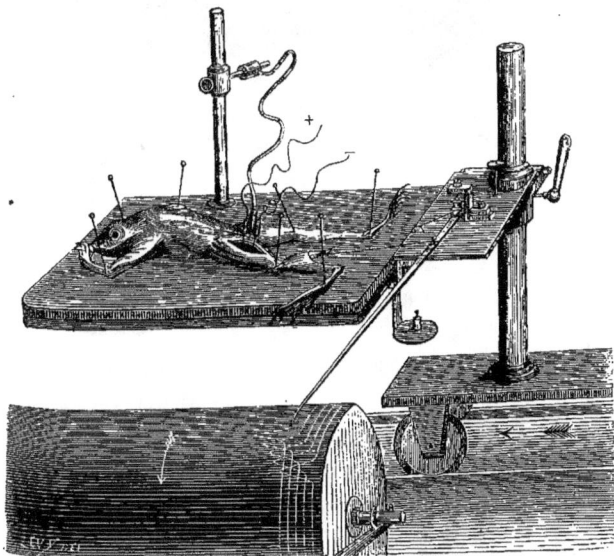

Fig. 120. — *Myographe simple de Marey.*

le nerf du muscle dans une certaine longueur et on le place sur les deux électrodes de l'excitateur électrique recourbés en crochets. Pour empêcher les mouvements volontaires du train postérieur, on sectionne la moelle de l'animal avant l'expérience. Le myographe de Marey est aujourd'hui un des instruments les plus employés dans les laboratoires de physiologie.

3° *Myographe double ou comparatif de Marey.* — Pour comparer la contraction musculaire normale à la contraction musculaire modifiée sous l'influence de divers agents (chaleur, froid, etc.) Marey, a imaginé le myographe double qui ne diffère du myographe ordinaire que par l'adjonction d'un deuxième levier, de sorte que les deux gastro-cnémiens de la grenouille sont reliés chacun à un levier; les deux leviers sont superposés, et les deux graphiques se juxtaposent sans se confondre, ce qui permet d'apprécier très facilement leurs différences de forme et par suite les différences de la contraction musculaire des deux côtés.

4° *Myographe à transmission de Marey* (fig. 121). — Ce myographe réalise une grande simplification dans la myographie en permettant d'inscrire les courbes musculaires au moyen du *tambour à levier* dont l'emploi a été si heureusement généralisé par Marey (Voir : *Technique physiologique*). Le tendon du gastro-cnémien est relié, comme on le voit dans la figure, au levier du tambour mis en communication avec un tambour inscripteur, de façon que chaque raccourcissement du muscle, en pressant le levier contre la membrane du tambour, expulse une certaine quantité d'air dans le tambour

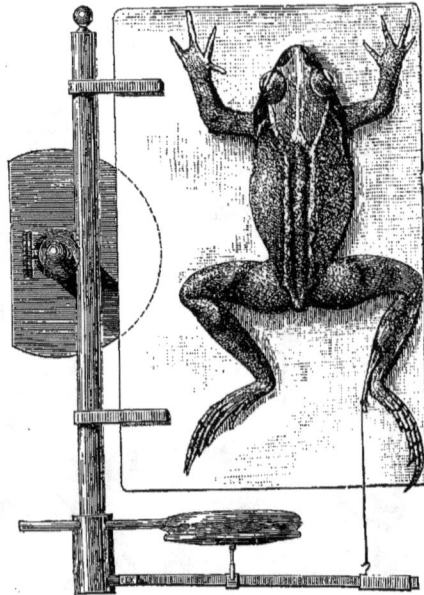

Fig. 121. — *Myographe à transmission de Marey.*

inscripteur. On peut ainsi inscrire à distance les mouvements d'un muscle et placer l'animal dans toutes les conditions possibles d'expérimentation mieux qu'avec le myographe simple.

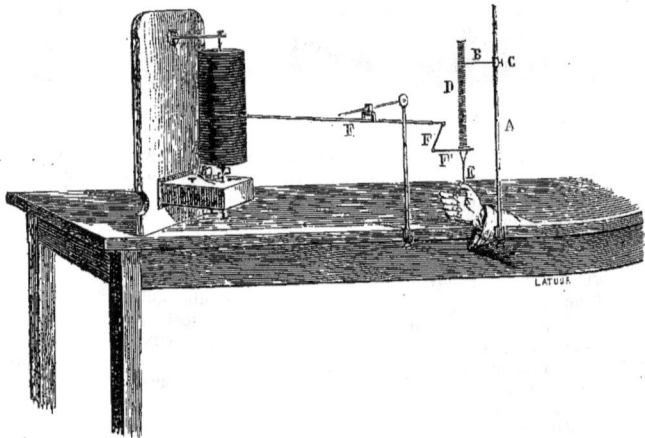

Fig. 122. — *Myographe de Cyon.*

5° *Myographe de E. Cyon* (fig. 122). — Le myographe de Cyon peut être appliqué sur le vivant. Le long d'une tige de fer, A, se meut verticalement une tige horizontale, B, qui se fixe à volonté à l'aide d'une vis de pression, C. A la tige B se trouve suspendu un ressort à boudin, D, en laiton, qui se termine inférieurement par une gouttière métallique, E, destinée à recevoir le pouce. Ce ressort communique avec un système de leviers F, F, auxquels se transmet chaque traction exercée sur lui, mouvement qui va s'écrire sur le cylindre enregistreur. Le bras est placé dans un moule en plâtre qui le fixe et ne permet que les mouvements de l'adducteur du pouce. La contraction de ce dernier muscle se fait par l'excitation du nerf cubital.

6° *Myographe d'Atwood.* — Harless, et plus récemment Jendrassik, ont employé des myographes construits sur le principe de la machine d'Atwood pour les lois de la chute des corps. Mais ces myographes ne présentent aucun avantage sur les précédents.

7° *Myographe à pendule.* — Fick le premier, puis Helmholtz, Wundt et quelques autres physiologistes, utilisèrent, pour inscrire les tracés musculaires, le mouvement d'un pendule par lequel était supportée une plaque oscillante. Dans ces graphiques, la ligne des abscisses est une circonférence dont les rayons représentent les ordonnées; mais ils sont d'une lecture difficile, à cause des vitesses différentes de la plaque à chaque point du tracé [1].

8° *Myographe à ressort de Du Bois-Reymond.* — Cet appareil est surtout destiné à mesurer le temps qui s'écoule entre le moment de l'excitation et le début de la contraction musculaire, bien plutôt qu'à donner le graphique de cette contraction. Ce myographe consiste essentiellement en une plaque de verre mue par la détente d'un ressort à boudin, absolument comme dans certains jouets d'enfants [2]. Vintschgau et Dietl ont construit un myographe à ressort dans lequel un cylindre remplace la plaque de Du Bois-Reymond. Frédéricq a modifié heureusement l'appareil de Du Bois-Reymond et en a fait un myographe très commode et très pratique pour l'étude du temps perdu du muscle.

Il existe encore d'autres modifications des myographes, modifications qui, pour la plupart, portent sur le mode d'enregistrement et pour lesquels je renvoie à la technique physiologique. Je ne mentionnerai ici que la *toupie myographique* de Rosenthal dans laquelle un disque de verre lourd est mis en mouvement par un mécanisme identique à celui de la toupie et le myographe de Klünder dans lequel le tracé musculaire s'inscrit sur un plaque attachée à une branche d'un diapason vibrant (Voir : *Physiologie du pouls*). Ch. Bohr a décrit un appareil permettant de photographier la contraction musculaire.

B. **Appareils explorateurs du gonflement musculaire.** — Ce second mode

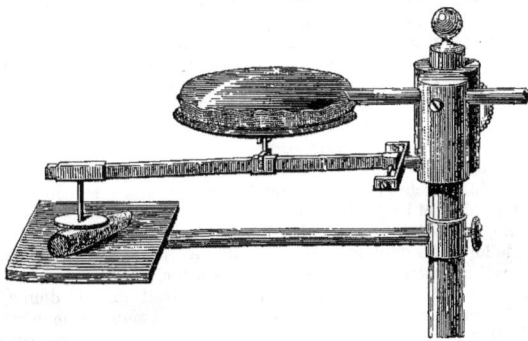

Fig. 123. — *Figure théorique du myographe inscrivant le gonflement des muscles* (Marey).

d'inscription est représenté dans la figure 123: le levier du tambour explorateur, muni d'un bouton métallique presse sur le muscle et l'aplatit transversalement contre une

[1] On trouvera des figures de myographes à pendule dans : Cyon, *Methodik*, pl. L, fig. 3; Wundt, *Physiologie* (4e édit. all.) p. 555; Hermann, *Handbuch der physiol.*, t. I, p. 28.
[2] On trouvera la figure et la description détaillée de l'appareil dans : Du Bois-Reymond, *Gesammelte Abhandl.* t. I, p. 273 et dans : Rosenthal, *Les nerfs et les muscles* (édit. française, p. 97).

plaque de métal qui lui sert d'appui. Le gonflement musculaire peut aussi être enregistré, comme dans la figure 144, par un levier qui repose sur le muscle près de son axe de rotation ; le gonflement du muscle, au moment de la contraction, soulève le levier dont l'extrémité va tracer, sur le cylindre enregistreur, le graphique très amplifié du gonflement musculaire (Aeby, Marey).

1° *Pince myographique de Marey.* — Cet appareil a l'avantage de pouvoir s'appliquer sans avoir besoin de mettre le muscle à nu. Dans la disposition primitive, il se composait de deux branches articulées entre elles par leur partie médiane ; une de ces branches pouvait basculer sur l'autre comme un fléau de balance. A une extrémité, ces branches se terminaient chacune par un disque métallique en communication avec les pôles d'une pile, et le muscle (adducteur du pouce) était placé entre ces deux disques. A l'extrémité opposée, la branche fixe supportait un tambour du polygraphe de Marey, la branche mobile une petite vis verticale. Quand le muscle se contractait, il écartait les deux branches ; celles-ci se rapprochaient à l'extrémité opposée, et la vis venait presser sur le tambour du polygraphe ; la pression se transmettait alors par un tube à un second tambour muni d'un levier enregistreur. Dans la disposition nouvelle, la pince myographique peut s'appliquer à différents muscles et non plus seulement aux muscles du pouce. Les deux disques métalliques entre lesquels se place le muscle sont supportés par deux branches qui peuvent se rapprocher ou s'écarter par un simple glissement, comme dans le compas de cordonnier. Un des disques est supporté par un ressort d'acier et supporte une vis qui, lorsque le muscle se contracte, presse sur le tambour du polygraphe comme dans l'instrument précédent. La pince myographique enregistre très fidèlement les mouvements qui ne sont pas trop rapides.

2° *Myographe applicable à l'homme de Marey* (fig. 124). — Dans ce myographe, qui est préférable à la pince myographique, Marey emploie une capsule pareille à celle d'un tambour à levier à l'intérieur de laquelle on a mis un ressort à boudin qui fait un peu saillir la membrane. Sur cette dernière on dispose un bouton de métal qui, relié à un fil conducteur, sert au besoin à exciter le muscle. La capsule s'applique par sa face élastique sur le muscle qu'on veut explorer, on la maintient immobilisée par un bandage roulé ; enfin un tube de caoutchouc relie cet explorateur à un tambour inscripteur. Cet appareil, par sa précision et sa fidélité, est le meilleur des myographes applicables à l'homme.

Fig. 124. — *Myographe applicable à l'homme* (Marey).

C. **Myographes à action antagoniste.** — *Myographe comparateur de O. Nasse.* — O. Nasse a imaginé un instrument qu'il appelle *comparateur* et qui permet de mesurer la force comparative de deux muscles. L'appareil se compose d'un demi-anneau métallique qu'on peut charger de poids à volonté ; il est supporté par une poulie, dont l'axe occupe son grand diamètre, et sur laquelle s'enroule un fil dont les deux extrémités vont s'attacher aux deux muscles qu'on veut comparer et qui soulèvent par conséquent le même poids. L'une des deux extrémités de l'axe de la poulie porte une aiguille qui se meut vis-à-vis d'un cercle gradué ; quand les deux muscles se contractent également, la poulie reste immobile et l'aiguille au 0. Quand l'un des muscles est plus fort que l'autre, la poulie tourne, et la déviation de l'aiguille, qu'on peut facilement enregistrer, indique la différence de force de ces deux muscles. Rollett, sous le nom d'*antagonistographe*, a employé un appareil fonctionnant d'après le même principe.

A côté des myographes, je mentionnerai un appareil qui ne donne pas le tracé des mouvements des muscles, mais qui ne peut servir qu'à signaler leur contraction, appareil qui est destiné principalement à la démonstration. C'est le *télégraphe musculaire* de Du Bois-Reymond. Le muscle, tendu horizontalement, est fixé à une extrémité par une pince ; l'autre extrémité est reliée, au moyen d'un crochet, à un fil enroulé autour d'une poulie. Cette poulie porte une longue aiguille à l'extrémité de laquelle se trouve un disque coloré. Quand le muscle se contracte, il fait tourner la poulie et monter le disque [1] et le disque coloré.

Pour les dispositions accessoires et pour les détails de la préparation des nerfs et des muscles, voir : *Technique physiologique* et *Physiologie du tissu nerveux.*

(1) Voir la figure et la description de l'appareil dans : Du Bois-Reymond, *Gesamm. Abhandlung.*, t. I, pl. 1, fig. 9 et p. 207, et dans : Rosenthal, *Les nerfs et les muscles* (édit. franç.), p. 28.

Mesure de la durée de la contraction musculaire et de ses périodes. —
1° *Méthode graphique.* — Pour mesurer la durée de la contraction musculaire, il faut inscrire simultanément sur un cylindre enregistreur : 1° le graphique de la contraction musculaire à l'aide du myographe ; 2° l'instant où se fait l'excitation du muscle ou du nerf ; 3° les temps à l'aide d'un diapason chronographe (voir pour les détails de ces appareils, la *Technique physiologique*). Il est facile alors de calculer, avec ces trois tracés, la durée de la contraction musculaire, la durée de chacune des périodes dont elle se compose et le retard qu'elle a sur le moment de l'excitation.

2° *Méthode de Pouillet.* — Helmholtz a employé pour mesurer la durée de la contraction musculaire la méthode de Pouillet grâce à laquelle on peut mesurer la durée d'un courant par la déviation qu'il imprime à l'aiguille aimantée. — Dans la disposition adoptée par Helmholtz, et perfectionnée par Du Bois-Reymond, le courant est fermé au moment de l'excitation et ouvert par le muscle même au début de son raccourcissement. En outre, une disposition particulière à l'appareil permet de charger le muscle (*surcharges*) de 0 à une limite maximum dans l'allonger et de mesurer combien de temps le muscle met pour se contracter pour un poids donné ; on peut mesurer ainsi à chaque instant l'*énergie* de la contraction (1) (Voir aussi : *Mesure de la vitesse de la transmission nerveuse*).

La myographie, grâce à ses procédés perfectionnés, a permis, comme on le verra plus loin, d'analyser et de décomposer en ses éléments constituants l'acte complexe de la contraction musculaire.

Bibliographie. — M. Blix : *En ny myograf* (Upsal. läkar. förhandl., t. XV, 1880). — M. v. Vintschgau et M. Dietl : *Ein Cylinder-Feder-Myographion* (Arch. de Pflüger, t. XXV, 1881). — J. Jendrassik : *Das selbst rangirende Fallmyographium* (en hongrois ; anal. dans : *Hofmann's Jahresberichte* pour 1881). — L. Frédéricq : *Myographe pour l'étude de la période latente* (Arch. de biol., t. III, 1882). — J. Rosenthal : *Ueber ein neues Myographium*, etc. (Arch. f. Physiol., 1883). — E. v. Fleisch : *Das chronauto-graphium* (Arch. f. Physiol., 1883). — H. Kronecker : *Ein Electromyographion* (Zeitsch. f. Biol., t. XXIII, 1886). — Ch. Bohr : *Sur l'emploi de la photographie instantanée dans les recherches myographiques* (Med. tre Tavler (en danois), 1886) (2).

3. — Excitants de la contraction musculaire.

Une excitation préalable est indispensable pour la mise en jeu de la contractilité musculaire et il ne peut y avoir en réalité de contractions *spontanées*. On a observé cependant dans certaines conditions des contractions qui paraissent se produire sans excitation antérieure et semblent par conséquent en opposition avec cette loi. C'est ainsi que Remak, Brown-Séquard, Vulpian ont vu des contractions rythmiques du diaphragme après la section des nerfs phréniques ; des contractions rythmiques analogues ont été observées sur d'autres muscles (couturier, pattes d'insectes, etc.). Mais dans ce cas l'excitation qui paraît absente au premier abord, existe en réalité ; l'air, l'eau ajoutée souvent à la préparation, la température, agissent en somme comme excitants sur la fibre musculaire, sans compter la part qui revient à la section ou à l'arrachement des nerfs et à l'interruption de la circula-

(1) Cet appareil a reçu le nom d'*interrupteur pour la grenouille* (*Froschunterbrecher*). Voir : Du Bois-Reymond, *Gesamm. Abhandl.*, t. I, p. 215 et pl. III, fig. 12. L'appareil est figuré aussi dans : Rosenthal, *Les nerfs et les muscles*, p. 20 et dans Hermann, *Handb. der Physiol.*, p. 32.

(2) *A consulter* : Helmholtz : *Messungen über den zeitlichen Verlauf der Zuckung animalischer Muskeln*, etc. (Muller's Archiv, 1850 et : Comptes rendus). — Marey : *Du mouvement dans les fonctions de la vie*, 1868. — Wundt : *Mechanik der Nerven*, 1871. — Marey : *La méthode graphique*, 1877. — Du Bois-Reymond : *Gesammelte Abhandlungen*, t. I.

tion. Quant à la forme rythmique que prennent souvent ces contractions, le mécanisme en sera étudié plus loin. Je rappellerai, à propos de ces prétendues contractions spontanées, les contractions paralytiques dont il a été parlé, page 524.

Les excitations qui mettent en jeu la contractilité musculaire peuvent être *directes* ou *indirectes* (1). Les excitations directes, *les seules qui seront traitées dans ce paragraphe*, sont appliquées immédiatement sur le tissu musculaire ; les excitations indirectes portent sur les nerfs musculaires et seront étudiées dans la physiologie du tissu nerveux. Dans ce dernier cas toutes les fibres nerveuses qui se rendent au muscle sont excitées en même temps et par suite toutes les fibres musculaires se contractent simultanément : la contraction est *totale* ; quand au contraire l'excitation porte directement sur le muscle même, il en est tout autrement. Dans ces conditions qui ne se présentent jamais à l'état physiologique, mais qui peuvent être réalisées expérimentalement, l'excitation porte à la fois sur la substance musculaire et sur les terminaisons nerveuses intra-musculaires ; si ces terminaisons nerveuses périphériques sont paralysées par un des moyens indiqués, page 520, l'excitation n'agit plus que sur la substance musculaire seule indépendamment de toute action nerveuse. La contraction produite par l'excitation directe est toujours moins intense, toutes choses égales d'ailleurs, que celle qui est due à l'excitation indirecte.

Les excitants qui agissent sur les muscles peuvent être divisés en excitants mécaniques, physiques et chimiques.

1° Excitants mécaniques. — Toute excitation mécanique d'un muscle (piqûre, section, percussion, etc.) provoque une contraction qui peut devenir persistante (tétanos) quand les excitations se répètent assez fréquemment. Ainsi Rood a produit une crampe tétanique des muscles de la main en imprimant des extensions rapides au bras à l'aide d'un appareil particulier (40 à 60 par seconde) (2). La contraction idio-musculaire étudiée page 522 se produit le plus facilement sous l'influence d'une excitation mécanique.

Les excitations mécaniques ont l'avantage de pouvoir se localiser facilement, mais elles ont l'inconvénient de produire une destruction ou une altération de la substance musculaire au point excité.

2° Excitants physiques. — *Électricité*. — L'action de l'électricité sur les muscles se rapproche par beaucoup de points de son action sur les nerfs ; son étude générale sera donc faite à propos de ces derniers et je ne traiterai ici que des faits concernant spécialement le tissu musculaire.

Pour bien comprendre l'action de l'électricité sur les muscles, il importe de connaître quelle est la *résistance* que le muscle oppose au passage des courants, quelle est la conductibilité électrique du tissu musculaire. D'après les recherches de Mat-

(1) Pour la technique des excitations et leur mode d'emploi, voir : *Technique physiologique* et *Physiologie du tissu nerveux*.
(2) Voir la figure de l'appareil dans Hermann, *Handbuch der Physiologie*, 1er volume, page 102. On peut se demander si dans ce cas il ne s'agit pas d'un phénomène réflexe.

leucci et d'Eckhard les muscles conduisent moins bien que les nerfs, et d'après Ranke la résistance des muscles de lapin serait 3 millions de fois aussi grande que celle du mercure, et 115 millions aussi grande que celle du cuivre. Cette résistance diminue dans le muscle tétanisé, rigide ou soumis à l'ébullition, probablement parce que dans ce cas il se produit un acide libre qui augmente la conductibilité du muscle.

Hermann a trouvé dans le muscle vivant une différence de conductibilité dans le sens transversal et dans le sens longitudinal ; la résistance est 4,4 à 9,2 fois plus grande dans la direction transversale. Cette différence disparaît dans les muscles rigides. D'après Hermann l'explication de cette plus grande résistance dans le sens transversal doit être cherchée dans les phénomènes de *polarisation interne* observés par Du Bois-Reymond dans les tissus animaux. Cette polarisation interne se montre à la fermeture du courant et disparaît en grande partie à la rupture, et est de sens contraire à la direction du courant qui parcourt le muscle, et cet état de polarisation est bien plus intense quand le courant est transversal par rapport à la direction des fibres musculaires.

Outre la résistance due à la polarisation interne, Du Bois-Reymond a constaté dans les tissus animaux une *résistance secondaire extérieure*, qui a lieu principalement au point d'entrée du courant à l'anode (1).

A. *Action du courant constant sur les muscles.* A l'état normal, quand on fait traverser un muscle par un courant constant, il se produit une con-

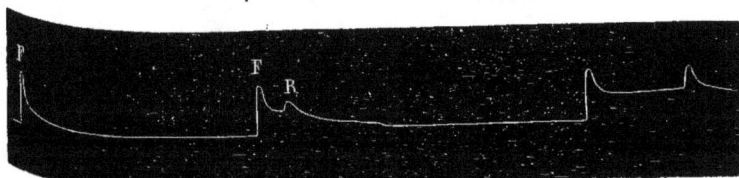

Fig. 125. — *Contraction de fermeture* F *et de rupture* R ; *muscle curarisé.*

traction à la fermeture et à l'ouverture du courant (fig. 125) et le muscle reste relâché pendant tout le passage du courant. La contraction de fermeture l'emporte sur la contraction de rupture qui peut même manquer quand

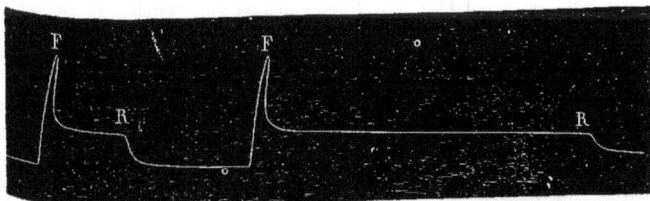

Fig. 126. — *Tétanos de fermeture ; muscle curarisé.*

le courant est faible. On sait, d'après les recherches de Pflüger et de Chauveau, que le nerf est excité par la fermeture au pôle négatif (cathode), par

(1) Pour l'étude détaillée des phénomènes de polarisation interne et de résistance secondaire extérieure, voir Du Bois-Reymond, *Gesammelte Abhandlungen*, Mémoire I, II et V.

la rupture au pôle positif (anode). Cette loi est-elle applicable aux muscles? La preuve en a été donnée par les expériences de plusieurs physiologistes, et en particulier par V. Bezold, mais pour la constater il faut se placer dans certaines conditions. Ainsi dans des muscles fatigués ou mourants, on voit (Vulpian, Schiff) une contraction localisée se produire au cathode au moment de la fermeture, à l'anode au moment de l'ouverture du courant et V. Bezold, par des recherches précises, a mis le phénomène hors de doute.

Le phénomène peut être vérifié même sur les muscles normaux avec la disposition suivante (fig. 127). On fixe un muscle par son milieu, M, et on attache à ses deux extrémités deux leviers inscripteurs, H,H'; si on fait passer un courant par K et A, comme dans la figure, à la fermeture du courant le levier H (côté du cathode, K) se soulève avant le levier H'; c'est l'inverse à la rupture. Engelmann a donné à l'expérience une forme plus saisissante; il suspend verticalement un couturier de

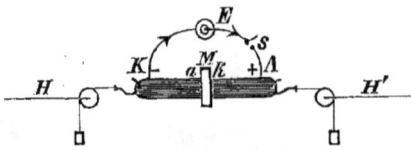

Fig. 127. — *Expérience d'Héring.* Fig. 128 et 129. — *Expérience d'Engelmann* (*).

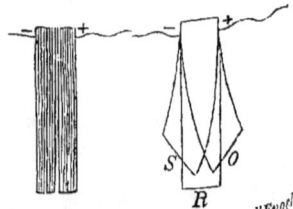

grenouille (fig. 129) et fait passer un courant près de son extrémité supérieure; à la fermeture du courant, le muscle se porte du côté du cathode, S, à la rupture du côté de l'anode, O; en fendant le muscle par le milieu dans sa longueur jusqu'aux électrodes et maintenues écartées les deux moitiés par une substance isolante, on voit une seule des moitiés du muscle se contracter, au moment de la fermeture ou de la rupture du courant (fig. 128). Aeby a combattu les conclusions de V. Bezold et d'Engelmann. Quand les courants sont forts la contraction se produit dans tout le muscle et aussi bien dans la partie comprise entre les deux pôles de la pile que dans la partie extra-polaire; quand les courants sont faibles, la contraction de la partie extra-polaire n'a lieu qu'à la fermeture.

Wundt, sur des muscles tout à fait frais, a constaté un très faible raccourcissement pendant le passage du courant constant; ce raccourcissement, qui est plus prononcé pour les courants ascendants, ne se montre qu'après la contraction de fermeture, et tiendrait, d'après V. Bezold, à un prolongement tétanique de cette contraction. De même que pour les nerfs, le courant constant augmente l'irritabilité du muscle dans le voisinage du cathode, mais seulement pour la partie intra-polaire.

Les courants constants produisent dans les muscles comme dans les liquides des phénomènes de décomposition électrolytiques qui jouent peut-être un rôle essentiel dans la contraction; les acides se dégagent au pôle positif, tandis qu'il se dépose des cristaux de créatinine au pôle négatif.

Phénomène de Porret (Electro-transfusion musculaire, action cataphorique). On a vu plus haut (page 484) que Porret a constaté le transport de l'eau vers le pôle négatif

(*) Fig. 128. — Muscle sectionné suivant sa longueur. — Fig. 129. — Muscle intact. — R, repos. S, contraction de fermeture. — O, contraction de rupture.

sous l'influence d'un courant. Kühne, en faisant traverser des muscles à fibres parallèles par un courant constant, a vu au moment de la contraction de fermeture un mouvement intense d'ondulation se produire au pôle négatif, de sorte que le muscle diminuait de volume à l'anode et augmentait de volume au cathode; à la rupture du courant, la masse musculaire revenait subitement au pôle positif. Kühne rapprocha ce phénomène du phénomène de Porret et y vit un véritable transport de la substance contractile de l'anode au cathode; Du Bois-Reymond au contraire était disposé à y voir une sorte de tétanos local. D'après Jendrassik, il faudrait distinguer dans le phénomène observé par Kühne deux faits : 1° l'épaississement du muscle au pôle négatif; il y aurait là, comme le disait Du Bois-Reymond, un simple tétanos local ; 2° un mouvement d'ondulation se transmettant du pôle positif au pôle négatif et limité à la partie du muscle comprise entre les deux pôles ; ce mouvement serait dû d'après lui aux variations de forme et de situation produites dans les vaisseaux des muscles par suite du transport endosmotique que subissent leurs particules liquides sous l'influence du courant (phénomène de Porret). Jendrassik distingue de ce phénomène un véritable mouvement de courant (*courant interne*) qui se montre dans l'intérieur de la fibre musculaire et ne peut être observé qu'au microscope; dans ce cas, au moment de la contraction de fermeture, les stries transversales du muscle se rapprochent aux deux pôles et il compare ce phénomène aux faits observés par Jürgensen de transport de corpuscules solides sous l'influence d'un courant constant.

B. *Action des courants induits.* — L'action des courants induits sur les muscles est analogue à celle qu'ils exercent sur les nerfs et sera étudiée à propos de ces derniers. D'une façon générale quand les courants sont faibles, la contraction ne se produit qu'au pôle négatif, quand ils sont forts aux deux pôles. Quand les courants sont de très faible durée, ils ne déterminent pas de contraction. On a vu plus haut (page 524), la modification que certaines conditions font subir au muscle au point de vue de son excitabilité pour les courants induits (muscles paralysés, curarisés, etc.).

On a supposé jusqu'ici les électrodes appliqués dans le sens de la longueur des fibres musculaires. Or pour les nerfs, comme on le verra plus loin, la direction du courant modifie considérablement les résultats; l'effet produit est au maximum pour une direction longitudinale et tombe à zéro quand la direction est transversale. On admettait qu'il en était de même pour les muscles et d'après Sachs, cette différence serait due aux nerfs intra-musculaires; car en paralysant ces nerfs par le curare, il avait trouvé la même intensité d'excitation pour les courants transversaux et longitudinaux. Mais les expériences plus récentes de Tschirjew et d'Albrecht et Meyer n'ont pas donné les mêmes résultats. Ces derniers auteurs ont constaté que les muscles se contractent plus facilement pour des courants faibles de direction transversale que pour des courants longitudinaux et que la plus grande excitabilité correspond à la direction oblique du courant, et cela aussi bien pour les courants constants que pour les courants induits. Si le fait se vérifie il y aurait là une différence remarquable entre les nerfs et les muscles.

Chaleur. — D'après Adamkiewiecz, la conductibilité du muscle pour la chaleur égale 0,0431, c'est-à-dire qu'elle est deux fois plus faible que celle de l'eau. Un froid intense appliqué sur un muscle détermine des contractions; il en est de même quand on plonge un muscle dans un liquide indifférent élevé à une certaine température. La chaleur (40° chez les grenouilles, 45° à 46° chez les mammifères) produit sur les muscles un véritable tétanos. En plongeant une grenouille dans de l'eau à 40°, elle se tétanise immédiatement et présente un état de rigidité tout à fait comparable à la rigidité cadavérique, mais qui disparaît au bout d'un certain temps.

Pour l'influence de la *lumière* sur les muscles, voir: *Physiologie des muscles lisses.*

3° **Excitants chimiques**. — La plupart des substances chimiques, sauf quelques substances indifférentes mentionnées page 525, agissent comme excitantes sur la substance musculaire et en même temps altèrent son intégrité. L'eau distillée appliquée directement sur le muscle ou injectée dans les vaisseaux produit des contractions violentes, même sur les muscles dont les terminaisons nerveuses ont été paralysées par le curare. Quant aux autres excitants chimiques des muscles, ils ont déjà été mentionnés à propos de l'irritabilité (voir page 522). Dans le cas d'excitants chimiques liquides, les contractions seraient dues, d'après Hering, au courant musculaire, comme quand on réunit par un arc conducteur la surface d'un muscle à sa coupe. Pour éviter cette cause d'erreur, Kühne et Yani ont employé des gaz et des vapeurs (chlore, brome, etc.) et observé tantôt une secousse simple, tantôt une contracture suivant la substance employée..

Bibliographie. — B. Luchsinger : *Ueber die Wirkungen der Wärme und des Lichtes auf die Iris einiger Kaltblüter* (Mitt. d. nat. Ges. in Bern, 1880). — W. Kühne : *Ueber chemische Reizungen* (Unt. d. physiol. Inst. Heidelberg, t. IV, 1881). — (Pour les excitations électriques, voir : *Physiologie du tissu nerveux*.)

4. — Contraction directe.

La *contraction directe* peut être déterminée expérimentalement par l'excitation du muscle (*c. musculo-directe*), du nerf moteur (*c. névro-directe*) ou de la racine motrice (*c. radico-directe*). Mais, sauf quelques variations légères, ces trois modes de contraction présentent à peu près la même forme, quel que soit le point excité, de sorte que je les comprendrai dans une étude générale, réservant pour un paragraphe spécial les différences qu'elles présentent.

Marey, grâce à ses procédés myographiques, a montré que la contraction musculaire peut se décomposer en une série de petites contractions partielles ou *secousses* musculaires (*Zückung* des auteurs allemands), secousses fusionnées par l'élasticité musculaire et constituant par leur fusion ce qu'on a appelé le *tétanos* musculaire.

I. — SECOUSSE MUSCULAIRE

Quand un excitant est porté directement sur une fibre ou sur un faisceau musculaire, on voit *presque instantanément* le point excité se gonfler et se raccourcir : il se forme ainsi sur la fibre musculaire une sorte de *ventre*, qui, sur un muscle, se traduit par une saillie appréciable. Quand l'excitation est portée sur le nerf du muscle, le phénomène est le même, mais le raccourcissement et le gonflement apparaissent de suite dans toute l'étendue du muscle.

Ces deux phénomènes, raccourcissement, gonflement, peuvent être enregistrés directement à l'aide des myographes, et on a ainsi la représentation graphique ou la courbe de la contraction musculaire.

1° *Courbe du raccourcissement musculaire* (fig. 130). — Si on analyse cette

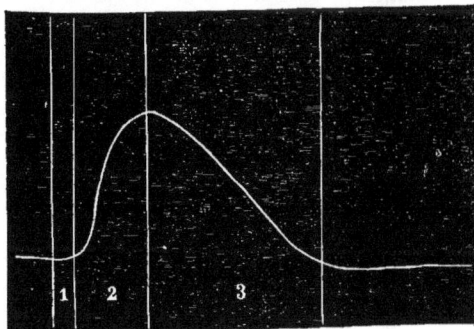

Fig. 130. — *Analyse de la courbe du raccourcissement musculaire.*

courbe, on voit que sa durée peut se décomposer en trois périodes inégales :

a) Une première période (1), pendant laquelle aucun phénomène ne se produit dans le muscle, quoique l'excitation ait déjà agi à partir de la première ligne verticale; c'est la période d'*excitation latente* (*temps perdu* du muscle); il faut donc au muscle un certain temps, 1 centième de seconde environ, pour se mettre en mouvement ;

b) Une deuxième période (2) ou d'ascension de la courbe (*période d'énergie croissante*) qui correspond au raccourcissement du muscle, à sa contraction; on voit que cette ascension est d'abord rapide, puis plus lente; la durée de cette période est de 4 à 5 centièmes de seconde environ ;

c) Une troisième période ou de descente (3) (*période d'énergie décroissante*), dans laquelle le muscle revient à sa longueur primitive; cette troisième période est habituellement plus longue que la seconde, quoique cependant il n'y ait pas accord sur ce point entre les physiologistes.

Pour bien comprendre la signification d'un graphique de la contraction musculaire, il faut avoir une idée exacte des trois éléments qui le composent; ces trois éléments sont l'*amplitude*, la *durée* et la *forme*. Mais j'étudierai d'abord le *temps perdu* du muscle.

Temps perdu du muscle. — Le temps perdu du muscle aurait, d'après Place et Klünder, une durée plus courte qu'un centième de seconde, et d'après Gad, elle ne dépasserait même pas 4 millièmes de seconde (1). Elle augmente avec la charge

(1) D'après Gad, le stade de raccourcissement du muscle serait précédé d'un stade très court d'allongement méconnu jusqu'ici; il s'ensuivrait que le temps perdu du muscle serait plus court qu'on ne l'admet généralement.

du muscle; cette augmentation est relativement plus grande pour de petits poids que pour des poids très forts, probablement par suite de la fatigue (Yeo et Cash). La fatigue, le froid allongent aussi la durée du temps perdu. Il *diminue* au contraire à mesure que l'excitation augmente d'intensité, sauf peut-être pour les excitations hypermaximales. La chaleur produit le même effet. Le curare, l'état de la circulation musculaire, l'état de tension du muscle seraient sans influence d'après quelques auteurs. Toutes les fibres d'un muscle ne paraissent pas avoir le même temps perdu. L'excitation névro-directe donne un temps perdu un peu plus long que l'excitation musculo-directe du muscle curarisé, à cause du temps perdu du nerf qu'on peut évaluer de 0,001 à 0,002 seconde, et qui vient s'ajouter au temps perdu propre du muscle. Les excitations (maximales) de fermeture donnent un temps perdu plus grand que les excitations correspondantes de rupture (Tigerstedt).

Le temps perdu est beaucoup plus long chez les invertébrés. De Variguy l'a trouvé de 0,2 à 0,6 seconde chez le limaçon. Chez les insectes il serait plus court que chez le limaçon. Rollett l'a vu varier de 0,012 (*dyticus*) à 0,075 (*hanneton*).

Amplitude. — L'amplitude du tracé se mesure sur les *ordonnées;* c'est la distance qui sépare chaque point du tracé de la ligne des abscisses. Tant que la longueur primitive du muscle ne change pas, comme dans la période d'excitation latente, cette distance égale 0 et le tracé se confond avec la ligne des abscisses; quand le muscle se raccourcit, le tracé s'élève au-dessus de cette ligne d'une hauteur en rapport avec le degré du raccourcissement; quand le muscle s'allonge, le tracé s'abaisse au-dessous de cette ligne d'une quantité correspondante. Seulement comme le muscle agit sur un levier très long, les changements de longueur du muscle sont amplifiés sur le tracé d'une façon notable. Si par exemple le levier a une longueur totale de 150 millimètres et que le tendon du muscle s'attache à 15 millimètres de l'axe de rotation du levier, chaque millimètre de raccourcissement musculaire se traduira sur le tracé par une hauteur (amplitude) de 1 centimètre. Il sera donc toujours facile, quand on connaît la longueur du levier et la distance du point d'attache à l'axe, de calculer d'après le graphique le degré réel du raccourcissement musculaire (1).

L'amplitude dépend de la longueur des fibres musculaires. Plus les fibres d'un muscle sont longues, plus la courbe a d'amplitude. D'une façon générale, l'amplitude augmente avec l'intensité de l'excitation; mais cet accroissement s'arrête à un maximum à partir duquel l'amplitude reste constante (Fick). D'après Tigerstedt, pour une augmentation uniforme des excitations (électriques), l'augmentation d'amplitude est d'abord rapide, puis plus lente et à la fin la courbe a la forme d'une asymptote. La fatigue, l'interruption de la circulation, le froid, la diminuent; elle diminue aussi à mesure que le muscle est chargé de poids plus lourds. La chaleur, tant qu'elle n'est pas portée jusqu'à l'altération chimique du muscle, produit l'effet inverse.

Durée. — La *durée* de la secousse musculaire se compte sur la ligne des abscisses, d'après la longueur qu'elle occupe sur cette ligne. Comme la vitesse de rotation du cylindre enregistreur varie, il en résultera que le tracé de la secousse musculaire occupera une très faible étendue si la rotation est lente, une grande

(1) Quand on ne veut obtenir que l'amplitude du tracé, on peut, à l'exemple de Fick, faire écrire le levier, le cylindre étant immobile; on a alors, au lieu d'une courbe, une simple ligne verticale qui indique le degré de raccourcissement et on peut ainsi recueillir l'un à côté de l'autre un très grand nombre de tracés; mais il vaut toujours mieux recueillir les tracés complets de la contraction avec leur forme et leur durée.

étendue si cette rotation est rapide. Les vitesses de rotation du cylindre sont connues, mais il vaut mieux, en même temps que la contraction musculaire, faire inscrire sur le cylindre les vibrations d'un diapason chronographe qui marque les fractions de seconde; on voit alors immédiatement combien de fractions de seconde a duré la contraction pour chacune de ses phases (fig. 131).

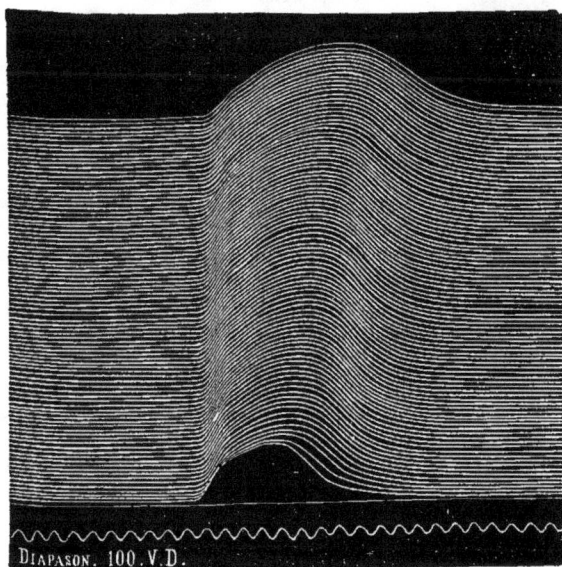

Fig. 131. — *Graphique de secousses musculaires imbriquées verticalement* (d'après Marey).

La durée de la secousse musculaire présente des variations assez considérables.

La 2e période, ascension de la courbe (contraction), a une durée plus courte, en général, que celle de la troisième, quoique dans certains cas ce soit le contraire que l'on observe; ainsi dans la courbe donnée par Helmholtz et reproduite dans la plupart des ouvrages allemands, la période de descente (si l'on fait abstraction des ondulations qui la suivent et dont il sera parlé plus loin) est plus courte que la période d'ascension. Les causes, mentionnées plus haut, qui diminuent l'amplitude, augmentent la durée de la contraction. Cette augmentation de durée se voit bien par exemple dans la figure 131; on voit en effet les secousses augmenter de durée (en allant de bas en haut) sous l'influence de la fatigue et l'augmentation de durée porte sur les deux périodes, mais plus encore sur la période de descente. La durée de la contraction augmente aussi quand on charge le muscle de poids et il en est de même, comme l'a constaté Marey, quand on empêche le muscle de se raccourcir. Cependant Nawalichin et Brücke ont trouvé la durée de la contraction totale indépendante de l'amplitude.

La *forme* du graphique musculaire est déterminée par les deux conditions qui précèdent, amplitude et durée. Cette forme variera donc suivant l'amplification produite par la longueur du levier et suivant la vitesse du cylindre. Si la rotation est très lente, la ligne d'ascension et la ligne de descente seront très rapprochées l'une de l'autre et se réuniront à angle aigu, comme dans la figure 133, A, tandis que si la rotation est rapide, la forme sera toute différente (fig. 133, B, et fig. 132). En général, et à moins d'exigences particulières d'expérimentation, la vitesse moyenne du cylindre (dans laquelle 1 millimètre correspond à environ un quarantième de seconde) est celle qui convient le mieux pour juger de la forme de la contraction.

Examinée dans ces conditions, la secousse musculaire se présente ordinairement sous la forme suivante : la ligne d'ascension est d'abord brusque, presque verticale; puis elle se ralentit et s'incurve à mesure qu'elle se rapproche du sommet du tracé pour se continuer par une courbe plus ou moins arrondie avec la ligne de descente; celle-ci est d'abord assez rapide, sans être pourtant aussi rapprochée de la verticale que la ligne d'ascension; puis, à mesure qu'elle se rapproche de la ligne des abscisses, elle devient de plus en plus oblique et se termine en formant avec cette ligne un angle plus ou moins aigu. Parfois même, quand le muscle ne reprend pas la longueur qu'il avait avant la contraction, la ligne de descente n'atteint pas la ligne des abscisses et lui reste indéfiniment parallèle.

La courbe de l'*énergie* musculaire à chaque moment de la contraction, obtenue par le procédé d'Helmholtz (voir page 533), se rapproche beaucoup de la courbe obtenue par les procédés graphiques; elle en diffère cependant par certains points, ce qui se comprend facilement puisque la courbe est modifiée par l'élasticité du muscle. D'après les mesures d'Helmholtz, on voit que l'énergie du muscle n'atteint pas d'emblée son maximum; elle croît avec une vitesse qui est d'abord accélérée, puis ralentie jusqu'au moment où elle disparaît.

Les oscillations observées par Helmholtz à la fin de la contraction sont dues aux oscillations du levier; elles sont supprimées dans le myographe de Marey.

Le retour du muscle à sa longueur primitive (période de descente) n'est pas produit par la seule élasticité du ressort du myographe ou par la traction que le poids qui se trouve dans le plateau exerce sur le muscle; s'il en était ainsi la vitesse de la période de descente serait beaucoup plus rapide; en effet on n'a, pour s'en convaincre, qu'à tendre par un fil le levier du myographe en lui donnant la position à laquelle il pourrait être amené par une secousse musculaire; si alors on brûle le fil, le levier redevenu libre retombe sur l'abscisse avec une très grande vitesse et trace une courbe toute différente de celle qui constitue la période descendante des secousses musculaires. Le levier est donc, pendant cette période de descente, retenu par une force contractile qui ralentit sa descente. Le muscle reste par conséquent actif pendant toute la durée de la secousse musculaire (Marey). Le muscle ne revient pas toujours, après la contraction, à sa longueur primitive. Dans beaucoup

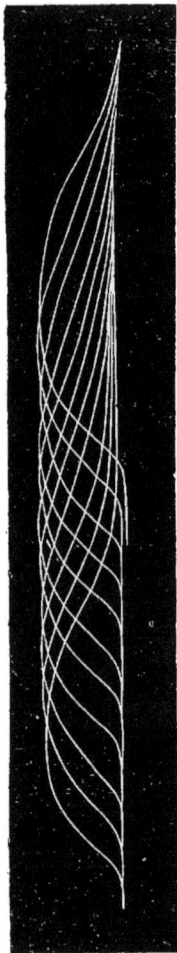

Fig. 132. — *Courbes de secousses musculaires disposées en imbrication latérale.*

de cas, il conserve un certain degré de raccourcissement et, dans le tracé, la ligne de descente n'atteint pas la ligne des abscisses. Ce raccourcissement peut se présenter quand le muscle est chargé d'un poids très faible; on l'observe aussi après des excitations intenses (Tiegel, Hermann, Carlet). Dans certains cas, au contraire, c'est un allongement qu'on observe. Ch. Richet a vu sur les muscles de l'écrevisse une deuxième contraction passagère se montrer, sans nouvelle excitation, après le relâchement du muscle. C'est ce qu'il appelle *onde secondaire*. Cette onde secondaire se présentait sur les muscles faiblement chargés et soumis antérieurement à une forte excitation.

Les caractères de la secousse varient avec certaines conditions qui ont été bien précisées par Marey. On a vu plus haut l'influence de la température, de l'arrêt de la circulation, de la fatigue, de la charge à laquelle est soumis le muscle, etc. Toutes ces causes, en faisant varier l'amplitude et la durée, modifient la forme de la courbe musculaire. Il en est de même de certaines substances, comme la vératrine. On trouvera du reste dans le livre de Marey, *Du mouvement dans les fonctions de la vie*, les principaux types de tracés musculaires.

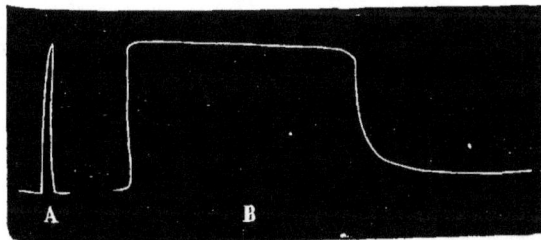

Fig. 133. — *Courbes du tétanos musculaire prises avec deux vitesses différentes.*

Les caractères des secousses musculaires ne sont pas non plus les mêmes dans les diverses espèces animales. Très brève chez les oiseaux, elle s'allonge chez les mammifères et la grenouille et devient très lente chez la tortue et les animaux hibernants. Sur un même animal, on trouve des différences d'un muscle à l'autre, indépendamment des variations qui dépendent de la température ou de la fatigue. Ranvier, dans une étude sur les muscles rouges et les muscles pâles du lapin, a constaté qu'aux différences anatomiques correspondaient des différences physiologiques importantes; la secousse des muscles pâles est plus brève, plus ample, et, d'après Krönecker et Stirling, n'a guère plus de un quart de seconde de durée, tandis que celle des muscles rouges dure plus d'une demi-seconde; les premiers atteignent le maximum de leur contraction au bout d'un vingt-cinquième de seconde seulement, tandis que les seconds n'y arrivent qu'après un dixième ou un sixième de seconde. Quant à ce qui concerne le temps perdu des deux sortes de muscles, d'après Ranvier il serait pour le muscle rouge quatre fois plus considérable que pour le muscle blanc; les graphiques de Kronecker et Stirling indiquent le contraire. Si l'on prend du reste les divers muscles du squelette on voit que leur contraction présente des différences de forme qui permettent pour ainsi dire de les caractériser (Cash). Richet a trouvé des différences analogues entre les muscles de la pince et de la queue de l'écrevisse; la secousse musculaire de la queue est très brève, celle de la pince très allongée. Chez les animaux nouveau-nés, la secousse musculaire est plus allongée que chez les adultes (Soltmann).

Volkmann, Jendrasik, Valentin ont cherché à soumettre à l'analyse mathématique la courbe de la contraction musculaire.

Courbe du gonflement musculaire. — La forme du tracé du gonflement musculaire est à peu près identique à celle du tracé du raccourcissement; il a seulement un peu moins d'amplitude et peut-être aussi un peu moins de précision.

Bibliographie. — H. Sewall : *On the effect of two succeeding stimuli upon muscular contraction* (Journ. of physiol., t. II, 1879). — G. Valentin : *Die Abhängigkeit der Gestalt der Muskelcurve von dem Verkürzungsgange* (Zeitsch. f. Biol., t. XVI, 1880). — J. Th. Cash : *Der Zuckungsverlauf als Merkmal der Muskelart* (Arch. f. Physiol., 1880). — Ch. Richet : *De l'onde secondaire du muscle* (C. rendus, t. XCI, 1880). — G. Valentin : *Einige Bemerk. über Beschleunigungswerthe des Verkürzungsganges der Muskeln* (Zeitsch. f. Biol., t. XVII, 1881). — Th. Cash : *The relationship between the muscle and its contraction* (Journ. of anat. and physiol., t. XV, 1881). — K. Schönlein : *Zur Frage nach der Natur der Anfangszuckung* (Arch. für Physiol., 1882). — Id. : *Ueber rythmische Contractionen quergestreifter Muskeln auf tetanische Reizung* (id.). — M. Mendelssohn : *Rech. sur la courbe des secousses musculaires des différentes maladies du système neuromusculaire* (C. rendus, t. XCVII, 1883). — L. Edinger : *Unt. über die Zuckungscurve des menschlichen Muskels*, etc. (Ztschr. f. kl. Med., t. VI, 1883). — A. Rollett : *Zur Kenntniss des Zuckungsverlaufes quergestreifter Muskeln* (Sitz. ber. Wien. Acad. t. LXXXIX, 1884). — E. v. Fleischl : *Ein microstroboscopischer Reizversuch* (Arch. f. Physiol., 1886). — P. Grützner : *Zur Muskelphysiologie* (Bresl. ärztl. Zeitsch., 1886). — V. Horsley et A. Schaefer : *Exper. on the character of the muscular contraction which are evoked by excitation of the various parts of the motor tract* (Journ. of physiol., t. VII, 1886). — Fr. Warner : *The study of nerve-muscular movements* (Journ. of physiol., t. VII, 1886).

II. — TÉTANOS MUSCULAIRE.

Procédés. — Pour les procédés de tétanisation, voir : *Physiologie du tissu nerveux.*

Fusion des secousses musculaires. — Si l'on fait agir sur un muscle, non plus une seule excitation, mais une série d'excitations successives, il se produit des phénomènes différents, suivant la rapidité avec laquelle les excitations se suivent. Il peut se présenter plusieurs cas :

1° La deuxième excitation agit après la terminaison de la secousse amenée par la première; il se produit alors une deuxième secousse musculaire ayant les caractères de la première et ainsi de suite pour les irritations successives jusqu'à fatigue du muscle. Pour une certaine intensité d'excitation, on observe quelquefois le phénomène de *l'escalier* qui sera étudié à propos du cœur.

2° La deuxième excitation agit pendant la période d'excitation latente; dans ce cas, le raccourcissement n'est pas plus grand que pour une seule excitation; la courbe de contraction est la même.

3° La deuxième excitation agit pendant les deux dernières périodes de la secousse précédente; dans ce cas, le raccourcissement correspondant à la deuxième excitation s'adjoint à celui de la première secousse (fig. 139), les courbes musculaires s'additionnent et le raccourcissement total est, jusqu'à une certaine limite, déterminé par la longueur des fibres musculaires, la somme des raccourcissements partiels de chaque secousse. Si on fait agir ainsi dans ces deux périodes une série d'excitations, le muscle reste dans un état de contraction permanente, de tétanos. Si on examine la courbe d'un muscle tétanisé (fig. 139), on voit les courbes de chaque secousse diminuer peu à peu d'amplitude et disparaître enfin complètement. A cet état de tétanos, le muscle ne peut maintenir longtemps son raccourcissement de contraction et il s'allonge peu à peu sous l'influence de la fatigue. Pour amener le tétanos, il faut au moins 15 excitations (chocs électriques) par seconde pour un muscle de grenouille; pour un oiseau, il en faut plus de 70; 3 excitations suffisent pour les muscles de la tortue (Marey). Il y a un rapport intime entre la durée des secousses musculaires et la production du tétanos. Plus les secousses sont allongées, plus le tétanos se produit facilement pour un nombre d'excitations qui ne suffirait pas pour faire entrer en tétanos un muscle à secousses brèves; dans le premier cas, en effet, comme on le voit pour les muscles de la tortue par exemple, la fusion des secousses peut se faire même avec un petit nombre d'excitations. Aussi tout ce qui allonge la durée de la secousse musculaire facilite-t-il la production du tétanos; c'est ainsi qu'il faut plus d'excitations pour tétaniser un muscle frais qu'un muscle fatigué. On peut constater sur l'homme lui-même cette fusion des secousses sous l'influence de la fatigue; en employant la pince myographique on peut voir au bout d'un certain temps les oscillations correspondant à chaque excitation disparaître peu à peu et la courbe, primitivement ondulée, passer à l'état de tétanos complet. Dans certains cas, la fusion des secousses est immédiate au lieu de s'établir graduellement et la courbe prend la forme qu'on lui voit dans la figure 138. C'est ce qui arrive, par exemple, quand l'excitation a une intensité suffisante pour que le raccourcissement musculaire atteigne d'emblée son amplitude maxima et qu'il ne puisse y avoir de superposition des secousses isolées.

Cette fusion des secousses est due à l'élasticité musculaire : elle joue là le même rôle que l'élasticité artérielle qui transforme le mouvement saccadé du sang en mouvement continu (Marey).

La manière dont s'opère cette fusion des secousses se suit facilement sur les figures 134 à 138 empruntées à une expérience sur le gastrocnémien de la gre-

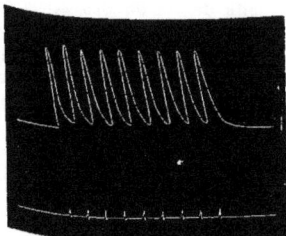

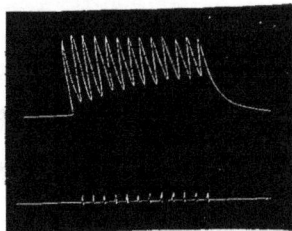

Fig. 134. — *Fusion des secousses; première phase.*   Fig. 135. — *Fusion des secousses; deuxième phase*

nouille (excitation névro-directe). En excitant le nerf moteur par des courants de pile interrompus, on observe les faits suivants. Jusqu'à 8 excitations par seconde, les secousses sont parfaitement égales, isolées et leurs *faîtes* et leurs *bases* forment deux lignes horizontales parallèles que j'appellerai *ligne de faîte* et *ligne de base* (fig. 134). A 8 excitations par seconde, la ligne de base commence à monter et devient oblique, mais elle reste encore droite (fig. 135), de façon que les secousses, qui décroissent régulièrement d'amplitude, sont inscrites dans un tronçon de triangle rectangle. A 10 excitations par seconde (fig. 136), la ligne de base prend la forme d'une courbe à concavité inférieure, courbe dont la concavité s'accentue

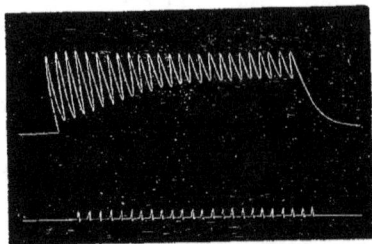

Fig. 136. — *Fusion des secousses; troisième phase.*

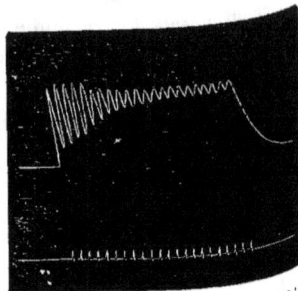

Fig. 137. — *Fusion des secousses; quatrième phase.*

de plus en plus à mesure qu'augmente la fréquence des excitations (fig. 137). Dans ces conditions, la série des secousses se divise en deux parties; les premières, diminuant graduellement d'amplitude, représentent un triangle plus ou moins allongé; les autres, égales entre elles, très petites, ont leur ligne de faîte et de base parallèles et sont inscrites dans une bande étroite qui se réduit bientôt à une ligne par fines dentelures. Enfin, à 17 excitations par seconde, la fusion des secousses est complète (fig. 138). On voit du reste que cette fusion s'obtient pour un nombre moins fréquent d'excitations quand on prolonge longtemps l'excitation tétanisante; mais dans ce cas les premières secousses sont toujours isolées.

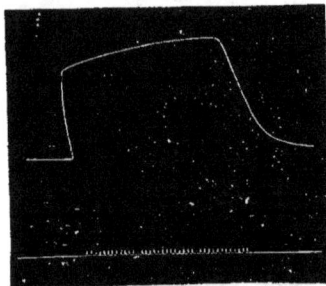

Fig. 138. — *Fusion complète des secousses; dernière phase.*

Le mode de fusion des secousses que je viens de décrire ne se présente pas toujours avec cette forme typique. Très souvent, après les premières secousses, les lignes de faîte et de base, au lieu de rester écartées, se rejoignent plus ou moins vite pour n'en former qu'une; le tétanos, incomplètement fusionné dans la première partie de la courbe, est complet dans la seconde; très souvent aussi ces deux lignes, au lieu de rester horizontales, présentent, surtout dans la première partie, une direction ascendante plus ou moins accentuée. Le tracé de la figure 139 donne un exemple de ces deux dispositions.

Les formes du *tétanos parfait* peuvent se ramener à quelques types fondamentaux. On peut obtenir d'emblée ce tétanos sans passer par la période de secousses incomplètement fusionnées, en excitant le nerf moteur par des chocs de fréquence suffisante.

La courbe du tétanos parfait se compose de trois parties : la *ligne d'ascension*, le plateau, la *ligne de descente*. La brusquerie de l'ascension ou de la descente, la direction horizontale ou oblique du plateau, l'existence d'une contraction initiale ou terminale (voir plus loin), la façon dont la ligne d'ascension se continue avec le plateau, celui-ci avec la ligne de descente et cette dernière avec la ligne de repos impriment à cette courbe des variations de forme sur lesquelles je n'insisterai pas. Quelle que soit du reste la nature de l'excitation électrique (courant constant, courant induit, extra-courant, condensateur), quel que soit le procédé employé (exci-

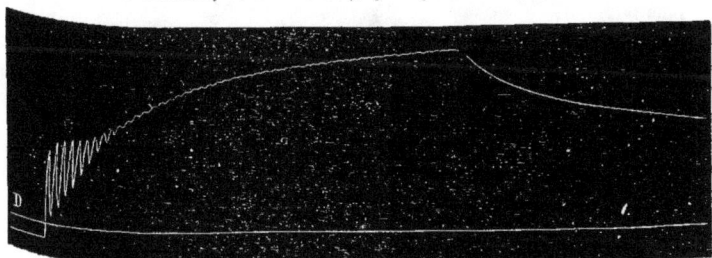

Fig. 139. — *Fusion des secousses; forme ascendante.*

tation bipolaire ou unipolaire), la forme du tétanos n'en est pas modifiée. Les conditions qui font varier la forme de la contraction tétanique doivent plutôt être cherchées soit dans le muscle, soit dans le nerf suivant le lieu de l'excitation et dans les variations de leur excitabilité.

Forme du tétanos. — La forme de la courbe tétanique est déterminée par des conditions multiples parmi lesquelles il faut placer en première ligne l'amplitude et la durée. Sans entrer dans les détails, on peut admettre trois formes générales, la *forme ascendante*, telle qu'on la voit dans la figure 139, la *forme descen-*

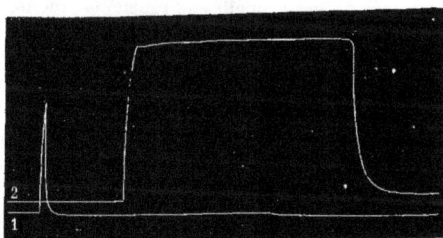

Fig. 140. — *Secousse radico-réflexe*, 1, *et tétanos radico-direct*, 2, *produits par la même excitation.*

dante, comme dans la figure 152, et la forme à plateau horizontal, comme dans la figure 140, 2.

Amplitude du tétanos. — L'amplitude du tétanos se mesure comme celle de la secousse musculaire et dépend du degré du raccourcissement musculaire à chaque moment du tétanos. Cette amplitude est déterminée, jusqu'à une certaine limite, par l'intensité de l'excitation; mais elle n'est pas influencée par la fréquence des excitations; seulement quand la fréquence des excitations augmente, l'ascension de la courbe tétanique est plus rapide.

Contracture post-tétanique (Contracture de Tiegel). — Dans le tétanos parfait, le muscle, une fois sa contraction terminée, revient exactement à sa longueur primitive et la courbe du tétanos vient aboutir à la ligne des abscisses. Mais très souvent il n'en est pas ainsi et le muscle après la contraction conserve encore pendant un certain temps un certain degré de raccourcissement, de sorte que sa courbe reste à une distance plus ou moins grande de la ligne des abscisses (fig. 139). Chr. Bohr a étudié les conditions et les lois de cette contracture consécutive; il a vu que sa grandeur croît proportionnellement à la durée du tétanos et augmente avec l'intensité de l'excitation; elle est d'autant plus forte que le muscle est plus faible.

Contraction initiale. — On observe quelquefois, au début du tétanos, une contraction un peu plus forte (*contraction initiale de Bernstein*) qui, d'après cet auteur, serait en rapport avec la *variation négative* du muscle, et se montrerait surtout pour une certaine intensité d'excitation et pour une fréquence donnée (250 excitations en moyenne par seconde). Cette contraction initiale peut s'observer, non seulement au début du tétanos, mais encore au début d'une série de secousses non encore fusionnées, comme dans la figure 141. Dans des conditions plus rares, on

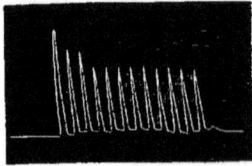

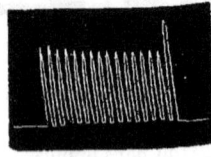

Fig. 141. — *Contraction initiale plus forte.*   Fig. 142. — *Contraction terminale plus forte.*

rencontre une contraction semblable à la fin du tétanos (*contraction terminale*) ou à la fin d'une série de secousses (fig. 142). L'interprétation de ces deux sortes de contractions est assez difficile (1).

Toutes les excitations, pourvu qu'elles se répètent avec une certaine fréquence, peuvent produire le tétanos musculaire. Dans certains cas même, il suffit d'une seule excitation; ainsi sous l'influence du froid, de la fatigue, de certains poisons (strychnine, vératrine, digitaline, etc.). On pourrait faire rentrer dans cette catégorie la contraction idio-musculaire étudiée page 522. C'est ici le lieu de parler des phénomènes d'*addition latente* observés par Pflüger, Gruenhagen et étudiés plus récemment par Ch. Richet. Cette addition latente (*summation* des auteurs allemands) consiste en ceci que des excitations électriques qui, isolées, ne produisent rien, déterminent la contraction du muscle quand elles se suivent à des intervalles assez rapprochés; et cependant l'intensité de l'excitation reste la même dans les deux cas.

Quand le nombre des excitations par seconde dépasse une certaine limite, la plupart des physiologistes admettent que le tétanos ne se produit plus. Mais cette limite supérieure de fréquence n'est pas la même pour tous les observateurs. Tandis qu'Helmholtz la fixe à 600 (et plus tard 1200) excitations par seconde, Heidenhain à 500 pour les courants faibles, et 6000 et plus pour les courants forts, Krönecker et Stirling ont vu le tétanos se produire encore pour 22,000 excitations par seconde; il faut dire cependant que, d'après leurs graphiques, ce tétanos n'était pas complet.

Les muscles rouges se distinguent des muscles pâles au point de vue de la production du tétanos; seulement sur ce sujet les conclusions de Ranvier diffèrent de

(1) Voir sur ce point mes *Recherches sur les formes de la contraction musculaire*, etc. p. 96 et suivantes.

celles de Krönecker et Stirling. Tandis que d'après Ranvier il faut 50 excitations par seconde pour produire le tétanos des muscles rouges et plus de 157 pour les muscles pâles, Krönecker et Stirling ont trouvé que 4 à 10 suffisaient pour les premiers, 20 à 30 pour les seconds. Mais l'accord existe sur ce point que les muscles rouges sont tétanisés plus facilement que les muscles pâles et par une moindre fréquence d'excitations.

Contractions rythmiques. Tétanos rythmique. — Le tétanos peut prendre dans certains cas un caractère rythmique, même sous l'influence d'excitations continues ou intermittentes. Ces contractions rythmiques peuvent être soit de nature directe, soit de nature réflexe. Elles peuvent du reste se présenter même sur des muscles dépourvus de nerfs (pointe du cœur) et en dehors de toute intervention nerveuse. Ces contractions rythmiques ont été surtout observées sur le cœur, les muscles lisses, les muscles des invertébrés (Voir : *Cœur, tissu musculaire lisse*).

Bibliographie. — Chr. Bohr : *Ueber den Einfluss der tetanisirenden Irritamente auf Form und Grösse der Tetanuscurve* (Arch. f. Physiol., 1882). — N. Wedenski : *Ueber einige Beziehungen zwischen der Reizstärke und der Tetanushöhe bei indirecter Reizung* (Arch. de Pflüger, t. XXXVII, 1885). — A. Buckmaster : *Ueber eine neue Beziehung zwischen Zuckung und Tetanus* (Arch. f. Physiol., 1886). — H. de Varigny : *Sur le tétanos rythmique chez les muscles d'invertébrés* (Arch. de physiol., 1886) (1).

III. — TRANSMISSION DE L'ONDE MUSCULAIRE

Procédés. — La vitesse de transmission de l'onde musculaire a été mesurée par trois méthodes différentes, suivant qu'on a utilisé le *gonflement* musculaire qui accompagne la contraction, le *temps perdu* ou la *phase négative* qui la précédent.

A. *Procédés pour mesurer la vitesse de transmission du gonflement musculaire*. — Ce procédé a été employé par Aeby et simplifié par Marey qui a donné à l'expérience la disposition suivante représentée dans la figure 143. Deux leviers de myographe reposent sur un muscle par un point très rapproché de leur axe de rotation; on fait converger les pointes de ces leviers de façon qu'elles soient verticalement placées l'une au-dessus de l'autre, et viennent inscrire leurs mouvements sur un cylindre enregistreur. Si le muscle est excité par un courant d'induction indirect (appliqué sur le nerf) il se contracte dans sa totalité et les deux leviers, se soulevant simultanément, tracent sur le cylindre deux courbes identiques exactement superposées. Si, au contraire, on place les deux pôles à l'extrémité inférieure du muscle (pour ne pas exciter le nerf à son entrée), les deux leviers se soulèvent l'un après l'autre (fig. 144) et l'intervalle qui existe entre le début des deux soulèvements (intervalle mesurable avec le diapason chronographe) donne, en fractions de seconde, le temps que l'onde musculaire a mis pour cheminer d'un levier à l'autre; comme on connaît la longueur du muscle intermédiaire aux deux leviers, on déduit facilement la vitesse de transmission de l'onde musculaire. V. Bezold et Engelmann ont employé un procédé analogue, mais un peu modifié.

B. *Procédés pour mesurer la vitesse de transmission de l'excitation par le temps perdu du muscle*. — Bernstein mesura l'intervalle de temps qui existait entre l'excitation d'un point du muscle et le début de la contraction en un point déterminé en rapport avec un myographe; cette mesure se faisait successivement en excitant deux points inégalement distants du lieu d'attache du levier du myographe. Hermann, au lieu de la méthode graphique, employa la méthode de Pouillet déjà employée par Helmholtz pour mesurer la durée de la contraction musculaire.

C. *Procédés pour mesurer la vitesse de transmission de la phase négative*. — Au moment de l'excitation, chaque point du muscle excité se comporte négativement vis-à-vis des points qui sont à l'état de repos; c'est à cet état du muscle actif qu'on a donné

(1) *A consulter* : J. Ranke : *Tetanus*, 1865. — Marey : *Phén. intimes de la contraction musculaire* (Comptes rendus, 1868). — E. Tiegel : *Ueber Muskelcontraktur im Gegensatz zur Contraction* (Arch. de Pflüger, t. XIII). — Morat et Toussaint : *Des variations de l'état électrique des muscles*, etc. (Arch. de physiologie, 1877). — Krönecker : *Ueber die Form des minimalen Tetanus* (Verh. d. physiol. Gesell. zu Berlin, 1877). — Krönecker et Stirling : *Ueber die Genesis des Tetanus* (Monatsber. d. Berl. Akad., 1877).

le nom de phase négative (Voir : *Phénomènes électriques du muscle*). Cette phase négative, qui précède la contraction, se transmet comme elle le long de la fibre musculaire, et on peut mesurer sa vitesse de propagation comme on a mesuré la vitesse de propagation de l'onde musculaire ou du temps perdu. Quant aux appareils propres à mesurer

Fig. 143. — *Appareil pour mesurer la vitesse de l'onde musculaire.*

cette phase négative, ils seront étudiés dans le chapitre qui traite des phénomènes électriques des muscles. Ce procédé a été employé par Bernstein et Hermann (1) qui l'a appliqué

(1) Hermann a signalé une cause d'erreur dans les expériences d'Aeby et de Bernstein. Ces deux auteurs ont employé les muscles grand adducteur et demi-membraneux de la grenouille qui possèdent une intersection tendineuse, ce qui amène un obstacle à la transmission de l'onde musculaire. Il vaut mieux employer le muscle couturier.

qué chez l'homme (muscles de l'avant-bras). Jendrassik a essayé de trouver par le calcul et théoriquement la vitesse de transmission de l'onde musculaire.

Si on examine au microscope une fibre musculaire au moment où elle se contracte, on voit le gonflement ou le ventre, produit par l'application de l'excitant, se propager d'une extrémité à l'autre de la fibre comme une sorte d'ondulation ; c'est ce que Aeby a appelé *onde de contraction* ou *onde musculaire* ; cette onde de contraction est peu sensible si la fibre n'est pas fixée par ses deux bouts. La vitesse de propagation de cette onde musculaire a été mesurée à l'aide des procédés mentionnés plus haut sur un certain nombre de muscles de différentes espèces animales et principalement de la grenouille. D'après les chiffres donnnés par Aeby, Marey, etc., cette vitesse serait d'environ 1 mètre par seconde ; mais, d'après Bernstein, Bloch et quelques

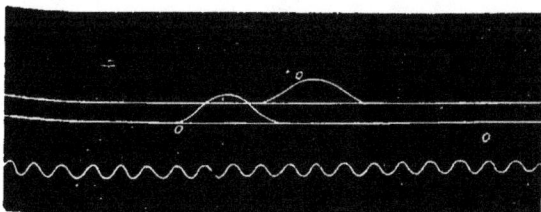

Fig. 144. — *Graphique de la propagation de l'onde musculaire.*

autres auteurs, cette vitesse serait plus considérable et atteindrait 2 à 3 mètres et plus : Hermann même, sur l'homme vivant, par le procédé des phases négatives, est arrivé au chiffre de 10 à 13 mètres. Elle paraît du reste plus grande chez les animaux à sang chaud que chez la grenouille et la tortue ; elle est très faible dans le cœur, qui s'éloigne par ce caractère des autres muscles striés pour se rapprocher des muscles lisses. Bernstein a trouvé que l'onde musculaire décroissait d'intensité pendant sa propagation à travers la fibre musculaire ; mais il est douteux que cette diminution se présente dans les muscles tout à fait sains et sur le vivant.

L'onde de contraction excitée dans une fibre musculaire est limitée à la fibre excitée et ne se transmet pas aux fibres voisines.

Les lésions du muscle (section, etc.), sa mort, la fatigue, le froid, certains poisons, etc., diminuent cette vitesse de transmission. Il en est de même des courants constants qui traversent le muscle.

La façon dont les ondes de contraction qui partent du point excité se comportent aux deux extrémités du muscle n'est pas encore bien élucidée. Schiff, dans ses recherches sur la contraction idio-musculaire, a vu ces ondulations se réfléchir des extrémités vers le point excité, et Remak et Harless ont constaté le même phénomène.

IV. — VARIÉTÉS DE LA CONTRACTION DIRECTE

La contraction musculaire directe présente quelques différences suivant le point excité, muscle, nerf ou racine motrice. Je résumerai brièvement les caractères de ces différentes variétés.

1° *Contraction musculo-directe.* — Quand on excite directement un muscle en plaçant, par exemple, une électrode à une extrémité du muscle et l'autre à l'autre extrémité, on excite en même temps les nerfs intramusculaires et les terminaisons nerveuses motrices, et le résultat est le même que si l'on excitait directement le nerf moteur ; la contraction, secousse ou tétanos, a le même caractère et la même forme. Pour avoir les effets de l'excitation du muscle, indépendamment de toute intervention nerveuse, le meilleur moyen est de paralyser les plaques motrices terminales par le curare ; dans ces conditions, la contraction est produite par l'excitation même du tissu musculaire. On pourrait employer un autre moyen que le curare pour étudier la contraction musculo-directe. Ce serait de sectionner le nerf moteur et d'attendre pour essayer l'action des diverses excitations sur le muscle, la dégénérescence des plaques motrices terminales qui précède celle des fibres musculaires. Mais ce procédé n'a été que très peu employé et n'a pas, jusqu'ici, donné de résultats satisfaisants.

La *secousse musculo-directe*, sauf quelques exceptions légères sur lesquelles il me paraît inutile d'insister, présente à peu près les mêmes caractères que la secousse névro-directe.

Le *tétanos musculo-direct* se distingue du tétanos névro-direct par quelques caractères ; la contracture post-tétanique y est plus fréquente et plus prolongée ; si on continue l'excitation tétanisante, le raccourcissement tétanique persiste plus longtemps ; la contraction initiale ne s'y présente pas, ou du moins je ne l'ai jamais rencontrée.

2° *Contraction névro-directe.* — Je ne m'appesantirai pas sur cette variété dont les caractères ont été donnés dans la description générale de la contraction directe.

3° *Contraction radico-directe.* — L'excitation de la racine motrice produit une contraction identique à celle de la contraction névro-directe. A excitation égale, elle paraît être un peu plus intense.

5. — Contraction réflexe.

La contraction réflexe, comme la contraction directe, se présente sous la forme de *secousse* et sous la forme de *tétanos* et doit de même être étudiée sous ces deux états.

1° **Secousse réflexe**. — La contraction réflexe exige, pour se produire, une intensité d'excitation supérieure à celle qui détermine une contraction directe.

La *secousse réflexe* présente la même forme, sauf quelques variations légères, quel que soit le point excité, périphérie sensitive, nerf sensitif ou racine sensitive. Elle se distingue de la secousse directe par son amplitude moindre, sa durée plus longue, l'augmentation de la période d'excitation la tente et par l'existence plus fréquente d'un certain degré de contracture consécutive.

2° Tétanos réflexe.

Le *tétanos réflexe*, ou mieux la contraction téta-niforme qui se produit sous l'influence des excitations tétanisantes, présente une forme beaucoup plus variable que le téta-nos direct et n'a jamais la régularité typique de ce dernier. Il peut se présenter tantôt sous la forme de secousse simple (fig. 145), quelquefois allongée comme celle des muscles lisses (fig. 146), tantôt sous celle de secousses irrégulières plus ou moins fusionnées (fig. 147), tantôt sous celle de tétanos incomplet, plus rarement enfin sous celle de véritable tétanos, mais qui, même dans ce cas, n'en a jamais la régularité classique.

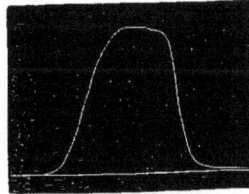

Fig. 145. — *Contraction réflexe du gastro-cnémien produite par le pincement de la peau de l'anus.*

Le tétanos réflexe apparaît plus tard que le tétanos direct et ne se montre très souvent qu'après la cessation de l'excitation tétanisante, à moins que cette excitation ne soit prolongée très long-

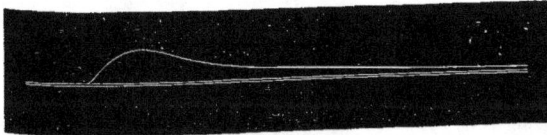

Fig. 146. — *Secousse réflexe par excitation mécanique de la peau ; gastro-cnémien.*

temps. Sa durée est indépendante, dans de certaines limites, de la durée de l'excitation tétanisante, Du reste, d'une façon générale, il n'y a pas entre l'excitation et le tétanos réflexe l'étroite relation qui existe entre l'excitation et le tétanos direct.

Les caractères de la contraction et en particulier du tétanos réflexe ont échappé à l'attention des expérimentateurs pour une cause facile à expliquer. Comme il est souvent difficile d'obtenir sur des grenouilles normales, excérébrées ou non, des contractions réflexes par l'excitation des nerfs sensitifs, on a presque toujours employé, pour augmenter l'intensité des phénomènes réflexes, des grenouilles empoisonnées par la strychnine. Or, la strychnine,

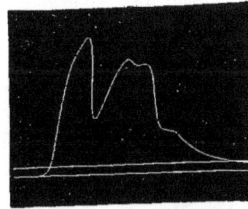

Fig. 147. — *Contraction réflexe du gastro-cnémien sous l'influence de l'acide acétique à 1/10 appliqué sur la peau de la patte.*

même à faibles doses, modifie notablement la forme du tétanos réflexe et le rapproche du tétanos direct ; mais on n'a là en réalité qu'un tétanos réflexe purement artificiel qui n'a rien de commun avec la contraction réflexe normale.

3° **Variétés de la contraction réflexe.** — A. *Contraction radico-réflexe.* — La forme de la *secousse* radico-réflexe est identique à celle de la secousse névro-réflexe; la seule chose à noter, c'est une excitabilité plus grande des racines sensitives, quand on les compare aux nerfs sensitifs.

Le *tétanos radico-réflexe* ne peut être obtenu que très difficilement par les excitations intermittentes qui, portées sur le nerf moteur, déterminent le tétanos névro-direct. Ainsi, dans la figure 140, on voit, sous l'influence d'excitations tétanisantes (courants induits de l'appareil de Du Bois-Reymond), l'excitation de la racine sensitive ne produire qu'une simple secousse, 1, tandis que la même excitation appliquée sur la racine motrice produit le tétanos, 2.

B. *Contraction ganglio-réflexe.* — Il est presque impossible, chez la grenouille, de localiser exactement l'excitation dans le ganglion de la racine postérieure; l'excitation se transmet trop facilement aux parties voisines pour qu'on puisse attacher une certaine valeur aux résultats obtenus. Aussi je laisserai de côté ce mode d'excitation.

C. *Contraction névro-réflexe.* — Quand on fait agir sur le nerf sensitif une seule *excitation électrique* (courant constant ou courant induit), cette excitation doit être très intense pour produire une secousse névro-réflexe. Supposons, par exemple, qu'on emploie une excitation suffisamment intense pour déterminer, appliquée sur le nerf moteur, une secousse directe, pour avoir une secousse réflexe, en l'appliquant sur le nerf sensitif, il faudra augmenter l'intensité de l'excitation dans le rapport de 1 à 3 ou 4 et quelquefois plus. En injectant des doses faibles de strychnine, la contraction directe et la contraction réflexe se produisent pour une intensité plus faible de l'excitant; mais pour un léger degré d'intoxication, le rapport d'intensité 1 à 3 ou 4 reste le même; puis à mesure que l'intoxication strychnique augmente, ce rapport diminue et devient égal à zéro.

Les caractères de la *secousse névro-réflexe*, si on la compare à la secousse directe, présentent les différences suivantes qui ont déjà été signalées par Wundt (*Untersuchungen*, etc.).

L'amplitude de la secousse est, en général, moins considérable, sa durée est plus longue et cet allongement porte surtout sur la période de descente; enfin, le muscle revient moins complètement à sa longueur primitive et présente assez souvent un certain degré de contracture consécutive. Je mentionnerai aussi l'augmentation de la période d'excitation latente. Je ne m'appesantirai pas sur ces caractères de la secousse névro-réflexe dont l'étude complète et détaillée a été faite par Wundt dans le travail déjà cité. Ces caractères, du reste, ne varient pas, que l'excitation soit produite par les courants constants, les courants induits, les décharges du condensateur ou l'extra-courant.

Quand, au lieu d'une seule excitation électrique, on fait agir sur le nerf sensitif plusieurs excitations successives avec une fréquence variable, on obtient, au lieu d'une simple secousse, une *série de secousses* qui peuvent se fusionner plus ou moins complètement en un *tétanos névro-réflexe*.

Ce *tétanos névro-réflexe* présente les caractères suivants :

1° Il peut se produire pour des excitations qui, isolées, ne détermineraient aucune secousse névro-réflexe. On a donc là des phénomènes d'*addition latente* comparables à ceux qu'on observe dans le nerf moteur;

2° La forme du tétanos névro-réflexe est différente de celle du tétanos direct, telle qu'elle a été étudiée dans les paragraphes précédents. Dans le tétanos névro-réflexe, le plateau tétanique n'existe pas ou est très arrondi et la courbe se rapproche plus ou moins de la secousse musculaire simple. Quelquefois cette contraction est double, soit que les deux contractions se succèdent immédiatement soit qu'elles soient séparées par un intervalle plus ou moins prolongé. En outre, la forme du tétanos névro-réflexe est plus irrégulière. Assez souvent, le tétanos névro-réflexe est suivi d'un raccourcissement permanent qui se prolonge plus ou moins longtemps. En résumé, ce qui domine, c'est une variabilité extrême très frappante, surtout si on la met en regard de la régularité typique du tétanos direct, variabilité qui porte à la fois sur la forme, la durée et le mode d'apparition du tétanos névro-réflexe.

Le tétanos névro-réflexe apparaît longtemps après le tétanos névro-direct; il y a donc un retard du premier sur le second, retard qui peut varier de quelques fractions de seconde à 4 et 5 secondes et plus. En outre, *il se produit toujours après la cessation de l'excitation*, à moins que celle-ci ne soit prolongée au delà de certaines limites.

3° La durée du tétanos névro-réflexe est, en général, plus courte que celle du tétanos névro-direct et surtout, ce qui est important, c'est que cette durée est beaucoup moins influencée par la durée de l'excitation. Ainsi dans une série d'expériences dans lesquelles la durée du tétanos direct variait de 29 à 321 douzièmes de seconde (celle de l'excitation tétanisante variant de 26 à 320 douzièmes), la durée du tétanos névro-réflexe n'a varié que de 20 à 45 douzièmes de seconde. Il n'y a donc pas, entre la durée de l'excitation tétanisante et celle du tétanos névro-réflexe, l'étroite relation qui existe entre cette durée et celle du tétanos direct; ce fait a une importance capitale au point de vue de l'interprétation théorique de la contraction réflexe.

Les excitations *mécaniques* portées sur les nerfs sensitifs déterminent très difficilement des contractions réflexes, même chez les grenouilles strychnisées.

D. *Contraction périphéro-réflexe.* — *a. Excitations cutanées.* — Quand on emploie, pour l'excitation de la peau, des électrodes sèches, métalliques, c'est avec la plus grande difficulté qu'on obtient une contraction réflexe par les excitations électriques, soit isolées, soit intermittentes, même quand on augmente la fréquence et, dans de certaines limites, l'intensité des excitations. Celles-ci peuvent être continuées jusqu'à trente secondes et plus sans produire de résultat.

Quand on augmente notablement l'intensité du courant, les contractions réflexes se produisent plus facilement, mais alors on a affaire à des excitations douloureuses, et d'ailleurs en augmentant d'une façon trop considérable l'intensité du courant, l'excitation électrique peut atteindre par diffusion les nerfs eux-mêmes et alors ce ne sont plus les effets de l'excitation électrique de la peau qu'on obtient.

L'inefficacité relative des excitations électriques portées directement sur la peau de la façon indiquée ci-dessus tient en grande partie à la difficulté du passage du courant. Aussi en employant, au lieu d'électrodes sèches, des électrodes humides, on obtient bien plus facilement la contraction réflexe.

Les *excitations mécaniques* appliquées sur la peau produisent plus facilement, d'une façon générale, les contractions réflexes que les excitations électriques. Mais à ce point de vue il faut faire la part du mode d'excitation qui a une très grande influence. Il faut distinguer d'abord les *excitations tactiles simples* des *excitations douloureuses*.

Le *contact simple* avec un stylet mousse détermine quelquefois des contractions réflexes sous forme de petites secousses simples ou multiples; mais il arrive très souvent qu'un simple contact ne produise rien. Il y a sous ce rapport des différences individuelles assez notables; la destruction du cerveau, la section de la moelle modifient aussi les résultats sans leur donner plus de constance. Ces contacts simples sont plus efficaces quand l'animal, *privé ou non du cerveau*, a été déjà soumis à des excitations antérieures.

Les *contacts répétés* produisent beaucoup plus sûrement les contractions réflexes; mais là encore il faut distinguer la façon dont se fait la répétition des excitations.

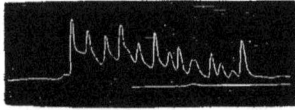

Fig. 148. — *Contractions réflexes par l'excitation mécanique de la peau de la patte.*

Les frottements ou les contacts répétés *irrégulièrement* ont le plus d'efficacité et déterminent facilement des secousses réflexes simples ou multiples qui ne prennent jamais la forme tétanique, comme on peut le voir sur la figure qui représente les secousses obtenues par l'excitation mécanique avec une pointe mousse de la peau de la patte (fig. 148). Quelquefois la contraction n'a lieu qu'après un temps très long; il faut parfois exciter pendant 40 secondes et plus pour déterminer des contractions. Dans certains cas, la contraction réflexe a la forme d'une secousse simple.

Quand les contacts sont répétés à des intervalles, même assez espacés, on obtient encore des contractions réflexes; ainsi en mettant deux à cinq secondes d'intervalle entre chaque excitation, on a des contractions au bout de 6 à 12 excitations suivant le point excité; quelquefois même il faut beaucoup plus longtemps, jusqu'à 33 excitations, et il arrive parfois qu'on n'obtient rien. La contraction a souvent alors la forme d'une secousse allongée ressemblant à la contraction des muscles lisses (fig. 146).

J'ai essayé l'action des excitations mécaniques *parfaitement intermittentes* en disposant une sorte de petit appareil tétano-moteur agissant par percussion et pouvant donner des excitations de fréquence variable. Ce mode d'excitation a été inefficace, tandis que chez les mêmes animaux le simple frottement de la peau avec un stylet mousse déterminait des contractions réflexes.

Les *excitations douloureuses* produisent facilement, comme on sait, des contractions réflexes. C'est ainsi qu'agissent le pincement de la peau, les piqûres et surtout

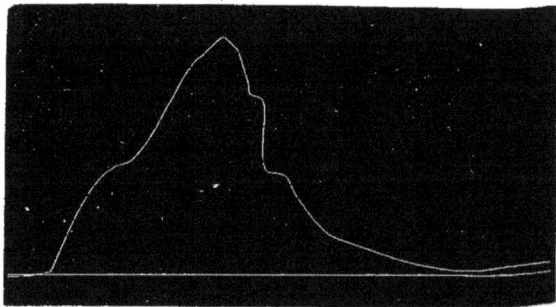

Fig. 149. — *Contraction réflexe du gastro-cnémien produite par le pincement de la peau de l'anus.*

la pression entre les mors d'une pince. On a, suivant les cas, tantôt des secousses plus ou moins allongées, tantôt des secousses violentes qui dans tous les cas se fusionnent difficilement (fig. 149).

J'ai essayé à plusieurs reprises l'influence *d'excitations successives intermittentes de nature différente*. Je voulais voir si des excitations, inefficaces par elles-mêmes, pouvaient devenir efficaces quand on faisait varier rapidement la nature de l'excitation. Pour cela j'ai disposé un appareil interrupteur de telle façon qu'une excitation électrique (choc d'induction) fût suivie d'une excitation mécanique (percussion de la peau); les excitations électriques et mécaniques alternaient régulièrement et le nombre *total* des excitations pouvait varier de 1 à 26 par seconde. Dans ces conditions, pas plus qu'avec les excitations mécaniques ou électriques intermittentes séparées, je n'ai obtenu de contractions réflexes, même en continuant les excitations plus de trente secondes.

Les *excitations chimiques* de la peau ont été les plus étudiées. C'est en effet le procédé le plus employé ordinairement quand on veut rechercher chez la grenouille les conditions des mouvements réflexes. Dans ce cas, la contraction a tantôt la forme d'une secousse plus ou moins régulière (fig. 147); mais ces secousses ont plus de tendance à se fusionner que pour les autres modes d'excitation et peuvent même arriver à un tétanos presque complet, mais jamais aussi régulier et aussi pur que le tétanos direct.

b. *Excitations viscérales.* — Dans les expériences que j'ai faites sur la contraction réflexe déterminée par les excitations viscérales, le cœur, l'estomac, l'intestin, ont réagi très facilement, plus facilement même que la peau, aux excitations électriques et mécaniques. Ces contractions,

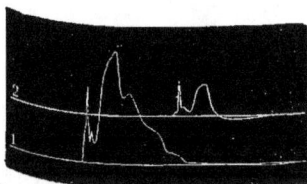

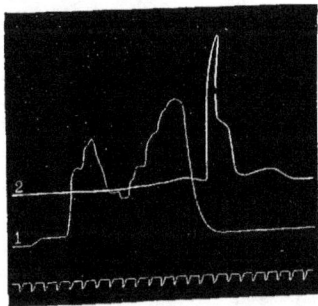

Fig. 150. — *Contraction viscéro-réflexe* (*).   Fig. 151. — *Contraction viscéro-réflexe* (**).

dont les figures 150 et 151 donnent des exemples, sont à peu près identiques aux contractions déterminées par l'excitation de la peau.

Bibliographie. — H. Beaunis : *Sur la forme et les caractères de la contraction musculaire réflexe* (C. rendus, t. XCVII, 1883) et : *Rech. expér.*, etc. (1).

6. — Contraction centrale.

La contraction musculaire déterminée par l'excitation directe des centres nerveux varie de forme suivant le lieu de l'excitation (moelle, bulbe, cerveau). Je n'en parlerai ici que d'une façon générale, renvoyant son étude au paragraphe de la physiologie des centres nerveux.

(1) A consulter : Wundt : *Unt. zur Mechanik der Nerven und Nervencentren*, 1871.

(*) Contractions réflexes des fléchisseurs (ligne inférieure, 1) et du gastro-cnémien (ligne supérieure, 2) sous l'influence de frottements répétés.
(**) Contractions cardio-réflexes des fléchisseurs (ligne moyenne, 1) et du gastro-cnémien (ligne supérieure, 2) sous l'influence de percussions intermittentes (indiquées sur la ligne inférieure).

Au point de vue général, les deux faits essentiels qu'on peut considérer comme constants sont les suivants :

1° Le *tétanos pur*, classique, ne se produit que par l'excitation de la région de la moelle qui correspond à l'origine des racines motrices qui fournissent les nerfs musculaires des membres. Dans ce cas il est identique au tétanos direct. Dans tout le reste des centres nerveux, à moins de forcer outre me-

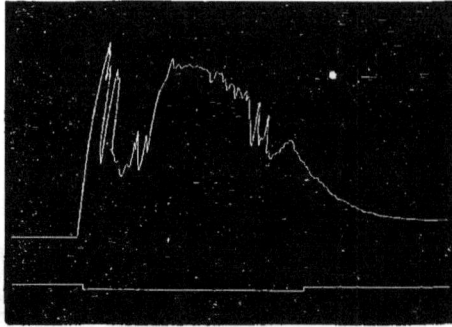

Fig. 152. — *Contractions provoquées par l'excitation de la partie moyenne de la moelle (grenouille)*

sure l'intensité du courant, on n'obtient que des secousses incomplètement fusionnées dont la figure 152 peut donner une idée.

2° Ces *secousses incomplètement fusionnées (contraction consécutive)* prennent plus facilement le caractère tétaniforme quand on excite les parties supérieures de l'axe nerveux que quand on excite les parties situées plus bas.

3° Ces secousses sont ordinairement précédées d'une forte *secousse initiale* (fig. 152) qui se produit immédiatement au moment de l'excitation et qui est analogue à la secousse directe obtenue par l'excitation du nerf moteur.

4° Après l'excitation de la partie inférieure de la moelle (grenouille) la contraction consécutive à la secousse initiale est souvent suivie de *contractions fibrillaires*, dissociées et irrégulières.

5° La contraction centrale présente la plus grande analogie de forme avec la contraction réflexe (abstraction faite naturellement de la secousse initiale et des contractions fibrillaires.

En résumé, on voit que les formes de la contraction musculaire peuvent se rattacher à deux types fondamentaux, le *type direct* et le *type réflexe*. Le premier est caractérisé par la régularité de la contraction et sa relation étroite avec l'excitant, comme mode d'apparition, comme durée et comme intensité, le second par l'irrégularité de la contraction, la variabilité de ses caractères et son indépendance relative vis-à-vis de l'excitant.

A quoi tient cette différence? Pour ma part, je crois que ces différences tiennent essentiellement à des *actions d'arrêt* qui se produisent spécialement à la traversée des centres nerveux, actions d'arrêt qui modifient d'une façon remarquable la forme de la contraction, particulièrement celle de la contraction tétanique. C'est ce que j'ai cru pouvoir formuler ainsi : *La contrac-tion musculaire réflexe n'est qu'une contraction directe modifiée par des actions d'arrêt* (Voir : *Physiologie du tissu nerveux; actions d'arrêt*).

Bibliographie. — BEAUNIS : *Recherches sur les formes de la contraction musculaire et sur les phénomènes d'arrêt* (dans : *Rech. expérim. sur l'activité cérébrale*, etc., 1884).

7. — Contraction musculaire volontaire.

La contraction musculaire volontaire peut être enregistrée de la même façon que les contractions provoquées expérimentalement et donne des cour-bes qui se rapprochent beaucoup des courbes précédentes, soit des secousses, soit du tétanos, suivant le caractère de la contraction.

Cette contraction musculaire physiologique, comme la contraction mus-culaire provoquée artificiellement, se compose de secousses musculaires. Mais ces secousses musculaires, véritables éléments de la contraction, doi-vent être considérées à deux points de vue :

1° Les secousses partielles de chaque fibre musculaire se réunissent pour constituer une secousse totale qui porte sur l'ensemble du muscle ; en effet, ces secousses partielles sont simultanées, grâce à la distribution nerveuse dans le muscle ; quand le nerf est excité, toutes les ramifications nerveuses le sont en même temps, ainsi que toutes les fibres musculaires qui reçoivent une au moins de ces terminaisons nerveuses ; ainsi, la rapidité de la trans-mission nerveuse assure l'instantanéité et la simultanéité d'action de toutes les fibres musculaires. Sans cette condition la contraction, restant localisée dans la fibre musculaire excitée, ne pourrait se généraliser dans la totalité du muscle.

2° Ces secousses musculaires totales, par leur succession, produisent la contraction musculaire. Ces vibrations musculaires peuvent même devenir sensibles à l'oreille (voir : *Son musculaire*). Ce fait prouve que l'excitation nerveuse motrice arrive au muscle, non en bloc et tout d'un coup, mais par doses fractionnées et à intervalles égaux.

Dans certaines conditions, ces secousses musculaires de la contraction physiolo-gique peuvent aussi être enregistrées. Si on place entre les dents ou mieux à l'ex-trémité du doigt le levier écrivant du myographe, par exemple, et qu'on tienne la pointe du levier appliquée contre un cylindre enregistreur, au lieu d'avoir une ligne droite on obtient une ligne tremblée assez régulière dont chacun des soulève-ments correspond à une secousse musculaire. Quand le bras est tenu horizontale-ment étendu, la courbe offre de place en place des soulèvements plus considérables dus à la pulsation artérielle ; mais si on tient le coude appuyé de façon à annihiler cette influence du pouls, ces soulèvements disparaissent, les graphiques des se-cousses musculaires persistent seuls et donnent une ligne finement dentelée très pure. J'ai trouvé ainsi pour les muscles de l'avant-bras (fléchisseurs des doigts) 10,5 secousses musculaires par seconde. Il est probable que le nombre des secous-ses varie suivant les muscles et la force de la contraction, car avec 10,5 vibrations par seconde le son musculaire serait trop grave pour être perceptible à l'oreille. Schäfer, Tunstall et Canney ont trouvé aussi 8 à 11 oscillations pour l'opposant du pouce. J. Kries est arrivé à un résultat analogue (1). Ces secousses sont bien plus prononcées dans le tremblement sénile et dans le tremblement alcoolique, qui ne sont que des exagérations de l'état physiologique.

Dans ces derniers temps quelques physiologistes, et en particulier Harless et Rouget, ont élevé des doutes sur la discontinuité de la contraction volontaire. On verra plus loin à ce point de vue la signification attribuée au *son musculaire*. L'objection principale faite à la théorie des secousses, c'est que la contraction volontaire ne produit jamais le tétanos-secondaire (voir : *Phénomènes électriques des muscles*), et ne produit qu'une secousse simple de la patte galvanoscopique, car cette absence de tétanos secondaire ne démontre pas l'absence de secousses, car Morat et Toussaint ont constaté que dans le tétanos artificiel, en augmentant la fréquence des excitations, on voit peu à peu la durée du tétanos secondaire diminuer et qu'il arrive un moment où le tétanos artificiel ne produit plus qu'une secousse simple dans la patte galvanoscopique.

On peut donc admettre, sans que le fait soit encore absolument démontré, que la contraction volontaire est un véritable tétanos physiologique produit par la fusion de secousses musculaires, correspondant à une série d'excitations successives partant des centres nerveux.

La vitesse des mouvements volontaires ne peut guère dépasser 6 à 7 centièmes de seconde ; mais si on enregistre les mouvements volontaires les plus rapides dans les conditions convenables, on voit que la contraction la plus rapide possible présente de petites oscillations secondaires (3 à 4) qui correspondent évidemment à autant d'excitations partant des centres nerveux (J.-V. Kries). Un mouvement musculaire isolé, même le plus simple et le plus bref, peut donc être considéré comme un véritable tétanos physiologique.

Pour ce qui concerne les *relâchements musculaires* sous l'influence d'une excitation, voir : *Phénomènes d'arrêt* (*Physiologie du tissu nerveux*).

Pour ce qui concerne les *contractions simultanées des muscles antagonistes*, voir : *Mécanique musculaire* et *Physiologie des centres nerveux*.

Bibliographie. — H. Kronecker et G. Stanley-Hall : *Die willkürliche Muskelaction* Arch. f. Physiol., 1879). — W. Tunstall et E. Canney : *Exper. made by an application of the transmission myograph to the registration of voluntary contractions in man* (Journ. of physiology, t. VI, 1885). — J. v. Kries : *Zur Kenntniss d. willkürl. Muskelthätigkeit* (Arch. f. Physiol., 1886). — A. Schaefer : *On the rhythm of muscular response to volitional impulses in man* (Journ. of physiol., t. VII, 1886).

8. — Phénomènes anatomiques de la contraction musculaire.

Quand le muscle est libre par ses deux extrémités, il se ramasse, au moment de sa contraction, en une masse globuleuse, molle, fluctuante, qui occupe à peine le tiers de sa longueur primitive. Mais, sur le vivant, les deux extrémités étant tendues par la force élastique des antagonistes et la résistance des points d'insertion, le raccourcissement n'atteint jamais ce degré et ne dépasse guère le tiers de la longueur primitive.

L'étendue du raccourcissement dépend, pour chaque muscle, de la longueur des fibres qui le constituent. Pour un muscle donné, ce raccourcissement augmente avec l'intensité de l'excitation et diminue avec la fatigue du muscle.

(1) Mes expériences sur ce point, déjà mentionnées dans ma première édition (1873), avaient précédé de longtemps celles des auteurs cités plus haut.

Diminution de volume du muscle. — L'augmentation d'épaisseur ne compense pas exactement le raccourcissement musculaire; il y a en effet une légère diminution du volume du muscle au moment de la contraction. Cette diminution de volume peut se constater en plaçant dans un vase rempli d'eau, et terminé à sa partie supérieure par un tube capillaire vertical, un muscle de grenouille ou un tronçon d'anguille; au moment de la contraction, on voit le liquide s'abaisser dans le tube (Erman). Les résultats obtenus par Erman, niés d'abord par Gerber, ont été confirmés par la plupart des physiologistes. Le physomètre de P. Harting, instrument pour déterminer les volumes variables, peut servir aussi à apprécier cette diminution de volume du muscle.

On a attribué la diminution de volume des muscles à la compression de l'air contenu dans les vaisseaux (J. Müller, Schiff), et les résultats positifs obtenus par Erman, Valentin, etc., laissent encore quelque prise au doute. Valentin, sur des muscles de marmotte en hibernation, a vu le volume du muscle tomber de 2,708 cent. cubes à 2,704, et le poids spécifique monter de 1,061 à près de 1,062, ce qui donne une différence de 1/1370. Fasce, sur des muscles de tortue, a constaté une diminution de volume de 10,852 mill. cubes pour un muscle de 45 grammes, de 12,568 mill. cubes pour un muscle de 30 grammes.

Phénomènes microscopiques de la contraction musculaire — Les phénomènes anatomiques de la contraction musculaire peuvent s'observer facilement au microscope. Si on examine de cette façon une fibre vivante, d'insecte par exemple, on voit une sorte d'ondulation, de gonflement marcher à la surface de la fibre et se propager ainsi dans toute sa longueur; en même temps les stries transversales se rapprochent; ces phénomènes se voient surtout bien si la fibre est légèrement tendue par ses deux extrémités. Dans le cas contraire, quand elle est libre par une de ses extrémités, c'est plutôt une sorte de mouvement vermiculaire. La contraction débute toujours par la partie en contact avec la plaque terminale.

Les anciens physiologistes admettaient que pendant la contraction musculaire les fibres primitives se raccourcissaient par un plissement en zig-zag, c'est-à-dire par une série d'inflexions successives. Prévost et Dumas édifièrent même sur ce fait, qu'ils décrivirent avec détail, une théorie de la contraction musculaire. Il est bien démontré aujourd'hui par les recherches de Ed. Weber et des auteurs qui l'ont suivi, qu'il n'y a là qu'une erreur d'observation et que la fibre musculaire se raccourcit à la manière d'un fil de caoutchouc.

Il a été fait dans ces dernières années un grand nombre de recherches sur les phénomènes microscopiques de la contraction musculaire. D'après Merkel, il faudrait comprendre le mécanisme de la contraction de la façon suivante: dans la fibre musculaire les deux *disques terminaux* (3,3, fig. 117) limitent avec le sarcolemme un espace ou tube musculaire divisé lui-même en deux loges secondaires par le *disque moyen* (1); à l'état de repos, les deux disques de substance contractile (2,2) avoisinent le disque moyen; à l'état de contraction, ils abandonnent le disque moyen pour se rapprocher des disques terminaux; mais, pour passer de cet état de repos à l'état de contraction, le contenu de la loge musculaire passe par un *stade intermédiaire de dissolution*, dans lequel la substance contractile et la partie liquide se mélangent intimement. La théorie de Merkel et surtout son stade de dissolution ont été attaqués par Ranvier, Engelmann, etc.

Engelmann, qui a fait les recherches les plus nombreuses et les plus minutieuses sur cette question, est arrivé aux résultats suivants: Dans la contraction, la substance anisotrope, contractile, et la substance isotrope présentent des variations de forme, de volume et de propriétés optiques, et ces variations sont de sens contraire pour chacune des deux substances; toutes les deux diminuent de hauteur, mais la substance isotrope plus rapidement et d'une façon plus marquée que la substance anisotrope; il en résulte que le volume total de cette dernière augmente aux dépens du volume de la première; la substance isotrope cède de l'eau à la substance anisotrope; celle-ci s'imbibe et se gonfle; celle-là se rétracte; mais les deux substances, comme le prouve l'observation à la lumière polarisée, ne changent pas de place pendant la contraction. En même temps, la substance isotrope devient plus réfringente, la réfringence de la substance anisotrope au contraire diminue de façon que la différence qui existe à ce point de vue entre les deux substances tend à s'égaliser; mais la lumière polarisée permet toujours de distinguer les deux substances. Pour ce qui concerne les stries transversales, pour un certain degré de contraction, ces stries disparaissent peu à peu (fait nié par Ranvier); c'est à ce stade qu'Engelmann donne le nom de *stade homogène*; puis à mesure que la contraction augmente les stries reparaissent, *stade d'inversion*; mais, en examinant les muscles à la lumière polarisée, on retrouve toujours la striation transversale même dans le stade homogène (1).

Merkel, dans des recherches récentes, a cherché à expliquer les différences qui existent entre sa théorie et celle d'Engelmann. Il admet, non plus deux, mais trois substances dans la fibre musculaire : 1° une substance biréfringente ou *disdiaclastique*; 2° une *substance plasmatique*, qui constitue le disque clair du muscle inactif; 3° une *substance cinétique*, à réfraction simple, solide, foncée. Dans le repos la substance disdiaclastique et la substance cinétique sont intimement unies et forment le disque transversal foncé, tandis que la substance plasmatique forme la bande claire. Dans la contraction, la substance cinétique va au disque terminal et la substance disdiaclastique s'empare de la substance plasmatique et se gonfle. Engelmann n'admet pas cette substance cinétique et repousse la théorie de Merkel.

En résumé, la question exige encore de nouvelles recherches; mais ce qui semble positif, c'est que la substance anisotrope est seule contractile, active, et que la substance isotrope ne joue qu'un rôle passif, élastique, dans la contraction (voir aussi : *Théories de la contraction musculaire*).

Bibliographie. — Th. W. Engelmann : *Micrometr. Messungen an contrahirten Muskelfasern* (Arch. de Pflüger, t. XXIII, 1880). — G. Valentin : *Die Unt. der Verkürzungserscheinungen der Muskelfasern im polarisirten Lichte* (id., t. XXI, 1880). — L. Hermann : *Ueber das Verhalten der optischen Constanten des Muskels*, etc. (id., t. XXII, 1880). — Fr. Merkel : *Ueber die Contraction der quergestreiften Muskelfaser* (Arch. f. mikr. Anat. t. XIX, 1881). — Ch. Rouget : *Phén. microscopiques de la contraction musculaire* (C. rendus, t. XCII, 1881). — R. Nicolaïdes : *Ueber die mikrosk. Erscheinungen bei der Contraction der quergestreiften Muskels* (Arch. f. Physiol., 1885) (2).

(1) Les observations doivent être faites principalement sur des fibres musculaires d'insectes ; Engelmann recommande surtout, à ce point de vue, un petit coléoptère très commun, le *telephorus melanurus*. Un procédé très bon pour *fixer* les ondes de contraction des muscles et de les traiter par l'acide osmique, l'alcool ou l'acide salicylique. Pour les détails de préparation, voir les mémoires originaux.

(2) *A consulter* : W. Krause : *Die Contraction der Muskelfaser* (Arch. de Pflüger, t. VIII, 1874). — Ranvier : *Du spectre produit par les muscles striés* (Arch. de physiologie, 1874). — Th. W. Engelmann : *Contractilität und Doppelbrechung* (Arch. de Pflüger, t. XI). — Id. : *Neue Unters. üb. die mikroskopischen Vorgänge bei der Muskelcontraktion* (Arch. de Pflüger, t. XVIII, 1878).

9. — Phénomènes chimiques de la contraction musculaire.

La contraction musculaire est liée aux phénomènes chimiques qui se passent dans le muscle. Ces phénomènes chimiques de respiration et de désassimilation musculaire existent déjà, comme on l'a vu plus haut (page 517), pendant l'inactivité, mais ils acquièrent une intensité beaucoup plus grande au moment de la contraction.

L'étude de ces phénomènes chimiques peut se faire par diverses méthodes : analyses comparatives de muscles à l'état de repos et de muscles tétanisés ; analyses de sang veineux musculaire recueilli dans les mêmes conditions de repos et de mouvement ; dosages de la quantité d'oxygène et d'acide carbonique absorbé et éliminé par les muscles. Au lieu d'employer ces procédés *directs*, on peut, par un procédé *indirect*, étudier l'influence du mouvement musculaire sur la nutrition (respiration et urine) et en tirer des conclusions sur les phénomènes chimiques intra-musculaires. Enfin, comme on le verra plus loin, le calcul même a été utilisé pour la solution de cette question. Avant d'aller plus loin, je donnerai un résumé des résultats obtenus par ces divers procédés.

1° L'analyse chimique comparative des muscles à l'état de repos et des muscles tétanisés fournit les résultats suivants :

Acidité du muscle. — Le muscle, de neutre qu'il était, devient acide ; cette acidité est plus faible quand la circulation est conservée ; car dans ce cas l'acide est saturé par les alcalis du sang (Du Bois-Reymond). Cette acidité est due principalement à l'acide lactique. D'après Heidenhain, cette acidité augmente quand le muscle est chargé d'un poids plus considérable. Les muscles pâles, à contraction rapide, deviennent plus acides que les muscles rouges par l'activité (Gleiss).

Substances azotées. — Ranke, Nawrocki, Danilewsky ont trouvé une diminution d'*albumine* dans les muscles tétanisés ; mais les différences sont si faibles et les causes d'erreur si grandes qu'il est difficile d'accorder aux chiffres trouvés une confiance absolue. Du reste, la même remarque pourrait peut-être se faire pour les substances suivantes. Un désaccord complet existe entre les physiologistes au sujet de la *créatine*. Sarokow avait trouvé une augmentation de créatinine dans les muscles tétanisés et admettait que pendant la contraction la créatine des muscles se transformait en créatinine. Mais des recherches plus récentes ont prouvé qu'à l'état normal les muscles, à l'exception peut-être du cœur (Voit), ne contiennent que de la créatine, et Nawrocki, Voit, Basler ne trouvèrent pas de différence au point de vue de la créatine entre les muscles tétanisés et les muscles inactifs. On a cherché à résoudre la question d'une autre façon en dosant la créatine des muscles après l'extirpation des reins ou la ligature des uretères. Dans ce cas, si la créatine se forme dans les muscles on doit en rencontrer une plus grande proportion après ces opérations ; c'est en effet ce qu'ont observé Perls, Oppler, Zalesky ; mais Nawrocki et Voit n'ont pas constaté cette différence dans leurs expériences, et du reste cette différence pourrait tenir à l'accumulation dans les muscles de la créatine non éliminée par les reins ; Nawrocki combat de même les résultats de Sczelkow qui avait trouvé plus de créatine dans les muscles de l'aile du poulet (muscles peu actifs) que dans les muscles de la cuisse (muscles actifs). On voit que la question est encore en suspens. Basler et Nawrocki n'ont pas trouvé non plus de différence dans la quantité de créatine suivant que le muscle tétanisé est chargé ou non d'un poids. Quant au fait de Senator que les muscles des diabétiques renferment plus de créatine qu'à l'état normal, il n'est pas encore possible de savoir exactement quelle signification lui attribuer, dans le cas où il serait vérifié.

La constatation de l'*urée* dans les muscles a donné lieu aux mêmes discussions. On a vu plus haut (page 510) que son existence dans le tissu musculaire inactif est encore douteuse ; elle est du moins niée par certains auteurs, quoique les expériences récentes de P. Picard tendent à la faire admettre à l'état normal. En tous cas il y aurait accumulation d'urée dans les muscles après la ligature des uretères et contrairement à Zalewski, après l'extirpation des reins. Seulement, d'après Perls et Oppler, la proportion d'urée serait plus forte après la ligature de l'uretère qu'après l'extirpation des reins, et Oppler, qui a trouvé l'inverse pour la créatine, en conclut qu'une partie de la créatine formée dans les muscles se transforme en urée dans le rein. Goemann au contraire a constaté que l'augmentation d'urée était la même dans les deux cas. Il n'a pas été fait de recherches comparatives sur la proportion d'urée dans les muscles inactifs et dans les muscles tétanisés. P. Picard, dans ses expériences, a constaté une diminution d'urée dans les muscles après la paralysie du nerf ischiatique (chien). Un fait à noter, c'est que dans le choléra les muscles contiennent plus d'urée que le sang (Voit). Des recherches sur l'*acide urique* des muscles ont été faites par Zalewsky ; chez les oiseaux, après la ligature des uretères, l'acide urique s'accumulerait dans les muscles et il en serait de même chez les reptiles tandis qu'après l'extirpation des reins cette accumulation d'acide urique dans les muscles ne se produirait pas chez les serpents. Ranke a trouvé dans les muscles tétanisés une augmentation de l'*extrait alcoolique* (déjà constatée par Helmholtz) et une diminution de l'*extrait aqueux*. Danilewsky y a constaté aussi une augmentation de l'*azote* total, tandis que Ranke avait trouvé le même chiffre 14,4 p. 100 d'azote pour les muscles inactifs et pour les muscles tétanisés.

Substances non azotées. — L'*acide lactique* est un des principaux produits non azotés de l'activité musculaire et sa quantité peut s'apprécier jusqu'à un certain point par le degré d'acidité du muscle. D'après Janowski, on trouverait jusqu'à dix fois plus d'acide lactique dans le muscle tétanisé que dans le muscle inactif. Quant à la nature de l'acide lactique qui se forme dans la contraction, ce paraît être surtout de l'acide lactique éthylénique. A côté de l'acide, il se forme dans le muscle de l'*acide carbonique* dont l'étude sera faite plus loin à propos de la respiration musculaire. L'existence de la *substance glycogène* et du *glucose* dans les muscles a donné lieu dans ces derniers temps à des recherches intéressantes. Nasse, puis Weiss, constatèrent que les muscles en repos contiennent plus de substance glycogène que les muscles tétanisés, et Chandelon a vu une augmentation de glycogène des muscles par la section des nerfs et une diminution de cette substance par leur excitation. D'après Weiss (contredit cependant sur ce point par Luchsinger) la proportion de glycogène des muscles, à l'inverse de celle du foie, présenterait une certaine constance et serait jusqu'à un certain point indépendante de l'alimentation. Quoi qu'il en soit, ce qui paraît positif, c'est que la substance glycogène, qu'elle provienne du foie ou qu'elle fasse, comme le croit Nasse, partie intégrante de la substance contractile, disparaît, se détruit au moment de la contraction. Se transforme-t-elle en sucre comme l'admettent Nasse et plusieurs physiologistes ou donne-t-elle immédiatement des produits de décomposition plus avancés comme l'acide lactique et l'acide carbonique ? Ou bien, ce qui semble plus probable encore, le muscle emploie-t-il dans sa contraction non seulement la substance glycogène, mais encore le glucose, qu'il provienne de la substance glycogène ou du foie ? La quantité de *graisse* des muscles d'après les expériences de Danilewsky, qui confirment celles de Ranke, diminue par la tétanisation ; et ce qui est certain, c'est que l'immobilité prolongée, telle qu'elle est produite par exemple par la section du nerf, détermine une accumulation de graisse dans les muscles; il est vrai qu'il n'y a pas là une preuve évidente que la graisse soit détruite dans les muscles au moment de la contraction; car cette accumulation pourrait tenir à une simple altération de nutrition produite par la section nerveuse (voir page 518). Quant à la diminution d'*acides gras volatils* observée par Sczelkow dans les muscles tétanisés, elle ne peut guère être invoquée en faveur d'une destruction de graisse dans les muscles en activité, à cause de l'imperfection du procédé employé par Sczelkow.

Je ne ferai que mentionner ici la présence de *substances réductrices* dans le muscle actif, présence démontrée par Gscheidlen et confirmée par Danilewsky (transformation de nitrates en nitrites et réduction de l'indigo).

Les muscles tétanisés et les muscles les plus actifs, comme le cœur, renferment une plus forte proportion d'*eau* et de *sels* (cendres de muscle) et spécialement de phosphate de potasse (Danilewsky). Weyl et Zeibler ont trouvé aussi une augmentation d'acide phosphorique dans les muscles en activité, acide phosphorique qui proviendrait de la nucléine détruite dans la contraction musculaire. L'augmentation des *sulfates* est proportionnelle à celle de l'azote. Voir aussi : *Chimie de la nutrition* : Glycogène, Glucose, Graisse, Acide lactique, Urée, Acide urique, Créatine, etc.

2° La *respiration musculaire* (page 517) s'active pendant la contraction; il y a, comme l'ont montré Matteucci et Valentin sur le muscle détaché de l'animal et en l'absence de toute circulation, augmentation de l'absorption de l'oxygène et du dégagement d'acide carbonique; mais l'absorption de l'oxygène ne croît pas en même proportion que le dégagement d'acide carbonique, et il n'y a pas parallélisme entre les deux phénomènes. Ils seraient même, d'après les recherches de Hermann et Danilewsky, à peu près indépendants. D'après Hermann même, l'absorption d'oxygène par un muscle détaché de l'animal serait un simple phénomène de putréfaction; si pendant la contraction le muscle isolé absorbe plus d'oxygène, c'est simplement parce que le mouvement du muscle met sa surface en contact avec de nouvelles couches d'air et le même fait se produit si, au lieu de tétaniser le muscle, on se contente d'imprimer au muscle, sans qu'il se contracte, des mouvements passifs; on voit alors augmenter la quantité d'oxygène absorbé (Danilewsky). Quoiqu'on ne puisse comparer un muscle isolé, sans circulation et qui ne reçoit de l'oxygène que par sa surface exposée à l'air, à un muscle dans lequel l'oxygène arrive partout avec le sang artériel, il est positif qu'il n'y a pas pendant la contraction oxydation directe d'une substance carbonée du muscle pour produire de l'acide carbonique; en effet, les muscles isolés, placés dans l'hydrogène ou dans l'azote, continuent encore à se contracter pendant assez longtemps et à fournir de l'acide carbonique et cependant les muscles ne contiennent pas d'oxygène gazeux ou n'en contiennent que des traces. Il faut donc admettre qu'il y a dans le muscle une provision d'une substance susceptible de fournir de l'acide carbonique, substance qui se décompose au moment de la contraction (Stintzing).

Les recherches sur les variations des gaz du *sang veineux musculaire* dans le repos et dans la contraction ont conduit aux mêmes résultats. Sczelkow en analysant le sang de la veine profonde de la cuisse (chien) a toujours constaté une augmentation d'acide carbonique pendant l'activité musculaire et a vu aussi que, en général, pour un volume d'oxygène absorbé, il y avait plus d'acide carbonique formé pendant la contraction que pendant le repos. Cette augmentation d'acide carbonique n'a pas été constatée d'une façon aussi constante par Ludwig et Schmidt dans leurs expériences de circulation artificielle (injection de sang défibriné dans les vaisseaux des muscles biceps et demi-tendineux du chien), mais ils ont observé la production d'acide carbonique même avec du sang tout à fait dépourvu d'oxygène. Minot cependant, en injectant dans les muscles du sérum au lieu de sang défibriné, n'a pu constater pendant la contraction d'augmentation notable dans l'absorption de l'oxygène et dans l'élimination d'acide carbonique ; mais il paraît difficile d'admettre le résultat de ces expériences en présence des résultats contraires obtenus par la plupart des physiologistes.

Les expériences récentes de Frey et Gruber d'une part, de Chauveau de l'autre, sont venues confirmer les faits précédents. Frey et Gruber, en employant le procédé des circulations artificielles, ont toujours vu la consommation d'oxygène augmenter dans le muscle en activité et proportionnellement à l'intensité de la contraction. Il en était de même, quoique dans une mesure plus faible, de la production de l'acide carbonique. Chauveau, dans ses recherches sur le releveur de la lèvre supérieure du cheval, a constaté aussi une augmentation considérable de la consommation d'oxygène dans le muscle en activité ; la proportion d'acide carbonique formé augmentait aussi ; mais elle était supérieure à la quantité correspondante à la proportion de glycose disparu du sang ; l'excédant d'acide carbonique ainsi formé provient sans doute soit du glycose accumulé dans le muscle pendant le repos, soit des principes gras ou azotés du muscle.

3° L'influence du mouvement musculaire sur la nutrition sera étudiée plus loin. Je me contenterai ici de signaler les principaux résultats obtenus, d'abord pour l'urine, ensuite pour la respiration. Pour ce qui concerne l'*urine*, les recherches les plus nombreuses ont porté sur l'*urée*, mais n'ont malheureusement pas donné de résultats absolument certains. Cependant, contrairement aux opinions anciennes, les recherches récentes de Voit et de la majorité des physiologistes tendent à faire admettre qu'il n'y a pas un rapport intime entre le mouvement musculaire et la proportion de l'urée éliminée par les urines. Les augmentations observées par un certain nombre d'auteurs sont trop variables pour qu'on puisse leur attribuer une réelle valeur et, d'après les recherches de Noyes et d'Engelmann, ne semblent se produire que quand le travail musculaire est poussé jusqu'à l'extrême fatigue. Il paraît en être de même pour les autres matières azotées de l'urine, acide urique et créatinine ; là non plus on ne constate pas d'augmentation sensible par le travail musculaire et les dosages directs de l'azote de l'urine ont conduit au même résultat. La même incertitude se retrouve pour les sulfates et les phosphates de l'urine ; cependant, pour ces derniers, la plupart des auteurs qui se sont occupés de la question ont trouvé une augmentation. Tous, au contraire, ont observé une diminution du chlorure de sodium. L'acidité de l'urine présente un accroissement notable (Janowski) (voir : *Sécrétion urinaire* et *Statique de la nutrition*).

Les recherches sur la *respiration totale* (pulmonaire et cutanée) ont démontré l'influence du mouvement musculaire sur les échanges gazeux de l'organisme (Lavoisier et Séguin ; Pettenkofer et Voit, etc.). La quantité d'oxygène absorbé et d'acide carbonique exhalé par les poumons et par la peau est plus considérable que dans le repos et, là encore, comme pour la respiration musculaire, l'augmentation porte surtout sur l'acide carbonique (voir : *Respiration* et *Statique de la nutrition*).

Il est évident que ces dernières recherches ne peuvent donner que des indications sur les phénomènes chimiques qui se passent dans les muscles au moment de leur contraction, puisque l'urée et l'acide carbonique peuvent avoir leur origine dans d'autres tissus que le tissu musculaire ; mais telles qu'elles sont, elles peuvent servir à contrôler les résultats obtenus par l'analyse directe des muscles.

En résumé, d'après les recherches qui viennent d'être mentionnées, les phénomènes suivants se passent dans le muscle au moment de sa contraction : le muscle devient acide ; il s'y produit de l'acide lactique, de l'acide carbonique et peut-être un peu d'urée, de créatine, de sucre et de phosphates ; en outre il est probable, quoique les expériences précises manquent sur ce point, qu'il donne encore naissance à un certain nombre de produits azotés et non azotés (xanthine, hypoxanthine, acide inosique, acide urique (?), inosite, acides gras volatils, etc.), mais en quantité très faible ou dans des conditions encore mal déterminées. Enfin il consomme de l'oxygène, des substances hydrocarbonées et en particulier de la matière glycogène, du sucre, peut-être de la graisse (?), et probablement aussi une certaine proportion de substances albuminoïdes.

Comment, avec ces données, comprendre la nutrition du muscle, et les phénomènes chimiques qu'il présente pendant sa contraction ? Le muscle peut être considéré, au point de vue chimique, de deux façons : 1° comme tous les tissus vivants, il subit incessamment une série de décompositions successives, il s'use en un mot en donnant naissance à un certain nombre de produits de déchet, et cette *désassimilation musculaire* a lieu en dehors même de toute contraction, sur un muscle au repos comme sur un muscle paralysé ; 2° en second lieu, le muscle est une véritable machine qui produit du travail mécanique et ce travail ne peut s'accomplir sans une série de décompositions chimiques qui donnent aussi naissance à des produits de déchet. On peut donc admettre dans le muscle deux sortes de désassimilations, une désassimilation qu'on pourrait appeler *nutritive* ou *organique* et qui lui est commune avec les autres tissus et une désassimilation *dynamique* qui lui est spéciale et qui détermine la contraction. Quels sont maintenant les produits de ces deux sortes de désassimilation et sont-ils identiques ? Voici, à mon avis, comment cette question doit être envisagée. La presque totalité de la matière organique du muscle (96 pour 100 environ) est constituée par des substances albuminoïdes (myosine, etc.) ; la désassimilation organique du muscle fournira donc par-dessus tout des produits de décomposition provenant des albuminoïdes, c'est-à-dire que les corps azotés y entreront dans une forte proportion ; c'est peut-être à cette origine qu'il faut rattacher une partie de la créatine, de l'hypoxanthine, de l'urée, etc., qu'on rencontre dans les muscles ; mais il ne faut pas oublier non plus que les albuminoïdes par leur décomposition fournissent aussi des principes dépourvus d'azote et que l'acide lactique, les acides gras volatils, la glycose, etc., qu'on trouve dans le suc musculaire peuvent aussi provenir de la même source (voir pages 159).

Quels sont maintenant les produits de désassimilation *dynamique* du muscle ou autrement quelles substances le muscle consomme-t-il pendant sa contraction ? Trois hypothèses peuvent être faites sur cette question et toutes trois doivent être examinées successivement :

1° *Le muscle consomme des substances azotées pendant sa contraction.* — C'est l'opinion admise par Liebig et un certain nombre de physiologistes, Playfair, Hammond, etc. Ces matériaux azotés consommés par le muscle proviendraient soit directement du muscle lui-même, soit des aliments azotés apportés au muscle à l'état d'albumine du sang. C'est ainsi que Liebig, qui défendait l'origine azotée de la contraction musculaire, divisait les aliments en aliments respiratoires (graisse et hydrocarbonés) qui, par leur combustion, produisaient la chaleur animale, et aliments plastiques qui servaient à la constitution des tissus et à la production du travail musculaire. D'autres physiologistes opposèrent les aliments *thermogènes* aux aliments *dynamogènes*. Pour d'autres, au contraire, les aliments azotés n'interviennent pas directement, et c'est le muscle même qui consomme sa propre substance pendant la contraction. « Dans le muscle, dit Playfair, c'est l'usure des parties intrinsèques, actives, qui est la condition du mouvement, tandis que dans la machine à vapeur, c'est l'usure du combustible qui provient de l'extérieur. » Les faits et les analyses mentionnés plus haut ne permettent pas d'admettre cette théorie. On a vu en effet que les augmentations de principes azotés (urée, créatine, créatinine, etc.) dans l'urine et dans le muscle pendant le travail musculaire sont trop variables et trop faibles la plupart du temps pour qu'on puisse en tirer des conclusions positives. Du reste, le calcul prouve que la désassimilation des albuminoïdes ou, ce qui revient au même, la proportion d'albuminoïdes introduits par l'alimentation ne peut presque jamais couvrir le travail produit et qu'elle ne peut en tout cas en être la source exclusive (R. Mayer, Frankland) (1).

2° *Le muscle consomme des matériaux non azotés pendant sa contraction.* — Cette hypothèse a été émise par Traube et est admise aujourd'hui par un grand nombre de physiologistes. Le muscle dans ce cas serait comparable à une machine qui produit du travail par la combustion du charbon, et les substances non azotées (glycogène, sucre, graisses, etc.) apportées au muscle par le sang lui serviraient de combustible. Les faits invoqués en faveur de cette théorie sont de plusieurs ordres et ont été vus plus haut. C'est ainsi que l'augmentation considérable de l'exhalation d'acide carbonique pendant le travail musculaire ne peut être attribuée à la désassimilation des albuminoïdes, puisqu'on ne trouve pas une augmentation correspondante dans les principes azotés des diverses excrétions ; elle ne peut donc provenir que de matières non azotées ; du reste, en calculant le poids de charbon brûlé et d'acide carbonique produit nécessaires pour fournir le travail mécanique d'un travailleur, on arrive à des chiffres qui se rapprochent singulièrement de ceux que donne l'expérimentation. Les expériences de Fick et Vislicénus, quoique passibles de quelques objections, ont mis le fait hors de doute en prouvant que la plus grande partie du travail musculaire peut se produire aux dépens de substances non azotées (2). La nourriture ordinaire des ouvriers s'accorde assez bien avec cette opinion ; à côté d'une quantité de viande souvent assez faible, ils consomment de très fortes proportions de substances riches en carbone, pain, pommes de terre, lard, etc. ; les bûcherons tyroliens, les montagnards, les prisonniers de Madras

(1) Un gramme de muscle, d'après les calculs de Frankland, fournit par sa combustion 4,368 calories qui équivalent à 1,848 kilogrammètres ; le travail journalier d'un ouvrier ordinaire, y compris le travail du cœur et des muscles respiratoires, peut être évalué à près de 30 ',090 kilogrammètres et exigerait la combustion de 160 grammes de muscles par jour et par conséquent 160 grammes d'albuminoïdes dans l'alimentation ; mais il faut remarquer d'abord que ces 160 grammes ne servent pas à produire uniquement du travail, mais qu'une partie est certainement employée à produire de la chaleur, et ensuite que sur ces 160 grammes d'albuminoïdes de l'alimentation une partie doit nécessairement servir à la réparation d'autres tissus azotés que le muscle. Cette quantité d'albuminoïdes serait donc tout à fait insuffisante pour produire le travail musculaire d'une journée.

(2) Voici un résumé des recherches de Fick et de Vislicénus sur cette question, recherches si souvent citées et qui ont contribué pour beaucoup à renverser les idées de Liebig sur ce sujet.

Ces deux observateurs firent l'ascension du Faulhorn, qui dura 6 heures. Dans les 17 heures qui précédèrent l'ascension, ils ne prirent pas d'aliments azotés, et pendant 31 heures ils ne mangèrent que du lard, de l'amidon et du sucre. L'urine fut examinée avant l'ascension (urine de la nuit), pendant l'ascension, pendant les 6 heures de repos qui suivirent, et pendant la nuit passée sur la montagne, après un riche repas de viande. Ils constatèrent que la quantité de travail produite dans l'ascension ne pouvait être couverte par la combustion des albuminoïdes, et que plus des deux tiers avaient été produits

(Douglas), la plupart des paysans mangent fort peu de viande, très peu d'albuminoïdes et cependant peuvent fournir une somme de travail parfois considérable. La nourriture des grands herbivores que nous employons journellement, comme le cheval, le bœuf, vient encore à l'appui de cette théorie. Il en est de même de celle de beaucoup d'insectes, tels que les abeilles par exemple qui, à l'état de larves, c'est-à-dire pendant l'immobilité, se nourrissent de substances albuminoïdes et à l'état d'insecte parfait (état actif) consomment surtout du miel et des matières sucrées (Verloren). Cependant cette opinion ne peut être admise d'une façon absolue et il est impossible de nier qu'il n'y ait en même temps pendant la contraction musculaire désassimilation des albuminoïdes. Ce qui le prouve, c'est d'une part l'augmentation d'urée constatée d'une façon certaine dans l'urine dans les cas où le travail musculaire était poussé jusqu'à la fatigue (Noyes, G. Engelmann), et d'autre part la faiblesse musculaire qui accompagne un régime exclusivement végétal ou dans lequel il entre une très faible quantité de substances albuminoïdes.

3° *Le muscle consomme à la fois dans sa contraction des matériaux azotés et des matériaux non azotés.* — Cette opinion mixte est celle qui paraît le mieux s'accorder avec les faits. Cependant là encore il y a une distinction à faire. Pour les uns, comme Fick en particulier, le muscle est analogue à une machine qui brûle du charbon et produit de la chaleur et du travail mécanique; seulement au lieu de charbon il brûle des substances non azotées; les pièces métalliques de la machine s'usent aussi pendant leur fonctionnement, mais la production d'oxyde de fer n'est jamais comparable à la consommation de charbon; dans le muscle, il en est de même; la charpente de la machine, c'est-à-dire la substance albuminoïde, s'use bien un peu, mais cette usure (production de déchets azotés), tout en augmentant avec l'intensité de la contraction, n'est jamais en rapport avec l'usure du combustible non azoté. Pour d'autres, au contraire, comme Donders, Haughton, etc., le muscle emploie de préférence dans la contraction des substances non azotées qui lui sont fournies par le sang, mais si ces substances lui manquent, il consomme à leur défaut les substances albuminoïdes, qu'elles proviennent du sang ou du muscle lui-même; c'est ce qui arrive par exemple dans l'exercice musculaire poussé jusqu'à la fatigue, quand la provision de combustible non azoté a été aux dépens des substances non azotées. Le tableau suivant donne le détail de leur expérience :

	URINE.	URÉE.	AZOTE de l'urée.	AZOTE total.	ALBUMINOÏDES oxydés.	ALBUMINE oxydée pendant l'ascension.	KILOGRAMMÈTRES correspondants à cette albumine.	KILOGRAMMÈTRES produits pendant l'ascension.	DIFFÉRENCE en kilogrammètres.
FICK 66 kilos.	De la 1re nuit..	12,4820	5,8249	6,9153	46,1020	»	»	»	»
	De l'ascension.	7,0330	3,2681	3,3130	22,0867	27,17	106,250	319,274	213,024
	Du repos......	5,1718	2,4151	2,4293	16,1953	»	»	»	»
	De la 2e nuit..	»	»	4,1867	32,1113	»	»	»	»
VISLICÉNUS 76 kilos.	De la 1re nuit..	11,7044	5,4887	6,6841	44,5607	»	»	»	»
	De l'ascension.	6,6973	3,1254	3,1336	20,8907	37,00	105,285	368,574	262,749
	Du repos......	5,1020	2,3809	2,4165	16,1100	»	»	»	»
	De la 2e nuit..	»	»	5,3462	26,0413	»	»	»	»

La hauteur du Faulhorn est de 1 956 mètres; le travail était donc pour Fick de 66 × 1956 = 129,096 kilogrammètres, et de 76 × 1956 = 148,656 kilogrammètres pour Vislicénus; mais il faut ajouter le travail produit par le cœur et les muscles respiratoires, ce qui donne à peu près le chiffre total des kilogrammètres produits pendant l'ascension.

consommée par le muscle; c'est dans ces cas en effet qu'on voit l'urée augmenter dans l'urine.

En résumé, il me semble que les phénomènes chimiques de la contraction musculaire doivent être compris de la façon suivante : *Dans les conditions ordinaires* le muscle consomme des substances non azotées que lui apporte le sang, et c'est aux dépens de ces substances qu'il produit de la chaleur et du travail mécanique; la consommation d'albuminoïdes est insignifiante et résulte d'une simple usure du tissu musculaire; *dans les conditions anormales* d'exercice prolongé jusqu'à la fatigue ou d'apport insuffisant de matériaux non azotés (arrêt de circulation, etc.), le muscle, à défaut de ces substances, consomme des albuminoïdes et fournit des produits de déchet azotés (1). Si l'on compare maintenant les phénomènes chimiques qui accompagnent le repos musculaire et ceux qui accompagnent la contraction, on voit qu'au fond ces phénomènes paraissent être de même nature, surtout si l'on admet le *tonus chimique* mentionné page 518. Dans ce cas le muscle pendant sa contraction donnerait naissance aux mêmes produits de décomposition, serait le siège des mêmes réactions chimiques, seulement tous ces phénomènes acquerraient au moment de la contraction une intensité beaucoup plus considérable. Cependant certains auteurs ont admis que les phénomènes chimiques étaient différents dans les deux cas, et qu'il y avait non seulement différence de quantité, mais différence de qualité.

Quelle est la nature des processus chimiques qui se passent dans le muscle? Autrefois on voyait dans ces phénomènes une véritable oxydation comparable à la combustion du charbon. Le muscle oxydait le carbone et l'hydrogène des matériaux qu'il employait dans sa contraction et formait de l'acide carbonique et de l'eau. Mais on s'aperçut bientôt que le dégagement d'acide carbonique n'était pas lié d'une façon aussi simple à l'absorption de l'oxygène et que les deux phénomènes étaient, jusqu'à un certain point, indépendants l'un de l'autre; la découverte de l'acide lactique dans le tissu musculaire fit penser alors à une fermentation, d'autant plus que la contraction musculaire n'est pas le seul acte vital qu'on puisse rapprocher des fermentations (voir page 343). La fermentation en effet peut expliquer la plupart des phénomènes de la contraction musculaire aussi bien que l'oxydation; comme elle, elle produit de la chaleur; comme elle, elle donne naissance à de l'acide carbonique et à de l'acide lactique, et avec elle on comprend facilement cette indépendance du dégagement d'acide carbonique et de l'absorption d'oxygène, indépendance inexplicable dans la théorie de l'oxydation. Dans ce cas, il est vrai, il faudrait admettre l'existence d'un ferment lactique qui n'a pas encore été démontré. Enfin dans ces derniers temps Pflüger et Stintzing sont arrivés à ce résultat que la production de l'acide carbonique dans la contraction est un simple phénomène de dissociation, dissociation qui se produit sans l'intervention d'aucun

(1) Ainsi dans le choléra la circulation est ralentie et les muscles ne reçoivent plus assez de combustible non azoté; alors les contractions musculaires (crampes cholériques) qui se produisent consomment la substance albuminoïde du muscle et le produit de déchet de cette substance, l'urée, s'accumule dans le tissu musculaire. Les recherches de Kellner viennent appuyer la manière de voir énoncée plus haut. Dans des expériences continuées pendant plusieurs années chez un cheval, il a vu que l'augmentation de l'azote de l'urine par le travail musculaire ne se produisait que par suite de l'insuffisance de matériaux non azotés.

ferment puisqu'elle peut se produire encore à des températures auxquelles toute fermentation est impossible.

L. Hermann a fait une hypothèse ingénieuse pour expliquer les phénomènes chimiques de la contraction musculaire. Le muscle contiendrait une substance inogène, azotée, qui se dédouble au moment de la contraction en myosine, acide carbonique et acide lactique; l'acide carbonique et l'acide lactique sont entraînés par le sang et abandonnent le muscle; la myosine, mise ainsi en liberté, se coagule temporairement et c'est cette coagulation temporaire qui produit l'acte physique de la contraction par l'élasticité de la myosine coagulée. Le sang apporte alors au muscle de l'oxygène et une substance non azotée encore indéterminée (substance glycogène?) qui avec la myosine reforment la substance inogène (voir : Rigidité cadavérique).

Aux phénomènes de décomposition qui se passent dans le muscle contracté doivent correspondre des phénomènes de réparation. Puisque le muscle consomme des matériaux azotés, en très petite quantité, et en bien plus forte proportion des matériaux non azotés, il faut que ces matériaux soient remplacés et que le sang lui en apporte continuellement de nouveaux; mais en même temps que cet apport de substances réparatrices, il faut encore que les produits de déchet de la contraction musculaire soient enlevés par le sang; sans cela ils resteraient dans le muscle et en détruiraient la contractilité, comme cela arrive dans la fatigue par exemple (voir : Fatigue musculaire).

On voit par ce qui précède que le rôle de l'oxygène dans les phénomènes chimiques de la contraction musculaire n'est pas encore éclairci; on sait seulement qu'il est indispensable, et que quand le muscle en est privé il ne tarde pas à perdre son irritabilité. Sert-il à la régénération de la myosine comme le veut Hermann, ou sert-il à oxyder ces substances réductrices dont l'existence a été constatée dans le muscle contracté? c'est ce qu'il est impossible de décider; en tout cas l'oxygène absorbé par le muscle doit de suite s'y combiner avec un corps quelconque pour former une combinaison stable, car l'analyse des gaz du muscle ne fournit que peu ou pas d'oxygène.

Un dernier fait à noter, c'est l'augmentation de volume du muscle par l'exercice musculaire. L'explication de ce fait d'observation journalière présente certaines difficultés. Quelques auteurs, Parkes et Woroschiloff, entre autres, constatant une diminution d'urée de l'urine au moment de la contraction, ont admis qu'il y avait fixation d'azote par le muscle pendant l'exercice musculaire. Ce qui est positif, c'est que la circulation est augmentée à ce moment dans le muscle et que celui-ci reçoit par conséquent une quantité de matériaux nutritifs bien plus considérable que dans le repos.

Circulation musculaire. — D'après les recherches de Ludwig et de ses élèves, la circulation est activée pendant la contraction; le muscle reçoit plus de sang, et on observe une dilatation des vaisseaux et spécialement des artères. Ranke a du reste constaté dans les muscles tétanisés une quantité de sang qui peut aller jusqu'au double de celle qui existe dans les muscles inactifs. Chauveau, dans ses recherches sur le releveur de la lèvre supérieure, a vu aussi la circulation être près de cinq fois plus active dans le muscle en activité que dans les muscles à l'état de repos. Cependant si la quantité de sang qui coule dans un muscle contracté est en effet plus considérable, Claude Bernard fait remarquer que, au moment même de la contraction, les vaisseaux musculaires sont comprimés et que le sang se trouve retenu dans les capillaires (Leçons sur les liquides de l'organisme, t. I, p. 325); et Ranvier, dans une note sur la circulation dans les muscles rouges (Arch. de phy-

siologie, 1874, p. 448), adopte cette opinion. Humilewsky a constaté aussi la compression mécanique des vaisseaux. Elle paraît pourtant en contradiction avec les observations de Ludwig, de ses élèves et surtout de Gaskell qui, sur le mylo-hyoïdien de la grenouille, a constaté au microscope une dilatation des artères.

Cette dilatation artérielle qui accompagne la contraction musculaire semble tenir à l'excitation de nerfs vaso-dilatateurs. Quand on excite directement un nerf musculaire, comme ce nerf contient à la fois des filets vaso-constricteurs et des filets vaso-dilatateurs, les deux espèces de filets sont excitées en même temps; mais les vaso-dilatateurs l'emportant, l'effet total est une dilatation vasculaire. Dans la contraction physiologique normale il est probable que par un mécanisme encore inconnu les centres moteurs et les centres vaso-dilatateurs du muscle sont excités simultanément (voir : *Nerfs vasculaires*).

En outre le sang veineux qui sort du muscle est beaucoup plus foncé au moment de la contraction.

Bibliographie. — R. Stintzing : *Unters. über die Mechanik der physiologischen Kohlensäurebildung* (Arch. de Pflüger, t. XVIII, 1878; t. XX, 1879). — Id. : *Fortgesetzte Unters. über die Kohlensäure der Muskeln* (Arch. de Pflüger, t. XXIII, 1880). — Astaschewski : *Ueber die Säurebildung und den Milchsäuregehalt des Muskeln* (Zeit. für phys. Ch., t. IV, 1880). — O. Kellner : *Unt. üb. einige Beziehungen zwischen Muskelthätigkeit und Stoffzerfall im thierischen Organismus*, 1880. — W. J. Russel et L. West : *On the amount of nitrogen excreted in the urin by man at rest* (Proceed. Roy. Soc. Lond., t. XXX. 1880). — M. Rühlmann : *Ueber die Arbeitsleistungen der Menschen nach den eingenommenen Nahrungsmitteln* (Dingler's Journal, t. CCXVIII, 1880). — A. Sanson : *Mém. sur la source du travail musculaire*, etc. (Journ. de l'Anat., t. XVI, 1880). — J. W. Warren : *Ueber den Einfluss des Tetanus der Muskeln auf die in ihnen enthaltenen Säuren* (A. de Pflüger, t. XXIV, 1881). — E. Tiegel : *Von den japanischen Läufern* (A. de Pflüger, t. XXXI, 1883). — A. Wynter Blith : *Observat. on the ingesta and egesta of Mr. Edward Payson Weston during his walk of 5000 miles in 100 days* (Proc. Roy. Soc. Lond., t. XXXVII, 1884). — W. North : *Abstract of a report on the influence of bodily labour upon the discharge of nitrogen* (Brit. med. Journ., 1884). — M. v. Frey : *Vers. über den Stoffwechsel isolirter Organe* (Arch. f. Physiol., 1885). — G. Humilewsky : *Ueber den Einfluss der Muskelcontractionen der Hinterextremität auf ihre Blutcirculation* (Arch. f. Physiol., 1886). — Chauveau et Kaufmann : *Conséq. physiol. de la détermination de l'activité spécifique des échanges ou du coefficient de l'activité nutritive et respiratoire dans les muscles en repos et en travail* (C. rendus, t. CIV, 1887). — Chauveau : *Mét. pour la déterm. de l'activité spécifique des échanges intra-musculaires*, etc. (id.). — Id. : *Nouveaux documents*, etc. (id.). — M. Hanriot et Ch. Richet : *Relations du travail musculaire avec les actions chimiques respiratoires* (C. rendus, t. CV, 1887). — W. Gleiss : *Ein Beitrag zur Muskelchemie* (Arch. de Pflüger, t. XLI, 1887) (1).

10. — Travail mécanique du muscle.

Le degré de raccourcissement d'un muscle dépend, toutes choses égales d'ailleurs, de la longueur des fibres; un muscle de longueur double se raccourcira deux fois plus. Si on suppose le muscle suspendu verticalement et fixé par son extrémité supérieure, son extrémité inférieure sera soulevée au moment de la contraction et le degré du raccourcissement déterminera la *hauteur du soulèvement*. Mais, dans les conditions normales, le cas d'un muscle libre, isolé, ne se présente jamais; toujours les muscles ont au

(1) *A consulter :* Lavoisier et Séguin : *Mémoire sur la respiration*, 1789. — A. Fick et J. Wislicenus : *Ueber die Entstehung der Muskelkraft* (Viertelj. d. Zuricher naturforsch. Gesell., t. X, 1865). — E. Frankland : *On the source of muscular power* (Proceedings of the royal Instit., 1866). — S. Haughton : *Source of muscular power* (Med. Times, 1867). — W. Danilewsky : *Ueber den Ursprung der Muskelkraft*, 1876.

moment de la contraction à surmonter des obstacles, poids des membres, résistance des muscles antagonistes ou des articulations, obstacles ou résistances qui peuvent toujours se mesurer par des poids. Un muscle au moment de sa contraction a donc à accomplir un travail mécanique, à soulever un poids. La longueur des fibres musculaires n'a aucune influence sur la grandeur du poids soulevé ; quelle que soit leur longueur, si elles ont la même *force*, en supposant toutes les autres conditions égales, toutes les fibres soulèveront le même poids ; de même si dix fibres musculaires sont susceptibles de soulever chacune à part un poids P, lorsqu'elles sont réunies elles soulèveront ensemble un poids = 10 P ; par conséquent le poids qu'un muscle est en état de soulever dépend du nombre de ses fibres, qui peut se mesurer lui-même par la section ou la coupe transversale du muscle (1).

1. — RACCOURCISSEMENT MUSCULAIRE

Procédés. — Ce raccourcissement musculaire s'étudie par les procédés optiques et graphiques qui ont été décrits pour l'étude de l'élasticité musculaire, page 512.

Pour un muscle libre, isolé, en laissant de côté pour le moment l'influence des poids que peut supporter le muscle, le raccourcissement dépend des trois conditions suivantes : il augmente avec l'intensité de l'excitation ; il diminue avec la fatigue ; il augmente avec la température jusqu'à 13° environ, et diminue quand la température s'élève au-dessus de 32°.

Quand le muscle est chargé d'un poids, les conditions sont plus complexes au moment de la contraction. En effet, le raccourcissement est sous l'influence de deux facteurs qui agissent en sens contraire : 1° le muscle *se raccourcit* sous l'influence de l'excitation à laquelle il est soumis ;

2° Le muscle *s'allonge*, en premier lieu, par la traction qu'exerce sur lui le poids dont il est chargé (allongement initial), en second lieu parce que pendant la contraction le muscle, comme l'a montré Weber, augmentant d'extensibilité, subit à chaque instant de la contraction une petite augmentation de longueur (allongement consécutif) qui vient s'ajouter à l'allongement initial.

Le raccourcissement total du muscle est donc égal au raccourcissement de contraction diminué de l'allongement initial et de l'allongement consécutif. En outre, lorsqu'un muscle chargé d'un poids est tétanisé, au début de la contraction, le poids, sous l'influence de la vitesse acquise, monte à une certaine hauteur, *hauteur de soulèvement* (*Wurfhöhe*), mais il ne reste pas à cette hauteur pendant toute la durée de la contraction, il retombe un peu et reste à une hauteur moindre, *hauteur de soutien* (*Hubhöhe*), à laquelle le maintient le muscle tétanisé. Le raccourcissement du muscle est plus considérable dans le premier cas que dans le second, et dans cette forme de

(1) On suppose ici le muscle composé de fibres parallèles ; dans le cas contraire la coupe doit passer par toutes les fibres du muscle ; c'est ce qu'on appelle *coupe physiologique* d'un muscle, souvent irréalisable en pratique. On peut alors y arriver de la façon suivante ; on obtient d'abord le volume du muscle en divisant son poids en grammes par le poids spécifique du tissu musculaire = 1,058 et on divise le volume par la longueur des fibres.

contraction le raccourcissement total se compose de deux éléments secondaires dont les conditions sont différentes.

Pour analyser complètement le phénomène du raccourcissement musculaire, il faudrait étudier à part chacun de ces quatre facteurs, et préciser la part que chacun d'eux prend dans le raccourcissement total. Mais on se heurte ici à des difficultés pratiques considérables, d'autant plus qu'il est très difficile d'éliminer tout à fait l'influence de la fatigue musculaire qui vient modifier les résultats (voir : *Fatigue musculaire*).

Voici cependant les conclusions principales auxquelles sont arrivés les physiologistes. D'une façon générale, le raccourcissement, ou, ce qui revient au même, la hauteur de soulèvement et la hauteur de soutien diminuent à mesure que la charge augmente ; si le poids est très faible, le muscle se comporte comme un muscle libre, isolé, qui n'a à soulever que son propre poids ; puis en augmentant la charge il arrive un moment où le muscle n'a plus la force de soulever le poids ; il reste dur, tendu, mais ne se raccourcit pas. Cette loi souffre cependant quelques exceptions ; ainsi Fick, Heidenhain ont observé, dans certains cas (muscles de l'anodonte, muscles tétanisés de grenouille), des hauteurs de soulèvement plus considérables pour des charges croissantes. Mendelssohn a vu aussi la hauteur de soulèvement du muscle augmenter *au début* avec l'augmentation de la charge pourvu que l'augmentation fût graduelle et que les excitations se suivissent très vite.

II. — TRAVAIL UTILE DU MUSCLE

Le travail mécanique d'un muscle (travail extérieur, effet utile) s'évalue en multipliant le poids soulevé par la hauteur de soulèvement ; $T = PH$ (1). Quand le muscle ne soulève aucun poids, l'effet utile $= 0$, puisqu'on ne compte pas comme effet utile le soulèvement même de la partie inférieure du muscle. L'effet utile augmente ensuite avec la charge jusqu'à un maximum à partir duquel cet effet utile diminue jusqu'au moment où le muscle devient incapable de soulever le poids dont il est chargé ; alors l'effet utile est réduit de nouveau à 0. Le tableau suivant emprunté à Rosenthal montre l'influence de l'accroissement de la charge sur l'effet utile du muscle.

Charge (en grammes).	0	50	100	150	200	250
Hauteur de soulèvement (en millim.)..	14	9	7	5	2	0
Effet utile..........	0	450	700	750	400	0

Il y a donc pour chaque muscle une charge déterminée, sous laquelle ce muscle accomplit le maximum de travail utile. Ce travail utile diminue avec la fatigue du muscle.

Quand un muscle, au lieu d'agir sur une charge *constante*, agit sur une charge *graduellement décroissante*, l'effet utile augmente. Ce *principe d'allégement*, étudié

(1) Le *poids* soulevé par un muscle comprend en réalité : 1° le poids dont le muscle est chargé, et 2° la moitié du poids du muscle lui-même ; cette deuxième quantité est en général négligée dans les expériences et n'a besoin d'être calculée que dans certains cas spéciaux.

expérimentalement par Fick, se retrouve dans beaucoup de muscles de l'organisme.

L'effet utile augmente aussi quand on interpose entre le muscle et le poids à mouvoir un corps élastique. Cette interposition a pour effet d'accroître la durée d'application de la force motrice et de rendre ainsi utilisable un effort qui, brusquement produit, ne se fût pas transformé en travail. Un appareil imaginé par Marey montre bien l'influence de l'élasticité sur le travail utile. L'appareil se compose d'un pied qui supporte une sorte de fléau de balance; à l'un des bras du fléau est suspendu un poids de 100 grammes, à l'autre une petite sphère de 10 grammes est suspendue par un fil de 1 mètre de longueur. Le fléau est maintenu horizontal, malgré l'inégalité des deux poids, par un encliquetage qui permet le mouvement d'ascension du poids de 100 grammes, mais n'en permet pas la descente. Si l'on prend pour la suspension du poids de 100 grammes un fil aussi peu extensible que possible et qu'on laisse tomber d'une certaine hauteur la petite sphère, le poids ne bouge pas; si le fil inextensible est remplacé par un ressort élastique ou un fil de caoutchouc et qu'on renouvelle l'expérience, on voit, au moment où la petite sphère est arrivée à la fin de sa course, le ressort élastique s'allonger et le poids de 100 grammes se soulever peu à peu (Marey, *Du mouvement dans les fonctions de la vie*, et *Travaux de laboratoire*, 1875). C'est en appliquant ces données que Marey en France, Fehrmann en Allemagne ont remplacé les traits rigides par les ressorts élastiques pour le tirage des voitures et des fardeaux, et obtenu ainsi une notable économie du travail moteur.

Quand un poids a été soulevé par la contraction musculaire, il retombe de nouveau après la contraction, le travail produit se transforme en chaleur et est perdu par conséquent comme travail utile. Pour éviter cette perte, il faudrait pouvoir retenir le poids à la hauteur à laquelle il a été soulevé, afin que la contraction suivante puisse l'élever d'une nouvelle quantité et ainsi de suite. C'est ainsi que, dans l'industrie, on ajoute aux appareils destinés à soulever des fardeaux, des roues ou des crochets d'arrêt qui empêchent le fardeau de retomber. Fick a employé pour les recherches physiologiques un petit appareil basé sur le même principe et qu'il appelle *collecteur de travail*. Il se compose d'une roue sur l'axe de laquelle est enroulé un fil qui supporte un poids; un levier auquel s'attache le tendon du muscle fait tourner la roue quand le muscle se soulève au moment de la contraction et la laisse immobile quand il retombe. A chaque contraction musculaire, la roue tourne d'une petite quantité et soulève le poids. A la fin de l'expérience, la hauteur totale de soulèvement du poids donne de suite la somme du travail accompli par les contractions successives (1).

On a vu plus haut que dans le tétanos, il faut distinguer la hauteur du soulèvement et la hauteur de soutien. Tout le temps que le muscle tétanisé maintient le poids à la hauteur de soutien, il n'accomplit pas de travail extérieur mécanique. Cependant le poids ne retombe pas, le muscle reste actif et cette activité, qui se traduit au bout d'un certain temps par une sensation de fatigue, correspond à ce qu'on appelle *travail intérieur* du muscle (voir : *Production de chaleur dans la contraction musculaire*), ou *contraction statique* par opposition avec la contraction *dynamique*, dans laquelle un travail extérieur est produit. Cette contraction statique ne peut être soutenue bien longtemps; ainsi d'après les recherches de Gaillard, de Poitiers, on ne peut tenir les bras étendus plus de dix-neuf minutes. D'après Kro-

(1) Pour la description détaillée et la figure de l'appareil voir : Fick, *Unters. aus dem phys. Labor. der Zürcher Hochschule*, 1869, et Hermann, *Handb. der Physiologie*, t. 1, p. 165. Rosenthal a décrit aussi un *collecteur de travail* pour la grenouille.

necker, la grandeur du travail d'un muscle tétanisé serait représentée par la formule *t p h*, dans laquelle *t* serait la durée du tétanos, *p* le poids maintenu soulevé, *h* la différence de raccourcissement du muscle non chargé et du muscle chargé du poids *p*.

Le travail utile des muscles s'évalue en kilogrammètres; mais pour rendre les chiffres comparables il faut faire intervenir la notion de temps. Ainsi, pour un ouvrier ordinaire, le travail est d'environ 1/2 kilogrammètre par seconde par kilogramme de muscle (voir : *Travail mécanique de l'homme*).

La *fréquence* des excitations, jusqu'à une certaine limite (0 à 50 excitations par seconde) augmente le travail musculaire; au delà de 50 excitations, elle la diminue (Bernstein).

Il y a un rapport intime entre l'*intensité* de l'excitation et le travail produit, mais il n'y a pas proportionnalité exacte entre les deux choses, en ce sens qu'il n'est pas possible de rattacher une quantité donnée de travail à une intensité déterminée d'excitation. Aussi Preyer a-t-il en vain cherché à démontrer pour le rapport entre l'excitation et l'activité musculaire l'existence d'une loi myophysique analogue à la loi psycho-physique de Fechner (voir : *Psychologie physiologique*). Du reste les résultats varient suivant qu'on mesure ce rapport pour un poids constant en faisant varier seulement l'intensité de l'excitation et la hauteur de soulèvement ou pour une hauteur de soulèvement constante en faisant varier l'intensité de l'excitation et le poids.

Ce qu'on peut dire de plus général, c'est que le travail augmente d'abord rapidement, puis plus lentement à mesure que l'intensité des excitations augmente. Plus l'excitation est faible, plus la différence de la hauteur du soulèvement pour des poids lourds et des poids légers diminue, et pour une excitation minimum tous les poids sont soulevés à la même hauteur.

L'augmentation d'*excitabilité* du muscle affaiblit le travail musculaire (Mendelssohn).

III. — FORCE ABSOLUE DU MUSCLE

En chargeant un muscle de poids successifs de plus en plus lourds, il arrive un moment où l'allongement d'élasticité et le raccourcissement de contraction se compensent; le poids fait alors équilibre à la contraction du muscle et n'est pas soulevé par cette contraction. Ce poids mesure ce que Weber a appelé *force absolue* ou *force statique* du muscle; le muscle en action avec ce poids a la même longueur que le muscle inactif et libre. Pour les muscles de grenouille, Weber a trouvé que cette force statique était de 692 grammes pour une section transversale (1) d'un centimètre carré. On peut l'apprécier chez l'homme de la façon suivante : on charge le corps de poids jusqu'à ce qu'on ne puisse plus se soulever sur la pointe des pieds; la force statique des muscles du mollet est égale à la charge (poids du corps + poids supplémentaire) multipliée par le bras de levier de la résistance (distance de la tête du premier métatarsien à l'axe de rotation de l'articulation tibio-tarsienne) divisée par le bras de levier de la puissance (distance de la tête du premier métatarsien à l'insertion du tendon d'Achille).

La plupart des physiologistes ont trouvé des chiffres plus forts que ceux de Weber

(1) La section transversale d'un muscle s'obtient en divisant son volume par la longueur des fibres (voir la note de la page 573).

(jusqu'à 8 kilogr., Henke et Knorr). Plateau, chez les Mollusques, l'a trouvée à peu près la même que chez les Vertébrés; elle serait plus faible chez les Crustacés.

La force absolue du muscle a été étudiée jusqu'ici en prenant pour point de départ le muscle à l'état de repos. Mais si on examine quelle est la force absolue du muscle à chaque moment de la contraction, on constate que quand le muscle s'est déjà contracté d'une certaine quantité, il faut un poids plus faible pour le maintenir à une longueur correspondante à ce moment de la contraction et empêcher tout raccourcissement ultérieur (Schwann). La force d'un muscle qui se contracte diminue à mesure que le raccourcissement de contraction approche de sa terminaison. Schwann avait trouvé que la force du muscle diminuait proportionnellement au raccourcissement. Hermann, dans ses expériences, a vu au contraire que cette diminution était plus marquée au début de la contraction.

La force des muscles paraît être plus considérable chez les animaux à sang chaud que chez les animaux à sang froid, s'il faut s'en rapporter aux expériences sur la grenouille. D'après les recherches de Plateau, cette force serait bien plus considérable encore chez les Insectes; en évaluant les poids que l'animal peut soulever par traction et les comparant au poids du corps, il est arrivé à cette conclusion que le cheval, par exemple, ne peut traîner que les 2/3 de son poids, tandis que certains insectes, comme le hanneton, tirent 23 fois le poids de leur corps; cet effort va même pour quelques espèces jusqu'à 40 et même 67 fois le poids du corps.

Les différences sexuelles de la force absolue des muscles n'ont pas été recherchées chez l'homme. Baxter, dans ses recherches sur les grenouilles, l'a trouvée plus considérable chez les mâles et a vu qu'elle diminuait, principalement chez les mâles, au moment de l'accouplement (voir aussi : *Travail mécanique de l'homme*).

IV. — VITESSE DE LA CONTRACTION

La vitesse de la contraction, c'est-à-dire la rapidité avec laquelle un muscle se contracte et se relâche, a été peu étudiée. Cette vitesse peut s'apprécier par le nombre de contractions successives exécutées en une seconde. Il paraît y avoir sous ce rapport des différences assez notables entre les divers muscles et des différences plus marquées encore entre les diverses espèces animales. Ainsi, tandis que chez l'homme l'avant-bras peut exécuter au plus 200 à 250 mouvements de flexion par minute, dans certains insectes, la mouche commune, par exemple, le nombre des battements de l'aile arrive à 330 par seconde ou 19,800 par minute (Marey).

Bibliographie. — G. VALENTIN : *Die Leistungen der nur gespannten und nicht vorher gedehnten Muskels* (Zeitsch. f. Biol., t. XV, 1879). — J. ROSENTHAL : *Ueber die Arbeitsleistung der Muskeln* (Arch. für Physiol., 1880). — S. HAUGHTON : *The relation between the maximum work done, the time of lifting, and the weights lifted by the arms* (Proceed. Roy. Soc., t. XXX, 1880). — M. MENDELSSOHN : *Quelques recherches relatives à la mécanique du muscle* (Soc. de biol., 1881). — ID. : *Influence de l'excitabilité du muscle sur son travail mécanique* (C. rendus, t. XCV, 1882). — J. BERNSTEIN : *Ueber den Einfluss der Reizfrequenz auf die Entwickelung der Muskelkraft* (Arch. f. Physiol., 1883). — J. PLATEAU : *Rech. sur la force absolue des muscles des invertébrés* (Acad. de Belgique, t. VI et VII, 1884). — P. LESSHAFT : *Des divers types musculaires*, etc. (Mém. Acad. d. sc. de St-Péterb., t. XXXII, 1884). — J. v. KRIES : *Unt. zur Mechanik der quergestreiften Muskels* (Arch. f. Physiol., 1885). — QUINQUAUD : *Action mesurée au dynamomètre des poisons dits musculaires sur les muscles de la vie de relation* (Gaz. des hôp., 1885). — M. LÉVY : *Ueber den Einfluss der Dehnung auf die Muskelkraft* (Diss. Berlin, 1886) (1).

(1) *A consulter :* Borelli : *De motu animalium*, 1743. — W, Wundt : *Die Lehre von der*

11. — Production de chaleur dans la contraction musculaire.

Procédés. — L'étude de la production de chaleur dans les muscles en contraction peut se faire soit avec les thermomètres, soit avec les appareils thermo-électriques (voir : *Phénomènes de chaleur dans l'organisme*).

Le mouvement dégagé dans le muscle par les phénomènes chimiques qui accompagnent sa contraction peut, abstraction faite de l'électricité musculaire qui sera étudiée plus loin, se montrer sous forme de travail extérieur ou sous forme de chaleur (travail intérieur).

Ce dégagement de chaleur, qui se produit déjà dans les muscles inactifs, augmente d'une façon marquée au moment de la contraction, comme l'ont démontré les observations faites soit sur la température totale de l'organisme, soit sur celle des muscles pris isolément et étudiés sur le vivant ou détachés du corps.

L'augmentation de la température totale de l'organisme par suite de l'exercice musculaire est un fait d'observation journalière et dont l'intensité a été déterminée par un grand nombre d'expériences.

Réaumur avait constaté depuis longtemps que la température d'une ruche s'élève quand les mouvements des abeilles deviennent plus actifs, et les recherches de Newport et Dutrochet prouvèrent que cette augmentation se constate aussi sur les insectes isolés. Les mêmes résultats furent obtenus chez les vertébrés et chez l'homme (Hochgeladen, Krimer, Davy, Gierse, v. Barensprung), et pour ne citer que les plus récents, Jürgensen a vu une augmentation de 1°,2 C. après un travail d'une demi-heure (1). Guidés par les accroissements de température trouvés par Wunderlich chez des malades atteints de tétanos, Leyden, Billroth et Fick en produisant un tétanos généralisé chez des lapins et des chiens constatèrent sur le thermomètre placé dans le rectum une élévation de 1 à 5 degrés. Le sang veineux revenant des muscles tétanisés est plus chaud que le sang artériel (différence : 0°,6 ; Smith).

Pour prouver que cette augmentation de température était bien due aux muscles, Becquerel et Breschet enfoncèrent dans le muscle biceps, sur l'homme vivant, des aiguilles thermo-électriques et virent la température du muscle monter de 0°,5 et 1° au bout de cinq minutes par suite des contractions musculaires. Ces expériences furent répétées sur l'homme (2), en particulier par d'Arsonval sur lui-même, ainsi que sur les animaux et donnèrent les mêmes résultats. Pour éliminer l'influence de la circulation, Bunsen, Helmholtz et à leur suite un grand nombre de physiologistes, expérimentèrent sur le muscle détaché de l'animal, et démontrèrent ainsi que l'augmentation de température était bien le résultat direct de la contraction musculaire. Cette augmentation se montre non seulement dans la tétanisation du

Muskelbewegung, 1858. — J. Haughton : *Outlines of a new theory of muscular action*, 1863. — J. Schmulewitsch : *Ueber den Einfluss des Erwarmens auf die mechanische Leistung des Muskels* (Wiener med. Jahrbücher, 1868 et Comptes rendus, 1867). — W. Henke : *Die absolute Muskelkraft* (Zeit. für rat. Med., t. XXXIII, 1868).

(1) Les mêmes faits ont été observés dans les ascensions de montagnes.
(2) Pour éviter l'introduction d'aiguilles thermo-électriques dans les muscles de l'homme, Ziemssen et Béclard, après Gierse, se contentèrent de placer des thermomètres très sensibles sur la peau qui recouvrait le muscle sur lequel on voulait expérimenter ; cette méthode, avec quelques précautions, donne des résultats assez précis (voir : *Production de chaleur dans l'organisme*).

muscle, mais, comme l'a vu Heidenhain, dans une secousse simple et peut aller de 0°,001 — 0°,005 (secousse simple) à 0°,14 — 0°,18 (muscles tétanisés). Elle se produit aussi dans les mouvements volontaires (Valentin). Solger, puis Meyerstein et Thiry avaient cru que cette augmentation de température du muscle était précédée d'une diminution (*variation négative de la chaleur*), mais les recherches ultérieures et en particulier celles de Valentin ont prouvé que cette variation négative n'existait pas et était due à des erreurs d'expérimentation. Cependant le dégagement de chaleur n'a lieu qu'après la période d'excitation latente (Nawalichin).

L'intensité de l'augmentation de la production de chaleur varie suivant certaines conditions qui ont été bien étudiées dans ces derniers temps. La production de chaleur s'accroît avec la *tension* du muscle (Heidenhain), ce qui concorde avec ce fait trouvé par le même auteur et confirmé par Fick et Harteneck, que le travail chimique du muscle augmente avec la tension. Cet accroissement de chaleur se produit non seulement au début, mais dans le cours de la contraction quand on ajoute des poids additionnels (1). Il se produit même de la chaleur dans un muscle au moment de son relâchement quand on en détermine l'extension par un poids (Heidenhain). Cette relation entre la charge et la production de chaleur n'a pas été confirmée par Smith et Lukjanow.

L'échauffement du muscle augmente avec le degré du raccourcissement (hauteur de soulèvement du muscle); mais l'augmentation de la production de chaleur marche plus vite que l'augmentation des hauteurs de soulèvement, ce qui tient probablement à ce que l'élasticité du muscle diminuant pendant la contraction, le soulèvement du poids qui supporte le muscle ne peut se faire que grâce à une augmentation des forces contractiles, et par conséquent à une suractivité des phénomènes chimiques et de la production de chaleur (Nawalichin). On comprend alors comment trois petites contractions dégagent moins de chaleur qu'une seule grande contraction dont l'amplitude égale la somme des trois petites.

Un accroissement dans l'intensité de l'excitation (qui détermine lui-même un raccourcissement plus considérable du muscle) augmente la production de chaleur.

L'augmentation de température du muscle est d'une façon générale proportionnelle au travail accompli; mais le maximum de chaleur ne coïncide pas avec le maximum de travail; la chaleur produite commence déjà à baisser alors que le poids dont on charge le muscle est plus faible que celui qui correspond au maximum de travail. Le dégagement de chaleur est plus grand dans un muscle qu'on empêche de se raccourcir que quand il soulève un poids.

La fatigue diminue la production de chaleur du muscle. La production de chaleur varie suivant les divers stades de la contraction; nulle, comme on l'a vu plus

(1) C'est ici le lieu de rappeler quelques faits concernant les rapports de la température et de l'état élastique du muscle. On sait, d'après les recherches de Joule, que les fils métalliques se refroidissent quand on les étend et se réchauffent quand on les laisse revenir à leur longueur primitive; ce fait s'accorde avec cet autre fait qu'un fil métallique s'allonge quand on le chauffe et se raccourcit quand on le refroidit. La plupart des corps élastiques se comportent de la même façon. Il y a cependant une exception pour quelques corps organiques, comme le caoutchouc. Un fil de caoutchouc s'échauffe quand on l'étire et se refroidit quand on le laisse se rétracter subitement; ces variations de température sont faciles à constater en appliquant le fil contre son front; de même, le caoutchouc se raccourcit quand on l'échauffe et s'allonge par le refroidissement. Or le muscle, d'après les recherches de Heidenhain, Schmulewitsch, Samkovy, Blix, se comporte comme le caoutchouc. Ces modifications de longueur peuvent être facilement étudiées à l'aide d'un appareil imaginé par Grünhagen, le *thermotonomètre*.

haut, pendant la période de l'excitation latente, elle se développe peu à peu pendant la contraction. Quand la contraction, au lieu d'être une simple secousse, a la forme du tétanos, il est évident que les conditions de la production de la chaleur ne sont pas les mêmes au début de la contraction lorsque celle-ci s'accompagne d'un raccourcissement, et pendant la durée du tétanos pendant lequel aucun travail mécanique n'est accompli et où toutes les énergies chimiques mises en liberté doivent être transformées en chaleur. A raccourcissement égal, la contraction la plus longue fournit le plus de chaleur; mais si on élimine l'influence de la fatigue, on constate que la quantité de chaleur produite n'est pas proportionnelle à la durée du tétanos; au contraire, elle est relativement plus grande quand le tétanos est plus court: c'est qu'en effet le dégagement de chaleur est plus considérable au début, dans le stade de raccourcissement, que lorsque le raccourcissement est passé à l'état tétanique. La fréquence de l'excitation n'a d'influence sur le développement de chaleur du muscle tétanisé que quand cette fréquence modifie l'intensité du tétanos (Heidenhain, Schönlein).

Rapports de la chaleur et du travail mécanique.

— La notion de l'équivalence de la chaleur et du travail mécanique (voir page 5) a conduit à penser que dans le muscle en contraction le travail mécanique produit n'était qu'une transformation de la chaleur dégagée par les actions chimiques. Dans cette hypothèse, si le muscle en se contractant n'accomplit aucun travail, toutes les forces vives se dégagent à l'état de chaleur : s'il accomplit un travail, s'il soulève un poids par exemple, une partie de la chaleur s'est transformée en mouvement mécanique et disparaît en tant que chaleur. Si l'hypothèse est exacte, la quantité de chaleur disparue doit correspondre, en calories, à la quantité de kilogrammètres produits par le travail musculaire. Pour vérifier le fait Béclard a institué une série d'expériences intéressantes. La contraction musculaire peut être *statique* ou *dynamique*. Elle est *statique* quand les muscles et les leviers osseux auxquels ils s'attachent sont maintenus fixes, sans qu'il y ait de mouvement produit, comme lorsqu'on maintient un poids en équilibre ; dans ce cas, il n'y a pas de travail mécanique extérieur; dans la contraction *dynamique*, les muscles parcourent les diverses phases du raccourcissement et les leviers osseux auxquels ils s'attachent sont mis en mouvement et peuvent soulever des poids; il y a dans ce cas production de travail mécanique extérieur. En comparant les quantités de chaleur produites pendant la contraction statique et la contraction dynamique, Béclard arriva à cette conclusion que la contraction statique s'accompagne d'une production de chaleur plus considérable, et que dans la contraction dynamique il disparaît du muscle une quantité de chaleur correspondante à l'effet mécanique produit.

Les expériences de Béclard ont été faites principalement sur l'homme. La température du muscle biceps était prise à l'aide de thermomètres très sensibles divisés en cinquantièmes de degré et appliqués sur la peau qui recouvre le muscle. L'expérience statique consistait à maintenir avec la main droite un poids donné à une hauteur déterminée pendant un certain temps (cinq minutes); dans l'expérience dynamique le même poids était soulevé à une hauteur de 16 centimètres, dont le point moyen correspondait à la hauteur de la contraction statique; puis le poids, replacé dans sa position primitive par la main gauche, était repris par la main droite descendue à vide et soulevé de nouveau à 16 centimètres, de façon que les deux contractions, statique et dynamique, eussent la même durée. Dans une deuxième série d'expériences, la contraction dynamique se faisait d'une autre façon ; la main droite n'abandonnait jamais le poids, mais exécutait avec lui un mouvement de va-et-vient de 16 centimètres, de bas en haut et de haut en bas, le *soulevant* pendant la montée, le *soutenant* pendant la descente ; la contraction statique se faisait comme dans la première série. Dans cette seconde série d'expériences, la chaleur perçue par le thermomètre a été la même dans la contraction statique et dans la contraction dynamique. Dans ce dernier cas, en effet comme le fait remarquer Béclard, pendant la moitié de la durée de l'expérience qui correspond au soulève-ment du poids, la température musculaire baisse dans la proportion du travail mécanique extérieur produit ; pendant l'autre moitié, qui correspond à la descente du poids, cette descente détermine dans le muscle un effet précisément opposé qui tend à augmenter la température musculaire suivant une proportion équivalente à la destruction d'une quantité égale de travail mécanique. D'un côté, il y a tendance à l'abaissement de température, de l'autre à l'élévation ; ces deux effets, mesurés par le même poids, s'annulent et, la température totale est égale à celle de l'expé-rience statique. Dans un cas le travail extérieur est *positif*, dans l'autre il est *né-gatif*, et comme ces deux valeurs sont égales, elles s'annulent et le travail utile $= 0$, c'est-à-dire qu'il est nul.

Fick a repris la question en se servant dans ses expériences de son *collecteur de travail* (p. 575) et a constaté que dans le cas de contraction sans travail utile la production de chaleur était plus considérable, sans pouvoir cependant arriver à une équivalence complète entre la chaleur et le travail. Les mêmes faits ont été constatés par Danilewsky, Blix et tout récemment par Chauveau dans ses expé-riences sur le releveur de la lèvre supérieure du cheval. Il a vu en effet, en suppri-mant le travail mécanique par la section du tendon du muscle, que la chaleur produite était plus forte quand le muscle se contractait *à vide*, tandis que la cir-culation sanguine et le travail chimique restaient à peu près les mêmes que dans la contraction accompagnée d'un travail mécanique extérieur.

Fick, dans ses premières expériences, avait constaté que 34 à 33 p. 100 du tra-vail total du muscle (intérieur et extérieur ; travail mécanique + chaleur) se déga-geait sous forme de travail mécanique ; mais, dans des recherches plus récentes faites avec Harteneck, il est arrivé à des résultats moins favorables et n'a plus trouvé que des chiffres inférieurs (29 à 4 p. 100). D'après le même auteur, la quan-tité de chaleur maximum qu'un gramme de muscle peut développer dans une con-traction est égale à 3,1 *microcalories* (il appelle *microcalorie* la quantité de chaleur nécessaire pour élever de 1° un milligramme d'eau). Ces 3,1 microcalories corres-pondent à la combustion de 8 milligrammes d'hydrocarbonés ou de 3 milligram-mes de graisse (1).

Lukjanow (2) a, dans ces derniers temps, fait une série de recherches sur la pro-duction de chaleur dans les muscles en étudiant parallèlement le travail et la con-traction musculaire ; voici les résultats principaux auxquels il est arrivé. Quand un muscle exsangue a été épuisé par une série d'excitations longtemps continuées, et

(1) La *chaleur spécifique* du muscle est de 0,7692 d'après Adamkiewicz, de 0,825 d'après Rosenthal. Sa *conductibilité* pour la chaleur est de 0,0431 d'après Adamkiewicz, par conséquent deux fois plus faible que celle de l'eau.

(2) Les recherches ont été faites sur des chiens ; la température des muscles était mesurée avec un thermomètre très sensible.

que sa puissance de produire de la chaleur paraît complètement abolie, de sorte que des excitations réitérées n'amènent plus d'augmentation de température du muscle, le repos et le retour de la circulation peuvent ranimer la puissance calorigène qui paraissait perdue. Le muscle exsangue peut produire au maximum une calorie par gramme de muscle, ce qui correspond à une augmentation de $1°,15$; il faut pour cela de 1200 à 1400 excitations des nerfs moteurs. Le retour de la puissance calorigène du muscle épuisé se produit assez vite; elle est à peu près complète au bout de trois minutes environ. Le minimum d'excitation qui produit une contraction produit aussi de la chaleur. Il se passe pour la production de chaleur les mêmes phénomènes d'addition latente que pour la contraction. Dans les conditions ordinaires, la puissance calorigène du muscle diminue à mesure que le nombre des excitations augmente; mais cette *fatigue de chaleur* ne décroît pas régulièrement comme la *fatigue de contraction*.

Lukjanow admet dans le muscle une substance calorigène qui ne lui est pas apportée par le sang, mais que l'abord du sang fait passer de l'état combiné ou latent à l'état libre, substance qui constitue pour le muscle une véritable provision de chaleur. Une excitation instantanée ne transforme qu'une fraction de la provision de chaleur existant dans le muscle. Cette substance calorigène serait distincte dans le muscle de la substance qui fournit le travail et qu'on pourrait appeler substance dynamogène. En résumé, la substance calorigène s'accumulerait dans le muscle pendant le repos, mais seulement à l'état latent, à l'état de tension pour ainsi dire; le sang transforme cette substance et la rend attaquable par l'excitation nerveuse, et c'est cette excitation nerveuse qui la fait passer à l'état libre et dégage la chaleur. Dans le muscle normal, les deux substances, calorigène et dynamogène, sont également excitables; dans le muscle fatigué, la substance calorigène est plus excitable et se sépare plus facilement que la substance dynamogène; mais elle perd cet avantage par une série rapide d'excitations et on voit alors le travail diminuer moins vite que la chaleur libre, de sorte qu'on peut avoir des contractions sans dégagement de chaleur. Quant à ce qui concerne le rapport de la chaleur et du travail mécanique dans le muscle, il a vu que l'énergie mécanique, calculée comme chaleur, n'est qu'une petite fraction (1/10e à 1/120e) de la chaleur totale produite par le muscle.

Bibliographie. — B. Danilewsky : *Thermodynamische Unt. der Muskeln* (Med. Chl., 1879). — Id. : *Id.* (Arch. de Pflüger, t. XXI, 1880). — Smith Meade : *Die Temperatur des gereizten Säugethiermuskels* (Arch. f. Physiol., 1881). — M. Blix : *Til belysning af fragan : huruvida värme, etc.* (Upsal. läkarf. forh., t. XVI, 1881). — B. Danilewsky : *Ueber die Wärmeproduction und Arbeitleistung der Muskeln* (A. de Pflüger, t. XXX, 1882). — A. Grünhagen : *Das Thermotonometer* (A. de Pflüger, t. XXXIII, 1883). — K. Schönlein : *Ueber das Verhalten der Wärmeentwickelung in Tetanis verschiedener Reizfrequenz*, Halle, 1883. — M. Smith : *Die Wärme des erregten Säugethiermuskels* (Arch. f. Physiol., 1884). — A. Fick : *Myothermische Fragen und Versuche* (Phys. med. Ges. zu Würzburg, t. XVIII, 1884). — Id. : *Mechanische Untersuchung der Wärmestarre des Muskels* (id., t. XIX, 1884). — M. Blix : *Zur Beleuchtung der Frage, Wärme bei der Muskelcontraction sich in mechanische Arbeit umsetze* (Ztschr. f. Biol., t. XXI, 1885). — A. Fick : *Vers. über Warmeentwickelung im Muskel bei verschiedenen Temperaturen* (Phys. med. Ges. in Würzburg, t. XIX, 1885). — M. Lukjanow : *Wärmelieferung und Arbeitskraft des blutleeren Säugethiermuskels* (Arch. f. Physiol., 1886). — J. Tapie : *Travail et chaleur musculaires*, 1886. — V. Laborde : *Modificat. de la température liées au travail musculaire* (Soc. de biol., 1887) (1).

(1) *A consulter* : Becquerel et Breschet : *Mém. sur la chaleur animale* (Ann. de chim. et de phys., 1835). — J. Béclard : *De la contraction musculaire dans ses rapports avec la température animale* (Arch. de méd., 1861). — R. Heidenhain : *Mechanische Leistung,*

12. — Son musculaire ou bruit rotatoire des muscles.

Quand on applique l'oreille ou le stéthoscope sur un muscle contracté, on entend, en se plaçant dans de bonnes conditions, une sorte de bruit sourd qui ressemble au roulement lointain des voitures sur le pavé ; c'est le bruit rotatoire des muscles ; il faut, pour cela, qu'il n'y ait pas le moindre bruit extérieur. On l'entend encore mieux la nuit, quand tout est silencieux et qu'après s'etre bouché les oreilles avec de la cire on contracte énergiquement les muscles masticateurs. Ce son musculaire est, d'après les recherches d'Helmholtz, de 18 à 20 vibrations par seconde (19,5 vibrations), et ces vibrations doivent évidemment correspondre aux secousses successives dont se compose la contraction musculaire. La preuve en est qu'on peut faire hausser artificiellement le son musculaire d'un muscle tétanisé en augmentant successivement le nombre des excitations et par suite le nombre des secousses musculaires ; il y a correspondance entre la hauteur du son (nombre de vibrations) et le nombre des excitations. Cependant, d'après un certain nombre d'auteurs, il y aurait des réserves à faire sur ce point. Le premier bruit du cœur, d'après la plupart des physiologistes, serait un bruit musculaire (voir : *Physiologie du cœur*).

Les premiers observateurs, Haughton, Natanson et Helmholtz lui-même, assignèrent d'abord au son musculaire 30 à 40 vibrations par seconde. Mais Helmholtz montra que si l'on entend en effet un son de 30 à 40 vibrations, c'est à cause de la résonnance propre de l'oreille qui renforce le premier harmonique du son fondamental trop grave pour être entendu par l'oreille. Il a constaté que le bruit rotatoire haussait d'un ton par la tension de la membrane du tympan (recherche de Valsalva) et baissait quand on injectait de l'air dans la caisse du tympan. Pour les muscles de grenouille il est très faible, mais peut être entendu en plaçant dans l'oreille une baguette de verre à laquelle est fixé le muscle et déterminant sa contraction. Le bruit rotatoire s'observe aussi quand les nerfs sont excités par des agents chimiques ou quand leur contraction est produite par la tétanisation de la moelle. Le son musculaire des muscles masticateurs acquiert un peu plus de hauteur quand la contraction est plus énergique (Marey). L'existence du bruit musculaire a été niée par plusieurs physiologistes. D'après Herroun et Yeo, le son musculaire ne serait que le son propre du tympan.

Boudet de Paris a imaginé un instrument, le *myophone*, destiné à l'étude du bruit musculaire (voir : *Audition*).

Peut-être faut-il rattacher au bruit rotatoire des muscles les phénomènes de dynamoscopie étudiés par Collongues. Grimaldi avait déjà constaté qu'en introduisant le doigt dans l'oreille on perçoit une sorte de *bruissement* ou plutôt de *bourdonnement* qui devient plus fort quand on contracte fortement le bras ; Wollaston rattache ce bruit à la contraction musculaire et lui attribue le nombre de 20 à 30 vibrations par seconde. Collongues étudia ensuite dans tous ses détails le phénomène du bourdonnement digital et donna à cette exploration le nom de *dyna-*

Wärmeentwickelung und Stoffumsatz bei der Muskelthätigkeit, 1864. — A. Fick : *Ueber die Wärmeentwickelung bei der Zusammenziehung des Muskels* (Beitrage zur Anat. u. Phys. als Festgabe, etc., 1875).

moscopie. La dynamoscopie peut s'effectuer soit immédiatement en enfonçant le doigt du sujet exploré dans l'oreille, soit médiatement à l'aide d'un instrument, le *dynamoscope* (fig. 153) dont l'extrémité A s'engage dans l'oreille, tandis que l'autre extrémité B est creusée d'un godet qui reçoit le doigt. Le bourdonnement dynamoscopique s'entend non seulement à l'extrémité des doigts, mais sur toute la surface cutanée; il est seulement moins intense. Ses caractères, son intensité,

Fig. 153. — *Dyna-moscope*.

son rythme, etc., varient suivant l'âge, le sexe, les maladies etc., et un grand nombre de conditions bien étudiées par Collongues. La cause du bruit dynamoscopique n'est pas encore bien éclaircie. On l'a attribué à la circulation du sang dans les capillaires, ce qui est peu admissible, puisqu'il peut persister sur les membres amputés jusqu'à quinze minutes après l'amputation, c'est-à-dire à une époque où toute circulation est abolie. Du reste il ne disparaît pas par une forte ligature du doigt. D'autres auteurs l'ont expliqué par la contraction musculaire ; il est vrai qu'il augmente de force au moment de la contraction; mais la contraction musculaire est intermittente, tandis que le bourdonnement est continu; peut-être faudrait-il plutôt le rattacher à cette tension tonique des muscles (tonicité musculaire) admise par la plupart des physiologistes (voir page 514) ; cette explication s'accorderait assez bien avec un certain nombre de faits ; ainsi dans les cas d'hémorrhagie cérébrale il manque complètement du côté paralysé; il diminue dans le sommeil, dans l'anesthésie; il augmente par l'électrisation ; enfin il correspond, comme le bruit rotatoire musculaire, à 32 vibrations par seconde environ. D'autres faits, plus nombreux encore, semblent indiquer une relation étroite entre ce bourdonnement et l'état de l'innervation générale, sans qu'on puisse préciser comment l'innervation peut déterminer les vibrations qui le constituent : ainsi le bourdonnement digital disparaît chez les mourants, tandis qu'il persiste dans certaines régions et en dernier lieu dans la région épigastrique, où on le retrouve encore quinze à seize heures après la mort; dans les cas de mort apparente au contraire il persiste toujours à l'épigastre et serait un des moyens les plus sûrs de distinguer la mort apparente de la mort réelle; par une douleur très vive, le bruit digital peut se supprimer pendant un certain temps. Certains faits enfin sont difficilement explicables avec n'importe quelle hypothèse. C'est ainsi que chez les enfants au-dessous de trois ans on ne l'entend que dans certaines régions, et pas à l'extrémité des doigts; chez les vieillards on ne l'entend ni aux orteils ni à la tête; du reste il existe rarement aux orteils, même chez l'adulte.

Outre le bourdonnement on entend encore un *bruit de pétillement* moins régulier que le premier et dont la signification est encore plus douteuse.

Bibliographie. — E. Héring : *Ueber Muskelgeräusche des Auges* (Wien. acad. Sitzungsber., 1879). — S. Stein : *Trouvé's Controlversuche über Töne und Geräusche der Muskeln* (Med. Cbl., 1880). — Chr. Loven : *Ueber den Muskellon*, etc. (Arch. f. Physiol., 1881). — J. Bernstein : *Telephonische Wahrnehmung der Schwankungen des Muskelstroms bei der Contraction* (Sitzb. nat. Ges. zu Halle, 1881). — F. Heïroun et F. Yeo : *Note on the sound accompanying the single contraction of skeletal muscle* (Journ. of physiol., t. VI, 1885) (1).

(1) *A consulter:* Collongues : *Traité de dynamoscopie*, 1860 et Gaz. médicale. 1860. — Helmholtz : *Versuche über das Muskelgeräusch* (Berl. Monatsber., 1864).

13. — Fatigue musculaire.

Lorsque nous soutenons une contraction musculaire pendant un certain temps ou lorsque nous faisons une série de contractions successives, il arrive bientôt un moment où la sensation de contraction musculaire proprement dite fait place à une sensation particulière qui constitue la *fatigue musculaire*. Cette fatigue consiste en sensations rapportées au muscle contracté lui-même, sensations de pression, de traction, de pesanteur, qui peu à peu s'exaspèrent jusqu'à une douleur intense; nous avons en même temps conscience que pour produire le même degré de contraction, par exemple pour maintenir un poids à la même hauteur, nous sommes obligés de déployer un effort de volonté plus grand; bientôt même, et quelle que soit notre énergie, nous voyons la contraction musculaire diminuer de force et de vitesse; les muscles sont agités par des tremblements involontaires, et au bout d'un certain temps toute contraction cesse, que nous le voulions ou non. Les muscles contractés restent pendant quelque temps le siège d'une douleur (lassitude, brisement) qui augmente par la pression, puis peu à peu, par le repos, ils reviennent à leur état normal et récupèrent la force contractile qu'ils avaient auparavant.

Pour étudier les phénomènes de la fatigue musculaire et pouvoir les interpréter, il importe de connaître quelles modifications elle apporte aux propriétés du tissu musculaire, élasticité, contractilité, etc., en un mot ce qui différencie un muscle normal d'un muscle fatigué.

La fatigue diminue la cohésion du tissu musculaire. On brise les deux cuisses d'une grenouille et l'on excite l'une des deux jusqu'à la fatigue, puis on attache aux deux pattes des poids jusqu'à la rupture des muscles de la cuisse; la rupture arrive plus vite pour la cuisse fatiguée que pour l'autre (Liégeois).

L'influence de la fatigue sur l'élasticité musculaire est controversée; d'après Kronecker, elle serait la même que dans le muscle en activité; cependant, en général, on admet une diminution d'élasticité. D'après Volkmann, l'extensibilité ne diminuerait qu'après avoir au début subi une augmentation.

La fatigue diminue l'irritabilité musculaire; il faut des excitants plus intenses pour produire la même quantité de travail, ou la même hauteur de raccourcissement, et, si les excitations ont la même intensité, on voit diminuer graduellement la hauteur de soulèvement du muscle. Les graphiques de la contraction traduisent bien ces variations. La période d'excitation latente est plus longue; la secousse musculaire présente moins d'amplitude et plus de durée, sauf dans l'extrême fatigue où la durée diminue avec l'amplitude; la fusion des secousses s'opère plus rapidement, et l'obliquité de la ligne de descente, qui est surtout influencée par la fatigue, indique une plus grande lenteur du retour du muscle à sa longueur primitive. Cette fusion plus facile des secousses par la fatigue s'explique parce que la fatigue ralentit la transmission de l'onde musculaire. Cette influence de la fatigue sur les contractions musculaires se voit bien dans la figure 131, page 541. Quand les excitants appliqués sur le muscle sont *inactifs*, c'est-à-dire quand ils sont trop faibles pour déterminer une contraction, il ne produisent pas de fatigue des muscles, à moins que ceux-ci ne soient déjà très fatigués (Kronecker). Pour les excitations *indirectes*, le muscle isolé se fatigue plus vite que le nerf (Bernstein).

L'influence de la *charge* sur la fatigue ne se fait sentir que pendant la contraction; un muscle inactif chargé d'un poids ne se fatigue pas. La fatigue résulte donc
du *travail* accompli par le muscle; mais il faut comprendre par le mot travail
non seulement le travail extérieur du muscle (soulèvement du poids), mais encore
le *travail intérieur*, comme par exemple dans le tétanos musculaire ou quand on
empêche le muscle de se raccourcir au moment de sa contraction. Dans ce dernier
cas, comme l'a montré Leber, le muscle se fatigue plus que quand il soulève un
poids. D'après Kronecker et Gotch, dans les muscles tétanisés, la fatigue dépend
uniquement de la fréquence des excitations et est indépendante du travail
accompli.

La fatigue, poussée jusqu'à l'extrême, amène dans les muscles des altérations
variées (hyperhémie, ecchymoses, dégénérescence cireuse, etc.; O. Roth).

Kronecker a étudié dans une série de recherches intéressantes les *lois de la
fatigue des muscles*. Les muscles (gastrocnémien de grenouille) étaient excités par
des chocs d'induction à des intervalles réguliers, et les hauteurs de soulèvement
s'inscrivaient successivement sur un cylindre enregistreur sous forme de lignes
verticales distantes d'un millimètre environ; les excitations étaient graduées de
façon à donner le maximum de raccourcissement (excitation maximum); le muscle
soulevait au moment de sa contraction un poids qui ne dépassait pas 50 grammes.
En joignant par une ligne les extrémités supérieures des lignes verticales équidis-
tantes correspondant aux hauteurs de soulèvement, on obtenait la *courbe de la
fatigue du muscle*. Cette courbe, d'après Kronecker, est une *ligne droite*, autrement
dit la différence de soulèvement de deux lignes voisines (ou de deux contractions
successives) est une constante, c'est ce qu'il appelle : *différence de fatigue*. La
ligne de fatigue fait avec la ligne des abscisses un angle d'autant plus grand que
les intervalles des excitations sont plus petits; la différence de fatigue diminue
à mesure que les intervalles des excitations augmentent. En répétant l'expérience
avec des poids variables et maintenant toujours le même intervalle entre les
excitations, la ligne de fatigue est toujours une ligne droite, et les lignes de fatigue
correspondant aux différents poids sont parallèles entre elles; la différence de
fatigue reste donc constante, même pour des poids variables, quand les intervalles
des excitations restent constants. Si au lieu de ne faire soulever le poids par le
muscle qu'au moment de sa contraction, on charge le muscle d'un poids avant sa
contraction de façon qu'il subisse un allongement avant la contraction, la ligne de
fatigue est toujours une ligne droite, mais seulement jusqu'au point où elle coupe
la ligne des abscisses tracée par le muscle inactif non chargé de poids, et à partir
de ce point la différence de fatigue devient de plus en plus petite avec le nombre
des excitations et la ligne de fatigue se rapproche d'une hyperbole dont une asymptote est l'abscisse du muscle inactif et chargé (1). Hermann a combattu cette
dernière partie des conclusions de Kronecker.

(1) Kronecker a donné les formules suivantes pour la fatigue musculaire. — *a.* Si on
représente par D la différence de fatigue (constante pour des intervalles d'excitations
constants et pour des poids constants), par y_1 la hauteur de soulèvement de la première
contraction, par y^n la hauteur de soulèvement d'une contraction quelconque de la série,
par n le nombre de contractions qui ont précédé la contraction de y^n, on a l'équation
suivante :

$$y^n = y^1 - n\mathrm{D}$$

b. Si dans les dernières expériences on représente par ζ la longueur d'extension du
muscle par le poids, on a :

$$\mathrm{D} = \frac{\zeta^3}{n^2 \mathrm{D}}$$

Tiegel a trouvé les mêmes lois pour les excitations faibles (sous-maximales) ; seulement la différence de fatigue est plus marquée que pour les excitations maximum. Rossbach et Harteneck ont de même trouvé la courbe de la fatigue représentée par une ligne droite chez les animaux à sang chaud.

Haughton et Nipher ont essayé de calculer, pour l'homme, vivant, une *loi de la fatigue musculaire* ; mais les formules qu'ils donnent, et qui varient du reste pour chacun d'eux, ne s'appuient pas sur des faits assez précis pour qu'il y ait lieu de les donner ici.

Quelle est maintenant la *cause* de la fatigue musculaire? quelle est sa *nature*? On a vu plus haut que les muscles au moment de leur contraction, sont le siège de phénomènes chimiques actifs ; cette activité se traduit principalement par une acidité qui augmente avec la durée et l'intensité de la contraction et donne naissance à un certain nombre de produits de décomposition, acide lactique, acide carbonique, créatine, etc. Certaines de ces substances et en particulier l'acide lactique, le phosphate acide de soude et, à un moindre degré, l'acide carbonique agissent comme *épuisants* sur le muscle et diminuent son irritabilité. En injectant dans les vaisseaux des muscles (grenouilles curarisées) ces substances ou, ce qui revient au même, l'extrait de muscles fatigués, on produit artificiellement la fatigue musculaire (Ranke). A l'état normal ces produits *épuisants* de l'activité musculaire sont enlevés au fur et à mesure par le sang qui sature du reste par son alcalinité l'acide lactique et le phosphate acide formés pendant la contraction, et la fatigue ne se produit que quand, sous l'influence d'une contraction trop intense ou trop répétée, ces substances sont produites en trop grande quantité pour que leur influence fatigante soit annulée par la circulation. Dans les muscles épuisés artificiellement par l'injection de substances fatigantes, il suffit, pour rétablir la contractilité, d'une injection de carbonate de soude ou de sel marin. Cependant il y a évidemment une autre condition qui intervient dans la production de la fatigue, et il est difficile de l'attribuer à la simple accumulation dans le muscle de substances épuisantes. Ainsi, d'après les expériences de Kronecker, les muscles fatigués recouvreraient beaucoup mieux leur irritabilité par des injections salines contenant 0,05 p. 100 de permanganate de potasse que par des injections pures de sel marin, et dans ce cas le permanganate de potasse ne paraît agir qu'en fournissant de l'oxygène. Dans ce cas le sang normal agirait non seulement en saturant et enlevant les acides formés dans la contraction musculaire, mais encore en apportant au muscle une substance reconstituante et excitante (?), l'oxygène (voir aussi sur ce sujet les paragraphes qui traitent de l'irritabilité musculaire, des phénomènes chimiques des muscles et des théories de la contraction). Le massage active d'une façon remarquable la réparation des muscles fatigués (Zablu-dowsky).

Bibliographie. — H. KRONECKER et FR. GOTCH : *Ueber die Ermüdung tetanisirter quergestreifter Muskeln* (Arch. f. Physiol., 1880). — S. HAUGHTON : *Further illustrations of the law of fatigue* (Proceed, Roy. Soc., t. XXX, 1880). — O. ROTH : *Exp. Stud. über die durch Ermüdung hervorgerufenen Veränderungen des Muskelgewebes* (Arch. f. path. Anat., t. LXXXV, 1881). — G. VALENTIN : *Einige über Ermüdungscurven quergestreifter Muskelfasern* (A. de Pflüger, t. XXIV, 1882). — J. ZABLUDOWSKY : *Ueber die physiol. Bedeutung der Massage* (Cbl.. 1883) (1).

(1) *A consulter* : J. Ranke : *Unters. über die chemischen Bedingungen der Ermüdung der Muskels* (Arch. für Anat., 1863 et 1864). — Kronecker : *Ueber die Gesetze der Muskelermüdung* (Berlin. Monatsber., 1870). — Haughton : *The law of fatigue* (Proceed. roy. Soc., XXIV).

§ 6. — Électricité musculaire.

Procédés pour l'étude du courant musculaire. — On peut employer pour l'étude et la démonstration du courant musculaire un certain nombre de procédés que je décrirai successivement. Ces procédés sont : le galvanomètre, l'électromètre de Lippmann, le téléphone, la patte galvanoscopique et le procédé chimique.

1° **Galvanomètre.** — La figure 154 représente la disposition générale de l'expérience. Deux vases en verre, V, V, contiennent une solution de sulfate de zinc ; dans ces vases

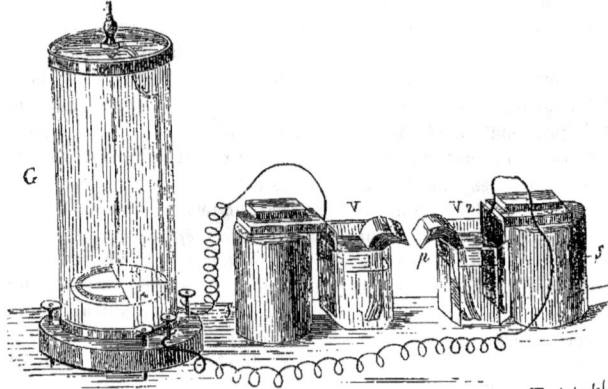

Fig. 154. — *Appareil de Du Bois-Reymond pour démontrer les courants nerveux et musculaires.*

plongent : 1° d'une part, des lames de zinc, z, portées par des supports isolants, s, et reliées par des fils avec les deux bornes d'un galvanomètre, G ; 2° d'autre part, des coussinets de papier à filtrer, p, sur lesquels on place le muscle ou le nerf en expérience, comme dans les figures 155 et 156. Le courant qui traverse le muscle ou le nerf de a en b, courant indiqué par la direction de la flèche, traverse le circuit du galvanomètre et produit une déviation de l'aiguille, dont le sens indique la direction du courant (Du Bois-Reymond).

Fig. 155. — *Muscle à surface naturelle placé sur les coussinets.*

Fig. 156. — *Muscle à surface artificielle placé sur les coussinets.*

Au lieu du galvanomètre ordinaire, on emploie en général aujourd'hui la boussole à miroir (voir : *Technique physiologique* et *Chaleur animale*).

Dans ces expériences qui appartiennent aux plus délicates de la physiologi, il importe de prendre un certain nombre de précautions qui en assurent le succès et sur lesquelles je donnerai quelques brèves indications, renvoyant pour de plus amples détails aux travaux originaux mentionnés dans la bibliographie et spécialement aux ouvrages de Du Bois-Reymond.

La préparation des muscles et des nerfs demande des soins particuliers, la moindre lésion de ces parties pouvant altérer les résultats. Ordinairement on choisit, pour démontrer le courant musculaire de la grenouille, spécialement les muscles droit interne, grand adducteur, demi-membraneux; le triceps et le gastro-cnémien conviennent moins à cause de l'irrégularité de leurs fibres. Dans ces préparations on évite autant que possible de se servir d'instruments métalliques pour isoler les nerfs et les muscles et on emploie des baguettes de verre et des pinces à bout d'ivoire.

La préparation une fois faite et avant d'intercaler le muscle dans le circuit du galvanomètre, on s'assure que, ce circuit étant fermé, il n'y a pas de courant. S'il y a un courant

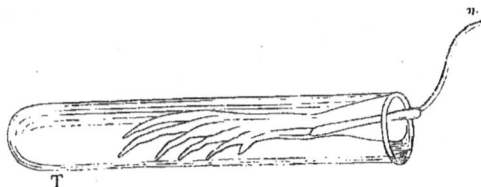

Fig. 157. — *Patte galvanoscopique.*

on le *compense* en envoyant un courant correspondant à l'aide d'une pile de Daniell (voir plus loin, *Procédés pour l'étude de la variation négative*). Pendant tout le cours de l'expérience, la préparation doit être garantie de la dessiccation et placée dans une chambre humide.

2° **Électromètre de Lippmann.** — L'électromètre capillaire de Lippmann a été

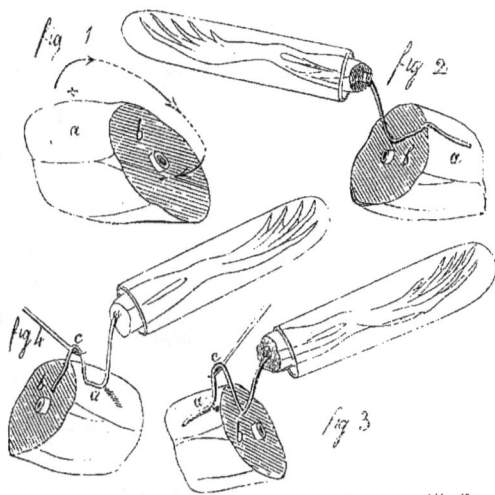

Fig. 158. — *Courant musculaire de la grenouille* (*).

employé par Marey pour traduire les variations de l'état électrique du cœur au moment de sa contraction (voir : *Physiologie du cœur*) et peut, grâce à sa sensibilité, remplacer le galvanomètre. L'électromètre de Lippmann a été modifié par plusieurs auteurs pour les recherches physiologiques.

(*) Fig. 1. Tronçon de cuisse de grenouille; la peau est enlevée; *a*, surface extérieure ou longitudinale du muscle; *b*, surface transversale ou coupe du muscle. Le courant est dirigé de *a*, surface positive, en *b*, surface négative. — Fig. 2. Le nerf de la patte galvanoscopique est appliqué lentement de la surface positive à la surface négative; pas de contraction. — Fig. 3. Le nerf de la patte galvanoscopique est soulevé en *c* par un crochet de verre et appliqué sur le muscle de façon que le bout touche la face positive *a*, et l'anse la face négative *b*; contraction à l'entrée du courant. — Fig. 4. Le nerf touche la surface négative *b* par son extrémité et la surface positive *a* par son anse; contraction à l'entrée et à la sortie du courant; la contraction d'entrée manque souvent à cause de la fatigue du nerf. Naturellement toutes les parties doivent être parfaitement isolées (d'après Cl. Bernard).

3° **Téléphone.** — Hermann a employé le téléphone de Bell pour démontrer le courant musculaire du muscle *en repos*. En disposant à la façon ordinaire un muscle sur des électrodes impolarisables et interposant dans le circuit un téléphone et une roue interruptrice (placée dans une chambre éloignée pour que le bruit du mouvement de rotation ne s'entende pas), on entend un son dont la hauteur correspond au nombre des interruptions. Ce son provient bien du courant musculaire, car si on retire le muscle du circuit ou si on le met en rapport avec le circuit par deux points symétriques de façon à annihiler le courant musculaire, le son ne s'entend plus. Hermann a cherché en vain à démontrer de cette façon les courants du muscle *actif*. Tarchanoff est arrivé au même résultat pour le courant du muscle inactif en remplaçant la roue interruptrice par un diapason de 100 vibrations par seconde; mais de plus il a constaté aussi par ce moyen l'existence des courants d'activité (variation négative) et cela sans l'intervention du diapason; en tétanisant par l'excitation de son nerf un muscle de grenouille, il entendit distinctement un son dans le téléphone.

4° **Patte galvanoscopique ou rhéoscope physiologique** (fig. 157). — On donne ce nom à une patte de grenouille détachée du corps et à laquelle on laisse adhérente la plus grande longueur possible de nerf sciatique, *n*. On peut remplacer la patte galvanoscopique par le gastro-cnémien de la grenouille, en conservant aussi le sciatique. La préparation du nerf doit être faite de bas en haut et avec des précautions particulières; si la préparation a été bien faite, il n'a pas dû y avoir une seule contraction des muscles de la patte pendant toute sa durée. Il suffit d'intercaler dans le courant du circuit musculaire (fig. 158, 1) le nerf de la patte galvanoscopique, de façon que le nerf touche à la fois la surface longitudinale et la surface transversale (fig. 158, 3 et 4); on a une contraction galvanoscoscopique. Il vaut mieux ouvrir et fermer le circuit à l'aide d'un appareil quelconque (levier-clef, etc.). La patte galvanoscopique peut aussi servir à démontrer la *variation négative* qui se produit dans les muscles au moment de la contraction. Si on prend par exemple le train posté-

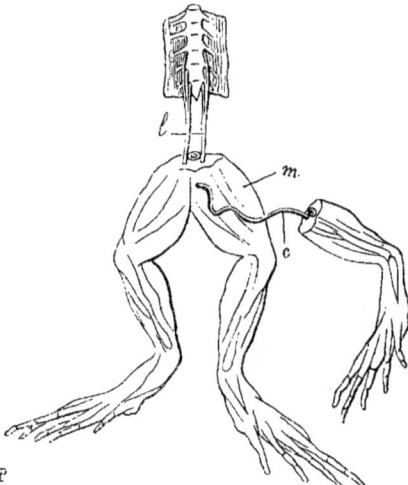

Fig. 159. — *Contraction secondaire.*

rieur d'une grenouille (fig. 159) et qu'on mette en rapport le nerf de la patte galvanoscopique *c* avec le muscle *m*, on voit cette patte se contracter au moment où les muscles *m* se contractent sous l'influence de la galvanisation des nerfs lombaires *l*. Il en est de même si on met le nerf de la patte galvanoscopique en contact avec le cœur; à chaque battement du cœur, on voit la patte galvanoscopique se contracter et cette contraction peut s'enregistrer si on relie le tendon du muscle au myographe (Marey).

5° **Procédés chimiques.** — On peut remplacer le galvanomètre par une solution d'iodure de potassium et d'amidon; l'iode est mis en liberté à l'électrode positif et bleuit l'amidon.

Procédés pour mesurer la force électro-motrice du courant musculaire. — Cette force électro-motrice peut se mesurer par le procédé de Poggendorff modifié par Du Bois-Reymond, à l'aide du *Compensateur*, ou encore avec le *galvanomètre universel* de Siemens qui peut servir en même temps à mesurer la résistance et l'intensité. (Pour ces divers procédés voir : *Technique physiologique.*)

Procédés pour mesurer la vitesse et le moment de la variation négative. — 1° *Procédé d'Helmholtz.* — Un muscle de grenouille A est rattaché au levier du myographe; le nerf A' de ce muscle est excité de deux façons : 1° par la contraction d'un autre muscle B (contraction secondaire) dont le nerf B' est excité par un choc d'induction; 2° par l'excitation directe, par un choc d'induction; l'excitation directe et l'excitation secondaire portent sur le même point du nerf A'. Les deux contractions s'inscrivent successivement sur le cylindre enregistreur, et le cylindre est disposé de façon que les excitations directes du nerf musculaire A' et du nerf musculaire B' aient lieu au même instant de la rotation du cylindre. On voit alors que la contraction secondaire du muscle A retarde un peu sur la contraction directe du même muscle; en effet, la période latente de la contraction secondaire embrasse le temps compris entre l'excitation du nerf musculaire B' et la variation négative du muscle B, plus le temps écoulé entre l'excitation secondaire du nerf musculaire A' et la contraction du muscle A, temps écoulé qui est égal à la période latente de la contraction directe. On a ainsi facilement la durée de la période latente de la variation négative du muscle B, et par suite le moment où elle se produit.

2° *Rhéotome différentiel de Bernstein.* — L'appareil de Bernstein repose sur le principe suivant : on excite à des intervalles réguliers par des chocs d'induction le muscle dont on veut explorer l'état électrique; dans l'intervalle des excitations le muscle est intercalé pendant un temps très court dans le circuit d'une boussole à miroir, et l'appareil permet de faire cette intercalation à n'importe quel moment. On peut donc ainsi explorer à chaque instant dans l'intervalle de deux excitations successives la force électromotrice du muscle en expérience (fig. 160).

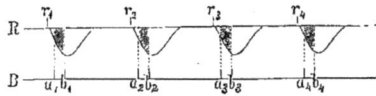

Fig. 160. — *Schéma des effets du rhéotome différentiel* (L. Hermann) (*).

L'appareil est constitué par une roue horizontale mise en mouvement par le moteur rotatif électro-magnétique d'Helmholtz. Cette roue porte une pointe qui à chaque tour de roue vient toucher un fil métallique et déterminer l'excitation du muscle et deux pointes accouplées dont la position par rapport à la pointe précédente peut changer et qui à chaque tour de roue font entrer le muscle dans le circuit de la boussole (fig. 161).

Procédés pour l'étude du courant musculaire et de la variation négative sur l'homme vivant. — Cette étude présente de grandes difficultés à cause de la conductibilité de la peau, des inégalités de température, des courants produits par les sécrétions cutanées, etc. Du Bois-Reymond a cherché en vain à mettre en évidence le courant musculaire des muscles inactifs. Mais pour les muscles en contraction il a réussi de la façon

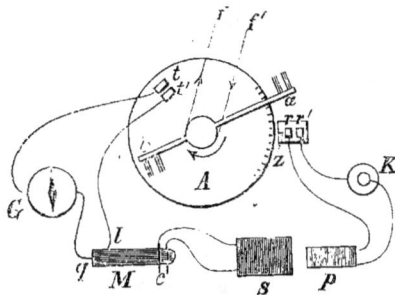

Fig. 161. — *Rhéotome différentiel* (L. Hermann) (**).

suivante : deux points symétriques du corps, les deux indicateurs par exemple, sont plongés chacun dans un vase rempli d'un liquide conducteur et en relation avec le galvanomètre ; tant que les muscles sont à l'état de repos, l'aiguille est immobile; si on contracte alors énergiquement le bras d'un côté, l'aiguille du galvanomètre dévie et le sens de la déviation indique un courant allant de la main vers l'épaule; si on contracte le bras opposé, l'aiguille est déviée en sens inverse. On peut aussi faire former la chaîne par plusieurs personnes qui contractent toutes le bras au même instant. L'électromètre de Lippmann peut aussi être employé à démontrer le courant musculaire pendant la contraction.

(*) R, ligne des variations négatives; ces variations, représentées par des courbes situées au-dessous de la ligne des abscisses, R, se succèdent à des intervalles réguliers. — B, ligne sur laquelle s'inscrivent le moment, a', et la durée, a'b', des intercalations dans le circuit du galvanomètre, intercalations qui se succèdent à des intervalles réguliers et à n'importe quel moment de la variation négative.

(**) Rhéotome différentiel modifié par Hermann. — A, disque portant un bâtonnet b mis en rotation par la courroie de transmission, ff'; rr', bornes de cuivre communiquant avec la pile K et avec la bobine inductrice P; S, bobine induite avec ses électrodes c, allant au muscle M; le muscle reçoit un choc d'induction toutes les fois que les contacts a touchent les bornes rr'; tt', bornes fixées sur le disque A et communiquant avec le galvanomètre G et le muscle en gl; le circuit galvanométrique est fermé toutes les fois que les contacts b touchent les bornes tt'. Les bornes tt' sont mobiles sur le disque A de façon à faire varier la distance entre tt' et rr', et par suite l'intervalle entre l'excitation et l'intercalation dans le galvanomètre; Z, index.

1. — Phénomènes électriques du muscle inactif.

Si, comme dans la figure 154, on place sur les coussinets de l'appareil de Du Bois-Reymond un fragment de muscle (au repos), de façon que la section transversale corresponde à un des coussinets et sa surface à l'autre coussinet, la déviation de l'aiguille du galvanomètre indique l'existence d'un courant, qui, dans le muscle, va de la coupe transversale à la surface et, dans le conducteur galvanométrique, de la surface à la coupe. Suivant la position qu'on donnera aux deux extrémités du muscle a et b, le galvano-

Fig. 162. — *Courant descendant.*

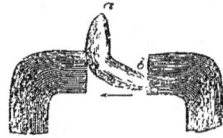

Fig. 163. — *Courant ascendant.*

mètre indiquera dans le muscle un courant ascendant (fig. 163, où a représente l'extrémité supérieure du muscle) ou descendant (fig. 162). La surface du muscle est électrisée positivement, la coupe négativement (fig. 164). Au lieu de prendre la coupe transversale d'un muscle, on peut prendre le tendon du muscle qui constitue ce qu'on appelle la *surface transversale naturelle*, comme dans la figure 162, et qui est électrisé négativement. Au lieu de la

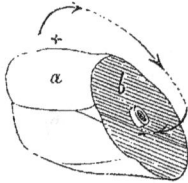

Fig. 164. — *Direction du courant musculaire.*

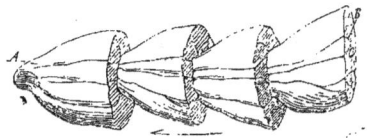

Fig. 165. — *Pile musculaire.*

surface du muscle, on peut prendre une section du muscle *parallèle* aux fibres musculaires, ou ce qu'on appelle encore la *surface longitudinale artificielle*, et qui est électrisée positivement. Chaque muscle ou fragment de muscle constitue donc un véritable couple électro-moteur, et en associant des tronçons de muscles de grenouilles à la façon des éléments d'une pile à colonnes, Matteucci put construire de véritables *piles musculaires*, dont la figure 165 représente la disposition. Au lieu d'accoler les tronçons musculaires comme dans la figure 165, on peut encore mettre le nerf de chaque tronçon en rapport avec la surface transversale du tronçon voisin ; quand au contraire on met le nerf en rapport avec la surface longitudinale, on n'a plus qu'un courant très affaibli.

Ce sont ces courants musculaires et nerveux qui forment par leur réunion ce que Nobili (1825) appelait le *courant propre de la grenouille.* Dans la grenouille ce courant va de la périphérie des extrémités vers le tronc; dans le tronc il va de l'anus vers la tête. Chez les mammifères, sa direction est inverse; ainsi les membres amputés et dépouillés de la peau montrent un fort courant qui va du tronc à la périphérie.

Héring explique par le courant musculaire la contraction qui se produit quand on plonge un muscle dans un liquide conducteur (solution de sel, etc.); le liquide, touchant à la fois la surface longitudinale et la coupe, détermine la fermeture propre du courant propre du muscle et la contraction de ce dernier. On obtient le même résultat en remplaçant le liquide par un autre muscle ou par un conducteur organique (morceau de foie, etc.).

Les lois du courant musculaire, démontrées en 1849 par Matteucci, ont été déterminées par Du Bois-Reymond, ainsi que celles du courant nerveux. Du Bois-Reymond montra que la déviation de l'aiguille du galvanomètre varie suivant les points du cylindre nerveux ou musculaire,

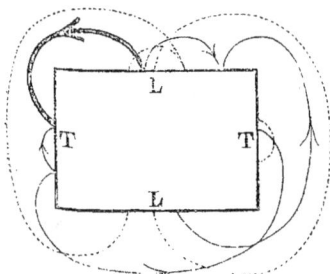

Fig. 166. — *Force et direction des courants.*

Fig. 167. — *Surfaces longitudinales; déviation faible.*

qu'on réunit par un conducteur. Il distingue les cas suivants, dont la figure 166 donne la représentation schématique.

1° On a une *forte déviation* de l'aiguille quand le conducteur réunit la surface longitudinale à la surface transversale (ligne épaisse), et le maximum de déviation est obtenu quand le milieu de la surface longitudinale (équateur) est réuni au milieu de la surface transversale (fig. 155 et 156).

2° La *déviation est faible* (lignes fines) quand on réunit deux points inégalement distants du milieu de la surface

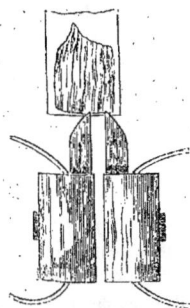

Fig. 168. — *Surfaces transversales; déviation faible.*

Fig. 169. — *Points symétriques; déviation nulle.*

longitudinale ou transversale), ou deux points inégalement distants de deux surfaces opposées. Pour les surfaces longitudinales (fig. 167), le courant marche dans le conducteur du point le plus rapproché du centre au point le plus éloigné; c'est l'inverse pour les surfaces transversales (fig. 168) (1).

(1) Pour les surfaces transversales, les muscles de grenouille sont trop petits; il faut prendre des muscles de lapin, par exemple, et terminer les coussinets en rapport avec le galvanomètre par des extrémités amincies et taillées en biseau permettant de ne toucher la surface du muscle que par un point comme dans la figure 168.

3o La *déviation est nulle* (lignes pointillées) quand on réunit deux points d'une même surface ou de deux surfaces opposées également distants du centre (points symétriques), ou encore les centres des deux surfaces opposées (fig. 169).

La figure 170 représente schématiquement l'intensité des courants dans le

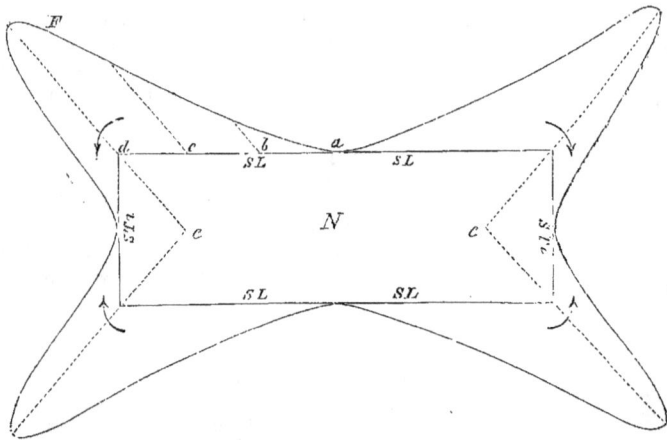

Fig. 170. — *Schéma de l'intensité des courants dans le muscle.*

cylindre musculaire (N), dont SL est la surface longitudinale, STr la surface transversale. La direction des flèches indique la direction des courants. Les courbes F indiquent la force du courant qui passe dans un conducteur de tension constante pour les différentes positions qu'on lui donne sur l'une quelconque des deux surfaces. Les points *a*, *b*, *c*, *d*, pris sur une des surfaces, considérée comme ligne des abscisses, indiquent le milieu de l'espace compris entre les deux points d'application du conducteur, et les ordonnées abaissées sur ces points représentent l'intensité du courant qui traverse le conducteur. On voit qu'en *a* le courant $= 0$, et que le courant est à son maximum (ordonnée *ed*) quand les deux extrémités du conducteur sont situées, l'une sur la surface longitudinale, l'autre sur la surface transversale.

Il arrive souvent que la partie tendineuse du muscle, au lieu d'être électrisée négativement, soit positive ; c'est ce que Du Bois-Reymond a appelé *partie parélectronomique* du muscle. Pour faire reparaître dans ce cas les phénomènes électriques ordinaires, il faut transformer la surface transversale naturelle en surface transversale artificielle, en faisant la section de l'extrémité du muscle ou en la détruisant par les caustiques, la brûlure, etc. (coupe caustique, coupe thermique du muscle).

Courants d'inclinaison. — *Rhombe musculaire.* — Si la coupe du muscle, au lieu d'être exactement perpendiculaire à la surface longitudinale, est oblique, les courants ne présentent plus la même disposition ; le point le plus négatif de la coupe, au lieu de correspondre au centre de la coupe, se rapproche de l'angle aigu ; le point le plus positif de la surface longitudinale au contraire se rapproche de l'angle obtus. Le gastrocnémien, par la disposition de ses fibres, se rapproche d'un rhombe musculaire double, ce qui rend difficile l'interprétation du courant électrique qu'il présente, courant qui du reste est très actif et le fait choisir pour cela souvent dans les expériences.

La force électro-motrice des muscles de la grenouille a été évaluée par la méthode de compensation à 0,035 — 0,075 Daniell. Chez les animaux à sang chaud, elle serait un peu plus forte.

Toutes les causes qui diminuent ou abaissent l'irritabilité musculaire affaiblissent ou font disparaître le courant; tels sont la fatigue, le froid, la chaleur portée jusqu'à produire la rigidité. Au contraire, la chaleur modérée l'augmente quand elle est appliquée sur la surface longitudinale du muscle. Sur un muscle isolé et détaché du corps, le courant musculaire diminue peu à peu pour disparaître quand la rigidité cadavérique s'établit; quelquefois la diminution primitive est précédée d'une légère augmentation transitoire ou d'une inversion du courant. Il disparaît très vite dans l'empoisonnement par la strychnine.

Opinion de L. Hermann. — D'après L. Hermann, qui a fait un grand nombre de recherches sur cette question, *il n'existe pas de courant musculaire dans les muscles inactifs tout à fait normaux*. Le courant musculaire admis par Du Bois-Reymond n'est que le produit même de la préparation. Pour que ce courant se produise il faut que la surface transversale naturelle du muscle soit transformée en surface artificielle, autrement dit, qu'elle soit détruite par la section, la brûlure, la cautérisation, etc.: dans ce cas la coupe transversale artificielle du muscle est négative par rapport à la surface longitudinale intacte. Hermann invoque à l'appui de son opinion les faits de *parélectronomie* observés par Du Bois-Reymond lui-même (page 594), dans lesquels la surface transversale naturelle du muscle était positive au lieu d'être négative et où la négativité n'apparaissait qu'après la destruction de cette surface naturelle et sa transformation en coupe artificielle. Le courant observé par Du Bois-Reymond provient de l'action destructive exercée sur le muscle par l'air, par le froid, par les substances chimiques employées, substances qu'on croyait à tort indifférentes, par les sécrétions de la peau, action destructive qu'il est très difficile d'éviter dans la préparation, et sur laquelle l'attention n'était pas appelée dans les premiers temps. Si on prend toutes les précautions nécessaires pour éviter toute altération de la surface transversale naturelle du muscle on ne constate l'existence d'aucun courant. Engelmann dans des expériences récentes a confirmé sur la plupart des points l'opinion d'Hermann (voir : *Physiologie du cœur*). Il en est de même de Biedermann.

2. — Phénomènes électriques du muscle actif.

Les muscles à l'état d'activité présentent un changement remarquable de leur état électrique. Si on place, comme dans l'appareil de la figure 154, une portion de muscle dans le circuit galvanométrique, la déviation de l'aiguille indique l'existence du courant normal. Si alors on excite le nerf du muscle en dehors du circuit galvanométrique, de façon à tétaniser le muscle, l'aiguille revient sur ses pas et indique un renversement du courant (*variation négative*). Ainsi, dans la patte d'une grenouille, on a un courant descendant au moment de la contraction au lieu du courant ascendant ordinaire. Du Bois-Reymond a prouvé que la variation négative est bien due à l'affaiblissement du courant primitif et qu'elle ne provient pas d'un nouveau courant indépendant du courant de repos et de sens contraire. Cette variation négative peut agir comme excitant sur le nerf d'un autre muscle, et pour cela il n'y a pas même besoin de tétaniser le muscle, il suffit d'une seule contraction ; si on place le nerf de la patte galvanoscopique sur le muscle qui se contracte, de façon qu'un des points du nerf corresponde à la coupe et un autre point à la surface du muscle, chaque contraction musculaire s'accompagne d'une contraction de la patte galvanocospique (*contraction secondaire*, voir page 590). Cette contraction secondaire peut s'obtenir aussi dans la contraction musculo-directe (excitation directe du muscle). Elle ne se produit qu'exceptionnellement de muscle à muscle (Kühne, Anderson). Si, au lieu de produire une seule contraction, on tétanise le muscle et qu'on place sur ce muscle (coupe et surface longitudinale) deux points du nerf de la patte galvanoscopique, les muscles de cette patte entrent aussi en tétanos (*tétanos induit ou secondaire de Matteucci*) (1). On a vu plus haut (page 591) que la variation négative peut aussi s'observer chez l'homme vivant au moment de la contraction.

La discontinuité et le caractère oscillatoire de la variation négative du tétanos peuvent être mis en évidence par le téléphone et l'électromètre capillaire de Lippmann.

Le tétanos secondaire ne peut être produit par la contraction volontaire naturelle, ou du moins on a jusqu'ici cherché en vain à l'obtenir (Du Bois-Reymond, Harless, Toussaint et Morat, etc.). Il en est de même la plupart du temps dans le tétanos strychnique.

On a vu plus haut que dans certains cas (parélectronomie) il n'y avait pas de courant dans les muscles en repos ; dans ces cas cependant il se développe au moment de la contraction un courant, *courant d'activité* de Hermann, comparable à la variation négative et dont la direction est inverse du courant ordinaire : ainsi dans le gastrocnémien de grenouille *parélectronomique*, le courant d'activité est descendant.

D'après S. Lee, la courbe de l'état électrique du muscle excité présente ordinairement deux phases négatives séparées par une phase positive. Dans le muscle fatigué, la phase positive manque souvent.

La variation négative débute, comme l'a prouvé Helmholtz (voir page 591), avant la contraction, par conséquent elle se montre dans la période d'excitation latente du muscle. En effet, d'après les recherches de Bernstein avec son rhéotome différentiel (page 591), elle débute dès que l'excitation qui détermine la contraction atteint la surface longitudinale du muscle ; par conséquent elle n'a pas en réalité de période latente comme en a la contraction ; elle s'établit d'emblée dès qu'un point du muscle est excité, et *chaque point excité se comporte négativement vis-à-vis des points qui sont encore en repos*. Cette *négativité* du point excité dure environ 0,004 seconde et se propage dans le muscle avec la même vitesse que l'onde musculaire qu'elle précède ; cette négativité disparaît, avant même que l'onde de contraction qui la suit soit arrivée et fait place au retour de l'état positif. Le muscle est donc parcouru par de véritables *ondes de négativité* qui précèdent les ondes de contraction. A l'état de négativité du muscle (grenouille) correspond la variation négative ou le courant descendant ; à l'état positif qui le suit, le courant ascendant appelé aussi quelquefois variation positive. Ces deux courants, descendant et ascendant, se produisent tous deux dans la période latente de la contraction musculaire.

(1) En disposant de la même façon et à la file plusieurs muscles avec leurs nerfs, on a des tétanos tertiaires, quaternaires, etc.

D'après Hermann, ces phénomènes doivent être interprétés de la façon suivante : Si l'on relie le circuit du galvanomètre à la partie moyenne d'un muscle intact (lieu d'entrée du nerf) et à ses extrémités, on constate au moment de l'excitation : 1° une première phase dans laquelle le courant est dirigé dans le muscle du milieu vers les extrémités (*courant atterminal* d'Hermann); 2° une deuxième phase dans laquelle le courant, qui d'ailleurs est plus faible, est dirigé des extrémités vers le milieu du muscle (*courant abterminal*). Ce courant s'explique parce que l'excitation débute dans le muscle au point où le nerf y pénètre; c'est de là que part l'onde de négativité qui se propage jusqu'aux extrémités du muscle. D'après Hermann, même dans les cas d'*excitation indirecte*, l'excitation n'arrive pas instantanément dans toutes les parties du muscle, elle s'y propage à la façon d'une onde et cette *onde d'excitation* diminue d'intensité en se propageant dans le muscle. A cette diminution d'intensité de l'excitation correspond une diminution de la négativité qui l'accompagne, comme l'a constaté Bernstein, et comme cette diminution augmente avec la fatigue et la mort du muscle, on comprend l'affaiblissement du courant abterminal. Les courants d'activité du muscle s'expliquent donc, pour Hermann, par ces trois faits : 1° transmission *successive* et non simultanée de l'excitation à tous les points du muscle ; 2° diminution d'intensité de l'onde d'excitation pendant sa propagation ; 3° négativité des points excités par rapport aux points où l'excitation n'est pas arrivée. Ce qui prouve bien, selon lui, que ces courants d'activité tiennent bien à ces causes, c'est que quand l'excitation porte directement sur toute l'étendue du muscle, par conséquent sans qu'il y ait d'onde d'excitation diminuant par sa transmission, tout courant d'activité manque (1).

Hermann admet ainsi trois sortes de courants d'activité :

1° Des *courants de compensation* qui se produisent dans un muscle *lésé* présentant un courant de repos; c'est la variation négative;

2° Des *courants de phase* dus à la négativité du point excité par rapport aux autres points; ils sont toujours de double sens et présentent une phase atterminale et une phase abterminale;

3° Des *courants décrémentiels* qui sont dus à la différence d'intensité de l'onde d'excitation aux deux points d'application des conducteurs du circuit galvanométrique; cette diminution de l'intensité n'existe pas dans les muscles tout à fait sains; mais ces courants se montrent dans le tétanos, sous l'influence de la fatigue et de toutes les causes qui diminuent l'excitabilité du muscle.

Mais on ne peut assimiler la contraction d'un muscle de grenouille détaché du corps à la contraction normale, physiologique. On a vu plus haut que le courant de repos n'a pu être démontré chez l'homme (page 591) et que la déviation de l'aiguille ne se produit qu'au moment de la contraction en indiquant un courant ascendant. Hermann a répété ces expériences et vu que le courant varie suivant le lieu de la peau sur lequel on applique les conducteurs du circuit galvanométrique. Si on les applique par exemple à la partie inférieure de l'avant-bras et qu'on excite le plexus brachial à l'aide d'électrodes appliqués dans l'aisselle (fig. 171, *r*, *r*'), on a un double courant d'activité, d'abord un courant descendant allant de l'avant-bras vers la main, puis un courant ascendant allant de la main vers l'avant-bras; mais, à l'inverse de ce qui existe sur les muscles détachés de la

(1) Ces expériences ont été faites à l'aide d'un appareil particulier, le *Fallrheotom*, dans lequel l'excitation du muscle et son intercalation dans le courant de la boussole sont produites par la chute d'un poids. Voir pour les détails de l'appareil : *Archives* de Pflüger, t. XV et XVI.

grenouille, les deux courants sont d'égale intensité; *il n'y a donc pas de diminution du courant*, à moins que l'excitation ne soit portée jusqu'à la fatigue du muscle. Si les conducteurs sont appliqués près du coude, les deux courants ont une direction inverse, le premier est ascendant, le second descendant.

Il résulterait donc des expériences d'Hermann que le courant ascendant observé par Du Bois-Reymond au moment de la contraction volontaire n'est pas en réalité un courant musculaire, et qu'il doit reconnaître une autre cause immédiate que l'action musculaire. Cette cause, Hermann, reprenant une idée déjà émise par Becquerel, croit la trouver dans la sécrétion cutanée. Au moment de la contraction des muscles de l'avant-bras, qu'elle soit produite par l'excitation du plexus brachial ou qu'elle soit volontaire, on constate que la main est le siège d'une sécrétion sudorale qui détermine la production d'un courant électrique. En excitant les nerfs cutanés

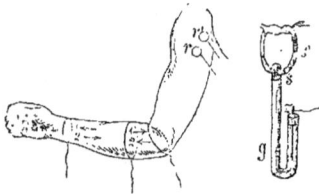

Fig. 171. — *Courants d'activité chez l'homme* (L. Hermann) (*).

de la grenouille, il se produit un courant dirigé de l'extérieur à l'intérieur. Il a constaté le même phénomène avec Luchsinger sur les animaux à sang chaud; en excitant le sciatique sur des chats curarisés, on voit, en même temps que la sueur apparaît à l'extrémité des pattes, l'aiguille de la boussole indiquer un fort courant ascendant dans la patte du côté excité, et le courant ne peut tenir à l'action musculaire puisque les muscles sont paralysés par le curare; si le chat est empoisonné par l'atropine, on voit au contraire manquer en même temps et le courant et la sueur. On s'explique alors facilement pourquoi le prétendu courant musculaire ne produit pas le tétanos secondaire, pourquoi il persiste après la contraction, pourquoi il peut manquer chez certaines personnes ou dans certaines régions.

Dans des recherches récentes, Hermann, ayant constaté qu'un courant de repos s'observe aussi sur la peau dépourvue de glandes des poissons, n'attribue plus exclusivement le courant de Du Bois-Reymond à la sécrétion cutanée, et l'attribue aussi en partie à l'épiderme (voir : *Physiologie du tissu nerveux : Théorie de l'électricité nerveuse et musculaire*).

Bibliographie. — Voir : *Électricité nerveuse.*

§ 7. — Sensibilité musculaire.

L'étude de la *sensibilité musculaire* sera faite avec celle des *sensations internes* (voir : *Physiologie des sensations*).

§ 8. — Rigidité cadavérique.

Peu de temps après la mort, les muscles deviennent le siège d'une raideur et d'une dureté caractéristiques qui se sentent très bien à travers la peau; ils opposent une très grande résistance à l'extension et, une fois étendus, ne reprennent plus leur longueur primitive : leur tonicité a disparu;

(*) *z*, fil de zinc plongé dans un tube rempli d'une solution de sulfate de zinc *g*. — *s, s'*, électrodes annulaires entourant l'avant-bras.

après leur section transversale, les deux bouts ne s'écartent pas et restent en contact. Leur cohésion a diminué ; ils se laissent déchirer facilement ; par exemple quand on imprime aux membres des mouvements trop brusques d'extension ou de flexion. Cette diminution de cohésion a été cependant niée par quelques auteurs et attribuée à un commencement de putréfaction.

L'époque de l'apparition de la rigidité cadavérique est très variable ; elle commence d'un quart d'heure à vingt heures après la mort, mais quelquefois elle peut se montrer beaucoup plus tôt. Ainsi sur des lapins soumis à des contractions musculaires excessivement intenses et répétées, je l'ai vue commencer *immédiatement* après la mort. Sa durée varie de quelques heures à quelques jours ; ordinairement l'apparition tardive coïncide avec une longue durée. Elle est plus tardive, chez les animaux à sang froid ; elle manquerait, d'après Mande, chez les embryons de sept mois. Elle est d'autant plus précoce que les muscles sont plus faibles ; c'est ainsi qu'elle se montre plus tôt chez les nouveau-nés.

La rigidité cadavérique commence par les muscles de la mâchoire et du cou ; elle envahit ensuite successivement les muscles abdominaux, les membres supérieurs, le tronc et les membres inférieurs. Le cœur est atteint aussi par la rigidité cadavérique. Sa disparition se fait dans le même ordre et en général de haut en bas.

Le raccourcissement que subissent les muscles en état de rigidité amène une position particulière des articulations : les mâchoires sont fortement serrées, les bras rapprochés du tronc, les avant-bras fléchis, la main fermée, le pouce couvert par les autres doigts ; les membres inférieurs sont rapprochés et dans l'extension ; les changements de position des membres se font du reste avec une très grande force, et le travail produit par le raccourcissement cadavérique peut dépasser le travail produit par la contraction électrique (E. Walker).

On observe quelquefois, et le fait a été signalé depuis longtemps par Armand, une forme de rigidité appelée par Du Bois-Reymond *rigidité cataleptique ;* dans ces cas qui ont été surtout observés sur les champs de bataille et à la suite de blessures amenant la mort subitement, le cadavre conserve l'attitude qu'il avait au moment où le corps a été atteint par le projectile. L'explication de ce phénomène n'est pas encore donnée.

On a admis que dans certains cas, par exemple chez les individus frappés par la foudre, la rigidité cadavérique manquait tout à fait ; peut-être cependant existerait-elle dans ces cas, mais avec une très faible intensité, d'autant plus que la putréfaction se fait ordinairement très rapidement dans ces conditions et peut masquer la rigidité.

La rigidité cadavérique s'observe aussi sur les muscles isolés, et en l'étudiant sur ces muscles on constate que les caractères qu'elle présente sont sur beaucoup de points identiques à ceux que présente un muscle à l'état de contraction. Ainsi le muscle rigide se raccourcit et ce raccourcissement s'accompagne, comme la contraction, d'une diminution de volume du muscle (Schmulewitsch, E. Walker) ; son élasticité diminue. Il devient acide et produit de l'acide lactique et de l'acide carbonique. En outre ce muscle, comme l'ont prouvé les recherches de Schiffer, de

Fick et de Dybkowski, dégage de la chaleur en passant à l'état de rigidité et ce dégagement de chaleur explique les faits d'élévation de tempé: ature *post mortem* observée quelquefois sur les sujets morts du choléra ou d'autres maladies. Enfin d'après Hermann le muscle rigide se comporte au point de vue de l'électricité musculaire comme le muscle excité; les points envahis par la rigidité se comportent négativement vis-à-vis des autres.

Parmi les autres caractères qui distinguent le muscle rigide, le plus important est la perte de son irritabilité.

Un muscle rigide ne présente pas d'emblée tous les caractères précédents, à ce point de vue on peut admettre les stades suivants dans l'établissement de la rigidité cadavérique :

1° Perte de contractilité et disparition du courant musculaire;

2° Modifications d'élasticité, de consistance et de cohésion du muscle;

3° Acidité;

4° Perte de transparence et solidification de la substance musculaire.

Certaines conditions influent sur l'apparition, la durée et l'intensité de la rigidité cadavérique. Elle apparaît plus vite et dure moins longtemps après les grandes pertes de sang, un travail musculaire exagéré, comme chez les animaux surmenés. D'après Brown-Séquard, plus l'irritabilité musculaire est prononcée au moment de la mort, plus la rigidité cadavérique met de temps à se montrer et plus elle a de durée. Le froid la retarde; la chaleur au contraire (au-dessus de 27°) accélère sa production. Quand les muscles atteignent une température de 40° pour les grenouilles, de 45° pour les animaux à sang chaud, ils deviennent immédiatement rigides (rigidité de chaleur).

On peut produire artificiellement la rigidité cadavérique par l'interruption de la circulation (ligature, obstruction des artères, etc.), par la chaleur (immersion du muscle dans l'eau chaude), par l'injection dans les artères d'eau distillée, d'acides étendus, d'eau de chaux, de potasse, de salpêtre, de carbonate de potasse concentré, de chloroforme, d'éther, d'alcool, d'un grand nombre d'alcaloïdes, etc. La rigidité produite par les acides et l'eau bouillante a lieu sans production d'acide carbonique et d'acide lactique et ne ressemble que par ses caractères extérieurs à la rigidité cadavérique proprement dite. Il faut du reste distinguer avec soin, dans plusieurs de ces expériences, ce qui revient à la coagulation des substances albuminoïdes du muscle.

La rigidité, quand elle n'est pas portée trop loin, et surtout la rigidité produite artificiellement, comme par l'interruption de la circulation par exemple, peut disparaître par l'injection de sang dans les artères, par des frictions et des élongations des muscles rigides, etc. D'après Preyer même, les muscles de grenouille tout à fait rigides pourraient récupérer leur irritabilité par le rétablissement de la circulation quand on injecte auparavant dans les muscles une solution de sel marin à 10 p. 100.

Depuis la découverte de Kühne de la coagulation spontanée de la myosine, la plupart des physiologistes s'accordent à considérer la rigidité cadavérique comme due à la coagulation de la substance musculaire, et cette hypothèse s'accorde assez bien avec les phénomènes qui accompagnent la rigidité musculaire. Michelson aurait même isolé du muscle exsangue un ferment identique au ferment sanguin de Schmidt, ferment qui produirait la coagulation de la fibrine. L'existence de ce ferment dans le muscle rigide a été confirmée par Grubert et Klemptner pour les muscles de la grenouille, par Kügler pour ceux des mammifères, de sorte que le processus chimique de la rigidité cadavérique serait identique au processus de la coagulation du sang (1). D'un autre côté on a vu plus haut qu'il y a de grandes analogies entre la contraction musculaire et la rigidité cadavérique, analogies qui, pour quelques auteurs et Hermann en particulier, ont une telle importance que pour eux la rigidité cadavérique ne serait en somme qu'une contraction devenue permanente et la contraction une rigidité passagère. (Pour le développement de cette opinion voir : *Théories de la contraction musculaire*.)

Voir aussi pour les phénomènes chimiques de la rigidité cadavérique : *Glycérine* (p. 121 et 127) ; *Acide lactique* (p. 230).

Il ne paraît pas y avoir de rapport entre le système nerveux et la rigidité musculaire, comme le fait supposer du reste à priori la coagulation spontanée de la myosine, et comme le démontre la rigidité des muscles dont les nerfs sont dégénérés. On a cependant cherché (Nysten, H. Munk, V. Eiselsberg, Gendre) à trouver un rapport entre la rapidité de la rigidité cadavérique d'un muscle isolé et la longueur du nerf laissé en rapport avec ce muscle, mais sans qu'on ait pu arriver jusqu'ici à des résultats positifs.

Dès que la rigidité a cessé, la putréfaction s'empare du muscle.

Bibliographie. — N. Bieletzky : *Die Ausscheidung der Köhlensäure durch den erstarrenden Muskeln* (Hoffmann's Jahresb., 1880). — H. Munk : *Ueber die Abhängigkeit des Absterbens der Muskeln von der Länge ihrer Nerven* (Arch. f. Physiol., 1880). — Onimus : *Modif. de l'excitabilité des nerfs et des muscles après la mort* (Journ. de l'Anatomie, 1880). — L. Hermann : *Ueber die Abhängigkeit des Absterbens der Muskeln von der Länge ihrer Nerven* (Arch. de Pfl., t. XXII, 1880). — A. V. Eiselberg : *Zur Lehre von der Todtenstarre* (id., t. XXIV, 1880). — A. Tamassia : *Dell' influenza del sistemo nervoso sull' irrigidimento cadaverico* (Riv. sper. di freniatria, 1882). — Catherine Schpiloff : *Ueber die Entstehungsweise der Muskelstarre* (Med. Cbl., 1882). — J. Klemptner : *Ueber die Wirkung des distillirten Wassers und des Coffeins auf die Muskeln und über die Ursache der Muskelstarre.* Dorpat, 1883. — A. Gendre : *Ueber den Einfluss des Central-nervensystems auf die Todtenstarre* (Arch. de Pflüger, t. XXXV, 1884). — E. Jeanselme et M. Lermoyez : *Ét. sur la contractilité post-mortem, etc.* (Arch. de physiol, 1885). — Brown-Séquard : *Rech. expér. paraissant montrer que les muscles atteints de rigidité cadavérique restent doués de vitalité jusqu'à l'apparition de la putréfaction* (Comptes rendus, t. CI, 1885). — Id. : *Rech. expér. montrant que la rigidité cadavérique n'est due, ni entièrement, ni même en grande partie à la coagulation des subst. album. des muscles* (C. rendus, t. CIII, 1886). — G. Aust : *Zur Frage über den Einfluss des Nervensystems auf die Todtenstarre* (Arch. de Pflüger, t. XXXIX, 1886 (2).

§ 9. — Nature et théories de la contraction musculaire.

Malgré toutes les recherches faites sur ce sujet, la nature de la contraction musculaire est encore inconnue et aucune des hypothèses émises jusqu'ici ne permet d'interpréter tous les faits d'une façon satisfaisante. Aussi je me contenterai, laissant de côté les théories anciennes, de résumer brièvement, parmi les hypothèses les plus récentes, celles qui s'accordent le mieux avec les faits étudiés dans les paragraphes précédents. Ces théories peuvent se rattacher à cinq groupes : théories de l'élasticité, théories thermodynamiques, théories électriques, théories microscopiques, et théories chimiques, suivant que l'on attribue l'importance prédominante à tel ou tel des phénomènes de l'activité musculaire.

(1) La coagulation de la myosine est niée par Brown-Séquard qui regarde la rigidité comme un état intermédiaire entre la vie et la mort.

(2) *A consulter* : Brown-Séquard : *Rech. sur la rigidité cadavérique* (Gaz. méd., 1851, et Journ. de la physiol., 1858 et 1861).

A. Théories de l'élasticité. — 1° **Théorie de Ed. Weber.** — Pour Ed. Weber, suivi en cela par beaucoup de physiologistes, Küss et Volkmann entre autres, la contractilité musculaire n'est qu'une forme d'élasticité. Le muscle a deux formes naturelles, une forme naturelle (n° 1 de Küss) dans laquelle il est à l'état de repos, une forme naturelle (n° 2 de Küss) dans laquelle il est contracté; ce qu'on appelle le passage du repos à la contraction n'est que le passage de la forme n° 1 à la forme n° 2, mais le muscle n'est pas plus actif sous cette forme que sous la première, puisque, dans les deux cas, il exerce une traction sur ses deux points d'attache. L'excitant ne fait que changer la force élastique du muscle, comme la chaleur change celle d'un barreau métallique. Quant à la cause même de ce changement d'élasticité, Volkmann suppose que l'excitation nerveuse produit dans le muscle des actions chimiques qui modifient l'équilibre des molécules. Les raisons théoriques par lesquelles Volkmann a cherché, dans ces derniers temps, à soutenir cette théorie, ne me paraissent pas suffisantes.

2° **Théorie de Rouget.** — Rouget rattache aussi la contraction musculaire à l'élasticité; mais il comprend cette élasticité tout autrement que Weber. Pour lui, la fibre musculaire est comparable au style des vorticelles, pédicule spiralé contractile par lequel l'infusoire se fixe aux corps étrangers; à l'état ordinaire, ce style est allongé et forme une spirale à peine marquée, mais dès qu'une excitation intervient, cette spirale allongée se raccourcit subitement des 4 cinquièmes et constitue un ressort à hélice à tours très rapprochés; c'est cette dernière forme que le style prend après la mort de l'animal. L'état d'activité, lié à la vie et à la continuité de la nutrition, correspond à la spirale allongée du style; l'état de contraction correspond au contraire à la suspension des phénomènes de nutrition et est une pure affaire d'élasticité physique; le style, n'étant plus distendu par le mouvement nutritif, retourne à sa forme naturelle de ressort élastique en spirale. Il en est de même de la fibre musculaire. Pendant la vie, elle tend sans cesse à se rétracter en vertu de son élasticité; mais cette tendance au raccourcissement est combattue par une tendance à l'allongement due à la nutrition même du muscle et probablement à la production de chaleur dont elle est la cause. Tout ce qui enraye ce travail de nutrition (excitation nerveuse, ligature de l'artère d'un muscle, etc.) fait disparaître cette tendance à l'allongement, et l'élasticité restant seule en jeu, la contraction se produit. L'augmentation de chaleur du muscle, au moment de sa contraction, s'explique parce que la chaleur qui était employée à étendre le muscle se trouve libre au moment où le muscle se raccourcit.

B. Théories thermo-dynamiques. — Les théories modernes de la corrélation des forces physiques ont fait surgir bientôt l'idée de les appliquer au mouvement musculaire. Aussi R. Mayer considéra-t-il le muscle comme une sorte de machine comparable à une machine à vapeur et produisant de la chaleur et du travail mécanique. A l'état de repos, il ne produit que de la chaleur; à l'état d'activité il en produit plus, mais une partie de la chaleur produite se transforme en mouvement. C'est à cette théorie que se range J. Béclard qui a fait d'intéressantes expériences pour l'appuyer. Mais cette production de chaleur est liée elle-même à des phénomènes chimiques, et la théorie mécanique se rattache donc forcément par un point aux théories chimiques. C. Voit nie, au contraire, toute possibilité de transformation de chaleur en mouvement dans l'organisme, et croit, comme on le verra plus loin, à une transformation de l'électricité musculaire en chaleur et en mouvement. Les développements déjà donnés à la production de chaleur dans le muscle actif (page 578) me dispensent d'entrer dans plus de détails sur la théorie thermodynamique de la contraction musculaire.

C. **Théories électriques.** — Depuis longtemps déjà Prévost et Dumas avaient émis l'idée de l'origine électrique de la contraction musculaire, et plus tard Mayer et Amici, en se basant sur des analogies un peu grossières, avaient comparé le muscle à une pile de Volta à colonnes. Les recherches de Du Bois-Reymond sur l'électricité musculaire, les études faites sur les poissons électriques semblèrent donner une base sérieuse à ces hypothèses. Les uns, s'appuyant sur le phénomène de la variation négative, supposèrent que, si le courant musculaire diminuait au moment de la contraction, c'est que l'électricité produite dans le muscle se transformait en mouvement (Voit); les autres comme Krause et Kühne comparèrent la plaque motrice terminale à la lame électrique de la torpille, et expliquèrent ainsi, non pas la nature de la contraction, mais le mode d'action du nerf sur le muscle; il y aurait là une véritable *décharge électrique* comparable à la décharge d'une bouteille de Leyde. Mais l'hypothèse de Krause et Kühne a contre elle les faits anatomiques qui ne permettent pas d'identifier les plaques terminales et l'organe électrique de la torpille, et les faits physiologiques qui montrent que les nerfs musculaires diffèrent par plusieurs points des nerfs électriques; ainsi ces derniers ne sont pas atteints par le curare qui paralyse les nerfs moteurs (Moreau) (1). Du Bois-Reymond a modifié l'hypothèse de Krause en faisant agir la variation négative du nerf (Voir : *Physiologie du tissu nerveux*) sur la substance contractile : mais, comme on l'a vu plus haut, les phénomènes électriques du muscle sont encore trop obscurs, pour qu'on puisse s'en servir utilement pour interpréter les phénomènes de la contraction musculaire. Aussi renverrai-je, pour les détails de ces diverses théories, aux mémoires originaux. Ce qui est certain cependant c'est que, comme l'ont prouvé les recherches de Marey, il y a de nombreuses analogies entre la contraction musculaire et la décharge électrique de la torpille. La décharge électrique n'est pas continue pas plus que la contraction musculaire; elle se compose de décharges successives ou *flux*, comparables aux secousses musculaires et qui s'ajoutent et se fusionnent pour constituer la décharge totale; comme la secousse musculaire, chaque flux électrique a une période latente, d'un centième de seconde environ et la durée totale d'une décharge partielle est la même que celle d'une secousse musculaire; enfin le muscle et l'appareil électrique de la torpille se comportent de la même façon sous l'influence de la fatigue, de la strychnine, de la température, etc.

D'après d'Arsonval la production de chaleur et par conséquent de travail mécanique dans le muscle est consécutive à la production d'électricité. L'énergie chimique se transforme d'abord en énergie électrique; c'est celle-ci qui apparaît d'abord; la chaleur est consécutive (Voir : *Électricité musculaire et nerveuse*).

D. **Théories microscopiques.** — L'étude des phénomènes microscopiques de la contraction musculaire a été faite page 561. Cette étude, en montrant qu'il existait dans la fibre musculaire deux sortes de substances, une substance isotrope à réfraction simple, et une substance anisotrope à réfraction double, a conduit à admettre l'existence de particules très petites, analogues à des cristaux à double réfraction (*disdiaclastes* de Brücke, *inotagmes* d'Engelmann) dont l'arrangement réciproque (Brücke) ou la forme (Engelmann) se modifient au moment de la contraction. Cette propriété de double réfraction paraît du reste être commune à toutes les substances contractiles, car on la retrouve dans les fibres lisses et dans le protoplasma. Quelque ingénieuses que soient ces théories et quoique certains phéno-

(1) Boll avait cru voir que chez la torpille le curare n'agissait pas sur les nerfs musculaires; mais Ranvier a prouvé qu'il y avait là une erreur d'expérimentation due à l'insuffisance de la dose de curare administrée.

mènes s'interprètent assez bien avec leur aide, elles ne peuvent avoir que la valeur d'une hypothèse.

E. Théories chimiques. — Les théories chimiques ont été étudiées à propos des phénomènes chimiques de la contraction musculaire (pages 563 et suivantes). Aux théories chimiques peut se rattacher la théorie qui fait de la contraction musculaire un phénomène analogue à la rigidité cadavérique, une rigidité cadavérique temporaire. Dans les deux cas, en effet, comme le fait remarquer Hermann, il y a production de travail mécanique, raccourcissement et dégagement de chaleur; dans les deux cas le muscle devient acide et il s'y forme les mêmes principes; enfin le muscle rigide et le muscle excité se comportent de même au point de vue électrique; mais à côté de ces analogies, il reste toujours cette différence essentielle de la persistance de la rigidité musculaire. Si l'on admet, comme le veut Hermann, une coagulation temporaire de la myosine au moment de la contraction, comment et pourquoi cette myosine se redissout-elle une fois la contraction terminée?

En résumé, grâce à la multiplicité des actes qui constituent la contraction musculaire, chacune de ces théories répond à une face du phénomène total, mais aucune ne l'embrasse dans sa généralité et ne peut en donner une interprétation satisfaisante.

Bibliographie générale du tissu musculaire. — L. Hermann : *Allgemeine Muskelphysik* (dans : Handbuch der Physiologie, 1879). — B. Luchsinger : *Zur allgemeinen Physiologie der irritabeln Substanzen.* Bonn, 1879. — E. Bleuler et L. Lehmann : *Beitr. zur Allg. Muskel und Nervenphysiologie* (Arch. de Pflüger, t. XX, 1879). — E. Hering : *Beitr. zur allg. Nerven und Muskelphysiologie* (Wien. acad. Sitzungsber., t. LXXXX, 1879). — W. Biedermann : *Id.* (id. 1879, 1880). — L. Frédéricq et G. Vandevelde : *Physiologie des muscles et des nerfs du homard.* Bruxelles, 1879. — Ch. Richet : *Contrib. à la physiologie des centres nerveux et des muscles de l'écrevisse* (Arch. de physiol., 1879). — Fr. Fuchs : *Ueber die Gleichungen der Muskelstatik, etc.* (Arch. de Pfl., t. XIX, 1879). — G. Valentin : *Einige Versuche an Nerven und Muskeln* (Moleschott Unt., t. XII, 1879). — W. Kühne : *Ueber das Verhalten des Muskels zum Nerven* (Unt. d. phys. Inst. d. Univ. Heidelberg, III, 1879. — Th. W. Engelmann : *Ueber Bau, Contraction und Innervation der quergestreiften Muskelfasern* (Congrès int. de méd. d'Amsterdam, 1879). — J. V. Kries : *Unt. zur Mechanik des quergestreiften Muskels* (Arch. f. Physiol., 1880). — Th. Cash : *Ueber die Beweglichkeit der Muskeln in ihrem natürlichen Zusammenhange* (id.). — E. Montgomery : *Zur Lehre von der Muskelcontraction* (Arch. de Pflüger, t. XXV, 1881). — Ch. Richet : *Physiologie des muscles et des nerfs*, 1882. — O. Nasse : *Zur Anat. und Physiol. der quergestreiften Muskelsubstanz.* Leipzig, 1882. — P. Grützner : *Zur Physiologie und Histologie der Skeletmuskeln* (Bresl. ärztl. Zeitschr., 1883). — H. Strasser : *Zur Kenntniss der functionellen Anpassung der quergestreiften Muskeln.* Stuttgart, 1883. — W. Roux : *Beitr. zur Morphologie der functionellen Anpassung* (Iena, Zischr. f. Naturwiss., 1883. — A. Mislawsky : *Contrib. à la physiol. générale des muscles et des nerfs* (Soc. d'hist. nat. de Kasan; en russe; 1884). — P. Grützner : *Zur Anat. und Physiol. der quergestreiften Muskeln* (Recueil zool. suisse, 1884). — F. Laulanié : *Sur les phénomènes intimes de la contraction musculaire dans les faisceaux primitifs striés* (C. rendus, t. CI, 1885). — J. Paulow : *Wie die Muskel ihre Schale öffnen* (Arch. de Pflüger, t. XXXVII, 1885). — P. Grützner : *Einige neuere Unt. auf dem Gebiet der Muskelphysiologie* (Deut. med. Wochensch., 1886) (1).

(1) A consulter : Haller : *De partibus corporis humani sensib. et irritabilibus*, 1753. — Ed. Weber : Art. *Muskelbewegung* (Handwörterbuch der Physiol., t. III). — Rouget : *Mémoire sur les tissus contractiles et la contractilité* (Journ. de physiologie, 1863). — Cl. Bernard : *Leçons sur les propriétés des tissus vivants*, 1866. — Marey : *Du mouvement dans les fonctions de la vie*, 1868.

Article III. — **Tissu musculaire lisse**.

Myographie. — Il n'est guère possible d'étudier la contraction musculaire lisse avec les mêmes appareils que pour la contraction musculaire striée, car il est rare que les fibres lisses forment des faisceaux distincts applicables au myographe. Comme ordinairement ils entourent des conduits ou des cavités, on mesure en général leur contraction par la pression qu'ils exercent sur les liquides ou sur les gaz contenus dans leurs cavités, autrement dit à l'aide de manomètres. On peut cependant enregistrer aussi leurs contractions en adaptant à ces conduits ou à ces cavités des tubes qui transmettent la pression au tambour enregistreur de Marey (Voir : *Technique physiologique*). Les dispositions de l'appareil varient naturellement suivant l'organe dont on veut étudier la contraction. Les principaux muscles sur lesquels a été étudiée la physiologie des muscles lisses sont : l'iris, le tube digestif, la vessie et l'uretère, l'utérus, quelques muscles spéciaux (le rétracteur du pénis des mammifères), les muscles lisses des invertébrés, etc.

La *fibre musculaire lisse* (fig. 172) est une fibre de longueur variable (0^mm,006 à 0^mm,013), effilée à ses deux bouts, constituée par une substance homogène ou finement granuleuse et qui contient, vers sa partie médiane, un noyau en forme de bâtonnet. L'existence d'un sarcolemme y est encore douteuse. D'après Rouget les fibres lisses sont fournies par la juxtaposition de fibrilles très fines qui, au lieu d'être enroulées en spirale comme celles des muscles striés, sont simplement onduleuses comme la laine frisée ou le crin tordu. Ranvier admet aussi leur structure fibrillaire.

Les fibres lisses sont unies entre elles par une substance unissante très peu abondante, de façon que la plupart du temps elles paraissent être en contact immédiat. Ces fibres sont en général accolées, plus rarement entre croisées, et constituent ainsi des faisceaux aplatis ou arrondis, parallèles ou se croisant sous des angles variables et qui, par leur réunion, forment des faisceaux plus volumineux entourés de tissu connectif (perimysium). Ils sont pénétrés par un réseau capillaire fin, moins riche que pour le tissu strié. Les nerfs des fibres lisses sont très nombreux dans certains organes, et paraissent manquer dans d'autres, au moins dans de grandes étendues (uretère). Leur terminaison est encore le sujet de controverses entre les histologistes.

Les fibres lisses se rencontrent surtout dans les organes de la vie organique ou végétative (organes digestifs, respiratoires, urinaires, appareil de la circulation, etc.), et dans certaines parties des organes des sens, iris de l'œil, muscles des follicules pileux de la peau, etc. (voir pour leur distribution les traités d'anatomie descriptive et d'histologie).

Une grande partie de la physiologie du tissu musculaire strié peut s'appliquer au tissu lisse.

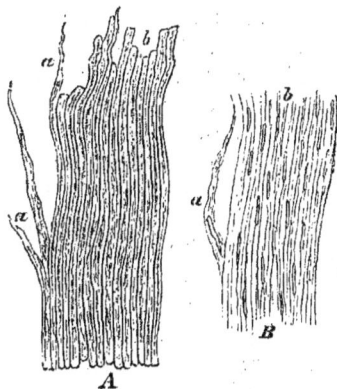

Fig. 172. — *Fibre musculaire lisse* (*).

(*) A, fibre lisse de la vessie. — a, fibres isolées. — b, fibres réunies. — B, les mêmes traitées par l'acide acétique.

Les propriétés chimiques du tissu lisse paraissent être les mêmes que celles du tissu musculaire strié : ainsi l'utérus, neutre pendant le repos, a, au moment de sa contraction, une réaction acide (Siegmund).

Les propriétés physiques du tissu lisse, consistance, cohésion, élasticité, etc., ont été peu étudiées et ne paraissent présenter rien de particulier.

L'*irritabilité* des fibres lisses ne diffère pas, comme nature, de l'irritabilité des fibres striées, elle paraît seulement un peu moindre. Cette irritabilité entre en jeu par les excitants qui ont été énumérés plus haut (page 553), mais il semblerait y avoir certaines différences dans le mode d'action de quelques-uns de ces excitants. Ainsi d'après Legros et Onimus, dans les muscles qui présentent des contractions *péristaltiques*, comme l'intestin, c'est-à-dire des contractions qui se propagent dans un sens déterminé, on observe des effets différents suivant le sens des courants continus qu'on applique sur le muscle ; quand le courant a la même direction que les contractions péristaltiques, celles-ci s'arrêtent ; elles sont renforcées quand le courant est de sens contraire. De très forts courants constants amènent une contraction permanente. Cette contraction permanente se produit aussi pour une certaine fréquence d'excitations. Les variations de température (froid et chaleur) agissent plus énergiquement sur les muscles lisses que sur les muscles striés ; de là les noms de *muscles thermosystaltiques* appliqués aux muscles lisses, de *muscles athermosystaltiques* donnés aux autres ; ainsi un froid même peu intense détermine-t-il la contraction des muscles lisses de la peau (chair de poule) (1). La lumière, qui n'agit pas sur les muscles striés, agit sur les fibres lisses et peut déterminer leur contraction. Le fait a été constaté par Brown-Séquard, H. Müller, etc., sur l'iris d'amphibies et de poissons et même après l'extirpation de l'œil et l'ablation de la rétine. Il est vrai qu'il existe dans l'iris des cellules nerveuses ganglionnaires, et que jusqu'ici l'iris est le seul muscle lisse sur lequel on ait constaté cette action de la lumière. Harless, sur des cadavres humains dont un œil était maintenu ouvert et l'autre fermé, a vu au bout de trente heures la pupille de l'œil ouvert plus étroite que celle de l'œil fermé. Les rayons jaunes seraient les plus actifs d'après Brown-Séquard ; d'après Gysi, ce seraient les bleus et les verts.

L'action irritante attribuée à certaines substances (ergotine, quinine, acide carbonique, etc.) sur les contractions des muscles lisses ne peut être admise qu'avec beaucoup de réserve et exigerait de nouvelles recherches.

L'irritabilité des fibres lisses persiste plus longtemps après la mort que celle des muscles striés.

La contraction musculaire lisse est en général assez lente à se montrer. La période d'excitation latente est par conséquent plus longue que dans la secousse musculaire striée (0,4 à 0,8 sec.) ; elle est quelquefois précédée, d'après Legros et Onimus, d'un relâchement instantané. Cette contraction est en outre plus lente à s'établir, et une fois établie, elle a une plus longue durée. Il y a sous ce rapport des différences très grandes entre les divers

(1) Grünhagen a imaginé, pour étudier l'actoni des excitants sur les muscles lisses un instrument, le *thermotonomètre*.

muscles lisses, comme on peut le voir en comparant les figures 173 et 174. La contraction de l'iris, par exemple, se fait avec une certaine rapidité. Ordinairement, dans les graphiques, la période d'ascension est plus courte

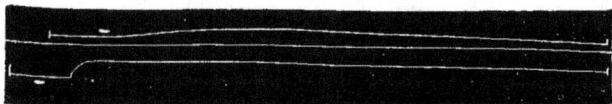

Fig. 173. — *Graphiques de la contraction musculaire lisse* (*).

que la période de descente (fig. 174). Cette contraction se localise au début au point irrité et se propage ensuite au reste de la fibre lisse, comme on peut le voir au microscope (Robin), mais cette propagation est plus lente que

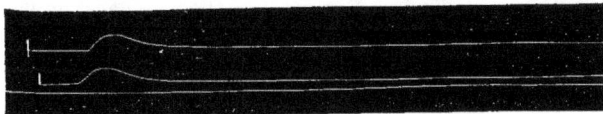

Fig. 174. — *Graphiques de la contraction musculaire lisse* (**).

pour la fibre striée; d'après W. Engelmann, elle serait de 20 à 30 millimètres par seconde, et serait plus rapide dans les fortes que dans les faibles contractions.

La contraction des muscles rouges (page 505), celle du cœur se rapprochent par beaucoup de points de la contraction des muscles lisses (voir : *Physiologie du cœur*).

Un caractère particulier des fibres lisses, c'est que l'excitation, au lieu de rester localisée à la fibre excitée, se propage directement aux fibres voisines; aussi l'intervention nerveuse n'est-elle plus nécessaire pour généraliser la contraction comme pour les muscles striés, et on peut voir la contraction se propager dans les muscles lisses comme l'uretère, tout à fait dépourvus de plexus nerveux (W. Engelmann).

D'après Marey, la contraction musculaire lisse ne se composerait pas, comme la contraction musculaire striée, d'une série de secousses musculaires, mais elle se composerait d'une seule secousse dont la durée serait plus ou moins longue. Il semblerait donc que ces muscles ne peuvent être atteints de tétanos; ce tétanos existerait cependant, suivant certains auteurs, mais il surviendrait progressivement et sans secousses (Legros et Onimus).

Les mouvements des muscles lisses offrent souvent le caractère *rhythmique*, comme dans les conduits excréteurs de certaines glandes. Ces contrac-

(*) Fig. 173. — Contraction de l'estomac (graphique supérieur) et de la vessie (graphique inférieur) chez le chien (P. Bert). Le trait horizontal indique le moment d'application de l'excitant. — Un centimètre correspond à 6 secondes.

(**) Fig. 174. — Graphique de la contraction pulmonaire chez le lézard (P. Bert). Même remarque que pour la figure précédente.

tions rhythmiques, qui sont souvent spontanées, peuvent persister assez
longtemps.

Le *travail musculaire* et l'*effet utile* des muscles lisses n'ont pas été évalués,
mais, d'après ce qu'on connaît de la force des contractions utérines dans
l'accouchement, ce travail peut être considérable.

Il n'a pas été fait de recherches spéciales sur la *fatigue* des muscles lisses;
elle se montre chez eux comme dans les muscles striés et doit y reconnaître
les mêmes causes et les mêmes caractères. On verra, à propos de la sensibilité musculaire, qu'un certain nombre de sensations spéciales ayant pour
siège les organes de la vie végétative paraissent devoir être rattachées aux
muscles lisses.

Le courant musculaire se présente sur les muscles lisses comme sur les
muscles striés.

La rigidité cadavérique atteint aussi les muscles lisses, comme on peut
le démontrer par l'expérience suivante : On met dans un bocal saturé
d'humidité une anse d'intestin prise sur un animal qui vient de mourir;
cette anse d'intestin est liée par un bout et l'autre communique avec un tube
vertical qui traverse le bouchon du bocal; on remplit alors l'anse d'intestin
d'eau tiède qui monte dans le tube vertical jusqu'à un certain niveau qu'on
marque d'un trait. Quand la rigidité cadavérique s'établit, le liquide monte
dans le tube vertical et ne s'abaisse que quand cette rigidité cesse. Cette
rigidité s'observe aussi dans le phénomène de la chair de poule *post mortem;* Robin, sur des suppliciés, a constaté qu'elle avait pour cause la contraction des muscles lisses de la peau et qu'elle se montrait de trois à sept
heures après la mort.

Voir aussi, dans la *Physiologie spéciale, les mouvements de l'estomac, de
l'intestin, de la vessie, de l'utérus et des principaux organes musculaires lisses.*

Bibliographie. — E. SERTOLI : *Contribuzioni alla fisiologia generale dei muscoli lisci*
(Rendic. del R. Ist. Lombardo, t. XV, 1882). — Id. : *Contribution à la physiologie
générale des muscles lisses* (Arch. ital. de biol., t. III, 1883). — A. CAPPARELLI : *Sur la
physiologie du tissu musculaire lisse* (Arch. ital. de biol., t. II, 1883). — H. DE VARIGNY :
Sur quelques points de la physiologie des muscles lisses chez les invertébrés (C. rendus,
t. C, 1885. — Id. : *Sur la période d'excitation latente de quelques muscles lisses de la vie
de relation chez les invertébrés* (id., t. CI, 1885). — A. BUCHHOLTZ : *Das Verhalten des
sphincter iridis verschiedener Thierarten gegenüber einer Reihe physik. und chem.
Einflüsse,* Diss. Halle, 1886.

CHAPITRE IV

PHYSIOLOGIE DU TISSU NERVEUX

ARTICLE Ier. — **Considérations générales.**

Au point de vue le plus général, le système nerveux représente un appareil qui relie les surfaces sensibles périphériques (peau, muqueuse, organes
des sens) aux muscles et à quelques autres organes (glandes, par exemple).
On pince la peau de la patte d'une grenouille et on voit cette patte se
fléchir par un mouvement qui suit presque instantanément l'excitation

culanée. Si on examine anatomiquement les conditions organiques du phénomène, on trouve (fig. 175, A), entre le point de la peau excité 1 et le
muscle qui se contracte 2, un cordon nerveux 3 qui va sans discontinuité
de l'un à l'autre. Si l'on coupe ce cordon nerveux en un point quelconque,
a par exemple, le pincement de la peau en 1 ne détermine plus de contraction en 2; la continuité du cordon nerveux est indispensable; le nerf
transmet au muscle l'excitation produite en 1, et si cette transmission ne
se fait pas, la contraction manque.

En quoi consiste cette transmission? Comment se fait-elle? Quelle est sa
nature? Autant de questions à peu près insolubles actuellement. On peut
affirmer qu'il y a un mouvement transmis, mais on ne peut aller au delà.
Est-ce une vibration, un écoulement de fluide (fluide ou influx nerveux plus
ou moins comparable au fluide électrique), une décomposition chimique,
une transformation isomérique, un déplacement moléculaire de la substance

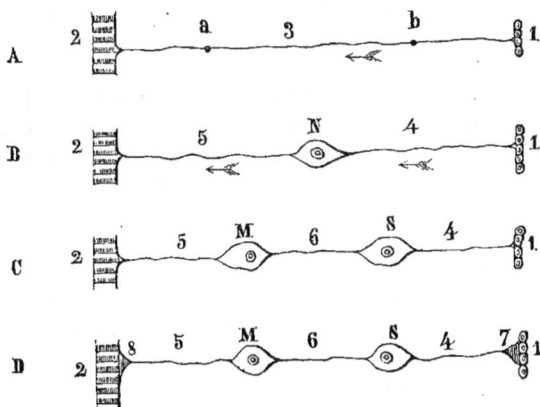

Fig. 175. — *Perfectionnements successifs de l'action nerveuse.*

nerveuse? La réponse est impossible dans les conditions actuelles de la
science (voir : *Théories de l'innervation*).

En supposant le cas le plus simple, on pourrait réduire l'appareil nerveux à un simple cordon qui réunirait la surface sensible à l'organe moteur
(fig. 175, A). Ainsi chez l'hydre d'eau douce, comme l'a montré Kleinenberg, on trouve des cellules dites *neuro-musculaires*, dont la partie superficielle à la fois épithéliale et nerveuse sert à la sensibilité, tandis que la partie
profonde élargie est seule contractile et représente la fibre musculaire à
peine différenciée encore de la cellule nerveuse. Dans un stade plus avancé
de perfectionnement, l'élément épithélial se différencie de l'élément nerveux
et on a un ensemble représenté schématiquement dans la figure 175, B,
dans lequel apparaît, sur le trajet du cordon ou du nerf, un renflement
constitué par une accumulation de substance nerveuse, une véritable cellule
nerveuse (fig. 175, B); c'est là la première ébauche de ce qu'on appelle
un centre nerveux. Ce centre partage le nerf en deux segments, un seg-

ment 4 situé entre la surface sensible 1 et le centre N et auquel on a donné le nom de *nerf sensitif* ou *centripète*, et un segment 5 situé entre le centre nerveux N et le muscle 2, *nerf centrifuge* ou *moteur*. Le centre nerveux N a les mêmes propriétés que le nerf; comme lui il transmet le mouvement, et probablement aussi il dégage du mouvement, et à ce point de vue, en comparant le nerf au centre nerveux, on peut dire que le nerf sert surtout à la transmission du mouvement et est spécialement *conducteur*, tandis que la cellule nerveuse sert surtout au dégagement du mouvement nerveux et est essentiellement *productrice*. Les centres nerveux sont donc de véritables réservoirs de force, force qui se dégage sous l'influence des excitations transmises par les nerfs sensitifs et se transmet aux muscles et aux autres organes par les nerfs moteurs.

On peut aussi rencontrer, et c'est le cas le plus ordinaire, sur le trajet du nerf, non plus seulement une seule cellule, mais deux et plus (fig. 175, C), l'une en rapport avec le nerf sensitif, *cellule sensitive* S, l'autre en rapport avec le nerf moteur, *cellule motrice* M, et la portion du cordon nerveux intermédiaire entre les deux cellules prendra le nom de *nerf intercentral, commissural* ou *intercellulaire* 6.

Mais le perfectionnement ne s'arrête pas là. Entre les surfaces sensibles et les nerfs sensitifs, entre les muscles et les nerfs moteurs se trouvent des organes particuliers, intermédiaires, *organes nerveux périphériques* (fig. 175, D, 7, 8), plus ou moins comparables à des cellules nerveuses et présentant souvent une structure et une conformation toutes spéciales. Ces organes nerveux périphériques se retrouvent dans les principaux sens (rétine, corpuscules du tact, organe de Corti de l'oreille, etc.), et dans les plaques terminales des nerfs moteurs et peuvent être considérés comme de véritables *commutateurs* de mouvement. C'est ainsi que les vibrations lumineuses, qui ne peuvent agir sur la substance du nerf optique, agissent sur les cônes et les bâtonnets de la rétine, et que le mouvement inconnu produit dans ces petits organes peut alors servir d'excitant pour les fibres du nerf optique.

Le système nerveux comprend donc trois catégories d'organes :

1° Des nerfs ou substance blanche; organes conducteurs du mouvement nerveux;

2° Des cellules nerveuses ou centres nerveux (substance grise); organes de dégagement;

3° Des organes nerveux périphériques sensitifs et moteurs; organes commutateurs du mouvement.

La physiologie de ces trois sortes d'organes doit être étudiée à part. J'étudierai ensuite les actions nerveuses prises dans leur ensemble et dans leurs caractères généraux. Mais auparavant il est nécessaire de rappeler quelques notions indispensables sur l'anatomie et l'histologie du tissu nerveux.

Fibres nerveuses. — Les *fibres nerveuses* ou *tubes nerveux* se divisent en *fibres à myéline* et *fibres sans myéline*.

Les *tubes nerveux à myéline* (fig. 176, B), à l'état frais, paraissent tout à fait homogènes ; mais par l'action de certains réactifs on leur reconnaît trois parties : une gaine extérieure, *gaine de Schwann;* une substance intermédiaire, réfringente, *moelle nerveuse* ou *myéline* (fig. 176 B. *m*), et un filament central, *fibre-axe* ou *cylindre-axe* (fig. 176, *a*).

D'après Ranvier et H. Schultze, les fibres à myéline, même à l'état frais et examinées sans l'addition d'aucun réactif, posséderaient un double contour.

Les fibres nerveuses à myéline présentent de place en place des étranglements signalés par Ranvier (fig. 177), *étranglements annulaires,* et dont on verra plus loin la signification. Ces étranglements divisent le nerf en *segments* de 1 millimètre de longueur environ. D'après Tourneux et Le Goff, et contrairement à Ranvier, ils existeraient aussi sur les fibres blanches de la moelle épinière.

L'histologie des trois parties du tube nerveux a donné lieu dans ces dernières

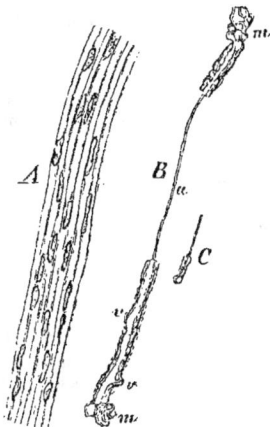

Fig. 176. — *Fibres nerveuses* (*).

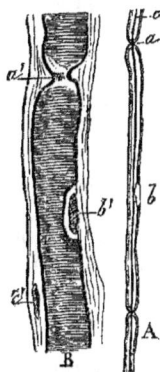

Fig. 177. — *Tubes nerveux avec leurs étranglements annulaires* (**).

années à des recherches nombreuses dont je résumerai brièvement les résultats.

La *gaine de Schwann* est une membrane mince, peu élastique, se plissant facilement; elle présente à sa face interne des noyaux ovales entourés par une mince couche de protoplasma; en général il existe pour chaque segment nerveux interannulaire un seul noyau situé vers le milieu du segment. Je noterai ici que S. Mayer attribue à ces noyaux une nature nerveuse et les considère comme des corpuscules nerveux, opinion difficilement admissible. D'après Ranvier, chaque segment interannulaire représenterait une cellule allongée dont la gaine de Schwann serait la membrane d'enveloppe, et à chaque étranglement la gaine de Schwann d'un segment se souderait à la gaine de Schwann de la cellule voisine à l'aide d'une substance démontrable par le nitrate d'argent. Certains auteurs au contraire considèrent ces étranglements comme un produit de l'art; ils sont cependant admis par la plupart des histologistes.

(*) A, fascicule gris, gélatineux, traité par l'acide acétique. — B, fibre nerveuse à myéline : *a*, cylindre axe mis à nu. — *v*, point où le cylindre-axe est revêtu de myéline. — *m*, myéline sortant en gouttelettes. — C, fibre sans myéline provenant du cerveau.
(**) A, tube nerveux vu à un faible grossissement : *a*, étranglement annulaire ; *b*, noyau du segment interannulaire ; *c*, cylindre-axe. — B, nerf très grossi et traité par l'acide osmique ; *a'*, étranglement annulaire ; *b'*, noyau du segment interannulaire ; *c'* noyau externe de la gaine.

La *myéline* ou *moelle nerveuse* est une substance molle, réfringente, qui se colore en noir par l'acide osmique comme les substances grasses. Quand elle sort du tube nerveux constitué par la gaine de Schwann, soit sous l'influence de l'eau, soit par suite de déchirures de cette gaine, elle se présente sous l'aspect de masses ou de pelotons arrondis, limités par un double contour et qui se séparent bientôt en goutelettes ressemblant un peu à de la graisse (coagulation de la myéline). D'après Ranvier la myéline manque au niveau des étranglements annulaires, tandis que d'après Rouget elle ne disparaîtrait pas et ne ferait que s'amincir. La myéline offre de place en place des *incisures*, décrites par Schmidt et Lantermann et dont il sera parlé plus loin.

Le *cylindre-axe* paraît constitué par un faisceau de fibrilles, *fibrilles nerveuses primitives* (M. Schultze, Ranvier); c'est du moins ce que semble indiquer sa striation longitudinale et sa séparation en fibrilles sous l'influence de certaines conditions particulières (nerfs sectionnés). Cependant tous les auteurs n'admettent pas cette structure fibrillaire: quelques-uns, comme Fleisch, par exemple, le considèrent comme une substance liquide, et Roudanowsky, d'après ses préparations congelées, en fait un tube épithélial rempli d'un liquide. Certains agents chimiques, et en particulier le nitrate d'argent, font apparaître dans le cylindre-axe une striation transversale dont la signification est encore indéterminée. D'après Ranvier le cylindre-axe est continu dans toute l'étendue du nerf et ne ferait que traverser les segments interannulaires qui l'engainent, tandis que, pour Engelmann, le cylindre-axe est discontinu et formé par autant d'articles soudés bout à bout qu'il y a de segments interannulaires; dans ce cas chaque segment interannulaire avec sa gaine de Schwann, sa myéline et son fragment de cylindre-axe, représenterait une unité cellulaire, tandis que d'après l'opinion de Ranvier, qui me paraît plus conforme aux faits, l'unité cellulaire serait constituée uniquement par la gaine de Schwann et la myéline. Le cylindre-axe s'imprègne facilement de matières colorantes (carmin, etc.). Au niveau de l'étranglement annulaire, il présente souvent un *renflement biconique* (Ranvier).

D'après Ranvier le cylindre-axe est engainé par une couche mince de protoplasma (gaine de Mauthner) qui le sépare de la myéline; une couche semblable se trouve à la face interne de la gaine de Schwann, entre elle et la myéline; ces deux couches se réunissent au niveau des étranglements annulaires et sont en outre reliées l'une à l'autre par des traînées qui répondent aux incisures de la myéline. La myéline serait donc contenue dans une sorte de gaine protoplasmique divisée en mailles assez régulières par les traînées mentionnées ci-dessus. Pour Kühne et Ewald, Rumpf, etc., cette gaine serait de nature cornée (neurokératine) et on pourrait, en enlevant le cylindre-axe et la myéline par des réactifs appropriés, obtenir ainsi la charpente cornée du tube nerveux, constituée par une gaine cornée interne, une gaine cornée externe et un système de cloisons correspondant aux incisures de la myéline. D'après un certain nombre d'auteurs (Engelmann, Pertik, etc.), cette gaine cornée ne préexisterait pas dans le nerf et serait un produit de l'art.

Chacune des parties qui composent un tube nerveux paraît avoir un rôle différent. Le cylindre-axe est la partie physiologiquement la plus importante, chacune de ses fibrilles représentant un agent de transmission nerveuse. La gaine de Schwann agit comme organe de protection; la myéline a peut-être aussi un rôle protecteur, mais paraît être de plus une sorte de substance isolante (1); de plus, par

(1) Cette action isolante s'exercerait soit sur la transmission nerveuse dans le cylindre-axe, soit à l'égard des substances liquides ou dissoutes (plasma nutritif, matières colorantes).

sa semi-fluidité, elle répartit les pressions sur toute l'étendue du cylindre-axe; en outre elle est maintenue dans sa situation par les étranglements annulaires et sa charpente protoplasmique ou cornée. Un fait à noter, c'est que la myéline manque dans tous les nerfs des invertébrés. Quant aux étranglements, grâce à l'absence de myéline à leur niveau, ils permettraient, d'après Ranvier, la pénétration des liquides jusqu'au cylindre-axe et par suite serviraient à la nutrition du nerf.

Dans les centres nerveux, la gaine de Schwann peut manquer, comme on le voit dans la substance blanche où le nerf est réduit à un cylindre-axe entouré de myéline; dans la substance grise même, la myéline et la gaine de Schwann manquent toutes les deux. Dans les terminaisons motrices, au contraire, on voit la myéline disparaître et la gaine de Schwann s'accoler au cylindre-axe.

Les nerfs sans myéline se rencontrent surtout dans les fibres du grand sympathique et portent le nom de *fibres de Remak*. Ces fibres sont constituées par des rubans d'une substance finement granulée ou fibrillaire, avec des noyaux régulièrement espacés et situés superficiellement (fig. 176, A). D'après Ranvier, elles seraient dépourvues de membrane d'enveloppe. Ces fibres doivent être assimilées à des faisceaux de cylindres-axes et par conséquent considérées comme formées de paquets de fibrilles nerveuses primitives. Pour les uns, elles ne sont que des fibres à myéline arrêtées dans leur développement et seraient identiques aux fibres nerveuses embryonnaires; on trouverait ainsi toutes les formes de transition entre elles et les fibres à myéline étudiées plus haut; pour d'autres, Ranvier en particulier, elles constitueraient une fibre nerveuse spéciale.

Les bifurcations et les divisions de fibres nerveuses portent sur les cylindres-axes, mais jamais sur les fibrilles primitives.

On verra plus loin les connexions des fibres nerveuses avec les cellules nerveuses.

D'après Schwalbe, il y aurait une relation entre la longueur des fibres nerveuses et leur grosseur; celles des extrémités inférieures seraient plus épaisses.

Les fibres nerveuses peuvent se présenter, soit sous forme de cordons isolés plus ou moins volumineux, comme dans les nerfs des membres; soit accumulées par masses épaisses, comme dans la substance blanche des centres nerveux; soit intimement mêlées aux cellules nerveuses, comme dans la substance grise des mêmes centres. Sous ces divers états, les fibres nerveuses sont reliées entre elles par du tissu connectif dont la connaissance est indispensable pour comprendre la façon dont se fait leur nutrition; ils possèdent en outre des vaisseaux sanguins et lymphatiques.

Dans les nerfs proprement dits, le tissu connectif offre la disposition suivante : un certain nombre de tubes nerveux se réunissent pour former un faisceau nerveux primitif; ce faisceau est entouré par une gaine connective, *névrilème, gaine lamelleuse* de Ranvier. Chaque gaine lamelleuse est constituée par une série de membranes concentriques, tapissées par un endothélium sur chacune de leurs deux faces; les espaces compris entre deux membranes concentriques voisines ou espaces *interlamellaires* représentent donc de véritables cavités séreuses qui communiquent entre elles. En dehors de la gaine lamelleuse, le tissu connectif prend de plus en plus les caractères du tissu connectif ordinaire (*tissu connectif périfasciculaire*); en dedans de cette gaine lamelleuse, les tubes nerveux sont séparés par des sortes de cloisons qui partent de la face interne de cette gaine et constituent le tissu connectif *intra-fasciculaire* (1). Enfin autour des tubes nerveux isolés ou

(1) La gaine lamelleuse correspond au *périnèvre* d'Axel Key et Retzius, le tissu péri-fasciculaire à leur *épinèvre*, le tissu intra-fasciculaire à leur *endonèvre*.

réunis par petits groupes se trouve une gaine spéciale, *périnèvre* de Robin, *gaine de Henle* de Ranvier, tapissée à sa surface interne par une couche continue de cellules endothéliales.

Les *vaisseaux des nerfs* forment dans le tissu connectif péri-fasciculaire et intra-fasciculaire des réseaux à mailles longitudinales qui présentent des anses fréquentes; les artères et les veines n'arrivent jamais au contact immédiat des tubes nerveux; les capillaires seuls arrivent jusqu'au-dessous du périnèvre pour se mettre en rapport intime avec la gaine de Schwann, dont ils ne sont séparés par places que par les cellules plates du tissu connectif.

Les *lymphatiques* prennent naissance dans le tissu connectif péri-fasciculaire; si on pousse une injection interstitielle dans ce tissu, on voit l'injection remplir les lymphatiques et arriver jusqu'aux ganglions; tandis que lorsque l'injection est poussée dans l'intérieur de la gaine lamelleuse, elle file tout le long du nerf comme dans un tube sans arriver jusqu'aux lymphatiques, fait déjà vu par Bogros et Cruveilhier. Cependant si la pression sous laquelle l'injection est poussée est plus forte, elle arrive dans les cavités séreuses de la gaine lamelleuse, passe dans le tissu périfasciculaire et de là dans les lymphatiques. On verra plus loin comment, à l'aide de ces données, on peut comprendre la façon dont se fait la nutrition dans les nerfs.

La disposition du tissu connectif et des vaisseaux dans la substance blanche des centres nerveux sera vue à propos des globules nerveux et des centres nerveux.

Globules nerveux ou cellules nerveuses. — Les *globules nerveux* (fig. 178) sont arrondis ou ovales, de $0^{mm},09$ à $0^{mm},022$, et possèdent un contenu granuleux, souvent pigmenté, constitué par une masse de protoplasma molle, riche en graisse, et un noyau sphérique, vésiculeux, pourvu d'un nucléole. L'existence d'une membrane de cellule est douteuse.

Quelques-unes de ces cellules sont sans prolongements (cellules apolaires), mais la plupart présentent un ou plusieurs prolongements (fig. 178) et, suivant leur nombre, ont reçu le nom de cellules uni-, bi-, multipolaires. De ces prolongements, les uns sont ramifiés et se terminent par des fibrilles très fines; d'autres (en général un seul par cellule) sont indivis dans toute leur longueur.

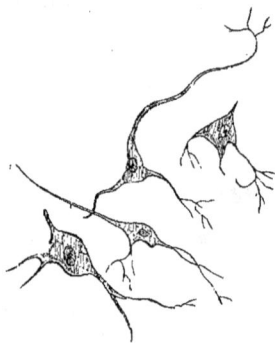

Fig. 178. — *Cellules nerveuses multipolaires.*

Les globules nerveux paraissent avoir une structure plus compliquée qu'on ne le croyait primitivement. M. Schultze et un grand nombre d'histologistes, se basant sur l'apparence nettement fibrillaire de la cellule nerveuse, admettent que les fibrilles fines qui constituent les prolongements cellulaires se continuent dans le corps de la cellule, soit pour s'y terminer d'une façon encore inconnue, soit pour se continuer avec les fibrilles des autres prolongements. Outre ces fibrilles, le contenu cellulaire serait formé par une masse granuleuse, reste du protoplasma embryonnaire, masse granuleuse qui s'accumule surtout autour du noyau et serait peut-être aussi le point d'origine d'un certain nombre de fibrilles des prolongements cellulaires. Certains auteurs, Arndt en particulier, décrivent à la cellule nerveuse une structure beaucoup plus complexe. Sous l'influence de certains réactifs (nitrate d'argent), la cellule nerveuse prend une striation transversale comme le cylindre-axe.

Les prolongements cellulaires, comme on vient de le voir, semblent constitués par un faisceau de fibrilles très fines, et sous ce rapport ils pourraient être rapprochés du cylindre-axe des tubes nerveux; mais ils s'en distinguent en ce qu'ils se ramifient très rapidement, de sorte que leurs fibrilles se dissocient et se séparent et vont se perdre dans un inextricable réseau de fibrilles, tel qu'on le rencontre dans la substance grise.

Cependant, parmi ces prolongements, il en est un en général qui présente des caractères particuliers, spécialement dans certaines régions (fig. 179, c). Ce prolongement, au lieu de se ramifier comme les autres, peut être suivi très longtemps et est tout à fait assimilable à un cylindre-axe. A une certaine distance de la cellule, il s'entoure d'une gaine de myéline, puis d'une gaine de Schwann et donnerait ainsi naissance à un tube nerveux complet. D'après certains auteurs, ce prolongement cylindre-axile pourrait être suivi jusqu'au noyau et au nucléole (Harless, etc.). Dans quelques cellules nerveuses, en particulier dans les ganglions du grand sympathique, on trouve autour du prolongement cylindre-axile une fibre spirale dont la signification est encore douteuse.

On a décrit souvent des anastomoses entre les cellules nerveuses (Schrœder van der Kolk, Lenhossek, Carrière, etc.); cependant ces anastomoses sont niées par beaucoup d'auteurs et en tout cas leur démonstration directe est bien difficile. Il est très probable que les prolongements ramifiés décrits plus haut mettent en communication les cellules des régions voisines, mais le plexus formé par les fibrilles qui en proviennent est tellement inextricable, qu'il est impossible de dire si ces anastomoses fibrillaires inter-cellulaires sont immédiates ou si elles ne se font que par l'intermédiaire d'un plexus fibrillaire. Il semble pourtant que dans certaines régions (cornes antérieures de la moelle), et dans certaines espèces, il puisse y avoir anastomose directe entre deux cellules voisines.

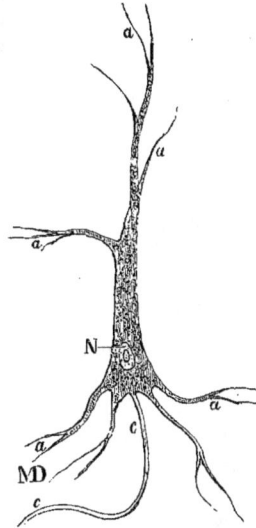

Fig. 179. — *Cellule pyramidale de la substance grise corticale.*

La signification des cellules apolaires est encore indéterminée. Pour les uns, elles existeraient à l'état normal, pour d'autres ce ne seraient que des cellules mutilées dont les prolongements délicats auraient été détruits par la préparation; d'autres auteurs les ont considérées comme des cellules en voie de développement ou de régression.

Les globules nerveux, par leur réunion, constituent la substance grise qui se présente sous deux formes principales : celle de masses agglomérées, comme dans le centre cérébro-spinal (moelle et encéphale), ou bien celle de petites masses isolées ou ganglions comme dans le grand sympathique. L'union des cellules se fait dans ces cas par l'intermédiaire du tissu connectif qui sert aussi de support aux vaisseaux.

Le *tissu connectif* de la substance grise offre des caractères particuliers. Dans certaines régions, dans les ganglions en particulier, les cellules nerveuses sont entourées par une véritable capsule de tissu connectif présentant comme la gaine lamelleuse des nerfs un revêtement endothélial. Dans les centres nerveux, les éléments nerveux (globules et tubes) sont plongés dans un tissu connectif particulier, qui a reçu le nom de *névroglie* et au sujet duquel les histologistes sont loin de s'accorder (voir : *Physiologie des centres nerveux*).

Les *vaisseaux* de la substance grise sont plus nombreux que ceux des nerfs et de la substance blanche. Les capillaires forment des mailles, larges dans la substance blanche, étroites dans la substance grise, mailles dont la forme varie suivant la disposition des éléments nerveux. De même que dans les nerfs, les éléments nerveux n'entrent en contact immédiat qu'avec les capillaires et jamais avec les artérioles. Pour la disposition et la structure des vaisseaux de la substance grise, voir : *Physiologie des centres nerveux* (1).

Organes nerveux périphériques. — L'étude des organes nerveux périphériques sensitifs ou moteurs est faite à propos de la physiologie de ces organes (voir : *Physiologie du tissu musculaire, des organes des sens*, etc.).

Pour tout ce qui concerne le *développement* des fibres et des cellules nerveuses, je renverrai aux traités d'histologie et spécialement aux travaux de Ranvier, Rouget, Hensen, etc. Le fait important au point de vue physiologique, c'est que la partie essentielle du tube nerveux, le cylindre-axe avec les fibrilles qui le composent, n'est qu'une émanation, qu'un prolongement des cellules nerveuses, qui se développe excentriquement en marchant du centre cellulaire vers la périphérie.

Des faits anatomiques qui précèdent résultent les notions suivantes, essentielles pour la physiologie nerveuse :

1° Les cellules nerveuses s'anastomosent et entrent en relations les unes avec les autres par l'intermédiaire de leurs prolongements ou du réseau fibrillaire de la substance grise;

2° Les fibres nerveuses se continuent avec les prolongements des cellules nerveuses ;

3° Les cellules nerveuses communiquent avec les fibres musculaires d'une part, avec les surfaces épithéliales de l'autre, par l'intermédiaire des fibres nerveuses.

ARTICLE II. — Physiologie des nerfs.

§ 1er. — Propriétés chimiques du tissu nerveux.

Il faut distinguer dans l'étude chimique des nerfs les caractères chimiques des nerfs pris en masse, comme dans la substance blanche des centres nerveux, et les caractères chimiques des divers éléments qui composent les tubes nerveux, gaine de Schwann, myéline, cylindre-axe, caractères qui ne peuvent dans ce dernier cas être étudiés que sous le microscope. J'étudierai d'abord les caractères chimiques du tissu nerveux pris en masse comme on le trouve dans les centres nerveux, et je réunirai dans un même paragraphe

---

(1) Adamkiewicz a décrit dans les cellules ganglionnaires tout un petit système circulatoire constitué par une artère afférente, une veine efférente et deux sinus vasculaires intermédiaires, l'un artériel autour de la cellule, l'autre veineux, autour du noyau. Les observations d'Adamkiewicz ont été réfutées par Vignal.

l'étude de la substance blanche et de la substance grise. Je résumerai ensuite les caractères micro-chimiques des éléments nerveux.

La *réaction* de la substance nerveuse, d'après Funke, serait neutre ou très faiblement alcaline pendant la vie, et deviendrait acide après la mort ou sous l'influence de la fatigue (tétanisation générale par la strychnine ou l'électricité). Ranke, qui confirme les observations de Funke, vit aussi l'acidité se produire quand on chauffait la substance nerveuse à 45° — 55°. Liebreich et Heidenhain au contraire ne trouvèrent pas cette acidité *post mortem* dans les troncs nerveux, et Gscheidlen, en employant le procédé des lames de gypse (p. 385), a trouvé pendant la vie la substance grise acide et la substance blanche neutre ou faiblement alcaline. La substance nerveuse comprend les principes suivants : 1° Des *albuminoïdes* de plusieurs sortes et principalement des albuminates de potasse; il paraît y avoir une substance analogue à la myosine et une albumine coagulable à 75°; 2° De la *lécithine*, de la *cérébrine* et de la *nucléine* (voir page 138); 3° Des *matières extractives azotées*, créatine, xanthine, hypoxanthine, acide urique (cerveau de bœuf), urée, leucine ou son homologue; 4° Des *matières non azotées*, cholestérine, inosite, acides gras (acide palmitique), acide lactique de fermentation (qui paraît exister surtout dans la substance grise); 5° Des *sels* dans lesquels dominent les phosphates alcalins, le chlorure de sodium; il y a aussi un peu de fluor; 6° De *l'eau*. On voit par cette analyse que la substance nerveuse se rapproche beaucoup de la substance musculaire; cependant elle s'en distingue par la présence de cérébrine et de cholestérine et la différence de nature de l'acide lactique.

D'après Kühne et Ewald, on trouverait encore dans la substance nerveuse une substance particulière analogue au tissu corné et qui n'est pas digérée par le suc gastrique et par le suc pancréatique; ils lui ont donné le nom de *neurokératine*. Thudichum a donné une longue liste des principes qui composent, d'après lui, la substance nerveuse (voir : Maly, *Jahresbericht* pour 1875).

Les différents principes qui viennent d'être énumérés ne se trouvent pas dans la même proportion dans la substance blanche et dans la substance grise, comme le montrent les tableaux suivants empruntés à Petrowsky :

POUR 100 PARTIES.	SUBSTANCE BLANCHE.	SUBSTANCE GRISE.
Eau...................	81,6042	68,3508
Parties solides....................	18,3958	31,6492

Les parties solides (substance cérébrale desséchée) étaient constituées par :

POUR 100 PARTIES.	SUBSTANCE GRISE.	SUBSTANCE BLANCHE.
Albuminoïdes et glutine............	55,3733	24,7252
Lécithine......................	17,2402	9,9045
Cholestérine et graisses............	18,6845	51,9088
Cérébrine......................	0,5331	9,5472
Substance insoluble dans l'éther.....	6,7135	3,3421
Sels...................	1,4552	0,5719

Le tableau suivant, emprunté à Geoghegan, donne quatre analyses des sels du cerveau faites dans le laboratoire d'Hoppe-Seyler :

QUANTITÉ DE SUBSTANCE NERVEUSE.	600 GRAMMES.	500 GRAMMES.	500 GRAMMES.	500 GRAMMES.
Cl...................	0,720	0,215	0,660	0,532
PhO⁴................	0,843	0,478	1,008	0,696
CO³.................	0,478	0,122	0,274	0,165
SO⁴.................	0,136	0,051	0,068	0,166
Fe (PhO⁴)²...........	0,006	0,048	0,049	0,016
Ca..................	0,003	0,010	0,007	0,011
Mg.................	0,001	0,034	0,030	0,036
K...................	0,978	0,290	0,889	0,760
Na..................	0,601	0,225	0,557	0,390
Total.............	3,775	1,473	3,542	2,672

Ce qu'il y a de neuf dans ces analyses, c'est le dosage de l'acide carbonique, qui dans les analyses anciennes était éliminé par l'acide phosphorique de la lécithine.

Le tableau suivant donne la quantité d'eau de la substance nerveuse dans différentes conditions :

POUR 100 PARTIES.	ANALYSES DE		
	AITKEN.	BERNHARDT	BIRKNER.
Écorce cérébrale....................	80,58	85,86	»
Substance blanche des hémisphères...	69,45	70,08	»
Substance grise du cervelet...........	79,94	»	»
Substance blanche du cervelet........	67,27	»	»
Corps striés.......................	79,86	»	»
Couches optiques..................	74,60	»	»
Moelle allongée....................	73,75	73,90	»
Moelle cervicale...................	»	73,05	»
Moelle lombaire....	»	76,04	»
Cordon du sympathique..............	»	64,30	»
Nerfs.............................	»	»	67,93

Le tableau suivant, de Weisbach, montre l'influence de l'âge sur la proportion d'eau de la substance nerveuse :

	AGE.	CERVEAU.		CIRCONVO-LUTIONS.	CERVELET.	PROTUBÉ-RANCE.	MOELLE ALLONGÉE.
		SUBSTANCE BLANCHE.	SUBSTANCE GRISE.				
Hommes......	20 à 30 ans.	69,56	83,36	78,47	78,83	73,46	74,43
	30 à 50 —	68,31	83,61	79,59	77,87	72,55	73,25
	50 à 70 —	70,19	83,80	79,61	78,79	72,01	72,24
	70 à 94 —	72,61	84,78	80,73	80,34	72,74	73,62
Femmes......	20 à 30 —	68,29	82,62	79,20	79,49	74,03	74,07
	30 à 50 —	70,31	83,06	77,29	78,90	72,20	72,98
	50 à 70 —	68,96	83,84	79,69	78,45	71,40	73,06
	70 à 91 —	72,20	83,95	80,17	79,79	72,41	73,37

Si l'on examine les différences de composition de la substance blanche et de la substance grise, on voit que la substance grise contient plus d'eau, de lécithine, d'albuminoïdes et de sels, tandis que la blanche renferme plus de cholestérine et de cérébrine. La moelle épinière et les nerfs contiennent une forte proportion de cholestérine. Les cerveaux de déments renferment très peu de cholestérine.

Le cerveau de l'embryon ne présente pas les mêmes différences dans la composition de la substance blanche et de la substance grise. D'une façon générale, il contient plus d'eau et moins de cholestérine que le cerveau de l'adulte; les cerveaux d'animaux sont d'autant plus riches en eau que l'animal est moins élevé dans la série.

La névroglie se rapproche comme composition chimique des tissus connectifs. D'après Kühne et Ewald elle serait au contraire constituée par de la neurokératine et se rapprocherait du tissu corné.

Le tableau suivant donne, d'après Joséphine Chevalier, la composition chimique des nerfs (nerf sciatique de l'homme desséché) :

	I	II
Cérébrine	5,18 p. 100	11,80 p. 100
Lécithine	14,80	32,57
Cholestérine	5,61	12,22
Acides gras	54,18	
Albuminoïdes	16,89	36,80
Névrilème, etc.	1,90	4,04
Neurokératine	1,40	3,07
	99,96	100,00

La colonne I comprend les acides gras; comme ils proviennent probablement de la graisse du tissu connectif interstitiel, on a, en les éliminant, les chiffres de la colonne II qui répond plutôt à la composition de la substance blanche pure.

Caractères micro-chimiques des éléments nerveux. — Le *cylindre-axe* est constitué par une substance albuminoïde distincte de la myosine; il donne une coloration rouge avec le réactif de Millon; par l'acide acétique il se transforme en albumine acide. Il se gonfle dans l'acide acétique étendu, se dissout dans l'eau, l'ammoniaque, la bile, les solutions étendues de potasse et de chlorure de sodium; il se durcit dans l'acide chromique, le chromate de potasse, le bichlorure de mercure; il réduit le chlorure d'or; il brunit par la teinture d'iode; il s'imprègne facilement de matières colorantes (carmin, rouge d'aniline, hématoxyline, etc.); il présente des stries transversales (stries de Frommann) par le nitrate d'argent. D'après Ehrlich, le bleu de méthylène, introduit dans la circulation de l'animal vivant, colore les fibres-axes de tous les nerfs sensitifs et des nerfs des muscles lisses et du cœur, et laisse intacts les autres nerfs. Il part de là pour admettre une réaction différente des diverses espèces de fibres nerveuses pendant la vie. La *myéline* paraît constituée surtout par de la cholestérine, de la lécithine, de la cérébrine, de l'albumine et peut-être des corps gras. Elle se gonfle dans l'eau; elle est soluble dans l'alcool, l'éther, l'essence de térébenthine; l'acide sulfurique la colore en rouge; elle noircit par l'acide osmique. La *gaine de Schwann* semble appartenir aux substances collagènes; elle se dissout dans les alcalis. La digestion dans le suc gastrique et dans le suc pancréatique dissout toutes les parties du nerf et ne laisse qu'une sorte de charpente insoluble de neurokératine.

Après la mort la substance nerveuse se durcit. On a voulu comparer ce durcissement à la rigidité cadavérique du tissu musculaire et on l'a attribué à la coagulation d'une substance analogue à la myosine. Mais jusqu'ici on n'a pu l'extraire du nerf et ce durcissement ne tient peut-être qu'à la solidification des graisses contenues dans la myéline.

Bibliographie. — BENEKE : *Ueber den Cholesteringehalt des menschlichen Gehirns* (Cbl., 1880). — B. DANILEWSKY : *Die quant. Bestimmung der grauen und weiss. Subst. im Gehirn* (Cbl., 1880). — W. THUDICHUM : *Ueber Phrenosin*, etc. (Journ. f. pr. Ch., t. XXV, 1882). — DRECHSEL : *Id.* (id.). — L. WALDSTEIN et ED. WEBER : *Ét. histochimiques sur les tubes nerveux à myéline* (Arch. de physiol., 1882). — O. LANGENDORFF : *Zur Kenntniss der Zersetzungserscheinungen an der Muskeln und am Centralnervensystem* (Cbl., 1882). — O. LANGENDORFF : *Die chemische Reaction der grauen Substanz* (Neurol. Cbl., 1886). — JOSÉPHINE CHEVALLIER : *Chem. Unt. der Nervensubstanz* (Zeitsch. f. phys. Ch. t. X, 1886). — P. EHRLICH : *Ueber die Methylenblaureaction der lebenden Nervensubstanz* (Deut. med. Wochensch., 1886).

§ 2. — Propriétés physiques de la substance blanche.

Le *poids spécifique* de la substance blanche est plus considérable que celui de la substance grise; d'après Sankey et Danilewsky, il serait de 1041 pour la première, de 1034 pour la seconde.

La *cohésion* et la *consistance* de la substance blanche, très faibles dans les centres nerveux où le tissu connectif est très délicat et réticulé, deviennent assez fortes dans les cordons nerveux dont une partie est formée par du tissu connectif compacte. La résistance des nerfs à la distension présente une assez grande importance au point de vue chirurgical (plaies par arrachement, réduction des luxations). Tillaux et Lannelongue dans leurs expériences ont trouvé qu'il fallait un poids de 20 à 25 kilogrammes pour déterminer la rupture des nerfs médian et cubital, de 54 à 58 kilogr. pour le sciatique (70 kilos; Symington). Dans cette rupture des nerfs, c'est le névrilème qui résiste le plus longtemps, et la rupture est précédée d'un allongement du nerf de 15 à 20 centimètres.

L'*extensibilité* des nerfs est d'abord proportionnelle aux poids qui le tendent, puis, à partir d'un poids déterminé, d'après Wundt, les allongements n'augmentent plus proportionnellement aux poids; la courbe de l'élasticité du nerf serait représentée par une hyperbole. D'après Wertheim, le coefficient ou module d'élasticité des nerfs serait 1,0905.

La *capacité d'imbibition* de la substance blanche est assez considérable d'après Marcé, comme le prouvent du reste les cas d'œdème cérébral; dans les expériences de Marcé la substance cérébrale absorbait 50 p. 100 de son poids d'eau. Cette capacité d'imbibition a été étudiée par Ranke sur la moelle de la grenouille. D'après lui, elle varie beaucoup pour les différentes substances : nulle pour le chlorure de sodium, elle est faible pour le sulfate de soude, augmente pour le phosphate acide de soude, les sels de potasse, et atteint son maximum pour l'eau distillée. Elle est plus considérable quand la substance nerveuse est en état d'activité que quand elle est en état de repos, et devient très forte quand la moelle est fatiguée par une activité exagérée ou quand elle est tétanisée. Les nerfs se comportent au point de vue de l'imbibition comme la substance cérébrale; d'après Birkner, l'imbibition atteint son maximum au bout de 20 minutes, puis diminue pour s'arrêter au bout d'une heure. Si à l'exemple de Ranvier on isole le nerf sciatique sur un animal vivant et qu'on le fasse plonger dans un bain d'eau à la température de l'animal, on voit qu'au bout de 20 minutes le nerf a perdu ses propriétés, l'eau ayant pénétré par imbibition jusque dans les tubes nerveux (*Leçons sur l'histologie du système nerveux*, t. I, p. 260).

§ 3. — Propriétés physiologiques des nerfs.

1. — Nutrition.

On a vu qu'au point de vue histologique un tube nerveux peut être assimilé à un organe composé constitué, d'une part par le cylindre-axe, émanation d'une cellule nerveuse centrale, et d'autre part par ses segments interannulaires (gaine de Schwann et myéline) qui forment chacun une véritable individualité histologique comparable à une cellule. La nutrition du nerf présentera donc un double caractère en rapport avec cette dualité anatomique, caractère qui ressortira des expériences citées plus loin sur la dégénération nerveuse.

D'après les recherches de Ranvier, voici comment il faudrait comprendre le mécanisme de la nutrition dans les nerfs. Le plasma interstitiel provenant des capillaires qui entourent les tubes nerveux s'épanche entre ces tubes, et arrive au cylindre-axe en pénétrant dans le tube nerveux au niveau des étranglements annulaires et peut-être aussi des incisures de la myéline; c'est à ce niveau en effet qu'on voit les matières colorantes, le nitrate d'argent, pénétrer jusqu'au cylindre-axe, tandis que la myéline s'oppose à cette pénétration. Le plasma qui a servi ainsi à la nutrition du nerf passe des espaces intrafasciculaires dans les cavités séreuses de la gaine lamelleuse, et de là dans le tissu périfasciculaire où il est absorbé par les lymphatiques.

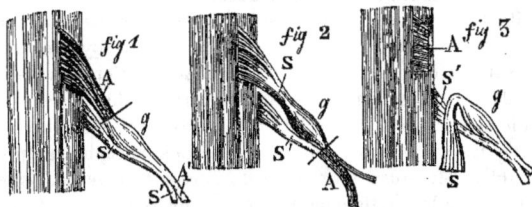

Fig. 180. — *Loi de Waller* (*).

Cette nutrition des nerfs est, comme l'ont prouvé les expériences de Waller et d'un grand nombre d'histologistes, sous l'influence des cellules nerveuses qui constituent pour les nerfs de véritables centres *trophiques*. Quand on sépare un nerf de son centre nerveux trophique (substance grise de la moelle

(*) Altérations nerveuses consécutives à la section des racines rachidiennes. La portion A, foncée et séparée du ganglion ou de la moelle, est seule altérée. — *g*, ganglion. — S, racine postérieure. — S', racine antérieure. — M. Joseph, dans des expériences récentes, est arrivé à des résultats qui diffèrent un peu de ceux de Waller. Après la section de la racine postérieure (*fig.* 1), il a vu une dégénérescence partielle du ganglion; après la section au delà du ganglion (*fig.* 2) il a vu une dégénérescence partielle du ganglion et de la racine postérieure.

pour les racincs motrices, ganglion de la racine postérieure pour les racines sensitives, etc.), le bout du nerf séparé du centre (fig. 180) se désorganise et subit une série d'altérations connues sous le nom de dégénérescence graisseuse ou dégénération nerveuse (fig. 16, p. 98). Pour les phénomènes histologiques qui se passent dans la *dégénération* et dans la *régénération* nerveuses, je ne puis que renvoyer aux mémoires spéciaux.

La *régénération* des fibres nerveuses ne se fait pas quand les nerfs sont séparés de leurs centres trophiques; pour que la régénération puisse avoir lieu, il faut que dans la cicatrice qui réunit les deux bouts du nerf coupé, des fibres nerveuses viennent relier les fibres du bout central à celles du bout périphérique. Les observations contraires de Vulpian et de Philippeaux ont été rectifiées par Vulpian lui-même et tenaient à l'imperfection des procédés employés alors pour l'étude histologique des nerfs; il n'y a pas de *régénération autogène* des nerfs.

L'époque de la dégénération et de la régénération des nerfs sectionnés varie suivant les espèces animales et l'état même du sujet en expérience. Chez le chien la dégénération se produit au bout de quatre jours, au bout de quarante-huit heures chez le lapin et chez le rat, au bout de trente ou quarante jours seulement chez la grenouille. Pour la réunion des nerfs sectionnés, les expériences ne sont pas assez nombreuses pour avoir des résultats positifs. Quelques auteurs admettent cependant, spécialement chez l'homme, la possibilité de la réunion des nerfs par première intention (Wolberg). On admet en général qu'au bout de deux à cinq semaines chez les mammifères, les nerfs commencent à reprendre leur activité fonctionnelle. D'après Letiévant (*Traité des sections nerveuses*), elles serait beaucoup plus lente chez l'homme (12 à 15 mois). Dans certains cas cependant l'activité fonctionnelle des nerfs paraît se rétablir beaucoup plus rapidement (voir : *Nerfs sensitifs; Sensibilité suppléée*).

Comme les muscles, la substance nerveuse est le siège d'une sorte de respiration, comme on a pu s'en assurer sur des cerveaux exsangues de pigeon (Ranke); elle absorbe de l'oxygène et élimine de l'acide carbonique. Ces phénomènes semblent être plus intenses pendant l'activité nerveuse.

Les produits de désassimilation de la substance nerveuse sont encore incomplètement connus; elle paraît, d'après les recherches de Byasson et de Liebreich, consommer surtout des albuminoïdes; l'urée serait alors un de ses principaux produits de déchet. Flint considère au contraire la cholestérine comme un des résultats principaux de la désassimilation nerveuse, mais ses analyses sont passibles d'objections qui leur enlèvent toute valeur. Les phosphates (provenant de la lécithine) semblent être aussi un produit de l'activité nerveuse. Cette question sera du reste traitée avec la physiologie des centres nerveux.

On a vu, à propos de la circulation dans le tissu nerveux, que les capillaires seuls sont en contact immédiat avec les tubes nerveux; il y a là une disposition qui existe aussi bien dans les nerfs que dans les centres nerveux et qui est nécessitée par la délicatesse des éléments qui les constituent; la pulsation artérielle ne peut ainsi arriver jusqu'à ces éléments et y déterminer des secousses qui pourraient en troubler le fonctionnement.

Bibliographie. — Stiénon : *Rech. sur la structure des ganglions spinaux* (Ann. de l'Univ. de Bruxelles, 1880). — P. Vejas : *Ein Beitrag zur Anat. und Physiol. der Spinal-ganglien* (Diss. Munich, 1883). — M. Joseph : *Zur ¡Physiologie der Spinalganglien* (Arch. f. Physiol., 1887) (1).

(1) *A consulter :* Waller : *Nouvelle Méthode anat. pour l'investigation du système ner-*

2. — Excitabilité des nerfs.

L'excitabilité est la propriété qu'a le nerf d'entrer en activité sous l'influence d'un excitant. Cette activité se traduit, comme on l'a vu plus haut, par un phénomène essentiel, par une transmission de mouvement inconnue dans sa nature. Mais ce phénomène n'est pas appréciable en lui-même et intrinsèquement; tant que l'activité nerveuse n'aboutit pas à une contraction musculaire ou à tout autre acte dont la manifestation soit facile à saisir, cette activité reste pour ainsi dire latente; cependant, comme cette activité s'accompagne de phénomènes accessoires particuliers, on peut par l'analyse physiologique, et abstraction faite de toute manifestation étrangère au nerf lui-même (contraction, sécrétion, etc.), reconnaître si un nerf est ou non en état d'activité. Le plus important de ces phénomènes est la *variation négative* (voir : *Électricité nerveuse*) que le nerf, comme le muscle, présente pendant son état d'activité; et cet indice a l'avantage de s'appliquer aussi bien aux nerfs sensitifs qu'aux nerfs moteurs et permet d'étudier, dans les deux catégories de nerfs, tous les caractères de l'excitabilité et de l'activité nerveuses.

Comme, de toutes les manifestations de l'activité nerveuse, la contraction musculaire est la plus facile à saisir, à mesurer et à enregistrer, c'est ordinairement à elle qu'on s'adresse quand on veut apprécier l'excitabilité nerveuse, soit que cette contraction soit directe comme lorsqu'on excite un nerf moteur, ou qu'elle soit réflexe comme lorsqu'on excite un nerf sensitif.

Quand on veut mesurer l'excitabilité d'un nerf, il faut connaître non seulement l'intensité de l'excitation appliquée sur le nerf, mais encore la grandeur de l'activité nerveuse développée par l'excitation, autrement l'intensité de l'effet produit. Mais on se trouve pratiquement en présence de très grandes difficultés. La mesure de l'intensité de l'excitant est à peu près impossible pour la plupart des excitants, sauf l'excitant électrique; aussi ce dernier est-il ordinairement employé dans ces recherches; d'autre part la mesure de l'effet produit ne peut se faire facilement que pour les contractions musculaires, grâce aux procédés graphiques de myographie; mais il reste toujours des difficultés inhérentes au nerf lui-même, telles que la différence d'excitabilité des divers points ou des diverses fibres d'un même nerf, les conditions diverses auxquelles les nerfs sont soumis et qui modifient leur excitabilité, etc.

Pour mesurer l'excitabilité d'un nerf (moteur), on peut employer plusieurs procédés : 1° on peut employer toujours le même excitant sans en faire varier l'intensité, et mesurer l'excitabilité par la force des contractions (hauteur de soulèvement) provoquées par cet excitant; l'excitabilité est d'autant plus grande que les contractions sont plus intenses; 2° on fait varier graduellement l'intensité des excitations; l'excitabilité du nerf est d'autant plus forte que l'excitant employé pour produire

veux, 1852. — Waller : *Exper. sur les sections des nerfs*, etc. (Gaz. méd., 1856). — Philipeaux et Vulpian : *Note sur la régénération des nerf transplantés* (Comptes rendus, 1861). — Ranvier : *De la dégénérescence des nerfs après leur section* (Comptes rendus, t. LXXV). — Ranvier : *De la régénération des nerfs sectionnés* (Comptes rendus, t. LXXVI). — Vulpian : *Note sur la régénération dite autogénique des nerfs* (Arch. de physiologie, 1874). — G. Colasanti : *Ueber die Degeneration durchschnittener Nerven* (Arch. für Physiol., 1878).

des contractions d'une force déterminée est plus faible; mais le meilleur procédé est de rechercher, en partant de zéro l'excitation *minimale* qui détermine une contraction.

Causes influençant l'excitabilité des nerfs. — L'excitabilité nerveuse a pour condition essentielle l'intégrité du nerf; pour qu'elle subsiste et reste normale il faut que la nutrition et la circulation du nerf se fassent régulièrement. Mais, même dans ces conditions, elle présente un caractère particulier de mobilité et de variabilité continuelles. En état perpétuel d'instabilité, il suffit des plus faibles conditions pour la faire varier d'intensité, et des plus légères excitations pour la mettre en jeu.

Des alternatives régulières de repos et d'activité paraissent favoriser le mieux le maintien de l'excitabilité nerveuse; un repos prolongé peut la diminuer et même l'abolir en amenant une atrophie et une dégénérescence du nerf; une activité exagérée et prolongée l'abolit aussi en produisant la fatigue. L'arrêt de la circulation l'abolit rapidement; quand on lie l'artère d'un membre, les excitations portées sur les nerfs sensitifs et sur les nerfs moteurs du membre restent sans effet; il est vrai que dans ce cas il est difficile de séparer l'effet produit sur les nerfs de l'effet produit sur les organes nerveux périphériques. La diminution d'excitabilité produite par l'anémie est précédée d'un stade d'hyperexcitabilité passagère.

Toutes les *actions mécaniques* qui désorganisent le nerf ou en interrompent la continuité (compression, section, écrasement, etc.), en abolissent l'excitabilité au point lésé; c'est même là le motif pour lequel les excitations mécaniques ne sont employées qu'exceptionnellement dans les expériences physiologiques. Cependant quand ces actions mécaniques ne s'exercent qu'avec une faible intensité, l'excitabilité des nerfs peut être conservée et seulement diminuée. Quelquefois même, comme l'ont observé Harless, Huber, Schleich, Wundt, etc., de très faibles excitations mécaniques, comme une pression ou une distension légères, détermineraient une augmentation d'excitabilité.

Les *courants constants* modifient l'excitabilité des nerfs; ces modifications ont été bien étudiées principalement par Pflüger, qui a donné à ces phénomènes le nom d'état électro-tonique ou *electrotonus*. Il ne sera question ici de l'électrotonus que dans ses rapports avec l'excitabilité nerveuse.

Quand un nerf est parcouru en un point par un courant constant, son excitabilité est notablement modifiée. Elle est diminuée du côté du pôle positif ou de l'anode (*anelectrotonus*), augmentée du côté du pôle négatif ou cathode (*katelectrotonus*). Ces modifications d'excitabilité s'étendent au-delà des pôles dans une certaine longueur du nerf; entre les deux électrodes, dans la région intra-polaire, se trouve un point (*point indifférent*) dans lequel l'excitabilité primitive du nerf n'a subi ni augmentation ni diminution; ce point, pour les faibles courants, est dans le voisinage de l'anode, pour les forts, dans le voisinage du cathode. L'influence de l'électrotonus est au maximum dans le voisinage des pôles. Ces variations d'excitabilité du nerf électrotonisé se montrent quelle que soit la nature de l'excitant employé.

Le catelectrotonus se produit immédiatement après la fermeture du courant, et augmente rapidement pour diminuer ensuite lentement en intensité et en étendue; l'anelectrotonus est plus lent à se développer et diminue aussi après avoir atteint son maximum. D'après Wundt, les variations d'excitabilité partant des deux pôles se propageraient dans le nerf électrotonisé à la façon d'une ondulation dont on peut mesurer la vitesse (Wundt, Grünhagen, Tschiriew, Bernstein). Elle serait de 8 à 9 mètres par seconde d'après Bernstein. Les variations électrotoniques augmentent d'intensité avec l'étendue du nerf parcouru par le courant.

Si la force du courant de la pile augmente, ces changements d'excitabilité augmentent jusqu'au maximum, puis diminuent et enfin disparaissent pour se remontrer de nouveau, mais en sens inverse. Après la rupture du courant polarisant, l'excitabilité revient à ce qu'elle était auparavant, mais après avoir passé par une phase inverse, augmentation d'excitabilité à l'anode (modification positive de Pflüger), diminution d'excitabilité au cathode (modification négative). La modification positive de l'anelectrotonus disparaît peu à peu ; la modification négative du catelectrotonus, au contraire, disparaît très vite pour faire place à une modification positive persistante (jusqu'à 15 minutes). La rupture du courant est donc suivie comme résultat final d'une augmentation d'excitabilité.

La recherche de l'excitabilité dans la région intra-polaire présente des difficultés particulières d'expérimentation pour lesquelles je renvoie aux mémoires originaux et qui ont été en partie surmontées par Pflüger. Ces difficultés, qui existent aussi, quoique à un moindre degré, pour la région extra-polaire du nerf, expliquent les résultats contraires auxquels sont arrivés quelques physiologistes.

Les courants instantanés ou de peu de durée produisent des effets identiques à ceux des courants constants, mais beaucoup plus faibles et plus fugaces.

L'influence de l'électrotonus sur l'excitabilité des *nerfs sensitifs* a été étudiée sur la grenouille par Hallsten et trouvée la même que pour les nerfs moteurs.

Chez l'homme, Eulenburg et Erb avaient d'abord obtenu des résultats incertains et contradictoires ; mais cela tenait à ce que le nerf n'est pas *isolé*, comme dans l'excitation expérimentale ordinaire, mais enfoui dans des tissus conducteurs et excité seulement d'une façon *médiate*. Dans ces conditions il se produit, au point d'application de l'anode et du cathode, des électrotonus de sens contraire qui vicient les résultats. Mais en prenant les précautions nécessaires et en employant l'*excitation polaire* (un seul pôle sur le nerf, l'autre sur un point éloigné du corps), Waller et de Watteville ont confirmé la loi de Pflüger aussi bien pour les nerfs sensitifs que pour les nerfs moteurs.

Les phénomènes des variations électrotoniques d'excitabilité s'observent aussi dans les *muscles*, avec cette seule différence que ces variations sont limitées à la région intra-polaire et ne s'étendent jamais à la région extra-polaire du muscle.

La chaleur, après une augmentation temporaire, diminue l'excitabilité des nerfs ; à partir de 50°, cette excitabilité disparaît peu à peu et est tout à fait abolie à 65° (Rosenthal, Afanasiew); tant que la température n'a pas dépassé 50°, l'excitabilité peut encore reparaître par le refroidissement. Le froid diminue l'excitabilité, mais la maintient plus longtemps, par exemple sur les nerfs isolés des centres ou après la mort de l'animal; quand le refroidissement est brusque (ainsi de 10° ou 20°), on peut observer une augmentation d'excitabilité.

La dessiccation, lorsqu'elle n'est pas portée trop loin, augmente l'excitabilité nerveuse; mais celle-ci disparaît quand le nerf a perdu 40 p. 100 de son poids d'eau (Birkner). Toutes les substances qui enlèvent de l'eau au nerf (poudres absorbantes, solutions concentrées, etc.) agissent de la même façon. L'imbibition des nerfs par l'eau ou par des solutions étendues abolit l'excitabilité; on a vu plus haut l'expérience de Ranvier sur le nerf sciatique du lapin (p. 621).

Les *substances chimiques* ont une action qui dépend de leur nature et de leur degré de concentration. Les sels neutres, les acides faibles, l'ammoniaque, l'urée, la vératrine, augmenteraient l'excitabilité; les acides, les alcalis, les sels en solution concentrée l'abolissent rapidement, probablement par désorganisation de la substance nerveuse; certaines substances volatiles, comme l'éther, le chloroforme, l'exagèrent au premier moment pour la faire disparaître ensuite. Elle semble indépendante de l'oxygène, car elle se maintient aussi longtemps dans des gaz indifférents (Ranke) ou dans le vide humide (Ewald) que dans l'air. Severini attribue à l'ozone une action reconstituante sur l'excitabilité nerveuse, mais cette action est loin d'être démontrée.

On a vu plus haut que la rupture du courant polarisant qui détermine l'électrotonus est suivie d'une augmentation d'excitabilité du nerf; cette augmentation d'excitabilité du nerf s'observe non seulement après l'action d'un courant électrique, mais encore après l'application des excitants chimiques, mécaniques, etc. Dans ce cas, des excitations qui n'auraient rien produit, appliquées isolément, peuvent déterminer un résultat, une contraction, par exemple, quand elles viennent après des excitations antérieures qui ont accru l'excitabilité du nerf (voir plus loin : *Addition latente*).

Excitabilité des divers points d'un nerf. — Tous les points d'un même nerf ne paraissent pas avoir la même excitabilité. Budge d'abord, puis Pflüger remarquèrent que l'excitabilité des nerfs moteurs était plus grande dans les parties les plus éloignées du muscle, et que l'excitation de ces parties déterminait des contractions plus intenses que celle des parties rapprochées. Depuis ces recherches, d'autres physiologistes ont obtenu des résultats différents.

Pflüger expérimentait d'abord sur des nerfs séparés des centres nerveux; mais Heidenhain ayant montré que la section d'un nerf augmentait l'excitabilité de ce nerf dans le voisinage du point sectionné, Pflüger répéta ses expériences sur des nerfs intacts, et arriva aux mêmes conclusions que dans ses premières recherches; il basa même sur ces faits sa théorie de l'*avalanche*, qui sera étudiée à propos de la transmission nerveuse. Heidenhain, au contraire, en étudiant l'excitabilité sur le nerf ischiatique de la grenouille intacte vit que cette excitabilité diminuait d'abord en s'éloignant du muscle, puis remontait à son degré primitif, le dépassait pour atteindre son maximum au niveau du plexus et diminuer de nouveau jusqu'à la moelle. On peut se demander s'il en est ainsi dans le nerf tout à fait normal et si dans celui-ci tous les points du nerf n'ont pas en réalité la même excitabilité. Les différences trouvées pourraient tenir à la préparation même et spécialement à la section des branches qui naissent du tronc nerveux; on remarque, en effet, que les points les plus excitables correspondent aux points d'émission des branches nerveuses.

Hermann et Fleischl ont trouvé la partie supérieure du nerf plus excitable pour les courants descendants, la partie inférieure pour les courants ascendants. Budge admet dans le nerf sciatique de la grenouille des points très excitables (tiers supérieur), moins excitables et inexcitables. Fleischl distingue dans le même nerf trois segments (racine motrice, segment intra-pelvien, segment extra-pelvien); chaque segment présente un pôle supérieur, un pôle inférieur et un équateur; à chaque pôle supérieur, le nerf est plus excitable pour le courant descendant, à chaque pôle inférieur pour le courant ascendant; à l'équateur, il y aurait égalité pour les deux courants. D'après Tigerstedt, cette différence d'excitabilité des divers points du nerf n'existerait que pour l'excitation électrique; avec l'excitation mécanique il aurait partout la même excitabilité. Cependant Hallsten et Efron sont arrivés à des résultats contraires (1).

Blix a vu que les excitations qui portent sur la *coupe transversale* du nerf produisent des effets contraires aux effets ordinaires; dans ce cas le nerf serait plus

_____

(1) Halperson a cherché à expliquer l'excitabilité plus grande de la partie supérieure du nerf par l'écartement plus grand des étranglements de Ranvier et la plus faible quantité du tissu connectif autour des fibres nerveuses.

excitable à l'anode pour la fermeture du courant constant, pour les courants induits et pour les décharges du condensateur.

Pour les nerfs sensitifs, Matteucci, puis Rutherford et Hallsten ont fait un certain nombre d'expériences, et ces derniers auteurs ont constaté que les mouvements réflexes étaient d'autant plus intenses que l'excitation était plus rapprochée des centres nerveux.

Quand les nerfs sont *séparés des centres nerveux*, on observe d'abord une augmentation d'excitabilité due non seulement à la séparation d'avec ces centres, mais aussi à l'influence de la section. C'est peut-être à cette augmentation d'excitabilité autant qu'à l'accroissement de l'irritabilité musculaire qu'il faut rattacher les *contractions paralytiques* mentionnées page 524. Cette augmentation d'excitabilité temporaire tient à la mort du nerf et à ce que dans le voisinage de la section il se développe un fort courant descendant qui met cette partie du nerf en électrotonus. A cette période d'excitabilité exagérée, succède bientôt une diminution de l'excitabilité qui finit par disparaître tout à fait; cette perte de l'excitabilité qui marche du centre à la périphérie (Longet, Stannius) se montre plus ou moins longtemps après la séparation, et beaucoup plus vite chez les animaux à sang chaud (4 à 6 jours; Longet; Olga Gortinski). Avant la disparition complète de l'excitabilité, les nerfs se montrent déjà très peu sensibles aux courants de faible durée. On voit donc que, dans un nerf coupé, l'excitabilité disparaît progressivement, tranche par tranche, en allant de la surface de section à l'extrémité du nerf; mais, pour chaque tranche nerveuse, cette disparition est précédée d'une période d'exagération de cette excitabilité. Ainsi, sur une grenouille dont le nerf sciatique a été coupé d'un côté, le courant continu appliqué sur le nerf coupé produit des contractions à la fermeture et à l'ouverture du courant, tandis que, du côté sain, la contraction n'a lieu qu'à la fermeture; le nerf coupé est aussi plus sensible aux agents toxiques; sur une grenouille curarisée, l'excitabilité disparaît plus vite dans le nerf coupé que dans le nerf sain (Cl. Bernard). Une expérience de Brown-Séquard tendrait cependant à faire admettre que l'excitabilité nerveuse est jusqu'à un certain point indépendante des centres nerveux; après la destruction de la moelle lombaire sur un animal qu'on tue ensuite par hémorrhagie, l'injection de sang oxygéné fait reparaître l'excitabilité dans le nerf sciatique (1). D'après Onimus, l'excitabilité disparaîtrait plus vite après la mort sur les nerfs cérébro-spinaux que sur les nerfs sympathiques.

On n'est pas encore complètement fixé sur la *différence d'excitabilité des nerfs sensitifs et des nerfs moteurs*. Si l'on prend le tronc nerveux lui-même et non ses terminaisons, en général, les fibres motrices paraissent plus excitables; ainsi si l'on excite un nerf mixte, on obtient des contractions bien avant d'obtenir des signes de sensibilité, mais il n'en est plus de même quand il s'agit des terminaisons nerveuses. D'après Grutzner les excitants thermiques et les courants constants agiraient plutôt sur les nerfs centripètes que sur les nerfs centrifuges (à l'exception des vaso-moteurs). En plongeant le nerf sciatique de la grenouille dans une solution étendue d'acide chlorhydrique, Moriggia a vu la sensibilité disparaître avant la motilité; Negro au contraire, n'a pas constaté cette différence.

L'excitabilité des nerfs est beaucoup plus faible chez les *nouveau-nés* (Soltmann, Westphal).

Certaines conditions encore mal déterminées influencent aussi l'excitabilité nerveuse; elle est plus grande chez les animaux bien nourris; elle est plus faible

(1) Pour l'influence de la section des racines antérieures et postérieures sur l'excitabilité des nerfs, voir : *Physiologie des nerfs rachidiens.*

chez les grenouilles conservées dans l'obscurité (Marmé et Moleschott) et chez les grenouilles prises pendant l'été.

Les muscles paraissent moins excitables que les nerfs; sur des préparations fraîches, l'excitation minimum, qui produit des contractions quand elle est appliquée sur le nerf, n'en produit pas quand elle est appliquée directement au muscle.

Bibliographie. — Georgiewski : *Sur la transmission et l'excitabilité nerveuse* (Journ. de méd. mil. ; en russe; 1879). — J. Mommsen : *Beitr. zur Kenntniss von den Erregbarkeitsveränder. der Nerven* (Arch. für pat. Anat., t. LXXXIII, 1881). — Olga Gortinsky : *Sur la durée de l'excitabilité des nerfs après la séparation de leurs centres nutritifs* (Arch. d. sc. phys. et nat., t. VIII, 1882). — J. Budge : *Ueber reizbare Stellen an Nerven in ihrem Verlaufe* (Berl. kl. Wochenschr., 1882). — H. Aubert : *Ueber das Verhalten der in sauerstofffreier Luft*, etc. (Arch. f. Phys., 1883). — A. Fick : *Zur verschied. Erregbarkeit functionnell verschied. Nervenmuskelpräparate* (A. de Pflüger, t. XXX, 1883). — A. Moriggia : *Sur un nouveau moyen pour isoler la sensibilité de la motilité des nerfs* (Arch. ital. de biol., t. IV, 1883). — N. Mislawsky : *Contrib. à la physiol. générale des nerfs et des muscles* (en russe), 1884. — C. Negro : *De l'action que l'acide chlorhydrique dilué exerce sur la sensibilité et la motilité des nerfs* (Arch. ital. de biol., t. VI, 1884). — P. Grützner : *Ueber Erregungsvorgänge im Nerven* (Bresl. ärztl. Zeitsch., 1885). — J. Efron : *Beitr. zur allg. Nervenphysiol.* (A. de Pflüger, t. XXXVI, 1885). — A. Moriggia : *Ueber ein neues Mittel, in den Nerven die Empfindlichkeit von der Motilität zu isoliren* (Molesch. Unt. t. XIII, 1885). — M. Blix : *Förhallandet af nervens*, etc. (Upsal. läkarför., 1885). — C. Westphal : *Die elektrische Erregbarkeit der Nerven und Muskeln Neugeborener* (Neur. Cbl., 1886) (1).

§ 4. — Modes d'activité des nerfs.

1. — Excitations nerveuses et excitants des nerfs.

Les excitations *physiologiques* normales des nerfs partent soit des centres nerveux, soit des organes périphériques (organes des sens, muqueuses). Mais, indépendamment de ces excitations physiologiques, on peut faire agir sur les nerfs, dans toute l'étendue de leur trajet, des excitants *accidentels*.

Ces excitants sont, en général, les mêmes que pour les muscles, mais ils agissent plus fortement, à intensité égale, sur le nerf que sur le muscle. Comme pour ce dernier, ces excitants se divisent en excitants mécaniques (pression, section, etc.), excitants physiques (électricité, chaleur), excitants chimiques.

Une loi générale régit les excitations nerveuses, c'est que l'excitation du nerf n'a pas lieu quand la modification imprimée au nerf par l'excitant est continue; *pour que le nerf soit excité, il faut que cette modification se produise avec une certaine rapidité, que le changement d'état du nerf soit brusque*, et cette loi s'applique à tous les excitants, aux excitants mécaniques aussi bien qu'aux excitants électriques, aux excitants chimiques qu'aux excitations thermiques. Ainsi on peut par une pression croissante, graduée lentement, détruire un nerf moteur sans provoquer de contrac-

(1) *A consulter* : Longet : *Rech. expérim. sur les conditions nécessaires à l'entretien de l'irritabilité musculaire*, 1841, — E. Pflüger : *Ueber die durch constante Ströme erzeugte Veränderung der motorischen Nerven* (Med. Centralzeitung, 1856). — Brown-Séquard : *Sur l'indépendance des propriétés vitales des nerfs moteurs* (Journ. de la physiologie, 1860). — R. Heidenhain : *Die Erregbarkeit der Nerven an verschiedenen Punkten ihres Verlaufes* (Stud. d. phys. Instituts zu Breslau, 1861)

tions dans le muscle qu'il anime. Ce fait peut se démontrer plus facilement encore avec l'excitation électrique; on introduit dans le courant excitateur d'un nerf moteur un rhéocorde qui par le déplacement de son curseur puisse faire varier l'intensité du courant de 0 à un maximum déterminé; en déplaçant lentement le curseur de façon à faire arriver graduellement le courant à l'intensité maximum, on n'observe pas de contraction; si au contraire on déplace rapidement le curseur, le nerf est excité et le muscle entre en contraction (1).

I. — EXCITATIONS MÉCANIQUES DES NERFS.

Procédés de tétanisation mécanique.. — Du Bois-Reymond employait une petite roue dentée qu'on faisait tourner avec assez de rapidité et dont les dents venaient frapper le nerf. Heidenhain a fait construire un petit appareil, le *tétanomoteur mécanique*, qui consiste essentiellement en un petit marteau mis en mouvement par une roue dentée au moyen d'une manivelle, marteau qui frappe plus ou moins fréquemment sur le nerf, suivant la vitesse de rotation de la roue; une disposition particulière de l'appareil fait que le nerf se déplace en même temps de façon qu'il présente successivement au marteau des parties de plus en plus rapprochées du muscle et non encore fatiguées. On peut à l'exemple de Marey remplacer le tétanomoteur par un diapason de 10 vibrations par seconde. Tigersted, Hallsten, etc., ont décrit aussi des appareils pour ce mode d'excitation. Rien de plus facile du reste que d'installer un appareil de ce genre et de le disposer de façon à inscrire en même temps les percussions sur un cylindre enregistreur. J'ai dans un certain nombre d'expériences disposé l'appareil pour faire alterner les excitations mécaniques et les excitations électriques (voir mes *Recherches sur les conditions de l'activité cérébrale*, p. 117). Langendorff, pour avoir des tensions rythmiques du nerf, a attaché le nerf à un fil relié à une branche d'un diapason.

Toute action mécanique *brusque* (pression, piqûre, section, distension, écrasement, etc.), exercée sur un nerf, produit une excitation de ce nerf. La plupart du temps ces excitations ont pour effet de détruire le nerf au point excité et par conséquent de le rendre inexcitable; cependant avec quelques précautions l'action mécanique peut être graduée suffisamment pour que le nerf reste sensible à de nouveaux excitants. Quand ces excitations mécaniques se répètent et se succèdent avec assez de rapidité, le nerf entre dans un état particulier qui se traduit dans les nerfs moteurs par un tétanos musculaire. Sur les nerfs sensitifs au contraire, les excitations mécaniques ne déterminent que très difficilement des contractions névro-réflexes.

II. — EXCITATIONS ÉLECTRIQUES DES NERFS.

Procédés pour l'excitation électrique des nerfs (2). — L'excitation électrique des nerfs peut se faire soit par les courants constants, soit par les courants induits, soit par les décharges d'un condensateur.

A. Courants constants. — Pour ce mode d'excitation les appareils suivants sont nécessaires : 1° des éléments de pile présentant la plus grande constance possible (élé-

(1) La loi de Du Bois-Reymond est cependant en contradiction avec certains faits (action du courant constant sur les nerfs sensitifs, action tétanisante du courant constant, etc).

(2) Les nerfs sont moins bons *conducteurs de l'électricité* que les muscles: c'est du moins ce qui est admis par la plupart des observateurs, sauf Ranke. D'après Harless, les nerfs conduisent environ 15 fois aussi bien que l'eau distillée. Hermann a trouvé que la résistance au passage de l'électricité était 5 fois plus grande dans le sens transversal que dans le sens longitudinal.

ments de Grove où de Daniell ; 2° un rhéocorde pour graduer l'intensité du courant ; Fleischl a imaginé un instrument, l'*orthorhéonome*, qui permet de graduer de zéro à une valeur déterminée l'intensité du courant de façon que le graphique de cette intensité soit représenté par une ligne droite ; il permet aussi de faire varier alternativement le sens du courant. Fuhr et v. Kries ont construit aussi des rhéocordes pour les variations linéaires du courant (*Rhéochorde de Fuhr; Rhéonome à ressort de v. Kries*) ; 3° des commutateurs pour changer le sens du courant ; 4° des appareils métalliques ou à mercure pour fermer et ouvrir le circuit (levier-clef de Du Bois-Reymond, interrupteur à mercure, etc.) ; 5° des interrupteurs pour rendre le courant intermittent ; 6° des électrodes et autant que possible des électrodes impolarisables pour mettre en contact avec le nerf qu'on veut exciter : 7° un myographe ou tout autre appareil permettant d'enregistrer l'effet produit par l'excitation du nerf. Tous ces appareils sont décrits dans le chapitre de la Technique physiologique. Au lieu d'éléments voltaïques, on peut employer, comme source d'électricité, les piles thermo-électriques.

B. Courants induits. — Pour l'excitation par les courants d'induction il faut, outre les appareils mentionnés ci-dessus, un appareil d'induction, et le plus usité de ces appareils est l'appareil à glissement de Du Bois-Reymond (voir : *Technique physiologique* pour sa description et son usage). Les appareils magnéto-faradiques s'emploient surtout pour l'usage médical.

C. Électricité statique. — Marey en France, Tiegel en Allemagne, ont substitué aux courants induits les décharges de *condensateurs*. Le condensateur employé dans le laboratoire de Marey se compose d'un grand nombre de feuilles d'étain de 20 centimètres de côté, isolées entre elles par des feuilles de taffetas gommé de même largeur. Ce con-

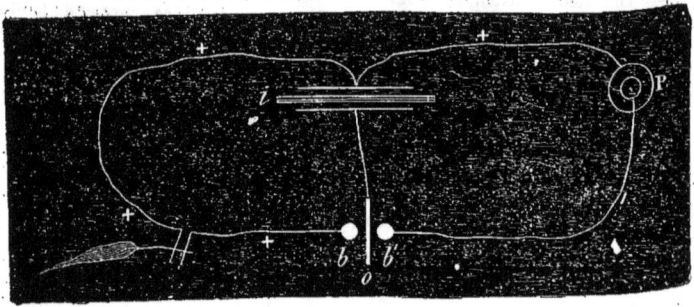

Fig. 181. — *Excitation des nerfs par le condensateur* (Marey).

densateur est disposé de la façon suivante (fig. 181) : un des fils de la pile P, fil positif, se rend à l'armature supérieure du condensateur représenté théoriquement en *i* ; de là ce fil continue son trajet et se termine par la boule *b*. Sur un point de ce fil positif est disposé le nerf. Du pôle négatif de la pile part un fil qui se termine dans la boule *b'*. Enfin de la face inférieure du condensateur part un fil terminé par une pièce oscillante *o* qui peut se porter tour à tour contre les deux boules *b* et *b'*. Quand la pièce oscillante est au contact de *b'*, le condensateur se charge ; quand elle touche *b*, le condensateur se décharge et cette décharge traverse le nerf sur le trajet du fil négatif (Marey, *Méthode graphique*, p. 517).

Au lieu de ce condensateur qui se recommande par la simplicité de sa construction, on peut employer un condensateur, dit *micro-farad* divisé en dixièmes.

La disposition employée par Tiegel est la suivante : le condensateur, dont le modèle a été donné par Gergens (*Arch. de Pflüger*, t. XIII, p. 62), se compose de deux disques de zinc de 25 centimètres de diamètre qui peuvent être plus ou moins rapprochés comme dans le condensateur ordinaire (condensateur d'Œpinus). Le courant fourni par un ou deux éléments de Grove se rend dans la bobine inductrice de l'appareil de Du Bois-Reymond. Un des pôles de la bobine induite est mise en communication avec le sol ; l'autre est relié à un des disques du condensateur ; l'autre disque est relié au nerf, et le nerf lui-même est mis en communication avec le sol. Pour les dispositions particulières à donner à l'appareil, je renvoie au mémoire original. V. Frey et Wiedemann ont employé la *machine de Holtz* pour l'excitation des nerfs.

D. Courants électro-capillaires. — Tiegel a employé, pour exciter les nerfs, les *courants électro-capillaires ;* en laissant du mercure s'écouler sous de l'acide sulfurique étendu par un tube capillaire vertical et en faisant communiquer le nerf moteur d'une part avec le mercure du tube, de l'autre avec le mercure situé au fond du vase rempli d'acide sulfurique, on a une contraction à chaque goutte de mercure qui se détache, et si les gouttes se succèdent avec assez de rapidité, le tétanos musculaire se produit.

E. Téléphone. — Le *téléphone* peut aussi être employé pour exciter les nerfs muscu-laires. Si on intercale dans le circuit du téléphone un nerf moteur et qu'on parle à haute voix devant la plaque du téléphone, le muscle se contracte avec plus ou moins d'inten-sité suivant le son émis. Le même phénomène se produit si on place la bobine induc-trice de l'appareil de Du Bois-Reymond dans le circuit du téléphone, le nerf étant mis en rapport avec la bobine induite. Hogyes a fait construire récemment, sur le principe du téléphone, un inducteur magnétique pour l'excitation des nerfs et des muscles. Dans l'excitation téléphonique du nerf, les voyelles *a* et *o* sont les plus actives ; *i* au contraire est à peu près dépourvu d'effet.

Modes d'excitation des nerfs. — L'excitation des nerfs peut être *médiate* ou *im-médiate.* Dans l'*excitation immédiate* les électrodes sont appliquées directement sur le nerf mis à nu, et ce mode d'application permet de localiser exactement l'excitation élec-trique et de réduire au minimum son point d'application. Les diverses espèces d'élec-trodes employées dans ce but et les précautions à prendre sont décrites dans la Technique physiologique. Dans l'*excitation médiate* les électrodes sont séparées du nerf qu'on veut exciter par une épaisseur plus ou moins considérable de tissus, soit que les électrodes soient appliquées sur la peau qui recouvre le nerf, soit que le nerf soit placé sur les électrodes en le laissant entouré d'une sorte de gaine musculaire, ce qui dans certaines expériences peut présenter de réels avantages.

Que l'excitation soit médiate ou immédiate, elle peut être *bipolaire* ou *unipolaire.*
L'*excitation bipolaire,* la plus employée généralement, consiste à mettre en rapport avec le nerf les deux pôles, positif et négatif, du courant, en les plaçant à une distance variable l'un de l'autre. Dans ce cas le nerf est traversé par un courant qui va du pôle positif vers le pôle négatif ; il entre par le pôle positif ou anode et sort par le pôle négatif ou cathode. On peut faire varier la position de ces deux pôles par rapport au nerf ; ainsi pour un nerf moteur par exemple, si le pôle positif est le plus rapproché des centres nerveux et le pôle négatif plus rapproché du muscle, on aura dans le nerf un courant allant dans le sens de la transmission motrice ; le courant est dit alors *direct* ou *descendant ;* il sera *inverse* ou *ascendant* dans le cas contraire (voir les figures 183 et 184). Pour éviter les courants dérivés, on peut aussi employer une autre dis-position imaginée par Rousseau ; le rhéophore négatif est bifurqué (fig. 182) et le rhéophore positif se trouve entre ces deux bifurcations.

L'*excitation unipolaire* (qu'il ne faut pas confondre avec les faits de *contraction d'induction unipolaire* ob-servés avec les appareils d'induction) a été imagi-née par Chauveau. Dans ce procédé d'excitation une seule électrode est en rapport avec le nerf ; l'autre est représentée soit par une large surface humide, soit par un bain d'eau salée dans lequel plonge une par-tie de l'animal ; on peut aussi placer une des élec-trodes sur un nerf, l'autre sur un nerf éloigné. L'action du courant se localise ainsi dans une région très cir-conscrite du nerf et on peut facilement isoler l'action de chacun des deux pôles. Hermann a dans ces der-

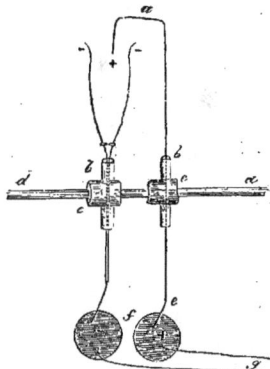

Fig. 182. — *Appareil à rhéophore bifurqué* (*).

niers temps adressé à la méthode de Chauveau la critique suivante : d'après lui l'excitation serait en réalité bipolaire comme dans le mode d'excitation ordinaire ; en effet un des pôles correspond à l'électrode appliquée sur le nerf ; mais il y a en outre à l'endroit où le nerf pénètre dans le muscle une variation brusque de la densité du courant et par conséquent un point qui représente véritable-ment une deuxième électrode de signe contraire. La critique d'Hermann ne me paraît

(*) *a*, fil de laiton ; — *b*, tube de verre ; — *c*, bouchon ; — *dd*, tige de verre horizontale ; — *e*, coude à angle droit des fils de laiton ; — *f*, eau acidulée dans des godets en verre ; — *g*, pile.

pas fondée en ce sens que, même en admettant cette condensation de l'électricité au point d'entrée du nerf dans le muscle, cette condensation n'approche pas de celle qui a lieu au point d'application de l'électrode; en outre on peut parfaitement, en laissant le nerf en contact avec les tissus au point d'application de l'électrode, empêcher cette condensation de l'électricité en tout autre point du nerf.

A. *Action du courant constant sur les nerfs.* — J'étudierai d'abord l'action du courant constant sur les nerfs moteurs.

Quand on fait passer un courant constant à travers un nerf moteur, on n'a de contractions qu'à la fermeture ou à l'ouverture du courant; on n'a pas de contractions pendant tout le passage du courant, sauf dans certains cas exceptionnels qui seront étudiés plus loin. Ces contractions de fermeture et d'ouverture se répartissent de la façon suivante (*loi de Pflüger ou loi des secousses*), suivant le sens et l'intensité du courant :

INTENSITÉ DU COURANT.	COURANT ASCENDANT.	COURANT DESCENDANT.
Faible...........	Fermeture. — Contraction. Ouverture. — Repos.	Fermeture. — Contraction. Ouverture. — Repos.
Moyenne.........	Fermeture. — Contraction. Ouverture. — Contraction.	Fermeture. — Contraction. Ouverture. — Contraction.
Forte...........	Fermeture. — Repos. Ouverture. — Contraction.	Fermeture. — Contraction. Ouverture. — Repos.

L'influence de la direction du courant a été reconnue pour la première fois par Pfaff (1793), et étudiée depuis par Nobili, Ritter, Heidenhain, Cl. Bernard, Chauveau, et un grand nombre de physiologistes. Pflüger a eu le mérite de déterminer avec plus de précision les différentes conditions qui interviennent dans la production des phénomènes.

La contraction musculaire peut être produite non seulement par la fermeture ou la rupture du courant, mais, comme on l'a vu plus haut (p. 628), *par toute variation brusque d'intensité ou mieux de densité du courant* (Du Bois-Reymond, Cl. Bernard) (1).

La plupart des recherches précédentes ont été faites sur les nerfs du gastrocnémien ou de la patte de la grenouille; mais les recherches sur l'animal vivant et sur l'homme présentent beaucoup plus de difficultés. Sur l'animal vivant, Valentin, Cl. Bernard, Schiff observèrent que, quelle que fût la direction du courant, la contraction de fermeture l'emportait toujours sur la contraction de rupture et quelquefois se présentait seule, et Fick constata la même chose sur l'homme. Brenner cependant, en opérant avec des courants plus forts, confirma pour l'homme la loi des secousses de Pflüger.

Pflüger a rattaché les phénomènes précédents aux lois de l'électrotonus (voir p. 515) et a cherché à les interpréter avec leur aide. Si l'on se reporte en effet à la *loi des secousses* ci-dessus, on voit que l'action excitante d'un courant se produit, à la fermeture du courant, au cathode seulement; à l'ouverture du courant, à l'anode seulement, ou autrement dit le nerf n'est excité que par l'apparition

(1) Voici les résumés, sous forme de tableaux, des principales recherches faites sur cette question :

(ou l'augmentation) du katelectrotonus, et bien moins fortement par la disparition (ou la diminution) de l'anelectrotonus. Quand le courant excitateur à la direction

TABLEAU DE RITTER (1798-1805).

PÉRIODES D'EXCITABILITÉ DU NERF.	COURANT ASCENDANT.	COURANT DESCENDANT.
1re période..........	Fermeture. — Contraction. Ouverture. — Repos.	Fermeture. — Repos. Ouverture. — Contraction.
2e période..........	Fermeture. — Contraction. Ouverture. — Contraction faible.	Fermeture — Contraction faible. Ouverture. — Contraction.
3e période..........	Fermeture. — Contraction. Ouverture. — Contraction.	Fermeture. — Contraction. Ouverture. — Contraction.
4e période..........	Fermeture. — Contraction faible. Ouverture. — Contraction.	Fermeture. — Contraction. Ouverture. — Contraction faible.
5e période..........	Fermeture. — Repos. Ouverture. — Contraction.	Fermeture. — Contraction. Ouverture. — Repos.
6e période..........	Fermeture. — Repos. Ouverture. — Repos.	Fermeture. — Contraction faible. Ouverture. — Repos.

Les périodes d'excitabilité de Ritter correspondent aux diverses phases qui succèdent à la section du nerf.

TABLEAU DE NOBILI (1829).

DEGRÉS D'EXCITABILITÉ DU NERF.	COURANT ASCENDANT.	COURANT DESCENDANT.
I..............	Fermeture. — Contraction. Ouverture. — Contraction.	Fermeture. — Contraction. Ouverture. — Contraction.
II..............	Fermeture. — Repos. Ouverture. — Forte contraction.	Fermeture. — Forte contraction. Ouverture. — Faible contraction.
III..............	Fermeture. — Repos. Ouverture. — Forte contraction.	Fermeture. — Forte contraction. Ouverture. — Repos.
IV..............	Fermeture. — Repos. Ouverture. — Repos.	Fermeture. — Contraction. Ouverture. — Repos.
V..............	Fermeture. — Repos. Ouverture. — Repos.	Fermeture. — Repos. Ouverture. — Repos.

TABLEAU D'HEIDENHAIN (1857).

INTENSITÉ DU COURANT.	COURANT ASCENDANT.	COURANT DESCENDANT.
I..............	Fermeture. — Contraction. Ouverture. — Repos.	Fermeture. — Repos. Ouverture. — Repos.
II..............	Fermeture. — Contraction. Ouverture. — Repos.	Fermeture. — Repos (rarem. contr.). Ouverture. — Contraction (rar. rep.).
III..............	Fermeture. — Contraction. Ouverture. — Repos.	Fermeture. — Contraction. Ouverture. — Contraction.
IV..............	Fermeture. — Contraction. Ouverture. — Repos.	Fermeture. — Contraction. Ouverture. — Contraction.

ascendante (le pôle positif tourné vers le muscle), à la fermeture l'excitation porte sur la partie supérieure du nerf, à l'ouverture sur la partie inférieure ; c'est l'inverse pour le courant descendant. En outre il faut remarquer que, comme on le verra plus loin à propos de la transmission nerveuse, l'électrotonus modifie non seulement l'excitabilité du nerf, mais encore la propriété qu'il a de transmettre l'excitation, de sorte que *la partie du nerf en anélectrotonus* oppose une plus grande résistance à la transmission de l'excitation, résistance qui augmente avec la durée et l'intensité du courant polarisateur.

Il est possible, avec les données précédentes, d'interpréter les lois de Pflüger.

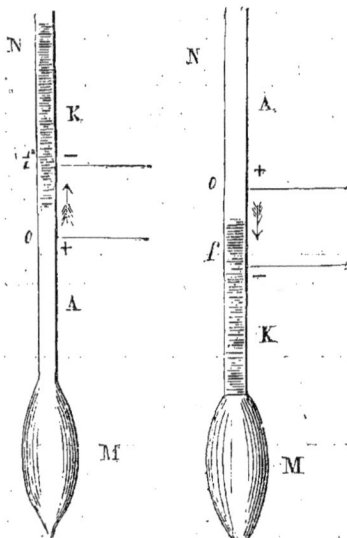

A. Dans le courant ascendant (fig. 183).

1° *Si le courant est fort*, l'étendue anélectrotonisée A perd sa conductibilité ; l'excitation de fermeture F ne peut se transmettre au muscle ; il n'y a pas de contraction. A l'ouverture du courant, au contraire, l'anélectrotonus A disparaît, l'excitation se produit à l'anode *o* et le muscle se contracte.

2° *Si le courant est moyen*, la conductibilité de la partie anélectrotonisée A n'est pas interrompue ; l'excitation produite à l'ouverture et à la fermeture du courant se transmet jusqu'au muscle, qui se contracte dans les deux cas.

3° *Si le courant est très faible*, l'excitation ne se produit que dans le point du nerf dont l'excitation a le plus grand effet, et on sait que c'est le point le plus éloigné du muscle ; la contraction se produit donc à la fermeture du courant.

B. Dans le courant descendant (fig. 184) :

1° *Si le courant est fort*, l'excitation de fermeture F produira une contraction du muscle ; l'excitation d'ouverture, agissant sur une partie anélectrotonisée *o*, ne produira rien.

2° *Si le courant est moyen*, la contraction se fera à l'ouverture et à la fermeture du courant pour la même cause que précédemment.

3° *Si le courant est très faible*, comme c'est l'excitation du point le plus éloigné

Fig. 183. — *Loi de Pflüger, courant ascendant* (*).

Fig. 184. — *Loi de Pflüger, courant descendant* (*).

La plupart des physiologistes admettent le tableau donné par Pflüger. Les différences qui existent entre les observateurs s'expliquent par la différence d'intensité des courants employés et par les variations de l'excitabilité des nerfs. Tous du reste s'accordent pour admettre une période dans laquelle il y a des contractions pour les quatre modes possibles d'excitation. Les dissidences existent surtout pour les courants les plus faibles. Pour presque tous les auteurs, la première contraction qui apparaît pour les courants les plus faibles, quel que soit leur sens, est la contraction de fermeture, seulement tandis que, pour un certain nombre d'expérimentateurs, la première contraction qui apparaît est la contraction de fermeture du courant ascendant, pour J. Régnauld et Wundt ce serait au contraire la contraction de fermeture du courant descendant. Pour ma part, j'ai pu, sur les nerfs tout à fait frais, vérifier l'exactitude de la loi de Pflüger, quand toutes les conditions expérimentales étaient satisfaisantes.

(*) Fig. 183, 184. — M, muscle. — K, partie katélectrotonisée du nerf. — A, partie anélectrotonisée. *o*, anode. — *f*, cathode. — La partie ombrée indique l'augmentation d'excitabilité.

du muscle qui détermine la contraction, il devrait y avoir contraction à l'ouverture du courant; mais comme l'apparition du katelectrotonus est un plus fort excitant que la disparition de l'anelectrotonus, l'effet produit par celle-ci est trop peu intense et la contraction ne se fait qu'à la fermeture du courant.

La loi de Pflüger peut se formuler d'une façon plus générale encore : Il y a irritation du nerf aussitôt que des forces extérieures quelconques viennent changer avec une certaine rapidité sa constitution moléculaire intérieure; un état statique des nerfs n'est jamais accompagné d'irritation.

Stricker a essayé d'interpréter la loi des secousses de Pflüger par une hypothèse basée en partie sur la différence d'excitabilité des divers segments du nerf, hypothèse de la prévalence, pour laquelle je renvoie au travail de l'auteur.

Donders a constaté sur le pneumogastrique que les lois de Pflüger étaient aussi applicables aux nerfs d'arrêt (voir : Pneumogastrique). Elles s'appliquent aussi aux nerfs moteurs sans moelle des invertébrés (Héring et Biedermann). Il n'a pas encore été fait de recherches à ce point de vue sur les nerfs sécréteurs.

Pour les nerfs sensitifs, Marianini sur la grenouille, Matteucci sur le lapin, constatèrent que, pour les courants descendants, la fermeture produisait une contraction et la rupture de la douleur, tandis que, pour les courants ascendants, la douleur se montrait à la fermeture et la contraction à l'ouverture du courant. Pflüger, en se servant des contractions réflexes, confirma pour les courants forts les résultats de Marianini et de Matteucci; pour les courants moyens, au contraire, les réflexes se produisaient pour les quatre modes d'excitation, quel que fût le sens du courant, tant à la fermeture qu'à la rupture; enfin pour les courants faibles, les réactions étaient trop irrégulières pour en tirer des conclusions positives; cependant on peut dire que, d'une façon générale, la loi de Pflüger peut s'appliquer aussi aux nerfs sensitifs. Quant à l'action sur les sens spéciaux, elle est beaucoup plus complexe (voir : Physiologie des sensations). Outre l'intensité et le sens du courant, un certain nombre de conditions influent sur l'effet produit par la fermeture et la rupture des courants constants.

Influence de la longueur de nerf excitée. — Pour une intensité égale du courant, l'action excitante du courant est d'autant plus considérable (et la contraction musculaire d'autant plus forte) que le segment de nerf parcouru par le courant est plus long. Ce fait, constaté déjà par Pfaff, Matteucci, etc., a été mis récemment en doute par Willy, mais a été confirmé par les recherches ultérieures de Marcuse et de Tschiriew.

Influence de la direction du courant par rapport à l'axe du nerf. — Pour que les nerfs puissent être excités par un courant, il faut que les deux rhéophores soient placés à une certaine distance l'un de l'autre comme dans la figure 185, A. Au contraire ils sont placés vis-à-vis l'un de l'autre,

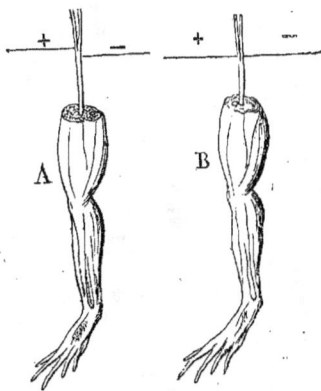

Fig. 185. — Direction du courant excitateur.

de sorte que le courant traverse le nerf transversalement (B), il n'y a pas d'excitation, quelle que soit l'intensité du courant (Galvani). Cette inactivité des courants transversaux, démontrée récemment encore par Albrecht et A. Meyer, s'explique dans la théorie de l'électrotonus, les états anélectrotonique et catélectronique des deux pôles opposés s'annulant réciproquement (voir fig. 199, p. 658).

Influence de la durée du courant. — Pour pouvoir exciter les nerfs, il faut que les courants constants aient une certaine *durée*, sans cela les modifications (électrotoniques) qui déterminent l'excitation n'ont pas le temps de se produire. D'après les recherches de J. Kœnig, il faut, pour que l'excitation du nerf se produise, que le courant ait au moins une durée de 0,0015 seconde. Pour les contractions de rupture, il faut une durée plus longue que pour les contractions de fermeture, l'anelectrotonus, dont la disparition détermine la contraction de rupture, étant plus lent à se produire que le catelectrotonus (voir p. 624). La mort du nerf (Neumann), le froid exigent, pour amener l'excitation, une durée plus longue du courant; ainsi à 0°, le courant doit avoir une durée de 0,02 seconde (Kœnig). Quand les courants continus subissent des interruptions rapides, leur action est la même que celle des courants induits (voir plus loin).

Action tétanisante du courant constant. — Le courant constant peut aussi produire des effets excitants non seulement à sa fermeture et à sa rupture, mais pendant toute sa durée. Ainsi Du Bois-Reymond, Chauveau, Pflüger ont observé un tétanos persistant pendant toute la durée du courant constant. Cette action tétanisante a été attribuée à l'électrolyse produite par le passage du courant; cependant Pflüger, en évitant toutes les causes accessoires d'erreur, a constaté cette action tétanisante. Cette action tétanisante se produit par des courants faibles, augmente avec l'intensité des courants pour diminuer ensuite; elle est plus prononcée avec le courant descendant et quand la longueur du nerf parcouru est plus grande. Le froid favorise cette action tétanisante (M. v. Frey). Cette excitation tétanisante est assez difficile à expliquer et à faire concorder avec la loi de l'excitation nerveuse mentionnée page 628. D'après les expériences de Grützner, les nerfs vaso-dilatateurs de la peau, parmi les nerfs centrifuges, seraient seuls excités d'une façon permanente, pendant le passage du courant constant.

Les mêmes phénomènes ont été observés depuis longtemps sur les nerfs sensitifs. En effet, les courants constants produisent des phénomènes de sensibilité (douleur, etc.) non seulement au moment de la fermeture et de la rupture, mais pendant toute la durée du courant, et ces sensations augmentent avec l'intensité du courant (voir : *Physiologie des sensations*). Ces phénomènes sont même plus constants que pour les nerfs moteurs. D'après Grützner, tous les nerfs centripètes (nerfs sensitifs, nerfs excito-réflexes, bout central du pneumogastrique) sont excités d'une façon permanente par le passage du courant constant.

Tétanos d'ouverture ou de Ritter. — Quand un nerf a été parcouru longtemps (une demi-heure et plus) par un courant ascendant ou par un courant descendant intense, il se produit souvent à la rupture du courant un tétanos qui dure 8 à 10 secondes. Ce tétanos disparaît quand on ferme le courant dans le même sens et se renforce quand on le ferme dans le sens opposé. Si le courant est plus faible et dure moins longtemps, ou si l'excitabilité est diminuée par la mort du nerf, au lieu d'un tétanos de rupture, on n'a qu'une contraction prolongée, puis une simple secousse. D'après Pflüger, ce tétanos dépend d'une forte excitation par la disparition de l'anelectrotonus; en effet il cesse dès qu'on sépare du muscle la région anélectrotonisée, ce qui ne peut se faire que dans le courant descendant par une section portant sur le point indifférent intrapolaire (voir p. 624). Ce tétanos de rupture présente beaucoup d'analogies avec le tétanos de fermeture mentionné plus haut (action tétanisante du courant constant).

Engelmann et Grünhagen admettent que ces deux tétanos de fermeture et d'oureiture dépendent d'excitations latentes agissant sur toute l'étendue du nerf (dessiccation, influences thermiques, etc.), excitations qui, à l'état normal, sont trop faibles pour tétaniser le nerf, mais peuvent le tétaniser quand l'excitabilité est augmentée dans certains points du nerf, comme au cathode à la fermeture et à l'anode à la rupture du courant. Cette explication permettrait de concilier ces faits de tétanos par le courant constant avec la loi générale de l'excitation nerveuse. Morat et Toussaint ont montré que la *contraction secondaire* (p. 596), induite par le tétanos produit par le courant constant est toujours une secousse simple et jamais un tétanos.

Alternatives de Volta. — Volta observa que, quand un nerf est traversé par un courant, l'excitabilité de ce nerf est diminuée ou abolie pour la fermeture ou la rupture d'un courant de sens contraire; mais si le courant reste longtemps fermé, l'excitabilité reparaît pour le courant de même sens et disparaît pour le courant de sens contraire et ainsi de suite. Rosenthal et Wundt montrèrent que cette loi était inexacte ainsi formulée, et ils la formulèrent de la façon suivante : un courant constant augmente l'excitabilité du nerf pour la rupture d'un courant de même sens et pour la fermeture d'un courant de sens contraire, et la diminue pour la fermeture d'un courant de même sens et pour la rupture d'un courant de sens contraire. Mais ces lois n'ont de valeur que pour des courants faibles ou moyens; pour des courants très forts, il y a une exception en ce sens que le tétanos de rupture est affaibli par la fermeture des courants et renforcé par leur rupture, quel que soit du reste leur sens (Pflüger). Pflüger expliqua aussi les alternatives de Volta à l'aide de sa théorie de l'électrotonus.

B. *Action des courants induits sur les nerfs.* — L'action des courants induits sur les nerfs se rapproche de celle des courants de pile interrompus. Je rappellerai d'abord (voir : *Technique physiologique*) que le *courant induit de rupture* (produit par la rupture du courant inducteur) est de même sens que ce courant, s'établit très rapidement et a une très forte tension; le *courant induit de fermeture* (produit par la fermeture du courant inducteur) est de sens contraire, s'établit plus lentement et a une faible tension. Pour étudier l'action isolée de ces deux courants, des dispositions particulières étudiées à propos des appareils d'induction permettent de les dissocier et de ne lancer dans le nerf que le courant induit de rupture ou le courant induit de fermeture. Une loi domine les excitations par les courants induits, c'est que, à intensité égale du courant inducteur, les nerfs sont excités bien plus énergiquement par le courant induit de rupture, et cette loi se confirme aussi bien pour les nerfs sensitifs que pour les nerfs moteurs (Chauveau, Fick). L'excitation maximum se produit toujours au cathode ou au point de sortie du courant.

L'action des deux espèces de courants induits peut se suivre facilement sur les nerfs moteurs en enregistrant les secousses à l'aide du myographe et en donnant aux interruptions du courant inducteur une certaine lenteur. En parlant d'un courant de très faible intensité, on voit d'abord apparaître la secousse de l'induit de rupture, secousse qui augmente d'amplitude à mesure que l'intensité du courant augmente; puis, lorsque le courant a acquis une certaine force, alors seulement commence à paraître la secousse de l'induit de clôture, et on a alors pour chaque interruption deux secousses musculaires au lieu d'une : une grande secousse produite par l'induit de rupture, une plus petite produite par l'induit de clôture; puis bientôt ces deux secousses s'égalisent à mesure que l'on fait augmenter l'intensité du courant.

Si on augmente la fréquence des excitations induites, le phénomène de la fusion des secousses se produit alors et détermine un tétanos musculaire.

A partir d'une certaine fréquence, les courants induits de rupture et de fermeture se neutralisent en partie, fait attribué par Guillemin à la présence dans la bobine inductrice du fer doux qui prolonge la durée des courants induits. En effet, en laissant le fer doux dans la bobine, on voit à mesure qu'on accroît la rapidité des interruptions, la douleur et la contraction musculaire s'affaiblir, tandis qu'après avoir enlevé le fer doux de la bobine, on voit la douleur et le tétanos musculaire augmenter avec la fréquence des interruptions (Marey).

Les *extra-courants* (courants induits qui se forment dans la bobine inductrice ont la même action que les courants induits ordinaires.

Si on fait passer un courant induit dans un nerf parcouru par un courant constant de moyenne intensité, le courant induit est renforcé quand il est de même sens, affaibli quand il est de sens contraire (Hermann).

C. *Action de l'électricité statique et des décharges du condensateur.* — Les décharges du condensateur, au point de vue physiologique, produisent dans leur application sur les nerfs des résultats qui ne s'écartent pas sensiblement des résultats obtenus avec les courants de pile instantanés.

D. *Excitation unipolaire de Chauveau.* — Chauveau a étudié dans tous leurs détails les conditions et les phénomènes de l'excitation unipolaire et je lui emprunterai presque textuellement les lois de cette excitation.

Si on compare l'*activité des deux pôles* pendant le passage du courant de pile, on voit que :

1° Pour tout sujet dont les nerfs sont en parfait état physiologique, il existe une valeur électrique, le plus souvent très faible, quelquefois modérée, rarement très élevée, qui donne aux deux pôles le même degré d'activité dans le cas d'excitation unipolaire des faisceaux nerveux moteurs. Les contractions produites par l'excitation positive et l'excitation négative, avec cette intensité-type du courant, sont égales à la fois en grandeur et en durée.

2° *Au-dessous* de cette intensité, les courants égaux produisent des effets inégaux avec les deux pôles : l'activité du pôle *négatif* est plus considérable.

3° *Au-dessus* de la valeur-type de l'intensité du courant l'inégalité se produit en sens inverse. C'est le pôle *positif* qui représente la plus grande activité, et la différence souvent considérable croît assez régulièrement avec l'intensité du courant, si l'on ne franchit pas les limites au delà desquelles les nerfs s'altèrent ou tout au moins se fatiguent. La tétanisation absolument permanente, très souvent obtenue quand le pôle positif est sur le nerf, ne se montre jamais quand c'est le pôle négatif, si les courants sont suffisamment forts.

4° Ces courants forts agissent aussi d'une manière inégale sur les faisceaux nerveux sensitifs, suivant la nature du pôle en contact avec le nerf; mais l'inégalité est renversée au lieu d'être symétrique avec celle qui se manifeste dans les contractions musculaires produites par l'excitation des nerfs moteurs. Avec des courants forts d'intensité parfaitement égale, l'application même médiate de l'électrode négative sur les nerfs est plus douloureuse que l'application de l'électrode positive. L'influence de l'excitation unipolaire sur les nerfs de sensibilité est donc tout à fait inverse de l'influence qu'elle exerce sur les nerfs moteurs, le pôle positif agissant ur les nerfs moteurs, le pôle négatif sur les nerfs sensitifs.

5° Pour les *contractions de rupture*, quand on augmente graduellement l'intensité du courant, la contraction de rupture apparaît toujours plus tôt avec l'excitation unipolaire positive qu'avec l'excitation négative; cette contraction croît avec l'intensité du courant, puis reste stationnaire et décroît enfin pour disparaître quelquefois complètement. La contraction de rupture négative n'apparaît que lorsque la contraction positive commence à décroître et augmente aussi, puis diminue avec l'intensité du courant.

6° Quand le système nerveux est intact, si le courant est faible, les contractions positives sont de simples secousses; quand le courant est fort on a un tétanos pendant toute la durée du passage. Pour les excitations négatives, la tétanisation se produit plus facilement pour les courants moyens.

7° Un caractère remarquable distingue les tracés pris quand le système nerveux est intact : c'est que, après la rupture du courant, le muscle tend à conserver une partie de son raccourcissement. Cette tendance, qui existe déjà pour les excitations très faibles est surtout manifeste après les excitations positives tétanisantes. Après la section de la moelle, au contraire, ce raccourcissement ne se présente pas et la courbe de la contraction se rapproche à sa descente de la ligne des abscisses et se confond avec elle. En outre, la tétanisation par les fortes excitations positives fait place à des secousses de fermeture très brèves quand la moelle est détruite depuis un certain temps.

8° La section simple du nerf produit le même effet que l'écrasement de la moelle épinière avec cette différence que la section donne d'abord lieu passagèrement à une remarquable inversion dans l'activité des pôles.

9° Les flux électriques instantanés (excitations induites unipolaires, décharges d'électricité statique) agissent comme les courants continus et provoquent plus facilement la contraction avec le pôle négatif qu'avec le pôle positif; mais quand l'intensité du flux croît, les deux excitations, positive et négative, arrivent très vite à l'égalité et à partir de ce moment, à l'inverse des courants continus, l'égalité se maintient et les secousses positives et négatives conservent la même hauteur.

10° Quand on augmente progressivement l'intensité des courants induits et des décharges statiques, à partir d'un maximum qui est très vite atteint, l'amplitude des secousses musculaires reste constante, et on n'observe pas les maxima secondaire, tertiaire, etc., qu'on rencontre avec les excitations induites par la méthode bipolaire.

III. — EXCITATIONS THERMIQUES DES NERFS.

Procédés. — Il faut d'abord éliminer tous les procédés dans lesquels l'influence thermique n'agit pas sur le nerf seul. On peut placer le nerf dans un bain d'huile d'olive pure ou de tout autre liquide indifférent chauffé à une température déterminée; on pourrait utiliser à cet effet un appareil semblable à celui qui est représenté dans la figure 186, appareil qui empêche en même temps la dessiccation du nerf. Grützner a employé de petits appareils ingénieux consistant en une gouttière ou en un tube dans lesquels le nerf est placé et qu'entoure un manchon dans lequel coule de l'eau à la température voulue. Il a donné aussi à un de ses appareils la forme d'un crochet creux sur lequel le nerf est placé comme sur une électrode ordinaire (*Archives de Pflüger*, t. XVII, page 219).

L'influence de la température sur les nerfs est différemment interprétée par les divers observateurs. D'après Valentin, Rosenthal et Afanasiew, une température au-dessous de — 4° ou au-dessus de + 33°, appliquée sur les nerfs moteurs de la grenouille, déterminerait une contraction, tandis que d'après Eckhard la contraction n'apparaîtrait qu'à + 66° à + 68°; il admet cependant la contraction à — 4°. Pickford a constaté au contraire que toute variation brusque de température peut agir comme excitant sur les nerfs. Grützner, dans ses expériences récentes sur les animaux à sang chaud (chien et lapin), ne confirme pas les observations de Rosenthal et d'Afanasiew. D'après lui il faudrait distinguer les diverses espèces de nerfs au

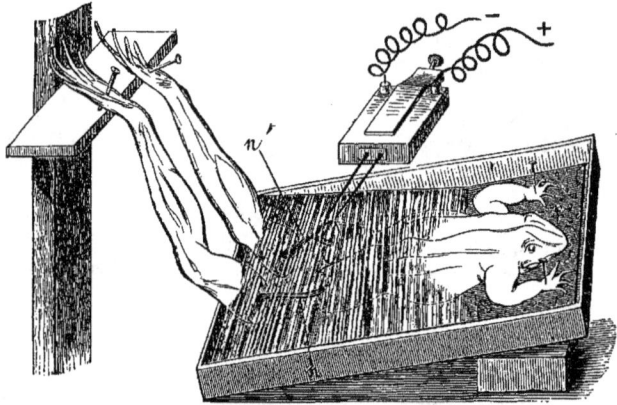

Fig. 186. — *Bain d'huile pour l'excitation des nerfs.*

point de vue de l'action de la température; ainsi, tandis que les nerfs sensibles et excito-réflexes sont excités par une température de + 45° à + 50°, il n'y a aucune influence excitante produite sur les nerfs moteurs, les nerfs d'arrêt (pneumo-gastrique), les nerfs sécréteurs et les nerfs vaso-moteurs, à l'exception des vaso-moteurs de la peau. Le froid à 0° n'agit pas comme excitant sur les nerfs. Contrairement à Pickford, ce n'est pas la variation brusque, mais la température absolue qui influence les nerfs centripètes. Lautenbach ne confirme pas les résultats de Grützner et Grützner lui-même, en cherchant à confirmer les différences trouvées par lui dans les diverses espèces de nerfs en se servant de la variation négative, n'a pu arriver à un résultat positif. Les seules recherches faites sur l'homme l'ont été par Weber; en plongeant le coude dans un mélange réfrigérant, de façon à refroidir le nerf cubital, il se produit de la douleur, mais pas de contraction dans les parties innervées par ce nerf; Weber avait donc déjà constaté cette inexcitabilité des nerfs moteurs par le froid. On a vu plus haut que Grützner est arrivé pour le froid à des résultats négatifs, tant avec les nerfs sensitifs qu'avec les nerfs moteurs.

IV. — EXCITATIONS CHIMIQUES DES NERFS.

D'une façon générale les excitants chimiques agissent avec moins d'intensité sur les nerfs que sur les muscles, probablement à cause de l'épaisseur du névrilème qui les entoure. Un grand nombre de substances chimiques agissent comme excitant en enlevant de l'eau au nerf; ainsi la dessiccation seule du nerf produit d'abord des contractions fibrillaires, ensuite un tétanos permanent; il suffit pour cela de placer le nerf d'un muscle dans une cloche avec de l'air très sec ou de le recouvrir de poudre de sucre, en évitant la dessiccation du muscle. D'après Birkner, les contractions se produisent quand la perte d'eau atteint 4 à 8 p. 100 du poids du nerf. Harless croit que la perte d'eau agit non pas comme excitant, mais simplement en augmentant l'excitabilité du nerf. L'eau distillée, qui agit avec tant d'intensité sur les muscles, n'a aucune action sur les nerfs. Les sels neutres, chlorure de sodium (4 à 30 p. 100), les alcalis, les acides libres, la glycérine, l'alcool, la créosote, l'acide phénique, l'urée, la bile et les sels biliaires, etc., déterminent l'excitation des nerfs. Cependant malgré les recherches faites sur ce sujet par un grand nombre d'observateurs, Humboldt, Eckhard, Kühne, etc., il reste encore beaucoup d'incertitudes et il est difficile d'éliminer, dans cette action chimique, ce qui revient à la dessiccation du nerf, à sa destruction, à son augmentation d'excitabilité, etc. Kühne et Jani ont essayé l'action des gaz et des vapeurs; mais ils n'ont obtenu aucun résultat, sauf avec le sulfure de carbone.

Pour les nerfs sensitifs et excito-réflexes, les résultats sont encore incertains. Ainsi pour Grützner, le sel marin serait sans action sur les nerfs centripètes et il a constaté là l'inverse de ce qui a lieu pour les excitations thermiques. Les recherches de Sestchenow seront vues à propos des actions réflexes (voir aussi, pour les excitants chimiques, pages 625 et 626).

Dans un certain nombre d'expériences faites sur ce sujet, je n'ai obtenu aucun résultat. Avec les acides acétique, nitrique, sulfurique, lactique étendus ou concentrés, je n'ai pu avoir aucune contraction, soit en appliquant l'acide sur le nerf dont la continuité était respectée, soit en sectionnant le nerf et trempant le bout sectionné dans le liquide. Le nerf se détruisait, se recroquevillait sous l'influence de l'acide, mais sans déterminer de contraction. Même résultat négatif avec les nerfs sensitifs (*Rech. sur l'activité cérébrale*, p. 102 et 110).

V. — CONDITIONS DE L'EXCITATION DES NERFS.

Rapport entre l'intensité de l'excitant et la grandeur de l'excitation. — La détermination de ce rapport présente de très grandes difficultés; en effet non seulement la mesure de l'intensité de l'excitant est difficile à réaliser, mais il est en outre à peu près impossible de mesurer exactement la grandeur de la modification produite dans un nerf par une excitation donnée; cette grandeur ne peut s'apprécier approximativement que par l'effet produit, par exemple par la contraction musculaire dont on peut mesurer la force, la hauteur et la durée. Aussi emploie-t-on pour résoudre le problème l'excitant-électricité qu'on peut graduer à volonté et la contraction musculaire qu'elle détermine; mais on conçoit qu'on pourrait aussi bien utiliser les phénomènes de sécrétion, de circulation, de température, etc., en un mot toute modification quelconque produite par l'excitation nerveuse.

D'une façon générale l'effet produit augmente proportionnellement à l'intensité de l'excitant, mais avec des réserves qui ont déjà été données à propos de la contraction musculaire (pages 540 et 576). Si on inscrit les secousses musculaires par le procédé indiqué page 540 (en note), on voit, en faisant augmenter graduellement l'intensité des excitations électriques, l'amplitude des secousses augmenter d'abord rapidement, puis plus lentement et atteindre un *maximum* auquel elles se maintiennent quelque temps; puis, les excitations continuant à augmenter d'intensité, on voit bientôt les secousses s'accroître de nouveau et atteindre un *second maximum* (*contractions hypermaximales*) sur lequel on a beaucoup discuté et que Fick rattache à la superposition de deux excitations. Dans certains cas même, on observe dans les contractions une véritable *lacune* ou un *intervalle* pendant lequel les contractions sont absentes, pour reprendre ensuite avec une intensité plus grande de l'excitation. L'interprétation de ces faits présente d'assez grandes difficultés, d'autant plus qu'il est très difficile d'éliminer complètement l'influence de la fatigue.

Excitations simultanées. — Les recherches faites jusqu'ici sur les excitations simultanées (de même nature ou de nature différente) sur des points différents ou sur le même point d'un nerf n'ont pas encore donné de résultats bien précis. Les *interférences* admises par quelques auteurs sont loin d'être démontrées.

Addition latente (*Summation* des auteurs allemands). — On a vu (page 626) que des excitations électriques, qui isolées ne produisent rien, peuvent déterminer la contraction musculaire quand elles se suivent à des intervalles assez rapprochés (Gruenhagen, Ch. Richet). Ch. Richet a constaté les mêmes faits d'addition latente pour les nerfs sensitifs et A. de Watteville pour les nerfs sensitifs de l'homme.

Bibliographie. — B. F. LAUTENBACH : *The physiological action of the heat* (Journ. of physiol., t. II, 1879). — R. TIGERSTEDT : *Stud. üb. mechan. Nervenreizung* (Acta Soc. sc. Fennicœ, t. XI, 1880). — C. LÜDERITZ : *Vers. üb. die Einwirkung des Druckes auf die motor. und sensiblen Nerven* (Zeitsch. f. kl. Med., t. II, 1880). — K. HALLSTEN : *Kenntniss der mechanischen Reizung der Nerven* (Arch. f. Physiol., 1881). — R. TIGERSTEDT : *En ny metod til mekanisk retning of nerver* (Nord. med. Arkiv, t. XIII, 1881). — GRÜTZNER : *Ueber die mechanische Reizung der Nerven* (Bresl. ärzt. Zeitsch., 1881). — ID. : *Beitr. zur allg. Nervenphysiologie* (A. de Pflüger, t. XXV, 1881). — O. LANGENDORFF : *Ueber Tetanisirung von Nerven durch rythmische Dehnung* (Centralbl., 1882). — W. KÜHNE : *Ueber chemische Reizungen* (Unt. d. phys. Inst. Heidelberg, t. IV, 1882). — A. de WATTEVILLE : *Ueber die Summirung von Reizen in den sensiblen Nerven des Menschen* (Neur. Cbl., 1883). — R. TIGERSTEDT : *Ein Apparat zur mechanischen Nervenreizung* (Zeitsch. f. Instrumentenkunde, 1884).

Bibliographie des excitations électriques. — E. HERING : *Beitr. zur allg. Nerven- und Muskelphysiologie* (Wien. Acad., t. LXXIX, 1879). — W. BIEDERMANN : *Id.* (id.). A. DE WATTEVILLE : *The conditions of the unipolar stimulation in physiology*, etc. (Brain, t. IX, 1880). — J. ALBRECHT, A. MAYER et L. GIUFFRÉ : *Unt. üb. die Erregbarkeit der Nerven und Muskeln bei Längs-und Querdurchströmung* (A. de Pflüger, t. XXI, 1880). — K. SCHÖNLEIN : *Vers. üb. secundären Tetanus*, etc. Halle, 1880. — E. v. FLEISCHL : *Ueber die Wirkung linearer Stromschwankungen auf Nerven* (Wien. Acad., t. LXXXII, 1880). — A. D'ARSONVAL : *Nouvelle Méthode d'excitation électrique des nerfs et des muscles* (C. rendus). — J. ROSENTHAL : *Ueber unipolare Nervenreizung*, etc. (Arch. f. Physiol., 1881). — S. STRICKER : *Das Zuckungsgesetz*, etc. (Wien. Acad., t. LXXXIV, 1881). — J. W. VAN LOON VAN ITERSEN : *Ueber den Einfluss örtlicher Verletzungen auf die electrische Reizbärkeit der Muskeln* (Arch. de Pflüger, t. XXVI, 1881). — W. BIEDERMANN : *Ueber die durch chem. Veränderung der Nervensubstanz*, etc. (Wien. Akad., t. LXXXIII, 1881). — G. VALENTIN : *Ein anschauliches Verfahren, den Einfluss eines beständigen Stromes*, etc. (Zeitsch. f. Biol., t. XVII, 1881). — J. v. KRIES et H. SEWALL : *Ueber die Summirung untermaximaler Reize*, etc. (Arch. f. Physiol., 1881). — H. SEWALL : *On the polar effects upon nerves of weak induction currents* (Journ. of physiol., t. III, 1881). — K. SCHÖNLEIN : *Ueber das Verhalten des secundären Tetanus bei verschiedener Reizfrequenz* (Arch. f. Physiol., 1882). — R. TIGERSTEDT : *Ueber innere Polarisation in den Nerven* (Phys. Labor. d. Carol. med. chir. Justit., 1882). — ID. : *Zur Theorie der Oeffnungszu-*

kung (id.). — P. Grutzner : *Ueber das Wesen der electrischen Oeffnungszuckung* (Bresl. ärzt. Zeitsch., 1882). — A. Waller : *Sur le temps perdu de la contraction d'ouverture.* (Arch. de physiol., 1882). — E. v. Fleischl : *Das Zuckungsgesetz* (Arch. f. Physiol., 1882). — L. Hermann : *Unt. zur Lehre von der electrischen Muskel-und Nervenreizung* (Arch. de Pflüger, t. XXX, 1882). — A. Waller et A. de Watteville : *Ueber den Einfluss des galv. Stromes auf die Erregbarkeit der motor. Nerven des Menschen* (Neur. Cbl., 1882). — Id. : *On the influence of the galvanic current, etc.* (Phil. Transact., 1882). — F. v. Kries : *Ueber die Erregung des motorischen Nerven durch Wechselströme* (Ber. d. nat. Ges. zu Freiburg, t. VIII, 1882). — S. Stricker : *Newro-electrische Studien*, 1883. — W. Biedermann : *Zur Kenntniss der secundären Zuckung* (Wien. Acad., t. LXXXVII, 1883). — E. Pflüger : *Zur Geschichte des electropolaren Erregungsgesetzes* (A. de Pflüger, t. XXXI, 1883). — L Hermann : *Unt. zur Lehre von den electrischen Muskel-und Nervenreizung* (id.). — Ludmilla Nemerowsky : *Ueber das Phänomen der Lücke, etc.* Berne, 1883. — P. Grutzner : *Ueber das Wesen der electrischen Oeffnungserregung* (A. de Pflüger, t. XXXI, 1883). — E. v. Fleischl : *Die Erregung stromloser Nerven* (Wien. Acad., t. LXXXVIII, 1883). — J. Setschenow : *Not. über die Ausgleichung der Schliessungs-und Oeffnungsinduc ionsschläge* (A. de Pflüger, t. XXXI, 1883). — S. Magini : *Le courant induit unipolaire et l'excitation des nerfs* (Arch. ital. de biol., t. IV, 1883). — A. Grünhagen : *Ueber das Verhältniss zwischen Reizdauer, Reizgrösse und latenter Reizperiod* (A. de Pflüger, t. XXXIII, 1883). — M. v. Frey : *Ueber die tetanische Erregung von Froschnerven durch den constanten Strom* (Arch. f. Physiol., 1883). — A. Fuhr : *Einmalige lineare Stromschwankung als Nervenreiz* (Arch. de Pflüger, t. XXXIV, 1884). — J. v. Kries : *Ueber die Abhängigkeit der Erregungs-Vorgänge von dem zeitlichen Verlaufe, etc.* (Arch. f. Physiol., 1884). — R. Tigerstedt et A. Wilhard : *Zur Kenntniss der Einwirkung von Inductionsströmen auf den Nerven* (Physiol. Labor. Carol. med. chir. in Stockholm, 1884). — Clara Halperson : *Beitr. zur electrischen Erregbärkeit der Nervenfasern*, Bern, 1884. — P. Grützner : *Zur electrolytischen Wirkung von Inductionsströmen* (Bresl. ärzt. Ztschr., 1885). — B. Wemigo : *Ueber die gleichzeitige Reizung des Nerven an zwei Orten mit Inductionsschlägen* (A. de Pflüger, t. XXXVI, 1885). — M. v. Frey et E. Wiedemann : *Ueber die Verwendung der Holtz'schen Maschine zu physiologischen Reizversuchen* (Sächs. Ges. Wiss., 1885). — J. Magini : *Erregung der Nerven durch den unipolaren Inductionsstrom* (Molesch. Unters. z. Naturl., t. XIII, 1885). — W. Biedermann : *Ueber das electrom. Verhalten der Muskelnerven bei galv. Reizung* (Wien. Acad., t. XIX, 1886) (1).

(1) *A consulter* : E. Pflüger : *Unters. über die Physiol. des Electrotonus*, 1859. — Id. : *Vorläufige Mittheilung über die Ursache des Ritter's Tetanus* (Allg. Centralzeitung, 1859). — Id. : *Ueber die Ursache des Oeffnungstetanus* (Arch. für Anat., 1859). — R. Heidenhain : *Ein mechanischer Tetanomotor* (Unters. zur Naturl., t. IV). — E. Pflüger : *Ueber die tetanisirende Wirkung des constanten Stroms, etc.* (Arch. für pat. Anat., t. XIII). — J. Regnauld : *Rech. electro-physiologiques* (Journ. de la physiologie, t. I). — A. Chauveau : *Théorie des effets physiologiques produits par l'électricité, etc.* (Journ. de la physiologie, 1860). — A. v. Bezold : *Unters. über die electrische Erregung der Nerven und Muskeln*, 1861. — G. Valentin : *Die Zuckungsgesetze des lebenden Nerven und Muskels*, 1863. — E. Pflüger : *Ueber die electrischen Empfindungen* (Unters. aus d. phys. Labor. zu Bonn, 1865). — A. Grünhagen : *Bemerk. über die Summation von Erregungen in der Nervenfaser* (Zeit. für rat. Med., t. XXVI). — A. Grünhagen : *Ueber Erregung der Nerven, etc.* (Berl. Klin. Wochens., 1871). — A. Fick : *Studien über electrische Nervenreizung* (Verhandl. d. phys. med. Ges. zu Würzburg. 1871). — J. Bernstein : *Unters. üb. den Erregungsvorgang im Nerven und Muskelsystem*, 1871. — L. Hermann : *Ueber eine Wirkung galvanischer Ströme auf Muskeln und Nerven* (Arch. de Pflüger, t. V et VI). — Chauveau : *De l'excitation électrique unipolaire des nerfs*, et : *Comparaison des excitations unipolaires de même signe* (Comptes rendus, t. LXXXI). — H. Buchner : *Zur Nervenreizung durch concentrirte Lösungen indifferenter Substanzen.* — Id. : *Des conditions physiologiques qui influent sur les caractères de l'excitation unipolaire des nerfs, etc.* (Comptes rendus, t. LXXXII). — E. Fleischl : *Unters. über die Gesetze der Nervenerregung* (Wien. Akad. Sitzungsber., t. LXXII). — Morat et Toussaint : *De l'état électrotonique dans le cas d'excitation unipolaire des nerfs* (Comptes rendus, t. LXXXIV). — Ch. Richet : *De l'addition latente des excitations électriques dans les nerfs et dans les muscles* (Trav. du labor. de Marey, 1877).

2. — Conductibilité ou transmission nerveuse.

Procédés pour étudier la vitesse de la transmission nerveuse. — 1° *Nerfs moteurs.* — Le principe de ces expériences, principe dû à Helmholtz (1850), est le suivant : On excite le nerf en un point, *a*, et on mesure le temps qui s'écoule entre le moment de l'excitation et le moment de la contraction; on fait la même détermination pour un point du nerf plus éloigné du muscle, *b;* la différence des deux mesures, ou le retard de la seconde contraction sur la première, donne le temps que la transmission nerveuse a mis à se faire entre les deux points *b* et *a* du nerf, et, comme on connaît la longueur *ab*, on en tire la vitesse de la transmission. Helmholtz employa deux méthodes pour déterminer le temps écoulé entre l'excitation du nerf et la contraction du muscle. Dans la première, due à Pouillet, on mesure la durée d'un courant électrique qui traverse un galvanomètre au moment où se produit l'excitation du nerf et qui cesse au moment où le muscle se contracte. La durée du courant s'apprécie par la déviation de l'aiguille. Une disposition particulière de l'appareil permet d'exciter le nerf en même temps qu'on lance un courant dans le circuit du galvanomètre, et le muscle, par sa contraction même, produit la rupture du courant. La seconde méthode employée par Helmholtz est la méthode graphique, qui a été employée depuis par Thiry, Harless, Fick, du Bois-Reymond, Marey, etc., qui ont modifié, plus ou moins, la disposition des appareils. Les moments de l'excitation du nerf et de la contraction du muscle sont enregistrés à l'aide du myographe sur des cylindres (ou des plaques) animés d'une vitesse connue. (Voir, pour les détails : Marey, *du Mouvement dans les fonctions de la vie*, p. 411 et suivantes.) Baxt a mesuré sur l'homme la vitesse de la transmission motrice à l'aide de la pince myographique de Marey ; le nerf médian était excité en deux points différents de son trajet. Bernstein, au lieu de se servir de la contraction musculaire, a employé son rhéotome différentiel pour inscrire la variation négative du nerf excité successivement en deux points de son trajet. (Voir aussi : *Technique physiologique*.)

2° *Nerfs sensitifs.* — Marey a déterminé la vitesse de la transmission sensitive chez la grenouille en utilisant, comme signal, les mouvements réflexes de l'animal. Mais habituellement on opère sur l'homme même et de la façon suivante (*Méthode de Schelske*) : On détermine une sensation (par une décharge électrique, par exemple) en excitant un point de la peau, et l'individu en expérience fait un signal dès qu'il perçoit la sensation; le moment de l'excitation et le signal sont inscrits et leur intervalle (*temps physiologique*) est mesuré par une des méthodes indiquées plus haut; on recommence alors l'expérience en excitant un point plus éloigné des centres nerveux ; la différence des deux mesures donne la vitesse de la transmission sensitive; on suppose, dans ce cas, que, dans les deux expériences successives, la durée de l'acte cérébral (perception de la sensation et volonté du mouvement qui sert de signal), la transmission nerveuse motrice et le mouvement lui-même ont eu la même durée et que la transmission nerveuse sensitive seule a varié. Mais, malgré l'exercice et l'attention, il n'en est pas toujours ainsi; aussi n'est-il pas étonnant que les différents expérimentateurs soient arrivés à des chiffres très variables. Motschutkowski a imaginé un petit appareil très portatif et très commode, le *réflexomètre*, pour mesurer le temps qui s'écoule entre une sensation de douleur et un mouvement réflexe.

Bloch a substitué au procédé de Schelske un procédé basé sur la persistance des sensations de tact (voir : *Sensations tactiles*), et au lieu des excitations électriques emploie des excitations mécaniques. Quand deux chocs mécaniques sont reçus *successivement*, un par chaque main, lorsque l'intervalle entre les deux chocs est suffisamment court (1/45ᵉ de seconde en moyenne), on perçoit les deux sensations en même temps; ce synchronisme tient à ce que la sensation du premier choc durait encore quand est arrivée la sensation du second. Si on substitue à la main qui recevait le second choc une région plus rapprochée du sensorium, comme le lobule du nez par exemple, il faut pour avoir le synchronisme apparent laisser entre les deux chocs un intervalle plus grand que quand il s'agissait des deux mains. La différence des deux intervalles mesure la différence de durée des transmissions, depuis la main et depuis le nez jusqu'au sensorium. Le procédé de Bloch, très ingénieux, ne peut être considéré comme exact que si les extrémités nerveuses des divers points de la peau reçoivent l'impression du choc dans un temps sensiblement égal pour tous, si en un mot la réception d'une impression au tégument a toujours la même durée; or ses expériences lui ont prouvé qu'il en était ainsi en effet. Dans le procédé de Bloch, les chocs sont produits par un index flexible fixé à la circonférence du volant d'un moteur à eau.

La conductibilité nerveuse a pour conditions indispensables l'*intégrité* et la *continuité* du nerf; tout ce qui altère la structure du nerf et le désorganise arrête la transmission (écrasement, section du nerf, etc.).

Cette transmission offre les caractères suivants :

1° *Elle est restreinte à la fibre nerveuse excitée et ne se transmet pas aux fibres voisines.* La moelle nerveuse a été supposée, sans preuves positives, jouer dans ce cas le rôle de gaine isolante par rapport au cylindre-axe. Une expérience paraît, au premier abord, contredire cette conduction isolée de la fibre nerveuse ; c'est ce qu'on appelle le *paradoxe de contraction* (fig. 187). Si on prend le nerf sciatique d'une grenouille 1 avec ses deux

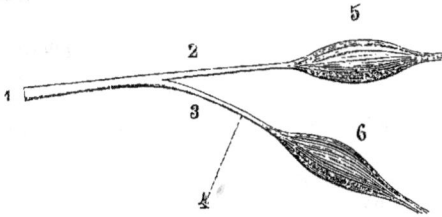

Fig. 187. — *Paradoxe de contraction.*

branches et les muscles y attenant, et si on excite ensuite par l'électricité le point 4 de la branche 3, on a non seulement une contraction du muscle 6, mais encore une contraction dans le muscle 5 fourni par la branche 2 non excitée. Mais il y a là un simple phénomène dû à l'électrotonus ; la contraction paradoxale n'a plus lieu si on rapproche l'excitation du muscle 6 ou si on emploie un excitant mécanique ou chimique (voir : *Électricité nerveuse*).

2° *Elle se fait dans les deux sens et présente les mêmes caractères dans les nerfs moteurs et dans les nerfs sensitifs ou plutôt dans les nerfs dits centripètes et centrifuges.* Il faut distinguer ici l'état physiologique de l'expérimentation artificielle.

Soit un nerf moteur (fig. 188) rattachant un centre nerveux moteur 1.

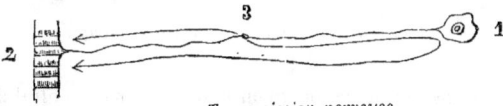

Fig. 188. — *Transmission nerveuse.*

à un muscle 2; à l'état physiologique, l'excitation initiale part toujours du centre 1 et se transmet par le nerf jusqu'au muscle 2 qui se contracte; la transmission, dans ce cas, est centrifuge et se fait dans un seul sens. Mais dans l'expérimentation il n'en est plus de même; si j'excite un point du nerf 3 l'excitation se transmettra vers les deux extrémités; elle sera centrifuge de 3 en 2, comme dans l'état physiologique; de 3 en 1, elle sera centripète; l'excitation centrifuge arrivée en 2 produira une contraction du muscle; l'excitation centripète arrivée en 1 déterminera une excitation de ce centre moteur et l'excitation se transmettra alors de 1 en 2 dans toute la longueur du nerf et dans la direction centrifuge. Le muscle sera donc sollicité par deux excitations successives, mais comme la vitesse de la transmission nerveuse est très grande, comme on le verra plus loin, ces deux excitations se suivent à un si petit intervalle qu'il n'y a qu'une contraction musculaire unique au lieu de deux. Le même raisonnement peut s'appliquer au nerf sensitif.

Les faits suivants ont été invoqués pour démontrer que la transmission nerveuse se fait dans les deux sens :

a) Quand on excite un nerf en 3 (fig. 188, page 645), les phénomènes de la variation négative (voir : *Electricité nerveuse*) se montrent dans les deux bouts du nerf.

b) L'expérience du paradoxe de contraction indiquée plus haut; on a vu qu'elle ne peut avoir aucune valeur à ce point de vue.

c) L'identité de structure et de composition des deux espèces de nerfs rend probable l'identité de fonctions; mais il n'y a pas là non plus une démonstration suffisante; je rappellerai à ce propos que récemment L. Lowe a insisté sur la différence de coloration que présenteraient les nerfs moteurs et les nerfs sensitifs, différences qui correspondraient à des caractères histologiques particuliers.

d) Si (fig. 189) on sectionne un nerf sensitif, S, et un nerf moteur, M, le lingual

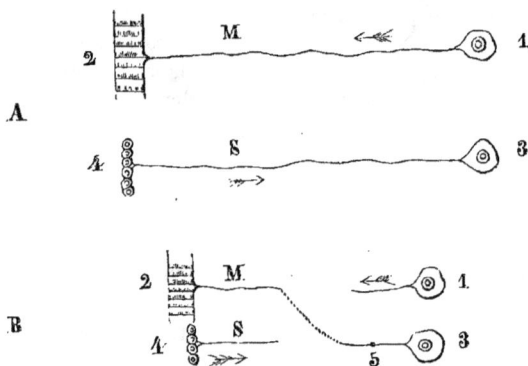

Fig. 189. — *Réunion d'un nerf sensitif et d'un nerf moteur.*

et l'hypoglosse par exemple, et qu'on réunisse le bout central du lingual au bout périphérique de l'hypoglosse (fig. 189, B), au bout d'un certain temps la cicatrisation se produit. Si on excite alors le bout central 5 du lingual, on a à la fois des signes de douleur et des contractions dans les muscles de la langue (Vulpian). Cette expérience déjà tentée auparavant par Bidder, Gluge et Thiernesse, fut confirmée par plusieurs physiologistes, et particulièrement par J. Rosenthal et Bidder. Cependant, d'après de nouvelles expériences de Vulpian, ces faits devraient être interprétés autrement. L'action motrice dans le nerf cicatrisé serait due à des fibres motrices fournies au lingual par la corde du tympan et qui se réunissent aux fibres périphériques de l'hypoglosse; en effet, si, lorsque la réunion des deux nerfs s'est produite, on fait la section de la corde du tympan, les phénomènes précédents ne se produisent plus ; l'excitation du lingual n'amène plus de contractions dans les muscles de la langue.

e) Les expériences de greffe de P. Bert semblent aussi démontrer la possibilité pour les nerfs sensitifs de transmettre les excitations dans les deux sens. Bert greffe le bout de la queue d'un rat sous la peau du dos du même animal, puis la réunion étant faite, quand il sectionne au bout de huit mois la queue à sa racine, il constate que l'animal manifeste de la douleur quand on excite le tronçon soudé à la peau du dos ; dans cette expérience, les nerfs sensitifs de la queue, qui à l'état normal conduisent les excitations de l'extrémité à la base, les conduisent en sens inverse de la base à l'extrémité. François-Franck a donné des phénomènes qui se produisent dans l'expérience de P. Bert une autre interprétation basée sur les phénomènes de la sensibilité récurrente et qui les expliquerait sans avoir besoin d'admettre la transmission dans les deux sens (*Dict. encycl.*, article *Système nerveux; physiologie*, p. 553).

f) Kühne a fait les expériences suivantes pour prouver la conductibilité dans les deux sens des nerfs moteurs. Il plonge dans l'huile à 40° l'extrémité supérieure d'un couturier de grenouille de façon à coaguler la substance musculaire tandis qu'à cette température les nerfs du muscle ne sont pas altérés ; en faisant alors dans le muscle ainsi préparé des coupes successives à partir de l'extrémité qui a été plongée dans l'huile, il arrive un moment où la section détermine des contractions fibrillaires dans la partie du muscle restée intacte. D'après lui l'excitation mécanique de la section irriterait une fibre nerveuse motrice, se transmettrait ainsi *dans la direction centripète* jusqu'au lieu de la bifurcation d'où cette fibre émane et de là se transmettrait par l'autre branche de bifurcation à la substance musculaire dans la direction normale, centrifuge. L'expérience suivante réussit plus facilement. Il fend le couturier en deux moitiés dans une partie de sa longueur, de façon que chacune des deux languettes musculaires reçoit des branche de bifurcation de la même fibre nerveuse ; en excitant mécaniquement (ou chimiquement) des coupes transversales successives d'une des languettes, on n'a d'abord que des contractions de la languette excitée, puis il arrive un moment où l'excitation produit des contractions non seulement dans la languette excitée, mais aussi dans l'autre. Pour Kühne, l'interprétation du phénomène serait la même que dans l'expérience précédente. L'expérience est encore plus démonstrative avec le muscle *grêle* (*m. gracilis*) sous-cutané du thorax de la grenouille.

g) *Expérience de Babuchin.* — Les nerfs qui se rendent de la moelle à l'organe électrique des poissons électriques sont constitués par une seule fibre nerveuse et une seule fibre-axe qui se divise pour arriver à l'organe électrique. Le nerf électrique est sectionné entre la moelle et l'organe électrique ; on isole ensuite une de ses branches et on la coupe ; si on excite alors le bout *central* de cette branche, on a une décharge électrique ; la transmission, centrifuge à l'état normal dans cette branche, devient centripète dans l'expérience de Babuchin. Cette expérience a été répétée par Mantey avec le même résultat.

D'après les faits qui précèdent, on voit que la question de la conductibilité dans les deux sens ou dans un sens déterminé ne peut être encore tranchée d'une façon définitive, chaque expérience à l'appui pouvant être interprétée d'une façon différente. Cependant les recherches sur la variation négative, les expériences de Kühne et l'expérience de Babuchin, me paraissent faire pencher la balance en faveur de la transmission dans les deux sens (voir aussi : *Courant nerveux axial* dans le *paragraphe de l'électricité nerveuse*).

3° *Théorie de l'avalanche de Pflüger.* — Deux opinions existent sur la façon dont se fait dans le nerf la transmission du mouvement nerveux. Pour les uns, le nerf est un simple conducteur dans lequel le mouvement transmis, quel qu'il soit, conserve la même intensité; pour les autres au contraire le mouvement augmenterait d'intensité pendant la transmission; il ferait *boule de neige*; c'est là ce que Pflüger a désigné sous le nom d'*avalanche*.

Budge avait vu le premier que quand on excite un nerf moteur dans un point rapproché du muscle, il faut des courants plus forts pour tétaniser le muscle. Pflüger confirma le fait et constata qu'un courant d'une intensité donnée produisait d'autant plus d'effet que le point excité était plus éloigné du muscle; il en conclut que dans sa transmission le mouvement nerveux dégageait dans le nerf des forces de tension, de façon que les forces de tension dégagées dans chaque point nouveau du nerf étaient plus considérables que celles qui étaient dégagées dans les points précédents, absolument comme dans une traînée de poudre qu'on enflamme à une extrémité. Dans cette hypothèse le nerf serait non seulement un organe de transmission, mais encore un véritable organe de dégagement nerveux. Mais d'une part l'expérience de Pflüger, répétée par d'autres physiologistes, donna des résultats opposés, et d'autre part, ces résultats furent interprétés d'une façon différente et rapportés aux différences d'excitabilité du nerf (voir : *Excitabilité nerveuse*). Cependant je rappellerai que Marey, qui avait d'abord repoussé la théorie de Pflüger, admet aujourd'hui d'après ses expériences la réalité de l'accroissement de l'excitation le long du nerf moteur, accroissement qui a été aussi constaté récemment par Tiegel. Hallsten, avec les excitations mécaniques du nerf, a confirmé aussi la théorie de l'avalanche. Fleischl avait cru trouver une différence au point de vue de l'action des courants (d'induction) ascendants et descendants; mais cette différence n'a pas été confirmée par Tiegel.

Pour les nerfs sensitifs, les expériences qui ont été faites sont encore très peu nombreuses et n'ont pu donner de résultats positifs. On sait seulement (Cl. Bernard, Ch. Richet) que l'excitation périphérique des nerfs est plus active que l'excitation portée sur le tronc nerveux même; mais il y a là deux excitations qu'il est impossible de comparer; il faudrait comparer l'excitation de deux points d'un nerf sensitif inégalement distants des centres nerveux.

4° *Rapports de l'excitabilité et de la conductibilité nerveuse.* — D'après Grünhagen et ses élèves, la conductibilité du nerf serait indépendante de son excitabilité et on pourrait abolir celle-ci par exemple par l'acide carbonique, sans abolir la transmission nerveuse. Mais Luchsinger est arrivé à des résultats différents. Lautenbach croit aussi, avec Grünhagen, qu'un nerf inexcitable est encore susceptible de transmission. Il excite jusqu'à épuisement le nerf sciatique d'une grenouille jusqu'à ce que le muscle ne donne plus de contractions; en excitant alors la patte de l'autre côté, il obtient un mouvement réflexe; donc la transmission a eu lieu. Mais cette expérience pourrait s'interpréter d'une façon différente. Cette question est importante au point de vue du mode de propagation des excitations nerveuses. Si la transmission est liée à l'excitabilité du nerf, il est très probable que dans la transmission, l'excitation se communique de proche en proche, d'une partie nerveuse à sa voisine et ainsi de suite; dans le cas contraire il y aurait plutôt propagation d'un mouvement comme un mouvement vibratoire par exemple (voir : *Théorie de l'action nerveuse*).

Vitesse de la transmission nerveuse. — Pour les nerfs *moteurs*, la

vitesse de la transmission nerveuse est de 33 mètres par seconde en moyenne chez l'homme, de 26 à 27 pour la grenouille (Helmholtz). Pour les nerfs *sensitifs*, les chiffres donnés par les divers expérimentateurs s'accordent beaucoup moins; ainsi tandis que Schelske, Marey, indiquent le chiffre de 30 mètres par seconde, d'autres auteurs ont donné les chiffres de 50 (Richet), 60 (Helmholtz), et 94 mètres (Kohlrausch); et Bloch, par son procédé, a même trouvé une vitesse de transmission de 132 mètres par seconde. Dans une série d'expériences faites dans mon laboratoire, A. René a trouvé chez l'homme, une vitesse moyenne de 20 mètres pour les nerfs moteurs, de 28 mètres pour les nerfs sensitifs.

Chauveau, en opérant sur de grands animaux, a trouvé pour le pneumogastrique (nerfs moteurs du larynx) une vitesse de 40 à 75 mètres; cette vitesse ne serait pas du reste uniforme et serait plus faible dans les parties du nerf les plus rapprochées du muscle, fait constaté aussi par Munk. Pour les nerfs moteurs des muscles organiques (œsophage), cette vitesse serait environ huit fois plus faible. Il a été fait aussi quelques recherches sur les nerfs des invertébrés. Frédéricq et van de Velde donnent les chiffres de 10 à 12 mètres pour les nerfs du homard (été).

Le froid ralentit la vitesse de la transmission nerveuse; Helmholtz et Baxt dans leurs recherches sur les nerfs moteurs de l'homme ont trouvé des chiffres beaucoup plus forts en hiver qu'en été; le refroidissement artificiel du bras produisait le même résultat. L'intensité de l'excitation augmenterait la vitesse de la transmission nerveuse; mais ces résultats paraissent infirmés par les recherches récentes de J. Rosenthal et de Lautenbach, de sorte que la question reste encore indécise. Cependant dans les recherches faites dans mon laboratoire par A. René, la vitesse de la transmission augmentait avec l'intensité de l'excitation. La compression du nerf n'empêche pas la transmission nerveuse à moins d'être portée très loin (Zederbaum).

L'état électro-tonique du nerf modifie d'une façon remarquable la conductibilité du nerf; la partie du nerf en anélectrotonus oppose une plus grande résistance à la transmission de l'excitation, résistance qui augmente avec la durée et l'intensité du courant polarisateur (v. Bezold). Quand les courants sont forts, la transmission est complètement arrêtée. Dans la partie catélectrotonisée au contraire la transmission de l'excitation est accélérée, sauf pour les courants forts, pour lesquels, comme l'avait vu v. Bezold, la transmission est retardée comme dans l'anélectrotonus (Rutherford, Wundt). Cette action *paralysante* ou *suspensive* du courant constant a été constatée non seulement pour les nerfs moteurs, mais pour les nerfs d'arrêt (Donders; pneumogastrique).

Bibliographie. — L. Frédéricq et G. Vandevelde : *Vitesse de transmission de l'excitation motrice dans les nerfs du homard* (C. rendus, t. XCI, 1880). — B. Luchsinger : *Zur Leitung nervöser Erregung* (Naturf. Ges. in Bern, 1880). — Demeter Boghean : *Ueber die Leitung der Neurilität in dem Primitivnervenröhren*, Diss. Berlin, 1880. — O. Motschutkowski : *Le réflexomètre* (Le Médec. ; en russe, 1880). — J. Charles : *The mode of propagation of nervous impulses* (Journ. of anat. and physiol., t. XIV, 1880). — E. Mervon : *On the mode of propagation of nervous impulses* (Lancet, 1880). — J. Szpilman et B. Luchsinger : *Zur Beziehung von Leitungs-und Erregungsvermögen der Nervenfaser* (Arch. de Pflüger, t. XXIV, 1881). — M. v. Vintschgau : *Unt. üb. die Frage, ob die Geschwindigkeit der Fortpflanzung der Nervenerregung von der Reizstärke abhängig ist* (A. de Pflüger, t. XXX, 1882 et t. XL, 1886). — A. René : *Ét. expér. sur la vitesse nerveuse chez l'homme* (Gaz. des hôpitaux, 1882). — J. Bernstein : *Die Erregungszeit der Nerven-*

endorgane in den Muskeln (Arch. f. Physiol., 1882). — A. Zederbaum : *Nervendehnung und Nervendruck* (Arch. f. Physiol., 1883). — Rawa : *Ueber das Zusammenwachsen von Nerven verschied. Bestimmung und versch. Function* (Cbl. 1883). — A. M. Bloch : *Expér. nouv. sur la vitesse du courant nerveux sensitif chez l'homme* (Journ. de l'anat., 1884). — W. Kühne : *Ueber das doppelsinnige Leitungsvermögen der Nerven* (Zeitsch. f. Biol., t. XXII, 1885). — A. W. Hoisholt : *Is the nervous impulse delayed in the motor nerve terminations?* (Journ. of physiol., t. VI, 1885). — Ed. Hirschberg : *In welcher Beziehung stehen Leitung und Erregung*, etc. (A. de Pflüger, t. XXXIX, 1886). — A. D'Arsonval : *Sur un phénomène physique analogue à la conductibilité nerveuse* (Soc. de biol., 1886). — P. Regnard : *Influence des hautes pressions sur la rapidité du courant nerveux* (Soc. de biol., 1887) (1).

3. — Production de chaleur dans les nerfs.

Valentin sur la grenouille et les animaux hibernants, Oehl sur les animaux à sang chaud, ont constaté une production de chaleur dans les nerfs au moment de leur excitation. Cependant Helmholtz était arrivé à des résultats contraires sur les nerfs de la grenouille et Heidenhain, pas plus qu'Helmholtz, et malgré l'emploi des appareils les plus sensibles, ne put parvenir à constater le moindre échauffement des nerfs pendant leur activité. Schiff dans des expériences récentes a, contrairement à Helmholtz et Heidenhain, observé sur des animaux à sang chaud artificiellement refroidis une augmentation de température des nerfs au moment de leur tétanisation par des courants induits. Les expériences de Schiff me semblent donc démontrer d'une façon positive que les nerfs s'échauffent au moment où ils entrent en activité (Voir aussi : *Physiologie des centres nerveux*) (2).

(1) *A consulter* : Philippeaux et Vulpian : *Rech. expér. sur la régénération des nerfs* (Comptes rendus et Gaz. médicale, 1860). — *Id.* : *Rech. sur la réunion bout à bout des fibres nerveuses sensitives avec les fibres nerveuses motrices* (Comptes rendus, 1863). — Id. : *Rech. expér. sur la réunion bout à bout de nerfs de fonctions différentes* (Journ. de la physiologie, t. VI). — Gluge et Thiernesse : *Expér. sur la réunion bout à bout des nerfs sensibles et des nerfs moteurs* (Bull. de l'Acad. roy. de Belgique, t. XVI). — Vulpian : *Note sur de nouvelles expériences relatives à la réunion bout à bout du nerf lingual et du nerf hypoglosse* (Arch. de physiologie, t. V). — Bert : *Sur la transmission des excitations dans les nerfs de sensibilité* (Comptes rendus, t. LXLIV).
  Vitesse de la transmission nerveuse. — Helmholtz : *Messungen über den zeitlichen Verlauf des Zuckung animalischer Muskeln und die Fortpflanzungsgeschwindigkeit der Reizung in den Nerven* (Muller's Archiv, 1850 et 1852). — R. Schelske : *Neue Messungen der Fortpflanzungsgeschwindigkeit des Reizes in den menschlichen Nerven* (Arch. für Anat., 1864). — Marey : *Nouvelles expériences pour la détermination de la vitesse du courant nerveux* (Gaz. méd., 1866). — H. Helmholtz et N. Baxt : *Neue Versuche über die Fortpflanzungsgeschwindigkeit der Reizung in den motorischen Nerven des Menschen* (Berl. Monatsber., 1870). — A. Bloch : *Expér. sur la vitesse du courant nerveux sensitif de l'homme* (Arch. de physiologie, 1875). — Chauveau : *Procédés et appareils pour l'étude de la vitesse de propagation des excitations dans les différentes catégories de nerfs moteurs chez les mammifères* (Comptes rendus, t. LXXXVII). — Id. : *Vitesse de propagation des excitations dans les nerfs moteurs des muscles de la vie animale, chez les animaux mammifères* (id.). — Id. : *Vitesse de propagation des excitations dans les nerfs moteurs des muscles rouges de faisceaux striés, soustraits à l'empire de la volonté* (id.).
  (2) *A consulter* : Helmholtz : *Ueber die Wärmeentwickelung bei der Muskelaction* (Muller's Archiv, 1848). — Heidenhain : Stud. d. physiol. Instituts zu Breslau, 1868. — Schiff : *Rech. sur l'échauffement des nerfs et des centres nerveux à la suite des irritations sensorielles et sensitives* (Arch. de physiol., 1869).

4. — Fatigue nerveuse.

La constatation et la mesure de la fatigue nerveuse présentent de très grandes difficultés expérimentales; en effet, elle ne peut guère s'apprécier que par des contractions, directes pour les nerfs moteurs, réflexes pour les nerfs sensitifs, et dans ces cas il est difficile de faire la part de ce qui revient à la fatigue du muscle et à la fatigue du nerf. Le fait constaté par du Bois-Reymond, que la variation négative s'affaiblit par la répétition des expériences, prouverait que la fatigue nerveuse existe par elle-même indépendamment de la fatigue musculaire. Cependant on peut tétaniser un nerf sans interruption pendant six heures sans que le nerf se fatigue (Wedenskii). Si on curarise un lapin on peut exciter le nerf sciatique pendant quatre heures sans fatiguer le nerf; au bout de ce temps si l'effet du curare a disparu, l'excitation du nerf détermine des contractions (Bowditch). Il semblerait donc que l'excitation et la transmission nerveuses ne s'accompagnent d'aucune usure de substance nerveuse.

Bernstein a trouvé un procédé ingénieux pour l'étudier à part : il fait passer un courant constant à travers la partie du nerf qui touche au muscle; pendant toute la durée du passage du courant les excitations portées sur la partie supérieure du nerf ne peuvent traverser la partie inférieure du nerf (voir page 649), et par conséquent exciter le muscle qui ne se fatigue pas; l'excitabilité du nerf fatigué est essayée alors avec un muscle qui a conservé toute son irritabilité : il a constaté ainsi que le muscle se fatigue beaucoup plus vite que le nerf et que le processus de réparation (rétablissement de l'irritabilité) se fait aussi beaucoup plus lentement dans le nerf que dans le muscle. Quand l'excitation a été trop intense, la réparation ne se fait pas. Les nerfs sensitifs se comportent au point de vue de la fatigue comme les nerfs moteurs.

Ranke a appliqué aux nerfs sa théorie de la fatigue musculaire (voir page 587); ainsi il considère les acides comme des substances fatigantes pour le nerf et, d'une façon générale, range dans cette catégorie toutes les substances qui diminuent l'excitabilité des nerfs et qui proviennent de leur désassimilation.

On ne sait si, de même que pour le muscle, l'activité nerveuse est nécessaire pour le maintien de l'intégrité des nerfs; à l'exception du nerf optique, on ne voit pas le bout central des nerfs sensitifs dégénérer après la section; Schiff a encore trouvé, au bout de près de deux ans, les fibres du bout central intactes, et cependant elles auraient dû dégénérer par défaut d'activité; il est vrai que dans ces cas on pourrait se demander si l'extrémité du bout central n'est pas excitée incessamment par les tiraillements de la cicatrice ou par toute autre cause.

Bibliographie. — WEDENSKII : *Wie rasch ermüdet der Nerv.* (Centralbl., 1884). — P. BOWDITCH : *Note on the nature of nerve force* (Journ. of physiol., t. VI, 1885).

§ 5. — Phénomènes électriques des nerfs. — Électricité nerveuse.

I. — COURANT NERVEUX DE REPOS.

Procédés. — Les procédés sont les mêmes que ceux qui ont été indiqués pour l'étude du courant musculaire (page 588).

Pour les nerfs comme pour les muscles, la déviation de l'aiguille du galvanomètre indique un courant qui va, dans les nerfs, de la coupe transversale à la surface longitudinale (fig. 190 et 191). La surface du nerf est électrisée positivement, la coupe négativement.

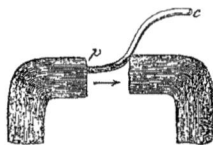

Fig. 190. — *Courant nerveux.*

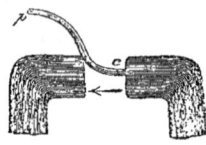

Fig. 191. — *Courant nerveux.*

La déviation de l'aiguille est plus faible pour le nerf que pour le muscle à cause de la plus grande résistance du nerf. Ce courant a été trouvé dans tous les nerfs, centripètes ou centrifuges, et dans toutes les espèces animales (Du Bois-Reymond).

Les lois du courant nerveux sont les mêmes que celles du courant musculaire auxquelles je renvoie. Ainsi, la déviation est faible (fig. 192) quand

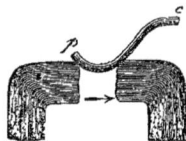

Fig. 192. — *Déviation faible.*

Fig. 193. — *Déviation nulle.*

on réunit par le conducteur galvanométrique deux points inégalement distants du milieu de la surface longitudinale; elle est nulle (fig. 193) quand on réunit les deux coupes transversales opposées.

La force électro-motrice du courant nerveux a été évaluée par Du Bois-Reymond à 0,022 Daniell chez la grenouille, à 0,026 Daniell chez le lapin.

Le courant nerveux disparaît peu à peu après la mort, mais il persiste plus longtemps que l'excitabilité nerveuse. Sa disparition est plus rapide que celle du courant musculaire; elle débute par les parties centrales et s'étend peu à peu à la périphérie; elle est accélérée par toutes les causes qui accélèrent la mort du nerf. Le courant nerveux disparaît plus vite chez les animaux à sang chaud que chez la grenouille.

Une température de + 14 à + 25° augmente l'intensité du courant. Une température trop élevée (ébullition), la dessiccation, certaines lésions peuvent renverser le sens du courant. Quand le courant a disparu dans un nerf sectionné, une nouvelle coupe peut faire reparaître le courant nerveux (Du Bois-Reymond, Engelmann).

D'après Hermann, qui adopte pour les nerfs la même opinion que pour les muscles (voir page 595), *dans un nerf tout à fait normal et intact*, il n'existe pas de courant pendant l'état de repos. Il réfute à ce propos les observations de Du Bois-Reymond et de Holmgren sur les courants du nerf optique et du globe oculaire (voir : *Vision*) et soutient que le prétendu courant nerveux du nerf en repos est dû simplement à la préparation et à la section transversale du nerf.

II. — PHÉNOMÈNES ÉLECTRIQUES DU NERF EN ACTIVITÉ. — VARIATION NÉGATIVE.

De même que les muscles, les nerfs à l'état d'activité présentent une variation de leur état électrique. Si on place dans le circuit galvanométrique une portion de nerf au repos, la déviation de l'aiguille indique l'existence du courant nerveux étudié dans le paragraphe précédent. Si alors on tétanise le nerf, en dehors du circuit galvanométrique, on voit l'aiguille revenir sur ses pas et quelquefois même dépasser le zéro (1); c'est à ce phénomène que Du Bois-Reymond a donné le nom de *variation négative*. La variation négative est liée intimement à l'excitation du nerf, elle se produit dans tous les nerfs, tant sensitifs que moteurs, et *dans toute l'étendue du nerf*, ce qui, comme on l'a vu plus haut (page 646), est un des plus forts arguments en faveur de la transmission nerveuse dans les deux sens. Elle n'est pas un phénomène électrique dû à l'excitation du nerf par l'électricité, car elle ne se produit pas quand on place sur le nerf une ligature qui n'empêche pas la conductibilité électrique, et d'ailleurs elle se produit aussi quand on emploie les excitations mécaniques, chimiques ou réflexes.

La variation négative augmente avec l'intensité de l'excitation sans qu'il y ait cependant parallélisme complet entre les deux valeurs; elle est renforcée quand le point excité est en catélectrotonus, diminuée quand ce point est anélectrotonisé.

Quand au lieu d'exciter le nerf avec des excitations successives, tétanisantes, on le soumet à une excitation simple, isolée, l'aiguille du galvanomètre ne change pas et n'accuse aucune trace de variation négative; mais si on emploie des instruments plus sensibles, tels que l'*électromètre de Lippmann* ou le *rhéotome différentiel* de Bernstein (pages 589 et 591), on voit qu'à chaque excitation simple correspond une brève variation négative; la variation négative du nerf tétanisé se compose donc d'une série de variations négatives en nombre égal au nombre des excitations tétanisantes, variations négatives qui sont fusionnées par l'inertie de l'appareil employé. La variation négative peut produire aussi, dans des conditions favorables d'excitabilité nerveuse, la contraction secondaire pour les excitations isolées et le tétanos secondaire pour les excitations tétanisantes. Le caractère discontinu de la variation négative dans le tétanos peut aussi se démontrer par la voie acoustique, en intercalant un téléphone très sensible dans le circuit d'un fil qui réunit la coupe transversale à la surface longitudinale du nerf tétanisé (Tarchanoff, Wedenskii). D'après Héring, la variation négative des nerfs tétanisés est suivie d'une *variation positive* consécutive très courte dont il a étudié les conditions.

La variation négative a été constatée dans tous les nerfs, à moelle ou sans moelle, sensitifs ou moteurs.

D'après Bernstein, la variation négative serait précédée d'une période latente et la durée de la variation serait de 0,0007 seconde. D'après Head au contraire cette durée serait beaucoup plus longue.

On voit par tout ce qui précède que la variation négative est, tout aussi bien que la contraction musculaire, un indice de l'activité nerveuse, et qu'à ce point de vue elle peut être utilisée absolument comme la contraction elle-même. On a vu plus haut que Bernstein a employé la variation négative pour mesurer la vitesse de la transmission nerveuse (page 539).

D'après Hermann, la variation négative n'est que l'expression d'un courant spécial, dirigé en sens contraire du courant de repos, auquel il donne le nom de *cou-*

(1) Avec les aimants apériodiques, l'aiguille n'arrive jamais jusqu'au zéro.

rant d'activité et qui est dû à ce que le point du nerf excité se comporte négativement vis-à-vis des points du nerf non soumis à l'excitation. D'après Hermann le
nerf, de même que le muscle (voir pages 596 et 597), est parcouru par de véritables
ondes de négativité et présente aussi des courants d'activité de double phase; seulement, à cause de la vitesse de la transmission nerveuse, il faut, pour pouvoir
observer ces deux phases contraires des courants d'activité, se placer dans des
conditions particulières d'expérimentation; ainsi il a pu les observer en ralentissant
la transmission nerveuse par le froid et en agissant sur des paquets de nerfs au
lieu de nerfs isolés.

D'après Schiff, toute excitation, quelle qu'elle soit, d'un nerf intact (en relation
avec ses centres et ses terminaisons périphériques) déterminerait dans ce nerf
l'apparition d'un faible courant d'activité à direction centripète.

III. — PHÉNOMÈNES ÉLECTROTONIQUES DES NERFS. — ÉLECTROTONUS.

Du Bois-Reymond découvrit le premier (1843) que quand on fait passer par un
point d'un nerf vivant un courant constant (courant excitateur ou *polarisateur*) de
même sens que le courant propre du nerf, le courant nerveux était renforcé (*phase
positive de l'électrotonus*); quand le courant excitateur était de sens contraire, le
courant nerveux était affaibli (*phase négative de l'électrotonus*). Il vit aussi que ces
variations du courant nerveux ne restaient pas limitées à la partie du nerf comprise entre les deux pôles du courant excitateur (*partie intra-polaire*), mais s'éten-
daient de chaque côté au delà de la région intra-polaire jusqu'aux deux extrémités
du nerf. Ainsi dans la figure 194, si dans le nerf NN′ le courant nerveux de repos,

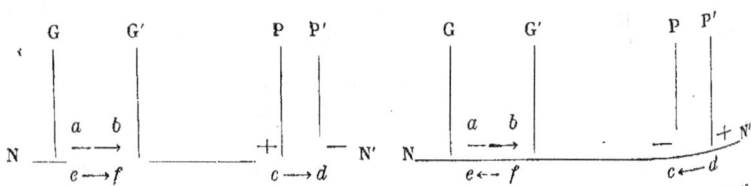

Fig. 194. — *Phase positive de l'électrotonus.*   Fig. 195. — *Phase négative de l'électrotonus.*

intercalé dans le circuit galvanométrique GG′, a la direction de la flèche *ab*, si
l'on excite le nerf par un courant PP′ dirigé dans le même sens, le galvanomètre
indique une augmentation du courant propre; si au contraire, comme dans la
figure 195, le courant excitateur a une direction opposée, le galvanomètre accu-
sera un courant nerveux plus faible. Mais des observations ultérieures montrèrent
bientôt que l'électrotonus positif ou négatif n'avait aucun rapport avec le courant
nerveux de repos et qu'il se présentait même quand ce courant de repos n'existait
pas. La loi doit donc être formulée ainsi : quand un courant polarisateur traverse
le segment d'un nerf, tous les autres points du nerf sont parcourus par un courant
de même sens qui s'ajoute *algébriquement* au courant nerveux de repos, *quand
celui-ci existe.*

Les courants électrotoniques sont donc indépendants du courant nerveux
ordinaire. Leur intensité augmente avec l'intensité de l'excitant, et d'après Du
Bois-Reymond leur force électro-motrice peut dépasser 0,05 Daniell, c'est-à-dire
atteindre par conséquent un chiffre beaucoup plus fort que le courant nerveux proprement dit. Elle augmente aussi avec l'étendue de la partie du nerf parcourue

par le courant polarisateur; ces courants sont aussi plus forts dans les parties les plus rapprochées de la région intra-polaire. Les courants excitateurs transversaux ne produisent pas l'électrotonus. L'électrotonus est plus fort à l'anode qu'au cathode; si on renverse successivement et rapidement le sens du courant excitateur, les modifications électrotoniques, au lieu de s'annuler réciproquement, ce qui devrait avoir lieu si elles étaient d'égale intensité aux deux pôles, se prononcent dans le sens de l'anélectrotonus.

Les courants électrotoniques ne sont pas une simple dérivation du courant excitateur; car ils ne se montrent pas si le nerf est soumis à la ligature, ou fatigué par des courants forts, ou sur le nerf mort, et d'autre part les phénomènes électrotoniques ne se produisent pas avec des fils humides ou métalliques qui sont cependant meilleurs conducteurs que les nerfs. Cependant les excitations électriques sont les seules qui produisent l'électrotonus; les excitations mécaniques, chimiques, etc., ne le produisent pas.

Un nerf A en état d'électrotonus (fig. 196) peut à son tour engendrer dans un

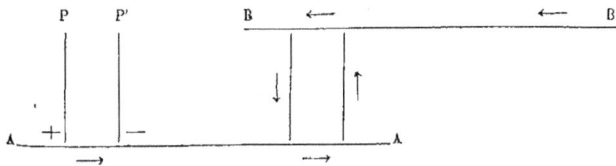

Fig. 196. — *Électrotonus secondaire.*

autre nerf B qu'on met en relation avec lui un courant électrotonique, de sorte que si ce nerf B est un nerf moteur, on aura une contraction ou un tétanos toutes les fois qu'on excitera ou qu'on tétanisera le nerf A (*contraction et tétanos secondaires*). Dans ce cas c'est l'établissement ou la rupture du courant électrotonique secondaire qui détermine la contraction. Cette contraction secondaire n'est donc pas due, comme on le croit quelquefois et comme cela existe pour le muscle (voir page 595), à la variation négative du courant nerveux; en effet, elle ne se produit que par les excitations électriques, tandis que la variation négative se produit aussi par les autres excitations.

La *contraction paradoxale*, mentionnée page 645, n'est qu'une forme de contraction secondaire et est aussi un phénomène d'électrotonus secondaire.

L'étude de l'électrotonus dans ses rapports avec l'excitabilité nerveuse, les excitations des nerfs et la transmission nerveuses a été faite pages 624, 632 et 649 auxquelles je renvoie.

L'électrotonus s'établit au moment de la fermeture du courant polarisant et disparaît au moment de la rupture; aussi les courants les plus brefs, comme des chocs d'induction, déterminent l'électrotonus. Après la rupture du courant polarisateur, l'électrotonus disparaît rapidement.

Quand on tétanise un nerf déjà mis en état d'électrotonus par un courant polarisateur, le courant électrotonique subit, comme le courant nerveux de repos, la variation négative (Bernstein). Dans la partie intra-polaire (du courant polarisant), le courant d'activité le plus fort est dirigé dans le même sens que le courant polarisant, tandis que la seconde phase est très faible; dans la partie extra-polaire, le courant d'activité de la seconde phase est plus faible quand il a le même sens que le courant polarisateur, plus fort quand il est de sens contraire (Hermann).

Les phénomènes de l'électrotonus se montrent aussi dans les *muscles*, mais seulement dans la partie intra-polaire. Cependant Hermann a tout récemment annoncé avoir constaté aussi dans la partie extra-polaire les phénomènes de l'électrotonus musculaire.

Courants de polarisation. — Après la rupture du courant polarisant, l'étendue du nerf parcouru par ce courant est le siège d'un courant de polarisation de sens contraire (courant de polarisation négatif), qui existe même sur le nerf mort. Si le courant polarisant était intense et la durée de la fermeture courte, le courant consécutif négatif se transforme bientôt en courant consécutif positif qui peut même s'établir d'emblée après la rupture, mais seulement sur le nerf vivant. Dans la région extra-polaire il se produit aussi un courant consécutif, positif dans la région catélectrotonique, négatif dans la région anélectrotonique.

IV. — COURANT NERVEUX AXIAL.

Ce courant a été étudié par Du Bois-Reymond et Mendelsohn. On donne le nom de courant axial au courant qui résulte de la différence de potentiel électrique de deux surfaces de section transversale d'un nerf. Si l'on détache par exemple un segment de nerf, les deux surfaces de section sont négatives, mais dans les nerfs centrifuges la surface de section supérieure ou centrale est la plus négative tandis que dans les nerfs centripètes c'est la section inférieure ou périphérique. Il en résulte dans le nerf un courant axial qui est toujours dirigé de la surface de section la moins négative à la surface de section la plus négative. Ce courant nerveux axial est donc ascendant dans les nerfs centrifuges (nerfs musculaires, nerf électrique, racines antérieures, presque toujours); il est descendant dans les nerfs centripètes (nerf optique, nerf olfactif, racines postérieures); dans les nerfs mixtes, sa direction est variable suivant la prédominance des filets moteurs ou sensitifs dans le nerf. En résumé, *la direction du courant axial est opposée à la direction de la transmission physiologique dans le nerf.*

La force électro-motrice du courant axial est égale à la différence des forces électro-motrices qui existent dans ce nerf entre l'équateur électro-moteur et chacune des surfaces transversales de section. Cet équateur électro-moteur est toujours plus rapproché de la surface transversale la plus négative et le courant allant de l'équateur à la surface la plus négative est toujours plus fort que l'autre.

Ce courant nerveux axial a une force électro-motrice qui varie de 0 volt, 0012 (racines antérieures, grenouille) à 0 volt, 00432 (nerf optique, poissons). Elle est plus grande dans les nerfs sensitifs que dans les nerfs moteurs et augmente avec la longueur et le calibre du nerf. La tétanisation persistante l'affaiblit beaucoup plus dans les nerfs moteurs que dans les nerfs sensitifs et peut même dans les premiers renverser le sens du courant.

V. — THÉORIES DE L'ÉLECTRICITÉ NERVEUSE ET MUSCULAIRE.

Plusieurs théories ont été invoquées pour interpréter les phénomènes électriques des nerfs et des muscles, *théorie moléculaire* de Du Bois-Reymond, la *théorie de l'altération* d'Hermann, les *théories chimiques* et les *théories mécaniques.*

1° *Théorie moléculaire de Du Bois-Reymond.* — Si l'on prend un cylindre de zinc terminé par deux surfaces de cuivre et qu'on le plonge dans l'eau (liquide conducteur), il se forme une infinité de courants isolés qui vont par l'eau du zinc au cuivre et dont on peut dériver une partie en appliquant une des extrémités d'un conducteur sur le zinc, l'autre sur le cuivre ; on voit alors, si on interpose un galvanomètre dans le conducteur, que la surface du zinc est électrisée positivement, celle du cuivre négativement, et on a une disposition analogue à celle du cylindre musculaire. Du Bois-Reymond suppose que chaque fibre musculaire ou nerveuse se compose d'une infinité de petits éléments électro-moteurs, *molécules péripolaires*, analogues au cylindre zinc-cuivre précédent, c'est-à-dire ayant une zone *équatoriale* positive et deux zones *polaires* négatives, et plongés dans une substance intermédiaire conductrice. La série de ces éléments électro-moteurs dans une fibre musculaire ou nerveuse peut alors être représentée schématiquement de la façon suivante :

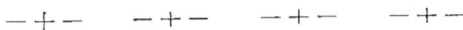

$$-+-\quad -+-\quad -+-\quad -+-$$

Les rapports ne changent pas si on suppose chacun de ces éléments électro-moteurs divisé en deux molécules dipolaires dont les pôles positifs seraient tournés l'un vers l'autre, et qui offriraient alors l'arrangement suivant :

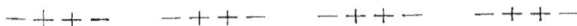

$$-++-\quad -++-\quad -++-\quad -++-$$

La figure 197 peut représenter dans ce cas la disposition des molécules dipolaires dans le muscle ; les flèches indiquent la direction des courants dans la substance intermédiaire conductrice. On voit aussi que quand on dérive un courant en pla-

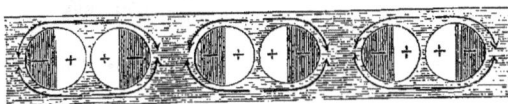

Fig. 197. — *Disposition des molécules dipolaires dans le muscle* (d'après Funke).

çant les deux extrémités d'un conducteur sur le muscle ou sur le nerf, le courant ainsi détourné ne représente qu'une petite partie des courants totaux développés dans l'ensemble du système et que par conséquent le courant musculaire est beaucoup plus intense que ne l'indique la déviation de l'aiguille galvanométrique.

Dans l'hypothèse de Du Bois-Reymond, les molécules électro-motrices *préexistent* dans le muscle et dans le nerf et les extrémités naturelles de ces deux organes auraient la même négativité que les coupes artificielles ; cependant, pour expliquer les cas de *parélectronomie* (page 594), il supposa qu'à l'extrémité du muscle se trouvait une rangée unique de molécules dipolaires dont le pôle positif serait dirigé vers le tendon comme dans le schéma suivant où P représenterait cette *couche pa-*

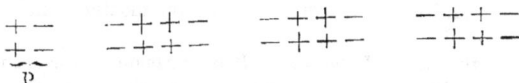

$$\begin{array}{llll} +- & -+- & -+- & -+- \\ +- & -+- & -+- & -+- \end{array}$$
$$\underbrace{}_{\text{P}}$$

rélectronomique. En outre, pour expliquer les différences d'intensité des courants suivant le point d'application des conducteurs du circuit galvanométrique, différences inexplicables si l'on suppose invariables les forces électro-motrices de chaque molécule, il fut obligé d'admettre que les différentes molécules d'un nerf ou d'un muscle perdaient leurs forces électromotrices d'une façon irrégulière ; la variation négative serait due soit à une diminution des forces électromotrices des molécules, soit à un arrangement nouveau affaiblissant leur manifestation extérieure.

Pour expliquer les phénomènes de l'électrotonus, la théorie moléculaire admet que les molécules dipolaires prennent la disposition indiquée dans le schéma suivant :

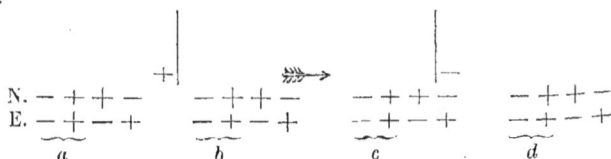

Ces molécules dipolaires tournent leur pôle négatif vers l'électrode positive, leur pôle positif vers l'électrode négative, le courant polarisateur marchant dans le nerf dans le sens de la flèche (N indique la disposition normale, E l'état électrotonique) ; on voit que les molécules dipolaires *a*, *b*, *c*, *d* ne changent pas et que les autres subissent une rotation de 180°. La figure suivante, à comparer avec la figure 196, représente cette disposition. Cependant, comme les molécules dipolaires ont des forces électromotrices qui leur sont propres, ces molécules ne sont pas tout à fait en groupement dipolaire comme dans la figure, mais doivent être plutôt disposées

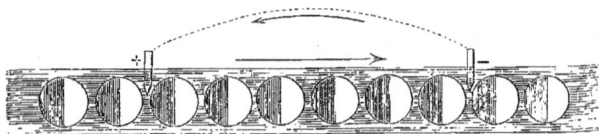

Fig. 198. — *Molécules dipolaires dans l'électrotonus* (d'après Funke).

posées d'une façon intermédiaire entre la figure 198 et la figure 197. La théorie moléculaire explique difficilement tous les phénomènes de l'électrotonus, cependant elle permet d'en interpréter quelques-uns. Ainsi dans le cas d'excitation *transversale* du nerf, la disposition prise par les molécules dipolaires (fig. 199)

Fig. 199. — *Molécules dipolaires dans l'excitation transversale des nerfs* (d'après Funke).

permet de comprendre qu'il ne peut se produire de courant et par conséquent d'excitation dans le nerf (1).

Plusieurs auteurs, Bernstein, Fleischl, etc..., ont modifié la théorie moléculaire de Du Bois-Reymond.

2° *Théorie de l'altération d'Hermann.* — Pour Hermann, les courants musculaires et nerveux ne préexistent pas dans le muscle et dans le nerf ; quand ces organes sont tout à fait intacts, ils ne sont le siège d'aucun courant. Pour que le courant se produise *pendant le repos*, il faut faire une coupe transversale artificielle du nerf ou du muscle ; cette coupe transversale amène la désorganisation, la mortification de la substance nerveuse ou musculaire ; Hermann admet que *cette substance morte ou*

(1) C'est à tort que quelques auteurs ont voulu identifier la transmission de l'excitation dans les nerfs avec les modifications moléculaires de l'électrotonus ; en effet, l'électrotonus s'affaiblit à une certaine distance du point excité et il se transmet beaucoup plus rapidement que l'excitation nerveuse.

mourante se comporte négativement vis-à-vis de la substance vivante ; les forces électromotrices ont leur siège aux surfaces de séparation du vif et du mort (*surfaces de démarcation*) et ce sont elles qui donnent naissance au courant de repos qu'il appelle *courant de démarcation*. Ce qui prouve bien que ce courant de démarcation ne dépend pas d'un courant préexistant, c'est qu'il lui faut un temps mesurable pour se produire après une coupe artificielle, et ce *stade latent* qui est d'environ $1/400^e$ de seconde (mesuré avec le Fallrheotom ; voir page 597) peut être retardé par le froid. Quant aux *courants d'activité*, ils s'expliquent en admettant que pendant l'excitation les parties excitées sont négatives vis-à-vis des parties au repos. Donc, d'une façon générale, la substance contractile serait douée de la propriété remarquable de répondre aux influences destructives ou excitantes par une réaction électro-motrice, de telle façon que la partie atteinte se comporte négativement vis-à-vis des autres parties. Quant à la *nature* même des forces électromotrices qui se produisent au contact des deux substances à un état différent, Hermann laisse la question indécise et se contente d'avoir déterminé le siège de ces forces et leurs conditions d'apparition. La théorie d'Hermann, grâce aux développements qu'elle a reçus dans ces derniers temps par les nombreuses recherches de l'auteur, me paraît plus simple et plus rationnelle que la théorie de Du Bois-Raymond. Pour les détails de la théorie, je ne puis que renvoyer aux mémoires originaux de l'auteur.

3° *Théories chimiques.* — Liebig émit un des premiers l'idée que le courant musculaire était dû à la réaction différente du sang (alcalin) et du tissu musculaire (acide), et cette idée de l'origine chimique des courants électriques a été soutenue et généralisée par d'autres observateurs. Ranke, en particulier, a cherché, en se basant sur la façon dont les éléments anatomiques se comportent avec le carminate d'ammoniaque, à déterminer la réaction de ces éléments : il a vu que le noyau des cellules était acide par rapport au contenu cellulaire, qu'il en était de même de la fibre-axe du nerf par rapport à la moelle nerveuse, de la substance intermédiaire du muscle par rapport aux *sarcous elements,* et il considère tous ces éléments anatomiques comme des molécules électro-motrices et l'origine incessante de courants électriques multiples dans l'intérieur de l'organisme. Mais c'est surtout E. Becquerel qui, dans ses remarquables recherches sur les *phénomènes électro-capillaires*, a, grâce à ses observations et à ses expériences ingénieuses, fait entrer dans une voie nouvelle l'étude des phénomènes électriques dans les organismes vivants. E. Becquerel a démontré, en effet, que des circuits électro-chimiques peuvent exister dans l'organisme sans l'intervention d'un métal ; il suffit de la présence de deux liquides de nature différente, séparés par une fente capillaire ou par une membrane organique ; la paroi qui est en contact avec le liquide, qui se comporte comme acide, est le pôle négatif, la paroi opposée le pôle positif ; les parois des espaces capillaires se comportent comme des conducteurs solides. Il existe donc dans le corps un nombre incalculable de couples électro-capillaires qui donnent naissance incessamment à des courants électriques qui ne disparaissent qu'après la mort. Ces actions chimiques expliquent non seulement les courants musculaires et nerveux, ceux des os (découverts par E. Becquerel), etc., mais encore les phénomènes intimes qui se passent dans les capillaires et dans les tissus. Ainsi, dans les capillaires des tissus, la face de la paroi capillaire en contact avec le sang est le pôle négatif, la face en contact avec le suc des tissus, le pôle positif d'un couple ; l'oxygène, par l'effet du courant électro-capillaire agissant comme force chimique, est déposé sur la face externe positive en dehors des capillaires ; le gaz acide carbonique produit dans les tissus rentre dans les capillaires par l'action du courant agissant comme force mécanique à l'égard des composés électro-positifs dissous. Dans les capillaires des poumons, l'inverse a lieu ; l'oxygène se trouve, en effet, non en dedans des capillaires, mais en dehors, et l'électricité des parois capillaires a changé de signe, de façon que c'est l'oxygène qui entre dans les capillaires et l'acide carbonique qui en est expulsé.

4º *Théories mécaniques. Théorie de d'Arsonval.* — D'Arsonval a fait remarquer que, outre les causes chimiques, les manifestations électriques des organismes vivants reconnaissent des causes purement mécaniques. Telles sont : 1º la filtration simple d'un liquide à travers un septum poreux (Voir plus haut les expériences de E. Becquerel) ; 2º l'écoulement d'un liquide à travers un tube capillaire (Haga, Clark) ou non capillaire (Dorn, Edlund) : 1º mais la cause la plus importante, d'après d'Arsonval, ce sont les changements dans la constante capillaire à la surface de séparation de deux corps pouvant se déformer. Quand on fait varier la surface de séparation de deux liquides non miscibles (eau et mercure par exemple), chaque déformation produit un courant électrique. C'est le phénomène découvert par Lippmann et utilisé dans son électromètre capillaire. D'après d'Arsonval, dans le muscle, dans le nerf, dans l'organe des poissons électriques, c'est un phénomène du même genre qui produit l'électricité et la variation négative.

Théorie de l'électrotonus. — On a vu plus haut (page 657) l'interprétation des phénomènes électrotoniques dans la théorie moléculaire de Du Bois-Reymond, et on a vu aussi combien cette théorie est insuffisante pour les expliquer. Déjà Matteucci, en 1863, avait vu des phénomènes analogues sur des fils de platine entourés d'une gaine poreuse humide. Il constata qu'en faisant passer un courant constant dans une certaine étendue du fil métallique, le fil accusait dans chaque point de son trajet un courant extra-polaire dirigé dans le même sens que le courant polarisateur et dont l'intensité diminuait avec la distance du point exploré au point d'application des pôles de la pile ; il constata en outre que ce courant disparaissait quand, au lieu de fil de platine, on employait un fil de zinc amalgamé (impolarisable) entouré d'une solution de sulfate de zinc et attribua par conséquent le courant extra-polaire à la polarisation électrolytique s'exerçant aux points de contact du fil métallique et de son enveloppe. Hermann a répété et confirmé les expériences de Matteucci ; il en a institué de nouvelles et est arrivé à cette conclusion que c'est dans ces faits de polarisation que les phénomènes de l'électrotonus trouvent leur meilleure interprétation, tout en laissant indécise la question de savoir où, dans le muscle et dans le nerf, se trouvent les surfaces de polarisation. La résistance des nerfs dans le sens transversal comparée à la facile conductibilité dans le sens longitudinal parlent aussi en faveur de l'opinion qui considère le nerf comme constitué par deux substances concentriques au point de contact desquelles s'établit la polarisation interne. L'histologie d'un nerf est du reste plutôt favorable qu'opposée à cette opinion. Grünhagen a donné une théorie de l'électrotonus qui se rapproche par beaucoup de points de celle d'Hermann. Celle-ci a été attaquée par V. Fleischl.

Bibliographie. — CHRISTIANI : *Ueber Dämpfung und Astasirung von Spiegelboussolen* (Arch. f. Physiol., 1879). — E. V. FLEISCHL : *Ueber die Construction des Capillar-Electromoters*, etc. (id.). — CH. LOVEN : *Om kapillarelektrometern* (Nord. med. Arkiv, t. XI, 1879). — K. SCHERING : *Allg. Theorie der Dämpfung* (Wiedemann's Ann. d. Physik, t. IX, 1880). — L. HERMANN : *Ueber eine verbesserte Construction des Galvanometers*, etc. (Arch. de Pflüger, t. XXI, 1880). — W. BIEDERMANN : *Ueber die Abhängigkeit des Muskelstromes von localen chem. Verand.*, etc. (Wien. Akad., t. LXXXI, 1880). — L. FREDERICQ : *Ueber die electromotorische Kraft der Warmblüternerven* (Arch. f. Physiol., 1880). — L. HERMANN : *Unt. üb. die Actionsströme der Nerven* (A. de Pflüger, t. XXIV, 1880). —

W. Bach et R. Oehler : *Beiträge zur Lehre von den Hautströmen* (Arch. de Pflüger, t. XXII, 1880). — B. Luchsinger : *Neue Beob. von Secretionsströmen* (id.). — W. Kühne et J. Steiner , *Ueber das electromotor Verhalten der Netzhaut* (Heidelb. physiol. Instit. t. III, 1880 et IV, 1881). — J. Setschenow : *Galvan. Erschein. an der cerebrospinalen Axe des Frosches* (Arch. de Pflüger, t. XXV, 1881). — L. Hermann : *Neue vermeintliche Argumente für die Moleculartheorie des Muskel-und Nervenstroms* (Arch. de Pflüger, t. XXVI, 1881). — A. J. Künkel : *Electr. Unters.* (Arch. de Pflüger, t. XXV, 1881). — J. Burdon-Sanderson : *On the electromotive properties of the leaf of Dionæa*, etc. (Proceed. roy. Soc., t. XXXIII, 1881). — L. Hermann : *Notiz über eine Verbesserung am repetirenden Rheotom* (Arch. de Pflüger, t. XXVII, 1882). — E. v. Fleischl : *Notiz über ein Sinus-Rheonom* (Arch. f. Physiol., 1882). — J. Setschenow : *Galv. Erscheinungen an dem verläng. Marke des Frosches* (Arch. de Pflüger, t. XXVII, 1882). — J. Anderson : *Ueber secundäre Wirkungen von Herzen auf Muskeln* (Unt. d. phys. Inst. Heidelb., t. IV, 1882). — L. Hermann : *Neue Unt. üb. Hautströme* (Arch. de Pflüger, t. XXVII, 1882). — E. Hering : *Ueber Nervenreizung durch den Nervenstrom* (Wien. Akad., t. LXXXV, 1882). — W. Biedermann : *Ueber scheinbare Oeffnungszuckung verletzter Muskeln* (id.). — C. Frölich : *Ueber eine neue Vorrichtung zur raschen Beruhigung schwingender Magnete* (Arch. de Pflüger, t. XXXII, 1883). — G. Le Goarant de Tromelin : *Sur un nouveau galvanomètre apériodique* (C. rendus, t. XCII, 1883). — A. Chervet : *Sur un nouvel électromètre capillaire* (id.). — M'kendrick : *Note on a simple form of Lippmann's capillary electrometer*, etc. (Journ. of anat., t. XVII, 1883). — L. Hermann : *Eine modificirte Construction des Differential-Rheotoms* (Arch. de Pflüger, t. XXXI, 1883). — N. Wedenski : *Die telephonische Wirkungen des erregten Nerven* (Cbl., 1883). — Id. : *Notiz zur Nervenphysiologie der Kröte* (Arch. f. Physiol., 1883). — J. Burdon-Sanderson et M. Page : *On the electrical phenomena of the excitatory process in the heart of the frog*, etc. (Journ. of physiol., t. IV, 1883). — A. Grünhagen : *Zur Literaturgeschichte einiger Entdeckungen auf dem Gebiete der Electrophysiologie* (Arch. de Pflüger, t. XXX, 1883). — L. Hermann : *Zur electrophysiologischen Literaturgeschichte* (id.). — E. Du Bois-Reymond : *Ueber secundär-electromotorische Erscheinungen an Muskeln, Nerven und electrischen Organen* (Berl. Acad., 1883). — L. Hermann : *Ueber sog. sec.-electrom. Erscheinungen an Muskeln und Nerven* (Arch. de Pflüger, t. XXXIII, 1883). — E. Hering : *Ueber Veränderungen des electromot. Verhaltens des Muskeln*, etc. (Wien. Acad., t. LXXXIII, 1883). — Id. : *Ueber du Bois-Reymond's Unters.*, etc. (id.). — W. J. Steiner : *Ueber den Einfluss der Temperatur auf den Nervenstrom.* etc. (Arch. f. Physiol., 1883). — Th. Gray et A. Gray : *On a new reflecting galvanometer*, etc. (Proceed. Roy. Soc., t. XXXVI, 1884) — J. Rosenthal : *Ein neues Galvanometer* (Ann. d. Physik., t. XXIII, 1884). — G. Lippmann : *Sur un galvanomètre à mercure* (C. rendus, t. XCVIII, 1884). — J. Carpentier : *Sur un essai de galvanomètre à mercure* (id.). — E. Du Bois-Reymond : *Unt. üb. thierische Electricität* (fin de l'ouvrage, 1884). — Id. : *Ueber secundär-electromot. Erscheinungen an Muskeln*, etc. (Arch. f. Physiol., 1884). — E. Hering : *Ueber positive Nachschwankung des Nervenstromes*, etc. (Wien. Acad., t. LXXXIX, 1884). — Id. : *Ueber Schwankungen des Nervenstromes*, etc. (id.). — L. Hermann : *Ueber wellenartig ablaufende galvanische Vorgänge am Kernleiter* (Arch. de Pflüger, t. XXXV, 1884). — D. W. Samways : *Electrical actions in nerves*, etc. Cambridge, 1884. — A. v. Gendre : *Ueber das Verhalten eines dem Muskel zugeleiteten Stromes während des Tetanus* (Arch. de Pflüger, t. XXXV, 1884). — Id. : *Ueber den Einfluss der Temperatur auf einige thier. electr. Erscheinungen* (id., t. XXXIV, 1884). — C. Decharme : *Expér. hydrodynamiques* (Ann. de ch. et de phys., 1884). — E. du Bois-Reymond : *Auszug aus dem Protocoll der fünften Plenarsitzung des international Congress der Electriker zu Paris*, etc. (Arch. f. Physiol., 1884). — A. Achard : *Des nouveaux galvanomètres à mercure de Lippmann* (Ann. d. sc. phys. et nat., t. XIV, 1885). — B. Sanderson : *Hermann's differential rheotome*, etc. (Journ. of physiol., t. V, 1885). — W. Samways : *A double differential rheotome* (Journ. of physiol., t. VI, 1885). — Fr. Jolly : *Unt. üb. den electrischen Leitungswiderstand des menschlichen Körpers*, Strasbourg, 1884. — M. Mendelssohn : *Ueber den axialen Nervenstrom* (Arch. f. Physiol., 1885). — E. v. Fleischl : *Zur Beurtheilung der sog. Prävalenz-Hypothese* (Arch. f. Physiol., 1885). — J. v. Kries : *Notiz üb. das Federrheonom* (id.). — A. Fuhr : *Versuchsresultate mit v. Fleischl's Rheonom* (A. de Pflüger, t. XXXVIII, 1885). — D'Arsonval : *Sur les causes des courants électriques d'origine animale* (Soc. de Biol., 1885). — M. Mendelssohn : *Sur la détermination de la force électro-motrice du courant nerveux*, etc. (Gaz. des hôpitaux, 1886). — Id. : *Nouv. rech. sur le courant nerveux axial* (C. rendus, t. CIII, 1886). — S. Stricker : *Die Prävalenzhypothese* (Wien. med. Jahrb., 1886). — Id. : *Notizen üb. die electr. Gefälle* (id.). — S. Lee : *Ueber die elektrischen Erscheinungen, welche die Muskelzuckung begleiten* (Arch. f. Physiol., 1887). — H. Head :

Ueber die negativen und positiven Schwankungen des Nervenstromes (A. de Pflüger, t. XL, 1887).
Bibliographie de l'électrotonus. — K. Hællsten : *Electrotonus in sensiblen Nerven* (Arch. f. Physiol., 1880). — D. Mucci : *Nuova legge elettrofisiologica relativa all' elettrotono interpolare* (Sperimentale, t. XLVI, 1880). — V. v. Baranowski et C. Garré : *Ueber die Geschwindigkeit mit welcher sich der Electrotonus im Nerven verbreitet* (Arch. de Pflüger, t. XXI, 1880). — J. Bernstein : *Ueber den zeitlichen Verlauf der electrotonischen Ströme des Nerven* (Berl. Acad., 1880). — R. Tigerstedt : *Die durch einen constanten Strom in den Nerven hervorgerufenen Veränderungen der Erregbarkeit mittelst mechanischer Reizung untersucht* (Phys. Labor. d. Carol. med. chir. Inst. 1882). — B. Werigo : *Ueber die secundären Erregbarkeitsveränderungen an der Cathode eines andauernd polarisirten Froschnerven* (Chl., 1882). — A. Waller et A. de Watteville : *Ueber den Einfluss des galvanischen Stroms auf die Erregbarkeit der motorischen Nerven des Menschen* (Neur. Cbl., 1882). — Id. : *On the influence of galvanic current*, etc. (Trans. Roy. Soc., 1882). — Id. : *On the alterations of the excitability of the sensory nerves of man by the passage of a galvanic current* (id.). — Id. : *Introduction à l'étude de l'électrotonus des nerfs moteurs et sensitifs chez l'homme*, Bâle, 1882. — Tschiriew : *Zur Lehre vom Electrotonus* (Arch. f. Physiology, 1883). — Werigo : *Die secundären Erregbarkeitsänderungen an der Cathode eines andauernd polarisirten Froschnerven* (Arch. de Pflüger, t. XXXI, 1883). — A. Grünhagen : *Zur Physik des Electrotonus* (A. de Pflüger, t. XXXV, 1885). — E. v. Fleischl : *Stud. üb. den Electrotonus* (Arch. f. Physiol. 1885). — L. Hermann : *Ueber die Ursache des Electrotonus* (A. de Pflüger, t. XXXVIII, 1885). — J. Bernstein : *Ueber das Entstehen u. Verschwinden der electroton. Ströme*, etc. (Arch. f. Physiol., 1886) (1).

Article III. — **Physiologie générale des celulles nerveuses.**

La substance grise se présente sous deux formes principales, celle de masses agglomérées, comme dans le centre nerveux cérébro-spinal (moelle et encéphale), ou bien celle de petites masses isolées ou ganglions, comme dans le grand sympathique. Mais qu'elle soit agglomérée ou disséminée, ses propriétés essentielles n'en sont pas changées et dépendent toujours des cellules nerveuses qui en constituent la partie la plus importante.

La physiologie des cellules nerveuses a été traitée en partie avec celle de la substance blanche et, d'autre part, pour beaucoup de points, elle ne peut être étudiée avec fruit qu'avec la physiologie spéciale des centres nerveux. Il ne s'agira donc ici que des phénomènes pris dans leur plus grande généralité, abstraction faite autant que possible de tout ce qui présente un caractère spécial.

Les propriétés chimiques et physiques de la substance grise ont été étudiées avec celles de la substance blanche (pages 616 et 622), il en est de même de la nutrition (page 621) et de l'influence des cellules nerveuses sur les nerfs. Les seules questions traitées dans ce paragraphe seront donc celles de l'excitabilité et de l'activité des cellules nerveuses. La seule chose à noter ici est la vascularité plus grande, la nutrition plus active et la vitalité plus intense de la substance grise.

(1) *A consulter :* Matteucci : *Leçons sur l'électricité animale*, 1856 et *Cours d'électro-physiologie*, 1858. — Du Bois-Reymond : *Unt. üb. thierische Electricität*, 1848-1886. — E. Pflüger : *Unt. üb. die Physiologie des Electrotonus*, 1859. — L. Hermann : dans Archives de Pflüger, passim, 1870 à 1887. — A. Grünhagen, dans : Zeit. für rat. Med. passim, t. XXIX à XXXVI, et Arch. de Pflüger, t. V et VIII. — E. Becquerel (C. rendus, 1870 et Journ. de l'Anat., 1874). — Du Bois-Reymond : *Gesammelte Abhandlungen*, 1875. — Je suis obligé d'omettre un grand nombre de travaux, à cause de l'abondance de la bibliographie sur ce sujet.

1. — EXCITABILITÉ DES CELLULES NERVEUSES.

L'excitabilité de la substance grise est sous la dépendance immédiate de la nutrition générale des cellules nerveuses et de toutes les conditions organiques qui la déterminent, et de la circulation en particulier, conditions qui ont été vues en grande partie à propos de l'excitabilité des nerfs.

Cette excitabilité présente des variations individuelles qui paraissent beaucoup plus accentuées que pour l'irritabilité musculaire par exemple; les mêmes variations se retrouvent suivant les espèces, les races, l'âge et le sexe, etc., sans qu'il soit possible encore de dégager nettement les causes de ces variations.

Un afflux sanguin plus considérable, un accroissement de pression sanguine, par contre aussi un certain degré d'anémie augmentent l'excitabilité nerveuse: toute augmentation d'excitabilité des appareils nerveux périphériques agit dans le même sens; il en est de même de l'oxygène, de l'air comprimé, de certaines substances comme l'essence d'absinthe, la strychnine, la brucine, etc.

L'excitabilité de la substance grise diminue par l'interruption de l'afflux sanguin (expérience de Stenson), la fatigue,[1] par l'action de certaines substances, comme le bromure de potassium, les anesthésiques, les hypnotiques, les narcotiques, etc. Enfin l'influence de l'activité d'autres centres nerveux peut se traduire encore par une diminution ou même une abolition de l'excitabilité d'un ou de plusieurs groupes de cellules nerveuses, ainsi dans les actions nerveuses dites d'arrêt.

Excitants de la substance grise. — L'existence d'une excitation préalable est aussi nécessaire pour la cellule que pour la fibre nerveuse. A l'état physiologique, ce sont ordinairement des excitations provenant de la périphérie et transmises par les nerfs sensitifs, des excitations provenant d'autres cellules nerveuses et transmises par les nerfs intercellulaires; ainsi, un centre nerveux sensitif entrera en activité par suite d'une vibration lumineuse portée sur la rétine et transmise (comme modification encore inconnue) par le nerf optique; un centre nerveux moteur entrera en activité par suite d'une excitation qui pourra provenir soit d'un centre nerveux sensitif, comme dans les mouvements réflexes, soit d'un centre psychique, comme dans les mouvements volontaires.

Mais, outre ces excitations physiologiques habituelles, pour ainsi dire, il en est de plus obscures et moins fréquentes; tels sont, par exemple, un afflux sanguin plus considérable (qui pourra déterminer des convulsions par excitation directe d'un centre moteur), l'état même du sang et la présence dans ce liquide de substances particulières excitantes soit par leur nature, comme certains poisons, soit simplement par leur excès, comme l'acide carbonique dans l'asphyxie.

On voit, par cet exposé, que nous rejetons tout à fait, pour la cellule nerveuse comme du reste pour tous les autres éléments, la spontanéité admise par beaucoup d'auteurs.

Quant à savoir si l'excitabilité des cellules nerveuses peut être influencée par les excitations expérimentales directes, mécaniques, physiques, électriques, etc., c'est une question de la plus haute importance en physiologie nerveuse, mais qui sera traitée plus loin à propos des centres nerveux (voir : *Excitabilité de la moelle et de l'encéphale*).

II. — ACTIVITÉ DES CELLULES NERVEUSES.

L'activité des cellules nerveuses se présente sous deux formes essentielles : la conductibilité ou la transmission de mouvement et le dégagement de mouvement (1).

La *conductibilité nerveuse*, quoique plus spécialement attribuée à la substance blanche, existe aussi dans la substance grise ; si on sectionne tous les cordons blancs de la moelle, en respectant la substance grise, la transmission nerveuse, quoique affaiblie, continue encore à se faire ; elle paraît seulement plus lente et plus diffuse.

Le *dégagement de mouvement nerveux* est la propriété la plus importante des cellules nerveuses ; chaque cellule représente un véritable réservoir de mouvement, et on peut donner le nom de *décharge nerveuse* (qui ne préjuge rien) au dégagement de mouvement moléculaire, encore inconnu dans son essence.

Le premier caractère de cette décharge nerveuse, c'est son *instantanéité*. Elle n'a qu'une durée très courte, inappréciable ; aussi quand l'activité de la cellule nerveuse doit durer un certain temps, la décharge nerveuse, au lieu d'être continue, est-elle *intermittente* et consiste alors en une série de décharges successives, très brèves, séparées par des intervalles de repos. Ainsi on a vu plus haut que la contraction musculaire se compose d'une succession de secousses qui correspondent à autant d'excitations parties du centre moteur ou à autant de décharges nerveuses ; à l'état normal, ces décharges, et par suite les secousses, se succèdent avec assez de rapidité pour que les secousses se fusionnent en une contraction totale unique ; quand au contraire, le centre nerveux moteur, par suite d'altérations dues soit à l'âge, soit à d'autres causes, ne peut plus envoyer assez rapidement les décharges nerveuses successives, les secousses musculaires correspondant à chaque décharge sont trop espacées pour que leur fusion s'opère ; chacune d'elles se produit à part et se termine avant que la suivante ait commencé, et il en résulte, au lieu d'une contraction totale, une série de contractions partielles comme dans le tremblement sénile ou alcoolique.

Il est probable que, dans les autres centres nerveux comme dans les centres moteurs, cette intermittence se présente aussi ; car on la retrouve dans un très grand nombre d'actions nerveuses, jusque dans la veille et le sommeil. Elle prend même très souvent, comme dans les mouvements du cœur, la respiration, etc., un *caractère rythmique* d'autant plus marqué que le fonctionnement nerveux est plus régulier.

(1) Ord a admis une véritable contractilité des cellules de la substance grise.

Cette intermittence et ce rythme, si fréquents dans les actions nerveuses, peuvent se comprendre jusqu'à un certain point si on se rapporte au mode d'action de la plupart des excitants qui agissent sur la substance nerveuse. Les excitations des deux sens les plus importants, avec le toucher, la vue et l'ouïe, ne sont autre chose que des vibrations, vibrations lumineuses, vibrations sonores, d'un caractère essentiellement rythmique; il en est de même des impressions de température et peut être des impressions tactiles; le retour régulier du jour et de la nuit, peut-être aussi celui des différentes saisons, font revenir périodiquement certaines influences de chaleur, de lumière, etc., qui ont probablement leur corrélatif dans les centres nerveux et il n'y a rien d'étonnant à ce que des excitations périodiques, à force d'agir sur la substance nerveuse, finissent à la longue par imprimer à son activité un caractère particulier d'intermittence et de périodicité.

La *quantité de mouvement* dégagée dans un centre nerveux en activité ou *l'intensité de la décharge nerveuse* varie suivant certaines conditions encore incomplètement connues. En général, elle augmente avec l'intensité de l'excitant : une faible excitation d'un centre moteur déterminera de faibles mouvements; une forte, des convulsions intenses. Le mode d'excitation ou la nature de l'excitant paraît jouer aussi un rôle important, mais encore indéterminé.

Un caractère essentiel de l'activité des centres nerveux, c'est qu'une modification nerveuse fréquemment répétée se produit de plus en plus facilement et tend à se reproduire pour la plus faible excitation. Le centre nerveux paraît acquérir, par l'usage, une sorte d'état d'*équilibre instable*, grâce auquel il entre en activité sous la plus légère impression. Si c'est un centre nerveux moteur, le mouvement devient, comme on dit, *machinal*, et s'il est quelque temps sans se produire, il survient dans le centre nerveux une véritable tendance à le reproduire, tendance qui s'accompagne d'un certain malaise, si elle n'est pas satisfaite. Il en est de même pour les centres nerveux sensitifs; quand une impression habituelle cesse d'agir, la cessation de l'excitant ordinaire amène une sorte de sentiment mal défini qui constitue un *désir* ou un *besoin*.

Toute excitation d'une cellule nerveuse produit donc dans cette cellule une modification qui peut persister plus ou moins longtemps, quelque légère qu'elle soit. C'est grâce à cette persistance que peuvent s'expliquer en partie les phénomènes d'*addition latente* dont il a été question pages 548 et 642.

Le phénomène de la *fatigue* se présente pour les cellules nerveuses comme pour les éléments musculaires. Certaines substances peuvent agir comme *épuisantes* sur les centres nerveux et d'après Ranke, là comme pour le muscle, il faudrait ranger parmi ces substances les produits de la désassimilation nerveuse.

La *nature* de la décharge nerveuse nous est complètement inconnue dans son essence. Mais, quelle que soit sa nature, cette décharge nerveuse peut présenter deux caractères différents : être *perçue* ou *non perçue*, et les modifications des centres nerveux peuvent, à ce point de vue, se diviser en deux groupes : *modifications conscientes* et *modifications inconscientes*. Cependant cette distinction, quelque légitime qu'elle paraisse au premier abord, est loin d'être absolue.

On trouve, en effet, un grand nombre d'actions nerveuses qui, d'abord conscientes, deviennent ensuite inconscientes. Quand l'enfant commence à marcher, chaque mouvement est volontaire, et il a parfaitement conscience de chacun des essais qu'il fait pour avancer en conservant son équilibre; puis, peu à peu le tâtonnement des premiers pas disparaît, les mouvements, d'abord cherchés et hésitants, deviennent automatiques et inconscients et la marche se fait enfin sans qu'il y pense. La parole présente un exemple encore plus frappant de cette transformation d'actions, d'abord conscientes, en actions inconscientes, et il en est de même chez l'adulte (pianiste, violoniste, etc.).

La façon dont ces phénomènes doivent être compris, à mon avis, sera exposée dans le chapitre de la *Psychologie physiologique*.

Classification des centres nerveux. — Tous les centres nerveux n'ont pas le même mode d'activité. Excités, les uns réagissent par des sensations (douleurs, sensations spéciales, etc.); d'autres, par des mouvements ou des sécrétions; d'autres enfin ne donnent lieu, dans l'expérience physiologique, à aucune réaction appréciable et sont probablement attribués à des actes purement psychiques. On pourra donc, d'après leur mode d'activité ou mieux d'après les phénomènes réactionnels qu'ils engendrent, diviser ainsi les centres nerveux :

1° *Centres d'impression*, auxquels arrivent les excitations sensitives conscientes et inconscientes (impressions et sensations); ·

2° *Centres d'action*, moteurs, sécrétoires et peut-être trophiques (?);

3° *Centres psychiques* (perception, idées, volonté, etc.);

4° *Centres d'arrêt*, dont l'action consisterait à enrayer à certains moments l'action des autres centres et en particulier des centres moteurs.

ARTICLE IV. — **Physiologie des organes nerveux périphériques.**

Les organes nerveux périphériques se trouvent soit à l'extrémité des nerfs moteurs, soit à l'origine des nerfs sensitifs. Ils peuvent être considérés comme de véritables *commutateurs* de mouvement; les plaques terminales motrices transmettent, en le transformant, à la substance contractile du muscle le mouvement moléculaire produit par le nerf moteur; les organes périphériques sensitifs, les cônes et les bâtonnets de la rétine par exemple, reçoivent les vibrations lumineuses et la modification (inconnue) qu'ils subissent agit à son tour comme excitant sur les fibres du nerf optique.

Les organes périphériques sensitifs présentent cela de particulier qu'ils sont influencés par des excitants qui, à cause de leur faible intensité, resteraient sans action sur les fibres nerveuses ordinaires. Ainsi les vibrations lumineuses ou auditives, les excitations olfactives laissent en général indifférents les nerfs ordinaires, et la présence d'une substance nerveuse spéciale plus impressionnable, plus facilement excitable, douée probablement d'une instabilité plus grande, était nécessaire pour que toute une catégorie d'agents extérieurs ne restât pas sans connexion avec l'organisme.

Il y a donc, à ce point de vue, une distinction essentielle entre l'activité des nerfs et celle des organes nerveux périphériques ; ces derniers sont organisés spécialement pour réagir en présence d'un excitant déterminé, lumière, vibration auditive, etc., auquel on donne le nom d'excitant *homologue*, et on réserve le nom d'excitants *hétérologues* à tous ceux qui agissent indifféremment sur tous les nerfs ordinaires, comme les actions mécaniques et chimiques, l'électricité, etc.

La physiologie des organes nerveux périphériques se prête mal à une étude générale ; son étude spéciale a été faite pour les terminaisons motrices avec la physiologie du tissu musculaire et sera faite pour les terminaisons sensitives avec les organes des sens.

Article V. — Phénomènes généraux de l'innervation.

Les phénomènes généraux de l'innervation peuvent être rapportés à cinq chefs principaux : 1° impressions et sensations ; 2° actions réflexes ; 2° actes instinctifs ; 4° actes psychiques ; 5° actions nerveuses d'arrêt.

1. — Impressions et sensations.

Les impressions peuvent être perçues ou non perçues ; dans le premier cas, elles ont reçu le nom de sensations, et l'on peut réserver le nom d'impressions proprement dites pour celles qui ne sont pas accompagnées de perception.

Les *impressions* ne peuvent exister qu'à la condition que l'excitation périphérique qui les détermine soit transmise par un nerf à un centre nerveux ; aussi l'on ne donnera pas le nom d'impression à l'excitation qui portera directement sur une cellule épithéliale, par exemple, et déterminera une multiplication cellulaire, si cette excitation reste localisée à la cellule excitée. Aussi les impressions sont-elles toujours suivies d'une action réflexe et nous ne pouvons conclure à une impression que par l'acte réflexe consécutif qui, en l'absence de la conscience, nous révèle l'intervention du système nerveux.

Les impressions appartiennent surtout, mais pas exclusivement, à la sphère organique et végétative. Ainsi le contact des aliments avec la muqueuse de l'estomac, qui produit une sécrétion de suc gastrique, est un phénomène de cet ordre.

Les *impressions conscientes* ou *sensations* ont leur point de départ tantôt dans des excitations périphériques, *sensations proprement dites*, tantôt dans une excitation des centres nerveux eux-mêmes, *émotions*.

Les sensations peuvent être *externes*, comme les sensations spéciales de la vue, du toucher, etc., ou *internes*, commes les sensations de faim et de soif. Tandis que les sensations externes sont parfaitement localisées, les sensations internes au contraire ont un caractère beaucoup plus vague et plus indéterminé.

Les émotions (crainte, colère, etc.), sont des sensations de nature très complexe, mettant probablement en jeu un grand nombre de centres psychiques. Les émotions sont surtout caractérisées par leur indétermination dans le temps et dans l'espace.

L'étude des sensations dites spéciales, comme la vision par exemple, avait conduit Müller à admettre que *chaque nerf a son énergie spécifique*, déterminée par son organisation, et qui fait qu'il répond toujours de la même façon quel que soit l'excitant employé ; ainsi le nerf optique répond toujours aux excitations par des sensations de lumière et rien que par elles, le nerf auditif par des sensations de son et ainsi de suite. Il y aurait donc une *substance spéciale* pour chaque sensation, et cette substance spéciale produirait l'énergie particulière de chaque nerf. L'hypothèse de Müller, admise par la plupart des physiologistes, a été cependant attaquée par Lotze, Volkmann, et plus récemment par Lewes, Wundt, etc., et est difficilement conciliable avec un grand nombre de faits physiologiques. Applicable à la rigueur aux sens spéciaux supérieurs, comme la vision, elle devient difficilement admissible pour les faits de sensibilité générale et les impressions organiques. Ce que Müller appelle l'*énergie spécifique des nerfs* est déterminé par les connexions phériphériques et centrales de ces nerfs ; le nerf lui-même n'est qu'un agent de transmission indifférent et en tous cas, même en admettant l'hypothèse de Müller, il faudrait la transporter des nerfs aux centres nerveux, mais là encore on retrouve les mêmes difficultés. Un centre nerveux n'est moteur que parce qu'il est en relation par un nerf avec une plaque motrice terminale et un muscle ; un centre nerveux sensitif n'est sensitif que parce qu'une fibre nerveuse le met en communication avec une surface impressionnable ou un organe sensitif périphérique (rétine, muqueuse olfactive, etc.). Quant à la spécificité des sensations, elle a sa source, non dans la différence d'organisation de la substance nerveuse, mais bien plus probablement dans une série d'actes psychiques qui seront étudiés dans le chapitre de la psychologie physiologique.

2. — Actions réflexes.

Au point de vue le plus général, on peut comprendre sous le nom d'*action réflexe* toute réaction organique, motrice, sécrétoire, etc., succédant à une excitation sensitive ; c'est, suivant l'expression de Rouget, une *impression transformée en action*. Cette transformation s'opère dans un centre nerveux, *centre réflexe*.

Les phénomènes réflexes ont été observés d'abord sur des animaux décapités et surtout sur des animaux à sang froid comme la grenouille. On savait depuis longtemps, avant même que Redi et Boyle eussent étudié le phénomène d'une façon plus précise, que des grenouilles décapitées exécutaient des mouvements lorsqu'on excitait un point de la peau, et Hales établit le principe fondamental de l'action réflexe en démontrant que les réflexes cessaient par la destruction de la moelle. Mais c'est Prochaska (1784) qui soumit le premier ces phénomènes à une étude véritablement scientifique. Plus tard Marshall-Hall montra que les phénomènes réflexes n'étaient pas exclusifs à la moelle et que sur une tête séparée du corps l'attouchement du globe oculaire déterminait l'occlusion des paupières, occlusion qui ne se faisait plus après la destruction du cerveau. Bientôt enfin on constata que les sécrétions et que beaucoup d'actions nerveuses se produisaient aussi par le même mécanisme que les mouvements réflexes, et peu à peu on arriva à y faire entrer toutes les actions nerveuses, aussi bien celles qui se passent dans le cerveau que celles dont le siège se trouve dans la moelle épinière et la moelle allongée.

Les mouvements réflexes présentant le type le plus simple et le mieux connu des actions réflexes, c'est d'eux surtout qu'il sera question dans cette étude générale.

Un mouvement réflexe, dans son expression la plus simple, se compose de trois phases successives : 1° l'excitation initiale d'un nerf sensitif; 2° l'excitation d'un centre nerveux intermédiaire, centre réflexe ; 3° l'excitation d'un nerf moteur et le mouvement réflexe qui l'accompagne.

Ainsi dans l'arc nerveux simple ou *excito-moteur* A B C (fig. 200) qui n'est que la reproduction sous une autre forme de l'appareil nerveux B de la figure 175 (page 609), l'excitation initiale est produite en 1, transmise par le nerf sensitif jusqu'au centre nerveux B, passe dans le nerf moteur C et arrive jusqu'à la plaque terminale de la fibre musculaire qui se contracte. On a comparé, dans ce cas, l'excitation à un rayon lumineux et le centre nerveux à un miroir qui réfléchirait l'excitation de A en C ; d'où le nom d'action

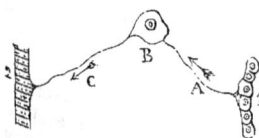

Fig. 200. — *Arc nerveux simple.*   Fig. 201. — *Arc réflexe double.*

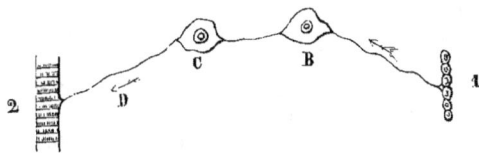

réflexe. Mais la comparaison pèche en ce sens qu'il y a encore, comme on l'a vu plus haut, dégagement de mouvement, fait oublié complètement dans la dénomination d'action réflexe. Cependant cette dénomination est aujourd'hui si généralement employée que le mieux est encore de la conserver malgré son insuffisance (1).

Toujours, ou presque toujours, le centre réflexe se compose de deux cellules nerveuses (ou deux groupes de cellules), l'une sensitive, l'autre motrice, réunies par une fibre intermédiaire ou intercellulaire (fig. 201) ; mais, pour l'étude des phénomènes réflexes, on peut faire abstraction de ces deux catégories de cellules et considérer le centre réflexe comme un centre unique.

Les trois phases de l'action réflexe présentent les caractères suivants :

1° *Excitation initiale.* — L'excitation initiale peut partir indifféremment de tous les nerfs sensitifs, tant des nerfs des sens spéciaux, que des nerfs de sensibilité générale ou des nerfs sensitifs viscéraux, comme on en verra des exemples nombreux dans la physiologie spéciale; mais certains nerfs déterminent plus facilement les réflexes que d'autres; ainsi, pour les nerfs cutanés, l'excitation des nerfs

(1) Marshall-Hall donne à l'arc nerveux réflexe le nom d'*arc diastaltique*, à la fibre centripète le nom de fibre *éisodique* ou *incidente*, à la fibre centrifuge le nom de fibre *exodique* ou *réflexe*

de la plante du pied, de la paume de la main, etc., produit des réflexes plus intenses, et il en est de même pour les muqueuses.

La nature et la qualité de l'excitation ont aussi de l'influence sur la production des réflexes; la titillation du conduit auditif produit la toux, tandis que le contact simple ne produit rien; et, d'une façon générale, il y a une correspondance parfaite entre le mode d'excitation et le réflexe produit.

Le mouvement réflexe peut se montrer, non seulement quand on excite la périphérie du nerf, mais encore quand on excite un point quelconque de ce trajet; mais, dans ce cas, le réflexe est toujours moins intense, et, de plus, le caractère même du réflexe n'est plus le même; ainsi, tandis que l'excitation d'un nerf cutané détermine des mouvements réflexes dans un ou plusieurs muscles déterminés, l'excitation de la région cutanée, innervée par le nerf, produira des mouvements qui ont, en général, un remarquable caractère de coordination (Fick). Cette différence n'a pas été encore expliquée d'une manière satisfaisante.

Enfin, comme on le verra plus loin, l'excitation initiale, au lieu de partir d'un nerf sensitif, peut partir d'une cellule ou d'un groupe de cellules qui jouent par rapport à un centre réflexe le rôle d'excitateur, et ce sont précisément ces faits qui ont permis de généraliser, comme on l'a fait, les actions réflexes.

Les excitants à l'aide desquels on peut déterminer les réflexes sont les mêmes que ceux qui ont été étudiés à propos des excitants des nerfs (page 628). Chez les grenouilles, on emploie souvent les solutions étendues d'acides, acides sulfurique, acétique, etc. (méthode de Turck). Pour l'excitation électrique par les courants induits, il faut que les courants aient une certaine intensité; si les courants sont faibles, il faut que les chocs se succèdent assez rapidement; du reste, d'une façon générale, le mouvement réflexe se produit plus facilement par une répétition de l'excitation que par un renforcement. Pour que le réflexe ait lieu, il faut que la modification déterminée sur le nerf sensitif soit assez brusque; des excitations augmentant graduellement et lentement restent sans effet (Fratscher); on retrouve là la loi générale de l'excitation nerveuse mentionnée page 628. D'après Setschenow, il y aurait une différence des réflexes suivant la nature de l'excitation chimique ou mécanique. Danilewsky distingue aussi les réflexes *tactiles* et les *réflexes pathiques*, déterminés par les sensations douloureuses.

2° *Excitation des centres réflexes.* — C'est là la deuxième phase de l'action réflexe. En général on peut dire que tous les centres nerveux d'où partent des nerfs moteurs peuvent agir comme centres réflexes. On verra plus loin ce qu'il faut penser à ce point de vue des ganglions du grand sympathique et de la substance grise de l'encéphale. Le pouvoir excito-moteur des centres réflexes est lié à l'excitabilité des centres et cette excitabilité présente les mêmes conditions que celles qui ont été étudiées à propos de l'excitabilité des cellules nerveuses.

L'excitabilité des centres réflexes est augmentée quand ces centres ont perdu leur communication avec des centres nerveux supérieurs (centres psychiques, spécialement ceux qui président aux mouvements volontaires), ou quand ces centres psychiques restent inactifs. Ainsi, après la décapitation, après la section du bulbe, les mouvements réflexes, qui sont sous la dépendance de la moelle, acquièrent beaucoup plus d'intensité; il en est de même dans le sommeil et dans certaines affections cérébrales. Cette action a été attribuée par quelques auteurs (Sestchenow) à la présence de centres d'arrêt qui, à l'état normal, diminueraient l'excitabilité réflexe. Cette question sera étudiée avec la physiologie de la moelle.

Certaines substances, et en particulier la strychnine, augmentent cette excitabilité; sur un animal empoisonné par la strychnine, le moindre attouchement

détermine des convulsions énergiques. Elle est diminuée, au contraire, par l'atropine, le bromure de potassium, etc. Elle est plus vive, en général, mais se perd
aussi plus vite en été qu'en hiver. Cependant, d'après Archangelsky, Tarchanoff,
Wundt, etc., elle serait augmentée par le froid. Elle est toujours plus prononcée
chez les jeunes animaux; on sait avec quelle facilité tous les réflexes pathologiques,
les convulsions par exemple se produisent chez les enfants.

L'excitabilité réflexe peut persister très longtemps dans des centres séparés du
reste du système nerveux; Longet a vu des signes d'action réflexe sur un jeune
chien, trois mois après la section du bout caudal de la moelle, et Goltz a observé
des faits semblables.

On a vu que la transmission nerveuse dans les nerfs sensitifs et moteurs exigeait
un certain temps (durée de la transmission nerveuse, page 648); il faut de même
un certain temps pour que l'impression se transforme en action dans le centre
réflexe; c'est ce temps qu'on a appelé *temps de réflexion, durée de la transmission
réflexe*, et il se mesure du reste par les mêmes procédés qui ont été employés pour
mesurer la vitesse de la transmission nerveuse. Ce temps de réflexion est égal au
temps qui s'écoule entre le moment de l'excitation et le moment du mouvement
réflexe diminué du temps pris par la transmission dans le nerf sensitif et dans le
nerf moteur. Ce temps de ré-
flexion a été mesuré pour les
réflexes médullaires par Helmholtz, Baxt, etc., et paraît
assez long; ainsi le temps de
la transmission réflexe serait
douze fois environ plus considérable que celui de la transmission dans les nerfs et diminuerait, d'après Rosenthal,
avec l'intensité de l'excitation
(voir : *Physiologie de la moelle
épinière*).

3° *Mouvements réflexes.* —
Les mouvements réflexes, troisième phase de l'action réflexe, ont pour caractère essentiel d'être nécessaires et
de suivre plus ou moins immédiatement l'excitation initiale ; étant nécessaires, ils
doivent être et sont par cela
même tout à fait involontaires.
Ces mouvements peuvent se
passer dans tous les muscles,
aussi bien dans les muscles
lisses que dans les muscles
striés, dans les muscles viscéraux que dans les muscles du
squelette.

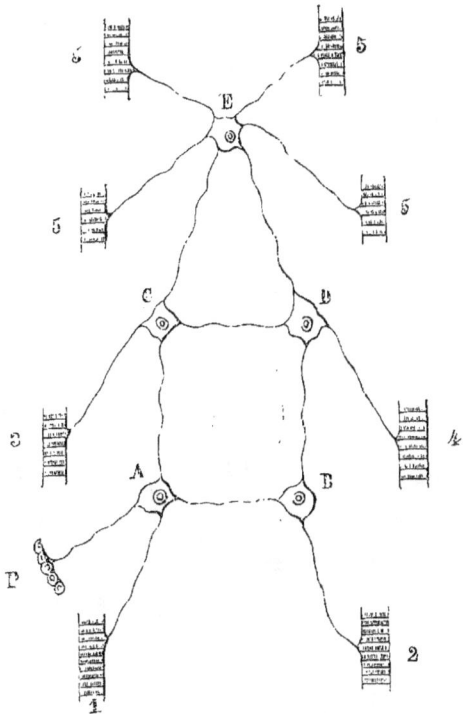

Fig. 202. — Loi des réflexes.

Quand ces mouvements portent non plus sur un seul muscle ou groupe de
muscles, mais sur plusieurs muscles ou groupes de muscles, on a des mouvements

réflexes *composés*, qui sont ainsi constitués par l'ensemble de plusieurs réflexes *simultanés* ou *successifs;* ces mouvements peuvent alors être *coordonnés,* c'est-à-dire disposés de façon à produire un acte déterminé : tels sont l'éternuement et la toux. Une forme curieuse de mouvements réflexes coordonnés est celle qu'on observe chez les animaux décapités (mouvement défensifs, mouvements adaptés). Ils seront ·étudiés avec la physiologie des centres nerveux.

La façon dont un mouvement réflexe simple peut se transformer en un mouvement réflexe composé, se comprend par la série d'expériences suivantes qui conduisent à ce qu'on appelle *loi des réflexes* ou *loi de Pflüger* dont la figure 202 est l'expression schématique. Si, sur une grenouille décapitée on excite la peau de la patte P, l'excitation se transmet au centre A et de là aux muscles 1 de la patte du même côté (*loi de l'unilatéralité*); si l'excitation est plus intense, elle se transmet jusqu'au centre symétrique du côté opposé B, et on a des contractions, quoique moins fortes, dans les muscles symétriques 2 de la patte opposée (*loi de la symétrie*); si l'excitation augmente, elle gagne les centres réflexes situés plus haut C, puis D, et on a des contractions dans les muscles supérieurs du même côté 3 ·d'abord, et dans ceux du côté opposé 4 ensuite (*loi de l'irradiation*); enfin l'excitation, augmentant toujours d'intensité, arrive jusqu'au centre réflexe E (bulbe),

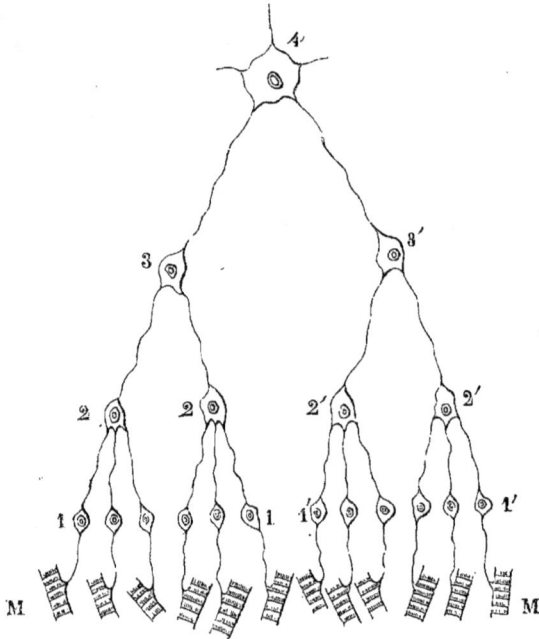

Fig. 203. — *Superposition des centres réflexes.*

qui commande à peu près tous les mouvements du corps et on a des convulsions généralisées (*loi de la généralisation des réflexes*). La loi de Pflüger, exacte quand on emploie des excitations fortes doit, d'après les recherches de Rosenthal et de Mendelsohn, être modifiée quand il s'agit d'excitations plus faibles et juste suffisantes.

Les centres réflexes se superposent et s'échelonnent en commandant à des groupes de muscles de plus en plus étendus. La cellule 1, fig. 203, commande, par exemple, la contraction du muscle M. Les trois premiers muscles à gauche de la figure, à leur tour, seront sous la dépendance d'une cellule supérieure 2, de façon que quand cette cellule sera excitée, ils se contracteront tous ensemble, tandis que si ce sont les cellules 1, ils se contracteront tous isolément. La cellule 3 à son tour commande deux groupes de muscles et par conséquent un mouvement déjà plus complexe; ainsi, si les cellules 1 président, la première aux mouvements de flexion de la jambe, la seconde aux mouvements de flexion de la cuisse, la cellule 3 qui les commande toutes les deux tiendra sous sa direction ces deux mouvements dont la simultanéité constitue un stade de la marche, et la cellule 4, plus élevée dans la hiérarchie, présiderait à tous les mouvements qui se passent dans un temps de la marche, et de degré en degré, on arriverait ainsi, en remontant la série, à un centre nerveux unique tenant sous sa direction tout l'ensemble des mouvements de la marche. La même chose peut se dire pour tous les mouvements réflexes composés, quelque complexes qu'ils soient, et il suffira d'une excitation initiale partant de la périphérie et agissant sur le centre supérieur unique pour que tout l'ensemble correspondant des mouvements réflexes se produise, sans que la volonté intervienne, comme tous les rouages d'une horloge qu'on vient de monter se mettent immédiatement en mouvement.

Il n'est pas toujours facile de déterminer l'excitation initiale qui a été le point de départ du mouvement réflexe composé. Dans certains cas, l'éternuement, la toux, par exemple, le point de départ est parfaitement net, mais, dans d'autres, il est plus difficile d'en préciser le siège.

Il y a, sous ce rapport, une certaine différence entre les réflexes simples et les réflexes composés; tandis que dans les réflexes simples l'excitation initiale part toujours d'un nerf périphérique, dans les réflexes composés, l'excitation initiale peut partir d'un autre centre nerveux, centre nerveux psychique, comme quand une idée d'odeur désagréable détermine les mouvements de la nausée, ou quand l'ennui détermine le bâillement; mais que l'excitation parte de la périphérie ou d'un centre nerveux, la marche même de l'action réflexe n'en est pas modifiée, et le phénomène prouve seulement que chaque centre nerveux peut être tour à tour excité et excitateur par rapport à un autre centre nerveux.

Ces mouvements réflexes composés sont, les uns innés, comme l'acte de téter chez le nouveau-né, les autres acquis par l'habitude et l'exercice, comme la marche. Ces derniers sont d'abord volontaires et, ce n'est qu'à la longue et par la répétition qu'ils deviennent machinaux et automatiques. Cet automatisme de mouvements, d'abord volontaires et conscients, se lie évidemment à un perfectionnement dans l'organisation et à des modifications spéciales (quoique inconnues) dans la structure des centres réflexes qui en sont chargés, modifications qui facilitent l'exécution de ces mouvements. Cette organisation pourra devenir héréditaire dans la suite des générations et avec elle l'aptitude à ces mouvements; il en résultera que, de même que dans la vie de l'individu des mouvements, d'abord volontaires, deviennent machinaux par l'exercice, de même, dans la vie de l'espèce, des mouvements volontaires chez les parents deviendront machinaux et automatiques chez leurs descendants. C'est là la seule explication possible du perfectionnement successif des espèces, et la réalité en est prouvée par l'hérédité de certains caractères et de certaines aptitudes dans une famille.

Les mouvements dits *automatiques*, comme les mouvements du cœur, les mouvements respiratoires, etc., ne sont pas autre chose que des mouvements réflexes composés, souvent rhythmiques, et dans lesquels il est souvent difficile de préciser le mode et la localisation de l'excitation initiale.

Il a été dit plus haut (page 670) quelques mots de *l'arrêt des réflexes*, attribué par Setschenow à des centres nerveux modérateurs agissant sur les centres réflexes; sans entrer dans l'étude de cette question, qui sera traitée avec la physiologie des centres nerveux, il suffira de dire ici que, d'une façon générale, toute excitation sensitive ou sensorielle agit comme modératrice sur les actions réflexes et suspend leur manifestation.

Les mouvements réflexes définitifs sont souvent précédés de légers mouvements *avant-coureurs*, étudiés par Turck, Sanders-Ezn, Tarchanoff, etc., et dont le caractère est assez variable et encore indéterminé. Dans certaines conditions, les mouvements réflexes, au lieu de prendre le caractère de contractions temporaires, convulsives, prennent le caractère de contractions permanentes, toniques; c'est ainsi que plusieurs physiologistes considèrent le *tonus musculaire* comme un véritable état de contraction légère déterminée par l'excitation des nerfs sensitifs musculaires ou tendineux (voir page 514). C'est par le même mécanisme que se produisent un certain nombre de contractions pathologiques.

Il ne faut pas confondre les *mouvements* dits *associés* avec les mouvements réflexes. Ainsi, quand la pupille se rétrécit au moment de la contraction du muscle droit interne de l'œil, c'est que le même nerf innerve ce muscle et le constricteur pupillaire et que les centres nerveux de ces deux mouvements sont excités simultanément, et non parce qu'il y a transmission réflexe d'un centre à l'autre. Il en est de même des contractions de la face qui se produisent quand on fait un effort intense pour soulever un poids. D'après Eckard, il faudrait voir dans tous ces phénomènes une simple propagation de l'excitation d'un centre gris moteur à un centre moteur voisin. Cependant je ferai remarquer que cette propagation ne peut guère se comprendre autrement que comme une transmission par des fibres commissurales réunissant les cellules nerveuses des deux centres, et qu'il est bien difficile de ne pas voir là quelque chose d'analogue à un acte réflexe.

Sécrétions réflexes. — Les surfaces périphériques sensitives peuvent être rattachées non seulement avec des muscles, mais aussi avec des surfaces glandulaires (fig. 204, A, B, E, D, F). Dans ce cas, l'excitation initiale pourra se transmettre soit au muscle et produire une contraction, soit à la glande et il se produira une sécrétion.

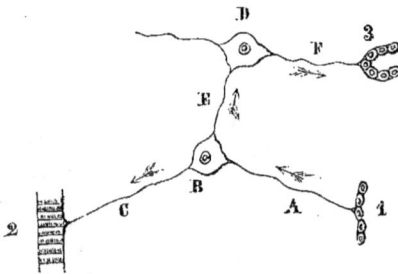

Fig. 204. — *Sécrétion réflexe.*

Toutes ou presque toutes les sécrétions sont sous l'influence de l'innervation et le mécanisme ressemble tout à fait à un acte réflexe dans lequel l'acte terminal serait une sécrétion au lieu d'être un mouvement. Ainsi le contact du vinaigre sur la muqueuse linguale détermine un écoulement de salive.

L'excitation initiale qui détermine les sécrétions réflexes peut être, tantôt périphérique, comme dans l'exemple cité plus haut, tantôt centrale, comme lorsque l'idée d'un repas fait venir, suivant l'expression vulgaire, l'eau à la bouche; et si l'on juge d'après les sécrétions dont on peut facilement constater les caractères, les deux modes d'excitation initiale se montreraient dans toutes les sécrétions.

On observe, pour les sécrétions réflexes, les mêmes phénomènes d'arrêt que pour les mouvements réflexes.

Sensations réflexes. — On rangeait autrefois dans les phénomènes réflexes certaines sensations particulières comme celle de la fatigue musculaire par exemple; mais l'existence de fibres de sensibilité dans les muscles permet d'interpréter le phénomène d'une façon beaucoup plus simple. D'autres sensations, dites *sensations associées*, s'expliquent plus difficilement; telle est la sensation particulière qu'on a dans les narines quand on essaye de fixer le soleil. Peut-être y a-t-il lieu pour ces cas de faire les mêmes remarques que pour les mouvements associés (Voir plus haut). On a donné aussi le nom de *sensations réflexes* aux sensations produites sur une surface sensible (peau) par l'excitation d'un autre point de la peau.

Herzen appelle *sensations réflexes* les images, souvenirs, idées, par lesquelles le cerveau réagit aux impressions sensitives (*pseudo-sensations* d'Egger). (Voir : *Physiologie du cerveau et psychologie physiologique*.)

Marshall-Hall admettait, pour les actions réflexes, un appareil nerveux spécial, *appareil excito-moteur*, distinct de l'appareil nerveux affecté aux sensations perçues et aux mouvements volontaires; dans cette théorie, chaque point de la peau, chaque muscle, seraient pourvus de deux ordres de fibres, les unes pour les actions sensitivo-volontaires, les autres pour les actions réflexes excito-motrices. Cette théorie de Marshall-Hall, reprise dans ces derniers temps par quelques auteurs et en particulier par Grainger, a été attaquée par Volkmann et la plupart des physiologistes, et se concilie difficilement avec les faits étudiés ci-dessus et avec les données anatomiques.

Quelques auteurs ont émis la supposition que les réseaux nerveux de la substance grise pourraient agir comme centres réflexes aussi bien que les cellules nerveuses. L'expérimentation ne permet pas, il est vrai, de trancher la question d'une façon positive; cependant il semble plus naturel d'attribuer le pouvoir réflexe uniquement aux cellules nerveuses qui se rencontrent dans tous les centres réflexes, et même, dans le cas où les observations de Chéron seraient confirmées, ce pouvoir réflexe n'existerait que dans les cellules multipolaires; cet auteur a vu, en effet, que le ganglion du manteau des Céphalopodes, composé de cellules unipolaires, était impuissant à déterminer des réflexes.

Bibliographie. — M. Mendelsohn : *Unt. über Reflexe* (Berl. Acad., 1882, 1883 et 1885). — V. Laborde : *Contrib. à l'étude des phénomènes réflexes* (Soc. de biol., 1887 (1).

3. — Actes instinctifs.

Les actes instinctifs ne sont en réalité que des actes automatiques un peu plus compliqués, ou plutôt un ensemble d'actes automatiques coordonnés pour un but déterminé. Il n'y a donc pas, et il ne peut y avoir de limite précise entre les actes automatiques et les actes instinctifs; il n'y a qu'une

(1) *A consulter* : Prochaska : *Commentatio de functionibus systematis nervosi*, 1784. — E. Pflüger : *Die sensoriellen Funktionen des Rückenmarks der Wirbelthiere nebst einer neuen Lehre über die Leistungsgesetze der Reflexionen*, 1853. — Marshall-Hall : *Aperçu du système spinal*, etc., 1855. — F. Goltz : *Beitrag zur Lehre von den Functionen des Rückenmarks der Frösche* (Kœnigsb. med. Jahrbücher, t. II). — J. Cayrade : *Rech. critiques et expérimentales sur les mouvements réflexes*, 1864. — J. Chéron : *Des conditions anatomiques de la production des actions réflexes* (Comptes rendus, 1868). — J. Rosenthal : *Studien über Reflexe* (Berl. Monatsber., 1873). — W. Wundt : *Unters. zur Mechanik der Nerven*, etc. *Ueber den Reflexvorgang*, etc., 1876.

différence de degré. L'instinct n'est qu'un phénomène réflexe d'un ordre plus complexe que les réflexes ordinaires, mais cette complexité est telle quelquefois, la coordination des actes est si prononcée que l'instinct touche presque aux actes psychiques ; telles sont la nidification des oiseaux et la plupart des phénomènes de la vie de certains insectes, abeilles, fourmis, etc.

L'excitation initiale qui détermine les actes instinctifs est souvent très difficile à préciser ; mais ce qu'il y a de certain, c'est que le point de départ de ces phénomènes est très souvent central, et que les émotions, les besoins, les sensations internes sont la plupart du temps l'excitant physiologique des manifestations instinctives ; ainsi, pour ne parler que des animaux, la faim, la crainte, l'amour maternel, les sensations génitales, etc., en sont les causes déterminantes les plus puissantes.

La localisation des centres instinctifs est fort peu avancée. Ces centres doivent évidemment être placés au delà des centres automatiques et par conséquent dans les parties supérieures de l'axe nerveux ; mais c'est tout ce qu'on en peut dire jusqu'ici.

D'après ce qui a été dit plus haut (Voir page 673), il est probable que tous les actes instinctifs ont été primitivement volontaires et intelligents, et que ce n'est que par la suite que ces actes ainsi répétés continuellement ont fini par devenir héréditairement involontaires et instinctifs, de même que nous avons vu certains actes intellectuels, comme la marche, la parole, etc., devenir automatiques et tout à fait assimilables à de simples mouvements réflexes. Cette question se retrouvera, du reste, à propos des fonctions cérébrales.

4. — Actes psychiques.

La substance nerveuse est le *substratum* nécessaire de tout acte psychique ; sans cerveau, pas de pensée. Quelle que soit l'idée que l'on se fasse des phénomènes psychiques, qu'ils soient simplement une forme de mouvement matériel de la substance nerveuse ou le fait d'un principe supérieur agissant par son intermédiaire, il n'en ressort pas moins le fait indiscutable d'un organe pensant, même pour les actes intellectuels de l'ordre le plus élevé. Mais l'analyse intime de ces phénomènes est excessivement difficile, et si on recherche les propriétés générales que doivent posséder les cellules nerveuses qui entrent en jeu dans les actes psychiques, on éprouve des difficultés insurmontables. Cependant, en analysant successivement avec soin tous les actes psychiques, on arrive à retrouver dans chacun d'eux certains caractères communs qui correspondent évidemment aux propriétés fondamentales des cellules nerveuses psychiques. Ces propriétés sont les suivantes :

1° L'activité des cellules nerveuses psychiques est *consciente*. Cependant cette assertion est loin d'être absolue, et j'ai cité plus haut des actes d'abord conscients et qui sont devenus ensuite inconscients. Il est probable, du reste, sinon démontré, que, en vertu de l'habitude et de la multiplicité simultanée des actes psychiques, ceux-là seuls sont perçus et connus qui tranchent sur les autres par leur intensité ou par quelque chose de particulier. Dans ce cas, la loi formulée plus haut serait mieux énoncée dans les termes suivants : L'activité des cellules nerveuses psychiques est consciente quand elle atteint une certaine intensité.

2° Les cellules nerveuses psychiques ont la propriété de conserver un certain temps la modification produite dans leur intérieur par les excitations qui agissent sur elles ; ainsi les impressions persistent quelque temps avant de s'effacer, et Luys a pu comparer ingénieusement ce phénomène à la phosphorescence des corps inorganiques ou mieux encore à cet emmagasinement de la lumière observé par Niepce de Saint-Victor sur des gravures exposées aux rayons solaires et qui, après être restées vingt-quatre heures dans l'obscurité, impressionnent encore une plaque sensibilisée. Cette propriété, appelée *rétentivité* par quelques psychologues, existe non seulement pour les impressions, mais pour les mouvements, les idées, etc. La modification amenée ainsi dans la cellule nerveuse peut persister à l'état latent, sans que nous en ayons conscience. Enfin, quand l'excitation qui l'a produite se renouvelle fréquemment, la modification, de temporaire, peut devenir permanente. C'est sur cette propriété qu'est basée l'éducation.

3° La troisième propriété est celle de la *réviviscence*. Une modification une fois produite et qui persiste dans une cellule psychique à l'état latent, peut, sous certaines conditions, reparaître avec assez d'intensité pour être perçue et donner lieu à des actes psychiques. La mémoire est fondée sur ce phénomène de réviviscence.

4° Quand deux modifications successives d'une même cellule nerveuse se produisent, non seulement on a la conscience de ces deux modifications, mais encore on a la conscience de leur *différence* ou de leur *ressemblance*, et l'écart des deux modifications nous fait connaître le degré de la ressemblance ou de la différence.

5° Les modifications produites dans une cellule nerveuse peuvent à leur tour agir comme excitant initial sur d'autres cellules nerveuses du même groupe ou des groupes voisins, et elles agissent de préférence sur les cellules qui ont été excitées souvent en même temps qu'elles ou après elles ; de là les *associations* d'idées, de mouvements, de souvenirs, et ces associations sont tellement fortes qu'elles se produisent malgré nous ; ainsi, on chante sans le vouloir, et même contre sa volonté, un air dont les premières notes vous reviennent à la mémoire.

6° Enfin, faut-il accorder aux cellules psychiques une propriété qui leur est attribuée par beaucoup d'auteurs et qui les distinguerait radicalement des autres cellules nerveuses, à savoir, celle d'entrer spontanément en activité, autrement dit la *spontanéité*? Je ne le crois pas, pour ma part, et j'ai déjà donné ailleurs les raisons qui font penser le contraire. Ce qui induit en erreur, c'est la difficulté de retrouver le phénomène initial qui a été le point de départ de l'activité cellulaire ; mais si l'on réfléchit que ces excitations initiales peuvent partir non seulement des surfaces sensibles, mais encore d'autres centres nerveux, il n'y a rien d'étonnant à ce que ces excitations initiales passent inaperçues dans la plupart des cas.

Nous avons vu que, dans les centres moteurs, il y a une sorte de hiérarchie depuis ceux qui ne commandent qu'à un seul muscle jusqu'à ceux qui commandent à un ensemble de mouvements complexes, comme la marche; dans les centres psychiques on retrouve aussi cette hiérarchie depuis les cellules inférieures qui reçoivent les impressions brutes parties des surfaces sensitives jusqu'aux cellules supérieures qui servent aux opérations les plus élevées de l'intelligence. Ces cellules devront donc présenter et elles présentent en effet, outre les propriétés fondamentales énumérées tout à l'heure, des propriétés nouvelles.

La première de ces propriétés, c'est celle de *concentrer* ou de *fusionner* les modifications produites dans deux ou plusieurs cellules nerveuses d'ordre inférieur. Un exemple le fera comprendre. Je vois une pierre; l'excitation produite sur la rétine par les vibrations lumineuses se transmet jusqu'à un centre nerveux et y détermine une modification particulière qui constitue une *sensation visuelle* correspondant à la vue de la pierre; je touche cette pierre et j'ai de même une modification particulière d'un autre centre ou *sensation tactile;* je presse contre cette pierre ou je la soulève, et j'ai une troisième espèce de modification d'un centre différent des deux précédents ou une *sensation musculaire.* Voilà donc trois modifications, trois sensations distinctes ayant pour siège trois centres nerveux différents; mais l'excitation ne s'arrête pas là ; elle se transmet à un centre plus élevé qui est en connexion avec ces trois centres nerveux inférieurs et qui fusionne ces trois choses, sensation visuelle, sensation tactile, sensation musculaire, en une idée de quelque chose ayant telle couleur, telle surface, telle résistance, idée de la pierre que nous avons vue, touchée, palpée, sorte de moyenne des trois sensations primaires qui la constituent. C'est là le premier pas vers la généralisation et l'abstraction, et successivement à mesure que les excitations se transmettent de proche en proche à des centres plus élevés, les notions qui en résultent deviennent de plus en plus générales pour aboutir enfin aux généralisations les plus hautes du temps, de l'espace et du mouvement.

Une deuxième propriété de ces centres nerveux supérieurs est celle de reconnaître les *coexistences* et les *successions*, d'avoir la conscience que deux excitations qui agissent sur le centre agissent simultanément ou successivement. Il y a cependant des limites à cette propriété et on verra plus loin, dans l'étude des sensations spéciales, que deux sensations successives, quand elles se suivent très rapidement, nous paraissent simultanées. Ce fait s'explique par cette loi générale, déjà mentionnée, que pour qu'une excitation influence un centre nerveux et surtout pour qu'elle devienne consciente, il faut qu'elle ait une certaine durée (Voir aussi sur ces questions le chapitre de la *Psychologie physiologique de la Physiologie spéciale*).

5. — Actions nerveuses d'arrêt ou d'inhibition.

Les nerfs paraissent agir dans certains cas, non comme excitateurs, mais comme des *freins*. Ainsi l'excitation du pneumogastrique arrête les battements du cœur; une émotion morale profonde produit une cessation subite de la contraction des muscles du squelette (les bras m'en tombent);

une impression brusque sur la peau peut amener un arrêt de respiration, etc. Ces actions d'arrêt s'observent aussi bien pour les sécrétions que pour les mouvements : les sécrétions du lait, de la salive en offrent des exemples remarquables.

Les actions d'arrêt représentent une des parties les plus obscures de la physiologie nerveuse. Deux théories sont en présence au sujet de l'interprétation de ces actions d'arrêt.

Dans la doctrine classique, admise par la plupart des physiologistes, et basée spécialement sur les travaux de Weber, Setschenow, etc., les actions d'arrêt ont pour siège des centres spéciaux, *centres d'arrêt*, distincts et indépendants, qui existent dans les centres nerveux (Voir : *Physiologie des centres nerveux, Pneumogastrique*).

Mais les recherches de Brown-Séquard, Wundt, H. Munk, Heidenhain, etc., et les miennes tendent à faire envisager autrement les phénomènes d'arrêt et portent à regarder l'inhibition comme un fait général d'innervation. L'importance et la nouveauté du sujet justifient le développement que je donne à cette question.

Wundt est le premier qui ait formulé nettement et basé sur des expériences précises les lois de l'inhibition dans les nerfs. Je donnerai un bref résumé de ces recherches.

Quand on excite un nerf par un courant constant, il se produit *à l'anode* une onde d'arrêt (*Hemmungswelle*) qui se reconnaît à la diminution de l'excitabilité du nerf et qui se propage lentement des deux côtés de l'anode en diminuant graduellement d'intensité et de vitesse ; en même temps se produit *au cathode une onde d'excitation* (*Erregungswelle*) qui se propage des deux côtés du cathode avec une vitesse et une intensité plus grandes. Un nerf excité se trouve donc parcouru à la fois par une onde d'arrêt et par une onde d'excitation, et son excitabilité, qui se mesure par l'amplitude de la contraction, par sa durée et par la durée de la période d'excitation latente, n'est que la résultante algébrique de ces deux actions contraires. A la *rupture* du courant, les effets inverses se produisent. C'est au cathode que se montre l'onde d'arrêt, à l'anode l'onde d'excitation, sauf pour les courants faibles pour lesquels l'onde d'arrêt de fermeture persiste encore à l'anode.

Partant de ces principes, Wundt formule ainsi les lois de l'excitation nerveuse pour la fermeture et pour la rupture du courant :

« L'excitation extérieure qui se produit par suite de la fermeture du courant est une fonction des actions excitantes et des actions d'arrêt que ce courant détermine. Les valeurs positives de cette fonction sont comprises entre des limites de temps qui dépendent de la force et de la direction du courant, de sorte que la fonction ne commence à avoir une valeur positive qu'un certain temps très court après la fermeture, et ne prend une valeur négative qu'après un temps plus long.

« L'excitation extérieure qui se produit par suite de la rupture du courant est une fonction en premier lieu des actions excitantes qui sont liées à la compensation des actions d'arrêt produites pendant la fermeture, et en second lieu des actions d'arrêt qui persistent en partie à l'anode et s'accumulent en partie au cathode. La force, la durée et le moment d'apparition de l'excitation de rupture dépendent, suivant la force et la durée du courant, de la vitesse de cette compensation et de l'intensité de l'arrêt à l'anode et au cathode. Cette excitation manque quand l'arrêt ne disparaît que lentement (courants faibles); son apparition est retardée quand l'arrêt accumulé pendant la fermeture persiste longtemps à une intensité notable (courants ascendants après une longue fermeture); enfin sa durée est allongée quand l'arrêt de fermeture est intense et nécessite un temps plus long pour sa compensation (tétanos de rupture). »

En résumé, le fait fondamental qui ressort des expériences de Wundt, *c'est que dans un nerf excité il se produit en même temps deux actions contraires, une excitation et un arrêt, et que l'effet de l'excitation n'est que la résultante de ces deux actions.*

Brown-Séquard, dans ses remarquables recherches sur l'inhibition et la dynamogénie, arrive à cette conclusion que la puissance inhibitoire appartient à un très grand nombre de parties du système nerveux dans lequel elle peut être mise en jeu, soit d'une manière directe soit par action indirecte et que toutes les activités, toutes les propriétés normales ou morbides du système nerveux central ou périphérique peuvent être inhibées. Il admet aussi que l'inhibition et la dynamogénie (1) peuvent être produites par la même irritation.

J'ai, moi-même, dans mes *Recherches sur les formes de la contraction musculaire et sur les phénomènes d'arrêt,* étudié ces phénomènes et essayé de systématiser ce que nous savons sur cette question.

Je commencerai d'abord par rappeler les formes principales de ces actions d'arrêt et leurs diverses manifestations, *en ne m'occupant pour le moment que des phénomènes de mouvement* et plus spécialement des phénomènes réflexes. Ces formes peuvent se rattacher aux catégories suivantes, qui constituent une sorte de classification des phénomènes d'arrêt :

1° *Il peut y avoir interruption d'un mouvement commencé ou en cours d'exécution, que ce mouvement soit volontaire, automatique ou réflexe.* Les faits de ce genre sont tellement connus que je crois inutile d'y insister. La terreur clouera un homme au sol et l'empêchera de fuir le danger qui le menace; une forte émotion peut suspendre une inspiration commencée; un sifflement doux fait cesser le ronflement d'un dormeur et modifie momentanément son rythme respiratoire. Ces actions d'arrêt s'exercent aussi bien dans le domaine pathologique que dans le domaine physiologique, et la thérapeutique médicale les emploie journellement. Quelques gouttes d'eau jetées à la figure, l'odeur d'une plume brûlée, la compression de l'ovaire feront disparaître une attaque de nerfs. Le même effet se produit aussi, même dans les cas de contractions anciennes et permanentes. Ainsi les contractures des hystériques peuvent cesser par l'irritation du tendon du muscle contracturé (Richet), par l'immersion dans l'eau froide, etc. La simple suggestion, telle que celle qu'on produit dans l'état hypnotique, a suffi pour guérir définitivement des contractures hystériques anciennes et qui avaient résisté à tous les moyens ordinaires.

2° *Le mouvement en cours d'exécution peut, au lieu d'être interrompu tout à fait, être simplement affaibli ou diminué dans son intensité, sa vitesse ou sa durée.* Ce cas rentre en partie dans le précédent et n'a pas besoin d'autre développement. Il n'y a là qu'une différence de degré.

3° *Le mouvement n'est pas empêché, mais il peut être simplement retardé dans son apparition.* Ici il peut se présenter deux cas :

a) *Ou bien le mouvement se produit pendant que l'excitation qui le détermine continue encore à se faire.* Ainsi je suppose qu'on emploie une excitation tétanisante (une série de chocs d'induction par exemple) appliquée sur un nerf sensitif ou sur la peau; la contraction réflexe, au lieu de se produire comme d'habitude immédiatement après le début de l'excitation, ne se produit qu'après un temps plus ou moins long. Il est bien entendu que, dans ces expériences, il faut se mettre en

---

(1) Brown-Séquard donne le nom de *dynamogénie* à l'accroissement, en un moment donné, de l'activité nerveuse.

garde contre les phénomènes d'*addition latente* et employer d'emblée des excitations d'intensité suffisante pour être efficaces dans les conditions ordinaires. Habituellement, ce cas se combine avec le précédent, en ce sens que la contraction, en
même temps qu'elle est retardée, se trouve aussi affaiblie. Quelquefois cependant
il arrive que les contractions sont d'autant plus violentes que leur retard est plus
prononcé.

b) Ou bien le mouvement se produit après la cessation de l'excitation. Ce cas, qui se
présente fréquemment, est très intéressant et mérite toute l'attention de l'expérimentateur. Bien souvent, en effet, on serait tenté de prendre le mouvement produit pour un mouvement volontaire ou spontané. L'erreur est d'autant plus facile
que la forme de ces contractions est absolument identique à celle des contractions
qu'on peut considérer comme volontaires. Mais avec un peu d'attention, on se con-
vainc facilement que cette contraction consécutive est sous la dépendance directe
de l'excitation. Il faut noter, en outre, que la contraction est bien réellement pro-

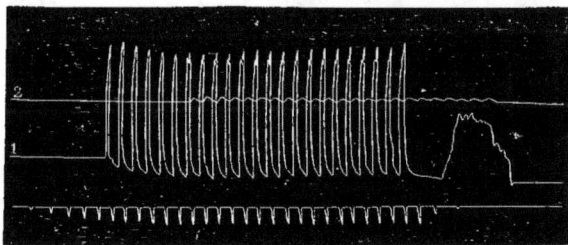

Fig. 205. — *Secousses et contraction consécutive provoquées par l'excitation
de la moelle* (*).

duite par la cessation de l'excitation tétanisante; c'est cette cessation qui en est
la cause déterminante. La figure 205 donne un exemple de ce genre de contractions.

Il peut se faire que l'excitation intermittente produise à la fois des contractions
pendant l'excitation et des contractions après la cessation de l'excitation, et j'ai eu
occasion de constater le fait plusieurs fois (fig. 205).

Quelquefois ces contractions se produisent assez longtemps (plusieurs secondes)
après la cessation de l'excitation (*contractions tardives*), ce qui rend plus facile encore
la confusion avec un mouvement volontaire. Il faut remarquer aussi que ces contractions consécutives se montrent non seulement après la cessation de l'excitation
électrique, mais encore *après la cessation d'excitations purement mécaniques*, telles
que les frottements, les percussions, les piqûres, etc.

Cette contraction consécutive n'est que le dégagement de la *réserve d'excitation*
accumulée dans les nerfs par les actions d'arrêt. Quand les actions d'arrêt ont
moins d'intensité, la contraction, au lieu de se produire *après*, peut se produire
avant la cessation de l'excitation tétanisante.

4° *Les actions d'arrêt peuvent empêcher un mouvement de se produire.* — Il y a là
évidemment une difficulté. Quand on excite un nerf dans le but de déterminer une
contraction musculaire et que la contraction attendue ne se produit pas, on n'est
pas en droit pour cela d'attribuer cette absence de mouvement à une influence
d'arrêt. Elle peut tenir en effet à d'autres causes, à une diminution d'excitabilité

(*) Ligne supérieure, 2 : secousses du gastro-cnémien dont le nerf a été préparé. — Ligne moyenne, 1 :
secousse du gastro-cnémien dont le nerf est intact; on y voit les contractions consécutives. — Ligne inférieure : les excitations y sont indiquées; à cause de l'imperfection de l'appareil interrupteur, les premières et
les dernières interruptions étaient inefficaces, le contact ne se produisant pas.

par exemple ou à une condition expérimentale particulière. Il est cependant des cas dans lesquels le doute n'est pas possible et dans lesquels il s'agit bien évidemment d'actions d'arrêt. C'est ainsi que la frayeur pourra empêcher un mouvement *voulu*, nécessaire même pour le salut de l'individu. Lewison a produit chez le lapin des paralysies réflexes des extrémités postérieures par la contusion des viscères abdominaux. Chez la grenouille, on observe des faits analogues; je n'ai pas constaté chez elle, il est vrai, de paralysies permanentes; mais j'ai vu souvent des paralysies temporaires, générales ou partielles, à la suite d'excitations sensitives, en un mot, de véritables paralysies réflexes d'inhibition. Ch. Richet a mentionné des faits analogues. Il ne serait pas difficile de trouver des cas semblables chez l'homme. Ce qu'on appelle *choc* en chirurgie n'est probablement pas autre chose qu'un phénomène du même ordre, mais avec une généralisation et une intensité exceptionnelles. Un certain nombre de paralysies observées en médecine rentrent évidemment dans cette catégorie et sont dues à la prédominance des actions d'arrêt sous l'influence d'une excitation. Une grande partie des phénomènes d'hypnotisme et de suggestion peuvent rentrer dans cette catégorie.

5° *Les actions d'arrêt peuvent modifier la forme de la contraction.* — La forme de la contraction dépend de son amplitude et de sa vitesse, et des modifications de cette vitesse et de cette amplitude à chaque instant de la contraction. Or ces modifications, comme on l'a vu plus haut, peuvent être produites par des actions d'arrêt. Il me paraît difficile d'expliquer autrement les formes variables et multiples de la contraction et du tétanos réflexes. Lorsqu'on voit une excitation tétanisante produire, au lieu de la courbe pure et régulière du tétanos classique, une courbe inégale comme amplitude et variable comme forme, on est bien obligé d'admettre qu'à certains moments l'excitation tétanisante se trouve annulée, contre-balancée, en tout ou en partie, par une cause agissant en sens contraire, et quel autre nom donner à cette cause que le nom d'action d'arrêt ou d'inhibition?

6° *Les actions d'arrêt peuvent diminuer l'excitabilité motrice de la substance nerveuse.* — Cette diminution d'excitabilité peut s'observer aussi bien sur les centres nerveux que sur les nerfs périphériques. Ces faits ont déjà été mentionnés en particulier par Brown-Séquard. J'ai constaté moi-même plusieurs fois une diminution de l'excitabilité motrice de la moelle sous l'influence de la préparation des nerfs de la patte du même côté. Pour les nerfs périphériques, les expériences de Wundt et de Richet parlent dans le même sens.

7° *Il peut se produire, au lieu d'un raccourcissement, un allongement réflexe du muscle sous l'influence d'une excitation.* — Ces faits n'ont pas été étudiés jusqu'ici, à ma connaissance du moins, car l'allongement admis par Gad au début de la contraction musculaire est un phénomène d'un tout autre ordre. La figure 206 donne un exemple d'allongement réflexe sous l'influence d'une excitation. Le muscle antagoniste se contractait à la manière ordinaire. J'ai pu constater plusieurs fois un phénomène du même genre, sans pouvoir cependant déterminer d'une façon précise les conditions de son apparition.

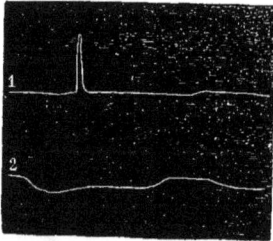

Fig. 206. — *Allongement réflexe du muscle sous l'influence d'une excitation.*

Telles sont, en se basant sur l'examen des faits, les sept catégories dans lesquelles on peut faire rentrer, au moins jusqu'à nouvel ordre, les phénomènes d'arrêt, en tant qu'il s'agit de phénomènes de mouvement.

Étudions maintenant leurs caractères généraux en nous arrêtant spécialement sur les points les plus importants.

Le *point de départ* des actions d'arrêt peut se trouver soit dans les centres nerveux, soit dans les nerfs périphériques.

Pour les centres nerveux, les faits sont aujourd'hui bien connus depuis les expériences de Setschenow et des auteurs qui l'ont suivi. L'excitation directe de ces centres détermine des actions d'arrêt et une diminution d'activité des phénomènes moteurs. Cette excitation peut du reste être soit électrique, soit chimique, soit mécanique, et le même effet peut être produit, d'après Weill et Luchsinger, par la dyspnée et le manque d'oxygène dans le sang. Tout le monde sait du reste l'influence paralysante de certaines émotions sur les mouvements.

Mais dans les conditions physiologiques ordinaires, le point de départ se trouve habituellement dans la périphérie sensitive. Toute excitation sensitive peut, dans certaines conditions, déterminer des actions d'arrêt. Le fait a été démontré pour les nerfs de la sensibilité générale, pour les nerfs des sens spéciaux, pour les nerfs tendineux, pour les nerfs sympathiques, et toutes mes expériences le confirment. D'après Setschenow, il est vrai, les sensations purement tactiles ne produiraient jamais de phénomènes d'arrêt; pour lui, il faut que la sensation s'élève jusqu'à la douleur; mais l'observation donne un démenti à cette assertion, et il n'est même pas besoin pour cela d'une expérience bien délicate. Je me contenterai de citer un seul fait. Comment expliquer autrement que par une action d'arrêt l'expérience suivante, bien connue du reste, et que chacun peut répéter facilement? Si vous prenez une grenouille intacte bien vivace, et que vous essayiez de la mettre sur le dos, elle se retourne immédiatement; mais si vous la maintenez un certain temps dans cette position et que vous souleviez la main, elle y reste quelques minutes sans faire un mouvement. Il n'y a pourtant là que des excitations tactiles très légères et pas d'excitations douloureuses. On pourrait, il est vrai, invoquer une autre interprétation et admettre que l'immobilité de l'animal tient à la frayeur ou au sentiment qu'il a de son impuissance au bout de quelques efforts infructueux. Mais ce qui prouve que ces causes ne suffisent pas, c'est que l'expérience ne réussit pas quand, au lieu de maintenir l'animal sur le dos avec la main, on l'y maintient avec un linge recouvert d'une capsule de verre ou de porcelaine; dès qu'on soulève la capsule, la grenouille se retourne immédiatement. Pour qu'elle conserve la situation anormale qui lui a été donnée, il faut que des contacts légers, que des pressions multiples, telles qu'elles peuvent être faites par la main, répondent aux tentatives de l'animal et en enrayent les contractions. Du reste, ce qui prouve bien que la frayeur ou tout autre acte intellectuel ne sont pour rien dans le phénomène, c'est que l'expérience réussit très bien et plus facilement encore sur les grenouilles privées d'hémisphères. Il serait bien facile d'ailleurs de trouver d'autres exemples d'actions d'arrêt consécutives à des excitations tactiles.

On a vu plus haut les expériences de Wundt sur les actions d'arrêt dans les nerfs moteurs périphériques.

Les *conditions* dans lesquelles se produisent les actions d'arrêt et qui en déterminent les caractères d'apparition, de durée, d'intensité, etc., sont très imparfaitement connues. L'étude attentive des expériences antérieures ne conduit à aucun résultat positif à ce point de vue. L'acte le plus étudié jusqu'à présent, l'arrêt du cœur par l'excitation du pneumo-gastrique, est encore aussi obscur pour nous que le premier jour, et cependant c'est un phénomène que nous pouvons reproduire à coup sûr et graduer à volonté, et il est loin d'en être ainsi pour la plupart des actions d'arrêt.

Je ferai remarquer que dans les cas énumérés ci-dessus, les actions d'arrêt peuvent se présenter sous deux conditions différentes. Tantôt c'est la même excitation nerveuse qui détermine à la fois des actions motrices et des actions d'arrêt, ces dernières pouvant simplement affaiblir ou au contraire empêcher les premières; tantôt l'excitation nerveuse qui détermine l'action d'arrêt agit sur un mouvement produit par un autre nerf ou par une autre région nerveuse. Dans le premier cas, un seul point nerveux est excité; dans le second, l'excitation motrice et l'excitation modératrice partent de deux nerfs différents, et la seconde agit à distance sur la première. C'est cette seconde catégorie d'actions d'arrêt qui a été la plus étudiée; mais la première n'en existe pas moins et on en trouve un exemple dans l'excitation des nerfs périphériques.

Dans l'hypothèse de Wundt, à laquelle je crois devoir me ranger, toute excitation nerveuse déterminerait dans le nerf deux modifications de sens contraire : une modification *positive*, pouvant agir à son tour comme excitant sur la substance nerveuse voisine et ainsi de proche en proche jusqu'au muscle, et une modification *négative*, qui tend à détruire ou à annuler la première; et, suivant que l'une ou l'autre de ces modifications prédomine, on aura ou bien un mouvement, ou bien un affaiblissement (ou un arrêt) de ce mouvement. On retrouve déjà des traces de ces phénomènes d'arrêt dans les nerfs moteurs; mais c'est surtout dans les centres nerveux, là où se rencontrent les cellules ganglionnaires, qu'ils se montrent avec le plus d'intensité, et cette intensité augmente à mesure qu'on excite des parties de plus en plus élevées de l'axe nerveux. Aussi le résultat des excitations est-il d'autant plus variable que ces phénomènes d'arrêt sont plus marqués, et on s'explique ainsi les contradictions apparentes qui existent dans les expériences d'excitation du cerveau et les effets différents qu'on obtient d'un moment à l'autre dans le cours d'une expérience. L'hypothèse précédente donne la clef de ces variations inexplicables qui ont fait jusqu'ici le désespoir des expérimentateurs. Peut-être pourrons-nous les interpréter plus tard, quand nous connaîtrons mieux les lois qui régissent les phénomènes d'arrêt.

Il peut sembler étrange au premier abord qu'une même action excitante puisse ainsi dégager deux influences contraires et surtout que ces deux influences aient leur siège dans les mêmes éléments anatomiques, dans la même substance. Mais, en y réfléchissant, la chose n'a rien d'invraisemblable. Il est évident que, dans l'ignorance absolue où nous sommes du processus intime des actions nerveuses, nous ne pouvons faire aucune hypothèse plausible sur la coexistence des actions motrices et des actions d'arrêt. On peut invoquer également une modification chimique, une variation électrique, une vibration ondulatoire ou tout autre mouvement moléculaire; mais toute démonstration rigoureuse est impossible. On me permettra cependant une comparaison qui peut faire comprendre jusqu'à un certain point cette simultanéité d'actions contraires. Supposons par exemple une substance chimique instable dont la décomposition donne naissance à deux corps dont l'un puisse agir comme excitant, soit, pour fixer les idées, un acide et une base, l'acide agissant comme excitant. Si l'acide est dégagé en excès, l'excitation a lieu; si la base est dégagée en quantité suffisante pour neutraliser l'acide, l'excitation ne se fait pas; si sa quantité ne suffit qu'à neutraliser une portion de l'acide dégagé, l'excitation a encore lieu, mais affaiblie. Quant à la quantité d'acide et de base dégagés, elle peut tenir soit à la composition même de la substance à un moment donné, soit au degré d'alcalinité du milieu. On pourrait tout aussi bien, dans l'hypothèse mécanique, imaginer un système élastique donnant aussi naissance à des actions contraires, ou, dans l'hypothèse physique, un système électrique ou magnétique analogue. Il suffit de montrer que la chose, en soi, n'a rien d'inadmissible.

Je n'ai parlé jusqu'ici que des actions d'arrêt qui s'exercent sur les fonctions motrices. Mais le phénomène peut et doit être envisagé à un point de vue beaucoup plus général. Si toute stimulation détermine à la fois dans la substance nerveuse des phénomènes d'excitation et des phénomènes d'arrêt, cet arrêt pourra s'exercer sur toute manifestation, quelle qu'elle soit, de l'activité nerveuse et ne se limitera pas à l'activité motrice. C'est en effet ce qu'on observe, quoique cette catégorie de phénomènes ait été moins étudiée. Les sécrétions, par exemple, sont soumises aux mêmes influences d'arrêt et les cas de ce genre sont connus de tous les expérimentateurs. Pour la sécrétion salivaire même, le fait est d'observation courante. Mais des phénomènes analogues se constatent pour toutes les sécrétions. Ainsi l'excitation des nerfs sensitifs de l'uretère par l'introduction d'une canule arrête pendant quelques heures la sécrétion urinaire, comme je l'ai vu chez le lapin. Il en est de même pour la sécrétion pancréatique, la sécrétion biliaire, etc.

L'étude attentive des phénomènes de sensibilité conduirait aux mêmes conclusions, et il ne serait pas difficile de relever un certain nombre de faits tenant certainement aux influences d'arrêt. Des anesthésies et des analgésies, soit locales, soit générales, peuvent être observées à la suite d'irritations périphériques et ne peuvent guère s'interpréter que de cette façon. Je me contenterai de rappeler ici les recherches récentes de Brown-Séquard sur l'anesthésie générale provoquée par l'irritation de la muqueuse du larynx par un courant d'acide carbonique. On trouverait facilement dans la thérapeutique usuelle des cas qui rentreraient dans cette catégorie de phénomènes et sur lesquels je ne puis insister ici.

Mais on peut faire encore un pas de plus. Si, comme les faits précédents tendent à le démontrer, la coexistence dans la substance nerveuse d'actions excitantes et d'actions d'arrêt est une loi générale, et si la manifestation qui succède à une stimulation nerveuse n'est que la résultante de deux influences contraires, les éléments nerveux dont l'activité accompagne ou détermine les processus psychiques ne doivent pas échapper à cette nécessité. Quelle que soit l'idée qu'on se fasse des phénomènes intellectuels et de leur mode de production, on ne peut nier, à quelque école philosophique qu'on appartienne, la relation étroite qui rattache ces phénomènes au fonctionnement cérébral. Aussi dans la théorie émise plus haut, on est forcé d'admettre l'intervention des actions d'arrêt dans les phénomènes psychiques comme dans les fonctions sécrétoires, sensitives ou motrices. On ne voit pas en effet pourquoi la substance corticale des hémisphères se distinguerait à ce point de vue de la substance nerveuse des autres régions. Il n'est pas difficile du reste de trouver des exemples d'action d'arrêt dans les phénomènes de l'intelligence ; je dirai même plus : cette hypothèse éclaire d'un jour nouveau le mécanisme des fonctions psychiques et permet d'interpréter un grand nombre de faits qui sans cela restent absolument inexplicables. Je ne suis pas le premier d'ailleurs à faire jouer aux actions d'arrêt un rôle dans les phénomènes de cet ordre. On a dit déjà que la volonté est une action d'arrêt. Mais jusqu'ici, à mon avis, le problème n'a pas été envisagé à son véritable point de vue, et c'est là surtout ce que je voudrais indiquer.

Le fait essentiel, primordial, qui domine toute la question, c'est cette dualité qui se trouve au fond de tout acte psychique ; c'est cette double tendance, à l'activité d'une part, à l'arrêt de cette activité d'autre part, qui fait que l'acte psychique n'est que la résultante de ces deux tendances contraires.

Transportez cette action d'arrêt dans le domaine de la conscience, traduisez-la en langage philosophique, et vous aurez l'hésitation qui accompagne un mouvement volontaire ou une détermination intellectuelle ; dans la sphère émotive, vous aurez les fluctuations et les alternatives de la passion, ou, dans la sphère de la spéculation pure, les réserves du doute métaphysique. Notre vie intellectuelle n'est qu'une lutte perpétuelle entre ces deux tendances, impulsion et arrêt; *homo duplex*.

Ces deux tendances n'ont pas la même intensité relative chez tous les individus, et la part de l'impulsion et de l'arrêt présente des variations qui, au point de vue moral, déterminent chez l'homme le *caractère*. La prédominance des actions impulsives donne les caractères résolus, celle des actions d'arrêt les caractères indécis et circonspects.

Je me contenterai de ces considérations. Je n'ai pas voulu étudier ici tous les phénomènes intellectuels, quelque intéressante que puisse être cette étude; il m'a suffi d'indiquer à grands traits le rôle des phénomènes d'arrêt dans les actes psychiques.

En résumé, les conclusions suivantes dérivent des faits précédents :

1° Les phénomènes d'arrêt qui se passent dans la substance nerveuse peuvent être rangés dans les catégories suivantes, pour ce qui concerne les fonctions motrices :

a) Les actions d'arrêt peuvent interrompre un mouvement commencé, que ce mouvement soit volontaire, automatique ou réflexe;

b) Le mouvement, sans être interrompu, peut être simplement diminué dans son intensité, sa vitesse ou sa durée;

c) Le mouvement peut être retardé dans son apparition, soit qu'il se produise pendant la durée de l'excitation (*contractions retardées*), soit qu'il n'ait lieu qu'après la cessation de l'excitation (*contractions consécutives*);

d) Le mouvement peut être empêché de se produire;

e) Les actions d'arrêt peuvent modifier la forme de la contraction;

f) Les actions d'arrêt peuvent modifier l'excitabilité de la substance nerveuse;

g) Elles peuvent déterminer, au lieu d'un raccourcissement, un allongement réflexe du muscle.

2° Le point de départ des phénomènes d'arrêt peut se trouver soit dans les centres nerveux, soit dans les nerfs périphériques.

3° Toute excitation sensitive peut, sous certaines conditions, déterminer des phénomènes d'arrêt.

4° Ces phénomènes d'arrêt se montrent non seulement dans les centres nerveux, mais encore dans les nerfs périphériques et en particulier dans les nerfs moteurs, quoiqu'ils y aient une bien moindre intensité.

5° Ces phénomènes d'arrêt peuvent servir à interpréter les différences de forme de la contraction musculaire et en particulier du tétanos.

6° La différence de forme du tétanos direct et du tétanos réflexe tient essentiellement aux actions d'arrêt qui se passent dans les centres nerveux. On peut dire à ce point de vue que le tétanos réflexe n'est qu'un tétanos direct modifié par des actions d'arrêt.

7° Il est probable qu'il n'y a pas d'appareils moteurs et d'appareils d'arrêt distincts et indépendants, mais que les actions motrices et les actions d'arrêt se passent dans les mêmes éléments nerveux.

8° Les actions d'arrêt s'observent non seulement pour les mouvements, mais pour les sécrétions, pour la sensibilité, etc., et, d'une façon générale, pour toutes les manifestations de l'activité nerveuse.

9° A un point de vue tout à fait général, l'arrêt est un fait fondamental d'innervation.

10° Toute excitation nerveuse détermine, dans la substance nerveuse excitée, deux modifications de sens contraire, une impulsion à l'activité d'une part et une tendance à l'arrêt de cette activité d'autre part.

11° La manifestation quelconque, mouvement, sensation, sécrétion, etc., qui suit une excitation nerveuse, n'est que la résultante de ces deux actions contraires.

12° Une interprétation satisfaisante des phénomènes d'innervation ne pourra être donnée que quand on aura, pour chaque acte nerveux, fait la part de chacune de ces deux influences contraires.

Enfin pour ce qui concerne les phénomènes psychiques :

1° Les phénomènes d'arrêt se montrent dans les actes psychiques comme dans toutes les autres manifestations de l'activité nerveuse.

2° Tout processus psychique est la résultante de deux actions contraires, une action impulsive, une action d'arrêt.

3° Cette dualité se retrouve au fond de toute manifestation psychique, mouvement volontaire, passion, détermination, pensée.

4° La prédominance relative de l'impulsion ou de l'arrêt détermine chez l'homme le caractère.

Un certain nombre d'auteurs ont cherché à interpréter les phénomènes d'arrêt par l'*interférence des ondulations*, en assimilant la transmission nerveuse à un mouvement vibratoire (Herzen, Lauder Brunton, etc.).

Bibliographie. — Brown-Séquard : *Rech. sur l'inhibition et la dynamogénie*, 1882. — T. Lauder Brunton : *On the nature of inhibition*, etc. (Nature, 1883). — H. Beaunis : *Rech. sur les formes de la contraction musculaire et sur les phénomènes d'arrêt* in *Recherches expérimentales sur les conditions de l'activité cérébrale*, etc., 1884. Voir aussi : Revue médicale de l'Est, 1883 et 1884 (C. rendus de la société des sciences de Nancy); Gazette médicale de Paris, 1883 et 1884 ; Société de biologie, 1883 et 1884 ; C. rendus de l'Acad. des sciences, 1883. — J. Rodet : *Actions nerveuses d'arrêt*. Th. de Paris, 1886 (1).

Article VI. — Théories de l'action nerveuse.

Théories de l'action nerveuse. — Nous ne savons jusqu'ici rien de positif sur la nature des actions nerveuses et sous ce rapport nous ne sommes guère plus avancés que les anciens physiologistes. Aussi je crois inutile de rappeler toutes les théories émises sur ce sujet. Le *pneuma* de Galien, les *esprits animaux* du moyen âge, le *fluide nerveux* des auteurs modernes n'ont qu'un intérêt historique. L'assimilation des phénomènes nerveux aux phénomènes électriques présente plus de vraisemblance et les recherches modernes montrent, comme on a pu le voir dans les pages précédentes, un certain nombre de points de contact entre l'action nerveuse et l'électricité, mais ces analogies, quelque séduisantes qu'elles puissent être, ne suffisent pas pour permettre encore de les identifier. Du reste l'étude de l'électricité au point de vue de sa nature et de son mécanisme est encore si peu avancée, que cette identification, quand même elle serait justifiée, ne nous apprendrait pas grand'chose sur les phénomènes de l'innervation.

Dans l'état d'ignorance où nous sommes, la seule hypothèse à faire, c'est de considérer la substance nerveuse comme étant dans un état moléculaire particu-

(1) *A consulter :* Wundt : *Unt. zur Mechanik der Nerven und Nervencentren*, 1871 (Voir aussi la bibliographie des centres nerveux).

lier, instable, état moléculaire qui est modifié avec une grande facilité par les excitations provenant soit de l'extérieur, soit de l'organisme même. Ces modifications moléculaires peuvent consister soit en décompositions chimiques, soit plutôt en transformations isomériques, peut-être en toutes les deux, avec ce caractère que la modification moléculaire du point excité agit à son tour comme excitant sur les points voisins et ainsi de proche en proche. Chaque molécule nerveuse peut donc être regardée comme un réservoir de *forces de tension*, faibles dans un tube nerveux par exemple, considérables dans une cellule nerveuse. Excitée, cette molécule nerveuse dégage à l'état de forces vives une *certaine quantité* des forces de tension qu'elle possède, quantité déterminée par l'intensité de l'excitation et par une foule de conditions encore incomplètement étudiées. Ces forces de tension, dégagées à l'état de forces vives (chaleur? électricité? mouvement mécanique? etc.), agissent à leur tour sur les molécules voisines, et, si l'on admet la théorie de l'*avalanche* nerveuse de Pflüger, la quantité des forces vives dégagée dans la deuxième molécule est plus considérable que celle que l'excitation primitive avait dégagée dans la première, absolument comme dans une traînée de poudre qu'on enflamme à une extrémité. Dans cette hypothèse la substance nerveuse serait une véritable substance explosive. Mais il n'y a pas lieu d'en faire pour cela une substance à part gouvernée par des lois particulières. Ne trouve-t-on pas des exemples de substances explosives et par conséquent d'action hors de toute proportion avec l'excitation initiale en dehors des êtres vivants et jusque dans le monde inorganique (1)?

Je ferai cependant une remarque à propos de l'assimilation qui a été faite souvent du fluide nerveux (?) et de l'électricité. On s'appuie en général pour repousser cette assimilation sur la vitesse de transmission infiniment moins rapide de l'influx nerveux (20 à 30 mètres par seconde), tandis que celle de l'électricité est de 460,000 kilomètres par seconde. Mais cet argument perd une grande partie de sa valeur si on réfléchit qu'on compare là deux choses de nature différente; il s'agit en effet, de la vitesse de propagation de l'électricité dans des fils métalliques et non dans des conducteurs organiques comme des nerfs. Il serait très possible que dans ces conditions la propagation de l'électricité fût beaucoup moins rapide et se rapprochât de la vitesse de la transmission nerveuse. J'ai fait il y a quelques années une série de recherches, malheureusement très incomplètes, sur la vitesse de propagation de l'électricité dans les conducteurs organiques (nerfs, fils organiques humides, etc.). J'ai pu constater que la vitesse de propagation de l'électricité dans les conducteurs organiques reste bien en deçà du chiffre indiqué plus haut, et les valeurs que j'ai obtenues, sans arriver aux chiffres de la transmission nerveuse, étaient assez basses pour permettre l'assimilation des deux fluides. Ces recherches mériteraient d'être reprises avec les appareils perfectionnés qui ont été imaginés dans ces dernières années.

D'Arsonval a du reste communiqué en 1886 à la Société de biologie une expérience qui montre qu'un phénomène électrique peut se propager avec une vitesse aussi faible que celle d'un son. Il prend un tube de verre de 1 à 2 millimètres de diamètre intérieur et le remplit de gouttes de mercure alternant avec des gouttes d'eau acidulée; il forme ainsi un conducteur composé de cylindres alternativement de mercure et d'eau acidulée constituant autant d'électromètres capillaires de Lippmann qu'il y a de cylindres mercuriels. Les deux extrémités du tube sont fermées par des membranes de caoutchouc et le tube porte en outre latéralement des

---

(1) On trouvera des théories de l'action nerveuse et des essais d'interprétation dans un grand nombre d'ouvrages; je citerai particulièrement : Wundt, *Éléments de psychologie physiologique*, trad. franç., 1886. Voir aussi : *Handbuch der Physiologie*, t. II, p. 184 à 196.

tubulures permettant de mettre des conducteurs extérieurs en contact avec le liquide remplissant son intérieur. Si on ébranle une des membranes de caoutchouc, le tube est parcouru par une onde liquide qui se propage avec la vitesse particulière au système et on constate en même temps une onde électrique qui se propage avec la vitesse même de l'onde liquide.

Bibliographie générale. — Ch. Richet : *Physiol. des muscles et des nerfs*, 1882. — Ch. Mercier : *On the conditions of the nervous discharge* (Brain, t, V, 1882) (1).

QUATRIÈME PARTIE

PHYSIOLOGIE GÉNÉRALE DE L'ORGANISME

Article Ier. — **Nutrition.**

Le sang, ce *milieu intérieur*, comme l'appelle Cl. Bernard, est le centre de tous les phénomènes de nutrition. En état de perpétuelle instabilité, il reçoit continuellement des principes nouveaux soit de l'extérieur, soit des tissus, et leur en restitue d'autres en échange, et malgré ces mutations incessantes, il y a un tel équilibre, une telle corrélation entre les entrées et les sorties, que sa composition se maintient au même état avec une constance remarquable. Il est essentiel, pour bien comprendre les phénomènes de la nutrition, de les analyser d'une façon rigoureuse et d'étudier à part et en lui-même chacun des actes intimes qui la constituent, et cette étude est d'autant plus nécessaire qu'elle est en général négligée dans la plupart des ouvrages classiques, malgré son importance pour la médecine.

Les échanges entre le sang d'une part et les tissus et l'extérieur de l'autre portent sur des gaz, des liquides et des solides en dissolution, et pour que ces substances diverses puissent servir à ces échanges, il faut qu'elles soient susceptibles de traverser les membranes animales connectives et épithéliales, qu'elles satisfassent par conséquent à certaines conditions qui ont été étudiées plus haut à propos de la physiologie de ces deux espèces de tissus.

§ 1er. — **Actes intimes de la nutrition.**

Si nous prenons d'abord les échanges entre le sang et l'extérieur, nous voyons que :

(1) *A consulter* : Longet : *Anat. et physiologie du système nerveux*, 1842. — M. Schiff : *Unters. zur Physiologie des Nervensystems*, 1855. — Cl. Bernard : *Leçons sur la physiologie et la pathologie du système nerveux*, 1858. — A. Vulpian : *Leçons sur la physiologie générale et comparée du système nerveux*, 1866. — C. Eckhard : *Experimentalphysiologie des Nervensystems*, 1866. — Du Bois-Reymond : *Gesammelte Abhandlungen zur allgemeinen Muskel-und Nervenphysik*, 1875-1877. — Wundt : *Unters. zur Mechanik der Nerven und Nervencentren*, 1874-1876. — Poincaré : *Leçons sur la physiologie du système nerveux*, 1872-76. — Rosenthal : *Les nerfs et les muscles*, 1878. — Hermann : *Physiologie des Nervensystems* (Handbuch der Physiologie, t. II, 1879).

1° Le sang reçoit de l'extérieur (*absorption*) :

De l'oxygène ; *absorption respiratoire;*

Des substances dérivées des aliments et devenues assimilables par la digestion ; *absorption digestive;*

Des produits de sécrétion versés dans les cavités du corps en communication avec l'extérieur, comme la cavité digestive, et qui sont repris par le sang; *absorption sécrétoire.*

2° Le sang élimine et renvoie à l'extérieur (*élimination*) :

De l'acide carbonique; *exhalation respiratoire;*

De l'eau et des principes solubles éliminés définitivement; *excrétion;*

De l'eau et des principes solubles destinés à être repris plus tard par le sang ; *sécrétion.*

Si nous prenons maintenant les échanges du sang et des tissus, nous voyons que :

1° Le sang fournit aux tissus (*transsudation interstitielle ou absorption interne*) :

De l'oxygène; *exhalation gazeuse interstitielle;*

Des matériaux solubles et de l'eau; *transsudation interstitielle.*

2° Le sang reçoit des tissus (*résorption*) :

De l'acide carbonique; *résorption gazeuse interstitielle;*

Des principes de déchet solubles; *résorption interstitielle.*

Le tableau suivant présente, d'une façon schématique, la série de ces différents actes et leur corrélation intime. On voit ainsi que leur ensemble constitue une sorte de 8 de chiffre dont le sang occupe le point de croisement et qu'il y a par conséquent une sorte de circulation croisée entre l'extérieur et les tissus, circulation dont le sang forme le centre ; cette circulation offre deux courants *sanguifuges*, l'un vers l'extérieur, l'autre vers les tissus, et deux courants *sanguipètes*, l'un venant des tissus, l'autre de l'extérieur.

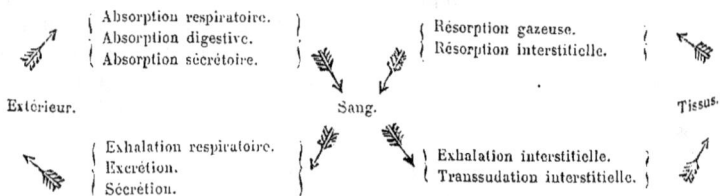

Absorption respiratoire. Absorption digestive. Absorption sécrétoire.		Résorption gazeuse. Résorption interstitielle.
Extérieur.	Sang.	Tissus.
Exhalation respiratoire. Excrétion. Sécrétion.		Exhalation interstitielle. Transsudation interstitielle.

Ces quatre actes fondamentaux, comprenant dix actes secondaires, sont donc les éléments essentiels de la nutrition. L'étude isolée de ces divers actes est donc nécessaire et doit précéder l'étude de la nutrition générale; mais il y a là une très grande difficulté. En effet, l'absorption gazeuse d'oxygène et l'élimination d'acide carbonique s'accomplissent par la même membrane et par leur réunion constituent la fonction respiratoire, et quelle que soit leur indépendance, il est presque impossible de les isoler l'un de l'autre pour les étudier à part. Le même organe, le tube digestif, sert à l'absorption alimentaire, à la sécrétion, à l'excrétion, à l'absorption sécrétoire, etc., et les exemples de cette multiplicité de fonctionnements pourraient être multipliés. On peut cependant, malgré ces difficultés, arriver, en les analysant, à des notions précises sur le mécanisme de ces actes intimes de la nutrition.

I. — ABSORPTION.

Pour arriver dans le sang, les substances venues de l'extérieur ont à traverser, quelles qu'elles soient : 1° une membrane épithéliale, limite entre l'organisme et le milieu extérieur; 2° une membrane connective sous-jacente plus ou moins épaisse; 3° la membrane des capillaires sanguins. Cependant il y a une réserve à faire sur ce dernier point. D'après les recherches modernes, il est très probable que les capillaires baignent dans les lacunes lymphatiques du tissu connectif, de sorte que, dans ce cas, les substances venues de l'extérieur, après avoir traversé les deux premières membranes, arriveraient dans les lacunes lymphatiques et là pourraient suivre deux voies : ou bien être entraînées par la lymphe et passer dans le sang par les canaux lymphatiques sans avoir à traverser d'autres membranes (*absorption lymphatique*), ou traverser immédiatement la membrane des capillaires sanguins pour arriver directement dans le sang sans passer par la circulation lymphatique (*absorption sanguine* appelée encore à tort *absorption veineuse*). Une fois introduite dans le sang, c'est-à-dire absorbée, la substance est entraînée par la circulation et transportée ainsi jusqu'aux différents tissus. Il y a donc dans l'absorption deux stades qu'il ne faut pas confondre, un stade d'*absorption proprement dite*, in situ, et un stade de *généralisation* ou de transport par la circulation (précédé dans l'absorption lymphatique par un stade intermédiaire pendant lequel la substance parcourt les vaisseaux lymphatiques). Dans le premier stade, la substance reste localisée dans le point où l'absorption s'est faite; dans le second stade, elle imprègne tout l'organisme.

1° *Stade d'absorption proprement dite*. — On a vu plus haut que la substance doit traverser d'abord une membrane épithéliale et ensuite une membrane connective.

La traversée de la membrane épithéliale est celle qui présente, au point de vue physiologique, le plus grand intérêt et aussi la plus grande difficulté d'observation. Même pour les épithéliums stratifiés, c'est un acte d'une très grande complexité et dont le mécanisme nous échappe en grande partie. En effet, supposons d'abord un épithélium pavimenteux A, comme dans la figure 207; la substance absorbée aura à traverser : 1° la face libre de la membrane cellulaire; 2° la cavité cellulaire; 3° la face profonde de la membrane cellulaire (1). La traversée de la membrane d'enveloppe se fait d'après

(1) L'accolement intime des cellules épithéliales rend peu probable l'opinion que les substances absorbées passeraient dans les interstices des cellules au lieu d'en traverser la cavité. Il en est peut-être autrement pour les endothéliums; dans ces derniers, en effet, un certain nombre d'histologistes admettent des ouvertures (*stomates*) situées entre les cellules endothéliales et donnant accès dans les lacunes lymphatiques.

les mêmes lois que pour les membranes connectives ordinaires, mais il n'en est plus de même dans la cavité de la cellule où la substance se trouve en contact avec le protoplasma et le noyau cellulaires, qui, très probablement, en retardent la traversée, en admettant même que la substance (et le contraire arrive souvent) ne soit pas modifiée au passage. L'absorption deviendra en général encore plus difficile et la possibilité de modifications plus grandes, si, au lieu d'un épithélium pavimenteux, la substance doit traverser un épithélium cylindrique, B, et surtout un épithélium stratifié, C. Il y aura donc dans la rapidité avec laquelle la substance traversera l'épithélium, des différences qui pourront tenir, soit à l'épaisseur de la couche épithéliale et au nombre des cellules à traverser, soit à la nature même de cet épithélium, et

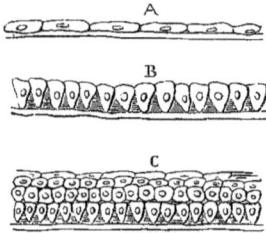

Fig. 207. — *Épithélium simple et stratifié.*

cette seconde condition nous échappe complètement. Une fois cet épithélium franchi, la substance n'a plus à traverser, pour arriver dans le sang, que des membranes connectives, membrane sous-épithéliale, membrane vasculaire, endothélium vasculaire, autrement dit, des tissus rattachés aux tissus connectifs et dans lesquels l'absorption paraît beaucoup plus simple que dans les épithéliums et semble suivre presque complètement les lois physiques. La nature même de la substance absorbée a aussi de l'influence sur la durée de ce stade de l'absorption, et j'ai déjà mentionné plus haut la différence qui existe, à ce point de vue, entre les cristalloïdes et les colloïdes.

En résumé, le premier stade de l'absorption s'étend depuis le moment de l'application de la substance absorbable jusqu'à son arrivée dans le sang, et la durée de ce stade, ou autrement dit la *rapidité de l'absorption*, varie suivant deux conditions principales, les caractères de la surface absorbante et surtout de l'épithélium, la nature de la substance absorbée. Plus la surface absorbable sera mince et pauvre en épithélium, plus la substance sera diffusible, plus l'absorption sera rapide; plus elle sera lente dans les conditions contraires.

2° *Stade de généralisation.* — Ce stade débute au moment où la substance arrive dans le sang; elle devient alors partie intégrante de ce liquide et est transportée avec lui dans toutes les régions de l'organisme. Elle a donc forcément la même vitesse que les molécules sanguines et met le même temps qu'elles à parcourir le circuit vasculaire, c'est-à-dire environ 23 secondes (Voir *Circulation*). Donc, en moins de 23 secondes, une substance arrivée dans le sang imprègne déjà tout l'organisme et a été *offerte* à tous les tissus et à tous les organes, et par conséquent la durée de ce stade de généralisation est à peu près invariable et, comme on le voit, très courte.

Il en résulte que ce qu'on appelle *rapidité de l'absorption* se compose de deux facteurs, l'un *constant*, durant 23 secondes : c'est la généralisation de la substance dans l'organisme; l'autre, seul *variable*, c'est l'absorption proprement dite. Tant que la substance en est encore au premier stade, l'absorption est *locale* et on peut encore l'arrêter et empêcher la pénétration de la substance dans le sang ; mais dès que la substance a pénétré dans le sang, l'absorption est *générale*, et on ne pourrait l'arrêter qu'en arrêtant la circulation.

Enfin, dans l'absorption par les lymphatiques, entre ces deux stades, d'absorption locale et d'absorption générale, vient se placer une période intermédiaire pendant laquelle la substance est transportée avec la lymphe, période dont la durée, égale à celle d'une circulation lymphatique, ne peut encore être évaluée d'une façon précise.

Mais le sang et la lymphe ne jouent pas seulement le rôle d'agents de transport dans l'absorption, ils ont encore une influence indirecte sur l'absorption locale. En effet, à part la spécialité d'action toute vitale des épithéliums, l'absorption est régie par les lois physiques de la diffusion et de l'endosmose. Une cellule ou une membrane déjà imbibée d'un liquide ne pourra en recevoir une plus grande quantité si, préalablement, on ne lui a enlevé une partie de ce liquide, et, d'une façon générale, les tissus absorberont d'autant moins d'une substance qu'ils seront plus rapprochés de leur point de saturation pour cette substance. Aussi dans le premier stade d'absorption locale, cette absorption serait vite arrêtée, la membrane arrivant à son point de saturation, si le sang ne débarrassait, au fur et à mesure, cette membrane de la substance absorbée, en la mettant dans des condition favorables pour en absorber successivement de nouvelles quantités. C'est à ce point de vue que le sang favorise et règle en quelque sorte l'absorption locale ; mais son action n'est pas indispensable, et l'absorption peut se faire de proche en proche et transporter une substance jusque dans la profondeur de l'organisme sans que la circulation intervienne. Si on arrête la circulation sur une grenouille par la ligature du cœur, et qu'on injecte sous la peau de la cuisse une solution de strychnine, au bout de quelque temps on voit survenir des convulsions qui indiquent que le poison est arrivé jusqu'à la moelle épinière.

On a longuement discuté pour savoir si l'absorption se faisait par les lymphatiques ou par les capillaires sanguins. Il est bien démontré aujourd'hui que l'absorption peut se faire par les deux voies, mais il me paraît utile de rappeler les expériences principales invoquées à l'appui des deux opinions.

Les expériences les plus importantes sur l'*absorption par les veines* (ou plutôt par les capillaires) sont dues à Magendie. Je me contenterai de mentionner les principales. Chez un chien endormi par l'opium, une des cuisses est séparée de façon qu'elle ne tienne plus au tronc que par l'artère et la veine crurale, dont on enlève même la tunique celluleuse ; en introduisant alors deux grains d'*upas-tieuté* sous la peau de la patte isolée, les accidents d'intoxication se montrent rapidement. Pour être sûr qu'il ne reste pas de lymphatiques dans les parois des vaisseaux, Magendie répéta l'expérience en remplaçant le canal de l'artère et de la veine par des tuyaux de plume et vit encore l'intoxication se produire avec la même rapidité. Les expériences sur les vaisseaux de l'intestin l'ont conduit aux mêmes conclusions ; il met à nu une anse d'intestin avec les vaisseaux qui s'y rendent, puis après avoir lié les lymphatiques en ne conservant qu'une artère et une veine, il injecte dans la cavité de l'intestin une dissolution d'*upas-tieuté;* l'intoxication se produit au bout de quelques minutes. Un grand nombre d'expériences confirment la réalité de l'absorption par les capillaires, absorption qui ne peut plus être mise en doute aujourd'hui. Si on injecte dans la trachée d'un animal du prussiate de potasse, on le retrouve bientôt dans les cavités gauches du cœur et non dans les cavités droites, ce qui prouve que l'absorption s'est faite par les veines pulmonaires (Lebküchner, Panizza). Westrumb, ayant poussé dans l'estomac une solution de cyanure de potassium, le retrouve dans l'urine à un moment où le chyle et la lymphe n'en contiennent pas la moindre trace. Du reste la rapidité d'absorption de certains poisons, comme l'acide prussique, ne peut guère s'expliquer que par son passage direct dans le sang, vu la lenteur de la circulation lymphatique.

L'*absorption exclusive par les lymphatiques* a été surtout soutenue par William et John Hunter, et surtout par leur élève, Cruikshank, et appuyée sur les expériences suivantes : après l'injection de lait ou de substances colorantes dans une anse intestinale, ces substances n'apparaissent que dans les chylifères et jamais dans les veines de l'intestin. Mais ces expériences, répétées par d'autres physiologistes et en particulier par Ségalas, donnèrent des résultats différents, tandis qu'elles furent confirmées au contraire par quelques autres auteurs, comme Emmert et Colin. Mais les expériences de Colin sont loin d'être probantes, car il n'a pas lié les vaisseaux sanguins de la surface absorbante, et la substance absorbée pouvait avoir été absorbée par les capillaires sanguins et n'avoir passé que de seconde main dans les lymphatiques. Emmert avait cherché à se mettre à l'abri de cette cause d'erreur; il lia l'aorte abdominale au-dessous des artères rénales et injecta sous la peau de la cuisse une solution de cyano-ferrure de potassium ; ce sel se retrouva dans l'urine, et il en conclut que, la circulation sanguine étant arrêtée, l'absorption s'était faite par les lymphatiques. Mais Meder montra que les recherches d'Emmert ainsi que les expériences ultérieures de Bischoff, Henle, etc., présentaient toutes plusieurs causes d'erreur; en effet, d'une part, il s'établit après la ligature de l'aorte une circulation collatérale, et d'autre part il se fait par le tissu cellulaire sous-cutané une imbibition qui fait progresser de proche en proche la substance introduite sous la peau; ainsi on retrouve au bout de quelque temps à la hauteur du cou le cyano-ferrure introduit sous la peau de la cuisse; ces expériences ne peuvent donc fournir la démonstration positive d'une absorption par les lymphatiques.

L'absorption de proche en proche par imbibition, et en dehors de toute circulation, peut se faire quelquefois avec une certaine rapidité ; mais en général cela n'a lieu que quand elle est favorisée par les conditions physiques. Ainsi si l'on injecte de la strychnine sous la peau de la cuisse d'une grenouille dont le cœur a été lié, l'intoxication se fait plus rapidement si la grenouille est suspendue par les pattes, que quand on la suspend par la tête; dans le premier cas en effet l'imbibition est favorisée par l'action de la pesanteur.

Les conditions générales qui influencent l'absorption sont les suivantes :

1° *La nature de la surface absorbante,* c'est-à-dire son épaisseur, la forme et l'épaisseur de son épithélium, et en première ligne la spécialité d'action de cet épithélium. Une membrane très mince, à épithélium pavimenteux presque endothélial, comme la muqueuse pulmonaire, absorbera très facilement, tandis que, pour la peau épaisse et couverte d'un épiderme stratifié, l'absorption sera beaucoup plus lente et, dans bien des cas, impossible. Enfin quelques surfaces paraissent tout à fait réfractaires à l'absorption, au moins pour certaines substances; telle paraît être la muqueuse vésicale.

2° *La nature de la substance à absorber.* — Certaines substances, et surtout celles à fort équivalent endosmotique, comme les colloïdes, sont difficilement absorbables ; mais, même dans ce cas, elles peuvent devenir plus facilement absorbables dans des conditions déterminées. Ainsi l'albumine traverse plus facilement les membranes quand elle est en solution alcaline. La concentration d'une solution favorise aussi l'absorption. En outre, si la substance est rapidement décomposée dans le sang, son absorption sera plus rapide (Voir aussi sur ce sujet : Rôle des tissus connectifs dans l'osmose, p. 481 ; Endosmose des tissus épithéliaux, p. 493, et Rôle de l'épithélium dans l'absorption, p. 496).

3° *Le sang* agit sur l'absorption par sa quantité, par sa qualité et par sa pression. Plus il passe de sang par la surface absorbante dans l'unité de temps, plus l'absorption sera rapide, l'enlèvement de la substance absorbante se faisant au fur et à mesure de l'absorption locale ; tel est le cas des membranes très riches en capillaires sanguins ; la saignée, d'après Kaupp, au lieu de favoriser l'absorption comme l'indiquent les expériences de Magendie, la ralentirait au contraire en diminuant la masse du sang ; cette assertion de Kaupp mériterait cependant d'être vérifiée. La qualité du sang a encore une influence très marquée. Les substances qui existent déjà dans ce liquide seront absorbées plus difficilement lorsqu'elles s'y trouveront en plus forte proportion ; ce sera l'inverse pour les substances qui n'y existent pas ou qui ne s'y trouvent qu'en proportion minime. Quand une substance est rapidement éliminée par le sang, son absorption se fait d'une façon plus active. Certains états de l'organisme, qui influencent la qualité du sang, agissent sur l'absorption. Ainsi, d'après Köhler, l'absorption serait diminuée chez les animaux à jeun, et il attribue cette diminution à la diminution de fréquence de la respiration et du pouls. L'augmentation de la pression sanguine tend à diminuer la rapidité de l'absorption ; c'est par ce mécanisme qu'une ventouse appliquée sur une plaie empoisonnée peut arrêter ou retarder l'intoxication ; inversement toute baisse de pression sanguine favorise l'absorption ; il y a là peut-être une des conditions qui expliquent la rapidité de l'absorption par la surface pulmonaire dont le sang se trouve sous une pression inférieure à celle du sang contenu dans les capillaires généraux.

4° L'état de la *lymphe* agit sur l'absorption de la même façon que l'état du sang.

5° L'influence de l'*électricité* a déjà été mentionnée page 484. Fodéra avait constaté depuis longtemps une augmentation d'activité des phénomènes d'absorption sous l'influence de l'électricité. Munk, en mettant en contact deux points de la peau d'un lapin avec une solution de strychnine et faisant passer un courant électrique, a vu l'absorption se faire au pôle positif et l'intoxication apparaître au bout de peu de temps.

6° L'influence du *système nerveux* sur l'absorption sera étudiée avec les nerfs *trophiques* et *vasculaires*.

Les différents modes d'absorption seront étudiés plus loin, l'absorption d'oxygène avec la respiration, l'absorption digestive et l'absorption sécrétoire avec la digestion (1).

II. — ÉLIMINATION.

L'élimination est l'acte corrélatif de l'absorption ; et il est, en réalité, soumis aux mêmes lois et aux mêmes conditions. En effet, que de l'eau venue

(1) *A consulter :* Magendie, *Mém. sur le mécanisme de l'absorption* (Journ. de physiologie, 1826).

de l'extérieur, par exemple, soit absorbée et passe dans le sang, ou qu'elle soit éliminée du sang et versée à l'extérieur, elle n'en a pas moins les mêmes membranes à traverser; seulement elle le fait en sens inverse, mais cela ne change rien au mécanisme du passage. Ici, comme tout à l'heure, la nature de la membrane à traverser (membrane d'élimination), la nature de la substance, l'état du sang et de la lymphe, jouent le rôle essentiel.

C'est cette élimination qui assure la constance de composition du sang. Aussi est-il très difficile de faire varier artificiellement la composition du liquide sanguin et la proportion des principes qui le constituent, à moins d'empêcher la surface éliminatrice de fonctionner. Ainsi, après la ligature de la trachée, l'acide carbonique s'accumulera dans le sang, les voies supplémentaires de l'exhalation carbonique, comme la peau, ne pouvant remplacer l'exhalation pulmonaire; l'ablation des reins a la même action par rapport à l'urée. Il semble y avoir, pour chaque substance introduite ou préexistante dans le sang, une dose maximum au delà de laquelle l'excès de la substance est immédiatement éliminé; ainsi quand la quantité de glycose dans le sang dépasse 0,4 p. 100, elle apparaît dans les urines (Cl. Bernard).

Les obstacles que l'élimination met aux changements de composition du sang se montrent bien dans les expériences dans lesquelles les animaux sont soumis à une alimentation très acide; le sang n'en reste pas moins alcalin avec une remarquable fixité (Fr. Hoffmann).

L'exhalation gazeuse d'acide carbonique sera étudiée avec la respiration.

L'excrétion et la sécrétion ont été étudiées à propos de la physiologie de l'épithélium.

III. — TRANSSUDATION ET EXHALATION INTERSTITIELLES.

Pendant son passage au travers des tissus et des organes, le sang abandonne à leurs éléments un certain nombre de principes; ces principes sont de deux ordres, en premier lieu de l'oxygène, en second lieu des matériaux de renouvellement destinés à réparer les pertes faites par ces tissus. Là, comme pour les échanges entre le sang et l'extérieur, la lymphe paraît être l'intermédiaire obligé entre le sang et les tissus; ces principes passent avec la lymphe à travers la membrane des capillaires et c'est dans cette lymphe que les tissus prennent à leur tour l'oxygène et les matériaux nécessaires à leur activité vitale. Ces matériaux varieront naturellement suivant les besoins de chaque tissu; *l'offre est la même, la demande diffère.*

Ce processus intime se compose de deux actes secondaires : 1° le passage même des substances depuis le sang jusqu'aux tissus; 2° le choix fait par chaque tissu dans le liquide qui lui est offert. Le premier acte est presque complètement physique : en effet, il n'y a pas là d'épithélium interposé entre le sang et le tissu; il n'y a guère que des membranes connectives et l'endothélium vasculaire; aussi ce passage doit-il être très rapide et pour ainsi dire instantané. On comprend alors pourquoi, dans l'absorption des substances médicamenteuses et toxiques, une fois la substance généralisée et transportée par le sang dans tout l'organisme, cette substance entre immédiatement en contact avec les tissus et exerce sur eux son action. Ce premier acte est sous la dépendance directe de la pression sanguine et se confond, en réalité, avec la formation même de la lymphe (Voir : *Lymphe*).

Le second acte, au contraire, est un acte vital, physiologique. Chaque tissu choisit ce qui lui convient dans la lymphe qui l'entoure. Malheureusement nous connaissons fort peu le mécanisme intime de cet acte ; nous ignorons presque complètement quelles substances prend un tissu donné, sous quelle forme, en quelle quantité, sous quelles conditions ; et nous n'avons de données un peu positives que pour l'oxygène ; ainsi on sait qu'un muscle en état d'activité emploie plus d'oxygène qu'à l'état de repos ; mais pour tous les autres principes, nous sommes dans une ignorance absolue.

Quant à la question de savoir si l'oxygène traverse les parois des capillaires pour arriver jusqu'au contact des tissus et de leurs éléments ou si les substances provenant des tissus vont trouver l'oxygène du sang pour se combiner avec lui, elle a été déjà traitée page 324. Du reste, comme on l'a vu pages 326 et 343, il règne encore beaucoup d'incertitude sur la nature même des actions chimiques qui se passent dans la nutrition, que ces actions aient leur siège dans le sang ou dans les tissus. En tout cas ces phénomènes de transsudation nutritive s'accomplissent avec une très grande rapidité ; en effet les globules sanguins ne mettent guère plus d'une seconde pour traverser les capillaires d'un organe, c'est-à-dire pour passer des artérioles dans les petites veines.

IV. — RÉSORPTION INTERSTITIELLE.

La résorption interstitielle marche de pair avec la transsudation interstitielle. À mesure que le sang fournit aux tissus de l'oxygène et des matériaux de nutrition, les tissus rendent au sang de l'acide carbonique et des matériaux de déchet ; la résorption représente donc la contre-partie de la transsudation, et les mêmes remarques leur sont applicables à toutes deux.

Seulement, nous sommes peut-être un peu plus avancés sur cet acte que sur l'acte de transsudation. Si nous ignorons presque complètement quels sont les matériaux fournis par le sang aux tissus, nous connaissons un peu mieux quels sont les produits, les déchets que les tissus fournissent au sang ; on sait aujourd'hui, pour un certain nombre de tissus au moins, quels sont leurs produits de désassimilation, et la chimie physiologique fait tous les jours de réels progrès sous ce rapport.

La même question qui a été agitée tout à l'heure se retrouve aussi pour la résorption, à savoir, celle du lieu de formation de l'acide carbonique et s'il faut le placer dans le sang même ou dans les organes. C'est à l'ensemble de ces deux actes, extraction de l'oxygène du sang, restitution d'acide carbonique au sang, qu'on a donné le nom de *respiration interne* ou *respiration des tissus*. Les tissus respirent comme le sang lui-même ; ils absorbent de l'oxygène et éliminent de l'acide carbonique ; seulement le sang est leur milieu respiratoire comme l'air atmosphérique est le milieu respiratoire du sang, et la respiration des tissus est une véritable *respiration aquatique*.

Les organes et les tissus dépourvus de vaisseaux n'en sont pas moins sous la dépendance du sang pour leur nutrition ; seulement cette dépendance est moins immédiate ; le cartilage, par exemple, reçoit ses matériaux de nutrition, de proche en proche, du tissu vasculaire osseux sous-jacent, et ses matériaux de déchet s'éliminent de la même façon ; mais sa vitalité est très inférieure ; aussi quand il a à développer une vitalité plus intense, comme au moment de l'ossification, se creuse-t-il de canaux qui en font, pour une certaine période, un organe vasculaire.

Les tissus épithéliaux, dont la vitalité est si active, et qui sont cependant dépourvus de vaisseaux, paraissent au premier abord en désaccord avec cette loi générale de la relation entre la vascularité et l'activité d'un tissu. Mais la contradiction n'est qu'apparente. Les surfaces sous-épithéliales sont en général très vasculaires et les cellules de l'épithélium simple ou les cellules profondes de l'épithélium stratifié sont en rapport aussi immédiat avec les capillaires sous-jacents qu'une fibre musculaire ou une cellule nerveuse avec les capillaires qui l'entourent. En outre, ces cellules épithéliales ont une activité vitale très énergique, et si elles opposent une barrière ou un retard au passage des substances indifférentes ou nuisibles, elles s'emparent avec une très grande rapidité des substances qui peuvent servir à leur nutrition, à leur accroissement et à leur multiplication.

Les échanges nutritifs des tissus invasculaires peuvent se faire avec une certaine rapidité. Ainsi l'analyse spectrale démontre la présence de la lithine dans le cristallin quatre heures après l'ingestion d'un sel de lithine (Jones) ; et même chez les jeunes chats les opacités du cristallin consécutives à la concentration du sang s'observent deux à trois heures après l'introduction de sel marin dans l'estomac ou dans le rectum (Kunde).

On a vu plus haut que les déchets des épithéliums étaient éliminés à l'extérieur sans être versés dans le sang ; il faudra donc ajouter aux dix actes intimes de la nutrition énumérés plus haut un onzième acte qui, lui, ne se fait plus par l'intermédiaire du sang, c'est l'*élimination* ou la *mue épithéliale*.

§ 2. — Phénomènes généraux de la nutrition.

Les manifestations de la vie, son activité fonctionnelle sont liées à l'usure des éléments et des tissus, à une destruction organique (oxydation, fermentation, putréfaction) ; c'est ce qui constitue la désassimilation. Cette usure nécessite une réparation incessante de ces tissus et de ces éléments ; à la destruction organique correspond donc la création organique, l'assimilation, avec tous ses phénomènes d'accroissement et de régénération.

I. — DÉSASSIMILATION.

Pour bien comprendre les phénomènes de désassimilation organique, il faut remarquer que les principes chimiques qui contribuent à former un élément anatomique ou un tissu n'ont pas tous la même signification. A ce point de vue on peut les diviser en deux classes, et cette division présente la plus grande importance au point de vue physiologique : 1° les uns, ce sont les plus importants et les plus nombreux, entrent dans la constitution même du tissu et font partie intégrante de sa substance, de telle façon que sans eux le tissu ne pourrait exister; tels sont les albuminoïdes, certaines substances minérales, etc. ; on peut les appeler *principes constituants.* 2° Les autres, *principes auxiliaires*, ne font qu'imprégner le suc intra ou extra-cellulaire sans entrer dans la constitution même de la cellule; telle est probablement une partie de la glycose et peut-être de la graisse introduite par l'alimentation; ces principes traversent, sans s'y fixer, les éléments et les tissus, et y subissent au passage des modifications (oxydations) qui servent à favoriser le fonctionnement de l'élément ou du tissu d'une manière encore indéterminée. Ainsi il est très probable qu'une partie de la chaleur produite dans le muscle doit être rapportée à l'oxydation (?) de substances hydrocarbonées apportées au muscle par le sang, mais qui ne participent pas à la composition de la fibre musculaire même.

La désassimilation porte sur ces deux espèces de principes. D'une façon générale, et tout en faisant les réserves indiquées pages 326 et 342, on peut considérer *provisoirement* cette désassimilation comme liée à une oxydation (1); par conséquent le premier acte de toute désassimilation sera la mise en liberté de l'oxygène de l'hémoglobine. Cet oxygène une fois libre se portera soit sur les principes constituants des tissus, soit sur les principes auxiliaires dont il a été parlé plus haut, et donnera naissance à toute la série déjà étudiée des produits de désassimilation. Il y a donc dans la désassimilation deux choses, l'usure même des tissus et de leurs principes constituants, et l'usure des principes auxiliaires (oxydables?) apportés par le sang. Malheureusement, la part faite à ces deux actes pour un organe donné ne peut être évaluée exactement; ainsi on a vu déjà que, pour les muscles par exemple, tantôt on a cru que la désassimilation portait sur le tissu musculaire seul, tantôt sur des principes oxydables auxiliaires, à l'exclusion du tissu musculaire. Il est plus que probable que les deux modes interviennent, et même que la part prise dans la désassimilation par les principes auxiliaires est la plus considérable : dans ce cas, l'usure des tissus ne se produirait d'une façon notable que lorsque les principes auxiliaires fournis par le sang seraient en quantité trop faible.

La désassimilation est liée à la production de force vive (chaleur, mouvement, etc.), et elle en est la condition indispensable. Aussi, quand cette production de forces vives est exagérée (travail excessif, chaleur fébrile, etc.), la consommation des principes auxiliaires ne suffisant pas pour compléter la somme de forces vives exigée, les principes constituants du tissu doivent fournir en s'oxydant ce complément de forces vives nécessaires. Soit un muscle, par exemple, qui, à l'état de contraction normale, fournisse un travail mécanique représenté par 10; sur ce chiffre, 2 sont produits, je suppose,

(1) Malgré l'inconvénient qu'il peut y avoir à conserver ce terme oxydation, qui ne correspond probablement pas à la réalité des faits, j'ai cru pouvoir l'employer; dans l'incertitude où nous sommes actuellement de la nature intime des phénomènes de désassimilation, toute autre expression aurait les mêmes inconvénients. Seulement il faut bien savoir que ce mot *oxydation* n'est là que sous toutes réserves et pour fixer simplement les idées en permettant l'exposition des faits.

par l'usure de la substance musculaire même et 8 par celle des principes
auxiliaires; si 'le travail monte à 20 et que les produits auxiliaires apportés
par le sang ne puissent fournir que 13 du travail demandé; les 7 restants
devront être fournis par la substance musculaire elle-même qui constitue
une réserve oxydable, sinon inépuisable, au moins plus abondante que les
substances auxiliaires dont l'apport est limité, et cette usure du muscle
n'aurait pour limites que la destruction même de l'organe, si la fatigue (production d'acide lactique) n'intervenait pas pour arrêter les contractions en
abolissant l'irritabilité musculaire.

II. — ASSIMILATION.

L'assimilation sert, soit à réparer les pertes des tissus, soit à l'accroissement de ces tissus ou à leur régénération. Elle a pour condition l'apport de
matériaux de nutrition venant de l'extérieur et qui, après avoir passé dans
le sang (absorption digestive), arrivent aux tissus (transsudation interstitielle) qui les emploient et les mettent en œuvre.

De même que la désassimilation, l'assimilation peut porter sur les principes constituants et sur les principes auxiliaires.

1° *Assimilation des principes constituants.* — Cette assimilation comprend
trois actes ou trois stades; soit, par exemple, pour fixer les idées, l'assimilation d'une substance albuminoïde par une fibre musculaire. Dans un premier stade, *stade de fixation,* la fibre musculaire s'empare de l'albumine qui
lui est offerte par le sang et la lymphe à l'état d'albumine du sérum; mais,
à cet état, l'albumine ne peut entrer dans la constitution de la fibre, il faut
qu'elle soit transformée, *stade de transformation;* elle devient alors de la
myosine; mais elle a encore une étape à franchir pour devenir partie intégrante de la fibre musculaire; c'est le *stade d'intégration* ou *de vivification;*
elle n'était jusqu'ici que substance organique, elle devient organisée, vivante, elle devient substance contractile. Comment se produisent ces trois
actes, quels en sont les agents, sous quelles conditions s'accomplissent-ils?
Nous sommes là-dessus dans l'ignorance la plus absolue, et nous touchons
là, en effet, aux phénomènes les plus intimes de la vie.

2° *L'assimilation des principes auxiliaires* est beaucoup moins complexe, ou
plutôt il n'y a pas là assimilation véritable; mais le phénomène n'en est pas
moins obscur. Cet apport de matériaux oxydables est le même pour tous les
tissus et les organes, puisque le sang a une composition uniforme, et cependant ces matériaux ne paraissent être utilisés que dans certains organes,
et plus dans les uns que dans les autres, sans que nous sachions, dans ces
cas, la part qui revient à chaque élément anatomique.

III. — ACCROISSEMENT.

A l'état normal et pour un organisme qui a terminé sa croissance, la désassimilation et l'assimilation marchent de pair; au fur et à mesure que l'usure
d'un tissu prive ce tissu de ses principes constituants, la réparation se fait

et l'organisme assimile de nouveaux principes en échange de ceux qu'il a perdus. Dans ce cas, à moins de conditions particulières, il y a égalité entre les principes perdus et les principes assimilés; l'organisme ne gagne ni ne perd, il reste dans le *statu quo;* l'équilibre existe entre les entrées et les sorties.

Mais cet équilibre n'existe pas toujours, et même on peut dire qu'il n'est vrai que théoriquement, que la plus faible cause suffit pour le rompre. Dans ce cas, s'il y a excès des entrées sur les sorties, de l'assimilation sur la désassimilation, l'organisme s'accroît; il décroît dans les conditions contraires.

A proprement parler, l'accroissement n'est qu'une augmentation de masse. Mais un tissu ou un organe peuvent augmenter de masse de deux façons : 1° par l'augmentation de volume des éléments déjà existants; 2° par l'adjonction aux éléments préexistants d'éléments nouveaux, autrement dit, par formation ou multiplication cellulaires. Le premier mode, augmentation de volume des éléments déjà existants, est en général très limité; les éléments anatomiques ont à peu près le même volume chez des animaux de taille très différente, et on trouvera les mêmes dimensions, par exemple, pour la fibre musculaire d'un animal microscopique que pour celle d'une baleine; cependant, pour un organisme donné, la santé et la vitalité d'un élément anatomique se traduisent par une plénitude, par une sorte de *turgor* due à la tension cellulaire, et en somme par une véritable hypertrophie. Mais habituellement l'accroissement s'accompagne de la production d'éléments nouveaux, d'une prolifération cellulaire. Quel que soit le mode de la production des cellules nouvelles, ces cellules viennent se juxtaposer aux cellules anciennes et, suivant le mode de juxtaposition, donnent lieu aux divers modes d'accroissement organique. Tantôt l'accroissement est central, c'est-à-dire que les cellules nouvellement formées se produisent dans toute la masse et dans tous les sens, de façon que l'organe augmente de volume suivant ses trois dimensions; tel paraît être le cas des organes massifs, comme le foie, le cerveau, etc. Tantôt l'accroissement se fait en surface, comme dans les membranes épithéliales par exemple ; tantôt enfin, comme dans les tubes nerveux de l'enfant, qui augmentent de longueur à mesure que la taille s'élève, l'accroissement est linéaire et se fait suivant une seule dimension.

L'activité favorise l'accroissement; un muscle devient plus volumineux par l'exercice. Il semble qu'il y ait là une contradiction avec cet autre fait de l'usure des tissus par l'activité exagérée; mais il faut remarquer que cette usure ne s'observe avec intensité que quand l'activité est poussée jusqu'à la fatigue. Dans l'exercice modéré, l'afflux sanguin augmente (par des causes encore inconnues), et comme l'apport de substances auxiliaires oxydables suffit pour la contraction, le tissu même n'a pas d'usure notable à subir et trouve, au contraire, dans l'excès de sang qui lui arrive, un excès de matériaux nutritifs et de principes constituants, autrement dit, une plus riche alimentation; il est dans le cas d'un individu qui se nourrit plus qu'il n'est besoin pour la somme d'exercice qu'il fait et qui, par conséquent, engraisse.

L'accroissement est surtout actif pendant toute la première période de la vie, depuis l'origine de l'embryon jusqu'à l'âge adulte, où un *statu quo*, un équilibre *relatif* s'établit entre les entrées et les sorties. Alors l'accroissement s'arrête, puis, au bout d'un certain temps, variable pour chaque espèce, une période inverse commence, période de rétrogradation, dans laquelle les sorties sont en excès sur les entrées.

Les causes de cet arrêt de l'accroissement à un moment donné, déterminé pour chaque espèce, sont assez obscures et sont probablement de nature complexe.

Pour comprendre ces causes, il faut bien se rendre compte des conditions de l'accroissement. Cet accroissement résulte d'un excès de l'assimilation sur la désassimilation, de la réparation sur l'usure des tissus, de l'alimentation sur l'excrétion, des entrées sur les sorties. Ceci donné, les causes de l'arrêt d'accroissement sont au nombre de quatre principales :

1° Chaque organisme, en venant au monde, apporte un *capital vital* différent, comme un marchand commence son commerce, l'un avec de petits, l'autre avec de grands capitaux. Mais cette comparaison, due à Herbert Spencer, n'exprime pas complètement le fait physiologique, et il faut y ajouter un éclaircissement. On verra plus loin (Voir *Reproduction*) que le nombre de générations successives que peut fournir un organisme est limité, qu'au bout d'un certain temps, au bout d'un certain nombre de générations, les organismes formés ont perdu le pouvoir de donner naissance à de nouveaux organismes semblables à eux, à moins que des conditions nouvelles n'interviennent. Ce qui existe pour les organismes pris dans leur ensemble existe aussi probablement pour les éléments des organismes : une cellule peut fournir une série de générations cellulaires successives, mais pas indéfiniment ; et il semble que le mouvement formateur initial, après s'être transmis de génération en génération, finisse par s'anéantir et disparaître, la fertilité diminuant peu à peu pour faire place à la stérilité des derniers éléments qui terminent le cycle cellulaire. Évidemment ceci ne nous explique pas le fait en lui-même ; mais c'est déjà quelque chose que de rattacher l'évolution des éléments et des tissus à l'évolution générale des organismes, et n'est-ce pas simplifier que de n'avoir plus qu'un problème à résoudre au lieu de deux ? On a vu plus haut que l'accroissement consiste surtout en une multiplication des éléments, c'est-à-dire en une formation d'éléments nouveaux ; si les éléments primordiaux des organes ou de l'organisme n'ont qu'une puissance formatrice limitée, et ne peuvent fournir qu'un certain nombre de générations successives, il arrivera forcément un instant où, ces générations étant épuisées, l'organisme et l'organe s'arrêteront dans leur évolution progressive.

2° L'assimilation et la désassimilation ne peuvent se faire que par des échanges incessants entre le sang et les tissus. Ces échanges ont pour condition la traversée des membranes vivantes (membranes de cellules et membranes connectives) par le plasma sanguin et lymphatique. Ce plasma n'est autre chose qu'une solution d'albuminoïdes et de sels minéraux ; cette solution traverse ces membranes comme l'eau traverse un filtre poreux ; or, de même qu'un filtre s'incruste peu à peu des substances dissoutes dans l'eau et finit par ne plus pouvoir être utilisé parce que ses pores se rétrécissent et se bouchent, de même les membranes organiques semblent pouvoir aussi s'incruster à la longue de substances minérales, et surtout de sels calcaires ; la substance vivante se minéralise peu à peu. Cette minéralisation, cette incrustation produit deux résultats, l'un purement physique, l'autre chimico-vital. Les membranes deviennent d'abord moins perméables à l'eau, ce qu'indique la moindre proportion d'eau des tissus à mesure qu'on avance en âge, et comme l'eau est l'agent essentiel de la nutrition et surtout de la réparation organique, cette réparation est insuffisante et ne compense plus l'usure des organes qui se mettent à décroître et à s'atrophier. La désassimilation, il est vrai, est bien entravée aussi par cette diminution de perméabilité, mais pas dans la même proportion ; en effet, une grande partie des pertes se fait par desquamation épithéliale (chute des couches cornées de l'épiderme, chute des poils, production de matière sébacée, etc.); il y a donc diminution des deux processus de la nutrition, mais la diminution de l'assimilation est proportionnellement plus considérable. En outre, la substance organique, en se minéralisant, perd de son instabilité, instabilité qui, comme on l'a vu dans les Prolégomènes, est une des conditions essentielles des échanges nutritifs ; elle devient plus fixe, et cette fixité diminue les phénomènes de nutrition. Or, toute diminution dans ces phénomènes portera plutôt sur l'assimilation que sur la désassimilation ; l'oxydation sera toujours plus énergique que la réparation, car, dans l'organisme comme ailleurs, il est plus facile de détruire que de fonder.

Une remarque à faire à ce propos, c'est que cette minéralisation s'accuse surtout chez les tissus dépourvus de vaisseaux, comme les cartilages, le tissu corné, et qui ne reçoivent leurs matériaux de nutrition que de seconde main. Les cartilages s'incrustent de sels calcaires avec l'âge, et les cheveux blancs contiennent une plus forte proportion de chaux que les cheveux d'une autre couleur.

3° L'insuffisance de la réparation par l'impossibilité de dépasser un certain maximum d'alimentation a déjà été indiquée, page 18. On a vu que, tandis que la masse de l'organisme (et par suite l'usure) croît comme le cube, la réparation ne croît que comme le carré. En effet, la surface d'introduction des aliments (estomac et intestin grêle) ne croît pas dans le même rapport que la masse même du corps. Chez l'enfant de trois ans, le poids de l'intestin grêle est au poids du corps :: 16 : 1000 ; chez l'adulte, il n'est que :: 10: 1000; chez ce dernier, le poids du corps est devenu six fois plus fort; le poids de l'intestin grêle n'a fait que tripler. En comparant les surfaces intestinales au lieu des poids, on arriverait aux mêmes résultats.

4° Enfin, l'augmentation de l'usure des tissus à mesure que le corps s'accroît est la quatrième cause d'arrêt de l'accroissement. En effet, la masse à mouvoir dans les mouvements de locomotion est constituée par des organes (muscles, os, viscères) qui s'accroissent aussi suivant les trois dimensions, c'est-à-dire en longueur et en épaisseur ; mais l'augmentation en longueur n'a aucune action sur l'énergie du mouvement ; le travail mécanique se mesure par la surface de section du muscle. Par conséquent, quand la masse de l'organisme (et par suite la résistance à mouvoir) est devenue huit fois plus considérable, la force musculaire n'a fait que quadrupler; la première a crû comme le cube, la seconde comme le carré; il en résulte que, pour vaincre cette résistance huit fois plus forte, les muscles seront obligés de déployer une intensité double de contraction en fournissant une double dépense de matériaux oxydables. A mesure que le poids du corps augmente, l'usure augmente aussi, mais dans une proportion beaucoup plus forte ; et à un moment donné, la réparation ne suffit plus pour compenser la désassimilation.

IV. — DÉVELOPPEMENT.

L'accroissement ne porte que sur la masse, le développement porte sur la forme même et la nature des éléments. Quand un organe ou quand un organisme s'accroît, c'est que sa masse augmente par la formation d'éléments nouveaux semblables aux éléments déjà existants; quand il se développe, les éléments nouveaux ne ressemblent pas aux éléments préexistants; il y a en même temps formation et différenciation cellulaires. C'est ainsi que tous les éléments du corps proviennent des globules de segmentation du vitellus; l'organisme, homogène au début, devient hétérogène et complexe; la différenciation morphologique, qui ne porte d'abord que sur les éléments, atteint peu à peu les tissus et les organes et imprime à chacun d'eux ses caractères de composition, de structure et de forme.

Le développement n'est donc qu'un mode perfectionné de l'accroissement et de la multiplication cellulaires, une déviation de l'ordre naturel qui voudrait que les éléments nouvellement formés ressemblassent aux éléments qui leur ont donné naissance. Quelle est la cause de cette déviation? Sans entrer dans des développements qui seront donnés plus loin, on peut supposer que la plus grande part en revient à l'influence des milieux extérieurs et aux modifications que l'organisme subit pour s'adapter à ces influences. Ces influences, se répétant incessamment sur des séries de générations successives, ont amené peu à peu des modifications persistantes héréditaires, telles que celles que nous observons actuellement, et ces modifications, une fois acquises, peuvent même avoir un remarquable caractère de fixité.

V. — RÉGÉNÉRATION.

La régénération n'est qu'un cas particulier de l'accroissement. Seulement, l'accroissement succède à l'ablation d'une partie de l'organisme et se localise en un point pour remplacer la partie enlevée. A l'état normal, cette régénération est continuelle pour certains éléments, cellules épithéliales, globules sanguins, etc., et elle n'est qu'une des formes de la nutrition. Mais cette régénération peut encore se faire même pour des éléments chez lesquels, à l'état normal, le renouvellement est moléculaire et non total; telles seront, par exemple, une fibre musculaire ou une fibre nerveuse. La régénération n'est pas limitée à la reproduction de cellules ou d'éléments anatomiques simples; elle peut être portée plus loin et aboutir à la reproduction d'organes et de membres entiers, être identique par conséquent aux phénomènes de développement de l'organisme, comme dans la vie embryonnaire. Chez les animaux inférieurs, cette puissance réparatrice est considérable : un fragment d'hydre reproduit un animal complet; il en est de même chez certains vertébrés inférieurs, et tout le monde connaît les faits de reproduction d'un membre, de la queue, d'un œil, chez les salamandres aquatiques (triton). Chez l'homme même, des faits semblables ont été observés chez le fœtus; Simpson a vu plusieurs cas de reproduction incomplète d'un membre à la suite d'amputation spontanée, et, chez l'enfant, on a constaté la reproduction d'un doigt surnuméraire après son ablation. Chez l'adulte, la puissance régénératrice est bien plus limitée, mais elle est encore assez prononcée, comme le prouvent les recherches des chirurgiens et en particulier les expériences d'Ollier sur la régénération périostique des os. On peut dire, en somme, que toute la science chirurgicale est basée sur cette puissance réparatrice de l'organisme.

À la régénération peuvent être rattachés les phénomènes de *transplantation organique*. Quand une cellule est détachée de l'organisme auquel elle appartenait, elle n'en continue pas moins de vivre pendant quelque temps, et, dans certains cas même, elle peut se multiplier et conserver toutes ses propriétés. Si, à cet état, on la place dans des conditions convenables en contact avec un organisme, elle continuera à vivre sur cet organisme dont elle fera désormais partie intégrante, elle sera greffée sur lui comme un bourgeon se greffe sur une plante. Cette persistance de la vie après la séparation se montre non seulement sur des éléments simples, mais aussi sur des lambeaux de tissus et sur des organes ; ainsi Vulpian a vu des queues de têtard, détachées de l'animal, continuer à se développer pendant plusieurs jours : on conçoit qu'il sera possible alors de transplanter d'un organisme à l'autre des parties ou des organes détachés du premier : ces expériences de greffe animale, d'abord simples expériences de curiosité, puis étudiées scientifiquement (P. Bert), ont trouvé bientôt leur application en chirurgie (greffes cutanées et épidermiques pour la cicatrisation des plaies, transplantations périostiques, essais de transplantation de la cornée, transplantation des dents, des cheveux, etc.). Ces faits de greffe animale ont leur analogue dans un fait physiologique, la greffe de l'ovule sur la muqueuse utérine dans les premiers temps de la période embryonnaire (1).

VI. — RÉSERVE ORGANIQUE OU NUTRITIVE.

La réparation alimentaire n'est pas continue ; même chez les espèces dont l'estomac est toujours plein et qui mangent presque continuellement, il y a toujours des temps d'arrêt dans l'arrivée dans le sang des matériaux assimilables. Il y a de même des variations continuelles dans la désassimilation, et, par suite, dans le besoin de réparation ; de là la nécessité d'une *réserve organique*. Comme le fait remarquer Cl. Bernard, la nutrition n'est pas directe ; un emmagasinement précède l'utilisation. De même que les matériaux plastiques de la plante, formés dans les feuilles, vont s'emmagasiner dans certains organes, graines, tubercules, etc., jusqu'au moment où ils seront utilisés pour la germination, de même chez l'animal, quoique d'une façon moins régulière, les matériaux nutritifs s'accumulent aussi et s'emmagasinent dans certaines parties de l'organisme. Dans quelles parties, dans quels organes se fait cette réserve organique pour les différents groupes de substances assimilables ? On ne le sait jusqu'ici d'une façon certaine que pour les graisses ; le tissu connectif est l'endroit dans lequel s'accumulent les graisses introduites en excès par l'alimentation (tissu cellulaire sous-cutané, tissu cellulaire insterstitiel, épiploons, etc.). Pour les hydrocarbonés et les albuminoïdes, on est beaucoup moins avancé. Cependant il me paraît que les données actuelles de la physiologie permettent d'en préciser le siège d'une façon presque certaine. L'amidon et les hydrocarbonés s'emmagasinent chez l'adulte dans le foie, dont les cellules contiennent toujours de la substance

(1) *A consulter :* Bert, *De la greffe animale*, 1863.

glycogène, et qui retient au passage, en les transformant, une partie des substances hydrocarbonées de l'alimentation. Les albuminoïdes s'emmagasinent dans les organes lymphoïdes (rate et ganglions lymphatiques); tous ces organes sont en effet très riches en substances azotées; ils jouent tous un rôle essentiel dans la formation des tissus, comme le prouve leur développement chez le fœtus et dans l'enfance; enfin ils sont le siège principal, sinon unique, de la production des globules blancs dont le rôle formateur est hors de doute. Aussi, dans l'inanition, ces organes subissent-ils une perte de poids qui approche de celle de la graisse, comme le prouvent les chiffres suivants de Chossat :

Perte de poids pour 1,000.

Graisse................................... 0,933
Rate...................................... 0,714
Pancréas........... 0,641
Foie......... ....˳............ 0,520

On ne voit pas, en effet, pourquoi la graisse seule de l'alimentation aurait la propriété de s'accumuler ainsi dans l'organisme, au détriment des autres substances, et pourquoi l'excès de ces dernières ne s'emmagasinerait pas aussi dans certains organes. Il est vrai qu'une partie de la graisse du corps semble provenir du dédoublement des albuminoïdes et d'une transformation des hydrocarbonés; mais *tout* l'excès de ces substances n'est pas utilisé de cette façon, et ce qui reste après l'utilisation immédiate ou la transformation graisseuse doit être mis en réserve quelque part.

Les muscles jouent aussi, comme l'a montré Mieshcler, le rôle de réserve albuminoïde; il a vu en effet chez les saumons du Rhin l'époque du développement de l'ovaire coïncider avec une atrophie des muscles du tronc. Il semble y avoir là un de ces *transports* de principes nutritifs si communs chez les végétaux.

Ces faits d'emmagasinement sont du reste très marqués dans certaines conditions, ainsi dans l'hibernation par exemple. Ils ne sont pas d'ailleurs exclusifs aux substances organiques; on les rencontre aussi pour les substances minérales. Ainsi tout le monde connaît ces masses calcaires (yeux d'écrevisse) que l'on trouve dans l'écrevisse au moment de la mue; Dastre a signalé dans le chorion des ruminants des plaques blanchâtres constituées par des phosphates terreux et surtout du phosphate de chaux, véritable réserve phosphatée et calcaire pour l'ossification; enfin, d'après les recherches récentes de P. Picard, la rate semble être un lieu d'emmagasinement pour le fer et peut-être pour le potassium.

Pour l'oxygène, il en est de même; non seulement les globules sanguins pourraient être considérés comme une réserve toujours disponible d'oxygène, mais en outre les tissus paraissent, dans certains cas, emmagasiner de l'oxygène et en faire provision pour le dépenser plus tard; ainsi, d'après les recherches de Pettenkofer, le muscle absorberait plus d'oxygène pendant le repos, pendant le sommeil et en dépenserait davantage pendant l'activité (voir *Respiration*). Il y aurait donc, dans ce cas, dans ce fait des réserves organiques, une loi générale de la nutrition.

La réserve nutritive comprendrait donc :
— La réserve graisseuse ayant pour siège le tissu connectif;
— La réserve amylacée, dont le siège est dans le foie chez l'adulte, dans d'autres organes et tissus chez le fœtus (voir : *Nutrition du fœtus*);
— La réserve albuminoïde, dont le siège est dans les organes lymphoïdes et dans les muscles;
— La réserve d'oxygène;
— La réserve minérale (réserve phosphatique, calcaire, ferrugineuse, etc.).

Article II. — Génération et reproduction.

Les organismes vivants peuvent se reproduire, c'est-à-dire qu'ils donnent naissance à des êtres nouveaux plus ou moins semblables à l'organisme générateur. La reproduction est *sexuelle*, quand il y a intervention de deux éléments distincts, mâle et femelle, *asexuelle* quand le concours de deux sexes n'est pas nécessaire pour la formation du nouvel être. Enfin, quelques physiologistes admettent aussi que des organismes inférieurs peuvent se produire sans germes ou parents antérieurs; c'est la *génération* dite *spontanée*.

1. — Génération spontanée.

La *génération spontanée* (*génération équivoque, hétérogénie, abiogénèse*, etc.) a donné lieu et donne encore lieu aux plus ardentes discussions. La question de savoir si les premiers êtres vivants doivent leur apparition à la génération spontanée sera étudiée à propos de l'origine des espèces. Ici, la seule question à examiner est celle de savoir si, *actuellement*, des êtres vivants peuvent naître sans germes ou parents antérieurs. Cette possibilité doit être écartée immédiatement pour la plupart des organismes, et les expériences de F. Redi (1638), Vallisnieri, Swammerdam, Réaumur, ont relégué depuis longtemps au rang des fables la génération spontanée des vers et des insectes admise par l'antiquité et le moyen âge. La question ne peut plus être soulevée aujourd'hui que pour les organismes tout à fait inférieurs, et c'est dans ce sens qu'elle a été reprise par Pouchet et Joly, par H.-L. Smith et C. Bastian en Angleterre, par Huizinga en Allemagne, et par Jeffries Wyman en Amérique.

Un fait capital domine toute la question de l'hétérogénie, fait démontré d'une façon incontestable par Spallanzani et surtout par Pasteur, c'est que l'air et l'eau sont le véhicule d'une infinité de germes microscopiques qui, placés dans des conditions convenables, se développent en donnant naissance à d'innombrables organismes. Ces poussières atmosphériques se déposent sur tous les objets; il est facile de les recueillir en filtrant l'air avec du coton ou de l'amiante, et on peut à volonté, en semant ces germes ainsi recueillis, déterminer l'apparition d'êtres vivants. De là cette conséquence que pour pouvoir tirer des conclusions des expériences de génération spontanée, il faut empêcher ces germes d'arriver au milieu dans lequel les organismes doivent naître spontanément. Le meilleur moyen de détruire ces germes est la chaleur ; mais il faut que cette chaleur soit portée très haut et des expériences nombreuses ont montré que la température de l'ébullition ne suffit pas toujours pour détruire ces germes et qu'il en est qui résistent, surtout après dessiccation, à des températures de 110, 120 et 140 degrés. On a objecté que la plupart des substances organiques éprouvent déjà à 100 degrés des altérations qui peuvent modifier considérablement leur composition intime et par conséquent les rendrent impropres à la formation d'organismes vivants ; mais les expériences de Milne-Edwards, de Pasteur et d'un grand nombre de physiologistes prouvent que la chaleur n'empêche en rien la production et le développement de ces organismes quand on laisse arriver de l'air contenant quelques-uns des germes qui peuvent donner naissance à ces organismes.

Sans entrer dans les détails de la discussion pour laquelle je renvoie aux sources originales, je me contenterai de rappeler les principales expériences pour et contre l'hétérogénie.

Voici la plus importante expérience de Pouchet en faveur de l'hétérogénie. Il prend un flacon à l'émeri, le remplit d'eau bouillie, le ferme hermétiquement et le renverse sur une cuve à mercure; il fait arriver ensuite dans son intérieur un mélange d'azote et d'oxygène dans les proportions voulues pour faire un air artificiel, et y introduit du foin chauffé pendant vingt minutes à 100 degrés. Au bout de quelques jours, il se développe, dans l'infusion, du *Penicillium glaucum*, des amibes, etc. Mais la chaleur n'était pas assez considérable pour tuer tous les germes, et, du reste, Pasteur a démontré que les germes déposés sur la cuve à mercure, sont entraînés par les gaz qui traversent le mercure, et en assez grande quantité pour donner naissance à des organismes.

Les expériences contraires à l'hétérogénie sont très nombreuses. Les unes ont pour but de montrer l'influence de l'abord de l'air sur la production des organismes ; les autres ont pour but de prouver que tout ce qui détruit ou enlève les germes dans l'air empêche toute reproduction de génération spontanée.

Si on a deux infusions communiquant avec l'air extérieur, l'une par un tube droit l'autre par un tube coudé, les infusoires ne se développent pas dans la dernière, dans laquelle l'air n'arrive pas aussi facilement (Hoffmann). Quand l'air a été débarrassé des germes qu'il contient par la filtration (Schrœder et v. Dusch, Pasteur) ou quand ces germes ont été détruits par leur passage à travers l'acide sulfurique concentré (M. Schultze) ou un tube de porcelaine chauffé au rouge (Cl. Bernard), il ne se produit aucun organisme dans les infusions. Il en est de même si on prend l'air dans des régions très élevées où l'atmosphère est très pure, comme sur de hautes montagnes (Pasteur).

Toutes ces expériences permettent de conclure que, même pour la plupart des organismes inférieurs, la génération n'est jamais spontanée. Mais en est-il de même pour tous? Les expériences de Huizinga le portent à admettre la génération spontanée, mais seulement pour les bactéries.

Il a vu, en effet, des bactéries se développer dans une solution contenant des sels minéraux (nitrate de potassium, sulfate de magnésium, phosphate neutre de calcium), de la glycose, de l'amidon et des peptones, le tout est chauffé à 100 degrés pendant dix minutes, température et temps suffisants, comme il s'en est assuré, pour tuer les bactéries qui auraient pu être contenues dans l'appareil. Mais l'intervention de l'air est nécessaire, et cet air arrive à la solution par une lame argileuse poreuse qui le filtre et le débarrasse complètement des germes qu'il pourrait renfermier. Des expériences de contrôle lui ont prouvé que les bactéries ne peuvent provenir ni de l'air, ni d'aucun des principes employé dans ses expériences ; il n'a jamais vu, du reste, de production de moisissures et de champignons microscopiques. Quand, au lieu d'employer la solution indiquée plus haut, il employait le mélange de Bastian (décoction de chou-rave et fromage) qui contient des substances riches en oxygène, l'accès de l'air n'était plus nécessaire. Bastian, Jeffries Wyman ont obtenu des résultats analogues à ceux de Huizinga. Mais d'un autre côté Putzeys, Gscheidlen, Samuelson, Ray Laukester, William Roberts, Pasteur enfin ont montré de nouveau, par une série d'expériences qui me paraissent concluantes, les erreurs des hétérogénistes.

En résumé, jusqu'à présent, et sans vouloir nier d'une façon absolue la *possibilité* de la génération spontanée, on peut dire que, en fait, sa réalité n'a pas encore été démontrée d'une façon positive (1).

2. — Génération asexuelle.

La *génération asexuelle* (*Monogonie* de Häckel) n'est en réalité qu'un mode même de l'accroissement et peut, par conséquent, se rattacher eux phénomènes généraux de nutrition des organismes. La régénération et la transplantation forment le lien entre l'accroissement proprement dit et la génération. Nous avons vu en effet, à propos de la transplantation, que des parties détachées de l'organisme peuvent vivre encore un certain temps d'une existence indépendante et présenter même des phénomènes de multiplication cellulaire et de développement.

Le mode le plus simple de génération asexuelle est la génération par *bourgeonnement* ou *gemmiparité* ; il est très répandu dans la série animale et se rencontre chez les polypes, les bryozoaires, les tuniciers, les vers plats, etc. Dans ce cas, sur un point (latéral ou terminal) de la surface de l'organisme générateur, se produit une sorte de renflement organisé ou *bourgeon* qui s'accroît peu à peu et se développe de façon à constituer un nouvel organisme semblable au premier. Le bourgeon, une fois développé, peut rester uni au générateur ; c'est ainsi que se forment les colonies de coralliaires, ou bien il peut s'en détacher et avoir une vie tout à fait indépendante, comme dans les hydres.

Tandis que, dans dans la gemmiparité, une partie restreinte du corps suffit pour donner naissance à un nouvel organisme, dans la *fissiparité*, l'organisme générateur doit se diviser en deux moitiés (soit longitudinalement, soit en travers) et disparaît en donnant naissance à deux organismes nouveaux. C'est ce qu'on observe chez un certain nombre d'infusoires et exceptionnellement chez les polypes et les vers.

Le troisième mode de génération asexuelle, la *génération par germes* ou *par spores* (*sporogonie* de Häckel) n'est qu'une *gemmiparité interne*. Il se produit dans l'organisme une cellule germinative par une sorte de bourgeonnement interne, puis cette cellule est mise en liberté et en se développant finit

(1) *A consulter* : Pouchet : Comptes rendus et Annales des sciences naturelles, *passim*, et dans les mêmes recueils les travaux contradictoires de Pasteur et spécialement le *Mém.* *sur les corpuscules organisés qui existent dans l'atmosphère* (Ann. d. sc. nat., 1862).

par donner un organisme parfait; ce mode, qui existe surtout chez les végétaux cryptogames, se rencontre aussi chez certains infusoires et chez les trématodes.

Ces trois modes de génération peuvent en somme se réduire à cette loi physiologique : que, chez les animaux inférieurs, une portion de l'organisme, détachée du tout, a la faculté de vivre d'une façon indépendante et de se reproduire. Un fait qui indique aussi quelle est la généralité de cette loi, c'est que les mêmes procédés se retrouvent dans la génération cellulaire. (Voir : *Cellule*.)

3. — Génération sexuelle.

Chez les animaux plus élevés dans la série, la génération asexuelle ne suffit plus; une partie détachée du tout peut bien vivre encore un certain temps d'une existence indépendante, mais cette existence n'a qu'une durée limitée et la partie n'a plus le pouvoir de former un organisme nouveau. Cependant, dans quelques cas exceptionnels (voir plus loin : *Parthénogénèse*), ce pouvoir existe, mais les générations ainsi produites perdent peu à peu leur force et finissent par disparaître si la *sexualité* n'intervient pour rétablir la puissance de reproduction.

Tandis que dans le mode le plus élevé de génération asexuelle, la génération par germes ou spores, un seul germe suffit pour produire un organisme nouveau, dans la génération sexuelle il faut le concours de deux germes ou de deux éléments, l'*élément femelle*, œuf ou ovule, l'*élément mâle* ou *spermatozoïde*, dont l'union constitue ce qu'on a appelé *fécondation*. Une fois fécondé, l'ovule se développe et forme l'*embryon* (*développement de l'ovule*) (1).

I. — OVULE.

L'élément femelle ou *ovule* (fig. 208) est constitué par les parties suivantes qui permettent de le comparer à une cellule :

1° Une membrane d'enveloppe, épaisse, transparente, *membrane vitelline* (d) ; cette membrane vitelline est traversée dans beaucoup d'espèces par des canalicules radiés, très visibles chez les poissons osseux, beaucoup plus fins chez les mammifères; chez beaucoup d'animaux se trouve une ouverture plus grande, *micropyle* de Keber (poissons, beaucoup d'invertébrés), (fig. 209, *m*) (2).

2° Un contenu, le *vitellus* (c), qui sert à la fois à la formation de l'embryon (vitellus de formation, cicatricule de l'œuf de la poule, corpuscules plastiques, *archilécithe de His*), et à la nutrition (vitellus de nutrition, jaune de l'œuf de la poule; globules vitellins, *deutoplasma* de van Beneden, *paralécithe* de His). Tantôt les deux parties du vitellus, partie formatrice et partie

(1) La *syzygie*, telle qu'on l'observe chez les grégarines (*Clepsidrina blattarum, Zygocystis cometa*) et la *conjugaison* des infusoires pourraient être considérées comme des intermédiaires entre la génération asexuelle et la génération sexuelle.

(2) D'après Kupffer, le micropyle aurait pour fonction de nourrir l'œuf dans l'ovaire.

nutritive, sont intimement mélangées comme dans l'œuf humain, et l'œuf est alors appelé *simple* ou *holoblastique;* tantôt, au contraire, comme dans l'œuf de la truite (fig. 209) et de la poule (fig. 210), les deux vitellus sont distincts

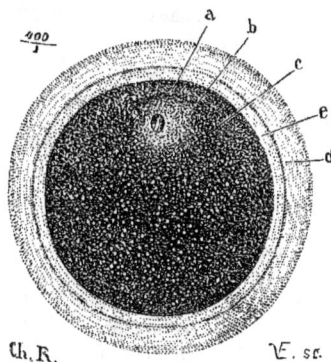

Fig. 208. — *Ovule.*

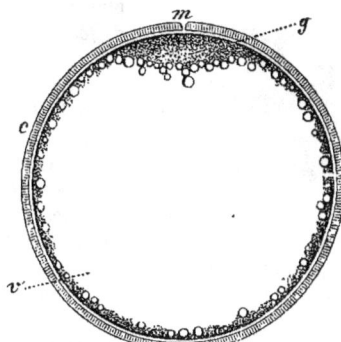

Fig. 209. — *Œuf de truite* (Balbiani) (*).

et séparés (cicatricule et jaune), et le vitellus de nutrition en forme toujours la plus grande masse; dans ce cas l'œuf est *complexe* ou *méroblastique.*

3° La *vésicule germinative* ou *de Purkinje* (*b*, fig. 208), transparente, volumineuse, située d'abord au centre, puis placée excentriquement; elle représente le noyau de la cellule ovulaire.

4° La *tache germinative* ou *de Wagner* (*a*, fig. 208), située dans la vésicule germinative et qui est plutôt un corpuscule solide qu'une vésicule; quelquefois on en trouve plusieurs, et dans certaines espèces, elles se trouvent même en très grand nombre. Elles présentent des mouvements amœboïdes (Balbiani). Ce sont les nucléoles de l'ovule.

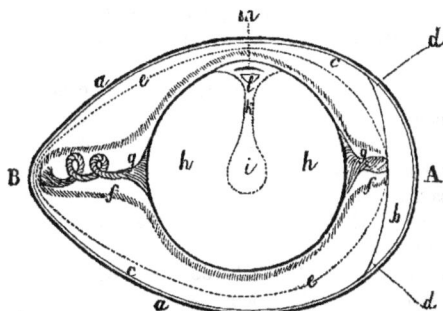

Fig. 210. — *Coupe de l'œuf de la poule* (**).

La tache germinative renferme quelquefois une granulation décrite par Schron (*nucleolinus, point germinatif* d'Hackel); il ne paraît pas exister chez les mammifères.

5° Enfin, dans ces dernières années, Balbiani a trouvé dans l'ovule une seconde vésicule, *vésicule embryogène* (fig. 212, *b*), dont il sera parlé plus loin.

(*) *c*, coque; — *g*, germe ou vitellus de formation; — *m*, micropyle; — *v*, vitellus de nutrition.
(**) A. Pôle obtus. — B. Pôle aigu. — *a*, coquille; — *b*, chambre à air; — *c*, membrane testacée; — *d*, ses deux couches au niveau de la chambre à air; — *e, f*, couches du blanc; — *g, g*, chalazes; — *h*, vitellus jaune entouré par la membrane vitelline; — *i, k*, vitellus blanc; — *l, m*, cicatricule (d'après Baer).

L'œuf, tel qu'il vient d'être décrit, ne se présente sous cette forme que chez les animaux supérieurs. Mais si on examine son développement, on voit que la membrane vitelline, et que le vitellus de nutrition sont en réalité des formations secondaires et que l'*œuf primordial* (*protoovum*) est constitué par une masse de protoplasma grenu dépourvu de membrane d'enveloppe (*vitellus de formation*) contenant un noyau (vésicule germinative) et un nucléole (tache germinative) (fig. 211). Cette constitution de l'ovule primordial se retrouve dans toute la série animale. Chez les animaux inférieurs, il reste à cet état : mais chez la plupart des animaux des éléments nouveaux, étrangers primitivement à l'œuf, apparaissent ; c'est d'une part le *vitellus de nutrition* (*deutoplasma* de v. Beneden) avec ses granulations albumino-graisseuses, et d'autre part la membrane vitelline. Le vitellus de nutrition se mélange plus ou moins intimement au protoplasma primitif ou au vitellus de nutrition ; tantôt le mélange est intime comme dans les œufs *holoblastiques ;* tantôt il en reste toujours distinct, comme dans les œufs *méroblastiques*, mais toujours le vitellus de nutrition n'a qu'un rôle passif et fournit simplement les éléments de la nutrition de l'embryon tandis que le protoplasma primitif, seul véritablement actif, constitue le germe de l'embryon futur. L'ovule dans sa forme typique primordiale constitue donc un organisme unicellulaire et à ce point de vue on peut dire que tous les êtres pluricellulaires ont été unicellulaires à leur origine.

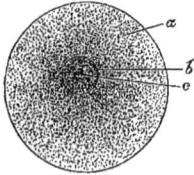

Fig. 211. — *Ovule nu.*

On a distingué les œufs en : œufs *alécithes* (éponges, cœlentérés, amphioxus), dans lesquels il n'y a pas de vitellus de nutrition ; œufs *télolécithes* (oiseaux, poissons), dans lesquels le vitellus de formation s'accumule à un des pôles de l'œuf, le vitellus nutritif occupant tout le reste (fig. 209 et 210) ; les œufs *centrolécithes*, dans lesquels le vitellus de formation entoure complètement le vitellus nutritif qui en occupe le centre (crustacés, fig. 214). (Voir aussi plus loin : *Segmentation de l'œuf*). L'ovule des mammifères paraît être intermédiaire entre l'œuf alécithe et l'œuf télolécithe.

Chez les animaux inférieurs, les ovules primordiaux naissent dans la cavité du corps aux dépens des cellules épithéliales (épithélium germinatif) qui revêtent cette cavité ; il en est ainsi chez les cœlentérés et beaucoup de vers ; mais chez les animaux plus élevés dans la série ces ovules se développent dans des organes spéciaux en forme de tubes ou de glandes en grappe (mollusques, articulés), ou dans des vésicules closes (follicules de de Graaf) contenues dans l'ovaire, comme chez les vertébrés. Mais même dans ces cas, l'étude du développement de l'ovaire montre que l'épithélium de la cavité du corps, cavité pleuro-péritonéale, est le point de départ de la formation des ovules, absolument comme chez les invertébrés. Cet épithélium s'épaissit en un endroit déterminé, entre la racine du mésentère et le corps de Wolff, et forme là une saillie (*pli génital de l'épithélium germinatif*) dans l'épaisseur duquel se forment les ovules primordiaux et les vésicules de de Graaf. D'après Waldeyer, les ovules proviennent du revêtement épithélial de l'ovaire et ont la même origine que l'épithélium des follicules de de Graaf (membrane granuleuse) ; pour Kolliker au contraire les cellules épithéliales de la membrane granuleuse auraient une autre origine et proviendraient de bourgeonnements épithéliaux du corps de Wolff.

D'après les recherches de Balbiani, l'existence de la *vésicule embryogène* (fig. 212), donnerait à l'ovule une signification toute particulière. Von Wittich, Siebold, Carus avaient décrit depuis longtemps dans l'œuf des arachnides une vésicule distincte de la vésicule germinative et à laquelle Carus avait donné le nom de *noyau vitellin*. Cette vésicule fut retrouvée plus tard par Burmeister dans l'œuf d'un crustacé phyllopode, le *Branchipus paludosus*, et par Gegenbaur, dans l'œuf d'un oiseau, le torcol. Balbiani, à partir de 1864, entreprit des recherches sur ce sujet et constata l'existence de la vésicule embryogène dans toutes les classes d'invertébrés et de vertébrés ; chez les mammifères il la trouva chez l'écureuil, la vache, la chienne, la chatte et la femme. Cette vésicule embryogène est constituée, de même que l'ovule primordial, par une masse de protoplasma, avec un noyau et un nucléole (1).

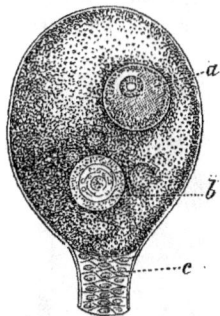

Fig. 212. — *Follicule ovarien de Clubiona atrox* (Balbiani) (*).

Cette vésicule naît par bourgeonnement de l'une des cellules épithéliales qui entourent l'œuf dans le follicule de de Graaf. D'après Balbiani, elle représenterait un *élément mâle*, comparable jusqu'à un certain point à l'élément mâle testiculaire. En effet, cette vésicule embryogène, une fois formée, se met en contact avec l'ovule primordial, en déprime sur un point le vitellus et pénètre peu à peu dans son intérieur ; c'est autour d'elle que s'amassent principalement les granulations vitellines et que se formera le germe futur de l'embryon. Cette vésicule en pénétrant dans l'œuf lui donne donc la puissance évolutive par un mécanisme inconnu, mais comparable jusqu'à un certain point à la fécondation, par une sorte de *fécondation anticipée*, ou de *préfécondation*. Cette préfécondation suffit pour que l'œuf accomplisse les premières phases de son développement ; mais ce n'est que dans des cas très rares que ce développement peut aller jusqu'à la formation de l'embryon et à plus forte raison d'un organisme viable ; habituellement quand la fécondation par l'élément mâle n'intervient pas, l'œuf dépérit, se désorganise et disparaît. Ce développement sans fécondation peut même être poussé jusqu'à la formation d'organismes susceptibles de se reproduire et on a un exemple remarquable dans les phénomènes de la *parthénogénèse* (*Lucina sine coitu*). Ainsi, pendant tout l'été, des pucerons asexués (pseudo-femelles) produisent des œufs qui ne sont pas fécondés et qui pourtant donnent naissance à des pucerons semblables à eux et qui sortent vivants du corps de leur parent, et ces générations successives de pucerons asexués se continuent jusqu'à l'hiver. Des faits semblables ont été observés chez les abeilles (Dzierzon), les lépidoptères, etc., et trouveraient leur interprétation dans le développement de la vésicule embryogène et de son rôle fécondant. Ainsi chez les pucerons, Balbiani a constaté son existence et son mode de formation et reconnu ses homologies avec le spermatoblaste de la glande sexuelle mâle (2).

Dans cette théorie l'œuf serait donc constitué par la réunion, la conjugaison des deux éléments, un élément femelle et un élément mâle et constituerait par conséquent un véritable organisme hermaphrodite (3).

(1) Il est difficile d'admettre, avec Legge, que la vésicule embryogène n'est qu'un reste inaltéré du protoplasma originaire de l'ovule.

(2) On a pu produire artificiellement la parthénogénèse chez le *bombyx mori* par une forte irritation (chimique, mécanique) de l'œuf (Tichomirow).

(3) Pour la bibliographie de la génération, voir la *Physiologie spéciale*.

(*) *b*, vésicule embryogène entourée de granulations vitellines formant le germe de l'œuf ; — *a*, vésicule germinative ; — *c*, pédoncule du follicule.

II. — SPERMATOZOÏDES.

L'*élément mâle* ou *spermazoïde* est constitué par des filaments microscopiques, de forme et de grandeur variables suivant les espèces animales. Chez l'homme et la plupart des animaux ils sont composés d'une extrémité renflée ou *tête* (fig. 213), d'une partie moyenne, *segment intermédiaire*, et d'un appendice filiforme ou *queue*. La forme de la tête présente de grandes variations ; elle peut être arrondie, conique, allongée, tordue en vrille, etc. ; elle manque dans quelques classes et le spermatozoïde est alors réduit à un simple filament capillaire (cirripèdes) ; d'autres fois le spermatozoïde est fusiforme, ou représente un corpuscule arrondi comme chez les araignées. Ces spermatozoïdes sont doués de mouvements très vifs dont le caractère dépend de la forme même du spermatozoïde, mouvements qui seront étudiés dans la physiologie spéciale ; il est cependant certaines espèces animales dans lesquelles ils sont immobiles ; tels sont les crustacés et quelques

Fig. 213. — *Spermatozoïdes.*

némaloïdes. Les spermatozoïdes existent chez tous les animaux à génération sexuelle.

Je renvoie à la physiologie spéciale tout ce qui concerne le mode d'origine des spermatozoïdes ; je me contenterai de donner ici un aperçu des idées de Balbiani sur cette question, à cause de leur portée générale.

D'après les recherches de Balbiani, la *spermatogenèse* devrait être conçue de la façon suivante qui la rapproche de l'ovogenèse. Si on examine le mode de formation du testicule chez les plagiostomes, ainsi chez la raie, on voit que la glande génitale mâle apparaît dans la même région et de la même façon que la glande génitale femelle, c'est-à-dire dans la partie antérieure du pli génital qui s'étend de chaque côté du mésentère, dans la cavité pleuro-péritonéale. Mais l'analogie s'étend encore plus loin, on trouve en effet dans l'épithélium germinatif du pli génital des ovules primordiaux identiques à ceux qui existent chez la femelle. Ces ovules émigrent dans le stroma sous-jacent, s'invaginent en s'entourant de cellules épithéliales et forment ainsi les ampoules testiculaires analogues, comme structure et comme origine, aux follicules de de Graaf de l'ovaire. L'ampoule est constituée alors par une cellule centrale, l'ovule, l'organe femelle, et par une couche périphérique de cellules épithéliales qui représentent les éléments mâles. Bientôt l'ovule central bourgeonne et émet un certain nombre de prolongements qui viennent se mettre en contact avec les cellules épithéliales périphériques qui leur font face et c'est seulement après cette conjugaison que se forment les spermatozoïdes. Les cellules épithéliales bourgeonnent à leur tour et envoient vers le centre de l'ampoule un prolongement protoplasmique qui produit un certain nombre de cellules filles dont chacune donne naissance à un spermatozoïde. Chez les amphibiens, les mêmes phénomènes se produisent avec cette différence qu'*une seule* cellule épithéliale du follicule se met en contact avec l'ovule et donne naissance aux spermatozoïdes. Ces ovules primordiaux se retrouvent dans les conduits séminifères des autres vertébrés et Balbiani a pu s'assurer de leur présence jusque dans le testicule du fœtus humain à terme et même chez l'enfant. Mais chez les mammifères les ovules primordiaux disparaissent chez l'adulte et ne peuvent par conséquent jouer dans la spermatogénèse le rôle qu'ils remplissent chez les plagiostomes et les amphibiens ou du moins l'impulsion évolutive que l'ovule primordial communique aux cellules épithéliales testiculaires ne manifesterait son activité qu'à l'époque de la puberté et s'étendrait à toute la série des générations de cellules-filles dérivées des cellules épithéliales primitives, dont elle provoquerait l'aptitude procréatrice de filaments spermatiques pendant toute la durée de l'activité fonctionnelle testicule (Balbiani, *Cours d'embryogénie comparée*, p. 252). En tout cas, on trouverait dans les testicules, comme dans l'ovaire, la réunion de deux éléments sexuels différents, en un mot un véritable *hermaphrodisme histologique*.

On voit donc que non seulement les deux glandes sexuelles, l'ovaire et le testicule, naissent de la même façon de l'épithélium germinatif, mais que chacune d'entre elles contient des éléments mâles et des éléments femelles. A ce point de vue chaque individu est à l'origine virtuellement hermaphrodite; seulement la sexualité se dessine dans le cours du développement, sauf dans certaines espèces dans lesquelles les éléments mâles et femelles se développent de façon à coexister dans le même individu. Mais même chez les individus à sexualité séparée on peut retrouver parfois les vestiges non seulement de l'hermaphrodisme histologique tel qu'on l'a vu plus haut, mais encore de l'*hermaphrodisme organique*. C'est ainsi que chez le crapaud indigène on trouve à la partie antérieure du testicule une petite masse jaune rougeâtre contenant des ovules identiques à ceux de l'ovaire de la femelle.

Les recherches de Laulanié tendent aussi à faire admettre un véritable hermaphrodisme organique, caractérisé par la présence, à un moment donné, d'éléments mâles et d'éléments femelles dans le testicule comme dans l'ovaire.

Contrairement à ce qui a été dit plus haut, certains auteurs n'admettent pas cette unité de provenance du testicule et de l'ovaire de l'épithélium germinatif. Ainsi Waldeyer fait dériver les éléments femelles de cet épithélium, mais les éléments mâles du corps de Wolff. V. Beneden croit aussi que les cellules sexuelles mâles et femelles proviennent de feuillets différents, les cellules mâles de l'ectoderme, les cellules femelles de l'entoderme.

III. — FÉCONDATION.

La fécondation consiste dans l'imprégnation de l'élément femelle, l'ovule, par l'élément mâle, le spermatozoïde. Il est aujourd'hui parfaitement démontré par les expériences de Spallanzani, de Prévost et Dumas, confirmées par les recherches modernes, que le spermatozoïde est l'agent essentiel de la fécondation, et l'*aura seminalis* des anciens est justement tombée dans l'oubli. Pour que l'ovule se développe de façon à former l'embryon, il faut que la substance du spermatozoïde vienne se mettre en contact avec la substance du vitellus par un mécanisme qui sera étudié plus loin (1).

(1) Voici la principale expérience de Spallanzani au sujet de l'*Aura seminalis :* il plaça du sperme de grenouille ou de crapaud dans un verre de montre et mit au-dessus un verre de montre renversé dans la concavité duquel étaient déposés des œufs, de façon que le sperme et les œufs ne fussent séparés que par un intervalle d'une ligne à un tiers de ligne; l'appareil était placé à la température de 18 à 25 degrés; jamais il n'y eut fécondation. Ces expériences, répétées par Prévost et Dumas, donnèrent le même résultat. Ces derniers auteurs ont démontré en outre que du sperme privé de ses spermatozoïdes par la

En général, même dans les cas d'hermaphrodisme, l'élément mâle et l'élément femelle dans la fécondation appartiennent à des individus différents. La *self-fertilisation*, comme disent les Anglais, est l'exception, et la double fécondation par un double accouplement, comme on le voit dans les limaçons, est la règle. En effet, il semble que la fécondation soit plus puissante et plus efficace quand les deux éléments de cette fécondation proviennent d'individus distincts.

Mécanisme de la fécondation. — Le mécanisme de la fécondation a été, dans ces dernières années, l'objet de recherches nombreuses, recherches qui ont porté sur toute la série animale et qui permettent actuellement de se faire une idée générale assez précise d'un acte considéré jusqu'ici comme un phénomène mystérieux et incompréhensible.

On a vu plus haut (page 712) que les *œufs primordiaux* présentent à peu près la même structure dans toute la série animale (animaux à génération sexuelle). Puis à partir de ce stade primordial, et *avant toute fécondation*, l'œuf subit une véritable évolution qui peut être poussée plus ou moins loin, qui dans certains cas même (parthénogénèse) peut aller jusqu'à la production d'un nouvel être, mais qui habituellement et chez presque tous les animaux ne dépasse pas un certain état qu'on peut appeler *état de maturité* de l'œuf. A cet état l'œuf est *mûr* pour la fécondation. Mais cet état n'est pas le même pour toutes les espèces animales et le moment de la fécondation coïncide avec un développement plus ou moins avancé de l'œuf. Il y a donc pour chaque ovule une sorte de stade préparatoire, *stade de maturation*, pendant lequel il subit certains changements anatomiques en relation avec son évolution future. Quoiqu'il y ait encore du doute sur certains points et quoiqu'il paraisse y avoir des différences suivant les espèces, ces modifications peuvent être réduites aux trois phénomènes suivants : disparition de la vésicule germinative, formation des globules polaires, formation du noyau ovulaire, qu'on peut étudier sur les figures suivantes empruntées à Fol et étudiées par lui sur l'œuf de l'asterias glacialis (fig. 214 à 223).

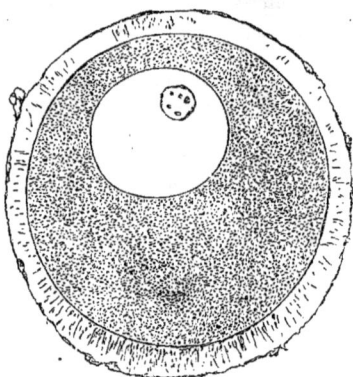

Fig. 214. — *Œuf mûr d'Asterias glacialis, revêtu d'une enveloppe mucilagineuse.*

La *disparition de la vésicule germinative* n'est pas admise par tous les histologistes; cependant cette disparition a été constatée d'une façon positive par un grand nombre d'observateurs et pour un si grand nombre d'espèces, qu'il semble légitime d'admettre cette disparition comme un fait général que ne pourraient

filtration ou dont les spermatozoïdes avaient été tués par la commotion d'une bouteille de Leyde, était impropre à la fécondation. Les recherches de Coste et de tous les physiologistes qui se sont occupés de la question ont confirmé celles de Prévost et Dumas et prouvé que le sperme n'a de pouvoir fécondant que quand il contient des spermatozoïdes. On voit donc que cette démonstration avait été faite avant même qu'on n'eût observé directement la pénétration du spermatozoïde dans l'ovule au moment de la fécondation.

infirmer quelques exceptions. Comment se fait cette disparition? Pour les uns, comme Van Beneden, cette disparition ne serait qu'apparente, et ses débris deviendraient les noyaux des sphères de segmentation; pour d'autres, ce serait une dissolution dans le vitellus; mais pour les observateurs les plus récents ce serait une véritable *expulsion*, comme l'avait déjà indiqué A. Pouchet. Cette expulsion se ferait de la façon suivante d'après les recherches de Bütschli, O. Hertwig, Fol, etc..

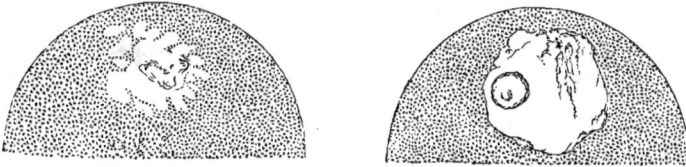

Fig. 215 et 216. — *Deux stades successifs de la métamorphose graduelle de la vésicule et de la tache germinative.*

(fig. 215 à 218) : la vésicule germinative se transforme en un corps fusiforme, *fuseau de direction, amphiaster* de Fol ; ce corps fusiforme qui ressemble tout à fait à celui qu'on observe dans les cellules à noyau en voie de division présente à chaque extrémité un système de rayons (*soleil, aster*) qui lui donnent l'aspect d'une double

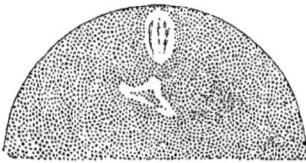

Fig. 217. — *Stade ultérieur montrant les espaces clairs qui remplacent la vésicule germinative.*

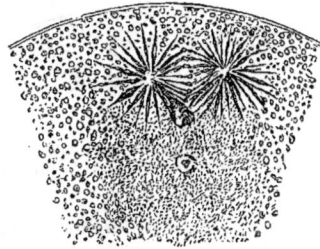

Fig. 218. — *Même stade. Œuf traité par l'acide picrique.*

étoile. Ce fuseau marche peu à peu, poussé probablement par les mouvements du vitellus, vers la périphérie de ce dernier ; l'aster le plus rapproché de la périphérie sort alors du vitellus et constitue le premier *globule polaire*. La partie restante du fuseau forme de nouveau un amphiaster complet qui donne naissance de la même façon à un second globule polaire. Quant à la tache germinative elle disparaît soit avant, soit en même temps que la vésicule germinative. La disparition de la vésicule germinative s'accompagne, d'après quelques auteurs, d'un retrait du vitellus.

La *formation des globules polaires* (fig. 219 à 221) est, comme on le voit, sous la dépendance du corps fusiforme qui a succédé à la vésicule germinative et ces globules dérivent par conséquent, quoiqu'indirectement, de cette vésicule. Quoique leur existence n'ait pas été démontrée dans toutes les espèces, elle a cependant une assez grande extension pour la considérer comme un fait général. Quant à la signification de ces globules polaires, elle est encore douteuse. Pour Semper, Selenka, Fol, ils ne sont que des corpuscules de rebut, de véritables produits excrémentitiels de l'ovule. Fritz Müller et Van Beneden au contraire croient qu'ils exercent une influence notable sur les plans de segmentation du vitellus et la direction de

ses sillons, d'où le nom de *vésicules de direction* qui leur a été donné par Van Bé-
neden ; en effet on les trouve en général dans le plan de la première segmentation.
Rabl a dans ces derniers temps émis une théorie toute nouvelle que je ne ferai que

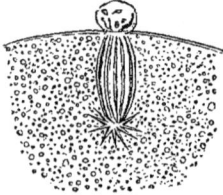

Fig. 219. — *Moment où le premier globule
polaire se détache et où le reste du fuseau
se rétracte dans l'œuf* (Acide picrique).

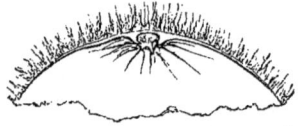

Fig. 220. — *Œuf avec le premier globule
polaire, à l'état vivant.*

mentionner et qui consiste à en faire des coussinets élastiques pour protéger
l'embryon dans les cas de segmentation inégale ou irrégulière. Enfin Giard les con-

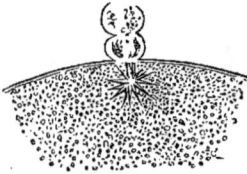

Fig. 221. — *Œuf après la formation du
second globule polaire* (Acide picrique).

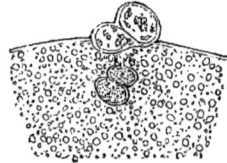

Fig. 222. — *Formation du pronucléus
femelle.*

sidère comme des cellules rudimentaires ayant une signification atavique. La formation des globules polaires paraît liée à un mouvement de gyration du vitellus.

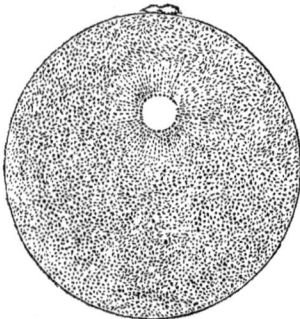

Fig. 223. — *Œuf avec le pronucléus
femelle.*

La *formation du noyau ovulaire, noyau de
l'œuf* ou *pronucléus femelle* (fig. 222 et 223) de
Van Beneden est liée aussi à l'évolution du
corps fusiforme qui a succédé à la vésicule
germinative. Il prend naissance aux dépens de
la partie du corps fusiforme qui n'a pas contribué à la formation des globules polaires par
un mécanisme qui n'a encore été bien établi
que pour quelques espèces. Situé d'abord à la
périphérie du vitellus, au-dessous du point
d'émergence des globules polaires, il s'enfonce
peu à peu vers le centre de l'œuf et ne présente plus les stries radiées qui se remarquaient
autour de l'extrémité centrale du corps fusiforme. Quelques auteurs l'avaient fait provenir de la tache germinative ; mais d'après Fol,
il y aurait là une erreur d'observation. C'est en général à ces trois phénomènes
que se borne l'évolution de l'œuf avant la fécondation. Ce n'est pas le lieu de discuter ici sous quelle influence ils se produisent et le rôle que peut jouer dans ces

actes la *vésicule embryogène* de Balbiani ; je renvoie cela au paragraphe qui traite de l'ovule.

L'œuf étant ainsi préparé, et à maturation, quel est le *mécanisme de la fécondation* ? Un fait bien établi aujourd'hui, c'est que le spermatozoïde pénètre dans l'œuf et se met en rapport direct avec le vitellus. Quelques auteurs modernes ont bien admis que dans certains cas la tête du spermatozoïde se liquéfiait et pénétrait par diffusion dans la substance du vitellus (Strassburger, Giard, Hensen); mais des recherches ultérieures ont montré que le spermatozoïde pénétrait en réalité dans l'œuf soit à travers le micropyle de la membrane vitelline, soit en se creusant un passage à travers cette membrane ou à travers la substance molle entourant le vitellus. Ainsi Weil a trouvé des spermatozoïdes dans le protoplasma de l'œuf du lapin dix-sept et quarante-six heures après la fécondation; chez un certain nombre d'espèces on a assisté à cette pénétration du spermatozoïde dans l'œuf, comme on le verra plus loin et dans quelques cas le trajet du spermatozoïde dans le vitellus se retrouve même après sa disparition sous forme d'une trainée canaliculée noirâtre due au pigment entraîné par le spermatozoïde au moment de sa pénétration (Hertwig, sur l'œuf de la grenouille ; Van Bambeke, sur l'œuf des urodèles ; Salenski, sur l'œuf du sterlet).

Les phénomènes qui accompagnent la pénétration du spermatozoïde dans l'œuf ont été décrits par un grand nombre d'auteurs et sur des espèces prises dans toute la série animale presque sans exception. Je me contenterai pour en donner un exemple de prendre un des cas les mieux étudiés, dans lesquels on a pu constater d'une façon précise la pénétration du spermatozoïde dans l'ovule, telle que l'ont

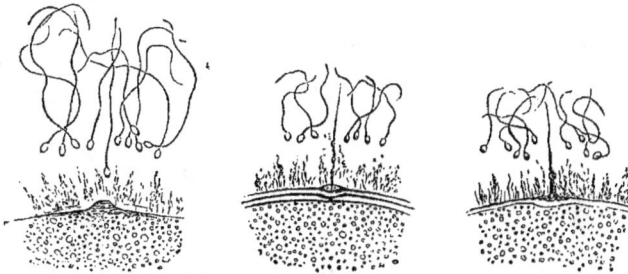

Fig. 224, 225 et 226. — *Pénétration des spermatozoïdes dans l'œuf.*

décrite Hertwig et Fol sur l'oursin et l'étoile de mer (fig. 224 à 226). Dès qu'un spermatozoïde arrive dans la couche muqueuse qui entoure l'ovule et est parvenu à se frayer un chemin à travers la moitié de l'épaisseur de cette couche, avant même qu'aucun contact ait eu lieu entre le spermatozoïde et le vitellus, le protoplasma de ce dernier s'amasse du côté qui fait face au spermatozoïde et forme une saillie hyaline à la surface du vitellus. Bientôt un mince filet de protoplasma fait communiquer le sommet de cette saillie et le corps du spermatozoïde qui pénètre peu à peu dans le vitellus par un procédé comparable à l'écoulement d'un liquide visqueux ; peu à peu la queue du spermatozoïde s'efface et la pénétration est complète. Dans ces cas la membrane vitelline de l'œuf ne se forme qu'après la pénétration du spermatozoïde, qu'après la fécondation. Il est probable que chez les espèces dans lesquelles la membrane vitelline précède la fécondation, le processus est un peu différent, mais toujours le spermatozoïde se met en rapport avec la partie superficielle du vitellus.

Le premier phénomène qui succède à la fécondation est la production du *pronu-cléus mâle* de Van Beneden (*noyau spermatique* d'Hertwig) (fig. 227). Au lieu de pénétration du spermatozoïde se forme, soit aux dépens de la tête même du spermatozoïde, soit plutôt par la fusion du spermatozoïde avec une certaine quantité de protoplasma vitellin, un corpuscule, *pronucléus mâle*, qui s'entoure de filaments radiés (*aster mâle* de Fol). Le pronucléus mâle et le pronucléus femelle se rap-

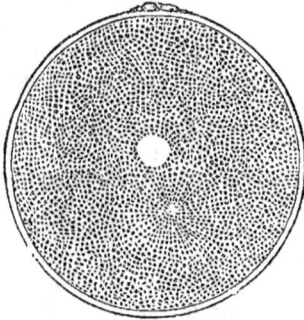

Fig. 227. — *Œuf avec pronucléus mâle et femelle.*

Fig. 228, 229 et 230. — *Fusion des pronucléus mâle et femelle.*

prochent alors rapidement (fig. 228 à 230) et finissent bientôt par se souder en un seul noyau qui se place au centre du vitellus et reste entouré de filaments radiés, *noyau central* ou *noyau de segmentation* (fig. 231).

D'après les recherches les plus récentes, il semble acquis que, dans la plupart des cas, *un seul* spermatozoïde pénètre dans l'œuf pour en opérer la fécondation ; c'est du moins ce qu'ont observé Bütschli sur l'œuf de *l'anguillula rigida*, Fol sur l'oursin et l'étoile de mer, Hertwig chez la grenouille, Calberla sur l'œuf du pétromyzon, etc. Cependant il est impossible de généraliser le fait, car on a trouvé un certain nombre de fois plusieurs spermatozoïdes engagés dans la substance périphérique du vitellus. En tout cas, quand il en est ainsi, il se forme autant de *pronucléus mâles* qu'il y a de spermatozoïdes.

Fig. 231. — *Œuf après la fusion des pronucléus mâle et femelle.*

On voit en somme, d'après tous ces faits, que la fécondation consiste dans la copulation de deux noyaux, un noyau mâle et un noyau femelle.

Les recherches de Fries, Eimer, van Beneden, sur la chauve-souris, quoique moins complètes que celles faites sur l'œuf des invertébrés, prouvent que la description ci-dessus du mécanisme de la fécondation peut s'appliquer aussi dans ses traits généraux à la fécondation des vertébrés.

D'après Hertwig, c'est la nucléine de la tête du spermatozoïde qui jouerait le rôle de substance fécondante.

IV. — ÉVOLUTION DE L'ŒUF APRÈS LA FÉCONDATION.

Après la fécondation, l'œuf est constitué par le *vitellus*, et présente à son contre un noyau, *noyau de segmentation*, résultant de la fusion des pronucléus mâle et femelle, et à sa périphérie, une membrane, *membrane vitelline*.

À partir de ce moment, l'évolution de l'œuf consiste en une *segmentation* du vitellus (1) qui aboutit à la production de la *vésicule blastodermique* aux dépens de laquelle se formera l'*embryon*. Cette évolution de l'œuf varie dans les œufs holoblastiques et méroblastiques, suivant que la segmentation du vitellus est *totale* ou *partielle*, *régulière* ou *inégale*. J'étudierai successivement ces divers cas.

A. **Segmentation totale.** — 1° *Segmentation régulière*. — Cette segmentation

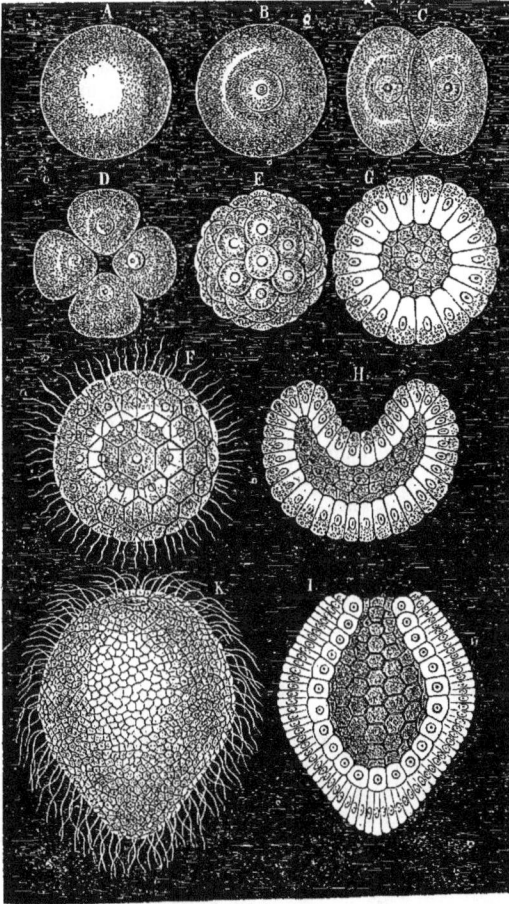

Fig. 232. — *Segmentation et formation de la gastrula chez le Monoxenia Darwini.*

totale et régulière s'observe dans les œufs alécithes, holoblastiques, tels que ceux des éponges, des échinodermes, etc. On croyait aussi qu'elle existait chez l'*amphioxus*,

(1) La cause de l'orientation de la première ligne de segmentation est encore indéterminée (pesanteur? Pflüger).

mais d'après les recherches de Hastschek, la segmentation de l'amphioxus est inégale. Les phénomènes qui accompagnent la segmentation et l'évolution de l'œuf dans ce cas peuvent être facilement suivis sur la figure 232, empruntée à Hackel.

Le vitellus B, se fractionne d'abord en deux, C, puis quatre, D, huit, etc., sphères, *segmentation du vitellus*, de sorte qu'à la fin de la segmentation il se présente sous l'aspect d'une agglomération de globules, *globules vitellins*, et constitue ce qu'on a appelé *corps muriforme, morula*, E. On verra plus loin les différences que présente cette segmentation dans les œufs *méroblastiques*. Peu à peu du liquide s'accumule au centre de la morula en refoulant les globules qui la composent vers la périphérie, de sorte que la morula se transforme en une vésicule remplie de liquide et dont la paroi est formée par une couche simple de globules, *vésicule blastodermique, blastophère, blastula*, G. Quelques êtres inférieurs s'arrêtent à ce stade de développement; c'est ainsi qu'Häckel a trouvé sur les côtes de Norwège un protozoaire, la *magosphæra planula*, qui n'est qu'une vésicule sphérique dont la paroi est constituée par dix à quarante cellules ciliées; cette forme *vésiculaire ciliée (planula* d'Häckel) se retrouve du reste dans le cours du développement chez beaucoup d'animaux inférieurs, F.

A ce stade vésiculaire blastodermique ou de la blastula succède un stade dans lequel le blastoderme se sépare en deux feuillets, un *feuillet externe* ou *ectoderme, ectoblaste, épiblaste*, un *feuillet interne, entoblaste, hypoblaste*, ou *entoderme;* ces deux feuillets existent, à l'exception des *protozoaires*, chez tous les animaux invertébrés et vertébrés, compris sous le nom général de *métazoaires* (1). L'*ectoderme, feuillet de la vie animale* de Baer, *feuillet sensitif* de Remak, formera la peau, le système nerveux et les organes des sens; l'*entoderme, feuillet végétatif* de Baer, *feuillet trophique* de Remak, formera l'épithélium intestinal et ses annexes, c'est-à-dire les organes des fonctions dites végétatives, et cette homologie fonctionnelle se retrouve dans toute la série animale.

Cette séparation en deux feuillets de la vésicule blastodermique se fait chez la plupart des invertébrés et chez certains vertébrés inférieurs, comme on le verra plus loin, par un procédé particulier qui donne naissance à une forme embryologique spéciale, la *gastrula*, sur laquelle Häckel a appelé l'attention et qu'il considère comme caractéristique de ce stade de développement. La *gastrula* ou *larve intestinale* d'Häckel se forme de la façon suivante : en un point de la vésicule blastodermique il se fait une invagination de plus en plus profonde; il en résulte que la portion invaginée finit par s'appliquer étroitement sur la face interne de la partie non invaginée du blastoderme, absolument comme dans un bonnet de coton, H, I; la lame interne invaginée constitue l'entoderme, la lame externe l'ectoderme; la cavité tapissée par l'entoderme représente un intestin rudimentaire ou primitif (*protogaster*), qui communique avec l'extérieur par une ouverture (*prostoma*, bouche primitive, *blastopore*). La forme *gastrula* a été retrouvée chez la plupart des invertébrés, mais jusqu'ici elle n'a encore été rencontrée que chez les vertébrés inférieurs, l'amphioxus et peut-être les amphibiens, et malgré les efforts d'Häckel, il est difficile d'admettre dans l'extension qu'il lui donne et avec les conséquences qu'il en tire, sa théorie de la *gastrula* (Voir : *Évolution des espèces*). Les éponges, beaucoup de polypes restent à ce stade de la *gastrula*.

(1) Les *protozoaires* comprennent tous les animaux inférieurs qui ne dépassent pas le stade de la blastula et ne présentent jamais deux feuillets blastodermiques; tels sont les monères, les infusoires, les grégarines, etc. Les *métazoaires* possèdent tous les deux feuillets et comprennent tout le reste du règne animal, depuis les éponges et les polypes jusqu'aux vertébrés supérieurs.

Le blastoderme peut encore se former, quoique beaucoup plus rarement, par *délamination*, processus dont la figure suivante peut donner une idée.

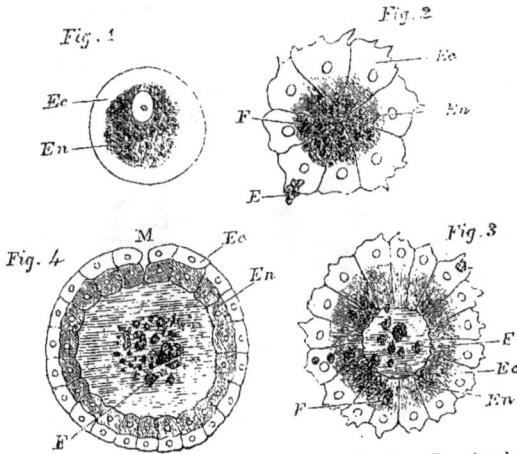

Fig. 233. — *Formation de la gastrula par délamination* (Ray Lankester (*).

Dans ce mode de formation, observé dans l'œuf des Gergonia, hydroïdes du groupe des Trach iméduses, les cellules de la blastula se diférencient en deux zones qui constitueront l'ectoblaste et l'entoblaste.

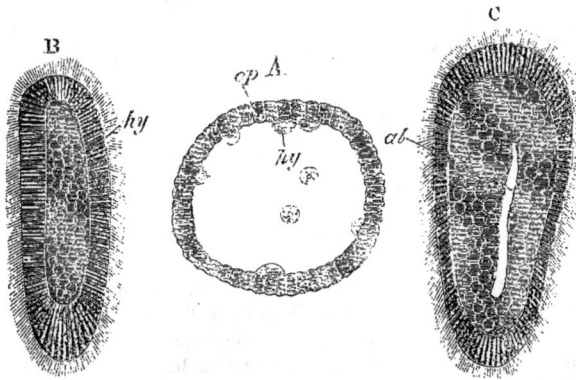

Fig. 234. — *Formation de la parenchymula* (Kowalesky) (**).

Enfin, dans un troisième mode de formation, l'entoblaste, au lieu d'être constitué par une couche simple de cellules, est formé par un amas de cellules amœboïdes qui remplissent la cavité de la blastula. C'est à cette forme, observée chez les mé-

(*) *Fig.* 1. Œuf. — *Fig.* 2. Segmentation. — *Fig.* 3. Commencement de délamination : près l'apparition de la cavité centrale. — *Fig.* 4. Délamination complète. — *Ec*, ectoblaste. — *En*, entoblaste. — M, blastopore (Fig. schématique).
(**) A, blastula avec cellules amœboïdes se détachant et tombant dans la cavité de segmentation. — P. parenchymula avec entoblaste solide. — C, parenchymula avec cavité gastrique. — *cp*, ectoblaste; *hy*, v. toblaste; *al*, cavité gastrique.

tazoaires inférieurs qu'on a donné le nom de *parenchymula*. La figure 234 re- présente les trois stades de ce processus.

2° *Segmentation totale irrégulière.* — Dans la segmentation totale et irrégulière qui aboutit à ce que Häckel a appelé l'*amphigastrula*, l'inégalité peut se produire dès la première segmentation du vitellus, comme dans la *Fabricia*, ver cilié de la famille des Sabellidés. La plus petite cellule, placée au pôle animal de l'œuf, formera les cellules de l'ectoderme, la plus grosse, à développement moins rapide et située au pôle végétatif donne naissance aux cellules de l'entoderme. Les figures suivantes

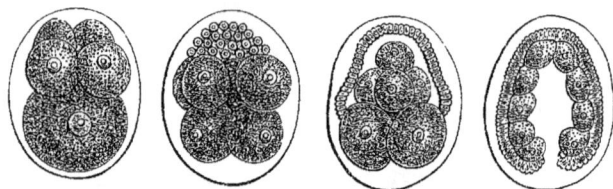

Fig. 235 à 238. — *Évolution de l'œuf de la Fabricia* (Häckel).

(235 à 238) montrent la segmentation et la production de l'amphigastrula dans l'œuf de Fabricia.

Chez l'amphioxus, chez la grenouille (fig. 239) l'inégalité ne se produit qu'au troi- sième stade de la segmentation.

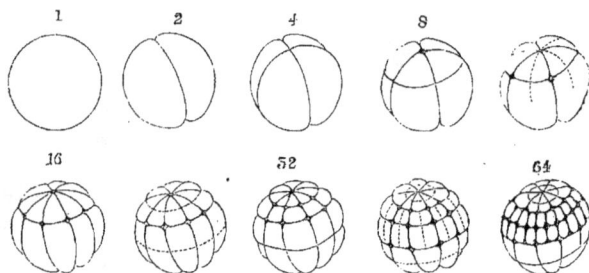

Fig. 239. — *Segmentation de l'œuf de la grenouille* (Ecker) (*).

Dans ce mode de segmentation la *gastrula* peut se former par invagination, comme dans la *Fabricia* par exemple. Mais dans d'autres cas, la gastrula se forme par un autre mécanisme, par *épibolie*. Les petites cellules animales se multiplient si rapidement qu'elles enveloppent complètement les grosses cellules végétatives; dans ce cas il n'y a pas de cavité de segmentation; c'est le processus qui se rencon- tre chez les mammifères. Le blastopore, bouché de bonne heure par les cellules entodermiques (bouchon vitellin) est situé au pôle végétatif de l'œuf. La *cavité blas- todermique*, distincte de la cavité de segmentation, se creuse secondairement entre l'ectoderme et l'amas de cellules endodermiques.

La segmentation totale et irrégulière caractérise les œufs télolécithes hololblas- tiques.

B. *Segmentation partielle.* — La segmentation partielle s'observe sur les œufs mé- roblastiques, télolécithes et centrolécithes.

(*) Les numéros placés au-dessus des figures indiquent le nombre de sphères de segmentation.

1° *Œufs télolécithes (segmentation discoïdale).* — Ce mode de segmentation s'observe dans l'œuf des céphalopodes, de la plupart des poissons, des reptiles et des oiseaux. Dans ces œufs le vitellus plastique ou formateur (cicatricule) est placé à un des pôles de l'œuf (*pôle animal*); la segmentation commence par une simple fente linéaire qui est croisée bientôt par une fente perpendiculaire à la première

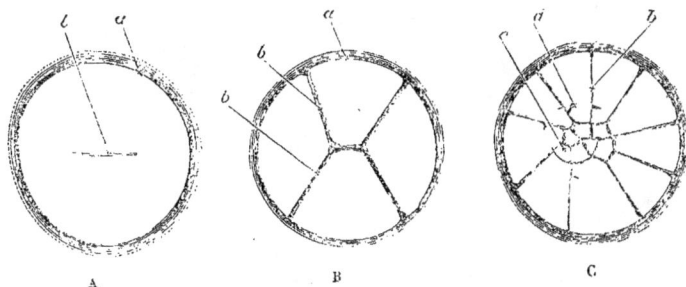

Fig. 240. — *Segmentation de l'œuf de la poule* (Coste) (*).

(fig. 240); il forme ainsi un certain nombre d'incisures qui interceptent des portions de plus en plus petites du vitellus plastique, portions qui sont isolées superficiellement, mais qui tiennent encore par leur base à la partie du vitellus plastique non encore atteinte par la segmentation; c'est alors que la segmentation devient transversale et achève peu à peu la séparation complète des sphères vitellines.

2° *Œufs centrolécithes.* — La *segmentation superficielle* se montre dans les œufs d'un grand nombre d'articulés. Dans ces œufs le vitellus plastique occupe toute la périphérie de l'œuf, tandis que le vitellus nutritif est placé au centre et la segmentation porte sur toute la partie périphérique de l'œuf, la masse centrale restant indivise. La figure 241 représente les divers stades de ce mode de segmentation dans l'œuf de Penæus.

C'est à partir du stade de *bifoliation du blastoderme (gastrula* de Häckel) que le développement de l'organisme se fait soit d'après le *type radié*, soit d'après le *type bilatéral*, suivant que l'organisme appartient aux zoophytes ou aux classes supérieures. Bientôt entre les deux feuillets, *entoderme* et *ectoderme*, se forme un troisième feuillet, le *mésoderme, feuillet moyen* du *blastoderme* dont le mode de production n'est pas encore complètement déterminé. Ce mésoderme se retrouve par exemple chez certains zoophytes, tels que les hydroïdes et les méduses. Mais chez la plupart des êtres, ce mésoderme se divise à son tour en deux feuillets, l'un externe ou *fibro-cutané*, l'autre interne ou *fibro-intestinal*, et cette division se rattache à la formation de la grande cavité viscérale ou *cœlome, cavité pleuro-péritonéale* des anatomistes, qui existe chez les vers, à l'exception des *plathelminthes*, les échinodermes, les articulés, les mollusques et les vertébrés.

Chez les vertébrés ces quatre feuillets sont soudés de très bonne heure dans la région de l'*aire germinative*, qui constituera l'axe du corps de l'embryon futur et qui correspond à la partie épaissie du blastoderme. C'est dans cette région qu'apparaissent d'une part la *ligne primitive* qui deviendra plus tard la *gouttière médullaire* et l'*axe nerveux*, d'autre part la *corde dorsale* qui occupe la place de la future colonne vertébrale (corps vertébraux). C'est à ce stade d'évolution que s'arrête l'amphioxus

(*) Vue de face. — *a*, bord du disque germinatif. — *b*, sillon vertical. — *c*, petit segment central. — *d*, segment périphérique plus grand.

et c'est le stade qu'on retrouverait, d'après Kowalesky et Häckel, à une certaine période du dévelopement de l'ascidie.

Tels sont, dans leurs traits généraux, les premiers stades de l'évolution de l'œuf. Pour les détails de cette évolution suivant les diverses classes d'animaux, et pour

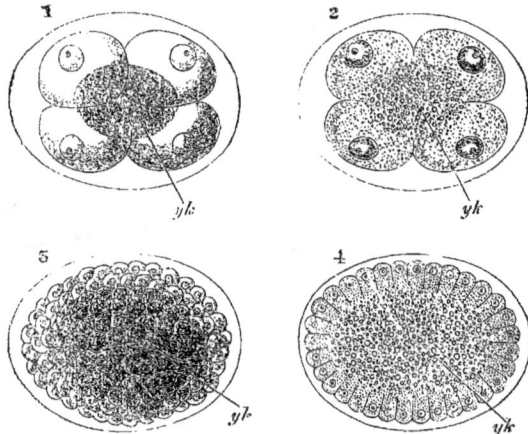

Fig. 241. — *Segmentation de l'œuf de Penœus* (Häckel) (*).

l'étude des stades plus avancés du développement, je ne puis que renvoyer aux Traités d'embryologie et aux mémoires spéciaux.

Habituellement l'œuf ne forme par son évolution qu'un seul embryon. Cependant, d'après des recherches récentes, ce ne serait pas une règle absolue. C'est ainsi que, d'après Kleinenberg, chez le *lumbricus trapezoides* il se formerait toujours *deux embryons* aux dépens d'un seul œuf. En est-il de même parfois et exceptionnellement dans d'autres espèces?

His a cherché dans ces derniers temps à ramener le développement de l'œuf à des conditions purement mécaniques (His, *Unsere Kórperform*, 1875). Cette théorie de His a été très vivement attaquée par Häckel. Pour ce dernier au contraire le développement de l'individu (*ontogénie*) n'est que la répétition du développement des espèces (*phylogénie*) et chacune des phases par lesquelles passe un organisme pendant son développement représente une des formes de la série animale (1).

4. — Génération alternante ou Métagénèse.

Chez beaucoup d'êtres inférieurs, il y a une véritable *alternance* de la génération sexuelle et de la génération asexuelle; c'est ce qu'on observe par exemple chez les polypes, les trématodes, un certain nombre de vers intes-

(1) On a donné le nom de *parablaste* ou *germe accessoire* à une couche de cellules existant dans les œufs méroblastiques et située au-dessous du germe entre lui et le vitellus. Sa signification est très discutée. Kollmann a décrit sous le nom d'*acroblaste* des cellules migratrices amœboïdes situées à la périphérie du germe et qui s'introduiraient entre l'ectoderme et l'entoderme pour former le sang et les tissus connectifs.

(*) *yk*. masse vitelline centrale. — 1, vue de face. — 2, coupe. — 3, vue de face (stade plus avancé). — 4, coupe.

tinaux, etc. On a alors dans la série des générations successives une suite d'individus alternativement sexués et asexués, les premiers naissant par génération asexuelle (bourgeonnement, scissiparité ou spores), les seconds naissant d'un ovule fécondé par un spermatozoïde. Quelquefois entre deux générations sexuelles il s'interpose plusieurs générations asexuées. Si l'on représente par S les individus sexués, par A les individus asexués, on pourrait représenter les générations alternantes de la façon suivante :

...... S A S A S A.....
...... S A A S A A S, etc...., etc.

Les cestoïdes, comme le tænia, le bothriocéphale, nous fournissent un exemple de génération alternante. Le ver ou *strobile* se compose d'une tête ou *scolex* et d'anneaux ou *proglottis*. Ces proglottis naissent *par bourgeonnement* de la partie postérieure de la tête ou *scolex* (*stade de génération asexuelle*) et représentent eux-mêmes des individus sexués hermaphrodites pourvus d'un ovaire et de testicules. Les œufs qui proviennent de ces proglottis en se développant constituent le *scolex* (*stade de génération sexuelle*). qui à son tour donne naissance aux proglottis par bourgeonnement et ainsi de suite (1).

Le nombre des générations asexuées interposées entre deux générations sexuelles paraît avoir une limite assez restreinte. Ainsi, chez les paramécies, la scissiparité produit un certain nombre de générations; mais, au bout de quelque temps, les individus deviennent plus faibles, les générations moins nombreuses, et la race finirait par s'éteindre si la génération sexuelle n'intervenait; le noyau et le nucléole de ces infusoires se transforment en ovaire et en testicule; le noyau forme des œufs, le nucléole des spermatozoïdes; les derniers êtres s'accouplent, meurent après l'accouplement, et la génération sexuelle, qui a remplacé la scissiparité, donne naissance à de nouvelles générations vigoureuses qui se reproduisent par scission jusqu'à ce que leur faiblesse nécessite une nouvelle intervention de la génération sexuelle.

Il en est de même chez les pucerons. Les derniers pucerons formés par génération asexuelle sont tellement abâtardis qu'ils n'ont même plus de canal intestinal (Balbiani); alors, au début de l'hiver, apparaissent des mâles et des femelles qui s'accouplent, et les œufs fécondés produisent de nouveau des asexués qui écloront au printemps.

Il semble donc qu'il y ait là un fait général. Seule, la génération asexuelle n'a qu'une puissance de reproduction limitée; la sexualité, c'est-à-dire l'intervention de deux individus distincts s'unissant dans l'acte de la fécondation, peut seule assurer la perpétuité des générations qui, sans elle, finiraient par s'abâtardir et s'éteindre.

« On pourrait ainsi, dit Cl. Bernard dans un remarquable passage, en se plaçant à un point de vue philosophique, regarder l'évolution d'un être animal ou végétal comme une sorte de *parthénogenèse histologique* ou encore de *génération alternante* d'éléments anatomiques. Dans cette façon de voir, un phénomène sexuel élémentaire (union d'un élément cellulaire mâle à un élément cellulaire femelle) donnerait une nouvelle cellule, l'œuf fécondé ou germe, douée au plus haut degré de la puissance plastique et évolutive. De cette cellule primitive naîtraient, par modes

---

(1) D'après Monier, il faudrait donner aux phénomènes une autre interprétation et il n'y aurait pas chez les tænias de génération alternante; la tête ne serait qu'un organe de fixation.

agames, le nombre immense de générations cellulaires qui formeront le blastoderme et plus tard l'organisme animal. Leur fécondité, constamment décroissante. aboutit fatalement à la ruine de l'édifice, à la mort de l'individu. L'existence individuelle se prolonge aussi longtemps que la fécondité asexuée des éléments, aussi longtemps que dure l'influence sexuelle du début. L'espèce disparaîtrait également si, avant épuisement total, deux éléments cellulaires sexués ne se séparaient de l'organisme pour se comporter comme les premiers. Ils formeront, par génération sexuelle, une nouvelle cellule dont l'impulsion évolutive s'étendra à une série de générations histologiques agames en s'atténuant successivement. Et ainsi l'*espèce* sera restaurée périodiquement par la réapparition d'une génération sexuelle entre les générations agames; la sexualité, source de toute impulsion nutritive, rouvrira constamment le cycle vital qui tend à se fermer. » (Cl. Bernard, *Revue scientifique* du 26 septembre 1874, p. 291.)

5. — Théories de la génération.

Pour terminer l'étude générale de la génération, il me reste à exposer sommairement les principales théories émises pour expliquer les phénomènes de la génération.

Ces théories peuvent se grouper sous trois catégories, emboîtement des germes, molécules organiques, épigenèse.

1° **Emboîtement des germes** (Leibnitz, Bonnet, Haller, Cuvier). Cette théorie est connue aussi sous le nom de théorie de l'*évolution* (1). Dans cette hypothèse il n'y a dans l'évolution individuelle de l'organisme aucune formation nouvelle, mais un simple accroissement de parties qui préexistaient déjà de toute éternité; les premiers germes créés contiendraient ainsi en miniature tous les individus ou tous les germes des individus futurs, et, parmi les partisans de cette théorie, les uns plaçaient ces germes emboîtés dans l'œuf (*ovistes*: Swammerdam, Malpighi, Haller), les autres dans la liqueur fécondante (*spermatistes*: Leuwenhoek, Spallanzani). Certains faits paraissent bien, au premier abord, justifier cette théorie, même chez les animaux supérieurs; ainsi le fœtus contient déjà dans son ovaire les germes ovulaires d'une génération nouvelle. Mais, en réalité, cette hypothèse est insoutenable actuellement, quand bien même on la modifierait pour l'adapter aux connaissances scientifiques modernes.

2° **Molécules organiques de Buffon.** — Buffon considéra les êtres vivants comme une agglomération de molécules organiques comparables à des êtres vivants et ayant chacune leur individualité; l'animal, dans cette hypothèse, n'est autre chose qu'un être complexe; la mort n'est qu'une dissociation de ces molécules organiques qui, mises en liberté, continuent à vivre isolément ou entrent dans de nouvelles combinaisons, dans d'autres organismes complexes. Ces molécules organiques seraient *moulées* pour ainsi dire sur le modèle même du corps dont elles font partie. Déjà, longtemps avant, Hippocrate avait dit que la semence provient de toutes les parties du corps. A la théorie de Buffon peuvent se rattacher plus ou moins directement la théorie des *unités physiologiques* d'Herbert Spencer, celle des *microzymas* de Béchamp (voir : *Fermentations*), celle des unités animales ou *zoonites* de Durand de Gros, etc. Dans ces derniers temps Darwin a repris sous le nom de *pangenèse* une théorie qui se rapproche beaucoup de celle de Buffon. En résumé,

---

(1) Cette théorie de l'évolution ne doit pas être confondue avec les doctrines *évolutionnistes* de Darwin et des auteurs modernes.

dans cette hypothèse et sous les diverses formes qu'elle présente, le germe de l'embryon n'est qu'un *extrait* de l'organisme des parents, d'où le nom de *théorie de l'extrait* qui lui a été donné quelquefois.

3° Théorie de l'épigénèse. — G.-F. Wolff, en 1759, émit le premier la théorie de l'épigénèse généralement adoptée aujourd'hui. Il montra que le développement des organismes s'effectuait par une série de formations nouvelles et que, ni dans l'œuf, ni dans le spermatozoïde, il n'existait de traces des formes définitives de l'organisme (1). Dans cette théorie le germe est donc le produit d'une formation qui se renouvelle chaque fois aux dépens de l'organisation existante.

L'épigénèse se rapproche plus de la vérité et s'accorde mieux avec les données scientifiques, cependant elle ne répond pas à toutes. Chacune des deux théories, de l'emboîtement et de l'épigénèse me paraît correspondre à un des côtés du problème, l'emboîtement à la génération asexuelle, l'épigénèse à la génération sexuelle. En effet, dans la génération asexuelle un organisme contient *virtuellement* toute une série de générations successives, et s'il n'y a pas emboîtement dans le sens littéral du mot, il y a du moins préexistence, non pas des germes eux-mêmes, mais au moins des conditions organiques auxquelles sont dues les apparitions successives des générations à venir. Dans la génération sexuelle au contraire, un produit est formé, qui se rattache bien par ses caractères aux deux organismes préexistants qui lui ont donné naissance, mais qui, pour chacun d'eux est différent du générateur et contient quelque chose d'étranger qui en fait un organisme nouveau.

Mais, à un point de vue plus général, la génération, comme on l'a vu plus haut, n'est qu'une forme même de la nutrition, et il n'y a, pour le montrer, qu'à suivre dans la série animale les changements successifs que cette fonction éprouve jusqu'aux êtres les plus élevés de la série. Un fragment de protoplasma détaché de la masse d'une plasmodie se nourrit et se développe comme l'organisme primitif ; la génération se confond avec la nutrition et avec l'accroissement. Dans les organismes unicellulaires ou dans les organismes pluricellulaires dont les cellules sont à peine différenciées, il en est de même : chaque partie du tout a le pouvoir de reproduire un être semblable au tout auquel elle appartenait ; c'est ainsi qu'un morceau de feuille de *begonia* reproduit le végétal entier. Mais à mesure que la division du travail physiologique s'accuse, que les tissus se différencient, ce pouvoir générateur, d'abord répandu dans l'organisme, se localise de plus en plus ; dans le protoplasma, la même substance, c'est-à-dire une fraction quelconque de la masse, digérait, assimilait, excrétait, se contractait, se régénérait, se multipliait ; mais à mesure que la spécialisation se fait, la localisation des divers actes vitaux se produit de plus en plus, une partie de la substance vivante se constitue en fibre musculaire et sert à la contraction ; une autre devient cellule glandulaire et sécrète, et ainsi de suite ; et à mesure que ces éléments, d'abord indifférents et semblables, se spécialisent comme structure et comme fonctions, ils perdent de plus en plus de ces propriétés fondamentales qui leur étaient communes au début ; le pouvoir générateur n'échappe pas à cette spécialisation ; il se localise aussi dans des parties de plus en plus circonscrites, dans un organe plastique par excellence qui alors, dans les êtres supérieurs, a seul la faculté de créer les germes des êtres futurs. Mais cet organe plastique, cette substance formatrice se spécialise elle-

(1) Wolff suivit pour la première fois un organe depuis sa première apparition jusqu'à son développement complet, et montra le premier que la formation d'un organe complexe comme l'intestin pouvait se ramener à l'évolution de simples feuillets germinatifs.

même de plus en plus; la sexualité apparaît; les deux éléments encore inconnus de cette puissance formatrice, d'abord confondus dans le même organe, dans la même substance, s'isolent et se développent à part, constituant ce que nous appelons élément mâle et élément femelle; mais nous ignorons complètement la nature de ces deux éléments, la composition intime de leur substance et le mécanisme de leur action. Tout ce que nous savons, c'est que, lorsque la séparation et l'isolement sont complets, comme chez les animaux supérieurs, un acte nouveau intervient forcément dans la génération, la *conjugaison* de ces deux éléments, autrement dit la fécondation.

La génération comprend donc deux actes essentiels et jusqu'à un certain point opposés, une multiplication cellulaire, une conjugaison cellulaire. Le premier acte a son analogue dans les phénomènes ordinaires de l'accroissement cellulaire; le second paraît au premier abord sans analogue dans la vie de l'organisme et constituerait par conséquent le phénomène caractéristique de la génération; cependant, en y réfléchissant, il rentre aussi dans les actes ordinaires de la nutrition, et ne pourrait-on pas comparer, par exemple, la disparition du spermatozoïde dans l'ovule à la disparition d'un grain d'amidon dans une amibe, ou d'un globule sanguin dans un globule amœboïde de la rate, et ne pourrait-on voir dans ce phénomène quelque chose d'analogue à un acte de digestion? L'élément mâle représenterait, dans ce cas, une sorte d'aliment à la quatrième puissance ou plutôt un élément chargé de préparer et de condenser sous un petit volume la provision de matière plastique nécessaire au développement de l'ovule.

FIN DU TOME PREMIER.

TABLE DES MATIÈRES

DU TOME PREMIER

LIVRE PREMIER

PROLÉGOMÈNES

LIVRE DEUXIÈME

CHIMIE DE LA NUTRITION ET CHIMIE PHYSIOLOGIQUE

LIVRE TROISIÈME

PHYSIOLOGIE GÉNÉRALE

FIN DE LA TABLE DU TOME PREMIER

8120-87. — Corbeil. Imprimerie Crété.